当代科学技术基础理论与前沿问题研究丛书

中国科学技术大学

校友文库

工程爆破安全

Engineering Blasting Safety

顾毅成
史雅语 编著
金骥良

中国科学技术大学出版社

内容简介

安全，是工程爆破永恒的主题。作者本着“理实交融、深入浅出”的写作理念，针对爆破工程中常见的安全事故，从爆破器材的特性及爆破基本理论出发，系统分析总结了在起爆技术、装药与爆破施工、岩石爆破、城镇复杂环境控制爆破、建(构)筑物拆除爆破等作业领域中有关爆破安全的工程经验和教训，阐述了爆破对岩体的破坏、爆破产生的冲击波与个别飞散物、爆破地震效应及其他有害效应的产生机理、安全判据和应对技术，介绍了爆破安全监测及有关爆破安全管理的最新资料。本书对从事爆破工程的工程技术人员和安全管理干部有较大的实用价值，也可供爆破科研与教学人员参考。

图书在版编目(CIP)数据

工程爆破安全/顾毅成，史雅语，金骥良编著. —合肥：中国科学技术大学出版社，2009.1

(当代科学技术基础理论与前沿问题研究丛书：中国科学技术大学校友文库)

“十一五”国家重点图书

ISBN 978-7-312-02257-9

Ⅰ.工…　Ⅱ.①顾…　②史…　③金…　Ⅲ.爆破安全　Ⅳ.TB41

中国版本图书馆 CIP 数据核字(2008)第 151959 号

出版发行　中国科学技术大学出版社
地址　安徽省合肥市金寨路 96 号，邮编：230026
网址　http://press.ustc.edu.cn

印　　刷　合肥晓星印刷有限责任公司
经　　销　全国新华书店
开　　本　710mm×1000mm　1/16
印　　张　44.75
字　　数　954 千
版　　次　2009 年 1 月第 1 版
印　　次　2009 年 1 月第 1 次印刷
印　　数　1—3000 册
定　　价　120.00 元

总　序

侯建国

（中国科学技术大学校长、中国科学院院士、第三世界科学院院士）

大学最重要的功能是向社会输送人才。大学对于一个国家、民族乃至世界的重要性和贡献度，很大程度上是通过毕业生在社会各领域所取得的成就来体现的。

中国科学技术大学建校只有短短的五十年，之所以迅速成为享有较高国际声誉的著名大学之一，主要就是因为她培养出了一大批德才兼备的优秀毕业生。他们志向高远、基础扎实、综合素质高、创新能力强，在国内外科技、经济、教育等领域做出了杰出的贡献，为中国科大赢得了“科技英才的摇篮”的美誉。

2008 年 9 月，胡锦涛总书记为中国科大建校五十周年发来贺信，信中称赞说：半个世纪以来，中国科学技术大学依托中国科学院，按照全院办校、所系结合的方针，弘扬红专并进、理实交融的校风，努力推进教学和科研工作的改革创新，为党和国家培养了一大批科技人才，取得了一系列具有世界先进水平的原创性科技成果，为推动我国科教事业发展和社会主义现代化建设做出了重要贡献。

据统计，中国科大迄今已毕业的 5 万人中，已有 42 人当选中国科学院和中国工程院院士，是同期（自 1963 年以来）毕业生中当选院士数最多的高校之一。其中，本科毕业生中平均每 1000 人就产生 1 名院士和七百多名硕士、博士，比例位居全国高校之首。还有众多的中青年才俊成为我国科技、企业、教育等领域的领军人物和骨干。在历年评选的“中国青年五四奖章”获得者中，作为科技界、科技创新型企业界青年才俊代表，科大毕业生已连续多年榜上有名，获奖总人数位居全国高校前列。鲜为人知的是，有数千名优秀毕业生踏上国防战线，为科技强军做出了重要贡献，涌现出二十多名科技将军和一大批国防科技中坚。

为反映中国科大五十年来人才培养成果，展示毕业生在科学研究中的最新进展，学校决定在建校五十周年之际，编辑出版《中国科学技术大学校友文库》，于2008年9月起陆续出书，校庆年内集中出版50种。该《文库》选题经过多轮严格的评审和论证，入选书稿学术水平高，已列为“十一五”国家重点图书出版规划。

入选作者中，有北京初创时期的毕业生，也有意气风发的少年班毕业生；有“两院”院士，也有IEEE Fellow；有海内外科研院所、大专院校的教授，也有金融、IT行业的英才；有默默奉献、矢志报国的科技将军，也有在国际前沿奋力拼搏的科研将才；有“文革”后留美学者中第一位担任美国大学系主任的青年教授，也有首批获得新中国博士学位的中年学者……在母校五十周年华诞之际，他们通过著书立说的独特方式，向母校献礼，其深情厚意，令人感佩！

近年来，学校组织了一系列关于中国科大办学成就、经验、理念和优良传统的总结与讨论。通过总结与讨论，我们更清醒地认识到，中国科大这所新中国亲手创办的新型理工科大学所肩负的历史使命和责任。我想，中国科大的创办与发展，首要的目标就是围绕国家战略需求，培养造就世界一流科学家和科技领军人才。五十年来，我们一直遵循这一目标定位，有效地探索了科教紧密结合、培养创新人才的成功之路，取得了令人瞩目的成就，也受到社会各界的广泛赞誉。

成绩属于过去，辉煌须待开创。在未来的发展中，我们依然要牢牢把握“育人是大学第一要务”的宗旨，在坚守优良传统的基础上，不断改革创新，提高教育教学质量，早日实现胡锦涛总书记对中国科大的期待：瞄准世界科技前沿，服务国家发展战略，创造性地做好教学和科研工作，努力办成世界一流的研究型大学，培养造就更多更好的创新人才，为夺取全面建设小康社会新胜利、开创中国特色社会主义事业新局面贡献更大力量。

是为序。

2008年9月

序

近30年来，随着我国各项建设事业的蓬勃发展，工程爆破技术在矿山、铁路、交通、水利以及城镇改扩建等工程中得到广泛应用，取得了许多重大工程成就，同时也极大地推动了爆破技术的进步和创新。安全是工程爆破领域的永恒主题。随着工程爆破技术应用范围的扩大和工程环境的复杂化，人们对爆破安全技术提出了更高的要求。通过技术创新，加强爆破安全管理，建立更完善的爆破安全保障体系，是爆破界从业人员十分关心的重要课题。

顾毅成、史雅语、金骥良三位同志是中国铁道科学研究院的研究员，长期从事工程爆破的研究工作，具有扎实的爆炸力学理论基础和丰富的工程爆破实践经验。他们从工程实际出发，系统地归纳总结了涉及爆破安全的诸多理论和技术问题，合写了《工程爆破安全》，弥补了国内该领域尚无专著的缺憾，完成了一件令同行为之庆贺的有益工作。

本书重点阐述了爆破作业安全及对周围环境保护的控制技术，针对爆破工程中常见的安全事故，提出了克服安全隐患的具体技术措施。本书将成为从事爆破工程第一线工作的广大工程技术人员和安全管理干部的技术工具，具有重要的实用价值，也会对相关领域的科研和教学人员有所启迪。在此向爆破界的同志们推荐这本专著，也期望他们在自己的工作中取得更好的成绩。

顾毅成、史雅语、金骥良三人是大学的同窗学友，1965年毕业于中国科学技术大学近代力学系爆炸力学专业。此前，他们已先后合作出版了《工程爆破实践》(2002年由中国科学技术大学出版社出版)和《拆除爆破设计与施工》(2004年由中国铁道出版社出版)两本专著，本书是他们合写的有关工程爆破专业的第三本专著，并被纳入中国科学技术大学出版社的《当代科学技术基础理论与前沿问题研究丛书：中国科学技术大学校友文库》，向学校五十华诞献礼。作为同一专业的大学同学，我为他们的勤奋和敬业精神而高兴，并愿意趁此书出版之际写点感受，权以为序。

同为中国科学技术大学的一名学子，我深深地感谢母校对我们的教诲和抚育，母校倡导的“又红又专、理实交融、团结互助、活泼英勇”的校风，激励着我们终身奋斗。借此机会，我衷心祝愿母校为伟大祖国培育更多的人才，做出更大的贡献。

杨秀敏①

2008年9月

① 杨秀敏先生为中国工程院院士，中国人民解放军总参工程兵第四研究所高级工程师，1965年毕业于中国科学技术大学近代力学系爆炸力学专业。

前 言

2008年,母校——中国科学技术大学迎来了五十华诞,中国科学技术大学出版社组织校友,出版《当代科学技术基础理论与前沿问题研究丛书:中国科学技术大学校友文库》,作为向学校五十华诞的献礼。这本《工程爆破安全》有幸纳入校友文库,作者感到十分高兴。

三位作者是1965年毕业于中国科学技术大学近代力学系爆炸力学专业的同窗学友,毕业后又长期在中国铁道科学研究院从事工程爆破技术的研究和应用实践工作。在工程爆破这个具有风险的行业中,经四十多年风雨历程,深感工程爆破安全内涵之深、控制之难、责任之重,任何微小的技术失误或管理疏漏都可能造成安全失控而引发公共安全事故,随着工程爆破应用领域的进一步扩大,爆破工程环境将更为复杂,人们对爆破安全的要求也将更高。认真总结在工程爆破实践和研究中关于爆破安全的经验、体会及探索,以此奉献给爆破同行,为工程爆破事业的发展奉呈我们微薄之力,一直是作者的期盼。直到退休几年后的今天,总算了此心愿。

作者深切怀念在母校五年的大学生活,母校不仅抚育我们成长,传授我们知识,更教导我们如何做人。老校长郭沫若先生提出的“又红又专、理实交融、团结互助、活泼英勇”校训,系主任钱学森先生对祖国的忠诚,对科学的执着,一直是我们在工作、生活中遵循的准则。四十多年来,我们和中国铁道科学研究院爆破研究室的同事们一起工作,有幸得到中国工程院院士冯叔瑜先生的指导、帮助和支持,一个创新、务实、团结的优秀科研团队,一位杰出的学术带头人,为我们创造了一个良好的工作环境和成长机遇,作者对这个集体怀有浓厚的感情。本书所涉及的许多工程项目,很多是和中国铁道科学研究院以及协作单位的同事共同完成的。在本书写作过程中,得到了同专业校友及同班同学周家汉、刘殿中、黄吉顺、袁一凡、张永哲等教授的鼓励和帮助,爆破界的老前辈林学圣教授等提供了一些写作资料，作者还参阅了近十年来国内有关论著，历届工程爆破学术会议，以及《工程爆破》、《爆破》两本专业杂志发表的有关论文，引用了一些典型工程的资料和数据，在此，我们一并向各位前辈、各位好友、各位同仁及有关作者和设计人员表示感谢。

本书共分11章，顾毅成研究员主写第1、2、6、7、9、10、11章，史雅语研究员主写第3、4章，金骥良研究员主写第5、8章，全书经作者集体讨论、补充和修改，并由顾毅成研究员统稿。作者希望本书能对广大第一线的爆破作业人员有所裨益，囿于工作经验、信息渠道和认知水平，书中难免存在缺点和错误，一些观点和结论也可商榷，我们衷心希望各位同行和广大读者对本书的不足之处，乃至错误给予指正。

最后，作者对在百忙中审阅本书的中国科学技术大学李永池教授、沈兆武教授，为本书作序的杨秀敏院士表示衷心的感谢。

我们衷心祝愿爆破界的朋友们，在今后的年代里，把爆破工程项目搞得更加安全、更加出色；有更多的同仁关注、研究爆破安全，共同努力推进我国工程爆破事业的发展。

顾毅成　史雅语　金骥良

2008年9月

目 录

第 1 章　绪　论

1.1　安全——工程爆破永恒的主题

安全如生命。拥有了安全，虽不可能拥有一切，但没有安全，就一定没有一切。

安全是一笔财富。安全事故少了，必将对企业的经济效益、技术积累和社会影响起到良好的作用。

安全是一种文化。重视安全、尊重生命，是先进文化的体现；忽视安全，轻视生命，是落后文化的表现。

安全是一个挑战。每一次安全事故都会促使人反省，总结教训，研究对策，发明新技术，预防同类事故重复发生。人类需要不断认识客观世界，事故也不可能永远杜绝，于是挑战永远存在，人类的奋斗永远不会停止。

安全是一项系统工程。安全靠责任心，靠企业领导的重视，靠制度、机制和管理，还要靠科学技术，靠经验的积累，靠不断的创新和总结。

中国是爆破器材生产和消耗大国，2006 年、2007 年工业炸药产量分别达到 260.69 万吨、286 万吨，工业雷管产量分别达到 31.59 亿发、29.9 亿发，工业索类火工品产量分别达到 29.20 亿米、27.70 亿米。工程爆破技术应用在国民经济建设的诸多领域：在冶金矿山、水利、交通建设工程中，深孔爆破已成为石方爆破的基本手段；具有中国特色的硐室爆破仍广泛应用于露天爆破；据不完全统计，至 2007 年底，我国已有铁路隧道 6 876 座，总长度超过 3 670 km，公路隧道 4 673 座，总长度超过 2 556 km，这些隧道绝大多数采用钻爆法施工；在市政建设、厂房改扩建中，旧建(构)筑物拆除及石方控制爆破方兴未艾；水下爆破、特种爆破也都显示了它在经济建设中的重要地位与作用。随着我国各项建设事业的蓬勃发展，工程爆破的应用领域更为广泛，极大地推动了中国爆破技术的进步与创新。

爆破作业属于高危领域，它涉及爆炸物品的储存、运输和使用。工程爆破是具有风险性的行业，由于技术不当或管理疏漏引发的工程爆破安全事故也时有发生，轻则影响爆破质量和效果，重则造成人员伤亡、财产损失、社会不安，甚至危及当地工程爆破行业的前途。

从国内外的爆破安全事故案例分析，工程爆破安全事故可以归纳为以下类型。

1．爆破器材和起爆网路出现的安全问题

① 在爆破器材加工、储存、运输、装卸过程中，由于违规作业或器材质量问题，造成炸药或起爆材料爆炸。

② 由于爆破器材质量问题，造成药包拒爆、半爆、残爆，影响爆破效果。

③ 在爆破网路设计敷设过程中，没有考虑电干扰等外界因素对安全的影响，引起药包早爆事故；起爆网路设计、敷设、联接有误，导致部分药包发生拒爆事故。

④ 由于爆破安全管理失误，造成爆破器材丢失等。

2．爆破设计错误造成的爆破安全问题

① 在露天爆破中，由于对地质条件缺乏调查了解，致使设计有误，造成爆破过量装药，引发爆破飞石、爆破冲击波事故；引起保留岩体破损、边坡坍滑，乃至日后引发地质灾害；或堆积体超出设计范围，也可能引起交通阻断，设施损坏。

② 在地下爆破中，由于对地质条件了解不够及设计不当，或违规作业，造成围岩不稳定，冒顶和坍塌事故；由于违规作业或监测防范不力，引发有害气体中毒，乃至造成瓦斯、煤尘爆炸及透水事故。

③ 在水下和邻水爆破中，由于设计不当或安全措施考虑不周，造成水中爆破冲击波对邻近水域设施、水中生物的安全影响，乃至引发涌浪，造成次生灾害。

④ 在建(构)筑物拆除爆破中，由于设计不当，出现建(构)筑物未炸先倒、解体倒塌不完全，甚至爆而不倒等意外；以及在建(构)筑物倒塌过程中引发的对邻近设施的次生灾害等。

3．爆破施工作业违规引起的安全问题

① 爆破作业单位无爆破作业资质或超范围经营，缺少爆破技术人员现场指导，施工管理不善引起的安全隐患和安全事故。

② 在爆破实施中，不按设计要求作业，擅自改变爆破设计参数，造成爆破安全失控，引发爆破产生的空气或水中冲击波、个别飞散物超出安全范围，造成人员伤亡，附近建(构)筑物、通讯、电力或其他设施损坏。

③ 爆破工程施工装药和起爆网路敷设、联接过程中违反安全操作规程，引起药包早爆、误爆事故。

④ 降低炮孔(药室)填塞质量，降低安全防护标准，造成爆破飞石或冲击波事故。

⑤ 安全警戒不严，不遵守爆破安全规程关于爆破实施程序的各项规定，引发人身伤亡事故。

⑥ 处理盲炮作业时，由于违反操作规程造成拒爆药包爆炸，引发人身事故等。

4．爆破安全设计不当，防范措施不力出现的事故

① 由于爆破安全设计不当或采取的安全防范措施不力，引发爆破产生的空气或水中冲击波、个别飞散物、爆破地震效应失控造成附近建(构)筑物、通讯、电力或

其他设施损坏，甚至引起人员伤亡。

② 在复杂环境中进行爆破作业，由于采取的安全防范措施不力，爆破产生的地震效应或其他外部影响引起民事纠纷，造成阻工，甚至影响社会和谐。

③ 城镇地区的爆破设计中，对环境安全影响考虑不足，造成爆破噪声、粉尘对环境的影响，引发民事纠纷；也有可能因爆破不当造成对生态环境的影响或破坏。

④ 由于爆破事故应对预案不周或不落实，造成爆破事故次生灾害或事故扩大化。

从以上各种爆破事故类型可以看出，绝大多数爆破安全事故是人为因素造成的，是由于设计、施工不当，违规操作或安全管理不善造成的，是能够避免的。“事故”虽然是生产、工作上发生的意外损失或灾祸，是人们不希望发生的，但一旦发生事故，必然会给爆破工程带来不利影响，乃至造成财产损失和人员伤亡。因此，对爆破作业人员而言，责任重于泰山。要知道：“99%的成功 + 1%的失败 = 0”，“1%的失误 = 100%的失败”，安全不能说说而已，细节决定成败。只有增强责任心，不厌其烦地重视工程爆破设计、施工、管理中各项安全措施的细节，安全才有保障。

安全，是工程爆破永恒的主题。

1.2　我国工程爆破安全技术与管理的进步

改革开放 30 年来，特别是进入新世纪以来，伴随着我国工程爆破事业的蓬勃发展，我国工程爆破安全技术与安全管理也取得了巨大的进步。

① 30 年来，非电塑料导爆管起爆系统应用范围不断扩大，目前已成为我国工程爆破起爆器材的主流品种。塑料导爆管起爆系统的广泛应用，不仅有利于爆破作业的安全，而且实现了大区、多排毫秒延时深孔爆破，对扩大爆破规模、降低爆破振动影响起到了积极的作用；采用四通闭合网路，提高了导爆管起爆方法的可靠性；在一些重要的爆破工程，还应用了高精度延时导爆管雷管起爆系统。

② 随着我国钻孔机具设备的更新，一些大型冶金矿山已采用大孔径钻机，深孔爆破机械化施工已在矿山、水利、交通等工程中得到普及；光面爆破、预裂爆破技术作为岩石控制爆破的一种，已得到广泛应用；在有自燃自爆危险的一些矿山已实行机械化预装药爆破技术。这些爆破技术的发展与应用，不仅大幅度提高了爆破施工效率，而且有利于爆破安全，并保证开挖工程的成型质量和边坡安全。

③ 随着现代化建设的进程，越来越多的爆破工程地处城镇，环境条件复杂，岩石控制爆破得到了重视和发展。在电气化铁路复线及城镇复杂环境中，完成了大量石方爆破工程，针对控制爆破振动、爆破冲击波、个别飞散物提出了爆破安全控

制技术与防护技术。

④ 在硐室爆破技术的应用和发展方面，我国老一代爆破工程师完善了爆破设计计算方法，总结了爆破与地形、地质条件的相互关系，发展了大爆破设计理论。近十年来采用条形硐室药包、毫秒延时起爆技术及边坡预裂爆破成型技术，有效地控制了硐室爆破对环境的安全影响，减少了对边坡的破坏。

⑤ 地下矿山已形成"VCR"、"台阶深孔"、"束状深孔"、"高阶段深孔"、"阶段深孔等效球形药包"等各具特色与运用条件的大直径深孔爆破技术。铁路新线大瑶山、秦岭等特长隧道实现了全断面一次光面爆破开挖成型；水利水电工程中突破了地质条件复杂、地下硐室群爆破开挖稳定等关键技术问题；在特小净距平行隧道、繁华地区浅埋隧道开挖的减振控制爆破技术等方面都获得新的突破。

⑥ 发展了水下爆破安全技术，有力推动了水下工程爆破技术在港湾航道疏浚炸礁、挡水围堰或岩坎拆除爆破、水库水下岩塞爆破、淤泥和饱和砂土地基的爆炸加固处理等领域的应用。

⑦ 在城镇复杂环境爆破拆除建(构)筑物，已形成一套设计与防护技术。据不完全统计，近 20 多年来，拆除 16 层以上的高层楼房已达 40 座以上；采用定向倒塌、双向折叠、三向折叠等控制爆破方法拆除了 40 多座高度在 100 m 以上的钢筋混凝土烟囱；还成功完成了 30 多座直径 40 m 以上的大型冷却塔及数量众多的桥梁、大面积建(构)筑物拆除爆破工程，大都取得了良好的爆破效果，并保证了周围环境的安全。

⑧ 我国爆破工程技术人员十分重视爆破有害效应的观测和研究，1977 年至 1984 年，原国家计委组织的"七七工程"专门对爆破有害效应进行了大规模的系统观测研究，许多科研单位和高等院校，在爆破振动、冲击波、个别飞散物、噪声和有害气体等方面开展了大量研究和观测，取得了大量宝贵的科学数据，对指导爆破工程、制定爆破安全标准和控制措施发挥了积极作用。

⑨ 应当特别指出，随着人们环保意识的提高，爆破作业对环境的影响已逐步得到广泛重视，在许多复杂环境的爆破工程中，普遍进行了爆破安全监测，特别是爆破振动的监测。近年来，还在建筑物拆除爆破的粉尘控制技术、爆破对水中生物的影响、爆破噪声控制及避免爆破对生态环境的破坏等方面，进行了积极的探索，并取得一定成果。

⑩ 近十多年来，爆破安全管理进一步得到重视和加强，1996 年以来，在公安部门支持下，中国工程爆破协会先后对 2 万余名爆破技术人员进行了安全技术培训考核，并实行持证上岗制度；修订颁发了全国统一的《爆破安全规程》；为适应市场经济发展，加强竞争机制，择优汰劣，对爆破公司实施资质等级管理，对爆破工程实行分级管理，对重大爆破工程的设计施工，进行安全评估，并逐步推行了爆破工程安全监理制度。这些制度的实施使我国工程爆破安全管理更加有序和规范。

1.3　建立工程爆破安全保障体系

只有解决与爆破有关的安全技术问题，爆破技术的应用才能发挥更大的作用。在新世纪，我国将建设资源节约型、环境友好型社会作为重要的战略目标。对爆破工程来讲，随着应用领域的进一步扩大、应用环境更为复杂，要进一步重视爆破安全技术的发展与实施，重点研究爆破作业安全与对周围环境保护的控制技术，通过技术创新，改善爆破安全和环境污染问题，加强爆破安全管理，建立更为完善的工程爆破安全保障体系。根据《中国工程爆破行业中长期科学和技术发展规划》，建立工程爆破安全保障体系的目标和任务主要为：

① 发展新型、安全、可靠的民爆产品，并达到系列化。我国已决定淘汰铵梯炸药、导火索、工业火雷管和高污染的起爆药剂，在爆破工程中要大力推广应用低污染、低感度、性能优良、安全可靠的工业炸药和起爆器材。要组织力量研制开发数码电子雷管起爆系统和低能导爆索非电起爆系统，发展完善塑料导爆管非电起爆系统，形成电与非电相互配套可供选择的安全起爆系统；研制开发适用于露天和地下爆破作业的远程遥控起爆技术和配套的专用仪器设备与网路检测仪表，并在爆破工程中推广应用；研究现代加密技术的安全高效遥控爆破网路技术、仪器与仪表。

② 国家鼓励发展民用爆炸物品生产、配送、爆破作业一体化的经营模式。要建立高效安全与系统和谐的“科研—生产—配送—爆破作业一体化”民用炸药爆破技术新体系，大力倡导、积极发展和推广炸药现场混装作业方式；进一步提高装药、填塞机械化水平，改变劳动密集型生产方式；推广预装药爆破技术。

③ 在爆破理论和计算机模拟技术方面，要取得重大进展。探索爆炸能量控制技术的新方法，研发炸药能量转化过程的精密控制技术，提高炸药能量利用率，实现爆破技术精细化，在爆破工程技术上取得新的突破；采用现代仿真技术模拟爆破过程及爆破效果，优化爆破设计。

④ 改变我国工程爆破施工装备技术相对滞后的状况，发展和引进先进的工程爆破施工装备。在爆破工程中应用测量新技术及其他有利于安全作业的新设备、新工艺、新技术，实现配套推广，提高爆破施工作业的机械化和自动化水平。

⑤ 开发“数字化”爆破技术，实现爆破施工过程信息的数字化、网络化、智能化和可视化。采用遥感技术（RS）、地理信息系统（GIS）和全球定位系统（GPS），实现施工场地的地形、地貌、建筑物、施工项目等一切空间信息的数字化；利用可视化特性，对整个施工现场场景和施工过程进行三维展现，通过实时交互修改参数来对不

同施工方案进行比较;并开发能对钻孔数据、爆破设计、爆破效果进行评价、综合、监测、控制的仪器、仪表与系统软件。通过编码实施爆破起爆时差和顺序的即时调整,实现爆破图表设计和结果预测的全自动控制。

⑥ 大力开展拆除爆破安全技术与智能设计系统的研究,进一步提高在复杂环境条件下拆除爆破的安全性和可靠性。针对不同拆除对象的结构特点与拆除安全要求,研究拆除控制爆破的精细设计技术,提出相应的有效防护方法;拆除爆破要努力做到建筑物拆除、废弃物的运输处理一体化,最大程度地减少爆破对周围环境的影响。

⑦ 开发爆破技术应用的新领域,研发相应的安全技术。例如实现深水工程和海底隧道爆破施工和安全技术的突破;实现爆破加工作业降低噪声的控制技术;实现复杂环境条件下特种爆破作业的远程安全控制等。

⑧ 在爆破作业中重视环境保护,提高到一个新水平。研究爆破作业安全与周围环境保护的控制技术,改善爆破安全和环境污染问题,在研究爆破地震波、爆破空气冲击波、噪声与爆破粉尘的产生机制和传播规律的基础上,提出安全评定标准和有效的防治技术措施;不允许爆破对生态环境的破坏,工程爆破要为保护生态环境服务。

⑨ 研制新的爆破振动、空气冲击波、水中冲击波、噪声等测试仪器,爆破监测仪器要向自动化、微型化、多功能方向发展,以满足爆破技术发展的需要;要重视爆破有害效应的监测工作,提高监测水平,建立各类爆破作业的安全监测细则和技术标准;对重大爆破工程实施爆破安全监测和信息化施工;保证爆破工程的环境安全。

⑩ 开发对民用炸药的自失效核心技术研究;开发对各爆炸物品实现监控与示踪检测的核心技术;爆破器材意外爆炸防治技术的研究。在反恐、防爆、排爆领域,取得一批卓有成效的研究和技术成果,为维护社会稳定和国家安全做贡献。

⑪ 形成技术标准是保障工程爆破安全的重要目标。为了预防事故的发生,必须制定生产过程中物的状态、人的行为和环境条件的标准、规章、规定、规程等,并使标准制定与科研、开发、设计、施工相结合,保证标准的先进性和效能性,逐步形成工程爆破行业标准体系。

⑫ 国家明确对民用爆炸物品的生产、销售、购买、运输和爆破作业实行许可证制度,对爆破作业人员实行许可制度;对爆破企业资质和爆破作业人员实行分级管理制度。我们要进一步提高安全管理意识和责任,使我国的爆破安全技术和安全管理提高到一个新水平。开展工程爆破安全理论和爆破行为学的研究;研究建立爆破工程安全预测和管理系统;编制爆破典型事故安全评价软件。加快研发工程爆破行业应用系统软件,组建中国爆破行业数据库集群,使中国爆破网成为一个完整的涉爆管理平台和功能齐备的管理专网,为行业管理、安全生产、监察监管、公共安全、反恐防爆等提供技术支撑和服务。

总之,建立工程爆破安全保障体系是一项系统工程,并要落实到每一个爆破企业、每一项爆破工程中。爆破企业要明确各级人员的安全责任,落实安全管理制度,加强安全教育,通过系统安全分析、安全评价和安全措施,最大程度地避免发生各种事故,还应针对可能出现的爆破安全风险与事故制定应急预案,在处理方案、人员组织、技术措施、设备材料供应、外部协调等方面,有一种或多种准备,一旦出现风险,可立即启动预案,最大程度地减少损失和影响。

第2章 工业炸药的安全性评价及使用安全

2.1 工业炸药在爆破工程中的安全影响

2.1.1 爆破工程对工业炸药的安全要求

2.1.1.1 工业炸药的主要特征

炸药是指在一定条件下能发生化学爆炸的物质，包括化合物和混合物。炸药具有以下四个基本特征。

① 高能量密度。由表2.1可知，普通燃料燃烧放热量远高于炸药燃烧的放热量，但炸药单位体积释放的能量远大于普通燃料，由此可知，炸药是一种高能量密度的物质。

表2.1 炸药与一般燃料的放热量及能量密度的比较

炸药或燃料名称	放热量 Q/kJ·kg^{-1}	能量密度 q/kJ·L^{-1}
煤	32 660	17.90
汽油	41 870	17.60
黑火药	2 930	2 805.00
梯恩梯	4 187	6 700.00
黑索金	5 860	10 467.00

② 强自行活化。条件一旦具备，炸药反应速度很快，能量释放大，且远高于其活化能。部分炸药爆炸后可不断地使与其接触的部分活化，发生反应，直到全部结束。因此炸药是一种能强自行活化的物质。

③ 亚稳定。炸药不是一触即发的危险品，也不是一种非常稳定的物质，而是一种亚稳定物质。只有在一定外界作用下才发生爆炸，而在通常情况下是安全的。

④ 能自供氧。炸药的燃烧、爆轰是炸药分子或组成物组分之间的化学反应，不需外界供氧。

2.1.1.2　炸药发生爆炸的条件

炸药在外能作用下可能发生三种基本形式的化学反应，即热分解、燃烧和爆炸。

① 热分解。炸药在常温下或受热作用时，会发生缓慢的分解并放出热量，这就是热分解。炸药热分解的速度随温度的升高而加快。所以在储存炸药时要注意通风，保持常温，防止炸药因温度过高导致热分解加快而引起燃烧或爆炸事故。

② 燃烧。炸药在火焰或热作用下可能引起燃烧。燃烧的速度一般比较慢，但当燃烧生成的气体或热量不能及时排出时，可能出现爆燃，最终转化为爆炸。因此，当遇到炸药燃烧时，切不可采用沙土覆盖法去灭火。

③ 爆炸。当炸药受到足够大的外能作用时，会发生猛烈的化学反应，引起炸药爆炸。爆炸反应传播速度保持在稳定值时的化学反应称为爆轰。这时炸药的能量释放最充分、最集中。1 kg 球形药包爆炸时，所释放的能量有数百万焦耳。因此，炸药是一种蕴藏着很大能量的物质。

上述三种反应形式不是相互独立的，在一定条件下，可以相互转化。如当炸药失火时，应设法控制温升和热能积聚，以免转化为爆炸，造成事故。使用炸药时，要给予足够的外能，防止出现不稳定爆炸，造成半爆或拒爆事故。

炸药爆炸具有以下三个主要特征。

① 化学反应过程大量放热。放热反应是炸药爆炸最基本的特征，是炸药爆炸得以自动高速进行的必要条件，也是炸药爆炸对外做功的动力。因放热才有能量使得反应过程自行传播，如果没有足够的热量释放，化学反应不能为继续反应提供能量，不能形成爆炸。例如：

$$(NH_4)_2C_2O_4 = 2NH_3 + H_2O + CO + CO_2 - 263.3\ kJ$$

$$Ag_2C_2O_4 \longrightarrow 2Ag + 2CO_2 + 123.4\ kJ$$

以上两个反应，虽然都生成气体，且反应非常迅速，但第一个反应是吸热反应，不能形成爆炸。第二个反应生成大量热量，使反应迅速进行并稳定传播，这样的反应才能形成爆炸。一般常用工业炸药爆炸时，每 1kg 放出的热量大于 3 000 kJ。

② 化学反应高速进行。高速进行是炸药爆炸区别于一般化学反应的标志。只有高速进行，才能忽略能量转变过程中热传导和热辐射的损失，使反应释放的热量几乎全部用来加热气体产物，使其温度升至数千摄氏度，压力猛增至几万 MPa。借助高温高压气体的膨胀对外做功，形成爆炸现象。例如，1 kg 煤在空气中燃烧可释放 32 660 kJ 的热量，比 1 kg 普通炸药爆炸时释放的热量 2 900～6 300 kJ 多得多，但其反应持续的时间较长，不能形成爆炸。

一般工业炸药的爆速可达 2 000～6 000 $m \cdot s^{-1}$。炸药爆炸反应一般都在微秒量级完成。1 kg 梯恩梯药包完全爆炸的时间为几个 μs。

③ 化学反应过程生成大量气体。气体产物是炸药爆炸对外做功的介质，由于气体具有可压缩性和很高的膨胀系数，炸药爆炸瞬间产生的气体产物处于强烈的

压缩状态，在反应所释放的大量热量的作用下形成高温气体，急剧膨胀，对周围介质产生巨大的压力而造成破坏。1 kg 工业炸药爆炸的气体生成量一般在 700～1 000 L左右。

气体是能量转换的介质，如果没有大量气体生成，即使反应释放的热量再多，速度再快，也不会形成爆炸。如铝热剂反应：

$$2Al + Fe_2O_3 = Al_2O_3 + 2Fe + 841.4\ kJ$$

反应十分迅速，而且放出很多的热量，这些热量足以将反应物加热到 3 000 K，但由于没有气体产生，这样的化学反应终究不能称为化学爆炸。

综上所述，炸药爆炸三个要素相辅相成，缺一不可。

2.1.1.3 爆破工程及其基本特征

利用炸药的爆炸能量对岩土类介质做功，以达到预定工程目标的作业，称为爆破。工程爆破，作为人类改造自然的有力工具，有以下四点基本特征。

① 具有特定的工程对象和目标要求。任何一个工程爆破项目，都有确定的爆破对象和范围，以及对爆破效果（质量）、安全、工期及主要技术经济指标等的要求。这些，一般应由业主明确提出。

② 应进行工程设计和施工作业。任何一个工程爆破项目，都应在调研、勘测以及可行性研究的基础上进行技术设计和施工组织设计，施工作业应严格依据设计文件实施。一般，应由业主通过招标选择设计和施工企业，并签订工程爆破设计和施工合同。

③ 项目密切结合工程实际，爆破效果通过实践评价检验。任何一个工程爆破项目，都有各自不同的客观环境和施工条件，无论是爆破设计，还是施工都必须密切结合工程实际，针对性地选择方案、参数、技术和安全措施，才能取得良好的爆破效果；也只有通过爆破实践，才能最终检验和评价爆破效果。

④ 药包爆炸过程及所产生的效应必须是可控的。这是炸药作为能源用于工程的基本要求，不仅要做到严格按照设计要求的方式、时序实现对药包起爆，并保证准爆；而且应做到有效地控制爆破产生的有害效应，保证环境的安全。

2.1.1.4 爆破工程对工业炸药的要求

工业炸药的质量和性能对工程爆破的效果和安全均有较大的影响，根据工程爆破作业的要求，工业炸药应具备以下基本特点。

① 爆炸性能好，具有足够的爆炸威力，以满足各种工程爆破对象的作业要求。

② 具有较低的炸药感度和适当的起爆感度，既能保证生产、储存、运输和使用的安全，又能保证有效起爆。

③ 炸药配比为零氧平衡或接近零氧平衡，以保证爆炸产生较少的有害气体，同时炸药中应不含或少含有害成分，炸药生产、使用过程中不会给人体和环境带来危害或污染。

④ 具有较高的热安定性和物理化学相容性，具有适当的稳定储存期。在规定

的储存期内，炸药不会变质失效。

⑤ 加工工艺简单，操作安全可靠；使用方便，易于装药。

⑥ 原料来源广泛，价格低廉。

2.1.2　炸药感度对爆破工程的安全影响

炸药在外界能量的作用下，发生爆炸反应的难易程度称为炸药感度。引发炸药爆炸的外界能量形式很多，常见的有热作用(直接加热、火焰、电火花)，机械作用(撞击、摩擦、针刺、射击)，冲击波、爆轰波作用。此外还有各种光照射、静电、离子、电子、中子、核碎片、超声波等。炸药感度与所需的起爆能成反比，炸药爆炸所需的起爆能愈小，该炸药的感度愈高。按照外部作用形式，炸药感度有热感度、机械感度、爆轰感度和静电火花感度之分。

2.1.2.1　炸药热感度对爆破安全的影响

炸药在热能作用下发生爆炸的难易程度称为炸药热感度，通常以爆发点和火焰感度等来表示。

① 炸药的爆发点。炸药的爆发点是指使炸药开始爆炸所需加热到的介质的最低温度。应该注意，这一温度并不是炸药爆炸时炸药本身的温度，也不是炸药开始分解时本身的温度，而是指炸药分解自行加速开始时的环境温度。一般把炸药从开始分解自行加速到爆炸所经历的时间称为爆发延滞期。表 2.2 列出了一些炸药的爆发点。

表 2.2　几种炸药的爆发点

炸药名称	爆发点/℃	炸药名称	爆发点/℃
EL 系列乳化炸药	330	雷汞	175～180
2 号岩石硝铵炸药	186～230	氮化铅	300～340
3 号露天硝铵炸药	171～179	黑索金	230
2 号煤矿硝铵炸药	180～188	特屈儿	195～200
3 号煤矿硝铵炸药	184～189	硝化甘油	200
硝酸铵	300	梯恩梯	290～295
黑火药	290～310	二硝基重氮酚	150～151

在爆破工程中，由于违章作业，炸药在外界热能作用下发生爆炸的事故应引以为戒。例如，1970 年 6 月，辽宁某矿井下炸药库存放二号铵梯炸药 1 700 kg，雷管 500 余发，库内违章用 12 盏 100 W 灯泡照明，兼做防潮烘烤，由于灯泡直接和雷管

接触,造成雷管局部连续受热,致使雷管爆炸,并导致炸药爆炸,炸死 47 人[①]。爆破安全规程规定:夜间装药,硐外可采用普通电源照明。照明灯应设保护网,线路应采用绝缘胶线,灯具和线路与炸药堆和硐口之间的水平距离应大于 20 m。在作业现场或硐室内使用电压不高于 36 V 的照明器材。从带有电雷管的起爆药包或起爆体进入装药警戒区开始,装药警戒区内应停电,可采用安全蓄电池灯、安全灯或绝缘手电筒照明。

在超过 60 ℃的高温矿井爆破时,爆破安全规程对加工药包、装药工艺和安全措施做出一系列规定,必须严格遵守。例如,应选用和加工耐高温的防自爆药包;孔温不应高于药包安全使用温度;爆前、爆后应加强通风,并采取喷雾洒水、清洗炮孔等降温措施;从向孔内装药至起爆的相隔时间不应超过 1 h 等。当孔内温度更高时,各项规定更为严格,例如,应采用石棉织物或其他绝热材料严密包装炸药或专用定型隔热药包,装药至起爆的间隔时间应经过模拟试验来确定等。

同样,爆破安全规程规定:“高温、高硫区不应进行预装药作业”,“在药壶爆破中,用硝铵类炸药扩壶,每次爆破后应等待 15 min 或满足设计确定的等待时间(温度低于 40 ℃),才准许重新装药”。这些都是基于炸药热感度对爆破安全的影响而做出的规定。

② 炸药的火焰感度。炸药在明火(火焰、火星)作用下,发生爆炸的能力称为炸药的火焰感度。实践表明,在非密闭状态下,黑火药与猛炸药用火焰点燃时通常只能发生不同程度的燃烧,而起爆药却往往表现为爆炸。无疑,这种火焰感度的不同,使人们有可能据此选择使用不同炸药,以满足不同的需要。例如选择火焰感度较高的起爆药(如二硝基重氮酚、叠氮化铅等)作为雷管的第一装药,选择黑索金等猛炸药作为第二装药。

在爆破工程中,应重视明火(火焰、火星)引发炸药爆炸的安全事故,据煤矿安全生产监察局统计,1995 年 49 起一次死亡 10 人以上的瓦斯爆炸事故中,有多起是炮孔用煤末代替炮泥填塞,导致火焰从炮孔中喷出而引发的重大事故[②]。1988 年 1 月,某工程队在距伙房不足半米处违章建造一简易炸药库,炊事员在烘烤湿柴时,不慎引发火灾,致使库存 1 000 余发雷管和 1.5t 炸药爆炸,造成 38 人死亡,31 人受伤[③]。鉴于常用工业炸药的火焰感度比较敏感,爆破安全规程规定:在爆破作业场所,不应存在明火;同时,不应将火柴、打火机等带入。炮孔填塞材料,不应有煤粉、

① 中国力学学会工程爆破专业委员会编. 全国爆破器材管理人员培训教材:爆破器材管理人员读本[M]. 北京:冶金工业出版社,1994:240.

② 中国工程爆破协会,顾毅成主编. 爆破工程施工与安全[M]. 北京:冶金工业出版社,2004:276,274.

③ 中国工程爆破协会,张永哲主编. 爆破器材经营与管理 [M]. 北京:冶金工业出版社,2004:125.

块状材料或其他可燃性材料。

2.1.2.2　炸药机械感度及对爆破安全的影响

炸药机械感度可分为撞击感度、摩擦感度、针刺感度和射击感度等。炸药的撞击感度指炸药在机械撞击下发生爆炸的难易程度，是炸药最重要的感度指标之一。炸药的摩擦感度指在机械摩擦作用下炸药发生爆炸的难易程度。

在爆破器材的储存、装卸、运输、使用过程中，受到机械的撞击、摩擦或偶然落下的重物冲击时，都可能引起爆炸，酿成事故。例如，1976 年 6 月黑龙江某炸药库三名工作人员清扫仓库时，一名工人往地上扔一个四角包有铁包角的木箱，铁包角撞击水泥地面产生火花，引起散落在地面上的炸药起爆，导致炸药库(存放黑火药 3 000 kg，发射药 7 000 kg)爆炸，伤亡惨重。又如，ICI 澳大利亚分公司的一个石灰石采场，使用履带前端铲运机把胶质炸药运往爆炸地点，在铲运机的铲斗中装了 10 箱炸药，当铲运机沿着缓坡向下行驶时，1 箱炸药滚出，司机未能看见，铲运机的右侧正好压在炸药上，引起爆炸，并使另外 9 箱炸药也殉爆，司机死亡①。

爆破安全规程规定：装卸、搬运爆破器材应轻拿轻放，装好、码平、卡牢、捆紧，不得摩擦、撞击、抛掷、翻滚、侧置及倒置爆破器材。应用木、竹或其他不产生火花的材料制成的工具，填塞炮孔；装药发生卡塞时，若在雷管和起爆药包放入之前，可用非金属长杆处理；装入起爆药包后，不应用任何工具冲击、挤压。应将导爆索起爆网路布置在掩蔽的地方，以免遭受偶然掉落重物和其他机械作用的冲击。采用人工搅拌混制炸药时，不应使用能产生火花的金属工具；新混制设备和检修后的设备投入生产前，应清除焊渣、毛刺及其他杂物。

2.1.2.3　炸药的爆轰感度及对爆破安全的影响

炸药的爆轰感度用来表示一种炸药在其他炸药的爆炸作用下发生爆炸的难易程度，一般用极限起爆药量表示。几种猛炸药的极限起爆药量列于表 2.3。由表中数据可看出，同一种起爆药，对不同猛炸药的极限起爆药量是不相同的，就是说不同炸药的爆轰感度是不同的。对于没有雷管感度的工业炸药(如多孔粒状铵油炸药、浆状炸药)的极限起爆药量，通常以中继起爆药包(柱)的最小重量来衡量。

表 2.3　几种单质猛炸药的极限起爆药量

起爆药名称	受试炸药/g		
	梯恩梯	特屈儿	黑索金
雷　汞	0.24	0.19	0.19
氮化铅	0.16	0.10	0.05
二硝基重氮酚	0.163	0.17	0.13

① 中国力学学会工程爆破专业委员会编. 全国爆破作业人员培训教材：爆破员读本[M]. 北京：冶金工业出版社，1992：285.

关于炸药的爆轰感度及对爆破安全的影响，要从两个方面来注意：一是对于某些工业炸药，比如采用冷加工且加工粗糙，颗粒较粗、拌和较差的粗粉状铵油炸药，由于爆轰感度较低，雷管不能直接起爆，需借助大约10%的普通炸药制成起爆药包辅助起爆。部分乳化炸药、浆状炸药、水胶炸药，也需要中继药包起爆。另一方面，由于炸药的爆轰感度，有可能造成安全事故，例如，1999年4月30日，武胜某公司在四川广元机场进行常规爆破时，诱发了3年前一拒爆药室(10 t)爆炸，飞石砸向1 km外数十户人家，造成1死26伤[①]。这一事故提醒我们，即使是认为"失效"的炸药，仍有爆轰感度，因此必须及时发现和处理盲炮。

2.1.2.4 炸药的静电火花感度及对爆破安全的影响

炸药的静电火花感度，可用使炸药发生爆炸所需最小放电电能来表示，或用在一定放电电能条件下所发生的爆炸频数来表示。高电压静电放电产生火花时，形成高温、高压的离子流，并集中大量能量，这种现象类似于爆炸，同样能在炸药内产生激发冲击波。因此，炸药在静电火花作用下发生的爆炸，既与热作用有关，也与冲击波的作用有关。

由于炸药的静电火花感度可能会造成安全事故。例如，1961年我国东北某工厂，因静电引起梯恩梯粉碎车间爆炸，同时殉爆了另一个车间，造成重大的损失；1980年东北的另一个工厂，由于人体行走产生的静电引起电雷管爆炸而造成人员死亡事故；1996年1月，湖南邵阳某村办厂在机械、工房无任何安全措施的情况下，长期加工细度0.147 mm的黑索金，因药尘积累，振动摩擦形成高压静电和热点，在火花作用下发生大爆炸，死134人，伤405人，106户、605间房屋受损，爆炸中心炸出直径20 m、深8 m的大坑[②]。又如，1972年，西南某矿井下大爆破，用铁架子车运炸药，由于架空线与铁轨短路产生电弧，电弧熔渣使车上的4.3 t炸药燃烧，造成炮烟中毒，伤亡多人[③]。

在炸药生产和爆破作业现场利用装药车(器)经管道输送进行炮孔装药时，炸药颗粒之间或炸药与其他绝缘物体之间发生摩擦会产生静电，有时会形成很高的静电电压(可达数十 kV)。当静电电量或能量聚集到足够大时，就有可能放电产生电火花而引燃或引爆炸药。据日本矿业防灾协会的不完全统计，自1967年3月到1972年1月，日本共发生7起由压气装药产生的静电所引起的早爆事故[④]。

---

① 中国工程爆破协会，顾毅成主编. 爆破工程施工与安全[M]. 北京：冶金工业出版社，2004：274.

② 中国工程爆破协会，张永哲主编. 爆破器材经营与管理[M]. 北京：冶金工业出版社，2004：122.

③ 中国力学学会工程爆破专业委员会编. 全国爆破器材管理人员培训教材：爆破器材管理人员读本[M]. 北京：冶金工业出版社，1994：245.

④ 中国力学学会工程爆破专业委员会编. 全国爆破工程技术人员培训教材：爆破工程(上、下册)[M]. 北京：冶金工业出版社，1992.

目前，尚无有效方法避免静电产生，但可以采取措施，防止静电积累，或将产生的静电及时消除和泄漏掉，以免发生事故。在炸药生产中，通常采用的防静电事故的措施有：工房增湿；设备接地、容器壁涂上能减少产生静电的物质或防静电剂；炸药颗粒包敷导电物质或表面活性剂；桌面、地面铺设导电橡胶等。在爆破地点使用压气装药器装药时，所有设备必须有可靠的接地，防止静电积累；在装药时，不应用不良导体垫在装药车下面；输药风压不应超过额定风压的上限值；持管人员应穿导电或半导电胶鞋，或手持一根接地导线。一般认为，炮孔潮湿，则输药管上的电荷和吹入炮孔的炸药颗粒所带的电荷很快向大地泄漏，静电不易集聚，当相对湿度大于 70%时，不致因静电引起早爆事故。

2.1.2.5　影响炸药感度的因素

影响炸药感度的因素可归纳成炸药自身的内在因素与外界因素两个方面。

炸药分子中各原子间的键能越大，破坏它就越困难，感度也越低；生成热较小的炸药，其感度就高；热容量大的炸药感度低；而炸药活化能愈小、热传导性愈小，感度则愈高。

通常炸药由固态转化为液态时，感度将提高。例如，液态硝化甘油比在固态时要敏感。硝铵炸药受潮结块时，感度明显下降。结晶状态对同一种炸药的感度也有影响。起爆药的撞击感度是随着结晶颗粒的加大而增加，随着颗粒的减小而减小，而猛炸药的撞击感度则随着颗粒尺寸的减小而增加。

一般情况下，炸药随着密度增加，感度会降低。因为密度大时，同量的起爆能作用于每个颗粒上的单位能量减少。另一方面，随着密度的增加，必然减少晶体移动的可能性，减少了产生灼热核的机会，即不利于起爆。当密度过大时，就会造成所谓“压死”现象。

随着温度升高，炸药的分子运动加速，使炸药分解所需的起爆能减少，炸药的各种感度增大。

惰性杂质掺入炸药，一般都会降低炸药的爆轰感度。对于热作用而言，这种影响也是存在的。其原因是惰性杂质将一部分热能吸收使其本身温度升高，但不参加反应，因此为了引起爆炸就需要较大热能。对于机械感度来说，掺入惰性物质对其影响取决于杂质的硬度、熔点、含量、粒度等性质。当惰性杂质的硬度大于炸药的硬度，而且具有棱角时，如石英沙粒、碎玻璃等，可使炸药的机械感度增高，这类物质通常称为增感剂。而另外一些很软，且热容量大的物质，如水、石蜡等，掺入后可使炸药的感度降低，通常将此类物质称为钝感剂。

毋庸置疑，炸药的感度是一个很重要的属性，在炸药的生产、运输、储存和使用过程中要给予足够的重视。对于感度高的炸药要有针对性地采取预防措施，而对于感度低的炸药，特别是起爆感度低的炸药，在爆破工程中使用时要注意选用合适的中继起爆药包。

2.1.3 燃烧、爆轰相互转化及其对爆破安全的影响

2.1.3.1 炸药化学反应的基本形式

炸药反应的激发条件、炸药的性质及周围的环境不同，炸药反应发生的形式也不相同。根据炸药反应传播速度和性质的不同，可将炸药反应分为四种基本形式：热分解、燃烧、爆燃和爆轰。依据外界条件的不同，炸药化学反应的形式可以按以下方式相互转化。

$$\text{热分解}\underset{\text{放热量}>\text{散热量}}{\overset{\text{放热量}<\text{散热量}}{\rightleftharpoons}}\text{燃烧}\underset{\text{速度加快}}{\overset{\text{速度减慢}}{\rightleftharpoons}}\text{爆炸}\underset{\text{速度最大}}{\overset{\text{速度衰减}}{\rightleftharpoons}}\text{爆轰}$$

① 热分解。在常温常压下，炸药会自行分解，这种分解作用在炸药内部展开，没有集中区域。分解速度的快慢取决于环境的温度，当环境温度升高时，反应速度会加快；当温度升高到一定值时，反应会转化为爆燃甚至爆炸。外界环境条件的不同，炸药性质的不同，炸药热分解的速度也不同，炸药热分解的性质显然影响其储存性能。在常温下，火药、推进剂可安全储存 20 年，梯恩梯可安全储存 40 年以上。受组成成分及制造方式的影响，工业炸药的稳定储存时间较短，一般为半年到一年。研究炸药的热分解对炸药储存具有重要的实际意义，库房的温度和药箱堆放的数量与方式都会对炸药的热分解产生影响。因此，一般库房储存的炸药不宜堆积过多、过密；应保持库内通风良好，防止温度升高，避免炸药热分解的加剧而导致燃烧甚至爆炸事故的发生。

② 燃烧。在火焰及其他热源的作用下，绝大多数炸药都能够稳定的燃烧而不爆炸。炸药燃烧依靠燃烧波在炸药中向未反应区传播。炸药的燃烧反应是从炸药的某个局部开始，然后沿着炸药的表面或轴向以缓慢的速度传播。通常的反应速度是每秒几毫米到数十厘米。只要压力、温度不变，燃烧就不会改变，直到炸药完全燃烧。

炸药燃烧的主要特点，是传播速度比较缓慢。例如，在大气压力下，雷汞(密度 $3.8\ g \cdot cm^{-3}$)的燃烧速度为 $1.55\ cm \cdot s^{-1}$，二硝基重氮酚(密度 $1.48\ g \cdot cm^{-3}$)为 $2.15\ cm \cdot s^{-1}$，黑索金(密度 $1.16\ g \cdot cm^{-3}$)为 $2.49\ cm \cdot s^{-1}$。燃烧过程的热交换决定了燃烧的速度及其变化。而燃烧过程的热交换，受到多种条件影响，它既取决于炸药本身的种类、组成和装药条件，又受外界压力、温度等条件的制约。

一般，燃速随着外界压力的增大而加快。实验表明，对不同的炸药，存在某最小压力，在该压力下，炸药燃烧不能保持而趋于熄灭。例如，黑索金的最小燃烧压力为 600 mm 汞柱，硝化甘油为 24 mm 汞柱，而雷汞在极低的外界压力下仍能燃烧。

炸药本身的温度高，燃速也会加快。例如，特屈儿及黑索金在 100 ℃与 0 ℃时燃速的比值分别为 1.81 与 1.46。

在一定的范围内，炸药燃速随密度的减小而加快，随密度的增加而减慢。当然，密度太小，装药过于松散，热量的散失起主要作用，由于热平衡被破坏，燃烧反会趋于熄灭。

在某种外界压力和装药密度条件下，要使燃烧保持下去，装药直径不能小于某一数值。例如，对于密度为 1.59 g · cm^{-3}的铸装梯恩梯，保证燃烧能持续进行的最小直径是 32mm，铸装特屈儿（密度为 1.60 g · cm^{-3}）为 5.7 mm，黑索金（密度为 1.0 g · cm^{-3}）为 6.0 mm。导爆索内的黑索金药芯直径仅有 3.2 mm，所以用火焰点燃一端，很快就熄灭。超过最小燃烧直径之后，随着直径的增大，燃速将稍有增加，至某一数值后，燃速成为定值。

装药外壳的存在增加了燃烧区的压力，进而造成燃速的增长，因此，外壳愈坚固，燃速愈快。

军事或民用领域利用炸药稳定燃烧而不爆炸这一特性来处理和销毁废旧、过期或剩余炸药。

③ 爆炸。炸药爆炸反应也是从局部开始，但与燃烧在形态上有着本质的区别。一般来说，"爆炸"是指发生能量急剧转变的化学或物理变化，炸药爆炸靠冲击波由反应区向未反应区迅速传播。炸药爆炸的特点是在爆炸点的压力急剧地发生突变时，传播速度亦突然加快，通常每秒达数千米，这种速度与外界条件的关系不大，不论是在密闭或敞开的条件下，都能进行高速度爆炸反应，产生巨大的压力，并伴有声、光效应。但爆炸过程很不稳定，不是过渡到更大爆速的爆轰，就是衰减到很小爆速的爆燃直至熄灭。因此，爆炸只是爆炸变化过程中的一种过渡状态。

④ 爆轰。爆轰是指炸药以其最大的稳定传播速度进行的反应过程。它是炸药所特有的一种化学变化形式，并且与外界的压力、温度等条件无关。通常所说的爆速就是指炸药的爆轰速度，特定的炸药在同样的外界条件下的爆速值是常数，不同炸药爆轰的传播速度一般为每秒数千米直至万米。例如，梯恩梯的爆速为 6 800 m · s^{-1}，系指梯恩梯能达到的最大的稳定的爆炸速度。

广义的爆炸包括爆炸与爆轰。炸药的爆炸与爆轰并无本质区别，只是传播速度不同而已。爆轰的传播速度是恒定的，爆炸的传播速度是可变的，就这个意义上讲，也可以认为爆炸就是爆轰的一种形式，即不稳定的爆轰。爆轰是炸药化学反应最充分的一种形式，反应释放的能量最多。

工业炸药爆炸时的反应热一般在 2 930～6 280 kJ · kg^{-1}之间。依靠反应时放出的热，使爆炸反应得以自发地加速和传播，并使气体产物往往被加热到数千摄氏度，压力可达 10^5 MPa，高温高压反应产物的能量，最后转化为机械能，使周围介质受到压缩或破坏，因此，反应热的大小，往往是衡量炸药做功能力大小的一个重要标志。

爆炸反应一般在 10^{-5}～10^{-6} s 间完成，它的能量在瞬间释放出来，可以达到很高的能量密度，这是其他化学反应所不能比拟的。从总能量的观点来看，和一般的可燃物比较，炸药并非高能物质，但一般可燃物燃烧过程很缓慢，它的能量大都由于热传导和辐射而损失了，故不能达到较高的能量密度。相反，炸药的爆炸反应进行极快，瞬间释放出的能量来不及散失而高度集中，故具有极大的做功能力。

研究表明，炸药的燃烧过程与爆轰过程是不同的，其基本特点是：ⓐ燃烧时反应区的能量通过热传导、气体产物的扩散和辐射而传入原始炸药。但在爆轰时，能量与炸药的连续传爆借助于爆轰波沿炸药的传播来实现。ⓑ燃烧的传播速度大大低于爆轰波的传播速度。燃烧速度总是小于原始炸药中的声速；而爆轰的过程则恰恰相反，它的速度则总是大大地超过原始炸药中的声速。ⓒ在最初的一瞬间，火焰波后的燃烧产物是向后运动的，而在爆轰过程中则恰恰相反。因此，在火焰区域内燃烧产物的压力大大低于在爆轰波后面的压力。ⓓ在炸药燃烧的条件下，化学反应的速度和性质主要决定于外界压力。例如，低氮硝化纤维素及其他某些复杂的硝酸酯在相当低的压力下（$3\times10^3\sim5\times10^3$ kPa）燃烧时，会产生一氧化碳和甲醛，而在较高的压力下就不会产生上述情况。

还应指出，炸药化学变化的上述四种基本形式在性质上虽有不相同之处，但它们之间却有着非常密切的联系，在一定的条件下是可以互相转化的。炸药的热分解在一定的条件下可以转变为燃烧，而炸药的燃烧随温度和压力的增加又可能发展转变为爆炸，直至过渡到稳定的爆轰。毫无疑问，这种转变所需的外界条件是至关重要的。

2.1.3.2 燃烧、爆轰相互转化对爆破安全的影响

在外界能量的激发下，炸药变化的主要形式有两种，即燃烧与爆轰。炸药的燃烧与爆轰，在特定条件下可以互相转化。例如，摊得很薄的炸药，用火点燃，一般都是稳定燃烧，但如果大量堆积，由于热量的积聚和压力的递增，就很容易由燃烧转为爆轰；又如，无烟药在大气中燃烧缓慢，但在枪、炮膛中，由于自身燃烧所造成高压条件，使过程迅速转为爆燃；煤矿炸药在某种条件下，则会由爆轰状态衰减为爆燃。火雷管在火焰作用下的激发过程，在形成爆轰之前，也总存在着一个加速燃烧的过程，在正常条件下，实际上就是由燃烧到爆轰的转化以及爆轰的传播过程，而在不正常情况下，这种过程就会被抑制而表现为半爆或拒爆。

燃烧的稳定程度因炸药的种类不同而异。起爆药的燃烧是不稳定的，容易由燃烧转为爆轰；发射药的燃烧则相当稳定；而一般工业炸药多半处于二者之间。

炸药燃烧时生成的气体越多并且不易排出，燃烧中心压力的增长就越快，燃烧转为爆轰的危险性就增大。气体量的多少主要与燃烧速度和炸药的性质有关。气体散逸的快慢主要由药柱的透气性、结构和密实程度确定。

炸药的临界直径越小和爆轰的能力越高，形成的温升中心就越容易转为爆炸。

在爆破工程中，由于炸药变质，雷管起爆后仅能使起爆药包燃烧，而随着温度和压力的增加，燃速也不断增加，当压力、温度超过某一极限数值时，燃烧的稳定性就被破坏，炸药很快由燃烧变成爆轰。1976 年 5 月 28 日承德磷矿 1 号露天堑沟进

行 14 个硐室 7 t 铵油炸药的松动爆破，用 2 号岩石炸药作为起爆药，炮响后 21 min，东北角一个装药 1 t 的硐室又突然起爆。经查实，即是由于一部分 2 号岩石炸药硬化变质，雷管起爆后仅能使起爆药包燃烧，又由燃烧转为爆轰造成延迟爆破。

当炸药在容器内（特别是密闭时）燃烧时，由于产生的气体不易排出，温度、压力就会急剧增加，炸药燃烧速度也会显著增大，温度超过某一临界值时，燃烧的稳定性就被破坏，此时极易转化为爆轰。例如，1986 年 4 月新疆某石场未经有关部门批准，私自生产炸药，未等炸药冷却，即装入塑料袋，还放在住人的房间里，由于炸药热量未散发，引起自燃爆炸，死 13 人，伤 7 人①。2008 年 6 月 13 日，山西省孝义市安信煤业公司，由于井下炸药库存放的非法私制炸药自燃引起爆炸，产生有毒有害气体，部分巷道垮塌，导致井下作业人员重大伤亡。类似事故，教训极为深刻，必须引起高度警觉和反思。

此外，某些炸药，在特殊条件下，还会产生一种称为“爆燃”的现象。炸药由于质量不好或变质，在爆破工程中引起爆堆起火的案例，即是炸药由爆轰向燃烧的转化。

2.1.3.3　硝酸铵由热分解转为爆炸的事故案例

硝酸铵是工业炸药的主要原料，是一种强氧化剂，国内外曾发生多次重大爆炸事故。因此，我国已将硝酸铵纳入爆炸物品管理。下面，介绍一起硝酸铵由热分解转为爆炸的事故案例②。

2005 年 9 月 12 日，一辆停放在某村公路边的货车里所载的 18 t 硝酸铵发生爆炸，造成 13 人死亡、50 人受伤。爆炸中心现场位于车主宅院内，中心现场有一“斗”型爆坑。爆坑东西向长 16.6 m、南北向长 15.7 m、深 4.0 m，爆坑四周堆积有大量呈放射状的泥土物。根据公安机关的勘验，从爆坑中心至 150 m 范围内提取尘土，以及碎铁片、碎篷布、碎轮胎中均检出硝酸铵成分，均未检出 TNT、汽油、柴油、黑火药成分。现场提取残留铝线上有烧灼特征，未发现用于引爆硝酸铵的外来爆炸装置残留物。由此可见，这起爆炸事件是由非人为因素引起的。

硝酸铵爆炸事故非人为因素有下列几种可能。

① 硝酸铵自身热积累引发的爆炸。装车、运输过程中，散热条件不好。加上硝酸铵自身热分解，放热大于散热，导致车厢内硝酸铵温度升高，加速硝酸铵热分解，最终引发爆炸。

② 某种因素作用，加速热分解发生，导致硝酸铵的爆炸。纯净的硝酸铵是一种钝感的弱爆炸性物质，它的起爆感度较低，常温常压下 $8^{\#}$ 工业雷管难以引爆硝

---

① 中国力学学会工程爆破专业委员会编. 全国爆破器材管理人员培训教材：爆破器材管理人员读本[M]. 北京：冶金工业出版社，1994：248.

② 陈智刚，庙延钢等. 一起硝酸铵爆炸事故原因模拟试验分析[J]. 工程爆破，2006，12(4)：70～73.

酸铵，温度升高时，硝酸铵的热感度、机械感度和爆轰感度都会增大。尽管常温常压下干燥的纯硝酸铵的分解是很缓慢的，但在某种因素作用下，其分解速度就会大大加快，构成分解正反馈，分解过程的热积累达到起爆条件时就会引起爆炸（硝酸铵的爆发点温度为 465 ℃）。

③ 硝酸铵是强氧化剂，在外界条件作用下，如遇酸碱、高热、摩擦、撞击或与易燃有机物还原剂接触，能引起燃烧或爆炸。历史上，德、美、法、日等国家都曾发生过硝酸铵爆炸恶性事故。

④ 外界高能量作用可以导致硝酸铵爆炸。如强冲击波、爆轰波、雷击、电弧、火源、炽热的金属颗粒等，也容易引起硝酸铵燃烧或爆炸。

⑤干燥的硝酸铵与金属几乎不起作用，但在有水存在或处于熔融状态时，它和铅、镍、锌尤其是对镉及铜的作用很剧烈。硝酸铵与这些金属相互作用产生不稳定的亚硝酸盐，亚硝酸盐和硝酸铵继续作用，生成稳定性很差的亚硝酸铵，容易引起爆炸。

⑥ 硝酸铵受到高速金属物体撞击作用时，也会引起爆炸，中国工程物理研究院曾做过这方面的试验，并证实了这一点。

经过调查，本案例中发生爆炸的硝酸铵是某化工厂头一天生产的并堆放在车间内，每包 50 kg，包装袋内层为塑料膜、外层为编织袋，第 2 天由车主驾驶的解放牌 151 长厢货车装载 18 t(共装 360 包，分 8 层堆放)，货厢四周用帆布覆盖严实。约 16 时从该化工厂准备运往某化肥厂，18 时车主将载有 18 t 硝酸铵的车停放在自家场院内，准备第 2 天送往目的地，不料 23 时 20 分左右发生爆炸。

到该化工厂对硝酸铵生产、包装和运输情况进行调查和现场检测，了解到硝酸铵下线包装时的温度高达 90 ℃～100 ℃，由于生产车间内温度较高，第 2 天装车时，硝酸铵袋装外表温度平均在 70 ℃～80 ℃。为论证大量硝酸铵装车后，是否由于散热条件不好，自身热分解可能导致车厢内局部硝酸铵温度升高，加速其热分解，最终引发爆炸。因此，进行了模拟温度测试，试验表明，硝酸铵在堆积和装运过程中，温度随时间变化缓慢，随着时间推移，多数测点温度呈平稳下降趋势。这一试验结果，与“一般情况下，硝酸铵在 100 ℃以下不超过安全储存温度”的观点也是基本吻合的。

调查得知，发生爆炸的车辆在装运硝酸铵之前，装运过锰铁和水泥，在装运硝酸铵时，未对车厢进行清扫。进一步试验表明，硝酸铵与锰铁、水泥混合有强刺激性氨气产生，常温下 4 h 分解量不大，在 80 ℃条件下，4h 分解量为 0.2%～0.3%，在 85 ℃条件下 4 h 分解量为 0.9%～1.0%。由此可见，硝酸铵与锰铁、水泥混合存在时有明显的分解反应，温度越高分解量越大，温度从 80 ℃升到 85 ℃时，分解量成倍增加。

因此试验论证认为本案中发生爆炸的车辆在装运硝酸铵时，车厢未清扫，车箱内的锰铁和水泥残渣，尤其是锰铁残留物，由于形状不规则，在运输过程中导致车厢内的局部硝酸铵包装破损，硝酸铵与锰铁残留物发生作用，加速局部硝酸铵热分解。由于硝酸铵装车时，本身温度高，平均温度高于 60 ℃、局部温度高于 80 ℃，大量硝酸铵堆积在一起，在散热不良环境下，分解放热大于散热，局部温度升高，加速热分解，形成分解升温正反馈。温度上升到硝酸铵分解加速期后，分解急剧加快，同时放出大量热量和气体，此分解过程近似绝热密闭升温加压状态，局部温度剧增，压力增大，最终导致爆炸。

在爆破工程中，硝铵类炸药由于热分解造成的早爆事故，也曾发生过。通过这一案例，应引起我们重视的是，当出厂硝酸铵和硝铵类炸药温度较高时，在运输和装药过程中，应警惕硝酸铵由热分解向燃烧、甚至爆炸的转化。

2.1.3.4　爆破爆堆起火的工程案例

在爆破工程中，由于起爆能不够或炸药变质性能下降，造成爆轰不稳定转化为爆燃、燃烧，甚至熄爆的案例时有发生，可能出现两种结果：一是部分炸药未能引爆，炮孔或药室中留有残药，可称为“残爆”；二是炸药爆炸后产生了可燃性气体，当积聚到一定的浓度时可能发生炸药着火燃烧，这两种结果，不仅影响爆破质量和效果，还可能造成事故隐患和环境安全，也要引起注意。下面，介绍一起在爆破后爆堆起火的工程案例①。

① 概况。铁炉港采石场日爆破方量为 3 万 m^3、月生产合格石料量达 60 万 m^3，采用深孔台阶爆破，乳化炸药装药，全孔不耦合装药结构爆破工艺，导爆管雷管孔内毫秒延迟起爆和排间 V 型起爆。在爆破后曾多次发生爆堆表面冒火事件，例如，2003 年 9 月 21 日下午进行 +40 m、+85 m、+100 m 三平台深孔爆破，18:55 爆炸响声过后，爆破烟尘未全散完，+85m 平台爆堆上出现 3 堆大火，其火焰呈红色，燃烧持续约 2～3 min。第二天上午对现场进行了详细检查，发现 +85 m 平台爆堆岩石表面有三处烧黑的痕迹，爆堆效果差，整个爆堆都是特大块石。9 月 22 日下午进行 +40 m、+55 m、+70 m 三平台深孔爆破，18:58 爆炸响声过后，在 +55 m 平台爆堆上有 5 堆大火，+70m 平台有 3 堆大火，火焰均呈红色(与煤气炉燃烧的火焰相似)，+70 m 平台大火燃烧持续约 5～6 min，+55 m 平台整个爆堆大片着火，燃烧长达 17 min 之久。爆堆散发出浓烈刺鼻的氨气味道。燃烧后现场爆堆效果差，特大块石很多。一个月时间里共发生爆堆着火燃烧的事件 20 次，占月爆破作业次数的 28%，这给爆破质量及安全带来严重影响，集中表现在大块石多、根坎多、装车速度慢，爆破作业成本大幅度上升。

② 爆破后爆堆起火原因排查。深孔爆破后爆堆起火燃烧事件发生后，对起火原因进行现场排查分析。为了查清爆破后爆堆起火的原因，对三家炸药厂的炸药均进行了爆速、猛度、殉爆距离等试验，试验结果符合产品出厂要求。但不同炸药

---

① 李萍丰，罗国庆等．采石场深孔台阶爆破爆堆起火案例初步分析[J]．爆破器材，增刊，2004(33)：52～55.

厂家的炸药、采区内不同地质条件均发生爆破后爆堆起火燃烧的现象，经过爆堆的清理均未发现有残留炸药在爆堆里。

排查试验初步认为：ⓐ采用导爆索—导爆管雷管孔外延时起爆方式可以基本消除爆破后爆堆起火燃烧的现象；ⓑ采用C厂家的炸药爆破后爆堆起火燃烧的概率较小；ⓒ爆破作业规模较小时不会产生爆破后爆堆起火燃烧的现象。由于排查没有达到预期的效果，爆破后爆堆起火原因有必要进一步开展研究。

③ 值得重视的问题。爆破后在爆堆表面，甚至爆堆以外发生冒火事件，曾发生过多起案例。例如，某矿山试验场在野外测定铵油炸药药卷传爆长度时，爆后引燃邻近山坡植被，过火面积约4 000 m^2，烧毁小松树3 000余棵[①]。该次事故起因为炸药爆炸时引燃了药卷上的纸壳箱，爆炸冲击波又把燃烧的纸壳抛掷到邻近的山坡上，引发了一场意想不到的火灾。在某路堑预裂爆破起爆后，也发生从预裂缝中冒火的情况。这些，不仅给现场安全作业带来很大威胁，也对爆破质量有非常大的影响。可以认为，由于起爆能力不足，或炸药的抗爆燃性及可燃气安全度不达标，有可能引起炸药爆轰不稳定，炸药爆炸后产生了可燃性气体，当积聚到一定的浓度时容易发生着火燃烧，在爆破作业施工中必须对此引起重视，还要特别注意，不要在爆破现场遗洒易燃物品。

2.1.4 炸药稳定传爆的条件与影响因素

2.1.4.1 炸药稳定传爆的机理

由以上一些事故案例可知，在一定的条件下炸药起爆后能继续传播，然而在不利条件下，爆炸也可以中止或者转变为燃烧或爆燃；反之，在密闭情况下或者大量炸药燃烧时，也可因热量不断积聚而由燃烧转变为爆炸。了解炸药稳定传爆的机理对工程爆破安全十分重要。

① 反应区化学反应机理。关于在冲击波作用下引起的反应区中化学反应机理有多种解释，但可归纳为两类。第一类是整体均匀灼热引起化学反应。这种反应机理适用于不含气泡或其他掺和物的均质炸药，如不含气泡或其他掺和物的液体炸药。在冲击波作用下，邻接波阵面的炸药薄层均匀地受到强烈压缩，温度迅速上升，产生急剧化学反应。由于整个薄层炸药均需均匀受压缩、灼热而发生反应，这就需要有较强的冲击波来提供较高的压力。第二类是热点局部灼热引起化学反应。这种反应机理适用于不均匀的炸药。与上述整体均匀灼热机理不同，在不均质炸药中，由于冲击波的作用，化学反应首先是围绕热点开始的，然后进一步发展至整个炸药薄层。因为冲击能量首先集中在一定数量的热点处，所以为引起炸药

---

① 黄增泽.从两起火灾事故原因分析论加强管理的必要性[J].工程爆破，2003，9(3)：75～76.

薄层化学反应所必需的冲击波压力比均匀灼热时要低。换言之，较低的冲击波压力也可以引起爆炸反应。但是，由热点形成到全部炸药爆炸反应需要经历一定时间，这样就导致不均质炸药化学反应区宽度大而爆速低，炸药颗粒、密度等各种物理因素对爆轰波传播和爆轰波参数变化的影响更为显著。

工业炸药多为混合炸药，而混合炸药往往含有多种不同性质的成分，这种多成分带来的不均匀性决定其反应区中反应具有多阶段的特点。在冲击波阵面压力作用下，首先是炸药中各成分的分解，即第一次反应。然后，分解产物互相作用，或与尚未分解或尚未气化的成分（如铝粉）发生反应，生成最终爆轰产物，即第二次反应。

② 理想爆轰与稳定爆轰。炸药起爆以后，爆炸点压力发生突变并以压力波的形式传播下去，传播速度很快。但是爆炸过程很不稳定，不是过渡到更大速度的爆轰，就是衰减到很小速度的爆燃直至熄灭。爆轰波在炸药药柱中的传播速度称为爆轰速度，简称爆速。如果炸药起爆后能以恒定不变的爆轰速度进行传播，并能始终如一地完成整个爆炸过程，这种传爆过程被称为稳定传爆。

从爆轰理论可以知道，在稳定爆轰时存在如下关系：

$$D = C + U \tag{2.1}$$

式中：D—爆轰波速度；

C—爆炸生成气体产物的音速；

U—爆轰波后的气体产物的质点速度。

对于任何一种炸药来说，在给定的条件下，爆轰速度均为常数。在爆轰条件下，爆炸具有最大的破坏作用。如果起爆后炸药达不到稳定爆轰，而且爆速不断降低，就可能出现炸药的拒爆。

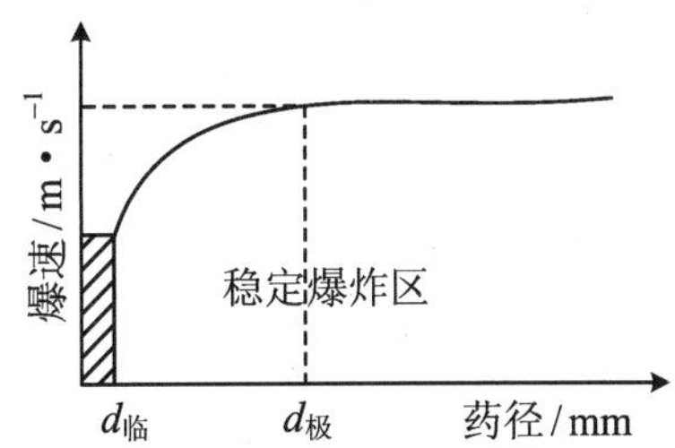

图 2.1　炸药爆速随药包直径变化

图 2.1 表示炸药爆速随药包直径变化的一般规律。它表明，随着药包直径的增大，爆速相应增大，一直到药包直径增大到 $d_{极}$ 时，药包直径虽然继续增大，爆速将不再升高而趋于一恒定值，亦即达到了该条件下的最大爆速，称为理想爆轰。图 2.1 中 $d_{极}$ 右边的区域属于这一类爆轰。$d_{极}$ 称为药包极限直径。随着药包直径的减小，爆速逐渐下降，爆轰波以低于最大爆速的定常速度传播时，则称为非理想爆轰。非理想爆轰又可分为两类：在 $d_{临}$ 至 $d_{极}$ 区间内，爆轰波以与一定条件相对应的定常速度传播，属于稳定爆轰区；一直到药包直径降到 $d_{临}$ 时，如果继续缩小药包直径，即 $d < d_{临}$，则爆轰完全中断，在药包直径小于 $d_{临}$ 的区域属于不稳定爆轰区。稳定爆轰区和不稳定爆轰区合称非理想爆轰区。$d_{临}$ 称为药包临界直径。

同爆速一样，炸药临界直径和极限直径都是衡量炸药爆轰性能的重要指标。

它是在工程爆破中选择不同品种炸药直径的依据。从工程爆破角度来看，显然必须避免不稳定爆轰的发生而应力求达到理想爆轰。亦即，药包直径不应小于 $d_{临}$，而尽可能达到或大于 $d_{极}$。然而，由于技术或其他条件的限制，矿山实际采用的药包直径往往都比 $d_{极}$ 小，即 $d<d_{极}$，尤其在使用低感度混合炸药时更加突出。在这种情况下，不可避免地出现非理想爆轰，尽管达到了稳定爆轰，然而化学反应过程中炸药能量没有完全充分释放出来，造成能量损失。

不同炸药的临界直径和极限直径是不同的。例如，2[#] 岩石硝铵炸药的临界直径为 18～20 mm，EL 与 RJ 系列乳化炸药为 12～16 mm，梯恩梯为 8～10 mm，泰安和黑索金为 1～1.5 mm。极限直径通常是临界直径的 8～13 倍。工程爆破实践表明，在其他条件保持不变的情况下，随着装药直径的增加，其爆炸的稳定性都会得到不同程度的改善。

③ 侧向扩散对反应区结构的影响。药包直径小于极限直径时，药包直径减小，爆速随之下降。当 $d<d_{临}$ 时，爆轰即完全中断。这是因为药包直径缩小时，由于侧向扩散的损耗使得用以维持爆轰波传播的能量急剧减少。为什么会发生能量的侧向扩散？它怎样影响爆轰波传播过程呢？我们知道，冲击波阵面抵达之处炸药薄层受到强烈压缩而产生急剧化学反应，形成化学反应区，化学反应生成的高温高压气体产物自反应区侧向向外扩散。在扩散强大气流中，不仅有反应完全的爆轰气体产物，而且还有来不及发生反应或反应不完全的炸药颗粒以及其他中间产物。由于这些炸药颗粒的逸散，化学反应的热效应降低而造成能量损失。

为了保证得到稳定的传爆，必须满足下面两个条件：

$$V \geqslant V_{临} \tag{2.2}$$

$$\tau < T \tag{2.3}$$

式中：V—爆炸初速度，$m \cdot s^{-1}$；

$V_{临}$—爆炸初速度的临界值，$m \cdot s^{-1}$；

T—炸药被爆轰波驱散所需的时间，s；

τ—炸药颗粒反应时间，s。

实验表明，对于一般工业炸药而言，$V_{临}$ 的取值约为：

$$V_{临} \approx 2C \tag{2.4}$$

式中 C 为爆炸生成物中的声速，单位是 $m \cdot s^{-1}$。

2.1.4.2 影响炸药稳定传爆的因素

以上分析了药包直径对炸药稳定传爆的影响，在实际爆破工程中，起爆能量、含水率、密度、爆破约束条件等往往也对炸药的稳定传爆有很大影响，了解工业炸药的性能，对在爆破工程中正确使用炸药、充分发挥炸药效能非常重要。

① 起爆能量对炸药稳定传爆的影响。爆破工程中常用的铵油炸药和乳化炸药，其爆炸发展过程与外界起爆能的大小有很大的关系。如图 2.2 所示，随着外界起爆能大小的不同，炸药的爆炸状态可能有四种情况：ⓐ起爆能很大。起爆药的爆

轰速度远大于被起爆药的爆速，被起爆炸药初始阶段的传爆速度高于稳定爆速，如图中 *AB* 段所示。这时炸药的爆炸威力得到很好的发挥，而且初始阶段由于起爆能的增强使爆炸威力稍有提高。ⓑ起爆能适中。被起爆炸药的传爆速度接近或等于稳定爆速，如图中 *CB* 段所示。这种情况下炸药的爆炸威力也能充分发挥出来。ⓒ起爆能不够。被起爆炸药初始阶段的传爆速度低于稳定爆速，经历一段延缓时间后才能达到稳定爆速，如图中 *DE* 段所示。这时，炸药的爆炸威力在其达到稳定爆速前不能得到充分发挥。ⓓ起爆能太小。在被起爆炸药中不能激起自行加速的爆炸，炸药的传爆很快就衰减，如图中 *DF* 段所示。

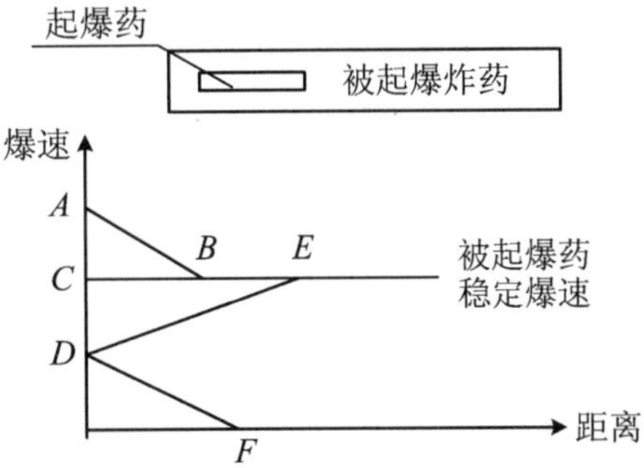

图 2.2　铵油炸药和浆状炸药起爆状态

目前在工程爆破中常用铵油炸药的起爆敏感度低，通常需要用占药包总炸药量 5%～10%的二号岩石炸药或乳化炸药作为起爆药包；在深孔爆破炮孔中采用导爆索起爆铵油炸药时，由于导爆索爆速（6 500 m・s^{-1}）远大于铵油炸药的稳定爆速（约 3 000 m・s^{-1}），可以使铵油炸药的爆炸威力得到加强。直径 18～50 mm 的无约束乳化炸药药卷，可被一只 8 号工业雷管引爆；而大直径散装产品，特别是机械化装填炮孔的产品需要使用一定量的起爆药包（柱）引爆，为了防止拒爆并充分发挥其爆炸威力，采用强力起爆手段，即中继药包起爆法，是十分必要的。

② 炸药含水率对稳定传爆的影响。图 2.3 表示铵油炸药（在直径为 38 mm 的炮孔中）、多孔粒状和结晶状硝酸铵的爆速随含水率而变动的情况。可以看出，随着含水率的增加，铵油炸药的爆速降低，一般要求铵油炸药的含水率不大于 2%，超过该含水率，炸药就可能发生拒爆；乳化炸药具有良好的抗水性能，其最佳含水率为 11%～12%，在实际使用中，如超出其合理的范围，也会影响爆破效果。

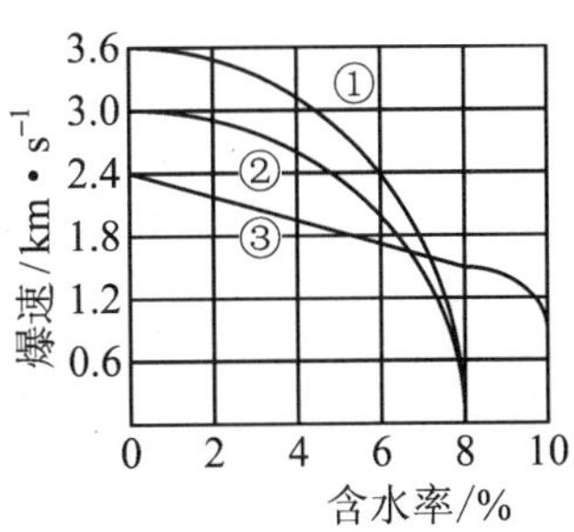

图 2.3　爆速与含水率的关系
（①结晶状硝酸铵；②铵油炸药；③多孔粒状硝酸铵）

③ 装药密度对稳定传爆的影响。装药密度对爆轰状态也影响很大，对于工程爆破用的混合炸药，一般来讲，爆速随密度的增加而增加，传爆稳定性提高，爆速达到最大值时，密度为最佳密度。再继续增大密度，就会导致爆速下降，直至某一密度（通常称临界密度）以上时，爆炸变为不稳定，甚至拒爆。图 2.4 给出了这种影响的关系曲线。

就工业炸药而言，在大孔径深孔爆破使用散装粉状炸药时，炮孔底部炸药密度明显增加，爆后发现炮孔底部可能残留部分炸药，即出现所谓"压死"现象。对铵油炸药和敏化不良的浆状炸药，当超过一定限度(即最优密度)后，也会出现爆速下降、爆炸变得不稳定甚至拒爆的现象。

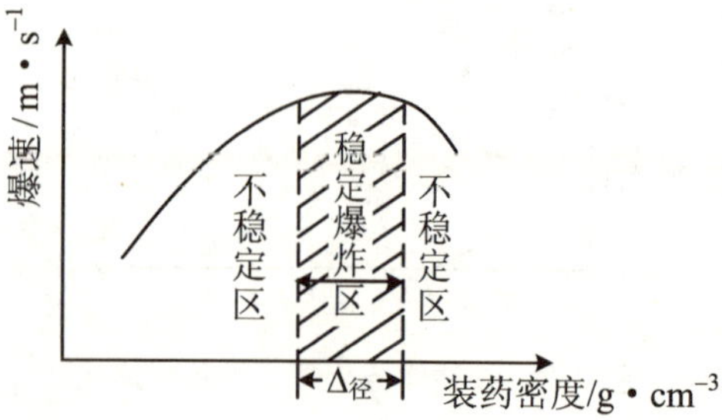

图 2.4 装药密度对爆炸稳定性的影响示意图

这是因为初始时，随着装药密度增大，单位体积内炸药分解能量增多，促使爆速上升，传爆稳定性增高。当装药密度过大时，从起爆过程看，使炸药颗粒间的气泡减少，灼热核的产生也随之减少，导致起爆能分给每一炸药颗粒上的单位能量大大减少，延缓了起爆；另一方面是炸药密度过高时，爆轰波不易穿透波阵面前的各层炸药，故使爆速及爆炸稳定性降低。实践表明，铵油炸药的装药密度以 0.95～1.05 g·cm^{-3}为佳，铵油炸药的自然堆积密度，低于最佳密度值，如采用压气装药，由于硝酸铵颗粒充满孔隙，其装药密度可达 1.0～1.1 g·cm^{-3}，可以提高爆破效果。对雷管起爆敏感的乳化炸药，采用机械化装药时，其装药密度可提高到 1.3～1.45 g·cm^{-3}。

④ 其他影响因素。炸药颗粒细度和炸药内掺和物数量与性质、炸药的初始温度(对含水炸药尤有影响)和药包的约束条件等往往也对炸药的稳定传爆有很大影响。一般地说，减小炸药粒度能够提高炸药的反应速度、减少反应时间和减小反应区厚度，从而减小临界直径，提高爆速；药包约束条件越好，爆速越高，这些都有利于炸药的稳定传爆。

2.2 常用工业炸药的安全性评价

2.2.1 炸药的爆炸与安全性评价指标

炸药的性能指标主要有炸药的热化学参数、爆轰或爆炸性能以及安全性能。

2.2.1.1 炸药的主要示性指标

(1) 炸药的热化学参数

① 爆热。炸药爆炸时放出的热量叫做炸药的反应热，简称爆热。爆热越大，炸药的做功能力亦越强。工业炸药的爆热一般为 2 931～6 280 kJ·kg^{-1}。

② 爆温。炸药爆炸时爆轰产物被加热可能达到的最高温度叫做爆温。工业炸药的爆温一般可达 2 000～4 500℃。

③ 爆压。炸药爆炸瞬间，高温气体尚未膨胀之前，对周围介质造成的最大压力叫做爆压。工业炸药的爆压可达到几万 MPa。

④ 爆容。单位质量炸药爆炸后生成的气体在标准状态下的体积叫做爆容。

(2) 爆速

爆速是指炸药爆炸时爆轰波在药柱中的传播速度，是衡量炸药性能的重要指标之一。工业炸药的爆速一般为每秒数千米。一种炸药的爆速，在理想的情况下应当是一个常量，实际情况则不然，炸药的爆速总是低于理想的爆速。影响爆速的主要因素有炸药组成、装药密度、装药直径、约束条件及惰性添加物等。工业炸药爆速测试可选用爆速测定仪。

(3) 做功能力

炸药做功能力是衡量炸药相对威力的重要指标之一，由于爆破作业时，实际的有效功只占其中很小部分，在工程爆破中通常使用相对威力的概念，与某一熟知的炸药(如岩石硝铵炸药)的威力做比较。以单位质量炸药相比较的，则称为相对质量威力；以单位体积炸药相比较的，则称为相对体积威力。在选用含水炸药作为设计爆破参数的依据时，一般用相对体积威力来衡量更合适。

在工程爆破中，为了比较不同炸药的做功能力，通常采用规定的实验方法，所得到的结果用来衡量不同炸药爆炸做功的相对指标，不表示炸药爆炸真正所做的功。

炸药的爆力是表示炸药爆炸做功的一个指标，它表示炸药爆炸所产生的冲击波和爆轰气体作用于介质内部，对介质产生压缩、破坏和抛移的做功能力。爆力的大小取决于炸药的爆热、爆温和爆炸生成气体体积。炸药的爆热、爆温愈高，生成气体体积愈多，则爆力就愈大。炸药爆力测定方法有两种，即铅铸扩孔法(如图 2.5 所示)和爆破漏斗法。

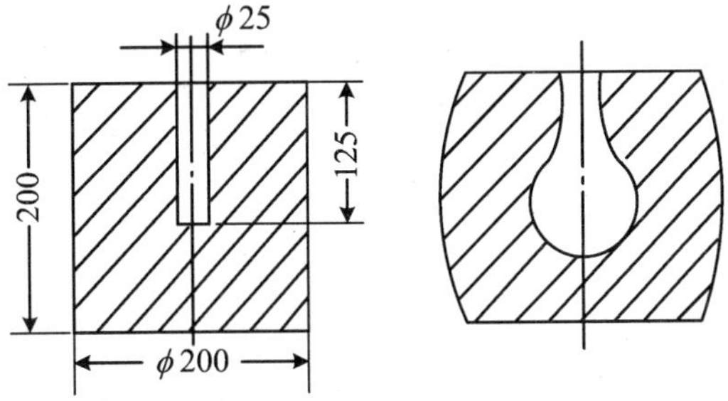

(a) 爆炸前的铅铸　　(b) 爆炸后的铅铸

图 2.5　铅铸扩孔法(单位:mm)

工程中常用爆破漏斗法，试验时在地平面均匀的介质中设置一个炮孔，将一定量的被试炸药以相同的条件装入炮孔中，并进行填塞，引爆后形成一个如图 2.6 所示的爆破漏斗。然后在地平面沿两个互相垂直的方向测量漏斗的直径，取其平均值，并同时测量漏斗的可见深度。爆破漏斗的容积可按下式计算。

$$V = \frac{1}{12}\pi d^2 h = 0.2618 d^2 h \tag{2.5}$$

式中：V—爆破漏斗容积，m^3；

d—爆破漏斗底圆直径，m；

h—爆破漏斗的可见深度，m。

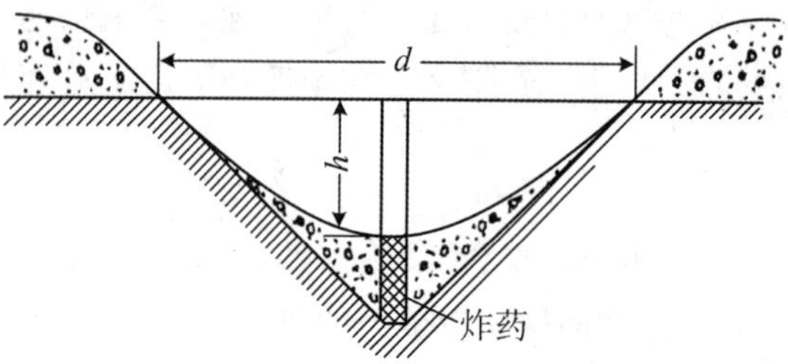

图 2.6 爆破漏斗试验

(4) 猛度

指炸药爆炸瞬间对与其直接接触的或与其邻近的介质的局部压缩、粉碎或击穿的能力，炸药猛度的测试方法采用铅柱压缩法，如图 2.7 所示。猛度的大小主要取决于爆速，爆速愈高，猛度愈大，岩石被粉碎得愈厉害。随着约束条件的增强，其猛度值也随之增大。几种炸药的猛度值见表 2.4。

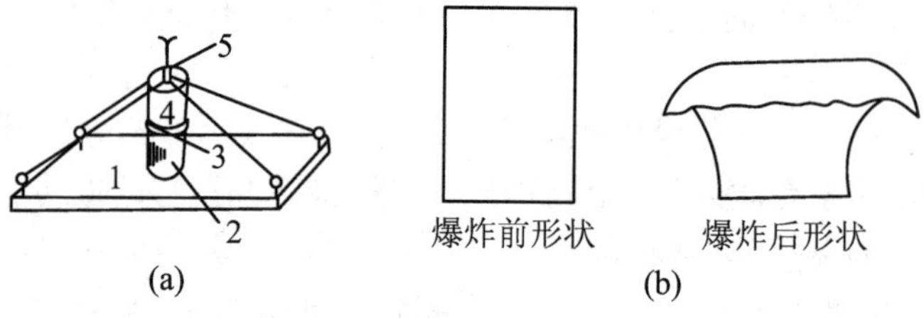

图 2.7 炸药猛度测试示意图

(1—钢板；2—铅柱；3—圆钢片；4—药柱；5—雷管)

表 2.4 几种炸药的猛度值*

炸药名称	密度 /g·cm^{-3}	猛度值 /mm	炸药名称	密度 /g·cm^{-3}	猛度值 /mm
梯恩梯	1.0	16～17	2 号露天炸药	0.9～1.0	8～11
梯恩梯	1.2	18.8	铵沥蜡炸药	0.9～1.0	8～9
2 号煤矿炸药	0.9～1.0	10～12	EL 系列乳化炸药	1.05～1.30	16～20
2 号岩石炸药	0.9～1.0	12～14			

* 汪旭光. 乳化炸药[M]. 北京：冶金工业出版社，1993：256.

(5) 殉爆及殉爆距离

一个药包(卷)爆炸时，引起与其不接触的邻近药包(卷)爆炸的现象叫做殉爆。

二者的最大距离叫做殉爆距离，一般以厘米计。殉爆距离在工程爆破中对分段装药、盲炮处理、合理孔网参数的确定具有指导意义，也是炸药厂和危险品库房设计中确定安全距离的重要依据。

通常将先爆炸的药包称为主发药包，被引爆的后一个药包称为被发药包。根据主发装药与被发装药之间介质的不同，其殉爆分为三种，即空气中的殉爆、密实介质中的殉爆和炮孔中的殉爆，通常所说的殉爆是指空气中的殉爆。我国规定殉爆距离是工业炸药的日常检验项目，用以衡量炸药质量的好坏，这是因为在炸药品种、药卷直径、药量、约束条件、爆轰传递方向等条件都给定后，殉爆距离既反映了被发装药的冲击波感度，又反映了主发装药的引爆能力。

测定殉爆距离的方法是，先将沙土地面捣固，然后用与药径相同的圆木棒在此地面压出一半圆形槽，将两药卷放入槽内，中心对正，主发药包的聚能穴与被发药包的平面端相对，量好两药包的距离，随后起爆主发药包，如果被发药包完全爆炸（不留有残药和残纸片），改变距离，重复试验，直到不殉爆为止。取连续3次发生殉爆的最大距离作为该炸药的殉爆距离。

影响殉爆距离的因素主要有以下几个方面。

① 装药密度。密度对主发药包和被发药包的影响是不同的。实践证明，主发药包的条件给定后，在一定范围内，被发药包密度小，殉爆距离增加。按“热点”的说法，可以认为炸药密度小，空隙多，在主发药包冲击波绝热压缩下，便于形成热点，也有利于主发药包的爆炸产物进入被发药包的表层内，容易导致被发药包的爆炸。

一般地说，随着主发药包密度增高，殉爆距离也增大。这是由于爆速和与之相关的产物流及冲击波的强度都随药包密度的加大而增大，而这些正是引爆被发药包的能源。

② 药量和药径。试验表明，增加药量和药径，将使主发药包的冲击波强度增大，被发药包接收冲击波的面积也增加，殉爆距离也就可以提高。

③ 药包外壳和连接方式。如果主发药包有外壳，甚至将两个药包用管子连接起来，由于爆炸产物流的侧向飞散受到约束，自然会增大被发药包方向的引爆能力，显著增大殉爆距离，而且随着外壳、管子材质强度的增加而进一步加大。

药包的摆放涉及冲击波与爆炸产物流的打击方向，对殉爆极有影响。在主发药包与被发药包轴线对正的情况下殉爆效果最好，如图2.8(a)所示。轴线垂直效果最差，可降低4～5倍之多，如图2.8(b)所示。

此外，两个药包间的介质，如果不是空气，而是水、金属、沙土等密实介质，殉爆距离将明显下降。这种现象可以用来防止殉爆，如危险工房间若设防爆土堤或防爆墙，工房间的殉爆安全距离可以大为缩短。但是在炮孔中的药卷间若有岩粉、碎石，就可能出现传爆中断而产生拒爆，因此，在炮孔中装药应避免在药卷间有岩粉或碎石。

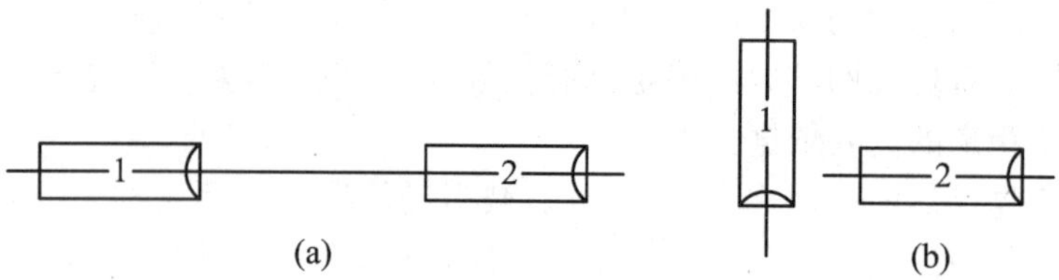

图 2.8 药包摆放位置对殉爆的影响

(1—主发药包;2—被发药包)

6. 聚能效应

在使用爆破器材过程中,我们会发现雷管的底部有一个凹穴,小直径药卷的底部也常常带有一个凹穴,试验表明,特定的装药形式(如锥状、凹穴状)可以使炸药能量在空间上重新分配,大大加强某一方向的局部破坏作用,这种底部具有锥孔的药包(也叫聚能穴)爆炸时对目标破坏作用显著增强的现象称为聚能效应。军事上的破甲弹、石油勘探应用的射孔弹、高炉射孔弹、爆破切割钢板等都是聚能效应的应用。

为了解释聚能效应现象,可研究一下爆轰产物的飞散过程。如图 2.9(a)所示,圆柱形药柱爆轰后,爆轰产物沿近似垂直原药柱表面的方向,向四周飞散,作用于圆柱形药柱下方钢板部分的仅仅是药柱端部的爆轰产物,作用的面积等于药柱端部面积。而带锥孔的圆柱形药柱则不同,当爆轰波前进到锥体部分,其爆轰产物沿着锥孔内表面垂直的方向飞出,由于飞出速度相等,药型对称,爆轰产物要聚集在轴线上,汇聚成一股速度和压力都很高的气流,称为聚能流(见图 2.9(b)),它具有极高的速度、密度、压力和能量密度。无疑,爆轰产物的能量集中在靶板的较小面积上,在钢板上形成了更深的孔,这便是锥孔能够提高破坏作用的原因。

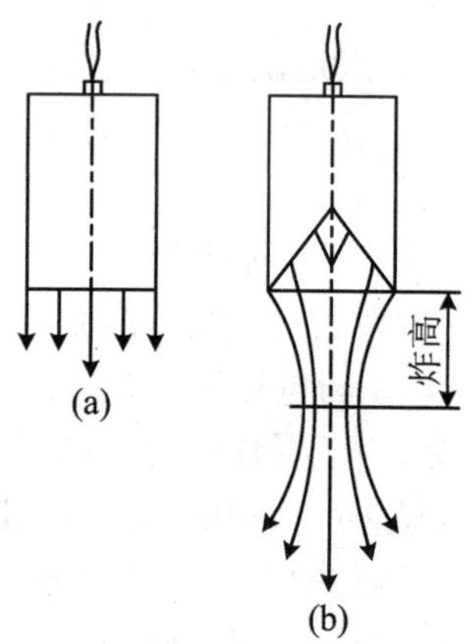

图 2.9 普通装药与聚能装药爆轰产物比较

实践表明,在药柱锥孔表面加一个药型罩(如铜、玻璃等)时,爆轰产物在推动罩壁向轴线运动过程中,就将能量传递给了药型罩。由于罩的可压缩性很小,因此内能增加很少,能量的极大部分表现为动能形式,这样就可避免高压膨胀引起的能量分散而使能量更为集中。同时,罩壁在轴线处汇聚碰撞时,使能量密度进一步提高,形成金属射流以及伴随在它后面的一只运动速度较慢的杵体。如图 2.10 所示,细长的金属射流具有很高的动能,沿长度方向各质点存在一个速度梯度,即端部速度很高,每秒 7～8 km,甚至上万米,其尾部则逐渐降低,至杵体只为 0.5～1.0 km·s^{-1}。如果将炸药爆轰波阵面的能量密度作为 1 进行比较的话,其药型罩壁的能量密度可达 1.4,而射流端部的能量密度则高达 14.4,可见药型罩的聚能作用是非常显著的。

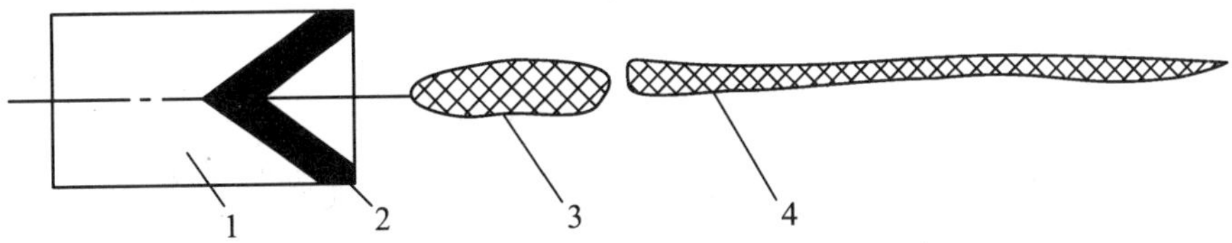

图 2.10　有罩聚能药包的射流与杵体

(1—药柱;2—药型罩;3—杵体;4—射流)

由此可见:① 聚能效应的产生在于能量的调整、集中,它只能改变药柱某个方向的猛度,而没有改变整个药包的总能量。② 由于金属射流的密度远比爆轰聚能流的密度大,能量更集中,所以有罩聚能药包的破甲作用比无罩聚能药包大得多,应用得也更多。③ 金属射流和爆轰产物聚能流都需要一定的距离来延伸。能量最集中的断面总是在药柱底部外的某点,由此断面至锥底的距离称为炸高。对位于炸高处的目标,破甲效果最好。

2.2.1.2　工业炸药的安全性能

衡量工业炸药的安全性能,除了炸药的各种感度,如热感度、机械感度、爆轰感度和静电火花感度等外,炸药有害气体生成量、炸药的可燃气安全度和抗爆燃性也是重要的性能指标,特别是对于煤矿许用炸药,这是必须重视的安全性能指标。

① 炸药的氧平衡和有害气体生成量。炸药的氧平衡是指炸药所含可燃元素完全氧化后炸药中多余的或不足的氧量,它是设计混合炸药配方及确定炸药使用范围及使用条件的重要依据。氧平衡值计算为正,表示氧量富余,称正氧平衡;为负表示氧量不足,称负氧平衡;为零,则称零氧平衡。工业炸药一般设计为零氧平衡。

炸药爆炸生成的有害气体主要有一氧化碳及氮氧化物,在硫化矿及含硫岩层中爆破,或含硫炸药爆炸时,还可生成硫化氢及二氧化硫等有害气体。工业炸药爆炸时有害气体产生的原因主要是爆炸反应不完全及岩层性质的影响。关于爆破产生的有害气体,将在 10.1.1.1 节讨论。

② 炸药的抗爆燃性的判定。工业炸药的安全性能根据炸药应用的不同地点有具体要求,如在硫化矿中的预装药,要求炸药必须有防自燃自爆的特性。煤矿许用炸药要求具有一定的抗爆燃性及具有一定的可燃气安全度。

将受试炸药置于密封的钢制臼炮炮孔中,经受人为制造的高温、高压环境,最后观察受试炸药的燃烧状态,以此来判定该炸药的抗爆燃性。根据 MT378-1995 的相关规定,受试炸药连续测定十次,不发生一次全燃为合格。如果十次中有一次全燃,则允许复试十次,复试中不发生一次全燃仍为合格。如果初试中有两次或两次以上的全燃则判为不合格。

③ 炸药的可燃气安全度的判定。在规定的条件(GB18097-2000)下,采用小样本升降法,在模拟试验巷道中通入可燃气体积浓度为 9%,温度为 15 ℃～20 ℃,

相对湿度 50%～60%，将炸药放入臼炮炮孔中使可燃气发生 50%爆炸概率的炸药装药量来判定其可燃气安全度。一级为不小于 100 g，二级为不小于 180 g，三级为不小于 400 g。

我国已研制成功煤矿许用粉状乳化炸药，其安全性能见表 2.5。煤矿许用粉状乳化炸药具有较好的安全性能，对煤矿井下安全生产具有重要的现实意义。

表 2.5 煤矿许用粉状乳化炸药的安全性能①

级别	撞击感度/%	摩擦感度/%	有害气体生成量 /$L\cdot kg^{-1}$	可燃气安全度（半数引火量）/g	抗爆燃性
二级	2	0	29	387	0/10
三级	0	0	19	564	0/10

2.2.2 硝铵炸药的性能指标与安全性评价

2.2.2.1 硝铵炸药的主要成分与性能指标

硝铵炸药的主要成分硝酸铵来源广泛，成本低廉，安全性好，且用硝酸铵制造的炸药威力较大、感度适中，因此它是目前国内外工程爆破中用量最大的工业炸药。硝铵炸药的品种很多，铵油炸药、水胶炸药、浆状炸药、乳化炸药（含粉状乳化炸药）、膨化硝铵炸药等是现广泛应用的品种。

铵梯炸药是由主要氧化剂硝酸铵、敏化剂梯恩梯及其他可燃剂组成的爆炸性机械混合物。铵梯炸药由于其组成简单、原料广泛、加工方便而在国内外跨用了两个世纪。但由于梯恩梯有毒，它的粉尘、蒸汽通过皮肤及呼吸道侵入体内，在生产、使用中长期接触梯恩梯可能导致慢性中毒。我国决定从 2008 年停止生产铵梯炸药。

(1)铵油炸药

铵油炸药是一种无梯炸药。应用最广泛的一种铵油炸药是含粒状硝酸铵 94%和轻柴油 6%的混合物。为了减少铵油炸药的结块现象，可适量加入木粉作为疏松剂。

最适合做炸药的粒状硝酸铵的结晶密度范围在 1.40～1.50 $g\cdot cm^{-3}$之间。常常使用两个品种的硝酸铵，一种是细粉状结晶的硝酸铵，另一种是多孔粒状硝酸铵。前者多用于地下矿山，后者表面充满空穴，吸油率较高，松散性和流动性能比较好，不易结块，适用于机械化装药，因此多用于露天矿深孔爆破。此外，膨化硝铵炸药是指用膨化硝酸铵作为炸药氧化剂的一系列粉状硝铵炸药。

---

① 宋锦泉，汪旭光等．煤矿许用粉状乳化炸药的研制［J］．工程爆破，2004，10(1)：73～76.

几种粉状铵油炸药的组分、性能及加工方法见表 2.6。

表 2.6　几种粉状铵油炸药的组分、性能及加工方法

成分与性能		1 号铵油炸药	2 号铵油炸药	3 号铵油炸药
成分/%	硝酸铵	92±1.5	92±1.5	94.5±1.5
	柴　油	4±1	1.8±0.5	5.5±1.5
	木　粉	4±0.5	6.2±1	—
性能	药卷密度/g·cm^{-3}	0.9～1.0	0.8～0.9	0.9～1.0
	水分含量/%≤	0.25	0.80	0.80
	爆速/m·s^{-1}≥	3 300	3 800	3 800
	爆力/ml ≥	300	250	250
	猛度/mm ≥	12	18	18
	殉爆距离/cm	5	—	—
加工方法		热碾加工法	冷碾加工法	机碎冷碾加工法

注:1 号铵油炸药的测试药包的约束为内径 40mm、长 300mm 的双层牛皮纸管;2 号和 3 号铵油炸药的测试药包的约束为∅40mm 的普通钢管(钢管光-40-YB234-64)。

铵油炸药的性能不仅取决于其配比,也取决于其生产工艺。生产铵油炸药应力求做到“干、细、匀”,即炸药的水分含量要低、粒度要细、混合要均匀,以保证质量。

多孔粒状铵油炸药主要有以下几种加工方法:① 渗油法。按比例将油注入装有多孔粒硝酸铵的袋子中,放置两天后可供使用。该方法简单易行,但混合不均。② 人工混拌法。将一定数量的多孔粒硝酸铵放在平板上(可在爆破现场,亦可在固定工房),按比例喷洒柴油,用铝锹或木锹翻混 2～3 次,直接装入炮孔或装袋备用,此法混合均匀,但人工操作劳动强度大,效率低。③ 机混法。采用圆盘给料机以及特制的混合机械按比例将多孔粒粒状硝酸铵与柴油混拌。该方法混合效率高且均匀。④ 混装车制备法。采用粒状铵油炸药混装车在爆破现场直接混制并装孔。此法经济效益好,对大中型露天矿非常适用。

多孔粒状铵油炸药的组分与性能见表 2.7。

表 2.7　多孔粒状铵油炸药的组分与性能

组分/%		性能指标					有效期内	
硝酸铵	轻柴油	水分	爆速/m·s^{-1}	猛度/mm	爆力/ml	有效期/d	水分/%	爆速/m·s^{-1}
94.0～95.0	5.0～6.0	≤0.3%	≥2 800	≥15	≥278	30	≤0.5	≥2 500

注:爆速测定在∅50 mm×5 mm×350 mm 的焊接钢管中进行,用 50 g 2 号岩石炸药作为起爆药;猛度测试在∅50 mm×5 mm×60 mm 的焊接钢管中进行,总装药量为 50 g(含 5 g 2 号岩石炸药作为起爆药)。

(2) 重铵油炸药

重铵油炸药又称乳化铵油炸药,是由乳胶基质与多孔粒状铵油炸药的物理掺

和产品。在掺和过程中,高密度的乳胶基质填充多孔粒状硝酸铵颗粒间的空隙并涂覆于硝酸铵颗粒的表面。这样,既提高了粒状铵油炸药的相对体积威力,又改善了铵油炸药的抗水性能。随着重铵油炸药中乳胶含量的增加,炸药的临界直径逐渐增大,即炸药的起爆感度降低了。

(3) 铵松蜡炸药和铵沥蜡炸药

铵油炸药的优点虽然非常突出,但所含的硝酸铵易溶于水且能从空气中吸潮而失效,使它们的使用范围受到一定限制。在研制抗水硝铵类炸药方面,当前国内外主要是从两个不同的途径去解决。其一是用憎水性物质包覆硝酸铵颗粒,其二是用溶于水的胶凝物来制造抗水性强的炸药。铵松蜡和铵沥蜡炸药均属于前者。

铵松蜡和铵沥蜡炸药的爆炸性能良好,适用于中硬以上岩石的爆破。它们突出的优点是防潮抗水能力强。

2.2.2.2 硝酸铵的安全性评价

硝酸铵是硝铵炸药的主要原料,在炸药爆炸反应中提供氧。硝酸铵可以制成多种形状,工业炸药一般用粉状、粒状和多孔粒状硝酸铵。硝酸铵的分子式为 NH_4NO_3,可用缩写代号 AN 表示。分子量为 80.04,含氮量 35%,含氧量 60%,氧平衡 +20%,密度介于 1.59~1.71 $g \cdot cm^{-3}$之间。硝酸铵具有腐蚀性,其溶液呈酸性,对人体皮肤、眼、鼻、喉、支气管、肺等均有刺激性,应避免人体直接接触硝酸铵。接触硝酸铵的操作人员应配备手套、工作服、口罩、护目镜等劳动保护用品,被硝酸铵溶液烫伤或误服后应及时就医。

硝酸铵是很钝感的,常温常压下它的热感度、机械感度和爆轰感度都比较低,硝酸铵在强烈爆炸能作用下可以起爆。引爆后的爆速为 2 000~2 700 $m \cdot s^{-1}$,爆力为 165~230 mL。若同适宜的还原剂配合,制成接近零氧平衡的混合炸药,则因爆热和爆容都增大,爆速可达到 3 000~4 000 $m \cdot s^{-1}$,爆力可达到 300 mL 左右。

硝酸铵本身是一种弱爆炸物,有刺激性,助燃。它还具有强氧化性,可与还原性物质发生氧化还原反应,当其粘附有金属粉末、纸屑、布片等杂物时,在不太高的温度下就可能发生加速的氧化还原反应引起自燃;温度升高后,硝酸铵的机械感度和起爆感度都会升高,在外界能量作用下有可能造成爆炸事故;当环境温度超过 300 ℃时,硝酸铵将加速分解,在密闭或通风不畅的场所很可能发生燃烧、爆炸事故。干燥的硝酸铵与金属几乎不起作用,但在有水存在或处于熔融状态时,它和铅、镍、锌尤其是对镉及铜的作用很剧烈。硝酸铵与这些金属相互作用产生不稳定的亚硝酸盐,易于引起爆炸。特别是在密闭条件下硝铵炸药一旦燃烧,还可转变为爆炸。因此,储存和加工场所要严禁烟火,应远离金属粉末、有机杂质等还原性物质;储存环境应保持干燥、通风,防止因雨雪和地面湿气等原因导致受潮分解。在生产铵油炸药过程中,不论采用哪种工艺都必须特别注意防火。这是因为铵油炸药易燃,且燃着后不易扑灭,并产生大量有害气体。硝酸铵着火时只能用水扑灭,不能采用干粉灭火器。

2.2.2.3　硝铵炸药的安全性评价

由于用途的广泛性和和复杂性，一般要求工业炸药具有良好的安全性能，以保证炸药在生产、运输和使用过程中的安全可靠性。这里所说的安全性能及其影响因素系指炸药的机械感度（撞击感度和摩擦感度）、燃烧感度、爆发点等性能指标与影响因素，是一种比较全面的综合衡量炸药安全可靠度的重要概念。

硝铵炸药具有以下主要特点。

① 成分简单，原料来源充足，成本低廉，制造、使用安全。

② 硝铵炸药具有较低的机械感度和适当的起爆感度，既能保证生产、储存、运输和使用的安全，又能保证有效的起爆。颗粒较细、拌和均匀的细粉状铵油炸药可由普通雷管直接起爆。采用冷加工且加工粗糙、拌和较差的粗粉状铵油炸药，雷管不能直接起爆，需借助大约10%的普通炸药制成起爆药包辅助起爆。

③ 由于硝酸铵具有强烈的吸湿作用，极易吸潮变硬，固结成块，重铵油炸药以外的粉状及多孔粒状铵油炸药吸潮及固结的趋势更为强烈，吸潮、固结后爆炸性能严重恶化。因此，硝铵炸药在运输、储存、使用时应避免受潮，防止变硬固结。硝铵炸药的储存期一般不超过 6 个月，对粉状铵油炸药一般为 15 天（潮湿天气为 7 天），故在爆破工程中使用硝铵炸药，要注意其储存期，最好不要储存，宜现做现用，不要使用过期变质的炸药。

④ 由于硝酸铵的自反应性、分解放热性，决定了硝铵炸药的爆炸危险性。在生产、储存、运输和使用中，仍必须遵守有关安全规定，注意安全。

2.2.2.4　硝铵类炸药接触硫化矿时的自爆危险性及其控制

当硝铵类炸药中的主要成分硝酸铵接触硫化矿时，在一定湿度条件下会产生一系列连锁的放热化学反应，由于炮孔内散热条件差，引起炸药温度剧增，当达到300 ℃左右时，炸药有可能自爆。因此，凡是矿石中含有硫化铁成分的铜矿、锡矿、硫铁矿和铅锌矿，都不同程度地存在炮孔内炸药与硫化铁接触反应而出现自爆和早爆的危险。例如，1982 年发生在水口山铅锌矿的炸药自爆事故造成在场的 6 名操作工全部死亡。在云硫矿台阶爆破中，也多次出现炮孔内炸药自燃的情况。

长期以来，国内矿山一直沿用 1964 年以来研究的矿样“自爆三要素”作为判据，即矿样中 FeS_2 含量大于 30%；矿样水溶液中 $Fe_2^+ + Fe_3^+ \geqslant 0.30\%$；矿样水分为3%～14%。但这对于现场来讲，分析化验费时且过程复杂，影响矿山炸药自爆矿样安全检测工作。中南大学陈寿如教授等通过研究[①]，表明硫化矿的氧化是引起炸药自爆的内因，而矿样 Fe_2^+ 的含量是反映炸药自爆难易程度的最重要指标。矿样水溶液 pH 值与 Fe_2^+ 有明显的对应关系，使用 pH 值代替 Fe_2^+ 作为判据，更简单、准确、经济。在孔温低于 40 ℃条件下，将矿样 pH≤2.1 的采区划分为自爆危

---

① 陈寿如，谢圣权. 硫化矿炸药自爆新判据和治理措施研究[J]. 工程爆破. 2005，11(3)：19～22.

险区；将矿样 2.1<pH≤2.9 的采区划分为自爆警戒区；将矿样 pH>2.9 的采区划分为安全作业区，不必采取防自爆措施。这样有根据地对不同区段采取不同的防自爆措施，使得防自爆工作既安全可靠，又经济合理。

爆破安全规程规定，高硫矿井爆破，当炮孔温度高于 60 ℃时，应成立专业爆破工作队；参加爆破作业和加工防自爆药包的人员，应经安全教育和技术教育，考试合格后，才能从事本项工作；每次爆破均应经有关领导批准。

使用硝铵类炸药爆破时，应清除炮孔内矿粉；炸药与孔壁不应直接接触；炸药应包装完好无损；不得用硫矿渣填塞炮孔；严格控制装药时间和炮孔数。在自爆危险区，禁止使用铵油炸药。

在具有硫尘或硫化物粉尘爆炸危险的矿井进行爆破时，首先要坚持经常取样检测，掌握自爆矿样的分布规律，防患于未然；其次还应遵守下列规定：① 定期测量粉尘浓度；② 孔外传爆应用电雷管或非电导爆管雷管；③ 应采用孔深大于 0.65 m 的炮孔爆破法；④ 不应采用裸露药包爆破和无填塞的炮孔爆破，炮孔填塞长度应大于炮孔全长的 1/3，并应大于 0.3 m；⑤ 装药前，工作面应洒水；浅孔爆破时，离工作面 10 m 范围内的空间和表面都应洒水；深孔爆破时，离工作面 30 m 范围内的空间和表面都应洒水；⑥ 爆破作业人员应随身携带自救器，使用防爆蓄电池灯照明。

在同时具有高温、高硫和硫尘爆炸危险的矿井进行爆破时，应同时遵守有关规定，并制定有效的安全防护措施。

爆破作业时，应注意炮孔的安全情况，如发现异常升温、冒烟、有异味等情况，应立即报告，所有作业人员应迅速撤离爆破现场。

2.2.3 乳化炸药的性能指标与安全性评价

2.2.3.1 乳化炸药的主要成分与性能指标

乳化炸药是以氧化剂水溶液为分散相，以不溶于水、可液化的碳质燃料为连续相，借助乳化剂的乳化作用及敏化剂的敏化作用而形成的一种油包水（W/O）型特殊结构的含水混合炸药。它跟浆状炸药和水胶炸药不同，属于油包水型结构，而后两者属于水包油型结构。

（1）乳化炸药的主要成分及其作用

① 氧化剂水溶液。绝大多数乳化炸药的分散相是由氧化剂水溶液构成，其主要作用是形成分散相和改善炸药的爆炸性能。通常使用硝酸铵和其他硝酸盐的过饱和溶液作为氧化剂，它在乳化炸药占的重量百分率可达 90%左右。加入其他硝酸盐如硝酸钠、硝酸钙的目的主要是要降低氧化剂溶液的“析晶点”。水的含量对炸药的能量及性能有明显的影响，过多的水分使炸药的爆热值因水分汽化而有所降低。具有雷管感度的乳化炸药的水分含量宜控制在 8%～12%左右；露天大直径炮孔使用的可泵送的乳化炸药的水分含量一般为 15%～17%。

② 油相材料。乳化炸药的油相材料可广义地理解为一种不溶于水的有机化合物，油相材料是乳化炸药中的关键成分，其作用主要是：形成连续相；使炸药具有良好的抗水性；既是燃烧剂，又是敏化剂；对乳化炸药的外观、储存性能有明显影响。其含量 2%～6%为宜。

③乳化剂。油水相本是互不相溶的，乳化剂作用使它们互相紧密吸附，形成比表面积很高的乳状液并使氧化剂同还原剂的耦合程度增强。乳化炸药可含有一种乳化剂，也可以含有两种或两种以上的乳化剂。乳化剂的含量一般为乳化炸药总量的 1%～2%。

④ 敏化剂。乳化炸药含有较多的水分，由于水的化学不活泼性及蒸发潜热较大，为保证起爆感度，必须采用较理想的敏化剂。用在其他含水炸药中的敏化剂也可用在乳化炸药中，如单质猛炸药（梯恩梯、黑索金等）、金属粉（铝、镁粉等）、发泡剂（亚硝酸钠等）、珍珠岩、空心微球、树脂微球等都可以用做乳化炸药的敏化剂。因发泡剂、玻璃微球、树脂微球、珍珠岩的加入可调整炸药密度，所以又称密度调节剂。

⑤ 其他添加剂。包括乳化促进剂、晶形改性剂和稳定剂等，用量为 0.1%～0.5%。

（2）部分国产乳化炸药的主要性能指标

表 2.8 中列出部分国产乳化炸药的主要性能指标。

表 2.8　我国几种乳化炸药的主要性能指标

<table>
<tr><th rowspan="3">项　目</th><th colspan="6">指　　标</th></tr>
<tr><th colspan="2">岩石乳化炸药</th><th colspan="3">煤矿许用乳化炸药</th><th rowspan="2">露天乳化炸药[+]</th></tr>
<tr><th>1 号</th><th>2 号</th><th>一级</th><th>二级</th><th>三级</th></tr>
<tr><td>密度/$g \cdot cm^{-3}$</td><td colspan="2">0.95～1.30</td><td colspan="3">0.95～1.25</td><td>1.10～1.30</td></tr>
<tr><td>爆速/$m \cdot s^{-1}$</td><td>$\geqslant 4.5\times10^3$</td><td>$\geqslant 3.2\times10^3$</td><td>$\geqslant 3.0\times10^3$</td><td>$\geqslant 3.0\times10^3$</td><td>$\geqslant 2.8\times10^3$</td><td>$\geqslant 3.0\times10^3$</td></tr>
<tr><td>殉爆距离/cm</td><td>≥4</td><td>≥3</td><td>≥2</td><td>≥2</td><td>≥2</td><td>≥2</td></tr>
<tr><td>做功能力/mL</td><td>≥320</td><td>≥260</td><td>≥220</td><td>≥220</td><td>≥210</td><td>≥240</td></tr>
<tr><td>猛度/mm</td><td>≥16</td><td>≥12</td><td>≥10</td><td>≥10</td><td>≥8</td><td>≥10</td></tr>
<tr><td>炸药爆炸后有害气体含量/$L \cdot kg^{-1}$</td><td colspan="5">≤80</td><td></td></tr>
<tr><td>可燃气安全度</td><td colspan="2"></td><td colspan="3">合格</td><td></td></tr>
<tr><td>撞击感度</td><td colspan="6">爆炸概率≤8%</td></tr>
<tr><td>摩擦感度</td><td colspan="6">爆炸概率≤8%</td></tr>
<tr><td>热感度</td><td colspan="6">不燃烧，不爆炸</td></tr>
<tr><td>有效期/d</td><td colspan="2">180</td><td colspan="3">120</td><td>120</td></tr>
</table>

[+]露天乳化炸药为有雷管感度乳化炸药；无雷管感度露天乳化炸药的爆速为 $3.5\times10^3\ m \cdot s^{-1}$，有效期为 15 d。

乳化炸药的发展给工业炸药带来了革命性的进步,但由于它的膏脂状的物理状态给生产、运输、储存及使用等都带来了一定的不便。另外,由于其含水较多而爆力偏低,应用受到一定局限,在这种情况下,粉状乳化炸药应运而生。

粉状乳化炸药又称乳化粉状炸药,是一种我国拥有自主知识产权的新型工业炸药。粉状乳化炸药含水量一般在5%以下,因此其做功能力大于乳化炸药,由于在制备的过程中颗粒内及颗粒间形成许多孔隙,具有较好的雷管感度和爆轰感度。这种炸药的颗粒具有 W/O 型特殊结构,因而它具有良好的抗水性能。表 2.9 为几种粉状乳化炸药的组分及性能。

表 2.9 我国几种粉状乳化炸药的组成及性能

炸药名称		ML 型岩石粉状乳化炸药	MZ 型二级煤矿许用粉状乳化炸药	MZ 型三级煤矿许用粉状乳化炸药
组分/%	硝酸铵(钠)	87~93	75~85	73~83
	水	0~6.0	0~5	0~5
	乳化剂	1.5~2.5	1~2	1~2
	复合油相	3.6~5.5	4~6	4~6
	消焰剂	—	8~15	10~17
	添加剂	0.1~0.5	0.1~0.5	0.1~0.5
性能	药卷密度/$g \cdot cm^{-3}$	0.95~1.05	0.85~1.05	0.85~1.05
	爆速/$m \cdot s^{-1}$	3 573~4 198	2 900~3 600	2 800~3 300
	猛度/mm	16.6~18.4	12.7~15.1	12.3~14.9
	殉爆距离/cm	10~16	7~12	6~10
	做功能力/mL	320~350	250~290	240~280
	有害气体生成量/$L \cdot kg^{-1}$	28~42	37~45	31~46

2.2.3.2 乳化炸药的安全性评价

乳化炸药是爆破工程常用的工业炸药,具有以下的主要特点。

① 乳化炸药具有较宽的密度可调范围。根据加入含微孔密度降低材料数量的多少,炸药密度变化于 0.8~1.30 $g \cdot cm^{-3}$之间。这样就使乳化炸药适用范围较宽,可根据工程爆破的实际需要制成不同品种。

② 乳化炸药的爆速和猛度较高。乳化炸药因氧化剂与还原剂耦合良好而具有较高的爆速,一般可达 4 000~5 500 $m \cdot s^{-1}$。由于其爆速和密度均较高,乳化炸药的猛度比 2 号岩石硝铵炸药高约 30%。然而,由于乳化炸药含有较多的水,其爆力比铵油炸药低,故在硬岩中使用的乳化炸药应加入热值较高的物质如铝粉、硫磺粉等。乳化炸药的爆速与猛度都随着密度的增加而增加。当密度增至某一特定值(如 1.3 $g \cdot cm^{-3}$)后,由于炸药爆轰敏感度的显著降低,其猛度值也随之骤降。

③ 乳化炸药的起爆敏感度高,通常可用 8 号雷管起爆。这是因为氧化剂水溶液细微液滴达到微米级的尺寸,加上吸留微气泡分布均匀,提高了其起爆感度。乳

化炸药的感度受温度影响较大，在炸药温度较高时，其机械感度和冲击波感度远远高于常温下的水平，会增加发生殉爆的可能性。

乳化炸药的热感度和火焰感度较低，EL 系列乳化炸药的五秒钟延滞期爆发点一般不低于 330 ℃；将 EL 系列或 CLH 系列乳化炸药以薄条形摆放在钢板上，用气焊火焰直接灼烧，在气焊火焰点燃下开始燃烧，一旦气焊火焰离开，燃烧立即停止而不引起爆炸。

④ 乳化炸药的殉爆距离受多种因素所影响，例如组分配比、药卷密度、药量、药卷直径及其约束条件等。这种影响既遵守一般工业炸药的普遍规律，又有乳化炸药本身的某些独特之处，这些影响因素在使用乳化炸药时应于注意：ⓐ水分的影响。就常用的粉状、粒状工业炸药而言，水分能降低被发装药的感度，促使殉爆距离下降。但对乳化炸药而言，在一定的水分含量范围内，例如，当组分配比中水分含量变化于 8%～16%时，只要炸药密度保持一致，其殉爆距离不会发生明显的变化。ⓑ装药温度的影响。装药温度对单质炸药和粉、粒状混合炸药的殉爆距离影响不大，如将硝铵炸药在野外 0 ℃条件下做殉爆试验，仅比在常温下的殉爆距离降低 5～10 mm。由于乳化炸药的无机氧化剂盐液滴在较低的温度下仍以过饱和溶液状态存在，保持相当高的爆轰敏感度，所以乳化炸药在 −15 ℃～−20 ℃条件下，其殉爆距离只比常温时下降 10～20 mm。当温度低至 −25 ℃以下时，乳化炸药的爆轰和冲击波感度明显降低，其殉爆距离也大幅度降低。ⓒ装药密度的影响。对乳化炸药而言，当装药密在 0.95～1.25 $g \cdot cm^{-3}$期间，殉爆距离随装药密度的提高而增大，但是当装药密度大于 1.25 $g \cdot cm^{-3}$或者小于 0.90 $g \cdot cm^{-3}$时，其殉爆距离反而下降。特别当被发药包的装药密度大于 1.30 $g \cdot cm^{-3}$以后，其殉爆距离陡然大幅度降低。

⑤ 乳化炸药的重要安全特性之一，就是爆炸生成气体中的有害气体含量少。EM 系列乳化炸药经测定有害气体生成量变化于 31.53～43.46 $L \cdot kg^{-1}$（不同品种）之间；二级煤矿乳化炸药的有害气体生成量为 19.72 $L \cdot kg^{-1}$。有害气体量的测定是在特制的爆炸弹筒内爆炸一定量的炸药后取样分析的。EL 系列与 CLH 系列乳化炸药在地下巷道的一定体积内爆炸后产生的有害气体量取样测试的结果如下：

炸药类别	EL 系列炸药	CLH 系列炸药	2# 岩石炸药	国家标准
有害气体量/$L \cdot kg^{-1}$	22～29	16～22	36～42	100

乳化炸药的有害气体生成量比较少，其内在影响因素是：ⓐ尽管乳化炸药多数配成负氧平衡，但由于水的作用，使其向零氧平衡方向移动了；ⓑ氧化剂与可燃剂以近似于分子大小的距离彼此紧密接触，有利于爆炸反应-氧化还原反应的充分进行。从外部因素来说，药卷直径较大时，其 CO、N_xO_y 含量降低；药卷含蜡量增加，CO 增多；装填密度较大时，其 N_xO_y 含量减少；在实际爆破作业中，炮孔装药填塞得密实，可抑制有害气体的生成。

⑥ 抗水性强。乳化炸药的抗水性比浆状炸药或水胶炸药更强。

⑦ 乳化炸药的高低温稳定性是相当好的，各项性能也比较稳定。我国 EL 系列乳化炸药经受一冷(－15 ℃～－20 ℃)一热(＋40 ℃～＋45 ℃)温度变化循环达 25 次以上，仍保持原来的柔软状态，不导电，不析出结晶。但其常温储存稳定性随着调整密度的方法和调整剂的种类不同而不同，有时差别甚大。就乳胶基质而言，常温储存可长达 2～3 年之久，也不会发生破乳、分层等现象。但是添加密度调整剂后的乳化炸药成品，例如，以一定规格的耐压玻璃空心微球来调节乳化炸药的密度，其乳化炸药的常温储存通常可达到 1 年左右，甚至长达 2 年之久；采用树脂(如酚醛树脂)空心微球及膨胀珍珠岩来调整密度时，其常温储存期一般为半年左右；当添加普通的珍珠岩微粒时，不仅性能不好，而且储存期也短，通常只有 1～2 个月。

2.2.3.3 乳化炸药生产中的安全

乳化炸药的组成中，除硝酸铵外，还包括柴油、石蜡、乳化剂等油相材料。其中，柴油具有一定毒性，对皮肤有脱脂作用，反复接触会使皮肤干燥、脱皮和皲裂，偶尔有疱疹，引起接触性皮炎。柴油应储存于阴凉、通风处，容器应密闭，远离火种、热源，装卸、储运及使用过程中要防止水分、杂质进入，并防止混入汽油，运输时要有释放静电设施。一旦柴油发生火灾，应立即用干粉灭火器扑救，禁止用水扑救。石蜡常温下为固态，遇高温时燃烧分解，熔点 50 ℃～70 ℃，闪点和燃点高，应储存于阴凉通风处，不可与氧化剂共储、混运。石蜡若发生火灾，应迅速用干粉灭火器或沙土扑救，禁止用水扑救。

乳化炸药的化学敏化多采用亚硝酸钠($NaNO_2$)，具有一定的危险性和较强的有毒、有害特性，储存和使用时均需加以注意。

近几年国内乳化炸药生产过程中发生的多起爆炸事故，事故调查分析表明①：连续乳化系统由于物料断流、冷却系统断水、水相或油相中混入机械杂质、发生干摩擦或机械碰撞等原因造成局部过热，使胶体温度升高、热分解加剧，在热量聚集无法及时排散的情况下，体系温度急剧升高，很快达到爆发点而引起爆炸。相应的安全措施为：在生产过程中应确保水相、油相过滤的可靠性以避免机械杂质进入乳化体系；乳化机设置超压泄爆装置，并提高乳化机连锁保护装置的灵敏度以加强对断流、断水的监测；宜采用大间隙乳化机，将转速和线速度控制在适当范围，以减少摩擦和机械碰撞带来的不利影响。乳化炸药在化学敏化过程中由于亚硝酸钠与硝酸铵发生剧烈的放热反应，混合不均匀时可能引起局部过热；搅拌桨错位或物料渗入轴承造成摩擦，也可能导致燃烧甚至爆炸。因此，要注意控制添加发泡剂的温度、计量、流速，保证混合均匀；加强敏化设备的维护保养，防止设备故障。在装药

① 罗非非，王清华等. 乳化炸药生产过程中危险有害因素的辨识和防护措施[J]. 爆破，2008，25(1)：90～94.

机装药过程中，由于密封不严渗药、活塞与外套错位发生摩擦，可能导致渗药发生燃烧、爆炸，并引爆附近炸药。相应的安全措施为：装药机应及时检修和更换密封；严禁铁质杂物混入装药机。由于热炸药机械感度较高，在包装、运输与储存中，当炸药温度尚未完全降至室温，炸药组分中的氧化剂和可燃物仍可能发生缓慢反应，释放热量，若热量不能及时排散而积累，将进一步促进氧化还原反应速率的提高，形成正反馈，从而导致燃烧甚至爆炸。因此，在包装、运输与储存中，应监测炸药温度，防止炸药温度偏高导致燃烧甚至爆炸。

2.2.4　常用工业炸药的抗水性评价

2.2.4.1　水下爆破对工业炸药性能要求

水下爆破对工业炸药的要求首先是有一定耐水性，也就是抗水性高。吸水性小的炸药不易受水影响溶解，有一定耐水性，从而简化密封包装要求，便于采用机械化装药。其次，应有相应耐水压性，试验表明，抗水炸药的爆速和猛度都会随着水压的增加而减少。当水深 10 m 时，爆速减少 11%，猛度平均减少 10%；当水深增加到 30 m 时，爆速平均减少 26%，猛度平均减少 33%。甚至产生爆轰中断、拒爆的危险。特别在深水爆破，炸药的耐水压性能是影响爆破效果的重要因素，甚至要求采用特殊抗水耐压炸药。若耐水压性不能满足要求，应装入耐压容器内，再加以密封，才能用于水下爆破。水下爆破宜采用比重大的炸药，在水中稳定性好，施工定位简单。由于混浊泥水（包括泥浆）的密度可达 $1.1\ g\cdot cm^{-3}$，选用炸药密度宜大于 $1.2\ g\cdot cm^{-3}$，否则，应采取加重措施。当然，水下装药会受到风浪、潮水、流速和能见度低等恶劣条件限制；在水面运输时，炸药与雷管等危险品又易受到风浪颠簸、震动，易产生碰撞和冲击，因此，宜采用安全度大的抗水炸药。水下爆破一般要求避免相邻炮孔间的殉爆，因此不宜选用殉爆性能太高的炸药，但亦不能过低，以免造成传爆中断现象。

直接用于水下工程爆破的常用起爆材料会由于抗水性、耐压性差影响传爆，或由于抗拉、抗折强度低，易被水流、风浪、漂浮物冲击折断、损坏，产生拒爆事故。因此，应对爆破器材（雷管、导爆索、导爆管、起爆用导线）采取相应的防水耐压技术措施，提高爆破器材的抗水流、风浪冲击能力。

为保证水下爆破器材防水的可靠性，对防水的或经过防水处理的爆破器材，均应经过模拟同等施工条件进行试验后，才能使用。

根据深水特殊环境的要求，开发、研制、生产各种耐高压和高抗水的起爆器材新品种，开发适于水下爆破的新型工业炸药，使其在密度、威力、抗水等性能上实现品种系列化；积极发展乳胶远程配送系统，实现水下爆破作业的装药、填塞机械化，已成为工程爆破领域重要的研究方向。目前，我国采用乳化炸药现场混装炸药车，实现了水下爆破机械化装药，由于炸药与炮孔全耦合，在装药过程中同时做到孔内排水，其装药效果有明显的优越性。

2.2.4.2 提高硝铵炸药抗水性的措施

由于硝酸铵吸湿性强，容易结块，粉状铵油炸药的抗水性能差，在有水或潮湿的炮孔中使用，受到水的渗透，使炸药成分溶解或发生化学变化，易产生拒爆和发生不完全爆炸反应，1 号粉状铵油炸药有效期内的含水量不应大于 0.5%，2 号、3 号粉状铵油炸药有效期内的含水量不应大于 1.5%，非抗水性能的硝铵类炸药当含水量 5%时，爆炸性能严重恶化，已不能使用。

提高硝铵炸药抗水性的途径有：掺入憎水物质以粉状形式粘附于硝酸铵等可溶性盐类晶体表面形成粉末防水网；憎水性物质以液态形式加入，形成涂覆于硝酸铵等晶体表面的防水薄膜层，以防止外部水的浸入和硝酸铵的溶解；也可添加某些表面活性物质，由于分子基团的极性吸附作用，使其具有一定憎水效果。可采用的主要措施有以下几个方面。

① 采用防水剂涂覆硝酸铵颗粒。最常用的防水剂是沥青、石蜡、硬脂酸钙、硬脂酸锌、聚丙烯等。它们能均匀包裹硝酸铵颗粒，增强炸药的抗水性。用聚丙烯涂覆的硝酸铵颗粒在水中存放 6 天也很少溶化。上述涂覆物均为非爆炸性物质，加入量为 0.4%～2%，掺量过少起不到防水作用，过多则影响威力和敏感度。

② 采用防水硝酸铵制药。防水硝酸铵是在硝酸铵结晶过程中加入硫酸高铁铵、硬脂酸、石蜡或烷胺类物质制成的。可用于潮湿炮眼中，不宜用在大量积水的炮孔中。

③ 采用压缩或铸装药柱。在添加一定防水剂的基础上，将硝铵炸药压制成密度达 1.3 $g \cdot cm^{-3}$或铸装成药柱，可进一步增强硝铵炸药的抗水性，以用于水下爆破作业。

④ 采用防水药袋密封或药包防水处理。一般用聚乙烯塑料袋密封，外面再用蜡纸包装，以防装药过程中划破塑料袋，也可用防水硬纸壳或金属箔包装。药包防水处理是在药包表面涂沥青、石蜡等防水剂，涂涮温度在未装雷管时不超过90 ℃，已装雷管时不超过 60 ℃，涂涮地点离火源的安全距离大于 10 m。

⑤ 采用抗水性能较好的铵松蜡炸药及铵沥蜡炸药。若采用沥青、石蜡或松香等物质来代替柴油作为可燃剂，便成为抗水性大有改善的铵沥蜡炸药、铵松蜡炸药。

2.2.4.3 乳化炸药防水性能评价

传统的乳化炸药是以硝酸铵和其他硝酸盐的氧化剂水溶液作为分散相，悬浮在含有分散气泡或玻璃空心微球或其他多孔性材料似油类物质构成的连续介质中，形成一种油包水型的特殊乳化体系。粉状乳化炸药突破了传统的乳化炸药的药体概念，其最终产品的外观状态不再是乳胶体，而是以极薄油膜包覆的硝酸铵等无机氧化剂盐结晶粉末，具有较高的爆轰感度和良好的爆炸性能，有效提高了抗水性。小直径药卷敞口浸水 96 h 以上，其爆炸性能变化甚微。同时由于密度大，可沉于水下，解决了露天爆破的水孔防水问题。粉状乳化炸药 32 mm 小直径药卷的临界直径为 12～16 mm，用一只 8 号工业雷管就可以引爆。

水下爆破可采用防水性能较好的乳化炸药，药卷出厂时每筒药柱用塑料袋（或硬质塑料壳）包装，直径为 130 mm，药卷长度为 0.40 m，标定重量为 6 kg。也可以按要求在炸药厂定制。如在葛洲坝水下钻爆中，使用过乳化炸药，但起爆体全部用胶质炸药，以确保炸药的全部起爆。还有的水下爆破工程采用了 ZY-85-3-D 震源药筒（一定筒长、直径的塑料壳制成，底部和口部有螺口，便于连接，上部有一带孔盖板，便于装雷管）装乳化炸药，既可延长入水的浸泡时间，又不用进行药包加工。

在防水要求高的水下爆破工程，还可选用有防水塑料外壳的震源药柱（图 2.11）。

图 2.11　震源药柱(济南 456 有限责任公司生产)

济南 456 有限责任公司生产的震源药柱主要性能指标有：①主装药密度：1.3～1.4 $g \cdot cm^{-3}$；②抗水压试验：爆炸完全；③爆速：$V \geqslant 4\,500\ m \cdot s^{-1}$；④爆轰连续性：爆炸完全；⑤高低温爆炸完全性：爆炸完全；⑥跌落试验：不燃不爆。

震源药柱的优点是：①塑料外壳能防水；②药柱内置 TNT 起爆体，提高了炸药的引爆可靠度；③主要性能指标（包括威力、猛度、主装药密度及爆速等）明显优于普通乳化炸药；④带螺纹式塑料外壳，各药柱之间旋转连接，保证了传爆连续性，便于装药施工。

2.2.4.4　水胶炸药

水胶炸药具有较好的防水、抗水性能，也是由氧化剂的水溶液、胶凝剂、敏化剂等基本成分组成。水胶炸药用硝酸甲胺作为主要敏化剂，其爆轰感度较高，并具有装药密度高、威力大、安全性好等优点。小直径药卷通常具有雷管感度，密度可达 1.1～1.25 $g \cdot cm^{-3}$。但水胶炸药容易受外界条件影响而失水解体，影响炸药的性能，且价格较昂贵。

按照水胶炸药的不同用途可将水胶炸药分为岩石、煤矿许用及露天三种类型。岩石型适用于无瓦斯或矿尘爆炸危险的爆破工程；煤矿许用型适用于有瓦斯或煤尘爆炸危险的爆破工作面；露天型适用于露天爆破工程。表 2.10 列出我国几种水胶炸药的主要性能指标。

表 2.10　我国几种水胶炸药的主要性能指标

项　目	指　　标					
	岩石型水胶炸药		煤矿许用型水胶炸药			露天型水胶炸药
	1号	2号	一级	二级	三级	
密度/g·cm^{-3}	1.05～1.30		0.95～1.25			1.05～1.30
爆速/m·s^{-1}	≥4.2×10^3	≥3.2×10^3	≥3.2×10^3	≥3.2×10^3	≥3.0×10^3	≥3.2×10^3
殉爆距离/cm	≥4	≥3	≥3	≥2	≥2	≥3
做功能力/mL	≥320	≥260	≥220	≥220	≥180	≥240
猛度/mm	≥16	≥12	≥10	≥10	≥10	≥12
炸药爆炸后有害气体含量/L·kg^{-1}	≤80					
可燃气安全度			合格			
撞击感度	爆炸概率≤8%					
摩擦感度	爆炸概率≤8%					
热感度	不燃烧，不爆炸					
有效期/d	270		180			180

2.2.5　煤矿许用炸药

大部分地下开采煤矿都有瓦斯涌出，瓦斯和煤尘达到一定浓度时，受外界作用容易引发爆炸。因此，允许用于有瓦斯和煤尘爆炸危险的炸药应该具有以下特点。

① 爆破后不至于引起矿井大气的局部高温，因而在保证做功能力的条件下，对煤矿许用炸药的能量要有一定的限制，其爆热、爆温、爆压和爆速都要求低一些，使瓦斯、煤尘的发火率大大降低。

② 煤矿许用炸药应有较高的起爆敏感度和较好的传爆能力，以保证其爆炸的完全性和传爆的稳定性，炸药爆炸过程中爆轰不至于转化为爆燃。良好的传爆能力还可使爆炸产物中未反应的炽热固体颗粒和爆炸瓦斯的量大大减少，从而提高其安全性。

③ 有害气体的生成量应符合国家标准。煤矿许用炸药的氧平衡应接近于零，以确保其爆破后生成较少的有害气体。

④ 煤矿许用炸药组分中不能含有金属粉末，以防爆破后生成炽热固体颗粒。

为使炸药具有上述特性，应在煤矿许用炸药组分中添加一定量的消焰剂。

我国煤矿许用炸药按瓦斯安全性进行分级，其分级规定在标准 MT-61-1997 中表明，共分为五级：一级煤矿许用炸药，可用于低瓦斯矿；二级煤矿许用炸药，一般可用于高瓦斯矿井；三级煤矿许用炸药，可用于瓦斯与煤突出矿井；还有四级煤矿许用炸药和五级煤矿许用炸药。煤矿许用炸药都属于第一类炸药，或称为安全炸药。

根据炸药的组成和性质，煤矿许用炸药可分为五类。

① 粉状硝铵类许用炸药。例如煤矿许用硝铵炸药、MZ 型煤矿许用粉状乳化炸药等。

② 许用含水炸药。这类炸药包括许用乳化炸药和许用水胶炸药。煤矿许用含水炸药是近十几年来发展起来的新型许用炸药。由于它们组分中含有较大量的水、爆温较低，有利于安全，同时调节余地较大，具有较好的发展前景。

③ 离子交换炸药。含有硝酸钠和氯化铵的混合物，称为交换盐或等效混合物。在爆炸瞬间生成的氯化钠，作为消焰剂高度弥散在爆炸点周围，有效地降低爆温和抑制瓦斯燃烧；与此同时生成的硝酸铵，则作为氧化剂加入爆炸反应。

离子交换炸药还具有一种“选择爆轰”的独特性质，在不同的爆破条件下，它会自动调节消焰剂的有效数量和作用。例如，在密封状态下，炸药爆炸强烈、交换盐的反应更完全，生成的氯化钠更多，其消焰降温的作用更强。

④ 被筒炸药。用含消焰剂较少、爆轰性能较好的煤矿硝铵炸药作为药芯，其外再包覆一个用消焰剂做成的“安全被筒”。这样的复合装药结构，就是通常所说的“被筒炸药”。当被筒炸药的药芯爆炸时，安全被筒的食盐被炸碎，并在高温下形成一层食盐薄雾，笼罩着爆炸点，更好地发挥消焰作用，因而这种炸药可用在瓦斯和煤尘突出矿井。被筒炸药整个炸药的消焰剂含量可高达 50%。

⑤ 当量炸药。盐量分布均匀，而且安全性与被筒炸药相当的炸药称为当量炸药。当量炸药的含盐量要比被筒炸药高，做功能力、猛度和爆热远比被筒炸药低，正常爆轰条件下，具有很高的安全性。

2.2.6　炸药的现场加工与再加工

2.2.6.1　铵油炸药的现场混制与场地要求

硐室爆破因用药量大，为降低成本大多采用铵油炸药，可以在使用地点以冷混方法加工。硝酸铵与 0 号柴油之比通常为 100∶6，不添加木粉。将柴油洒入多孔粒状硝酸铵中，用木铲搅拌均匀，即可使用。因铵油炸药比较钝感，不宜直接用单个雷管引爆，需要加中间起爆药包，雷管起爆中继药包，再引爆铵油炸药。

混制炸药的原料质量应符合要求，多孔粒状硝酸铵堆密度为 0.8～0.85 $g \cdot cm^{-3}$，吸油率不低于 7%，净含量（以干基计）不低于 99.5%；使用的柴油应采用国际规定的适合当地环境温度要求的轻柴油。

在现场混制的炸药品种仅限于多孔粒状铵油炸药和重铵油炸药，应征得主管部门同意，并办理必要的审批手续。

现场炸药混制的场地要求是：① 混制场地应分为原料库区、混制区和成品库区，其间距应不小于 20 m；② 多孔粒状硝酸铵应与柴油分开存放；③ 混制场地 50

m 范围内，24 h 均应有人警戒，非操作人员不得入内；④ 混制的主体设备应布置在不易燃的工棚或厂房内；⑤ 混制工棚（厂房）应有防雷和防风雨设施，场内有消防水源和灭火器等消防措施；⑥ 库区和生产区应设排水沟，以保证混制场地内不积水；⑦ 混制工棚（厂房）内照明灯具、电器开关和混制设备所用电机均应采用防爆型，应设保护接地系统，并应定期检查是否完好；⑧ 人工搅拌混制炸药，不得使用能产生火花的金属工具。

2.2.6.2 炸药再加工的安全要求

(1) 粉（粒）状硝铵炸药的再加工

当粉（粒）状硝铵炸药结块或含水量超标时，不应用于井下爆破作业；可将其烘干和粉碎后用于露天爆破。但炸药结块较坚硬或含水量超过 1.5%时，禁止用于爆破作业，不得再加工，应及时销毁。乡镇采矿场不得对炸药进行再加工。

对于结块硝铵类炸药的烘干和粉碎等再加工工作，应在专设的加工工房或露天工棚内进行。加工房应有良好的通风防尘设施，垫板及运送炸药的容器，应采用坚固、撞击不产生火花的材料制作。采用轮碾机和凉药机再加工结块粉状硝铵炸药时，可按原加工工艺碾压和干燥。无凉药机时，出药温度应低于 45 ℃，以防再次结块。含有硝酸酯的炸药，不得粉碎。

不具备室内加工条件而采用室外干燥、粉碎和包装炸药，应在天气晴朗、风力小于三级的白天进行。应做好安全警戒，防止爆破器材丢失、被盗；施工现场严禁烟火；如遇雷雨，立即停止加工作业，迅速撤离危险区，并在危险区边界设置岗哨，防止他人误入。

人工粉碎粉（粒）状硝铵炸药，操作人员应穿作业服、戴口罩，应用铝、木等不产生火花的工具，在施工现场将结块硝铵炸药粉碎可用木质榔头。

再加工的硝铵炸药应按生产技术标准进行包装，浸蜡温度不得超过 105 ℃，时间不得超过 5 s，每批再加工的粉（粒）状炸药的总量不应超过 1 t。

(2) 含水炸药的再加工

乳化炸药在储存期内发生轻度破乳，出现颗粒时，不应用于爆破作业。不可在现场再加工，应及时退回生产厂进行再加工，再加工的炸药可用于露天大直径深孔爆破或硐室爆破。再加工的炸药，应测定爆炸性能后方可使用，且应及时使用。

乳化炸药再加工的一般程序是：剥去包装纸，将药投入搅拌机内加热搅拌至 75 ℃～80 ℃，加入总量为 0.5%～1.0%的乳化剂，再搅拌乳化，冷却后出料包装。

(3) 硝化甘油类炸药的解冻

已冻结的硝化甘油类炸药，使用前应加以解冻，可在地面或井下仓库以及专设的解冻室内进行。在解冻室解冻时，应采用水暖系统，室温不应超过 30 ℃，并设超温警报装置。当解冻室做其他用途时，应彻底清洗地面和墙壁。继续用做解冻室时，应事先将一切杂物清洗干净方可使用。

在爆破器材库内自然存放解冻时，库内温度应维持在 10 ℃～30 ℃，解冻时间不应少于 2 d。每批解冻的炸药，应编号、记录入库和出库的时间。库内或室内进行解冻时，工作人员不应超过两人，不应做与解冻无关的其他工作。解冻后的炸药，应及时运往爆破地点使用。

2.2.7　现场装药车与混装炸药车

国家鼓励发展民用爆炸物品生产、配送、爆破作业一体化的经营模式。实践证明，现场混装乳化炸药装药车在铁路与公路隧道掘进、大型硐室开挖、中小型露天矿山、采石场和地下矿山机械化开采等爆破作业中的应用是成功的，因此要进一步完善和推广应用于露天、地下中小直径炮孔（25 mm 以上）爆破工程的现场敏化型高稳定性炸药半成品技术；完善配套乳化炸药装药车与移动式或固定式乳胶基质制备站；开发研制系列现场混装炸药车、半成品原料配送车、专用辅助作业车及其配套设备；研制高效率、大产能固定式和移动式现场混装炸药半成品制备站、配送站技术与装备。

2.2.7.1　现场装药车与混装炸药车简介

（1）露天用装药车

露天用装药车是将在固定制药混制工厂混制好的制药装到装药车的料仓中，即整个装药系统由固定的混药、上料设备及装药车组成。装药车装好炸药后，开往爆破作业现场，根据设计的计量要求将料仓中的炸药逐一装入炮孔。这种装药车只担负运输和装填炸药的任务。根据所装填的炸药不同又可分为粒状铵油装药车及乳化炸药装药车。

图 2.12　BCJ-3 型乳化炸药装药车

图 2.12 所示 BCJ-3 型乳化炸药装药车是北京矿冶研究总院研制的一种适于露天爆破作业的装药机械，其主要技术参数如表 2.11 所示。

表 2.11　BCJ-3 型乳化炸药装药车的主要技术参数

最大车速 /km·h^{-1}	料仓容积 /m^3	适应炮孔 /mm	装药速度 /kg·min^{-1}	装药密度 /g·cm^{-3}	炸药爆速 /m·s^{-1}	传爆长度 /m
80	≥6	≥80	≥80	1.0～1.3	≥4 000	≥15

（2）地下装药设备与施工

目前用于井下的装药机械主要有单一装药的装药器以及能制药和装药的混装

车两类。装药器为一密闭压力容器,采用气动装置将炸药送入炮孔,按照移动方式主要分为杠抬式和背带式两种,按照输送炸药的形式又可分为散装型装药器和药卷型装药器。

图 2.13 BQF-100 型装药器

① 散装型装药器 。散装型装药器为国内外普遍采用的一种炸药装药器,适于粉状及粒状铵油炸药,图 2.13 为 BQF-100 型装药器。该装药器用压气作为动力,压气通过调压阀进入药桶后,分成两支气路:一支由上部直径 13 mm 的出口吹向药桶顶部;另一支由直径 5 mm 的铝管引向药桶锥部出口。炸药在这两股压气作用下,沿着半导体塑料软管进入炮孔。由于炸药有一定的黏性,加上压气的冲力,炸药即被压实于炮孔中。喷药效率随选用压气的不同风压而变化,一般是气压越大,其装药密度及喷药效率就越高。表 2.12 为山西省特种汽车制造厂生产的几种主要装药器的技术参数。

表 2.12 几种主要装药器的技术参数

型号 参数	BQ-20A	BQ-50A	BQ-100	BQ-200	BQ-500	BQF-50	BQF-100
装药量/kg	20	50	100	200	500	50	100
工作气压/MPa	0.35~0.6	0.3~0.4	0.3~0.4	0.3~0.5	0.3~0.5	0.3~0.4	0.25~0.45
装药能力/kg·h^{-1}	150	400	600	800	1 200	400	600
装药密度/g·cm^{-3}	0.95~1.00	0.95~1.00	0.95~1.00	0.95~1.00	0.95~1.00	0.95~1.00	0.95~1.00
外形尺寸长×宽×高/m	0.4×0.7×0.7	0.8×0.8×1.2	1.3×0.88×0.68	2.1×1.05×1.59	1.5×1.05×1.69	0.8×0.8×1.2	1.27×0.98×0.76
输药管内径/mm	19;25	25	25;32	25;32	32;40	25;32	25;32
自重/kg	8	45	65	179	250		70

② 药卷装药器。ZYK-1 型装药器、FT-28 型装药器以及 D28 型装药器均属风动压力型药卷装药器。药卷进入药腔室,关闭进药阀门,在压气作用下输送药管(金属管或抗静电塑料软管)高速运行(30 m·s^{-1}左右)至端部喷头处射出,喷头处装有三片锋利刀片割破药卷蜡纸,将炸药压入炮孔中。

上述几种型号的装药器的主要技术参数如表 2.13 所示。

表 2.13　药卷装药器技术参数表

参数 \ 型号	ZYK-1	FT-28-1	D28
孔深/m	30	10	<20
孔径/mm	100～105	45～50	110
炮孔方向/°	45	0～90	—
工作气压/MPa	0.45～0.6	0.3～0.4	0.4～0.5
装药密度/$g \cdot cm^{-3}$	0.88～1.05	—	0.9
装药效率/$kg \cdot h^{-1}$	120	68～78	172
自重/kg	3.6	3.5	3.0

(3) 露天混装车

现场混装炸药车技术是指在专用混装车上采用原料现场生产工业炸药、现场装药的新技术。这一技术根本上解决了炸药生产、流通、使用过程安全管理流程过长的问题。

露天混装车一般具有混制设备、装药设备和总体设备三大部分。混制设备分为预混设备和最终混制设备，将原材料预混成半成品混合物，或制成各种溶液。装药设备包括输送系统、计量系统、空压设备、装药控制阀门、装药软管及自动拔管机等。总体设备包括汽车底盘、动力系统、操纵系统及车头等。以下主要介绍粒状铵油炸药混装车、乳化炸药混装车及重铵油炸药混装车。

① 粒状铵油混装车。由于多孔粒状硝酸铵不易吸湿结块，流动性和吸油性好，为机械化混制和炮孔装填创造了良好的条件。粒状铵油炸药混装车将车上分别储存在各容器里的多孔粒状硝酸铵及柴油运送到爆破现场，临装药前在车上将二者按比例混合，配制成铵油炸药并随即装入炮孔。

混装车工作机构的动力源于汽车发动机，由发动机经传动装置带动各运动部件。装在料箱里的粒状硝酸铵由底输料螺旋输出车厢，落入星形给料装置，由给料装置排出后进入混合室，与按要求比例喷入的柴油混合成炸药，并不断被压气沿防静电输药胶管进入炮孔。利用计数器装置计出星形给料器转子的转数，对装药进行计量。

与混装车配套的地面设施主要有：硝酸铵库房、上料装置及加油装置等，混装车在上料装置处装满硝酸铵（如图 2.14(a)所示），并到加油站装满柴油后（如图 2.14(b) 所示），即可驶入爆破现场进行粒状铵油的混装作业（如图 2.14(c)所示）。

② 乳化炸药混装车。乳化炸药混装车主要是在汽车底盘上配制一套制药、装药和计量、输送控制设备，其机械机构主要由动力系统、制药系统、混药系统、电气控制计量系统和气路系统等组成。

在地表加工完成的半成品油水相、乳化剂和发泡剂溶液分别由储罐输送到混

(a) 粒状铵油混装车上料

(b) 粒状铵油混装车加油

(c) 粒状铵油混装车装药

图 2.14 粒状铵油混装车上料、加油及装药作业

装车相应的容器中,根据炸药的配方要求将各组分及添加剂输入连续乳化器中,同时将乳胶基质和发泡剂溶液输送到连续混合器制成炸药,泵送到相应的爆破炮孔中。

③ 重铵油炸药混装车。重铵油炸药混装车主要由汽车底盘、动力输出系统、螺旋输送系统、软管卷筒、干料箱、乳胶基质箱、电气与液压控制系统、燃油系统等部件组成。多孔粒状硝酸铵是用上料塔上料,乳化装置上乳胶基质,燃油泵上燃油微量元素备于相应的容器内。混制重铵油炸药的各种原料从地面站的各种储存库分别装入车上的料仓,驶入爆破现场进行装填作业。

(4) 地下混装车

地下混装车是将炸药原材料或半成品置于混装车上,在爆破工作面混制成炸药成品后装入炮孔。

北京矿冶研究总院研制的 BCJ 系列中小直径乳化炸药混装车利用“水环润滑原理”实现了乳胶基质在小直径软管内的长距离输送及装入炮孔时即时混合敏化,并由计算机控制,装药准确,操作简单,安全性好。其中,BCJ-1 型为用于地下矿山、隧道掘进、硐室开挖的小直径炮孔混装车。通过小直径软管将乳胶基质直接输送装填入炮孔,在输送过程中实现与敏化剂连续混合,最终在炮孔中敏化成药。

图 2.15 BCJ-1 型乳化炸药地下混装车

图 2.15 为 BCJ-1 乳化炸药混装车的外形,其主要技术参数如表 2.14 所示。

2.2.7.2 现场装药车与混装炸药车的安全操作

(1) 现场装药车的安全操作

爆破安全规程规定:粒状铵油炸药露天装药车车厢应采用耐腐蚀的金属材料制造,厢体应有良好的接地;输药软管应使用专用半导体材料软管,钢丝与厢体的连接应牢固;装药车整个系统的接地电阻值不应大于 105 Ω;输药螺旋与管道之间应有足够的间隙;发动机排气管应安装消焰装置,排气管与油箱、轮胎应保持适当的距离;并应配备灭火器。

表 2.14　BCJ-1 型乳化炸药混装车技术参数

装药参数			工作斗参数			
料斗容量/m^3	装药速度/$kg \cdot min^{-1}$	装填炮孔直径/mm	最大作业高度/m	最大作业半径/m	最大载荷/kg	回转角
0.6～1.0	15～20	35～90	8～10	5～6	300	360°
行驶参数				车装炸药性能		
最高行驶速度/$km \cdot h^{-1}$	最大爬坡度	最小转弯半径/m	最小离地距离/mm	密度/$g \cdot cm^{-3}$	爆速/$m \cdot s^{-1}$	传爆长度/m
30	12°	6.2	230	0.95～1.25	3 800～4 600(∅50mmPVC)	≥1.5m(∅25mm)

用于小孔径炮孔的装药器的罐体应使用耐腐蚀的导电材料制作;输药软管应采用专用半导体材料软管;整个系统的接地电阻不应大于 105 Ω。

采用装药车、装药器装药时应遵守:① 输药风压不应超过额定风压的上限值;② 不应用不良导体垫在装药车下面;③ 拔管速度应均匀,并控制在 0.5 $m \cdot s^{-1}$以内;④ 返用炸药应过筛,不应有石块和其他杂物混入。

(2) 现场混制装药车的安全操作

爆破安全规程规定:混装车驾驶员、操作工,应经过严格培训和考核,熟练掌握混装车各部分的操作程序和使用、维护方法,持证上岗。

混装车上料前应对计量控制系统进行检测标定。配料仓不应有其他杂物;上料时不应超过规定的物料量;上料后应检查输药软管是否畅通。混装车应配备消防器具,接地良好,进入现场应悬挂危险标志。

混装车行驶速度不应超过 40 $km \cdot h^{-1}$,扬尘、起雾、暴风雨等能见度差时速度减半,或停止作业;在平坦道路上行驶时,两车距离不应小于 50 m;上山或下山时,两车距离不应小于 200 m。混装车行车时不应压、刮、碰坏爆破器材。

装药系统的操作步骤是:① 装药前应对炸药密度进行检测,检测合格后方可进行装药;装药过程中,应至少抽测一次密度。② 装药时应进行护孔,防止孔口岩屑、岩渣混入炸药中。③ 应将装药数量输入控制圆盘,先将起爆药柱、雷管和导爆索按设计要求加工好,并按设计要求放入炮孔内。④ 将乳化炸药输送管或喷嘴插入炮孔;装乳化炸药和重铵油炸药时,对干孔应将输药软管末端下至孔口填塞段以下 0.5～1 m 处;对水孔应将输药软管末端尽量下至孔底。⑤ 通过远距离手控开关(有线或无线)启动输送泵,开始输送乳化炸药。达到预设数量时,输送泵自动停止,拔出软管,装药完毕至少 10 min 后经检验合格才可进行填塞。应测量填塞段长度是否符合爆破设计要求。⑥ 装药至最后一个炮孔时,宜将软管中剩余炸药吹入炮孔中。装药完毕应用水或工具将软管内残留炸药冲洗干净，因为炸药在软管内长时间存留可能导致下次启动时泵内压力过大。

装药车在使用和维护上应保证：① 严格遵守安全操作规程；② 使用结束后要进行清洗、涂油；③ 现场使用之前，先检查设备是否接地良好，以防静电积累。

2.3 爆破器材储存与运输的安全

2.3.1 爆破器材的储存安全

2.3.1.1 爆破器材储存的一般安全规定

爆破安全规程规定：爆破器材的安全管理，由拥有爆破器材单位的主要负责人负责，各级公安机关对管辖地区内的爆破器材的安全管理实施监督检查。关于爆破器材储存的一般安全规定，归纳如下。

① 爆破器材应储存在专用的爆破器材库里；特殊情况下，应经主管部门审核并报当地县(市)公安机关批准，方准在库外存放。

② 新建、改建、扩建爆破器材库，储存爆破器材的单位应报主管部门同意，并向当地公安机关提出立项申请报告，批准后方可建库。

③ 立项批准后，须请有设计资质的部门进行设计；库房的位置、安全距离、库区布置、库房结构及交通、照明、防电、防雷、消防、通信、报警等系统，必须符合安全规程的要求；设计图纸经主管部门组织审查，合格后，按图施工。

④ 库房建成后，由有关部门进行质量检查和安全验收，并发给《爆炸物品储存许可证》后，方准储存爆破器材。任何单位和个人不应非法储存爆破器材。

⑤ 爆破器材库，应符合国家有关安全规范，配备符合要求的专职守卫人员和保管员，有较完善的防盗报警设施，具有健全的安全管理制度。发现爆破器材丢失、短少、被盗或错发要及时报告公安机关。

⑥ 过期失效变质的爆破器材要及时清理并妥善处理。

2.3.1.2 爆破器材库允许储存量及允许共存的范围

(1) 爆破器材库的储存量规定

① 地面单一库房的最大允许存药量，不应超过表 2.15 所示的规定。

② 地面总库的总容量规定。炸药不应超过本单位半年生产用量，起爆器材不应超过一年生产用量。

③ 地面分库的总容量规定。炸药不应超过三个月生产用量，起爆器材不应超

过半年生产用量。

表 2.15　地面单一库房的最大允许存药量

序号	爆破器材名称	单一库房最大允许存药量/t
1	硝化甘油炸药	20
2	黑索金	50
3	太安	50
4	梯恩梯	150
5	黑梯药柱、起爆药柱	50
6	硝铵类炸药	200
7	射孔弹	3
8	爆炸筒	15
9	导爆索	30
10	黑火药、无烟火药	10
11	导火索、点火索、点火筒	40
12	雷管、继爆管、高压油井雷管、导爆管起爆系统	10
13	硝酸铵、硝酸钠	500

注:雷管、导爆索、点火筒、继爆管及专用爆破器具按其装药量计算存药量。

④ 硐室式库的最大容量不应超过 100 t;井下只准建分库,库容量不应超过炸药三昼夜的生产用量;起爆器材十昼夜的生产用量;乡、镇所属以及个体经营的矿场、采石场及岩土工程等使用单位,其集中管理的小型爆破器材库的最大储存量应不超过一个月的用量,并应不大于表 2.16 的规定。

表 2.16　小型爆破器材库的最大储存量

库房名称	单位	最大储存量
硝铵类炸药	kg	3 000
硝化甘油炸药	kg	500
雷管	发	20 000
导爆索	m	30 000
塑料导爆管	m	60 000

⑤ 当不同品种的爆破器材同库存放时,单库允许的最大存药量仍应符合表 2.15 的规定;当危险级别相同的爆破器材同库存放时,同库存放的总药量不应超过其中一个品种的单库最大允许存药量;当危险级别不同的爆破器材同库存放时,同库存放的总药量不应超过危险级别最高的品种的单库最大允许存药量。

⑥ 乡镇露天矿场爆破器材库的最大允许容量是根据年生产量确定的。年生产量大于 1 万 t 的,硝铵类炸药不得超过 1 t,雷管不得超过 1 000 发;年生产量大于 3 万 t 的,硝铵类炸药不得超过 2 t,雷管不得超过 2 000 发;年生产量大于 5 万 t,硝铵类炸药不得超过 4 t,雷管不得超过 4 000 发。

(2) 爆破器材允许共存的范围

同一库房内爆破器材允许共存的基本原则是:① 主要原材料相同的可以共存;② 化学性质相同的可以共存;③ 硝酸铵炸药与硝基芳香族类和硝基胺类单质炸药可以共存;④ 胶质炸药、黑火药必须单一分库储存;⑤ 炸药、火药与雷管不能共存;⑥ 允许同库共存的总药量不应超过危险级别最高的品种单库最大允许存药量。

当库房内存放两种以上爆破器材时,其中任何两种爆破器材都应满足同库存放的要求,性质相抵触的爆破器材必须分库储存,库房内严禁存放其他物品。爆破器材允许共存的范围见表 2.17。

表 2.17 爆破器材同库存放的规定

爆破器材名称	雷管类	黑火药	导火索	硝铵类炸药	属 A1 级单质炸药类	属 A2 级单质炸药类	多孔粒状铵油炸药	射孔弹类	导爆索类
雷管类	○	×	×	×	×	×	×	×	×
黑火药	×	○	×	×	×	×	×	×	×
导火索	×	×	○	○	○	○	○	○	○
硝铵类炸药	×	×	○	○	○	○	○	○	○
属 A1 级单质炸药类	×	×	○	○	○	○	○	○	○
属 A2 级单质炸药类	×	×	○	○	○	○	○	○	○
多孔粒状铵油炸药	×	×	○	○	○	○	○	○	○
射孔弹类	×	×	○	○	○	○	○	○	○
导爆索类	×	×	○	○	○	○	○	○	○

注①"○"表示可同库存放,"×"表示不应同库存放;②雷管类包括火雷管、电雷管、导爆管雷管;③属 A1 级单质炸药类指的是黑索金、太安、奥克托金和以上述单质炸药为主要成分的混合炸药或炸药柱(块);④属 A2 级单质炸药类指的是梯恩梯和苦味酸及以梯恩梯为主要成分的混合炸药或炸药柱(块);⑤导爆索类包括各种导爆索和以导爆索为主要成分的产品,包括继爆管和爆裂管;⑥硝铵类炸药、包括以硝酸铵为主要成分的各种民用炸药。

2.3.1.3 临时性爆破器材库和临时性存放爆破器材

(1) 临时性爆破器材库

临时性爆破器材库,应设置在不受山洪、滑坡和危石等威胁的地方。允许利用结构坚固但不住人的平房、土窑和车棚等作为临时性爆破器材库。

临时性爆破器材库房宜为单层结构,库房地面应平整无缝;墙、地板、屋顶和门为木结构者,应涂防火漆;窗、门应为有一层外包铁皮的板窗、门;宜设简易围墙或铁刺网,其高度不小于 2m。库内应有足够的消防器材;库内应设置独立的发放间,面积不小于 9 m^2;应设独立的雷管库房。临时性爆破器材库的最大储存量为:炸药 10 t,雷管 20 000 发,导爆索 10 000 m。

(2) 爆破器材移动库房(车、船)

爆破器材移动式库房主要用于作业现场临时储存爆破器材,应具备隔热保温、防爆、防雷击、防静电、防火、防潮、防盗、防腐蚀等主要性能。

有条件时,应设置现场工作间作为现场应用的功能型办公场所,采用集装箱样式,配备移动上网和自动化办公设备,以满足现场管理工作和信息监控的需要。

野外流动性爆破作业可以用车、船临时存放爆破器材,但必须遵守以下规定。

① 不超过6个月的野外流动性爆破作业,可用安装有特制车厢的汽车存放爆破器材,特制车厢应是外包铝板或铁皮的木车厢,车厢前壁和侧壁应开有0.3 m×0.3 m的铁栅通风孔,后部应开设有外包铝板或铁皮的木门,门应上锁,整个车厢外表应涂防火漆,并设有危险标志;爆破器材存放量不应超过车辆额定载重的2/3;炸药与雷管应分车单独存放,在经过核准的专用车同时装有炸药与雷管时,宜在车厢内的右前角设置一个能固定的专门存放雷管的木箱,里面应衬软垫,箱应上锁。其雷管数量不得超过2 000发;禁止将特制车厢做成挂车形式。

② 车辆停放位置,应确保爆破作业点、有人建筑物、重要构筑物和主要设备的安全;白天、夜晚均有人警卫;爆破器材的加工与检测地点距车不得少于50 m。

③ 用船只存放爆破器材时,船上严禁烟火,并应备有足够的消防器材。存放爆破器材的船只,应停泊在航线以外的安全地点,距码头、建筑物、其他船只和爆破作业地点不应小于250 m;船靠岸时,岸上50 m以内不准无关人员进入;海上不应使用非机动船存放爆破器材。

④ 存放爆破器材的船舱,应用移动式蓄电池提灯或安全手电筒照明;爆破器材的存放量不应超过2 t,存放爆破器材的框架应设凸缘,装爆破器材的箱(袋)应固定牢固。船上应设有单独的炸药舱和雷管舱,各舱应有单独的出入口并与机舱和热源隔离。

⑤ 船上应悬挂危险标志,夜间挂红灯;船上应有人员警卫。

(3) 露天临时堆放爆破器材

在特殊情况下,经单位安全保卫部门和当地县(市)公安机关许可,爆破器材可临时存放在露天场地,但存放场地应选择在安全的地方,悬挂醒目标志(白天插红旗,晚上挂红灯);爆破器材应严加看管,昼夜有人巡逻警卫;存放爆破器材的场地不应堆放任何杂物;炸药与雷管不应混放,其间距离应不小于25 m;爆破器材不应直接堆放在地,应堆放在垫木上;在爆破器材堆上,应覆盖帆布或搭简易帐篷;距存放场周边50 m范围内严禁烟火。

运至作业地点的爆破器材,应有专人看管;作业地点只应存放当班作业所需的爆破器材;大型爆破,可存放本次工程所需的爆破器材;拆除爆破和地震勘探及油气井爆破时,不应将爆破器材散堆在地,雷管应放在外包铁皮的木箱里,箱应加锁。雷管或起爆体不应和炸药存放在一起。

发现爆破器材丢失、被盗,应及时向主管部门及公安机关报告。

经当地县、市公安局批准，允许利用结构坚固、不住人的房屋、土窑、车辆等作为拆除爆破作业爆破器材临时保管点；应按照公安局规定的期限、品种和数量储存；没有公安局签发的《爆炸物品运输证》或其他规定手续的不得存放；爆破器材品种、数量不清的不得存放；收发器材及时登记，做到账物相符；严禁同室保管与爆破器材无关的物品；要设专人看管。

2.3.1.4 储存爆破器材中的安全隐患与处置预案

炸药在常温尤其是受热作用时，发生缓慢的分解并放出热量。热分解不会形成爆炸，但是温度升高，分解速度会加快；当温度持续升高时，热分解可能转化为爆炸。所以，库房在储存炸药时，不宜堆得过密、过高和过多，要留有通道，保证通风良好，保持常温。

违规储存爆破器材造成恶性安全事故的案例不少。辽宁某露天矿南山 210 m 台阶，有一用草垫和木棍搭成的简易工棚，棚内有两个焦火炉，用于取暖。距工棚 10 m 处有一用草垫围住的违章临时炸药库，库内存放 100 kg 炸药和零星起爆器材。工棚与炸药库之间堆放一车草袋。工棚失火，火势迅速蔓延到临时炸药库，引起炸药库爆炸，造成 22 人死亡[①]。1995 年 6 月 4 日上午，江苏江浦县某采石场安全员李某在爆破器材临时储存室吸烟，烟灰落到雷管上，引起 323 发雷管瞬间爆炸，李某当场炸死，爆破员丁某被炸伤。1985 年 2 月 24 日，安徽某县小煤窑，由于工人在存放有 42 kg 炸药的工棚内用煤炉取暖，炉火将工棚烧着引起炸药爆炸，当场炸死 2 人，炸伤 8 人，炸毁房屋 20 余间[②]。吉林某县炸药库因运药时悬挂临时灯泡靠近纸箱，时间过长引起纸箱着火，炸药由燃烧转为爆炸，并引爆了附近军火库，造成重大伤亡[③]。

储存爆破器材过程中常见的安全隐患有：① 混存——同一库房内存放两种及两种以上不符合允许共存范围规定的爆破器材或爆破器材与其他危险物品同库存放；② 超量——库内储存的爆破器材超过公安机关核准的数量；③ 乱存乱放——爆破器材不储存在专用库房内或其他指定的安全地点；④ 看守不严——库房无人看守、看守人员不称职或离岗；⑤ 制度不严——爆破器材的入库与发放没有严格手续，没有账目或账物不符；⑥ 失效变质——爆破器材过期失效或安定性降低等影响运输、储存和使用安全；⑦ 库内杂乱——码放的爆破器材不符合规定，库内有昆虫和动物或库内不整洁；⑧ 结构不良——库房年久失修，屋盖、墙体、门窗不严，

① 中国工程爆破协会，张永哲主编. 爆破器材经营与管理[M]. 北京：冶金工业出版社，2004:125.

② 中国力学学会工程爆破专业委员会编. 爆破器材管理人员读本[M]. 北京：冶金工业出版社，1994:243.

③ 中国工程爆破协会，张永哲主编. 爆破器材经营与管理 [M]. 北京：冶金工业出版社，2004:122.

土堤塌陷；⑨ 设备不良——照明、防雷、消防、报警系统不符合规定等。

爆破器材库房切忌火源，为使库房管理人员对常见爆破器材的主要物理化学特性和应急处理方法有所了解，现将常见爆破器材主要物理化学特性，应急避险与灭火方式列于表 2.18 中。总之，爆破器材一旦着火，应采取洒水降温、尽快疏散炸药等措施，切不可采用沙土覆盖法或用灭火器去灭火。

表 2.18　常见爆破器材的主要物化特性、避险、灭火方式

品名	物化特性及危害	应急处理及避险	灭火方式
硝化棉	干品遇火星、高温，氧化剂和有机胺（如乙二胺、间苯二甲胺）接触会发生燃烧爆炸	灭火时穿戴防毒面具，防止烧伤，火大时人员马上撤离现场	大量水扑灭
硝化甘油	流态的硝化甘油受到轻微的摩擦或打击就会爆炸，严重时甚至会发生自爆现象	远距离遥控操作，发现异常立即撤离	—
苦味酸	黄色结晶，燃烧后易生成有刺激性和有害性的氮氧化物	灭火时穿戴防毒面具	用水灭火
梯恩梯	黄色结晶，易燃易爆，有害	应穿戴好劳动保护用具，发现异常立即撤离现场	用水灭火，禁用沙石、土压盖
黑索金	白色结晶，易燃易爆，有害	应穿戴好劳动保护用具，发现异常立即撤离现场	用水灭火，禁用沙石、土压盖
泰安	白色结晶，易燃易爆，有害	发现异常立即撤离现场	用水灭火，禁用沙石、土压盖
奥克托金	白色结晶，易燃易爆，有害	发现异常立即撤离现场	用水灭火，禁用沙石、土压盖
黑火药	黑色粉末，易燃易爆，有害	发现异常立即撤离现场	用水灭火，禁用沙石、土压盖
粉状铵梯类炸药	浅黄色粉末，易燃易爆，有害	着火时打开消防水灭火，人员撤离	用水灭火，禁用沙石、土压盖
铵油类炸药	白色粒状或粉末，易燃易爆	着火对打开消防水灭火，人员撤离	用水灭火，禁用沙石、土压盖
乳化、水胶炸药	膏状或凝胶状，易燃易爆	着火时打开消防水灭火，人员撤离	用水灭火，禁用沙石、土压盖
导火索	用纤维或塑料包缠黑火药的线状物，易燃	着火时打开消防水灭火，人员撤离	用水灭火，禁用沙石、土压盖
塑料导爆管	中空塑料管，以高分子塑料的性状为主，有燃烧性	戴上防护用具灭火	用水、干粉、CO_2 灭火，可用沙土压盖
导爆索	用纤维或塑料包缠单质炸药的线状物，易燃易爆	着火时打开消防水灭火，人员撤离	用水灭火，禁用沙石、土压盖
雷管类	遇明火、高热、强烈振动撞击会发生爆炸	发现异常立即撤离现场	—
石油射孔弹类	易燃易爆	着火时打开消防水灭火，人员撤离	用水灭火，禁用沙石、土压盖

2.3.2 爆破器材库的安全管理

2.3.2.1 爆破器材库规划设计的安全要求

(1) 爆破器材库选址的基本原则

① 避开狭窄沟谷。库房布置在周围狭窄的沟谷，一旦发生爆炸，不利于爆炸能量和冲击波的泄爆，冲击波的反射也会增大危害程度。

② 避开地震带。我国属地震多发地带，选址时应考虑当地地层结构，建筑物采用防震设计。

③ 充分利用地形地貌，库房间不宜长面相对布置。选择有利地形、库房间错开布置，能减少库房间的相互影响，降低工程造价。

④ 防汛。仓库不宜建在山脚下、沟谷、河边，否则易受到山洪、山体滑坡和泥石流等的危害。

⑤ 安全距离。库房周围应有一定范围的安全地带，使其与周围的工业、民用设施、通讯发射台等保持相对独立性。

⑥ 硐室库和井下库应避开水层和岩石破碎带。

⑦ 库房建立后，任何单位不应在爆破器材库的危险区域内修建任何建(构)筑物。

(2) 永久性地面爆破器材库房的结构要求

一般规定，爆炸物品库的安全距离、位置、结构、设施、照明、通讯和防雷设施，应符合《爆破安全规程(GB 6722-2003)》、《民用爆破器材工厂设计安全规范(GB 50098)》、《地下及覆土火药炸药库设计安全规范(GB 50154)》、《火药、炸药、弹药、引信及火工品工厂设计安全规范》、《小量火药、炸药及其制品危险性建筑设计安全规范》等相关安全设计规范。

对库房的基本要求有：① 应为平房，钢筋混凝土承重、墙体坚固、严密隔热、方位合理；② 双层门向外开，外为包铁皮的耐火门，内为栅栏门；③储存雷管或硝化甘油类炸药的库房内门应为金属丝网门；④门到库房内任何一点的距离不得超过15 m，门宽不小于1.4 m，门高不小于2.1 m；⑤门外要设门斗，其面积不得小于6 m^2；⑥ 库房要设足够的采光通风窗，采光比不小于1/30；⑦窗门为三层，外窗包铁皮，中层为铁栅栏，内窗为玻璃窗，窗台距地板高度不小于1.8 m；⑧ 库房内净高不低于3 m，炎热地区不低于3.5 m；⑨ 地面平整、坚实、无裂缝、防潮、防腐蚀、不得有铁器类物品外露；⑩雷管库房的地板要铺软垫；⑪ 采用钢筋混凝土屋盖时，房顶应有隔热层；⑫采用木屋顶时必须经防火处理；⑬储存烟火药和硝化甘油类炸药时必须采用轻型屋盖。

对防护土堤设置的规定有：① 堤基至库房外墙的距离为1～3 m，有套间的一侧可为5 m，或按运输要求确定；② 土堤与库房之间有砖石砌成的排水沟；③ 用块石或混凝土构筑的堤基不高于1 m，堤基上部必须用泥土、沙质黏土等可塑性和不燃材料修建；④ 禁止用石块、碎石和可燃材料；⑤ 土堤要高出屋檐1 m，顶宽1 m，底部宽度根据所用材料的稳定坡面角确定。

对围墙的要求有：库区周围应设密实围墙，围墙到最近库房的距离不应小于15 m（小型库不应小于5 m），围墙高度不应低于2 m。

(3) 永久性地面爆破器材库区对交通设施、消防设施、电气照明的规定

对交通设施的规定有：① 库区主要运输道路的纵坡度不宜大于6%；② 手推车运输道路的纵坡坡度不宜大于2%；③汽车运输的时速不超过10 km・h^{-1}；④ 库房装卸地点的道路，冬季应有防滑措施；⑤ 铁路运输的机车头距库房不小于50 m；⑥ 机车行驶的时速不超过10 km・h^{-1}。

对消防设施的规定有：① 根据库房总容量修建高位消防水池，库容量小于100 t者，贮水池容量为50 m^3；② 库容量100～500 t者，贮水池容量为100 m^3；③ 库容量超过500 t者，设消防水管；④ 消防水池距库房的距离不大于100 m；⑤ 消防管路距库房不大于50 m；⑥ 草原和森林地区的库区周围应修筑防火沟渠，沟渠边缘距库区围墙不小于10 m，沟宽1～3 m，深1 m。

对电气照明的规定有：① 危险等级为Ⅰ类；② 库区变电站到各库房的外部线路要采用铠装电缆，外部线路禁止通过库房上空；③ 库内采用自然光，严禁安装电灯，如必须用电灯照明时，可在库房外安装探照灯；④ 电源开关和保险器应设在库房外面，并装在配电箱内；⑤ 只准使用安全手电筒、汽油安全灯为移动式照明灯具。

(4) 对井下爆破器材库的布置与安全管理的规定

对井下爆破器材库的布置的规定有：① 不得设在含水层和岩体破碎带内；② 硐室式库房距井筒、井底车场和主要巷道不得小于100 m，壁槽式库房不得小于60 m；③ 硐室式库房距行人巷道不得小于25 m，壁槽式库房不得小于20 m；④ 联通巷道必须拐三个直角弯，在拐弯处要延长2 m，断面不小于4 m^2；⑤ 要有两个出口；⑥ 除设有专门储存爆破器材的硐室或壁槽外，还应设有联通硐室或壁槽的巷道和若干辅助硐室；⑦ 储存雷管或硝化甘油类炸药的硐室或壁槽应设金属丝网门；⑧ 硐室或壁槽之间应留有足够的殉爆安全距离。

对井下爆破器材库安全管理的规定有：① 要有单独的通风风流，回风风流应直接进入矿井的回风巷道内，并保证每小时有4倍于爆破器材库总容积的风量；② 距库房15 m以内的联通巷道都必须用不燃材料支护；③ 库内必须备有足够数量的消防器材和高压水管；④ 出入口必须设置向外开的防火铁门；⑤ 有矿尘爆炸危险的矿井的库房附近，必须设置岩粉棚，并定期更换岩粉；⑥ 单个硐室储存的炸药不得超过2 t，单个壁槽不得超过400 kg。

对井下爆破器材发放站的规定有：① 应设专用通风巷道；② 距经常行人的巷道不应小于25 m，至少拐一个直角弯与行人巷道相连；③ 存放的炸药不得超过

500 kg,雷管不得超过一箱;④ 炸药与雷管必须分开存放,并用厚度不少于 25 cm 的混凝土墙隔开。

对永久性硐室(或隧道式)爆破器材库房的规定有:① 应建在稳定的岩层或坚固的黄土层里,采用平硐与地表连通。平硐长度超过 15m 时,必须有 2 个出口,出口不应直接朝向居民区、厂房和重要的建(构)筑物。② 库房的高度必须大于联通巷道的高度。联通巷道底板的坡度为由里往外下斜 5‰,并应有带盖的排水沟。③ 硐口安装外开双层门,外为包铁皮的板门,里为栅栏门。④ 必须有通风巷道或采用钻孔、探井通风,入口和通风设备必须设置围墙。⑤ 巷道用木结构支护时,应涂防火漆。⑥ 距硐口 25 m 和爆破漏斗的上、下破裂线范围内,应设围墙或铁刺网。

对硐室式和井下爆破器材库电气照明的要求是:① 只准采用防爆型或矿用密闭型器材,线路采用铠装电缆;② 井下库区电压不得超过 36 V;③ 硐室或壁槽内不准安电灯;④ 电源开关和保险器要安装在外包铁皮的专用开关箱内;⑤ 井下库的开关箱要设在辅助硐室里,硐室式库的开关箱要设在硐口外;⑥ 有可燃性气体和粉尘爆炸危险的井下库区只准使用防爆型移动电灯和安全手电筒,其他井下库区应使用蓄电池灯、安全手电筒或汽油安全灯为移动式照明。

(5) 对乡镇露天矿场设置的爆破器材储存库的规定

这方面的规定包括:① 库房外墙根距住宅区或村庄边缘不得少于 300 m;② 库区要设简易围墙或铁丝网,其高度不小于 2 m;③ 库房必须是坚固严密的平房或土窑,地面平整无缝,严防鼠、蛇、蝎、蜂等动物和昆虫进入;④ 炸药、火药与雷管,都必须分库单独存放,库与库之间的距离不得小于 20 m;⑤ 木结构部分应涂防火漆,必须有一层外包铁皮的窗门,门要向外开;⑥ 有雷击危险的地区要设防雷装置;⑦ 库区内严禁烟火,禁止用明火照明;⑧ 库内不准安装电灯,但可在库外安装探照灯;⑨ 要有足够数量的消防器材;⑩ 要有独立的发放间,供发放爆破器材,其面积不应小于 9 m^2。

2.3.2.2 爆破器材库的安全防范措施

为了防止爆炸物品库被盗窃、被抢劫、被破坏,维护社会公共秩序与公共安全,北京市制定了地方标准《爆炸物品库安全防范规定(DB11/ 317-2005)》,于 2006 年 3 月 1 日起实施。该标准以现代信息技术为基础,提出了以报警、视频监控、通讯等技术手段防范为主,结合人员值守、物理防护、看护犬看护和区域协助防范的综合安全防范措施。

设立报警系统,报警系统各子系统能分别设置、独立运行,并能按时间、区域、部位灵活编程设防或撤防;库房内无人时,入侵报警装置应进入设防状态;库区无人员、车辆进出时,周界报警装置应进入设防状态;紧急求助联网报警全天处于设防状态。当有报警时能显示和记录报警部位、地址及有关警情数据。

设立视频监控系统,能对所有监控图像进行记录,多画面或轮寻显示各监控图像；应能与报警系统联动，当报警发生时，能对报警现场进行图像复核，将现场图像自动切换到指定的监视器上显示；记录保存时间不少于15 d，观看所摄录的图像应能明确辨识被摄录人员、车辆和其他主要物品标识性特征(能对主被摄物进行个体鉴别)。

通讯设施终端应连接至或安装在报警控制室；实现由报警控制室对全系统进行信息集成的自动化管理。报警信息的对外发送、本地储存、声光提示、与视频监控系统联动等应采用自动方式；报警控制室内应张贴报警联系电话，且看守员在报警控制室内任何部位均能方便看见。

物理防护包括根据库区范围安装适当数量的探照灯确保库区照明，在库房外安装照明设备对库房内进行投射照明；应设报警控制室，确保对以技术手段为主的防范系统实施统一控制；报警控制室应坚固并具备防破坏能力；报警控制室应有防侵犯设施和自卫器具；库房外层门宜为防盗门，应加装防撬装置，避免挂锁外露；库房窗应安装防护栏，并具有防破坏功能等。

爆炸物品库应与上级主管部门及周围的村镇、厂矿企业等建立固定、可行的防盗窃、防抢劫、防破坏协助防范关系，并制定防盗窃、防抢劫、防破坏的应急预案和实施细则。

安全防范系统工程的设计遵从以下原则。① 系统的防护级别与被保护对象中最高风险等级相适应；② 技防、物防、人防、犬防、协防相结合，探测、延迟、反应相协调；③ 系统的安全性、可靠性、实用性、经济性、先进性、配套性及兼容性、可扩展性；④ 防护的纵深性、均衡性、抗易损性；⑤ 系统各被防护场所、部位协调统一、相互补偿、合理取舍；⑥"谁主管、谁负责"与"群防、群治"相结合。

根据爆炸物品库在其所处环境中可能遇到的危及爆炸物品安全，并由此导致危及社会公共安全的危险程度划分风险等级，由爆炸物品库储存品种、核定容量、地理位置、知晓程度等来确定。该标准的风险等级共分四级，从高至低依次为一级、二级、三级和四级。按照防护级别应与防护对象的风险等级相对应的原则，制定了一级、二级、三级和四级防护措施。综合运用现代科学技术手段和管理措施，构成安全、可靠、实用、经济、先进、配套的安全防范体系。

2.3.2.3 库区与库房的安全管理

爆破器材储存库区与库房的安全管理应遵循以下原则。

① 爆破器材库房的管理，应建立健全严格的责任制，建立治安保卫、防火、保密等制度。

② 必须设专职警卫昼夜看守和巡视，严禁无关人员进入库区；严禁烟火和用明火照明；进入库区不应穿铁钉鞋和易产生静电衣服。

③ 宜分区分库分品种储存，分类管理；不准存放违反规定的炸药品种；每间库房储存爆破器材的数量，不应超过库房设计的允许储存药量；储存硝化甘油类炸药时，必须采取防热和防冻措施，发现渗油、冻结或老化的硝化甘油类炸药不准入库；

品种、性能不详，数量不清、过期、失效的爆破器材，应及时处理；库区不应存放与管理无关的工具和杂物。

④ 爆破器材的储存，爆破器材应码放整齐、稳当，不得倾斜；爆破器材包装箱下，应垫有大于0.1 m高度的垫木；货架或药堆之间通道的宽度不得小于1.3 m，爆破器材的码放高度，不宜超过1.6 m；爆破器材包装箱与墙距离宜大于0.4 m；存放硝化甘油类炸药、各种雷管箱和继爆管的箱（袋），必须单层箱平放在木制货架上，而且距上层架板的间距不得小于4 cm，架宽不超过两箱的宽度，货架距墙壁的距离不小于20 cm；不准用灯泡烘烤爆破器材；爆破器材开箱要在专设的发放间内，并使用不产生火花的工具。

⑤ 库房建立后，不应在库区危险范围内修建任何建（构）筑物；库区的消防、通讯设备和防雷装置要每季度大检查一次；报警装置每日都要进行检测。

⑥ 库房应整洁、防潮和通风良好，经常测定库房的温度和湿度；杜绝鼠害，严防蛇、蝎、蜂、鸟等动物和昆虫进入。

2.3.2.4 爆破器材的收发管理

爆破器材库必须建立严格的领取、清退制度。做到“四不入”、“四不发”。“四不入”是指没有公安机关签发的爆炸物品运输证和其他规定手续的不入库；品种、数量不清不入库；不符合混存、库内超量不入库；不合格的产品不入库。“四不发”是指没有公安机关签发的爆炸物品运输证和本单位发料单据不发；运输车箱不符合规定、车况不良、没有押运人员不发；品种、数量与单据不符的不发；过期失效、变质、包装件破损的不发。

收发爆破器材必须遵守以下规定：① 凭公安局签发的《爆炸物品运输证》或入库单据入库，并认真进行验收，确保品种、数量和规格与证或单据相符，包装无破损，质量合格；② 建立收发流水账、三联式领用单和退料单制度，定期核对账目，做到账物相符；③ 要按出厂日期和有效期限的先后顺序发放，在单独发放间进行；④ 变质、失效、性能不详、品种和数量不清的，不准发放，而且要及时妥善处理或上报销毁；⑤ 新购进的爆破器材逐个检查包装情况。

爆破员领取爆破器材必须经班、组长或现场负责人批准，领取数量不得超过当班使用量，剩余的要当天退回。

由公安部门按爆破作业人员分工不同办理IC卡，领用爆破器材人出示IC卡后、验证并出具领导审批出库单后库管员用POS机逐箱逐盒扫描出库，要将信息输入到领用人的IC卡内，并将信息输入管理的计算机系统。将此信息同时上报当地公安部门。个人IC卡的领用信息在年审时，由发放单位注销，表示领用产品已使用完毕，但在计算机内仍保留，以备任何时间查询。

发现爆破器材丢失、被盗，应及时向主管部门和所在地公安机关报告。

2.3.3 爆破器材运输与装卸的安全

2.3.3.1 爆破器材运输的安全规定

(1) 基本规定

本书只涉及爆破器材生产企业外部运输爆破器材的相关规定。购买爆破器材的单位，应凭有效的爆破器材供销合同和申请表，向公安机关申领《爆炸物品运输证》。跨省、自治区、直辖市运输的向运达地区的市级人民政府公安机关申请；在本省、自治区、直辖市内运输的向运达地县级人民政府公安机关申请。凭证在有效期间内，按指定线路运输。爆破器材运达目的地后，收货单位应派专人领取，认真检查爆破器材的包装、数量和质量；如果包装破损，数量与质量不符，应立即报告有关部门和当地县(市)公安局，并在有关代表参加下编制报告书，分送有关部门。

禁止用翻斗车、自卸汽车、拖车、拖拉机、自行车、摩托车和畜力车运输爆破器材。

爆破器材运输车(船)应符合国家有关运输安全的技术要求；结构可靠，机械电器性能良好；具有防盗、防火、防热、防雨、防潮和防静电等安全性能。车(船)运输爆破器材时，货物包装要牢固、严密、不混装、不超载，并用苫布盖严。开车(船)前应检查码放和捆绑有无异常；车辆应有明显的危险标志，按指定路线行驶；押运人员应熟悉所运爆破器材性能，非押运人员不应乘坐。装卸和运输爆破器材时，不应携带烟火和发火物品；中途停歇要远离建筑设施和人烟稠密地区，并有专人看管；不准在人员聚集的地点、交叉路口、桥梁上(下)及火源附近停留。车(船)完成运输后应打扫干净，清出的药粉、药渣应运至指定地点，定期进行销毁。

严禁随身携带爆破器材搭乘公共交通工具和进入公共场所；严禁在托运的行李、包裹和邮件中夹带爆破器材。

铁路、水路、航空运输爆破器材，还应遵守其他有关安全规定。

(2) 道路运输

用汽车运输爆破器材，应由熟悉爆破器材性能，具有安全驾驶经验的司机驾驶；出车前，车库主任(或队长)应认真检查车辆状况，并在出车单上注明“该车检查合格，准许运输爆破器材”；车辆必须限速行驶，能见度良好时车速应符合所行驶道路规定的车速下限，一般时速不宜超过 40 $km \cdot h^{-1}$；在扬尘、起雾、风雪天气时速度酌减或停驶；在平坦道路上行驶时，前后两部汽车距离不应小于 50 m，上山或下山不小于 300 m。遇有雷雨时，车辆应停在远离村镇、工矿企业及建筑物的空旷地点；在雨天或冰雪路上行驶时，应采取防滑安全措施；车上应配备灭火器材，并按规定配挂明显的危险标志；在高速公路上运输爆破器材，应按国家的有关规定执行。

公路运输爆破器材经过人烟稠密的城镇，必须事先通知当地公安机关，按公安机关指定的路线和时间通行。禁止在居民点、行人稠密的闹市区、名胜古迹、风景游览区、重要建筑设施等附近停留。如果中途需停歇，吃饭，停车地点要与人烟稠密地区，重要建筑设施、交通要道等保持 200 m 以上距离，并有专人看管车辆。确需停留住宿必须报告住宿地公安机关。

运输爆炸物品应使用爆破器材专用车和配送车。这类车辆配置爆破器材运输监控系统(GPS)，具有移动定位、跟踪显示、越界示警、车辆行驶锁定、异常报警、移动上网等基本功能，实现运输车辆的动态跟踪与实时监控。车的厢体材料选用优质冷轧钢板材作板面，中间充填保温防火材料，板面做防静电喷涂处理，地板铺全钢防静电地板，配备便携式泡沫灭火器，以实现隔热保温、防爆、泄爆、防静电、防雷、防火、防盗、防潮等主要功能。

国内外都有运输爆炸物品发生事故的案例。例如 1972 年 10 月，在土耳其，由于炸药运输车超载，快到库房时，一包炸药从车上掉下来，引起爆炸，3 人死亡，3 人受伤①。1994 年 10 月，西安某厂一辆装载 105 万发工业火雷管的汽车，沿 309 国道行驶到山东平度市洪山乡政府驻地时发生爆炸，死亡 5 人，受伤 95 人。事故原因是超高装载，押运人员离位，运输中雷管箱坠落到车厢底部引起爆炸②。

2.3.3.2 往爆破作业地点运输爆破器材

往爆破作业地点运输爆破器材，国内外都有发生事故的案例。例如 1982 年 11 月，某矿七采区发生了一起火雷管爆炸事故，两名工人到矿炸药库领取了 81 kg 炸药和 280 发雷管，全部混装在一条麻袋和一条尼龙袋子里，运到采区。他们不顾炸药放置安全与否就把麻袋扔下，一声轰响，炸药雷管爆炸，背药工人当场死亡③。

用人工搬运爆破器材时，一人一次运送的起爆器材不准超过 10 kg，拆箱(袋)运搬炸药不准超过 20 kg，背运原包装炸药不准超过一箱(袋)，挑运原包装炸药不准超过两箱(袋)。搬运工行进中，应保持 1 m 以上间距，上下坡时应保持 5 m 以上的间距；起爆体、起爆药包或已经接好的起爆雷管，只准爆破员运送。在夜间或井下，应随身携带完好的矿用蓄电池灯、安全灯或绝缘手电筒；不应一人同时携带雷管和炸药；雷管和炸药应分别放在专用背包(木箱)内，不应放在衣袋里；领到爆破器材后，应直接送到爆破地点，不应乱丢乱放；不应提前班次领取爆破器材，不应携带爆破器材在人群聚集的地方停留。

用手推车运输爆破器材时，载重量不应超过 500 kg，运输过程中应采取防滑、防摩擦和防止产生火花等安全措施。

---

① 中国力学学会工程爆破专业委员会编.爆破器材管理人员读本[M].北京：冶金工业出版社，1994：245.

② 中国工程爆破协会，张永哲主编.爆破器材经营与管理[M].北京：冶金工业出版社，2004：126.

③ 中国力学学会工程爆破专业委员会编.爆破员读本[M].北京：冶金工业出版社，1992：285.

在竖井、斜井运输爆破器材时，应事先通知卷扬司机和信号工；在上下班或人员集中的时间内，不应运输爆破器材；除爆破人员和信号工外，其他人员不应与爆破器材同罐乘坐；用罐笼运输硝铵类炸药，装载高度不应超过车厢边缘；运输硝化甘油类炸药或雷管，不应超过两层，层间应铺软垫；用罐笼运输硝化甘油类炸药或雷管时，升降速度不应超过 $2\ m \cdot s^{-1}$；用吊桶或斜坡卷扬运输爆破器材时，速度不应超过 $1\ m \cdot s^{-1}$；运输电雷管时应采用绝缘措施；禁止用带式输送机运输爆破器材。爆破器材不应在井口房或井底车场停留。

用矿用机车运输爆破器材时，列车前后设“危险”标志；采用封闭型的专用车厢，车内应铺软垫，运行速度不超过 $2\ m \cdot s^{-1}$；在装爆破器材的车厢与机车之间，以及装炸药的车厢与装起爆器材的车厢之间，应用空车厢隔开；运输电雷管时，应采取可靠的绝缘措施；用架线式电力机车运输，在装卸爆破器材时，机车应断电。

在斜坡道上用汽车运输爆破器材时，汽车行驶速度不超过 $10\ km \cdot h^{-1}$；不应在上、下班或人员集中时运输；车头、车尾应分别安装特制的蓄电池红灯作为危险标志；应在道路中间行驶，会车让车时应靠边停车。

水下爆破现场运输爆破器材要用非机动的专船装运；使用机动船装运时，必须采取防电、防震及隔热措施；只准爆破员搬运起爆药包，而且上下船或跨船舷时，要有防滑措施，在航行中要避免剧烈颠簸和碰撞。

2.3.3.3　爆破器材的搬运和装卸

违章装卸搬运爆破器材易发生安全事故。例如 1993 年 10 月，某单位进行隧道开挖，爆破器材运到掌子面卸车过程中，从车上往下抛掷炸药，下边有人接。此后又将 250 发雷管扔下车，下边的人因故未接，抛下的雷管撞击在硐壁岩石上引发爆炸，伤 2 人，所幸未引起炸药爆炸①。

装卸爆破器材时，应认真检查运输工具的完好状况，清除运输工具内的一切杂物；装卸爆破器材的地点，应远离人口稠密区，并设明显的标志，白天应悬挂红旗和警标，夜晚应有足够的照明并悬挂红灯；有专人在场监督，设置警卫，禁止无关人员在场；作业区严禁明火。

禁止爆破器材与其他货物混装，或炸药与起爆器材混装；按照通知的品种、规格、数量搬运。装卸搬运应轻拿轻放，装好、码平、卡牢、捆紧，不得摩擦、撞击、抛掷、翻滚、侧置及倒置爆破器材。装卸爆破器材时应做到不超高、不超宽、不超载，爆破器材的装载高度不得超过车厢边缘，用吊车装卸爆破器材时，一次起吊的重量不得超过设备能力的 50%；分层装载爆破器材时，不应站在下层箱（袋）上装载另一层，车内应铺软垫，防止箱子窜动。硝化甘油类炸药或雷管的装载高度不得超过两层。使有防爆合格证的专用叉车。禁止使用汽车的拖斗、自卸汽车、翻斗车、拖

---

①　中国工程爆破协会，张永哲主编. 爆破器材经营与管理[M]. 北京：冶金工业出版社，2004：126.

拉机、摩托车、机动三轮车、人力三轮车、自行车、独轮手推车运载爆破器材；车辆机件要完好，并有制动装置；车辆要有明显的危险标志。

装卸人员应了解爆破器材安全知识，经过岗位培训。装卸人员作业时不应穿戴易产生静电的化纤衣物，禁止穿带钉子的鞋、高跟鞋，不准携带烟火、移动通讯工具。爆破器材的装卸工作，应尽量在白天进行。遇雷雨或暴风雨时，禁止装卸爆破器材。

2.4 爆破器材的检验与销毁

2.4.1 爆破器材检验的主要内容和方法

2.4.1.1 爆破器材的现场测试与检验

爆破安全规程规定，在实施爆破作业前，应对所使用的爆破器材进行外观检查，对电雷管进行电阻值测定，对使用的仪表、电线、电源进行必要的性能检验。

各类爆破器材的检验项目，应参见产品的技术条件和性能标准；检验方法应严格按照相应的国家标准或部颁标准。

对重要的硐室爆破工程，建议对使用的炸药、电雷管、导爆索、导爆管做以下性能检查：① 炸药应测爆速、殉爆距离；② 电雷管应测定电阻值，延期雷管测定延期时间；③ 导爆索应测定爆速、起爆能力，并进行联接传爆试验；④ 导爆管应做传爆试验、延时导爆管雷管应做延时时间试验；⑤ 必要时，应进行爆破漏斗试验。

重要的拆除爆破工程，建议对典型构件试爆。

爆破安全规程规定，硐室爆破和其他 A 级、B 级爆破工程，应进行起爆网路试验。

电起爆网路应进行实爆试验或等效模拟试验；起爆网路实爆试验应按设计网路联接起爆；等效模拟试验，至少应选一条支路按设计方案联接雷管，其他各支路可用等效电阻代替。

大型导爆索起爆网路或导爆管起爆网路试验，应按设计联接起爆，或至少选一组（对地下爆破是选一个分区）典型的起爆网路进行实爆，对重要爆破工程，应考虑在现场条件下进行网路实爆。

爆破器材的爆炸性能的检测，应在安全的地方进行。

2.4.1.2 炸药的抽样检验

工业炸药在运输和储存期间，常因温度、湿度以及其他环境因素的影响，会发生物理和化学性质的变化，从而导致炸药变质，改变炸药原有的性能。若使用变质炸药，不仅会降低爆破效果，而且常常易产生意外爆破事故。因此对炸药的质量进行检验是保证爆破安全和爆破效果的一项重要措施。

炸药的外观检查包括：药包外表面应无破损、无渗油、无孔洞、无杂物和药物，药包内炸药无结块，粉状硝铵类炸药不应吸湿结块，乳化和水胶炸药不应稀化或变硬。

必要时，应对炸药的爆炸性能做抽样检验，主要是对炸药的爆速、猛度、殉爆距离或爆轰感度及做功能力（铅垮扩孔法或爆破漏斗法）进行抽样检验。

必要时，应对炸药的物理化学安定性做抽样检验，主要项目和方法如下。

（1）不含水硝铵类炸药的含水量的测定

① 烘箱干燥法。适用于不含挥发性油类的硝铵炸药含水量的测定。测定时，称取 10 g 的炸药试验（精确到 0.02 g），放入已烘干的玻璃称量瓶中，置于 60 ℃～70 ℃ 烘箱内烤 4 h，取出放入干燥器中冷却，再称量。其含水量 S 由式(2.6)计算出。

$$S = \frac{G - G_1}{G} \times 100\% \tag{2.6}$$

式中：G—炸药试验质量，g；

G_1—烘干后试验质量，g。

一般做两次，取平均值。

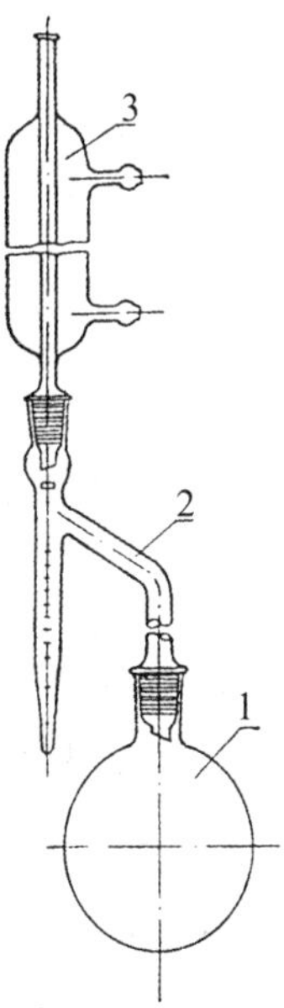

图 2.16　水分测定器
（1—圆底烧瓶；2—水分接受器；3—直管式冷凝管）

② 水分测定器法。水分测定器如图 2.16 所示。这种方法适用于含有挥发性油类的硝铵炸药的水分测定。称取 50 g 炸药试验（精确到 0.01 g）装入烧瓶，加入 250～300 mL 脱水甲苯，连通刻度管和冷凝器，使冷凝器内冷却水畅通，随即加热烧瓶，蒸发出来的油、水、甲苯不断流入刻度管中，水在最下层，当水的体积不再增加时，停止加热，待冷凝管冷却至室温时，读出刻度管中水的体积（精确到 0.01 mL），炸药的含水量 S 按式(2.7)求出：

$$S = \frac{V}{G} \times 100\% \tag{2.7}$$

式中：V—刻度管中水的体积，mL；

G—炸药试验质量，g。

按上述方法做两次，取平均值，测定误差不得超过 0.01%。一般爆破作业中，井下使用的不含水硝铵炸药的最高允许含水率为 0.5%，露天使用的不含水硝铵炸药的最高允许含水率 1.5%。

(2) 中包浸入试验

每班至少从包装箱中取出5个中包做浸入试验。浸入室温水下5 cm，时间10 min，取出擦干外面水珠，打开中包检查，最里面的中包层不漏水，合格率达80%以上。

(3) 药卷密度测定

测出药卷的直径和长度（从药卷一端凹陷处到另一端凹陷处）及药卷药量，即可按式(2.8)计算出药卷的装药密度：

$$\rho = \frac{4G}{\pi d^2 l} \tag{2.8}$$

式中：ρ—装药密度，g・cm^{-3}；

G—炸药净重，g；

d—药卷直径，cm；

l—药卷长度，cm。

连续测四次，取平均值，精确到0.01 g・cm^{-3}。

2.4.1.3 起爆器材的抽样检验

爆破器材检验包括三个方面的内容，即包装检查、外观检查和性能检验。包装检查应逐箱（袋）进行，外观检查和性能检验则抽样进行。

(1) 雷管的检验

① 外观检验。雷管管体不应压扁、破损、锈蚀，加强帽不应歪斜；管壳是否有污垢、浮药、砂眼，脚线是否折断等。

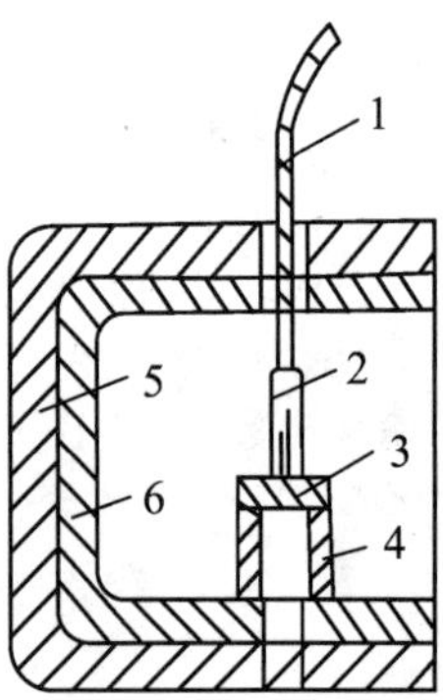

图2.17 雷管铅板穿孔试验

（1—雷管脚线或导爆管；2—雷管；3—铅板；4—钢圈；5—防爆箱；6—铅衬）

② 铅板穿孔试验。试验装置如图2.17所示，试验用铅板直径不小于45 mm（或正方形边长不小于45 mm），厚度为5 mm（对8号雷管）或4 mm（对6号雷管）。试验时将雷管垂直立在铅板中心，铅板放在直径不小于40 mm，高度不小于50 mm的钢圈上并固定好，雷管起爆后，铅板被炸穿的孔径大于雷管外径，雷管的起爆能力判为合格。

③ 电阻值检验。外表检验合格后，从雷管中抽样用专用电桥逐个测雷管的电阻值，符合产品说明书规定的误差范围内的值视为合格。

④ 最大安全电流。恒定直流电0.20 A，电雷管5 min不爆炸。

⑤ 最小发火电流。通0.45 A恒定直流电，30 ms内必须起爆；20发雷管串联，通1.2 A恒定直流电流应全爆。

⑥ 延期时间。用DT-1型时间间隔测量仪、DT-1型电雷管特性测量仪、BQ-

Ⅱ型综合参数测试仪、爆速仪、毫秒雷管计时仪等抽样检验延迟时间，符合说明书提供的误差范围者视为合格。

(2) 导爆索的检验

① 外观检查。导爆索表面要均匀且无折伤、压痕、变形、霉斑、油渍、污垢，索头有防潮帽。外层线不得同时折断 2 根，断线长度不超过 7 m。

② 起爆性能试验。将 200 g 梯恩梯压成 100 mm×50 mm×25 mm 的药块(密度为 1.5～1.59 $g\cdot cm^{-3}$)，端面有小孔，将 2 m 受试导爆索一头插入药块小孔内，再在药块上绕三圈，用线绳扎紧，使索与药面平贴，如图 2.18 所示。用雷管起爆导爆管另一端，整个药块全爆轰为合格。

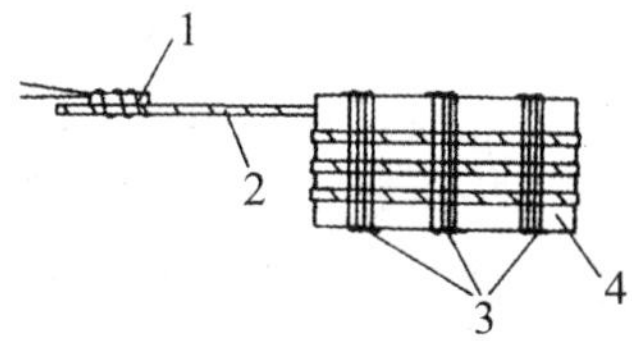

图 2.18 导爆索起爆性能检验
(1—雷管；2—导爆索；3—绑线；4—梯恩梯药块(200 g))

③ 传爆性能的检验。取 8 m 长的导爆索，切 1 m 长 5 段，3 m 长 1 段，按图 2.19 所示的方法连接。用 8 号雷管起爆后，各段导爆索完全爆轰为合格，平行做两次。导爆索爆速的测定方法可参照炸药爆速的测定方法。

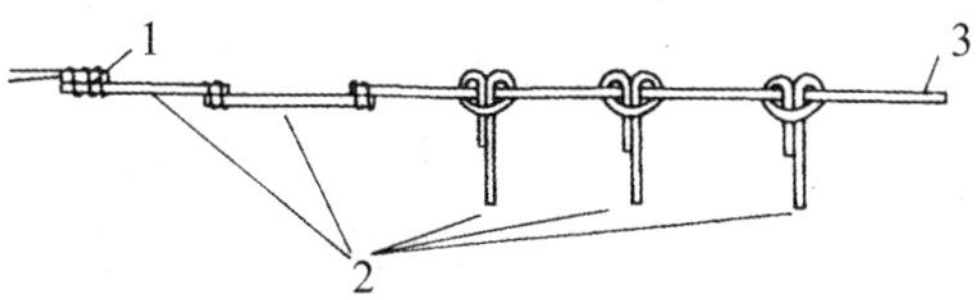

图 2.19 导爆索传爆性能检验
(1—8 号雷管；2—1 m 长导爆索；3—3 m 长导爆索)

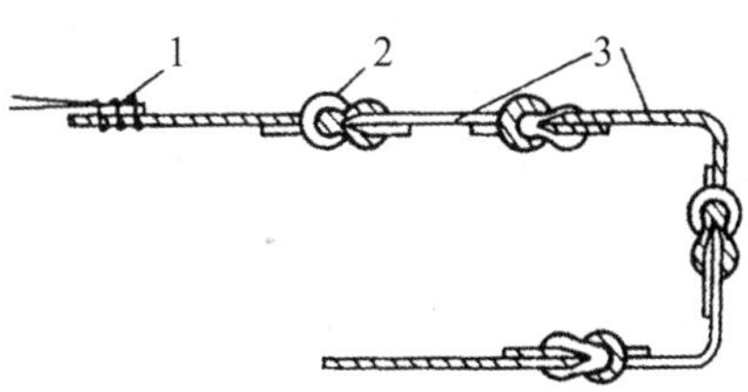

图 2.20　导爆索耐水性能检验的连接方法
(1—8 号雷管；2—水手结；3—导爆)

④ 耐水性检验。取 5 m 长导爆索，卷成小捆放入水深 0.5 m，10 ℃～25 ℃静水中，索头露出水面，浸泡 24 h。取出后切成 1 m 长 5 段，按图 2.20 方法连接，8 号雷管起爆，完全爆轰为合格。

(3) 导爆管的检验

导爆管管内无断药，无异物或堵塞，无折伤、油污、穿孔，端头封口。

(4) 起爆电源及仪表的检验

这项检验内容包括：① 起爆器的充电电压、外壳绝缘性能；② 采用交流电起爆时，应测定交流电电压，并检查开关、电源及输电线路是否符合要求；③ 各种连接线、区域线、主线的材质、规格、电阻值和绝缘性能；④ 爆破专用电桥、欧姆表和导通器的输出电流及绝缘性能。

2.4.2 爆破器材的销毁

2.4.2.1 爆破器材销毁的一般规定

爆破器材由于管理不当、储存条件不好或储存时间过长等原因而导致爆破器材性能经检验不合格或失效变质时，必须及时予以销毁。在处理盲炮后，也应将残余的爆破器材收集起来，及时销毁。爆破器材的销毁工作是与生产和使用密切相关的一个重要环节。为使销毁工作安全顺利进行，必须妥善选择场地，选择正确的销毁方法，严格遵守爆破器材销毁的安全技术规程。

工业炸药出现下列情况之一时，应予以销毁：① 安定性不合格，影响运输、储存和使用安全的；② 安全性降低有分解现象的；③ 不符合规定技术标准，而且又不能重新加工的；④ 混入能增加炸药感度或降低炸药安定性的杂质及过敏性盐类，但又不便去除的；⑤ 渗油、变质、硬化及冻结后难于解冻的硝化甘油类炸药；⑥ 超出储存有效期或失效变质，不能起爆及威力太小的。

起爆器材出现下列情况之一时，应予以销毁：① 由于某种原因在装药内混入了杂质或变质，安定性能无保障者；② 各种雷管、导火索、导爆索、起爆药柱、起爆弹等，由于超出储存有效期，或在储存期内性能下降或不稳定的起爆器材；③ 不符合国家技术标准的起爆器材；④ 收缴、捡拾、废品回收的起爆器材。

销毁前应制订销毁工作方案，说明被销毁爆破器材的名称、数量、销毁原因、销毁方法、销毁地点、时间和拟采取的相应安全措施，经上级主管部门批准，并向所在地县、市公安局备案。销毁工作应根据爆破工作领导人的书面批示进行。在有经验的主管领导(或专业人员)的指挥和组织下，由经过专门技术培训的专业人员负责具体实施。销毁后应有两名以上销毁人员签名，并建立台账和档案。

爆破器材的销毁场地应选在安全偏僻地带，选择地势平坦而又有天然屏障的地带作为场地，便于安全搬运和销毁场地的最后清理。距周围建筑物不应小于200 m，距铁路、公路不应小于50 m。装载废旧爆炸物品的汽车应符合安全要求，配有灭火器、防火罩、装有接地铁链等。不应在阳光下曝晒爆破器材；不应在夜间、雨天、雾天和三级以上的风天进行销毁。销毁工作结束后，应对销毁现场进行仔细检查，认真检查清理，现场不准留有未爆未燃尽的爆炸物品和残留的弹药部件；现场不准留有未熄的明火。如果发现有残存爆破器材，应收集起来，进行销毁。

不能继续使用的剩余包装材料(箱、袋、盒和纸张)经过仔细检查，确认没有雷管和残药时，可用焚烧法销毁；包装过硝化甘油类炸药有渗油痕迹的药箱(袋、盒)，应予以销毁。

乡镇管辖的小型采矿场、采石场或小型爆破企业，对不合格的爆破器材，不应自行销毁或自行加工利用，应退回原发放单位按相关规定进行销毁或再加工。

表2.19列举了常用爆破器材常见变质情况。

表 2.19 常用爆破器材常见变质情况

名称	变质失效现象	储存方面的原因
电雷管	出现穿孔小 全电阻普遍增大，串联不串爆 出现大量拒爆，雷管不导通 封口塞脱落 延期秒量普遍不准	严重受潮 桥丝和脚线锈蚀 受潮、储存期过长，桥丝锈断 管体受潮膨胀 雷管受潮、储存期过长
导爆索	外观有严重折损、变形、发霉、油污 爆轰中断，爆速降低	保管不善 严重受潮或曾经在高温下存放过
导爆管	管壁折损、破洞 爆速或起爆感度降低	保管不善 严重受潮或超过储存期
非含水硝铵炸药	严重硬化 药卷变软滴水	吸潮、库房温度变化大 严重吸潮
硝化甘油炸药	渗油 严重老化	储存温度高、时间长 储存时间长
水胶炸药	凝胶变成糊状或出水	保管不善，或超过储存期
乳化炸药	有硬块或成分分离、破乳发生	通风不良、超过储存期等

2.4.2.2 爆破器材的销毁方法

销毁爆破器材的方法有爆炸法、焚烧法、溶解法和化学法四种。各种销毁方法的适用范围如表 2.20 所示。应视所销毁的爆破器材性质、种类及当地具体情况来选择销毁方法。

表 2.20 爆破器材各种销毁方法的适用范围

销毁方法	适 用 范 围
爆炸法	能完全爆炸的爆破器材
焚烧法	没有爆炸性或已失去爆炸性，燃烧时不会爆轰的爆破器材
溶解法	能溶解于水或其他溶剂而使其失去爆炸性能的爆破器材
化学分解法	能为化学药品分解而失去爆炸性能的爆破器材

1. 爆炸法

爆炸法适用于具有爆炸性质的器材，如雷管、导爆索变质失效或爆炸性没有完全消失的炸药。只有确认雷管、导爆索、继爆管、起爆药柱、射孔弹、爆破筒和炸药能完全爆炸时，才能允许用爆破法进行销毁。用爆破法销毁爆破器材应分段爆破，单响销毁量不得超过 20 kg，并应避免彼此间发生殉爆；应采用电雷管、导爆索或导爆管雷管起爆。

雷管只准用爆炸法销毁，每次炸毁的数量应符合爆破安全规程的规定。雷管和继爆管应包装好后埋入土中销毁；销毁爆破筒、射孔弹、起爆药柱和有爆炸危险的废弹壳，只准在深 2 m 以上的坑或废巷道内进行，并应在其上面覆盖一层松土；

销毁爆破器材的起爆药包应用合格的爆破器材制作；销毁传爆性能不好的炸药，可用增加起爆能的方法起爆。

销毁雷管时，只准原包装形式，若原包装已经破坏，必须重新严格包装，不得散堆零放，以免遗失和操作不安全。可将雷管放在小坑内，用合格的起爆药包和几个炸药卷起爆炸毁。用于起爆的炸药与雷管必须是合格品。

2. 焚烧法

对于不会由燃烧转变为爆炸的爆破器材（如导火索、黑火药、点火筒及失掉爆炸性能的炸药、导爆管等），可用焚烧法销毁。不应用焚烧法销毁雷管、继爆管、起爆药柱、射孔弹和爆炸筒。焚烧前，必须仔细检查，严防其中混有雷管和其他起爆材料。不同品种的爆破器材不应一起焚烧；应将待焚烧的爆破器材放在燃料堆上，每个燃料堆允许烧毁的爆破器材不应超过 10 kg，药卷在燃料堆上应排列成行、互不接触。烧毁炸药时，应将炸药堆放成细长条状，厚 2 cm、宽 15～20 cm，长可达 25 m，每米铺药约 1 kg，一条约 25 kg。药条方向应与风向一致。可同时并列三条点火，但药条之间的距离不得小于 5 m，在每条药的下风向铺设不短于 5 m 的“引火路”，从下风向点火。“引火路”为导火索或易燃的刨花及枯枝、碎纸等。严禁烧毁时堆放过厚，以免燃烧时温度、压力突增，由燃烧转变为爆炸。焚烧火药，应严防静电、电击引起火药燃烧。禁止将爆破器材放在容器内燃烧。

烧毁应在天气晴朗、干燥无风的白天进行。点火前，应仔细地清除混在药条里的雷管和起爆药，同时用木棍将大块药打碎。当一切准备好后，其余人员撤至安全地点，由一人点火并立即撤至安全地点。严禁在燃烧过程中再添加任何燃料。只有确认燃料堆已完全熄灭，才准走进焚烧场地进行检查；发现未完全燃烧的爆破器材，应从中取出，另行焚烧。焚烧场地完全冷却后，才准开始焚烧下一批爆破器材。焚烧场地可用水冷却或用土掩埋，在确认无法再燃烧的可能性时，才允许撤离场地。

用爆破法或焚烧法销毁爆破器材，必须清除销毁场所地周围半径 50 m 范围内的易燃物、杂草和碎石；应有坚固的掩蔽体。掩蔽体至爆破器材销毁场所的距离，由设计确定。在没有人工或自然掩蔽体的情况下，起爆前或点燃后，参加爆破器材销毁的人员应远离危险区，此距离由设计确定；如果把预备全部销毁的爆破器材一次运到销毁地点，而又分批进行销毁，则应将待销毁的爆破器材放置在销毁场所上风向的掩蔽体后面，引爆或点火前应发出声响警告信号；在野外销毁时还应在销毁场地四周安排警戒人员，控制所有可能进入的通道，不准非操作人员和车辆进入。

3. 溶解法

能溶解于水而失去爆炸性能的爆破器材（如硝铵类炸药、黑火药等），可采用溶解法销毁。严禁将将爆破器材丢入河塘江湖及下水道中溶解销毁，以防造成污染。在容器中溶解销毁爆破器材时，每 15 kg 炸药，需用水量不少于 400～500 kg，溶解完毕后，将水溶液倒入深坑内，将未溶解的炸药或残渣收集起来，再用焚烧法或爆炸法销毁。

邻近公海或取得当地公安机关和卫生、海事部门同意后，可将爆破器材整箱（袋）沉没于江、湖、河、海里，但箱（袋）应附加重物，以确保其沉底。

4. 化学法

能为化学药品分解消除爆炸性能的爆破器材，可用化学分解法。该方法的特点是费时少，操作比较安全。化学分解法的残渣应另行妥善处理。化学法销毁只适用于很少量的爆破器材。爆破器材数量较大时，应改用其他销毁方法。

用化学法销毁爆破器材应注意以下事项：① 必须根据所销毁炸药的性质，选择合适的销毁液。如雷汞禁止用硫酸，因为与硫酸作用会发生爆炸；叠氮化铅禁用浓硝酸和浓硫酸处理。② 控制反应速度。销毁液浓度愈大，分解反应速度愈快，放热效应则愈大，就容易转化为爆炸反应。必须少量地向销毁液中投入废药或含药废液，并且一面投入一面搅拌，以防反应过热。③ 化学销毁时，必须将少量废药倒入大量销毁液中，而不能将少量销毁液倒入大量的废药中，这样可避免销毁时发生事故和防止销毁不完全而留下隐患。④ 销毁液必须保证有足够的过量，防止废药反应不完全。⑤ 销毁时要有良好的散热条件，防止反应热不易散失而发生爆炸。

以下介绍各种常见废弃火炸药的化学分解销毁方法。

（1）雷汞　用化学分解法销毁雷汞，常用的方法有两种，即硫代硫酸钠法和硫化钠法。

① 硫代硫酸钠法。对于没有回收价值的数量较少的雷汞，可用 20%或 25%的硫代硫酸钠（$Na_2S_2O_3$）溶液销毁。即将雷汞充分浸湿后，在不断搅拌的情况下，分次加入到 20%或 25%的硫代硫酸钠溶液中，使其全部溶解以达到将雷汞销毁的目的。

当销毁的雷汞数量较大时，必须考虑汞的回收问题。即按如上步骤使雷汞全部溶解后，再慢慢加入经稀释的硫酸（浓硫酸用 4 倍水稀释）使其成为酸性。静放 5 h，此时有黑色沉淀物硫化汞（HgS）生成。取出沉淀再与生石灰（CaO）混匀加热，汞蒸汽经冷凝后可回收。

② 硫化钠法。硫化钠（Na_2S）本身具有强碱性。利用雷汞与硫化钠作用可生成硫化汞沉淀的道理来达到销毁雷汞的目的。

如销毁雷汞的数量较多，需要考虑回收汞时，则如上所述，可将硫化汞与氧化钙混匀加热，使汞蒸汽冷凝即可。

另外，还利用强碱能使雷汞分解的性质及其在水为介质的情况下，硫化氢（H_2S）能与雷汞作用来销毁少量雷汞。

（2）氮化铅　可以利用稀硝酸分解氮化铅并使它失去爆炸能力的性质来销毁氮化铅。

由于生成的叠氮酸（HN_3）有害和爆炸性，因此，在加稀硝酸前应加入一定量的亚硝酸钠和水溶液，以便与硝酸作用生成不稳定的亚硝酸。亚硝酸分解生成的氧化氮（NO），可与叠氮酸作用生成游离的氮气（N_2）放出，从而消除了叠氮酸的毒性。

为检查销毁是否彻底，可以用黄色的三氯化铁溶液检查 N^- 离子的存在情况，如溶液由黄色变红，则说明试剂中的 Fe^{+++} 离子与 N^- 离子作用生成了氮化铁（FeN_3），而仍有 N^- 离子存在证明销毁的不彻底，还需要再补加亚硝酸钠饱和溶液和稀硝酸继续销毁。

还可以用10%的苛性钠（NaOH）冷溶液处理（经 16 h）的方法来销毁氮化铅。

(3) 特屈儿　用化学分解法销毁少量特屈儿时，可将它缓慢地加入到浓度为13%的硫化钠（Na_2S）水溶液中，均匀搅拌即可进行销毁。

(4) TNT　可用硫化钠或亚硫酸钠处理，硫化物是 TNT 的有效化学试剂，可使 TNT 去除率达 100%，但去除效率取决于硫化物的浓度和 pH 值，最佳反应条件是硫化物与 TNT 的摩尔比大于 10∶1 及 pH≥8。

(5) RDX　硫化物对 RDX 的去除效率较低，但在 pH≥10 的条件下，可用 20 份 5%氢氧化钠溶液将其煮沸分解，通过与氢氧化钠进行水解反应可以去除 RDX，氢氧化钠与 RDX 的摩尔比大于 1 时对水解最为有效。即还原和水解的联合反应比单一反应处理 RDX 效果要好。

(6) 硝基胍　在常温下，将其溶于 15 倍量的 45%的硫酸中，再将溶液加热，直至气体逸尽为止（约需加热半小时）。

(7) 硝化甘油　在搅拌下，将其缓慢加入至 10 倍量的 18%的硫化钠溶液中即可销毁。

第 3 章　起爆网路及其安全技术

3.1　起爆网路与爆破安全

“五、四、三、二、一，起爆！”

这是一个紧张而又激动的时刻，对工程爆破技术人员来说，他们像期盼自己的孩子一样等待着这一刻的到来，他们希望自己辛勤忙碌的工程爆破项目能取得期望的成果。对参与、参观的领导、工作人员和群众来说，也会在这一刻紧张起来，希望能目睹精彩、壮观的爆破场面。

谁也不希望出现一个尴尬的场面，但尴尬的场面还是时有发生。2006 年 6 月 6 日，有多少关注长江三峡的人们在现场、在电视屏幕前等待着号称“天下第一爆”的三期上游碾压混凝土围堰（RCC 围堰）拆除爆破那一刻的到来，下午四点，当指挥者清晰地发出“五、四、三、二、一，起爆！”的口令后，人们等待了大约近一分钟才见爆破从围堰的一端开始，而爆后发现在江中还孤零零的留下了一个堰块——15 号堰块没有被引爆。无疑，这次爆破从技术难度、爆破规模来说都堪称中国工程爆破界中围堰拆除爆破之最，其中，河床段 6 号到 15 号总长 380 m 的十个堰块采用了硐室爆破技术方案，由依次起爆的三个药室在堰体上游形成爆破缺口，为堰体倾倒创造失稳条件与旋转空间，再通过断裂孔爆破切割下游联系而使上部堰体向上游倾倒。该方案设想新颖，技术可以说处于世界领先的地位。但 15 号堰块的拒爆确实使人们感到遗憾。新闻媒体用了下面的标题来报道这次爆破：“三峡围堰爆破，一段堰块未倒”（新京报、新华网）；有记者这样描述：“爆破的烟尘刚刚散尽，记者在现场看到，有一块围堰没有倾倒，刺眼地立在江心。”由于新闻媒体对这次爆破长时间地连续报道、直播，更使人们关注 15 号堰块的拒爆。据分析，15 号堰块拒爆的原因是，起爆网路中负责 15 号堰块起爆的 42 发数码雷管没有被起爆器激活，整个堰块的炸药没有被引爆，从而导致了该堰块没有倾倒。此次爆破河床段所采用的是目前最先进的、全部是从澳瑞凯（Orica）公司进口的数码雷管和 i-kon™数码雷管起爆系统。数码雷管里装有微型电脑芯片，能设定各自不同的爆破响应时间，对数码雷管进行控制操作的就是编码器，它相当于一个小型遥控器，不仅可以设置数码雷管的延期时间，还有纠错功能，一个编码器可以控制两百个数码雷管，而且每发数码雷管都有身份采集，哪一发有问题一目了然。此次爆破共使用2 506发数码雷管，主编码器负责堰块的倾倒部分和断裂孔，共计编入数码雷管1 368发，其中就包括15号堰块的42发数码雷管；副编码器负责左边与纵向围堰连接的部分和右岸坡段部分，共计编入数码雷管1 138发。起爆网路的编码和操作由国外的资深数码起爆专家负责。42发数码雷管没有被激活的原因是，“负责起爆网路的技术人员在无意识的情况下，误将这42发雷管的信息从编码器中覆盖”①。虽然拒爆雷管仅占总雷管数的1.68%，但在采用硐室爆破拆除的10个堰块中，却有一个堰块未倒，确实使人感到“刺眼”。显然，问题出在起爆网路上。在对15号堰块被搞乱了的拒爆雷管整理并找出能重新连线起爆的20余发数码雷管后，6月9日15时45分，15号堰块再次起爆，新华网称：“实现了三期围堰整体拆除计划。”

同样的遗憾在2005年也出现过。2005年5月22日中午1时，被称为“中国第一爆”的深圳河畔福田渔农村总共5.1万平方米的16幢高楼正式实行定向爆破。当时，香港文汇报是这样报道的：“在城市控制拆除爆破中规模最大、号称‘全国第一爆’的渔农村爆破，今天下午1时正式起爆。隆隆巨响过后，15栋待拆高楼土崩瓦解，但有一栋本应向东倒下的高楼顽强地伫立在原位。”未倒塌的是118号楼，爆破后少了两层却直直地立在原地未倒。118号楼高34.8 m，楼宽7.29 m。119号楼高38.09 m，楼宽6.92 m。两楼均为14层，均为三排柱子，两楼之间相距0.3 m。设计118号楼向东侧方向倾倒，119号楼向西侧方向倾倒，起爆网路采用半秒延时导爆管雷管进孔，孔外采用毫秒延时导爆管雷管组成交叉复式接力起爆网路连出楼外，不同楼号之间采用半秒延时电雷管组成串联起爆网路用高能起爆器起爆。119号楼先于118号楼起爆，119号楼从西起三排柱子孔内分别采用1段、2段和3段半秒延时雷管，118号楼从东起三排柱子孔内分别采用3段、4段和5段半秒延时雷管，即119号楼第三排柱子与仅距其0.3 m的118号楼第三排柱子之间起爆时差达1.5 s。119号楼起爆后先下坐接着倾倒并出现向后坐蹬，119号楼背向铰链处撞断了118号楼的第三排立柱，在118号楼东边（第一排）立柱起爆时实际上第三排的立柱也已经断裂，所以当118号楼第二排立柱引爆后，大楼摇摆了两下少了两层后即坐在原地未曾倾倒②。问题还是在起爆网路上，在半秒延时的安排上如果合理，这样的遗憾是不会发生的。5月25日下午六点，使用3台牵引机和一台炮机，经过两个小时的施工，深圳渔农村爆破中未按计划炸塌的118号危楼终于顺利倒塌。

由起爆网路引起的事故还有很多，但有时其后果就不能仅仅用遗憾来表达了。

2002年9月10日，在北京城区永定门粮库进行爆破拆除时，起爆后随着两股

---

① 引自工程爆破，2006，12(3)：87～89.

② 石峰，石红. 十六栋高楼爆破简介及118号楼未倒原因分析[J]. 爆破，2005，22(2).

白烟升腾，仓库却立在原地纹丝不动，经过 3 个小时的紧急处理，二次起爆才取得成功。报道称："永定门粮库爆破受挫，3 小时内连炸两次才成功"①。这次爆破的 6 组仓库共由 32 个直径 6 m、高 45 m 的桶型粮仓组成，规模不小，共使用炸药 336 kg，埋设雷管 2 000 枚。采用导爆管雷管和电雷管混合起爆网路，由电雷管簇联捆绑导爆管雷管，再组成电爆网路用高能起爆器起爆。电爆网路由 10 组电雷管（每组 2 发）串联而成，第一次仅起爆了 2 组，估计是由于起爆器充电到位后因为特定原因未能及时起爆，加上处置失误，致使起爆能力降低。第一次起爆后因构筑物主体大部分炮孔拒爆，结构稳定性未发生大的变化，但由于爆破时产生的冲击波的影响，未爆部位的起爆网路相当一部分受到了损伤，技术人员临时将部分导爆管捆联网路改为用四通接头连接成闭合网路，化了近 3 个小时才将网路重新联妥进行二次起爆。

2001 年 5 月 5 日，号称"成都第一爆"的邛崃市五彩广场建设工地定向爆破出现意外，预计"一爆"夷平的工程竟在"三次"爆破以后仍旧"岿然屹立"，确定要拆除的 4 栋楼房只有一栋顺利"趴下"，其他 3 栋则未能"撼动"。邛崃这一工程一次性拆除 11 000 多平方米的旧房，其面积在成都市乃至整个四川省都是空前的。5 日下午当地开始下雨，16 点半，第一次起爆后，右边独立的 D 楼应声倒下，左边最高的 6 层黄色外墙房子（B 楼）变为 5 层仍歪歪斜斜地"矗立"着，而中间成"L"形相连的 A、C 两栋楼却跟人们开了个大玩笑：A_1 楼只倾斜没有倒，A_2 楼按设计方向倒塌，C_1 楼和 C_2 楼没有响。17 点 45 分，爆炸声再度响起，但这次只听到三四声空响，C_1 楼和 C_2 楼部分倒塌，仍未全响。第三次起爆后 C 楼全倒，但倒塌效果很差。这次爆破采用的是捆联式导爆管接力起爆网路，造成这次爆破失败的原因也主要出在起爆网路上：①受雨天影响，在操作过程中，雷管受潮造成拒爆；②网路连接仓促，出现漏接和误接，使网路中断；③没有专人对整个网路进行检查和防护，先起爆楼房产生的飞石砸坏后起爆网路，以致第二次起爆后仍没有全响；④爆前未进行网路试验。

2005 年 6 月 19 日，重庆市渝中区黄沙溪两搬迁污染企业遗留的 4 根烟囱进行爆破拆除，上午 11 时，倒计时起爆后，"轰轰轰"三声巨响，三根烟囱分别按预定的方向倒下去。几秒钟后，爆破现场腾起滚滚黄尘。而最先起爆的那根烟囱虽然其底部左侧被炸出个大窟窿，却只是震动了几下后，依然屹立在原地并未倒下。负责爆破的工程技术人员入场检查，发现爆破未成功是因该烟囱的一组炸药导线不慎被清场车压断而不能引爆。随即进行炸药补装重新连线。12 时 6 分，轰鸣声再次响起，二次爆破的烟囱被炸为三段应声倒地。②

1998 年在福建漳州后石电厂场平工程硐室爆破工程中，2-1-3 硐室中左药室

---

① 引自 2002 年 9 月 11 日，千龙网。

② 引自 2005 年 6 月 20 日，《重庆日报》。

拒爆，药室中大多数铵油炸药已溶解只剩木粉，但起爆体仍完好，传爆用的导爆索被切成 6 段，通过填塞段的导爆管及塑料保护管也被断成几段，拒爆的药室多处已塌方。根据设计，该次爆破采用毫秒延时电力起爆网路，应分 23 段起爆，由于现场仅有 15 段毫秒电雷管，故在有些段别之间加入了 2 段毫秒延期导爆管雷管，组成以电爆网路为主，个别夹有导爆管雷管的混合毫秒延时起爆网路，总计加段的药室有三条，发生拒爆的即为其中之一。2-1-3 药室位于 2-1 号主导硐的第三排，与主硐十字交叉，其右侧药室内装有 11 段毫秒电雷管(460 ms)，左侧药室内用 2 段毫秒导爆管雷管(25 ms)与右侧电雷管联接，导爆管通过填塞段时用塑料套管保护。2-1 号主导硐从硐口起尚有 2-1-1 药室和 2-1-2 药室，其中 2-1-1 药室由 2 段毫秒电雷管起爆，它与 2-1-3 药室之间起爆时间相差 435 ms。显然，2-1-3 硐室左右两个药室之间的传爆导爆管在 2-1-3 右侧药室起爆时已被切断。其原因，可能是在填塞过程中导爆管受损切断，也有认为在爆前曾发现 2-1 号主导硐口与 2-1-3 右侧药室之间有一明显裂缝，2-1-3 右侧药室正好处于软硬岩结合处，由于 2-1-1 药室与 2-1-3 药室起爆延时较大，2-1-1 药室起爆后，由于岩石变形、移位、岩体运动而造成 2-1-3 硐室塌方，挤压或砸断传爆的导爆管而产生拒爆①。

1995 年 5 月 12 日 12 时，在贵阳龙洞堡机场营盘坡工地上，发生因改炮引爆硐室爆破盲炮的重大事故。营盘坡采用硐室爆破法施工，设计共分三大块爆破，其中中部块爆破方量 255 万 m^3，装药量 3 011 t，药包 165 个，采用同段位高段别非电控制微差起爆网路，于 1993 年 12 月 20 日实施爆破。1995 年 5 月 12 日发现了盲炮，挖出了两车乳化炸药和未响的全部 4 发用于引爆炸药的非电雷管。盲炮位置为 16-3 药室，装药量 24 606 kg，使用乳化炸药。经清方后，药室已裸露，除去挖出的炸药，剩余残药约 10 000 kg 。因认为炸药已过有效期，且多次试验雷管均未能引爆残药，乃在盲炮药室及周围的大石块上布置 24 个贴炮改炮，带响了残存炸药，造成周围 1 500 m 范围内 6 个自然村及乡镇企业房屋门窗玻璃大量破碎，个别房屋出现裂缝，部分电器及家具不同程度损坏，居民 8 人破皮轻伤，直接经济损失达 66 万元，造成了极其严重的社会影响②。

这两次硐室爆破拒爆事故中均采用了导爆管起爆网路。

这样的例子还有很多。有的烟囱起爆后不倒，导爆管起爆网路在防护过程中有一半被断开；有的警戒后下令连接起爆主线和起爆器尚未下达起爆命令时就早爆了，起爆器一直处于充电状态。参加过工程实践的爆破工程技术人员大概都有过因起爆网路问题而出现拒爆的经历，一个爆破工程出现了拒爆，严重的会发生重大的安全事故，轻的会严重影响爆破效果。处理拒爆也往往存在一定的安全隐患。

显然，起爆网路与爆破安全的关系极大。

---

① 蔡义佺，陈连进. 一次硐室大爆破的药室拒爆事故分析[J]. 爆破，1999，16(1)：88～89.

② 贵阳龙洞堡机场营盘坡“5. 12”硐室盲炮事故[J]. 工程爆破，1995，1(8).

3.2　起爆法与起爆网路

在叙述起爆网路与爆破安全的关系之前，先了解一下关于起爆网路的知识。

3.2.1　起爆法

工程爆破是通过工业炸药的爆炸实施的。在工程爆破中，引爆药包中的工业炸药有两种方法，一种是通过雷管的爆炸起爆工业炸药，一种是用导爆索爆炸产生的能量去引爆工业炸药，而导爆索本身需要先用雷管将其引爆。

按雷管的点燃方法不同，起爆方法包括火雷管起爆法、电雷管起爆法、导爆管雷管起爆法。无线起爆法包括电磁波起爆法和水下声波起爆法，它们利用比较复杂的起爆装置，可以远距离控制引爆电雷管，仍属于电雷管起爆法。

火雷管起爆法由导火索传递火焰点燃火雷管，也称导火索起爆法、火花起爆法，是工程爆破中最早使用的起爆方法。火雷管起爆法的特点是操作简单、成本较低，但缺点有：需要在爆破工作面点火、安全性差；爆破前不能用仪表检查工作质量，爆破时难以用响声次数来判断药包是否全部准爆；一次起爆能力小；不能精确控制起爆时间；导火索以黑火药为主分，黑火药在生产和使用中极易发生安全事故；因导火索的质量问题容易引起爆破安全事故。因此，我国有关方面已决定在生产中淘汰导火索和火雷管。有关通知中解释说，鉴于导火索、火雷管、铵梯炸药技术含量低、安全性能差，且导火索、火雷管引爆炸药操作简单，极易被不法分子用来实施爆炸犯罪活动，威胁公共安全，我国已从 2008 年 1 月 1 日起停止生产导火索、火雷管和铵梯炸药，6 月 30 日后停止使用导火索、火雷管和铵梯炸药[①]。故本文不再介绍导火索起爆网路。

导爆管雷管起爆法利用导爆管传递爆轰波点燃雷管，也称导爆管起爆法。电雷管起爆法采用电引火装置点燃雷管，故也称电力起爆法。与雷管起爆法相应，用导爆索起爆炸药的称做导爆索起爆法。与电力起爆法对应，一般将导火索起爆法、导爆管起爆法和导爆索起爆法称为非电起爆法。起爆方法的分类如下：

---

① 国防科工委，公安部. 关于做好淘汰导火索、火雷管、铵梯炸药相关工作的通知(科工爆[2008]203 号). 2008. 2. 12.

- 药包起爆法
  - 雷管起爆法
    - 电雷管起爆法——电力起爆法
    - 火雷管起爆法——导火索起爆法（非电起爆法）
    - 导爆管雷管起爆法——导爆管起爆法（非电起爆法）
  - 导爆索起爆法（非电起爆法）

3.2.2 起爆网路

绝大多数爆破工程都是通过群药包的共同作用实现的。对群药包的起爆是通过单个药包的起爆组合达到的,单个药包的起爆组合即为群药包的起爆网路。根据起爆方法的不同,起爆网路分电力起爆网路、导火索起爆网路、导爆管起爆网路和导爆索起爆网路,后三种起爆网路也通称非电起爆网路。国家标准《爆破安全规程(GB6722-2003)》明确规定:硐室爆破、城镇浅孔爆破、拆除爆破、深孔爆破和水下爆破不应采用导火索起爆;城镇浅孔爆破和拆除爆破不应使用孔外导爆索起爆。

3.2.2.1 电力起爆网路

电力起爆法就是利用电能引爆电雷管进而直接或通过其他起爆方法起爆工业炸药的起爆方法。电力起爆网路(俗称电爆网路)由电雷管、导线、起爆电源和测量仪表四部分构成。其中电雷管和导线按一定规律组成网路;测量仪表可以检查电雷管和对网路进行测试,检查网路的施工质量,从而保证网路的准确性和可靠性;起爆电源则负责向网路输送能量,保证能点燃引爆网路中的每一发电雷管。

近年来出现的电子雷管和数码雷管也属于电力起爆法,它们的出现使电爆网路在安全性、准确性和可靠性方面有了质的飞跃。由它们组成的起爆网路有特殊要求,将另行介绍。

1. 工业电雷管的主要性能

工业电雷管是工业雷管中的一个类别,它是起爆器材中最重要的一种,它由管壳、加强帽、点火部分、装药部分和延期装置等几部分组成。点火部分的不同使工业雷管有火雷管、电雷管和导爆管雷管之分;延期装置的有无或不同使工业雷管有瞬发、毫秒延时、秒延时之分;装药部分的不同,将工业雷管分为有起爆药雷管和无起爆药雷管两大系列。普通工业雷管均装有对冲击、摩擦和火焰感度很高的起爆炸药,常常使得雷管在制造、储存、运装和使用过程中发生意外爆炸事故。无起爆药雷管用对冲击和摩擦感度比常用的起爆药低的猛炸药来代替起爆药,大大提高了雷管在制造、储存、运装和使用过程中的安全性,而起爆性能并不低于普通工业雷管。

工业雷管按其中装药填药量的多少分为十个等级。号数愈大,起爆力愈强。我国爆破工程常用的 8 号雷管和 6 号雷管的装药量列于表 3.1 中。

电雷管是用电能引爆的一种起爆器材,其主要结构由一个点火装置和一个火雷管组合而成。电雷管的种类较多,常用的有瞬发电雷管、延期电雷管和特殊电雷管。其中延期电雷管又可分为秒延期电雷管、半秒延期电雷管和毫秒延期电雷管。

表 3.1　8 号雷管和 6 号雷管装药量

成分 / 药量/g / 雷管号数	起爆药			加强药			
	二硝基重氮酚	雷汞	三硝基间苯二酚或叠氮化铅	黑索金(或钝化黑索金)	特屈儿	黑索金梯恩梯	特屈儿梯恩梯
6 号雷管	0.3±0.02	0.4±0.02	0.1±0.02 0.21±0.02	0.42±0.02	0.42±0.02	0.5±0.02	—
8 号雷管	0.3～0.36 ±0.02	0.4±0.02	0.1±0.02 0.21±0.02	0.7～0.72 ±0.02	0.7～0.72 ±0.02	0.7～0.72 ±0.02	0.7～0.72 ±0.02

注:火雷管和电雷管均可适用。装二硝基重氮酚的电雷管允许不装加强帽,但需将二硝基重氮酚的用量增加,8 号雷管为 0.35～0.42 g,6 号雷管为 0.30～0.34 g,8 号雷管或 6 号雷管各自只用表中起爆药和加强药的一种。

图 3.1 为目前工程爆破中常用的毫秒延期电雷管的结构示意图,属有起爆药雷管系列。

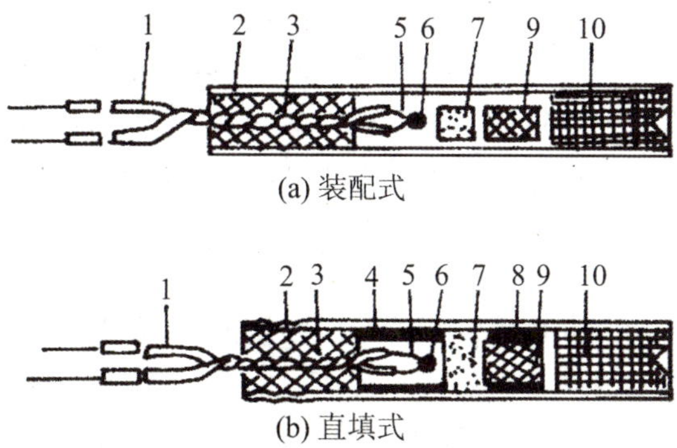

图 3.1　毫秒延期电雷管

(1—脚线;2—管体;3—塑料塞;4—长内管;5—气室;6—引火头;7—压装延期药;8—加强帽;9—起爆药;10—加强药)

在 2006 年 8 月 1 日开始实施的国家标准《工业电雷管(GB8031-2005)》中,将工业电雷管分为普通型、钝感型和高钝感型三类。常用的工业电雷管为普通型,下文中电雷管通指普通型电雷管。

工业电雷管的主要性能如下。

(1) 电雷管电阻

电雷管电阻是指桥丝电阻与脚线电阻之和。国产工业电雷管采用镍铬合金细丝作为桥丝,桥丝电阻上下限差值不大于 0.8 Ω,由工厂生产工艺保证。电雷管脚线由两根不同颜色的聚氯乙烯绝缘爆破线组成,导线不得有绝缘层破损和芯线锈蚀,长度公差为名义值的 ±5%;脚线材料有铜芯和镀锌钢芯两种,铜芯脚线直径为 0.45 mm,镀锌钢芯脚线直径为 0.5 mm。脚线一般长度为(2.0±0.1)m,镀锌钢芯脚线电雷管全电阻不大于 6.3 Ω,上下限差值不大于 2.0 Ω;铜芯脚线电雷管全电阻不大于 4.0 Ω,上下限差值不大于 1.0 Ω。

电雷管在使用前,应先测定每发电雷管的电阻,同一电爆网路应使用同厂、同批、同型号的电雷管,电雷管的电阻值差不得大于产品说明书的规定,即镍铬桥丝雷管的电阻值差不得超过 0.8 Ω。

电爆网路导通和测量电雷管电阻值，只准使用专用导通器和爆破电桥。电阻测量仪分辨力不小于 0.1 Ω，测量电流不大于 30 mA。

(2) 安全电流

安全电流指给单发电雷管通以恒定直流电，通电时间 5 min，受试电雷管均不会起爆的电流值。这是反映电雷管被引爆前在贮存、运输、使用中安全性能的重要指标。电雷管的安全电流应符合表 3.2 的规定。当直流电流值超过安全电流时，电雷管就可能爆炸，故安全电流也称最高安全电流。以前镍铬桥丝电雷管的最高安全电流规定为 0.125 A，后提高至 0.18 A，现在已规定电雷管的安全电流必须在 0.20 A 以上，说明现在使用的电雷管比过去使用的电雷管安全性能要好得多。考虑保险系数，规定电爆网路导通和测定电雷管电阻值的专用爆破电桥的工作电流应小于 30 mA。

(3) 最小发火电流

对电雷管通以恒定直流电流，其发火电流应符合表 3.2 的规定。试验中按通电时间为 30 ms 时发火概率为 0.999 9 的电流值作为最小发火电流值。最小发火电流也叫最低准爆电流，它反映了电雷管在引爆时的感度指标，过去单发电雷管的最低准爆电流标准为不大于 0.7 A，现在标准为不大于 0.45 A，说明引爆电雷管所需的电流小了，准爆性能更好了。

(4) 串联起爆电流

串联起爆电流指对串联联接的 20 发电雷管通以恒定直流电流，受试的任何一发电雷管全部起爆的电流值。它实际上就是成组电雷管的最低准爆电流，要比最小发火电流大，对起爆网路来说这个指标更有实际意义。在同一电爆网路中，存在着敏感度较高和较低的电雷管，串联起爆电流表示该电流能保证在敏感度最高的电雷管桥丝烧断之前，能点燃同网路中敏感度最低的电雷管，从而确保整个网路准爆。工业电雷管串联 20 发的起爆电流应符合表 3.2 的规定，即串联 20 发电雷管，通以 1.2 A 恒定直流电流，应全部爆炸。在工程实际中，规定电爆网路中通过每发电雷管的电流值，对一般爆破，直流电不小于 2 A，交流电不小于 2.5 A；对硐室爆破，直流电不小于 2.5 A，交流电不小于 4 A。

(5) 发火冲能

发火冲能也叫点燃电流冲能。点燃电流冲能的倒数表示电雷管的敏感度，点燃电流冲能越小，电雷管的敏感度越高。发火冲能的测定如下：先对电雷管通以恒定直流电流，通电时间 100 ms，求出发火概率为 0.999 9 的电流值，为百毫秒发火电流；再以两倍百毫秒电流的恒定直流电流 I(A)向电雷管通电，求出发火概率为 0.999 9 的通电时间 t(ms)，则发火冲能K($A^2\cdot ms$)为：

$$K = I^2 \cdot t \tag{3.1}$$

电雷管的发火冲能应符合表 3.2 的规定，即普通电雷管的发火冲能不大于 7.9$A^2\cdot ms$。

(6) 静电感度

在电容为2 000 pF、串联电阻为0 Ω及表3.2要求的充电电压条件下，对工业电雷管的脚线－管壳放电，不应发火。

表3.2 工业电雷管的电性能指标要求(录自《工业电雷管(GB8031-2005)》)

序号	参数名称	单位	参数指标		
			普通型	钝感型	高钝感型
1	安全电流	A	≥0.20	≥0.30	≥0.80
2	发火电流	A	≤0.45	≤1.00	≤2.50
3	发火冲能	$A^2\cdot ms$	2.0～7.9	8.0～18.0	80.0～140.0
4	串联起爆电流	A	≤1.2	≤1.5	≤3.5
5	测静电感度时的充电电压	kV	≥8	≥10	≥10

(7) 延期时间

延期工业电雷管的延期时间一般应符合表3.3和表3.4的要求，企业也可以与用户协商供应其他延期时间系列的延期电雷管。表3.3和表3.4列出了各段的名义延期时间和该段的上规格限和下规格限。任何一段延期电雷管的上规格限(U)，为该段名义延期时间与上段名义延期时间的中值(精确到表中数字的位数)；而下规格限(L)，则为该段名义延期时间与下段名义时间的中值(精确到表中数字的位数)加一个末位数。末段延期电雷管的上规格限可用本段名义延期时间与下规格限之差，加上名义延期时间。例如，3段毫秒延期时间的上规格限为$U=(50\ \text{ms}+75\ \text{ms})\div 2=62.5\ \text{ms}$；下规格限为$L=(50\ \text{ms}+25\ \text{ms})\div 2+0.1\ \text{ms}=37.6\ \text{ms}$；20段毫秒延期时间的上规格限为$U=(2\,000.0\ \text{ms}-1\,850.1\ \text{ms})+2\,000.0\ \text{ms}=2\,149.9\ \text{ms}$。

表3.3 工业电雷管延期时间毫秒系列要求(录自《工业电雷管(GB8031-2005)》)

段别	第1毫秒系列/ms			第2毫秒系列/ms			第3毫秒系列/ms		
	名义延期时间	下规格限	上规格限	名义延期时间	下规格限	上规格限	名义延期时间	下规格限	上规格限
1	0	0	12.5	0	0	12.5	0	0	12.5
2	25	12.6	37.5	25	12.6	37.5	25	12.6	37.5
3	50	37.6	62.5	50	37.6	62.5	50	37.6	62.5
4	75	62.6	92.5	75	62.6	87.5	75	62.6	87.5
5	110	92.6	130	100	87.6	112.4	100	87.6	112.5
6	150	130.1	175				125	112.6	137.5
7	200	175.1	225				150	137.6	162.5

续表 3.3

段别	第 1 毫秒系列/ms			第 2 毫秒系列/ms			第 3 毫秒系列/ms		
	名义延期时间	下规格限	上规格限	名义延期时间	下规格限	上规格限	名义延期时间	下规格限	上规格限
8	250	225.1	280				175	162.6	187.5
9	310	280.1	345				200	187.6	212.5
10	380	345.1	420				225	212.6	237.5
11	460	420.1	505				250	237.6	262.5
12	550	505.1	600				275	262.6	287.5
13	650	600.1	705				300	287.6	312.5
14	760	705.1	820				325	312.6	337.5
15	880	820.1	950				350	337.6	362.5
16	1 020	950.1	1 110				375	362.6	387.5
17	1 200	1 110.1	1 300				400	387.6	412.5
18	1 400	1 300.1	1 550				425	412.6	437.5
19	1 700	1 550.1	1 850				450	437.6	462.5
20	2 000	1 850.1	2 149.9				475	462.6	487.5
21							500	487.6	518.4

注:第 2 毫秒系列为煤矿许用毫秒延期电雷管,该系列为强制性的。

表 3.4 工业电雷管延期时间秒系列要求(录自《工业电雷管(GB8031-2005)》)

段别	1/4 秒系列/s			半秒系列/s			秒系列/s		
	名义延期时间	下规格限	上规格限	名义延期时间	下规格限	上规格限	名义延期时间	下规格限	上规格限
1	0	0	0.125	0	0	0.25	0	0	0.50
2	0.25	0.126	0.375	0.50	0.26	0.75	1.00	0.51	1.50
3	0.50	0.376	0.625	1.00	0.76	1.25	2.00	1.51	2.50
4	0.75	0.626	0.875	1.50	1.26	1.75	3.00	2.51	3.50
5	1.00	0.876	1.125	2.00	1.76	2.25	4.00	3.51	4.50
6	1.25	1.126	1.375	2.50	2.26	2.75	5.00	4.51	5.50
7	1.50	1.376	1.624	3.00	2.76	3.25	6.00	5.51	6.50
8				3.50	3.26	3.75	7.00	6.51	7.50
9				4.00	3.76	4.25	8.00	7.51	8.50
10				4.50	4.26	4.74	9.00	8.51	9.50
11							10.00	9.51	10.49

注:在本文编写过程中,国标《工业电雷管(GB8031-2005)》因有部分错误暂停执行,但主要资料是正确的。

2. 导线

电爆网路中使用的导线应遵循强度高、电阻小、绝缘良好、易敷设的原则，一般采用铜芯线。导线的电阻与构成导线的材料、导线长度和截面积有关，其电阻可用下式求得：

$$R = \rho \frac{L}{S} \tag{3.2}$$

式中：R—导线电阻，Ω；

ρ—导线材料的电阻率，$\Omega \cdot mm^2 \cdot m^{-1}$；

S—导线的截面积，mm^2；

L—导线长度，m。

铜的电阻率 $\rho = 0.0175\ \Omega \cdot mm^2 \cdot m^{-1}$，铝的电阻率 $\rho = 0.0283\ \Omega \cdot mm^2 \cdot m^{-1}$，即同样断面、同样长度的导线，铝芯线的电阻要比铜芯线大63%，加上铝线韧性较差，多次敷设后易折断，《爆破安全规程(GB6722-2003)》规定："电力起爆网路的导线不宜使用裸露导线和铝芯线"，"电力起爆网路硐内导线应用绝缘性能良好的铜芯线"。

根据导线的位置和作用，可以将导线分为端线、联接线、区域线和主线。端线是用来加长电雷管脚线使之能引出炮孔或药室外的导线；联接线是用来联接相邻炮孔或药室的导线；区域线指在同一电爆网路中包括几个分区时连接联接线与主线之间的导线；主线指连接联接线或区域线与起爆电源之间的导线。

在露天深孔爆破、拆除爆破和浅孔爆破中，端线、联接线多采用断面为0.42～0.45 mm^2的单芯铜质塑料皮专用爆破软线，主线则采用能重复使用的标称截面较大的多芯铜质塑料绝缘电线。在硐室爆破中，一般端线、联接线、区域线使用标称截面0.5～1.0 mm^2的两芯铜芯线，主线采用标称截面不小于1.5 mm^2的单芯或两芯铜芯线。

电爆网路不应使用裸露导线，不得利用铁轨、钢管、钢丝做爆破线路。

3. 测量仪表

检查、测量电雷管和电爆网路必须使用专用的爆破量测仪表(导通器、爆破电桥等)。这些仪表外壳应有良好的绝缘和防潮性能，输出电流必须小于30 mA。严禁使用普通电桥量测电雷管和电爆网路，因为普通电桥绝缘不好，输出电流太大，容易引起误爆事故。

导通器即爆破欧姆表，是一种用于网路导通的小型仪表，测量原理与普通测电阻的仪表相同，只是内部工作电流小于30 mA，使用时能保证安全。它可以检查电雷管、导线和电爆网路的导通情况和电阻值，但测量精度不高。

爆破电桥的工作原理与普通电桥原理基本相同，利用电桥平衡原理来测量电雷管或电爆网路的电阻值。量测仪表有指针式的，如QJ41型电雷管测试仪(见图3.2)；也有数字式的，如2H-1型电雷管测试仪(见图3.3)、SD-1型数字式爆破电桥、SD-2 型电雷管测试仪等。

用于检测电爆网路的仪表必须按规定要求定期进行检查、维修和标定。

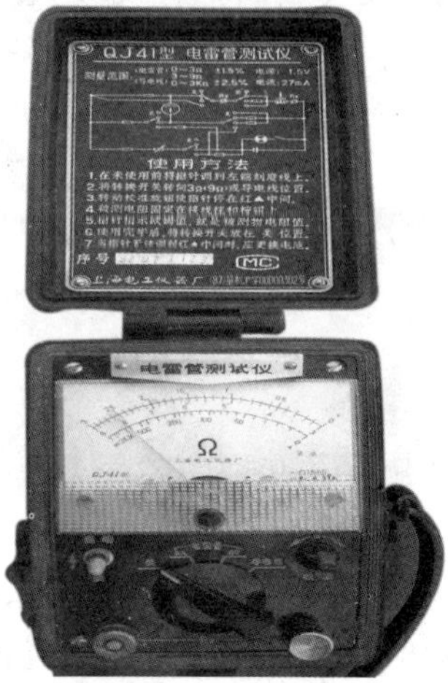

图 3.2 QJ41 型电雷管测试仪

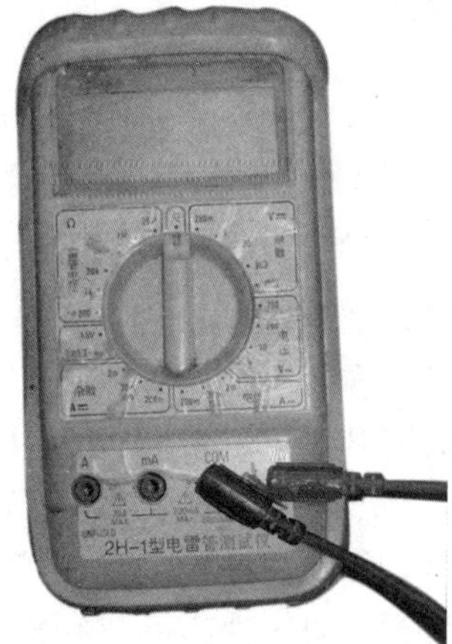

图 3.3 2H-1 型电雷管测试仪

4. 起爆电源

作为电爆网路的起爆电源,应满足如下要求:① 有一定的电压,能克服网路电阻输出足够的电流。起爆电源必须保证起爆网路中每个电雷管能够获得足够的电流。在深孔爆破、浅孔爆破和拆除爆破中,流经电雷管的最小准爆电流值为交流电 2.5 A,直流电 2 A。在硐室爆破中,流经电雷管的最小准爆电流值为交流电 4 A,直流电 2.5 A。② 有一定的容量,能满足各支路电流总和的要求。③ 有足够大的发火冲能。对电容式起爆器等起爆电源,尽管其起爆电压很高,但其作用时间很短,要保证电爆网路安全准爆,还必须有足够的发火冲能。对国产电雷管,保证电雷管准爆的发火冲能应大于或等于 7.9 $A^2 \cdot ms$。

常用的起爆电源有以下三种。

① 电池,包括干电池和蓄电池。电池属于直流电,电源比较稳定,而且《爆破安全规程(GB6722-2003)》规定的最小准爆电流值比交流电小。但干电池电压低、内阻很高、容量有限,只能起爆少量雷管;蓄电池内阻很小,串联后也能达到较高的电压和足够的容量,但由于电爆网路起爆后很易出现个别导线或雷管脚线短路的情况,极易对蓄电池产生损害。在实际工程中基本上不使用电池作为起爆电源。

② 动力交流电源,即工频交流电,有 220 V 的照明电和 380 V 的动力电。动力交流电源电压虽然不高,但输出容量大,适用于并联、串并联和并串并联等混合电爆网路。动力交流电源也可以由发电机或变压器提供,可以说是电爆网路中最可靠的起爆电源之一。使用动力交流电源作为起爆电源,要进行电爆网路的计算和设计;另外,电源与起爆网路连接处要设两道专用开关,防止爆破后因线路短接而

引起不良后果。除了在少数规模较大的硐室爆破外，一般工程爆破极少采用这种起爆电源。

③ 起爆器。起爆器是目前工程爆破中使用最广泛的起爆电源，有手摇发电机起爆器和电容式起爆器两种。手摇发电机起爆器由手摇交流发电机、整流器和存储电能的电容器组成，利用活动线圈切割固定磁铁的磁力线产生脉冲电流的发电机原理，由端钮输出直流电起爆电雷管，其优点是不用电源，操作简单，便于携带，但起爆能力不高。目前主要使用的是电容式起爆器。电容式起爆器也叫高能脉冲起爆器，其工作原理是用干电池或蓄电池作为电源，由大功率晶体三极管等电子元件，组成晶体管振荡电路，将干电池或蓄电池输出的低压直流电，经低－高压直流电压变换电路，变成高压高频电，通过向电容器充电，把电荷逐渐储存于引爆电容器中；当电容器的电能储存达到额定数值，电压达到规定值时，指示电压的氖灯或电压表即发出指示，这时接通电爆网路，启动起爆器的开关，电容器蓄积的高压脉冲电能在极短时间内向电爆网路放电，使电雷管起爆。电容式起爆器的脉冲电流持续时间大都在 10 ms 以内，峰值电压达几百 V 至几千 V，大容量起爆器的起爆电压均在 1 500 V 以上，起爆雷管数从几十发到几千发。由于电容式起爆器所能提供的输出电能不太大，不足以起爆并联支路比较多的电爆网路，一般只用来起爆串联网路和并联数较少的并串联网路。因此，仅用起爆器的标称电压值与电爆网路的电阻值来判断电爆网路的准爆性是不合适的，应根据起爆器说明书的规定使用。图 3.4 为几种不同类型的电容式起爆器的外形。

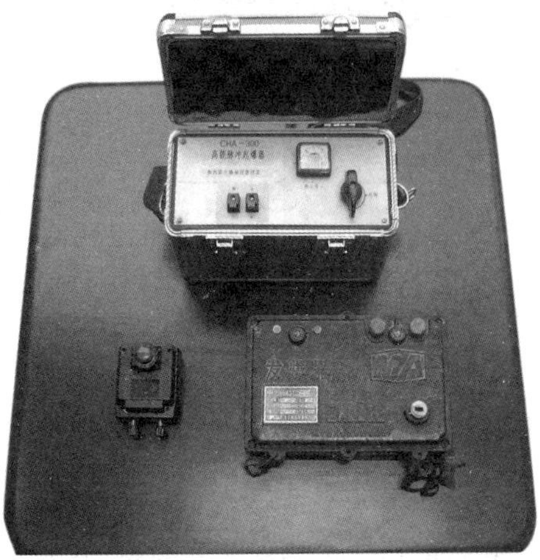

图 3.4　50 发、100 发和 300 发起爆器

5. 电力起爆网路的联接方式

(1) 串联

这是最简单的网路联接形式（见图 3.5），其特点是操作简单，检查容易，要求电源功率小，特别适合于电容式起爆器。在串联网路中，只要有一发电雷管桥丝断路，就会造成整个网路断路。

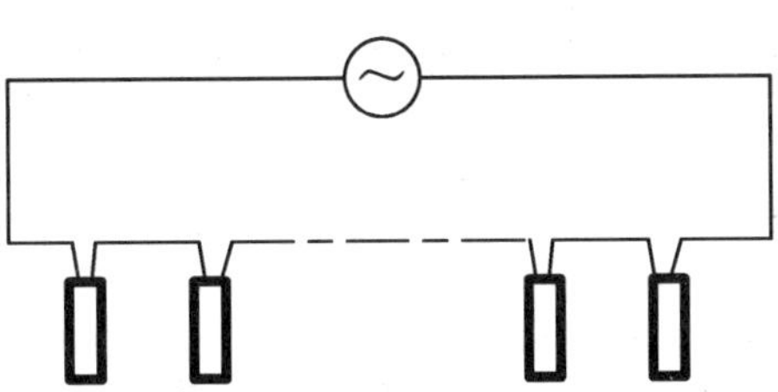

图 3.5　串联电爆网路示意图

串联网路回路总电阻 $R(\Omega)$ 为：

$$R = R_1 + R_2 + mr \tag{3.3}$$

式中：R_1—主线电阻，Ω；

R_2—端线、连接线、区域线电阻，Ω；

r—每发电雷管电阻，Ω；

m—串联电雷管个数。

对所有电爆网路，在采用工频交流电(220 V 或 380 V)或电池等直流电作为起爆电源时，应计算通过每个电雷管的电流 i(A)，其值应满足《爆破安全规程(GB6722-2003)》的要求；采用起爆器作为起爆电源时，应满足起爆器对网路电阻和发火冲能的要求，即起爆器的发火冲能不得小于 7.9 $A^2 \cdot ms$。

串联起爆网路流经每个电雷管的电流 i(A)为：

$$i = I = \frac{U}{R_1 + R_2 + mr} \tag{3.4}$$

式中：U—起爆电源的电压，V；

I—电爆网路的总电流，A。

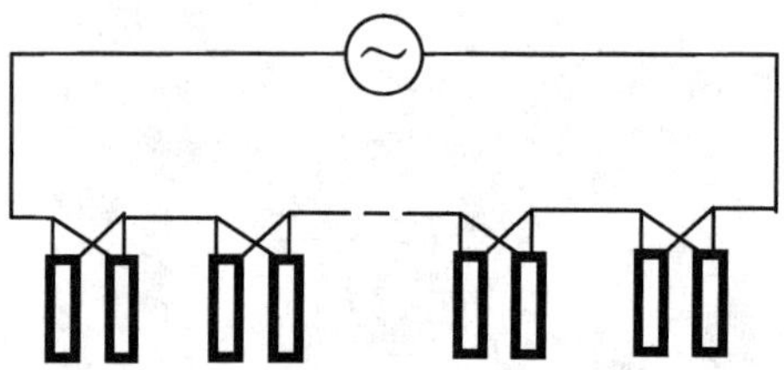

图 3.6 串并联电爆网路示意图

(2) 串并联

一般采用 2 发电雷管并联成一组后再接成串联网路(见图 3.6)，在每个起爆点采用 2 发电雷管，增加了每个起爆点的准爆率和起爆能，这种网路适合于电容式起爆器或工频交流电；网路中一发电雷管桥丝断路不影响网路其他雷管的起爆。

串并联网路回路总电阻 R(Ω)为(并联数 $n=2$)：

$$R = R_1 + R_2 + \frac{mr}{2} \tag{3.5}$$

流经每个电雷管的电流 i(A)为：

$$i = \frac{I}{2} = \frac{U}{2R_1 + 2R_2 + mr} \tag{3.6}$$

式中 m 为串联中的并联组数。

这两种联接是工程爆破中以导爆管起爆网路为主、以简单的电爆网路激发起爆导爆管起爆网路所组成的混合起爆网路中最常用的形式。其中使用得最多的是串联网路，一般在每一个起爆点采用 2 发电雷管串联，可以增加每个起爆点的准爆率和起爆能。

(3) 并串联

将电雷管分成若干组，每组电雷管串联成一条支路，然后将各条支路并联起来组成网路(见图 3.7)。这种网路适用于电压低、功率大的工频交流电，在地下深孔爆破中常使用。网路设计时要求各条支路的电阻值平衡，并保证每个支路通过的电流大于 2.5 A。

并串联网路回路总电阻 R(Ω)为(并联支路数 N，每支路串联雷管数 m)：

$$R = R_1 + \frac{1}{N}(R_2 + mr) \tag{3.7}$$

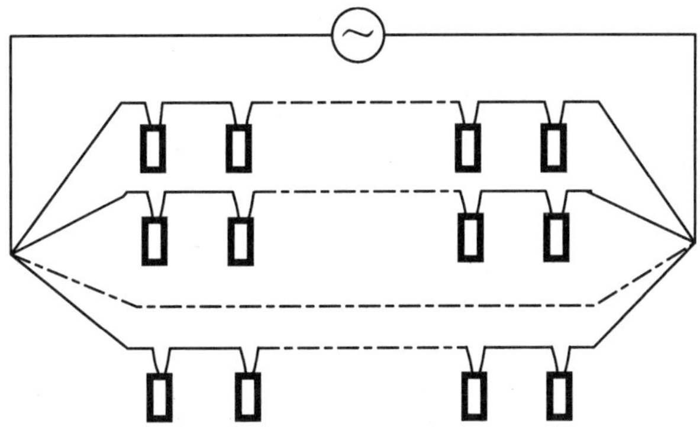

图 3.7　并串联电爆网路示意图

流经每个电雷管的电流 i(A)为：

$$i = \frac{I}{N} = \frac{U}{NR_1 + R_2 + mr} \tag{3.8}$$

(4) 并串并联

将上两种电爆网路结合在一起，即串并联网路中每一条支路采用并串联联接方式(见图 3.8)。这种网路在每个起爆点采用 2 发电雷管，增加了每个起爆点的准爆率和起爆能。这种网路适用于电压低、功率大的工频交流电。网路设计时要求各条支路的电阻值平衡，并保证每个支路通过的电流大于 2.5 A。

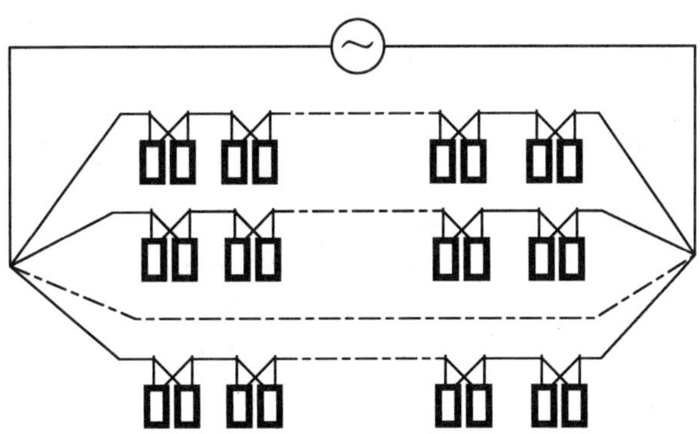

图 3.8　并串并联电爆网路示意图

硐室爆破要求采用复式电爆网路，一般在每个主起爆体中设置两组电雷管，每组由 2 发电雷管并联组成，将各主起爆体之间的这两组电雷管分别串联起来组成两套串并联网路，再并联接入主线(见图 3.9)。实际上这两套网路最后还是组成了并串并联网路。

并串并联网路回路总电阻 R(Ω)为(并联支路数 $N=2$，每支路中串联雷管组

(起爆体)数为 m,每个雷管组内并联雷管数为 $n=2$):

$$R = R_1 + \frac{1}{2}\left(R_2 + \frac{mr}{2}\right) \tag{3.9}$$

流经每个电雷管的电流 i(A)为:

$$i = \frac{I}{4} = \frac{U}{4R_1 + 2R_2 + mr} \tag{3.10}$$

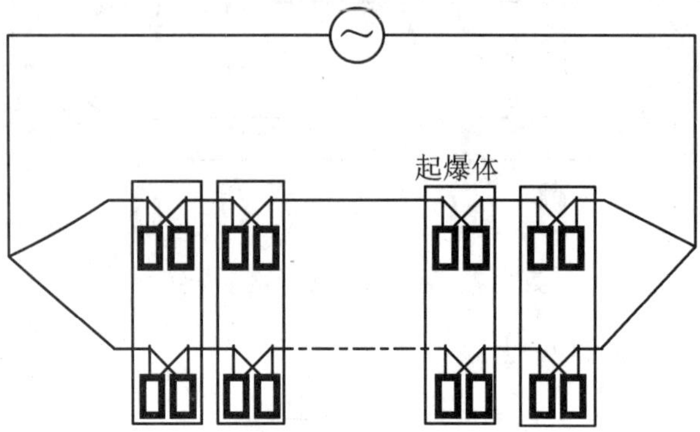

图 3.9 硐室爆破电爆网路示意图

3.2.2.2 导爆管起爆网路

导爆管雷管起爆法利用导爆管传递爆轰波点燃雷管,进而直接或通过导爆索起爆法起爆工业炸药,属非电起爆法。

1. 导爆管和导爆管雷管及其安全特性

(1) 导爆管及其安全特性

导爆管是 20 世纪 70 年代由瑞典 Nonel 公司首先发明的一种传爆器材,通常为外径(2.95±0.15)mm、内径(1.35±0.1)mm 的高压聚乙烯塑料中空细管,有一定的抗拉强度,在 50～70 N 的拉力作用下不会变细。管内壁均匀涂有含 91%的奥克托金(或黑索金)和 9%的铝粉、外加 0.25%～0.5%的石墨粉或硬脂酸盐等组成的混合炸药,每 m 涂量为 14～16 mg。导爆管起爆后,管内产生的冲击波受管道的约束,在向前传播的过程中衰减比自由空间慢,传播过程中管壁的微量炸药在冲击波作用下持续的发生化学反应,为冲击波补充能量使其维持稳定传爆。国产导爆管的传爆速度有两种,一种为(1 950±50)$m \cdot s^{-1}$,一种为(1 650±30)$m \cdot s^{-1}$。一发 8 号工业雷管可以激发 50 根以上的导爆管。一般导爆管为银白色,也可以制成其他颜色。管壁上有金属色的微小颗粒,传爆过后管壁成透明状。

区分导爆管是否已传爆的方法之一是截取一小段导爆管,看能否吹出微量药粉来,吹不出来表明导爆管已传爆了;或在光线下照看管壁上有无炸药微粒,如管壁是光滑的就说明已传爆过了。近年来大部分厂家已生产变色导爆管,变色导爆管在导爆管传爆后会改变颜色,如从白色变成黑色、由粉色变为白色等,可以很明显地区分导爆管是否已经传爆。

导爆管中的含药量仅为普通导爆索的0.1%左右，因此，其冲击波强度仅能维持很少扩散溢能的内部传爆，它在线路中的传爆主要依靠临界平衡状态的内管道效应维持、完成传爆功能。塑料导爆管的安全性能表现在以下几个方面：① 较好的抗冲击性。当受到一般机械冲击时，例如矿山挖掘机碾压、铁锤冲击、手枪射击等，导爆管只会破损，而不能被击发。② 优良的抗静电和杂散电流性。导爆管的管壁材料高压聚乙烯是介电常数很大的材料，在日常生产、储运过程中产生的静电积累，只要塑料导爆管两端封口完整，绝对不会发生导爆管内腔产生静电火花而引起导爆管误爆的情况。在传爆过程中，不受杂散电流干扰，在强电场环境如高压电场下也可以安全使用。③ 不怕明火。用火将导爆管点燃，导爆管只是平稳燃烧，其速度与同材质的塑料管无区别，用水即可扑灭，不存在激发爆轰的可能性。④ 在传爆过程中管壁完整无损，对外界无任何破坏作用，且不能直接引爆炸药。但当其冲击波经衰减成火焰后，可引爆雷管中的各种起爆药。

随着炸药现场混装技术的发展，以多孔粒状硝酸铵和柴油为主要成分的多孔粒状铵油炸药、重铵油炸药的使用日益普遍，这就要求人们必须对导爆管的耐油情况做系统的探索。研究者试验发现，在同样的浸油条件下，由于管壁材料不同，进口导爆管对油的耐受力明显高于国产低密度聚乙烯导爆管，浸油时间的影响更为明显。随着浸油时间的延长，油透过管壁向管腔内迁移的量逐渐增大，最后导致导爆管断爆。

关于导爆管管壁的溶胀，测量结果表明，在油的作用下，导爆管管壁发生不同程度的溶胀，且溶胀的程度直接影响导爆管的传爆可靠性。在柴油中浸泡后拒爆的导爆管管径平均胀大6%～10%，最高可达19%；在导热油中浸泡后管径胀大可达4%左右，即使在室温下在导热油中浸120 h不发生拒爆的导爆管，其管径也会胀大2%。事实上，高分子材料在油中发生溶胀是十分普遍的现象，导爆管在油的作用下会发生断爆、拒爆。

从试验结果分析，油进入管腔引起断爆的机理可能是多方面的。首先，足够时间的浸油会使导爆管内大量进油，以至在管腔内形成液柱。试验观察到，在温度70 ℃时，BSI型导爆管在柴油中浸泡12 h，管腔内可形成1 cm以上的液柱，此时断爆是必然的。导爆管内任何肉眼可见的液滴都将使导爆管断爆。即使当液滴小到爆轰波能穿过，液滴在反应区内对爆轰反应的干扰也会使爆轰波因没有足够的能量支持而熄灭。

另外，浸油后的导爆管，即使其内腔未形成明显的液珠，也可能发生拒爆，尤其是经热油浸过的导爆管。因为当油透过管壁进入管腔后，油对导爆管药的湿润作用，会对其中的敏化成分(如铝粉等)和炸药产生钝化作用，以致无法在其表面建立起相应的固相加热层，导致无法点火，最后断爆。

(2) 导爆管雷管及其安全特性

导爆管雷管是由火雷管和导爆管组合而成。导爆管雷管是利用导爆管产生的爆燃冲击能引爆火雷管的爆破器材。导爆管雷管的管壳有铜、铁、铝及铝合金、覆铜钢等。雷管外径 6.88 mm，瞬发导爆管雷管长度 45 mm，两段以上雷管长度 60～70 mm，毫秒导爆管雷管一般使用 8 号雷管，半秒和秒系列的有使用 6 号雷管的，使用前应仔细阅读生产厂家的说明书，因为雷管号数不同，其起爆性能也有差异。导爆管雷管的起爆药、主装药同电雷管。

国产导爆管雷管按抗拉性能分为普通型导爆管雷管和高强度型导爆管雷管。合格的导爆管雷管，其火雷管表面不允许有明显浮药、锈蚀、严重砂眼和裂缝，允许有轻微的污垢、口部裂缝和机械损伤；其导爆管不允许有破损、断药、拉细、进水、管内杂质、塑化不良、封口不严。导爆管雷管必须带明显清晰的段别标志。火雷管与导爆管结合应牢固，不允许脱出或松动。普通型导爆管雷管浸入水深 1 m 的充水容器中保持 8 h，抗水型导爆管雷管浸入水深 20 m 或相当于 20 m 水深压力的充水容器中保持 24 h，取出后立即做测时试验，不应瞎火或半爆。延期导爆管雷管做测时试验，应符合表 3.5 的规定。普通型导爆管雷管受 19.6 N 静拉力下持续 1 min、高强度型导爆管雷管在 78.4 N 静拉力下持续 1 min，导爆管不允许从卡口塞内脱出。导爆管雷管在震动试验机上连续震动 10 min，不应发生爆炸、结构松散或损坏现象。铅板试验时，8 号雷管用 5 mm 厚的铅板，6 号雷管用 4 mm 厚的铅板，其炸孔直径应不小于雷管外径。高强度型导爆管雷管浸入温度为(75±5)℃、压力为(0.3±0.02)MPa 的 $0^{\#}$ 柴油内，自然降温，经 24 h 后取出，立即做发火可靠性试验，不应瞎火或半爆。

导爆管雷管按延期时间分为毫秒导爆管雷管、1/4 秒导爆管雷管、半秒导爆管雷管和秒导爆管雷管。各段别导爆管雷管道延期时间见表 3.5，表中数值为延期时间的名义秒量。标准规定：任何一段延期导爆管雷管的上规格限(U)，均是该段延期时间与上段延期时间的中值；而下规格限(L)，则是该段延期时间与下段延期时间的中值。瞬发导爆管雷管在与延期导爆管雷管配段使用时，下规格限为零。末段延期导爆管雷管的上规格限，可用末段名义延期时间与下规格限之差，加上该段延期时间求得。比如，半秒 1 段，$L=0$，$U=(0+0.50)/2=0.25$；半秒 10 段，$L=(4.00+4.50)/2=4.25$，$U=(4.50-4.25)+4.50=4.75$。

表 3.5 各段别导爆管雷管的延期时间(以名义秒量计)

(录自《导爆管雷管(GB19417-2003)》)

段别	毫秒导爆管雷管/ms			1/4 秒导爆管雷管/s	半秒导爆管雷管/s		秒导爆管雷管/s	
	第一系列	第二系列	第三系列	第一系列	第一系列	第二系列	第一系列	第二系列
1	0	0	0	0	0	0	0	0
2	25	25	25	0.25	0.50	0.50	2.5	1.0
3	50	50	50	0.50	1.00	1.00	4.0	2.0

续表 3.5

段别	毫秒导爆管雷管/ms			1/4 秒导爆管雷管/s	半秒导爆管雷管/s		秒导爆管雷管/s	
	第一系列	第二系列	第三系列	第一系列	第一系列	第二系列	第一系列	第二系列
4	75	75	75	0.75	1.50	1.50	6.0	3.0
5	110	100	100	1.00	2.00	2.00	8.0	4.0
6	150	125	125	1.25	2.50	2.50	10.0	5.0
7	200	150	150	1.50	3.00	3.00		6.0
8	250	175	175	1.75	3.60	3.50		7.0
9	310	200	200	2.00	4.50	4.00		8.0
10	380	225	225	2.25	5.50	4.50		9.0
11	460	250	250					
12	550	275	275					
13	650	300	300					
14	760	325	325					
15	880	350	350					
16	1 020	375	400					
17	1 200	400	450					
18	1 400	425	500					
19	1 700	450	550					
20	2 000	475	600					
21		500	650					
22			700					
23			750					
24			800					
25			850					
26			950					
27			1 050					
28			1 150					
29			1 250					
30			1 350					

试验表明，导爆管在高温含水环境中具有透水性。将导爆管在常压下浸泡于温度大于 60 ℃的水中 24 h，每米导爆管的平均透水量为 2～5 mg，当水温大于 90 ℃以后，导爆管每米平均透水量急剧上升。造成导爆管透水的原因，一是构成导爆管的主要物质高压聚乙烯自身就不具抗水性，或高温下它的分子结构发生了变化，使剧烈运动的水分子可能趁“虚”而入；再者由于管壁中含有一些杂质，而它们在高温下则可能熔化、分解、挥发或被水溶解，由此在管壁中形成能让水通过的“多孔网状”结构；还有可能是制管工艺带来的能让水透过的某些缺陷。导爆管透水的结果使导爆管及其管壁上的药粒物理性质发生变化、铝粉表面被氧化、管腔中氧气浓度下降，导致导爆管雷管的拒爆。因此在高温环境尤其是高温水环境条件下不应使用导爆管雷管。

在实际运用中，导爆管及导爆管雷管会出现以下几种传爆中断现象。

① 导爆管进水引起的传爆中断。导爆管雷管在出厂时，导爆管的一端都经热合封闭。在装药过程中，有些爆破工习惯把过长的导爆管剪去，这样就使导爆管成为开口状，如果在潮湿或淹水条件下施工，导爆管就有进水的可能。另外，由于导爆管与雷管在接口处箍固不牢引起的进水也会产生拒爆。在实际操作中，要求加工起爆药卷时减小雷管管体与导爆管间的反向受拉力；在有水环境使用时，应尽量缩短装药至起爆时间间隔，提高传爆可靠性。

② 由于塑料导爆管内壁面上涂药异常，涂药密度过大，当传爆至此处时，引起“药团”爆轰并穿孔，致使爆轰能量部外分泄，破坏管道效应，引起传爆中断；或由于塑料导爆管内壁面上涂药出现断药层而引起传爆中断；管内壁面上出现断药层距离大于存在管道效应条件下涂药殉爆距离而使传爆中断。这是器材本身质量缺陷所致。

③ 由于外界机械作用刺穿或压扁塑料导爆管而引起传爆中断现象。当前方传来的稳定爆轰波达到并越过穿孔处或压扁处时，因穿孔而泄漏部分爆轰能量，破坏管道效应或因克服变形而额外消耗部分爆轰能量，降低爆轰波传播速度，致使传爆中断。这类现象一般是填塞炮孔时由于尖石刺破导爆管或工作人员不小心踩扁导爆管所致。这类操作不慎而引起的传爆中断现象完全可以避免。

导爆管雷管具有许多优点，所以在较短的时间内迅速得以推广。有些爆破作业单位的领导和操作工，对导爆管雷管安全性能的认识不全面，采用一些错误的施工方法，常常会导致一些事故发生。如某铁矿在井巷掘进中使用非电起爆系统，因初次使用，操作不熟练，出现了一些哑炮。按照爆破安全规程规定，应严禁在残眼上打孔，而操作者误认为导爆管雷管是安全的，就在原哑炮孔上二次打孔，致使残眼中拒爆的雷管引爆，造成伤亡各 1 人的惨剧。导爆管雷管在使用中如果发生拒爆，要认真进行分析，查明原因后才能处理。首先要观察该导爆管传爆是否到底部，然后再检查与导爆管连接的雷管是否被起爆。对雷管而言，有延期体或起爆药不可靠而拒爆，也有延期体点火后没传火而产生拒爆。如果雷管已爆而炸药未爆，就要检查炸药的质量，同时还要检查雷管的起爆力并观察是否有半爆。

在各种爆破作业中，不能因导爆管雷管在使用中比较安全而忽视其不安全的一面，必须将导爆管雷管与其他雷管同等对待，做到轻拿、轻放、避免撞击。

运输雷管时，严禁发生撞击、摩擦、抛掷。有一种观点认为，导爆管雷管装箱不像火雷管那样相对集中，若有一发雷管爆炸，也不会引起同箱、同车雷管爆炸，在运输上比火雷管安全。这是一种绝对错误的认识。运输中若有一发导爆管雷管意外爆炸，其他导爆管雷管都有可能被引爆，即使在该范围内无雷管，也一定会有导爆管被引爆，而使与其连接的雷管同时引爆。通过瞬时连锁反应，整箱、整车的导爆管雷管也就即刻爆炸。另外，导爆管雷管在装箱中如不严实，运输中很容易受颠簸发生危险。

2. 导爆管起爆网路的组成和形式

导爆管起爆网路主要由两部分组成，即激发起爆部分和网路部分。网路部分通过各种联接装置将装入群药包内的导爆管雷管连接起来组成网路，激发起爆部分则通过对该网路的激发起爆来保证网路内的每一发导爆管雷管安全准爆。

导爆管起爆网路的起爆可以采用单点激发和多点激发。单点激发将网路最终连在一个起爆点上，再使用电雷管、导爆索、激发笔、电火花枪、火帽等来激发起爆整个网路；多点激发则在网路中选择多个点，再采用电爆网路等来激发起爆整个网路。

导爆管起爆网路的形式很多，其实从传爆形式来说不外乎两种：一种是顺序式的，即从前往后按网路节点（传爆节点）逐步传递下去，可以是一条传爆线路，也可以出现多条传爆支路，但传爆过程是不可逆的，只能是前一级节点向后一级节点或上一级节点向下一级节点传爆，反之则不行；另一种是回路式的，传爆节点形成回路，每一个节点都可能向相邻的节点传爆。这些传爆节点上的联接装置可分成两类：一类装置中不带雷管或炸药，导爆管通过插接方式实现网路联接；另一类装置中带有雷管或导爆药，通过雷管或炸药的爆炸将网路联接下去。不带雷管或炸药的装置称为连接元件，连接元件曾有很多种类型，有用于顺序式网路中的多通道连通管，也有用于回路式网路中的四通接头，连接元件要通过导爆管来联成网路；带雷管或炸药的联接装置称为传爆元件，如导爆管雷管、导爆索等，传爆元件只能用于顺序式起爆网路中。经过多年的实践使用，一些导爆管起爆网路实际已被淘汰，也不断出现一些新的网路形式。现在在工程爆破中使用的主要是以导爆管雷管、导爆索为传爆元件的接力网路和以四通接头为连接元件的闭合网路，还有就是融这两种网路于一体的混合网路。

3. 导爆管起爆网路的联接形式

导爆管起爆法的联接方法很多，基本上可分成两类。

(1) 接力网路联接法（捆联法）

这是导爆管起爆网路中最基本的一种联接方法。将炮孔内引出的导爆管分成若干束(单孔起爆时为 1 到 2 发),分别捆扎在一发(或多发)导爆管传爆雷管上,将这些导爆管传爆雷管(或与另外一些孔内引出的导爆管)再集束捆扎在上一级传爆雷管上,直至用一发或一组起爆雷管激发即可以将整个网路起爆。所谓“接力”,既可以指时间上的接力,也可以指空间上的接力。当采用瞬发雷管作为传爆雷管时,接力是空间的,当采用延时雷管作为传爆雷管时,接力就不仅仅是空间上的,也包含时间上的了。导爆管起爆网路的联接图示法的示意图例见图 3.10,捆联网路联接示意图见图 3.11。这种网路简单、方便,多用于炮孔比较密集的网路联接中。利用捆联法组成的导爆管接力起爆网路,连接简单,从理论上讲可以无穷分段。缺点是它属于顺序式传递网路,网路节点越多,网路的可靠度就越低;另外,传递线上任一个节点及其附近的网路如果受损,其后所有网路中的导爆管雷管就都会拒爆。因此要求传递线上应采用复式网路以提高网路的可靠度,接力雷管消耗较多,成本较高。图 3.12 为复式接力网路,图 3.13 为交叉复式捆联接力起爆网路,这两种联接方法在拆除爆破、深孔爆破中使用得比较多。例如,1994 年底在环胶州湾高速公路路堑开挖工程施工中,利用导爆管毫秒延时接力网路,一次起爆炮孔 3 080 个、雷管 1.34 万发,共分了 594 段,爆破延续时间 4 770 ms,将长 470 m、深 10 m、石方总量 11.5 万 m^3 的路堑一次爆破成型。利用这种联接形式还可以组成更安全的导爆管双复式交叉捆联起爆网路(见图 3.14),这种网路每个孔内要装 2 发导爆管雷管,实际中使用不多。

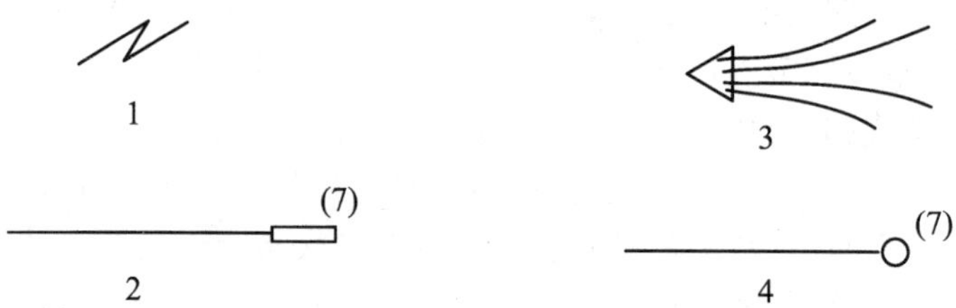

图 3.10 导爆管起爆网路图示法图例

(1—激发起爆点;2—导爆管传爆雷管及段别;3—连接元件(四通);4—装入炮孔内的导爆管雷管及段别)

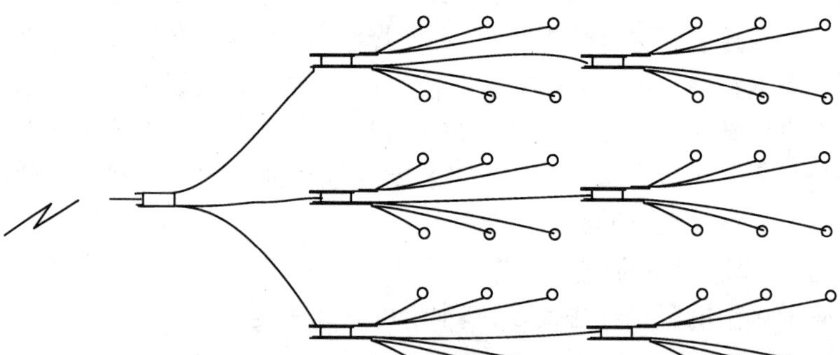

图 3.11 导爆管接力起爆网路示意图

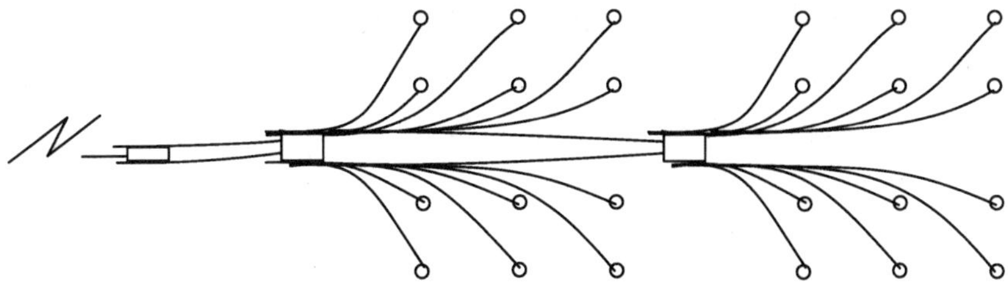

图 3.12　复式导爆管接力起爆网路示意图

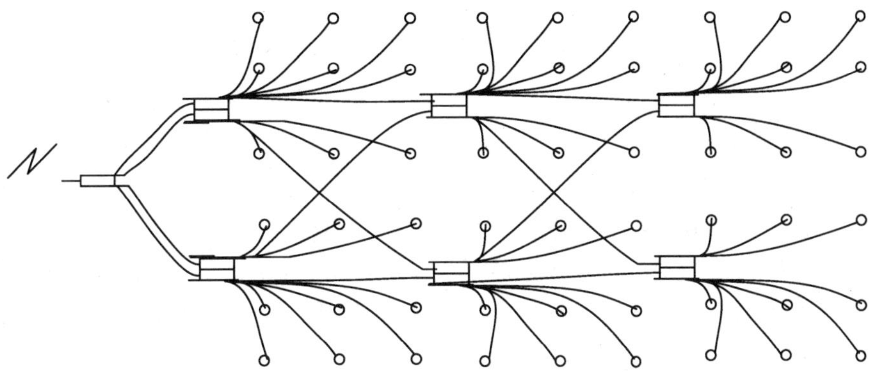

图 3.13　交叉复式捆联接力起爆网路示意图

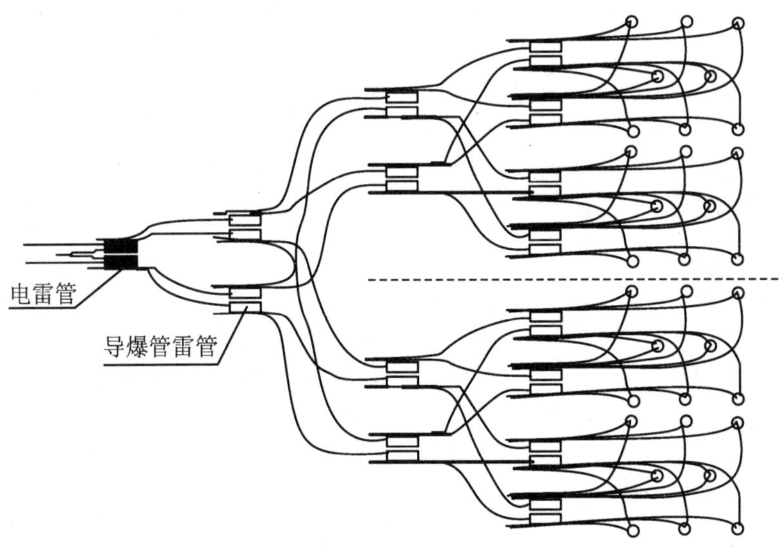

图 3.14　导爆管双复式交叉捆联接力起爆网路示意图

(2) 闭合网路联接法(四通联接法)

闭合网路与导爆管捆联网路不同,它的连接元件是四通接头和导爆管,联接以插接为主。通过联接技巧,把导爆管雷管联接成网格状多通道的起爆网路,可以确保网路传爆的可靠性(见图 3.15),因此也可以叫做网格式闭合网路。

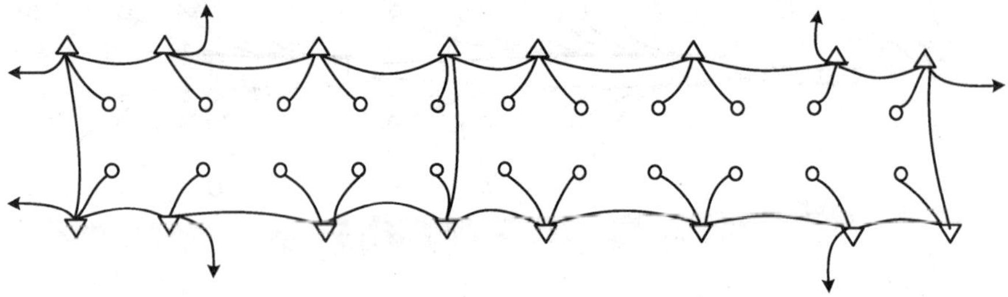

图 3.15 导爆管闭合起爆网路联接示意图

导爆管的内壁喷涂有一层混合炸药薄膜,当起爆元件给予导爆管起爆能后,导爆管起爆点附近的炸药发生化学变化并放出一定能量,化学反应的产物在管道内运动压缩空气产生爆轰波,而不断放出的能量又能维持爆轰波不衰减以稳定的爆速传爆,直至爆轰波最终"喷"出管口或引爆雷管,或通过连接元件"分流"引爆其他导爆管。导爆管被激发以后,爆轰波受管壁的约束,可在 200 mm 长度以内的断药管中传爆;用烟熏法观察导爆管切口处喷出的爆轰波波阵面,可发现为一明亮的橄榄状喷焰。试验证明,喷焰最大宽度约 4.5~8 mm,长度在 20 mm 以内。利用导爆管在约束条件下喷焰可以增长、增宽的特点,用一端封闭的普通塑料管作为传爆元件进行试验,当数根导爆管一端套上封闭的接头后,喷焰在其前进方向受到阻挡后反射,由于导爆管内壁的炸药量很少,形成的爆轰波能量不大,反射后的喷焰仅可以引爆与其邻接的导爆管,而不能引爆与其不邻接的导爆管。形成闭合网路的关键是激发接头中的任一根导爆管后都能将接头中的其他导爆管引爆,这就是为什么接头只有四通(每个接头可以插 4 根导爆管),而没有五通、六通之缘故。

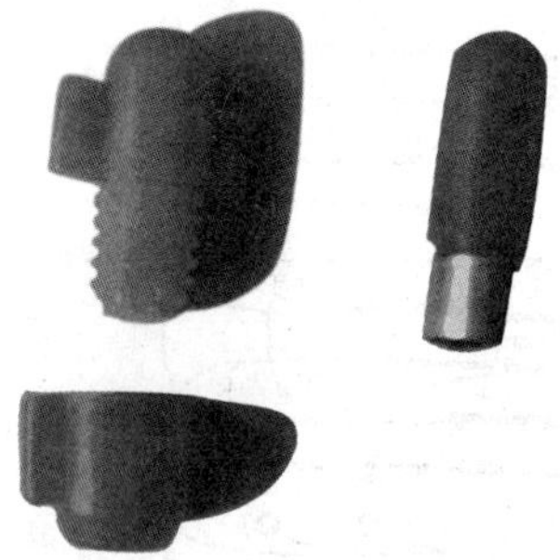

图 3.16 四通接头

现在使用的四通接头是厂家用注塑方法生产的,为适应目前导爆管有粗有细的实际情况,四通接头已从加套箍改进成为上下螺旋接口的分体产品,以保证使用过程中导爆管不会掉脱(见图 3.16)。笔者介绍一种简单、实用、成本低、可以自己加工的四通套管接头:将直径6 mm的聚氯乙烯薄壁套管(市场上常作为导线的套管)用热合法制成长约 20 mm、一端封死一端开口的小段。加工时可以用塑料焊接机将长套管每隔 20 mm 左右封一道,然后剪成一头封口一头开口的接头即可,使用时把需要连接起来的导爆管紧紧地插进接头的开口端。由于薄壁套管有一定伸缩性,即使导爆管粗细不匀,也能将导爆管紧紧地包裹住。使用时,先检查接头,剔除漏气的接头，清除接头中的杂物或泥沙，把需要连接的导爆管剪齐插进接头内。可留一根导爆管最后插进去，这样比较容易插得更紧密些。这种接头曾在多个爆破工程中使用，效果不错。

使用网格式闭合网路进行延时爆破时一般采用孔内延时网路，也可以孔内全部装同一段导爆管雷管，用不同的微差雷管起爆分区闭合网路。

从导爆管闭合网路的构成可看出，它与常用的导爆管起爆网路相比，其正确性、可靠性和安全性要高得多。① 闭合网路实现了网路内无雷管联接，在整个网路的联接过程中，可以采用电灯照明，不会因通讯电网、高压电网等杂电干扰引起早爆、误爆事故。传爆过程中声响小，无破坏作用。② 由于每个导爆管雷管至少有两个方向来的爆轰波能使其引爆，相当于传爆过程有复式网路的作用。③ 整个网路是网格状多通道的，传爆方向四通八达，个别导爆管雷管或局部导爆管的缺陷不影响整个网路的准爆性，不会出现成片药包拒爆的情况。④ 在网路联接过程中，通过联接技巧可以把封闭的网格网路无限扩展，在对起爆延时段别没有特殊要求的情况下，理论上讲起爆的药包数量可以不受限制。⑤ 在网路上选任意点激发起爆，整个网路中的药包就全部引爆，通常可以用电雷管多点激发，提高网路激发的可靠性。在需要的时候，可使用起爆枪或激发笔激发，即整个网路包括起爆都可实现非电操作。⑥ 网路联接操作简单，检查方便，网路无需进行计算，只需掌握基本要领，任何爆破工都可以直接进行操作。网路的联接可以分区分片同时进行，网路清晰，检查时一目了然，能大大节省网路的联接和检查时间。

闭合网路的缺点是受到导爆管雷管段别数的限制，整个爆区的分段数是有限的，这在一些炮孔数量和分段数量比较大的爆破工程中就无法使用了。

(3) 混合联接法

在导爆管起爆网路中，也可将各种网路形式混合使用。如在建筑物拆除爆破中，墙体上钻孔密而多，采用闭合网路可以节省传爆雷管数，从这些闭合网路中引出多根导爆管与柱孔引出的导爆管再采用接力网路，对理顺整个起爆网路很有好处。同样，也可将各部位的导爆管雷管分别捆联在传爆雷管上，再将这些传爆雷管用四通连接起来组成闭合网路，闭合网路的传爆可靠度很高，而通过闭合网路接力传爆到炮孔中只有一个节点，如采用复式接力，其传爆可靠度也很高，这样整个网路的可靠度也就得到了提高。在合肥某 17 层高楼的拆除爆破中就使用了这样的网路，它保证了 53 000 个药包安全准爆。图 3.17 为该次爆破中某楼层起爆网路的典型联接方式示意。

3.2.2.3　导爆索起爆网路

(1) 导爆索与继爆管

导爆索是以黑索金或泰安为索芯，以棉线、麻线或人造纤维为被覆材料的传递爆轰波的一种索状起爆器材。根据使用条件的不同，导爆索分为两类：一类是普通导爆索，另一类是安全导爆索。普通导爆索目前生产和使用最多，冶金矿山使用的均属此类。它有一定的抗水性能,能直接引爆常用的工业炸药。安全导爆索爆轰时火焰很小,温度较低,不会引起瓦斯及矿尘爆炸。近年来已有多种导爆索问世,其中包括高能导爆索、低能导爆索及防水导爆索等。

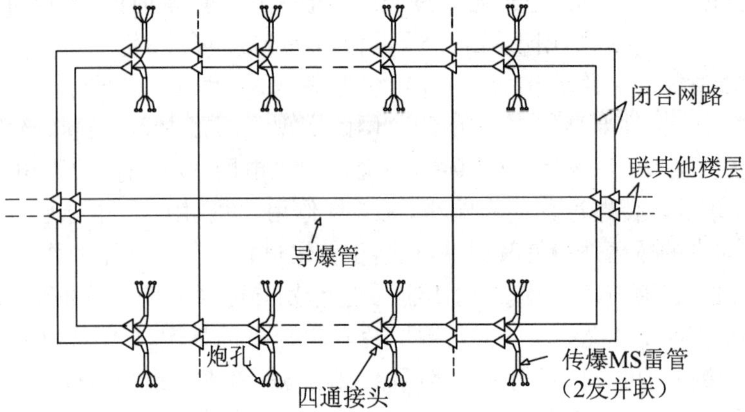

图 3.17　某楼层典型起爆网路联接方式示意图

普通导爆索的性能、规格有:① 外观尺寸。导爆索的外径为 5.7～6.2 mm,每卷长度(50±0.5) m,导爆索的外观可以反映导爆索的质量。例如最外层棉纱被覆的好坏,能影响导爆索的耐折、耐拉以及抗水的性能;表面如有油脂和折伤痕迹,则药芯易折断,油脂易渗入药芯而导致钝感;搭接接头过短将影响网路强度和传爆的可靠性。② 爆速与药芯药量。国产导爆索爆速标准规定不低于 6 500 $m \cdot s^{-1}$,普通导爆索以黑索金为药芯的药量为 12～14 $g \cdot m^{-1}$,药芯密度为 1.2 $g \cdot cm^{-3}$时,爆速达 6 700 $m \cdot s^{-1}$。③ 耐水、耐热、耐冻性能。国产导爆索标准规定,导爆索在 0.5 m 深的水中浸泡 24 h 后,其感度和传爆性能仍合格;在(50±3) ℃的条件下保温 6 h,外观及传爆性能不变;在(−40±3) ℃的条件下冷冻 2 h 后,其感度和传爆性能仍合格。

导爆索可以直接引爆工业炸药,用导爆索组成的起爆网路可以起爆群药包,但导爆索网路本身需要雷管先将其引爆。导爆索起爆法属非电起爆法。

导爆索爆速均在 6 500 $m \cdot s^{-1}$以上,单纯的导爆索起爆网路中各药包几乎是齐发起爆,继爆管配合导爆索使用可以达到毫秒延期起爆的效果。

继爆管的结构如图 3.18 所示,它基本上是由消爆管和毫秒延期雷管构成。

继爆管的工作原理是,首端(爆源方向)导爆索爆炸的冲击波和高温气体产物通过消爆管和大内管的气室后,压力和温度下降,形成一股热气流,它可以点燃延期药而又不致击穿延期药而发生早爆。经过若干毫秒的时间间隔后,延期药引起起爆药、加强药爆炸,从而引爆联接在尾端的导爆索。这样导爆索的传爆在经过了一个继爆管后就延迟了一段时间。继爆管分单向和双向两种,双向继爆管(如图 3.19 所示)消爆管两端都装有延期药和起爆药,构成对称结构。

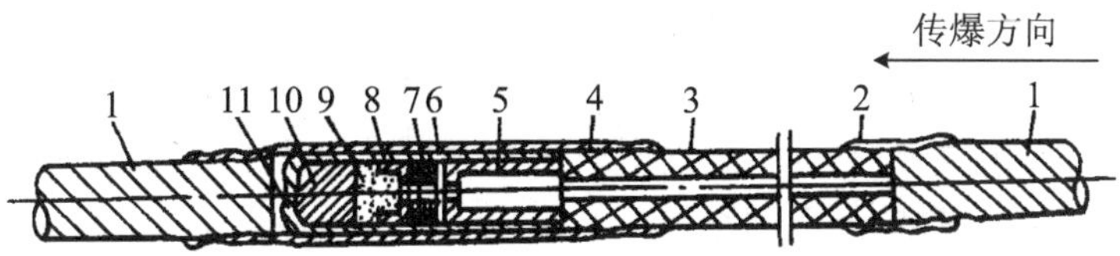

图 3.18　单向继爆管

（1—导爆索；2—连接管；3—消爆管；4—外套管；5—大内管；6—纸垫；7—延期药；8—加强帽；9—起爆药；10—加强药；11—雷管壳）

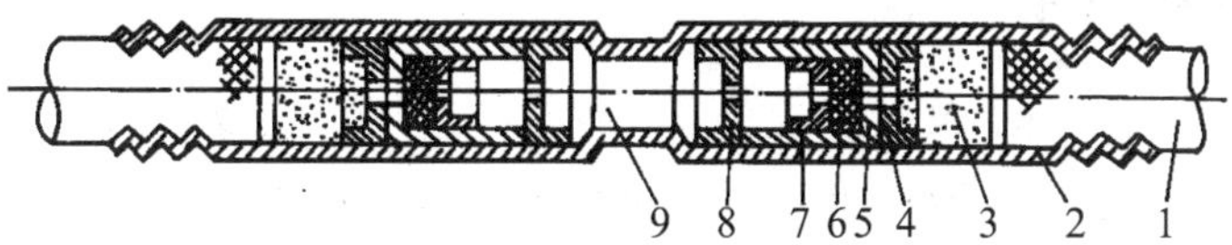

图 3.19　双向继爆管

（1—导爆索；2—外套管；3—DDNP；4—加强帽；5—内管；6—延期药；7—小帽；8—阻闸帽；9—缩孔）

表 3.6 列出了部分国产继爆管各段的延期秒量。

表 3.6　部分国产继爆管各段秒量

段别	单向秒量 /ms	双向 1 系列秒量 /ms	双向 2 系列秒量 /ms
1	15±5	10±4	10±3
2	30±7	25±5	20±3
3	50±7	40±6	30±3
4	75±7	55±7	40±4
5	100±8	78±8	50±4
6	125±10	100±9	60±4
7	155±10		70±4
8			80±4
9			90±4
10			100±4

（2）导爆索起爆网路及其安全特性

导爆索起爆网路由导爆索主干线、支线和继爆管组成，导爆索起爆网路的形式比较简单，无需计算，只要合理安排起爆顺序即可。

导爆索传递爆轰波的能力有一定方向性。因此在联接网路时必须使每一支线的接头迎着主线的传爆方向，支线与主线传爆方向的夹角应小于 90°。导爆索正确的连接方法见图 3.20。

单向继爆管传爆是不可逆的，只能顺一个方向传爆，使用时必须区别主动端和被动端，如果首尾颠倒就不能传爆；双向继爆管无方向性，两个方向都能传爆，使用时不必区别主动端和被动端，但它所消耗的材料几乎比单向继爆管多一倍。利用双向继爆管可以组成环形网路，这时导爆索支线与主线联接时必须使用三角形连接法。图 3.21 为导爆索环形网路的示意图。

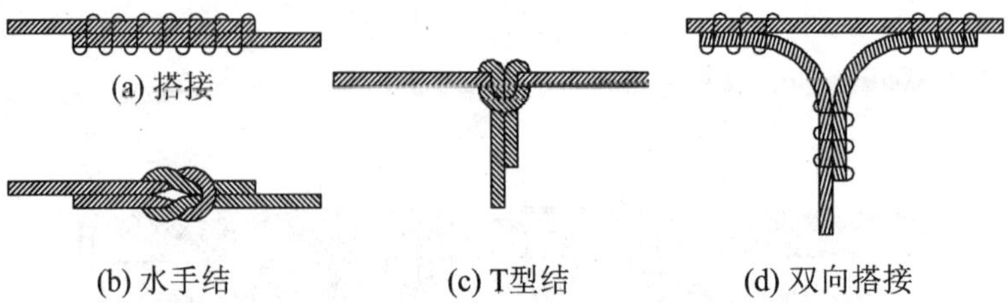

图 3.20　几种导爆索连接的正确方法

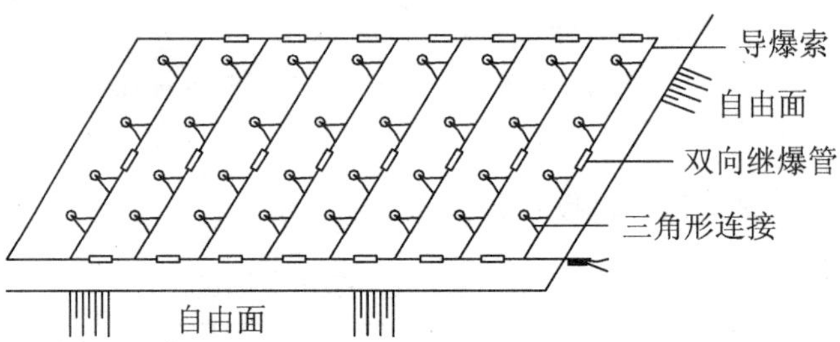

图 3.21　导爆索—继爆管环形网路

工程爆破中的常用导爆索起爆网路的有深孔爆破、光面爆破、预裂爆破、水下爆破以及硐室爆破等。

在工程爆破各种起爆网路中，一般认为导爆索起爆网路是最安全的。导爆索的药芯是钝化泰安或黑索金，因此，它的机械敏感度和热感度都比雷管低。在装药和安装起爆网路的操作过程中，只有在导爆索网路起爆前接上雷管，或在毫秒延期爆破时在网路中接上继爆管，导爆索网路的危险性才上升到最高级。

导爆索网路在使用过程中，导爆索可能受到机械作用，特别危险的是导爆索爆炸时可能引起其他炸药爆炸。药包里放置的导爆索或起爆网路中的导爆索，受到偶然落下的重物冲击时，都可能使导爆索误爆。

为了预防导爆索在机械作用下发生事故，必须采取相应的预防措施：① 对爆破地点仔细查看，当存在着拒爆药包时，一定要将与药包相连的导爆索清除；② 使用导爆索时，要采取措施防止导爆索外皮受到损坏；③ 在冲击和其他机械作用下，应将导爆索爆破网路布置在掩蔽的地方，以免遭受偶然掉落重物的冲击。

导爆索有一定的抗拉强度，但当外力超过其抗拉强度时，导爆索会被拉断而引发拒爆。例如，几年前某个矿山采用导爆索毫秒延时起爆网路进行深孔爆破时，在最后一排深孔中出现拒爆。研究人员挖开了几个拒爆的深孔，发现在这些深孔中通向药包的导爆索都有几处被拉断。为了弄清楚这种现象的原因，对导爆索做了拉伸试验:将导爆索的一端固定在基墩上,另一端挂在拉力机的钩子上进行拉伸,结果与拒爆深孔中一样,导爆索被拉断成几段。可以认为,在相邻炮孔爆破的瞬间,受先爆炮孔作用的影响,未爆炮孔上部岩石会在一定范围内稍微拱起,未爆炮孔中夹在与岩石同时拱起的炮泥中的导爆索受到拉力作用,当这个拉力大于导爆索的抗拉强度时,导爆索被拉断。将深孔中炮泥的长度急剧减小的一组试验证实了这种假设:这一组试验中没有一个药包拒爆。但显然减少或无炮泥堵塞时深孔爆破的爆破效果会很低劣,并且增大了飞石的危险区。因此,必须搞清楚在填满炮泥的情况下,在多大的距离上深孔装药才不能将邻近深孔中的导爆索拉断。为此,研究人员完成了一组试验,试验结果表明,在试验的地质条件下,如果深孔之间的距离大于 28 倍装药直径,邻近炮孔就不会发生拒爆。在花岗岩地区的露天采场,深孔间的安全距离为 25 倍装药直径。所以延时爆破时露天采场中相邻装药之间的距离应不小于于 28~30 倍装药直径。如果由于某种原因,例如由于块度要求,这一条件不能满足时,那么就应减少深孔中炮泥的长度,或在炮泥中留空气隔离层,空气隔离层中的导爆索处于松弛状态,以防导爆索被拉紧拉断。

另外,导爆索的外皮在溶剂油作用下,在一定的时间内外皮就会软化,油液浸入药芯后可产生拒爆。爆破安全规程规定,在铵油、重铵油炸药与导爆索直接接触的情况下,应采取隔油措施或采用耐油型的导爆索。

3.2.2.4　混合起爆网路

在工程爆破现场使用中,最多采用的是以上各种起爆网路的混合体,这种混合起爆网路,充分利用各种网路的特性,以保证网路的安全可靠性和经济合理性。

在以导爆管起爆法为主的起爆网路中,利用电力起爆网路可以实现远距离起爆,控制起爆时间的特点,其激发起爆通常采用电力起爆法。

总之,在熟悉各种起爆网路使用特点的基础上,根据各个工程的特点和要求,可以组合出各种各具特色的混合起爆网路来。图 3.22 是 1986 年我们在新桥饭店拆除爆破中使用的导爆管闭合网格与电爆网路组成的混合网路示意图,当时尚未使用导爆管毫秒雷管,孔内全部装导爆管即发雷管。

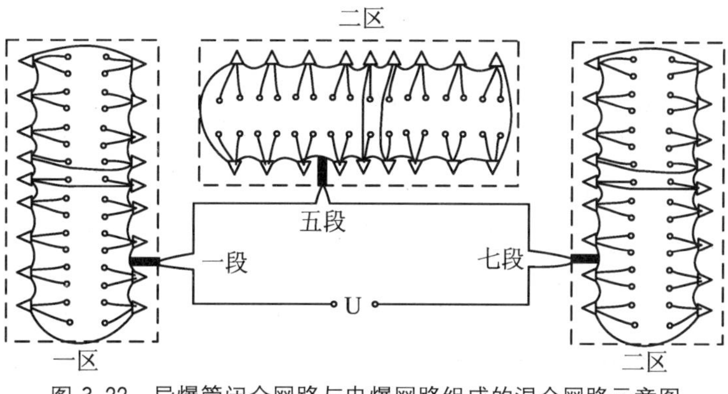

图 3.22　导爆管闭合网路与电爆网路组成的混合网路示意图

3.3 起爆网路的安全考量

起爆网路设计是爆破工程设计中至关重要的一环。在一些重要的爆破工程中，为了确保工程安全、顺利的实施和达到理想的效果，往往不惜重金采用高精度的起爆器材，以确保安全准爆和精确起爆。如长江三峡三期围堰拆除爆破，专门从国外进口了数码雷管，采用数码雷管起爆系统，总费用合每发雷管接近人民币800元，相当普通毫秒电雷管(约2.4元/发)的300多倍。一些拆除爆破和大型矿山深孔爆破工程已采用澳瑞凯(Orica)公司的高精度导爆管起爆系统，尽管单价要比国产导爆管雷管贵得多，但改善了爆破效果，有效地控制了爆破的有害效应。也正是这些起爆器材的使用，促进了我国爆破事业的发展和爆破技术的进步。

目前我国绝大部分爆破工程的起爆网路设计还要受到各种管理体制和工程成本的制约，只能根据当地所能提供起爆材料的品种、质量进行起爆网路的设计。

对起爆网路进行安全考量，并不仅仅是对起爆网路本身的可靠度进行评价，还应包括起爆网路对在爆破区所在环境的安全可靠度、网路施工过程中的安全可靠度进行评价。从起爆网路的安全可靠度看，目前工程爆破中使用的三种主要起爆网路(复式电爆网路、复式导爆管捆联网路和导爆管闭合网路)的准爆率都很高；从对在爆破区所在环境的适应性来看，电爆网路就不适宜在存在环境电流干扰的爆区使用；起爆网路在施工中的安全可靠度取决于网路在施工中受损概率、受损处检查发现的概率和修复概率。对于爆破工程技术人员来说，应根据工程的类型、规模、环境要求和起爆器材的情况，选择安全可靠度高的起爆网路。

3.3.1 各种起爆网路的安全特点

3.3.1.1 电爆网路的安全特点

在起爆前对起爆网路的安全可靠性做到心中有数应该是爆破工程中最起码的要求之一。在起爆雷管装入药包中后到起爆这一段时间内，还要进行装药、填塞和网路连接等工序，每一道工序都可能对起爆网路产生损害或损伤。电爆网路的最大特点就是可以用仪表在每一道工序中对网路的起爆元件及网路参数进行精确的测定，检查起爆网路是否正常可靠，在发现网路参数不正常、网路存在问题时，可以及时找出原因进行处置，在恢复正常状态后再进行起爆，即网路在施工中虽然受损概率高，但受损处被检查发现和修复的概率也很高，从而保证了网路的准确性和可靠性，这是导爆管起爆网路和导爆索起爆网路所达不到的。

电爆网路的缺点主要是在各种环境电流的干扰下，如大地中的杂散电、大气中的静电、射频电及天空中的雷电等，存在着早爆、误爆的危险，因此在采用电爆网路前，事先应查清爆区中外来电源干扰影响因素；在雷雨季节和雷雨区使用电爆网路时必须采用必要的预防措施。其次，在药包数量比较多的拆除爆破中，采用电爆网路，对网路的设计和施工有较高的要求，网路连接比较复杂；再有，有些人过分依赖电爆网路可以测试的特点，对网路施工技术和起爆电源注意不够，也容易影响电爆网路的准确性和可靠性。

3.3.1.2　导爆管起爆网路的安全特点

导爆管起爆网路的安全特点正好与电力起爆网路相反，它不受或极少受外来电的影响，可以在有电的环境下进行操作，可以采用电灯照明，不会因通讯电网、高压电网、静电等杂电的干扰引起早爆、误爆事故；导爆管起爆网路的致命弱点是迄今尚未有检测网路是否通顺的有效手段，施工中受损概率高，而受损处被检查发现和修复的概率很低，给爆破作业增加了不确定的因素。而导爆管本身的缺陷、操作中的失误和周围杂物对其的轻微损伤都有可能引起网路的拒爆。因此，在施工条件恶劣，网路易受损伤，网路连接后不易进行检查的工程中不宜使用。一般情况下导爆管起爆网路起爆的药包数量不受限制，网路也不必要进行复杂的计算，这非常适合有成千上万个药包的拆除爆破工程。因而在拆除爆破中采用导爆管起爆网路，除必须采用合格的导爆管、连接件、雷管等组件和复式起爆网路外，还应注重网路的布置，提高网路的可靠性，以及重视网路的操作和检查。

现在很多爆破技术人员将导爆管雷管称为“非电雷管”，将导爆管起爆网路称为“非电起爆网路”，从科学的意义上讲，这是不严格的，因为用电火花可以直接起爆(激发)导爆管雷管。但由于在有电环境下产生电火花的几率非常小，而且只有当电火花在导爆管的开口端形成时才会起爆导爆管，所以在存在电干扰情况下，导爆管起爆网路相对于电爆网路来讲要安全得多，在这个意义上将导爆管起爆网路称为“非电起爆网路”也未尚不可。

3.3.1.3　导爆索起爆网路的安全特点

导爆索起爆法在装药、填塞和联网等施工程序上都没有雷管，不受雷电、杂电的影响，导爆索的耐折和耐损度远大于导爆管，安全性优于电爆网路和导爆管起爆法；此外导爆索起爆网路传爆可靠，操作简单，使用方便，可以使钻孔爆破分层装药结构中的各个药包同时起爆；导爆索有一定的抗水性能和耐高、低温性能，可以用在有水的爆破作业环境中；由于导爆索的传爆速度高，可以提高弱性炸药的爆速和传爆可靠性，改善爆破效果；利用导爆索继爆管能实现导爆索的微差爆破。

导爆索起爆网路的主要缺点是不能用仪表检查网路质量；在机械作用下存在误爆和拒爆的危险；裸露在地表的导爆索网路，在爆破时会产生较大的响声和一定强度的空气冲击波，所以在城镇浅孔爆破和拆除爆破中，不应使用孔外导爆索起爆。导爆索起爆法只有借助导爆索继爆管才能实现多段微差起爆，而导爆索继爆管价高，精度低，工程爆破中不是常用器材，一般较多地将导爆索作为辅助起爆网路。

3.3.2 工程爆破起爆网路设计中的安全考量

3.3.2.1 硐室爆破起爆网路设计中的安全考量

硐室爆破是将炸药集中装填于按设计开挖成的药室中，达到一次起爆完成大量土石方松动、抛掷任务的爆破技术。硐室爆破药室中炸药量较多，一个药室中的炸药量少则数百公斤，多则达数十吨，任何一个药包的拒爆均会严重影响爆破效果，而且拒爆药包的处理存在着严重的安全隐患。硐室爆破的装药、填塞工作需通过导硐进行，这些导硐通常低矮、窄小、硐壁不规则，加上没有良好的通风和照明设施，施工作业环境条件十分恶劣。装药和填塞阶段时间紧，场地狭窄，作业强度大，施工人员经常处于过疲劳作业状态。保证这一阶段起爆网路不被损伤存在较大的难度。因此硐室爆破起爆网路应优先考虑电力起爆网路，这样可以在装药和填塞阶段随时对网路进行检测，发现问题及时处理，确保安全准爆。《爆破安全规程(GB6722-2003)》明确规定：硐室爆破应采用复式起爆网路系统。通常硐室爆破采用双套串并联网路，即每套网路在每个起爆体内装入两发电雷管，并联后再将各起爆体串联起来组成串并联网路。这两套网路在药室、导硐和区域间是完全相同而独立的，即两套网路的电阻应平衡，但相互之间是绝缘的，最后并联接入主线，组成并串并联电爆网路。在装药填塞结束后，只要有一套网路有效，就可以保证安全准爆。2007 年 12 月 20 日，在神华宁煤集团大峰露天煤矿剥离工程中成功实施的装药量达 5 499.6 吨的硐室爆破采用的就是电力起爆网路。

在设计电力起爆网路前应对爆区受外界电源影响因素进行调查，消除不安全因素。如应检测杂散电流值，采取措施，减少杂散电流的来源；爆破作业人员禁止穿戴化纤、羊毛等可能产生静电的衣物；禁止流动射频源进入作业现场；已进入且不能撤离的射频源，装药开始前应暂停工作；手持式或其他移动式通讯设备进入爆区应事先关闭；在雷击频发地区设计起爆网路，要特别慎重，应尽量避免采用电爆网路。1992 年深圳市盐田港炸山填海工地硐室爆破施工过程中，因雷击引爆一个药包，酿成 15 人死亡的恶性事故。在雷雨季节在硐室爆破中设计电爆网路，当网路施工作业中遇到雷雨天气时，设计人员必须提醒施工作业人员，雷电来前应立即将各导硐硐口的引出线端头分别绝缘，并悬挂在硐内离硐口至少 2 m 处，同时将所有人员撤离施工现场至安全地区。

硐室爆破也可采用电爆网路与导爆索起爆网路相配用或电爆网路与导爆管起爆网路并行配用的复式起爆系统。单纯采用非电起爆系统，由于其缺乏检测手段，给爆破作业的安全准爆增加了不确定的因素。尤其是导爆管起爆网路，采用多套网路和选用质量好的网路元件，或许可以克服由于元件质量不合格且无法用仪表测试而导致可靠度降低的担心，但在硐室爆破装药和填塞施工阶段网路意外受损的产生概率仍无法预计，在爆前无法加以鉴别查明，因此不够稳妥可靠。1998年福建漳州后石电厂场平工程硐室爆破工程中出的盲炮事故和1993年贵阳龙洞堡机场营盘坡硐室爆破工地上出的盲炮事故，分析其原因，应该都是在装药和填塞施工阶段导爆管意外受损所致，事故产生的后果是严重的，应该引起我们的重视。笔者在某硐室爆破工地就经历过这样的情况：有一个药室起爆体装了5发导爆管雷管，拟由另一药室的电雷管引爆，尽管技术人员将这5发导爆管雷管的导爆管引出并用沙包埋顺，但填塞时一个装有石块的沙袋还是将这5根导爆管全部砸断了，幸好及时发现未出现不良后果。填塞时沙袋过重、沙袋内石块锋利，加之施工人员在那种作业环境和劳动强度下根本做不到轻拿轻放，导爆管的受损就不足为奇了。

由于环境条件的限制，在一些地方，要求在进行硐室爆破时控制单段最大起爆药量，而能提供的电雷管满足不了延时分段的要求。笔者1999年在浙江省淳安县程高山硐室爆破工地就经历过这样的情况。该爆破工地位于淳安县县城内，周围建筑物很多，一个山头226万m^3分8个区域进行硐室爆破，单段最大起爆药量控制在6吨，每次爆破的分段数在20段以上，而当地仅能提供15段毫秒电雷管。笔者采用了以电爆网路为主线，穿插进导爆管毫秒延期雷管以增加分段数的混合起爆网路，利用高段位毫秒延期电雷管相邻之间标称秒量差异大的特点，在其间插入低段导爆管毫秒雷管增加“新的段位”，如在9段(310 ms)和10段(380 ms)之间用3段导爆管雷管(50 ms)增加一个360 ms的段位(9+3)，在10段和11段(460 ms)之间利用2段(25 ms)和3段导爆管雷管可以增加405 ms(10+2)和425 ms(10+3)两个段位。同时，在敷设电爆网路时，在这些“新段位”的药包中装入其后面最近一段的电雷管，即在(9+3)药包中装入10段毫秒电雷管，在(10+2)和(10+3)药包中装入11段毫秒电雷管，这样，只要在施工中这些导爆管雷管(可采用多发连接)被保护好，就能按设计时差起爆，万一这些导爆管雷管受损，由于药包中还有后一段的毫秒电雷管，它们是联入电爆网路可以检测的，药包还是能安全准爆的，只是它将可能会和其他药包同时起爆，引起单段最大起爆药量的增加(按目前我国高段位毫秒电雷管的秒量误差水平，很有可能这样的情况不会发生)。这种“拖尾巴、加后段”的设计方法，最高分段数达到26段，既满足了程高山硐室爆破的延时分段要求，又将每一个药包通过电爆网路掌握在可控之中，确保每个药包的安全准爆。

有一些硐室爆破工程周围环境复杂，对爆破振动的控制很严，要求分段数在几十段以上，只能采用导爆管接力起爆网路。为克服导爆管起爆网路无法检查的致命弱点，必须在网路的保护上做足功夫。已有多个硐室爆破工程采用导爆管起爆网路取得了成功。如果以后有类似工程，建议施工单位应聘请有成熟实践经验的专家参与网路的设计与编排，并对施工作业人员进行技术与安全培训，同时加强对线路的有效保护，强化工程技术人员的检查。

硐室爆破中导爆索一般用做辅助网路使用。除了起爆导爆管网路外，用得最多的是联接主、副起爆体。在条形药包硐室爆破中，有时药室比较长，在多个齐发的起爆体之间敷设导爆索联接线有助于增加炸药的爆速，改善爆破效果。但必须注意，目前硐室爆破多采用铵油炸药，铵油炸药的包装在装药过程中容易破损，炸药包装袋表层一般渗有柴油。如果将普通导爆索直接顺这些炸药袋敷设，在潮湿的药室内普通导爆索受柴油长期浸蚀，会出现外皮软化、油液浸入药芯从而使导爆索失去传爆性能的情况。程高山二区硐室爆破就曾出现这种情况。在开挖过程中，发现103号导硐040药室（实际长度23.3 m，装药量9 193 kg，线装药密度395 kg·m^{-1}）主起爆体已起爆，靠近副起爆体（副起爆体中无雷管）有10余m的药包拒爆，且联接主副起爆体的双股导爆索也有部分拒爆，从残存的导爆索分析，拒爆是由于柴油浸蚀导爆索使其失去传爆性能所造成的。在这种情况下，应采取隔油措施或采用耐油型的导爆索。

3.3.2.2 拆除爆破起爆网路设计中的安全考量

建（构）筑物拆除爆破，一般情况下所处的环境条件较为复杂，对周围人员、建（构）筑物、交通乃至正常市政秩序影响的广度和深度往往是其他类型的爆破无法比拟的。确保拆除爆破安全准爆，是衡量爆破成败的一个起码的、也是重要的标志。

起爆网路的安全和可靠性，首先要保证整个爆区的所有药包按照设计要求准确、全部起爆；其次要保证在网路施工阶段的安全，杜绝在网路施工阶段出现早爆、误爆事故。因此，拆除爆破应选择准爆率高、能有效克服环境因素的起爆网路。

选择合理的起爆时差，控制各爆破部位的起爆秩序，是保证建（构）筑物按设计要求倾倒或塌落、在复杂环境中控制爆堆塌散范围的主要措施之一；同时，减少拆除爆破震动和塌落震动对周围设施的影响往往要求对拆除爆破起爆网路中的延时间隔、齐爆药量与建（构）筑物的分批塌落冲量进行合理编排。因此，拆除爆破起爆网路的设计，要满足拆除爆破的塌落效果和安全效果的要求。

在城市建（构）筑物拆除爆破中一般每次起爆的药包数量较大，达数千甚至上万个，药包位置分散且变化繁复，起爆网路连接的施工条件不佳；加上环境条件的限制，施爆作业时间比较短，采用操作简单、网路清晰、便于检查的起爆网路，缩短网路连接时间，加强网路的检查，有利于确保爆破安全准爆。

也就是说，拆除爆破起爆网路应遵循安全可靠、保证效果、操作简单、便于检查的设计原则。

由于拆除爆破中药包数量大，但每个药包的装药量少（少则几十克，多的也就几百克），一般说来，只要不是大面积孔拒爆，个别孔不响并不会影响整个爆破的安全和效果；拆除爆破不同于硐室爆破，它的起爆网路基本是在露天的，只要检查好每一个网路元件，在敷设过程中受损的机会比较小；考虑起爆电源的能力，在药包数量很多时，电爆网路的设计和施工是很复杂的，导爆管起爆网路就要简单得多。目前，除部分企业在拆除爆破药包数量不多时尚采用电爆网路外，在大部分有成千上万个药包的拆除爆破工程中，糅合电爆网路与导爆管起爆网路各自的优点，利用导爆管起爆网路可以在有电的环境下进行操作，不会因通讯电网、高压电网、雷电、静电等杂电的干扰引起早爆、误爆事故和起爆的药包数量不受限制，网路也不必要进行复杂的计算的特点，以及电爆网路可以检测和远距离起爆的特点，采用的是以导爆管起爆网路为主，以简单的电爆网路激发导爆管起爆网路所组成的混合起爆网路。

针对导爆管起爆网路不能检测的弱点，在进行网路设计时，其安全考量有：① 重点部位应采用复式网路（即装 2 发雷管），如高烟囱的爆破缺口部位的炮孔，控制建筑物倒塌的关键部位，水压爆破的主药包等。② 网路的传爆部位应采用复式形式，尤其是接力起爆网路，接力部位的损伤会造成其后所有网路上的药包拒爆。在接力路线比较长时应考虑采用交叉复式接力网路，将接力部位的主线设成 4 根。③ 采用导爆管闭合起爆网路时，在控制建筑物倒塌的关键部位应适当增加闭合网路的网格密度。

3.3.2.3　露天深孔爆破起爆网路设计中的安全考量

露天深孔爆破起爆网路的设计中同样要考虑电爆网路和导爆管起爆网路的特性。环境因素是安全考量中首先应该重视的，如《爆破安全规程（GB6722-2003）》规定：“雷雨天不应采用电爆网路”，深圳市公安局在《爆破员安全操作规定》中也规定：“雷雨季节宜采用非电起爆法”。但采用导爆管起爆网路经常出现的个别孔拒爆现象确实使工程技术人员挠头。尤其在钻孔直径大于 120 mm 的深孔爆破中，拒爆孔对爆破效果的影响，处理拒爆孔及由其产生的大块石的二次破碎所引起的安全问题也是不容忽视的。而“雷雨季节”又如何确定呢？据气象资料，深圳地区一年十二个月均有雷暴记录，年平均雷暴日达 73.9 天，最多 103 天，是否只能使用非电起爆网路呢？采用电爆网路，可以进行检测，拒爆孔大为减少，加之电雷管比导爆管雷管便宜，就深圳来说，采用电爆网路还是可以考虑的。

在非雷雨天气里，露天深孔爆破中采用电爆网路比较合适，在中孔径和大孔径的钻孔中，一般设置多个起爆体，采用串联起爆网路既简单又安全。但施工中应考虑在含水岩体中不同炮孔之间可能存在的“水线”对电爆网路准爆性能的影响。在我国南方的大部分山体里，岩体中大都存在裂隙水，俗话讲，山有多高，水有多高，这些裂隙水往往在整个山体开挖的各个台阶中都会出现。由于深孔爆破电爆网路中电雷管脚线与孔内引出线的接头基本都在孔内，当不同炮孔处在同一裂隙面上且裂隙中含水时，如果导线接头绝缘没有做好，或装药过程中导线绝缘层受损，电爆网路就可能在这些炮孔之间通过导电性能良好的“水线”形成新的回路，起爆时回路外的炮孔就可能出现拒爆，这种情况在深孔爆破中并不少见。

采用导爆管接力起爆网路时，接力传爆部分应采用复式网路；采用导爆管闭合网路时，应防止雨水、污泥及其他杂物进入导爆管管口和接头内。在雨天和水量较大的地方最好不采用导爆管四通网路。

炮孔内放一发导爆管雷管或是放双发导爆管雷管，可以视具体情况分析而定。原则上应该放两发雷管，毕竟起爆材料在整个爆破成本中所占比重较小。但当爆破方量很大时，考虑现在导爆管雷管的质量已经比较稳定，当钻孔直径小于115 mm时，可以放单发雷管，由于小直径孔每孔负担的爆破面积小，即使个别孔拒爆，对整个爆破效果的影响也较小，爆后处理比较简单。但钻孔直径大于115 mm后，孔内必须用双发导爆管雷管。笔者近年来一直在深圳安托山场平工程中工作，工程采用台阶式深孔爆破，台阶高度10 m，钻孔直径76～115 mm(76 mm占90%以上)，采用导爆管捆联起爆网路，每孔装单发导爆管雷管，由电爆串联网路激发起爆，基本上没有出现过炮孔拒爆的现象。据安托山工程的统计，在按方量计算的爆破成本中，起爆材料费用(15 m长导爆管毫秒雷管、毫秒电雷管及边坡用导爆索)约占整个爆破器材费用的2.5%～3.7%，平均为3.2%。如果钻孔直径改为140 mm，由于每孔负担面积比小直径钻孔要大得多，起爆材料在爆破器材中占的比例亦小得多，即使每孔装2发导爆管雷管，估计比例超不过1%，而拒爆率将大大降低。

激发起爆导爆管簇联网路可采用电爆串联网路，但实践中发现，在用单雷管激发时，即使捆扎的导爆管雷管远小于20根，仍经常出现导爆管未传爆的情况。后改为双雷管激发，仍采用串联网路，每个激发点捆扎的导爆管可大于20根，甚至超过30根，就很少出现导爆管未传爆的情况了。

3.3.2.4 井巷开挖爆破起爆网路设计中的安全考量

井巷开挖爆破与台阶爆破的主要不同之处在于前者只有一个可供岩石移动的自由面，后者则有两个以上的自由面。因此，井巷开挖爆破岩石所受夹制作用更大，这就要求必须开创一个可供岩石破碎和使之能从表面抛出的移动空间，即第二自由面。通常由井巷作业面上的掏槽来获得这个第二自由面。井巷开挖爆破的炸药消耗量一般为台阶爆破炸药消耗量3～10倍，井巷断面越小，炸药消耗量越大，其中掏槽部分的炸药消耗量最高，在采用平行炮孔掏槽时，掏槽中间部位的炸药消耗量约为7 $kg \cdot m^{-3}$，以保证掏槽孔部位的岩体全部爆碎抛出。因此，在进行起爆网路设计时必须考虑空气冲击波对网路的影响，要防止先响炮孔产生的空气冲击波对后爆孔的孔外接力网路造成的破坏。井巷开挖爆破可采用电爆网路，也可采用导爆管起爆网路或混合网路。在导爆管起爆网路中，应该采用孔内延时爆破，在干燥的井巷内可以采用闭合网路，一般采用捆联法由导爆管雷管或电雷管激发起爆。如采用导爆管接力网路，必须保证井巷开挖断面内所有炮孔内的雷管应在掏槽孔起爆前均已被点燃。

3.4 延时起爆网路中延时间隔选择的安全考量

延时爆破是一种巧妙地安排各炮孔起爆次序与合理延时间隔的爆破技术。正确应用延时爆破，可以减少爆破时的地震波、空气冲击波的强度和爆破碎块的飞散距离，有利于爆区周围各类建(构)筑物和人员、财产的安全防护。在土岩爆破中，利用不同部位岩体之间爆破的先后次序和间隔时间的合理安排，可以控制爆堆的堆积位置、减少爆后岩石的大块率、改善爆堆的松散程度。在拆除爆破中，利用各爆破部位之间爆破的先后次序和间隔时间的合理安排，可以控制建筑物倒塌方向和倒塌速度，减少塌落振动强度，改善解体效果。也可以控制建筑物解体时后侧或两侧的塌散范围，达到不同的安全目的。如果说在20世纪80年代延时爆破在我国还是作为新技术来推广的话，进入21世纪后几乎所有工程爆破都已采用延时爆破技术了。

在硐室爆破、露天深孔爆破等土岩爆破中一般采用的是毫秒延时爆破技术，在建(构)筑物拆除爆破中采用的有毫秒延时、半秒延时和秒延时爆破技术。

3.4.1　硐室爆破毫秒延时起爆网路中延时间隔选择的安全考量

硐室爆破有集中药包、条形药包和分集药包三种形式。硐室爆破起爆网路的设计，首先应根据爆破规模，周围环境和作业环境的安全要求(如爆破振动对最大单响药量的控制、爆区外来干扰对网路的影响等)，准备使用的起爆材料的品种、规格，确定起爆网路的形式。硐室爆破毫秒延时起爆网路段位的编排是一个技术性很强的工作。一般应注重四个方面：① 首响药包的选择；② 同排相邻药包之间的延时间隔选择；③ 前后排(上下层)药包之间的延时间隔选择；④ 起爆顺序。

3.4.1.1　首响药包的选择

首响药包控制着爆堆的主要抛掷方向和堆积部位，其爆破效果的好坏对后续药包的爆破影响很大。一般应选择最小抵抗线方向没有安全保护目标体，且抵抗线比较均匀，夹制作用小，能为后续药包创造良好的临空面的药包作为首响药包。

3.4.1.2　同排相邻药包之间的延时间隔选择

在硐室爆破中，经常出现这种情况：为了控制最大段发装药量，只能将本设计为一个药包的药室分割成数个药包按毫秒延时分别起爆，药包之间的填塞段长度远小于最小抵抗线值。笔者在程高山条形药包硐室爆破中，往往一个条形药室要分成3～4个药包，药包之间的填塞长度一般为3～4 m，少的仅有2 m。在进行网路编排时，这些同排相邻药包之间的延时间隔选择就应慎重。延时间隔取小了，这些药包爆破时产生的振动是不是能分得开？延时间隔取大了，对降低振动当然有利，但先起爆药包爆炸时产生的应力波和高压气体会不会使填塞段的填塞物整体位移挤压相邻药包？如果该药包尚未起爆就被挤压变形，势必会出现不良后果，甚至出现拒爆情况。因此，当本可属于一个药室而为了控制振动强度被分割成多个药包的情况下，其相邻药包之间的延时间隔在保证各药包之间的振动强度不会叠加的前提下应尽可能缩短。根据程高山条形药包硐室爆破的经验，在这种情况下当相邻药包之间的延时间隔控制在 100 ms 以内时，未曾出现过药包拒爆的情况。如果相邻药包属单独药室，或药包之间填塞长度大于 0.5 倍最小抵抗线，其延时间隔选择就不必限定于 100 ms 以内了，一般取相邻药包延时间隔为 50～150 ms。

3.4.1.3 前后排（上下层）药包之间的延时间隔选择

在毫秒延时爆破中，一般认为在前排（或上层）药包爆破后形成的漏斗边沿产生裂隙，但漏斗内岩体尚未明显移动，爆炸产生的气体尚未完全消失前起爆后排（下层）药包，会产生几种效果：① 后排（下层）药包爆破时增加了自由面，岩石夹制作用减少，提高了岩石的破碎程度及均匀性，减少了前冲和后冲作用；② 两组药包产生的应力波将相互叠加，加强了破碎效果；③ 两组药包爆后岩块相互碰撞，产生补充破碎，并提高了爆堆集中程度；④ 在时间和空间上分散了爆破产生的地震波的能量，使地震波强度大大降低。另外，两组地震波还可能相互干扰而削弱地震波的强度。

前后排（上下层）药包之间的延时间隔与前排（上层）药包的最小抵抗线成正比。根据我们的经验，在总装药量在百吨级，药包最小抵抗线在 25 m 以下的硐室爆破中，前后排（上下层）相邻药包之间的延时间隔应控制在先爆药包最小抵抗线的 5～25 倍（单位 $ms \cdot m^{-1}$）。岩石越硬，其值越小；抵抗线值越小，其值也越小。如为单层药包，前后排药包之间延时间隔应小一些；在多层药包布置时，考虑上层药包的重力作用，上下层药包之间的延时间隔应大一些。以最小抵抗线 20 m 为例，前后排药包的延时间隔可取 100～500 ms 之间，上下层相邻药包之间的延时间隔应控制在 200～500 ms 之间。延时间隔过大，因先爆岩体移动距离过大，造成它对后爆岩体保护作用消失，就容易发生个别飞石距离过远的不安全情况。

其实，硐室爆破中毫秒延时间隔的编排难度在于国产毫秒电雷管段位、秒量和精度的限制。在编排导爆管接力起爆网路时要方便得多，主要要选择好药包中起爆雷管的段位和接力雷管的段位。需特别记住的是，起爆雷管应采用高段位，接力雷管应采用低段位。

3.4.1.4 起爆顺序

起爆顺序直接影响硐室爆破的安全和效果。确定起爆顺序的原则是：先起爆的药包应为后起爆的药包创造良好的自由面。在多层多排硐室爆破中，前排药包应较后排药包先起爆，上层药包应较下层药包先起爆。

为了有效地降低爆破振动的影响，经常要将一个或几个条形药室分为若干个药包以毫秒间隔延时起爆，以降低爆破单响药量。在这种情况下，究竟从那儿首先起爆对安全有利呢？这种药包布置方式，将条形药室变成了“糖葫芦串”式的药包，起爆时药包之间的相互作用对安全影响是必须考虑的问题。对同排药包，先起爆药包的爆生高压气体势必会朝填塞长度远小于最小抵抗线的相邻药包方向发展，由于起爆顺序往往是沿着条形药室向一个方向布置的，经过一连串延时起爆药包的连续作用，到最后一个药包起爆时，药包爆炸时产生的爆生气体与前面一连串药包传递过来的能量极可能汇聚在一起，结果就是出现最后一个药包侧向岩体飞散过远的异常情况，如果侧向正好有建筑物和人员、机具，就会造成安全事故，这方面的教训是有的。因此，在安排起爆顺序时，同排中最后起爆的药包应是周围安全环境比较好的药包，否则就应降低其装药量。

3.4.2　拆除爆破延时起爆网路中延时间隔选择的安全考量

拆除爆破中，为了保证建（构）筑物按照一定的倾倒模式有序坍塌，20世纪80年代以前，是依靠在不同部位设置不同的爆破高度形成爆破缺口而实现的，自90年代以来，随着毫秒雷管等延时起爆材料的发展，拆除爆破设计中已注重依靠延时起爆技术来实现各种坍塌模式了。

根据实践经验，从药包爆炸到构件发生明显变形的时间量级约为500 ms～1 s，所以近年来一些拆除爆破工程选择半秒导爆管雷管或秒导爆管雷管作为孔内雷管，实现半秒差或秒差起爆网路，并取得了较为理想的爆破效果。当建筑物在人们视觉可以清楚分辨的状况下有序坍塌时，建筑物拆除爆破成为了一种艺术。

应该指出，目前国产半秒差和秒差导爆管雷管系列的秒量精度还比较低，高精度的半秒差和秒差导爆管雷管系列虽然也有生产，但由于种种原因不是任何地方都能购买得到的，与当前一般拆除爆破工程的合同价相比，其昂贵的价格也令其至少在目前还无法推广使用，因此在使用中必须考虑雷管精度对爆破效果的影响。

延期雷管的延期时间是通过在引火头与起爆药之间的延期装置实现的。毫秒延时导爆管雷管的延期装置为铅延期体，它是硅铁（还原剂）和铅丹（氧化剂）的混合物，掺入适量的硫化锑，以调节药剂的反应速度，延期时间由铅延期体的长度和延期药的配方决定。秒和半秒延期导爆管雷管的延期装置是用精制导火索段或在延期体壳内压入的延期药构成的，延期时间由延期药的装药长度、药量和配比来调节。

国产半秒差导爆管雷管是目前建筑物拆除爆破中采用较多的系列。以半秒2段导爆管雷管为例，其名义秒量为0.5 s，下规格限 $L=0.25$ s，上规格限 $U=0.75$ s。也就是说，不同的半秒2段雷管在激发起爆后的250 ms到750 ms之间都可能起爆，当然，在实际使用中，这种极端情况不大可能出现。事实上在网路试验时，同段雷管之间的不同爆炸声响是清晰可分的。有人对半秒延时导爆管雷管进行过抽样测试，抽样数为10发，6段半秒延时导爆管雷管（名义秒量2.5 s）最早起爆时间为2.570 s，最迟起爆时间为2.683 s，相差113 ms，平均延期时间为2.663 s；7段半秒延时导爆管雷管（名义秒量3.0 s）最早起爆时间为2.845 s，最迟起爆时间为3.027 s，相差182 ms，平均延期时间为2.964 s。而6段半秒延时导爆管雷管最迟起爆的延时时间与7段半秒延时导爆管雷管最早起爆的延时时间之间也仅差162 ms。也就是说，如果在同一立柱中布置同一段别的半秒延时雷管，各炮孔之间实际上不是同时起爆，而是具有相当间隔的"毫秒延时爆破"，先响的炮孔极有可能改变后响炮孔的抵抗线方向，甚至会破坏后响的炮孔，影响构件的解体效果，破坏爆破体周围的防护体系，产生诸如爆破碎块飞散过远等不良的后果。故一般采用半秒差雷管时要采用较大的炸药单耗以保证爆破效果，同时还要加强防护体系。

采用毫秒系列的导爆管雷管同样能达到半秒和秒的时差量级，而雷管的秒量精度可以大幅提高。如毫秒 11 段，名义秒量 460 ms，其规格精度为 420 ms～505 ms；毫秒 12 段，名义秒量 550 ms，其规格精度为 505 ms～600 ms，与半秒 2 段名义秒量差不多，但精度却高得多。毫秒 15 段[880 ms(820 ms～950 ms)]、毫秒 16 段[1 020 ms(950 ms～1 100 ms)]、毫秒 18 段[1 400 ms(1 300 ms～1 550 ms)]、毫秒 20 段[2 000 ms(1 850 ms～2 150 ms)]与半秒 3 段[1.00s(750 ms～1 250 ms)]、半秒 4 段[1.50s(1 250 ms～1 750 ms)]、半秒 5 段[2.00s(1 750 ms～2 250 ms)]之间的精度差异也很明显，采用毫秒导爆管雷管和接力起爆网路，可以同样达到半秒系列导爆管雷管的整体拆除爆破效果，而对各单个构件的爆破破碎效果却会好得多。

3.4.3 台阶爆破延时起爆网路中延时间隔选择的安全考量

台阶爆破通常采用毫秒延时起爆网路。延时起爆网路设计的基本思路是使每个炮孔都具备有自由破碎的条件，即除了向上的临空面外，每个炮孔应具有侧向临空面。孔间或排间要有一定的延迟时间，以保证后爆岩体具有侧向临空面。理想的延迟时间应该在为被爆岩体向前移动准备足够的时间、以空出接纳后爆岩体的充足空间的同时，先爆岩体可以对后爆岩体有一定的保护作用。延迟时间过短，后爆岩体无水平膨胀的空间，势必会向上运动，出现上向飞石；延迟时间过长，因先爆岩体移动距离过大，造成它对后爆岩体保护作用消失，就可能产生飞石、空气冲击波和大块。

因此，确定合理的毫秒延时间隔是实现毫秒爆破的关键。瑞典诺贝尔公司的研究认为，理想的延迟时间应该是在后爆炮孔起爆之前必须保证先爆岩体已经向前移动了 1/3 倍抵抗线距离。此时的延迟时间，与先爆炮孔的底盘抵抗线成正比，即：

$$\Delta t = k \cdot W_1 \tag{3.11}$$

在硬岩中 $k=10$，在软岩中 $k=30$，一般情况下 $k=15$(单位：$\mathrm{ms \cdot m^{-1}}$)。

孔间延迟时间不要太长，以避免个别炮孔抵抗线变小。在多排孔爆破中，排间延迟时间要大于孔间延迟时间。

在进行网路设计时，各段雷管延时设计值通常采用的是雷管的均值 t_d(标称起爆时间)，而每发雷管的实际延时在其置信度区间内是随机分布的。即可能较 t_d 提前或推后。要使每个炮孔都具备有自由破碎的条件，在起爆网路布置时就应尽量减少每个炮孔爆破时的夹制作用，也就是说在布置起爆网路时要考虑雷管延迟时间偏差的影响。例如，在 V 字形顺序起爆网路之一中（见图 3.23），由于雷管延迟时间偏差的影响，其第二排中央位置的炮孔（2 段）有可能先于第一排中同段位炮孔起爆，此时，该炮孔将受到极大的夹制作用，其后果就是大块增加，出现根坎，振动强度加大，并可能影响后排炮孔的爆破效果。如果改成图 3.24 所示的 V 字形顺序起爆模式之二，就可以弥补 V 字形顺序起爆网路之一的不足，它使所有炮孔的实际起爆延迟时间分离，同时通过改变起爆方式减少了排距，使夹制作用降低，可以改善爆区底部的破碎效果。

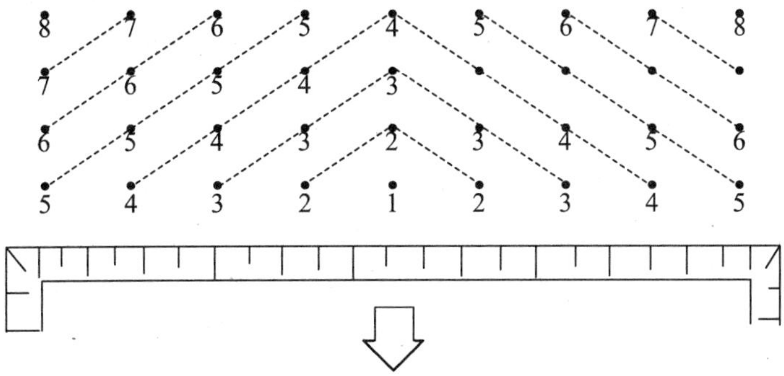

图 3.23　V 字形顺序起爆网路之一
（图中数字为起爆段别）

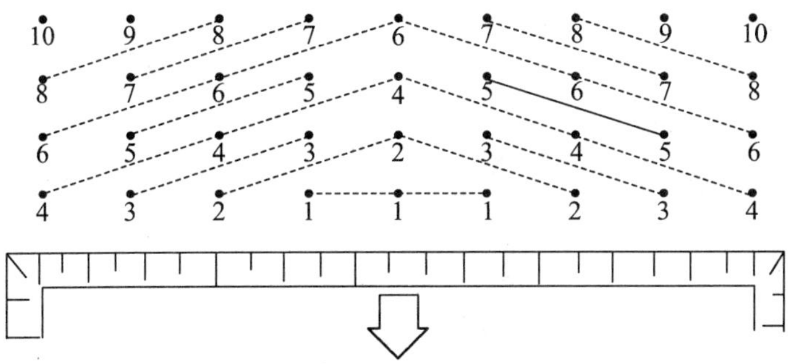

图 3.24　V 字形顺序起爆网路之二
（图中数字为起爆段别）

在网路设计时应尽量避免多排孔布置同段雷管。同段雷管通常有一定的离散性，即同段雷管延时元件的延时时间并非是完全相同的。对常用工业雷管，段别越高离散性越大，15 段毫秒雷管的离散性可高达 130 ms。在美国，岩石比较软，只有当两个药包之间的延迟时间小于 9 ms 时，才能认为它们是同时起爆的。因此，在多排深孔台阶爆破中，除了必要时在前两排同时布置 1 段雷管外，其余地方在两排孔中布置同段雷管是不可取的。在实践中我们发现，在多排深孔爆破中最后两排都布置同段雷管，经常发生后向飞石，而且飞石距离很远，这说明这两排孔已非顺序起爆，而是出现了跳段，即后排孔先起爆的情况。

3.4.4 井巷(隧道)开挖爆破延时起爆网路中延时间隔选择的安全考量

井巷(隧道)开挖爆破分掏槽孔、辅助孔和周边孔,其中周边孔可分为底板孔、侧孔和顶板孔。井巷爆破起爆网路设计原则是确保每个炮孔都具备自由破碎条件。掏槽孔的破碎角度最小,约50°左右,但对辅助孔,破碎角的设计不应小于90°。

在井巷(隧道)掘进爆破中,重要的是保证相邻起爆段之间具有足够长的延迟时间。以中空掏槽为例,对于掏槽部分,起爆段间延迟时间要确保岩石破碎并通过狭窄的空孔抛出。实践表明,此处岩石移动的速度是40～60 m·s^{-1},因此,为使槽中破碎岩石充分抛出,一个孔深4 m的掏槽就需要60～100 ms的延迟时间。通常情况下,掏槽采用的段间延迟时间为75～100 ms。靠近空孔的掏槽孔应一孔一段,外层的掏槽孔则可两孔一段。在进行斜孔掏槽时,每组斜孔可看成一体,同段起爆,但不同组的斜孔之间要用毫秒延时起爆,间隔延迟时间是50 ms,目的是为延时位移和膨胀提供足够的时间。辅助孔需要更长的段间延迟时间来保证岩石移动,通常采用的段间延迟时间为100～500 ms。周边孔的段间延迟时间应较小,目的是取得良好的光面爆破作用效果。另外,顶板孔、侧孔和底板孔均应同段起爆,侧孔应先于顶板孔提前一段起爆,底板孔最后起爆,起爆顺序见图3.25。显然,目前国内生产的毫秒延期雷管系列满足不了断面尺寸较大的井巷(隧道)开挖爆破的布段要求,必须配以分秒级的延期雷管。澳瑞凯(威海)爆破器材有限公司生产的Exel

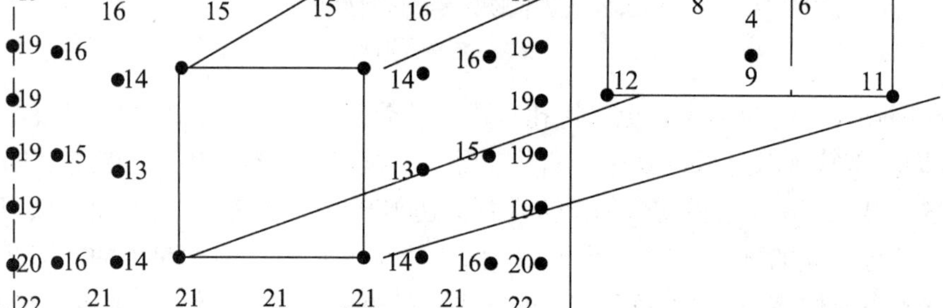

图3.25 井巷开挖爆破起爆网路示意图

(图中数字表示炮孔起爆顺序)

长延时导爆管系列雷管，其段别数及延时间隔就特别适合井巷（隧道）开挖爆破施工（见表3.7）。

表3.7　Exel长延时导爆管系列雷管段别及名义延期时间

段别	1	2	3	4	5	6	7	8	9	10	11	12	13
时间/ms	25	100	200	300	400	500	600	700	800	900	1 000	1 200	1 400
段别	14	15	16	17	18	19	20	21	22	23	24	25	
时间/ms	1 600	1 800	2 100	2 400	2 700	3 000	3 400	3 800	4 200	4 600	5 000	5 500	

3.5　导爆管接力起爆网路雷管段别的选择

建筑物拆除爆破和露天深孔爆破主要使用导爆管闭合起爆网路和接力捆联起爆网路。闭合起爆网路使用的是孔内延时起爆，若使用普通导爆管雷管，建议采用毫秒延时系列的导爆管雷管。如果要采用半秒或秒差导爆管雷管，应该尽可能采用高精度的导爆管雷管。

在使用接力捆联起爆网路时，选择接力雷管和孔内雷管的段别应该遵循一定规律。为避免或减少先爆炮孔对未爆炮孔及孔外网路的破坏，在接力式网路中，一般孔内用段别高、延期时间长的导爆管雷管，孔外（连接）用段别低、延期时间短的导爆管雷管。

3.5.1　接力用导爆管雷管段别的选择

药包之间实施毫秒延时爆破，是为了改善爆破效果和降低爆破震动。各药包的起爆顺序和延期时间应通过计算并结合成品雷管各段别的标称时间确定。从改善破碎效果着眼，前后段药包之间的延时时间 Δt 应等于或接近可使前段药包承担的受爆体已经移动，后段药包的临空面已经形成的时间 t_1，使前段抛体达到最大抛速后，后段药包始起爆，后段抛体尽可能地尾随撞击前段抛体，减少能量渗漏，改善破碎效果。而从爆破震动安全上考虑，药包之间的微差时间应大于或等于可使相邻起爆药包爆炸引起的爆破震动主震相相互分离的微差时间 t_2，使前后段药包爆破地震波到达保护物时不叠加，以达到降低震动的目的。即 $\Delta t = t_1$，$\Delta t \geqslant t_2$。根据以往的经验和研究成果，t_1 为抵抗线的10～30倍，$t_2 = 50$ ms，一般取 $\Delta t = 50$～100 ms，也即采用3～5段毫秒雷管作为接力雷管比较合适。

3.5.2 孔内导爆管雷管段别的选择

在接力起爆网路中，当网路被引爆时，网路内导爆管雷管存在着3种状态(见图3.26)：① 炮孔内雷管已爆炸并引爆炸药产生爆轰；② 地表接力雷管已被引爆，炮孔内雷管已点燃但延期体仍在燃烧而未产生爆炸，炮孔内炸药尚未产生爆轰；③ 起爆信号尚未传播到，接力雷管和网路中的导爆管雷管尚未被引爆。

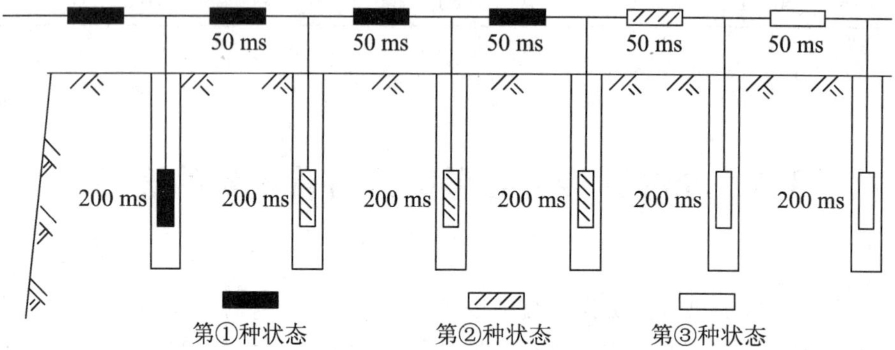

图 3.26 接力网路中导爆管雷管的3种状态示意图

(图中传播途径按每10 m导爆管5 ms计算)

这3种不同状态彼此之间是会相互影响的。由于导爆管的传爆速度(不大于$2\,000\ \mathrm{m\cdot s^{-1}}$)远小于爆炸应力波的传播速度($6\,000\ \mathrm{m\cdot s^{-1}}$以上)，炮孔内外雷管段别选择不当，先爆孔引起的爆炸应力波就可能在导爆管尚未传播到后面炮孔之前由于被爆介质的错动而将网路切断或拉断，从而出现后面炮孔的拒爆现象。

为避免或减少先爆炮孔对未爆炮孔及孔外网路的破坏，在接力式网路中，一般孔内用段别高、延期时间长的导爆管雷管，孔外(接力)用段别低、延期时间短的导爆管雷管。由于孔内延期时间比孔外接力雷管的延期时间长得多，当前面炮孔内的炸药爆炸后，起爆信号已传入后面相当距离外炮孔内的雷管，使其达到上述第②种状态，这样即使这些炮孔发生错动，孔内导爆管受损，由于导爆管雷管的延期体已被点燃，雷管仍能起爆并引爆炸药。也就是说，在设计接力式网路时，应保证在某一炮孔爆轰时，经网路导爆管传爆的爆轰波已点燃了相当距离以后炮孔中的导爆管雷管延期体。

在任何一次爆破中，由炸药正在爆轰的炮孔及所有延期药正在燃烧但还未爆炸的导爆管雷管所构成的平面称为点燃阵面，点燃阵面的大小可以用炮孔排数来表示。如果在任何一个炮孔内的炸药爆轰以前，网路中所有孔内雷管的延期体均已被点燃，这时所有点燃的雷管所构成的平面，称为完全点燃平面。孔内微差网路通常就是完全点燃平面。在接力式网路中除非接力点很少，一般是不可能达到的完全点燃平面的。例如，孔内采用7段毫秒雷管，其名义时间为200 ms，孔外采用2段雷管接力，名义时间为25 ms，导爆管的传爆速度按0.5 ms·m^{-1}、连接点之间的导爆管长度按10 m计算，经过每一个接力点需时25 ms+10 m×0.5 ms·m^{-1} = 30 ms，则在第一排7段雷管爆炸时，网路传播一般已经经过了6～7个连接点，只有在接力点小于6～7个时网路才能是完全点燃平面。如果采用3段或4段雷管接力，要保持有一定的点燃平面，孔内就要选择较高段别的雷管。图3.26中孔内采用7段毫秒雷管，孔外采用3段毫秒雷管接力，其点燃阵面即为4排。

但是，导爆管雷管段数越高，雷管的延时精度越差，延时离散性越大，加上孔外接力雷管的延时时间又比较短，这样孔内雷管就有可能出现跳段现象，使爆破效果大大变差。如国产导爆管雷管中15段雷管的名义延期时间为880 ms，其上规格限为950 ms，下规格限为820 ms，即可能产生的上下延期误差达130 ms，采用4段以内的雷管接力，接力雷管本身的标称时间就在其延期误差范围内，这样的网路设计极有可能出现后面孔比前面孔先爆的情况，即出现跳段的现象，爆破结果会大大恶化。所以，在设计导爆管接力起爆网路时，点燃阵面不能太大，也不能太小。根据目前国产毫秒延期雷管的精度及延期时间离散情况，采用4排炮孔的点燃阵面比较合适，一般孔内和孔外毫秒导爆管雷管可以按表3.8进行组合。

表3.8　接力网路孔内外毫秒导爆管雷管段别组合

接力毫秒导爆管雷管段别	2	3	4	5
孔内毫秒导爆管雷管段别	5～6	7～8	9～11	10～13

3.5.3　分区接力混合毫秒延时起爆网路

毫秒延时爆破能在保证一定的爆破规模下控制爆破震动效应、空气冲击波强度和岩块飞散程度，是保证爆破安全的主要途径之一。同时毫秒延时爆破可以通过布段技巧控制爆堆方向、集中度和松散性，并使爆后岩块比较均匀，有利于降低大块率和提高挖、装效率。随着毫秒延时爆破器材的发展和普及，目前国内露天石方开挖深孔爆破已基本上采用毫秒延时爆破技术。但当前在很多地方受到当地毫秒延时爆破器材的限制，在毫秒间隔时间上的选择余地不多。分区接力混合毫秒延时起爆网路是根据这种情况在现场摸索出来的另一种类型的导爆管接力网路。

3.5.3.1　分区接力起爆网路的联接模式

目前一般市场供应的毫秒延时爆破器材主要有1～15段的导爆管毫秒雷管和1～15段的毫秒电雷管，在以降低爆破振动为主要安全考量的深孔爆破工程中，按理说，采用导爆管微差接力起爆网路对控制分段装药量，降低爆破振动强度最有利。但考虑到接力网路一般实施的是排间顺序延时起爆和孔间顺序延时起爆，对想通过V形、波浪式或梯形等微差起爆顺序，来达到控制爆破时飞石方向及爆堆形态等目的时，接力网路的顺序安排和连接操作就比较复杂。另外，导爆管接力起爆网路耗用的接力导爆管雷管比较多，当每段只允许有1～2个孔时尤为明显，考虑顺序式接力起爆网路的准爆性能，接力用导爆管应采用复式，即接力网路耗用的孔外接力用导爆管雷管数相当多，有时要超过孔内雷管数，使网路成本增加。分区接力起爆网路主要采用孔内导爆管毫秒延时起爆网路和孔外电雷管串联网路捆联激发导爆管网路的混合起爆网路形式，当孔内导爆管起爆网路的分段数不足时，孔外采用毫秒电雷管接力(见图3.27)，如仍不能满足分段要求，则进一步采用导爆管延时接力网路。与常用的接力起爆网路相比，这种混合起爆网路每个接力段中包含有多段孔内微差，故我们将它称为"分区接力"混合起爆网路。显然，这种网路孔外雷管数要少得多。

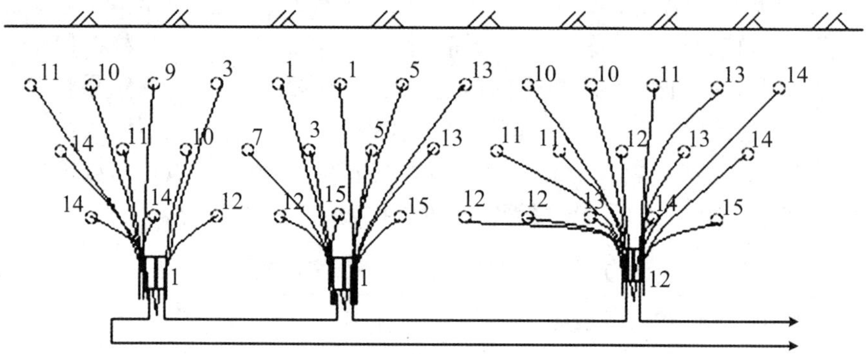

图3.27 "分区接力"混合起爆网路示意图

(图中数字表示雷管段别)

3.5.3.2 分区接力起爆网路的布段原则

"分区接力"的基本概念是：前面一部分炮孔内用足导爆管雷管的15个段别，用1段或2段毫秒电雷管激发起爆，称为首爆区；然后后面的部分炮孔内仍使用导爆管毫秒雷管，用高段位毫秒电雷管激发起爆，称为第一接力区；再往后则用高段位导爆管毫秒雷管激发起爆第二接力区，并可依次后推。

在工程中，首先应根据爆区的实际情况，确定首爆区、第一接力区、第二接力区……的大致位置。在布置雷管的过程中应做好各接力区的分界标志，避免在连接激发雷管时接错造成错段。

以下分别叙述布置雷管段别时应遵循的原则。

(1) 首段雷管的布置原则

首段雷管的位置直接控制爆堆的主体方向，同时其爆破效果对后续段别的钻孔爆破影响很大。如果首段钻孔未能将岩石充分爆开，则后续段别钻孔爆破时前侧阻力增大，爆破破碎和松散效果变差，直接影响到爆堆开挖的难易程度和效率；且炸药能量中耗于岩块抛掷的能量减少，转换为地震部分的增多，振动强度加大。

因而在布置雷管段别时必须特别注重首段雷管位置的选择。

在布置首段雷管时应注重下列问题：① 首段雷管应选择布置在台阶临空面条件比较好的部位，临空面各部位的抵抗线大小应基本一致，如果临空面台阶底部抵抗线较大，应布置底板孔，保证爆破时不会出现"门槛"；② 要注意首段雷管钻孔处岩体地质结构面(断层、破碎带、节理面等)的走向，其最小抵抗线应尽可能与结构面垂直或成较大的角度，切忌平行于结构面的走向；③ 要注意首段雷管钻孔处的环境条件，最小抵抗线方向应避开建(构)筑物或已有成孔尚未爆破的地段，防止爆堆和飞石对它们产生不利影响；④ 如果首段雷管部位临空面条件不好或只有向上的临空面(拉槽地段)，或者孔比较浅，可以布置首段多排孔同时起爆，给后续段别创造较好的临空面。

(2) 后续雷管的布置原则

布置好首段雷管后，其后续雷管就可以根据爆破情况灵活布置，以达到各种起爆顺序的爆破效果。在布置后续雷管时应照顾下列原则：① 小段别的雷管应尽可能为高段别雷管创造多方向的、较好的临空面，切忌出现错段布置，即爆区后侧炮孔比前侧炮孔段别低的情况；② 应尽可能缩短爆区临空面一侧到最后边界之间的分段数，因为两者之间分段越多，后侧炮孔爆破时受到的阻力就越大；③要尽可能顾及前后相邻炮孔之间的延时间隔；④与未爆区相接的炮孔即边缘炮孔布置段别时，最好每2～3孔布置同一段别的雷管，这样有利于边缘炮孔爆后边界比较齐整，对下一循环的炮孔布置和钻孔都有利。

3.5.3.3　接力雷管段别的选择和布置

"分区接力"起爆网路中主要的技术问题是如何选择接力用雷管的段别和各爆区之间邻接面雷管的布置。

从表3.3和表3.5可看出，第一系列毫秒电雷管和第一系列毫秒导爆管雷管的名义延期时间是一致的，仅下规格限有少许差异。目前市场上常用的毫秒电雷管和毫秒导爆管雷管均为1～15段，故我们主要针对常用的1～15段进行讨论。

(1) 接力区孔内首段雷管段别的选择

从名义秒量看，似乎如果首爆区用1段电雷管激发起爆，则第一接力区可以在孔内布置2～15段毫秒导爆管雷管，孔外用15段毫秒电雷管激发起爆就可以达到接力分段的要求。但如果考虑其规格限，15段毫秒电雷管的延期时间可以在820.1～950 ms的范围内变化。从极端情况考虑，1段毫秒电雷管激发15段毫秒导爆管雷管的最迟起爆时间应为其上规格限之和：12.5 + 950 = 962.5 (ms)，与第一接力区激发用15段毫秒电雷管最早起爆时间(下规格限)820.1 ms之间差142.4 ms，依据顺序起爆的原则，为了保证不发生跳段情况，在布置第一接力区的孔内首段导爆管雷管时，其下规格限应不低于142.4 ms，即不能低于7段。

同样，如果第一接力区采用14、13、12、11段毫秒电雷管激发起爆，其激发雷管的最早起爆时间(下规格限)分别为705.1，600.1，505.1，420.1 ms，与962.5 ms之差分别为 257.4,362.4,457.4,542.4 ms,即该区孔内首段导爆管雷管应不低于 9、10、11、12 段。

实际上这种极端情况发生的几率是极小的,一般可以采用名义延期时间计算。设首爆区激发雷管的名义延期时间为 t_{j_1},孔内最高段雷管的名义延期时间为 t_{g_1},第一接力区激发雷管的名义延期时间为 t_{j_2},孔内首段雷管的名义延期时间为 t_{s_2},则布段时应满足(3.12)式:

$$t_{s_2} > t_{j_1} + t_{g_1} - t_{j_2} \tag{3.12}$$

例如,首爆区用 2 段电雷管激发,孔内最高段别为 15 段,第一接力区采用 14 段电雷管激发,由 (3.12) 式计算可得:

$$t_{s_2} > 25 + 880 - 760 = 145 \text{ ms}$$

即第一接力区的首段雷管最少应为 6 段。首爆区在与第一接力区交接处应布置最高段雷管。

当然,如果能如图 3.27 所示方式安排接力区的雷管段别,即接力区的孔内首段雷管有自己的临空面,它可以比首爆区最高段别的雷管先爆而不会发生前后排串段的问题,则接力区首段雷管的段别还可以降低,但要计算其名义延期时间有没有可能与首爆区高段雷管重合。

第二、第三……接力区的首段雷管段别选择与第一接力区相同。

(2) 接力区激发雷管段别的选择

如前所述,在上述爆破混合网路被引爆后,网路孔内的导爆管雷管存在着 3 种状态(见图 3.26)。由于"分区接力"网路孔外采用高段位毫秒电雷管(或导爆管雷管),如果孔外接力雷管的段别选择不当,就有可能在首爆区与接力区的交接处出现第①种状态和第③种状态相邻的情况,尚处于第③种状态的接力区的炮孔就可能由于首爆区先爆炸的孔产生的爆炸应力波引起被爆介质错动而将网路切断或拉断,从而出现部分炮孔的拒爆。要防止这种情况出现,在选择接力雷管的段别时,必须保证在首爆区各炮孔处于第①种状态时,接力区中与其紧相邻的炮孔应处于第①种状态或第②种状态下,即接力区的激发雷管应先于首爆区紧靠接力区炮孔内的导爆管雷管引爆。比如,首爆区紧靠接力区布置的是 15 段毫秒导爆管雷管,则接力区就只能采用 14 段或更低段别的毫秒雷管作为激发雷管,即提前一段的原则。

(3) 分区接力起爆网路的分段数量

综上所述,如果仅有 1～15 段毫秒导爆管雷管和 1～15 段毫秒电雷管,则各个分区最大分段数是:首爆区孔内安排 1～15 段毫秒导爆管雷管,共分 15 段,用 1 段电雷管激发;第一接力区孔内安排 6～15 段毫秒导爆管雷管,共分 10 段,用 14 段电雷管激发,即一次接力最多可分 25 个段别。第二接力区孔内也安排 6～15 段毫秒导爆管雷管,共分 10 段,用 14 段毫秒导爆管雷管激发,第二接力区的激发用导爆管雷管接到第一接力区的激发电雷管上组成接力激发网路。以下各接力区可依此类推,即每个接力区均可以分成 10 段起爆,而整个爆区的分段数理论上将也是可以无限的。

(4) 分区接力起爆网路的其他形式

在工程施工中,有时可能缺少某几段毫秒电雷管,只要依照顺序起爆的原则和提前一段的原则,还可以布置成其他形式的分区接力起爆网路。

例如,当只有6段和12段毫秒电雷管时,主爆区用6段毫秒电雷管激发起爆,即 $t_{j_1}=150$ ms;第一接力区用12段毫秒电雷管激发起爆即 $t_{j_2}=550$ ms。根据提前一段的原则,主爆区应布置从1段到13段的毫秒导爆管雷管,即 $t_{g_1}=650$ ms,按照顺序起爆的原则,代入(3.12)式:$t_{s_2}>t_{j_1}+t_{g_1}-t_{j_2}$,得 $t_{s_2}>250$ ms,即第一接力区的首段导爆管雷管应为9段。如没有第二接力区,则第一接力区的导爆管雷管可以从9段布置到15段,这样两个接力区共可以分20个段。

3.5.3.4 分区接力混合起爆网路的施工要点

综合以上所述分区接力混合起爆网路的布段原则,在施工中应注意如下几个方面:① 应注重首段雷管和边界处雷管的布置,这是关系到爆破效果和安全的关键;② 在每个接力段的交接处,先爆区炮孔内应布置最高段雷管,后爆区可以布置低段位雷管,也可以布置高段位雷管;如果交接处孔比较多,无法满足先爆区全部布置最高段雷管的要求,则应考虑降低后爆区激发雷管的段位,提高后爆区首段雷管的段位,以防止出现跳段情况;③ 第一接力区可以用毫秒电雷管激发,到第二接力区以后就要采用毫秒导爆管雷管接力激发,这时应采用复式接力网路,以确保准爆;④ 在安排接力区时,如果整个爆区比较长,应尽可能使每个接力区都有临空面,这样有利于改善接力区内的岩体爆破效果;⑤ 在收拢导爆管捆绑激发雷管时,特别要注意交接处导爆管所处的位置,不要搞错。

3.6 起爆网路的可靠度分析

起爆网路的可靠度 R 由四个因素决定:起爆材料的可靠度 R_i,网路设计的可靠度 R_d,网路敷设工艺的可靠度 R_c,网路工作时受到某种偶然因素影响的可靠度 R_e。

这些因素中,$R_d=f(R_i)$,且 R_d,R_c,R_e相互独立,所以,$R=R_dR_cR_e$。

电力起爆网路中起爆材料(电雷管、导线、起爆电源)的质量可以用仪表进行检查,不合格的可以挑出不用,以保证其有100%的准爆率;在施工过程中也可以随时用仪表对网路进行导通检查,并能根据电阻值的变化情况判断网路的施工质量,发现问题及时采取措施,在排除异常后再进入起爆程序。故只要网路设计合理,可以保证有100%的准爆率。网路的可靠度取决于网路工作时受到某种偶然因素影

响的可靠度 R_e，因此电爆网路特别强调环境因素对网路安全的影响，特别是外来电源对网路安全的影响。

导爆管雷管无法用仪表检测。当其准爆率达不到100%时，无法判定哪一个雷管可能发生拒爆。当不合格产品进入网路后，它们对网路的安全准爆将产生不同程度的影响。导爆管起爆网路对环境的适应性远比电爆网路强，因此，提高导爆管起爆网路可靠度 R 的途径归结于提高网路设计的可靠度 R_d 和敷设工艺的可靠度 R_c。

导爆管起爆网路在规定的条件下，完成预定功能的概率，称为设计可靠度 R_d。规定条件指网路正常设计、正常敷设和正常使用的条件，网路设计、敷设和使用中人为的过失（诸如采用过期起爆元件、网路漏接、错接等），不在设计可靠度考虑到范围内。

下面介绍我国爆破工作者对常用导爆管网路设计可靠度进行定量评估的一些成果。

3.6.1 接力式捆联网路的可靠度分析

网路设计的可靠度 R_d 可以用网路的准爆率来衡量。设单个导爆管雷管的准爆率为 p，则其拒爆的概率为 $(1-p)$。有 n 个导爆管传爆雷管组成的捆联节点其拒爆概率为 $(1-p)^n$，即当捆联雷管数为 n 时，网路的准爆率 p_1 可由下式表示：

$$p_1 = 1-(1-p)^n \tag{3.13}$$

若串联网路中共有 m 个节点，每个节点均由 n 个雷管捆联组成，则此线路中最后一个节点的准爆率定义为该网路的准爆率，用 p_m 表示，显然有：

$$p_m = p_n^m = [1-(1-p)^n]^m \tag{3.14}$$

根据贝叶斯估计法，拒爆率 $\bar{p}=\dfrac{1+\mu}{n+2}$，$\mu$ 是所抽查的 n 个雷管中拒爆的个数。依据导爆管雷管质量检查标准中抽样检查实施方案，中等大小样本抽样20发如有一发拒爆，再抽样20发检查，全部合格，则接受该批样本。也就是说，抽检40个样本，有1个雷管拒爆，也能视为合格。则准爆率的估计值 $\hat{p}=1-\bar{p}=1-2/42=0.95238$。

如果接力网路用的是单发传爆雷管，则 $n=1$；若每个节点由2个导爆管雷管捆联组成即前面提到的导爆管复式捆联接力起爆网路，则 $n=2$。这两种起爆网路在不同节点数时的准爆率 p_m 可由公式3.14计算，结果如表3.9所示。

表3.9 不同节点数接力式捆联网路的准爆率 p_m

m	1	2	4	6	8	10	15	20	25
单发接力网路	0.952 38	0.907 03	0.822 70	0.746 21	0.676 83	0.613 91	0.481 01	0.376 88	0.295 30
复式接力网路	0.997 73	0.995 47	0.990 96	0.986 47	0.982 00	0.977 55	0.966 52	0.955 71	0.944 82

从表 3.9 可以看到，在接力的节点数达到 8 个时，单发传爆雷管组成的接力捆联网路的可靠度仅为 67.7%，而导爆管雷管复式捆联接力式起爆网路对可靠度达到 98.2%，当节点数达到 20 个时，单发传爆雷管组成的接力捆联网路的可靠度降低到 37.7%，而导爆管雷管复式捆联接力式起爆网路对可靠度仍能达到 95.5%。

3.6.2　网络型接力式捆联网路及其可靠度分析

3.6.2.1　网络型接力式捆联网路的组成

从接力网路的可靠度分析可以发现，如果在接力网路中增加传爆雷管数量，可以提高网路的可靠度。网络型接力式捆联网路是在接力式捆联网路基础上，为了进一步提高起爆网路的可靠性发展起来的。

网络型接力式捆联网路的联接形式是：孔内高段位雷管起爆药包，孔外低段位雷管接力式捆联进行网路连接，中段位雷管网络型布置进行网路保险。用做网路保险的中段位雷管，与用做接力的低段位雷管在标称延期时间上应该有整数倍数的关系，并由此安排网络连接点，保证整个网路延期时间的正确。从国产毫秒系列导爆管雷管的标称延期时间看，要保证整个网路延期时间的正确，中段位导爆管雷管的标称时间应为接力用导爆管雷管的整数倍，因而只能是接力用导爆管雷管采用 2、3、4 段，用做网络联结的中段位导爆管雷管采用 6、7 段。

以孔内 8 段，用 3 段接力，7 段联网为例，联接的基本形式如图 3.28 所示。图中 3 段雷管的名义延期时间为 50 ms，7 段雷管的名义延期时间为 200 ms，也即网络型的布置为每隔 3 组 3 段雷管在第 4 发处连接一发 7 段雷管。各支路之间的网路布置也照此办理。每个接点布置两发 3 段接力用导爆管雷管，用做网路保险的 7 段导爆管雷管则用一发。

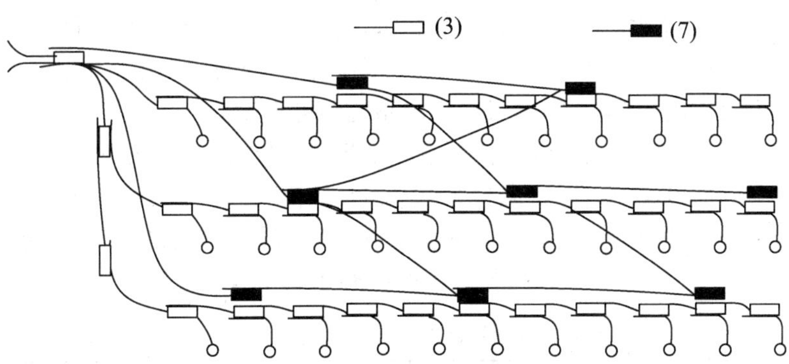

图 3.28　网络型接力式捆联网路基本形式示意图

（图中数字表示导爆管雷管的段别）

3.6.2.2　网络型接力式捆联网路的可靠度分析

网络型接力式捆联网路的准爆率计算同上。以图 3.28 为例，取捆联节点导爆管雷管数为 2 个，即 $n=2$，在第一个 7 段雷管的连接点，$m=4$，在没有连入 7 段雷管时该接点的准爆率为 $p_4=0.990\,96$，在起爆点与该接点之间接入一发 7 段雷管后，准爆率为：

$$p_4=1-(1-0.990\,96)(1-0.952\,38)=0.999\,57$$

也就是说，接入 1 发雷管，使该接点的拒爆率降低了 95 .4%。

现再计算第二个 7 段接点的准爆率，若没有接入 7 段雷管，该接点的准爆率应为 $p_8=0.982\,00$，接入 2 发 7 段雷管后，该接点的准爆率可看成为三个准爆率的组合：接入第一发 7 段雷管后第四个接点的准爆率为 0.999 57，第四个接点后经捆联 2 发雷管接力到第八个接点时的准爆率为 0.990 96，在第 4、8 两个接点之间接入的第二发 7 段雷管的准爆率(0.952 38)，这时该接点的准爆率为：

$$p_8=1-(1-0.990\,96\times0.999\,57)(1-0.952\,38)=0.999\,55$$

也就是说，接入 2 发雷管后，在第八个接点处的准爆率从捆联 2 发雷管的 98.2%提高到了 99.96%。

从以上计算可知，起保险作用的网络型连接法，所增加的雷管数很少，但对提高整个网路的准爆率却很有作用。

3.6.3 导爆管网格式闭合网路的可靠度分析

南京工程兵工程学院齐世福、林学圣教授曾运用系统可靠性有关理论和方法，对导爆管起爆网路系统的构造特性和逻辑功能做了分析，指出：网路形式是起爆系统构造特性的外在表现形式，它表示系统与元件之间的物理关系；网路的逻辑功能则是起爆系统构造特性的内在本质。根据网路的复杂程度，可以按相关性将系统分解成若干模块(子系统)，对每个模块再进一步分解为一些更小的模块(甚至为元素)；根据系统、子系统、基本起爆单元的逻辑功能，绘出相应的可靠性框图；再根据相关系统可靠性分析的有关方法(如上、下限法)进行处理，将元素可靠度代入子系统或系统的可靠度数学模型中，最终确定系统的可靠度。

他们通过可靠性试验和大量工程统计数据，用经典统计方法中“单边置信下限估计”和“贝叶斯(Bayes)估计”两种方法，通过计算机计算，给出了常用导爆管起爆元件和传爆节点的可靠度指标。在对图 3.22 所示导爆管网格式闭合网路的可靠性进行定量分析时，采用的这些指标值如表 3.10。

表 3.10 导爆管起爆系统各模块的可靠度指标

模块名称	导爆管雷管(炮孔内)	电雷管	四通传爆节点	电雷管与导爆管节点	导爆管	起爆器	电源开关
代号	r	r_e	r_t	r'_t	r_d	R_{01}	R_{02}
数值	0.994 5	0.999 5	0.99	0.995 6	0.997 9	0.998	0.990 1

图 3.22 中，整个网路系统分三个区域，按每个区域内联接 40 个炮孔计算，基本起爆单元（炮孔）的可靠性 $R_I = r_t \cdot r_d \cdot r = 0.982\,487$，区域传爆可靠性 $R_B = 0.999\,498$，起爆系统传爆可靠性 $R_D = 0.988\,12$，整个系统（含炮孔）传爆可靠性 $R_S = 0.988\,12$。

计算表明，每个炮孔的可靠度不低于 98.24%，起爆系统（网格式网路）及整个系统（含炮孔）的可靠度中包含了电源开关及起爆器的可靠度，如果不考虑电源开关及起爆器，则网路的可靠度几乎为 100%（$0.988\,12 \div R_{01} \div R_{02} = 1$），说明导爆管网格式闭合网路的传爆的可靠度是很高的，需要加强的是炮孔、起爆器和电源开关的可靠度。

3.7　起爆网路施工与安全

从诸多因起爆网路引起的爆破安全事故分析，网路施工过程中造成对起爆网路的损伤占据了很大比例。因此，爆破工程技术人员必须十分重视爆破施工技术中的安全要求。

3.7.1　电爆网路的施工与安全

3.7.1.1　电爆网路施工的基本要求

在进行电爆网路施工前，应进行如下准备工作。

① 当爆区附近有各类电源及电力设施，有可能产生杂散电流时，或爆区附近有电台、雷达、电视发射台等高频设备时，应对爆区内的杂散电流和射频电流的强度进行检测。若电流强度超过安全允许值时，不得采用普通型电雷管起爆，可采用抗杂电雷管或改用非电起爆网路。

② 对电雷管逐个进行外观检查和电阻检查，挑出合格的电雷管用于电爆网路中；对延时秒量进行抽样检查；对网路中使用的导线进行外观检查，导线不得有绝缘层破损和芯线锈蚀。

③ 同一起爆网路，应使用同厂、同批、同型号的电雷管，并对每一发电雷管进行电阻检测。电雷管的电阻值指桥丝电阻与脚线电阻之和，又称电雷管的全电阻。桥丝是由直径 0.03～0.05 mm、长度 4～6 mm 的电阻丝焊接在脚线的端线芯上的。按产品质量要求，镍铬桥丝电雷管桥丝电阻值之间的差异不得超过 0.8 Ω。桥丝之间的质量是由工厂的生产工艺保证的，我们测量的是雷管的全电阻，包括脚线的电阻，而电雷管允许脚线长度有 ± 5% 的误差，电雷管产品规定，镍铬桥丝电雷管

脚线长度为2.0 m时的镀锌钢芯脚线电雷管，全电阻不大于6.3 Ω，上下限差值不大于2.0 Ω；铜芯脚线电雷管全电阻不大于4.0 Ω，上下限差值不大于1.0 Ω；在使用中应根据这个规定首先检查电雷管是否合格，然后应尽可能选择电阻值相同或差异小的电雷管用在同一网路中。

电爆网路的连接必须在爆破区域装药填塞工作全部完成和无关人员全部撤至安全地点之后，由有经验的爆破工程技术人员和爆破员进行操作。导线接头连接中应注意以下事项：① 所有导线接头，均应按电工接线法联接，并用绝缘胶布缠好。② 对线径较粗的单股或多股线，联接时将剥开的线头对向交叉，再互相按顺序缠在对方剥开的导线上，要缠得密实、紧凑，保证接头牢固不松动，然后用绝缘胶布缠好。③ 电雷管脚线与线径较小的单股爆破线联接时，可将剥开的线头顺向并拢在一起，在中间倒折回来转动缠绕并成一股，再将露出的线头尖端折回压紧在接头处，然后用绝缘胶布缠好。④ 电雷管脚线或线径较小的单股爆破线与线径较粗的导线相联接时，将剥开的线头掰成十字状，将线径较小的单股爆破线紧紧缠绕在粗线上，保证接头牢固不松动，然后用绝缘胶布缠好。⑤ 特别要注意连接时线头的处理，一般情况下如果不注意，线头很容易戳破绝缘胶布露在外面，在用起爆器起爆时，如果其靠近潮湿的地面，就可能在高压下发生尖端放电的情况，导致部分药包拒爆。

电爆网路连接中应注意：① 电爆网路的连接要严格按照设计进行，不得任意更改。② 电爆网路的端线、联接线、区域线应采用绝缘良好的铜芯线；不得利用铁轨、钢管、钢丝做爆破线路；不应使用裸露导线，在硐室爆破中不宜使用铝芯线作为导线。③ 连线前应擦净手上的泥污或药粉。④ 接头要牢靠、平顺，不得虚接；接头处的线头要新鲜，不得有锈蚀，以防接头电阻过大；两线的接点应错开10 cm以上；接头要绝缘良好，特别要防止尖锐的线端刺透出绝缘层。⑤ 导线敷设时应防止损坏绝缘层，应避免导线接头接触金属导体；在潮湿有水地区，应避免导线接头接触地面或浸泡在水中。⑥ 敷设时应留有10%～15%的富裕长度，防止连线时导线拉得过紧，甚至拉断的事故。⑦ 连线作业应先从爆破工作面的最远端开始，逐段向起爆点后退进行。⑧ 在连线过程中应根据设计计算的电阻值逐段进行网路导通检测，以检查网路各段的连接质量，及时发现问题并排除故障；在爆破主线与起爆电源或起爆器连接之前，必须测量全线路的总电阻值，实测总电阻值与实际计算值的误差不得大于±5%，否则不得与起爆电源或起爆器联接，必须重新检查网路找出误差原因后才能与起爆电源或起爆器相连。⑨ 电爆网路的导通和电阻值检查，应使用专用导通器和爆破电桥。⑩ 电爆网路应经常处于断路状态。⑪ 雷雨天不应采用电爆网路，如果在电爆网路联接过程中出现雷雨天气，应立即停止作业，爆区内的一切人员要立即撤离危险区，撤离前要将电爆网路的主线与支线拆开，将各线路分别绝缘并将绝缘接头处架高使之与地绝缘和防止水浸，不要将电爆网路连接成闭合回路。

3.7.1.2　电爆网路的实爆试验

《爆破安全规程(GB6722-2003)》规定，硐室爆破和拆除爆破在装药前，电爆网路应进行实爆试验或等效模拟试验。

1990 年，笔者曾在深圳南油大道月亮湾电厂旁目睹了一次硐室爆破的起爆过程，在起爆口令发布后，起爆器怎么也起爆不了起爆网路，在临时缩短起爆主线后，仍起爆不了，后改用发电机作为起爆电源才将网路起爆。这次爆破一共只有 3 个药包，起爆网路采用的是双套串并联电爆网路，网路中仅有 3 个起爆体、12 发电雷管，施工单位使用了一个起爆能力仅为 50 发的起爆器作为起爆电源，笔者曾建议他们做起爆网路的原型试验，据他们后来讲，他们仅用该起爆器起爆了一发电雷管就认为起爆器是可用的。该次硐室爆破爆后在开挖过程中发现 3 个药包中最大的一个药包出现拒爆。起爆器起爆不了的原因显然是起爆器能力不够，如果在装药前进行起爆网路的实爆试验，这个问题应该是能发现的。至于出现拒爆药包，应是在临时采用发动机作为起爆电源时根本没有对网路进行准爆电流计算的后果。

实爆试验时应将准备用于电爆网路中的主线、联接电线、起爆电源，按设计网路连接起爆，当然导线可以不必铺开；等效模拟试验则至少应选一条支路按设计方案连接雷管，其他各支路可用等效电阻代替。硐室爆破预订的电雷管数应超过实际使用量至少一倍以上，经过外观检查和电阻检查，挑选出电阻值相同或差异小的电雷管用于起爆网路中，实爆试验或等效模拟试验中可以使用剩余的合格电雷管。

3.7.1.3　硐室爆破电爆网路主线敷设

如前所说，硐室爆破中常采用并串并联电爆网路，即将两套串并联网路并联后形成的电爆网路。网路的敷设根据各施工单位的经验和习惯而有所不同。一种方法是预先敷设好主线，随着装药和填塞的进展，将各个起爆体的引出线接入主线；另一种方法是随着装药和填塞的进展逐步将线向硐口展开。前一种方法可以在装药作业开始前预先将主线顺导硐和药室固定和防护好，装药后按设计要求在安装起爆体(应由技术人员监督进行)的同时将起爆体的引出线与主线相连。每连接上一个起爆体或填塞一段，均可以在硐口检测网路的导通和质量。两根主线可以从硐口往导硐内顺药包位置连续敷设成回路再回到硐口，即硐口应有两套网路的 4 个线头，应该选择两种颜色的导线区分这两套网路。主线可以固定在导硐的顶部，在药室内和填塞段，尤其是导硐的十字或丁字交叉部位，主线必须留有足够的余量。每一个起爆体的引出线也是 4 根，可以选择与主线匹配的两种颜色的导线进行区分，相同颜色的导线属于同一套网路，这样在接线时就不会搞错。后一种方法应事先按不同导硐和药室的实际长度将主线量出缠绕好，随装药和填塞的进展敷设并做好防护，一般敷设在导硐底部的一侧，可以用剖开的毛竹或塑料管道进行防护。

3.7.1.4　电爆网路检测中的安全问题

电雷管的电阻测量、电爆网路的导通和电阻值检查，必须使用专用的爆破量测仪表，其工作电流应小于30 mA。指针式的测量仪表，如QJ41型电雷管测试仪，表面分三个档位：电雷管二档（0～3 Ω，3～9 Ω，误差±1.5%），导电线一档（0～3 kΩ，误差±2.5%）。一般硐室爆破中每条导硐内的单套串并联网路的电阻值在几十Ω的量级，指针式测试仪导电线一档的误差太大，即使有经验的爆破员也无法读出1 Ω以下的数值来。而数字式测量仪表，如2H-1型电雷管测试仪，在200 Ω档位的分辨率可以达到0.1 Ω。而在硐室爆破中，当电阻出现不到1 Ω的误差时，往往表示网路中的某些地方已出现了问题。

在程高山进行的八次条形药包硐室爆破中，起爆网路均采用并串并联电爆网路，硐内使用2×0.75 mm^2多股铜芯线，两股线并联后当一根线用，并联后每100 m的电阻值为1.2 Ω，起爆体引出线中每组电阻约1 Ω（两发电雷管并联后用2×0.75 mm^2多股铜芯线短线引出）。要求硐口的两套网路电阻基本平衡，在每接入一个起爆体和完成一个填塞段后必须量测每套网路的电阻值并记录分析。一次发现一组网路电阻值大了0.8 Ω，经检查是一个起爆体内并联的2发电雷管中有一根线断了，也就是说该起爆体成了单发电雷管串联。另一次发现一组网路电阻值大了0.2 Ω，经检查是在填塞过程中，在倒填塞料时小推车的车把将硐内连接线（双股铜芯线）中的一根砸断，另一根也破皮受损。由于发现及时，处置后电阻值就正常了。这些情况只有使用数字式测量仪表才能发现，这两个例子也说明，在硐室爆破装药填塞阶段，对电爆网路中电阻值出现的任何异常都应给予足够的重视。

在对硐室爆破电爆网路进行导通测量时，除测量两套网路的电阻是否平衡，还应测量这两套网路是否独立，相互之间是否绝缘。即每个导硐的4条引出线导线之间应分别进行6次测量，其中4次电阻应为无穷大（这些线头之间是绝缘的），2次电阻应基本相等。1990年在深圳市月亮湾进行的一次硐室爆破中，就发生过这样的事。在加工起爆体时，技术人员违规让电工接线，电工将一个起爆体中两套并联网路中的4个电雷管接成了首尾相连的桥路，使这两套网路引出的4根导线之间全都是连通的。在装药、填塞过程中进行网路导通测量时，技术人员仅将不同颜色的2根导线拧在一起，再分别与其他2根导线测量，得到了两套网路电阻值平衡的结论后，没有进行两套网路之间的绝缘测量。直到导硐回填结束，工人都休息后，才被一个有经验的技术人员按照要求分开导线逐个测量时发现，这时离起爆时间已不足一天，只能重新组织人员将回填物挖出，直至药室部位，然后重新安放正确接线的起爆体，才保证了爆破按时实施。如果这情况未被发现而起爆的话，其后果将是很严重的。

在使用数字式测量仪表测量电阻时，应注意一些仪表的读数有初始值，实际电阻值应是仪表读数值与初始值之差。

在存在地下水的地区进行深孔爆破，若采用电爆网路，由于电雷管脚线较短，它与孔内的引出线的接头必须做好绝缘处理，最好将线头放在抗水炸药的药卷内。在珠海东区一个海岛上的采石场里，我们碰到过这样的情况：石场采用台阶式深孔爆破,钻孔直径 76 mm,台阶高度分别为 15 m、18 m 和 22 m。采用电爆串联网路,为保证爆破效果,我们采用上下各置一起爆体的双点起爆法。由于孔内有水,曾多次发生拒爆事故,其拒爆的特点是拒爆孔连成一片。发生一次拒爆往往要耗费一个多月才能处理利索。经分析,拒爆的原因是部分孔内的水通过岩石中的裂隙连在一起,即存在有水线,雷管脚线和孔内线之间的接头防水处理不好,或装药过程中孔内线受孔壁岩石摩擦表皮受损,由于水是一个很好的导体,这样导线与水线之间就形成了连通网路。如在一次爆破时,我们将已串联成闭合网路的中间拆开两点,经测量发现拆出的四个线头之间电阻值均在 500 Ω 左右。显然在这种情况下用高能起爆器起爆,起爆电流就会流经导线和水线之间的回路,该回路外的各孔就可能拒爆。存在裂隙水的孔是很难将水排尽的,防止拒爆首先是做好接头的防水处理并注意装药时不损伤孔内线,对水孔可适当提高起爆药包位置使接头露出水线以上,当联线后发现有电阻不符和不稳时,千万不要强行起爆,应分析水线位置,改变主线与区域线的联结点,将水线与起爆电流的流向重合起来,或避开水线,分机起爆。当然,最好还是改成导爆管起爆网路。

3.7.1.5　电爆网路起爆电源中的安全问题

电爆网路中起爆电源有电池、动力交流电源和起爆器三种类型,在采用电池和动力交流电源作为起爆电源时,应计算流经每发电雷管的电流值,并保证该电流值应达到《爆破安全规程(GB6722-2003)》规定的要求:一般爆破,交流电不小于 2.5 A,直流电不小于 2 A;硐室爆破,交流电不小于 4 A,直流电不小于 2.5 A。

(1) 起爆器发火冲能的计算

目前电爆网路中使用得最多的还是起爆器。在使用电容式起爆器作为起爆电源时,尽管其起爆(放电)电压很高,但是放电回路设计中放电电流并不大,放电时间很短(通常在 10 ms 以下),用流经电雷管的电流值来衡量电爆网路的准爆性能是不合理的。一些技术人员仍沿习用计算网路电阻,再用起爆器的起爆电压来计算网路内流经每发电雷管的电流值,尤其是在多条支路并联组成的起爆网路中,计算出来的电流值可能比串联网路要大的多,由此来判断网路的准爆性能,是很不恰当的。因为起爆器是不适宜用于并联起爆网路的。

在电雷管性能中有一个重要指标,即发火冲能。如前所述,发火冲能也叫点燃电流冲能,它代表了电雷管的敏感度,发火冲能越小,电雷管的敏感度越高。普通型电雷管的发火冲能不大于 7.9 $A^2 \cdot ms$。

如前所述,发火冲能由 (3.1)式计算,即 $K = I^2 \cdot t$,对电容式起爆器,电流 I 应采用平均电流 $\bar{I}$。

起爆器是瞬间放电的,其瞬间最大电流 I_0 为:

$$I_o = \frac{U}{R} \tag{3.15}$$

平均电流 $\bar{I}$ 为:

$$\bar{I} = \phi \cdot I_0 \tag{3.16}$$

式中：U—起爆器放电电压，V；

R—线路电阻，Ω；

ϕ—等效平均电流系数。

ϕ 值的大小取决于起爆器的供电时间和起爆器电容器电容 C 与线路电阻 R 之积 RC 值。ϕ 值可从图 3.29 的曲线中查出。图 3.29 的横坐标为 RC，单位为 μF·Ω，纵坐标为 ϕ。(a)，(b)分别表示供电时间 $t=10$ ms 和 $t=4$ ms 时的等效平均电流系数曲线。

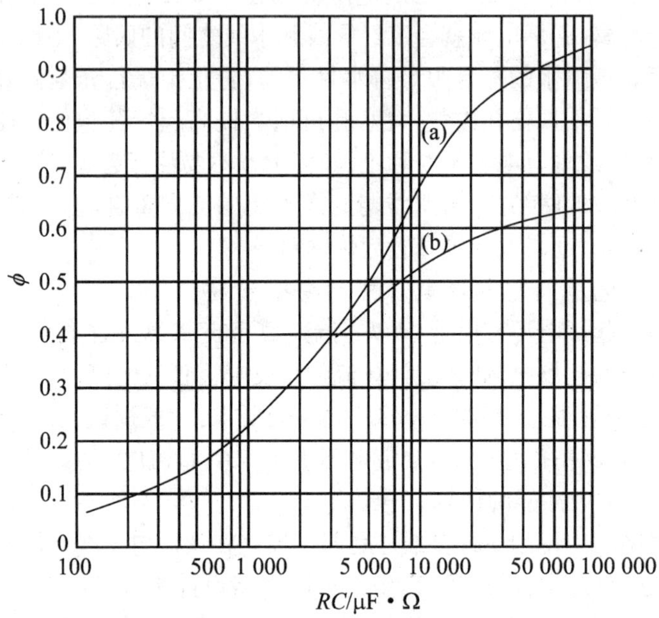

图 3.29 电容式起爆器等效平均电流系数曲线

((a) 供电时间 $t=10$ ms；(b) 供电时间 $t=4$ ms)

从图 3.29 可知，线路电阻 R 一定时，起爆器电容器电容 C 越大，供电时间越长，其等效平均电流系数 ϕ 也越大，但等效平均系数 ϕ 值总是小于 1，即平均电流小于瞬间最大电流。

对使用普通电雷管的起爆网路，计算出来的发火冲能应大于 7.9 A^2·ms。

例如，Mfd-200 型发爆器的放电电压 $U=2\,900$ V，最大负载电阻 $R=1\,220$ Ω，供电时间 4 ms，电容器电容 $C=47$ μF。当外接最大负载电阻时，瞬间最大电流为 $I_0=U/R=2\,900\text{ V}/1\,220\,\Omega=2.4$ A，$RC=1220\,\Omega\times47\,\mu\text{F}=57\,340\,\mu\text{F}\cdot\Omega$，由图 3.29 曲线(b)可查得 $\phi=0.62$，等效平均电流 $\bar{I}=\phi I_0=1.49$ A，发火冲量 $K=1.49^2\times4=8.9\,\text{A}^2\cdot\text{ms}>7.9\,\text{A}^2\cdot\text{ms}$。

如果最大负载电阻为 $R=800$ Ω，则瞬间最大电流 $I_0=U/R=2\,900\text{ V}/800\,\Omega=3.6$ A，$RC=800\,\Omega\times47\,\mu\text{F}=37\,600\,\mu\text{F}\cdot\Omega$，由图 3.29 曲线(b)查得 $\phi=0.6$，等

效平均电流 $\bar{I}=\phi I_0=2.18$ A，发火冲量 $K=2.18^2\times4=18.9\ \mathrm{A^2\cdot ms}>7.9\ \mathrm{A^2\cdot ms}$。即只要外接负载不超过 1 220 Ω，其发火冲量是满足电雷管准爆要求的。

如果不计算发火冲能，则在使用电容式起爆器作为起爆电源时，一定要仔细阅读起爆器的说明书，按照产品说明书中标明的起爆能力来控制安排电爆网路。由于产品说明书中标明的起爆能力在起爆器处于完好状态时才能达到，实际使用时还要考虑起爆器在使用过程中内部元件性能的变化，如多次使用后电容器绝缘性能的降低、内电阻的变化、开关接触点多次放电被烧蚀变糙，这些都可能降低起爆器的放电电压，使其起爆能力降低。在潮湿天气使用起爆器时绝缘不好的电容器的漏电也会降低起爆器的起爆能力。

(2) 起爆器在使用过程中的安全问题

虽然国内大部分工程爆破使用起爆器作为电爆网路的起爆电源，但国产起爆器的质量和性能却不尽如人意。笔者使用起爆器三十余年，碰到过多次因起爆器原因出现的不安全因素。如曾发生过充电到一定电压后在没有转动起爆电钮时就“自动”放电，即在还没有发布起爆命令时就响炮了；也碰到过在充电到位后由于迟迟未接到起爆命令充电电压急速下降到接到起爆命令时无法起爆的情况，还遇到过这样的情况：由于起爆人员心情紧张，在起爆后没有将旋钮转到放电的位置，而转回到了充电位置，结果再次爆破时一接入主线就响炮了。要保证爆破安全，爆破作业人员就必须考虑到可能出现的各种情况，并在操作规程中制定可靠的措施。在警戒区内所有人员、机具未撤出去之前，不得将主线接到起爆器上，即在《爆破安全规程(GB6722-2003)》中规定的：“指挥长(或爆破工作领导人)下达准备起爆命令前，电爆网路的主线不得与起爆器、电源开关和电源线联接……”这样，即使起爆器出现问题，也不会造成安全事故。

有的起爆器在充电到位(最高电压)后，要求在规定时间内必须起爆，否则其放电电压将会降低。本篇开始提到“永定门粮库爆破受挫，3 小时内连炸两次才成功”就可能是这样的事例。据说该次爆破一切就绪发布充电命令后，起爆器开始充电，这时有一辆警车突然开进了警戒区，让该警车马上撤出警戒区时，起爆器已在最高电压位置停留了一分多钟。如果这时拆开主线让起爆器短路放电后重新充电，可能就不会出现“连炸两次”的情况了，但当时可能起爆命令已发出，就没有这样做。结果酿成了不良后果。这种情况 2005 年在辽宁老龙口酒厂 10 层科研楼——“三角楼”的拆除爆破中也出现过。就在爆破进入倒计时，围观的市民都在屏住呼吸，等待着那一声闷响的时候，突然一辆大型拖车从沈抚立交桥下东南角的一个院落中冲了出来，往爆破的核心区域驶去。而那个区域因为危险系数最高，早已经实施清空。两名身在外围的保安，急忙追进了封锁区域，一边撵一边大喊：“危险，停车！”当司机停下拖车时，刚好是距离爆破区域最近的地方。幸亏现场总指挥及时接到报告，暂停了爆破进程，没有出现意外。当拖车离开危险区后，起爆重新进入倒计时，爆破延迟了10分钟[①]。

在使用起爆器作为起爆电源时，为保证安全，应做好以下几个方面的工作：① 在警戒区清场完毕，包括爆破作业人员全部撤至安全区域，爆破指挥下达接线命令后才能将主线接入起爆器；② 起爆器应挑选经过训练的、技术熟练的、有责任心的爆破作业人员专职使用和保管；③ 每次接主线前，用短导线在起爆器的两个接线钮之间短路一下，将起爆器内的残存电量释放后再接线充电；④ 在起爆后，立即将起爆按钮旋至放电位置，拆下主线，关闭起爆器，再进行爆后检查；⑤ 对一些重要的爆破工程，如需进行倒计时下达起爆命令的，应事先进行充电时间的测定，并根据倒计时所需时间安排开始充电和报告充电完毕的实际时间，以保证能在起爆器充电到最高位后的20秒内完成起爆；最好使用已使用过数次的新起爆器，更换新电池，并配备备用起爆器；⑥ 起爆器应随时进行充放电时间、起爆能力、电气性能的检查。充电时间过长时应及时更换电池；⑦ 起爆器在使用一定年限或使用一定次数后应报废更新，因为起爆器内电容器的绝缘性能随着使用次数和使用时间的增加是会降低的。

3.7.2 导爆管起爆网路的施工与安全

如前所说，导爆管起爆网路的致命弱点是迄今尚未有检测网路是否通顺的有效手段，国产导爆管强度低，施工中受损概率高，且很难检查出来。而导爆管一旦受损，即使是微小的孔洞，也会引起导爆管雷管的拒爆。因此，导爆管起爆网路对施工技术的要求更高。

3.7.2.1 导爆管起爆网路施工的基本要求

① 施工前应对导爆管进行外观检查，不允许有破损、拉细、进水、管内杂质、断药、塑化不良、封口不严。在联接过程中导爆管不允许打结，不能对折，要防止管壁破损、管径拉细和异物入管。如果在同一分支网路上有一处导爆管打结，传爆速度会降低，若有两个或两个以上的死结时，就会产生拒爆；对折通常发生在反向起爆的起爆体处，实测表明，对折可使爆速降低，从而导致延期时间不准确，严重时可产生拒爆。

② 导爆管起爆网路的试验，应按设计联接起爆，或至少选一组（对地下爆破是选一个分区）典型的起爆网路进行实爆，对重要爆破工程，应考虑在现场条件下进行网路实爆。

③ 导爆管网路应严格按设计进行联接。用于同一工作面上的导爆管必须是同厂同批产品，每卷导爆管两端封口处应切掉5 cm后才能使用。露在孔外的导爆管封口不宜切掉。

---

① 引自2005年8月6日，北国网，《辽沈晚报》。

④ 根据炮孔的深度、孔间距选取导爆管长度,炮孔内导爆管不应有接头。

⑤ 导爆管之间可以用内径为3 mm的塑料套管联接。用塑料套管联接两根导爆管时,两根导爆管的端面应切成垂直面,接头用胶布缠紧或加铁箍夹紧,使之不易被拉开。

⑥ 孔外相邻传爆雷管之间应留有足够的距离,以免相互错爆或切断网路。

用传爆雷管起爆导爆管网路时,起爆导爆管的传爆雷管与导爆管捆扎端端头的距离应不小于15 cm,应有防止传爆雷管聚能穴炸断导爆管和传爆延时雷管的气孔烧坏导爆管的措施,导爆管应均匀地敷设在传爆雷管周围并用胶布等捆扎牢固,接头胶布不少于三层。

在用普通导爆索引爆导爆管雷管时,因为导爆索的传播速度一般在6 500 $m \cdot s^{-1}$以上,相当于导爆管传播速度的3倍,如果将导爆管雷管直接捆绑在导爆索上,即导爆管与导爆索之间呈锐角,容易造成导爆索超前炸断导爆管而产生导爆管雷管的拒爆,为了防止导爆索产生的冲击波击断导爆管造成引爆中断,导爆管与导爆索不能平行捆绑,而应采用正交绑扎或大于45°角以上的绑扎。正确的方法是将导爆管垂直捆扎在导爆索上,用导爆索的冲击能量引爆导爆管,即将导爆管按“十”字形放在导爆索上,或用水手结缠绕在导爆索上,交叉点用胶布包扎好,导爆管应直而不紧(见图3.30)。注意不要使被传爆的导爆管靠近导爆索。硐室爆破中采用导爆管和导爆索混合起爆网路时,宜用双股导爆索联成环行起爆网路,导爆管与导爆索宜采用单股垂直搭接,即各根导爆管分别搭接(可以将导爆管用水手结联在导爆索上)在单股导爆索上,相互之间分开,再将导爆索围成圈,组成环行起爆网路。硐室爆破中每个起爆体中的导爆管雷管数不得少于4个。

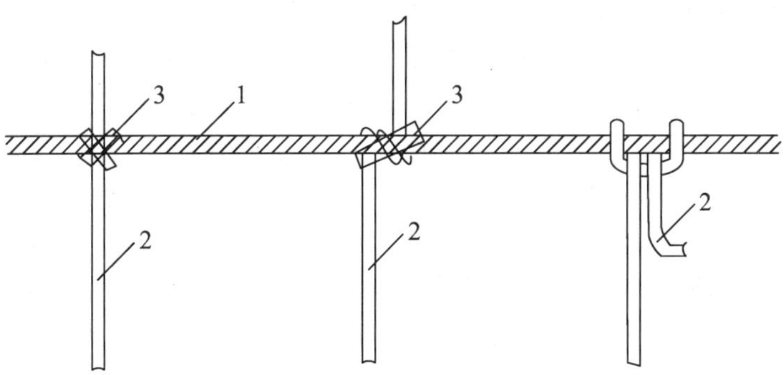

图3.30　导爆索与导爆管的联接方式

(1—导爆索;2—导爆管;3—胶布)

只有所有人员、设备撤离爆破危险区,具备安全起爆条件,才能在主起爆导爆管上联接起爆雷管。

3.7.2.2　导爆管捆联网路的施工与安全

导爆管捆联网路的联接方法很简单,将导爆管直接捆扎在传爆雷管上即可。

捆联网路的施工要求如下。

① 捆扎材料。捆联网路通常采用塑料电工胶布捆绑导爆管和雷管。塑料胶布有一定的弹性和黏性,能将导爆管紧紧的密贴在雷管四周。黑胶布弹性差,且易老化。

② 捆扎导爆管根数。按导爆管质量要求,一只 8 号工业雷管可激发 50 根以上的导爆管。考虑目前导爆管的质量和捆绑时的操作特点,1 发雷管外侧最多捆扎 20 根导爆管,复式接力式捆联网路中,每个接力点上 2 发导爆管雷管捆绑的导爆管应控制在 40 根以内。导爆管末端应露出捆扎部位 10 cm 以上,胶布层数不得小于 3 层(有的厂家要求不少于 5 层)。

③ 捆扎部位和雷管方向。雷管激发导爆管是靠其主装药部位,捆扎时要将导爆管密贴在传爆雷管的主装药部位,导爆管要均布在雷管四周,捆扎要密贴。为防止金属壳传爆雷管爆炸时聚能穴部位的金属碎片在高速射流的作用下损伤捆绑在雷管四周的导爆管和延时雷管的气孔烧坏导爆管,可以在金属壳传爆雷管的底部先用胶布包严,再在其四周捆绑导爆管。金属壳传爆雷管最好反向起爆导爆管,即传爆雷管聚能穴指向导爆管传爆的反向,对非金属壳导爆管雷管,正向和反向捆绑均可。

在导爆管捆联网路中,安全问题通常出现在传爆网路中。在硐室爆破中,导爆管接力网路中的传爆雷管在装药填塞过程中受损始终是发生药包拒爆的主要原因,而且这种受损一般是发现不了的。最近,在福鼎某场平工程的一次深孔爆破中,笔者亲见了如此场面:几十吨的深孔爆破,在起爆口令发布后,仅爆了一小部分,只能再连线、警戒、二次起爆。由于第一次爆破的作用,一些拒爆孔的孔内线被破坏,虽然经二次起爆,爆破效果还是受到了严重影响。爆破采用的是复式导爆管接力起爆网路,每孔内装 2 发导爆管雷管,接力雷管虽然有 2 发,却是并在一起的。由于地形变化较大,个别接力雷管处于高坡下面,第一次起爆后发现接力主线正好在该处被滚落石块砸断导致其后网路全部拒爆。我们建议在拆除爆破中采用交叉复式导爆管接力网路,用 4 根传爆导爆管,传递过程中应分成两道主线前进(见图 3.13),不要将 4 根管捆在一起。外径仅 3 mm 的塑料导爆管在被砸时是很脆弱的,4 根与 1 根可能相差无几,分开敷设有利于降低导爆管的受损概率。

3.7.2.3 导爆管闭合网路的施工与安全

闭合网路联接以插接为主,连接元件为四通接头和导爆管。在施工中,应注重联接技巧,提高联接质量。要联接成“四通八达”的网格式网路,就必须保证每个四通接头中至少有 2 根导爆管与其他接头相接,即每个接头至多只能接 2 个炮孔;网路中的网格应分布均匀。

网路联接的施工要求如下。

① 施工前应对导爆管和四通接头进行外观检查。导爆管的检查同捆联网路,四通接头加工比较简单,有个注塑机和模子就可以生产,但笔者建议应选择正规厂

家生产的合格产品。笔者在一次拆除爆破中就因使用非厂家产品而出现过大量拒爆孔，检查原因是由于非厂家产品四通接头内部不光滑，有毛刺。而导爆管内径仅1.35 mm，任何细小的杂质、毛刺都可能将导爆管管口堵塞而引起拒爆。因此，施工前应检查使用的每一个接头，四通接头中不能有毛刺，接头内的杂质要清理干净。

② 在插接导爆管前应用剪刀将导爆管的端头剪去一小截，并将插头剪平整。

③ 每个接头内的导爆管要插够数，要插紧，使用塑料四通时要加缩口金属箍，现在的四通已分上下两部分，靠螺纹连成一体，可以保证联接牢靠。

④ 联接用的导爆管要有一定的富裕量，不要拉得太紧，因为导爆管与接头采用的是插接法，稍许受力就可能脱开。

⑤ 防止雨水、污泥及其他杂物进入导爆管管口和接头内。在雨天和水量较大的地方最好不采用网格式网路，因为在这种情况下，即使将四通接头口朝下，离地支起，在毛细作用下，水也会顺着导爆管渗进接头内，继而影响导爆管的传爆。

闭合网路虽然在各接头之间是单管联接，但由于这些单管组成了“网格”，网路的整体准爆率大大提高。网路的安全就应该在这个“网格”上做文章，必须保证每个药包处于网格内，不要出现“独头”的情况；在关键部位应增加网格线的密度；网格线应分布均匀。只要网路“四通八达”，传爆也将四通八达。

3.8 高精度延时起爆网路

随着工程爆破的发展，对起爆器材的要求越来越高；反之，起爆器材的发展，又促进了工程爆破技术的发展。安全是工程爆破永恒的主题。电雷管在外来电影响下的不安全性导致了导爆管雷管的出现。在20世纪70年代初，我国工程爆破界尚不知导爆管为何物，短短三十余年，导爆管起爆系统已经成为我国工程爆破中的主力军，甚至在一些工程中不使用电雷管已成了施工单位的承诺。曾几何时，教科书中微差爆破是作为深孔爆破中的新技术来讲的，而今延时爆破技术已无处不在。

爆破工程的“扰民”与“民扰”，是目前国内工程爆破界最为关注的问题之一。在建(构)筑物附近进行爆破作业，爆破飞散物的控制和爆破振动的控制是两个最主要的难点。对建筑物来说，飞石损伤是“外伤”，形象难看但治疗花费不一定大；振动损伤一般是“内伤”，诊断不易治疗花费更是无数。增加爆破分段数，降低单段齐发药量是目前公认的控制爆破振动的主要方法，这就对延时雷管的段别和精度提出了要求。

我国常用的雷管延时段别一般毫秒系列只有15到20段，半秒系列只有10段

(电雷管只有8段),而且这些延时雷管的延时误差都很大,在前面已提到这一点。国内一些火工品生产厂家已能生产30段到60段的毫秒延期电雷管,其中30段雷管各段之间的间隔时间控制在20～60 ms之间,也在一些工程中得到了应用,但与国外高精度的电雷管相比还有较大的差距。无可讳言,目前各地爆破器材的管理体制、爆破市场的不规范和爆破单价对成本的要求都影响了高精度雷管在工程中的推广,国内高精度多段导爆管雷管和电雷管的研制和现场使用也都存在不如意之处。但可以预言,环境对爆破工程的要求将越来越高,要使工程爆破在安全、准确和可靠方面有所提高,高精度雷管必将在工程爆破中被广泛使用。

3.8.1 数码电子雷管及其起爆系统

数码电子雷管(Programmable electronic delay detonator)的研究始于20世纪80年代初期,首先由瑞典诺贝尔公司于1988年推出,是一种可随意设定并准确实现延期发火时间的新型电雷管,具有发火时刻控制精度高,延期时间可灵活设定两大技术特点,是起爆器材领域里最为引人注目的新进展。其本质在于用一个微型电子定时器(集成电路块)取代了电雷管中的化学延期药与电点火元件,不仅使延期精度有很大提高,而且控制了通往引火头的电源,从而最大限度地减少了因引火头能量需求所引起的误差。每只雷管的延期可在0～100 ms范围内按ms量级编程设定,其延时精度可控制在0.2 ms以内。这种起爆系统配有专门的具有特定的编码程序的点火设备,从而改善了操作的安全性。电子雷管已在加拿大、南非、澳大利亚、美国、瑞典等国的矿山得到了实际应用。澳大利亚Orica公司、南非AEL和Sasol公司、瑞典Nobel公司和日本旭化成均相继推出了数码电子雷管产品。国产电子雷管尚处于起步阶段,中国兵器工程系统总体部已研制出了数码雷管和铱钵隆芯起爆系统,正在进行推广使用;贵州久联民爆器材发展股份有限公司、北京理工大学和贵阳金翅电气有限公司共同研发的电子雷管也已于2006年通过了国防科工委的鉴定。几家国外公司生产的数码雷管的牌号见表3.11。其中,国际著名的跨国公司澳瑞凯(Orica)炸药集团于1997年引进技术和装备,在我国山东省威海市成立了一家合作企业——澳瑞凯(威海)爆破器材有限公司。国内爆破市场上使用的高精度雷管多是Orica公司的产品。

表3.11 国外几家公司生产、销售的数码雷管牌号

公司名称	数码雷管牌号	公司名称	数码雷管牌号
Orica公司(澳大利亚、美国)	i-kon	Sasol(南非)	EZ-Tronic TM
AEL(南非)	Electrodet	旭化成(日本)	EDD

2006年在长江三峡三期上游碾压混凝土围堰(RCC围堰)拆除爆破中使用的是Orica公司生产的i-kon™数码雷管及数码雷管起爆系统。这是国内首次在大

规模爆破工程中使用数码雷管，通过媒体的大量报道，国民也知道了数码雷管。

数码雷管的结构如图3.31所示。i-kon™雷管外壳为铜锌合金，内装有集成电子线路、贮能电容、安全装置和常用的起爆药。集成电子线路包括定时振荡器、排定延迟时间程序，并有用于记忆的内存，能从控制设备接受发射信息的通讯功能；贮能电容则能贮备足够能量保证不用外电源就能起爆起爆药；雷管底药为750 mg泰安，起爆药为90 mg叠氮化铅，能直接引爆具有雷管感度的炸药和起爆弹。数码雷管的引出线为∅0.6 mm双股铜线，与国产电雷管直径为0.45 mm的铜芯脚线相比，其抗力强度要大的多；绝缘材料为聚丙烯；导线抗拉强度为30 kg；连接块带有齿状胶链。在数码雷管生产过程中，在线计算机为每发雷管分配一个识别(ID)码，打印在雷管的标签上并存入产品原始 电子档案。依据ID码，数码雷管计算机管理系统可以对每发雷管实施全程管理，直至完成起爆使命。在使用时，编码器依据ID码对其予以识别。

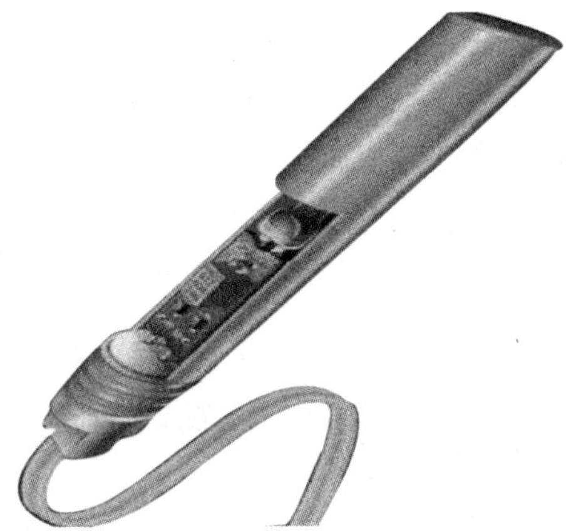

(a) 实物剖面

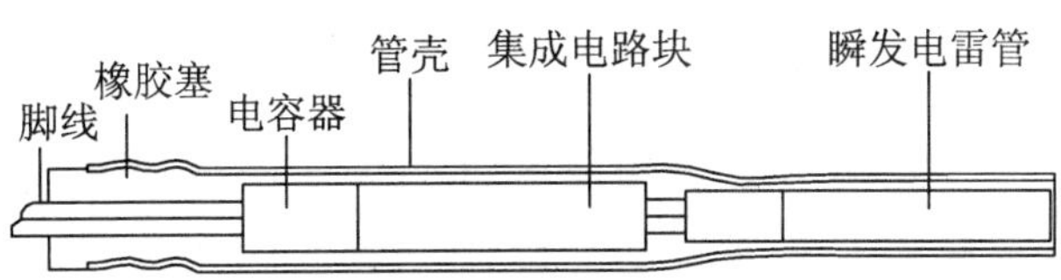

(b) 结构示意图

图3.31 数码雷管

139i-kon™雷管的性能指标是：延期时间1～15 000 ms(以1 ms为增量单位)；当延期时间在0～500 ms范围时，其精度为±0.05 ms；当延期时间在501～15 000 ms范围时，其精度为±0.01%；(芯片)允许使用电压应小于300 V(DC)、240 V(AC)；雷管安全电压为50 V(DC)、35 V(AC)。

i-kon™雷管是完全可编程的，有一个数字化的延时芯片，一旦点火信号发出，它就可以独立工作。雷管内部有一个保护装置，可以高度可靠地保护雷管不被杂散电流、过载电压、静电和电磁辐射干扰。

雷管尾部的连接器可直接扣在导线上，从而通过连接器内的一对铜脚线将雷管与导线连接起来，编码器与导线连接，可对雷管设定延期时间和测试。

i-kon™数码雷管起爆系统由可编程序数码雷管和控制设备（编码器和起爆器）组成。编码器用于联网期间的延期序列设定和功能测试，能够读取和储存唯一的雷管识别码和必需的延期时间。起爆器用于最终端系统测试、爆破设计和点火。i-kon™数码能量控制系统设计用来提供延时精确、操作灵活和安全可靠的起爆序列。

数码雷管编码器是具有内在安全性的、手持式的编码和测试装置，可以检测雷管功能，读取雷管识别码，然后连同延期时间一起写入内存。用户可以回顾存储的延期时间列表，并重新编辑设定延期时间。唯一的雷管识别码被印刷在旗标上，并且允许对雷管进行完整的生产过程追溯。

编码器的功能是在爆破现场对每发雷管设定所需的延期时间。当雷管脚线接到编码器上，编码器会立即读出该发雷管的 ID 码，然后技术人员按起爆网路设计要求向在网路中有编号的该发雷管发送并设定所需的延期时间，存储在编码器中的每发雷管的信息包括雷管在起爆网路中的编号、雷管的 ID 码和设定的延期时间。编码器有不同的编码模式可以简化编码过程，包括自动、手动、限定号码模式以适应不同的应用需求。一个编码器可以为多少发雷管编码，即每个编码器可以安全的带响多少发雷管，取决于雷管所属炮孔的类型及雷管脚线所处环境的干湿度，在三峡围堰拆除爆破中，干地条件下的每编码器包括的雷管数目为 160 发，而湿地条件为 140 发。

延期时间以 1 ms 为增量单位，可以从 0 增加到 15 000 ms。任意延期可以设定到任意雷管，与雷管上的顺序无关。数码雷管依靠数据信号记忆延期，雷管延期时间一旦设置后，雷管与主线的并联连接顺序可以任意调换，而且起爆信号发出后数码雷管脚线及网路主线的破坏对雷管的准爆与延时精度是没有影响的。

胶链联接块一旦联网完成了，或在编码期间的任何时候，都可以使用编码器的测试菜单进行系统测试，这将使编码器同每一发雷管独立通信，测定其状态。如果发现了错误，编码器将显示出错信息和相关的帮助。

编码期间，可以连续监测电流泄漏状态，并可以使用“测量泄漏”工具测量。

爆区点火时，编码器要放在一个距爆区安全的位置，并且通过导线和起爆器连接。

i-kon™数码能量控制系统“内在安全”原则，意味着用于炮孔编码的编码器是不能点燃雷管的，即使在编码器出错的时候。因为编码器不能产生高于 5 V 的脉冲电压，而测试证明每发雷管的安全电压都在 10.5 V 以上。另外，编码器不包含任何能产生点火信号的电路或相关能力设计。

数码雷管必须使用专用的起爆器引爆。起爆器的控制逻辑比编码器高一个级别，它能够触发编码器，反之则不能。起爆网路编程与触发起爆所必需的程序命令设置在起爆器内。起爆器通过双绞线与编码器连接后，起爆器会自动识别所连接的编码器，首先将它们从休眠状态唤醒，然后分别对各个编码器回路的雷管进行检查。起爆器可以通过编码器把起爆信息传给每个雷管，保证雷管准确引爆；可抵御静电、杂散电流、射频电等各种外来电，具有很高的安全性。编码器和起爆器见图3.32。数码雷管起爆系统见图3.33。i-kon™起爆器有2种规格可以使用，Blaster-400型可以击发2个编码器上的400发雷管；Blaster-2400型可以击发12个编

图3.32　i-kon™数码雷管起爆系统的编码器(右)和起爆器

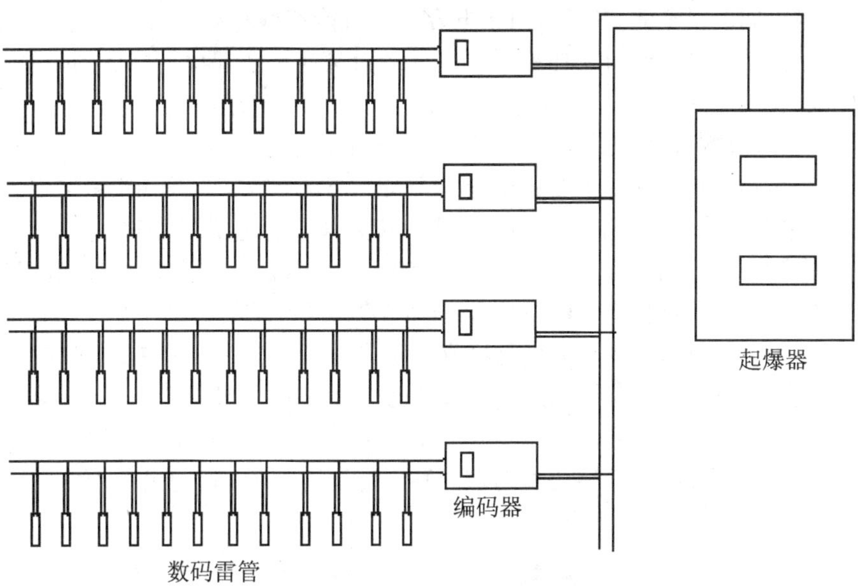

图3.33　数码雷管起爆网路示意图

码器上的 2 400 发雷管。起爆器被一个数码锁保护以防止未经授权的人员使用。起爆器通过编码器和雷管通信，一旦点火信号发出，它就可以独立工作。

与常规雷管相比，数码雷管具有许多无可比拟的优点。如数码雷管具有良好的抗水、抗压性能；可抵御静电、杂散电流、射频电等各种外来电的固有安全性；雷管起爆时间可以在爆破现场根据需要在 0～1 500 ms 内任意设置和调整的灵活性；雷管延期时间长且误差小的高精度与高可靠性；起爆之前雷管位置和工作状态可反复检查的测控性等等。

长江三峡三期上游碾压混凝土围堰（RCC 围堰）拆除爆破的起爆网路由三个子网路组成，三个子网路的起爆次序为：左连接段深孔爆破网路——河床中 15～6 号堰块硐室爆破倾倒爆破网路——6～5 号堰块深孔爆破网路。河床段廊道内药室、排水孔（包括补孔）、断裂孔、切割孔采用数码雷管；左连接段和右岸坡段炮孔采用高精度导爆管雷管和数码雷管相结合；各子网路采用数码雷管起爆，深孔爆破部分排间延时雷管和排间搭接雷管采用数码雷管。整个网路一次点火。设计整个爆破网路总延时 9 930 ms，总段数 723 段。其中左联接段深孔爆破子网路延时 2 065 ms，分 151 段；15～6 号堰块倾倒爆破子网路延时 5 490 ms，分 396 段；6～5 号堰块深孔爆破子网路延时 2 375 ms，分 176 段。施爆时爆破网路的总延时为 12 888 ms，总段数 959 段①。爆破时没有倒的 15 号堰块是 RCC 围堰中最短的一个堰块，只有 18 m 长。按资深数码起爆专家的说法，15 号堰块未倒，是因为“技术人员在无意识的情况下，误将这 42 发雷管的信息从编码器中覆盖掉所致”，由于“过分依赖编码器，没有纸面记录”，犯了“低级失误”。这正暴露了数码雷管起爆系统的不足：系统技术含量高，操作复杂，第一次使用该雷管时，要接受制造厂商技术人员的培训；在使用中，当出现不引爆的情况时，由于电容器中可能有残存电荷，需要等待 10 min 以上才能处理；存在不能对未在编码器中登录而又连接在起爆网路中的雷管进行检测的漏洞。

细节决定成败，任何先进的技术，在细节上不注意就会造成难以挽回的后果。三峡 RCC 围堰的拆除爆破从方案确定到方案审查、模拟试验，投入不可谓不大；爆前的跟踪报道也吊足了大众的胃口。工程决策人精心挑选了“2006 年 6 月 6 日 16 时”有两个“六六顺”的起爆时间和总延时为 12 888 ms 的吉祥数字，花巨资引进了最先进的起爆系统，这种将中国式的“吉祥数字”和科学结合起来的方式，细想起来确实具有“中国特色”，目的当然就是想取得完美的爆破效果。好在 15 号堰块未倒有“洋人”承担责任，如果起爆网路是国人自己设计施工的，要再说这“天下第一爆”是“成功”的就会底气不足了吧！围堰爆破后铺天盖地的“爆破成功”的欢呼声与“刺眼地立在江心”的 15 号堰块相对照，总令人感到有中国式的黑色幽默在里面。

---

① 赵根，吴新霞等. 三峡三期碾压混凝土围堰拆除爆破设计方案研究[J]. 工程爆破，2003，13(2).

作为技术人员毕竟还是应该尊重科学的，这已是题外话了。

数码雷管代表了工程爆破向数字化发展的一个方向，值得在振动控制要求严格、起爆段间时差要求精确、起爆时间长等复杂环境下的工程爆破中推广使用。

3.8.2 铱钵起爆系统和"隆芯1号"电子雷管

铱钵起爆系统(EBtronic Blasting System)是我国北方邦杰科技发展有限公司自主研制的在工程爆破中采用数字密码形式给出起爆密钥指令的高安全性密码雷管起爆系统，是国内第一个可实现孔内编程延期数据、网络化在线检测的工程爆破系统。它具有高精度毫秒延期同步起爆的能力，能够实现和满足高精度微差减震爆破的工程要求。该系统已于2007年1月通过项目验收，并已投入生产使用。

铱钵起爆系统由隆芯1号电子雷管(LUX-No.1 Electronic Detonator)和铱钵起爆设备构成。

隆芯1号数码电子雷管是铱钵起爆系统的核心组成部分，是国内具有自主知识产权的高安全、高精度、宽延期范围、可编程电子雷管。它具有两线制双向无极性组网通信、孔内在线编程能力；可实现宽范围、小间隔延期数据的孔内设定，可在线检测雷管状态，在线校准延期时间，回读并验证已设定的雷管延期时间，起爆精确性好、起爆网路可靠性高。雷管内置产品序列号和起爆密码，内嵌抗干扰隔离电路，使用安全。该雷管延期范围可在1～15 000 ms范围内任意设定，最小延期设定间隔为1 ms，延期精度0.1%。

铱钵起爆设备包括铱钵表和铱钵起爆器。铱钵表相当于前述数码雷管中的编码器，是实现隆芯1号数码电子雷管在线检测、在线编程、组网通信和精确起爆控制的专用电子设备。一个铱钵表可并联连接200发隆芯1号数码雷管形成一个爆破网路支线，并实现雷管上线、检查、网络检测等功能。

铱钵起爆器相当于前述数码雷管中的起爆器，是唯一能够起爆隆芯1号数码雷管的控制设备，在铱钵起爆器的控制下，通过铱钵表可实现隆芯系列数码电子雷管的精确起爆控制。与铱钵表配套使用可实现隆芯数码雷管网络化密码密钥形式的起爆控制。一个铱钵起爆器可组网连接多台铱钵表，形成具有多条爆破网路支线的数码电子雷管起爆系统。

铱钵起爆系统的结构和网路形式示意图与图3.32所示数码雷管起爆网路相类似。系统采用双线并联结构，一个铱钵表可以两线制并联带载多个雷管，一个铱钵控制器可以两线制并联带载多个铱钵表。系统总体设计容量多达26个铱钵表，一次同步起爆雷管5 200发。

铱钵起爆系统设计上考虑了很多安全性技术内容，包括数字密钥起爆技术、雷管上线注册技术、网路系统雷管功能检查技术、抗非法起爆和抗强干扰技术等。

为了防止雷管被非法起爆，铱钵起爆系统设有数字密钥起爆的系统安全管理功能。数字密钥正常插入铱钵起爆器的密钥接口，铱钵起爆器才能正常启动工作。有了数字密钥，隆芯1号数码雷管才能获得必要的密码，起爆器才能正常操作。反之，其他非法操作或非法行为都不能使隆芯数码雷管起爆。

为了实现起爆网路的可靠操作，铱钵起爆系统设计有上线注册和网路上的雷管工作状态检测技术。雷管上线注册技术是将隆芯数码雷管接入网路过程中，铱钵表对数码电子雷管实现上线检测、识别和注册登记的一个过程。上线正确，表明该数码雷管可以实现组网通信和可靠起爆；反之，说明数码电子雷管或爆破网路存在不能可靠起爆的故障。除此之外，系统还设计有网路在线检测检查的功能。该功能是由铱钵起爆器控制，通过铱钵表对数码雷管进行功能性测试与检查的过程。隆芯数码雷管在装入炮孔或制作起爆药包前可进行逐个检测，只有测试合格的雷管才能使用。在系统连接形成起爆网路后，可通过网路的网络化操作实现全爆破网路的高安全性和可靠性功能检测，确认网路中的每一发雷管都是完好的，可以确保铱钵起爆系统具有非常可靠的产品准爆性能。

隆芯1号数码电子雷管设计有先进的抗非法起爆能力。通过数字通讯技术、数字密码技术和数字指令式起爆技术使雷管产品实现了先进的抗非法起爆性能。一个雷管一个编号、一个雷管一个密码、全系统采用两线制无极性双向数字编码通信。只有正确的编码和正确的密码在雷管接收端一致时，才可实现雷管编程和接收起爆指令。数字编码通信的形式实现了良好的抵抗非法起爆性能和抵抗强网路干扰性能。

系统对于工程爆破网路系统中常见的静电、杂散电流、普通交/直流电源影响等因素均设计有良好的抵抗干扰技术。由于隆芯数码雷管的电路隔离作用和结构，常规干扰不能直接作用于雷管的点火元件，包括一般静电干扰、系统杂散电流，甚至采用一般直流电源或工频 220 V/50 Hz 交流电，其能量均不能直接作用于雷管的点火元件。从而确保铱钵起爆系统具有良好的抗非法起爆和抗强干扰特性。

铱钵起爆系统的研制成功是我国爆破器材方面的一大进展。该系统能否被我国工程爆破界接受和在爆破工程中大量使用，除取决于系统的安全性和可靠性外，还取决于系统的可操作性和使用成本。2008年7月，该系统首次在杭州钱塘江引水入城浅埋隧洞工程中成功应用；9月，在浙江舟山定海区大王脚板岛某船坞围堰拆除爆破中，全部采用铱钵起爆系统，一次成功起爆近1 200发隆芯1号数码电子雷管，取得了良好的爆破效果。我们期待国产数码雷管能早日在爆破工程中得到广泛应用。

3.8.3 半导体桥雷管及其起爆技术

提高起爆系统精确性的另一项进展是半导体桥雷管及其起爆系统。

半导体桥雷管是通过微电子技术，采用半导体桥(Semiconductor Bridge，简称SCB)芯片制成的点火机构取代传统电雷管中的金属桥线和药剂引火头，在抗静电、杂散电流、电磁辐射方面的安全性能更优良,具有更高的安全性和可靠性。半导体桥雷管的另一个显著特性是起爆速度快,发火时间≤0.7 ms,每发雷管的发火时间差≤0.2 ms,即雷管具有优良的起爆一致性能(同步性能)。

半导体桥雷管除了点火机构外,其余性能与工业电雷管一致。其主要技术指标有:① 单发发火电压不大于100 V,电容不小于22 μF; ② 雷管发火时间≤0.7 ms,每发发火时间差≤0.2 ms; ③ 用欧姆表检测,单发雷管的全电阻值为4.0~5.5 Ω; ④ 对半导体桥电雷管通以0.300 A电流5 min,不应出现爆炸; ⑤ 对串联连接的20发半导体桥电雷管,用输出脉冲电压为2 000 V的起爆器起爆,应全部爆炸。

半导体桥电雷管可以采用串联和串并联的方式连接,但要求串联雷管的起爆电压不低于串联数量与单发雷管起爆时需要的起爆电压(100 V)的乘积,即串联20发就需要不低于2 000 V的起爆电压,也就是说,对使用输出脉冲电压2 000 V的起爆器,串并联起爆网路中每一条支路上的串联雷管数不得大于20发,显然这将大大限制一次起爆雷管的数量,也就限制了半导体桥电雷管的使用范围。

2005年,贵州久联民爆器材发展股份有限公司自主研发的新产品"半导体桥工业电雷管"通过了国防科工委委托的专家鉴定委员会的技术鉴定。专家鉴定委员会在对公司新产品的试制生产线及有关技术资料进行严格审核后一致认为:该产品具有安全性高、可靠性高、发火同步性好等特殊优点;该项新产品技术具有新颖性,填补了国内空白,并达到国内领先水平。

3.8.4 高精度导爆管起爆系统

与数码雷管比较,高精度导爆管起爆系统具有的最大优势是成本较低,目前国内的一些爆破工程能承受得起。因此,这些年已有多个爆破工程使用了这种系统,并取得了很好的效果。

发明导爆管的瑞典,采用的是导爆管UNIDET起爆系统。由孔内导爆管雷管(延迟时间为500 ms)和地面导爆管联接起爆件组成。该系统联接起爆件的规格见表3.12。这种起爆系统组成的是接力网路,典型的网路见图3.34。图中接力雷管采用的是UB.25,孔内导爆管雷管的延迟时间500 ms,如图所示,该起爆网路属于完全点燃阵面,即当0段炮孔起爆时,地表接力雷管均已被引爆,整个网路中的接力部分已全部传递到位了,所有炮孔内雷管已点燃但延期体仍在燃烧而未产生爆炸,炮孔内炸药尚未产生爆轰。这样可以防止先爆孔引起的爆炸应力波可能在导爆管尚未传播到后面炮孔之前由于被爆介质的错动而将网路切断或拉断,从而出现后面炮孔的拒爆现象。

国内使用的高精度导爆管起爆系统基本上是澳瑞凯(威海)爆破器材有限公司的产品。该公司生产的Exel系列非电导爆管雷管分毫秒导爆管雷管、长延时导爆管雷管和地表延期导爆管雷管三种。其中Exel毫秒导爆管雷管采用粉红色Exel

导爆管和 8 号加强雷管，抗拉强度达 45 kg；Exel 长延时导爆管雷管采用黄色 Exel 导爆管和 8 号加强雷管，抗拉强度 45 kg；这两种延时雷管各段的标准延期时间见表 3.13。长延时导爆管雷管特别适合于地下井巷（隧道）和矿山开挖爆破，与 Exel

表 3.12 导爆管 UNIDET 系统联接起爆件

型 号	UB.0	UB.17	UB.25	UB.42
颜 色	黄	蓝	红	绿
延迟时间 ms	0	17	25	42

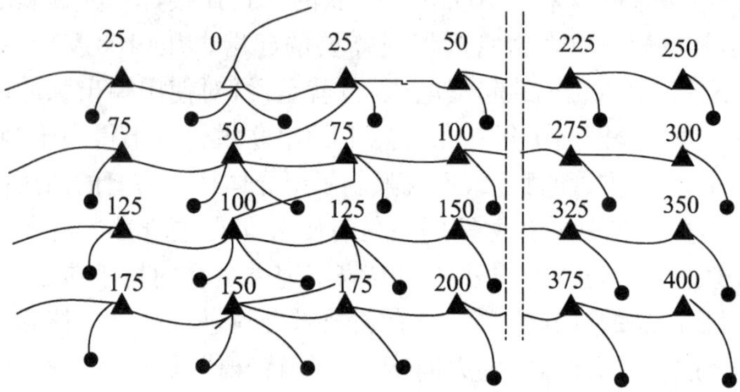

图 3.34 导爆管 UNIDET 起爆系统网路示意图

表 3.13 Exel 延时雷管段别及名义延期时间

段别	延期时间 /ms		段别	延期时间 /ms	
	Exel 毫秒导爆管雷管	Exel 长延时导爆管雷管		Exel 毫秒导爆管雷管	Exel 长延时导爆管雷管
1	25	25	14	350	1 600
2	50	100	15	375	1 800
3	75	200	16	400	2 100
4	100	300	17	425	2 400
5	125	400	18	450	2 700
6	150	500	19	475	3 000
7	175	600	20	500	3 400
8	200	700	21		3 800
9	225	800	22		4 200
10	250	900	23		4 600
11	275	1 000	24		5 000
12	300	1 200	25		5 500
13	325	1 400			

长延时导爆管雷管相似的还有 Dragon 长延时导爆管雷管，它采用的是透明导爆管，延期时间与 Exel 长延时导爆管雷管相同，但抗拉强度仅 8 kg。Exel 地表延期雷管与瑞典导爆管 UNIDET 起爆系统相似，也是在地表连接孔内导爆管实现逐孔起爆的毫秒导爆管起爆系统，由一个导爆管雷管，塑料连接块及塑料 J 型钩构成。雷管镶嵌在塑料连接块中，可在两个方向起爆 5 根 3 mm 导爆管。被起爆的导爆管卡在塑料连接块内。地表延期雷管采用黄色 Exel 导爆管，外拉强度为 45 kg，一端与雷管相连，另一端被封死，并装有 J 型塑料钩，可以方便、快速、可靠地与起爆用的低能导爆索(装药量 3.6～5.0 g/m)相连接。钩上标有段数及秒量，不同段数 J 型钩呈不同的识别颜色。地表延期雷管的标准延期时间和一端 J 型塑料钩的颜色见表 3.14。使用 Exel 地表延期雷管时，通常孔内用相同段别的雷管。

表 3.14　Exel 地表延期雷管的标准延期时间和 J 型塑料钩的颜色

延期时间 /ms	9	17	25	42	65	100
颜　色	绿色	黄色	红色	白色	蓝色	黑色

Exel 系列延时导爆管雷管可以可靠地引爆乳化炸药、硝铵类炸药，它的导爆管具有极高的强度及耐摩擦、抗冲击性能，能承受正常应用条件下的各种冲击和摩擦，但不当使用仍可能对雷管造成损害。这些导爆管雷管抗静电、抗杂散电流和无线电频，但没有任何炸药在受到雷电直接袭击时能够确保安全，因此，如果雷电有可能袭击爆破现场，必须采取适当的预防措施。

3.9　由于电干扰引起网路早爆的原因分析及其预防

3.9.1　雷电对电爆网路的影响

在电爆网路的设计和施工中，爆区周围外来电场的干扰是引发安全事故的主要因素。外来电场主要指雷电、杂散电流、感应电流、静电、射频电、化学电等。当这些外来电场产生的外来电流进入电爆网路，且其强度超过电雷管的最大安全电流时，就可能引起电雷管的早爆。在各种外来电场中对爆破的影响最大、最多的是雷电。因此，《爆破安全规程(GB6722-2003)》规定："雷雨天不应采用电爆网路"。深圳市公安局在《爆破员安全操作规定》中也规定："雷雨季节宜采用非电起爆法"。

电爆网路早爆指在爆破作业中，点火或通电引爆炸药前，出现药包比预定时间提前爆炸的现象。早爆的成因很多，其中因直击雷、雷电感应、静电感应、高频电磁波以及大地和结构物上的杂散电流引起爆破区电雷管早爆是重要原因。单就雷电引起早爆的案例，国内外曾多次发生过。海南某露天铁矿深孔爆破，用铜壳毫秒电雷管串联起爆网路，在接成短路后，由于待爆区附近发生雷击，使 9 个炮孔全部发生早爆。1980 年 8 月辽宁南芬露天铁矿深孔爆破，总装药量 80 吨，共 300 余孔，在连线过程中发生雷击，将全部深孔引爆，由于雷击前已将现场工人全部撤离，没有酿成伤亡事故。在爆破作业中遇到雷电时处置不当，因雷击引发电爆网路早爆而造成财产损失和人员伤亡事故的，也曾多次发生。2000 年 7 月 7 日，深圳市南山一石场由于雷击使炸药发生早爆，一工人由于躲避不及，被石头砸中死亡。1998 年 8 月 31 日，深圳市布吉镇华兴石场进行爆破作业，总计有 150 个浅孔和 11 个深孔，采用串联电爆网路。下午 2 时开始联线，此时石场南方天空出现乌云并开始伴有雷声，2 时 10 分左右爆破班长叫大家撤离现场，2 时 15 分雷击引爆两处计 110 个浅孔，将一未撤离的风钻工活埋，爆破飞石击中离开爆区约 50 m 处的一爆破员致其死亡，并击伤已跑至 100 m 外的一工人的手掌。最严重的一次当数 1992 年在深圳市某硐室爆破中造成 15 人死亡的恶性事故。1992 年 8 月，深圳市盐田九径口炸山填海工地进行硐室爆破，采用复式并串并联电起爆网路，共掘进 2 条导硐，10 个条形药包，总装药量 28.926 t。8 月 27 日下午，2 条导硐均已完成装药工作，开始进行导硐填塞。17 时 30 分，工地突降暴雨，施工人员匆忙躲进 2 条硐内避雨。随之雷电骤起，第一次落雷使爆区外 10 kV 高压线起火。17 时 35 分，雷电通过硐口导线将 2 号硐第 2 排 3 号药包(装药量为 2.28 t)引爆，2 号硐被炸塌，13 名作业人员被埋在硐内。在相邻 1 号硐内 13 人中的 2 人(靠近硐口)感到地动后慌忙逃出硐外，恰被 2 号硐爆破飞石及本硐坡顶滚石掩埋，终酿成 15 人死亡的恶性事故。这是雷电对电爆网路影响的典型案例。

按目前各种起爆方法的优缺点和各类爆破工程对安全准爆性的要求，加上在不同地区雷电发生的多变性，笼统规定在雷雨季节不应采用电爆网路尚难实行，因为“雷雨季节”的跨度很大，“雷雨天不应采用电爆网路”比较科学。但由于雷电有时具有突发性，不可预见的雷击现象时有发生。因此，增加对雷电成因的了解，分析雷电对电爆网路早爆的诱发机制，探讨在爆破作业中遇到突发雷电时的应对措施，对减少爆破作业中因雷电产生的早爆，避免因早爆产生的损失，显得尤为重要和迫切。

3.9.1.1 雷电的基本情况

雷电，是伴随有闪电和雷鸣的一种恐怖而雄伟壮观的自然现象，属常见天气现象，是雷云的放电现象。人们通常所说的雷雨，但有时出现了雷电现象而未必有雨，因此雷电这个名词要比雷雨来得确切一些。在我国，每年冬春季节交替时期，东亚高空环流发生显著变化，西风带槽脊尺度减小，北方冷空气逐渐减弱，南方暖湿气流逐渐加强，低纬度地区的暖气团沿冷气团上方爬升，交界处形成锋面，产生积状云及层状云，积状云的进一步发展即成积雨云(雷云，气象学称 Cb 云)，伴随初雷及连阴雨天气出现。有文言:"雷鸣动,蛰虫皆震起而出，故名'惊蛰'",时间是每年阳历的三月五日或六日。雷电的发生与地理、地形等环境条件有关,在一些地区,每年雷电的发生率很高,如深圳地区,地处纬度低,背山面海,雷电不仅形成于锋面云系中,在夏季,由于太阳辐射对地面的加热作用,空气中产生强烈的局部对流运动而形成雷云。此外,海洋暖湿气流沿山体的迎风坡爬升,也会形成雷云。据气象资料,深圳地区一年十二个月均有雷暴记录,年平均雷暴日达 73.9 天,最多 103 天,最少也有 49 天。

雷电是一种常见的自然现象。世界上每秒钟大约会发生上百次闪电,在雷电发生的一瞬间,除了产生极强的电流和高温外,还会产生大量的臭氧,大气中的臭氧层是地球上一切生物的保护伞,能使地球表面的生物免遭紫外线的危害。雷电也是一种巨大的声波,可使空气中的细菌和微生物丧生。所以雷雨后的空气特别洁净而清新。雷电又是一种高效的天然肥料,雷电发生时,空气中的氮和氧会经电离和化合而形成易被植物吸收的氮肥。但同时,强烈的雷电往往给人类带来灾害。雷电会损坏建(构)筑物,使电子、电气设备失控或损坏,造成的灾害除经济损失外,还伤及到人、畜的生命。人在遭受雷击时,电流迅速通过人体,可引起呼吸中枢麻痹,心脏骤停,造成不同程度的烧伤,严重者可发生脑组织缺氧而死亡。

雷电的特点是:① 冲击电流大,其电流高达几万至几十万 A。② 时间短,一般雷击分为三个阶段,即先导放电、主放电、余光放电。整个过程一般不会超过 60 μs。③雷电流变化梯度大。雷电流变化梯度有的可达 10 kA・μs^{-1}。④ 冲击电压高,强大的电流产生的交变磁场,其感应电压可高达上亿 V。

3.9.1.2　雷电对电爆网路的影响

1. 直接雷击

直接雷击简称直击雷。当雷云移近地面上空时,带有大量电荷的雷云由于静电感应,在其下方的地面或地面设施产生相反极性的电场,当电场强度足够大时(大于 3×10^3 V・cm^{-1}),雷云与大地或地面设施之间空气被击穿而产生局部放电,形成直击雷(见图 3.35)。如果雷云移近爆破作业区上方,一旦发生直击雷,对

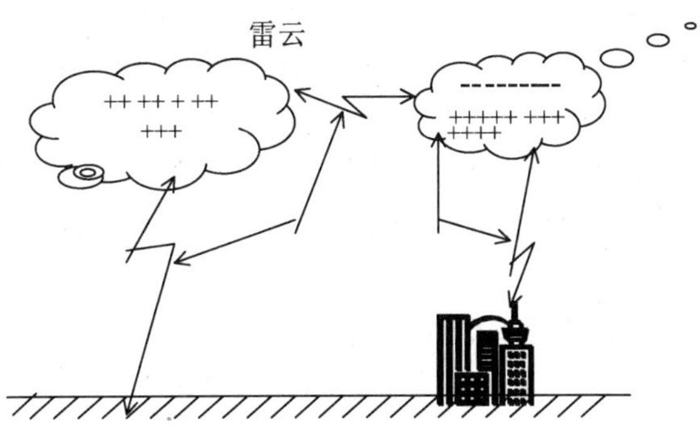

图 3.35　直击雷形成示意图

爆破作业区的影响将是致命的。它完全可以引爆各种起爆网路，包括非电起爆网路，甚至直接引爆炸药。如1968年，在ICI澳大利亚分公司，雷电击爆了纯粹使用非电起爆系统的深孔爆破工程，炮孔内装硝铵炸药，用导爆索起爆，孔外主导爆索用火雷管引爆。那天天气炎热有雨并有雷声，爆破人员为了图凉快，决定冒雨继续装药。导爆索卷放在爆破区一端的竖桩上，下到每个炮孔中的导爆索由工人沿一排炮孔边移动边从导爆索卷上切取。最后，主导爆索盖在许多装了药的炮孔上。雷电越来越近，最后击中了爆破区里正在进行装药的某个地点。虽然不能准确地确定击中点究竟在哪里，但雷击点很可能是装药管，炸药爆炸了，引爆了主导爆索，并导致导爆索卷爆炸，两名正在装药的工人被炸死，此外被主导爆索盖着的孔内导爆索的端头也部分被引爆了。2005年8月12日下午6时30分左右，重庆万州一家公司真空盐项目建设工地发生一起意外爆炸，闪电引爆了放在屋内的电雷管，造成12名农民工被炸伤。2005年4月21日晚10时25分，直击雷引爆重庆綦江东溪化工有限公司乳化炸药生产车间的乳化炸药，将3层楼高的建筑物夷为平地，至少造成16人死亡。此次爆炸事故在爆炸核心区形成了一个深约2 m的锥形大坑，爆炸将建筑物和化工设备的碎片带到了核心区周围70～80 m的地方。

雷电流总是选择距离最近、最易导电的路径向大地泄放。凡是空气中导电微粒密度大、地面上高耸物体、地下矿物质相对较多及土壤电阻率较小的地段容易落雷。当雷击区有较高的建筑物、构筑物或其他突出物时，雷云往往通过这些物体向大地放电形成直击雷。如果爆破作业区附近有较高的构筑物或设备，起爆网路敷设高度低，雷电直接击中电爆网路发生早爆是少见的。直击雷一般发生在露天旷野地区，从发生直击雷的案例看，多出现在山区露天深孔爆破中，起爆网路一般位于直击雷非防护区（LPZ0A区，指本区内的各物体都可能遭到直接雷击，各物体都可能导走全部雷电流），极易遭受直接雷击。在各种起爆网路中，由于电爆网路中存在有金属导体，其遭直击雷而引爆的危险更大。倘若爆破作业区遭受直接雷击，发生早爆是必然的，在目前人们所掌握的防雷技术及爆破作业区防雷可投入成本等条件下，爆破作业区防直击雷还是十分困难的。

另外，球状雷电（滚地雷）对早爆的威胁也不容忽视。它是一种彩色的火焰球体，通常表现为100～300 mm直径的橙色球体，有时可能是黄色、蓝色、或紫色，球雷存在时间可达几分钟，辐射功率最大可达到200 W。球雷自天空垂直下降后，有时在距地面1 m左右的高度，沿水平方向以1～2 $m \cdot s^{-1}$的速度上下跳跃，有时球雷在距地面0.5～1 m的高处滚动，大部分遇电导体而释放能量消失，遇易燃易爆物会引起燃烧和爆炸。

因此，在露天山体上进行爆破作业时，如果在爆破作业区上方或附近出现雷云，则应立即停止爆破作业，迅速将人员撤至安全地带，这样在发生直击雷时可以保证人员的安全。

2. 非直接雷击

雷电，也就是我们通常所说的闪电。闪电可分为云内闪、云际闪和云地闪。直接雷电是由云地闪形成的，它是通过雷击时产生的电效应、热效应和电动力作用对雷击物体产生破坏的。在直击雷的作用下，雷管、炸药、导爆索等爆炸物品是直接爆炸的。而雷电的二次作用，即雷电流产生的静电感应和电磁感应等所产生的危害往往更大。据统计，在雷电造成的损失中，直击雷的损坏仅占 15%，而由于非直接雷击（雷电的二次作用）造成的损坏占 85%。

非直接雷击主要是通过雷击放电使附近的金属物等导电体产生电磁感应而造成损害的。在各种起爆网路中，只有电爆网路中存在有导体，因此可以说，非直接雷击引起早爆只有在电爆网路中才会出现。

非直接雷击的危害包括雷电感应、雷击电磁脉冲、静电感应、雷电使地电位提高等，其中对电爆网路的影响主要是雷电感应和雷击电磁脉冲。雷电感应指雷击放电时，在附近导体上产生的静电感应电流和电磁感应电流；雷击电磁脉冲则表现为电磁干扰和感应效应。

(1) 静电感应

当爆破作业区处于带电雷云（一般上层带正电荷，下层带负电荷）与大地间的电场中时，由于静电感应作用，电爆网路金属导线上束缚了大量的相反电荷。一旦爆破作业区邻近发生雷击，雷云上的负电荷通过闪击与异种电荷迅速中和，瞬间消失。电爆网路金属导线由于与大地之间有较大的电阻，导线上的大量正电荷不可能在短时间内消失，从而形成局部感应高电压，它符合 RC 电路放电的规律：

$$V_c = V\mathrm{e}^{-\frac{t}{RC}}, \quad V' = \frac{Q}{C} \tag{3.17}$$

式中：V_C—雷击发生后，局部高电压地区与大地之间瞬间的电压，V；

V—发生闪击那一瞬间，即 $t=0$ 时局部高电压地区对大地间的电压，V；

R—高电压局部地区对大地的散流电阻，Ω；

C—局部高电压地区对雷云之间的电容，F；

Q—局部高电压地区积累的电荷量，C；

t—以发生闪击瞬间为零，闪击发生后延续的时间，s。

这时，如果电爆网路中有某个地方导线接地或与大地之间电阻变小，则导线上的电荷就会向大地放电，由于导线和雷管有电阻，在放电过程中在网路中产生感应电流，当电流值超过电雷管的安全电流值（普通工业电雷管为 200 mA）时，就可能引起雷管爆炸，继而使炸药早爆。而电爆网路中导线和电雷管脚线的微小破损，导线与导线、导线与电雷管脚线接头处绝缘处理不好、在雷雨中接头与大地通过水介质导通等，都可能出现网路接地的情况，从而引发早爆。另外，在感应高电压的情况下，如果电爆网路上有的地方，如各种导线的接头处过渡电阻过大，会因局部发热或火花放电而引发早爆。

要防止静电感应引起的早爆，就要杜绝电爆网路向大地放电，要保证网路中的导线、脚线不能有破损，接头应连接牢靠、平顺并做好绝缘，网路尤其是接头处应悬于地面、防止进水。

(2) 电磁感应电流

在雷电发生过程中，雷电流沿着导体流入大地时，由于频率高，强度大，在导体的附近便产生强大的交变电磁场，在其作用范围内的电爆网路作为闭合的环形线圈接受电磁能量的作用(见图 3.36)。由于电磁场的影响，在离闪击点一定距离内

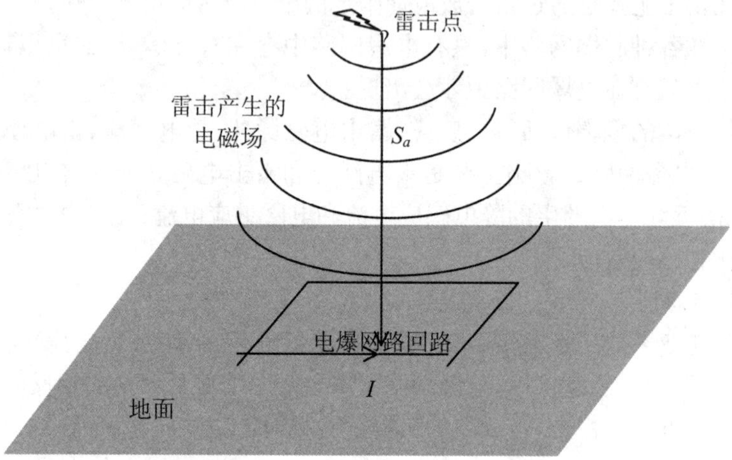

图 3.36 雷击电磁场对电爆网路的感应

会产生感应过电压和感生电流，感生电流沿电爆网路流动从而引发电雷管点火爆炸，这种形式诱发早爆在爆破作业中是比较常见的。线路中的感应预期过电压 U 可由下式近似计算：

$$U = 30 \cdot K \cdot I_o \cdot \frac{H}{S_a} \tag{3.18}$$

式中：I_o—雷电流，A；

H—电爆网路线路离地面高度，m；

K—系数，由闪击回程速度决定的量，$K=1.0\sim1.3$；

S_a—闪击点到电爆网路线路的距离，m。

假设在爆破作业区上空附近 1 000 m 处出现云闪，雷电流幅值为 100 kA，电爆网路线路离地面高度为 0.01 m，取 $K=1.2$，则：

$$U=30\times1.2\times100\times\frac{10^3\times10^{-2}}{10^3}\approx36(\mathrm{V})$$

若电爆网路线路等效电阻为 15 Ω，则感生电流 I 为：

$$I=\frac{U}{R}=\frac{36}{15}=2.4(\mathrm{A})$$

由上述可以看出，由于 I 与 H 成正比，电爆网路线路离地面高度越高，因雷电产生的感生电流就越大。电爆网路线路离地面高度 0.01 m 即可产生约 2.4 A 的感生电流，而普通工业电雷管的最低准爆电流（单发发火电流）仅为 450 mA，因此，架空敷设电爆网路是很危险的。

(3) 雷击电磁脉冲

雷击电磁脉冲是地闪或云闪的另一种能量释放形式，表现为电磁干扰和感应效应。在闪电放电的同时，雷击电磁脉冲从作为发生源的闪电通道向周围很远的地方传输。传输途径分两种，一是空间传输的辐射干扰，闪电通道和引导闪电电流的导引物体大部起着辐射天线的作用，它们向周围空间辐射电磁波；另一途径是导线传输的传导干扰，雷电电磁干扰通过电力传输线、信号线、地下或地上电缆线、天线馈线、多种金属管等导体传输。还有复合干扰，就是导线传输干扰和辐射干扰的复合形式传输。雷击电磁干扰对电气和电子设备及系统的侵入也是通过不同的途径，从电源线引入，信号引入线和信号输出线引入以及辐射电磁场侵入等。当电爆网路处于由雷击电磁脉冲形成的电磁波辐射范围内时，因接受电磁能量而产生感应电流就可能引起早爆。

根据气象观测资料统计，雷云离地面高度通常为 500～1 200 m 之间。当爆破作业区附近发生地闪或云闪时，无屏蔽所产生的无衰减磁场强度 H_o 可按下式计算：

$$H_o = \frac{I_o}{2\pi S_a} \tag{3.19}$$

式中：I_o—雷电流，A；

S_a—雷击点与屏蔽空间之间的平均距离，m。

假设在爆破作业区上空附近 1 000 m 处出现云闪，雷电流幅值为 100 kA，则作业区附近磁场强度为：

$$H_o = \frac{100 \times 10^3}{2 \times 3.14 \times 10^3} \approx 15.9(\text{A} \cdot \text{m}^{-1})$$

磁感应强度为：

$$B = \mu \cdot H_o = 4 \times 3.14 \times 10 - 7 \times 15.9 \times 10^4 \approx 0.2(\text{GS})$$

根据实验，雷击电磁脉冲产生的磁感应强度在 2.4 GS 范围时，计算机会永久损坏；在 0.7 GS 时，计算机会假性损坏；在 0.03 GS 时，计算机会误动作。因此，为防雷击电磁脉冲的侵入，必须做好爆破作业区中各种金属部件、金属线路和爆破仪表的屏蔽措施，屏蔽体要有良好的接地，才能更好地阻挡、隔离和衰减雷电电磁干扰和能量。

(4) 地电位反击

当接闪器（如避雷针、避雷带等）遭受雷击时，雷电流沿引下线和接地体流入大地，并且在它们上面产生很高的电位，地面大量电荷在强电场的作用下，向上方闪电通道产生强烈的回击运动，如果防雷装置与电爆网路的绝缘距离不够，它们之间就会产生放电现象，导致线路绝缘被破坏，高电位的引入可在电爆网路产生相应的脉冲电流，这也是诱发早爆的危险源所在。为防止地电位反击的发生，电爆网路应与防雷装置、高大树木、各种大中型金属构架（柱）等间隔一定距离（见图 3.37），使两者之间间隙闪络电压大于反击电压，即：

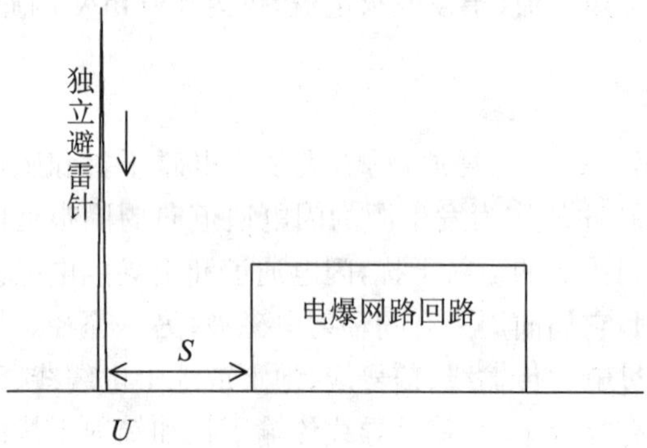

图 3.37　绝缘间隙距离示意图

$$E \cdot S \geqslant U_{反击} \tag{3.20}$$

式中：E—间隙绝缘介质的击穿强度，$kV \cdot m^{-1}$（$E_{空气}$约为 500～600 $kV \cdot m^{-1}$）；

S—绝缘间隙距离，m；

$U_{反击}$—反击电压，kV。

绝缘间隙距离 S 可按下列表达式确定：

$$S \geqslant 0.3K_c(R_i + 0.1L_x) \tag{3.21}$$

式中：R_i—引下线的冲击接地电阻，Ω；

L_x—引下线计算点到地面的长度，m；

K_c—分流系数（单根引下线时为 1）。

假设有一独立避雷针，首次雷击雷电流幅值 100 kA，避雷针冲击接地电阻为 10 Ω，由于电爆网路回路贴近地面敷设，取引下线计算点到地面的长度为 0，则：

$$S \geqslant 0.3 \times 10 = 3\ (m)$$

由上式可知，在上述情况下进行电爆网路的布线，电爆网路线缆应距离避雷针 3 m 以上。

3.9.1.3　雷击前对电爆网路的处置

要杜绝雷击引起早爆的事故，最重要的是掌握气象信息，避开有雷电活动的日子或时段进行爆破作业。但在目前的技术水平条件下，一方面对固定时段和小区域的气象预报准确度还不尽如人意，另一方面除了特别重要的工程，国内大部分单位尚不善于利用气象信息来指导生产。而爆破作业包括装药、填塞、连接网路等工序，需花费一定时间，如中等规模的硐室爆破往往要连续 3～4 天，一般深孔爆破也要耗时 3～4 个小时。雷击有其突发性，爆破则由于炸药等危险品的管理要求和当爆破涉及周围居民时对起爆时间的特殊要求，往往事先就要确定作业时间。因而在雷雨季节进行爆破作业时，在作业过程中遇到雷击的情况还是经常发生的。作为爆破技术人员，应掌握在这种情况下如何处置的技术。

(1) 一般要求

在雷雨季节宜采用非电起爆法。如在深孔爆破和拆除爆破中应采取导爆管起爆法,或导爆管起爆法和电雷管起爆法组成的混合起爆法——孔内用导爆管雷管起爆炸药,孔外用电爆网路起爆导爆管网路。由于在这种情况下一般电爆网路都比较简单,在装药填塞后集中连接电爆网路,可以缩短电爆网路的操作时间,避开雷电的影响。

爆破指挥部应了解当地气象情况,使装药、填塞、起爆时间避开雷电、狂风、暴雨等恶劣天气。在露天爆区不得不采用电力起爆系统时,应在爆破区域设置避雷针或预警系统。在雷电到来之前,暂时切断一切通往爆区的导电体(电线或金属管道),防止电流进入爆区。

当在雷雨季节进行硐室爆破而采用并串并联电爆网路时,在装药、填塞过程中应将导线保持在导硐中,最后再集中进行硐外网路的连接。因为导硐内属于LPZOB区或LPZO1区,即导硐内的导线、炸药等不可能遭到直接雷击,同时导硐对导线、炸药等具有良好的屏蔽作用。

电爆网路线路尽量避免架空敷设;电爆网路线路绝缘性能必须良好,不得破损;电爆网路线路应远离电源线敷设,不宜靠近动力设备布线;有条件时应设置雷电探测仪进行监测,当发出警告信号时立即停止爆破作业,撤至安全地点;在雷电到来之前将所有装药起爆。

对爆破安全来说,首要的是保证人员的安全,也就是说,必须保证在爆破作业区及其附近发生雷击前将所有人员撤离至安全地方。其次,在目前的施工和技术条件下,对起爆网路采取一定措施,可以降低发生早爆的几率,减少出现早爆的可能。

(2) 具体措施

如前所述,雷电对早爆的影响可以分为以下几类:① 当爆破作业区上空发生直击雷时,不论采用何种起爆网路,包括工地上的工业炸药,都有发生早爆的可能;② 当爆破作业区附近发生雷击时,由于静电感应的作用,电爆网路与地面之间会因感应电流局面放电而出现早爆,采用非电起爆网路可以防止早爆;③ 由直击雷或云闪引发的电磁感应电流和雷击电磁脉冲,会引起组成闭合线路的电爆网路的早爆。

在爆破作业过程中如果出现电闪雷鸣,先衡量一下雷云与爆破作业区的距离。若雷云在太远的地方,这里听不到雷声,只看见东闪西闪的电光,一般距离在60公里以外。大家知道光的传播速度相当快,每秒钟达30万公里,而声音传播的速度比光慢得多,每秒钟只有340 m,因此在有雷电时,人们总是先看到闪电而后听到雷声。由于声音的传播速度比较慢,因此,用秒表(或心算)可测出闪电与雷声之间的间隔时间,再乘以声音传播的速度($340\ m\cdot s^{-1}$),即可算出雷电发生地与观测者的距离。例如,看到闪电后5秒钟听到雷声,则雷暴距观测者的距离为$340\times5=1\,700(m)$。如果听到雷声绕圈转,则表示很近地方有雷雨发生了。因为附近的云块密蔽，云底凹凸不平，所以造成回声。

对尚在远处的雷云，可暂不理它，但应加快操作速度，力争在雷电来临之前将爆区引爆；如果雷云越来越近，则应组织人员快速将露天的炸药搬开，同时将大量作业人员撤离爆破作业区，技术人员应集中处理尚未联成网的导线，并尽早撤离爆破作业区。由于任何起爆网路和炸药对直击雷的防护都是无效的，撤离也就成了预防直击雷的唯一措施。

对电爆网路，主要防止其因感应电流和雷击电磁引起早爆。

对露天深孔爆破的电爆网路，应将裸露的导线接头用绝缘胶布包裹好；接头应离开地面，防止雨水浸泡；相邻接头之间距离应尽可能远，防止火花放电；电爆网路不要架空敷设，不要连成闭合网路。

对硐室爆破，电爆网路主要要防电磁感应和电磁脉冲。雷电来前应立即将各导硐硐口的引出线端头分别绝缘，并悬挂在硐内离硐口至少 2 m 处。同时将所有人员撤离施工现场至安全地区。

建筑物拆除爆破中，在雷电来临前不宜进行任何电爆网路的操作。

对重要的爆破工程，可安装防雷装置，采用防直击雷、防雷电感应和综合防雷措施，防止和减少雷击发生。防直击雷，宜装设独立避雷针或架空避雷线作为接闪器，这种装置既经济又实用，安装方便；防雷击电磁脉冲主要是安装电涌保护器(SPD)，可安装在电爆网路电源的进线端。值得注意的是，即使安装了防雷设施，也不可能完全避免雷电灾害的发生，切忌因为安装了防雷设施而麻痹大意，忽视防范措施。

防雷装置必须经当地气象局防雷专业机构检测验收才能使用。

3.9.2 杂散电流及其预防

3.9.2.1 杂散电流的形成与早爆

所谓杂散电流，是指导体因绝缘不良而泄漏出来的，在非指定回路上不规则流动的电流。产生杂散电流的主要原因是：各种电源输出的电流，通过线路到达用电设备后，必须返回电源；当用电设备与电源之间的回路被切断后，电流便利用大地作为回路而形成大地电流，即杂散电流。比如，在矿山作业中经常采用直流架线电机车牵引网路进行轨道运输，在实际牵引过程中由于走行轨道和大地导体等的存在必然会有一部分电流从走行轨流向大地然后在负极附近流入走行轨回到变电所负极或其他电源负极，事实上，钢轨间的连接总是有电阻的，而钢轨与大地之间又是不绝缘的，所以总有一部分电流经钢轨底板、大地或流经管路和电缆外皮，最后返回牵引交流所，这部分电流就称为杂散电流。另外电气设备或电线破损产生的漏电能形成交流杂散电流，硝铵类炸药在装药过程中撒落地面遇水溶解电离产生的化学电也属杂散电流。

在地下工程中普遍存在着杂散电流。其中，由直流架线电机车牵引网路引起的直流杂散电流在电机车起动瞬间，可达数十安培；在运行中可达几安培至十几安培，停车后可降止一安培以下。

杂散电流是存在于起爆网路的电源电路之外的杂乱无章的电流，其大小、方向随时都在变化。

一般说来，在均质同类岩层中，因电阻较大，彼此靠近的两点间电位差很小，无论是交流电还是直流电，产生的杂散电流很小，很少具有引爆电雷管的能力，不可能对电爆网路产生威胁。威胁电爆网路安全的杂散电流，主要分布在导电物体之间（如风水管对岩体；铁轨对岩体；铁轨对风水管；其他金属物体对岩体、铁轨或风水管），这些杂散电流经常高于电雷管的起爆电流。如果在操作时电雷管脚线或电爆网路的导线与金属体（如钢筋混凝土中的钢筋等）、个别导电的地层或任何其他导体接触并形成通路，将使杂散电流流经电雷管而造成早爆事故。根据大庙铁矿对不同测量对象所测得的不同杂散电流强度统计，在矿岩之间测得到杂散电流均小于2 mA，在金属物与矿岩之间测得的杂散电流90%小于2 mA，有10%在2 mA到50 mA之间，而在金属物与金属物之间测得的杂散电流，有53%大于200 mA。

《工业电雷管（GB8031-2005)》规定，普通型工业电雷管的安全电流（最高安全电流）应不小于0.20 A。

交流杂散电流一般比较小，但在电气牵引网路为交流电，电源变压器零线接地以及采用两相供电的场所，铁轨与风水管之间的交流杂散电流也可达几安培而足以引爆电雷管。

无金属物体地点的杂散电流，主要是大地自然电流，其值远小于电雷管的安全电流，即使这些地点存在较多和接地面积较大的游离金属体，其杂散电流有所增加，但一般都小于起爆电流，大部分小于电雷管安全电流。

化学电也属杂散电流，它是在某些金属体浸入电解质内产生的。潮湿的地层或具有导电性能的炸药（如硝铵类炸药等），都属于电解质，金属体进入其中就可能产生化学电，这种化学电的电流即为杂散电流。当化学电流达到一定值，并通过导电体流经电雷管时，便可能引起早爆事故。

在20世纪80年代以前，国内外曾多次发生杂散电流引起的电雷管或电爆网路的早爆事故。1959年10月，河北寿王坟铜矿在掘进平巷时，联接雷管的主线，一根掉在铁轨上，另一根与巷道的岩邦接触，结果使19个炮眼中的7个炮眼发生早爆；1972年云南东川落雪矿在竖井掘进时，杂散电流引起电雷管早爆；1977年，海南某铁矿在25个水孔中进行深孔爆破，采用铜壳毫秒延期电雷管起爆，网路接好后连成短路等候起爆时，杂散电流引起其中9个炮孔早爆。从这些事故中分析，由于杂散电流的强度达不到使整个电爆网路准爆，总会出现相当数量的拒爆孔。

杂散电流可以现场测试，有专用的杂散电流测试仪，如ZS-1型杂散电流测试仪。近几年，在一些电雷管测试仪表中也已附加了杂散电流的测试功能，2H-1型电雷管测试仪即为一例。

《爆破安全规程(GB6722-2003)》规定,在杂散电流大于 30 mA 的工作面,不应采用普通电雷管起爆。

3.9.2.2 预防杂散电流引起早爆的措施

虽然在很多爆破工地存在着杂散电流,但一般情况下能达到影响电雷管或电爆网路的程度并不多见。随着爆破器材的发展,电雷管的安全性能得到了进一步的提高。对普通电雷管,其最高安全电流(在一定时间(5 min)内,给电雷管通以恒定直流电而不会引燃电雷管引火药的最大电流)是衡量电雷管能抵抗多大杂散电流的依据,其值已从原来的 0.125 A 提高到 0.18 A,到 2005 年的国家标准已规定不小于 0.20 A 了;具有高精度的数码雷管,由于雷管内部有一个保护装置,可以高度可靠地保护雷管不被杂散电流、过载电压、静电和电磁辐射干扰;而导爆管起爆网路的出现和大量使用,可以完全消除杂散电流对起爆网路的影响。近年来已罕见因杂散电流引起早爆的事故案例。

根据杂散电流形成原因分析,在采用直流架线电机车牵引网路进行轨道运输的矿区进行爆破时应特别注意杂散电流的影响,最好的办法就是采用非电导爆管起爆系统。如果必须采用电雷管或电爆网路,则应采取如下措施:① 减少杂散电流的来源,采取措施,减少电机车和动力线路对大地的电流泄漏;② 检查爆区周围的各类电气设备,防止漏电;③ 切断进入爆区的电源、导电体等;④在进行大规模爆破时,采取局部或全部停电;⑤ 装药前应检测爆区内的杂散电流,当杂散电流超过 30 mA 时,应采取降低杂散电流强度的有效措施,如需采用电雷管,应该使用抗杂散电流电雷管,包括无桥丝电雷管、低电阻率电雷管和电磁雷管,这些雷管只有在大电流下才会被引爆,在一般杂散电流的影响下不会起爆;⑥ 采用防杂散电流的电爆网路;⑦防止金属物体及其他导电体进入装有电雷管的炮眼中,防止将硝铵类炸药撒在潮湿的地面上等。

3.9.3 感应电流引起早爆的预防

3.9.3.1 感应电流的产生与早爆

感应电流的产生需要两个条件,一个是交变电磁场,在动力线、变压器、高压电开关和接地的回馈铁轨附近都存在有这种交变电磁场;另一个是闭合电路,它在交变电磁场的感应电压作用下形成的电流就是感应电流。如果电爆网路或电雷管正好处在交变电磁场的作用范围内,当电爆网路或电雷管形成闭合电路(这种闭合电路可能是网路本身连接而成的,也可能是网路的某些接头接触潮湿地面与大地的回路形成的)时,在电爆网路或电雷管中就会产生感应电流,当感应电流值大于电雷管的安全电流时,就可能引起早爆事故。因此,当拆除物附近有输电线、变压器、高压电气开关等带电设施时,必须采用专用仪表检测感应电流。当感应电流值超过 30 mA 时，禁止采用普通电雷管。

如前所说，非直接雷电产生的静电和电磁感应电流也是引起电爆网路早爆的主要因素之一。

3.9.3.2　预防感应电流引起早爆的措施

为防止感应电流对起爆网路产生误爆，可以采取以下措施：① 电爆网路附近有输电线时，不得使用普通电雷管；否则，必须用普通电雷管引火头进行模拟试验；在 20 kV 动力线 100 m 范围内不得进行电爆网路作业。② 尽量缩小电爆网路圈定的闭合面积，电爆网路两根主线间距离不得大于 15 cm。③ 采用导爆管起爆系统。

3.9.4　静电引起早爆的预防

3.9.4.1　静电产生的原因及危害

炸药一般都是电介质，在炸药的生产、加工和输送过程中，当炸药颗粒间，炸药与空气或其他电介质摩擦时，便会产生静电，若不及时导除，便会通过积聚使静电压升至几千伏甚至上万伏，遇适当条件就会迅速放电产生电火花。静电火花的能量达到足够大时，即能够将爆炸物品及其他可燃气体或粉尘引燃引爆。

在进行爆破器材加工和爆破作业中，如果作业人员穿着化纤或其他具有绝缘性能的工作服，则这些衣服相互摩擦就会产生静电荷，当这种电荷积累到一定程度时，便会放电，一旦遇上电爆网路，就可能导致电雷管爆炸。

我国以烟火闻名于世，每年烟花爆竹的生产量很大，烟花以黑火药为主要原料，每年因黑火药爆炸产生的安全事故很多。烟花爆竹厂发生爆炸事故的原因是多种多样的，除了违章操作、吸烟、使用明火、电闸打火、照明线路漏电、使用过量氯酸钾、机械撞击等原因外，静电原因引起的占 30% 以上，损失相当严重。烟花厂生产车间静电起电的情况大致如下。

① 非金属材料设备和物料静电。非金属材料绝缘性较高，易起电而难于消电。在生产过程中，由于摩擦（破碎、倒装、研磨、搅拌、剥离、筛选、切割、挤压等）设备和物料都易带电；当物体靠近带电体时，由于静电感应，设备和物料也会带电，若电荷不能泄漏而积累起来，积聚到一定程度就会自行发生放电，产生静电危害；

② 人体静电。人体带电是烟花爆竹生产过程中重要的静电危害源。据日本的统计资料，在静电危害中人体静电原因占 12%～20%。在烟花爆竹生产中存在手工操作，人体起电难以避免。通常的起电方式有摩擦起电（如手与物料的摩擦、手掌与躯干的摩擦、鞋与地面的摩擦等）；剥离起电（如人从椅上突起起立、脱衣服等）和感应起电（如走近带电体、用电器等）。当静电起电率大于泄漏率时造成人体静电积累，带电人体与接地体靠近或接触时就发生放电现象产生静电火花；

③ 药剂粉尘静电。在黑火药生产过程中，药剂的粉尘不可避免。黑火药是一种比较敏感的药剂，使用过程中粉尘量大，发生事故的几率也多于其他药剂。一方面工

艺过程中使粉尘因摩擦而带电，若产生放电，就会引起这些粉末与空气混合物的燃烧或爆炸。另一方面，这些带电微粒还容易被人体吸附而起电，形成人体静电。

同样，在其他炸药生产过程中，由于静电造成的安全事故也是比较多的，而且往往比较严重。如1961年在我国东北某工厂，因静电引起梯恩梯粉碎车间爆炸，同时殉爆了另一个车间，造成重大的损失。1980年东北的另一个工厂，由于人体行走产生的静电引起被清点的电雷管爆炸而造成死亡事故。1996年1月31日19时50分，湖南省邵阳市郊发生特大炸药爆炸事故，死亡134人，伤405人。爆炸周围100米左右的106户、605间房屋受到不同程度的毁坏，附近通讯、供水、供电设施被毁坏，207国道交通一度中断，直接经济损失1 966万元。经有关部门对现场勘查和检验分析鉴定，发生"1·31"特大爆炸事故的直接原因，是有人在加工机械、工房无任何安全措施的情况下，长时间加工细度为100目的的黑索金，积累了大量的炸药粉尘，机械撞击及振动摩擦聚集能量，形成高压静电和热点，达到足够的起爆能而引起爆炸。

因此，在爆炸物品的生产、储存、运输和使用过程中，防止静电产生和减少电荷积聚，是安全管理工作的重要内容。

采用压气装药器或装药车进行装药可以减轻劳动强度、提高装填效率、保证装药密度、改善爆破破碎效果。但在装药过程中，由于机械的运转，高速通过输药管的炸药颗粒与设备之间的摩擦、炸药颗粒与颗粒的撞击会产生静电。如果静电不能及时泄漏而集聚，其电压可达数万伏。静电集聚到一定程度所产生的强烈火花放电，不仅可能对操作人员产生高压电火花的冲击，以及引起瓦斯或粉尘爆炸的危险，而且可能引起电雷管的早爆。如ICI澳大利亚分公司一个工人提着一个带电雷管的起爆药包站在风动N-F装药机附近，装药机无接地线，该工人穿胶靴，因提装药机软管使自己身体集聚了足够的电荷，当电雷管的一根导脚线接触人体，一根脚线触地时发生爆炸，将该工人炸死。

压气装药器或装药车出现的这种早爆因素，可能有以下四种情况。

① 装药时，带电的炸药颗粒使起爆药包和雷管壳带电。若雷管脚线接地，管壳与引火头之间产生火花放电，能量达到一定程度时，引起早爆；

② 装药时，带电的装药软管将电荷感应传递给电雷管脚线。若管壳接地，引火头与管壳之间产生火花放电，能量达到一定程度时，引起早爆；

③ 装药时，电雷管的一根脚线受带电的炸药或输药软管的感应或传递而带电，另一根脚线接地，则脚线之间产生电位差，电流通过电桥在脚线之间流动。当该电流大于电雷管的最小起爆电流时，可能引起早爆；

④ 在第三种情况下，如果电雷管断桥，则在电桥处产生间隙，并因脚线间的电位差而产生放电，引起早爆。

压缩空气及周围空气的湿度对静电压的影响极大。空气湿度大，则装药设备，炮孔的表面电阻下降，静电不易集聚。一般认为，相对湿度大于70%，则不致因静电引起早爆事故。

输药管、装药器及人体等部位经常接地，炮孔潮湿，则输药管上的电荷和吹入炮孔的炸药颗粒所带的电荷很快向大地泄漏，静电不易集聚，电位差就低。

3.9.4.2 静电早爆的预防措施

静电的产生和积累是静电成灾的根源。要想不产生静电是难以做到的，但采取措施使静电的生成量小，泄放得快是可能的，这是防静电灾害的主导思想。在爆破作业现场防止静电早爆的最好方法是采用导爆管雷管起爆网路，在进行爆破器材加工或采用机械化装药时，可采取如下措施：① 消除人体静电积累关键在于接地，使人体电位不超过规定的安全值。进行爆破器材加工和爆破作业的人员应穿导电鞋，不要穿戴化纤、羊毛等可能产生静电的衣物。② 接地是消除静电危害最基本的有效措施，以防静电为目的的接地称静电接地，静电接地的措施有导体的接地、在绝缘体设备上涂敷导电层和导电性地面。这样做的作用有两个，其一是提供一条静电荷泄漏的通道，防止静电荷在物体上的焦聚；其二是减小位于带电体附近的物体产生感应电荷的危险，部分地消除感应电荷。生产车间的设备、工艺装置、工作台等都要接地，在危险工房门口要设置接地金属把手。机械化装药时，所有设备必须有可靠的接地，防止静电积累。粒状铵油炸药露天装药车车厢应用耐腐蚀的金属材料制造，厢体应有良好的接地；输药软管应使用专用半导体材料软管，钢丝与厢体的连接应牢固。小孔径炮孔及药壶爆破使用的装药器的罐体应使用耐腐蚀的导电材料制作，输药软管应采用半导体材料软管。在装药时，不应用不良导体垫在装药车下面；输药风压不应超过额定风压的上限值；持管人员应穿导电或半导电胶鞋，或手持一根接地导线；在使用压气装填粉状硝铵类炸药时，特别在干燥地区，为防止静电引起早爆，可以采用导爆索网路和孔口起爆法，或采用抗静电的电雷管。

3.9.5 高压电、射频电对早爆的影响和预防

依靠高压线输送的电压很高的电称为高压电，射频电是指由电台、雷达、电视发射台、高频设备等产生各种频率的电磁波。在高压电和射频电的周围，都存在着电场，按频率的不同可分为工频电场与射频电场。大功频输电线路产生的是工频电场，一般频率为50～1 000 Hz；射频（Radio Frequency ，简称 RF）由交变的电场和磁场组成，在无线电通信里面，为了将信息传播出去，要将信息信号调制到一个很高的频率，形成射频信号，射频是指频率在 10 kHz 至 300 GHz 之间具有辐射能力的高频电波，是由无线电或射频设备工作过程产生的电磁感应与电磁辐射所引起的。

当电雷管或电爆网路处在强大的工频或射频电场内，便起到接收天线作用，感生和吸收电能，在网路两端产生感应电压，从而有电流通过。当该电流超过电雷管的最小发火电流时，就可能引起电爆网路或电雷管的早爆事故。例如，1985～1986

年，四川石油地质调查处地震队，在使用 DFS-V 型数字地震仪的过程中，就曾先后发生三次爆炸事故。译码器电台是地震仪器的专用电台，由编、译码器组合而成，编码器电台起着指挥放炮作业的作用，译码器电台与起爆器组合，专门引爆药包。三次爆破事故均与该电台的射频电有关。一次是 1985 年 6 月，地震队某炮班在川西某工地修好译码器电台后，负责内部仪器(编码器)的同志要求测试。炮班工徐某在两个电台正在通话的情况下，手拿雷管走向炮区，当其到达距译码器电台天线 0.5 m 处时，雷管发生爆炸，将手炸伤。第二次是 1985 年 6 月，在川东某工地当地震队某班工作人员与编码器人员通话联系时，工人王某在离电台 1.5 m 处挽雷管脚线，不慎将一雷管脚线碰在译码器电台天线上，引起雷管爆炸，将王的右手小指和手掌外侧炸成重伤。第三次是 1986 年 4 月，当地震队某班班长弯腰开机与内部编码人员通话时，引起离译码电台 0.6 m 处一药包(内装雷管和 3 kg 炸药)爆炸，死 1 人，伤 6 人。分析事故原因，雷管脚线连接成短路后恰似一环状线圈，故在天线附近的磁场中产生感应电动势，当线圈与磁力线垂直时，产生电动势最大，雷管被激发的可能性也最大，第一、第三次爆炸事故可能是由此造成的；若雷管脚线形成类似振子天线的形状(即一根脚线与天线搭接)，则可能有一定的增益，将使天线接收到更大的功率，因此数倍于雷管安全电流的高频电流将进入雷管，引起爆炸。

手机也是一种射频电源，使用的频率在 800 MHz 与 1 800 MHz 之间。手机一般由射频部分和基带部分组成，射频部分分接收和发射两部分。当使用手机时，手机会向发射基站传送无线电波，为了达到手机和基站的良好通讯，要求手机发射的射频必须有足够的强度才行，当手机与基站距离很远时，手机必须加大自身的发射频率，才能维持良好的通信水平。现在一些手机为了外观的小巧，很多把天线集成在手机内部，这就对射频的发射造成一定的影响，为了达到良好的效果，手机不得不进一步加大射频功率以维持正常工作。手机在刚接通时瞬间功率相对较大，产生的射频电流也比较大，由手机引发的爆炸事故主要发生在加油站、油库、化工厂等地方。在爆破作业中，前些年曾发生过这样的爆破事故案例。2003 年在深圳某石场深孔爆破工地，一爆破员正在往钻孔中安放起爆体时，手中的起爆体突然发生了爆炸，造成了一死一伤的安全事故。起爆体是由电雷管和炸药卷组成的，当时工地上无其他杂散电源，后分析，该爆破员身旁约 1 m 处的班长当时正好来个电话，在接听手机时即发生了爆炸，显然，手机的射频电流是引发电雷管爆炸的元凶。现在，一般手机在说明书中都会提示：“在加油站、油库、化工厂或执行易燃易爆作业时，不得使用手机。”《爆破安全规程》也规定：“手持式或其他移动式通讯设备进入爆区应事先关闭。”因此，在携带和应用电雷管的施工现场，关闭手机是至关重要的。

为防止射频电对电爆网路产生早爆，必须遵守下列规定。

① 采用电爆网路时，应对高压电、射频电等进行调查；发现存在危险，应采取预防或排除措施。

② 在爆区用电引火头代表电雷管，做实爆网路模拟试验，检测射频源对电爆

网路的影响。

③ 禁止流动射频源进入作业现场。已进入且不能撤离的射频源，装药开始前应暂停工作。手持式或其他移动式通讯设备进入爆区应事先关闭。

④ 电爆网路敷设时应顺直、贴地铺平，尽量缩小导线圈定的闭合面积。电爆网路的主线应用双股导线或相互平行、且紧贴的单股线。如用两根导线，则主线间距不得大于 15 cm。网路导线与雷管脚线不准与任何天线接触，且不准一端接地。

⑤ 采用抗射频电雷管。它是在普通工业电雷管的电引火元件上联接高频滤波器件，如桥丝加并联电容器，以及改变桥丝、脚线电阻，使接收的射频电磁能分流消耗，不足以引发引火药达到抗射频目的。抗射频电雷管能防止确定频率范围的射频危害，接收电磁能量高于普通工业电雷管引火冲能的 200 倍也不爆炸。

表 3.15、表 3.16、表 3.17、表 3.18 分别列出了采用电爆网路时爆区与高压线、中长波电台(AM)、移动式调频(FM)发射机及甚高频(VHF)、超高频(UFM)电视发射机的安全允许距离。如果爆区满足不了这些要求，则不应采用电力起爆法，应选择非电起爆网路。

表 3.15 爆区与高压线的安全允许距离

电压/kV		3～6	10	20～50	50	110	220	400
安全允许距离/m	普通电雷管	20	50	100	100			
	抗杂电雷管					10	10	16

表 3.16 爆区与中长波电台(AM)的安全允许距离

发射功率/W	5～25	25～50	50～100	100～250	250～500	500～1 000
安全允许距离/m	30	45	67	100	136	198
发射功率/W	1 000～2 500	2 500～5 000	5 000～10 000	10 000～25 000	25 000～50 000	50 000～100 000
安全允许距离/m	305	455	670	1 060	1 520	2 130

表 3.17 爆区与移动式调频(FM)发射机的安全允许距离

发射功率/W	1～10	10～30	30～60	60～250	250～600
安全允许距离/m	1.5	3.0	4.5	9.0	13.0

表 3.18 爆区与甚高频(VHF)、超高频(UFM)电视发射机的安全允许距离

发射功率/W	1～10	10～10^2	10^2～10^3	10^3～10^4	10^4～10^5	10^5～10^6	10^6～5×10^6
VHF 安全允许距离/m	1.5	6.0	18.0	60.0	182.0	609.0	
UHF 安全允许距离/m	0.8	2.4	7.6	24.4	76.2	244.0	609.0

注：调频发射机(FM)的安全允许距离与 VHF 相同。

3.9.6 仪表电和起爆电源引起的早爆、误爆及其预防

在电爆网路敷设过程中和敷设完毕后使用非专用爆破电桥或不按规定使用起爆电源，也会引起网路的早爆。

《爆破安全规程》重点强调，电爆网路的导通和电阻值检查，应使用专用导通器和爆破电桥，专用爆破电桥的工作电流应小于 30 mA。使用万能表等非专用爆破电桥，容易因误操作使仪表工作电流超标而引起早爆。

因起爆电源的失误引起的早爆、误爆事故也时有发生。如 1984 年河南某铁矿用变压器输出电缆临时当放炮母线并关掉总闸，中午填塞快结束时有人送照明电时将放炮母线也送上了电，造成 4 死 1 重伤的重大事故。

防止仪表电和起爆电源失误产生早爆、误爆的措施是：① 严格按规定使用专用导通器和爆破电桥进行电爆网路的导通和电阻值检查，禁止使用万用电表或其他仪表检测雷管电阻和导通网路；定期检查专用导通器和爆破电桥的性能和输出电流；② 严格按照有关规定设置和管理起爆电源；③ 定期检查、维修起爆器，电容式起爆器至少每月充电赋能一次；④ 在整个爆破作业时间里，起爆器或电源开关箱的钥匙要由起爆负责人严加保管，不得交给他人；⑤ 在爆破警戒区所有人员撤离以后，只有在爆破工作领导人下达准备起爆命令之后，起爆网路主线才能与电源开关、电源线或起爆器的接线钮相联接；起爆网路在联接起爆器前，起爆器的两接线柱要用绝缘导线短路，放掉接线柱上可能残留的电量。

第 4 章　工程爆破施工中的安全技术

4.1　爆破作业环境的安全要求

爆破作业属于高危领域。它涉及爆炸物品的运输和使用，爆炸事故直接危及公民生命、财产安全和公共安全，是国家重点控制的行业，国家对民用爆炸物品的生产、销售、购买、运输和爆破作业实行许可证制度。爆破作业危险性较高，如果发生安全事故除会造成爆破区及其周边地域生命和财产的损失外，还会造成重大社会影响。因此，爆破作业对周围环境产生的影响不容忽视。同样周围环境对爆破作业安全的影响也不容忽视，因为爆破作业要在爆破区中进行，爆炸物品要在爆破区中使用，在不安全的环境中进行作业，将直接危及施工作业人员和周围人员的安全。在爆破设计和施工作业中，根据爆破区和爆破区周围的自然条件和环境状况，利用对爆破有利的条件，规避或改善对爆破不利的条件，对危及爆破安全情况采取必要的安全防范措施，是保证爆破作业顺利实施所必须认真考虑的。

爆破作业环境泛指爆破区及爆破区周围的自然条件、环境状况，以及它们对爆破安全的影响。

爆破区的自然条件指爆破区所处的自然状态。如土岩爆破中爆破体的地形地质特点，包括岩体地质构造、边坡、滑坡体、滚石以及水文地质、溶洞、采空区、岩体稳定情况等；拆除爆破中建(构)筑物的基础条件；地下爆破中有害气体浓度、温度、湿度及作业区的亮度、通风、地下水等情况；水下爆破中水介质特性、水深、水温、水流速度、水面风浪、海潮涌浪、河流水位、水流速度、泥沙运动，以及水下软土地基的结构特性与其固相颗粒的矿物成分、骨架结构、级配大小、密实程度、水饱和度以及含气率等。

爆破区和爆破区周围的环境状况指爆破区和邻近区域的水、电、气和通讯管线路的位置、埋深、材质和重要程度；邻近爆破区的建(构)筑物(如民房、办公楼、厂房、堤坝以及爆区附近水域的养殖设施、水面船只、水岸码头等)、交通道路、设备仪表或其他设施的位置、结构特点、重要程度和对爆破的安全要求等。

另外，还应考虑爆破区所在地的人文和社会环境状况，包括地方政府和居民对工程爆破的了解程度，对所进行的爆破工程的态度，以及处理爆破扰民问题的难易程度等。

爆破作业环境还包括爆破区附近有无危及爆破安全的电磁波发射源、射频电源及其他产生杂散电流等不安全因素。

《爆破安全规程(GB6722-2003)》在爆破工程分级中将爆破作业环境分为三种情况：① 环境十分复杂。指爆破可能危及国家一级或二级文物、极重要设施、极精密贵重仪器及重要建(构)筑物等保护对象的安全。② 环境复杂。指爆破可能危及国家三级文物、省级文物、居民楼、办公楼、厂房等保护对象的安全。③ 环境不复杂。指爆破仅可能危及个别房屋、设施等保护对象的安全。

环境条件不可能进行十分详尽描述。上述之"可能危及"指爆破发生的冲击波、飞石或爆破振动可能产生的安全问题。在城镇闹市区进行拆除爆破或岩土爆破，周围商铺密布、人口稠密、交通繁忙，一旦发生爆破安全事故，产生的社会影响相当大，也可以定为环境十分复杂。在《爆破安全规程》中的爆破工程类别中，专门有一类复杂环境深孔爆破，指的是距爆区 100 m 范围内有居民集中区、大型养殖场或重要设施的环境中所进行的深孔爆破。

爆破前应对爆破区周围的自然条件和环境状况进行调查，认定爆破作业环境的等级，并根据不同等级的作业环境，采取与该等级相符的安全防范措施。根据爆破工程的复杂程度和爆破作业环境的特殊要求，由设计、安全评估和审批单位商定，可以适当提高相应爆破工程的管理级别。

在一些重要建(构)筑物附近进行爆破作业还应考虑有关法律、法规、条例对爆破作业的限制性要求。如国务院《石油天然气管道保护条例(2001)》第十五条、第十六条规定：禁止任何单位和个人"在管道中心线两侧或者管道设施场区外各 50 米范围内，爆破、开山和修筑大型建筑物、构筑物工程"，"在管道中心线两侧各 50 米至 500 米范围内进行爆破的，应当事先征得管道企业同意，在采取安全保护措施后方可进行"。国务院《铁路运输安全保护条例(2005)》第十八条规定："在铁路线路两侧路堤坡脚、路堑坡顶、铁路桥梁外侧起各 1 000 米范围内，及在铁路隧道上方中心线两侧各 1 000 米范围内，禁止从事采矿、采石及爆破作业。在前款规定的范围内，因修建道路、水利工程等公共工程，确需实施采石、爆破作业的，应当与铁路运输企业协商后，采取必要的安全防护措施。"1996 年 4 月 1 日起实行的《中华人民共和国电力法》第五十二条规定："在电力设施周围进行爆破及其他可能危及电力设施安全的作业的，应当按照国务院有关电力设施保护的规定，经批准并采取确保电力设施安全的措施后，方可进行作业。"由国务院颁布、1997 年 9 月 15 日开始实施的《电力设施保护条例》第十二条规定："任何单位或个人在电力设施周围进行爆破作业，必须按照国家有关规定，确保电力设施的安全。"由国家经济贸易委员会和公安部颁布、1999 年 3 月 18 日开始实施的《电力设施保护条例实施细则》第十条规定："任何单位和个人不得在距电力设施范围 500 米内(指水平距离)进行爆破作业。”“因工作需要必须进行爆破时，应当按国家颁发的有关爆破作业的法律法规，采取可靠的安全防范措施，确保电力设施安全，并征得当地电力设施产权单位或管理部门的书面同意，报经政府有关管理部门批准。”

近年来，爆破作业环境中的人文和社会因素所占的分量已越来越重要了。一方面，由于目前科学水平的限制，人们对爆破有害效应产生的机理、有效控制和防范尚未达到完全了解和掌握的地步，爆破有害效应对周围环境的影响确实存在；另一方面，国家对爆破有害效应缺乏权威性的认定规则，对在国民法治意识加强的同时经常出现的不理智的要求缺少有效的解决体制。由爆破工程引发的扰民和民扰纠纷近年来呈上升的趋势，而且一般解决起来难度相当大，常常影响爆破工程的正常实施。比如，2007 年在陕西某地区修建襄渝Ⅱ线某隧道时，由于隧道要从城区通过，地方政府甚至提出只要进行爆破作业，就要给钱，对当地住民的一些出格举动也不予制止，给爆破施工带来极大困难。在一些地方，离爆区较远距离外的居民都会提出各种各样的问题来要求作业方解决，要解决这些问题，已经不是技术层面上能达到的。因此，作为爆破工程技术人员，必须对爆破作业环境中的人文和社会因素给以足够的重视，而这些因素对爆破作业的安全技术提出的越来越高的要求，会促进我国爆破技术的进步。

4.1.1 爆破作业环境的一般要求

《爆破安全规程(GB6722-2003)》对爆破作业环境有明确的要求。规定爆破作业场所有下列情形之一时，不应进行爆破作业：① 岩体有冒顶或边坡滑落危险的；② 地下爆破作业区的炮烟浓度超过爆破安全规程规定的标准时；③ 爆破会造成巷道涌水、堤坝漏水、河床严重阻塞、泉水变迁的；④ 爆破可能危及建(构)筑物、公共设施或人员的安全而无有效防护措施的；⑤ 硐室、炮孔温度异常的；⑥ 作业通道不安全或堵塞的；⑦ 支护规格与支护说明书的规定不符或工作面支护损坏的；⑧ 距工作面 20 m 以内的风流中瓦斯含量达到或超过 1%或有瓦斯突出征兆的；⑨ 危险区边界未设警戒的；⑩ 光线不足、无照明或照明不符合规定的；⑪ 未按爆破安全规程的要求做好准备工作的。

上述规定的大部分是针对地下爆破作业环境的，这是由于地下爆破作业环境比地面更为复杂。违反上述规定进行爆破作业，就可能发生早爆、拒爆、损物、伤人或发生严重的次生事故，造成不可收拾的后果。这方面的教训数不胜数。据国家安全生产监督管理局通报，2002 年 5 月 4 日 1 天内发生小煤窑特大事故 3 起：山西运城河津市嵩源煤矿透水事故死 21 人，湖南娄底涟源市及贵州威宁县小煤窑发生瓦斯爆炸事故分别导致 15 人和 23 人死亡。2002 年 5 月 15 日湖南小煤窑发生一次透水事故、两次瓦斯爆炸事故，分别死亡 12 人、18 人、18 人。2002 年 6 月 20 日黑龙江鸡西矿业集团公司城子河煤矿西二采区发生特大瓦斯爆炸事故，包括集团总经理在内的115人遇难。2002年6月24日河北省蔚县3处私开小煤窑发生水灾，16人遇难……惨痛的教训告诉我们，必须十分重视爆破作业环境对安全的影响。每一次爆破前，应对爆区周围的自然条件和环境状况进行调查，了解危及安全的不利环境因素，采取必要的安全防范措施。

工程爆破作业人员特别应该记住并坚持以下的爆破作业环境基本要求。

① 在大雾天、黄昏和夜晚，禁止进行地面爆破和水下爆破；需在夜间进行爆破时，必须采取有效的安全措施，并经主管部门批准。

② 在人口密集区、重要设施附近及有气体、粉尘爆炸危险的地点，绝对不许采用裸露爆破；在沟谷中及特殊气象条件下进行裸露爆破，应考虑空气冲击波反射、绕射的影响，加大相应方向的安全距离。

③ 在有瓦斯或煤尘爆炸危险的矿井以及其他不同类型的矿井中爆破，应遵守有关的安全规定。

④ 露天爆破、水下爆破装药前，应与当地气象、水文部门联系，及时掌握气象、水文资料，遇以下特殊恶劣气候、水文情况时，应停止爆破作业，所有人员应立即撤到安全地点：ⓐ 热带风暴或台风即将来临时；ⓑ 雷电、暴风雪来临时；ⓒ 大雾天气，能见度不超过100 m时；ⓓ 风力超过六级，浪高大于0.8 m时，水位暴涨暴落时。

⑤ 采用电爆网路时，应对高压电、射频电等进行调查，对杂散电进行测试；发现存在危险，应立即采取预防或排除措施；在雷电天气，应采用导爆管起爆网路，不要在雷电天气冒险进行电爆网路的操作。

⑥ 在残孔附近钻孔时应避免凿穿残留炮孔，在任何情况下不应打钻残孔。因为在残孔中往往有残留的爆破材料，打钻残孔引起残药爆炸在所有爆破事故中占的比例是很高的。

⑦ 地下爆破可能引起地面塌陷和山坡滚石时，应在通往塌陷区和滚石区的道路上设置警戒，树立醒目标志，防止人员误入。

⑨ 除非周围环境十分有利，一般情况下应该慎用硐室爆破。规模较大、周围环境比较复杂的爆破工程一定要取得当地政府的支持。1999年我们在浙江淳安县城区(千岛湖镇)内承担226万 m^3 的场平爆破工程，成功地进行了8次硐室爆破，靠的就是地方政府的支持。在人文环境复杂的地方进行拆除爆破，应尽可能将群众工作交由地方政府去处理。

并不是说违反了这些要求就一定会出安全事故，但不是每一次都会那么侥幸，只要出一次事故，就很可能是终身的遗憾。爆破技术可以不断提高，爆破效果也可以不断改善，但爆破安全事故往往没有机会再去弥补。对待已经发生的安全事故，爆破工程技术人员要学会正确对待，如果是自己造成的，就应反省自身行为，总结教训，研究对策，预防同类事故重复发生；如果是别人造成的，同样也能学到很多东西。工程爆破行业中，一次重大的安全事故不仅会影响一个爆破企业，有时会影响到一个地区的行业市场，甚至影响到整个行业的发展。

“要是某一个环节再考虑周全一些，再细致一些，再严格一些，认真执行有关规定，这场事故是可以避免的。”这是事故发生后我们常发出的感慨。细节决定成败，细节决定着我们的安危，在爆破作业中尤其是这样。你必须去注意爆破作业中的每一个细节，才能确保每一次爆破作业的安全。记住这句话：任何一次爆破都是你的第一次爆破！

4.1.2　特殊环境下爆破作业的要求

特殊环境下进行爆破作业，环境对爆破作业的要求也是特殊的。作为工程爆破技术人员，在需要于特殊环境下进行爆破作业时，必须对这些环境的特点有所了解，并对在这些环境下进行爆破作业的安全关注点进行控制，切忌用一般作业环境中的经验来处理特殊环境中的爆破作业。在《爆破安全规程(GB6722-2003)》中对一些特殊环境做出了明确的规定，包括在具有硫尘或硫化物粉尘爆炸危险以及在超过 60 ℃的高温高硫矿井中进行爆破时应遵守的有关规定，在钾矿、石油矿和地腊矿进行井下爆破时应遵守的有关规定，放射性矿井爆破的有关规定和在高温热凝结构中进行爆破时的有关规定。

4.2　深孔爆破作业中的安全技术

随着爆破对安全的要求越来越严格，以及深孔钻孔机械的广泛使用，深孔台阶爆破已成为国内土岩爆破的主力军。与硐室爆破相比，深孔台阶爆破的最大特点是其安全性：① 深孔爆破装药部位的地质条件和与临空面的关系较直观，容易取得数据进行孔网参数的计算；② 深孔爆破药量相对分散，单个药包爆炸时产生的影响比较小；③ 深孔爆破的有害效应(主要指爆破振动和个别飞石)比较容易控制。但深孔爆破药包数量多，作业中要确保每一个药包不出现安全问题，需要每个作业人员都具有安全意识和责任心。

4.2.1　深孔台阶爆破设计中的安全控制

深孔台阶爆破设计参数包括基本参数、孔网参数和装药参数三部分。基本参数指台阶高度和钻孔直径，它们的选取与该工程的开挖深度、钻孔机械与开挖机械的施工特点和安全要求有关，是在工程的整体设计中首先应该慎重考虑的。孔网参数包括抵抗线、孔距、排距、超钻、孔深等，装药参数涉及单位耗药量、单孔装药量、填塞长度等。孔网参数和装药参数应根据爆区岩石状态及环境条件进行设计。目前，深孔爆破安全问题中最重要的是爆破振动和飞石的控制。其中与安全技术关联比较大的是装药参数，即单位耗药量、单孔装药量和填塞长度。在确定了单位耗药量和填塞长度后，单孔装药量可以根据炮孔的孔网参数计算得出。爆破振动控制与单响起爆药量等因素有关(参见第 9 章)。单位耗药量和填塞长度则是控制爆破飞石的两个互相关联的重要参数。

单位耗药量 q，也称单位耗药系数，简称单耗，全名为爆破单位体积岩石的炸药消耗量。单耗与炸药的特性有关。对具体的爆破工程，在确定了使用的炸药以后，就要根据爆破岩石的特性、爆破区环境条件、炸药特性、爆破破碎要求和爆破工艺确定其单位耗药量。确定方法可采用漏斗试验法、经验公式计算法、查表法和工程类比法。在硐室爆破中，经常采用爆破漏斗试验法得出标准抛掷爆破单位炸药消耗量，再根据爆破作用指数计算不同爆破类型的单位耗药量，松动爆破单位炸药消耗量一般取标准抛掷爆破单位炸药消耗量的 0.33 倍。深孔爆破多采用松动爆破的爆破类型，大部分工程技术人员多根据同地区相似地质条件下爆破区的实际爆破效果选取单耗值。对一般土岩爆破，其数值是有一定范围的。

单耗的选取直接影响工程的炸药用量，由于炸药属国家控制物品，目前，由于各地管理的差异，炸药市场价格与其实际价格已严重脱离，为控制爆破成本，一些单位往往从降低单耗上想办法。但对每一种岩石来讲，降低单耗值，其爆破效果会受到影响，一般土岩爆破的目的是破碎岩石并将其运出去，降低单耗所节省下来的成本，将远远弥补不了因爆破效果变坏在二次处理和挖运工序中的支出，综合成本会大幅增加。在操作中，我们采用炸药单耗的总量控制，即将实际使用的装药量与爆破岩石量相比，得出实际的炸药单耗，这是衡量爆破破碎及松散程度效果的一个重要参数。在浙江淳安程高山的 8 次硐室爆破中，单耗值最低 $0.30\ \mathrm{kg\cdot m^{-3}}$，最高 $0.46\ \mathrm{kg\cdot m^{-3}}$，平均 $0.38\ \mathrm{kg\cdot m^{-3}}$。在施工中发现，炸药单耗低于 $0.35\ \mathrm{kg\cdot m^{-3}}$ 的三区和六区爆破后大块率很高，机械很难开挖，二次处理既不安全，成本又高。也就是说，要取得利于机械开挖的爆破效果，单位耗药量不能低于 $0.35\ \mathrm{kg\cdot m^{-3}}$。这里的单位耗药量与设计中的单耗已不是同一个概念，设计单耗要大于实际的炸药单耗。在中硬岩石中，设计单耗一般不应小于 $0.40\ \mathrm{kg\cdot m^{-3}}$。在深孔爆破中，设计中的单位炸药消耗量 q 可以按表 4.1 中的数值选取，该表数据以 2 号岩石硝铵炸药为标准。

表 4.1 单位炸药消耗量 q 值

岩石坚固性系数 f	0.8～2	3～4	5	6	8	10	12	14	16	20
$q/\mathrm{kg\cdot m^{-3}}$	0.40	0.43	0.46	0.50	0.53	0.56	0.60	0.64	0.67	0.70

炮孔装药时的填塞长度直接影响爆破时个别飞石的距离。填塞长度 L_2 的选

取与钻孔直径 d 和单位耗药量 q 有关。在单耗 q 取得比较合理的情况下，保证有 30 倍以上钻孔直径的填塞长度，一般都可以有效的控制个别飞石距离。片面加长填塞长度，虽能保证安全，但往往造成爆破效果不好，容易导致爆堆大块率增加、爆区表层松动不够，对下一道装运工序很不利；如果单位耗药量取得过小，炸药无法有效的对岩石进行破坏，过长的填塞长度还会出现爆炸气体从孔口直接上冲的“冲炮”现象。因此，在深孔台阶爆破设计时，为了保证爆破效果和控制飞石，关键是选择合理的单位耗药量 q 及填塞长度 L_2。

当台阶高度、钻孔直径、超钻及炸药品种确定后，可以根据单位耗药量 q 及填塞长度 L_2 来进行孔网参数的设计。具体方法如下。

① 根据装药药卷直径 d_1，装药密度 Δ，计算线装药密度 q_1：

$$q_1 = \frac{1}{4\,000}\pi \cdot d_1^2 \cdot \Delta \tag{4.1}$$

② 根据岩石性质和爆破要求选取（或通过试验确定）单位耗药量 q。

③ 根据钻孔孔径 d，单位耗药量 q，爆区周围环境及要求控制飞石的范围，确定合理填塞长度 L_2：

$$L_2 = \frac{1}{1\,000}n \cdot d \quad (n = 30 \sim 40) \tag{4.2}$$

④ 由 $Q_1 = q_1(L - L_2)$ 和 $Q_1 = q \cdot W_1 \cdot H \cdot a$ 或 $Q_1 = q \cdot H \cdot a \cdot b$ 可得：

$$a \cdot b(\text{或 } W_1 \cdot a) = \frac{q_1\left(\dfrac{(H + h)}{\sin\alpha} - L_2\right)}{q \cdot H} \tag{4.3}$$

上述诸公式中，q 为单位耗药量，$\text{kg} \cdot \text{m}^{-3}$；$q_1$ 为线装药密度，$\text{kg} \cdot \text{m}^{-1}$；$\Delta$ 为装药密度，$\text{g} \cdot \text{cm}^{-3}$；$Q_1$ 为单孔装药量，kg；H 为台阶高度，m；h 为超钻，m；d 为钻孔孔径，mm；d_1 为装药药卷直径，mm；α 为钻孔角度；L 为孔深，m；W_1 为底板抵抗线，m；L_2 为填塞长度，m；a 为孔距，m；b 为排距，m。其中，在耦合装药时，钻孔孔径 d 与装药药卷直径 d_1 相等，不耦合装药时，装药药卷直径小于钻孔孔径。

⑤ 对不同的底板抵抗线 W_1 或排距 b，通过(4.3)式计算得到的 $W_1 \cdot a$ 值或 $a \cdot b$ 值可以计算孔距 a。一般情况下，考虑自由面对爆破作用的影响和相邻炮孔爆破时共同的作用效应，孔距应大于抵抗线和排距，即孔间距系数大于 1，通常取值为 1.2～1.25。当需要通过爆破获取大块岩块时，孔距应小于抵抗线和排距。

在上述设计方法中，将孔网设计中的孔距、底板抵抗线或排距设计首先落实到其乘积值上。抵抗线表示头排炮孔与侧向自由面之间的距离，它与孔距之积代表该炮孔爆破时药包的负担面积。同样、炮孔排距相当于后排孔的抵抗线，它与孔距之积代表了该炮孔爆破时的负担面积。问题是，现在深孔爆破几乎都采用毫秒延时爆破技术，在延时爆破中，如何定义孔距和排距。从炸药在岩石中的外部作用破碎理论分析，深孔爆破中，侧向自由面对炸药爆炸后产生的冲击波的反射作用对岩石的破坏具有决定性的影响。在毫秒延时爆破中,先爆炮孔的主要作用就是为后爆炮孔创造自由面,先、后爆炮孔之间的距离才是其“抵抗线”。从这个意义上讲,应该把同时起爆的炮孔称为“同排”炮孔,前后起爆不“同排”炮孔之间的距离称为“排距”,相邻的同时起爆炮孔之间的距离称为“孔距”,只有在排间起爆模式下,它们才与通常意义上的排距、孔距一致。单纯从几何意义,即按炮孔平面布置中的排和行来定义排距和孔距确有可商榷之处。现在延时爆破中延时布置方法数不胜数,其“排距”、“孔距”很难准确界定。因而,目前设计中的孔距、排距实际上还是传统的几何意义上的概念,表示炸药在岩石中的分布状况。对任何一个炮孔,在炸药爆炸时除有自由面的方向外,其他方向的作用应是基本一致的,因此,设计中确定炮孔的负担面积后,炮孔分布还是以均布为好。

20 世纪 70 年代,瑞典进行了宽孔距爆破试验,在负担面积不变的条件下,将孔距与抵抗线之比加大,结果表明,宽孔距爆破可以改善岩石破碎效果,孔距与抵抗线之比一直可以加大到 8,但要求头排孔的抵抗线和孔间距按常规方法布置。显然这里要求采用排间起爆模式,其他起爆模式是不合适的。

4.2.2 深孔台阶爆破施工中的安全技术

深孔台阶爆破施工包括布孔、钻孔、装药、填塞、联网和起爆等工序,本节仅就装药与填塞中的安全技术进行阐述。

4.2.2.1 边孔(头排孔)的装药技术

在深孔台阶爆破中,要考虑两类岩石运动,一类是全体岩石介质以水平为主的向前运动,即岩石主体部分的抛掷;一类是由爆区前侧和上侧两个自由面散射出去的岩石运动,即爆破时产生的飞石。

岩体的抛掷距离与单位炸药消耗量有关。当单耗仅为 0.2 $kg \cdot m^{-3}$时,受爆岩体一般只产生破裂,不会出现抛掷的情况;当单耗达到 0.4 $kg \cdot m^{-3}$时,岩体会向前抛掷 20~30 m,这正是我们期望的岩石位移量。岩石前抛量过小,形成的爆堆很密实,不利于挖装作业;岩石前抛过大,会使爆堆分散,降低挖装效率,同时也提高了爆破成本。岩体的抛掷方向与前排炮孔的抵抗线方向和起爆模式有关,只要控制好岩体抛掷的方向和距离,岩体的抛掷一般不会对周围环境产生危害。

飞石指由爆区散射出去的石块,它们的飞行距离往往较大,方向无法预计,是导致设备损害和人员伤亡事故发生的主要原因。大多飞石是由爆破设计不合理或装药不恰当引起的。爆破设计的问题包括:抵抗线过小或过大;单位炸药消耗量不合理;起爆模式不当,炮孔爆破时夹制作用太大;炮孔间延迟时间过大或过小;填塞长度太小,填塞料不合适等(见图 4.1)。装药不恰当的关键是没有处理好边孔(靠近侧向自由面的炮孔)的装药技术。可以说,在设计合理、网路布置恰当的情况下,只要处理好边孔的装药,同时保证其他炮孔的填塞长度和填塞质量,就可以控制飞石的发生。

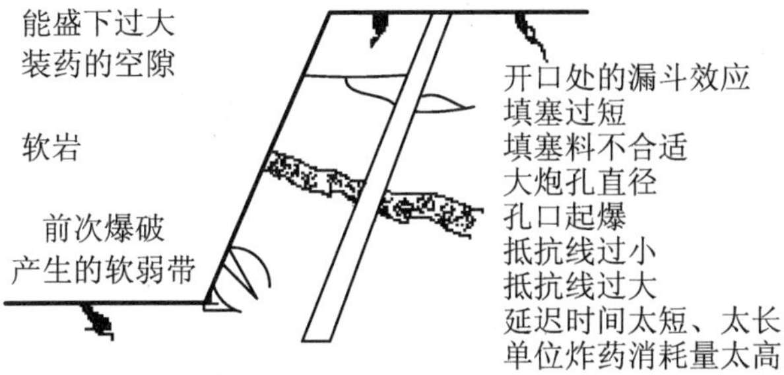

图 4.1　深孔爆破飞石产生的原因

在进行边孔装药前，首先要校核炮孔位置和倾斜度，核实边孔各部位的抵抗线值。一般深孔台阶爆破是石方机械化开挖施工的第一道工序，在钻、爆、开挖的施工循环中，受爆破作用，自由面的表面岩石普遍存在被破坏的状况。施工中经常需要在自由面开挖成型以前就钻凿炮孔，加上钻孔的偏差，边孔的抵抗线普遍与设计有差别。当抵抗线小于设计值时，单位炸药消耗量明显太高，会导致较大的飞石距离。比如，钻孔孔径 $d=76$ mm，设计抵抗线 $W=35d=2.7$ m，取单耗 $q=0.4$ kg·m^{-3}。若边孔的抵抗线减少 1 m 成为 1.7 m，在不减少装药量的情况下单位炸药消耗量的全孔平均值即会由 0.4 kg·m^{-3}增加到 0.635 kg·m^{-3}，而孔底部分的单位炸药消耗量更高，在这种情况造成的飞石量一般比较大，造成的危害也比较严重。遇到这种情况，应减少装药量，或采用间隔装药，在抵抗线过小的部位不装药，必要时宁可取消该炮孔，而不要去冒险。若抵抗线过大，所装炸药无法破碎抵抗线方向的岩体，势必造成爆炸气体由孔口形成的漏斗冲出，同样会产生飞石，这时应考虑补孔。

其次，应注意自由面上的软弱夹层和空隙。与坚固岩体相比，爆炸气体更易从软弱夹层泄出，这也是经常产生飞石的部位。软弱带有自然生成的，也有前次爆破产生的，特别是在大量装药的炮孔底部。处理软弱带的方法是采用间隔装药，软弱带不装药而用填料填塞。

一般情况下，头排孔有侧向和上向两个自由面，后排孔仅上向一个自由面，其侧向自由面是前排炮孔爆破后才形成的。自由面的作用有三个：①反射应力波，使爆炸时产生的压缩应力波变为拉伸波，引起岩石的片落和径向裂隙的延伸；②改变岩石的应力状态及强度极限；③自由面是最小抵抗线方向，应力波抵达自由面后，在自由面附近的介质运动因阻力减小而加速。总之，自由面的存在有利于岩石破碎，自由面多，爆破时岩石所受到夹制作用小，有利于改善爆破效果。因此，在延时爆破中，应通过起爆网路的合理安排，使每一个炮孔侧向能有顺畅的“出口”。

炮孔填塞的作用在于封闭爆生气体，阻止爆轰气体的过早逸散，有效地提高爆破作用。研究表明，填塞料最好采用粒径 4～9 mm 的沙和砾石，应该尽量避免使用细钻屑作为填塞料。由于上个循环爆破的后冲作用，边孔上部的抵抗线一般比较小，其填塞长度应保证炮孔内装药顶部处的抵抗线与设计值基本相等。要避免填塞长度小于抵抗线，填塞长度太小将会产生台阶顶部的漏斗作用，从而引起飞石过远。

为防止飞石，在施工中还应清理台阶面上的松动石块，特别是炮孔附近的石块，它们在爆炸气体由孔口冲出时较易飞射出去。

4.2.2.2 水孔的装药技术

在装药机械尚未普遍使用的今天，目前国内的装药方法仍以人工为主。在炮孔有水的情况下，如何按照设计要求将炸药装到位直接影响爆破的效果。

深孔台阶爆破中炮孔内的积水来源有三种：地下水或岩体内的裂隙水；地表渗入水，如顺孔口或裂缝流入孔内的雨水、积雪融水等；湿式凿岩时残留在孔内的捕尘用水。后两种孔内积水可以用高压风吹出或用爆炸法排除，而地下水就需采用抗水炸药，现在乳化炸药已成为工业炸药中的主要炸药，其抗水性能是不容置疑的。但在水孔中如何能装到位，需要在施工中特别加以注意。

一般乳化炸药药卷比重比水大，应该很容易下沉到孔底，但如果装药时孔内水被搅混，混浊水的比重就可能与乳化炸药药卷的比重相差无几，药卷下沉速度变慢，如果这时连续装药，就很可能发生堵孔的现象，由于乳化炸药呈乳胶状，这种堵孔是很难处理的。正确的方法是放慢装药速度，等前面的药卷下沉到一定位置后再放后面的药卷，并用长炮杆缓慢的下压药卷，下压过程中应尽量保持药卷原包装的完好，下压速度要慢。

当孔内水不满时，切忌将药卷直接从孔口扔下去，因为药卷在下扔过程中速度加快，碰到水面时受力变形变粗，极可能发生堵孔。正确的方法是将药卷用绳钩吊到水面后再放开让其自然下沉。

选择包装好的乳化炸药药卷也有利于水孔的装药。一些炸药生产厂家不注重炸药包装，包装纸薄，两端封口不严，经运输和装卸会出现包装破损、封口散开的情况，既影响装药速度，又容易出现堵孔现象。就炸药本身的质量和爆炸威力而言，各厂家产品的差异不大，选择包装好的产品，或及时向厂家反馈药卷包装中的问题，对保证在水孔中装药到位意义很大。

在水孔中装药时，一般水面将随乳化炸药药卷装入而提高。如果采用乳化炸药和铵油炸药混合装药法，即有水部位装乳化炸药，无水部位装铵油炸药，则在乳化炸药药卷高出水面后，可将一个乳化炸药药卷包装纸剥开后扔入孔内，利用乳化炸药本身封闭炮孔使水面不再上升以防水浸铵油炸药。

4.3　硐室爆破作业中的安全技术

一般硐室爆破的抵抗线比深孔爆破要大，每个药包的装药量比较多，其爆破振动的控制难度也比较高。在环境对爆破作业要求越来越严的情况下，许多地方已很难进行硐室爆破。如深圳市，在 20 世纪 90 年代初，硐室爆破还如火如荼，从 90 年代末到现在已没有审批过硐室爆破工程；浙江省近年也已规定在 800 m 范围内有民居的地方原则上不准进行硐室爆破。其中的缘由除了振动控制问题外，与硐室爆破本身的安全特性很有关系。如谈起地形对硐室爆破的影响应该是比较好处理的，但很多情况下，硐室爆破的爆区表面是未受过或很少受过干扰的，山体表面植被茂盛，其细小的地形特征往往无法清楚的显示出来。1999 年，笔者在浙江省淳安县城程高山进行第二次硐室爆破时，由于山体陡峻，植被茂盛，临空面上的地形实际变化未搞清，最小抵抗线不准，就发生飞石过远的情况，差点出大事故。至于地质条件对硐室爆破的影响，就更难控制了。1966 年，在成昆铁路北段钓鱼沙坝 2 号硐室爆破工地，由于软弱夹层的影响，发生了严重的爆破事故。该硐室爆破设计药量仅 16 t，分 9 个药室，均为竖井开挖，岩性属石灰岩。其中一个药室在竖井开挖到快要进入拐弯地段时，石灰岩中有一软弱土夹层，因为当时采用的是手持式凿岩机干式凿岩，岩粉使这一厚度不足 1 cm 的软弱夹层根本无法被发现，爆破时爆炸气体顺夹层冲出，形成一股强烈的空气冲击波和大量飞石直飞大渡河对面的村子，200 m 外的半个村子被冲击得荡然无存，虽然该村子人员、家禽等已全部撤离，房屋也很简陋，该事故仍造成很大影响。1991 年，在修建广深高速公路东莞厚街立交匝道进行的一次硐室爆破也出现过类似的事故。该硐室爆破采用条形药包，爆破时爆炸气体顺软弱夹层冲出，100 m 外的一个工厂的员工宿舍楼的五层玻璃几乎全被夹层中飞出的小土块砸破，一树根飞至五层楼顶将楼顶洞穿直达第四层。夹层中冲出的全部是土块而没有一个石块，否则损失更严重。1990 年，在深圳市南山区东角头进行的一次条形药包硐室爆破中，在导硐开挖中就发现有一条软弱带贯穿药室和导硐，厚度从十几厘米到几十厘米不等，当时调整了药包位置，将软弱带置于填塞段内，即使做了这样的处理，爆后软弱带中的岩土还是散布到爆区前 100 m 外的区域。新疆某铁矿的一次硐室爆破，总装药量 672 t，最小抵抗线 20～31 m，爆破作用指数 $n=1.25\sim1.5$，东、西、南三个主沟方向地形陡峻，地表覆盖 0.5 m 厚的积雪。爆破后形成一股巨大的石流，东沟方向滑行 3.9 km，南沟方向滑行 4.0 km，西沟方向滑行 2.0 km[①]。除爆破参数选择上有可商榷之处外，陡坡处的地形地质条件未了解清楚是造成远距离石流的主要原因。

4.3.1 地形条件对硐室爆破作业的影响

在硐室爆破中，爆破区的地形条件和地质条件对爆破设计、爆破安全、爆破效果和爆破成本有着重要的影响。地形条件主要指爆破区的位置特征，包括山体地面坡度起伏、山体高低、自由面个数和形态、冲沟分布等。这些条件直接影响爆破方案的选择、爆破范围的裁取、爆破方量的确定，以及药包位置的布置、爆破参数的选择、爆破体抛掷方向和距离、爆堆形状及塌散范围的大小。地形条件还影响爆破施工场地的安排和施工顺序。

4.3.1.1 合理确定爆破类型

爆破体的地形条件与爆破类型、爆破效果关系密切，根据客观的地形条件，因地制宜地选择相应的爆破类型是十分重要的。

在硐室爆破中，松动爆破和加强松动爆破一般不受地形条件的限制，但要结合不同的地形采用不同的布药方式以求得较好的爆破效果。在凸面山坡如山包、山头、山嘴和山脊等地形条件下，当药包布置在一定位置，药包中心与凸面山坡上各点之间的抵抗线值大小相差无几，在同样药量情况下往往可以得到较多的爆破方量和较好的爆破效果；而在山沟、洼坑、垭口等凹面地形爆破，夹制作用大，抛出方量和方向受到限制，但抛掷方量比较集中；在陡坡地形条件下，可以采用抛坍爆破技术，利用爆破漏斗以上岩石震松后靠自重产生的崩塌和坍滑作用，增加爆破方量，降低实际单位耗药量和爆破成本。此外地形影响到爆破的技术经济指标，如多面临空和陡坡地形比凹面地形的单位爆破成本显然要合适得多。在抛掷爆破中，抛掷百分率与地形的关系极大，只有在地形坡度达到一定陡度后才能得到一定的抛掷百分率。

定向抛掷爆破对地形的要求更高，因为它要求爆破抛掷体向一定方向和位置堆积，有时还要求堆积成一定的形状和堆积到一定高度。它一般采用"定向中心"的布药方法，利用天然凹面山坡作为"定向坑"，使主要爆破药包的最小抵抗线都垂直于"定向坑"并指向"定向中心"，形成定向的抛掷堆积。如果地形条件达不到这些要求时，就要利用辅助药包对地形进行改造，人工开创出凹面来，使其能满足工程的要求。

4.3.1.2 正确确定爆破参数

岩土爆破中，最小抵抗线是最重要的参数之一，其定义为药包中心到自由面的最短距离，它反映了药包与地形条件(自由面)之间的定量关系。地形与爆破的关

① 汪旭光，于亚伦，刘殿中. 爆破安全规程实施手册[M]. 北京：人民交通出版社，2004.

系在爆破设计中的具体反映实际就是最小抵抗线原理——最小抵抗线方向介质阻力最小，波传播路程最短，波能量损失最小，爆破时介质首先出现鼓包和抛掷的主导方向是最小抵抗线方向。

爆破体的地形决定了爆破体外缘药包最小抵抗线的方向即岩土抛出的主导方向。在地形比较复杂时，忽视一些地形特征如冲沟、洼坑、垭口对抵抗线的影响，造成爆破时实际最小抵抗线的方向和大小与设计情况完全不一样，就可能引起严重的安全问题。

另外，一些爆破参数，如爆破作用指数 n 值、爆破漏斗可见深度 p、药包间距 a 等，都与地形有关。地形还影响到抛掷堆积体的形状、距离和堆积高度等。

在松动爆破与加强松动爆破中，主要是将岩体炸成一定块度的松散体，以便于装运。这种爆破方法结合不同地形条件的自然状态和特征，采用适当的爆破方案便能获得良好的爆破效果。特别是在陡坡悬崖及多面临空的地形条件，其经济效果更为显著，爆破每 1 m^3 岩石的炸药消耗量通常为 0.3～0.6 kg。

在平坦地面的扬弃爆破，一般爆破每 1 m^3 岩石的炸药消耗量为 1.5～2.0 kg。而垭口凹地和沟谷地段，由于地形的限制，爆破夹制作用较大，采用硐室爆破是极为不利的，因而应该尽量避免在这类地形条件下采用硐室爆破的方法。

在斜坡地面上进行抛掷爆破时，往往要求将岩石块抛出爆破漏斗或路堑以外，以降低山体高度和减少装运工程量。这类爆破每 1 m^3 岩石的炸药消耗量通常为 0.8～1.5 kg，抛掷百分率与地形条件有关，即地形坡度愈陡，抛掷率愈高，最大可达 70%～80%左右。

4.3.2 地质结构面对爆破作业的影响

4.3.2.1 地质结构面的基本知识

岩体结构面有如下类型。

① 岩层及层理。岩层是由同一岩性组成的有两个平行的界面所限制的层状岩体；层理是一组互相平行岩层的层间分界面。相邻两个层理面的垂直距离称为岩层厚度，厚岩层较薄岩层的工程力学性质好。位于巨大厚度岩层中的薄层叫做夹层。

② 褶皱(褶曲)。指岩层受了水平方向的挤压力，在它没有断裂时，形成的某一个弯曲。向上弯曲称为背斜，向下弯曲称为向斜。褶曲岩层受构造影响较大，岩体的工程力学性质较差。

③ 节理、裂隙。指自然岩体的开裂或断裂。如裂缝两侧的岩体没有沿裂面发生明显的位移或仅有微小位移的称为节理。节理就方向而言，可以分为走向节理和倾斜节理；就其生成力的不同，可以分为张节理和压节理；就其范围大小与广狭而分为大节理和小节理。节理裂隙越发育，岩体的工程力学性质越差。

④ 断层。岩体发生断裂且两侧岩石沿断裂面发生较大移动的构造。断层错开的两个面叫断层面，处在断层面上方的岩体叫上盘，而处在下方的岩体叫下盘，上下盘错开的距离叫断距。

⑤ 片理、劈理。片理指岩石可顺片状矿物揭开的性质，其延伸不长；劈理则是一些平行排列的密集的裂隙面，它与片理共同的特点都是细小又密集地将岩石切成小薄片。

岩体结构面在空间的位置状态称为岩体结构面的产状，通常用走向、倾向、倾角三个要素来表示，称为产状三要素。走向是倾斜岩层层面与水平面交线的方向；倾向是岩层层面上与走向线垂直的向下倾斜线的方向，倾向与走向相差 90°；倾角是岩层倾斜的角度。

产状要素有两种表示方法：① 方位角表示法。以正北(N)为 0°，按顺时针方向旋转，到正东(E)为 90°，正南(S)为 180°，正西(W)为 270°，再转到正北为 360°。方位角表示法一般记倾向和倾角，记成倾向∠倾角，倾向加或减 90°即为走向。如 130°∠30°表示岩层的产状为倾向 130°，倾角 30°，走向为 130° + 90° = 220°。② 象限角表示法。把全方位分成北东(NE)、南东(SE)、北西(NW)和南西(SW)四个象限，按走向和倾向、倾角所在象限的位置和角度来表示。如上述岩层产状走向 220°，属 SW 象限，在该象限内的角度为 220° − 180° = 40°；倾角、倾向 130°属 SE 象限，因此该岩层产状记做 S40°W/130°SE。

4.3.2.2 结构面对爆破的作用

结构面对爆破的影响可归纳为六种作用：① 应力集中作用。爆破时，岩石从强度最小的软弱带或软弱面处首先裂开，在裂开过程中，在裂缝尖端发生应力集中。所以爆破时最多见的是岩石沿原有的结构面开裂。② 应力波的反射增强作用。爆破时产生的应力波在结构面的界面处发生反射，反射波与后来的入射波叠加，使结构面正对爆源侧的应力波增强，加剧软弱带的破坏。③ 能量吸收作用。结构面软弱带的存在，吸收传入带内应力波的能量，使背向爆源侧界面上的应力波减弱，对应力波的能量起到阻断作用。④ 泄能作用。爆炸气体沿靠近爆源的软弱带冲出，炸药的能量以“冲炮”或其他形式泄出，使爆破效果明显降低直至完全失败，并可能改变抛掷方向，产生大量飞石，引起严重的安全事故。⑤ 楔入作用。由于高温高压气体的膨胀，沿岩体软弱带高速侵入，像楔子一样使岩体楔裂、破坏。⑥ 改变破裂线作用。由于结构面的存在，爆破时的破坏范围与均质岩石中的形成爆破漏斗存在显著不同，实际爆破破裂线受结构面影响与设计破裂线的差异改变了爆破的破坏范围、爆落方量、爆破效果和边坡形态。

4.3.2.3 结构面对硐室爆破作用的影响与控制

当爆破漏斗范围存在较大的结构面(如断层面、层理面等)，根据其结构面与药包的相对位置和产状不同，将会改变爆破的破坏范围，影响漏斗形状大小，减少或增加爆破设计方量，不能达到预定的抛掷方向和堆积集中程度。

结构面对爆破岩块的破裂特征和块度有着重要的影响。岩体的强度受岩石强度和结构面强度的控制，在更多的情况下，主要受结构面强度的控制，所以岩块的破裂面大多数是沿岩体内部的结构面形成的。爆后岩块特征的统计表明，凡是沿结构面形成的爆块表面，均呈风化状态；凡是由岩石断裂形成的岩块表面，均呈新鲜状态。据某个工程统计，爆块表面的风化面数占统计面数的 79%～90%，而新鲜面数仅占 10%～21%。爆破块径愈大，风化面数占的比例也愈大(表 4.2)。

表 4.2 不同块径岩块上风化面所占比例统计表

料径 /cm	50～80	30～50	20～30	10～20	8～10	6～8	4～6	2～4	1～2	0.5～1
平均(L/Z)	0.757	0.726	0.637	0.458	0.339	0.314	0.216	0.222	0.130	0.103

注：L 表示岩块上原生裂隙面数量；Z 表示岩块总表面数。

研究表明，结构面的分布不仅对岩块的破裂特征有重要影响，而且对爆堆的分布规律也有重要影响。中国水利水电科学研究院的研究表明，结构面发育程度对较大粒径的块度分布有控制性影响。而 2 cm 以下的料径块度分布主要受岩石力学强度的影响。因此要想得到准确的爆破块度预报，进行详细的工程地质勘察非常必要，尤其必须进行节理裂隙的统计分析。

各种结构面对爆破作用的影响如下。

① 断层主要影响爆破漏斗的形状，破裂线往往受到断层面走向的控制。如果药包正好处于断层位置上，则爆破气体容易从断层破碎带冲出，出现冲炮，大大增加爆破个别飞散物距离，同时大量爆破能量的泄出使爆破破碎效果变坏。

断层的产状与爆破后最终边坡的走向及边坡坡度有关。当断层的走向与边坡走向大致平行，断层倾角与边坡坡度接近，而且倾向一致时，如果药包布置在断层前面，断层有利于减弱爆破时对边坡岩石的破坏，边坡顺断层面形成，可保持边坡稳定；如果药包布置在断层后面，则爆破后容易在边坡上部形成悬石、危石。

要控制断层对爆破作用的影响，首先药包应该避开断层带，可采用在断层两侧布置分集药包的方法来解决断层部位的爆破破碎问题；其次应避免药包的最小抵抗线与断层平行，其夹角越大越有利，最好是互相垂直；在断层面附近的药包采用齐发爆破，也有利于减弱断层面对爆破的影响。

② 层理与断层不同，它有许多平行的面，除一些泥夹层外，一般是平整和闭合的。对爆破作用的影响与断层有共性也有异性。共性是其产状都是影响爆破作用包括爆破漏斗、边坡形态和稳定的主要因素，异性是层理与药包没有距离远近的问题。岩层的厚薄对岩石爆破的破碎程度影响比较大，而对爆破漏斗、边坡形态和稳定的影响要比断层小。

同样，加大药包最小抵抗线与岩层走向的夹角，有利于改善爆破破碎效果。在深孔爆破中安排起爆顺序时，应尽可能选择最小抵抗线与岩层面垂直。

③ 褶曲的层理面是弯曲的，岩层一般比较破碎，对爆破作用的影响主要表现

在破碎性上。褶曲层理面对边坡稳定的影响和褶曲轴线与边坡的关系有关。

④ 节理、裂隙、片理、劈理对爆破作用的影响取决于它们的发育程度、张开度、组数与频率，以及产状与爆破作用的关系。

⑤ 软弱夹层对爆破安全的影响不可低估。爆破气体顺软弱夹层逸出常带有大量飞散物，其产生的空气冲击波和大量飞石会危及远距离的建筑物和人员。

在爆破设计进行药包布置和选择相关爆破参数时，对地质结构面应充分用其利、避其弊，以达到满意的爆破效果。

4.3.3 特殊地质条件对硐室爆破的影响

4.3.3.1 地下空洞对爆破的影响及控制

在石灰岩、凝灰岩等岩溶地区爆破，常遇到岩石溶洞、溶蚀缝等特殊地质构造；在矿山爆破时，经常遇到采空区和老窿；在一些场平工程中，还会涉及一些人工地下构筑物如防空洞等。这些地下空洞对爆破作用的影响在性质上是相似的。

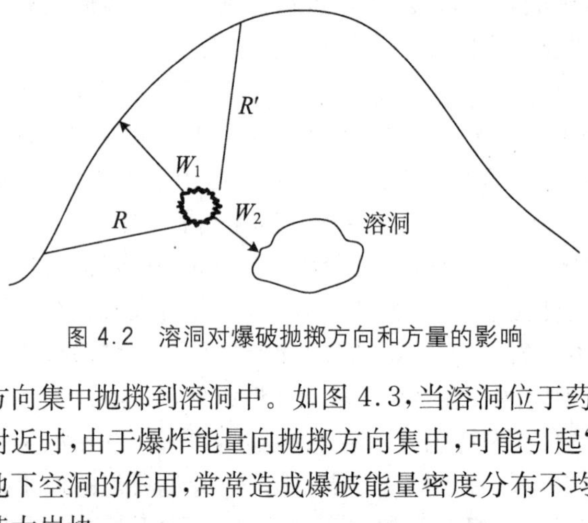

图 4.2 溶洞对爆破抛掷方向和方量的影响

当这些空洞位于药包设计最小抵抗线之外，而与药包之间的距离小于最小抵抗线时，药包的实际最小抵抗线已发生了改变，岩块将抛向空洞中，而其他方向的爆破威力会大大降低。如图 4.2，由于药包至溶洞的距离 W_2 比 W_1 小，因而岩块抛掷方向便沿着 W_2 方向集中抛掷到溶洞中。如图 4.3，当溶洞位于药包前的最小抵抗线的方向及其附近时，由于爆炸能量向抛掷方向集中，可能引起"冲炮"，造成安全事故。岩溶等地下空洞的作用，常常造成爆破能量密度分布不均，岩石破碎效果不好，容易出现特大岩块。

同样地，在一些溶蚀沟缝或岩溶中，充填的黏土常常造成吸收爆炸能量或漏气等情况而降低爆破威力，缩小爆破漏斗尺寸，减少爆破方量。而它们对爆破施工的影响也很大，在深孔爆破中，碰到岩溶，极易卡钻；在硐室爆破中，如果药室顶部有岩溶，就会造成洞顶坍落的可能。

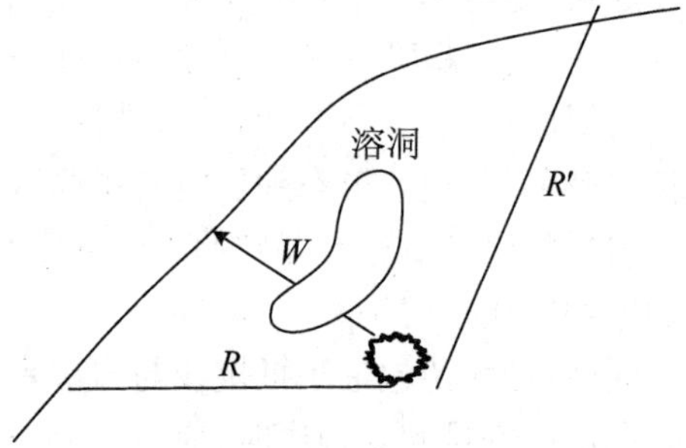

图 4.3 溶洞对爆破安全技术的影响

为了避免岩溶等地下空洞对爆破

效果的影响,一般情况下,可以采取如下措施:① 了解清楚岩溶等地下空洞的方位、大小、稳定情况,在可能的条件下,利用它们作为导硐药室。② 能避则避,在布置药包时避开对药包有影响的溶洞;或调整药包位置,使溶洞与药包之间的距离大于或等于最小抵抗线。③ 将药包附近的地下空洞用土石方进行填塞。填塞长度应大于该药包的最小抵抗线。④ 当避不开溶洞时,设计中应考虑药包向溶洞的能量泄漏,适当增加药量。也可以在溶洞中放置一定数量炸药,与其旁边的药包同时起爆,阻止药包向溶洞大量泄能。⑤ 在岩溶发育地区,不宜采用定向抛掷爆破,而应采用松动爆破。⑥ 在岩溶地区进行硐室爆破,应做好施工安全技术措施,加大警戒距离,加强安全警戒工作。

4.3.3.2 地下水对爆破的影响

地下水主要给爆破施工带来困难。在深孔爆破中,抗水炸药的使用解决了地下水对爆破的不利因素,水的存在对爆破应力波的传播有利,可以适当改善爆破效果,但也会带来扩大爆破破坏作用范围的问题。在硐室爆破中,导硐和药室开挖及装药填塞时碰上地下水是比较麻烦的事,在药包设计时应采用有效的排水措施,对药包应采取有效的防水措施或采用抗水炸药。

4.3.4 爆破作用引起的地质问题

爆破特别是硐室爆破后可能引起的工程地质问题,主要是边坡稳定问题。爆破产生的边坡失稳灾害分为两类,一类是爆破振动引起的自然高边坡失稳;另一类是爆破开挖后残留边坡遭受破坏,日后风化作用引发不断的塌方失稳。

一般情况下第一类型边坡失稳与爆破方法和坡体自身的地质条件有关,以下四种地质结构在爆破作用下易产生边坡失稳:① 爆破区附近的坡体内已有贯通的滑动面,或干脆为发育的古滑坡,爆前坡体靠滑动面的抗剪强度维持稳定,在爆破振动作用下引起失稳;② 坡体内虽然没有贯通的滑动面,但坡体内至少发育有一组倾向坡体外的结构面,岩石强度较低,在爆破振动作用下,该组结构面扩展、贯通,直至发生滑移变形,最后完全失稳;③ 岩体内垂直柱状节理十分发育,而且边坡高陡,当爆破振动达到一定强度时,柱状节理发生变形,达一定限度后,岩柱拉裂折断,整个岩体散裂导致边坡坍塌;④ 坡体内节理裂隙不很发育,岩体较完整,只是边缘局部发育成冲沟或陡倾张性裂隙,将岩体完全分割成摇摇欲坠的危石,在爆破振动作用下,危石脱离母体崩塌而下。

爆破残留边坡的坍塌失稳主要是爆破引起的。爆破一般都会对保留边坡的内部岩体产生破坏,受破坏的程度主要与爆破类型、爆破方法、装药量、起爆方法有关,而岩体自身的地质条件常常使破坏程度加剧。

为保证边坡稳定,在爆破设计中应注意以下问题:① 设计前必须对爆破区的地质条件有清楚的了解,爆破方案要与地质条件密切结合。② 在有边坡的爆区中选择爆破方案必须充分考虑边坡的稳定性问题。应充分利用现有的爆破技术以减少爆破振动对边坡的影响，如硐室爆破中预留边坡保护层、毫秒延时爆破、边坡光面爆破和预裂爆破、预裂钻孔爆破与硐室爆破相结合等爆破技术。③ 重视爆破清方刷坡的施工质量，及时做好护坡防护工程。

硐室爆破一般药量比较大，爆区相对集中，对环境的影响也比较大。硐室爆破对环境的影响有以下几方面需要考虑：① 爆破对周围地质构造、边坡以及滚石等的影响；② 爆破对水文地质、溶洞、采空区的影响；③ 爆破对周围建(构)筑物的影响；④ 地下爆破在地表可能形成的塌陷区；⑤ 爆破产生的大量气体窜入地下采矿场和其他地下空间带来的安全问题；⑥大量爆堆入水可能造成的环境和安全问题。

4.3.5 硐室爆破设计中的安全控制

尽管深孔爆破已在土石方开挖中占有主导地位，但硐室爆破因其爆破威力大，投资省、工效高、工期短，所用机械设备简单，气候适应性强，在特别条件下，如在地广人稀的山区，仍是集中土石方快速开挖的重要爆破方法。2007 年 12 月 20 日，在宁夏神华宁煤集团大峰露天矿羊齿采区成功实施的 5 499.6 t 硐室爆破工程即为一例。在 20 世纪 90 年代，笔者在几个山区大型水电站工地石料开挖中进行过多次硐室爆破，1999 年在浙江省淳安县城区程高山实施了 8 次硐室爆破，均取得了好的经济效益。这些硐室爆破的成功实施，固然与当地、当时的地理环境和社会环境有关，但与在硐室爆破设计中成功的进行安全控制也是分不开的。

4.3.5.1 *硐室爆破方案选择中的安全控制*

与深孔爆破一样，硐室爆破的有害效应主要也是爆破振动和爆破飞石。由于硐室爆破每个药包的装药量大，加上人们对这些有害效应的了解深度还远远达不到对其进行有效控制的水平，因此实际控制的难度要高的多。拿爆破振动来讲，现在能达到的控制方法就是对爆破单响药量的控制。而实际上影响爆破振动强度的因素是很多的。例如，在同样地质条件下，同样药量的药包，如果其爆破类型属抛掷爆破，炸药能量大部分耗费在破碎和抛掷岩石上面，转化为振动的能量就要小得多，而如果爆破类型属弱松动爆破，炸药能量就会大部分转化为振动能量，这就是我们通常感觉得到的“闷炮振动大”的原因。而由于药量相同，传播途径相同，这两种爆破类型在同样地点通过目前计算公式计算出来的振动速度值却是一样的。

爆破时药包的边界条件对爆破振动的影响，在目前的爆破振动计算公式中也得不到应有的反映。我们曾在浙江宁波招宝山双线公路隧道开挖中进行过这样的研究：在开挖右洞时，在已开挖好的左洞内分别对三种不同边界条件的爆破振动进行多次测试(钻孔孔径 42 mm，孔深 3 m)。第一种是有上向和侧向两个临空面、无预裂孔或防震带的中槽爆破；第二种是有上向和侧向两个临空面、在测量点一侧布置预裂孔或防震带的中槽爆破；第三种是有上向、两个侧向临空面的预留光爆层爆破(预留光爆层的层厚为 3～ 4 m)。将测试结果按下式进行回归：

$$V_{\max} = K\left(\frac{\sqrt[3]{Q}}{R}\right)^{\alpha} \tag{4.4}$$

式中：Q—最大一段起爆药量,kg;

R—测点至爆破中心的距离,m;

K,α—地形、地质系数及衰减指数；

V—振动速度,$cm \cdot s^{-1}$。

可以得出无预裂孔或防震带的中槽爆破的爆破振动衰减规律为：

$$V_{1\max} = 148\left(\frac{\sqrt[3]{Q}}{R}\right)^{1.25} \tag{4.5}$$

有预裂孔或防震带的中槽爆破的爆破振动衰减规律为：

$$V_{2\max} = 61\left(\frac{\sqrt[3]{Q}}{R}\right)^{1.49} \tag{4.6}$$

有三个临空面的预留光爆层爆破的爆破振动衰减规律为：

$$V_{3\max} = 77.48\left(\frac{\sqrt[3]{Q}}{R}\right)^{1.34} \tag{4.7}$$

表 4.3 列出了在相同装药量条件下按(4.5)式、(4.6)式和(4.7)式计算得到的不同距离上的振动速度值和相应的比值。表中设定最大一段起爆药量为 4 kg,测点距爆区分别为 5 m、10 m 和 20 m。从表 4.3 可以看出,采用预裂爆破能大大降低爆破振动效应,降震效果达到 70%～80%;而有三个临空面的预留光爆层开挖爆破时产生的振动也仅为一般有两个临空面的中槽爆破的 50%～60%左右,而且测点距爆区越远,降震比例越高。

显然,由于爆破时的药包的边界条件不同,同样大小药包爆炸时在相同距离位置上产生的爆破振动差异是很大的。这也是目前爆破振动计算公式无法解决的。

因此,在确定硐室爆破方案时,在安全控制上也仅能给出定性的分析。

表 4.3　不同边界条件下的振速值(药量 $Q=4$ kg,速度单位为 $m \cdot s^{-1}$)

距离/m	$V_{1\max}$	$V_{1\max}/V_{1\max}$	$V_{2\max}$	$V_{2\max}/V_{1\max}$	$V_{3\max}$	$V_{3\max}/V_{1\max}$
5	35.27	1	11.38	0.323	16.65	0.472
10	14.83	1	3.93	0.265	6.58	0.444
20	6.23	1	1.40	0.225	2.60	0.417

(1) 硐室爆破类别的控制

硐室爆破按药包形状分为集中药包和条形药包两种。与集中药包硐室爆破相比,条形药包硐室爆破具有爆破能量分布均衡、能量利用率高、岩石破碎均匀、松动效果好等特点,是近年来各类硐室爆破中的主要药包布置方法。在安全控制上,当要求通过控制单响药量来降低爆破振动强度时,可以通过中间填塞来进行条形药包的再分段，而无法将集中药包进行再分段，要控制药量就只能降低单位耗药量。实际上，可以把条形药包看做是横置的“大口径钻孔”，其安全特性介于钻孔爆破与集中药包之间。与集中药包相比，条形药包能较好的进行安全控制。但条形药包端头作用较弱，对端部的药包长度和装药量应做特殊处理，或增加端部药量，或延长端部药室，控制难度较大，因端部处理引发的爆破时侧向飞石过远造成的安全事故时有发生。由于条形药包的布置受地形的影响很大，端部处理的好坏直接影响爆破效果和安全范围。应尽可能采用条形药包和集中药包、分集药包相组合的爆破方案。

(2) 硐室爆破规模的控制

从国内一些硐室爆破的经验和教训分析，大型的硐室爆破有其宣传效应，但除非地质条件有利于爆破破碎，一般爆破后清运效果均不理想，爆破有害效应的控制相当难。因此，我们认为，在考虑采用硐室爆破设计方案时，除非环境条件对爆破有害效应没有严格的控制要求，一般情况下应该控制硐室爆破的规模。

爆破规模的控制有三重意义。

① 控制一次爆破方量，也即控制一次爆破总装药量；一般爆破方量应控制在10～30 万 m^3，即一次爆破用药量控制在 150 t 以下。

在浙江淳安程高山场平工程中，最初决定硐室爆破方案时，我们把整个山头分为 6 个爆区，计划最大一次装药量在 300 t 以上。但在第二次硐室爆破(装药量 166.055 t)爆后，发现爆破振动影响较大，浙江省地震台测得爆破时产生的地震震级达 3.2 级，针对这种情况，我们将 6 个爆区调整为 8 个爆区，减少了每次爆破的总装药量，并对最大单响药量进行了控制，使爆破时的地震震级降到 3.0 以下(见表 4.4)。

表 4.4 各区爆破产生的地震震级

区号	爆破日期	总装药量/kg	分段数	最大单响药量/kg	地震震级
一区	1999.05.18	55 436	15	6 581	2.4
二区	1999.06.10	166 055	21	13 173	3.2
三区	1999.06.28	80 083	21	5 538	2.5
四区	1999.08.09	78 760	19	5 613	2.6
五区	1999.09.15	118 512	26	6 038	2.5
六区	1999.08.26	109 216	25	5 999	2.5
七区	1999.12.13	62 388	15	6 274	2.9
八区	2000.01.15	102 520	21	6 282	2.8

② 控制最小抵抗线的大小在 20 m 左右。在集中药包硐室爆破中，药包药量与最小抵抗线的立方成正比；在条形药包硐室爆破中，药包药量与最小抵抗线的平方成正比。控制最小抵抗线的大小，是降低单个药包装药量的有效措施。但过小的抵抗线值会降低每米导硐的爆落方量，单位长度上装药量小、药包不耦合系数

大，显然在经济上不合算。比如，在程高山条形药包第一次硐室爆破中，后排药包 n 值取 0.8，当最小抵抗线 $W=20$ m 时，单位长度装药量达 400 kg · m^{-1}；前排药包 n 值取 0.7，最小抵抗线 $W=12$ m 时，其单位长度装药量仅为 121 kg · m^{-1}。在同样断面的药室内，前排药包就显得很空旷。故我们在以后的设计中，加大了前排药包的最小抵抗线值，每米导硐的爆落方量也从 410 m^3 · m^{-1} 增加到 520 m^3 · m^{-1}，降低了爆破成本。

③ 控制一次爆破的排数在 3～4 排以内。岩石受爆破破碎后的松散体积将大于原岩体积，其体积的增加量可高达 50%。岩石体积松散将要求提供更多的堆渣空间，如果没有足够的空间，势必造成受爆岩石的向上运动。在硐室爆破中，爆破排数越多，后排爆堆会越高，也即药包受到的夹制作用越大，同样药量的药包爆炸时后排药包的爆破振动强度也越大。控制一次爆破的排数，有利于爆破振动的控制。

表 4.5 是我们在程高山场平工程 8 次条形药包硐室爆破中采用的最小抵抗线值和药包排数。该工程位于县城中心区附近，周围环境相当复杂。山体北侧 72 m 为“教师之家”住宅小区和青溪住宅小区，有 6 栋七层商住楼；西北方向 40 m 处为农用中巴车总站及餐饮商业街；西侧距离温馨岛大酒店等一排九层高层建筑 117 m，再往西山顶上建有鑫园酒店、作家楼等高层建筑，楼底标高约 173 m，与程高山的水平距离约 320 m；西南 220 m 外有淳安县城最大的城区广场(有湖面相隔)；南侧为湖区，宽 720 m，对面为城区建筑楼群；东侧为湖面，400 m 外湖岸边有居民三层小楼。淳安县所有建筑均不设震，且有相当建筑的基础位于山坡填筑层上。千岛湖是著名风景旅游区，程高山爆区周围道路为各种车辆进出千岛湖的主要通道。该工程历时一年，分 8 个硐室爆破开挖区和 2 个小炮(药壶爆破)开挖区(见图 4.4)。

表 4.5　各区最小抵抗线范围和平均抗高比值

区号	最小抵抗线范围/m				平均抗高比 W/H
	第一排	第二排	第三排	第四排	
一区	9.5～12.6	15.0～18.1	20.0～21.7		0.73
二区	12.0～21.0	15.0～18.9	16.5～19.8	18.0～19.7	0.74
三区	10.1～18.5	14.5～18.5			0.73
四区	15.0～18.0	16.8～18.6	18.1～19.6		0.64
五区	12.5～22.0	12.6～19.9	10.5～22.0		0.63
六区	15.0～22.0	15.5～19.0	16.0～18.1		0.61
七区	14.5～19.5	18.0～19.6	18.0～18.5		0.58
八区	14.5～19.7	14.0～18.8	16.9～18.8	12.7～15.4	0.61

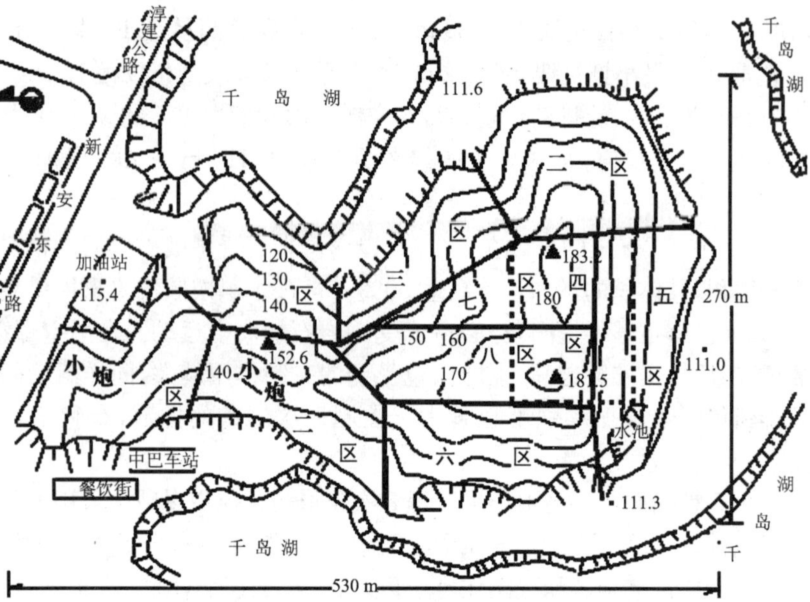

图 4.4 程高山硐室爆破分区示意图

8 次硐室爆破总装药量达 772.970 t，在低单价的情况下取得了良好的经济效益，与地方政府对爆破的理解和支持，协助施工单位进行居民工作分不开；同时爆破方案选择正确，充分考虑硐室爆破的扰民问题，采用了合理的爆破形式和参数，对爆破振动和飞石进行较好的控制，保证了良好的爆破破碎效果，也为政府的支持提供了技术保证。经验表明，将最小抵抗线控制在 20 m 左右，排数控制在 3～4 排以内，对爆破安全的控制，爆破破碎效果的改善、施工进度的安排和经济技术指标都是有利的。

4.3.5.2 条形药包布置中的安全控制

如前所说，硐室爆破中地质条件对爆破安全的影响很大。因此，应对导硐地质条件做详细勘察。由于设计前很难做到这一点，在开挖导硐和药室的过程中，应加强对导硐和药室的地质描述，并根据各部位的地质条件对设计进行修正。当条形药室遇到断层、破碎带和软弱夹层时，首先考虑避开，其次考虑分集装药，以免发生冲炮。

爆破设计应以在安全的条件下取得最好的爆破效果为目标。衡量爆破效果的好坏应考虑下一道工序即破碎岩石开挖的效率。一般要求爆堆底部不要有根坎，爆堆有一定的松散性，以便于挖装；大块率要低，因大块的二次处理成本高、效率低，如要进行二次爆破其安全控制更难。

(1) 条形药包药包设计原则

为保证有好的爆破效果，条形药包可以按以下原则进行药室布置。

① 药包最小抵抗线 W 与埋设深度 H 之比 W/H，一般以 0.6～0.8 比较合适。

当 $W/H<0.6$ 时，一般应考虑布置两层药包。在同一排条形药包中纵向剖面的高程差最好不超过10%～15%，若高程差过大可采用分段布置条形，缩短条形长度以控制 W/H 在较为合理的范围内。

② 条形药包一般不宜超过4排，若地形平坦，W/H 比值保持在0.8～0.9时，可适当增加条形药包排数。多排条形药包错开布置时，各排相邻端应在同一直线上；水平距宜小于 $1/3W$，以防止留墙和避免端部因先爆药包破坏而泄气冲炮。

③ 多排双侧爆破时，可增加爆破排数，但中间一排的最小抵抗线应取双向相等，若主爆方向已定，则应使主爆方向的最小抵抗线为另一方向最小抵抗线的0.8～0.9倍。中间一排双向作用药包的药量可适当增加，增量为该排总药量的20%，以改善爆堆状况和岩石破碎程度。布条形药包时，前排药包端部最好比后排药包端部长 $1/3W$，以形成较宽的开口，使后排药包爆破的岩石能充分破碎和松散，为铲装创造良好条件。

④ 在布设底层药包时，药包应布置在同一坡面上，后排药包高于前排药包，其坡度不宜大于3%，可使底面爆后平缓。

⑤ 考虑药室通风困难以及施工难度，一般每个导硐的单头掘进长度不要超过120 m，总硐室长度不超过200 m。

⑥ 条形药包端头作用较弱，对端部的药包长度和装药量应做特殊处理。一般应尽量利用地形条件使端部抵抗线减少15%左右；或在端部适当增加药量15%～20%。

⑦ 条形药包的填塞分药室之间的填塞和药室与主导硐之间的填塞两部分。药室之间应有不少于3 m的堵塞长度，而药室与主导硐之间应设计成具有自锁作用的直角或十字型堵塞，主导硐口的填塞长度通常应有5～7 m。

(2) 条形药包最小抵抗线设计原则

① 一般来说，使条形药包与地形线大致平行，条形药包各部分的最小抵抗线就可以基本相等，在进行药包布置时，为保证条形药包作用均匀，防止个别地方抵抗线太小发生爆炸气体冲出造成飞石过远和影响爆破效果，最小抵抗线 W 的允许误差 ΔW 应控制在±7%范围内，当 ΔW 超过±7%时，就应布置另一条药包。以最小抵抗线15 m为例，同一条形药包各部位的最小抵抗线应控制在14～16 m的范围内。

② 由于在硐室爆破中前后排药包间通常采用毫秒延时起爆，后排药包的最小抵抗线指后排药包中心到前排药包上破裂线的最小距离，其确定原则与前排药包的最小抵抗线一样。根据经验，随岩石性质不一，条形药包的上破裂线一般为60°～75°(花岗岩岩类地带为70°，凝灰岩岩类地带约65°)；通常的做法是由前排药包中心按该角度向上划线作为上破裂线及后排药包的“临空面”并由此确定后排药包的最小抵抗线。这一做法经数十次爆破证明是可行的。

③ 端部不逸出的控制值。端部径向最小抵抗线与轴向最小抵抗线之间的经

验计算式为：

$$W_{端\min} = (0.75 \sim 0.85)W \quad （均匀土体） \tag{4.8}$$

$$W_{端\min} = (0.80 \sim 0.90)W \quad （岩石） \tag{4.9}$$

上述两式中，W 为条形药包中心的最小抵抗线，即轴向最小抵抗线。式中，爆破介质强度大，取低限值，反之取高值。两式还表明，当端部最小抵抗线比药包中心最小抵抗线小 15%～25%（土体）或 10%～20%（岩石）时，无须进行端部加药。

④ 在确定最小抵抗线时，要考虑到硐室爆破的最小抵抗线过小时，每导硐延米爆破量急剧下降，经济效益明显降低；同时还要考虑不逸出半径（W/H）的大小，一般情况下，W/H 的值应控制在 0.6～0.8 之间。

(3) 条形药包端部药包设计原则

条形药包径向与轴向的爆破作用是不一样的，即存在有端部效应，两个条形药包之间的距离选取过大，易造成爆破时药包中间留根坎。一般情况下在最小抵抗线为 20 m 左右时可取 4～6 m。

许多设计者都把条形药包看做是集中药包的展开，即把一个集中药包“拉”成一个长为$(1+n)W/2$ 的条形药包，其爆破漏斗和集中药包“等效”。如果条形药包的端头恰是山体的端头，则如何保证既要把端部炸好，又不发生侧向冲出，问题就变得复杂一些。一般是延长端部的条形药包，或增加端部装药量，但控制不好，往往会出现侧向飞石过远或端头留岩坎的不安全情况。我们建议把条形药包的端部，设计一个抵抗线适当的集中药包，负担端部爆破的岩体，集中药包和条形药包之间填塞段长度可取 $W_2/2$（W_2为端部集中药包的最小抵抗线），集中药包可采用长径比小于 6 的短条形代替，按其负担体积 V 计算装药量 $Q = V \cdot q$（q 为设计选取的单位炸药消耗量），如图 4.5(a)。如果端头负担体积较大时，也可采用两个药包或分集药包处理，如图 4.5(b)。在工程实践中，为了充分发挥条形药包能量分布均衡、岩石破碎均匀、松动效果好等特点改善爆破破碎效果、减少填塞工作量，集中药包与相邻的条形药包之间可采用小间隔填塞分隔，即填塞长度为 3～4 m。在计算药量时，填塞段的药量由集中药包负担（即不计入条形药包的计算长度），端头

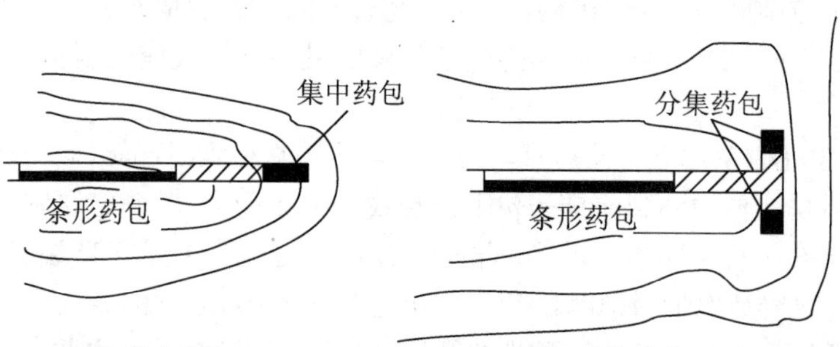

(a) 集中药包　(b) 分集药包

图 4.5　条形药包端部的集中药包布置示例

集中药包药量的计算公式为：

$$Q = Z \cdot (0.4 + 0.6n^3) \cdot e \cdot K \cdot W^3 \tag{4.10}$$

式中 Z 为端头折算系数，根据该集中药包负担的体积决定，一般取 $Z = 0.5 \sim 0.7$。

4.3.6　装药与填塞中的安全技术

装药和填塞是硐室爆破施爆阶段的主要工作，具有时间短、工作量大、工作条件（照明条件和作业条件）差、施工人员相对集中等特点，比较容易出错。一旦出错，就可能引发严重的安全事故。例如，1980 年 9 月 25 日，江西铜基地永平铜矿露天采场 334 台阶的硐室爆破，由于错算药量和装错药，使部分药室由松动爆破变成了抛掷爆破，几块大石头飞落在距离爆破点 260 m 的旧避炮洞上，击垮了三架棚子，致使躲在旧避炮洞内的 17 名民工和家属中死亡 8 人，轻伤一人；有很多飞石落在 500 m 以外，甚至有近 10 cm 大的石块飞落到 750 m 以外，有一位民工被击轻伤，打坏 1.7 m^3 前装机和推土机的驾驶室、6 kV 输电线路和照明线路，并破坏了部分通讯线路，造成严重安全事故。该次硐室爆破装药仅 13 t，但设计施工草率，药量计算无人复核，现场使用的“分药室装药量小票”自 9 号药室开始，往下都对错了格，作业时按写窜格的错误装药量施工竟未被发现，装药现场无人管理，当民工背运、装填炸药，发生抢药、乱装药时，也无人制止。最后，当 15 号药室根本没有炸药可装时，仍不检查实际装药情况，却另要 360 kg 硝铵炸药装入了事。造成该事故的另一个原因是药室布置未避开断层破碎带，也没有考虑减少装药量等相应措施①。

装药和填塞能否安全顺利实施，体现了施工单位的组织和管理水平。因此，在作业前必须认真做好准备工作，包括组织、动员和各种技术与物质的准备。应按导硐绘制装药填塞施工图，并在导硐和药室内做出明显标识。按导硐落实技术人员和参加作业人员，对各药包的装药量、装药位置、装药结构和起爆体系（网路布置、联接方式和起爆体设置等）进行技术交底、技术培训和安全教育。对不同种类炸药堆放位置、填塞料的准备、炸药运输道路的修整和安全防护、运输机具的配备、夜间施工的照明、安全警戒哨位的设置等均应有完整的安排。

4.3.6.1　装药

一般情况下，硐室爆破是在起爆时间决定以后，根据工作量的大小、施工难易程度、人力动员情况再确定装药开始时间。要留有余量，确保有足够的时间连接起爆网路和进行检查。装药前应与当地气象站（台）联系，了解装药期间的天气情况，做好作业人员和爆破器材的防暑、防雨等相应措施。

装药前，技术人员应对药室、导硐和硐外作业区再次进行检查，对作业场地、爆破器材堆放场地进行清理。应清除导硐和药室中一切残存的爆破器材、积渣和导

---

① 引自林学圣教授提供的内部资料。

电金属;发现药室顶板、边壁不稳固时,应加强支护;各药室之间的施工道路应清除浮石,斜坡的通道宽度应不小于 1.2 m;当斜坡坡度大于 30°时,应设置梯子或栏杆;对有水的药室做好防水处理,并用油漆标出装药和填塞的部位。

条形药包装药时应按设计的每米实际装药量(按每米装药袋数计)从里端向外顺序整齐码放,码放要密实,减少缝隙,有主、副起爆体的,连接两个起爆体的导爆索应放置在药包上部,在以铵油炸药为主装药的药包中,导爆索必须做好防油浸措施。在设计的主、副起爆体位置装乳化炸药(或硝铵炸药),导爆索结放在乳化炸药(或硝铵炸药)中间,导爆索结与主导爆索顺向连接,主起爆体安放位置根据条形药包的长度确定。

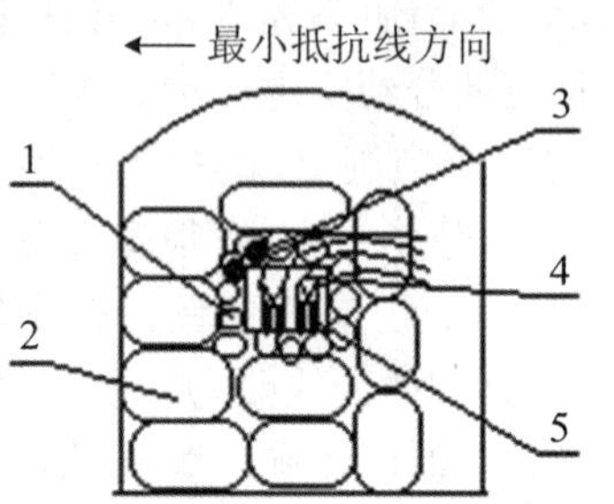

图 4.6 条形药包装药结构示意图
(1—乳化炸药;2—铵油炸药;3—导爆索;4—起爆体;5—电雷管)

条形药包装药时,将袋装铵油炸药沿药室外侧(即最小抵抗线方向侧)整齐码放,相互密贴,乳化炸药(或硝铵炸药)置于铵油炸药中间偏上,整个药包断面的高度 h 和宽度 B 之比为 1∶0.7～1∶1,即 $h/B=1\sim1.4$(见图 4.6)。端部加药时,也是沿药室外侧主药包上部在加药长度内均匀布放,不可将其集中堆放于药包端头。药室底部积水或潮湿,应在药包下部排垫木杆、竹竿,上铺油毛毡或三色布等防潮物品,并考虑水的排泄问题。若药室顶部滴水,则需在药包上部和两侧覆盖油毛毡或三色布。

装药时要做好起爆体引出导线的理顺和保护工作,起爆体的安放和药室装药工作应在爆破技术人员指导下由爆破员进行。

每个导硐口应有专人负责,记录装入各药室的炸药品种和数量,并与设计数量核对无误后,再填卡、签字或盖章,交爆破负责人。

装药现场应有足够的照明设施保证作业安全。装药时,不许使用明火照明。导硐和药室内严禁用 220 V 电源进行照明,在这方面是有惨痛的教训的。1983 年初,四川会东铅锌矿进行总药量 952 t 的硐室爆破,由昆明某设计研究院承担设计,会东矿负责导硐施工和装药、填塞作业,准备于 1 月 30 日起爆。其中,3 号硐有 18 号、19 号和 20 号 3 个药室(见图 4.7)。25 日下午 3 点半左右,有两位工程师到 3 号硐 18 号药室装了 3 个副起爆体,4 点半左右装药人员离硐,至此 18 号药室已装炸药 32 t,还有 5 t 炸药放在导硐内以待 26 日装主起爆体后再装。下午 4 点,4

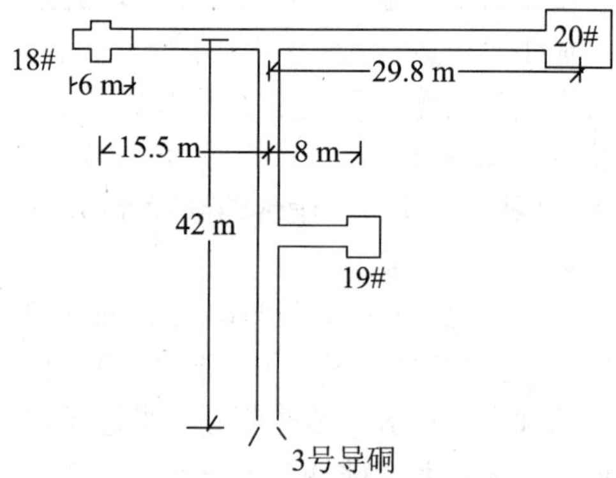

图 4.7 3 号导硐与药室布置示意图

名看守人员到达 3 号硐硐口。下午 5 点多，有一工程师到药室进行了检查，对离炸药包垂直高度仅 40 cm，挂在木牌上的电灯泡有可能烤燃炸药包装纸的危险因素没有提出消除隐患的措施，只对守硐人员说“不准吸烟”。晚上 7 点刚过，看守人员听到药室掉渣声音，7 点半左右，一守硐人员听到 18 号药室有轰轰声响，看到有红绿火光一闪一闪，4 人立即跑出硐外报警，并切断了 3 号导硐的电源。几分钟后，18 号药包发生爆炸，硐外炸死 8 人，距离 3 号硐 45 m 左右的 2 号硐导硐被震塌，将正在装药的 49 人堵在硐内，全部死亡。事故共造成死亡 57 人，伤 19 人，余下 900 余 t 炸药于 2 月 9 日分步起爆，2 号导硐事故中垮了 25 m。经过调查分析和模拟试验，认为这次事故的直接原因是 3 号硐 18 号药室内采用了 220 V 串联照明，电线为旧线，有裸露接头。电灯泡热触炸药烘烤和电线接头的火花热冲击，都会引起炸药燃烧，且燃烧时发生响声，有萤绿色的火焰。同时，铵梯炸药的包装纸多带蜡，在照明灯烘烤下被引燃，也会导致炸药燃烧。当一定数量炸药在药室内着火燃烧，由于缺乏通风散热的条件，炸药燃烧化学反应进展而产生的热大于热传导与热辐射所造成的热损失，使反应过程的速度达到与炸药爆炸条件相应的爆燃临界值时，爆炸便会产生。笔者曾参与该事故的处理工作，听到事故善后处理人员谈及在窒息中挣扎求生慢慢死亡的民工们的惨状，以及数十个家庭横遭丧子失夫、父子兄弟共赴黄泉的凄怆境遇，深感爆破作业人员肩上安全责任之重。人命关天，安全责任大于天，对每一个加入爆破行业的人员来讲，必须时时、事事牢记自己的安全责任。

装药时硐内应有足够的照明保证作业人员的施工安全，同时要考虑炸药的安全，因此硐内应使用 36 V 以下的低压电源照明，照明线路必须绝缘良好，灯泡应安装保护罩。考虑到硐内工作面的照明灯多是用木棍支撑立在侧壁，如果支撑倒了，为防止灯泡不会直接与药堆接触，要求灯泡与药堆的水平距离不应小于 2 m，人员离开时须切断电源。一些爆破工地采用装在安全帽上的矿灯照明，矿灯集中充电，人到灯到，人走灯走，电压也在安全范围之内，不失为一个好的照明源。

爆破装药现场用电灯照明时，在离爆破器材 20 m 以外可装 220 V 的照明器材。从带有电雷管的起爆药包或起爆体进入装药警戒区开始，装药警戒区内应停电，可采用安全蓄电池灯、安全灯或绝缘手电筒照明。更换手电筒的电珠和电池应在固定的安全地方进行，废电池应回收至一起。

4.3.6.2　填塞

填塞是保证爆破成功的重要环节之一，因填塞原因出现安全事故的不在少数。如 1987 年 3 月 14 日深圳市蛇口工业区鬼谷岭的第二次硐室爆破，共开挖平硐 3 条，巷道总长 172.9 m，药室 13 个，$W=7\sim17$ m，$K'=0.6\sim0.7\ \mathrm{kg\cdot m^{-3}}$，属松动爆破。总装药量 18 372 kg，爆破总方量 5.5 万 m^3。设计填塞巷道长度为 75 m，占巷道总长 43.4%，以矿石黏土和碎石块作为填塞料。起爆后 1、2 号导硐情况正常，但 3 号硐因临时雇请的民工队在填塞施工中偷工减料，填塞不实而发生从硐口“冲炮”，有十几块碎石越过硐口正前方的小山脊，飞向广东省浮法玻璃厂（水平距离约

180～200 m)，把铝合金板屋顶砸穿 12 处，其中一个石块将该厂一台备用发电机机箱底盖砸裂。事后索赔人民币 12 万元，该地区爆破因此中止。1990 年 1 月 22 日，在深圳市南头区棚头山地第四次硐室爆破中，由于联接药室的横巷有的过短，有的与平硐成钝角，在填塞过程中又盲目赶时间，减少填塞长度、忽视填塞质量，且药室起爆顺序选择不当等原因，致使两条导硐均发生硐口“冲炮”，爆轰气流携带大量填塞料和硐口附近碎石飞向附近厂区，洞穿大小厂房 5 栋，在轻型材料板墙和玻璃窗上留下数以百计的洞孔，砸穿或砸瘪蒸汽管道多处，打烂一台进口的立式锅炉控制仪表盘，并将另一台立式锅炉炉壁砸凹。直接经济损失达 33 万余元①。

在药室、导硐设计中，应考虑填塞自锁作用，即药室应尽可能放置在主导硐的两侧，主导硐与条形药室的夹角应尽可能等于或接近直角，一般情况下，条形药包与主导硐之间可采用图 4.8 中所示的填塞设计。在设计交底时，应要求导硐施工人员特别注意拐角部位的开挖，尽可能避免喇叭口的出现。在程高山硐室爆破施工中，经过 2 次装药填塞的实践，从第 3 次爆破起，施工人员在开挖导硐时，就有意识将拐角处的开挖断面缩小，因为他们知道这些部位需要回填，开挖的断面越大，回填的难度和回填量越高。

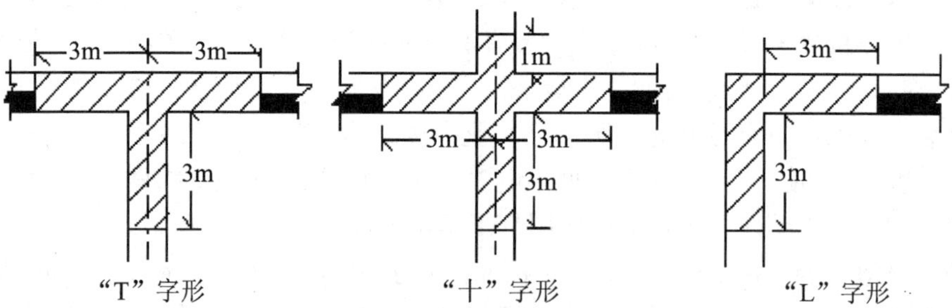

图 4.8 条形药包主导硐堵塞示意图

填塞料的选择应本着就地取材、运输便利的原则，一般利用开挖导硐和药室时的弃渣，或外挖碎块沙石土等比重较大的材料为宜，不要采用腐植土等比重小的物质作为填塞料。在福建穆阳溪水电站 4 号料场硐室爆破施工中，工人将硐口上侧的表层土直接装袋作为填塞料，由于填塞料比重小，爆破时爆炸气体将填塞料从硐口冲出形成一条百米长的土带。

填塞料分块料、袋料和细料。块料指石块、土块等，细料为石渣、沙土和泥土等，也可将细料用废旧麻袋、编织袋、草袋、水泥纸袋盛装成袋料使用，袋料不宜装满，也不要用太大的袋子，要考虑作业人员的负重能力。

填塞质量直接影响爆破的安全和效果，一定要严格控制。硐室爆破中填塞工

① 中国工程爆破协会编，吴子骏主编. 工程爆破操作员读本[M]. 北京：冶金工业出版社，2004.

作强度大，属重体力劳动，在狭窄的导硐中作业，空气混浊、湿热，环境恶劣，作业中身体无法伸展，加之填塞工序与装药工序往往是交错进行的，在连续作业条件下作业人员十分疲劳，难免就会有偷工减料、弄虚作假的事情发生。上述事故就是技术人员不在场的情况下，作业人员将本应填满填实的部位中间留下相当一段空间，敷衍了事仅外侧封填而造成。因此，要保证填塞质量，除了做好装药和填塞阶段的劳动力组织及合理安排作业时间外，爆破技术人员应对作业人员做好安全教育、技术交底，并安排人员对作业质量进行不间断的检查。当然，填塞质量的保证首先取决于导硐和药室的布置和开挖质量，填塞施工质量的好坏则常常可以弥补或加剧导硐和药室布置中的缺陷。药包与导硐间的填塞段，由于一般情况下施工中总有一些喇叭形出现，填塞段应首先保证喇叭部位填塞充实。填塞时要求块料、袋料和细料结合使用。填塞段各端面用块料或袋料码砌到顶，中间用块料和细料混合填塞，硐顶部要用块料或袋料码砌填实。填塞时不允许中间部分留空隙的情况出现。在有水的导硐和药室中填塞时，若水量不大，可在填塞部位下部放置一些块料做渗水用；如水量太大，则应在填塞段底部留一排水沟，并随时注意填塞过程中的流水情况，防止排水沟壅塞。

填塞前应根据设计要求备足填塞料并尽可能堆放到导硐口；必须按设计要求的长度保质保量的做好填塞工作，封堵要严实，顶部要捅实不留空隙，填塞段中间不许留空不堵。

填塞时禁止用明火照明，而且要保护好起爆线路。

4.4　预装药技术及其安全要求

4.4.1　预装药技术

在工程爆破中，为保证安全，要求在钻孔结束后当天装药当天爆破，不允许爆破器材在工地上过夜。但在一些特殊爆破工程中，预装药是不得不实行的施工方法，例如1968～1972年的广州黄埔港大濠洲航道水下炸礁工程。黄埔港河床基岩为红砂岩，表层覆盖有0.1～0.5 m的泥沙，水域潮汐水位差最大达4 m，水流最大流速为1.1 m·s^{-1}，最大浪高达3 m。为避免潮汐、动水流和淤泥流沙对钻孔作业的影响，创造了活动的、可自动调节的双套管定位钻孔法，但钻孔后如不马上装药，炮孔很快就被淤泥流沙回填满了。为此，工程中采用直接装药方法，每钻完一个孔取出钻具后，随即把存放在爆破作业船上的炸药筒和起爆筒沿着双套管装入孔中。

然后，把双套管分别提升到框架上，当导线露出水面时，可在辅助工作平台上将导线取出，并按一定顺序和位置捆扎到锚定在爆破工作船旁的接线杆上。而随着双套管的提升，已装入炸药筒和起爆筒的炮孔立即被淤泥和流沙充填满了。如不采用直接装药方法，只怕连已钻好的炮孔位置都很难找到。当时尚未有防水工业炸药，只能采用 2 号岩石铵梯炸药作为主装药。为解决炸药的密封和耐压问题，工程中采用了金属密封的炸药筒，在长 1 m 的金属炸药筒内装 6 kg 重的 2 号岩石铵梯炸药，另外每个炮孔中安装一个起爆筒，由长 0.5 m 的金属炸药筒内装 3.5 kg 硝化甘油炸药和三个并联的电雷管组成。至今在水下钻孔爆破工程中仍以预装药施工方法为主要手段。同样，1975～1976 年，在青藏铁路风火山和清水河试验工程段的高原冻土爆破试验工程中，为解决冻土中钻孔的塌孔、回淤、回冻问题，也采用了预装药技术。在钻孔后马上装入具有良好抗水抗冻性能的聚-2 号抗冻浆状炸药，以防止在高原冻土地带钻孔后孔内积水迅速冻结而无法装药的实际情况。在一些规模比较大的拆除爆破工程中，由于当天无法完成装药任务，经相关部门批准也允许提前装药，但决不会允许出现“边钻孔、边装药”的情况。在深孔爆破中是不许可进行预装药的，其中除安全方面的原因外，预装药中爆破器材的安全特性也是重要因素。

随着爆破器材性能的改进，使预装药技术在大型深孔爆破中成为可能。在《爆破安全规程(GB6722-2003)》中，新增加了预装药的章节。预装药是指大量深孔爆破时，在全部炮孔钻完之前，预先在验收合格的炮孔中装药或炸药在孔内放置时间超过 24 h 的装药作业。

在工程爆破中，一般要求在对准备装药的全部炮孔进行检查后才准许装药。预装药技术提出在全部炮孔钻完之前就可以在验收合格的炮孔中进行装药，同时允许炸药在孔内放置时间超过 24 h，这确实是爆破技术的一个重要进步。

大量深孔爆破在大型矿山中是经常遇到的。采用预装药技术，可以将沿用的全部钻孔结束并验收后集中装药的操作方式，变为钻孔、装药、充填平行作业，边钻孔边装药充填的分散装药的操作方式，在钻孔过程中进行爆区准备，待整个爆区形成后再统一连线起爆。这种技术可以实现大区毫秒延时爆破和多个工作面同时起爆，减少爆破次数，进而减少大型生产设备的避炮时间，提高效率，有利于合理安排生产。如德兴铜矿采矿场自 1996 年开始试验并推广预装药技术后，爆破次数从原来的每天 1～2 次减少到每周 2～3 次，保证了生产爆破任务的完成，使大区毫秒延时爆破的装药工作变得轻松，同时避免了许多因塌孔、孔内大量积水给装药工作带来的麻烦。以 1997 年 9 月的一次爆破为例，预装药时间为 5 d，每天装药量分别为 40 t、30 t、40 t、20 t、40 t，总装药量 170 t，爆破总面积 14 720 m^2，爆破量达 59.6 万 t。

4.4.2 预装药技术的安全要求

预装药是在全部炮孔钻完之前就进行装药，或者是炸药在炮孔中放置时间超过 24 h 的装药作业方式，即在装药过程中，可能同时还在进行钻孔作业。而在工程爆破中，从炸药运入现场开始，现场就应属于严格的安全控制范围，因此，预装药技术有它特有的安全要求。

① 预装药技术适用于如水下钻孔爆破等必须进行预装药的工程和大型矿山的大区延时爆破工程，一般的深孔爆破工程，不应该进行预装药作业。进行预装药必须经爆破工作领导人审批，同时要制定安全作业细则，以确保预装药的安全。

② 预装药所使用的爆破器材，包括炸药以及雷管、导爆管、导爆索、起爆药柱等起爆材料应具有良好的防水防腐性能。预装药炮孔的电雷管引出导线，应有良好的防水和防腐蚀能力。这是因为在预装药作业中，炸药和起爆材料在炮孔中停留的时间比较长，有时炮孔位于水深较大的位置，加上许多矿山进入钻孔的裂隙水是酸性水，有些岩粉也有腐蚀性，雷管引出线如受腐蚀或芯线接地，就可能造成拒爆事故。因此要求炸药有良好抗水性、耐压性和保质期，起爆器材应防水、耐腐蚀。

③ 雷雨季节露天爆破不宜进行预装药作业，避免雷电击响炸药。高温、高硫区因温度高易发生早爆事故，故不准进行预装药。

④ 为了防止钻孔机械、人员干扰装药作业，正在钻进的炮孔和预装药孔之间，应有 10 m 以上的安全隔离区。

⑤ 预装药炮孔应在当班进行填塞，当班填塞可以防止异物落入炮孔内，填塞后亦可防止起爆引出线落入孔中；填塞后应注意观察炮孔内装药长度的变化，装药后如发现填塞下沉，往往是因炸药被水溶解了一部分，应尽快起爆并采取其他安全措施；由炮孔引出的起爆导线应短路并对接头进行绝缘处理，可以防止起爆网路受外来杂散电流的影响产生早爆；导爆管端口应可靠密封，可以防止管口长时间暴露受潮后发生拒爆；预装药期间不应联接起爆网路，这样一则可以防止大规模早爆事故，二则可以避免联接线破损、接头绝缘不好造成接地而引起拒爆。

⑥ 因为预装药区内已存在炸药、雷管及引出炮孔的电线或索状起爆器材，所以必须设警戒看守，并插红旗作为警示标志，无关人员和车辆不可进人预装药爆区。

⑦ 预装药时间不宜超过 7d。

4.5　爆破实施阶段的组织与安全管理

4.5.1　爆破施工组织设计

要想安全、顺利地实施爆破工程并取得理想的效果，除了要有正确的爆破方案、精心的爆破设计以外，精心的施工也是关键。爆破施工应根据施工组织设计确定的施工方法、施工顺序和施工进度进行。对爆破工程施工过程全程跟踪，严格监督，是保证爆破工程安全实施的重要一环。

施工组织设计是施工技术中的一个重要组成。对于D级以下的小型爆破工程，一般应在工程开始之前，提出并落实钻孔机具、人员安排及施工进度；建立爆破组和安全警戒组；提出材料计划及安全防护措施；拟定爆破时间及爆破实施要求；确保整个爆破工作有计划、有组织地进行。这部分内容可以合并在爆破技术设计说明书中。对于A级、B级、C级爆破工程，则应在施工准备阶段由参加爆破工程施工的技术人员根据爆破技术设计说明书制订详细的施工组织设计，编制施工组织计划书，以加强施工管理，提高工程经济效益，保证施工安全。

4.5.1.1 施工组织设计的编写内容

施工组织设计由施工单位编写。不同类型的爆破工程，施工组织设计的编写程序和具体内容有差别。《爆破安全规程(GB6722-2003)》在附录中规定了爆破工程施工组织设计要编写的内容：① 工程概况及施工方法、设备、机具概述；② 施工准备；③ 钻孔工程或硐室、导硐开挖工程的设计及施工组织；④ 装药及填塞组织；⑤ 起爆网路敷设及起爆站；⑥ 安全警戒与撤离区域及信号标志；⑦ 主要设施与设备的安全防护；⑧ 预防事故的措施；⑨ 爆破指挥部的组织；⑩ 爆破器材购买、运输、贮存、加工、使用的安全制度；⑪ 工程进度表。

实例：某场平工程的施工组织设计(节选)

题目：××石油化工集团(中国)有限公司第一期场地平整工程施工组织设计

编制单位：××总公司××工程经理部

编制日期：1995年1月10日

内容：

一、编制依据

1. 施工合同及合同附件
2. 招标文件和投标文件
3. 设计文件、技术说明、变更设计及双方的协议、函件等
4. 施工单位的实际情况

二、工程概况(略)

三、主要工程数量及施工区段划分(见附图一)

四、开、竣工日期及施工进度安排(见附图二)

五、施工机构设置及劳动力计划

根据项目法施工原则，组成中国××总公司××工程经理部，下设工程部、爆破技术部、综合部、公安分处，负责场平工程的管理工作。经理部下设一、二、三分部，负责生产管理工作。

施工组织机构见附图三,人力动员计划见附表一。

六、主要施工机械和材料计划

主要机械设备动员计划见附表二,主要材料消耗见附表三。

七、主要施工技术方案

1. 石方钻爆和开挖

1.1 爆区地质、地貌、环境状况

1.2 爆破技术方案

1.3 深孔爆破钻孔机械及台阶安排(见附图四、附图五)

1.4 深孔爆破作业流程

2. 场平填筑和压实

2.1 场平工程工艺流程

2.2 填方基底处理主要内容

2.2.1 基底处理作业流程

2.2.2 基底清淤作业流程

2.2.3 石方填筑作业流程

2.3 竣工验收

3. 施工临时排水方案

施工临时排水平面布置见附图六、附图七。

4. 施工干道和临时设施

4.1 施工主干道

4.2 施工便桥(见附图八)

4.3 临时炸药库(见附图九)

4.4 临时油库

4.5 临时房屋(见附表四)

4.6 施工临时用水、用电(见附表五)

八、质量控制和保证

1. 质量控制体系(见附件二)

2. 关于工程质量的若干规定(见附件三)

九、安全生产和保卫

1. 安全管理组织机构

2. 制度与措施(见附件四、附件五、附件六)

十、附表

1. 附表一:劳动力计划表

2. 附表二:主要机械设备动员计划表

3. 附表三:主要材料消耗表

4. 附表四:临时用房、用地面积表

5. 附表五：临时用水、用电数量表

十一、附图

1. 附图一：填方施工区段划分图
2. 附图二：场区填筑进度图
3. 附图三：施工组织机构
4. 附图四：将军山爆区横断面图
5. 附图五：将军山爆区纵剖面图
6. 附图六：一至五区施工临时排水平面图
7. 附图七：六至十区施工临时排水平面图
8. 附图八：跨横河便桥图
9. 附图九：炸药库平面图

十二、附件

1. 附件一：场平机械填筑试验方案
2. 附件二：质量控制体系
3. 附件三：关于工程质量的若干规定
4. 附件四：施工现场安全管理制度
5. 附件五：将军山爆破现场安全警戒工作措施
6. 附件六：深孔爆破安全操作规程

4.5.1.2 爆破工程施工组织设计的编制

(1) 施工组织设计的编制依据一般是：① 工程招投标的有关文件及补充说明；② 施工合同及合同附件；③ 爆破工程技术设计；④ 有关规程规范；⑤ 施工现场和施工队伍的实际情况。

(2) 工程概况包括爆区地形、地貌、地质和水文条件或被拆除建(构)筑物结构、形状及周围环境等。

(3) 施工技术方案是施工组织设计中的关键内容，包括施工方法的确定、爆破技术设计、作业流程等内容。

爆破施工方法的确定取决于工程特点、周围环境、工期要求、施工条件等因素，应选择最安全、最先进、最合理、最经济的施工方法。

编制施工方法时要重点突出其安全性，包括施工中的安全、周围环境的安全和竣工后的安全。对采用的新技术和新工艺、对施工质量起关键作用或技术较复杂的工序，在施工方案中应详细说明施工方法和技术措施；对重要的分项工程要单独编制施工作业设计。

硐室爆破工程的技术设计中应包括技术参数设计，导硐和药室设计、装药和填塞设计、爆破网路设计、安全和防护设计等内容。

露天钻孔爆破工程的技术设计中应包括开挖台阶布置，参数选择，钻孔工作量，配备机械和人员，钻孔作业流程，质量保证及安全措施。应根据工程特点和施工进度要求选择钻机、挖机、运输车辆等施工机具的规格和型号。选择机具时要考虑互相配套。台阶爆破中的台阶高度、施工道路的标准化布置以及施工顺序要与所选机械相适应。

拆除爆破工程的技术设计中还应包括预处理施工组织设计的内容:预处理工程数量、机械和人员配备及安全措施。主要设施与设备的安全防护在拆除爆破中称为防护施工组织设计,内容包括防护类型、防护结构、防护位置、防护材料和进度安排。

(4) 施工进度计划是各项施工活动的依据,是施工管理的重要指标。编制施工进度要考虑的是合同规定的开工、竣工日期,施工图纸及主要施工方法,施工期间施工区域的水文、地质、气象和其他技术经济资料,劳动定额和机械使用定额。施工进度计划必须是科学的、符合工程现实条件的。要想工程能取得较好的经济效益,又快又省地完成施工任务,就必须依据施工进度计划,合理地制定人力动员计划和机械设备动员计划。

(5) 施工平面图是对施工道路、设备维修、仓库、生活设施等等的科学规划与设计表达。施工中临时设施和临时道路的标准、规模应与该工程规模和工期相适应,布局应符合安全、环保的原则。施工和生活中所需的涉及水、电、油、风、火工品等各项设施必须符合国家有关规范规定的要求。

(6) 施工组织设计中质量的控制与保证可以按质量保证体系和保证措施两部分的内容进行编制。建立健全质量保证体系,包括组织机构的组成、任务及工作程序。保证措施应编制具体的实施细则。

(7) 安全生产与保卫的编制,包括安全目标、安全管理组织机构、制度与措施等内容。安全目标要明确,同时要建立健全安全管理体系,切实行使安全监督职能。

安全管理是为实现安全生产而组织和使用人力、物力和财力等各种物资资源的过程。它利用计划、组织、指挥、协调、控制等管理机能,控制来自自然界的、机械的、物质的不安全因素及人的不安全行为,避免发生伤亡事故,保证职工的生命安全和健康,保证生产顺利进行。

安全管理是为了控制人的不安全行为和机械的不安全状态,以扎实的知识、态度和能力为基础进行的一系列综合活动,包括对人的安全管理和对物的安全管理两个主要方面。控制人的行为是安全管理的重要任务,是防止伤亡事故的关键问题,也是安全管理的中心内容。安全技术是改善生产劳动条件、防止伤亡事故发生的基本措施,也是实现对物的安全管理的重要技术手段。

安全管理责任要落实到人。2006年实施的《民用爆炸物品安全管理条例》规定,爆破作业单位的主要负责人是本单位民用爆炸物品安全管理责任人,对本单位的民用爆炸物品安全管理工作全面负责。

安全技术应包括三级安全教育和技术交底制度、特殊工种持证上岗、电器设备一机一闸一漏电保护器、安全操作规程、事故处理三不放过、防火防盗防雷电、夜间作业安全措施等具体条款。

(8) 在施工组织设计中应编制环境保护和文明施工的相关措施，包括施工场地和道路的防尘、生活污水处理、场区卫生、环境污染及噪音控制等等。

(9) 应急预案的编制应根据对危险源与不利环境因素的识别结果，确定可能发生的事故或紧急情况的控制措施失效时所采取的补救措施和抢救行动，以及针对可能随之引发的伤害和其他影响所采取的措施。应急预案是规定事故应急救援工作的全过程。可以在施组设计中编制安全生产事故应急救援预案，也可以单独编制事故应急预案。

4.5.2 施工现场管理

4.5.2.1 进场前后的准备

在爆破工程进场施工前及开始施工后，为了确保施工安全，应对施工现场有较为详细的了解，主要应注意以下几个方面。

① 调查了解施工工地及其周围环境情况。包括施工工地内和邻近区域的水、电、气和通讯管线路的位置、埋深、材质和重要程度；邻近爆破区的建(构)筑物、交通道路、设备仪表或其他设施的位置、重要程度和对爆破的安全要求；附近有无危及爆破安全的电磁波发射源、射频电源及其他产生杂散电流等不安全因素。根据实际情况安排施工现场，并对必要部位采取相应措施，同时将这些资料提供给爆破设计人员以保证爆破设计中提出正确的安全措施。

② 了解爆破区周围的居民情况，会同当地相关部门做好施工的安民告示，消除居民对爆破存在的紧张心理，妥善解决施工噪音、粉尘等扰民问题，取得群众的密切配合与支持，以确保施工的顺利进行。同时对爆破时可能出现的问题做出认真的估计，提前防范，妥善安排，避免不应有的损失或造成不良影响。

③ 按照现场条件，对所提供地形、地貌和地质条件进行复核；对拆除爆破体的技术资料及图纸包括尺寸、材质、配筋情况、施工年代和施工质量、材料强度等进行校核。如有变化，应提交爆破设计师按实际情况进行设计。同时还应注意有无影响爆破安全和爆破效果的因素，例如硐室爆破中地质结构面与导硐和药室位置的关系，拆除爆破中炮孔是否在施工缝接打面的位置上，梁、柱四周临空面的情况等。

④ 爆破工程作业时间内的天气情况及爆区周围环境情况，包括车流和人流的规律，以决定合理的爆破时间。

⑤ 在开始施工前，必须获得当地相关部门的批准，并办理相关证件，这些证件包括：《爆破作业单位许可证》、《爆破作业人员许可证》、《民用爆炸物品购买许可证》和《民用爆炸物品运输许可证》。民爆物品使用单位凭《民用爆炸物品购买许可证》购买民用爆炸物品，并提供经办人的身份证明；凭《民用爆炸物品运输许可证》

按照规定的路线和许可的品种、数量，使用符合有关安全技术指标的车辆运输爆炸物品。购买民用爆炸物品，应当通过银行账户进行交易，不得使用现金或者实物进行交易。爆破作业单位跨省、自治区、直辖市行政区域从事爆破作业的，应当事先将爆破作业项目的有关情况向爆破作业所在地县级人民政府公安机关报告。

⑥ 爆炸物品的使用和爆破作业的安全直接关系到公民生命、财产安全和公共安全。因此，在进入爆破工地后必须对参加爆破作业人员进行相关法规条例的教育。根据《民用爆炸物品安全管理条例》的规定，从事爆破作业的人员、单位及其主管部门违反爆破安全管理规定和民用爆炸物品安全管理条例的，相关部门将会追究责任，视情节轻重，分别给予责令停止违法行为或者限期改正，罚款；责令停产停业整顿；吊销《爆破作业单位许可证》等处罚。违反治安管理行为的，依法给予治安管理处罚，构成犯罪的，依法追究刑事责任。

除《民用爆炸物品安全管理条例》、《爆破安全规程》外，与爆破作业人员有关的相关法律法规还有1987年1月1日开始实施的《中华人民共和国治安处罚条例》及1997年10月1日开始实施的《中华人民共和国刑法》。

《中华人民共和国治安处罚条例》第30条规定，违反国家规定，制造、买卖、储存、运输、邮寄、携带、使用、提供、处置爆炸性、毒害性、放射性、腐蚀性物质或者传染病病原体等危险物质的，处十日以上十五日以下拘留；情节较轻的，处五日以上十日以下拘留。第31条规定，爆炸性、毒害性、放射性、腐蚀性物质或者传染病病原体等危险物质被盗、被抢或者丢失，未按规定报告的，处五日以下拘留；故意隐瞒不报的，处五日以上十日以下拘留。第32条规定，非法携带枪支、弹药或者弩、匕首等国家规定的管制器具的，处五日以下拘留，可以并处五百元以下罚款；情节较轻的，处警告或者二百元以下罚款。非法携带枪支、弹药或者弩、匕首等国家规定的管制器具进入公共场所或者公共交通工具的，处五日以上十日以下拘留，可以并处五百元以下罚款。

《中华人民共和国刑法》第125条规定，非法制造、买卖、运输、邮寄、储存枪支、弹药、爆炸物的处三年以上十年以下有期徒刑；情节严重的，处十年以上有期徒刑、无期徒刑或者死刑。第127条规定，盗窃、抢夺枪支、弹药、爆炸物的，处三年以上十年以下有期徒刑；情节严重的，处十年以上有期徒刑、无期徒刑或者死刑。

2001年5月15日发布的最高人民法院对刑法第125条的解释规定，非法制造、买卖、运输邮寄储存炸药、发射药、黑火药一千克以上或者烟火药三千克以上、雷管三十枚以上或者导火索，导爆索三十米以上的，以非法制造、买卖、运输、邮寄、储存枪支、弹药、爆炸物罪定罪处罚。非法制造、买卖、运输、邮寄、储存枪支、弹药、爆炸物达到最底数量标准五倍以上的属于刑法第一百二十五条第一款规定的"情节严重"。2001年9月17日最高人民法院对执行该解释的《有关问题的通知》规定，对于《解释》施行发生的非法制造、买卖、运输、邮寄、储存枪支、弹药、爆炸物等行为，构成犯罪的，依照刑法和《解释》的有关规定定罪处罚。行为人确因生产、生活所需而非法制造、买卖、运输枪支、弹药、爆炸物,没有造成严重社会危害,经教育确有悔改表现的,可依法免除或者从轻处罚。曾震惊齐鲁大地的“七·九”汽车爆炸案就是一个典型的案例。2007 年 7 月 9 日,济南市建设路中段发生一起汽车爆炸案,主犯为济南市人大常委会原主任段义和,他为了摆脱情妇柳海平的纠缠,与其侄女婿陈志制造了这起爆炸案,炸死了柳并致伤两名行人,当年 9 月 5 日,段和陈被执行了死刑。向陈志提供炸药和雷管的是山东省平阴县公安局刑警大队原教导员廉德金,他于 2007 年三四月份向陈提供 5 枚雷管和约 2 kg 硝铵炸药,已经达到上述的情节严重。2008 年,廉以非法运输爆炸物罪被指控,考虑认罪态度较好,可以减轻处罚,依法被判处有期徒刑 12 年 ①。

4.5.2.2 施工现场管理

拆除爆破工程和在城镇地区进行的石方爆破工程应采用封闭式施工,将施工地段围挡,在明显位置设置施工牌,标明工程名称、施工地点、单位名称、主要负责人和作业有效期,同时在相应位置设置明显的警戒标志;在邻近交通要道和人行通道的方位和地段,应设置防护屏障。

A 级、B 级、C 级、D 级爆破(不含露天矿山爆破 C 级、D 级)和新开工点的爆破设计经批准后,开工前 1～3 天应张贴施工通告。通告可以以标牌的形式竖立在作业地点,也可标示在封闭式施工的围墙上。施工通告内容包括工程名称、业主单位、设计单位、监理单位、施工单位、工程负责人、爆破作业时限等。

在重复爆破区域应在危险区范围边缘和警戒点设置明显标志牌,注明爆破时间和标明危险警告。

拆除爆破和硐室爆破在装药前 1～3 天应发布爆破通告,爆破通告应以书面形式通知当地有关部门、周围单位和居民,同时以布告形式进行张贴。影响范围广的重要的爆破工程还应通过电视、广播和报纸等传媒进行发布。爆破通告内容包括爆破地点、爆破起爆时间、安全警戒范围、警戒标志、起爆信号等。

4.5.2.3 施工现场准备

A 级、B 级、C 级、D 级爆破工程,应根据爆破施工组织设计文件要求和场地条件,对施工场地进行规划,并根据场地规划要求开展施工现场清理和准备工作,场地布置应反映在施工平面图中。

施工场地规划涉及如下内容:① 爆破施工区段或爆破作业面划分及其程序编排,爆破与清运需交叉循环作业时,应制定减少施工作业相互干扰的措施;② 有碍爆破作业的障碍物或废旧建(构)筑物的拆除与处理方案;③ 现场施工机械配置方案及其安全防护措施;④ 进出场主通道及各作业面临时道路布置;⑤ 夜间施工照明与施工用风、水、电供给系统敷设方案,施工器材、机械维修场地布置;⑥ 施工用爆破器材现场临时保管、施工用药包现场制作与临时存放场所安排及其安全保卫

---

① 引自 2008 年 4 月 5 日新华社讯。

措施；⑦ 施工现场安全警戒岗哨、避炮防护设施与工地警卫值班设施布置；⑧ 施工现场防洪与排水措施安排。

爆破现场的供风一般多选用移动式空压机，大规模的爆破工程也可设立空压机站，加设高压风包以稳定供风压力。移动式空压机或空压机站应尽量靠近用风地点，以减少送风损耗，保证供风压力；供风线路长时可敷设钢管送风以减少压力损失。对邻近爆区的空压机、空压机站应采取防护措施以保证其安全。

施工现场的用电一般用柴油发电机，有条件可引用市电经变压后使用。供电量应满足通风、照明、维修及其他动力用电的需求。电器设备应坚持一机一闸一漏电保护器，三相五线制和保护零线重复接地的做法。无论是总配电箱还是分箱，一律设门加锁盖防雨罩。施工临时电路必须按规程要求架设。如果采用工频电源作为起爆电源，则供电量应考虑起爆时的容量；发电机房或变压器有可能时应设于起爆站附近。在架设供电线路时，可以考虑利用或保留照明线路来代替起爆网路中的区域线路。

施工现场的用水包括生活用水和施工用水(凿岩机除尘用水、机械冷却用水和道路消尘用水等)。能利用自来水的工地应将自来水主要用于生活用水，施工用水可以利用山泉水、地下水、河沟水或挖蓄水坑蓄水使用。除尘用水可在高处设储水池，用水泵往高处抽水。当无自来水时，生活用水应建蓄水池过滤消毒后使用。海岛施工淡水紧缺时，除尘用水可多次复用。施工现场应有完好的排水系统，工地排放的污水、废油等必须经过处理后方可排入附近的排水沟内，严禁有害物质污染土地和周围环境。

施工现场应设置临时围护并有明显标志，减少施工场地与外界环境的相互干扰，保持施工现场文明整洁。场区内合理规划运输车辆道路，切实抓好交通管理工作。施工便道要做好管理养护工作，路面保持平整，两侧排水良好；雨季无坑洼积水，旱季适当洒水，防止尘土飞扬。在城镇地区施工时应严格执行城市管理规定，运输车辆应保持车容整洁，不得漏泥、沙、石浆等污物，禁止超载、超高、超速行驶。在施工现场进出口设置洗车池，确保运输车辆驶出场区时轮胎清洗干净，并加强司机的环境保护意识。

爆破现场的场地使用，要在整体上进行规划，做到施工与生活互不影响。属于施工人员办公和生活的临时设施，如办公室、住地、饭厅等，以及机械维修设备，应尽可能布置在爆破危险区以外；要做好生活区的卫生管理工作，厕所要有化粪池，生活垃圾要在指定地点堆放，生活废水排放入排水沟，不准遍地乱流；派专人负责生活区的卫生工作，做到生活区的卫生和整洁。靠近爆区的供水、供电及供风管线应适当加以保护；临时炸药库的设置应尽量利用地形，选取既安全可靠，又便于存取的地方，其设置必须符合有关规定的要求，并须报公安机关审批。

4.5.2.4　施工现场的通讯联络

为了及时处置突发事件，防止意外发生，确保爆破安全，同时有效地组织施工，项目经理部和爆破指挥部与爆破施工现场、起爆站、主要警戒哨之间应建立并保持通讯联络；不成立指挥部的在起爆站和警戒哨之间也应建立并保持通讯联络。

指挥长或爆破工作领导人应根据使用的通讯联络工具制定通讯联络制度和联络方法。通讯联络可使用小型无线电台、无线电话或便携式对讲机。但手持式或其他移动通讯设备进入爆区应事先关闭。

4.5.3 施工质量管理与控制

不同的爆破工程有不同的质量要求。在基坑开挖爆破中要保证开挖范围、深度和基坑边壁的平整度达到设计要求；在筑路工程和场平工程的岩土爆破中要保证开挖的范围、地面平整度达到设计要求，同时还要保证最终边坡的稳定和美观；在采石爆破中应注意将风化石和料石分开，爆破块度应满足采石规格的要求；爆炸挤淤中要注意爆炸挤淤质量，应将淤泥挤净，确保填石落底；在地下工程爆破中应重点控制超欠挖和硐壁的稳定；拆除爆破注重于塌落方式和塌散范围；硐室爆破注重于大块率等爆破效果。

施工中的质量管理应环绕着如何在施工中正确贯彻设计意图，按确定的质量方针进行施工，以保证质量目标的实现；同时，应将施工中发现的实际信息，及时反馈给设计人员，以便将设计中未发现、未考虑的爆破对象的信息或已考虑但其实是错误的信息予以纠正，做好设计的修改和完善，这就是质量的控制。

施工质量管理包括落实质量管理体系和制定质量保证措施。

4.5.3.1 质量管理体系

质量管理体系包括两个方面，即建立质量保证机构和确定质量控制程序。

(1) 质量保证机构

对较大规模的爆破工程，为了切实履行质量监督检查职能，保证工程质量，应建立健全质量保证体系，建立以项目经理为组长，技术主管为副组长，项目部和业务部门负责人为组员的工程质量领导小组，开展施工过程质量监督检查。质量领导小组的职责是制定工程质量规划，并组织实施；指导、监督、检查和处理施工过程中存在的问题；定期召开工程质量工作会议；组织检查评比，总结交流创优经验；决定奖惩事项。领导小组成员按质量目标分解具体项目，各司其职，各负其责，保证各项指标的如期兑现。领导小组下属的办公室设在质量安全部，其主要职责是负责日常工作，及时收集信息，提供领导决策参考；抓好各方面的信息反馈工作，定期发出简报、通报、传达领导决策，并经常检查下属单位的执行情况。

各施工队相应成立工程质量小组，其主要职责是制定本施工队施工工程的创优规划，实行目标管理，做好施工准备、施工阶段和竣工交验全过程的动态管理工作；督促检查工序质量的自检、专检、签证和分项分部工程的验收和评定工作。各工班设质检员，具体负责本工班承担项目的结构尺寸控制，以及施工过程质量和工艺标准的执行，切实做到分工负责，层层把关，确保工序质量处于受控状态。主持和组织项目创优活动，形成技术负责人质量总负责、质量管理工程师专职监察的内部质量监督和业主的质量监理控制相统一的组织保证机构，实行各单项工程和施工工序、工艺负责人和技术负责人质量责任制，使创优落实到人和各项具体工作中，做到上道工序不合格，下道工序不开工，分兵把口、层层负责。

(2) 质量控制程序

质量控制程序应根据不同的爆破类型制定。在深孔台阶爆破的质量控制程序中，开始由钻孔爆破队负责布孔、钻孔数量、深度、炸药数量、爆破范围及安全效应等质量控制，经现场工程师审核，报主管工程师审批。如果不合格，则在补孔或采取其他补救措施后再由钻爆队报批；如果合格，就可进入联接起爆网路、防护和警戒等下道工序。该工序的质量控制由技术人员全程监督，包括起爆模式，分段数量，单响最大药量，至建筑物的安全允许距离等。在技术人员进行网路检查等作业，填写检验报告，并经现场技术主管复校后，报主管工程师批准并提交现场监理工程师批准。合格后进入爆破作业程序，不合格则回复到联网等上道工序。爆后经安全质量检查合格则整个程序结束，进入下一循环，不合格则应采取补救措施。

表 4.6～表 4.8 分别列举了深孔爆破钻孔验收记录表、爆破作业通知单、爆破效果与安全记录表的基本格式，供参考。

表 4.6　深孔爆破钻孔验收记录表　　编号：________

工程名称					
钻孔班组		钻孔负责人		作业时间	
钻孔部位与布孔图式					
钻孔验收记录					
钻孔编号	设计孔深(m)	实际孔深(m)	验收评价钻孔坐标位置、倾角等及处理意见		
验收其他说明					

验收人：　　　　监理工程师：　　　　验收时间：

表 4.7　深孔爆破作业通知单　　　　编号：__________

工程名称					
作业班组		装药负责人		起爆网路负责人	
安全警戒负责人		技术负责人		现场总指挥	
装药起始时间			计划起爆时间		
爆破部位与布孔图式					
起爆网路					
安全防护及警戒要求					
使用爆破器材：					
炸药：		起爆材料：			
乳化炸药：	kg	电雷管：	段	发	
岩石炸药：	kg		段	发	
铵油炸药：	kg	导爆管雷管：	段	发	
合计：	kg		段	发	
导爆索	m		段	发	
导爆管	m		段	发	
其他					
其他说明与要求					

批准人(项目经理)：　　　　监理工程师：　　　　签发时间：

拆除爆破的质量控制主要有钻孔位置、孔网参数和孔深的检查；建筑物构件尺寸、材质和施工质量的调查和对设计的反馈；防护措施的检查；起爆网路的试验和敷设；装药、填塞的质量控制；爆后检查等。

硐室爆破的质量控制内容包括导硐药室的开挖方位、高程、尺寸的控制；导硐药室开挖中岩石地质状况的编录；药室最小抵抗线的准确校核；爆破器材和起爆器材的验收；起爆网路试验和敷设；装药结构和装药量；填塞结构和填塞质量；起爆网路联接与起爆；起爆程序的落实；爆后检查等。

表 4.8　深孔爆破效果与安全记录表　　　编号__________

<table>
<tr><td>工程名称</td><td colspan="3"></td><td>天气</td><td></td></tr>
<tr><td>作业班组</td><td></td><td>装药负责人</td><td></td><td>起爆网路负责人</td><td></td></tr>
<tr><td>安全警戒负责人</td><td></td><td>技术负责人</td><td></td><td>现场指挥</td><td></td></tr>
<tr><td>装药时间</td><td colspan="2"></td><td>起爆时间</td><td colspan="2"></td></tr>
<tr><td colspan="6">爆破部位与布孔图式</td></tr>
<tr><td colspan="6">使用爆破器材记录</td></tr>
<tr><td colspan="6">爆破效果评述</td></tr>
<tr><td colspan="6">爆破安全评述</td></tr>
<tr><td colspan="6">善后处理情况</td></tr>
<tr><td colspan="3">项目经理评价

签字　　年　月　日</td><td colspan="3">监理工程师评价

签字　　年　月　日</td></tr>
</table>

（本表由现场指挥或技术负责人填写）

质量控制应贯穿整个施工过程。可以建立事前、事中和事后质量监控控制点，以保证全过程的质量监控（见图 4.9）。

- 工程施工全过程的质量监控
  - 质量事前监控
    - 施工准备工作
      - 施工人员质量监控
      - 工程原材料、构配件质量监控
      - 施工所需机械、设备质量监控
      - 施工方法、检验方法质量监控
      - 技术、劳动和管理环境质量监控
    - 开工申请报告
  - 质量事中监控
    - 工程设计图纸的阅读、理解
    - 施工、安装工艺过程
      - 工序质量监控
      - 工序间质量监控
    - 中间产品质量监控
  - 质量事后监控
    - 竣工质量监控
      - 质量检测
      - 质量评定
    - 工程质量鉴定文件
      - 竣工图
      - 质量检验评定资料

图 4.9　工程施工全过程的质量监控

每道工序质量监控的流程见图 4.10。

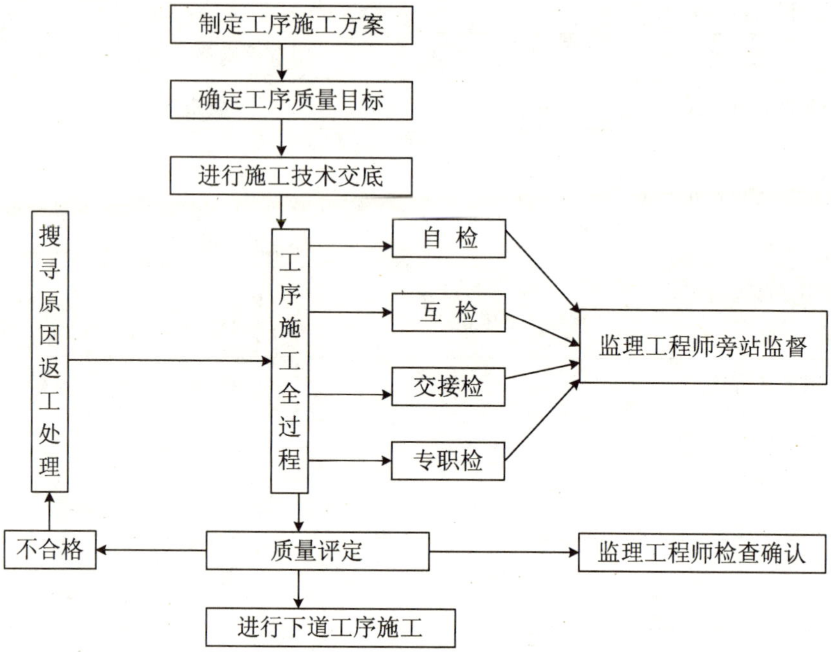

图 4.10 工序质量监控流程

4.5.3.2 质量保证措施

爆破施工中的质量保证措施主要有以下八个方面。

① 施工全过程严把“三关”，一是严把图纸关，二是严把测量关，三是严把试验关。

② 切实抓好施工全过程质量控制。开工前即组织技术人员、管理人员熟悉设计标准和相关施工规范。在实施过程中制定施工细节和质量的检查与控制办法，确保工程施工一次合格，一次成优。

③ 技术人员首先对图纸进行认真复核，彻底了解设计意图，要吃透图纸，熟悉资料。其次严格按图纸和验收标准要求组织实施，进行层层技术交底，使主要管理者、现场管理人员及操作者了解整个工程的设计意图，清楚技术标准，掌握操作方法。对施工中出现的问题，积极配合现场监理工程师和设计单位组织分析，研究处理方案，及时予以解决。

④ 坚持“预防为主，检验把关相结合”的方针，建立和健全试验机构，充实试验人员，认真做好炸药、雷管等原材料、中间产品和测量、测试仪器仪表的检验工作，杜绝不合格材料在工程中使用。按规定及时检测各种爆破参数，根据实际结果调整爆破工艺和参数，保证工程安全。

⑤ 加强工作质量，提高工序质量，确保工程质量。工作质量要与分配挂钩，建

立严格的奖罚制度，以促使创优工作在一个良好的激励机制下进行。

⑥ 加强与业主、监理、设计等单位的联系，在施工技术方面取得广泛的支持与合作，及时解决施工遇到的技术难题。建立和健全各级质量检验、监理机构，坚持专业检查和群众性检查相结合，贯彻班组自检互检制度。

⑦ 严格执行国家施工验收规范和有关操作规程，如各类《施工技术规范》、《施工验收规范》、《质量检验评定标准》等。

⑧ 做好质量事故的分析，找出其原因，采取预防措施，尽可能把质量问题消除于出现之前。

4.5.4　施工测量与控制

施工测量是控制爆破工程质量和安全的主要手段之一。在硐室爆破中，由于最小抵抗线测量不准引起爆破飞石距离过远在爆破安全事故中占有相当大的比例；地形测量的缺陷可能对硐室爆破药包布置方案带来致命的失误，严重影响爆破效果。例如，1989 年 3 月 16 日，在深圳市南头区靠近海边的太子山西北侧进行第四次硐室爆破时，由于测量失误，起爆后右边外侧第三排药包改变了最小抵抗线的方向和大小，从侧面逸出，大量石块飞散，打烂荔枝树 8 棵，砸伤多棵，洞穿工棚多幢。事后赔偿荔枝树、机械设备、工棚及个人生活用品等计人民币 31 万元[①]。

在硐室爆破工程中，药包是布置在爆破体内的，装药部位与爆破体临空面的关系不是那么直观，只能通过测量来判断，可以说测量是设计和施工的“眼睛”。

硐室爆破导硐开挖阶段的测量是确保按设计要求进行施工、保证施工质量的关键。硐室爆破的导硐、条形药包的药室基本上是由直线组成的，想象中施工应该比较简单。但是，工人习惯于顺岩石结构面开挖，加上导硐断面小，往往一个开挖循环就将中线偏到断面以外了。笔者就碰到过各种各样的“导硐”，有将“|”型导硐开挖成“S”型的，有将“∟”型导硐开挖成弧形的，更有将“T”型导硐开挖成“Y”型导硐的。在珠海的一次硐室爆破中，设计三条导硐，均从两端开挖，结果中间一条导硐未能“接龙”，接头处水平距离达 10 余米，形成了“穿袖子”工程。遇到这样的导硐，有时通过调整装药量还可以继续装药起爆，但很可能影响局部区域的爆破效果；有时因为导硐无直角自锁而无法保证填塞质量，极易发生飞石等安全事故。

在深孔台阶爆破中，施工台阶的布置，炮孔位置和深度的确定，开挖区边界的控制均离不开准确的测量。

地下工程爆破开挖时测量的重要性更是不言而喻，各类炮孔（尤其是掏槽孔、周边孔）位置的确定均需要测量的配合。

---

① 中国工程爆破协会，吴子骏主编. 工程爆破操作员读本[M]. 北京：冶金工业出版社，2004.

4.5.4.1 施工测量的内容和要求

在爆破工程的设计阶段，施工测量应为爆破设计提供必要和准确的技术图纸，如岩土爆破中的地形图、水下爆破中的水域地形图、拆除爆破中的建(构)筑物结构图、爆破区周围环境平面图等；对业主已提供图纸的爆破工程，对这些图纸进行复测校核是爆破质量控制中的一个重要环节。

在爆破施工阶段，施工测量应贯穿整个施工过程。在初期主要提供钻孔或导硐的施工放样，按设计要求准确确定孔位或导硐井口位置；在施工中主要控制钻孔、导硐和药室的精度，包括位置、深度(高程)、坡度；在施工后期着重于施工质量的检查，钻孔、导硐和药室的实测，为最终确定装药量提供准确的数据。

施爆以后，施工测量应真实反映土岩爆堆的堆积形态、范围、方量；建(构)筑物的坍塌方位、高度和范围。一方面是衡量爆破效果的依据，另一方面为爆破技术总结提供完整的资料。

不同的爆破工程，在不同的施工阶段，对施工测量有不同的要求。其中硐室爆破、水下爆破在设计阶段要求有准确的地形图；场平爆破则偏重于场地平整的标高控制测量；在烟囱、水塔等高耸构筑物定向倒塌控制爆破中，对测量的精度要求体现在根据倒塌方向准确的确定缺口位置上。

工程测量有高程测量、角度测量、距离测量、地形图测量等内容，工程爆破中主要需要测量的是地形图、爆区环境平面图、被爆体结构图等。

地形图是按一定比例尺，用规定的符号表示地物、地貌平面位置和高程的正射投影图。在地形图上通常由等高线表示地貌，它不仅能表示地面的高低起伏状态，而且还能表示地面的坡度和地面点的高程。硐室爆破设计中的药包布置就可以在地形图上进行。相邻等高线之间的高差称为等高距，相邻等高线之间的水平距离称为等高线平距。等高距越小，显示地貌就越详细，等高距的大小是根据测图比例尺与测区地形情况来确定的；等高线平距越小，地面坡度就越大，可以根据地形图上等高线的疏密来判断地面坡度的缓陡。

地形图上任意一线段的长度与地面上相应线段的实际水平长度之比，称为地形图的比例尺。一般认为，人的肉眼能分辨的图上的最小距离是 0.1 mm，因此通常把图上 0.1 mm 所表示的实地水平距离，称为比例尺的精度。不同比例尺的比例尺精度见表 4.9，即比例尺越大，表示地物和地貌的情况越详细。但是，同一测区，采用较大比例尺测图比采用较小比例尺测图的工作量和投资将成倍增加，因此采用哪一种比例尺测图，应从其使用要求和实际需要的精度出发，不应盲目追求更大比例尺的地形图。

表 4.9 不同比例尺的比例尺精度

比例尺	1∶500	1∶1 000	1∶2 000	1∶5 000
比例尺精度(m)	0.05	0.10	0.20	0.50

不同比例尺的地形图，其基本等高距可按表 4.10 选用。

表 4.10　地形图的基本等高距(m)

地形类别*	比例尺			
	1∶500	1∶1 000	1∶2 000	1∶5 000
平坦地	0.5	0.5	1	2
丘陵地	0.5	1	2	5
山地	1	1	2	5
高山地	1	2	2	5

* 地形类别根据地面倾角(α)大小确定。平坦地：$\alpha<3°$；丘陵地：$3°\leqslant\alpha<10°$；山地：$10°\leqslant\alpha<25°$；高山地：$\alpha\geqslant25°$。

地形图测图的比例尺根据工程性质、设计阶段和规模大小按下列规定选用：① 爆破影响区平面图应表明建(构)筑物和设施分布，一般采用 1∶2 000～1∶5 000 地形图；② 可行性研究阶段爆区地形图的比例尺一般为 1∶500～1∶1 000，对 A 级硐室爆破，当范围太大时，可降为 1∶2 000；③ 在技术设计阶段，应采用不小于 1∶500地形图；④ D 级硐室爆破可以用爆区实测 1∶200～1∶500 剖面图进行设计，相邻剖面间距不应大于 10 m，校核剖面由设计布置；⑤ 水域地形测量一般采用 1∶500 的比例尺测图；⑥ 爆区环境地形测图根据周围特点可分别采用 1∶500、1∶1 000和 1∶2 000 的比例尺测图。

4.5.4.2　施工测量仪器

高程测量所使用的仪器为水准仪，工具为水准尺和尺垫。

角度测量最常用的仪器是经纬仪，工程测量中使用的大都是光学经纬仪和电子经纬仪。电子经纬仪与光学经纬仪的根本区别在于它用微机控制的电子测角系统代替光学读数系统，能将测量结果自动显示出来，实现了读数的自动化和数字化，精度已达 0.5″以内。电子经纬仪使用方便，测量快捷精确，但价格比光学经纬仪要高。

距离测量最简单的工具有钢尺、标杆、测钎、测绳等，在一般拆除爆破、深孔爆破中可以用来测量孔网参数和孔深。长距离测量多用电磁波测距仪，其中采用光波作为载波的电磁波测距仪称为光电测距仪。光电测距仪所使用的光源有激光光源和红外光源，采用红外线波段作为载波的称为红外测距仪，它以砷化镓(GaAs)发光二极管所发的荧光作为载波源，发出的红外线能随注入电信号的强度而变化，体积小、亮度高、功耗小，且能连续发光，故获得了迅速的发展。

全站型电子速测仪(也叫电子全站仪)则将电子经纬仪、光电测距仪和微处理机组合在一起，可在一个测站同时测角和测距，并能自动计算出待定点的坐标和高程。更重要的是通过传输的接口把全站型速测仪野外采集的数据终端与计算机、绘图机联接起来，配以数据处理软件和绘图软件，可以实现测图的自动化。

在施工测量中，平面控制测量有三角测量、导线测量、三边测量等方法。高程控制可采用水准测量和电磁波测距三角高程测量。水准点应选在土质坚硬、便于长期保存和使用方便的地点。墙水准点应选设于稳定的建筑物上，点位应便于寻找、保存和引测。一个测区及其周围至少应有3个水准点。每条水准路线应符合路线和环线闭合差计算。电磁波测距三角高程测量时，三角高程的控制，宜在平面控制点的基础上布设成三角高程网或高程导线。

测绘地形图的方法有经纬仪测绘法、光电测距仪测绘法、小平板仪与经纬仪联合测绘法、摄影测量方法及全站型速测仪测绘法。根据测量结果绘制地形图，即可提供给工程爆破各阶段使用。利用地形图可以按一定方向绘制纵断面图和横向剖面图，依据药包位置的剖面图，就可以计算药包的最小抵抗线值。

4.5.4.3 硐室爆破的施工测量

硐室爆破的施工测量包括设计阶段的地形测量、平面图测量，施工阶段的导硐、药室控制测量和爆后的地形测量。

设计阶段的地形测量，应根据设计任务书规定的总体布置要求和硐室爆破的等级，由设计提出地形测量任务；爆区地形测量范围应包括爆破区和爆岩堆积区。

硐室爆破工程在施工阶段必须跟踪测量导硐和药室的施工全过程，保证按设计位置、高程完成导硐和药室的施工。一般应采用经纬仪导线平面控制，水准仪做高程控制。具体操作为：① 导硐掘进中，利用经纬仪控制导硐中线，决定导硐掘进方向，进硐以后，由于最初标定的中线点易被破坏，所以须用经纬仪重新标定中线点，每组测点均不得少于3个，点间距离不应小于2 m，导硐掘进的高程和坡度，应采用水准仪设腰线，腰线点标设在导硐两帮，且要成组设置，每组2～3个点，每隔15～20 m设置1组，硐内转点的测量要求，视同硐口要求。② 导硐药室完工后，必须按国标GB6722-2003第5.2.7.7条规定提交竣工图，即通过测量和地质测绘提交准确的药室竣工资料。资料中应详细注明药室的几何尺寸、容积、中心坐标，影响药室爆破效果的地质构造及其与药室中心、药包最小抵抗线的关系等数据。经测量药室中心坐标的误差不应超过±0.3 m，药室容积不应小于设计要求。验收复测工作必须由具备资格的专业测量人员进行，以便准确校核最小抵抗线 W 的实际值，确保爆破设计效果。③ 在实施装药前，对每个药室均应实测最小抵抗线。④ 爆后主要测量爆堆的范围、形态，用来计算爆落方量，衡量爆破效果，为爆破总结提供准确的资料。

4.5.4.4 水下爆破的水域地形测量

水域地形测量使用测深杆、测深仪和测深锤。水域地形测量开始前，必须了解测区的礁石、沉船、水流和险滩等水下情况。作业中，当风浪引起测深仪记录纸上的回声线波形起伏值，在内陆水域大于0.3 m、海域大于0.5 m时，宜暂停测深工作。用测深杆、测深锤作业，当遇有大风，水面波动较大时，应停止水上作业。

在不同水深、流速下采用的测深器具和测点深度中误差应符合表4.11的规定。

表 4.11　测点深度中误差

水深范围/m	测深仪器或工具	流速/$m \cdot s^{-1}$	测点深度中误差 /m
0～4	宜用测深杆	—	±0.10
1～10	测深仪	—	±0.15
0～10	测深锤	<1	
10～20	测深仪或测深锤	<0.5	±0.20
>20	测深仪	—	水深的 1.5%

4.5.4.5　场平爆破工程施工测量

在场平工程中，施工测量主要是场区的平面控制和高程控制。场区的平面控制网，可以根据场区地形条件和建筑物、构筑物的布置情况，布设成方格网、导线网、三角网或三边网。场区的高程控制网，应布设成闭合环线、符合路线或结点网形；当施工中水准点的标桩不能保存时，应将其引测至便于保存处。

场平爆破工程应根据场平要求配置测量仪器。表 4.12 为深圳市某场平工程中测量仪器的配置情况。

表 4.12　深圳市某场平工程测量仪器配置表

序号	仪器设备名称	规格型号	单位	拟配备数量	仪器精度	仪器校验情况
1	全站仪	PTS－V2	台	1	2″	合格
2	经纬仪	TDJ2	台	1	2″	合格
3	水准仪	AL25A	台	2	每 km 往返差 2.5m	合格
4	对讲机	EMP	台	4	通话距离 3km	合格

4.5.4.6　施工测量的控制

在施工测量中，应制定严格的测量控制措施，保证施工测量的精度和施工放线的准确程度符合技术规范或有关标准的要求。对每一步测量工作必须进行严格的检核工作，坚持“前一步测量工作未做检核不进行下一步测量工作”的原则，防止错漏发生，保证测量成果的正确性。测量应为施工服务，同时又监督施工质量，测量应为设计提供准确的数据，真正起到“眼睛”的作用。

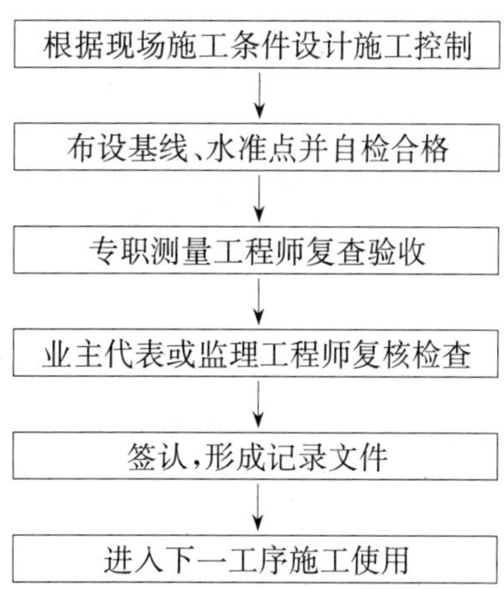

图 4.11　施工测量控制程序

图 4.11 为某场平工程施工测量控制程序，供参考。下面是在一些爆破工程竣工验收时施工测量的控制标准。如有特殊要求，应在有关技术文件中标明。

(1) 场平爆破工程的允许偏差

水平标高：+100 mm、-300 mm；

长度、宽度(由设计中心线向两边量)：-100 mm、+400 mm；

边坡坡度：不应偏陡。

(2) 基坑(槽)或管沟爆破工程允许偏差

水平标高：0、-200 mm；

底面长度、宽度(由设计中心线向两边量)：0、-200 mm；

边坡坡度：不应偏陡。

(3) 水下爆破工程的允许偏差

水平标高：0、-400 mm；

长度、宽度(由设计中心线向两边量)：0、-1 000 mm；

边坡坡度：不应偏陡。

4.5.5 爆破警戒与信号

爆破警戒包括装药阶段的安全警戒和起爆阶段的安全警戒两部分，前者也称装药警戒，后者也称爆破警戒。

4.5.5.1 爆破进入装药阶段的安全警戒

爆破进入装药(包括填塞、联网)阶段，爆区中已有爆炸物品，装药阶段的安全警戒，首要的是要保证爆破器材的安全，防止爆破器材丢失。爆破器材应放置在安全位置，炸药和起爆器材应分别放置，炸药和起爆器材应由专人看管。装药阶段操作人员多，前几年在深圳就发生过数起电雷管丢失事故，这些爆破器材如果流入不法分子手中，其后果很难设想，因而管理部门对发生爆破器材丢失事故的单位和个人处罚都很严厉。2006 年 9 月 1 日起实施的《民用爆炸物品安全管理条例》规定，违反安全管理制度，致使民用爆炸物品丢失、被盗、被抢的，或民用爆炸物品丢失、被盗、被抢，未按照规定向当地公安机关报告或者故意隐瞒不报的，由公安机关处 2 万元以上 10 万元以下的罚款；情节严重的，吊销其许可证；有违反治安管理行为的，依法给予治安管理处罚。其次，装药警戒还要保证有良好的装药秩序，这是确保安全准爆的重要环节。

从爆破器材进入爆破区起的整个装药阶段，爆区应实行全天候的警戒，禁止无关人员进入爆区；进出施工现场的爆破施工作业人员、防护作业施工人员、爆破技术人员和指挥部成员应佩戴相应证件标志，并接受警戒人员的检查；严禁携带火种进入警戒区，严禁携带爆炸物品离开施工现场。外来人员需进入爆破作业区的，必须经指挥部领导同意，并有指挥部成员陪同才能成行。

装药警戒范围由爆破工作领导人确定，一般按施工时封闭作业区的范围确定。警戒区边界应设置明显标志并派出岗哨。较大规模或重要的爆破工程应聘请公安或专业保安公司执行警戒任务。

在危险区内应派安全员来回巡视，检查施工现场安全情况，制止违章作业。

4.5.5.2　起爆阶段的安全警戒

为确保爆破安全，在实施爆破前，必须制定安全警戒方案，做好安全警戒工作。在进行警戒之前，施工单位和当地公安机关、地方基层组织（如居民委员会、镇政府等）要联合发布告示，将起爆时间、警戒范围、警戒信号通知到受爆破影响的各户、各单位，让当地单位和居民有心理准备。

起爆前后的警戒按爆破指挥部安全保卫与警戒组确定的警戒方案实施。执行警戒任务的人员，应按指令到达指定地点并坚守工作岗位。各警戒点应与指挥部保持通讯或信号联系，并按照指挥部的指令，按时进行清场撤离、封锁交通要道等工作。炮响后，在未发出解除警戒信号之前，警戒点岗哨应继续值勤，除爆后检查人员外，禁止任何人员和车辆进入危险区。

爆前清场必须按要求的距离、范围进行，由于清场不彻底或未按要求距离进行清场而造成的安全事故时有发生。1995 年 3 月 16 日，深圳市某爆破公司在深圳市梅龙公路工地进行硐室爆破，爆区东面 150～200 m 处有外来人员搭建的大片窝棚，爆破安全警戒范围为 350 m。放炮前一天，爆破施工单位专门给这些外来人员开了会，通报了爆破及人员撤离的有关事项。起爆前 40 分钟，由当地公安分局人员带领保安员，对这些窝棚逐一进行清查。一保安员发现一个两层窝棚楼梯口上方用木板盖住，用手托了一下未挪开，喊了一声也没有人答应，就走了。起爆后有一尺寸为 50 cm×40 cm×15 cm 的石块飞出 207 m，将此窝棚油毛毡顶棚砸穿，恰巧落在藏匿在此楼上的一名惠来县农妇头上，导致其当场死亡。1998 年 4 月 9 日，深圳市某爆破公司在福田农副产品批发市场工地进行场平浅眼控制爆破，审定的安全警戒距离为 200 m，爆破时实际警戒范围为 170 m 左右。起爆后一石块（6 cm×6 cm×4 cm）飞出 184.4 m，击中一名四川民工头部，导致其当场死亡[①]。

爆破警戒范围由设计确定。擅自缩小安全警戒范围，往往会造成严重后果。1994 年 6 月 6 日下午，深圳市某公司在深圳机场开发区用深孔爆破炸山平地，设计安全警戒范围为 200 m。负责安全警戒的爆破班长认为爆破岩石移动方向是向正面（东方）的，在爆区侧面（南方）约 100 m 处土路上停留的汽车、摩托车均未撤离。响炮后大量飞石从侧面逸出，击中三菱吉普车 1 辆，打烂土石运输车 5 辆及 1 台摩托车，并轻伤 1 人。1994 年 6 月 28 日下午，同上施工单位在同一施工地点进行深孔爆破，设计安全警戒范围仍为 200 m。起爆前在爆区右侧警戒区内有 3 台反铲及 1 台钻机，并有七八人在此躲炮。起爆后爆破飞石击中一名反铲司机头部，当场死

① 中国工程爆破协会编，吴子骏主编. 工程爆破操作员读本[M]. 北京：冶金工业出版社，2004.

亡；负责安全警戒的爆破班长自己也未能幸免，头部被飞石砸伤①。

4.5.5.3 爆破信号与起爆

爆破信号分声响信号和视觉信号两种，声响信号可使用发令枪发出各色信号弹，或拉警笛、警报器；视觉信号一般采用打信号旗的方法。各类信号均应使爆破警戒区域及附近人员能清楚地听到或看到。1979 年 4 月 12 日下午，湖北某矿东采车间 36 m 水平在放炮前，因当时风雨较大，不能采用升旗作为爆破警戒信号，经车间同意，改用警报器发出爆破警戒信号。3 点 55 分，汽运车间汽车因风雨大，既未听到警报器声音，也没有看到升信号旗，认为不放炮，将车开入采区，炮响后将汽车驾驶室打坏，室内信号工被打成重伤②。

工程爆破在起爆前后要发布三次信号。

第一次信号称预警信号。它在施爆前一切准备工作已完成后发出。该信号发出后爆破警戒范围内开始清场工作。在一些大型爆破工程中，或爆区周围环境复杂、人员较多，清场工作所需时间较长，一般开始清场的时间都比较早，预警信号发出后，完成清场工作的警戒人员撤离和交通管制开始。

第二次信号称起爆信号。起爆信号应在确认人员、设备等全部撤离爆破警戒区，所有警戒人员到位，具备安全起爆条件时发出。起爆信号发出后，准许负责起爆的人员将起爆网路主线与起爆器相连，并充电起爆。

第三次信号称解除信号。安全等待时间过后，检查人员进入爆破警戒范围检查、确认安全后，方可发出解除爆破警戒信号。在此之前，岗哨不得撤离，不允许非检查人员进入爆破危险区范围。

4.5.6 爆后检查

4.5.6.1 爆后检查等待时间

爆后由爆破工程技术人员和爆破员先对爆破现场进行检查，只有在检查完毕确认安全后，才能发出解除警戒信号和允许其他施工人员进入爆破现场。

爆破后不能立即进入现场进行检查，应等待一定时间，确保所有能起爆的药包均已爆炸以及爆堆基本稳定后再进入现场检查。

爆后不按规定的安全等待时间就急于进入爆破现场检查往往是一些爆破作业人员的通病，在采用火雷管起爆的爆破作业中危险性很大，因为导火索发生迟爆的几率比较高。1986 年 5 月 26 日中午 12 时左右，广东宝安县布吉镇某采石场，某爆破员点完 2 炮后发现 1 炮未响，10 分钟后该员向炮口走去。当走到离未响炮眼处

① 中国工程爆破协会编，吴子骏主编. 工程爆破操作员读本[M]. 北京：冶金工业出版社，2004.

② 引自林学圣教授提供的内部资料。

约 13 m 时，突然响炮，该名爆破员被炸成重伤，送医院后经抢救无效死亡。1991 年 11 月 26 日，深圳市西乡镇某石场，用火雷管起爆 12 个浅眼药包，点火后发现 1 炮未响，半小时后爆破员去现场查看，该炮突然爆炸，该爆破员被当场炸死①。从 2008 年起，爆破工程中不再采用火雷管起爆法，主要原因之一就是火雷管起爆法的不安全性。

关于爆后检查等待时间的规定有：① 露天浅孔爆破，爆后应超过 5 min，方准许检查人员进入爆破作业地点；如不能确认有无盲炮，应经 15 min 后才能进入爆区检查。② 露天深孔及药壶蛇穴爆破，爆后应超过 15 min，方准检查人员进入爆区；露天爆破经检查确认爆破点安全后，经当班爆破班长同意，方准许作业人员进入爆区。③ 地下矿山和大型地下开挖工程爆破后，经通风吹散炮烟、检查确认井下空气合格后，等待时间超过 15 min，方准许爆破作业人员进入爆破作业地点。放射性矿井爆破后通风时间不应小于 30 min。④ 拆除爆破爆后应等待倒塌建（构）筑物和保留建筑物稳定之后，方准许检查人员进入现场检查。

⑤ 硐室爆破、水下深孔爆破及其他爆破作业，爆后的等待时间，由设计确定。但硐室爆破爆后的等待时间不应少于 15 min。

4.5.6.2　爆后检查内容

一般岩土爆破爆后检查的内容为：① 确认有无盲炮；② 露天爆破爆堆是否稳定，有无危坡、危石；③ 地下爆破有无冒顶、危岩，支撑是否破坏，炮烟是否排除。

硐室爆破的爆后检查由爆破现场技术负责人、起爆站站长和有经验的爆破员组成检查小组实施，检查内容包括：① 是否完全起爆；② 有无危险边坡、不稳定爆堆、滚石和超范围塌陷；③ 最敏感、最重要的保护对象是否安全；④ 爆区附近有隧道、涵洞和地下采矿场时，应对这些部位进行毒气检查，在检查结果明确之前，应进行局域封锁。

爆后检查如果发现或怀疑有拒爆药包，应向指挥长汇报，由其组织有关人员做进一步检查；如果发现有其他不安全因素，应尽快采取措施进行处理；在上述情况下，不应发出解除警戒信号。

4.5.7　拒爆及其处理

随着工程爆破应用范围的不断扩大，爆破场所周围环境的日趋复杂，对爆破安全的要求也越来越高。拒爆，指爆破网路连接后，按程序进行起爆，有部分或全部雷管及炸药等爆破器材未发生爆炸的现象。我们把药包中雷管及炸药均未发生爆炸的现象称为药包全拒爆，显然，全拒爆是由于起爆网路设计和施工操作出现失误

① 中国工程爆破协会编，吴子骏主编．工程爆破操作员读本[M]．北京：冶金工业出版社，2004.

或起爆器材质量问题造成的；把雷管爆了、炸药未发生爆炸的现象，称为半爆，这主要是由于炸药质量或装药施工因素造成的；由于炸药质量或装药施工因素以及炮孔的沟槽效应，还可能出现炸药爆轰不完全或传爆中断，引起药包残留部分炸药未爆的现象，称为残爆。一般把发生拒爆称为“拒爆事故”，因为拒爆会给爆破工程带来很大的安全隐患，处理起来也比较麻烦。在3.1节中提及的2006年长江三峡三期上游碾压混凝土围堰（RCC围堰）拆除爆破工程、2002年北京城区永定门粮库拆除爆破工程、1998年福建漳州后石电厂场平工程硐室爆破工程、1995年贵阳龙洞堡机场营盘坡硐室爆破工程都是因为出现了拒爆事故才造成不良后果。在工程爆破中，几乎每一个爆破工程技术人员都碰到过拒爆的问题。在深孔爆破中，差不多过一段时间就会发生个别孔拒爆的情况。炮孔拒爆会严重影响爆破效果，处理拒爆孔还会带来安全问题。

4.5.7.1 爆破器材因素造成拒爆的原因分析及其预防

(1) 由于起爆器材因素造成的拒爆

随着爆破器材在技术上的进展、安全性能的提高和质量性能的稳定，尤其是火雷管起爆法退出工程爆破领域，将会大幅度减少因起爆器材不良所造成的拒爆事故。在由导火索起爆产生的拒爆药包中，经常能见到导火索燃尽并熏黑加强帽的绢片，但雷管未爆，这是由于导火索受潮，火焰冲刺力降低的缘故。在不使用导火索起爆法的地方，由于电雷管、导爆管等质量原因出现的拒爆事故也不少见。

在电力起爆法中，电雷管质量不好或破损是产生拒爆的一个重要原因。如装运过程中，桥丝松动或断裂，电雷管管体被压扁，加强帽歪斜；或外壳密封不好（挤压塑料塞不合格、雷管有裂缝或微裂缝）；或在储存中保管不良及装药后雷管受潮变质。也有的是雷管出厂时，质量就不合格，起爆力小，桥丝电阻过大或过小，超过允许的范围值，或者品种不一，起爆敏感度不一致等所造成。2005年我们在深圳某工地曾购买使用一批瞬发电雷管，用来起爆导爆管捆联网路，在使用中发现每次爆破总有个别起爆点电雷管已爆炸，而有几根导爆管未传爆，造成部分炮孔拒爆，显然，这批电雷管的起爆能不够。最后只能将这批电雷管做报废销毁处理。

一些过期的电雷管，从外观上看导线、雷管外壳都没有破损、锈蚀，包装也很好，有时总认为过期时间不长，侥幸继续使用。实际上雷管过期主要是其内部的起爆药过期失效，我们试验过，过期的电雷管只要导线不破损、不锈蚀，其电阻值一般仍在正常范围之内，也能点火起爆，但起爆能已大为降低，很多已引爆不了炸药。因此，应禁止使用超过规定使用期的电雷管。

电雷管受潮后，其电阻值和延迟时间都可能发生变化。如果起爆药也已受潮，则其起爆能会降低，就可能产生炸药拒爆。

在导爆管起爆法中，导爆管及导爆管雷管的质量问题是造成药包拒爆的重要原因。2004年在深圳多个爆破工程中，均发现河南某厂家生产的5 m长导爆管雷管存在严重的质量问题，多次出现炮孔拒爆的现象，给施工带来很大麻烦，最后将该批次的导爆管全部做退货和销毁处理。导爆管的质量问题包括异物入管、管道堵塞，管壁药量不足或有断药，管口封闭不严造成管内进水，管壁破损、穿孔或有折伤等；导爆管雷管中导爆管与雷管联接不当也会出现拒爆。导爆管在敷设过程中由于种种原因造成导爆管出现如管壁破损、管壁磨薄、管径拉细、导爆管对折或打折等问题都能引起拒爆。

导爆索是由棉、麻、纤维及防潮材料包缠猛炸药而制成的，要求药芯不能间断、包缠物不能损伤。导爆索油浸以后会使防潮层损伤导致药芯炸药失效而造成拒爆，在硐室爆破和深孔爆破中，直接放置在铵油炸药中的导爆索常常出现拒爆就是这个原因。

要预防起爆器材引起的拒爆，首先在选用时，应选择那些产品质量稳定、使用性能好的厂家生产的起爆器材，在实行爆破器材配送的地区，应建议民爆器材供应单位购买相关厂家的合格产品。其次要加强对起爆器材的检查，包括外观检查、性能检查和有效期的检查，凡不合格的给予报废。同时使用中要做好起爆器材的防水、防潮、防油浸等措施。

(2) 由于炸药因素造成的拒爆

在 2.1.4.2 节中，已经阐述了影响炸药稳定传爆的因素，对于工业炸药、起爆能量、含水率、密度、药卷直径、爆破约束条件等对其稳定爆轰状态影响甚大，了解工业炸药的性能，对在爆破工程中正确使用炸药、充分发挥炸药效能非常重要。

在拆除爆破中，药包比较小，当装药直径小于临界直径时，就可能发生炸药拒爆的情况。一般情况下拆除爆破药包数量多，个别炮孔的拒爆往往对整个爆破效果影响不大。在硐室爆破或深孔爆破中，因炸药因素造成的拒爆还是时有发生的，其对爆破效果往往会产生比较大的影响。

目前在工程爆破中常用的直径 18～50 mm 的无约束乳化炸药药卷，即使在比较宽的温度范围内(如 -40 ℃ ～ +40 ℃)，均可被一只 8 号工业雷管引爆；而大直径散装产品，特别是机械化装填炮孔的产品需要使用一定量的起爆药包(柱)引爆。铵油炸药的起爆敏感度低，通常需要用占药包总炸药量 5%～10%的二号岩石铵炸药或乳化炸药作为起爆药包。至于浆状炸药，通常比铵油炸药还钝感，不仅普通的雷管不能起爆，就连一般的硝铵炸药有时也难以使之爆轰，需要采用梯恩梯，黑索金等烈性炸药(黑梯块)才能引爆。为了防止拒爆并充分发挥其爆炸威力，采用强力起爆手段，即中继药包起爆法，是十分必要的。

从 2008 年起，铵梯炸药开始在国内停止使用，在推广铵油炸药(减梯)和使用乳化炸药(无梯)时，一些爆破工地出现起爆后雷管响了而有的炮孔内炸药未爆的情况。厂家的测试表明，炸药和雷管都符合国家标准。这是由于梯恩梯在炸药中起敏化作用，“减梯”必然使炸药的感度降低，雷管虽符合国家标准，但相对无梯的乳化炸药而言起爆能力不足。当厂家将雷管的装药量提高了 40 mg/发后问题得以解决。现场解决的办法是放两发雷管增加起爆威力，未响的炮孔全响了。虽然关于雷管的起爆能在国家标准中留有一定的裕度，即使雷管威力及炸药雷管感度因质量波动都处于下限水平时，雷管起爆炸药的可靠性不受影响。但随着炸药无梯化，炸药趋向钝感，当雷管威力与炸药雷管感度因质量波动都处于下限水平时，就有可能影响到雷管起爆炸药的可靠性。因此，修订相应的标准是必要的。

作为爆破用户要认真阅读爆破器材使用说明书，了解产品特性，正确掌握使用方法。避免因使用方法不当导致雷管带不响炸药现象的发生。

在大孔径深孔爆破中，我们用直接倒入法装粉状硝铵炸药，底部炸药受上部炸药之压密度明显增加，爆后发现炮孔底部总有近 50 cm 的炸药拒爆，即出现“压死”现象。乳化炸药传爆对装药密度要求也很高，密度过大也会造成拒爆。

炸药的质量是造成药包拒爆的重要原因。使用铵油炸药时必须注意其含水率，一般要求铵油炸药的含水率不大于 2%，超过规定含水率的铵油炸药容易出现拒爆现象。乳化炸药具有良好的抗水性能，其最佳含水率为 11%～12%，超出含水率的合理范围，也会影响爆破效果。乳化炸药在生产过程中有乳化和敏化过程，控制不好或出现机械故障就会使乳化炸药质量不合格。20 世纪 90 年代我们在珠海某工地进行拆除爆破时，按要求当天进药、装药并起爆，当乳化炸药入场后，发现炸药比正常的乳化炸药要稀，因时间紧，故没有进行炸药性能试验，结果装药起爆后，雷管全部起爆，但部分药包拒爆，部分药包爆炸威力大大降低，建筑物未按要求倒塌。后经调查得知该炸药厂在生产该批炸药时，乳化炸药混拌罐发生故障，经修复生产几箱炸药后又出现故障，而我们使用的正是这几箱炸药。该批炸药威力实在太差，经清理拒爆药包后重新装药起爆，建筑物顺利倒塌。

使用乳化炸药时，不应随意揉捏、改变原包装使用。因为乳化炸药只有在原包装的最佳组成配比和装药密度下，才能发挥说明书规定的爆炸性能指标和爆炸威力，得到应有的爆破效果。任意揉捏破坏原包装，就会改变原始爆破条件，影响其正常起爆感度和爆破威力，降低爆破效果，甚至出现拒爆。

由于炸药因素造成拒爆的主要原因及预防措施包括：① 在爆破作业中，装药前应按规定对所用炸药进行检查，至少应检查炸药外观和有效期；铵油炸药应检查含水率，看有没有因含水量多形成的结块现象；乳化炸药应检查药卷的颜色和手感软硬程度；禁止采用过期、变质、失效的炸药。② 爆破作业中常用的岩石硝铵炸药、铵油炸药不抗水，因此，在多雨或地下水发育的爆破工地，要做好炸药、起爆药包、导爆索的防水、防潮工作，将炮孔中的积水排干，或采用浆状炸药、水胶炸药、乳化炸药等抗水类炸药进行爆破。③ 装药直径小于该种炸药的临界直径时，爆轰波不能稳定传播，甚至出现拒爆。例如，在用乳化炸药卷起爆铵油炸药时，起爆药卷的直径应大于乳化炸药的临界直径，如 EL 系列乳化炸药的临界直径为 12～16 mm。在光面、预裂爆破等场合需自制小直径药卷时也应特别注意临界直径问题。④ 装药密度对爆轰状态的影响很大，对硝铵类炸药，最佳装药密度是 1.0～1.1 g · cm^{-3}，密度过大或过小，都可能造成药包拒爆。

4.5.7.2 起爆网路设计和施工操作不当造成拒爆的原因分析及预防

起爆网路设计不善，是出现拒爆的重要原因之一。

采用导爆索起爆法，产生拒爆的原因主要有：① 导爆索质量差，或因储存时间长，保管不良而受潮变质；② 装入炮孔（或药室）后，铵油炸药中的柴油渗入药芯中，使其性能改变，造成拒爆；③ 在充填过程中受损或断裂；④ 延时起爆时，先爆导爆索产生的冲击波将后爆导爆索网路损坏；⑤ 网路联接方法错误。导爆索传递爆轰波的能力有一定方向性，因此在联接网路时必须使每一支线的接头迎着主线的传爆方向，这是导爆索起爆网路敷设中的最基本要求，而在工程实践中因导爆索联接方向错误造成拒爆的情况仍时有发生。

导爆管网路产生拒爆的原因主要有：① 导爆管质量差，有破损、漏洞或管内有杂物；② 在联接过程中出现死结；③ 有沙粒、气泡、水珠进入导爆管；④ 导爆管与联接元件松动、脱节；⑤ 捆联网路中传爆雷管捆扎的导爆管数量太多，捆扎部位和雷管方向不合适，或捆扎不紧；⑥ 起爆雷管不能完全起爆网路；⑦ 网路在装药填塞过程中受损。导爆管起爆网路预防拒爆的施工要求可参见 3.7.2 小节。

采用导爆管毫秒雷管网路，可以实现大面积分段毫秒延时爆破，但在起爆网路设计中，应注意选取合理的点燃阵面宽度，防止先爆药包对尚未点燃的后爆药包造成破坏而引起拒爆(参阅 3.5 节)。

采用电雷管和电爆网路起爆，是深孔爆破、硐室爆破中最常用的起爆方法。电雷管产生拒爆的原因，可以从两方面来分析，一是属于雷管本身的原因，二是属于外来原因，如装填不慎，将网路打断，联接不牢固，联接方式不妥当，使爆破网路有漏电或接地现象等。

电爆网路设计或计算错误，也会引起拒爆。除电源产生的电流太小，不够准爆条件而引起拒爆外，还可能因设计时采用的联接方式不够合理，例如各支路电阻不平衡，使一些支路电流较大，而另一些支路中的电流达不到雷管的最小准爆电流。因此，在电爆网路设计中，一定要注意电源的容量和保证网路中每一个电雷管所得到的电流大于最小准爆电流。在一般情况下，应尽可能使各支路电阻平衡。除此以外，对深孔爆破或硐室爆破，由于炮孔（或药室）数量多，应注意炮孔与炮孔，延期雷管与瞬发雷管，并联与串联，主副网路的线头不要错联、漏联。

由于电爆网路设计错误或施工不当可能造成的药包拒爆，有以下几种情况。

① 整体型拒爆。即联接于同一网路的药包全部拒爆，多由电路断路所致，首先应对网路进行导通检查，逐段检查导线、电雷管，找出断路所在位置。在网路导通的情况下就应考虑起爆电源的问题，比如起爆箱电路是否发生故障或严重接触不良，起爆器中的电池是否已过期失效，起爆器的起爆能力是否与网路匹配等。

② 区域性拒爆。即某一支路，或某一区域范围内的药包拒爆，而在此以外的药包全爆。造成这一现象的主要原因是网路有漏电或短路处，这时，从串联网路两端到两个短路之间的雷管全爆，中间部分全部拒爆或部分拒爆。造成短路或漏电

的原因可能是:接头绝缘不好;雷管脚线质量不好;炮孔或网路敷设处有水;起爆器起爆脉冲电压过高导致线路击穿等。

③ 类别型拒爆。即网路中某一相同类型或段数的雷管全部拒爆,其余则全爆。造成这种现象的原因主要是雷管发火特性差异太大。将不同厂、不同批的产品用于同一网路,即会产生这种拒爆现象。在必须使用段发雷管以实现秒或毫秒延时爆破时,应采取“同段串联、异段并联”的办法。

④ 随机型拒爆。即网路中有一个、数个或部分药包拒爆,且无明显的规律性。从电爆网路分析,造成随机型拒爆的原因主要是:通过雷管的起爆电流偏小;同一网路雷管的阻值差偏大;雷管或炸药变质,特别是装入含水炮孔,而防水处理又不好;装药不当,雷管与药包脱离;网路漏接、断线等。

为了确保起爆网路安全可靠,防止在起爆网路这一重要环节出现拒爆事故,要求各种起爆网路均应使用经现场检验合格的起爆器材;在可能对起爆网路造成损害的地段,应采取措施保护穿过该地段的网路;A、B、C、D 级爆破和重要爆破工程应采用复式起爆网路。对各种起爆网路,应按照爆破安全规程的要求进行施工,并做好起爆网路的试验和检查(参见 3.7.1 小节)。

4.5.7.3 因装药施工引起的拒爆

装药施工中引起拒爆主要有两个原因,一个是起爆雷管在起爆药包中位置不当,或在装药过程中起爆雷管被拉出并脱离起爆药包;另一个是起爆药卷与其他药卷之距离超过殉爆距离造成拒爆。

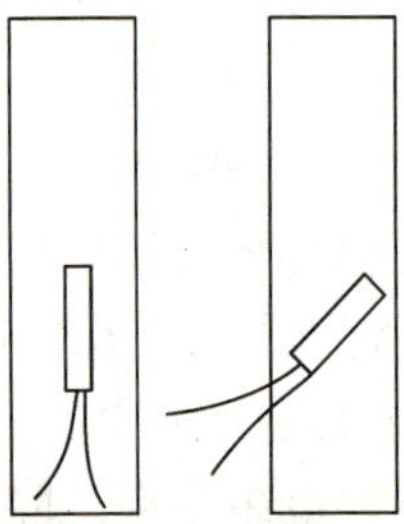

图 4.12 雷管在起爆药包中的位置

雷管起爆炸药主要靠雷管的装药部位,即靠雷管聚能穴的一端。正确的安装方法是将雷管的端部放置在起爆药包的中部,如果位置太偏,雷管处于药卷表层,就可能引起药卷拒爆(见图 4.12)。在深孔爆破施工中,一些工人将雷管插入起爆药包后,习惯性地将导爆管或电雷管脚线在药包上打个结就装入炮孔,如果没有把结打顺、打牢,在装药过程中就很容易将起爆雷管拔出而引起药包拒爆,因此要教育工人仔细地安装起爆药包,如果药卷直径大、分量重,应考虑用吊绳将起爆药包装入孔内,不要直接用导爆管或雷管脚线做吊绳安装起爆药包。

起爆药卷与其他药卷脱离是深孔爆破中经常出现的拒爆现象。一种是装入一部分炸药后炮孔中间发生堵塞,导致起爆药包装不下去而与已装下去的炸药脱节。另一种出现在水孔中,装药过程中速度过快,药卷未装到位就装入起爆药卷,填塞后下部药卷缓慢下沉,而起爆药卷被导爆管或脚线拉住不再下沉,导致下部药卷与起爆药卷脱离发生拒爆;或在部分有水的炮孔内,先装乳化炸药,至无水后装入铵油炸药,由于乳化炸药药卷直径小于炮孔,铵油炸药向下渗透溶解导致与起爆药卷脱开发生拒爆。因此必须注意装药工序中的施工操作技术，杜绝因装药不慎出现的拒爆。

4.5.7.4　因沟槽效应引起的拒爆

在钻孔爆破中进行不耦合装药，即药卷与炮孔壁之间存在有月牙形间隙时，会出现爆炸药柱在传爆过程中自抑制——能量逐渐衰减直至爆轰中断或由爆轰转变为燃烧，即拒(熄)爆的现象，这就是沟槽效应(ditch effect)，又称管道效应、空气间隙效应。这种现象在小直径水平炮孔中使用铵梯炸药药卷装药时相当普遍，一般手持式凿岩机的钻孔直径为38～42 mm，而炸药卷直径通常为32 mm。一旦出现沟槽效应，不但影响爆破效果，而且在沼气矿井内进行爆破作业时，还可能引起沼气爆炸。

沟槽效应与炸药配方、物理结构、包装条件和加工工艺以及药卷与孔壁之间的距离有关，用传爆长度来表示。取内径为42～43 mm、长3 m的聚氯乙烯塑料管(或钢管)，将直径32 mm的受试药卷一个连着一个放入其中，用一只8号雷管起爆，其传爆长度即为该炸药的沟槽效应值，传爆长度越小，沟槽效应越厉害。部分国产炸药的沟槽效应值见表4.13。显然，乳化炸药的沟槽效应要小于铵梯炸药的沟槽效应。

表4.13　一些国产炸药的沟槽效应值

炸药类型	EL系列乳化炸药	EM系列乳化炸药	2号岩石铵梯炸药
沟槽效应值(传爆长度)/m	>3.0	>7.4	>1.9

为消除沟槽效应，可采取的措施有：① 采用爆轰性能好、沟槽效应小的炸药，如乳化炸药；② 增大药卷直径，或采用散装药，减少或消除药柱与炮孔壁之间间隙，防止沟槽效应的出现；③ 沿药包全长放置导爆索起爆。

4.5.7.5　拒爆(盲炮)的处理

深孔爆破和硐室爆破起爆后，发现有下列现象之一者，可以判断其药包发生了拒爆：① 爆破效果与设计有较大差异，爆堆形态和设计有较大差别，地表无松动或抛掷现象；② 在爆破地段范围内残留炮孔，爆堆中留有岩坎、陡壁或两药包之间有显著的间隔；③ 现场发现残药和导爆索残段。

检查人员发现拒爆及其他险情，应及时上报或处理；处理前应在现场设立危险标志，并采取相应的安全措施，无关人员不应接近。处理盲炮应当遵守以下规定：① 处理盲炮前应由爆破领导人定出警戒范围，并在该区域边界设置警戒，处理盲炮时无关人员不准许进入警戒区；② 应派有经验的爆破员处理盲炮，硐室爆破的盲炮处理应由爆破工程技术人员提出方案并经单位主要负责人批准；③ 电力起爆发生盲炮时，应立即切断电源，及时将盲炮电路短路；④ 导爆索和导爆管起爆网路发生盲炮时，应首先检查导爆管是否已传爆，是否有破损或断裂，未传爆的，发现有破损或断裂的修复后可重新起爆；⑤ 不应拉出或掏出炮孔和药壶中的起爆药包；

⑥ 盲炮处理后，应仔细检查爆堆，将残余的爆破器材收集起来销毁；在不能确认爆堆无残留的爆破器材之前，应采取预防措施；⑦ 盲炮应在当班处理，当班不能处理或未处理完毕，应将盲炮情况（盲炮数目、炮孔方向，装药数量和起爆药包位置，处理方法和处理意见）在现场交接清楚，由下一班继续处理；⑧ 盲炮处理后应由处理者填写登记卡片（参见表 4.14）或提交报告，说明产生盲炮的原因、处理的方法和结果、预防措施。

表 4.14 盲炮处理登记卡片

<table>
<tr><td>工程名称</td><td colspan="5"></td></tr>
<tr><td>爆破施工单位</td><td></td><td>施工单位负责人</td><td></td><td>爆破时间</td><td></td></tr>
<tr><td>盲炮处理人</td><td></td><td>现场负责人</td><td></td><td>盲炮处理时间</td><td></td></tr>
<tr><td colspan="6">盲炮情况描述（包括盲炮设计孔深、药量、周边环境情况，有无变化及盲炮原因分析）</td></tr>
<tr><td colspan="6">盲炮处理方法及安全措施</td></tr>
<tr><td colspan="6">残留爆破器材处理情况</td></tr>
<tr><td colspan="6">处理结果及说明</td></tr>
<tr><td colspan="3">项目经理意见

签字　　　　年　月　日</td><td colspan="3">监理工程师意见

签字　　　　年　月　日</td></tr>
</table>

（本表由盲炮处理人或现场负责人填写）

处理裸露爆破的盲炮可采取的办法有：① 处理裸露爆破的盲炮，可去掉部分封泥，安置新的起爆药包，加上封泥起爆；如发现炸药受潮变质，则应将变质炸药取出销毁，重新敷药起爆。② 处理水下裸露爆破和破冰爆破的盲炮，可在盲炮附近另投入裸露药包诱爆，也可将药包回收销毁。

处理浅孔爆破的盲炮可采取的办法有：① 经检查确认起爆网路完好时，可重新起爆。② 可打平行孔装药爆破，平行孔距盲炮不应小于 0.3 m；对于浅孔药壶法，平行孔距盲炮药壶边缘不应小于 0.5 m。为确定平行炮孔的方向，可从盲炮孔口掏出部分填塞物。③ 可用木、竹或其他不产生火花的材料制成的工具，轻轻地将炮孔内填塞物掏出，用药包诱爆。④ 可在安全地点外用远距离操纵的风水喷管吹出盲炮填塞物及炸药，但应采取措施回收雷管。⑤ 处理非抗水硝铵炸药的盲炮，可将填塞物掏出，再向孔内注水，使其失效，但应回收雷管。

处理深孔爆破的盲炮可采用的办法有：① 爆破网路未受破坏，且最小抵抗线无变化者，可重新联线起爆；最小抵抗线有变化者，应验算安全距离，加大警戒范围后，再联线起爆。② 可在距盲炮孔口不小于 10 倍炮孔直径处另打平行孔装药起爆。爆破参数由爆破工程技术人员确定并经爆破领导人批准。③ 所用炸药为非抗水性硝铵类炸药，且孔壁完好时，可取出部分填塞物，向孔内灌水使之失效，然后再做进一步处理。

处理硐室爆破盲炮可采用的办法有：① 如能找出起爆网路的电线、导爆索或导爆管，经检查正常仍能起爆者，应重新测量最小抵抗线，重划警戒范围，联线起爆。② 可沿竖井或平硐清除填塞物，并重新敷设网路联线起爆，或取出炸药和起爆体。

处理水下炮孔爆破盲炮可采用的办法有：① 因起爆网路绝缘不好或联接错误造成的盲炮，可重新联网起爆；② 因填塞长度小于炸药的殉爆距离或全部用水填塞而造成的盲炮，可另装入起爆药包诱爆；③ 可在盲炮附近投入裸露药包诱爆。

另外，地震勘探爆破发生盲炮时，应从炮孔中取出拒爆药包销毁；不能从炮孔中取出药包者，可装填新起爆药包进行诱爆。处理金属结构物爆破盲炮，应掏出或吹出填塞物，重新装起爆药包诱爆。处理热凝物爆破的盲炮时，应待炮孔温度冷却到 40 ℃以下，才可掏出或吹出填塞物，重新装药起爆。

第5章 建(构)筑物拆除爆破安全技术

从20世纪80年代起，随着我国改革开放政策的实施，旧城改造和扩建工程步伐大大加快，建(构)筑物爆破拆除工程亦风起云涌。近年来，政府加强了环境保护的力度，许多严重污染的企业，如水泥、化工、造纸、染织等工厂进行了关停并转；电力行业实施了“上大压小、节能减排”的政策措施，因此厂房、烟囱、冷却塔等建(构)筑物拆除爆破大量增加。由于拆除爆破极大多数是在城镇地区进行的，周围环境复杂，居民和车辆较多，而且这些爆破工程牵涉到社会的各个阶层，容易引起当地政府、市民和媒体的关注。爆破的成功有时会产生很大的社会效益，为城市建设和企业改造做出贡献。

2007年12月23日上午，武汉叠峰水泥厂在武汉第一次实施大规模爆破拆除污染源的行动中被爆破拆除(见图5.1)①。这个严重污染环境的企业建于1958

图5.1 爆破拆除严重污染企业－武汉叠峰水泥厂

年，位于武汉青山区，有4座立窑和建筑总面积达11 600多平方米的生产厂房和水泥罐，年产水泥60万吨。由于生产设备陈旧、工艺落后，生产过程中排放的废气长

① 引自2007年12月23日16:35，中国新闻网。

期无法稳定达到国家规定的排放标准,虽经多次整改仍然排放超标,因此被湖北省、武汉市环保部门列为关停企业。爆破拆除后,该区每年可减少二氧化硫排放量530 t,减少工业粉尘排放量959 t。按照武汉市"十一五"规划年消减粉尘2%的计划,关闭叠峰水泥厂可完成武汉市3年半的消减粉尘目标任务。其土地将进行重新规划,周边环境随之发生翻天覆地的变化,将重现青山绿水的生态环境。

2006年11月8日,坐落在卢浦大桥浦东段东侧,昔日"浦东第一高"的宝钢集团浦钢公司一栋16层高的办公楼被成功爆破拆除[①](见图5.2)。这座大楼建于1987年,周围占地2.1平方公里,占整个世博园区规划面积40%左右。它的拆除标志着整个2010年上海世博会园区的动迁、建设工作进入新阶段,此时距上海世博会开幕还有1 270天。现址将建成上海世博会的主题馆、中国国家馆、演艺中心、公共活动中心和外国自建馆等一批世博会核心场馆。

图5.2　上钢三厂16层厂房主楼爆破景象

但是,建(构)筑物拆除爆破出现的安全问题也会产生更大的社会反响,它不仅给国家和人民的生命财产造成损失,而且会给社会民众带来心理上的压力和负担。"西南第一爆"、"西北第一爆"、"中国第一爆"、"亚洲第一爆"……还有"中国环保第一爆"等等,就在这些"第一爆"取得成功的背后,也暴露了越来越多的安全问题和事故隐患,楼房炸了不垮,烟囱炸了不倒,甚至出现烟囱爆破倒地溅起飞石、楼房未炸先倒造成伤亡的重大安全事故,因此建(构)筑物的爆破安全问题必须引起高度重视。

---

① 引自2006年11月09日05:09,《东方早报》。

5.1 楼房类建筑物爆破拆除的安全

5.1.1 建筑物爆破拆除出现的安全问题

在楼房类建筑物拆除爆破中出现的安全事故及隐患不少，主要有以下几类。

5.1.1.1 楼房预拆除(或预处理)时发生倒塌

案例 1 1986 年 5 月，某市拟爆破拆除一个 3 层的工业厂房，业主要求部分拆除，部分保留。施工单位在靠近大梁保留部分处，在第一、二层用 50 cm×50 cm 的砖柱顶住大梁，在第三层用圆木支撑，然后切断大梁(砸碎混凝土、切断钢筋)，同时在已钻孔部分装药。结果在施工过程中，一跨 7 m 多高的旧厂房突然垮塌，当场压死施工人员 4 人，压伤 3 人。一名下班路过的工人，走近路穿过爆破警戒线，不幸被倒塌的厂房砸中死亡①。

案例 2 2005 年 1 月 14 日下午，宜宾市拓展建设公司为宜宾市广播电视大学一幢 6 层楼高的旧教学大楼实施定向爆破②。16 时左右，在打孔过程中，该大楼西侧面突然发生局部坍塌，5 层高的楼房从右边垮塌了三分之一，垮塌面积约 1 800 m^2，正在现场作业的 11 名施工人员不幸被埋压在废墟中，其中 8 人不幸遇难。

5.1.1.2 楼房爆后不倒或部分倒塌变成危房

案例 3 2004 年 9 月 15 日下午两点，在上海市曲阳路 910 弄拆迁工地上，一座 20 m 高的旧楼爆破拆除(见图 5.3)③。"轰隆"一声巨响过后，20 m 高的大楼没有如愿倒下，而是成了"比萨斜塔"。工地项目负责人称没有倒塌的原因是投放的炸药量不足，并表示在一两天内机械拆除，附近居民对此深感不安全。

图 5.3 上海某高楼爆破未倒

案例 4 2001 年 7 月 23 日，长沙市湘江大道施工指挥部对湘江大道沿线的 8 栋房屋实施定向爆破④。一声巨响之后，7

① 吴子骏，朱德达，郑炳旭，等. 工程爆破管理学[M]. 北京：煤炭工业出版社，1993：88.

② 引自 2005 年 1 月 16 日 07：52：24，四川新闻网，《成都商报》。

③ 引自 2004 年 09 月 16 日，荆楚网，《楚天都市报》。

④ 引自 2001 年 07 月 23 日 15：21，新华网。

栋楼倒塌了,第 8 栋楼房虽然倾斜了,但是却没有倒塌,大楼与地面大概呈 100°角,2 楼以上仍然毫发无损。这是长沙市实施定向爆破以来首度遭遇尴尬。现场负责人说:“设计上有问题,应该还要在 2 楼打孔,装炸药。”

5.1.1.3 楼房爆破后出现反向倾倒

案例 5 2001 年 12 月 11 日,石家庄市货运六公司的一栋楼实施定向爆破①。爆破后,没有按照爆破方案向东面的空闲地倒塌,却倒向了西面,致使附近居民家的有线电视没了信号。有一栋两层的饭店小楼,饭店的人员等爆破后回来时,发现饭店对面架设电话线和有线电视设施的电杆横空插进了二楼窗户里。

案例 6 1996 年 5 月,郑州市某照相机厂厂房拆除爆破,由于施工单位爆破资质不够,爆破技术力量薄弱,设计严重错误,炮响后钢筋混凝土框架结构的厂房没有向预定方向倾倒,而是向着相反方向倒塌,导致 1 人死亡、4 人重伤②。

5.1.1.4 楼房爆破出现后坐伤及近邻

案例 7 在 20 世纪 80 年代,石家庄市某礼堂爆破拆除工程③,设计倒塌方向是由北向南倒塌,礼堂南面是舞台,北面是两层看台,看台的北山墙是高约 15 m、厚 37 cm 的砖墙,设计者只考虑它能够随柱子一起向南倒塌。但是炮响后,山墙向南倾倒中出现后坐,将离开山墙有 5～6 m 的几间临时简易平房推倒,亏好施工单位事先要求住户撤离时把电视机等贵重物品带走,因此没有造成太大的损失。

案例 8 1986 年 6 月,北京新桥饭店原中餐厅及礼堂拆除爆破,礼堂东西长 35 m,南北宽 31 m,北面外山墙(分布有 40 cm×40 cm 的钢筋混凝土立柱 6 根)与欲保护的 8 层主楼仅有 2 m。设计由北向南倾倒,为了防止北山墙后坐,在主楼与山墙之间对应的 4 根立柱上,由上到下用 20 cm×20 cm 的木枕设置了三道支撑。但是爆破后检查发现,北山墙中间夹着的两根混凝土立柱后坐从主楼半地下室的窗户中插入地下室的地面,幸运没有造成其他损失。

除了上述安全问题之外,楼房爆破中出现安全问题最多的是飞石事故,对于这一类问题我们将在第 8 章中予以专门叙述。

5.1.2 建筑物爆破拆除安全事故剖析

5.1.2.1 爆破资质不够,越级承担工程

爆破安全规程规定,爆破工程实行分级管理,爆破设计单位和施工企业都必须具有公安部门颁发的相应资质证书,但是有的管理部门没有严格执行,让没有资质或者资质不够的单位去承担 A 级拆除爆破工程,结果造成了楼房炸而不倒的安全

---

① 引自 2001 年 12 月 11 日 15:42,《河北日报》。

② 刘殿中. 工程爆破实用手册[M]. 北京:冶金工业出版社,1999:684.

③ 笔者参加了本工程.

问题。2001 年 11 月 16 日，青海西宁市某公司承接了一座 7 层商住楼(上面 3 层砖混结构，下面 4 层框架结构)的拆除爆破工程[①]。该楼房处于青海西宁繁华街道西门口西关街，一声巨响之后，楼房却巍然未动，只是做过预处理的底层支柱受到了较为严重的损坏。过两天，又对该楼进行了二次爆破，但楼房坐落 1 层后非但没有倒下，反而成了向北倾斜将近 20°的"斜楼"。面对现状，施工负责人承认两次失败的根本原因是"没有认真分析建筑结构，设计方案严重有误"。事后调查表明在爆破设计和施工中存在爆破切口高度不够、用药量偏小等严重的技术质量问题。还发现承担本次爆破工程的公司仅为三级资质企业，根据《爆破工程施工企业资质等级标准》规定，三级资质企业只能爆破拆除低于 5 层以下的楼房。也就是说，该公司根本不能承揽 7 层高楼的爆破工程，属于违规经营，越级施工。上述案例 6 中出现的安全事故也是因承担爆破任务的单位爆破设计资质不够，设计出现严重错误而造成。

5.1.2.2 爆破方式不当，爆破切口参数不合理

(1) 对爆破对象的情况没有调查清楚

爆破设计人员事先没有对爆破建筑物的结构特点、几何大小、周围环境等进行认真的调查和认真的分析研究，因此爆破设计上没有能"对症下药"，不能针对不同建筑物的结构特点，采用正确的符合实际的爆破倒塌方式。如上述案例 5 中石家庄货运公司楼房爆破出现反向倾倒，就是设计者事先对楼房结构没有进行调查了解，没弄清究竟是砖混结构还是其他结构。现场有人问起该楼为什么没有按设计方案倾倒时，施工负责人说"是因为该楼结构不好，不是完全的砖混结构，没有立柱。"可见，对楼房的结构类型事先没有搞清楚，怎么可能提出正确的爆破设计方案呢？又如 1996 年，北京南郊木材厂一个加工车间，没有图纸资料，据介绍，两侧的两排间距为 6 m 的承重柱是 50 cm×50 cm 砖柱，设计者就按照砖结构构件来布置孔网参数和设计药量 。爆破后，厂房只向一侧倾斜，没有倒塌。经检查，发现砖柱布孔部位外鼓，其外面有一层被炸弯的钢筋网，里面包裹着破碎的砖块，虽然上部砖柱下蹲，但是仍然起着支撑上部大梁的作用。此后从厂内老人了解到，该车间在 1976 年唐山地震以后，进行过加固，原来是 40 cm×40 cm 的砖柱，后来在外面打了 10 cm 的钢筋混凝土加固层。设计者未经调查，从而出现设计参数选择错误，导致厂房爆破不倒。

(2) 没有全面理解建筑物拆除爆破的基本原理

楼房爆破一般都要搞一个三角形(或者梯形)的爆破切口，但是有的设计者对拆除爆破的基本原理不太清楚，对爆破缺口的作用理解不够。20 世纪 80 年代初，笔者曾经目睹了某市一座 4 层楼房爆破后变成了一座 3 层楼房。某单位在某市爆破一座简易的 4 层宿舍楼，设计人员只在一层布设了炮孔，而且在承重墙之间没有

① 引自 2001 年 12 月 4 日，《环球时报》第 12 版。

考虑相对爆高差，都是平切口。炮响后，楼房平坐了下来成了三层楼，最后只好用推土机挂钢丝绳拉倒。实际上即便是采用爆破座塌的方式，一般也要设计相对的爆高差，以便利用重力偏心使楼房上部结构产生倾倒作用，否则只有"豆腐渣"的楼房才有可能被炸倒。

(3) 设计的爆破切口和参数选择不合理

爆破设计的切口高度和爆破参数选择不当，致使建筑物承重构件未破坏或破坏不完全，在爆破切口闭合时，建筑物或承重构件的重心仍在支撑面以内，造成建筑物斜撑在地面不倒塌。2005 年 5 月 23 日，深圳渔农村 16 栋楼房爆破拆除①，随着一声闷响，原来高耸的 1 5 栋建筑楼整体倒下，一栋编号为 118 号的 16 层楼房没有倒塌，引爆后，其最底下 3 层坍塌后，楼房整体坐下，稍微向东倾斜，纹丝不动(见图 5.4)。现场施工负责人在回答记者时说："爆破时楼内炸药包引爆了，但是楼房最终没有坍塌。我个人的判断是，该楼房设计爆破的缺口高度不够。"从此例看到，爆破切口高度设计不够是导致楼房未倒的主要原因。上述案例 3 中上海市的 20 m 高的大楼爆破后成了"比萨斜塔"，设计的炸药量不够以外，爆破切口高度小也是原因之一。

(a) 一栋爆破未倒的高楼　　(b) 爆破切口情况

图 5.4　深圳渔村高层楼房爆破中楼房未倒

5.1.2.3　预处理不当，施工未按设计要求作业

(1) 预拆除中未能保证结构施工时的稳定

楼房爆破拆除中，为了减少钻爆工作量，对有些内部的墙体事先要进行预拆除。但是有些单位没有预拆除设计，在预拆除施工中又没有懂得结构的专人进行指导，施工时没有分清哪些是承重墙，哪些是非承重墙，结果把承重构件当成非承重构件拆除；更有甚者，为了节省成本，大量拆除内部墙体，导致建筑物失稳，造成

① 引自 2005 年 5 月 23 日 10:41:02，广东侨网。

了未炸先倒的安全事故。案例2中四川宜宾市广播电视大学一幢6层楼高的旧教学大楼发生的8人死亡事故就是上述原因造成的。而案例1中某市一座7 m多高的旧厂房突然垮塌，原因是在处理保留部分结构时，使用圆木和砖柱临时支撑，对于其支撑强度没有进行计算，而且砖柱顶部与大梁之间的空隙没有用水泥砂浆填满，因此厂房临时支撑不稳定，结果在装药过程中出现部分厂房失稳倒塌的伤亡事故。又如2007年1月16日青岛远洋宾馆楼房在预拆除中由于把楼梯的钢筋切断，造成伤亡事故[①]。"据现场分析，是工人拆楼梯时，砸断了楼梯一边的钢筋，导致1～4层楼梯突然坍塌，造成4名工人1死3伤的惨剧"。显然楼梯的梯梁是承重结构，把钢筋切断了，楼梯必然失稳塌落。因此在预拆除中一定要对结构进行受力分析，确保结构施工时的稳定。

(2) 爆破切口内部分墙体没有处理干净

建筑物拆除爆破要求将爆破切口内所有影响倒塌的部位都清理干净，如果在施工预处理时，没有对一些影响倒塌的非承重墙进行预拆除，因此在爆破后原来的非承重墙成了承重墙，支承住上部结构，使建筑物没有倒塌；或者是对爆破切口内的部分承重墙、柱没有布孔爆破，爆前又没有进行减弱处理，致使切口部位爆破时未能较彻底的破坏，成了临时支撑，造成建筑物未倒塌。例如图5.5是某地一座7层砖混结构楼房，第一次施工单位只爆一层，显然由于爆破切口高度不够而没有倒塌，又爆第二次，还是没有倒。除了爆破切口高度不够原因之外，从图中可以清楚地看到，爆破切口内的内隔墙没有处理干净，成了新的支撑，使楼房爆而不倒，也是一个原因。

图5.5 某地一座7层砖混结构楼房爆而不倒的情景

(3) 不按照设计要求施工作业

拆除爆破施工操作不认真，没有按照设计参数要求进行作业，如孔、排距过大，

① 引自2007年1月16日，《半岛都市报》。

单孔装药量过小,使部分承重墙、柱没有炸开;还有立柱钻孔时为避开钢筋使钻孔都偏向一侧,或钻孔深度都偏小或偏大,爆破时柱子仅部分爆开,留下部分仍能支撑住建筑物。例如 2004 年 11 月 3 日,成都市中国科学院成都分院内的亚洲第一大泥石流模拟实验框架结构大楼的爆破拆除情况①,3 日下午 4 点实施爆破后,该楼绝大部分楼体并未倒下,只是屋顶上产生了长长的裂缝,西侧屋顶和北墙向南倾斜摇摇欲坠,变成危楼。导致周围四邻数百户人家当夜不能回家、等待处理的局面。事后检查,柱子施工时减小了炸药量,钻孔又偏心,切口内部分支柱没有爆断,加上爆破切口高度不够高,仅炸塌了大楼的西南角的一小部分,剩下大半栋楼没有倒塌。后来,调来 5 辆挖掘机,用钢缆将大楼主体部分逐步分解拆除(见图 5.6)。

图 5.6 某地一座 8 层框架结构实验室大楼爆破后成为危楼

(4) 楼房的特殊部位或关键构件未处理好

建筑物中楼梯、电梯间、拐角部位、粗大柱子等关键构件,施工没有认真处理,特别是它们处于倒塌方向的关键部位时,爆破后对正在倒塌的建筑物起到支撑作用,影响了建筑物的失稳倒塌速度,致使建筑物未能倒塌或部分倒塌,楼梯间、电梯间可能依然矗立在那里。对于砖混结构楼房由于对楼梯间没有事先处理,而造成楼房部分没有倒塌的实例不少。如在 20 世纪 90 年代,北京一座 9 层近万平方米的砖混结构大楼,楼房两头各有一个楼梯,由于事先没有对梯梁的支撑墙进行处理,爆后楼房大部分倒塌了,靠近两个楼梯的墙体把楼梯间仍然支撑在那里,事后只好用推土机拉倒。但是在拆除楼梯时,一定要注意处理时不要把支撑梯梁的承重柱子或墙切断,梯梁的钢筋要保留。否则就会发生像青岛远洋宾馆爆破预拆除时,楼梯突然坍塌,造成伤亡事故。

对于电梯间爆前没有进行处理而造成楼房没有充分倒塌的例子也很多,如在 20 世纪 80 年代初,在广州爆破某大楼时,就出现过这种现象;在北京爆破海淀某大楼时,又出现了爆后两个电梯间直立不倒的情况。

5.1.2.4 爆破器材失效或起爆网路拒爆

(1) 爆破器材质量问题,产生拒爆,造成建筑物爆后不倒

① 引自 2004 年 11 月 5 日,《北京娱乐信报》。

由于炸药或者雷管受潮失效，使得起爆后不响，导致楼房未倒或者只倒了一部分而成了危房。例如，2000 年，太原某单位一个砖混结构的礼堂，施工单位为了增加防护草袋的强度，在装药前后都用消防水带往挂在外墙上的防护草袋浇水，爆破后礼堂的一角没有垮，在未倒塌的砖墙上看到炮孔均完好无损，导爆管发黑，炸药未爆。这明显是炸药受潮失效造成的。又如 2001 年 4 月，海南省三亚市万国旅游管理局的一座大楼，钻孔 620 个，装药 56 kg，分成 6 段毫秒延时，预定楼房向东定向倒塌，起爆后，黄烟弥漫，等待烟雾消失后，高楼依然屹立。事后检查发现，620 个炮孔只是扩大了孔径，以及出现的黄烟都表明是炸药受潮失效所导致。

(2) 起爆网路和起爆电源出现问题

起爆网路没有联接好，如部分引爆雷管或者部分网路由于疏忽没有联接进整个网路中；连接导爆管时四通接头没有插紧，或者接头进水，或者接好后被拉松等，使爆炸波的传爆中断等，造成部分网路没有响；或者起爆器电源能量不足，致使装药炮孔部分爆破，部分未爆，致使建筑物未倒塌或者部分倒塌。这些问题在第 3 章中已有详述。

5.1.2.5 楼房爆破炸不倒实例分析

以上对楼房爆破出现安全问题的主要原因做了浅析，但是有的楼房爆破中出现炸而不倒的问题有着多方面的原因，如四川邛崃市五彩广场楼房拆除爆破，有 A、B、C、D 4 栋楼房，只有 D 楼倒塌。事后，设计者对没有倒塌的楼房进行了认真调查分析，得到了以下多方面的原因①。

(1) 施工准备不足

由于本次爆破事先对施工进度估计错误，在预定时间内没有能完成钻孔、装药、堵塞、联网和防护工作，使得起爆时间推迟，为了赶进度，该预拆除的没有拆除，该钻孔的没来得及钻孔，也没有试爆，没有检查网路联接，仓促上马爆破，导致爆破的整体失败。

(2) 起爆网路不响

C 楼起爆后没有响炮，二次起爆仍然没有全响，部分楼房倒塌，在第三次起爆后，楼房虽然倒了，但是倒塌效果不好，原因是：① 由于在联接网路时，天气下雨，使得部分网路雷管进水，造成拒爆。② 操作人员在联接网路上出现漏接和错接，而在联接好网路后又没有进行检查。③ 先爆楼房产生飞石砸坏 C 楼的一部分网路，但是由于没有专人检查整个网路，因此没有发现损坏的网路，第二次起爆仍然没有全响。④ 没有按照设计要求购买雷管，而是把原来工地剩余的雷管凑合使用，这样使雷管质量不能保证，延时间隔不符合设计要求，影响了倒塌效果。

(3) 爆破切口高度不够

A 楼爆破后没有倒塌，主要原因是爆破切口高度不够。原设计在第二层也布

---

① 刘宏刚，王东光. 邛崃五彩广场楼房拆除爆破事故分析[J]. 爆破，2001，18(4)：69～71.

置有爆破切口,但是施工时却没有钻孔,这就减少了切口高度。在楼房倒塌的前方,有一个高 0.6～0.8 m 的台阶,在设计时没有考虑予以预拆除,这就使楼房倾倒时前方有一个支撑,相对减少了切口高度,导致楼房重心不能偏离支撑面。

(4) 特殊部位没有预拆除

B 楼响炮后 6 层变成了 5 层,主要原因是在倒塌方向上有整体浇注的钢筋混凝土卫生间,设计者把它视做预制拼装结构,事先没有预拆除也没有布置炮孔爆破,加上在 2～3 层没有钻孔,爆破切口高度不够。

笔者在本书中引用的这些拆除爆破不成功或者出现各种安全事故的实例,绝不是为了贬低或损伤某个人、某个公司,因为笔者从爆破实践几十年的亲身经历中清楚地体会到,成功的经验固然是知识宝库的重要资料,而失败的教训更是知识宝库不可缺少的财富。"失败是成功之母",对于像工程爆破这样一门以实践为主的学科,更是如此。

5.1.3　精心设计确保建筑物爆破安全倒塌

5.1.3.1　掌握建筑物的结构特点

要确保建筑物爆破拆除的安全,首先要掌握建筑物结构的特点,然后按照不同建筑结构,运用拆除爆破的基本原理与方法,做到"对症下药",方能"药到病除"。

建筑结构按照所用材料来分,有钢结构、木结构、砖石结构和钢筋混凝土结构;按照受力和结构特点来分,有承重墙结构、排架结构、框架结构、剪力墙结构、壳体结构、网架结构以及悬索结构等。常见建筑物结构主要有以下几种。

① 砖混结构。这种结构通常所用材料是砖石和钢筋混凝土,它属于承重墙结构,屋盖的重量由屋架承担,屋架通过梁和楼板支承在承重墙上。屋盖和楼板常常由钢筋混凝土制成,而承重墙一般由砖石材料砌筑。因为它是由两种以上不同的结构材料混合组成的房屋承重结构体系,因此称为砖混结构。我国在 20 世纪 50～60 年代建筑的一般层数不多民用建筑,如宿舍、住宅、教学楼、办公楼等都是采用这种混合结构。

② 排架结构。这种结构的承重体系是由屋架(或梁)和柱组成,屋架和柱的顶端为铰接连接,而柱的下端镶固在杯形基础内。一般单层工业厂房大多数采用这种结构。1985 年北京爆破工程公司在现在的国贸中心爆破拆除的原北京金属结构厂的高压容器等五六个车间厂房都是排架结构。

③ 框架结构。框架结构的主要承重体系是钢筋混凝土梁和柱组成,但是与排架结构不同的是,框架结构的梁和柱之间是刚性连接,从而构成了一个"钢架",因此称为框架结构。一般多层工业厂房、展览馆或大型高层民用房屋结构大多属于这种结构。如在现在北京国际饭店所在位置是原中央科技馆,20 世纪 80 年代初被爆破拆除的有 5～6 座建筑物都是 4～6 层的框架结构建筑物。

④ 剪力墙结构。这种结构是在框架结构的基础上发展起来的，对于高层楼房结构需要增强结构的抗剪能力，因此在钢筋混凝土梁柱组成承重结构的基础上，内部隔墙采用了能够抗剪的钢筋混凝土墙。目前高层建筑都是采用“框架结构和剪力墙结构混合体系”和“全剪力墙结构体系”。在我国，高层建筑是在 20 世纪 80 年代实行改革开放政策以后才开始建造的，近年来爆破拆除的高层楼房大部分都不是到了楼房的使用年限，而是由于不符合城市规划要求而被拆除的，如北京东直门商委 22 层住宅楼、永定路的武警 16 层宿舍楼，温州 93 m 高的中银大厦，乌鲁木齐鸿春园饭店的 18 层大楼等；也有少数是因质量存在严重问题而拆除的，如汉口桥苑新村的 18 层商住楼尚未使用而因地基出现沉陷被爆破拆除；不久前，汉口王家墩商务区内，2 栋人称“双子星座”的 19 层楼房也因为质量问题而被爆破拆除。

⑤ 壳体结构。这种结构承重体系与框架结构的共同之处在于都是由钢筋混凝土柱子承重，不同之处在于屋盖和屋架部分，框架结构的屋架是由钢筋混凝土的屋面和梁组成，而壳体结构没有梁，直接由薄壳的屋顶受力。这种结构特点是加大了跨度，因此在建造火车站大厅、体育场馆、影剧院等采用。如 2001 年 5 月爆破拆除的长 91.5 m、高 23 m、宽 56.4 m 的广州体育馆屋盖就是一个钢筋混凝土的薄壳结构。

⑥ 网架结构。网架结构是近年来随着计算机技术的发展而发展起来的新型建筑技术，它与壳体结构一样，主要是在屋盖的建筑上采取了新的设计和施工技术，使得用钢量减少，而跨度增大。近年来我国的体育场馆大多数都应用了这种结构，如北京首都体育馆、上海体育馆、南京体育馆等。

⑦ 悬索结构。悬索结构原来都是应用在桥梁的建造上，斜拉桥已广泛应用在铁路、公路以及城市的跨河桥梁上。悬索结构应用钢索抗拉的有利形式，使得结构自重大大减轻，这样既可以增大跨度又节省成本，因此悬索结构是大跨度建筑中一种优越的结构形式。20 世纪 60 年代建造的北京工人体育馆、浙江体育馆等都采用悬索结构。截至目前还没有关于爆破拆除网架结构和悬索结构建(构)筑物的报道。

⑧ 板式装配结构。20 世纪 80 年代，我国曾经兴起过一阵建造装配式大板楼房的热潮，它是由钢筋混凝土板和墙拼装而成，施工速度快，机械化程度高，还能工厂化生产。它的承重体系是每个房间单独承重，而且底下的结构能够承受上部结构的重量。因此这种结构没有梁，板和墙都是承重构件，但是厚度都很薄，一般在 12～16 cm。上海、北京等各地都有很多居民住宅楼都是这种板楼。在 1984 年，合肥的一座 4 层大板装配楼，考虑到墙体薄，难以钻孔，采用了水压爆破拆除。

⑨ 钢结构。建筑物结构的承重构件都是使用各种型钢拼装组成，具有强度高、重量轻的特点。国外高层建筑物或者跨度很大的建筑，都采用钢结构。美国等发达国家，钢结构的建筑物拆除爆破比较多，我国钢结构的建筑物在改革开放以后方兴未艾，目前为止使用爆破法拆除钢结构建筑物尚少，但是应用聚能药包切割油井钢结构平台、拆船、切割大桥部分钢结构的工程应用已经不少。

5.1.3.2　正确应用建筑物拆除爆破的基本原理和方法

(1) 建筑物拆除爆破的基本原理

要搞好建筑物爆破拆除的设计，首先应该清楚建筑物拆除爆破的基本原理，即利用炸药爆炸的能量来破坏建筑物的关键承重构件，使之失去承载能力，从而使整个建筑物在重力作用下失稳倾倒坍塌，落地撞击破碎。

这个原理看上去比较简单，但要能熟练地运用它，要下一番工夫。这个原理的核心有两点，首先，炸药爆炸是把关健的承重构件破坏，使建筑物失去刚度。但是炸坏了承重构件，楼房仍不一定倒塌，这就有第二点，即炸坏的承重构件必须使建筑物上部失稳倾倒坍塌。所谓失稳就是建筑物失去部分支撑后，在重力作用下偏心，失去稳定而倒塌。因此要使炸坏的构件能满足楼房偏心失稳，这是一个十分重要的条件。很多建筑物拆除爆破往往只注意炸掉承重构件，而不去研究如何使建筑物重心失稳，结果是炸而不倒。因此只有真正掌握了建筑物拆除的基本原理，才能针对不同结构的建筑物，做出正确的爆破拆除方法。

(2) 建筑物拆除爆破的基本方法

爆破拆除建筑物的任务就是要应用上述原理，设计出一个既能破坏承重构件又能使建筑物偏心失稳倾倒的方法。受到“砍树”原理的启发，如果在建筑物底部像砍树一样“砍”出一个缺口，建筑物的上部结构就会像树干一样在重力作用下偏心失稳倾倒。我们把用炸药“砍”出的建筑物底部缺口称为爆破切口，若用其立截面形状表示，通常建筑物的爆破切口也像砍树的切口形状一样为三角形，也有的是梯形，如图5.7(a)、(b)所示。所以，简单地说，在建筑物拆除爆破中运用的基本方法，就和人们砍树的方法是一样的。那么，这个切口砍在什么位置，怎么砍，砍多大，才能使它失稳倾倒，这就是建筑物拆除爆破要解决的主要问题。

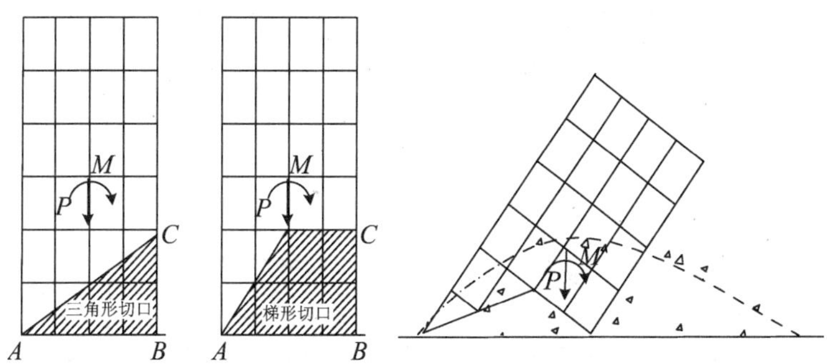

(a) 三角形切口　(b) 梯形切口　(c) 楼房倾倒堆积示意

图5.7　楼房爆破切口示意图

对于不同的结构，爆破切口的位置、大小可以不同，但是爆破切口的平面形状——三角形(或四边形)是不变的；尽管不同结构和大小的建筑物，采用的倒塌方式可以不同，但是它们都是三角形爆破切口的组合，如图5.8(a)是一个厂房，用一

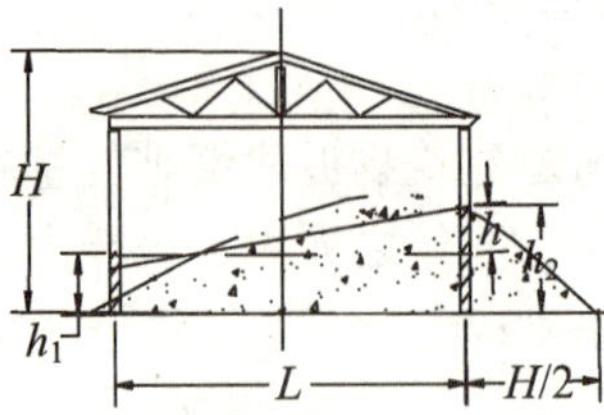

(a) 侧向倾塌

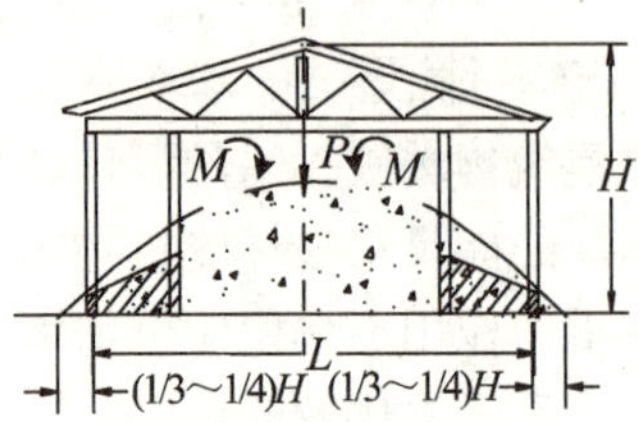

(b) 原地坍塌

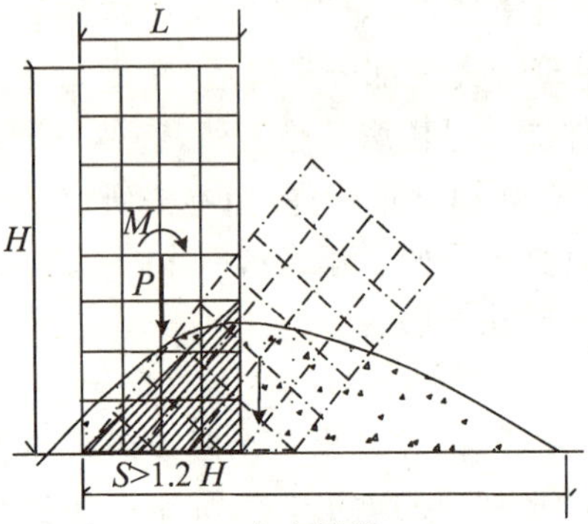

(c) 定向倒塌

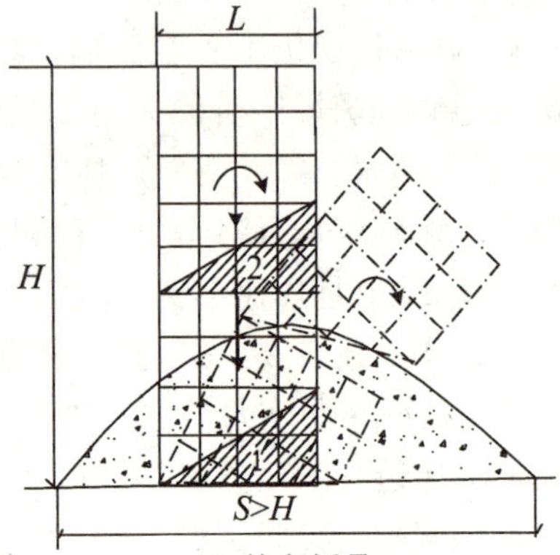

(d) 单向折叠

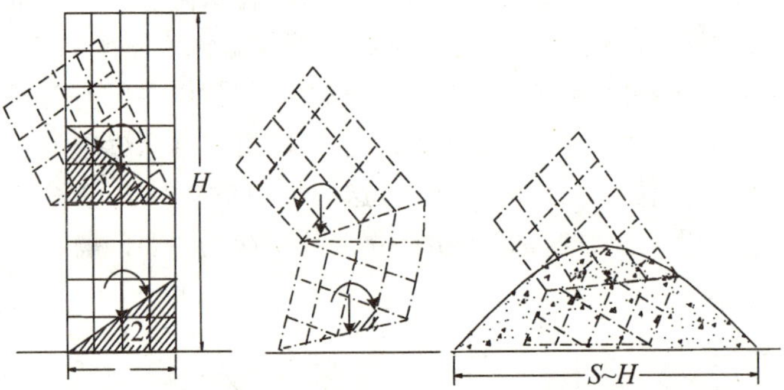

(e) 双向折叠

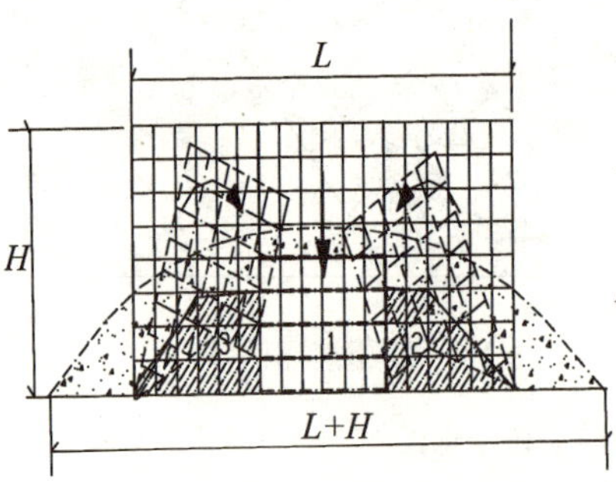

(f) 内向折叠倒塌

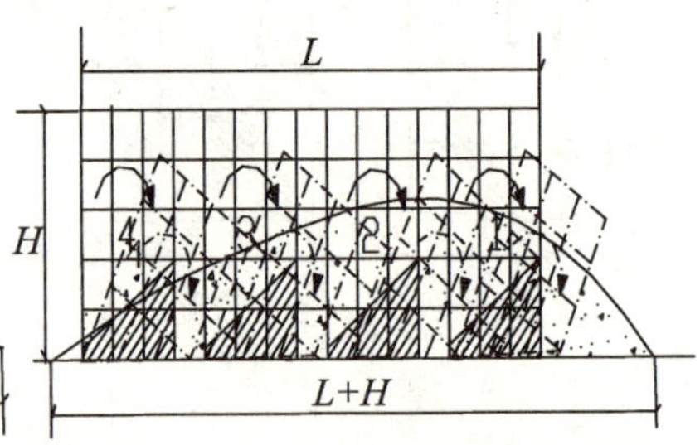

(g) 连续倒塌

图 5.8 不同结构楼房建筑物的倒塌方式

个三角形爆破切口，产生侧向倒塌；图 5.8(b)是一个长大的楼房，用两个不同方向的三角形爆破切口组合，使楼房原地座塌；图 5.8(c)是采用一个三角形爆破切口，使楼房定向倒塌；图 5.8(d)是高层楼房，采用上下两个同向的三角形爆破切口，形成单向折叠倒塌；图 5.8(e)是采用上下两个反向的三角形爆破切口，使得高层楼房双向折叠倒塌；图 5.8(f)是一个高而长大大建筑物，采用两个不同方向的三角形爆破切口的组合，使它向中间倒塌。因此，采用三角形(或四边形)的爆破切口，是使楼房建筑物上部结构产生偏心失稳的基本方法。

对于爆破切口的作用，在这里再做说明。三角形的顶点(或者梯形斜边的顶点)是临时支撑点，在爆高形成后，上部结构以此为支座转动倾倒，它相当于一个铰链；三角形的垂直边就是承重柱的爆破高度(爆高)，有了它，上部结构才能在重力偏心作用下产生倒塌。对于“顶点”形成铰链的方法，一般有两种，一种是人工在承重柱的底部用风镐把主筋剔出来(是否割断应考虑后坐问题来确定)，高度一般与柱子的宽度相当；另一种是在柱子底部布置 2～3 个炮孔爆破松动(与主爆破同时)。

以上这些爆破方式都是应用拆除爆破的基本原理得到的。原地坍塌的方式主要是用爆破破坏建筑物的承重构件，使建筑物失去了承载能力，并适当破坏建筑物上部的关键节点，利用建筑物的自重势能，使建筑物的上部解体、下落、坍塌；侧向倒塌、连续倒塌、内向倒塌等方式都是把两侧支撑的承重墙、柱炸断一部分，破坏它们的刚度，适当减弱屋架和梁柱连接处的刚度，利用爆破切口的相对爆高差，在重力作用下，使得承重构件本身的重心偏离开它的基座，让上部屋架偏心失稳，造成结构的垮塌；整体定向倒塌方式是炸断底部部分承重墙、柱，利用爆破切口的相对爆高差，使得上部结构在重力矩的作用下，建筑物重心在落地时偏离出支承面以外，造成整体失稳倾倒坍塌。

至于建筑物爆破拆除采用什么样的倒塌方式则应根据建筑结构的特点、几何大小和周围环境的条件来确定。

5.1.3.3　科学设计合理的爆破切口参数

如上所述，不同结构的建筑物，其爆破拆除的基本原理是一样的，但是其爆破拆除的倒塌方式可以是不同的。如果没有针对建筑物结构的不同特点，选择正确的倒塌方式，采用合理的爆破切口参数，同样也会出现楼房没有完全倾倒的不安全情况。上述许多案例都已做了充分的说明。当然爆破设计的孔网参数、装药量等对建筑物爆破安全都有影响，鉴于很多文献对此均有说明，这里不再重复。下面就不同建筑结构应该采用的爆破方式进行叙述。

(1) 砖混结构

6 层以下的建筑物如宿舍、住宅、教学楼、医院、部分办公楼等，在 20 世纪 50 年代通常都是采用砖混结构，砖混结构的建筑物主要是由砖墙、楼板或梁来承重。这类楼房结构的特点是其板、梁与砖墙之间不是刚性连接，而是搭接。因此只要设法让其板、梁与墙相互脱离，楼房就会垮下来。在爆破拆除方式上一般是采用原地座塌或是侧向倒塌。爆破方法是在楼房底部的某个区域，在板、梁搭接的两侧承重砖墙上，布置不同高度的三角形（或四边形）爆破切口，爆破后使支撑墙破坏，板和梁与墙脱节，承重墙偏离支撑面，这样上部结构就在重力矩作用下倾倒坍塌。

考察这类建筑物爆破倒塌的实际过程，由于房屋构造质量的差异和使用年代的长久不一，其倒塌过程也有所不同。如图 5.9(a)所示为一般楼房爆破倒塌的简化模型。设上部结构的重量为 P，两侧外承重墙的跨度为 L，两墙厚度为 δ，其相对爆破切口高度为 h，爆破倾角为 α。根据楼房建筑年代的不同和板、梁与墙连接强度的差异，爆破倒塌的情况大致有以下几种。

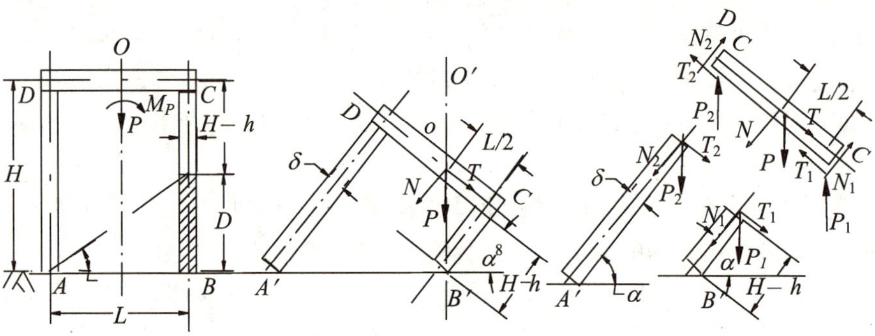

(a) 简化模型　　(b) 倾倒瞬间　　(c) 力的分解

图 5.9　楼房爆破倾倒的简化模型和构件受力分析

① 原地座塌。如图 5.9(a)简化的楼房模型中的承重墙 AD，如果墙体抗压强度较大，足以承受上部建筑物的重力 P，那么，爆破切口形成后，墙 AD 就要受到重力矩 M_p 的作用，如果截面的抗弯强度为 $[M_O]$，若 $M_p>[M_o]$，墙 AD 将发生剪切破坏，一般在墙体底部截面 A 受力最大，首先会出现裂缝，这时上部结构在重力矩 M_p 作用下，以 A 截面为转动轴，随墙体向着爆高大的一侧转动。在转动过程中，墙体 AD 和 BC，如果发生解体或墙体落地时其重心偏离基础支撑面，那么上部楼房会跟着倒塌。这种情况对于低层楼房、厂房、仓库或是年代已久、而且强度较差的楼房，在爆破破坏了墙体后，两承重墙垮掉，上部结构会在重力作用下座塌落地。

对承重墙整体强度较好的房屋，爆破切口形成后，未破坏的承重墙体还有一定的强度，不会直接垮落。根据其结构的不同，尤其是板、梁、屋盖与承重墙之间的连接方式和连接强度的差异，会有两种破坏情况，即滑动塌落或侧向倒塌。

② 滑动塌落。若墙体强度较强，承重 BC 的上部在爆破时没有全部破坏，且它与板、梁（或屋盖）之间的连接比较紧密，可以随着上部结构一起转动落地，且落地时并未破碎。这时，楼房是以两承重墙触地点为支点，倾斜如图 5.9(b)所示。对此情况在力学上进行分析，得到墙体与板、梁（或屋盖）之间产生滑动倾倒的条件，其爆破切口高度 h 为：

$$h > H - \frac{\delta}{f} \tag{5.1}$$

式中：f—摩擦系数，一般砖墙与混凝土之间摩擦系数 $f=0.6\sim0.7$；

H—墙高，m；

δ—墙厚，m；

将系数 f 代入式(5.1)中，可得到砖混结构楼房滑动倒塌的条件是：

$$h > H - (1.4 \sim 1.7)\delta \tag{5.2}$$

如果取最大的摩擦系数 $f=0.7$，则不同承重墙厚度计算得到的爆破切口相对高度如下表5.1。

表5.1 不同承重墙厚时滑动倒塌的爆破切口高度

砖墙厚度 δ/cm	24	37	50	62
相对爆高 h/cm	H-45	H-52	H-70	H-84

注：表中墙高 H 单位用 cm。

③ 侧向倾倒。如图5.9(b)所示的楼房，倾倒时墙体没有解体，而且墙与板、梁(或屋盖)的连接十分紧密，而且上部结构重力沿着墙面倾倒方向的分力小于它们之间的摩擦力，即 $T_1<F_1$ 时，这时楼房能否倾倒，就决定于两侧墙体的重心是否偏离出墙体地面支撑点之外。运用这个偏心失稳原理，可以推导出楼房倾倒应该满足的条件。若楼房倒塌，墙体 CB' 和 AD 必须先要绕 B'、A' 点转动，在墙体重心超过支撑点 B'、A' 时，上部结构才能随着墙体倾倒倒塌。于是我们得到了爆破切口应该满足的最小高度 h_{min}：

$$h_{min} = \frac{H}{2} - \sqrt{\frac{H^2}{4} - \delta L} \tag{5.3}$$

上式成立的条件为：

$$\frac{H^2}{4} - \delta L \geqslant 0 \quad 即 \quad H \geqslant 2\sqrt{\delta L} \tag{5.4}$$

式中：H—支撑墙体的高度，m；

L—爆破两墙体之间的跨度(或为爆破缺口的长度)，m；

h—爆破切口的相对高度，m；

δ—墙体厚度，m。

以上结果，对于低层的砖混结构房屋，根据其结构特点和新旧程度，分别情况予以采用，一般在求得最小爆破切口高度以后，实际应用时加上一定的安全倍数作为爆破切口高度。

(2) 排架结构

排架结构大多数应用于单层工业厂房，一般屋盖是大型屋面板，屋架是钢筋混凝土的桁架梁，承重的是两排架着天车梁的牛腿柱。这种结构大都采用侧向爆破倒塌的方式,在两排立柱上布置炮孔炸断,在梁柱连接处松动爆破生成铰链。两排柱子同样要布置爆高差,就如图 5.9 所分析的原理,使得两排立柱在上部重力作用下,分别偏心失稳偏离其底座,让屋架随着转动倾倒塌地。由于牛腿柱要承担上部屋架的自重、天车及其吊起重物的重量,因此其钢筋配置粗而密集,为了爆破完全倒塌,设计时爆高差适当加大,爆破前应对非倾倒方向一侧的柱子,进行减弱处理,即用风镐剔除混凝土保护层,露出钢筋,切断主筋。爆破时,柱子的炸药单耗必须加大,单孔药量增大。在 20 世纪 80 年代初,爆破北京金属结构厂高压容器厂房时,整个厂房屋盖都落地了,但是靠近东西面的有 3 根立柱只是炸裂了而没有倒塌,检查原因主要是炮孔偏心,药量少了,后来用填埋药包法爆倒。

(3) 框架结构

框架结构楼房多见于办公楼、高层厂房、高层住宅楼、医院等建筑物,一般都是钢筋混凝土结构,它的屋盖、楼板、梁柱都是整体灌注的,因此楼房坚固、整体性好。它的屋盖(楼板)和梁柱间的连接一般都是刚性连接。由于框架结构整体性好,适用爆破方法拆除,到目前为止,爆破拆除的方法有以下两种。

① 切梁断柱法。切梁断柱法,是 20 世纪 80 年代在北京原中央科技馆的 5 座框架结构建筑物爆破拆除中使用的方法。所谓"切梁"是在梁的中间布置 3～5 个炮孔,爆破松动剥离混凝土,使露出的钢筋在梁中间形成塑性铰;所谓"断柱"是在支柱两端布置炮孔,将柱与梁、柱与基础爆破切断,使切断处的混凝土破碎剥离,钢筋塑性变形生成铰链。这种方法实质上是应用了机械原理,把一个静定的、几何不变的框架结构,用"切梁断柱"爆破法转化为一个几何可变的、有多个自由度的连杆机构,再应用三角形的爆破切口,使其在重力矩的作用下产生转动而倾倒塌落。如图 5.10 所示的框架结构楼房的平面简化模型,在平面结构的承重梁柱的节点和主梁中间断面处(图中阴影部位)布置炮孔爆破松动,生成塑性铰,而在倾倒一侧支柱上布置有一定爆高的炮孔,目的在于产生转动力矩。爆破后,整个框架结构就变成一个连杆机构,在重力矩作用下转动倾倒。由机械原理可知,图 5.10 的平面框架结构,可以看成为一个连杆机构,爆破后该系统有 13 个活动杆件,19 个节点,那么

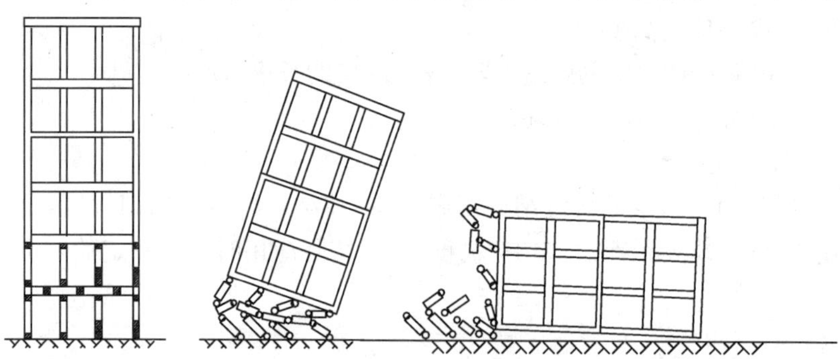

图 5.10　框架结构的切梁断柱法

按照自由度的计算方法,该连杆机构的自由度为:$F=3n-2m=3\times13-2\times19=1$,因此该系统有 1 个自由度如图示的转动倾倒方式。这里采用柱子之间的相对爆高差,目的在于产生重力矩使系统发生倾倒运动。这种爆破方法,在爆破拆除框架结构楼房上,应用比较方便,虽然增加了钻孔难度,但是在爆堆范围和破碎效果方面要比整体倒塌要好。2007 年 12 月,在山西临汾发电厂一座 6 层框架结构的厂房,就是运用了连杆机构原理、采用"切梁断柱"的方法爆破拆除的,爆破后,楼房的主梁全部折叠塌落在一起,解体十分充分(见图 5.11)。

(a) 爆破前的框架结构厂房　　(b) 爆破后框架厂房塌落状况

图 5.11　山西临汾发电厂 6 层框架结构厂房倒塌解体

② 整体倾倒法。框架结构楼房采用整体倾倒法爆破时,其爆破倾倒的原理就是使爆破切口闭合时,楼房的重心能够偏离出楼房着地点以外,产生失稳倒塌。其爆破切口的参数的推导方法与高层框架剪力墙结构是同样的(见下节)。

(4) 高层剪力墙结构

高层楼房一般采用框架结构和剪力墙结构,整体性非常好,其承重构件梁、板、墙之间都是刚性连接,而且其高宽比比较大,因此一般都采用楼房整体定向爆破倾倒法。迄今为止,国内的高层(12～25 层)楼房都是采用这种倾倒方法爆破拆除的。而且只要楼房在某个方向上有倒塌场地,都是采用单向倾倒方式,也有少数楼房,周围环境不够宽阔,采用了双向或多向折叠爆破。对于这样的楼房,必须认真计算爆破切口高度,否则就会造成炸而不倒的尴尬场面。

多层或高层建筑物的整体爆破倾倒原理与框架结构是相同的,就是使爆破切口闭合时,建筑物的重心能够偏离出建筑物着地点以外,使得上部结构产生失稳倒塌。如图 5.12 所示的高层楼房平面简化模型,建筑物的重心高度为 H_c,爆破切口相对高度为 h,爆破后整个建筑物将绕 A 点轴转动,重心 O 的转动半径是 AO,爆破切口的上切点 E,是以 AE 为半径转动,如果选取的爆破倾角为 α,能使上切点 E 在倾倒落地时,重心的转动半径 AO 在水平方向上投影 DO' 大于上切口半径 AE,那么整个建筑物的重心 O',一定会偏过着地点 E' 的垂线 $O'E'$,这样就能保证建筑物倒塌。

我们曾经推导得到了建筑物整体倾倒的条件，在满足建筑物的高宽比 $H_c \geqslant 1.41L^{1/2}$ 条件下，爆破切口高度的最小高度 $h_{\min}$ 为：

$$h_{\min} = \frac{H_c}{2} - \sqrt{\frac{H_c^2}{4} - \frac{L^2}{2}} \tag{5.5}$$

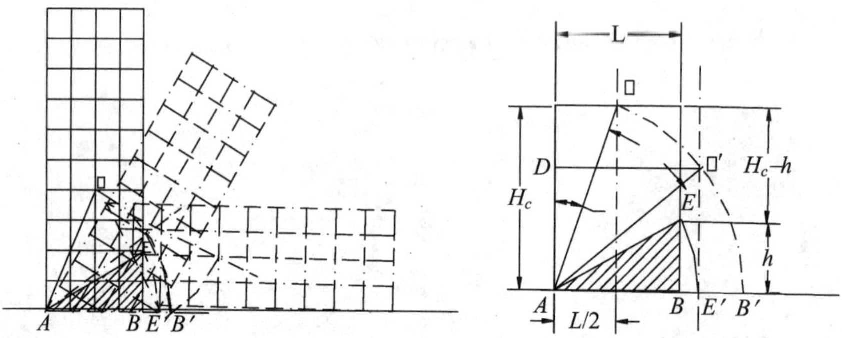

(a) 楼房爆破倾倒示意　　(b) 简化计算模型

图 5.12　高层楼房爆破转动倾倒简化计算模型

按照(5.5)式计算的最小爆破切口高度，在实际应用时，可以按照结构的强度、大小以及解体的要求，加上一定的安全系数 K_A，来确定爆破切口高度 h，即：

$$h = K_A h_{\min} \tag{5.6}$$

根据实际的经验，安全系数可取 $K_A = 1.2 \sim 2.0$。

(5.5)式和(5.6)式中：L—两外承重柱(墙)之间的跨度或爆破切口的水平长度，m；

H_c—上部结构的重心高度，m；

h—爆破切口的相对高度，m。

满足倾倒条件来进行布孔爆破，那么楼房整体定向倒塌是没有问题的。

高层楼房整体倾倒的爆破方法主要有以下五种。

① 定向爆破倾倒

高层楼房，如果环境条件上在某个方向有比较宽阔的场地，允许向该方向倾倒，而且楼房结构上能满足整体倾倒的条件式(5.5)，那么，就可以如图 5.12 所示，采用三角形(或四边形)爆破切口，按照上述方法设计爆破参数，进行定向爆破。例如 2007 年 1 月 6 日清晨，杭州原浙江大学湖滨校区主教学楼被爆破拆除①，该楼高高 22 层、60 多米。本次爆破是国内首例框筒结构建筑爆破拆除，爆破采用“单向双切口定向爆破”，在上下开 2 个爆破切口，将大楼分成 3 部分，共打了 2 200 个炮

① 引自 2007 年 1 月 7 日，《新京报》；2007 年 1 月 8 日，人民网，《人民日报》海外版。

眼,用炸药 360 kg。从下至上,依次起爆,爆破后楼房直挺挺地倾倒落地(见图 5.13)。

图 5.13　西湖边第一高楼定向爆破倒塌

这里再一次强调,在计算的爆破切口区域内,对承重柱、剪力墙以及影响倾倒方向的梁和砖墙,必须布孔爆破或事先部分人工拆除(当然拆除不能影响结构的稳定),即要使爆破切口真正在爆破后能够闭合。否则即使是科学计算和合理的选取了爆破切口参数,爆破后也会因爆破切口内没有处理的某些墙柱,尤其是剪力墙的临时支撑,而造成倾而不倒的危房。

但是,如果有些多层或高层楼房不能满足高宽比的条件,则只能采用别的方法。

② 分割分段布置爆破缺口,增大高宽比的爆破倾倒方法

对于不能满足高宽比条件的楼房,第一种方法是把楼房分成若干区或分割成若干段,从而相对减少了分段楼房的跨度 L_i,使得每个分段的高宽比 H/L_i 能满足式(5.5)的这个条件。例如北京东直门商委 22 层住宅楼,截面为三叉形,整体稳定性好,地上主体 20 层、高 62.18 m,主体结构为滑升现浇混凝土、全剪力墙结构,由于该楼结构稳定,不易倒塌。"Y"形的截面宽度为 20.5 m,重心高度为 20 m,爆破设计将"Y"形分割成如图 5.14(b)所示两个相对独立的结构,使得每个分割楼的

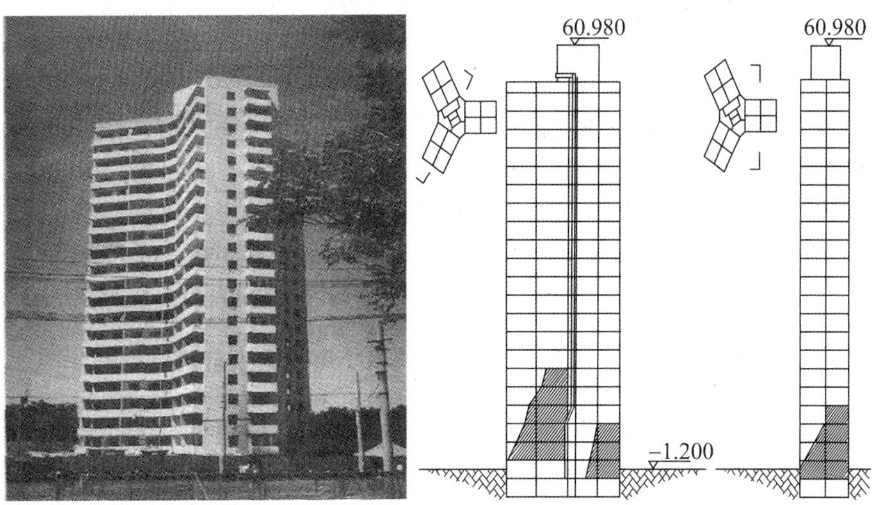

(a) 东直门商委22层住宅楼　(b) 分段设置爆破切口

图 5.14　截面为三叉形的北京东直门商委 22 层住宅楼分段爆破方法

高宽比都能满足倾倒条件。采用延时间隔控制爆破技术使整个楼房分两部分顺序定向倒塌,获得了理想的倒塌效果[①]。

③ 调整支撑位置,减少跨度,增大高宽比的爆破倾倒方法

对于高宽比条件达不到要求的楼房,如果采用图 5.15(a)的爆破切口高度,楼房倾倒时重心超不过支撑点 B' 的垂线,楼房有可能不倒。为了使楼房整体倒塌,在同样的爆破切口高度情况下,把支撑的位置由一层的 A 点挪到如图 5.15(b)中二层的 E 点,把二层 D 柱的底部主筋事先切断,然后在 E 柱子上布置爆破松动孔,使产生塑性铰,并按照确定的爆破切口高度布孔爆破后,楼房转动落地时其重心会超过支撑点 B' 的垂线,楼房自然会倒塌。这种方法实际是减少了跨度 L,使楼房的高宽比 H_c/L 相应增加,从而满足条件式(5.5),达到了楼房整体倒塌的要求。

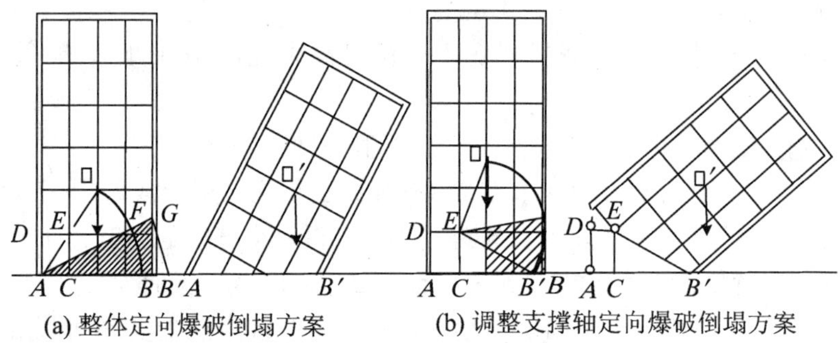

图 5.15 高层楼房调整支撑位置的爆破倾倒方法

与上图相似的某地一座 12 层的框架结构楼房,高 36.5 m,南北宽为 18 m,东西长为 20 m,重心高度为 18 m,爆破倒塌方向选择向南倾倒。南北向共有 4 排立柱,立柱间距为 6 m,如果支承点选择在北面第一排立柱上,计算的高宽比为 1.0,不符合倾倒条件,如果把支承点改改变到北面第二排立柱上,则高宽比为 1.5,能够达到要求的倾倒条件,因此把支承点选择在第二排立柱上;为了增加爆破高度,支承部位选取在二层的柱子底部,在该排每个柱子布置 3 个松动炮孔以生成铰链,把北面第一排的一、二层的柱子底部用风镐把混凝土保护层剔除,主钢筋割断;在南面一至三层第一排立柱布置炮孔,相对爆高差为 9 m,增大了爆破倾角,爆破结果非常令人满意。

④ 采用折叠爆破,增大爆破切口高度的方法

对于高层剪力墙结构楼房,经常应用单向、多个爆破切口的折叠爆破方式来增大倾角,以满足楼房倾倒条件,并达到缩小爆破堆积范围、减少前冲距离的目的。

---

① 刘殿书. 北京东直门 22 层塔楼爆破拆除工程[M]//汪旭光主编. 中国典型爆破工程与技术. 北京:冶金工业出版社,2006:566～569.

例如 2007 年 12 月 29 日，汉口王家墩商务区内，2 栋人称“双子星座”的高 19 层、63 m 楼房，采用双向三折叠定向爆破，前后仅历时 7 秒钟，倾倒落地。“双子楼”北边的主楼首先被炸开一个口，然后整体向北倒塌。南边附楼为双向三折倒塌，高楼在空中被炸成三段，先向北倒塌、再向南倒塌、最后再向北倒塌。图 5.16 为双子楼整体爆破倾倒落地的情景①。

图 5.16　武汉 19 层楼房折叠爆破倾倒的情景

⑤ 多个爆破切口时的延时间隔

上述采用多个爆破切口的情况下，必然有一个切口的爆破顺序问题。对于高层楼房采用上下多个爆破切口的方法，一般按照由下而上的顺序间隔起爆；对于采用多个平行爆破切口的长大楼房，按照倾倒方向逆向顺序间隔起爆。相邻爆破切口之间的间隔时间随着楼房结构的不同而有所差别。对于钢筋混凝土框架结构，由于钢筋混凝土构件形成塑性角和解体都需要一定的时间，因此，相邻爆破切口之间的延时间隔要取长一些，一般可取 0.5～2.0 s；对于砖混结构楼房，由于其砖墙的抗剪强度比钢筋混凝土小得多，又没有塑性角的形成问题，而且屋盖、楼板、梁和墙之间连接较差，炮响后，在重力作用下，墙体受剪破坏，很快倾倒塌落，所以相邻切口之间的延时间隔要取短一些，一般取 50～200 ms 之间较为合适。

5.1.4　精心施工确保建筑物爆破安全实施

建筑物爆破拆除中，除了上述因爆破设计中的问题而产生安全事故隐患以外，

① 引自 2007 年 12 月 29 日 09:05:11，荆楚网，《楚天都市报》。

在爆破施工准备以及爆破施工中也会产生很多的安全问题，尤其是预拆除施工中的安全问题十分突出，因此建筑物爆破预拆除施工中的安全必须引起高度重视。

拆除爆破的施工，包括三个阶段，即施工准备阶段，施工阶段和爆破实施阶段。施工准备阶段最容易发生安全事故的是预拆除；施工阶段包括布孔、钻孔、装药、填塞、爆破网路联接和防护，容易发生安全问题的是没有按照爆破安全规程规定的操作进行作业，或者是没有按照爆破设计的参数和施工工艺进行操作；爆破实施阶段即施爆阶段，包括警戒，起爆，爆后检查、事故处理等，最容易出现安全问题的是安全距离不够，起爆电源不足，爆后不倒危房处理不妥等。下面就发生安全事故的主要施工问题分别予以阐述。

5.1.4.1 楼房爆破预拆除(或预处理)的安全

为了保证爆破后拆除建筑物触地解体顺利、倒塌完全，减少二次破碎工作量，建筑物的预拆除(或预处理)工作越来越被重视。但是预拆除涉及建筑物的结构稳定，近年来在预拆除中出现了多次安全事故，因此预拆除的安全十分重要。

在预拆除以前，应该聘请懂得建筑学、结构力学的技术人员指导预拆除的设计，设计中应综合考虑结构本身的稳定性、外界环境因素的变化，并保证有足够的安全系数。预拆除施工应由懂结构，且熟悉本次爆破各项参数的、有一定经验的技术人员负责，保证建筑物在处理过程中和处理后的结构稳定。由于预拆除已经减弱了结构的刚度和稳定性，因此预拆除与主爆破之间的时间应尽可能短。另外，为了保证装药作业的安全，预拆除和装药作业不能同时进行。

(1) 预拆除(处理)的目的

①有效地控制建筑物的倒塌模式、倒塌顺序和倒塌方向。对一些周围环境复杂、缺少足够倒塌距离的建筑物，或结构复杂、需要分块处理的建筑物，预处理已是整个拆除爆破设计中的重要工艺。1992 年 2 月，原上海长征医院病房大楼为高 59.3 m、16 层的钢筋混凝土框架、剪力墙结构的高层建筑①，在爆破拆除时，为了保证东面 3 m 处 3 栋民房的安全，大楼东面两跨采用人工拆除，这样可以增加 9.5 m 的空间，和居民房保持 12.5 m 左右的间距，保证堆渣不冲击围墙和民房；在大楼 4～5 轴之间南北向开凿一条缝，使大楼分成东、西两部分，保留部分钢筋作为两部分的连接，爆破时东面部分较西面部分延时 0.5 s。这样充分利用时间差来达到空中解体的目的，又减轻了触地时的冲击。

② 减弱建筑物承重部位或某些特殊部位的刚度。如圈梁、混凝土主梁、混凝土屋架和立柱的连接部位等进行必要的削弱，可以降低建筑物的整体刚性或局部刚性，保证建筑物在爆破时的顺利解体倒塌，改善破碎效果，降低爆堆高度。

③ 减少钻孔作业量和装药量。对一些非承重的砖墙以及楼梯、电梯井的预先

---

① 汪浩. 复杂环境下 16 层高楼爆破拆除工程[M]// 汪旭光主编. 中国典型爆破工程与技术. 北京：冶金工业出版社，2006：538～543.

处理，不仅可以大量减少主爆破时的炮孔数、装药量，而且有利于建筑物的顺利倒塌。

④ 形成铰链，利于倾倒。在混凝土框架结构的建筑物中，常常把梁与柱、柱子与基础的刚性连接部位和大梁中间，事先进行松动处理，把混凝土破碎，保留钢筋，使爆破时在这些节点形成转动铰链，既可以将建筑物的拆除爆破简化为柱、梁的破碎爆破，又可以应用连杆机构的原理，实现框架结构的转动倾倒。

⑤ 与保护对象的连接部分进行解体处理。对被拆除建筑物与需要保留的建(构)筑物之间的连接部分进行预处理，以防爆破塌落体的牵扯作用使保留部位的结构受到损坏。

(2) 建筑物爆破预拆除的对象

从建筑物爆破预拆除(或预处理)的目的可以归纳得到预拆除(或预处理)的对象有以下几种。

① 非承重墙的预拆除。对于框架结构建筑物的内外墙体(一般都是非承重墙)和砖混结构楼房中作为内隔墙的非承重墙，一般都可以预拆除。尤其是在爆破切口范围内的非承重墙，为了保证在爆破时形成设计要求的爆破切口，必须事先拆除。否则，哪怕原来是非承重墙，爆后也可能成为承重墙或柱，起到临时支撑的作用，使楼房不倒变成危房。但是为了安全起见，在钻孔前还应该对墙体进行分析，譬如北京华侨大厦的结构，内部是钢筋混凝土的框架结构，而四周外围却是砖墙承重，因此对于非承重墙的确定要十分慎重。必须强调千万不要把承重墙当做非承重墙来处理，否则就会影响结构的稳定，发生未炸先倒的事故。

② 预拆除楼梯和电梯间。楼房的楼梯一般都是由独立的梯梁、板和支撑墙组成的，有的梯梁、板是现场整体灌注的，也有的楼梯是预制后放在梯梁上的。如果事先或者爆破时没有考虑拆除楼梯的梁和墙，那么在爆破后有可能楼房倒了，楼梯间部分仍然会不倒；框架结构和剪力墙结构的楼房，都有独立的电梯间，而且都是现场灌注的，整体性很强。如果事先不用人工拆除或爆破拆除，爆破后，肯定会像烟囱一样直立在原地，造成“美中不足”。

③ 预处理与爆破楼房相连接或相邻的地上地下管线。如果事先不预拆除与爆破楼房相连的管线或处理好邻近的管线，爆破后就有可能发生意外的事故。如楼房倾倒落地，损坏水管就会造成跑水影响周围居民的供水；拉断燃气管道，会引起火灾和煤气中毒；砸断电缆或通讯线路，会发生意想不到的严重事故。因此在爆前必须把相关连的管道、线路包括地上地下的自来水、污水、热力、天然气等管道和电力、通讯线路等处理好。

④ 切断或者分割相连接的结构构件。有的楼房与相邻保护楼房在结构上是相连的，有的爆破拆除的楼房共用承重墙或梁，要爆破拆除一部分，保留一部分。也有的楼房在爆破方案设计上要求进行整体分割处理。例如上海长征医院，北京西直门粮库、永定门粮库和东直门商委住宅楼等，预处理部位从建筑物的上部一直

延伸到底部，要求所有连接部位的混凝土构件分割开，形成一道宽缝，其间钢筋则根据设计要求保留或切断。

⑤ 承重墙体的预拆除。对承重墙一般情况下都应在主爆破时进行爆破，但是有些砖混结构楼房，其内隔墙是承重墙，厚度有 24 cm 的，也有是 37 cm 的，还有高层楼房的钢筋混凝土剪力墙，壁厚在 12～16 m，如果钻孔爆破，则增加相当大的工作量，因此为了减少钻孔量和装药量，就需要进行预处理。当然承重墙的预拆除必须十分慎重，在预拆除之前，必须认真分析结构的力学稳定性，尤其要防止把承重墙当做非承重墙来处理。也还有的砖混结构厂房，承重墙之间砌筑有加强砖柱或钢筋混凝土柱，为了减少柱子的夹制作用，保证柱子的爆破破碎，对柱子爆破部位两侧的砖墙事先进行部分预拆除。

⑥ 特殊部位。对于框架结构的建筑，采用“切梁断柱”方法爆破时，为了保证框架的倾倒，事先把梁和柱的刚性连接部位、横梁的中间部位混凝土事先破碎；对于排架结构的牛腿柱或工字柱等爆破部位剔除混凝土保护层，割断钢筋；对高层楼房内浇外挂的剪力墙，事先进行部分预拆除。

(3) 预处理的施工方法

预处理的施工方法主要有人工处理、机械处理和爆破法。

① 人工处理。一般用于处理 12～37 cm 厚砖墙，空心墙，小于 20 cm 厚度的混凝土墙、楼板，剔除混凝土梁、柱的主筋保护层等。此方法使用工具简单、成本低廉，缺点是劳动强度大、效率低、安全性较差。

② 机械处理。对 37 cm 厚度以上的砖墙、12 cm 厚度以上的混凝土薄壁墙，小断面混凝土柱、梁可以采用风镐破碎，大断面的可以用液压拆除剪和液压锤进行机械预处理。

③爆破法。对于结构较牢固的部位，或缺少施工机械时可采用爆破法进行预处理。采用爆破法进行预处理，对爆破部位、规模应慎重考虑。在进行试验爆破的同时进行被拆建筑物的预处理，是施工中常用的办法。在采用爆破法进行预处理时必须做好爆破部位的防护和安全警戒措施。

(4) 不同构件的拆除方法

① 砖墙的预拆除方法。在预处理之前，首先应该分清哪些是承重墙，哪些是非承重墙。对于框架结构的楼房，大部分内隔墙和外墙是非承重墙，而对砖混结构的楼房，外墙都是承重墙，内墙大多是非承重墙。非承重墙，一般为 12 cm 和 24 cm 厚的砖墙，也有是轻型砌块、空心砖墙，大多只是起到房间分隔的作用，事先预拆除，不会影响上部结构的稳定。如果它们的走向与倾倒方向一致(见图 5.17(a)，(b))，而且有的在爆破切口内，若不进行处理，显然会影响倒塌。但是，并非所有的非承重墙都要拆除，一般只要在爆破切口所在的楼层，在爆破切口以内的、会影响倾倒方向的非承重墙(即走向与倾倒方向一致)拆除即可(见图 5.17(c))。至于承重墙，为了保证施工安全，一般都应该布孔爆破，但是有的住宅楼，内隔墙是承重

墙,而且相当多,为了节省钻爆工程量,在保证楼房结构稳定的前提下,可以适当拆除一些。拆除方法通常是在墙底的中间部分人工掏出一个半拱形墙洞,如图 5.17(d),墙洞之间预留支撑垛柱。预处理后剩余支撑垛柱的最小宽度应保证有足够的承载力,同时考虑建筑物预处理后放置时间的长短和天气情况(风荷载、雨水等),以保证建筑物在爆前的稳定性。预处理的墙洞应尽可能布置在混凝土柱布孔部位四周,为混凝土柱爆破部位创造临空面,以保证混凝土柱的爆破效果。经预处理后保留的承重墙支撑垛柱应布孔在主体爆破时一并破坏。对于砖墙的处理的方法一般是人工用大锤砸掉或者是用风镐剔除。这里必须指出的是,对于承重墙的拆除部位和方法,必须事先对楼房结构稳定性进行认真分析,预拆除施工应在懂得建筑结构的技术人员指导下进行,施工中一定要保证爆前结构的稳定和人员安全;非承重墙的拆除,也要保证人员爆前施工中的安全。

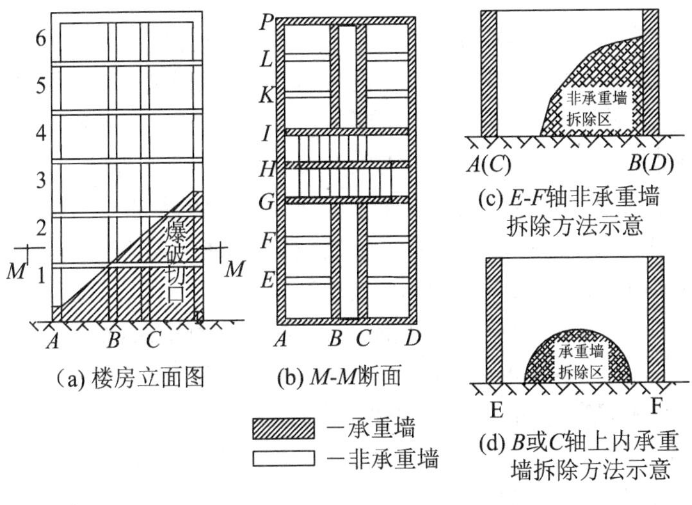

图 5.17　砖墙体的处理示意图

② 楼梯间的拆除方法。一般砖混结构楼房的走道楼梯是由两侧的砖墙和梯梁承重,框架结构楼房有的是现场灌注,也有的是预制梯梁,后安装在承重梁上的。由于楼梯间相对独立,不事先拆除会影响楼房部分倒塌;但是如果爆前全部拆除,又会影响爆破施工。考虑这两个方面,对梯梁拆除有两种方法,一是在梁中部布孔与楼房一起爆破切断,二是事先用人工把梁中部的混凝土砸碎。特别要注意在梯梁处理时,一定要保持结构的稳定,要保留钢筋,否则就会发生青岛远洋宾馆拆除时楼梯塌落的事故。对支撑墙也有两种方法,或者是布孔与楼房一起爆破,或者是事先在承重墙上掏拱形洞(见图 5.17(d))的方法。

电梯间由四根立柱和三面墙体组成的截面为矩形(包括正方形)的钢筋混凝土框架结构,一般都是现场灌注,由于它是可以相对独立的体系,因此如果爆前不进行处理,爆后楼房虽然倒塌,但是电梯间却会屹然不动。此时应分成两部分处理。

电梯间墙体部分，由于它很薄，一般有 10～14 cm，钻孔有困难，通常由人工用大锤或风镐把混凝土敲碎；四根立柱其截面一般为 10～15 cm 的正方形，采用人工风镐剔除或者布孔在事先进行爆破，也可与楼房一起爆破。其处理的高度顺着爆破切口方向略高一些即可。

③ 钢筋混凝土墙、柱、梁的预处理方法。对于高层楼房的剪力墙，一般厚度在 12～16 cm，钻水平孔的话，孔浅而多，爆破效果又不好，因此一般像承重砖墙一样处理，在墙中间用人工开拱形洞，两侧留下 1～1.5 m 宽的墙，然后在平行墙的方向钻深孔，事先进行爆破处理或者与主爆破同时进行；对于一般框架结构的钢筋混凝土墙，通常是与两边的立柱相连，形成一个整体，不预先处理，立柱就难以炸开，即使柱子炸开，钢筋混凝土墙体不处理，它仍然会起到承载作用，影响建筑物倒塌。譬如 1984 年在上海国棉 25 厂前纺车间的拆除爆破中，该车间是 4 层的框架结构，在一层有 2 排立柱，之间从地面到一层顶有厚 12 cm 的钢筋混凝土墙相连，预处理时人工用风镐把墙的四周都剔出一条缝，把露出的钢筋割断，保留部分钢筋，然后拉倒。对于框架结构的梁与柱连接处，或者横梁的切断等，一般用风镐剔除主筋外的混凝土保护层露出钢筋，钢筋是否切断应根据结构的稳定和倾倒的要求确定；也可以布置炮孔事先爆破松动或者与主爆破同时进行。现在随着机械的进步，对于这些处理难点，可以应用液压破碎机械进行处理。譬如，最近在爆破拆除临汾发电厂的 6 层框架结构厂房时，施工单位用液压破碎锤，事先把高 1.8 m、宽 0.5 m、跨度为 15 m 的钢筋混凝土大梁中间的混凝土破碎，保留钢筋；把非倾倒方向的截面为 1.8 m×0.5 m 的一排立柱在其底部用液压锤把混凝土保护层捣碎，使得钢筋外露，然后割断，作为临时支撑，取得了相当好的爆破效果。

④ 相连或相邻管道、电力、通讯线缆的预处理。任何楼房的管道、电力和通讯线缆系统都不是单独的，它与周围的供应系统紧紧相连，因此在爆前必须把周围的电力、燃气、水暖管网系统和通讯线路等调查清楚，然后与有关部门联系把通往欲爆楼房的所有管道和线路切断；对于与楼房邻近的、楼房倾倒时可能损坏的地上电力通讯线路，事先应该拆迁；对于楼房倾倒不可避免要砸在上面的地下管道，应该在地上铺垫抗震的沙层或炉渣，再在上面铺上枕木或胶皮类柔软垫层。如在北京新桥饭店礼堂爆破时，在倒塌方向地下 2.5 m 处，有一条直径为 800 mm 的自来水管，如果砸裂了自来水管，届时崇文门和前门交界处的马路地面半小时内将会有 1～1.5 m 的水深；靠近礼堂南面地下有一条通往中央有关部门的电缆，如果砸坏了，这个责任是谁也负责不起的。为了防止发生这样的严重事故，我们事先进行了模拟压力试验，根据试验结果，该房屋的重力，在倾倒时产生对地面的压力，不会造成地面以下埋深在 1 m 以上管道的损坏。为了慎重起见，我们在倒塌方向的地面，铺设了十多层草垫，防止产生意想不到的破坏（见图 5.18）。

⑤ 与毗邻房屋相连构件的处理。有的欲爆破拆除的楼房与相邻房屋在结构上有相连的构件，如梁、板、墙等。也有的要爆破的楼房业主要求拆除一部分，保留

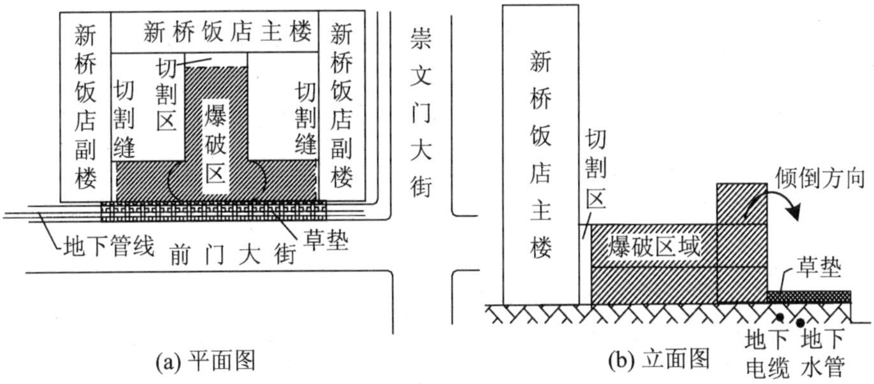

图 5.18　相邻地下管线的处理方法示意图

一部分，那么其结构上肯定是有共用构件的。对于这两种情况都必须在爆前仔细研究，除了在爆破设计上要考虑倾倒方向以外，还要认真分析相连构件所在的位置以及构件处理后保留部分结构的稳定性。一般处理的方法是把相连部分的梁、板、墙，从上到下都事先用风镐切割成缝，缝宽要保证爆破倾倒时不会碰到保留部分，对于钢筋混凝土的构件，还要把割缝中的钢筋切断。如图 5.18 所示，原新桥饭店礼堂的爆破拆除，在礼堂北面二层有长仅 2 m 的走道与其主楼相连接，上下各有四道过梁，架着顶板和走道板，两侧还有砖墙。除了北面与主楼连接的过道需要处理外，在礼堂两侧东西两面欲爆破拆除的厨房也有与副楼相连接的墙、屋面板要处理，考虑到这两部分的连接情况，在设计爆破倾倒方向必须采用向南倒塌，而对于这些与主楼相连的构件，在爆前人工予以拆除；对于与副楼连接的墙、板从上到下用风镐切割成宽不小于 1 m 的缝(见图 5.18)，这样在爆破后确保了主付楼的安全。还有如厦门宾馆五号楼，业主要求拆除三分之二，保留三分之一(见图 5.19)。这样就要在与保留区域相连接部位开设一道缝宽达 0.5 m 隔离带，把相连的屋面、3 层楼板(厚 8 cm)、9 根梁和 3 座砖墙(高 4 m、厚 28 cm)切断。由于切断部位的一楼是大厅，有 3 道要切断的主梁，它们的另一端是架在保留部分的墙上，因此在切

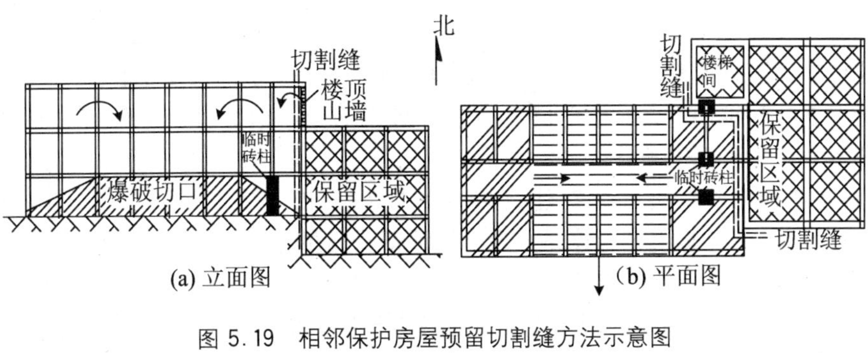

图 5.19　相邻保护房屋预留切割缝方法示意图

割过梁以前，先在过梁下面砌起砖柱(50 cm×50 cm)来承重，在梁和砖柱顶面之间用高强砂浆填满。为了防止塌落时损伤保留部分，方案设计让大厅部分向西侧倾倒，为此，考虑到周围环境，设计确定楼房中部向南倒塌，以给大厅倾倒腾出空间。由于保留部分楼顶上有一道山墙也要拆除，因此在切割缝时，屋面的板和过梁只把混凝土破碎，而钢筋不割断，以使过梁的钢筋拉着山墙随着大厅向西倒塌(见图5.19(a))。经过这样的设计和预处理，避免了楼房爆破倾倒塌落时损伤保留部分的结构。

5.1.4.2 楼房爆破施工作业的安全

拆除爆破的施工阶段是保证爆破效果和安全的重要阶段，钻孔作业是施工阶段的前奏，之后的装药、填塞、防护和联网作业，是拆除爆破施工中最重要的阶段，拆除爆破从这时开始进入“临战状态”。除部分从事防护的人员外，在这时进入施工现场的应是经过培训的爆破作业人员，包括工程技术人员和爆破员。从爆破器材到达现场起，施工现场就应设置警戒区，全天候配备安全警戒人员。在城市拆除爆破中，一般是在确定了拆除爆破时间后，根据装药、填塞、连线和防护工程量决定开始装药的时间的，从安全角度出发，开始装药与起爆之间的时间间隔越短越好，但必须考虑作业人员的熟练程度，并留有充分的检查时间。对大型拆除爆破工程，应仔细组织好作业队伍，实行分区作业，加快作业进度，保证作业质量。每区均应配备熟悉该区设计和施工的工程技术人员作为负责人，各区之间实行交叉检查，确保不出任何差错。

(1) 钻孔作业的安全要求

钻孔施工作业是爆破作业的第一道工序，钻孔质量的好坏，涉及爆破效果，同样也影响到爆破的安全。要保证钻孔的质量，应该认真按照规程认真操作。

① 布孔。建筑物拆除爆破的炮孔主要有柱孔、梁孔和墙孔。在钻孔前，应按照爆破设计标定孔位，标孔应注意不能随意变动钻孔的设计位置。遇有设计与实际情况不相符合时，应与设计人员商量处理。

② 钻孔。在钻孔中应注意以下事项：ⓐ 在钻孔过程中，要随时把握钻孔方向，尽量使钻孔方向与壁面保持垂直，使深度严格符合设计要求，一般钻孔的深度误差应控制在±2 cm以内(见表5.2)。ⓑ 如果设计孔位因布筋等问题无法钻进，可以对孔位适当进行调整，调整孔位时要兼顾相邻炮孔的抵抗线、孔距和排距，不要出现所有炮孔都偏向一侧，或炮孔间距过大、过小的极端情况，同时应该把调整情况向技术人员报告。ⓒ 炮孔钻好后，应将炮孔中的钻屑吹干净；垂直孔应将炮孔封盖，防止杂物堵塞炮孔。ⓓ 在建筑物拆除爆破中，由于构件厚度不大，孔浅，因此对炮孔位置、深度的要求比较高。为了保证钻孔质量，要求钻孔开口中心偏离值 $d \ngtr 5$ cm，一般钻孔允许倾斜角度不大于15°，梁、柱短边方向的钻孔允许倾斜角度不大于5°。ⓔ 在钻孔结束后应对钻孔逐孔检查，检查的主要内容包括炮孔位置、深度、倾角等是否符合设计；有无堵孔、乱孔现象，对不符合设计要求，可能严重影响

爆破效果和安全的应坚决重新钻孔;对超过深度的应回填到设计孔深,不够的要加深。在检查时应注意炮孔各方向的抵抗线值,防止局部出现抵抗线过小的情况。

表 5.2　钻孔深度允许误差值

孔　L/m	<50	50~80	>80
允许误差 ΔL/cm	+4,-2	+5,-3	±5

(2) 试验爆破的安全原则

试验爆破一般包括两个内容,一是试验构件的装药量,二是试验起爆网路的可靠性。在建筑物拆除爆破的工程中,由于爆破构件的材质、配筋、施工质量等往往无法取得正确的资料,对使用过程中天气、环境等对建筑物的影响带来的材质变化缺乏足够的认识,因此有必要通过试验爆破来确定爆破参数是否合理,装药量是否合适,爆破器材的质量情况怎么样,起爆网路是否能够准爆。在有些场合,"试爆"不仅是检验爆破设计参数是否正确、网路是否可靠的必要工序,也成了大型拆除爆破工程中的一次爆破安全预演。如 2007 年 12 月,在大唐集团霍州热电厂一座 80 m 的冷却塔爆破拆除工程,业主把试爆当做正式爆破进行了一次预演,所有警戒岗哨全部到位,试爆前 1 小时清理、撤出全部无关人员,并按照爆破信号执行起爆,为正式爆破的安全实施做好充分的组织准备。

一般试验爆破都是在钻孔作业完成之后,装药开始以前进行。这里要注意的是,试验爆破虽然不同于正式爆破,但是它的安全不容忽视,因此试验爆破应遵从以下原则:① 应在对周围环境没有影响或影响很小的部位进行试爆;② 试爆选择的部位应对建筑物的稳定不造成威胁;③ 应选择在不影响建筑物的倒塌部位进行试爆;④ 试爆应选取不同构件进行试验;⑤ 应选择不同的、有一定差异的爆破参数同时进行试爆,以做比较;⑥ 试爆应尽可能与预处理工作结合进行;⑦ 试爆时必须做好爆破部位的防护和安全警戒措施;⑧ 试爆同时进行网路的模拟试验,试验时对地面雷管应进行覆盖。

试爆后,应该根据试验的结果,确定施爆时的相应部位各构件的实际装药量。

(3) 装药作业的安全要求

装药作业要按照爆破安全规程确定的操作方法和爆破设计的要求进行。

① 装药前的检查。装药以前要对作业场地和爆破器材存放地点进行清理;装药人员要对准备装药的炮孔进行检查。

② 布置警戒区域。从爆破器材到达工地开始,应划定警戒区,设置警戒线和警戒标志,全天候配备警戒人员,严禁无关人员进入警戒区。警戒区内严禁烟火,无关人员严禁入内,防止爆破器材丢失。

③ 选择好制作药包的地点。加工药包地点一般要选在爆破建筑物附近、远离居民区的室内场所,经当地公安机关许可后,可以利用爆破建筑物的底层房间,或者是附近的临时工棚等等安全场所,加工起爆药包。

④ 制作药包前，首先要检查炸药的外观质量。使用硝铵炸药时，应选用干燥、松散的炸药，为计量准确，一般应用天平称量；使用乳化炸药时，可按药卷质量对应的药卷长度用小刀分量切割。起爆药包制作时，一定要按照设计的药量和雷管段别制作药包。装入雷管后，要求捆扎结实。制作完成后对不同药包的药量、雷管段别、导爆管长度等要有明显标志，并要分别存放。

⑤ 装药前，要仔细检查炮孔。装药前，要清除孔内积水、杂物，核对炮孔位置和深度。由于拆除爆破药包数量多、规格多，故装药必须按设计编号分配落实到每个区域每个人，药包与炮孔要对号入座，严防装错。药包要安放到位，尤其注意分层药包的安装。装药时要将电雷管的脚线或导爆管雷管的导爆管顺直，并轻轻拉紧，使它贴在炮孔一侧，这样可避免脚线产生死弯而造成芯线折断，另一方面也可减少炮棍捣坏脚线绝缘层或损伤导爆管的机会。

⑥ 装药要轻推慢入。装药时，把药包放入炮孔后，要用炮棍轻轻推入，不要用猛劲。如果发现个别爆破参数有改变的炮孔，在征求现场技术人员同意后，可以适当调整药量。

(4) 填塞作业的安全要求

由于建筑物拆除爆破的对象主要是墙、柱、梁、板，抵抗线小，孔浅，填塞长度也小，不认真填塞，必然会出现冲炮，造成空气冲击波和个别飞石的危害，因此必须保证填塞质量。

① 填塞料的选择。填塞材料(也称炮泥)一般用黄土或黏土和沙子按 2∶1 的拌和料，要求不含石块和较大颗粒，含水量 15%～20%，使填塞材料用手握住略使劲时，能够成型，松手后不散，且手上不沾水迹。装药填塞与起爆之间间隔时间在 2 天以上，且天气较为干燥时，黄土在孔内易干化成硬块并缩小，使填塞效果大为降低，应适当加些沙子以改善填塞效果。对于钢筋混凝土烟囱的筒壁，必要时，可以采用快干水泥填塞。

② 填塞方法。垂直孔和向下倾斜孔可以将炮泥直接倒入炮孔并用炮棍逐步分层压紧捣实，每层以 10 cm 左右为宜，防止出现“空段”；水平孔和上向倾斜孔应将炮泥捏成型，用炮棍送到位后压紧捣实，也可将炮泥灌入事先用报纸等糊成的直径小于炮孔的纸袋做成炮泥卷，再将炮泥卷逐个用炮棍送到位后压紧捣实，炮泥卷的长度应小于 20 cm。

③ 填塞操作要点。药卷安放后应立即进行填塞，填塞前应用炮棍将药卷轻轻抵到位；填塞时要注意填塞料的干湿度，保证填塞严实以免发生冲炮；填塞料中不得含有碎砖和碎石块；分层间隔装药应注意间隔填塞段的位置和填塞长度，保证间隔药包到位；填塞中应注意保护电雷管、导爆管的脚线或导爆索的外露线。

(5) 爆破网路连接的安全要求

在第 3 章中已经就起爆网路对安全的影响进行了专门阐述，对网路施工如何保证质量，起爆网路的敷设与联接的安全要求，应按照本书 3.7.1 节和 3.7.2 节进行实施。

(6) 防护作业的安全要求

建筑物的安全防护主要是防止空气冲击波和爆破飞散物,这是在复杂环境下进行拆除爆破施工的重要环节,是确保爆区周围建(构)筑物安全和设施的一个重要措施。

① 防护分类

防护种类根据防护部位和作用,分覆盖防护、近体防护和保护性防护三种类型。

覆盖防护指在爆破部位实施的防护,其作用是降低爆破破碎体的飞散速度和飞散距离,围挡个别飞石,保护爆区周围建筑物的安全。覆盖防护一般直接覆盖在爆破部位上,也指在被拆除的建筑物的一些缺口(如门洞、窗口)上进行的悬挂式覆盖防护,用以围挡建筑物内部爆破部位产生的爆破破碎体。覆盖防护的等级应根据爆破体的部位、爆破体周围环境和可能影响到的建筑物的类型、结构及重要程度来确定。普通防护一般覆盖1～2层普通防护材料,如麻袋、草袋、草帘、棕垫等;加强防护一般在普通防护层以外另覆盖1～2层较好的防护材料,如竹排、荆笆、胶帘等;特级防护则在加强防护基础上外加金属网或塑料网,并用铁丝绑扎。在一些建筑物拆除爆破中,立柱爆破部位外侧采用沙袋叠起做围挡防护,防护效果好,成本比较低,也是一个很好的防护方法。贵州新联爆破工程有限公司在施爆孔的周围安放条形水袋帘,用木条加以固定,再在外用胶帘网覆盖防护,既达到了较好的防护效果,同时利用爆破时水袋产生的水雾达到降低粉尘的目的,经实践效果比较理想。

近体防护指防护排架,立于距被拆除建筑物一定距离之外,并有一定高度,主要围挡从覆盖防护中冲出来的个别飞石,并有降低爆破声响、遮挡爆破时的空气冲击波和建筑物塌落气浪的作用。防护排架立在需保护的建筑物和爆破体之间,考虑爆破个别飞石的飞散角度,防护排架离爆破体越远,其高度就应越高,因此防护排架应尽可能靠近爆破体,但同时应位于爆破体的塌落范围以外。近体防护可用毛竹或钢管和扣件架设,排架上挂竹笆或荆笆、胶管帘及金属网等。一般近体防护材料是可回收的。

保护性防护指在爆区周围建(构)筑物上设置的防护,用以对一些建(构)筑物进行特殊的保护。设置在爆区周围的重要设施如变压器、电信设备箱等,建(构)筑物面向爆区的玻璃窗等易损物件以及爆区周围因种种原因未能移动开的机械、车辆上。保护性防护一般覆盖或悬挂在被保护的建(构)筑物面向爆区的一侧,如在变压器、玻璃窗上悬挂棕垫、胶帘,覆盖竹笆、荆笆、木板等,在电杆周围设置沙袋防护墙等。

在爆破体倒塌范围内有地下水、电、气和通讯管线时,为保护这些管线的安全,在管线部位的地面也要设置保护性防护。防护的类型、厚度应根据管线埋深、管道材质、管线重要程度、管线位置及爆破体倾倒模式、爆破体倒塌时对管线部位的冲击强度和爆渣数量来确定。一般可以在管线部位地面堆放一定厚度的沙土等柔性垫层或沙袋等来增加管线的埋深，或者在沙袋下在铺设废旧轮胎、竹排等缓冲层，以减少爆渣对地下管线的冲击。

② 防护材料的选择

从防护效果看，防护材料应具有透气(防飞石而透气浪)、有一定面积和重量、容易悬挂和包裹等特点；防护材料用量大，而且一般情况下防护材料无法重复使用，其单价直接影响拆除爆破的成本，故应尽可能采用价格低廉的材料。采用废旧车胎、橡胶带加工的胶帘是比较好的防护材料；在北方一般使用的防护材料草袋、草帘、荆笆等在使用时最好用水浇湿，这样可以增加其重量并改善防护效果；在南方可使用旧麻袋、旧竹笆、棕垫等，成本较低，防护效果也较好。

在建筑物拆除爆破中，对爆破安全防护工作的要求越来越高，对防护材料的选择已经从主要考虑经济指标转到保证防护效果方面来，一些价钱较高但防护效果很好的防护材料也得到了应用，例如密目安全网。密目安全网属于国家劳动防护用品，主要用于建筑业，它由加有阻燃剂的聚乙烯材料制成，具有阻燃性。密目安全网有很好的抗冲击能力，在重 100 kg 的沙包冲击高度为 2 m 的条件下，网片不破坏，适合于防止爆破时产生的有较大冲击能量的混凝土碎块。密目安全网的规格有 6 m×1.8 m 和 6 m×1.5 m 两种，网目为 2 mm×2 mm，每片重约 2.3～3 kg。密目安全网适合用做近体防护或保护性防护，直接从建筑物上悬挂在装药部位外侧，也可取得良好的防护效果。

③ 防护操作要点

覆盖防护时，里层应采用较柔软的防护材料如草袋、麻袋等，外层再采用胶帘、竹笆、荆笆等防护材料。

各单个草袋、胶帘、竹笆等等之间应用铁丝连成一体；防护物应捆扎牢固，防止其滑落；分段起爆时，往往有些药包是在建筑物倾倒过程中起爆的，要注意后起爆药包的覆盖防护物在该药包起爆时能够保持完整。

覆盖时，要注意保护爆破网路。在采用铁丝或金属网作为覆盖材料时，要注意不使裸露的电雷管脚线与金属网相接触；要注意不拉脱导爆管网路中的四通接头或者拉细甚至拉断导爆管。

设置防护排架时，在搭设位置上要根据环境条件和保护建筑物的距离考虑如何最为有效。如果在爆源附近搭设，就应考虑爆破塌落体会不会挤垮排架，空气冲击波和爆破塌落时的气浪会不会冲垮排架；如果在被保护建筑物附近搭设，就要考虑万一排架倒塌时会不会对周围保护的建筑物造成损害。

5.1.4.3 楼房爆破实施过程的安全

建筑物拆除爆破的实施阶段是保证爆破安全成功的最后一关，它不仅牵涉到业主、施工单位，还要牵涉到当地社会的方方面面，涉及的工作内容也相当多，因此必须认真做好。

(1) 爆破指挥部的组建

在城市中爆破往往涉及各种各样的复杂因素，要与当地安全部门、街道、单位、住户等进行协调，这些工作仅靠爆破施工单位和业主一般无法做到，必须由当地政府牵头。因此爆破安全规程要求重大拆除爆破工程实施阶段应组织爆破现场指挥部，明确落实爆破实施阶段各项任务的责任人和相应的组织机构、任务分工。

指挥部应包括当地政府、公安机关、爆区所在地的街道组织、业主、爆破实施单位的相关人员。一般指挥长应由能调动相关单位的领导担任。现场指挥部负责拆除爆破施爆阶段的安全管理、组织协调和指挥工作。指挥部由业主进行筹备组织，应该在临爆前2～3天正式确定成员。

现场指挥部由总指挥，副总指挥和指挥部成员组成。总指挥由当地政府主要领导担任，负责召集指挥部会议，布置、落实和检查有关事项；施爆时负责发布警戒、起爆和解除警戒的命令。副总指挥由当地政府有关领导、业主、施工单位领导、公安、交通等部门领导组成，在总指挥的领导下对各自分管的部门负责。指挥部成员包括工程监理以及工地所在地政府(街道、办事处等)、派出所、水、电、气、交通、航管、交警、消防等有关部门的负责人。在总指挥的领导下具体落实和协调安全有关事宜。

根据工程级别和施工情况，指挥部可以设置多个职能组：① 爆破施工技术组。负责爆破实施的技术问题，包括起爆网路联接、导通、检查和起爆站工作，由施工单位的爆破技术人员组成。② 安全保卫警戒组。负责警戒方案的制定及施爆现场内外的安全警戒工作，由公安、交管、航管部门和业主、施工单位的保卫人员组成。③ 群众工作组。负责爆破区周围的群众工作，包括爆破时人员的撤离、对爆破可能产生危害的评估和协商等。④ 后勤接待组。负责参加施爆人员的交通、生活工作，确保供应施爆阶段所需的材料、设备，负责指挥部人员的接待、安排，负责有关宣传工作。⑤ 应急组。负责意外事故处理的有关车辆、抢险和医务人员的待命安排，负责爆破引起的意外事故的处理，由业主、施工单位、有关水、电、气及医务部门的人员组成。

(2) 安全警戒

施爆阶段的安全警戒涉及业主单位、周围企事业单位、社区等各方面的安全，因此必须认真组织落实。

① 要按照爆破设计提出的安全范围，由业主会同当地公安部门根据爆区周围的环境条件及保护对象的安全要求，进行实地踏勘，确定具体的警戒地点和警戒范围以及应配备的警戒人员。

② 对涉及周围道路需要临时断交的工程，应当由爆破施工单位提出断交的地区和断交的时间，会同业主提前向当地交通管理部门提出申请，爆破前由交管部门派出警戒人员负责实施。

③ 所有参加警戒的人员必须佩戴醒目的警戒标志；参加爆破实施的人员也要佩戴爆破人员标志，指挥部成员、来宾以及其他从事后勤、急救等工作的人员也要

佩戴标志,以便警戒人员进行清场工作。

④ 警戒区内的人员撤离时间,应该根据拆除爆破工程的特点、周围环境、社会条件等因素来确定,环境复杂的工程,一般在爆前一小时开始清场、撤离人员。业主事先应通知有关部门具体的撤离时间。

⑤ 清场人员在爆前一小时上岗,开始进行人员撤离。清场应分区进行拉网式的清查。在确认警戒区内人员全部撤离完毕后,清场负责人应向指挥长报告。同时警戒人员到达各警戒哨位,各哨位必须配备对讲机或小红旗,以便及时向指挥部报告情况和相互进行联络。警戒人员必须高度负责,在预警信号发出后,严禁任何人进入警戒区,直至发出解除警戒信号后,方准离开警戒岗位。

(3) 起爆时间和起爆程序

① 爆前,施工单位要与业主一起根据爆破施工进展情况、业主的要求以及气候条件商定具体的起爆时间。起爆时间最好避开清晨和傍晚,避开上下班高峰期,如果涉及附近居民的撤离,应该与当地街道或社区商量确定。确定起爆时间后,业主与施工单位要立即报告指挥部和公安部门。

② 指挥部接到起爆时间的报告后,应该召开由有关各方参加的爆破协调会议,会议听取爆破技术组的工作汇报,研究、讨论、确定爆破警戒方案、有关安全的紧急预案、起爆指挥程序和联络方式以及爆破信号等,并落实到每个责任组和指挥部成员。

③ 在爆破当天,指挥部成员至少在起爆前的一小时在指挥部集中,在指挥长的指挥下,各就各位,职能组各司其职。爆破技术组将再次检查起爆网路,并将起爆主线敷设至起爆站;群众工作组开始清场,将危险区内的所有人员撤至安全地区;安全保卫警戒组达到各警戒点。指挥部与各警戒点和起爆站之间应建立可靠的通讯联络,并按确定的联络制度与方法进行呼叫。

④ 爆破指挥长到位后,根据各组的报告情况,按照起爆程序进行指挥,在确定的时间发出爆破信号(声响和视觉),即预警信号,起爆信号和解除警戒信号。信号的方式可以根据当地的实际情况和具备的条件来确定。

(4) 爆后检查和处理

楼房爆破拆除工程中出现爆后不倒成了危房或部分倒塌、部分未倒的情况,出现这些险情应该如何处理,才能确保安全。尤其是在处理未倒塌的危房时,必须特别注意安全,千万不能由爆破设计或施工原因造成的“失误”变为处理施工中的“事故”。在出现楼房爆破不倒时,必须注意以下事项。

① 爆后必须等建筑物倒塌稳定之后,爆破人员方准进入现场检查。发现有未爆倒的楼房或有尚未塌落稳定的局部构件时,应立即向爆破负责人报告,认真分析出现此种情况的原因,然后确定处理方法。并在危房及尚未塌落稳定部分,划定安全范围,在现场四周设立危险区域的明显标志,派专人看守,无关人员不得接近。

② 必须强调禁止任何人进入危房内部,一定要在有经验的技术人员对楼房的

稳定性做出判断后，才能进行下一步的处理。特别要注意防止楼房爆破当时不倒，过后倒下的情况发生。

③ 发现盲炮后应立即制定处理方案，并派专人进行排除；对可能存在的残余爆破器材，应在以后清除爆渣过程中，由专人负责寻找和处理。

④ 对爆区周围的建筑物和各种管线进行检查，发现问题，需马上处理的，应立即联系相关部门修复；有的比较难以处理的，在协商后逐步解决。

(5) 爆破后建筑物未倒塌或部分未倒塌的应急处理方法。

① 如果是起爆网路问题，能很快解决的，且防护未受破坏，可以在不解除警戒信号的情况下组织爆破技术人员重新联网起爆；如果个别部位防护已经破坏，应该重新覆盖加强防护，并应加大警戒范围，实施二次爆破。

② 因爆破设计参数或爆破器材的原因，建筑物被破坏程度不十分严重，倾斜呈稳定状态，需要重新钻孔装药爆破的，可以先解除警戒信号，恢复周边地区的正常秩序。在重新起爆方案确定后，按正常拆除爆破顺序实施爆破。必须注意在重新钻孔爆破施工时，只允许在已稳定的危房外部承重墙或柱子上作业，不准人员在危房内部去钻孔和布药，在作业时要有专人随时进行观察，防止出现楼房突然倒塌的危险状态发生。

③ 如果可以确定建筑物未倒塌是由于某些部位的承重墙或柱子支撑的原因，在确定建筑物处于稳定的状态中，可以在建筑物已经炸出有裂缝或小洞的墙、柱等关键部位放入集中药包或者采用填埋药包爆破的方法进行二次爆破，处理这些支撑部位，使建筑物倒塌。如在山东省威海市某 5 层宾馆楼，爆后主楼向东南倾斜，爆破人员在危房的承重构件(墙和柱)外侧采用贴壁填埋药包爆破，其方法如图 5.20 所示。在东墙和南墙的外墙上布置了 22 个药包，分散在墙体的各个主要部

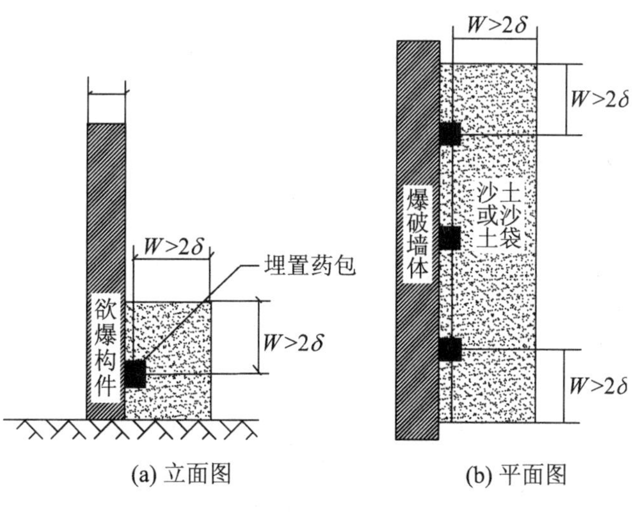

图 5.20　填埋药包爆破法示意图

位，药包贴着墙壁，底部垫放沙袋，离开地面 50 cm 以上，药包四周用沙土埋填，上面和侧面均堆放沙袋，外部抵抗线不小于 1 m 。每个药包装药量在 600～800 g 共用 2# 岩石硝铵炸药 15 kg，爆破后楼房顺利倒塌，无飞石逸出，周围建筑物安全无恙。必须注意的是，尽量避免采用裸露药包爆破。

④ 对爆后不倒的危房，用机械拆除方法，这是比较安全的方法。有条件的可以用液压镐、液压剪破碎，也可以用履带吊锤击破碎，或用人工挂钢丝绳由推土机拉倒等。用机械处理时，在周围应设置警戒线，并要注意作业时机械的位置、高度，确保建筑物坍塌时机械和人员的安全。如北京某学院一座大楼，爆后部分楼房没有倒，后来用液压镐和挖掘机处理；某中央机关内框架结构楼房，爆后倾斜没有倒塌，后来用履带吊挂 3 t 锤撞击破碎。

5.1.5 控制建筑物爆破塌落范围的措施

楼房爆破倾倒塌落的过程中会出现解体、折断、下蹲、后坐、侧塌、前冲等，如果不加以预防和控制，势必危及毗邻房屋的安全。根据多年来在楼房爆破实践中的经验和教训，在预防和控制楼房爆破倒塌范围方面，提出以下对策供参考。

5.1.5.1 预防和控制倾倒距离的方法

对于周围场地比较狭窄、倒塌距离有限的环境条件下，可以采取变“倒塌”为“坍塌”方式，减少楼房倾倒距离。为此应该采用“三增加一同时”的设计原则，“三增加”指的是增加爆破切口个数、增加切口尺寸(包括高度、跨度，其中高度又包括切口相对尺寸与绝对尺寸的提高)以及增加炸药单耗；“一同时”指的是倾倒方向建筑物重心前的立柱同时起爆。

(1) 增加爆破切口高度

如深圳渔农村拆除爆破的楼房高度在 8 层以上，从建筑物爆破时倾倒解体效果看，一般切口上沿位置达到 3 层就能达到顺利倾倒、完全解体的目的。但当倾倒距离不够时应该考虑增加切口高度，将爆破切口前排上沿位置提高至 4～5 层；另外，也可在切口高度不变的情况下将切口下沿位置提高到楼房的第 2 层，提高切口上沿高度，降低切口上沿触地位置，增加切口闭合时间，或者将切口前缘触地点位置提前下挖，降低接地点高度，从而达到减少前倾距离的目的。

(2) 增加切口个数

增加切口个数，即布置双层乃至多层切口，可以形成楼体的折叠坍塌效果，对减小前冲距离是直接而有效的，一般 10～12 层楼布置双层切口即可。对于 16～20 层以上楼房，可以布置两个以上多层切口，切口方向可以同向也可以反向，视周围环境和塌落距离确定。如果上下切口之间的爆破延时间隔选取合适，还可以促进结构的空中解体，对减小倾倒距离、改善建筑物坍塌效果十分有效。

(3) 增加炸药单耗

增加炸药单耗，指增加切口部位立柱的炸药单耗，目的是确保立柱在爆破时充分解体，减少建筑物重心下降时的阻力，增加建筑物倾倒时的塌落速度，提高建筑物在塌落过程中的解体效果。一般切口底部承重立柱的单耗应通过试爆来确定，合理的单耗应确保爆破时立柱钢筋笼外鼓，钢筋笼内残留混凝土块不足 20%。如果切口有 3 层，一般底层立柱的单耗应比中层的增加 0.2 $kg \cdot m^{-3}$左右，上层立柱的单耗可以比中层减少 0.2 $kg \cdot m^{-3}$左右，每根立柱靠底部的 3～5 个孔的装药量应比其他孔增加 20%～40%。

(4) 重心前方立柱齐爆

在建筑物倾倒方向、重心前方的立柱同时齐爆，这种起爆方法可以增加塌落速度，更多地将重力势能转化为结构解体的能量，利用楼体自身的重量，促使楼体的空中解体，从而减小结构触地前冲动能，减小倾倒距离。

5.1.5.2　预防和控制侧向塌散距离的方法

侧向塌散距离，即建筑物爆破时倒塌方向两侧的坍塌范围，直接影响侧向建筑物的安全。为控制建筑物爆破时的侧向塌散距离，在以砖混结构为主体的楼房拆除爆破中，在设计中可以采用“三对称一清除”的原则，即倾倒重心左右切口形状对称，倾倒重心左右起爆顺序对称，倾倒着地位置左右对称，清除被拆建筑物侧向的墙体。

倾倒方向两侧切口的形状和爆高按重心对称布置；爆破时重心两侧同高度的炸药单耗、起爆顺序保持一致，可以严格控制倒向，同时保持垂直于倾倒方向的梁体完好，相互拉住，以使柱、梁沿倾倒方向整齐叠落，减少侧向塌散宽度。侧向外墙的墙体应预先部分或全部砸除，可以减少塌散堆积体的数量和范围。倾倒方向着地部位的地面亦应基本平整，以防建筑物倒地后受不均匀地面反作用后向侧向倾斜。

5.1.5.3　预防和控制楼房后坐的方法

在实际工程中因后坐造成其他建筑物受损的事故也时有发生。如北京王府井大街的工艺美术大楼，其北侧紧靠着东来顺饭庄，相距只有 1.5 m，尽管在方案设计时考虑了让北山墙向南倾倒，但是楼房倒塌时山墙后坐使东来顺饭庄的一层门厅过道砖墙破坏。案例 8 和案例 9，也都是楼房爆破后坐伤及邻居。因此预防和控制楼房爆破倒塌过程中的后坐，也是在爆破拆除楼房中经常遇到的难题。

(1) 计算分析楼房爆破倒塌过程中的受力

研究建筑物倒塌过程中的受力，目的在于在于预防建筑物爆破倒塌时出现下蹲或后坐危及邻近保护建筑物的安全。

① 楼房倾倒过程的反力

如图 5.21 所示为简化的钢筋混凝土框架结构楼房平面模型。假定楼房的重心高度为 H_c，上部结构重量为 P。爆破倒塌一侧 CB 的爆破切口相对高度 h。爆破后，在重力作用下，立柱 AD 的底部 A 点截面受弯破坏，钢筋首先受弯而达到流限，然后形成铰链开始转动。假定在爆破倾倒过程中，爆破缺口上部结构的梁柱和各节点没有变形，那么就可以把框架运动简化成为绕固定点的转动，如图 5.21(a)

和图 5.21(b)所示。假定框架质心 O 与过 A 点的垂直线夹角为 φ,起爆后,框架结构受到重力矩作用而倾倒,在倾倒过程楼房会出现下蹲和后坐,这是什么原因呢?

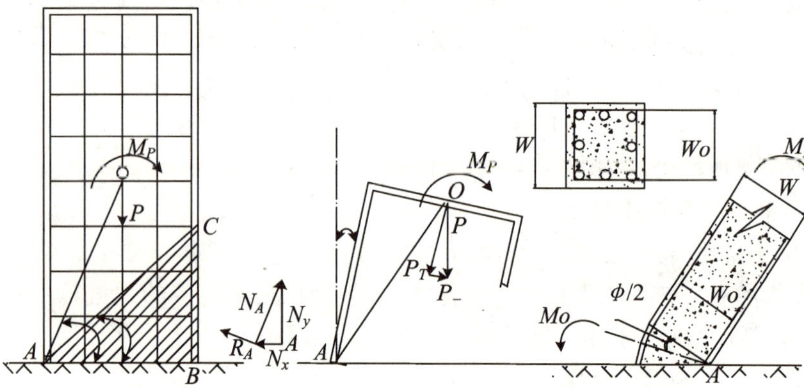

(a) 平面简化模型 (b) 受力计算简化模型 (c) A点受弯变形放大图

图 5.21 框架结构受力简化示意图

如图 5.21(a)中的框架结构楼房,框架在重力作用下绕柱子 AD 底部固定点 A 点转动,假定 N_A 为支座的径向反力,R_A 为支座的切向反力。爆破后,框架绕柱子 AD 底部 A 点转动,其运动方程如下:

对 A 点取矩

$$J_A \frac{\mathrm{d}^2\varphi}{\mathrm{d}t^2} = PR\sin\varphi \tag{5.7}$$

轴向力的平衡

$$MR\left(\frac{\mathrm{d}\varphi}{\mathrm{d}t}\right)^2 = P\cos\varphi - N_A \tag{5.8}$$

切向力的平衡

$$MR\frac{\mathrm{d}\varphi}{\mathrm{d}t^2} = \sin\varphi - R_A \tag{5.9}$$

在初始条件 $t=0,\varphi=\varphi_1,\mathrm{d}\varphi/\mathrm{d}t=0$,可以由(5.7)式得:

$$\left(\frac{\mathrm{d}\varphi}{\mathrm{d}t}\right)^2 = \frac{2PR}{J_A}\cdot(\cos\varphi_1 - \cos\varphi)$$

联立上述方程式,推导出支座反力:

$$N_A = P(3\cos\varphi_1 - 2\cos\varphi) \quad 和 \quad R_A = 0$$

支座水平(X 方向)反力:

$$N_x = P(3\cos\varphi - 2\cos\varphi_1)\sin\varphi \tag{5.10}$$

支座垂直(Y 方向)反力:

$$N_y = P(3\cos\varphi - 2\cos\varphi_1)\cos\varphi \tag{5.11}$$

式中:P—结构所受重力,kN;

φ—构件转动角度,顺时针为“+”,逆时针为“-”,rad;

φ_1—钢筋出现流塑性时的转角,rad。

② 楼房倾倒时的下蹲力

楼房在倾倒过程中,最大的下蹲力出现在什么时候,由(5.11)式求导数:

$$\frac{d[(3\cos\varphi - 2\cos\varphi_1)\cos\varphi]}{d\varphi} = 0$$

得到方程:

$$(6\cos\varphi - 2\cos\varphi_1) \cdot \sin\varphi = 0$$

此方程的有两个解为 $\varphi_{1\max} = 0^\circ$ 和 $\varphi_{2\min} = \arccos(\cos\varphi_1/3)$ 。

即在 $\varphi_{1\max} = 0^\circ$ 时,有极大值,但这时尚未爆破,而且由此可知,转角 φ 越小,下蹲力越大,因此下蹲力最大值应该出现在爆破后形成塑性铰期间,其最大值为:

$$N_{y\max} = P(3\cos\varphi_1 - 2\cos\varphi_1)\cos\varphi_1 = P\,(\cos\varphi_1)^2$$

$$若\ \varphi_1 \approx 0, \cos\varphi_1 \approx 1, 则\ N_{y\max} \approx P \tag{5.12}$$

又 $\varphi_{2\min} \approx \arccos(1/3) = 70.52^\circ$ 的解,由公式(5.11)知,在 $3\cos\varphi - 2\cos\varphi_1 = 0$ 时,$\varphi_m \approx 48.2^\circ$,下蹲力为"0",在 $\varphi > \varphi_m$ 时,这时已为"－"值,下蹲力就不存在了,因此,$\varphi_{2\max}$ 是无效解。

③ 楼房倾倒时的水平推力

水平推力的最大值在什么条件下出现呢?由方程(5.10)求极值,即对转角 φ 求导数:

$$\frac{d[(3\cos\varphi - 2\cos\varphi_1)\sin\varphi]}{d\varphi} = 0,$$

得到方程:

$$6\cos^2\varphi - 2\cos\varphi_1\cos\varphi - 3 = 0$$

其解为:

$$\cos\varphi = \frac{1}{6}(\cos\varphi_1 \pm \sqrt{\cos^2\varphi_1 + 18})$$

有效解为:

$$\cos\varphi = \frac{1}{6}(\cos\varphi_1 + \sqrt{\cos^2\varphi_1 + 18})$$

若 $\cos\varphi_1 \approx 1$,则:

$$\cos\varphi_{\max} = 0.893,\ \varphi_{\max} = 26.75^\circ$$

最大的后坐力为:

$$N_{x\max} = P(3\cos\varphi_{\max} - 2)\sin\varphi_{\max} \approx 0.306P \tag{5.13}$$

④ 楼房出现下蹲的条件

假定预留支撑截面垂直方向综合抗力为 F_y,如果楼房爆破时不发生下蹲,那么就要满足条件 $F_y > N_y$。由上述推导结果得知,钢筋混凝土框架结构楼房,在形成塑性角瞬间,下蹲力最大,如果楼房的预留支撑部分是钢筋混凝土柱子和部分钢筋混凝土墙或砖墙,则支撑截面的垂直方向抗力为:

$$F_y = f_c A_1 + f_g A_g + [\sigma] A_2 = (f_t + \mu f_g) A_1 + [\sigma] A_2 \tag{5.14}$$

只要 $F_y > N_{ymax}$，即：

$$(f_c + \mu f_g)A_1 + [\sigma]A_2 > P \tag{5.15}$$

楼房倾倒中就不会产生下蹲。

⑤ 楼房出现后坐的条件

假定预留支撑截面的水平方向支撑力为 F_x，如果楼房爆破时不发生后坐，那么就要满足 $F_x > N_x$。对于楼房的后坐，根据上述分析，最大推力发生在转角 $\varphi_{max} = 26.75°$，这时的最大推力为 $N_{xmax} = 0.306P$。如果楼房的预留支撑部分是钢筋混凝土柱子和部分钢筋混凝土墙或砖墙，则支撑截面的水平方向抗力为：

$$F_x = f_t A_1 + f_g A_g + [\tau]A_2 = (f_t + \mu f_g)A_1 + [\tau]A_2 \tag{5.16}$$

因此如果楼房倾倒不产生后坐的条件为：

$$(f_t + \mu f_g)A_1 + [\tau]A_2 > 0.306P \tag{5.17}$$

当然，使用上述公式的前提是，预留支撑截面的抗矩必须满足楼房倾倒要求，即重力矩 $M_P > M_O$（钢筋混凝土截面极限抗矩）。

以上各式中，f_g—钢筋极限抗压、抗拉强度，$kN \cdot m^{-2}$；

f_c—混凝土的极限抗压强度，$kN \cdot m^{-2}$；

f_t—混凝土的极限抗拉强度，$kN \cdot m^{-2}$；

$[\sigma]$—砖墙抗压极限强度，$kN \cdot m^{-2}$；

$[\tau]$—砖墙抗剪极限强度，$kN \cdot m^{-2}$；

P—重力，kN；

φ_1—初始形成的塑性角，rad；

A_g—钢筋面积，m^2；

A_1—预留钢筋混凝土截面面积，m^2；

A_2—预留砖墙截面面积，m^2；

A—预留截面的总面积，$A = A_1 + A_2$，m^2；

μ—含筋率，%。

现举一计算实例。某 12 层宾馆框架结构大楼，已知楼房总重 4 613 t，楼房高 36 m，南北楼宽 12 m，东西楼长 44 m，质心高度 $H_c = 17.5$ m。每平面有 3 排立柱，每排 12 根，共计 36 根。楼房的支撑部分为最后一排立柱，共计 12 根。每根柱子为宽 0.4 m 的正方形截面，配主筋 8 根直径为 20 mm 的钢筋，配筋率 $\mu = 0.016$。混凝土抗压极限强度取 $f_c = 20\ 000\ kN \cdot m^{-2}$，混凝土抗拉极限强度取 $f_t = 2\ 000\ kN \cdot m^{-2}$，钢筋极限强度取 $f_g = 4 \times 10^5\ kN \cdot m^{-2}$。柱间砖墙为 37 cm 厚，砖墙砌体抗压强度 $[\sigma_p] = 4\ 000\ kN \cdot m^{-2}$，抗剪强度 $[\tau] = 200\ kN \cdot m^{-2}$。楼房设计由南向北倒塌，南面一排柱子底部布孔爆破松动，北面柱子爆高 6 m。柱间墙爆前已预拆除。

先计算楼房倾倒时产生的最大下蹲力：

$$N_{ymax} = P\cos^2\varphi_1 \approx P = 4\ 613 \times 9.8 = 45\ 207.4\ kN$$

然后计算支撑截面的垂直抗力。由于南面柱子支撑部位爆破松动，混凝土已破碎，

主要靠钢筋笼支撑,其抗力为:

$$F_{y1} = \mu f_g A_1 = 0.016 \times 400\,000 \times 0.4^2 \times 12 = 12\,288\ \text{kN}$$

由于 $F_{y1} < N_{ymax}$,因此初始时刻,钢筋笼被压垮,上部结构压在南面柱子底部混凝土上,这时支撑面的混凝土抗压力为:

$$F_{y2} = f_c A_1 = 20\,000 \times 0.4^2 \times 12 = 38\,400\ \text{kN}$$

此时 $F_{y2} < N_{ymax}$,因此混凝土会继续被压坏,楼房会再下蹲到地面。如果将柱间砖墙预拆除,截面垂直抗力 $F_y = (f_c + \mu f_g)A_1 = 50\,688\ \text{kN}$,这时 $F_y < N_{ymax}$,楼房就会产生下蹲。

再计算预留支撑截面的水平抗力,由于支撑面混凝土已破碎,但是钢筋还有拉力,在水平方向的拉力为:

$$F_x = \mu f_g A_1 = 0.016 \times 400\,000 \times 0.4^2 \times 12 = 12\,288\ \text{kN}$$

楼房倾倒时产生的最大后坐力由公式(5.13)得到:$N_x = 0.306P = 0.306 \times 4\,613 \times 9.8 = 13\,833.5\ \text{kN}$;比较可知,$F_x < N_x$,因此楼房会发生后坐,有的柱子可能被拉断后甩出,实际爆破后中间有 2～3 根柱子被甩出来。

如果在楼房预拆除时只将柱子两旁的砖墙打开临空面(每个柱子的一侧临空面假定为 0.2 m),不将柱间墙全部拆除,这时计算的垂直抗力为:

$$F_y = f_c A_1 + [\sigma_p] A_2 = 20\,000 \times 0.4^2 \times 12 + 4\,000 \times (44 - 0.4 \times 11) = 119\,680\ \text{kN}$$

这时的水平抗力为:

$$F_x = \mu f_g A_1 + [\tau] A_2 = 12\,288 + 200 \times (44 - 0.4 \times 11) = 20\,208\ \text{kN}$$

这时,$F_y > N_{ymax}$,$F_x > N_x$,楼房在倒塌过程中就不会发生下蹲和后坐。

(2) 调整支撑位置控制后坐距离

定向倾倒拆除爆破设计中一般在后排柱体底部布置 2～3 个炮孔,进行松动爆破形成铰支。理想的是设计铰支起到建筑物倾倒的铰链作用,整个建筑物向前倾倒而无后坐。上述计算和工程实践表明,楼体结构在爆破倾倒过程中,由于切口形状、大小、起爆方式(延期时间)、建筑物自重和结构强度等诸多因素的影响,起爆后在建筑物重心开始移动后,铰支部位会发生多种不同类型的变化。因此支撑点的位置和支撑面积的大小会影响楼房倾倒中的后坐距离。为了预防和控制后坐的发生,除了进行上述必要的计算外,关键是要保证建筑物爆破时在定向倾倒的过程中能否保证设计铰支真正起到铰链的作用。可以采用以下几种方法。

① 控制支撑柱子爆破松动的高度。对于框架结构楼房,在以单排立柱为支撑的情况下,在整个建筑物自重的压力下支撑立柱如果垂直抗力不足,在起爆后马上就被压垮了,开始下蹲。如果设计铰支部位为最后一排立柱的底部,支撑立柱被压垮部位下蹲与柱底重合,楼房可能以此为支点转动倾倒;如果设计支撑柱子的爆高过大,建筑物倾倒时实际的断裂部位下蹲时,可能与底部铰支部位不重合,由于楼房倾倒时的水平推力,会使支撑立柱后倾,当水平推力大于底部水平抗力时,钢筋可能被拉断,就可能使建筑物发生后坐。因此,在采用爆破松动方法生成铰支时,

爆高要控制与柱子宽边相当。

② 支撑柱子的钢筋不要割断。在采用人工风镐生成柱子的支撑铰支时，对于外露的主筋不要割断，从上述计算中可以看到，钢筋割断后，将大大减少支撑截面的抗力，容易使支撑柱子的上部被甩出，导致建筑物重心的后移，从而增加后坐距离。

③ 适当减小切口尺寸。在后坐场地很少条件下，爆破切口宜采用三角形，不宜采用大梯形，在保证楼房倒塌的条件下，适当减小切口尺寸，可以减少后坐距离。

④ 采用“双铰链短延时”的技术措施。对于多排框架结构的楼房，在倾倒方向有5排及以上立柱时，如果最后一排柱子的支撑水平抗力不够的情况下，可以采用“双铰链短延时”的技术措施，即将设计铰支位置从最后一排调整为最后两排，将爆破切口形成初期的支撑立柱由单排改为双排，即加大支撑面积，增加垂直抗力，避免铰支部位立柱被立即压垮建筑物明显下蹲的情况出现，也能保证实际断裂部位与设计铰支部位的重合。铰支部位爆破破坏高度采用小三角形，在这两排立柱距离较小时两排柱体同时起爆，距离较大时后两排柱采用较小的延时间隔(50～200 ms)起爆，以形成双铰链。几个工程的实践经验表明，采用这种技术措施可以控制建筑物定向倾倒的后坐距离。

⑤ 移动支撑点位置。对于框架结构的楼房，一般都选择最后一排柱子底部为支撑点，如果在倒塌方向上有4排以上立柱条件下，可以把支撑柱子放在倒数第2排上，而楼房的重心仍然在倒塌的前方，这时可以把最后一排柱子的爆高增加(如果采用人工的方法可以把主筋事先割断)，这同样可以控制后坐的距离。

(3) 采取外撑内拉方法，防止墙体后坐

① 内拉。有的建筑物的山墙很高，爆破的水平推力极有可能把它外推，为此在设计爆破切口时应让结构在重力作用下产生内拉的倾向。如北京社会路原水电部招待所4层砖混结构楼房(见图5.22)，西侧高13 m的山墙，离开并行的8层居民楼只有67 cm，在爆破设计时为防止其后座向西砸伤要保护的楼房，在采用分区

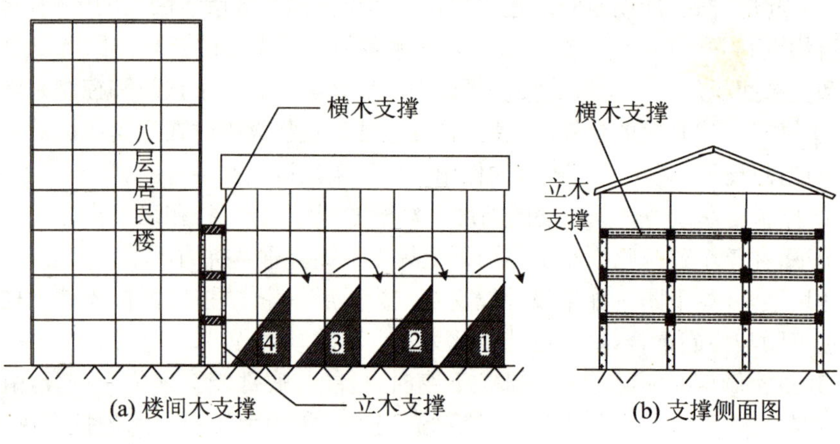

图5.22 木支撑保护方法示意图

向东连续爆破倾倒的方案时，对于砖墙外面唐山地震后东西方向的 3 道加固横梁在梁中间切断处理时，保留了钢筋；在 3～4 层后加固的钢筋混凝土抗剪墙预拆除时，也保留了钢筋网。让它们在楼房向东倾倒过程中产生水平向内的拉力，使西面的山墙产生向东倾倒趋势。

② 外撑。当被爆楼房可能发生后坐，而且保护的建筑物又十分邻近时，可以在建筑物之间采用支撑的保护方法。例如上述北京社会路原水电部招待所 4 层砖混结构楼房，西侧高 13 m 的山墙离开并行的 8 层居民楼只有 67 cm，除了在爆破设计时考虑内拉的方法外，为防止其后坐向西砸伤要保护的楼房，我们在被爆楼房山墙与保护楼房的外墙之间加上 4 道枕木支撑，如图 5.22 所示。爆破后山墙没有发生后坐，居民楼安全无恙。要注意的是，支撑木必须支靠在墙面的立柱和梁的十字交叉点上或者是能够承受水平推力的地方。

以上提供的这些方法，有些地方似乎有矛盾，例如为了控制倒塌距离，要增大爆破切口，而要防止后坐又要减少爆破切口，实际上并不矛盾。因为楼房爆破究竟要控制什么，是由周围环境条件来确定的。而每一个楼房拆除爆破，都会有一个主控目标，所以应该根据主控目标来确定爆破方案和选取上述的某个方法。

5.2　高耸构筑物爆破拆除的安全

近年来，随着国家经济的快速增长，人民生活质量的日益提高，政府对社会环境的治理出台了一系列政策法规，一些严重污染环境的工厂企业，有的“关停并转”，有的由市区搬迁到远郊区县；尤其是发电厂执行“上大压小”的政策，使得构筑物的拆除爆破数量大增，水泥库、烟囱、水塔、冷却塔等高耸构筑物的爆破拆除屡见不鲜，极大多数都取得了很大的成功，为节能减排、旧企业改扩建做出了贡献。

例 1　2007 年 10 月 30 日，南京热电厂 180 m 的钢筋混凝土烟囱成功爆破拆除[①]。烟囱为钢筋混凝土结构，总质量 5 500 t。爆破区周围环境较为复杂，烟囱西侧距离华能电厂主厂房 155 m，北侧距离 220 kV 带电升压站和供电控制室 152 m，东侧距离居民建筑 228 m，距水厂 178 m，南侧距离南化铁路专用线 95 m。烟囱倒塌最大可用场地长度是 320 m。南京工程兵学院设计人员为避免爆破对周围建筑物和设备造成破坏，保证烟囱倒塌方向的准确性，爆破切口避开烟囱薄弱断面(烟道、出灰口等)的影响，设置在离开地面 23～25 m 处，采用定向爆破倾倒，装药炮孔 552 个，炸药 68 kg，雷管 1 100 个，导爆管 3 000 m，采用一次起爆。为减少爆破振

① 引自 2007 年 10 月 31 日 10:22，深圳新闻网，人民网。

动和防止飞石，在倒塌方向上堆积了4道沙土堤坝，长度分别为40 m、50 m、60 m、70 m。在周围设立了4道深约3 m、长约500 m的减震沟。在烟囱倒塌前方和两侧，用钢管和竹笆搭设了15 m高的防护墙。起爆后，切口上部烟囱向预定方向一侧倒下，爆破倒地位置与预期方案完全吻合。爆破震动、飞石等都控制在规定范围内，各种爆破参数完全达到预期效果，爆破取得圆满成功(见图5.23)。

(a) 烟囱爆破倾倒情景　　(b) 烟囱落地破碎情况

图5.23　南京180 m烟囱爆破拆除情景

例2　2005年11月17日，地处秦岭南麓的大唐略阳发电厂内一座高85 m、面积为3 000 m^2的冷却塔成功实施拆除爆破①。冷却塔底部直径60.5 m，系双曲线型结构，地面以上重量达4 700多t。周围环境复杂，定向爆破倾倒难度大。考虑到冷却塔特殊的梯形造型和高度，采取了预开定向窗，预处理部分塔壁板块，预留部分塔体支撑板块定向倒塌的爆破设计。下午3点准时起爆，冷却塔主体向前方倒塌，倒塌距离只有20 m，周围建筑物的玻璃窗没有一块被震坏(见图5.24)。

但是高耸构筑物的爆破，也可能会发生一些安全事故。一是烟囱爆破倒塌方向偏斜。从笔者参加的100 m以上的钢筋混凝土烟囱爆后检查倒塌方向情况看，广西合山发电厂、天津大港发电厂、娘子关发电厂等高烟囱爆破的偏差约2°～6°，均在允许的倒塌范围以内，但是也有个别烟囱偏差达到10°以上。二是炸而不倒。目前了解到的钢筋混凝土高烟囱初次爆破没有倒塌的至少有4个以上。三是爆破出现飞散物损伤周围建筑物设施和伤及人员的事故时有发生(在第8章专门叙述)。其他还有烟囱爆破后产生后坐，甚至个别砖烟囱出现了反向倒塌的情况。这

① 引自2005年11月17日21:49:13，新华网。

些安全问题必须引起我们的高度重视。

图 5.24　冷却塔爆破倾倒情景

5.2.1　高耸构筑物爆破安全问题剖析

高耸构筑物爆破出现的安全问题有的造成了严重事故,也有的虽然没有造成安全事故,却是安全隐患。出现这些安全问题的原因分析有以下几个方面。

5.2.1.1　高耸构筑物结构特点产生的不安全因素

高耸构筑物的高度与其截面直径(或是其长边)相比很大,如烟囱、水塔、电视塔、跳伞塔等。正因为它"细"而"高"的这个特点,在爆破拆除中会产生很多的安全问题。一是由于构筑物高,重心就高,容易受各种因素的干扰,施工质量难以保证,使用年限较长后,混凝土保护层部分脱落,钢筋锈蚀,使得结构存在施工薄弱面,在爆破倾倒时,上部易发生折断,影响构筑物整体倾倒;高耸构筑物地基基础小,单位面积荷载大,易发生地基承载不均匀;还有烟囱内部的耐火衬砌质量分布相对倒塌方向不对称等,都会在爆破时引起构筑物的重心产生偏差,爆破倒塌方向就会受到影响。二是由于构筑物"细"而"高",质量相对集中,爆破倒塌落地时地面所受的冲击力大,容易溅起飞石(关于飞石的安全问题在第 8 章中阐述),而且产生振动效应强,这会对周围人群和建筑物设施造成危害。

案例 1　2002 年 4 月,天津大港发电厂 120 m 钢筋混凝土烟囱的爆破拆除。炮响后,烟囱倒塌在预定的允许倒塌范围之内,但是倒塌方向中心线比原设计向西偏转了 6°。从钻孔分布、装药、网路连接、结构对称性分析都没有什么问题,从现场烟囱基础情况看,烟囱圆形基础后部裂大缝崛起,前部下陷,呈东北向南倾斜。基础被拔动的这种现象在以前高烟囱爆破中还没有出现过,从基础偏斜情况分析,西南侧的地基比东北侧要薄弱;从当时实测的应力情况分析,烟囱爆破 1 s 时,相对中心线两侧的应力还是对称的,在 1.5 s 以后,两侧应力开始不对称,东北侧的应力大于西北侧，这是由于西南侧地基弱缓解了西北侧的应力。因此从这两方面情况分析，这次烟囱爆破倒塌方向出现偏斜主要原因是地基强弱不均，使烟囱在重力作用下，发生偏心而造成的。

案例 2 2001 年 8 月 18 日，广西合山发电厂 1#、3# 机组的 120 m 钢筋混凝土烟囱拆除爆破。爆破后，烟囱倒塌在预定的范围以内，但是烟囱向北偏斜 6°。分析原因主要是烟囱内部 3 道耐火隔墙影响。3 道隔墙成等分布的三叉形状，但是相对倒塌中心线不对称，而支撑隔墙的钢筋混凝土的圆形平台是通过井字形过梁支撑在筒壁上，由筒壁承重，8 个支撑点相对中心线也不对称。由于倒塌中心线两侧支撑点位置的不同，在烟囱倾倒时，中心线两侧支撑力不相等，形成一个比较复杂空间不平衡力矩体系，正是这个不平衡的力矩成为烟囱倒塌方向出现偏斜的主要原因。

图 5.25 安阳 150 m 烟囱爆破折断情景①

案例 3 2007 年 4 月 17 日，大唐安阳发电厂一座高 150 m 的钢筋混凝土烟囱爆破拆除。上午 10 时 20 分，随着“轰”的一声巨响，150 m 高的烟囱开始倾倒，人们以为烟囱轰然倒塌了，但是烟云散去后，才看到烟囱上部约 50 m 长的一段折断了下来，而烟囱剩余下部仍然斜立在原地不倒。据了解，这个烟囱在当年施工到该断面附近时浇注混凝土中间曾经有过中断，因此在该处形成了一个薄弱面，在烟囱倾倒时，由于重力偏心引起的剪切力大于薄弱面的抗力，使烟囱在该处发生折断，成为下部烟囱没有倒塌的原因之一(见图 5.25)。

5.2.1.2 设计不合理是高耸构筑物炸而不倒的主因

高耸构筑物的爆破设计在爆破切口形式上、爆破切口参数(切口长度和高度)等方面选择不当，预留支撑部位不合理，设计爆破切口倒塌中心线与结构中的对称性以及结构薄弱面(如烟囱的烟道、出灰口)的处理等，都会造成高耸构筑物爆破出现炸不倒、方向偏斜的问题。

案例 4 2007 年 12 月 16 日下午 3 时，某热电厂 210 m 的钢筋混凝土高烟囱爆破拆除②，随着“轰”的一声巨响，烟囱顶端近 80 m 轰然倒下，剩下 130 m 烟囱与地面大约呈 80°角，立在原处一动不动。据了解的情况，我们试做以下分析。

---

① 引自 2007 年 4 月 18 日 09:21，大河网，《大河报》。

② 引自 2007 年 12 月 17 日 05:09，四川在线，《华西都市报》。

① 烟囱当年施工存在结构薄弱面。从现场反映:"炸药明明装在烟囱底部,结果没装炸药的地方却断裂了,为什么会这样呢?"这个现实表明烟囱结构存在薄弱面,在烟囱倾倒时重力产生的最大剪切力发生在烟囱高度离开地面约 2/3 的地方(约 70 m 左右),而该处正好是截面的薄弱面,因此烟囱发生折断并不奇怪。在上部烟囱折断时,又给了正在倾倒的下部烟囱一个反推力,阻止了剩余烟囱的向前倒塌。这是烟囱没有全倒的第一个原因(见图 5.26)。

图 5.26　某发电厂高烟囱第一次爆破上部出现折断的情景

② 设计的爆破切口形式和切口参数不太合理。爆破设计采用了一个新型的中间矩形两端为剪刀形的爆破切口,"剪刀形"切口顶角为 23°,长度达到 4 m(见图 5.27),中间矩形部分切口仅为周长的 0.44(小于 0.5),烟囱爆破后开始下坐,之后倾斜,这时烟囱上半部质量差的部位发生折断,又给烟囱下部一个反推力,使之后坐,减少了倾角,在剪刀口闭合时,由于矩形切口的长度不到周长的 1/2,使得剩余部分烟囱(约 120～130 m)的重心,没有能够偏离出闭合支撑点之外,结果与地面约成 80°的倾角,没有倒塌落地。

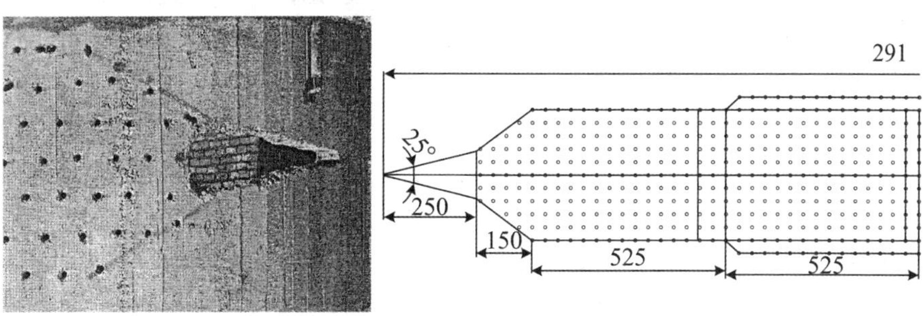

图 5.27　剪刀形爆破切口

③ 切口上方支撑平台没有布孔爆破。烟囱下部一般有一个钢筋混凝土的平台,它的作用是支撑灰斗和衬砌,它的井字形过梁端部支撑在筒壁上,中间有立柱

支撑。本次爆破只把中间柱子破碎了，平台过梁没有处理。爆破切口形成后，烟囱先出现下蹲然后前倾，由于平台是一个整体，加上切口高度不够，它前端落地没有使其解体，而是倾斜支撑在其下部混凝土上，由于它本身的强度足以支撑上部筒体结构，造成了烟囱剩余部分偏斜不倒。

幸运的是上部烟囱的折断并没有改变预定烟囱的倒塌方向，也没有对周围管道和欲保护的设施造成损失。在第一次爆破后的 6 天，即 2007 年 12 月 22 日下午 4 点 53 分，施工单位进行了二次爆破[①]，“引爆后剩下的 130 米已经明显倾斜的烟囱最终屈服，轰然倒下，退出了历史舞台”。

5.2.1.3 施工不精心是高耸构筑物炸偏的帮手

爆破前没有对倒塌方向进行测量或者测量定位不准确，倒塌方向中心线两侧定向窗的角度、大小不对称、不规范，倒塌方向中心线两侧的钻孔、装药、延时间隔等不对称，这些都是造成烟囱爆破后偏斜的原因。

另外，如果爆破预留支撑范围内的结构薄弱面（如烟囱的烟道、出灰口）事先没有进行堵塞和加强处理，或者是堵塞质量不高，强度低、不均匀，也会引起烟囱的偏斜。

案例 5 2007 年 4 月，包头某厂一个 120 m 的高烟囱爆破[②]时，烟囱的倒塌方向偏离设计预定倒塌方向中心线达 18°，幸运的是倒塌的烟囱正好砸在一座长 400 m、跨度 21 m 的要拆除的厂房上，因此没有造成对周围其他建筑物的伤害。从出现偏斜的事后检查了解，烟囱的爆破切口部位相当对称，无论是定向窗、布孔、装药、连线都很对称，在预留的支撑部分中心线两侧各有一个烟道，位置也对称，但是在堵塞烟道时，由于混凝土数量不够，两个烟道南边烟道混凝土灌注比北边的高，而且混凝土的顶面不平，在这个南高北低的坡面上，又继续用砖砌，在砖墙中间还加上钢管柱，南北烟道支撑的钢管柱也就不等高，最后在所砌砖墙顶部与烟道之间又没有完全填满。爆破后，烟囱开始下蹲然后倾斜，由于南面支撑强度高于北面，导致烟囱上部向北偏斜。因此烟道堵塞质量问题使得支撑部分的受力不平衡，是造成烟囱偏斜倒塌的主要原因。另外据施工单位事先曾经用混凝土回弹仪对爆破切口部分的混凝土进行测试，发现南面的混凝土强度比北面的要高一些，这也是造成烟囱倾斜倒塌的一个原因。

案例 6 2001 年 6 月 27 日，爆破拆除上海宝钢集团二钢公司废弃烟囱时出现偏差[③]。共爆破拆除二钢公司两座并排的直径 2 m、高 46 m 的烟囱，倒地的烟囱方向偏差了至少 3 m。偏斜的烟囱砸向紧邻的钢丝仓库时，仓库靠近烟囱的那面墙上被砸出一个大洞，砸坏了 4 根输气输油管道，其中有 2 根为废弃不用的管道，但 1 根柴油管和 1 根压缩空气管却是这家公司生产用的主要管道，造成部分车间停产。

---

① 引自 2007 年 12 月 22 日 23:48，四川新闻网。

② 笔者参加了安全监理。

③ 引自 2001 年 6 月 28 日 00:56，新华网。

烟囱出现偏斜的原因,是由于烟囱的薄弱面没有处理好,爆破施工又没有考虑结构对称的问题,使得烟囱在爆破倒塌时,中心线两侧支撑力不相等。

5.2.1.4　网路故障是高耸构筑物爆破安全的隐患

倒塌方向中心线两侧起爆网路时差不对称或者起爆网路部分拒爆,起爆器电源的能量不足等,都会造成高耸构筑物爆后不倒或者倒塌方向偏斜,这方面的问题在第 3 章中有专门论述。

5.2.2　科学设计确保高耸构筑物炸倒不歪

5.2.2.1　选择合理的爆破切口形式

高耸建筑物爆破,最主要的是保证爆破倒塌方向的准确性,为此首先必须掌握其基本原理与方法。与楼房爆破一样,一般在构筑物底部用炸药爆破出一个梯形或长方形切口(将圆筒式结构底部爆破部分沿圆周方向展开成平面的形状),让构筑物在重力作用下偏心失稳倾倒落地。这里以烟囱的拆除爆破为例予以说明。烟囱定向爆破切口的形式很多,依其平面展开的形状来分,有矩形、梯形、八字形、人字形等,如图 5.28 所示,最近,也有采用两端为剪刀形的爆破切口。虽然爆破切口形状有多种多样,但是不管其形状如何,在重力作用下,都是以其保留部分的最薄弱断面作为瞬间支撑面而转动倾倒的,理论和实践证明以梯形的爆破切口为最优,能保证倒塌方向的,而且省工省力。因此,现在高耸构筑物定向爆破倒塌的切口,通常都采用梯形切口。

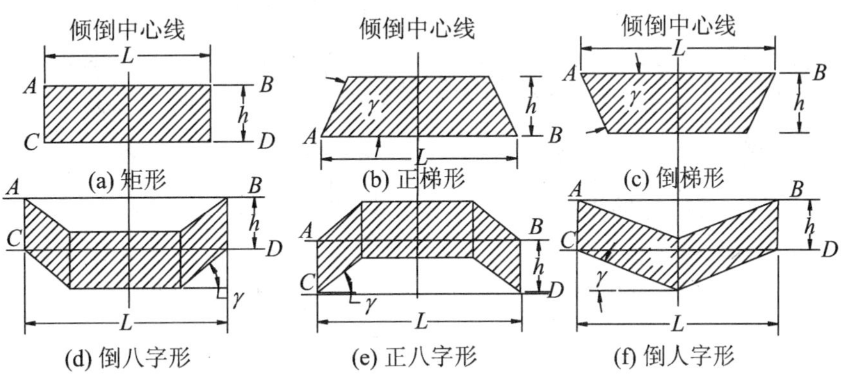

图 5.28　囱爆破切口的形式示意图

5.2.2.2　梯形爆破切口参数的计算

高耸构筑物的爆破设计在确定爆破切口形式以后,就要确定爆破切口参数。梯形切口是最优的爆破切口形式,下面以烟囱为构筑物代表来研究梯形切口的爆破参数。如图 5.29 所示的梯形爆破切口,其参数主要有梯形切口大边长度 L_1,短边长度 L_2,梯形切口高度 h 梯形顶角 γ。下面分别予以叙述。

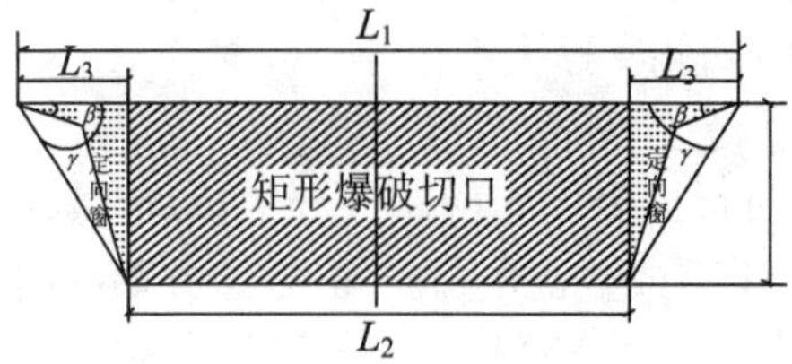

图 5.29 梯形切口的爆破切口参数

(1) 梯形切口上下边长度的计算

爆破切口是为确保高耸构筑物的倾倒开设的,而其原理就是要用爆破破坏底部部分承重筒壁的强度,使其失去承载能力,造成上部结构在重力作用下偏心,当产生的重力偏心矩大于预留支撑截面的抵抗力矩、而且上部结构的重心能够偏离烟囱落地的支撑点时,构筑物就能倾倒塌落。爆破切口长度的计算就是应用了这个原理。

先进行梯形切口长边的计算。如图 5.30 为圆筒形烟囱梯形爆破切口长边的截面,截面外半径为 R,内半径为 r,壁厚为 δ,梯形爆破切口的长边长度为 L_1,其所对圆心角为 2φ,预留支撑部分圆弧的圆心角为 2θ。

对于梯形切口,在爆破切口形成的初始时刻,烟囱上部在重力 P 的分力作用下,预留支撑面偏心受压,支撑截面最薄弱面(梯形切口的长边截面)受弯矩最大,混凝土最先破坏,钢筋塑性变形生成铰支,烟囱上部以此铰链(即以梯形切口的长边端点 Z、Z')点为轴开始转动(见图 5.30),根据重力偏心矩必须大于截面抗矩的力学原理,我们在《拆除爆破设计与施工》一书中,提出过不考虑受压区抗力的简化

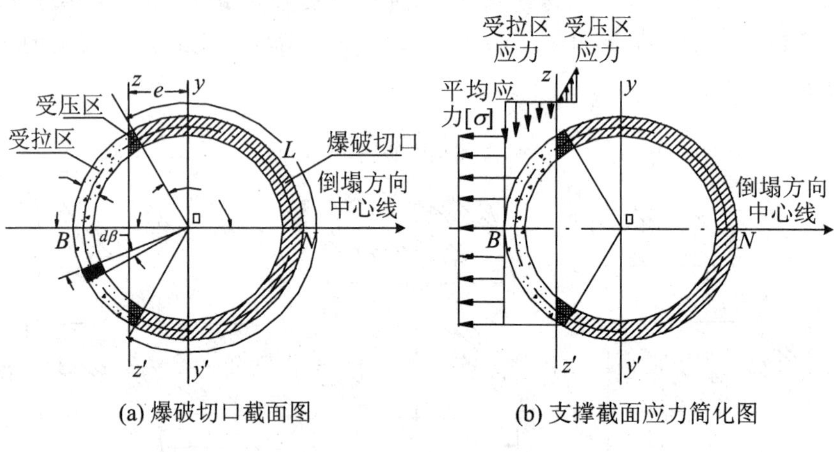

(a) 爆破切口截面图　(b) 支撑截面应力简化图

图 5.30 烟囱爆破切口断面及简化受力计算示意图

公式为:

$$P\frac{\cos\theta}{2R}\cdot[f]\cdot\delta\geqslant\theta-\sin\theta \tag{5.18}$$

式中:θ—预留支撑截面圆弧对应的半圆心角,rad;

R—烟囱切口部分外半径,m;

$[f]$—烟囱截面综合极限强度,对钢筋混凝土烟囱而言,$[f]=f_t+\mu f_y$,其中 f_y 为钢筋极限抗压、抗拉强度,f_t 为混凝土的极限抗拉强度,kN·m^{-2};对砖烟囱

而言，$[f]=[\tau]$(砖墙的极限抗弯强度)，$kN\cdot m^{-2}$；

f_C—混凝土的极限抗压强度，$kN\cdot m^{-2}$；

μ—钢筋混凝土烟囱切口部位截面主筋含筋率；

δ—烟囱底部切口筒壁厚度，$\delta=R-r$，m；

r—烟囱切口底部内半径，m；

P—烟囱重力，kN。

方程(5.18)是一个超越方程，求解比较困难，最简单的是采用凑数法来求解。如果已知烟囱的几何参数 R、δ，烟囱的重力 P，混凝土强度 f_t、f_C，钢筋强度 f_y 和配筋率 μ，就可以求得预留支撑圆弧的最小半圆心角 θ。如果求得方程解 θ^* 后，可以求得半切口角 $\varphi=\pi-\theta^*$，继而求得烟囱梯形爆破切口长边的最小长度：

$$L_{\min} = R\cdot 2\varphi = 2R\cdot(\pi-\theta^*) \tag{5.19}$$

因此，爆破切口长度与截面圆周长之比最小值为：

$$\lambda_{\min}=\frac{L_{\min}}{S}=1-\frac{\theta^*}{\pi} \tag{5.20}$$

式中：$L_{\min}$—最小爆破切口长度，m；

S—爆破切口部分的圆周长度，$S=2\pi R$，m；

θ^*—预留支撑圆弧截面对应的最小极限半圆心角，rad；

φ^*—梯形爆破切口长度 $L_{\min}$ 对应的半圆心角，rad；

公式(5.18)中，令 χ 为截面强度系数，$\chi=P/2R\cdot[f]\cdot\delta$，整理得到：

$$\chi=\frac{P}{2R}\cdot[f]\cdot\delta\geqslant\left(\frac{\theta}{\cos\theta}-\tan\theta\right) \tag{5.21}$$

如果知道烟囱的上述参数，就可以求得强度系数 χ，对不同的强度系数 χ，对应一定的预留支撑圆弧截面对应圆心角 θ^*，即有相应的爆破切口的圆心角 φ^*，为了计算方便，我们列出系数 χ 和 θ^*、φ^* 的关系表 5.3。

表 5.3　系数 χ 和 θ^*、φ^* 的关系表

支撑圆心角 $2\theta^*$(°)	强度系数 χ	爆破切口的圆心角 $2\varphi^*$(°)	爆破切口长度比 $\lambda_{\min}$
85	5.592	190	0.528
80	2.369	200	0.556
77.5	1.739	205	0.569
75	1.326	210	0.583
70	0.825	220	0.611
67.5	0.664	225	0.625
65	0.540	230	0.639
62.5	0.441	235	0.653
60	0.362	240	0.667

由表5.3的数据可见，切口强度系数 χ 随着切口的圆心角 φ 增大而减少，而强度系数 χ 与烟囱自重成正比，与烟囱直径、壁厚、截面强度成反比。因此直径大而壁厚、截面抗弯强度大的烟囱，其强度系数 χ 小，就需要比较大的爆破切口长度。在这里要指出的是方程(5.18～5.21)所求得的参数 φ^*、L_{min} 都是最低值，在设计梯形爆破切口长度 L_1 取值时，应该适当大于此计算值。

梯形切口短边长度，一般取切口截面外周长 S 的一半，即 $L_2=S/2=\pi R$。

(3) 爆破切口高度计算

爆破切口长度是按照重力偏心矩大于预留支撑截面抗矩的原理求得的，它是保证高耸构筑物倾倒的必要条件，但是倾倒并不意味着倒塌，如果构筑物上部重心在倾倒后不能移出支撑面以外，那么上部结构就会出现倾而不倒，这就是有些烟囱爆而不倒的原因所在。而爆破切口高度的计算，就是要保证高耸构筑物爆破后，其重心能够偏离其支撑面以外。根据这样的原理，我们曾经推导了爆破切口高度的取值范围：

$$\frac{H_C}{2}-\sqrt{\frac{H_C^2}{4}-R^2(1+\cos\theta)}\leqslant h\leqslant\frac{H_C}{2} \tag{5.22}$$

公式要求满足条件：

$$H_C\geqslant 2R\sqrt{(1+\cos\theta)} \tag{5.23}$$

爆破切口的最小高度为：

$$h_{min}=\frac{H_c}{2}-\sqrt{\frac{{H_c}^2}{4}-R^2(1+\cos\theta)} \tag{5.24}$$

计算出爆破切口最小高度之后，由于结构大小、材质强度以及烟道等因素等影响，应该考虑一定的安全系数 K_A，即爆破切口高度为：

$$h=K_A h_{min} \tag{5.25}$$

式中：h—爆破切口高度，m；

H_c—烟囱重心高度，m；

R—烟囱爆破切口部位截面外半径，m；

θ—爆破切口支撑截面的半圆心角，rad。

K_A—安全系数，根据实际经验，取 $K_A=1.2$～2.0。

公式(5.25)就是高耸构筑物爆破切口高度 h 的计算公式。在拆除爆破初期曾经总结烟囱爆破切口高度的经验公式为 $h=(1.5$～$3.0)\delta$(烟囱壁厚)，对于砖烟囱爆破比较合适，对于钢筋混凝土高烟囱爆破拆除如果使用此公式，最好再用上述公式进行校核，以避免由于爆破切口高度不够而造成烟囱爆而不倒的危险状态。

但是上述公式在运用上比较麻烦，为了简化计算，保证烟囱倒塌的可靠性，我们再推导一个公式。由图5.31(a)看到，如果使爆破倾角 α 大于角 $\angle O_1ZG$，即使得 $\tan\alpha\geqslant\tan\angle O_1ZG$，那么由 $\tan\alpha=h/R(1+\cos\theta)$，$\tan\angle O_1ZG=R(1+\cos\theta)/H_C$，因此得到计算梯形爆破切口高度的简化公式：

$$h \geqslant R^2 \frac{(1+\cos\theta)^2}{H_C} \tag{5.26}$$

公式(5.26)比公式(5.22)更为简明,而且更加能够清楚表达爆破切口高度与预留圆心角 θ、截面半径 R、和重心高度 H_C 之间的关系,因此比较实用。

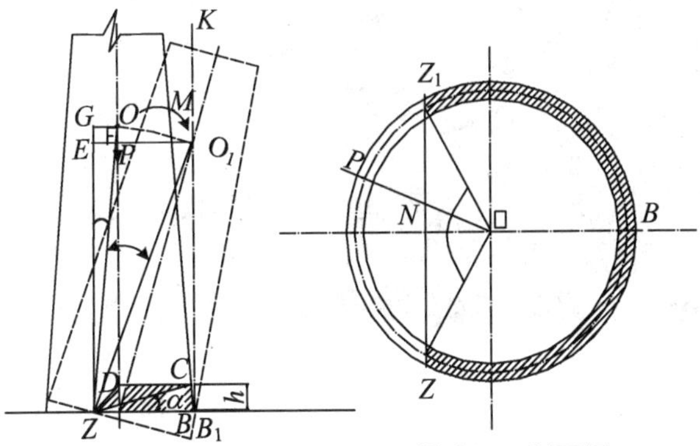

(a) 爆破切口立面图　(b) 爆破切口断面图

图 5.31　烟囱爆破切口高度计算示意图

(4) 梯形切口的顶角选择

对于梯形爆破切口,顶角 γ 一般是用梯形长短边之差与其高度之比来确定,即:

$$\tan\gamma = \frac{2h}{L_1 - L_2} \tag{5.27}$$

而且通常是把梯形两边的三角形作为定向窗。在采用梯形切口时必须注意的是,顶角 γ 必须大于爆破倾角 α,即要求:

$$\tan\gamma > \tan\alpha \tag{5.28}$$

使用公式(5.22)确定的顶角,能够满足上述条件。

在设计烟囱爆破切口形式时提出两点建议:① 对于梯形爆破切口,是采用正梯形还是倒梯形?根据已有的实际爆破经验,应该根据烟道的位置来确定。如果烟囱的烟道位置比较高,爆破切口设计在烟道下方,那么采用正梯形比较合理,这样考虑目的在于使梯形切口与烟道缺口之间的距离大一点,以避免烟囱倒塌时在烟道与爆破切口之间由于受到应力集中剪切破坏而影响烟囱的倒塌方向;如果烟道的位置在烟囱底部爆破切口范围内,或者不会受到烟道缺口(或出灰口)的影响,那么采用倒梯形比较好一些。② 近年来,有些高烟囱的梯形切口顶角开的比较小,有的使用了剪刀形的爆破切口,由于剪刀顶角过小,剪刀口长度又过大,结果减少了爆破切口矩形部分的实际长度和爆高,影响了烟囱爆破的倾倒,这是应该引起注意的。

(5) 梯形爆破切口参数计算实例

为了能运用上述公式进行梯形爆破切口参数的计算，现举例说明。2007 年 12 月 23 日，中铁三局爆破公司成功地对临汾河西热电有限公司的一座钢筋混凝土高烟囱实施了定向爆破拆除。烟囱高 160 m，烟囱筒身重量为 4 438.2 t，重心高度为 75 m，烟囱底部外半径 7.95 m，内半径 7.53 m，壁厚 0.42 m，重心高度 75 m，底部配置双层间距为 30 cm 的∅22 Ⅱ级钢筋为主筋，配筋率为 0.011，混凝土标号为 300#。计算中取Ⅱ级钢筋的极限抗拉强度为 $f_g = 380$ MPa，混凝土极限抗拉强度 $f_t = 1.8$ MPa，抗压强度 $f_C = 22$ MPa。烟囱设计采用正梯形爆破切口，两侧为三角形定向窗（见图 5.32）。

图 5.32　正梯形爆破切口和定向窗照片

① 梯形切口长边 L_1的计算。由公式(5.18)得到公式：

$$\frac{P}{2R}\cdot[f]\cdot\delta \geqslant \left(\frac{\theta}{\cos\theta}-\tan\theta\right)$$

式中：θ—预留支撑截面圆弧对应的半圆心角，rad；

$[f]$—烟囱截面综合极限强度，对钢筋混凝土烟囱而言，$[f] = f_t + \mu f_y$，其中 f_y为钢筋极限抗压(抗拉强度)，$f_y = 400\,000\ \mathrm{kN\cdot m^{-2}}$；$f_t$为混凝土的极限抗拉强度，$f_t = 20\,000\mathrm{kN\cdot m^{-2}}$；$\mu$ 为主筋的配筋率，根据图纸计算 $\mu = 0.011$；

δ—烟囱切口部位壁厚，$\delta = 0.45$ m；

P—烟囱切口上部自重，$P = 39\,800$ kN；

R—烟囱切口部位的外半径，$R = 7.95$ m。

将具体数值代入上式左边，计算得到：

$$\frac{P}{2R}\cdot[f]\cdot\delta = \frac{39\,800}{2\times7.95\times(2+0.011\times400)10^3\times0.45} = 0.869\,1;$$

试用凑数法，取 $\theta = 70.6^\circ = 1.232\,2$ rd，$\tan\theta = 2.839\,7$，上式右边计算得到：

$$\theta\cos\theta - \tan\theta = 3.709\,6 - 2.839\,7 = 0.869\,9$$

预留支撑截面半圆心角 $\theta^* = 70.6^\circ$，等式两边十分接近，但是公式(5.18)要求等式左边＞等式右边，所以，取 $\theta = 70^\circ$，对应的爆破切口圆心角 $\varphi = 360^\circ - 2\theta = 220^\circ$，切口长度比为 $L/S = 0.61$，周长 $S = 0.61\times2\pi R = 49.95$ m，得到梯形大边爆破切口长度 $L = 30.5$ m。

② 梯形切口短边 L_2的选择。梯形短边取切口截面周长的一半，$L_2 = \pi R = 25$ m。

③ 梯形切口高度 h 的计算。按照烟囱倒塌时上部筒身的重心必须偏离其地

面支撑点的要求,应用公式(5.26):

$$h_{\min} = \frac{R^2(1+\cos\theta)^2}{H_C}$$

将爆破切口部位半径 $R=7.95$ m、烟囱重心高度 $H_C=75$ m、预留支撑半圆心角 $\theta=70^\circ$ 代入式中,计算得到梯形切口的最小高度 $h_{\min}=1.51$ m,取安全系数 $K_A=1.8$,应用公式(5.25)得到设计梯形爆破切口高度 $h=1.8h_{\min}=2.7$ m。

再计算爆破倾角 α。由 $\tan\alpha=h/R\ (1+\cos\theta)=2.7/[7.95\times(1+\cos70^\circ)]=0.253$,计算得到爆破倾角 $\alpha=14.2^\circ$

(4) 梯形切口的顶角。由公式(5.22)计算:$\tan\gamma=2\times2.7/(30.5-25)=0.9818$,得到梯形顶角为 $\gamma=44.47^\circ$。

为了避免后侧上部烟道对爆破切口的影响,采用了正梯形爆破切口,施工按照上述计算的切口参数进行。爆破后,烟囱按照预定方向顺利倒塌,紧邻正在运行的冷却塔和主厂房等建筑物,没有任何损伤,取得圆满成功(见图 5.33)。

(a) 爆破前　　(b) 爆破后

图 5.33　临汾发电厂 160 m 烟囱爆破前后

5.2.2.3　对称设计确保爆破准确倒向

(1) 利用结构的几何对称性

一般高烟囱只有 1 台机组时,有 1 个烟道和出灰口,当有 2 台以上机组共用一个烟囱时就会有 2 个以上的烟道和出灰口,而出灰口通常与烟道成 180°角。在环境条件许可、倒塌方向与结构几何对称不发生矛盾的情况下,确定倒塌方向中心线时,要尽量利用结构的对称性,即把倒塌方向中心线确定在烟道和出灰口的中心线上,这样就能保证钻孔、装药、网路延时的对称性,确保烟囱倒塌方向的准确性。

大多数情况下,倒塌方向与结构几何形状是不对称的,即倒塌方向中心线与两侧烟道(出灰口)是不对称的。为了减少不对称的影响,如果中心线一侧有烟道(出灰口),在设计时可以在另一侧对称位置预开设一个减弱窗口,以最大限度地减少钻孔、装药、网路延时(齐爆情况下导爆管长度不等也会出现时差)不对称性对烟囱倒塌方向的影响。

(2) 定向窗的设计位置要保证对称

对于高耸构筑物的爆破,定向窗是保证倒塌方向准确性的主要方法。因此设计定向窗的位置必须对称于倒塌方向中心线,要保证中心线两侧的定向窗形状、尤其是三角形的顶点和角度要一致,要对称。

(3) 提高爆破切口位置避免结构不对称的影响

一般高烟囱的下部有烟道、料斗、平台、出灰口、大门等,如果这些结构在倒塌方向中心线两侧分布不对称,就会对倒塌方向产生影响。而且对于这些结构的处理比较麻烦,要增加很大的工作量。为了避免上述问题,可以把爆破切口位置提高,设置在不受这些结构影响的高处。例 1 中南京热电厂 180 m 的高烟囱,爆破切口就设置在离开地面 23～25 m 的地方,避开了下部结构不对称的影响,既保证了倒塌方向的准确性,又减少了爆破和触地震动效应。

5.2.3 精心施工确保高耸构筑物爆破定向准确

高耸构筑物爆破倒塌方向准确与否是确保爆破安全的关键,除了精心设计以外,精心施工也十分重要。这里特别介绍一个在"精心设计、精心施工"方面称得上是"样板工程"的山西娘子关发电厂高 100 m 的钢筋混凝土烟囱爆破①。烟囱所处的环境条件十分复杂,北侧紧靠主厂房和附设的 9 座脱硫除尘塔;烟囱倒塌后方是 2# 机组的工作平台和远处 50 m 外是另一座正运行的 120 m 高烟囱;南侧是高达 80 m 以上的山坡,坡底离开烟囱的距离只有 11 m,在烟囱倒塌前方 52 m 处是一座三层的砖混结构楼房,在一层有为运行发电机组输送的直流电池组,楼房距离南面山坡底部只有 12.5 m;烟囱唯一倾倒的位置只能选在主厂房和山坡之间一条宽仅有 11～12.5 m 的东西向的小马路上;烟囱的倒塌方向也只能由东向西、选择在三层楼房和坡底连线的中间,如果烟囱偏心 3°,就会砸到三层楼房;如果偏心 6°,就会砸到主厂房,这都会造成 2# 发电机组运行中断,这将会引起难以估计的损失。这么复杂的环境条件,是以前高烟囱拆除爆破从未遇到过的(见图 5.34)。

为了确保定向的准确性,设计尽量利用烟囱本身结构的几何对称性,以烟囱东西两侧烟道中点的连线作为烟囱定向倾倒的中心线。施工单位精确测量倾倒中心线,校核烟囱的垂直度;精确开设定向窗,保证两侧定向窗的对称性;精确钻孔,严格按照正方形钻孔,以往遇到钢筋就会错开打孔,这一次碰到钢筋就用氧气切割掉,继续钻到规定深度;装药、连接网路都按照中心线两侧对称的原则作业……在这样精心设计和精心施工下,起爆后,烟囱准确地按照预定的倾倒中心线由东向西

① 刘红冠,王国瑞,王广瑞.娘子关发电厂钢筋混凝土烟囱的爆破拆除[J].爆破.2007,13(4):54～56.

倾倒落地。近邻的三层楼房安全无恙,主厂房正常运行发电,爆破取得了圆满成功(见图 5.35)。

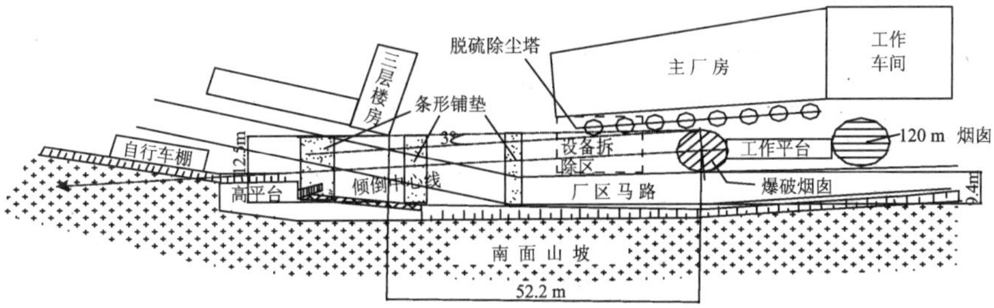

图 5.34　娘子关烟囱复杂环境平面图

图 5.35　娘子关 100 m 烟囱爆破倾倒情景

总结以上这些实际爆破施工的经验和教训,尤其是构筑物爆破的施工阶段对于高耸构筑物的倒塌有着相当大的影响。下面分别予以叙述。

5.2.3.1　高耸构筑物拆除爆破施工准备阶段的安全

爆破施工准备阶段包括施工测量、开凿定向窗、薄弱断面的处理等,如何保证爆破倒塌中心线的准确定向,如何保证倒塌中心线两侧爆破切口形成的对称性以及支撑部位的受力均衡性,是确保烟囱爆破定向准确的关键,必须高度重视。

(1) 施工测量

当烟囱的倒塌方向确定以后,在钻孔施工之前,必须对烟囱的高度、垂直度、倒塌方向中心线进行精心测量,反复核对。

一般先要对烟囱类构筑物的高度和垂直度进行测量,发现与设计不相符的,应该纠正;尤其是如果发现垂直度有问题,烟囱自然倾斜与设计方向不符时,应向业主反映,并修改设计。

构筑物拆除爆破的倒塌方向,都是由环境条件确定的,一般都有一定的允许范围,测量首先要把倒塌允许的扇形范围(图 5.36 中的 *MNBDA* 区域)的长、宽、角度等确定,然后按照设计的倒塌方向测出定向中心线(*CD*),如果测量发现设计的中心线不合适，应按实际测量予以更正。倒塌范围的中心线测定后，再由此中心线，引伸到烟囱爆破部位上做好标记 O；为了保证引伸线（CO）的准确性，可以由场地中心线上一点 C 向烟囱爆破部位圆周两侧引切线 OM 和 ON，确定切线夹角 $\angle MCN$ 的平分线 CO，看此平分线是否与场地中心线的引线相一致（见图 5.36）。这样反复多次，使其相符时，就可以在烟囱上标明爆破切口中心线位置，然后再按照实际的梯形切口对称布孔。

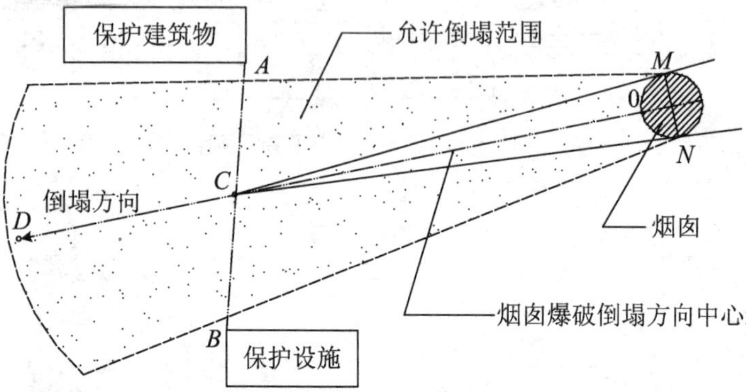

图 5.36 烟囱倒塌区域和方向测量示意图

(2) 正确开好定向窗

对于砖烟囱一般不需要开定向窗，对于钢筋混凝土烟囱类的构筑物，必须开设定向窗。

① 定向窗的作用。如果不开设定向窗，由于钢筋混凝土构筑物在爆破切口部分与预留支撑部分有钢筋和混凝土连接，爆破时爆炸应力波可以通过钢筋和混凝土直接传播给支撑部分，使其混凝土产生破坏或不规则的裂缝，造成支撑部分强度的减弱或者使得两侧支撑力差异，从而影响烟囱的倒塌方向。通过开设定向窗，其一可以把爆破部分与预留支撑部分切断，使爆炸波不能直接作用与相连的支撑部分，控制住爆破切口混凝土裂缝向预留区域的发展，避免爆破对支撑部分受力的影响，从而达到爆破倒塌方向的准确性；其二开设定向窗可以确定烟囱受力最薄弱的断面（如梯形切口的长边横截面），使得烟囱在爆破倾倒时以这个断面为轴转动倾倒落地，从而达到正确控制构筑物爆破倒塌方向的目的；其三是定向窗的事先施工可以让设计者更清楚地了解构筑物配筋的构造和混凝土质量的情况，为烟囱爆破设计参数的调整提供依据。

② 定向窗的位置。在倒塌中心线确定以后，画出梯形切口范围，一般把梯形两侧的三角形部分作为定向窗的位置（见图 5.29）。有的设计为了减缓倒塌速度，将三角形的上边顶角 β 减小到 $22^{\circ}\sim30^{\circ}$（如图 5.29 中水平阴影）。这里特别提请注意的，一是梯形顶角不能过小，不能因此而减少爆破矩形切口部分的长度；二是倒塌中心线两侧的定向窗必须对称，尤其要控制三角形顶点的位置 Z 和 Z_1 两点

必须对称,并使其在与倒塌中心线相垂直的同一水平面上。

③ 定向窗的开挖方法。一般采用两种方法,一种是人工用风镐开凿,另一种是爆破松动和人工开凿结合。大部分都采用后者,这种方法一般先沿着定向窗的三个边钻密集透孔,在三角形中部布置若干孔,装药松动爆破,然后再用风镐把破碎混凝土剔掉,钢筋割断,这种方法省工省力。在定向窗施工质量上要达到的要求有:倒塌中心线两侧的定向窗、特别是顶角必须几何对称;定向窗内的钢筋必须割断清掉,三角形的边比较平整;通常开凿定向窗可以结合进行装药量的试爆,在三角形中部选择4～5孔按照设计药量爆破,看筒壁的破碎情况调整药量。但是要注意控制爆破的药量,防止在预留支撑部位出现裂缝。

(3) 加强支撑部位缺口的堵塞

烟囱在底部都有烟道和出灰口,它们可能落在爆破切口部位,也可能落在支撑部分。落在切口部分可以被利用,减少了炮孔;落在了支撑部位,就要进行堵塞。对于烟道(出灰口)的堵塞,目的是加强支撑部分的抗压强度,防止烟囱后坐或避免发生反向倒塌的可能。对于砖烟囱,一般用砂浆砌砖进行堵塞即可;对于钢筋混凝土烟囱一般应用干硬性混凝土堵塞。堵塞要提前进行,最好使混凝土有7天以上的强度。在灌注混凝土时要连续灌注,灌到缺口顶部时,要把缝隙灌满灌实。尤其是支撑部位的烟道(出灰口)与倒塌中心线两侧不对称时,更要注意堵塞部分能够尽量使两侧受力能够均匀受压。缺口的堵塞方法很多,有用钢筋混凝土的,有用砖砌的,有用钢管或槽钢支撑的。不管采用什么堵塞,最基本的原则有三点:一是要使缺口部分的抗压强度接近原有混凝土的强度;二是要使烟囱下座时中心线两侧受力对称;三是采用钢管或者槽钢做加强柱子时,一定要使其均匀分布在支撑面的外圆周上,而且其顶部要支撑在烟道口上面。

5.2.3.2　高耸构筑物爆破施工作业的安全

爆破操作注意事项在上一节建筑物拆除爆破中已经叙述,这里针对高耸构筑物爆破拆除的特点,提出以下注意事项:

(1) 钻孔作业

在标明烟囱爆破倒塌方向中心线后,按照梯形切口范围在中心线两侧依照设计的孔距和排距对称布孔(图5.37(a)),然后进行钻孔,由于烟囱表面是圆形,钻孔容易发生偏斜,因此钻孔时操作人员一定要精心施工,使风钻与筒壁面垂直,要严格控制钻孔偏差和深度误差,钻孔完成后要把炮孔内残存的粉渣清理干净。由于烟囱配筋比较密集,钻孔时容易遇到钢筋,可以上下左右适当调整,但是偏离不应过大和过小,并要予以标明。

(2) 装药作业

装药前,用炮棍检查孔深,超过设计孔深的炮孔,要进行回填;还有残渣的炮孔,要清理干净再装药;装药时必须按照设计的药量、雷管段别"对号入座",一般倒塌中心线两侧对称的孔在装药量上应该保持相等,如果遇到孔间距适当调整的炮孔或者炮孔深度不够的炮孔，装药时可以根据情况适当调整药量；在装入药包时，用竹木制炮棍轻轻推进到孔底，要防止药包与雷管相脱离。

(3) 填塞作业

烟囱类高耸构筑物大多是圆筒形的薄壁结构，抵抗线小，孔深浅，填塞长度短；而爆破又要求在切口区域的混凝土不仅要破碎而且要使其脱离钢筋网，所用的炸药单耗必须大，因此高耸构筑物的填塞有一定难度，但它直接关系到倒塌效果和爆破安全，又必须在填塞的质量上予以切实保证。所以对填塞作业的质量要求是：① 选择好炮泥材料，一般用掺入少量沙子的自然黏土，水分适度，手攒紧好刚好能成团；有条件可以采用快硬水泥或者高强干硬性水泥进行填塞。② 炮泥填塞时，用手攒成团或者用纸卷装入炮孔，然后用木棍层层捣实；如果使用水泥填塞，必须保证填塞完毕到爆破之间的时间要大于水泥的初凝时间。③ 填塞时用手把雷管脚线捋在孔边，防止捣固炮泥时损伤脚线。

(4) 网路联接

一般高耸构筑物爆破大多采用导爆管网路，网路联接的方式有以下几种。

① 采用导爆管簇式接力网路，在捆绑的激发雷管采用单雷管时，每簇绑扎的导爆管数目不要超过 12 根；采用双雷管时，不要超过 20 根。绑扎雷管的地方要一致，通常绑在离开导爆管脚线封闭端 20～30 cm 的地方。同时要使倒塌中心线两侧传爆导爆管的连接长度保持相等，如果采用延时间隔爆破或者其他网路也要注意中心线两侧网路延时的一致性(图 5.37(b))。强调上述的对称性，目的都是为了保证中心线两侧形成相同的爆破切口，以确保烟囱倒塌方向的准确性。

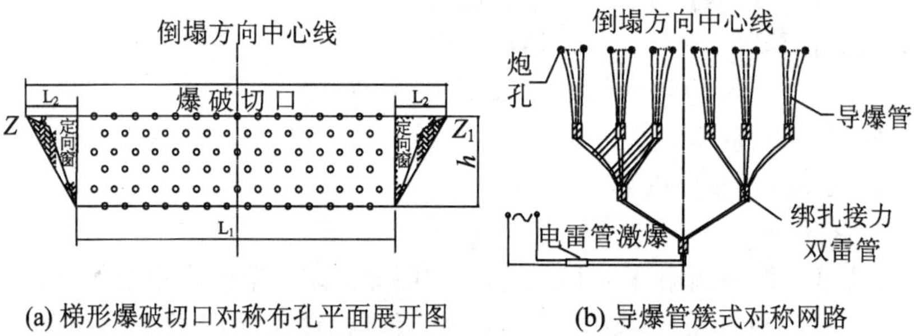

(a) 梯形爆破切口对称布孔平面展开图 (b) 导爆管簇式对称网路

图 5.37 钻孔、装药、网路连接施工的对称性示意图

② 如果采用导爆管复式闭合回路，使用电雷管进行激发，电雷管必须是同厂、同批、同型号，而且要进行电阻测量，挑选阻值相差不超过爆破安全规程要求的电雷管。如果是多点激发，一般是把激发点的双雷管并联，然后各个激发点串联组成电爆网路，进行总电阻的测量后，拉出主线到起爆站；假如仍然采用导爆管雷管激发传爆，则绑扎的位置也要按照上述保持倒塌中心线两侧对称布置的原则，最后接出两根主起爆线拉到起爆站。

(5) 防护作业

对于高耸构筑物爆破的防护以覆盖防护为主。由于构筑物筒体都是钢筋密集的薄壁结构,炸药单耗都在 2 kg·m^{-3}左右,必须加强防护才能减少空气冲击波的强度和控制爆破飞散物的距离。通常至少要铺设 3 层以上的草袋,外加荆笆(竹笆)和铁丝网。最好的防护方法是在底部围着爆破切口用沙土袋堆码 1.5～2.5 m 高的围墙,围墙上面再用荆笆(竹笆)和铁丝网围护(见第 8 章图 8.20)。

5.2.3.3　高耸构筑物爆破爆破实施阶段的安全

与建筑物爆破实施阶段相同的地方,不再重复,这里对高耸构筑物的特殊之处,提出以下几个注意事项。

① 爆破指挥部设立的位置。除了必须在警戒区以外这一条件外,对于高耸构筑物,指挥部不能设在倒塌方向的正前方,也不能设在高耸构筑物倾倒触地范围的两侧,最好设在烟囱底座左右两侧安全距离以外的地方。从某发电厂 120 m 钢筋混凝土烟囱爆破得知:在没有铺设柔软垫层的情况下,烟囱触地冲击产生的混凝土碎块,从两侧飞出的距离可以达到 180 m 远;而云南宣威发电厂 120 m 钢筋混凝土烟囱爆破,由于指挥部和观礼台设置位置不当,以致造成了飞石伤人的严重事故。因此必须吸取这一深刻的教训。指挥部一定要设在绝对安全的位置,而起爆站则应该设在指挥部附近的安全地点。

② 起爆网路检查。必须对起爆网路所有的激发雷管绑扎点进行复核检查:检查雷管绑扎是否紧密;检查绑扎导爆管是否紧靠雷管、根数是否超量;绑扎雷管外面是否包上胶管或类似的防护套;对簇式网路和延时网路还必须检查其对称性;对使用电雷管激发的网路,要检查导通和总电阻;最后还要检查起爆主线是否完好无损。

③ 起爆电源。高耸构筑物拆除爆破,通常都使用非电导爆管网路,采用非电接力传爆或者电雷管激爆,因此起爆电源大都应用导爆管激发器或者电容式电子起爆器,起爆前要对其性能进行检查,掌握其充电时间,并要更换新的电池。起爆器要指定有经验的爆破工专人负责。

④ 爆后检查。高耸构筑物爆后检查要在烟尘消失以后进行,一般确认倒塌完全后,按照常规进行检查;如果没有倒塌或者部分倒塌,则应该等待构筑物稳定后再进行仔细检查,检查人员应在倾斜部分的两侧检查,不要在倾斜的前方位置。处理的方法有两种,即重新爆破和机械处理。一般对倾斜部分比较完整、且已稳定的构筑物,可以进行二次爆破,即在底部筒体上重新布孔,钻孔时必须有专人负责观察安全情况,装药爆破时要与正式爆破同样进行安全警戒,这就是重新爆破。如某发电厂高 210 m 的烟囱爆破第一次没有爆倒,对爆破后倾斜在地面的稳定筒体,施工单位重新钻孔装药爆破,与首次爆破一样,进行了安全警戒,爆破后烟囱倾倒塌落,周围安然无恙。机械处理指的是对于仅有小部分不倒或者倾斜部分支撑部位不多、较不稳定,可以采用挖掘机或者液压锤在侧面推倒。如太原二热电厂一座

58 m 的冷却塔，爆破后由于由一根人字柱爆落在水池边上，正好把上部的圈梁部分卡住，塔身晃了几下没有倒塌，倾斜在那里，后来在侧面用液压锤把这根柱子锤击破碎，当壁面出现裂缝时，命令司机立即把机器开走，之后裂缝越裂越大，从下到上贯通后，冷却塔就弯折扭转塌落了。

5.2.4 控制高耸构筑物爆破的倒塌范围

爆破切口形成后，烟囱类高耸构筑物在重力作用下要产生下坐，在重力矩作用下烟囱绕底部截面支撑轴转动，在转动中由于离心力和剪切力的作用可能会出现折断。对于爆破倒塌过程中出现的这些情况，如果事先没有充分地考虑，也有可能会损伤附近需要保护的建筑物或其他设施，甚至可能发生意想不到的情况。

5.2.4.1 高耸构筑物爆破倒塌过程中的作用力

在《拆除爆破设计与施工》书中，我们曾经对烟囱爆破倒塌过程中出现的反力进行过推导。为了避免重复，这里只复述结果，仍以烟囱为例，来考察高耸构筑物倒塌的运动，如图 5.38 所示。设径向坐标为 r，切向坐标为 φ。烟囱简化为一个质量为 M、截面形状为等圆环形的直杆，直杆一端自由，另一端固定。而烟囱爆破切口形成后的运动，简化为在重力作用下绕固定端 A 的转动，由于支撑面中性转轴与截面圆中心线之间的距离很小，所以假定烟囱爆破切口截面的圆中心线为转动

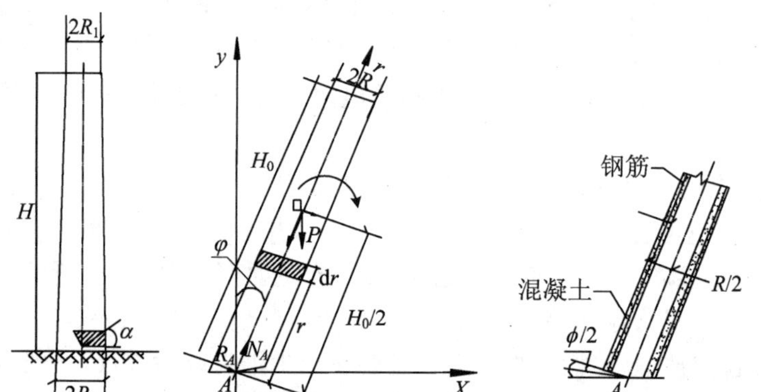

(a) 烟囱立面图　(b) 悬臂直杆受力图示　(c) A固定端变形放大图

图 5.38 烟囱简化为悬臂直杆的受力示意图

轴。由力的平衡方程可得支座水平（X 方向）综合反力：

$$N_X = N_A\sin\varphi + R_A\cos\varphi = \frac{P}{4}\sin\varphi(11\cos\varphi - 6\cos\varphi_1) \tag{5.29}$$

支座垂直（Y 方向）反力：

$$N_Y = N_A\cos\varphi - R_A\sin\varphi = \frac{P}{4}(11\cos^2\varphi - 6\cos\varphi \cdot \cos\varphi_1 - 1) \tag{5.30}$$

对方程(5.29)求导数 $dN_x/d\varphi=0$,得到极值方程:

$$2\cos^2\varphi-\frac{6}{11}\cos\varphi_1\cdot\cos\varphi-1=0$$

若近似取 $\cos\varphi_1\approx1$,其有效解为 $\cos\varphi_{max}=0.856$,$\varphi_{max}=31.1^\circ$,则可求得最大水平推力为:

$$N_{Xmax}=\frac{P}{4}\sin\varphi_{max}(11\cos\varphi_{max}-6)=0.44P \tag{5.31}$$

这个结果表示,烟囱爆破倾倒时,最大的水平推力发生在转角为 $\varphi_X=31.1^\circ$,最大水平推力为 $N_{Xmax}=0.44P$ 时。这时如果支撑截面的强度 $F_X<N_{Xmax}$,烟囱就会发生后坐。

在以上公式(5.29~5.31)中:

P—烟囱的自重,kN;

g—重力加速度,$g=9.8\ \mathrm{m\cdot s^{-2}}$;

φ—烟囱转动角度,顺时针为"+",逆时针为"-",rad;

φ_1—烟囱初始转动时形成的塑性角,rad。

再考虑最大的下坐力发生在什么地方。同样可以通过求极值的方法,对方程(5.30)求导数 $dN_Y/d\varphi=0$,得到极值方程:

$$(6\cos\varphi_1\cdot\cos\varphi-22\cos\varphi)\sin\varphi=0$$

若近似取 $\cos\varphi_1\approx1$,求解得到极大值 $\varphi_{1max}=0^\circ$,极小值 $\varphi_{2min}=\arccos6/22=74.2^\circ$

由此可知,最大的下坐力发生在转角 $\varphi=0^\circ$,但是实际上应该发生在出现塑性角 φ_1的时候,由 $\cos\varphi_1\approx1$,所以 N_{Ymax}为:

$$N_{Ymax}=\frac{P}{4}(11\cos^2\varphi_1-6\cos\varphi_1-1)\approx P \tag{5.32}$$

因此,如果支撑截面的抗力为 $F_Y<P$,烟囱就可能出现下坐。

现以广西合山发电厂 120 m 高的钢筋混凝土烟囱爆破拆除为例进行计算。烟囱筒身重量 P 为 2 440 t,底部外半径 R 为 4.9 m,壁厚 δ 为 0.5 m。混凝土标号为 300#,混凝土极限抗压强度 $f_c=22\times10^3\ \mathrm{kN\cdot m^{-2}}$,抗拉强度为 $f_t=1.8\times10^3\ \mathrm{kN\cdot m^{-2}}$,Ⅱ级钢筋的极限抗拉强度为 $f_y=3.6\times10^5\ \mathrm{kN\cdot m^{-2}}$,配筋率 μ 为 0.004,支撑圆心角 2θ(预留支撑截面的半圆心角)为 144°。

由公式(5.32)计算最大下坐力:

$$N_{Ymax}=P=2\,440\times9.8\ \mathrm{kN}=23\,912\ \mathrm{kN};$$

在爆破切口出现后,烟囱上部在重力偏心作用下开始倾斜,这时支撑面的混凝土已经开裂破碎,失去承载能力,但是钢筋还有支撑,这时的支撑力为:

$$Fy=\mu f_YA_1=0.004\times3.6\times10^5\times2\pi R\delta\times\frac{144}{360}=8\,866.85\ \mathrm{kN}$$

计算结果:$F_Y<N_{Ymax}$,因此高烟囱在爆破初始时刻会出现下坐,这与烟囱爆破时先产生下蹲然后倾倒的实际情况是完全相符的。

由公式(5.31)计算水平最大推力：

$$N_{X\max} = 0.44P = 10\,521.3\ \mathrm{kN}$$

此时的截面水平抗力主要由钢筋承担：

$$F_X = (f_t + \mu f_Y)A_1 = 31\,904.4\ \mathrm{kN}$$

由于 $N_{X\max} < F_X$，因此高烟囱在爆破时不会后坐，这与烟囱爆破时实际情况也是完全相符的。

5.2.4.2 高耸构筑物爆破倒塌过程中的折断

在烟囱爆破倒塌过程中，我们经常看到在烟囱倾倒达到一定角度时，烟囱的上部会出现折断。

这个问题我们曾经在《拆除爆破实际与施工》中做过受力计算。如果不考虑空气阻力的影响，如图 5.39 所示，在烟囱上取某一段截面积为 s 的单元体 $\mathrm{d}r$，若单

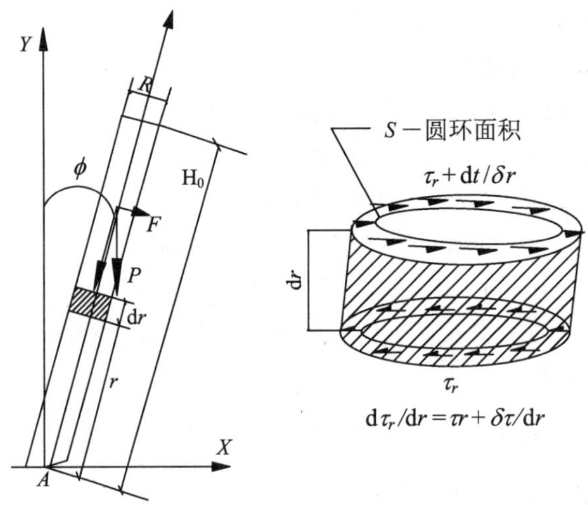

图 5.39 烟囱倾倒时的内力分析图

元体的单位质量为 ρ，其绕 A 点转动时在切线方向所受的力有：重力的分力 $P_1 = \rho g\sin\varphi$，剪切力 $Q = \tau_r \cdot s$，切向运动力 $F_1 = \rho s \cdot \mathrm{d}r \cdot \mathrm{d}V/\mathrm{d}t$。由力的平衡条件求得在 r 截面上的剪切力为：

$$\tau_r = \rho g H_0 \sin\varphi\left(\frac{1}{4} - \frac{r}{H_0} + \frac{3}{4}\frac{r^2}{H_0^2}\right) \tag{5.33}$$

得到在 r 截面上的弯矩为：

$$M_r = \frac{1}{r}Pr\sin\varphi\left(1 - \frac{r}{H_0}\right)^2 \tag{5.34}$$

得到发生剪切力最大的地方是在 $r = 2H_o/3$，最大剪应力为：

$$\tau_{r\max} = P \cdot s \cdot \frac{\sin\varphi}{12} \tag{5.35}$$

求得弯矩最大的地方是 $r = H_o/3$，最大弯矩为：

$$M_{r\max} = P\frac{H_o \sin\varphi}{27} \tag{5.36}$$

由此可见，烟囱在倾倒过程中，筒身可能发生两种情况的破坏，即剪切破坏或受弯破坏。

对于钢筋混凝土烟囱的薄弱截面，年久陈旧的砖烟囱，往往受到剪切破坏。由于砖烟囱截面强度比钢筋混凝土烟囱小得多，因此砖烟囱爆破在倒塌过程中发生折断的情况容易看到，而使用时间长、强度较弱的、或者存在施工薄弱面的 100 m 以上的钢筋混凝土的高烟囱，在爆破倾倒时也会发生折断，从发生断裂的部位看都与上述计算的部位基本相似(见图 5.40)。

(a) 砖烟囱①　　(b) 钢筋混凝土烟囱

图 5.40　烟囱爆破后出现断裂的情景

5.2.4.3　高耸构筑物爆破倾倒范围的控制方法

在比较复杂的环境条件下，对高耸构筑物的爆破倾倒范围常有一定的限制。而高耸构筑物倾倒过程中出现的前冲、后坐、折断或塌散，在与保护建筑物和设施相邻近的情况下有可能伤及近邻，因此要设法予以控制。

① 加大爆高，防止折断，减少前冲。烟囱在爆破倾倒时发生折断和前冲，一般与烟囱施工当时的质量、使用的老化程度、烟道结构的位置及爆破设计施工的情况都有关系。如果了解到高耸构筑物在施工中确实存在薄弱面，或者外观存在老化锈蚀的情况比较严重，那么，在设计时适当加大爆破切口的高度，加快烟囱的倒塌速度，可以减少折断和前冲发生的机会，同时可以减少烟囱的倒塌距离。

---

① 引自 2008 年 1 月 20 日，新华社讯。

② 减少爆破切口的圆心角,控制后坐。烟囱等高耸构筑物爆破圆心角的选择范围为180°～240°。如果选择圆心角越大,支撑截面面积越小,支撑强度就小,水平抗力也相应减少,这就增加了发生后坐和偏斜的可能性。因此在保证重力偏心矩大于截面抗矩的条件下,尽可能减少切口的圆心角,既可以减少后坐的可能性,又利于爆破倒塌方向的控制。

③ 采用折叠爆破,减少倒塌距离。在场地条件有限的条件下,高耸构筑物如果采用折叠爆破方式,可以大大减少倒塌距离,这在武汉、宁波、广州等地的高烟囱爆破中已经成功地实施。2004年1月3日,武汉新洲区阳逻化肥厂内一座100 m高的烟囱采取折叠式爆破[①](见图5.41(a))。这是国内首例百米烟囱折叠式爆破,随着一声巨响,烟囱瞬间断为两截。随后,上半部分70 m向西倾斜,与下半部分向东倒塌的30 m烟囱重叠,倒塌的范围减少了约2/3。又如广州造纸厂100 m的钢筋混凝土烟囱采用三段连续折叠爆破方法进行拆除[②](见图5.41(b))。按爆破设计要求,100 m烟囱爆破必须有120 m的倒塌空间,而本工程最宽只有40 m,最窄仅15 m,如果用常规的爆破方式就没有倒塌场地。为此,爆破设计者设法将烟囱分成三段分别在烟囱60 m、30 m、5 m标高处开设三个爆破切口,上切口向前方,中切口向后方,下切口向前方,保证整个烟囱"像折扇子一样折叠地落下来"。

(a) 武汉100m烟囱双折叠爆破

(b) 广州造纸厂100m烟囱三折叠爆破

图5.41 烟囱折叠爆破

④ 不割支撑钢筋,防止发生意外。高耸构筑物爆破拆除,当预留支撑圆弧面

① 引自2004年1月3日06:44,荆楚在线消息(《楚天金报》)。

② 引自2005年4月22日,《东方卫报》。

不包含有烟道(出灰口)时,有的设计者怕烟囱不倒,往往把支撑截面的主筋事先割断,这样减少了钢筋的拉力,必然使得烟囱倾倒更加顺利,但同时也减弱了支撑截面的抗力,容易下蹲,有时还可能发生意外的情况。如山东威海一座 80 m 高的钢筋混凝土烟囱爆破,起爆后,切口上部烟囱在倾倒时插入切口下部支撑截面的圆筒中,致使烟囱被卡住倾斜不倒。事后分析,一是切口圆心角大了些,二是割断了支撑面的外层主筋,使得支撑面抗力减小,在上部烟囱偏心重力作用下,剩余钢筋被拉断,导致烟囱下蹲插入底部未爆圆筒之中。因此在经过计算烟囱重力矩大于截面支撑力矩的情况下,支撑截面的主筋不要割断,比较安全,可以防止发生后坐或者上述的意外。

5.2.5　冷却塔爆破拆除的安全

由于冷却塔在构造、几何大小和形状等方面与烟囱等高耸构筑物有不同的特点,其爆破的方式和方法也有所不同。近年来发电厂的冷却塔拆除爆破数量不少,据不完全统计,自 2006 年以来国内各地爆破拆除的冷却塔至少有 20 座以上。大部分爆破都很成功。

在国外,如美国于 2006 年 5 月 21 日在俄勒冈州雷尼尔特洛伊核电站一座 499 英尺(约 150 m)高的冷却塔被爆破拆除①,这是美国首座停止使用的大型商用核电站。此次爆破共使用 1 260 kg 炸药(图 5.42)。

图 5.42　美国特洛伊核电站 150 m 高的冷却塔爆破情景

在国内,如内蒙乌拉山电厂于 2007 年 4 月 20 日对装机容量为 5 万 kW 的 1、2

① 引自 2006 年 5 月 26 日,新华社讯。

号机组冷却塔成功进行爆破拆除[①]。此举也标志着自治区"上大压小"关停小火电机组的工作正式拉开序幕，三台机组关停之后，一年可减少二氧化硫排放量 1.68 万 t，将大大减轻对当地的大气污染程度(见图 5.43)。

图 5.43　两座冷却塔在爆破拆除中倒地的过程(新华社记者任军川)

但是也有少量的冷却塔爆破后倾斜不倒。例如 2004 年 12 月，太原某热电厂一座 58 m 的冷却塔爆破，爆破后塔身倾斜晃了一下没有倒塌。此后在内蒙某发电厂的一座冷却塔也爆后不倒。还有的冷却塔爆破飞石出现了事故。为此，这里对冷却塔的爆破安全进行专门阐述。

5.2.5.1　掌握冷却塔结构的特点

冷却塔与烟囱都是构筑物，但是在结构形状和大小上有所不同：烟囱的高径比都在 10 以上，而冷却塔的高径比一般在 1.1～1.3；烟囱外形极大多数是圆筒形，而冷却塔是双曲线形；烟囱结构是筒壁承重，而冷却塔底部的承重构件是人字柱，人字柱上部承重的是圈梁，圈梁上面是双曲线薄壁结构；烟囱内部通常有内隔墙、出灰平台和灰斗等，而冷却塔内部主要有梁、柱、水槽和分流栅组成的淋水系统。

从拆除爆破原理上两者没有大的区别，鉴于其结构的不同，在倒塌方式上有所不同，烟囱爆破倒塌方式主要是定向倒塌，而冷却塔大多数是倾倒扭转塌落。

5.2.5.2　冷却塔承重构件的破坏设计

如上所述，由于冷却塔构造的不同，其底部直径要大于重心高度，而上部又是双曲线薄壁结构，倾倒时容易受剪破坏，因此整体定向倾倒比较困难，实际爆破也表明，极大部分冷却塔爆破后其重心没有偏离出淋水池外，大部分倾塌坐落在池子以内，70 m 高的冷却塔倒塌距离离开池边不超过 20 m。但是，这并不意味着不需要爆破切口，还要利用爆破切口的爆高差来产生重力偏心矩，使得薄壁受弯而剪切破坏。

(1) 冷却塔爆破切口的设计

冷却塔的爆破切口设计方法与烟囱基本相似，切口形状采用梯形或矩形均可。

---

① 引自 2007 年 4 月 24 日 11:21，巴彦淖尔招商网。

切口长度一般取其底部圈梁周长的 1/2～2/3，若圈梁半径为 R，则切口长度 $\pi R < L \leqslant 4\pi R/3$。爆破切口的高度应该包括冷却塔的人字柱、圈梁和薄壁结构在内，根据实际爆破经验，这三部分加在一起的高度控制在其底部圈梁半径的 1/3～1/2，若人字柱高度为 h_1，圈梁高度为 h_2，薄壁切口高度 h_3，则切口高度 $h = h_1 + h_2 + h_3$（见图 5.44）。定向窗设置在两端（见图 5.44，C 放大图），定向窗下面的圈梁可以采用两种方法处理，一种是爆破法，在圈梁上布垂直孔，药量适当大些，与主爆破同时进行；另一种是在爆前把定向窗下部的圈梁用人工或者机械破碎混凝土，钢筋保留或者部分保留。与支撑柱（不布孔）相邻的人字柱必须全部布孔爆破破碎。不管采用哪种方法，关键是一定要把定向窗口、圈梁及其下部拉通，形成一个空间，以保证整个爆破切口的圈梁两头切断，使塔身能在重力作用下坐塌下来。

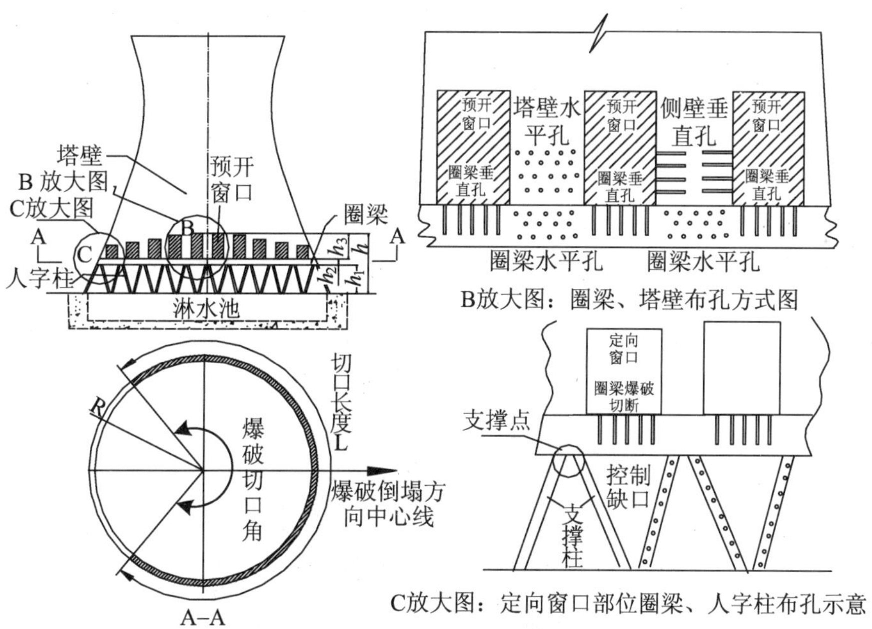

图 5.44　冷却塔设计爆破切口及关键部位布孔示意图

(2) 承重构件的破坏设计

冷却塔爆破切口内包含了三个要破坏的承重构件，即人字柱、圈梁和薄壁结构，它们构造上各不相同，因此爆破的方式也就不同。

① 人字柱爆破。60～80 m 高的冷却塔，其人字柱的截面一般为 35～45 cm 正方形的钢筋混凝土柱子，它们上部支撑着环状的圈梁，下部成对地斜撑在淋水池的基础上。柱子破坏可以采用全部布孔爆破或者两端布孔爆破切断，爆破的孔网参数按照常规设计即可。

② 环状圈梁爆破。根据塔的高度不同，圈梁的厚度约为 35～50 cm，高度在 1～1.5 m 左右。它的下部由人字柱支撑，上部与塔壁连在一起支撑着整个薄壁结

构，因此它是冷却塔爆破的关键构件。一般采用爆破破坏，布孔方法有两种（见图5.44，B放大图），一种是布置水平炮孔爆破，另一种是在薄壁上开窗往下打垂直孔。由于圈梁的钢筋比较密集，水平炮孔不太好打，而且容易出现飞石，因此使用垂直孔的比较多。孔网参数也按常规设计，不过炸药单耗适当提高，取 $q=0.8\sim1.2\ \mathrm{kg\cdot m^{-3}}$。在爆破切口内的圈梁如果全部布孔爆破，当然是最为可靠的，但是从多个冷却塔爆破的成功经验表明，在圈梁上部薄壁分段预开窗口条件下采用隔段切割爆破的方法，既省工又省力，而且增加了安全性。

③ 薄壁处理。冷却塔的塔壁随着塔高度的不同，各处的厚度是不相等的，靠近环状圈梁的薄壁厚度，一般有20～30 cm。早期的爆破设计中，在爆破切口内的边壁，采用预开窗口和爆破破碎相结合的方法。预开窗口（见图5.45）目的是减弱塔身结构刚度和减少爆破工程量，窗口以两个人字柱支撑点为其宽度，每隔一段开设一个，窗口高度按照爆破切口高度的要求确定，一般高度在2～4 m，预开窗口的高度可以相等，也可以是中间高两头低，即在倒塌中心线中间部分（或者中心线两侧）的窗口最高，两侧的窗口逐渐下降，在爆破切口定向窗部分的窗口最小，但不得小于圈梁垂直钻孔施工所要求的高度和计算的切口高度（即整个切口高度减去人字柱和圈梁的高度）。在两个窗口之间的薄壁，采用钻孔爆破破碎，也有两种布孔方法，即垂直孔和水平孔（见图5.44，B放大图）。由于边壁部分很薄，水平钻孔十分困难，而且孔数又多，装药、网路连接、防护都很吃力，作业又不安全，因此可以在预开窗口的两边打水平孔，装药爆破。最近在太原二热电厂的2座冷却塔爆破中，采用多开窗口、多爆圈梁、预开窗口中间的筒壁不布孔爆破的方法，取得了很好的效果。

图5.45 冷却塔实际爆破切口图

5.2.5.3 冷却塔爆破施工的安全

由于冷却塔结构的特点和爆破破坏构件的不同，在爆破预拆除、钻孔等施工安全上的要求也有所不同。

冷却塔的爆破预拆除阶段的安全特别要求有以下几点。

(1) 预拆除部位

① 预开窗口。爆破切口区域需要预拆除的预开窗口部位在环状圈梁的上面,基本上可以按照两相邻人字柱的顶点间距离,开设一个窗口,顺序上应先开中间、再开两侧,最后的两个窗口通常作为定向窗。所有预开窗口的大小都要对称于倒塌方向中心线。窗口内部的混凝土必须破碎和钢筋分离。

② 淋水池。淋水系统的梁、柱大多数是预制构件,在冷却塔结构建成后装配的,因此它是独立的,与塔身一般不是整体相连的。也有个别塔的槽梁有铁件与塔身相连,则应事先割断。在淋水系统中心有供水用的钢筋混凝土水泵房。这些构件最好在爆前全部预拆除,如果工期紧,至少应把爆破切口以内离开人字柱底部 2～3 m 范围内的梁柱全部预拆除。

(2) 拆除方法

塔壁的预开窗口的预拆除,一般都采用液压锤破碎壁面的混凝土(图 5.46(a));淋水系统的梁柱,与塔身若有连接的地方,事先切断,然后用液压锤或者挖掘机伸臂把它们推倒。有时间的话,应该把推倒的梁柱在爆前清理运走(图 5.46(b))。

(a) 预开窗口和塔壁水平布孔　　(b) 油压破碎机拆除淋水系统

图 5.46　现场实际预开窗口和拆除淋水系统照片

(3) 预拆除的安全注意事项

① 钻孔与预开窗口不能同时作业。冷却塔系薄壁结构,锤击时,混凝土保护层受到冲击会脱落,容易伤及地面附近的人员,因此在用液压锤预开窗口时钻孔施工必须停止,人员必须远离冷却塔;而且预开窗口作业最好在钻孔作业之前进行,或者与钻孔交叉作业,但是必须在装药作业之前全部完成。

② 淋水系统预拆除与爆破施工作业不能同时进行。使用机械推倒淋水系统中的梁、柱构件,其冲击力量很大,构件落地时撞击也会出现飞石,因此,淋水系统的预拆除也不能与钻孔作业同时进行,而且也必须在装药以前完成,在装药开始以

后严禁进行预拆除。

③ 从事预拆除作业的液压锤(挖掘机)司机必须戴安全帽,作业时机身要与塔边保持一定安全距离,冲击作业以前要通知无关人员远离作业区;如果机械臂长达不到预开窗口高度或者伸不到淋水系统拆除部位,不能勉强,要报告负责人采取其他措施,确保安全。

④ 所有参与施工作业或者进入工地的人员必须佩戴安全帽。

冷却塔的爆破施工阶段的安全特别要求有以下几点。

(1) 高空作业的安全

冷却塔的爆破切口比较高,人字柱、环状圈梁、薄壁都有炮孔,除了人字柱底部炮孔可以在地面施工外,其余炮孔都在3 m以上,最高的会达到8~10 m,因此都要搭脚手架平台进行高空作业。钻孔、装药、填塞、网路连接、防护覆盖的人员都要在地面以上高处进行操作,钻孔机具、爆破器材、炮泥、防护材料等都要上下运送,如果不小心就会发生人员跌落、物件掉下伤人的事故,因此凡是参加现场作业的人员,除了佩戴安全帽外,在高空作业的人员应该佩戴安全带。

(2) 装药作业、填塞的安全

① 药包制作。由于极大部分炮孔在高处,爆破切口长度大,装药作业面大而分散,为了保证爆破器材的安全,药包应该在地面安全地点制作好,然后按照设计分类送到装药点。如果药包制作放在搭设的作业平台上加工,爆破器材要上运,作业面又小,而且在高处,加工质量不易保证,操作不安全,因此药包制作应该设在地面。

② 药包运送。药包制作好后,在运送药包前,先要把药包按设计分类放好,并把雷管脚线整理好,然后运送到装药部位。在由地面往上传送时,一人一次拿的药包不要超过20个。

③ 圈梁如果采用垂直钻孔,孔深在80 cm以上时,一般采用双药包间隔装药。装药要使药包到位,中间填塞的间隔长度要保证,避免2个药包连续装在一起。

(3) 网路联接的安全

① 冷却塔的起爆网路一般都采用导爆管网路,为了网路联接作业的安全,一般都使用长脚线(10~15 m)的导爆管雷管。上部圈梁和边壁的炮孔脚线在装药后分把整理好从上面放到地面,然后在地面进行网路联接。

② 冷却塔的起爆网路联接范围比烟囱大得多,一般采用簇联与四通联接相结合的复式网路。按照人字柱所在位置,把上面圈梁、边壁和柱子的炮孔脚线分把簇联,然后把每对人字柱的簇联激爆雷管脚线用导爆管和四通联接成复式的封闭回路。最后用电雷管或者导爆管雷管激发起爆。

(4) 防护作业的安全

冷却塔最容易产生飞石的部分是在装药部分的圈梁和薄壁,由于这些炮孔孔浅,抵抗线小,且又居高临下,是出现飞石最多、个别飞石飞得最远的地方。某发电厂一座58 m冷却塔爆破时,个别混凝土碎块飞出近180 m远,因此必须加强对圈梁和薄壁爆破部位的覆盖。从最近在山西霍州两座 79 m 冷却塔爆破的防护情况看,施工单位对这些爆破部位采用 3 层草垫、1 层铁丝网外加 1 层简易棉被的覆盖防护方法,爆破飞石可完全控制在 30 m 以内,能确保周围厂房和变电站的安全。

5.2.5.4　冷却塔爆破倒塌的关键措施

除了按照上述设计与施工的要求外,为了确保冷却塔的爆破倒塌,还应该抓住以下关键要素。

① 定向窗部分的圈梁必须切断。冷却塔的定向窗部位包括两侧塔壁的预开窗口及其下方的圈梁和人字柱支撑点,把圈梁上部预开窗口和下部人字柱空间拉通,给爆破切口范围内整个圈梁的下坐创造足够的空间条件,这是确保冷却塔倾倒坍塌的关键。对于定向窗下部的圈梁破碎,一般可以采用爆破或者人工机械两种方法。如果采用爆破方法,爆破的圈梁装药量应该适当增加,务必使圈梁混凝土充分破碎、钢筋弯曲,并与主爆破同时爆破;如果事先使用人工机械方法,可以把混凝土破碎,钢筋保留或者部分保留。

② 适当增大爆破切口圆心角。冷却塔的高宽比与烟囱相比小得多,其上部结构外形成双曲线形状,从以往多个冷却塔的爆破倒塌情况看,大部分是在冷却塔倾倒后上部双曲线部分塔身向内弯曲后扭转坍塌落地。塌落范围大部分不出淋水池。因此适当增大爆破圆心角,选择在 230°～240°可以促使冷却塔在重力作用下更快弯曲、扭转和坍塌。

③ 承重圈梁和人字柱要充分爆碎。爆破切口部分的圈梁是上部塔身的承重结构,必须充分爆破破碎,才能使塔身倾倒。圈梁的爆破比较保险的方法是全部钻孔爆破,即在预开窗口部分的圈梁可钻垂直孔,在没有窗口部分的圈梁应钻水平孔。近年来,在太原二热电厂两个冷却塔爆破中,为了减少水平孔钻孔的困难(要搭设高脚手架,钻孔碰到密集钢筋),采用了多开窗口、在窗口只钻垂直孔的分段爆破圈梁的方法,也取得了成功。对于人字柱可以全部钻孔爆破,也可以在人字柱的两端布孔爆破。但是,必须充分把人字柱切断破碎。

④ 支撑人字柱不要割断钢筋。从结构受力分析,采取较大的爆破圆心角和相当于圈梁半径 1/3～1/2 的爆高,对冷却塔的倾倒坍塌是没有问题的,因此对于支撑部分的人字柱钢筋可以不事先切割,而且钢筋事先割断减少了水平拉力,容易把割断钢筋的人字柱往后面甩出,发生意外事故。

5.3　建(构)筑物水压爆破的安全

水压爆破是利用水作为中间介质,传递爆炸冲击波的压力,作用于欲破坏建

(构)筑物的承重边壁,使其失去承载力,从而达到使建(构)筑物倒塌和破碎的目的。它与一般建(构)筑物拆除爆破中采用的钻孔爆破有着完全不同的技术特点。尤其在日益注重环境保护的今天,在城镇闹市、居住密集的地区,如果采用水压爆破拆除建(构)筑物,与人工、机械拆除或钻孔爆破相比,它是最干净、对环境骚扰最小、最安全的拆除方法。水压爆破最早用在拆除碉堡、水池等方面,在 20 世纪 80 年代开始用在拆除高耸构筑物,如水塔、跳伞塔等,例如成都一座 61.2 m 高、壁厚 20 cm、内半径 4 m 的跳伞塔,铁道部第四设计院采用水压爆破进行拆除,装药 6 kg,爆破后准确倾倒落地,无飞石、无尘烟;以后又用水压爆破拆除大板楼,如 1984 年,中国科学技术大学在合肥市采用水压爆破拆除的一座三层大板楼,爆破后只有水花四散、没有尘烟弥漫,确实称得上"环保爆破",这是我国首次采用水压爆破拆除大板楼。以后在贵州、长沙等地都采用了水压爆破拆除大板楼(见图 5.47)。

图 5.47 水压爆破拆除大板楼

近年来,还有把水压爆破用在硐室爆破上,如福建省晋江市成功地实施了一次以条形药包为主,集中药包与条形药包相结合、硐室普通爆破与硐室水压爆破相结合的爆破技术工程。该次爆破总装药量为 31.3t,总爆破方量为 8 万多方。

尽管水压爆破在拆除建(构)筑物上具有很大的优越性,但是水压爆破中也出现了楼房炸不倒、飞石损伤邻近建筑物和设施的安全事故。

案例 1 2006 年 9 月 28 日,采用水压爆破拆除成都市郊西航国贸中心一座 18 层烂尾楼①。施工单位在 1~6 层选择 12 个房间布置药包,在每间房内注入 1 m 多深的水,每个房间相当一个"水箱",然后把事先准备好的炸药包放在水里一定位置,采用电雷管起爆网路,12 个房间总计装药 200 kg。当天上午 11 时,一声闷响过后,原计划该向北坍塌的 18 层高楼只见晃,不见倒,纹丝不动。楼房为什么没有炸倒呢?检查后发现 12 个爆破点的 200 多 kg 炸药只爆了不到 1/3,不要说承重墙丝毫未损,连包裹炸药的塑料管子都完好。爆破人员在检查炸药后认为是炸药受潮引起的"拒爆"。而现场负责人认为是由于爆破线路出现问题,导致 200 多 kg 炸

① 引自 2006 年 9 月 30 日 08:21,中国网;2006 年 9 月 29 日,四川新闻网,《成都晚报》。

药,仅引爆 60 多 kg,致使水的冲击力不够,才导致失败。

案例 2　1987 年 5 月 12 日,某市中医医院工地采用水压爆破拆除碉堡[①]。按照密集钢筋混凝土计算药量,设计大小药包(药量 1.2～6.0 kg)18 个,装药量 100.2 kg。起爆后碉堡西南角首先破碎,混凝土碎块和水流向前冲出,冲倒距离碉堡 43.2 m 的变电所铁门,打碎 53.7 m 外居民楼四层以下窗户玻璃几十块。

出现这些安全问题的原因是多方面的,有的是对水压爆破的作用原理了解不够;有的是在设计药量和药包布置上存在问题;有的在施工上对"水压"缺乏认识,堵漏、排水等措施不力,导致构筑物炸不碎,排水冲击损坏附近设施等;也有的由于对爆破器材没有进行防水处理,导致炸药、起爆网路失效,影响建(构)筑物爆破效果等。下面针对上述这些问题予以阐述。

5.3.1　掌握水压爆破的原理和特点

要搞好水压爆破的设计,首先要充分了解水压爆破的作用原理,尤其是要掌握"水"这种介质在炸药爆破中所起的作用。

5.3.1.1　水压爆破的作用原理

水压爆破是利用水作为传递压力的介质,因此必须首先对水介质在水压爆破中的作用特性做一了解。

(1) 水介质的作用特点

① 常压下水是不可压缩介质。水与空气相比,在一般压力下,几乎是不可压缩的,当外界压力增至 100 MPa 时,其密度仅增加 5%左右。正由于它的不可压缩特性,使得冲击波在传播过程中,水本身消耗的变形能比空气小得多。

② 水密度大,惯性也大。水的密度相比空气大得多,质点运动的惯性也就大。炸药在水中爆炸后气体产物的膨胀速度相应比空气中慢得多,产生的膨胀和压缩脉动次数就比空气中多,水中爆炸压力对周围介质作用比较平缓,因此介质破碎比较均匀。

③ 水在爆破作用中减少了有害效应。由于水中爆炸炸药能量的利用率高,因此消耗在爆破有害效应的能量就少,水压爆破产生的飞石、空气冲击波和噪声都比钻孔爆破小,对周围环境的骚扰也就小。

④ 水在爆破时起到消尘作用。水压爆破时爆炸气体作用喷出的水雾可以大大降低爆破时产生和扬起的粉尘。因此水压爆破可称为是"干净"的爆破。

(2) 水压爆破对周围介质的破坏作用形式

炸药在水中爆破后,其对周围固体介质的破坏作用形式有以下两种。

① 冲击波的作用。炸药引爆后,水中冲击波首先入射到固体壁面,并且在固

---

① 吴子骏,朱德达,郑炳旭,等. 工程爆破管理学[M]. 北京:煤炭工业出版社,1993:87.

壁部分反射成拉伸波返回水中。入射的冲击波作用于固壁后，压力大于固壁的极限抗压强度时，介质开始变形和位移，在变形达到介质材料的极限变形时，固壁产生破裂；当固体介质中的冲击波入射到外壁面（与空气接触的界面）时，反射拉伸应力超过其抗拉极限强度时，壁面外鼓、出现龟裂，强度完全受到破坏，失去承载能力而塌落。

② 爆炸气团的膨胀和高速水流作用。炸药在水中爆炸后，爆炸气体气团迅速向外加速膨胀，追贴上一部分被反射波拉断的水，并且吸附它们成为自己的一部分，继续膨胀使空化区消失，并将能量传递给运动的水流，冲击固壁，加剧它的破坏。随后，具有残压的水流，推倒已被破坏的四处有裂缝的固壁，对使建（构）筑物塌落。

由于水中冲击波、气体脉动和运动水流的作用都比较平和，破坏的固壁碎块得到的加速度也不大，大部分碎块散落在附近。

5.3.1.2 水压爆破的特点

从上述水压爆破的破坏原理了解到，水压爆破有它自己的特点，在施工上也有很多比钻孔爆破优越的地方，但也存在一定的局限性。

① 水压爆破省工省力省成本。水压爆破不需要动用钻孔设备，可以节省作业费用和作业时间，加快施工进度，降低成本，一般为钻孔爆破施工费用的5%～15%。

② 水压爆破的能量利用率高。水压爆破能够充分利用炸药爆破的能量，消耗于有害效应的能量减少，因此水压爆破中一般炸药量较少，药包数量不多，爆破网路简单，操作方便。

③ 爆破破碎效果好。由于水压爆破的作用在建（构）筑物的边壁上的压力平和、均匀，混凝土发生疏松龟裂，钢筋网外鼓，爆破破碎效果非常好，清理十分省力。但是必须注意，水压爆破中只有与水接触的固壁才能产生破碎。

④ 爆破的有害效应少。由于水压爆破消耗于有害效应的能量相对减少，因此爆破产生的空气冲击波、噪声和飞石相应减少，而且由于水介质的雾化效应大大减少了爆炸后所产生的有毒气体和粉尘对环境的污染。因此从安全性上比较，是其他拆除爆破方法不可比的。

⑤ 水压爆破只用于能够存水的建（构）筑物。对于能够灌注水的"容器状"的建（构）筑物，如装配式钢筋混凝土大板房、水泥罐、储油罐、水塔、跳伞塔、水槽、管道、煤斗、人防工事等采用水压爆破拆除是最好的选择，对于难以封闭不能存水的建（构）筑物，只能采用其他方法拆除。

⑥ 水压爆破需要大量的水。水压爆破以水为介质，爆破需要比较多的水，因此在提倡"节水"的情况下以及在水资源严重缺乏的地区使用就必须十分谨慎。

⑦ 水压爆破必须考虑堵漏和泄水。对有缺口（建筑物的门、窗或构筑物的出入口等）的建（构）筑物，需要事先进行防漏堵水；而爆破后大量的水需要及时排泄，

这些问题在水压爆破设计与施工时必须考虑。

⑧ 爆破器材必须防水。水压爆破必须使用防水炸药和防水的起爆材料，在药包的安置、起爆网路等方面都要采取相应的防水措施。

5.3.2　正确设计确保水压爆破安全

上述介绍了水压爆破是比其他爆破在安全上有更大的优越性，但是如果因此而在设计上麻痹大意，同样会把其优越性抹杀。为了发挥水压爆破在安全上的优越性，在爆破设计时必须把住药量计算和药包布置这两个关口。

5.3.2.1　水压爆破药量计算公式

从目前国内水压爆破工程实践看来，中科院力学所最早提出的薄壁圆筒药量的冲量准则计算公式，是目前使用最多的水压爆破药量计算公式，而且爆后结果与设计之间的符合程度比较高。这个公式是利用薄壁圆筒的弹性理论，应用水中爆炸产生的冲击波冲量公式，推导出来的。它推导中应用了弹性力学模型，因此对于介质的破坏程度只能通过试验来修正，所以该公式属于半经验半理论公式。当初，该公式只能适用于薄壁容器结构(见图 5.48)，以后，在试验基础上又进行了补充，可适用于非圆筒形结构物，修正后的冲量准则公式为

$$Q = K_1 K \hat{\delta}^{1.6} \cdot \hat{R}^{1.4} \tag{5.37}$$

式中：Q—药包重量，kg；

K—药量系数，与爆破对象的材质和要求破碎程度等因素有关，对一般混凝土取 $K=2.5\sim4$，对钢筋混凝土密集的构件，取 $K=4\sim10$；

$\hat{R}$—非圆筒形构筑物容积的等效半径，$\hat{R}=\sqrt{S_R/\pi}$；对内半径为 R 的圆筒形构筑物 $\hat{R}=R$，m；

S_R—通过药包中心截面内容积的横截面积，m^2；

$\hat{\delta}$—非圆筒形构筑物容积的等效壁厚，$\hat{\delta}=\hat{R}(\sqrt{1+S_\delta/S_R}-1)$；对壁厚为 δ 的圆筒形构筑物 $\hat{\delta}=\delta$，m；

S_δ—通过药包中心截面的边壁截面积，m^2；

K_1—厚壁修正系数，见表 5.4。

表 5.4　厚壁修正系数 K_1

δ/R	0.1	0.2	0.4	0.6	0.8	1.0
K_1	1.000	1.109	1.233	1.369	1.514	1.667

水压爆破的药量计算公式很多，笔者在这里只介绍了一个比较成熟的公式。目前水压爆破的公式不少于 10 个，许多都是根据本人经验，在不同条件下、从不同角度提出来的，因此都有它自己的局限性。在水压爆破设计计算时，对选用的计算

公式必须慎重，要充分考虑各计算公式的适用条件。有时候不同的计算公式计算用药量相差很大，有的同一个公式选用的系数不同，药量计算可以相差十几倍到几十倍。譬如在 20 世纪 80 年代初，某单位在天津某工厂院内采用水压爆破拆除一座钢筋混凝土碉堡，设计时应用冲量公式计算药量，但是在爆破实施前，又用别的经验公式计算，药量相差很大，后来把设计药量增加了一倍，结果爆破后碉堡顶板掀翻一边，个别混凝土碎块飞出 100 多 m。上述案例 2 中某市中医医院的碉堡水压爆破，也是设计药量过大，加上碉堡结构强度有薄弱面，造成了飞石事故。因此水压爆破的药量，一定要根据爆破体的具体结构，选择适用的计算公式，并依据类似工程已有的实践经验进行分析比较，选取合理的爆破参数。

5.3.2.2 水压爆破药包布置参数

水压爆破设计除了要把住药量关以外，还要合理的布置药包，包括确定药包数量和在水中的位置。

(1) 药包数目

不同的构筑物，由于形状大小的不同，药量设计不同，药包数目也不同。对于球形、立方形、圆柱状或近似于圆柱状或者是正方形的筒体如球形容器、储水池、水泥罐、储料库等，药包一般应设计成集中药包。如果构筑物高度与直径（或者截面宽度）相接近，那么在中心轴线上布置 1 个药包即可；如果高度比直径大 1.2 倍以上就要布置 2 个以上的药包；如果高宽比再大，则应布置延长药包或者像糖葫芦般的串联药包（见图 5.48）。对于矩形的构筑物，在长度方向上与上面所述的药包布

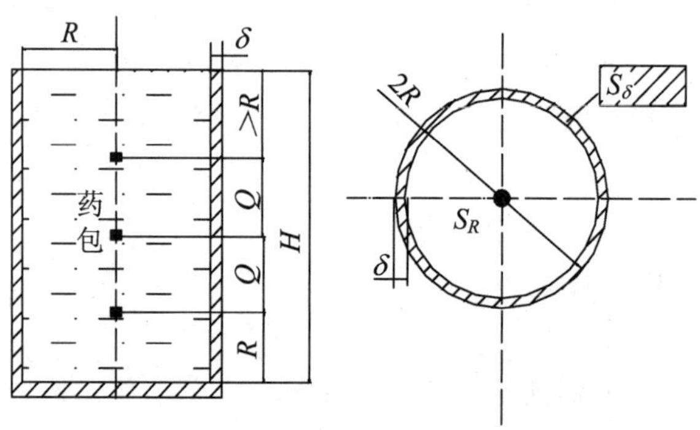

图 5.48 圆筒容器的水压爆破药量及药包设置

置原则相同。对一些截面不规则的构筑物，可以将它分解成几个形状比较规则的区域，在这些区域中心分别布置分药包，这时在将计算的一个主药包药量分成两个以上的分药包时，为了达到相应的破碎效果，这些分药包的药量总和，一般要比单个主药包药量要大，即要增加一定的分散系数。如图 5.49 中截面形状的碉堡，分成 3 个区域，共布置 8 个分药包，设计药量为 38.7 kg，实际装药为 42 kg，分药包药量为 6 kg，6.9 kg，2.07 kg。

(2) 药包在爆破体中的位置

① 构筑物壁厚相同时的药包位置。当构筑物壁厚相同时，药包一般应布置在离各个边壁距离相等的位置。当构筑物的长宽比或高宽比大于 1.2 倍时，依长细比的不同。将药包均分为两个或多个药包，其药包作用应使边壁的受到均匀的破碎压力，一般取药包间距 a（见图 5.48)为：

$$a \leqslant (1.3 \sim 1.4)R \tag{5.38}$$

式中：a—药包间距，m；

R—药包中心至边壁的最短距离，m。

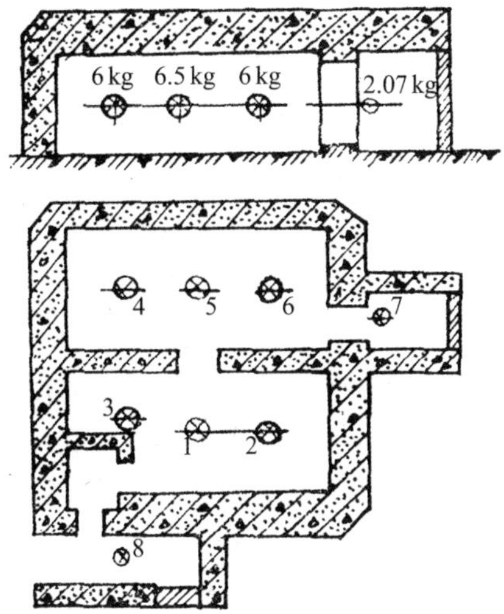

图 5.49　某碉堡的药包分布

② 构筑物壁厚或强度不相等时的药包位置。内部为正方形的构筑物，当两侧的壁厚不等或强度不同，爆破时应布置偏心药包，即将药包布置于壁厚或强度大的一侧，使构筑物的边壁破坏均匀。构筑物中心至偏心药包的距离(偏心距离)X(图 5.50(a))用下式计算：

$$X = \frac{R(\delta_1^{1.43} - \delta_2^{1.43})}{\delta_1^{1.143} + \delta_2^{1.143}} \approx \frac{R(\delta_1 - \delta_2)}{\delta_1 + \delta_2} \tag{5.39}$$

式中：X—偏心距离，m；

R—构筑物中心至侧壁距离，m；

δ_1, δ_2—容器两侧的壁厚，m，$\delta_1 > \delta_2$。

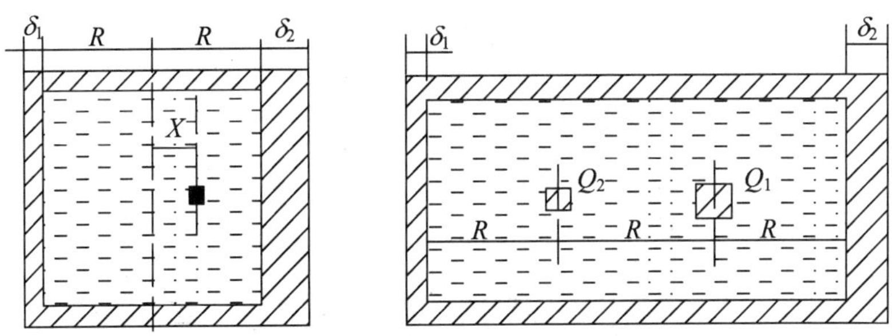

(a) 偏心药包　(b) 增量药包

图 5.50　不等壁厚的药包距离和药量

当两侧的混凝土布筋量不同时，可先将布筋多的一侧钢筋压力换算成等强的混凝土压力，然后用折合的截面厚度，用公式(5.39)计算偏心距离。

当构筑物的截面呈长方形的不等壁厚的结构时，可将总药量分为大小不同的两个或多个药包，等距分布，并将大药包布置在壁厚一侧，药包增量(图 5.50(b))

按下式计算：

$$Q_0 = \frac{\delta_1^{1.143} - \delta_2^{1.143}}{\delta_1^{1.143} + \delta_2^{1.143}} Q,\ Q_1 = \frac{Q + Q_0}{2},\ Q_2 = \frac{Q - Q_0}{2} \tag{5.40}$$

式中：Q_0—药包增量，kg；

Q—总药量，kg；

Q_1—厚壁一侧的药包重量，kg；

Q_2—薄壁一侧的药包重量，kg。

③ 多个开间建（构）筑物的药包布置。如果爆破的建（构）筑物是由很多独立的开间组成的，如用做人防工事的楼房地下室或者装配式大板结构的楼房等，采用水压爆破时，药包应该是隔一间装一间，因为如果相邻两间都注水装药，那么水中冲击波对中间隔墙的作用相互抵消，隔墙就破坏不了，因此必须采用间隔装药的方法，使得注水装药一间的两侧边墙必须是不注水的临空面，这样才能使边壁破碎。如图 5.51 是合肥大板楼的药包布置，采用间隔药包布置的方式。但是有的构筑物，如果都是间隔装药，总会有部分开间破碎不了，这种情况下，可以采用两侧不等量的贴壁剪切药包来破碎，如在石家庄华北制药厂的淀粉池爆破中对中间隔墙的破碎就采用了这种布药方式（见图 5.52）。

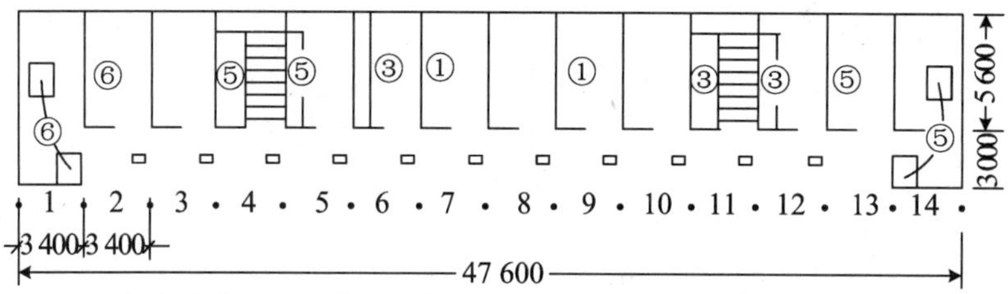

注：数字为房间号；带圈数字为起爆段别

图 5.51 房间间隔布置药包的方式

（房间 3、8、10 没有药包；房间 4、5、11、12 靠近楼梯间砌砖池装药包；房间 1、14 有外山墙砌砖池装药包；□—砖柱钻孔爆破）

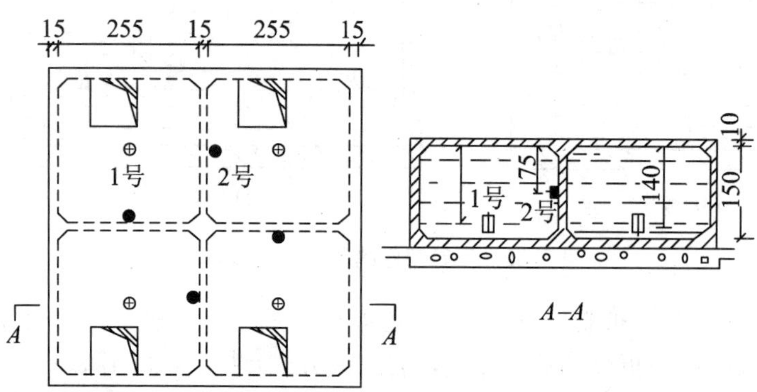

图 5.52 主药包和辅助药包分布方式（图中数字单位为 cm）

（1 号药包是主药包，2 号药包是辅助药包）

当建(构)筑物内有立柱等其他承重结构时,如大型的地下油库、仓库等,应在这些构筑物的承重柱子梁或者墙等构件上用炮眼法装药(或水中裸露药包),与水压爆破主体药包同时起爆。如图 5.51 大板楼的一层走廊有一排承重砖柱,采用了钻孔装药,与房间药包同时进行爆破。

(3) 药包在水中的位置

水压爆破是靠水中冲击波破坏构筑物的,没有浸到水的部位是受不到水中冲击波的作用的,一般情况下,这些部位是不会被破坏的。所以在构筑物内部,原则上应充满水。药包一般放在水面以下相当于 2/3 倍水深的位置;构筑物不能充满水时,应保证药包在水中的深度不小于药包中心至构筑物边壁的最短距离 R,如果水深达不到构筑物中心到边壁的距离,则应布置多个药包,并相应降低药包在水中的位置,直至放置在底部。否则爆破效果不会理想。

通常药包的入水深度 h 采用下式计算:

$$h = (0.6 \sim 0.7)H_s \tag{5.41}$$

式中 H_s 为注水深度。注水深度应不低于结构物净高的 0.9 倍,最宜注满。

药包入水深度最小值 $h_{\min}$ 按下式验算:

$$h_{\min} \geqslant \sqrt[3]{Q} \tag{5.42}$$

或

$$h_{\min} \geqslant (0.35 \sim 0.50)B \tag{5.43}$$

式中:$h_{\min}$—药包最小入水深度,m;

Q—单个药包重量,kg;

B—构筑物截面直径或内短边长度,m。

对于封闭式构筑物,要保证封口部位(顶板)的破坏,水必须充满整个构筑物,保证水中冲击波能作用到顶盖上,这时构筑物的顶板应作为一个边壁来考虑布置药包。

5.3.2.3　注水和泄水设计

(1) 注水设计

水压爆破需要水作为传压介质,有的构筑物如水泥罐、储粮罐等需要大量的水,如贵阳水泥厂 4 个连体水泥筒倉,每个倉内直径为 10 m,高 22 m,如果灌满就要 1 728 t 水,4 个倉就需 6 912 t 水,这么多的水,从哪里供给,怎么传输,如何注入爆破体内,灌满水需要多少时间等等,这些问题必须在设计时予以考虑。如灌满上述一个罐,1 728 t 水如果用普通 1 吋自来水管来灌,如果水流速度按照 3 $\mathrm{m \cdot s^{-1}}$ 计算,需要 13 天,显然这种注水速度是不能采纳的。如果采用消防水带,则在同样水速情况下,仅需 1.5～2 天即可,因此注水设计必须符合工程进度的要求。

(2) 泄水处理

构筑物爆后泄水如何处理,如上述水泥罐爆破,水头高达 20 m 的这些水,在爆破后会像洪水一样奔流,如果事先没有考虑泄水方法,那么有时会对附近建筑物设施造成破坏。譬如某地有一座粮仓,采用水压爆破拆除,在粮仓旁边不远有运粮的专用铁道，设计没有考虑泄水方案，爆后高达 10 多米 m 水头排泄下来把铁道钢轨都冲击挪位了。因此在设计时必须考虑泄水处理。贵阳水泥厂 4 个筒倉的水压爆破，实际没有灌满水，约装了 5 000 t 水，利用旁边的下水道进行排水，下水道口进水断面为 1.4×1.5 m，如果进水按照 2 $m \cdot s^{-1}$流速计算，排水速度为 252 $m^3 \cdot s^{-1}$，5 000 t 水需要 20 分钟才能排完。为了防止爆破的混凝土碎块堵住孔口，影响排水，事先在孔口固定一个具有一定强度的钢筋网罩住。

5.3.3 水压爆破施工的安全

5.3.3.1 水压爆破施工准备阶段的安全

水压爆破的施工准备主要有施工调查、防水堵漏和开挖临空面等项工作。这些工作都直接关系到爆破的安全和效果。

(1) 施工调查

在确定采用水压爆破方案之前，首先应收集、掌握建(构)筑物的结构，包括材质、各部位的尺寸及布筋情况，周围环境及对安全的要求；第二要看工程是否具备水压爆破的施工条件，包括水源情况，泄水条件，爆破体的储、漏水状况；第三是水压爆破与其他爆破拆除方案的安全与技术经济指标的比较，确定水压爆破是否最佳方案。爆前的调查勘察工作很重要，尤其是爆破日伪时期的旧碉堡及十年动乱时期修筑的人防工事，大部分没有图纸可依，因此必须到现场进行测量，有时还要钻孔了解它的厚度和用风镐凿开保护层了解钢筋配置情况，否则爆破就很难取得预期效果。如在 20 世纪 80 年代初，在建设京津塘高速公路时，要炸掉当年日本兵修筑的碉堡，碉堡顶部厚度有 1.2 m，配筋情况只能看到表面，采用水压爆破后，顶部只是出现少量细裂缝，从边壁爆开的顶角发现，顶板中埋设有钢轨，显然在这种情况下，采用常规计算药量爆破是不会有好的效果的。

(2) 防水堵漏

在遇到的水压爆破构筑物中，除了圆筒形和矩形(包括正方形)的储水池、储料槽等不需要进行堵漏的结构物以外，大部分的建(构)筑物采用水压爆破拆除时都需要在爆前进行防水堵漏。如人防工事的出入口和枪炮口、大板楼房的门窗以及构筑物底板、边壁的裂缝等都要进行防水处理。防水堵漏的方法根据结构物的不同，大致有以下几种。

① 大板楼房。一般要对门进行堵塞，方法是砌筑砖墙，高度与窗台相平(大约 1.2 m，即注水高度)，在靠水面应该抹上防水砂浆(见图 5.53(a))；

② 碉堡。对枪炮口要在内口贴上钢板固定在口内，然后用防水砂浆砌筑砖墙堵住缺口(见图 5.53(b))；对出入口在内部放置药包之后，砌筑比出入口边壁稍厚的砖墙，最后在砖墙外面，用挖掘机挖土堆埋拍紧。

③ 钢筋混凝土料斗。一般储料斗都是锥形四面体，出料口为比较小的正方

形，通常采用灌注钢筋混凝土薄板，或者使用钢板，四周用防水胶带密封(见图5.53(c))；

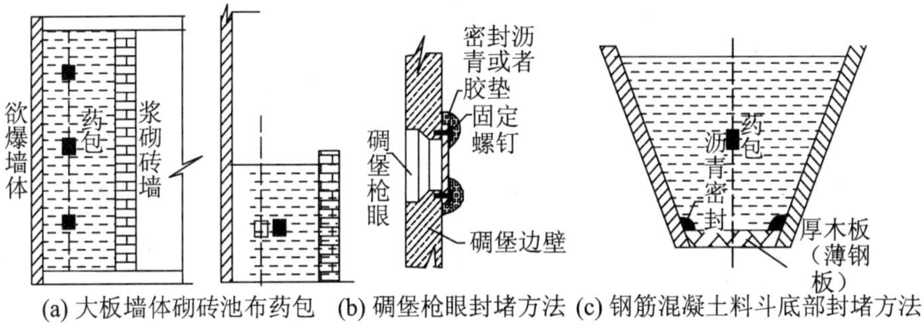

图5.53　不同结构的盛水和堵漏方法

④ 裂缝处理。对于构筑物底板和边壁存在的裂缝，一般用防水砂浆予以堵塞，也可以用水玻璃进行灌缝。

(3) 开挖临空面

一般人防工事都在地面以下，需要爆前在四周开挖临空面，以给构筑物的水压爆破破碎留有一定空间，同时起到降低爆破振动的作用。

5.3.3.2　水压爆破爆破实施阶段的安全

水压爆破不需要钻孔，装药、网路连接、防护都比钻孔爆破要简单，这里针对水压爆破的施工安全提出以下注意事项。

(1) 药包制作

水压爆破使用的爆破器材必须是能够防水的，常用的防水炸药有梯恩梯和乳化炸药，以前没有乳化炸药，使用非抗水的硝铵炸药代替时，就要进行防水处理，可以把炸药装在盐水瓶中或者在药包外面裹上多层塑料袋，然后在雷管脚线引出口用黄油和石蜡封严。如果雷管脚线长度不够引出水面以上，那么要把脚线接头也密封在塑料袋内。案例1中成都18层楼房的水压爆破，设计200 kg炸药，只有60 kg爆炸，原因主要是爆破器材和网路联接的防水没有做好，大部分药包拒爆，导致楼房炸而不倒。

(2) 药包安放

水压爆破的药包要按照设计位置安放到位，一般安放的方法有两种。

① 悬挂药包法。在构筑物注水后用线绳由上往下悬挂药包，都用在敞口或者是顶板比较薄可以在上面凿孔的构筑物，安放药包的位置用线绳的长度在水面做标记或者是顶板开孔的位置来确定，考虑到水的浮力，在药包下面应有配重(见图5.54(a))；

② 固定药包法。这一种方法是在注水前，把药包固定架安置在底板上的设计位置，药包的入水深度由药包在固定架上安放高度来控制。由于水的浮力和注水

时水流的冲击，固定架一般用钢材制作。这种方法适用在碉堡类人防工事等构筑物(见图 5.54(b))。

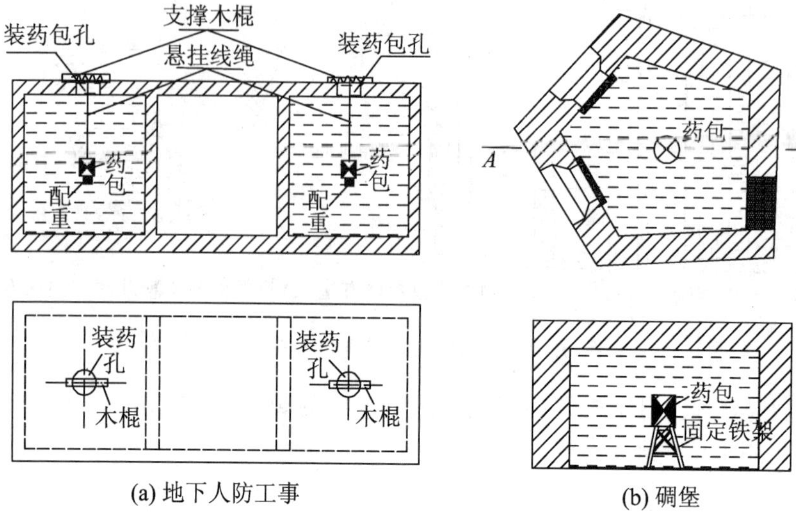

图 5.54 水压爆破药包安置的方法

(3) 网路联接

水压爆破的药包个数很少，因此网路联接比较简单，这里只提醒注意，由于水压爆破现场地面都会有水，网路的接头不能进水。无论是电爆网路还是导爆管网路，线路接头(四通联接头)，都要用防水胶布包好，并把接头用砖或木块垫起在地表存水面以上。对于碉堡类人防工事，一般在顶板钻孔引出起爆线。

(4) 注水

构筑物的注水，是水压爆破的特有工序，注水的时间和方法与构筑物结构特点、药包安放的方法以及堵漏情况密切相关。

① 注水位置。对于敞口型和顶板可以开孔的构筑物，在进行堵漏后就可以连续注水直到灌满至顶板或达到设计水位，然后安放药包定位。对于有出入口、而且顶板又要爆破破碎的构筑物，如碉堡类人防工事，要先安放药包、固定位置，在顶板上开口引出起爆线之后，然后堵塞出入门口，在顶板开口处注水直到灌满。

② 堵漏方法。对于有些构筑物在注水时发现还有跑水的地方，应该马上停水堵漏；不很严重的渗漏可以用水玻璃封堵。漏水严重的，应该停止注水，用防水砂浆重新砌或者抹面。

③ 连续注水。有些构筑物在开始注水后，并没有漏水，注水快灌满时，由于水压的增加，防水堵漏的地方，出现了渗漏，而且无法再进行修补，但是如果停止注水，水就灌不满，顶板就破不了。这样的情况还经常会遇到，怎么办？补救的措施就是继续注水，只要“进水大于出水”，就能够灌满，灌满后不停水起爆。如 20 世纪

80 年代初，在水压爆破拆除北京建国门桥东南边一座长 100 m、高 3.5 m、宽 4 m 的混凝土搅拌站时，由于周围堵漏的砖砌墙比较多，在使用消防水带注水达到 3 m 时，封堵的多道砖墙底部出现渗漏，用水玻璃堵漏不管用，但是观察继续注水时水面还是上涨，因此决定继续灌水，当水面达到顶板后立即起爆。爆破后搅拌站全部座塌，而消防水带在顶板上面没有丝毫损伤。后来在华北制药厂爆破淀粉槽时，也遇到这种情况，同样地采用了不停水起爆的方法。

(5) 防护措施

水压爆破只要药量控制得当，一般很少有飞石。但是在敞口爆破以及顶板有孔口的情况下，由于有残压的水柱喷出，会把开口部位或顶板上面的碎块冲击出来；有时由于水压爆破用药量偏大，顶板和边壁破碎后被高速水流冲击而飞出，所以在顶板和四周边壁上面要覆盖草袋或草垫类防护物。

第 6 章　城镇及复杂环境岩土爆破安全技术

6.1　城镇及复杂环境岩土爆破的特点与安全控制

6.1.1　城镇及复杂环境岩土爆破的特点

在城市市政建设、交通工程、房地产开发、地质灾害整治及其他土建工程中，经常遇到山体开挖、整平地面、沟槽、基坑及孔桩开挖，必须采用爆破施工。包括紧邻既有铁路的爆破施工、交通隧道开挖，它们都处于环境复杂条件，具有以下一些共同的特点。

① 邻近爆破工点往往有居民区和交通道路，爆破作业容易对居民产生干扰；爆破作业也容易引发居民的诉讼而受到影响，因此，必须严格控制爆破有害效应，特别是爆破飞石、爆破和开挖时的滚跳石对周围环境的影响，做好与相邻村镇、社区、单位的协调，避免对居民的日常生活和社会活动造成影响。

② 爆破工点周围往往有大量居民楼、办公楼、厂房，甚至还会有极重要的设施、极精密贵重的仪器以及文物等保护对象，必须高度重视爆破振动对保护对象的安全影响。

③ 在爆破区附近还可能有无线电磁波发射源、射频电源、高压线及其他产生杂散电流等有可能危及爆破安全的不安全因素，在爆破作业中必须采取有效的措施以保证施工安全。

④ 对爆破作业有较高的环保要求，应减少爆破和施工噪声、粉尘、甚至弃渣对环境的影响。

⑤ 对文明施工有严格的要求，一般应在工地周围做好围档，实施封闭式施工；施工场地一般比较狭窄，需要合理安排，认真做好规划。

⑥ 岩土工程的地形不规则，岩石的节理、裂隙和其他地质构造面，将使最小抵抗线和爆破参数不易控制，影响到岩石爆破块度、坍塌方向和安全；一些工程还应注意开挖过程中及开挖后边坡的质量和稳定性；爆破施工的全过程必须十分严谨。

⑦ 由于是露天作业，可能出现大量的水孔，必须重视爆破材料的防水抗水。

⑧ 一般工期要求比较紧，对爆破规模与次数、爆破作业时间要求苛刻，因此必须做好施工总体规划和组织设计，合理安排，做好爆破与其他工序的衔接与协调。

6.1.2　城镇及复杂环境岩土爆破的设计原则

6.1.2.1　爆破方案及规模的确定

在城镇及复杂环境地区实施爆破作业，应采用石方控制爆破技术，可以根据工程的环境条件及开挖要求，通过爆破设计，采取一定的技术措施，控制爆破产生的飞石、冲击波、振动及其他破坏影响，保证环境的安全。

在《爆破安全规程(GB6722-2003)》中，城镇浅孔爆破(short-hole blasting in urban area)指“采取控制有害效应的措施，在人口稠密区用浅孔爆破方法开挖和二次破碎大块的作业”。复杂环境深孔爆破(deep-hole blasting in complicated surroundings)指“在爆区边缘 100 m 范围内有居民集中区、大型养殖场或重要设施的环境中，一次使用 1 t 以上炸药的深孔爆破作业”。在《爆破工程消耗量定额(GYD-102-2008)》中，将城镇浅孔爆破与复杂环境深孔爆破合为同一类爆破工程，统称城镇及复杂环境石方爆破工程，并对作业环境做了更细的分类，在定量上做了规定，将露天石方爆破复杂环境分为 A、B、C 三类。A 类复杂环境指爆破距离国家一、二级文物，极重要设施，极精密贵重仪器设备及重要建(构)筑物等 50 m 以内，或距离国家三级文物、省级文物、重要设施、民房、办公楼、厂房等 10 m 以内；B 类复杂环境指爆破距离国家一、二级文物，极重要设施，极精密贵重仪器设备及重要建(构)筑物等 50～100 m，或距离国家三级文物、省级文物、重要设施、民房、办公楼、厂房等 10～50 m；C 类复杂环境指爆破距离国家一、二级文物，极重要设施，极精密贵重仪器设备及重要建(构)筑物等 100～200 m，或距离国家三级文物、省级文物、重要设施、民房、办公楼、厂房等 50～100 m。

掌握一个石方开挖项目的目的、地形地质条件和周围环境以后，首要任务是制定一个较好的石方控制爆破方案。爆破方案一般应包括以下三方面的内容。

(1) 选择爆破类型

一般可采用三种爆破类型。

① 浅孔控制爆破。适用于方量小且面积小的工点。在上述 A 类复杂环境中则无论方量大小均应采用浅孔爆破。

② 深孔控制爆破。适用于上述 B、C 类复杂环境下方量较大的工点，但不应采用大孔径的钻孔，孔径∅应控制在 50～100 mm 的范围内。

③ 对岩土边坡，宜设计光面或预裂爆破。

城镇及复杂环境地区石方工程，往往采用综合控制爆破与机械开挖相结合的施工方案。

(2) 确定爆破规模

与爆破方案紧密相关的首要设计参数，是一次爆破允许的最大用药量，即爆破规模。爆破规模受到以下两个方面的制约。

① 爆破振动对邻近建筑物及设施的安全影响。通常，由以下经验公式计算一次爆破允许的最大用药量，即

$$Q = \frac{R^3}{K'}\left(\frac{[V]}{K}\right)^{\frac{3}{\alpha}} \tag{6.1}$$

式中：Q——一次爆破允许最大用药量，kg；

R—爆源中心到被保护建筑物或设施的距离，m；

$[V]$—建筑物不受破坏所允许的地面最大振动速度，应按爆破安全规程对不同建(构)筑物允许安全速度的规定选取，$\mathrm{cm \cdot s^{-1}}$；

K—介质系数，与地震波传播地段及建筑物基础的地质条件有关，对于土壤，$K=200$，对于岩石，$K=30\sim70$；

α—振动衰减系数，一般距爆源近区，取 $\alpha=2$；距爆源远区，取 $\alpha=1.5$；

K'—安全系数，$K'=1\sim3$，对古老、质量差的建筑物，或安全要求高的设施，K'取大值。

② 允许的坍塌范围。爆破落石不能覆盖、挤压邻近爆破区的建筑物、交通要道、通讯设施等。岩石控制爆破的坍塌宽度可按下式估算：

$$L = K \cdot \sqrt{\frac{2\eta s}{\tan\theta}} \tag{6.2}$$

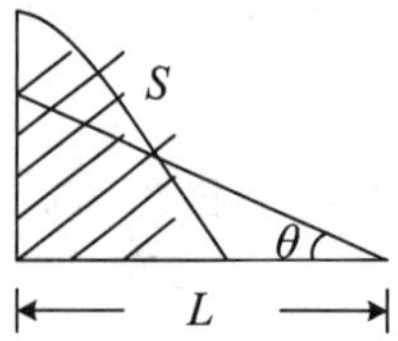

图 6.1 坍塌宽度示意图

式中：L—包括爆破体在内的坍塌宽度，m(见图 6.1)；

S—检验断面的岩石爆破破碎面积，$\mathrm{m^2}$；

η—松散系数，新爆落岩石的松散系数为 1.3～1.8，坚硬岩石取高值；

θ—爆堆的自然安息角，一般为 25°～45°，坚硬岩石时取高值；

K—安全系数，一般取 1.1～1.5，保护对象的重要性大时取高值。

当计算的坍塌宽度不能满足条件要求，则需进一步控制爆破规模，减少一次爆落方量，或采取转移坍塌方向、预留岩墙和其他技术措施。在考虑爆落岩石的坍塌影响时，还应注意到可能产生的飞石和滚石影响，必要时要采取阻石和防护措施。

(3) 做好施工组织设计

在工程开始之前，由参加爆破工程施工的技术人员根据爆破技术设计说明书制定详细的施工组织设计。施工组织设计包括确定开挖工作面，确定开挖程序，确定是否分期、分段、分层开挖；提出并落实钻孔机具、人员安排及施工进度；提出材料计划及安全防护措施；建立爆破组和安全警戒组；拟定爆破时间及爆破实施要求。确保整个爆破工作有计划、有组织地进行。

爆破施工应根据施工组织设计确定的施工方法、施工顺序和施工进度进行。以加强施工管理，提高工程经济效益，保证施工安全。爆破工程设计人员应参与或跟踪施工过程，这是爆破工程能否取得良好效果的一个重要保证。

6.1.2.2　爆破参数设计的主要原则

城镇及复杂环境地区的岩土爆破作业，应采用控制爆破技术，其爆破参数设计应遵守以下主要原则。

① 无论是浅孔爆破，还是深孔爆破，都应该尽快创造台阶工作面，形成有序的爆破作业平台。

② 应使爆破最小抵抗线指向环境安全及施工条件较好的方位。

③ 根据允许的爆破规模，设计合理的孔网参数。所谓孔网参数，主要包括最小抵抗线 W，孔距 a，排距 b，孔深 l 及装药结构等。孔网参数设计，即药包布置是否合理，对控制爆破效果的影响很大。

④ 严格控制单位用药量。不仅要使一次爆破的实际单耗合理，而且应做到每个药包所担负爆破方量恰当。即对每个炮孔的装药量都应依据其最小抵抗线和孔网参数设计确定，才能保证爆破效果和安全。

⑤ 设计合理的填塞长度，保证填塞质量。这不仅是控制爆破飞石的重要环节，也直接影响到炸药能量利用和爆破效果。

⑥ 根据允许的最大单段药量，做好毫秒延时爆破网路设计。采用毫秒延时爆破，不仅可以有效地降低爆破震动，扩大一次爆破规模，减少爆破次数，还可以提高爆破效果。

⑦ 对爆破震动、飞石及其他爆破效应进行安全计算和校核，认真做好安全防护设计。

⑧ 对需保护对象做好现状调查，必要时做好安全监测和信息化施工设计。

下面，以石方浅孔控制爆破为例，列举若干主要的设计参数与施工工艺。

(1) 最小抵抗线 W

浅孔钻孔直径一般为 30～42 mm，最小抵抗线一般取钻孔直径的 20～30 倍，故最小抵抗线常取 0.8～1.2 m。实践表明，这一数值能较好地控制飞石和破碎块度。

(2) 孔距 a 和排距 b

合理选择孔距和排距对降低大块率、提高石方清理速度有很大作用，通常的设计参数为：

$$a = W = 0.8 \sim 1.2\ \text{m},\ b = \frac{\sqrt{3}}{2}a = 0.7 \sim 1.0\ \text{m}。$$

此种布孔方法在石方施工中易产生大块，尤其当 $a < W$ 时，形成切割，大块更为突出，给人工清除石方带来一定困难。

采用宽孔距布孔，并缩小排距，可以起到降低大块率的作用。即取

$$a = 1.2W = 1.0 \sim 1.5\,\text{m},\ b = 0.5a = 0.5 \sim 0.8\,\text{m}。$$

(3) 炮孔深度 l

合理的炮孔深度可以避免冲炮,使炸药能量得到充分的利用,保证控制爆破效果。一般取:

$$l = (1.5 \sim 2.0)W \approx 1.2 \sim 2.2\,\text{m}$$

(4) 装药结构与装药方法

装药结构可采用以下三种方式。

① 集中装药。操作简单方便,但有时易产生大块。

② 分层装药。当 $l>(1.5\sim2.0)W$ 时,宜采用分层间隔装药,有利于破碎均匀,相邻两层药卷的中心距离 Y 应符合下列条件:

$$0.7W \leqslant Y \leqslant 1.5W$$

③ 非密实装药(或称不耦合装药)。采用小直径药卷,使药卷和炮孔壁间存在一定的空气间隙,可以减少对爆裂面的破坏。但此法辅助工作量大,工艺较复杂,并且须导爆索传爆。

装药方法有两种,即正向装药和反向装药。

① 正向装药。雷管聚能穴向下的装药为正向装药。正向装药可以减少冲炮的力量,有利于控制飞石。但在深孔中由于管道效应的影响,可能产生传爆中断现象,使孔底留下残药,影响爆破效果。

② 反向装药。雷管放在孔底且聚能穴向上的装药为反向装药。反向装药在浅孔中易产生冲炮,但在深孔中可以使炸药完全起爆,爆破效果较好。

在石方控制爆破时,浅孔以正向装药为主,深孔以反向装药为主。在装药中还要注意药卷的聚能穴方向,与传爆方向一致。

(5) 填塞长度

在一切情况下,必须保证 $l_{填}\geqslant1.2W$,使填塞长度 $l_{填}>W$;否则,需调整 W,a,b 的关系重新布孔。填塞质量好坏,直接影响炸药的能量利用和爆破效果,当 $l_{填}>1.5W$ 时,可用钻孔粉渣或干沙堵孔,适当捣固;当 $l_{填}<1.5W$ 时,要用半干黄黏土严密捣实。

(6) 装药量计算

石方控制爆破装药量计算可参考以下两组经验公式。

① 按孔深计算药量。

$$l_{药} = (0.1 \sim 0.25)l \tag{6.3}$$

式中:$l_{药}$—装药的药卷长度,m;

l—钻孔实际孔深,m。

这一计算方法简单方便,易于现场工人掌握使用。但必须事先认真校核各孔的最小抵抗线,有异常者需区别对待。另须注意:应用此经验公式的前提是有正确的孔网参数设计;此公式只适用于炮眼孔径为 38～42 mm 的钻孔,对于普通药卷，长度 0.1 m 的药量为 100 g；临空面处的炮孔取低值，后排钻孔取高值。

② 梯段爆破法计算药量。

$$q_1 = CKWaH \tag{6.4}$$

$$q_{后} = 1.2CKabH \tag{6.5}$$

式中：q_1—前排(临空面处)单孔装药量，g；

$q_{后}$—后排单孔装药量，g；

C—药量控制系数，$C = 0.15 \sim 0.30$；

K—单位用药量，400～900 $g \cdot cm^{-3}$，岩石坚硬时取大值；

W—最小抵抗线，m；

a—孔距，m；

b—排距，m；

H—梯段高度，m。

梯段爆破法计算药量比较合理，是设计计算的主要依据。

6.1.3　实现施工安全的重要措施

在城镇环境复杂实施岩土爆破工程，除了应制定合理可靠的爆破方案和设计原则外，为保证施工安全，还必须要注意以下几点。

①《民用爆炸物品安全管理条例》规定，在城市、风景名胜区和重要工程设施附近实施爆破作业的，应当向爆破作业所在地设区的市级人民政府公安机关提出申请，提交《爆破作业单位许可证》和具有相应资质的安全评估企业出具的爆破设计、施工方案评估报告。应当由具有相应资质的安全监理企业进行监理，由爆破作业所在地县级人民政府公安机关负责组织实施安全警戒。

② 在城镇地区实施爆破作业，应了解爆破区周围的居民情况，会同当地相关部门做好施工的安民告示，消除居民对爆破存在的紧张心理，妥善解决施工噪声、粉尘等扰民问题，取得群众的密切配合与支持，以确保施工顺利进行。同时对爆破时可能出现的问题做出认真的估计，提前防范，妥善安排，避免不应有的损失或造成不良影响。

③ 对有可能存在安全影响的爆破工点，例如爆破震动对建筑物的安全影响，应对可能引起损伤的重点防护对象在爆破施工作业中进行全过程监测，必要时建议委托第三方，按照爆破安全监测项目和内容对重点部位进行监测，组织信息化施工，监测数据不仅用以指导爆破设计方案和参数选择，可以为安全施工提供有力的保证，也是评价防护对象安全状况的重要依据。

④ 在城镇地区实施爆破作业，加强爆破器材的现场管理极为重要，应由公安机关指定或组织爆炸物品配送单位。爆破器材的使用单位凭证购买爆破器材后，由配送单位负责将爆破器材直接由爆炸物品贮存库运送到使用地，并负责爆破器

材的退库运输。做到施工现场不设爆破器材库,爆破器材现场不过夜。

⑤ 在城镇地区进行的岩土爆破工程应采用封闭式施工,在相应位置设置明显的警戒标志;在邻近交通要道和人行通道的方位和地段,应设置防护屏障。尤其要做好安全防护设计,对爆破体及防护对象(邻近爆区的建筑物、重要设施等)进行覆盖等防护,必要时,还应沿爆破体临空面立排架、栅栏做支档防护,防止爆破产生的个别飞散物。

⑥ 爆破实施阶段,应在爆破指挥部的领导下,决定合理的爆破时间,组织警戒方案的实施,并按照指挥部的指令,按时进行清场撤离、封锁交通要道等工作。炮响后,在未发出解除警戒信号之前,警戒点岗哨应继续值勤,除爆后检查人员外,禁止任何人员和车辆进入危险区。对可能发生的意外事故,应制定应对预案。

6.1.4 城镇及复杂环境岩土爆破的安全防护

城镇复杂环境岩土爆破安全防护的重点是产生的飞石和滚石,除必须通过安全评估制定爆破方案,选择合理的爆破设计参数外,一般应对爆破体进行覆盖防护。

爆破体表面覆盖材料应具有一定的面积、重量、强度、柔性、耐用等特点,易于搭接和搬动。常用的覆盖材料有:① 橡胶垫(炮被)。用汽车废旧外胎加工制成,把外胎切成厚 1.5 cm、宽 10 cm、长 2.0～2.5 m 的条带,然后做成宽 1.5～2.0 m 的长方块,是目前理想的覆盖材料。② 竹(荆)笆、尼龙(草)土袋。爆破体表面比较平缓时,可用尼龙编织袋或草袋装土,压在钢丝网上。用直径为 10 mm 的钢丝编制成 4 cm×4 cm 的网格,每块钢丝网的长、宽一般为 3.5 m。③ 柔性安全防护体系(布鲁克网)。它具有施工简便,施工电安全性好,防护强度高,几乎无高空作业工序等优点,由于它是全封闭一次性防护,特别适合开挖高度较高的山体爆破。

对邻近爆区的建筑物、重要设施等防护对象进行覆盖等防护,应根据具体保护对象做出设计,对门窗等面积较小的部位,可采用竹笆、木板、草帘、钢丝网等遮挡,对重要设施,如电讯设备、变压器等,可采用搭设防护支架,并用尼龙(草)土袋,竹夹板(竹笆)做多层覆盖;对水管、油、气管等地面设施,可用沙袋砌筑"Ⅱ"形防护(顶部悬空,密布毛竹、木板并加压沙袋)。

为防止飞石、滚石,必要时还应沿爆破体临空面立排架、栅栏做支档防护。对于高陡边坡的爆破工点,应做分级式防护排架,一般每层的高度在 10 m 左右,排架下方砌筑 2 m 高沙袋挡墙,开挖集渣坑,防止滚石直接沿陡坡下冲。有的工地采用圆木等材料架设防护排架,也有的采用钢管排架,可视现场具体情况设计确定。

钢管排架防护体系的结构如图 6.2 所示。搭设方法为:在邻近爆区一侧架设钢管排架,竖杆间距为 1 m,横杆间距为 1.2 m,排架高度以高出爆破体 2～3 m 为宜,排架靠坡面部分每个钢管结点用锚杆锚固,其锚固材料可用早强砂浆或树脂。

其高出山顶部分用钢丝绳拉于地锚固定，并在钢管排架内侧绑扎竹夹板封闭，顶部铺设钢丝网，形成一个全封闭防护体系。

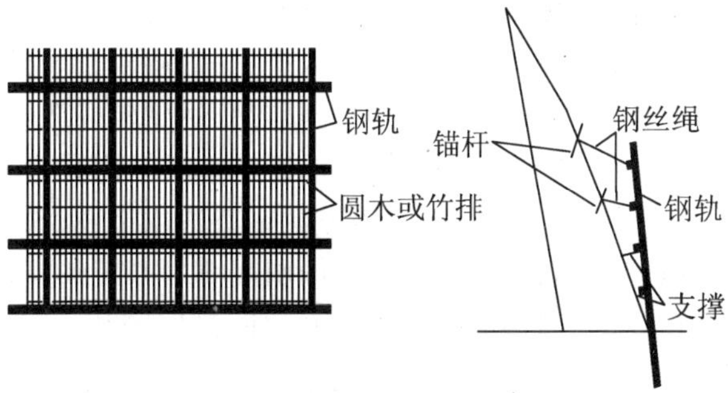

图 6.2　钢管排架防护示意图

6.2　石方控制爆破安全技术

6.2.1　沟槽开挖控制爆破

6.2.1.1　基本特点与开挖方法

沟槽是指从地平面往下开挖的宽度较狭窄、有一定深度、有较大长度的凹槽。沟槽爆破广泛地用于市政道路配套管线(如电缆沟、给排水沟、供暖设备沟等)开挖及输油气管道开挖。基坑也是从地平面往下开挖，与沟槽相比，它有足够的开挖宽度，因此地表的开挖面积相对较大。基坑爆破则应用于高层建筑物的基坑开挖，水利工程中的坝基齿槽开挖。沟槽与基坑爆破通常使用浅孔爆破法，采用手持式凿岩机钻孔，钻孔直径为 36～42 mm。

(1) 基本特点

① 由于沟槽宽度窄，深度又往往比宽度大，因此岩石沟槽爆破时夹制作用特别明显，在设计时必须注意创造临空面，或适当增加装药量。

② 由于沟槽宽度窄，爆破时容易造成沟槽壁破坏或损伤。要使沟槽壁较为完整，在爆破设计上必须采取一定措施，例如采用预裂爆破、光面爆破等。

③ 由于其岩石性质及地质构造的复杂性，使得其爆破参数，特别是单位用药量系数不易掌握。

④ 市政工程中的沟槽爆破，环境一般比较复杂，特别要重视爆破震动和个别飞散物的安全影响，并做好爆破时的安全防护措施。

(2) 开挖方法

沟槽爆破开挖一般分为渐进开挖方法和一次拉通法。

① 渐进开挖法。由沟槽的一端或两端开始,逐渐向另一端或中间钻爆开挖的方法。这种方法类似台阶开挖法,是逐排或数排(一般不超过 3 排)钻爆开挖,由于它具有一个侧向临空面,可以减弱地层的夹制作用,达到较好的爆破效果和减弱对沟壁的破坏作用,也有利于控制对周围环境的影响。其缺点是进度较慢,要求对钻孔、爆破、清渣几个工序有合理的安排。该方法一般适用于宽、深沟槽。

渐进开挖法一般采用倾斜孔钻爆,炮孔倾斜度 60°~75°(2∶1~3.9∶1),一般以 70.5°(3∶1)为好。布孔时中间炮孔与边孔之间最好错开一定距离,一般沟槽爆破布孔及起爆顺序见图 6.3,应采用毫秒间隔顺序起爆。

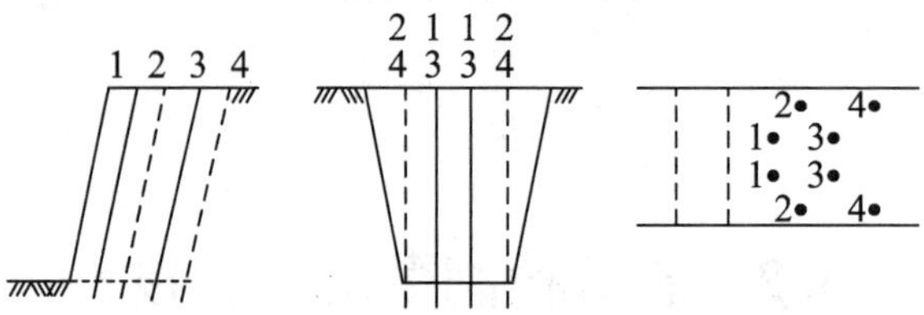

(a) 纵剖面图 (b) 正面图 (c) 平面布孔图

图 6.3 沟槽爆破布孔及起爆顺序示意图

(图中数字表示起爆顺序)

宽、深沟槽开挖宜用分层台阶爆破法,上层按前述方法布孔,下层则由于上部沟壁的阻碍,不能顺沟边钻孔,只能参照图 6.4 布孔。

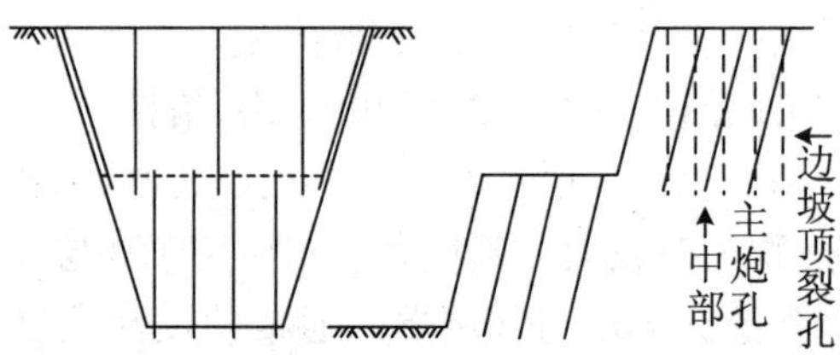

(a) 正面图 (b) 纵剖面图

图 6.4 沟槽分层台阶爆破布孔示意图

为了保证下部开挖的工程质量,使下部沟壁不受到破坏或少受影响,可将孔网布置稍密一些,尤其是靠沟边的炮孔,孔网参数更应小一些,使药量相应分散一些,有条件的地方,可对沟壁全深做一次预裂爆破,然后再进行分层开挖。

② 一次拉通爆破法。将整个沟槽的全部炮孔钻完后一次爆破,或将长沟槽分成若干段进行分段钻爆,每段长度不小于沟宽的 4~5 倍。这种方法适用于狭小沟槽的开挖。对于宽沟槽如果环境条件允许,钻机及爆破器材齐备,经过合理的爆破设计与正确的施工,采用一次爆破开挖法,也可以达到进度快、效果好的要求。

一次拉通爆破法多采用毫秒延迟爆破和中心掏槽爆破法。布孔方法见图 6.5。图中(a)适合于一般沟槽爆破;(b)和(c)适合于较狭窄的沟槽爆破;(d)适合于 V 型小断面的沟槽爆破;(e)适合于较宽的沟槽爆破。

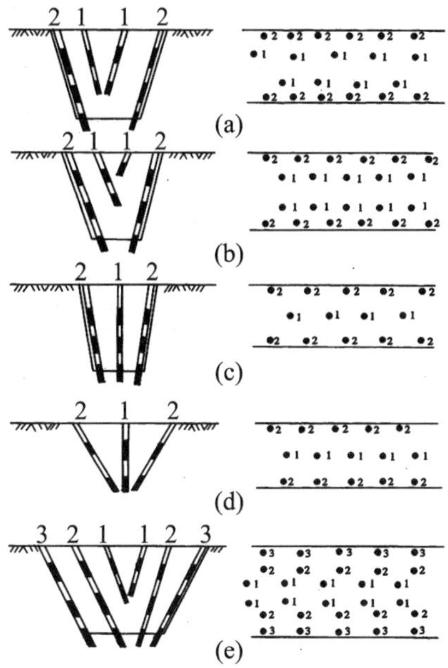

图 6.5　一次拉通沟槽爆破布孔示意图

(图中数字为起爆顺序)

6.2.1.2　沟槽爆破参数设计

(1) 钻爆参数

沟槽爆破由于夹制作用比较大,一般孔网参数取得比较小,药量要适当大一些,这是沟槽爆破的一个特点。沟槽爆破参数可以用公式计算,也可根据工程类比查表得出,重要的是应根据工程实践通过试验得到合理的爆破参数。

① 沟槽爆破参数的计算方法。沟槽爆破类似台阶式深孔爆破,在沟槽前进方向开挖出临空面后,即可根据台阶式深孔爆破类似的方法来确定钻爆参数,最小抵抗线 W,孔距 a,排距 b 分别为:

$$W = 0.3\sim0.6\ m \tag{6.6}$$

$$a = (1.0\sim1.2)W \tag{6.7}$$

$$b = 0.85a \text{ 或 } b = (0.85\sim1.0)W \tag{6.8}$$

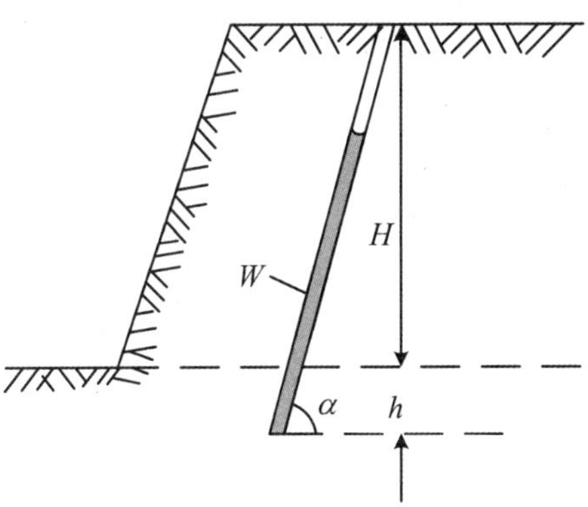

图 6.6　倾斜孔深与沟深的关系

对垂直钻孔,孔深 L 为:

$$L = H + h \tag{6.9}$$

对倾斜钻孔,孔深 L 为

$$L = \frac{H + h}{\sin a} \tag{6.10}$$

式中:H—沟槽深度(或梯段高度),m;

h—垂直炮孔的超钻值,$h = 0.2\sim0.5$ m,沟窄、石硬、孔深时取大值,反之取小值,m;

a—钻孔角度,$a = 60^\circ\sim75^\circ$(见图 6.6)。

单孔装药量 Q 为

$$Q = K \cdot H \cdot a \cdot W \text{ 或 } Q = K \cdot H \cdot a \cdot b \tag{6.11}$$

前式适用于有侧向临空面的炮孔药量计算,后式适用于无侧向临空面或多排孔后面各排炮孔的药量计算。式中,K 为单位用药量系数,对主炮孔,取 $K = 0.4\sim0.8$

kg·m^{-3};对边孔,可取 $K=0.2\sim0.4$ kg·m^{-3},也可采用光面或预裂爆破药量公式计算。

② 查表法。表6.1列出的开挖管道沟槽钻爆参数可供参考。

表6.1 沟槽爆破主要参数表

序号	沟槽深度/m	炮孔深度/m	抵抗线/m		每炮孔底部装药量/kg		上部每孔装药量/kg
			最大	一般	底宽1.0m横向布3孔	底宽1.5~2.0m横向布4孔	(装药集中度约为0.40 kg·m^{-1})
1	0.6	0.9	0.6	0.6	0.15	0.20	—
2	1.0	1.4	0.8	0.8	0.20	0.25	0.20
3	1.5	2.0	1.4	1.1	0.30	0.40	0.35
4	2.0	2.5	1.4	1.1	0.40	0.55	0.50
5	2.5	3.1	1.4	1.1	0.50	0.65	0.75
6	3.0	3.6	1.4	1.1	0.60	0.75	0.90
7	3.5	4.1	1.4	1.1	0.75	0.95	1.10
8	4.0	4.6	1.4	1.1	0.90	1.15	1.30

注:① 本表适用于钻孔直径为40~50 mm的炮孔;爆破地点离建筑物较远,环境条件对安全要求不是很严格。② 炮孔较深时,可分几段间隔装药,但药包的间隔不宜过大,特别对于坚硬岩石,以防间隔段的岩石炸不开。

(2) 采用预裂和光面爆破法的沟槽爆破

为了改善沟槽壁面的质量,对两侧边孔可采用密集钻孔(小孔距)和小药量的光面孔或预裂孔,并使边孔倾向沟槽中心,或倾向沟槽中心的同时,又倾向临空面。特别是梯形断面的沟槽更宜如此布孔,见图6.7。一般来讲,当沟槽较宽时,宜采用光面爆破,当沟槽较窄时,宜采用预裂爆破。

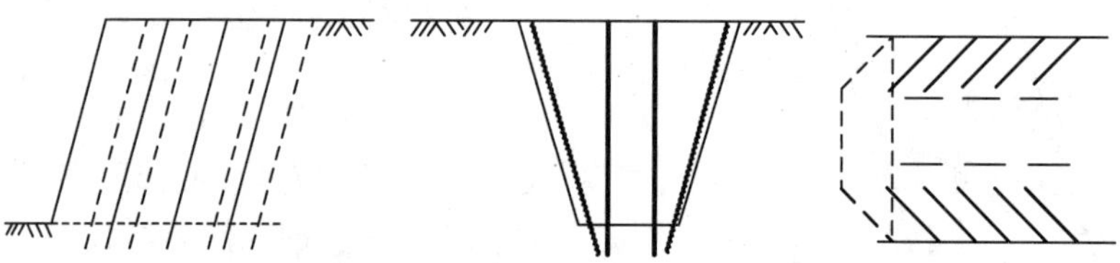

(a) 纵剖面图 (b) 正面图 (c) 平面图

图6.7 沟槽爆破中预裂和光面爆破布孔示意图

预裂和光面孔的孔距取钻孔直径的7~12倍(预裂孔)和10~15倍(光面孔)。预裂孔和光面孔的装药量比主爆孔少,但由于孔底岩石夹制作用大,为确保预裂缝贯通到孔底,在底部应适当加强装药。

(3) 起爆网路

沟槽爆破通常采用毫秒延期雷管起爆,其优点是飞散物少,减少超挖,改善破碎质量,不留根底。

沟槽爆破的起爆网路通常采用非电导爆管毫秒雷管网路或毫秒电雷管网路，也可使用导爆索起爆法，并采用毫秒继爆管组成毫秒延时起爆网路。毫秒电雷管网路由于受段别的限制，一次起爆的炮孔数量不多，采用非电导爆管毫秒雷管网路可采用接力网路，孔内采用高段雷管，孔外接力采用低段雷管。

沟槽爆破起爆顺序布置原则是：① 先起爆的药包要为后起爆药包创造临空面。对只有向上临空面的沟槽爆破，掏槽炮孔应先起爆；有侧向临空面的沟槽爆破，应利用侧向临空面布置起爆顺序。② 布置在中间部位的药包要先于边帮的药包起爆，以保证沟槽边帮的平顺。③ 炮孔中分层装药的，可以布置成上面的药包先起爆，下面的药包后起爆。

6.2.2 整平爆破

6.2.2.1 整平爆破的特点和布孔原则

整平地面的爆破(也包括整平坡面的爆破)是与地坪爆破和沟槽爆破相近似的一种工程爆破。

(1) 整平爆破的特点

① 场地需要整平。正是由于起伏不平、高高低低、不规则和无一定的形态规律，因而需要铲除的厚度也不一。这是整平爆破的地形特点。

② 由于地形不规则，造成了钻孔深度不一，钻孔方向不一，孔网参数不一和药量多寡不一。这样就无法用常规的设计方法进行爆破技术设计。

③ 由于地形起伏和不连续性，有时使炮孔之间不能发挥共同作用，而只能各孔单独发挥作用，这就不易达到良好的效果，对飞散物方向及距离也较难控制。

④ 有些鼓起的地面，有的是具有多临空面的孤石，有的则是匍匐地下的大块整体基岩，有的岩石较完整坚硬，有的则比较松软破碎。针对这些情况，钻爆作业和用药参数都必须根据不同条件而区别对待。

(2) 布孔原则

整平地面爆破的目的就是将场地开挖到设计的水平面，为了保证达到设计的开挖标高，常常要超过开挖标高向下多爆破一些，否则达不到开挖标高而残留不厚的一层根底时，再钻爆(凿底)就更困难了，相反，稍微挖深一些而加以填平补齐则容易得多。

布孔的原则，总的来说就是要因地制宜，随地形和周围环境条件而定。具体包括：① 钻孔方向要尽量与一个临空面平行，或成较小的夹角角度，并要考虑环境条件，应使最小抵抗线避免朝着重要建筑物和严防飞散物的方向。② 对根基埋伏于开挖线以下的岩石块体，要有较大的超钻量。③ 单孔爆破的效果一般都较差，故对孤块、孤石(特别是无多面临空的倾伏于地基下的孤块)应尽量布置双孔或多孔，使其发挥共同作用，方可获得较好效果。因为这样可使药量相对分散，能更好地发

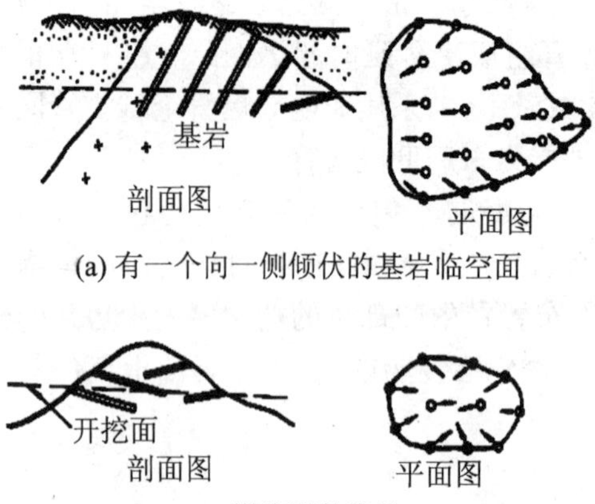

(a) 有一个向一侧倾伏的基岩临空面

(b) 馒头形的岩基

图 6.8 整平地面爆破的炮孔布置

挥炸药在介质中的作用，扩大其作用范围，使需要开挖的部位都能得到破碎。而且由于炸药分散，也有利于对飞散物的控制。

图 6.8 是两个整平爆破岩基布孔的例子。其中(a)图是有一个向一侧倾伏的基岩临空面，其上面有覆土。施工时可先把上部覆土清除后，使钻孔平行于该倾斜临空面方向，以类似台阶爆破方式布孔，每排孔数视岩基宽度而定，炮孔数量多，其共同作用效果好。若基岩宽度不大，也要求至少每排布两孔以上。此外在四周要布倾角小并向岩基中心倾斜的炮孔。(b)图是一馒头形岩基，宜从四周向中央布置小倾角的倾斜炮孔。

6.2.2.2 整平爆破主要设计参数

整平爆破实际上是梯段爆破的一种辅助爆破，即在梯段爆破之前用小直径炮孔来整平地面的零星爆破。表 6.2 是采用斜度为 3∶1(炮孔倾斜度 70.5°)的小直径炮孔时的整平爆破参数表，可供参考。

表 6.2 整平爆破参数

爆破体厚度/m	炮孔深度/m	抵抗线/m	炮孔间距/m	底部装药/kg	柱体装药/kg
0.4	0.7	0.40	0.55	0.05	—
0.5	0.8	0.50	0.65	0.10	—
0.8	1.1	0.60	0.75	0.15	—
1.0	1.4	0.80	1.00	0.30	—
1.5	1.9	1.00	1.25	0.50	0.10
2.0	2.5	1.00	1.25	0.70	0.30

整理地面爆破时，一般各项参数可按以下方法求取。

最小抵抗线 W 取决于地面铲除的厚度，一般可取 0.4～0.6 m，但不宜大于 1.0 m。孔距 a 与排距 b 可大致取 W 值，或略大于 W 值，可取 $a=b=(0.9\sim1.3)W$。孔深 L 与地形、布孔位置和方向有关，要保证钻孔深度都达到超钻基准面(见图 6.9)。超钻 h 可在 0.2～0.5 m 范围取值，若岩石较松软，不允许破坏底板及钻孔倾角较缓时宜取小值；若岩石坚硬完整及钻直孔时应适当取大值。药量 q 的计算方法应根据不同的地形条件和钻爆方式而定，可参照下列几种不同情况选择计算公式。

① 对台阶状多面临空大块岩体，布置多个炮孔爆破时，可用：

$$q = K_{松} aWHPU \qquad (6.12)$$

② 对隆起地面（非孤石）作单孔爆破时，可用：

$$q = K_{松} W^3 PU \qquad (6.13)$$

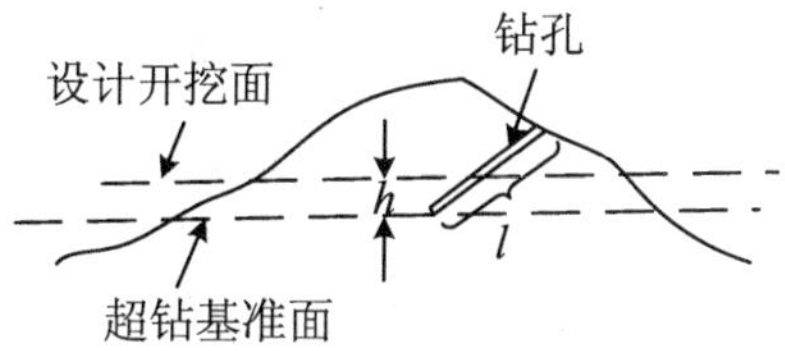

图 6.9　整平爆破的超钻基准面

③ 对梯段多排孔爆破时，可用：

$$q = K_{松} abHPU \qquad (6.14)$$

各式中：q—单孔装药量，kg；

$K_{松}$—松动爆破用药量系数，kg・m^{-3}，由表 6.3 查取；

a —多孔爆破时，同排相邻孔的间距，m；

W —最小抵抗线，m；

b—多排孔爆破时的排距，m；

H—台阶爆破时，台阶（梯段）高度，m；

P—临空面药量修正系数，可由表 6.4 查取；

U—环境条件系数，U 在 0.333～1.0 范围内取值。环境复杂、安全要求高时取小值，反之取大值，在野外条件下可取 1.0。

表 6.3　各种地质下的 $K_{松}$ 值

岩石名称	$K_{松}$ / kg・m^{-3}	岩石名称	$K_{松}$ / kg・m^{-3}
硬土	0.3～0.5	花岗岩	0.4～0.8
密实的土石类	0.4～0.6	流纹岩、粗石岩、蛇纹岩	0.5～0.8
页岩、千枚岩	0.4～0.6	片麻岩、正长岩、闪长岩	0.5～0.8
板岩、千枚岩、砂岩	0.4～0.7	石英岩	0.5～0.9
砾岩	0.5～0.7	安山岩、玄武岩	0.6～0.9
白云岩、大理岩、石灰岩	0.5～0.7	辉长岩、辉绿岩、橄榄岩	0.6～0.9

注：表中 $K_{松}$ 值有一定的波动范围，要视岩石的完整程度（风化程度，节理裂隙发育情况，岩层的厚薄情况）而定，完整坚硬的取大值，反之取小值。

表 6.4　临空面药量修正系数

临空面个数	药量修正系数 P	
	集中药包	延长药包
2	0.5	0.6
3	0.3	0.4
4	0.2	0.24
5	0.16	0.2
6	0.14	0.17

整平地面的爆破，由于各爆破块体或各个炮孔往往是分散的，所以起爆方式可一次进行，也可分次进行。但对同一块体有共同作用的炮孔，必须同时起爆。

6.2.2.3 大块石解体控制爆破

在石方工程中，总有一些不宜装运的大块，例如，效果良好的深孔爆破，大块率一般在5%以内。而在岩石控制爆破中，由于药量的限制，对岩石的破碎作用大为减弱，岩体在爆破作用下主要沿原有节理裂隙破裂，大块率相应也要提高。为便于机械装运或人工清理，对大块孤石要进行破碎处理。

孤石一般为多面临空，形态大小各异，均呈个体存在。爆破不当，不仅耗药量大，还极易造成飞散物，危及安全，干扰施工。因此，二次破碎孤石，应避免裸露爆破，而采用钻孔控制爆破。

对于多面临空的孤石，实际上常用单孔爆破来破碎，可采用下面药量计算公式求算其装药量：

$$q = K_{松}VPU \tag{6.15}$$

式中：q—单孔装药量，kg；

$K_{松}$—常规松动爆破的单位用药量系数，可由表6.3查得；

V—孤石体积，m^3；

P—临空面药量修正系数，由表6.4查取；

U—环境条件系数，U为0.333～1.0，环境复杂、安全要求高时取小值，反之取大值，在野外条件下可取1.0。

钻孔的布置视孤石的形状、大小而定：对体积在1 m^3以内，近似呈正立方体的孤石，在孤石中心部位布置一个钻孔即可；当孤石过大，或长度比差异较大时，应按“体”、按“形”适当增加炮孔，以便均布药量使破碎均匀。也可在一个炮孔中分层装药，各药包的间距应满足：

$$a = (0.8 \sim 1.5)W \tag{6.16}$$

炮孔深度一般取孤石厚度的1/2～2/3。

破碎孤石的装药量，也可按式(6.17)估算：

$$Q = (45 \sim 70)V \tag{6.17}$$

式中：Q—破碎该孤石总装药量，g；

V—孤石体积，m^3。

表6.5的数据也可供使用时参考。当采用多个炮孔时，应将计算总装药量按各孔最小抵抗线的情况进行合理分配，并使同一孤石上的所有药包同时起爆。

孤石二次破碎的炮孔一般都比较浅，因此一定要加强填塞，填塞材料中应防止碎石，最好用干黄黏土，并用木炮棍夯实，以防发生冲炮。

在严禁出现个别飞散物的工区，应对爆破的孤石加盖防护物，最简单的防护物是草袋和荆笆，在条件许可时，最好采用胶管帘等柔性材料，并外用废旧帆布捆绑，效果更为理想。

表 6.5　孤石控制爆破药量参数

孤石体积/m^3	厚度/m	炮孔深度/m	炮孔数目	单孔装药量*/g
0.125	0.5	0.25～0.35	1	8～15
0.25	0.65	0.35～0.45	1	12～20
0.5	0.8	0.45～0.55	1	20～35
1.0	1.0	0.55～0.65	1	35～70
2.0	1.0**	0.55～0.65	2	35～70
3.0	1.5**	0.80～0.95	2	50～110

注：*孤石完整坚硬的装药量取高值；**孤石为长方体。

6.2.3　预留岩墙爆破

6.2.3.1　预留岩墙爆破的提出

在城镇及复杂环境下采用深孔控制爆破进行开挖大量石方时，常常会遇到爆区高于建筑物的情况，爆破和爆后岩石开挖时爆堆塌散及高陡坡产生的滚跳石极易对环境产生破坏。例如深圳美视电厂北侧高危边坡整治工程，其南侧西段（约 120 m 长）为一坡到顶、相对高度 30～92 m 的岩石高边坡，坡面坡度达 51°～65°，坡脚南侧为美视电厂的储气罐群及配套管线。该山体爆破施工的最大难点在于如何控制风化严重的高边坡在开挖爆破过程中的滚石安全。高边坡区坡面岩体破碎，机械开挖和爆破时极易出现滚石，滚石在坡面上的弹跳将对美视电厂液化气储罐、管线构成极大威胁。再如 B21-1 地块整治工程，该地块南侧在 700 余 m 长的范围内与建工村建筑群"零接触"，有 5 栋五层居民楼与爆破山体坡脚距离不足 2 m，且山体比楼房高 30 余 m，爆破时不允许产生任何滚石。对这种情况一般采用预留岩墙的爆破施工方法，即在开挖山体与建筑物之间预留一定厚度的岩墙，岩墙外的山体采用深孔控制爆破施工，通过控制最小抵抗线方向、同时起爆的装药量、微差分段、填塞长度和孔口覆盖等措施来保证其安全，将岩墙靠建（构）筑物一侧坡面因爆破出现下滚的石块降至最小程度，在主要方量爆破开挖后再进行岩墙的爆破开挖。岩墙随主爆区同步下降，岩墙的爆破全部采用深孔松动爆破或浅眼控制爆破，同时采用立面加强防护、爆区表面覆盖防护相结合的综合防护体系，并安排炮头机和大功率挖机进行施工，以保证岩墙爆破时建（构）筑物的安全。这样施工，可以利用预留岩墙的屏蔽作用减少主要方量爆破施工时的难度和对周围环境的危险性，而将整个工程的安全控制点放在预留岩墙的处理上面。

预留岩墙的爆破技术往往是这类工程成功实施的关键。

6.2.3.2　预留岩墙的爆破方法

考虑到预留岩墙外侧往往有建筑（构）物需要保护，尽管可以采用排架、集渣坑和柔性挡墙等防护措施，但如果爆区比建（构）筑物高，这些防护设施一般是很难抵御大量石方坍塌下落时的冲击力的。因此岩墙爆破时要求靠建(构)筑物一侧仅仅裂开,没有或只有很少的岩块在这一侧滚落。

预留岩墙可以采用浅孔爆破,也可以采用深孔爆破。

① 预留岩墙浅孔爆破开挖法。浅孔爆破一次破岩量小,即使坍塌其方量也不会太大,防护设施能经受得住,在有重要建(构)筑物部位,在紧靠爆区采用外侧简易防护措施(比如在坡面上钻一排孔固定钢筋棍用竹笆组成简易排架)也能起到很好的防护效果。图 6.10 是某工地预留岩墙爆破开挖设计示意图,主爆区采用深孔爆破,台阶高度 10 m,预留岩墙顶宽不大于 3 m,采用浅孔台阶爆破,台阶高度分别为 3.3 m,3.4 m,3.3 m,即每个深孔台阶预留的岩墙要有 3 个浅孔台阶来处理。

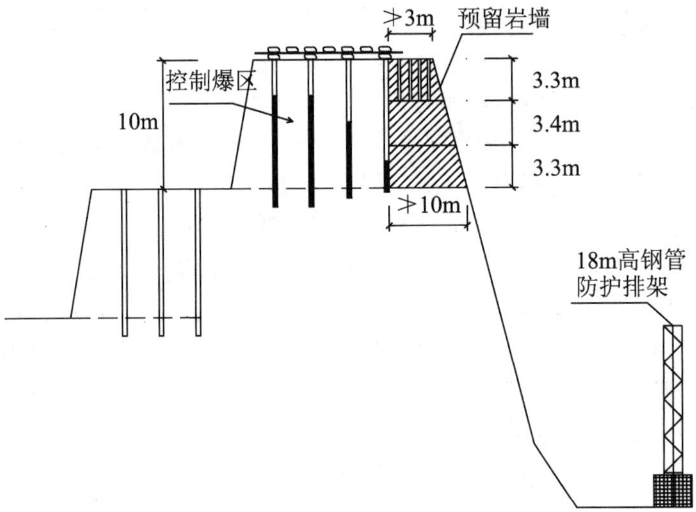

图 6.10 预留岩墙浅孔爆破开挖示意图

② 预留岩墙深孔爆破开挖法。预留岩墙采用浅孔爆破法施工,可以通过加强防护措施控制岩墙爆破时大量石块滚落,但势必大大增加边坡处的爆破次数和防护工作量,钻爆成本将大幅上升,工程进度明显放缓。根据我们多个工程的实践,预留岩墙也可采用以深孔控制爆破技术为主,配以合理防护措施的开挖方法进行施工。预留岩墙深孔爆破法的施工关键参见本章 6.2.4.3 节工程实例“紧靠电厂高危山体深孔爆破开挖工程”。

6.2.4 工程实例

6.2.4.1 安托山防洪工程排洪主干渠岩石沟槽控制爆破

(1) 工程概况

石质为花岗岩,沟槽底宽 8 m,深度 4～8 m,侧坡按 1∶0.5 计,沟槽内石方开挖高度 2～6 m 不等，开挖总量约 5 000 m^3；周围环境十分复杂，北距某部营区围墙 6 m，距营区内楼房 20 m。

（2）设计原则

设计原则主要有：① 采用浅孔控制爆破法，钻孔直径 $d=38\sim42$ mm。② 一次爆破深度小于 2 m，一次爆破排数不超过 10 排。③采用逐排毫秒延时起爆方法。④ 孔按 1∶3 的倾斜度布置，起爆方向与沟槽的轴线方向相同。⑤ 综合考虑防护措施，防飞散物和控制爆破震动。

（3）爆破技术设计

① 炮孔布置和起爆顺序。如图 6.11 所示，炮孔平面布置成梯形，同排炮孔平行布置，边孔较中间孔前置 $W/3$；爆破顺序是自上而下逐层进行，自临空面向待挖岩体逐排起爆。

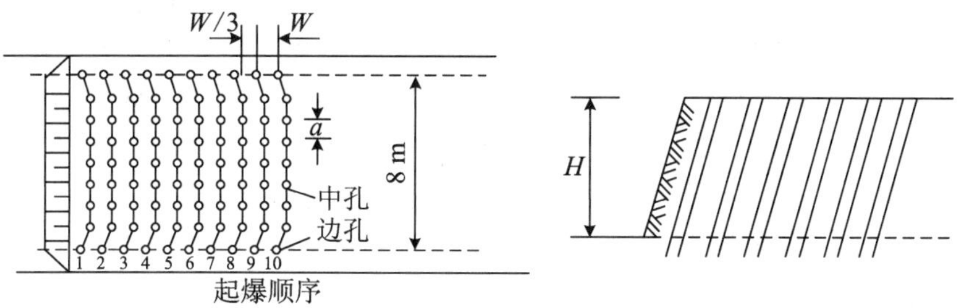

(a) 平面图　　(b) 纵断图

图 6.11　炮孔布置与起爆顺序示意图

② 爆破参数。钻孔直径 $d=42$ mm，钻孔超深 $W/3$，且不小于 20 cm。孔深 L 及单孔装药量 Q 随挖深而变，具体参数见表 6.6。

表 6.6　石方沟槽控制爆破参数

H/m	W/m	L/m	L_1/m	L_2/m	a/m	q/kg·m^{-3}	Q/kg
0.5	0.6	0.8	0.2	0.6	0.8	0.83	0.2
1.0	0.7	1.3	0.5	0.8	0.8	0.89	0.5
1.5	0.8	1.9	0.8	1.1	0.8	0.83	0.8
2.0	0.8	2.4	1.1	1.3	0.8	0.86	1.1

注：表中 L_1 为装药长度，L_2 为填塞长度，a 为孔距，q 为单耗。

6.2.4.2　深圳蛇口赤湾山开山爆破场平工程①

（1）工程概况

本工程系蛇口工业区综合整治工程的一部分，周边环境非常复杂，爆区沿赤湾

① 张志毅，邓志勇等．深圳蛇口工业区复杂环境大量石方爆破的安全控制技术[M]//中国工程爆破协会编．中国典型爆破工程与技术．北京：冶金工业出版社．2006：100～103.

路北侧形成长 600 m、宽 80 m 的条带区。赤湾路南侧建有太阳石油公司、广东浮法玻璃有限公司楼群厂房，厂区与爆区平行的长度近 350 m，且标高均低于爆区开挖标高，另外还有输油管道 4 条，地表长度 95 m，直径为 500 mm 的输水管道一条，长度 900 m。西侧高位水池距爆区仅有 10 m 左右。

本工程的主要难点有：① 日均爆破产量大、质量要求高，施工质量与爆破工程施工进度相矛盾。本工程土石方爆破开挖、运输填筑方量 102 万 m^3，工期为 4 个月。日开采量要求达到 10 000 m^3。根据招标文件要求，爆后岩石粒径不得大于 800 mm，满足石方挖、装、运、填的要求；边坡尺寸符合设计要求并达到稳定状态，围岩无明显碎裂，边坡平整度 ± 300 mm；场地平整高程允许偏差 ± 200 mm。② 爆破震动安全要求高。广东浮法玻璃厂生产线对震动要求很高，质点振速不能超过 0.35 $cm \cdot s^{-1}$，而生产线距爆区的距离最近处只有 94 m，为降低爆破震动必须严格控制爆破作业的最大单响药量和爆破规模，爆破震动安全对保证施工进度提出了极高的要求。③ 爆破飞石、滚石的防治难度很大。特别是浮法厂厂区、输油、输水管道与山体仅一路之隔，距离仅 11～14 m。该段山体陡峻，下部为直立岩壁（高度为 15～50 m），上部为陡坡（落差约 50 m），表面有大量的大块孤石，防护难度极大。距爆破工地 30～100 m 浮法厂、中宏气体厂厂区内有变电站、易燃易爆气体罐，一旦爆破飞石击中罐体，有可能引起爆炸并发生连锁反应，后果将不堪设想。

为解决上述难题，在工程设计与施工过程中采取了一系列的技术措施，成功地解决了施工进度与质量要求、爆破安全之间的矛盾，有效地防治了爆破飞石、滚石及爆破震动的危害。

(2) 施工进度与质量矛盾的解决

① 确定合理爆破参数。针对具体的岩体地质条件和装运设备的配备情况，施工中不断总结优化爆破参数，特别是孔网参数和炸药单耗，保证爆后块度级配合理，爆堆集中并有一定的松散度，便于铲装。经过一段爆破施工后，孔网参数最后确定如表 6.7。

表 6.7 Φ=76 mm 深孔台阶控制爆破参数

H/m	W/m	h/m	a/m	b/m	L/m	l/m	l'/m	Q/kg
5	2.3	0.8	2.5	2.3	5.8	3.3～3.5	2.3～2.5	13.2～14
6	2.4	0.8	2.8	2.4	6.8	4.3～4.5	2.3～2.5	17.2～18
7	2.4	0.8	2.8	2.4	7.8	5.3～5.5	2.3～2.5	21.2～22
8	2.5	0.8	2.8	2.5	8.8	6.0～6.3	2.5～2.8	23.8～25
9	2.5	0.8	2.8	2.5	9.8	7.0～7.3	2.5～2.8	27.8～29
10	2.5	0.9	3.0	2.5	10.9	8.1～8.4	2.5～2.8	32.8～34
11	2.5	0.9	3.0	2.5	11.9	9.1～9.4	2.5～2.8	36.8～38
12	2.5	0.9	3.0	2.5	12.9	10.1～11.4	2.5～2.8	40.8～42

续表 6.7

H/m	W/m	h/m	a/m	b/m	L/m	l/m	l'/m	Q/kg
13	2.5	0.9	3.2	2.5	13.9	11.1～11.4	2.5～2.8	44.8～46
14	2.5	0.9	3.2	2.5	14.9	12.1～12.4	2.5～2.8	48.8～50
15	2.5	0.9	3.2	2.5	15.9	13.1～13.4	2.5～2.8	52.8～54
16	2.5	0.9	3.2	2.5	16.9	14.1～14.4	2.5～2.8	56.8～58

注:单位长度装药量为 4 $kg \cdot m^{-1}$(铵油炸药)。

② 保证炮孔质量和装药到位。加强炮孔质量管理和验收,装药前综合考虑每个孔的倾向及倾角的变化对孔网参数的影响程度,适当调整有偏差的孔及其周围孔的实际装药量。对于无法排尽积水的水孔使用乳化炸药,装药时适当放慢投放速度,以确保所有炸药均装药到位。

③ 超深与单耗的特别考虑。前排炮孔根据实际底盘抵抗线的大小进行装药,避免出现根坎。对坡面起伏较大的情况,还用最小抵抗线来对用底盘抵抗线计算出的药量进行校核,适当减小装药量,或用间隔装药的方法,避免爆破能量沿最小抵抗方向过早释放而造成不利影响。炮孔超深取(0.10～0.15)L;炸药单耗取 $q=0.4\sim0.6\ kg \cdot m^{-3}$,岩石可爆性好时取小值,反之取大值。

④ 起爆位置与爆破排数。为减小大块率,采用孔底起爆。延长爆轰产物在孔底作用时间,有利于克服底盘较大的夹制性,减少根底。为保证施工进度,一次爆破的炮孔排数为 8～15,后排适当增加药量,当排数较少时,采用 V 形起爆,后排不加药。

⑤ 确定合理的起爆模式并保证准爆。采用大区非电毫秒延时接力起爆网路,深孔台阶和低梯段钻孔控制爆破采用孔内非电毫秒延时雷管,孔外电雷管集簇激爆的混合起爆网路。因地制宜地分别采用 V 形、梯形、波浪形等多种起爆模式。间隔时间 $t=25\sim100$ ms,自前向后逐渐加大。这样有利于前排爆破后更长时间抛移,为后排创造更好的临空面,改善爆破效果。既能降震又保证了爆破规模。

⑥ 预留光爆层,边坡实施光面爆破。在高位水池东、南侧的永久边坡施工中,为确保水池基岩免受爆破的破坏,在设计边坡坡面前预留 10 m 左右的光爆层。为确保光爆孔的钻孔精度,特别制作了角度矫正架,有效地保证了钻孔质量,爆后的半孔率达到了 90%。

⑦ 合理安排施工工序。根据现场地形条件,从高到低,形成 7 个台阶,台阶高度 12～16 m,宽度 20～40 m,台阶推进方向平行于浮法生产线。这样在爆破规模受到限制的情况下,可以通过增加爆破次数来保证工程进度。

(3) 控制爆破震动的措施

① 采用合理的爆破方式。采用毫秒延时爆破减震技术,每次爆破前都根据爆区与浮法生产线的相对位置合理安排起爆顺序,使最小抵抗线侧向浮法生产线,当爆破排数较多时,每隔 3～4 排安排一次跳段排列或用孔外接力方法增加排间爆破

时差，实现多段准确起爆，避免不同段别之间爆破振动的叠加。

② 在不影响总装药量前提下，严格控制最大单响药量。本工程深孔爆破，单响最大药量根据距离浮法玻璃厂生产线距离的远近，取 70～150 kg。

③ 捡底炮的处理。捡底炮因临空面条件较差，夹制作用大，虽然爆破规模小，往往爆破震动反而较大，宜采用毫秒延时浅眼爆破法处理，并不宜采用过大的超深。下一循环爆破开始前，将自由面前的渣堆清理干净，不准采用压渣爆破方式进行多排孔爆破。

④ 进行爆破振动监测，总结该地爆破振动衰减规律。根据现场爆破区域的具体地质、地形条件，依据对浮法生产线等重点保护物的数十次爆破振动监测结果，得到 29 m 台阶爆区沿着浮法生产线方向的振动衰减公式为：

$$V = 79.53\left(\frac{\sqrt{Q_{max}}}{R}\right)^{2.03} \tag{6.18}$$

式中：V—质点振动速度峰值，$cm \cdot s^{-1}$；

Q_{max}—爆破单响最大炸药量，kg；

R—爆源到测点距离，m。

在认真分析振动监测资料的基础上，发现爆破区与生产线的高差及生产线基础的抗震设计对振动强度的影响规律：在相似的爆破条件下，爆破区域的高度每降低 12 m，爆破振动的峰值增加 0.05～0.12 $cm \cdot s^{-1}$；浮法生产线基础减震缝的降震作用显著，减震缝两侧的垂直振速峰值之比为 1.5～2.4，且入射波的主频越高，比值越大，振动波穿过减震缝后的主频均有不同程度的增加。

由以上的观测分析结果，估算给定爆破区域对应的最大单响药量，指导下一步的爆破施工。

(4) 控制爆破飞石、滚石的措施

① 爆破最小抵抗线方向应尽量避开保护物；重视岩体的地质状况，发现节理、裂隙发育等特殊地质构造，调整钻孔位置，装药前验孔，发现前排炮孔节理、裂隙发育时，对爆破参数进行相应的调整。

② 保证填塞长度和质量。填塞应达到设计要求的长度，填塞料采用钻孔的岩屑，禁止使用碎石，在有水炮孔填塞时，防止填塞料悬空。

③ 对孤石、危石进行及时清理，确保施工安全。为防止滚石，邻近赤湾路一侧的陡壁预留宽 5～10 m，高 5～6 m 的岩墙，并随主爆区同步下降，岩墙的破碎采用深孔松动爆破或浅眼爆破，并安排油炮、挖机等配合施工。

④ 采用爆区表面覆盖防护、工区立面防护、保护物近体防护三位一体的防护体系。爆破区域每个孔口封压 1 个沙包，顶面通盖一层竹笆，其上再压沙包，每平方米加压沙包 4 个。东面和南面邻近山体一面砌筑与水池顶面同高、厚 2 m 的沙袋挡墙；在邻近赤湾路一侧不同高度构筑两道排架，排架下方砌筑沙袋挡墙，防止滚石直接沿陡坡下冲（见图 6.12）；沿赤湾路南侧搭设高 12 m 的排架，下部砌筑

2 m高沙袋；水管、油管用沙袋砌筑“Ⅱ”形防护（顶部悬空，密布毛竹并加压沙袋）；浮法玻璃厂等单位在飞石警戒范围内的建（构）筑物全部采用排架或覆盖竹笆等形式进行近体防护。

（5）爆破效果

该工程共计实施深孔爆破 290 余次，爆破石方 95 万 m^3，按期完成了各项施工任务，爆破震动及飞石、滚石的防治均达到了预期的效果，其中浮法生产线除个别炮次振动稍稍超过 0.35 cm·s^{-1}（该标准为浮法根据国外类似生产线取 2 倍以上的安全系数后得到的）外，98%控制在该值以下，60%更是控制在 0.25 cm·s^{-1}以下。赤湾路南侧油管、水管均完好无损，受到了业主、周边单位特别是浮法玻璃厂的高度评价。

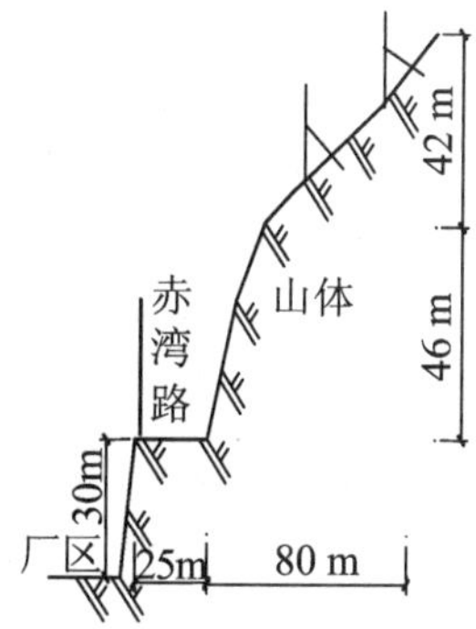

图 6.12　排架布置示意图

6.2.4.3　紧靠电厂高危山体深孔爆破开挖工程

（1）工程概况

美视电厂北侧高危边坡整治工程位于深圳市安托山整治工程 B21-2A 地块和美视电厂之间，东西长 190 m，南北底宽 102.6～118.8 m，总面积 21 161.5 m^2；最高点标高 133.97 m，要求开挖至 42.0 m，最大挖深约 92 m，总开挖石方量 884 685.6 m^3；山体北侧为安托山整治 B21-2A 地块开挖区，西侧为深康石场采石施工区，南侧和东侧为美视电厂厂区，其中南侧西段（约 120 m 长）为一坡到顶、相对高度 30～92 m 的岩石高边坡，坡面坡度达 51°～65°，坡脚南侧为使用环保清洁能源 LNG（即液化天然气）发电的美视电厂，有 2 排共 8 个 LNG 储气罐及配套管线，每个气罐直径 4 m、高 30 m、容量 150 m^3，总储量 1 200 m^3，坡脚距罐群围墙 15～45 m，距消防通道约 12～42 m；再往南为 24 万 kW 燃气发电机厂房。山体高边坡与液化天然气罐区的相对位置见图 6.13 和图 6.14。南侧东段（约 70 m 长）已开挖成高 20 余 m 的边坡，坡脚和山体东侧是正在建设的电厂 9E 燃气发电机组，一些管线和建筑直接靠近需开挖的山体。

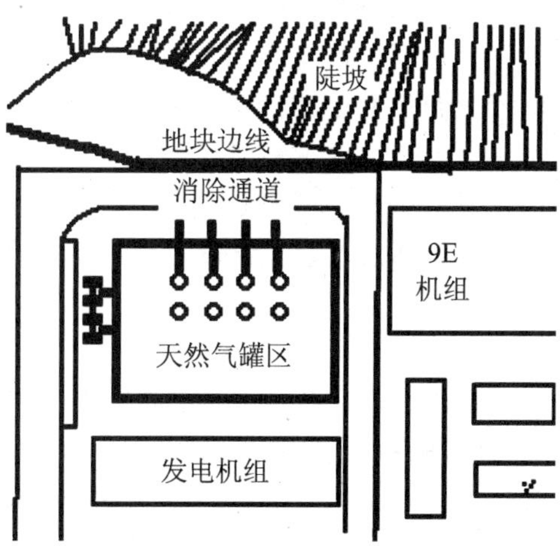

图 6.13　天然气罐区与开挖山体的相对位置平面

山体以风化、中风化和微风化花岗岩为主，岩体节理发育，中至细粒结构，岩石坚固性系数 $f=6\sim14$。经长期风化和附近岩石开挖爆破震动的影响，山体南侧高边坡坡面上岩石裂隙张开，部分松散岩块悬浮在坡面，存在山体不稳定，滚石，滑坡等地质灾害隐患。2005 年深圳市政府将美视电厂北侧山体整治列为地质灾害整治应急工程。

图 6.14 山体高边坡与罐区

本工程的主要难点为：① 如何控制风化严重的高边坡在开挖爆破过程中的滚石安全。高边坡区坡面岩体破碎，机械开挖和爆破时极易出现滚石，滚石在坡面上的弹跳将对美视电厂液化气储罐、管线构成极大威胁。② 施工中必须严格控制爆破飞石和振动。电厂的发电机组、中心控制室和天然气储气罐、管线对振动都有严格的要求，东侧和南侧东部的机组正在紧张的施工中，整个电厂都在爆区的警戒范围(200 m)以内，在如此大方量的开挖爆破中，必须确保电厂所有建筑和设备的安全，尤其是具有爆炸危险的液化气储罐和管道的安全。

(2) 爆破设计原则

① 将整个爆区分成常规爆区和边坡开挖区两部分。后排孔与坡顶线的距离超过 20 m 的爆区划做常规爆区，按一般台阶深孔爆破技术进行设计施工。边坡开挖区在邻近边坡陡壁部分爆破时预留一定宽度的岩墙，采用岩墙深孔控制爆破技术施工，将坡面因爆破出现下滚的石块降至最小程度；其余部位称为控制爆区，采用深孔控制爆破技术施工。控制爆区、岩墙爆区随常规爆区同步下降。

② 合理安排每次爆破的起爆方向、排数、单段起爆药量和炮孔填塞长度，严格控制爆破有害效应(飞石、震动)的危害；采取充分的、加强的防护措施，将高边坡上坍落的石块控制在预留范围内，确保美视电力液化天然气储罐和管线、发电机组和其他设施的安全；充分利用大功率开挖施工机械、通过合理的施工组织安排将施工中产生的滚石降至最低。组织强有力的领导班子和技术力量，统一开挖机械施工和爆破作业的指挥，确保各项措施得以正确实施。

(3) 深孔爆破设计参数

① 常规爆区的参数有两种。第一种，钻孔孔径 $d=115$ mm，台阶高度 $H=10.0$ m，超钻 $h=1.5$ m，钻孔深度 $L=11.5$ m，底板抵抗线 $W=3.6$ m，孔距 $a=4.0$ m，排距 $b=3.6$ m。布孔不超过 6 排。装铵油炸药时，填塞长度 $L_1=3.5$ m，装∅90 mm乳化炸药卷时，填塞长度 $L_1=3.5$ m。第二种，钻孔孔径 $d=76$ mm，台阶高度 $H=10.0$ m，超钻 $h=1.5$ m，钻孔深度 $L=11.5$ m，底板抵抗线 $W=2.5$ m，孔距 $a=3.0$ m，排距 $b=2.5$ m。布孔不超过 6 排。装铵油炸药时，填塞长度 $L_1=$

2.8 m，装药长度 $L_2=8.7$ m，单孔装药量 $Q_1=35$ kg（线装药密度 4.0 kg·m^{-1}）；装∅60 mm 乳化炸药卷时，填塞长度 $L_1=2.5$ m，装药长度 $L_2=9.0$ m，单孔装药量 $Q_1=27$ kg（线装药密度 3.0 kg·m^{-1}），计算单耗为 0.36～0.47 kg·m^{-3}。

② 控制爆区的钻孔孔径 $d=76$ mm，孔网参数同常规爆区。布孔不超过 4 排。装铵油炸药时，填塞长度 $L_1=3.2$ m，装药长度 $L_2=8.3$ m，单孔装药量 $Q_1=33$ kg（线装药密度 4.0 kg·m^{-1}）；装∅60 mm 乳化炸药卷时，填塞长度 $L_1=2.8$ m，装药长度 $L_2=8.7$ m，单孔装药量 $Q_1=26$ kg（线装药密度 3.0 kg·m^{-1}），计算单耗 0.35～0.44 kg·m^{-3}。

③ 起爆网路。用普通的第 1 毫秒系列导爆管毫秒雷管，每孔装一发导爆管毫秒雷管。采用孔内导爆管毫秒延时起爆网路和孔外电雷管串联网路激发导爆管簇联网路的分区接力混合起爆网路。

(3) 岩墙的爆破与施工

在本工程中，确保安全的最大难题是岩墙的爆破开挖。一般人员认为要控制岩墙爆破时大量石块滚落，岩墙应采用手风钻施工，以减少每次爆破的破岩量，然后再用加强防护措施来保证安全，这样，势必大大增加边坡处的爆破次数和防护工作量，钻爆成本将大幅上升，工程进度明显放缓。根据我们多个工程的实践，本工程岩墙采用以深孔控制爆破技术为主，配以合理防护措施的开挖方法进行施工。

岩墙深孔控制爆破钻孔孔径 $d=76$ mm，台阶高度 $H=10.0$ m，超钻 $h=1.5$ m，钻孔深度 $L=11.5$ m，底板抵抗线 $W=2.2$～2.5 m，孔距 $a=2.5$～3.0 m，排距 $b=2.2$～2.5 m。要求临空面应背向边坡。

岩墙爆破的关键有以下几个方面。① 尽可能减少岩墙的厚度，但岩墙顶部宽度应保证钻机施工时的安全。对∅76 钻机，钻机安全作业应有 5 m 以上宽度，故岩墙一般取 3 排孔，最多不要超过 4 排孔，即岩墙顶部宽度取 6～8 m。② 为保证岩墙边坡侧的岩石仅爆松而不滚落，要求其前面的岩石爆破时向边坡侧岩体的后冲力越小越好，故要求临空面开挖干净，尤其底部应尽可能挖深，使第一排岩石顺利抛出，超深部位的岩石阻力减少，对减少后冲力和振动强度均有利。③ 在岩墙边坡侧坡度较缓时后排孔可尽量靠边坡钻凿以尽量减少二次岩墙的出现。在岩墙边坡侧坡度较陡时后排孔应靠向岩墙中部，保证钻孔底部与边坡面的水平距离不小于 2 倍抵抗线（排距）。④ 前排孔按加强松动爆破装药，第二排孔按松动爆破设计，均可装铵油炸药，同时适当增加填塞长度；靠边坡孔宜装直径为 60 mm 药卷，即进行不耦合装药。并根据边坡坡度及钻孔位置确定填塞长度，填塞长度要保证装药顶部与坡面的水平距离不小于 $1.5W$。⑤ 岩墙爆区以排间毫秒延时起爆网路为宜，前两排孔爆破时岩体应尽可能向前抛出，以减少对后排孔的后冲力。

在岩墙开始爆破前，在高危边坡底部距坡脚一定距离处设置以排架、集渣坑和柔性挡墙组成的防护体系。排架采用 3 排钢管脚手架，高 12～18 m，宽 3.0 m，靠边坡一侧悬挂 1～2 层竹排，外覆密目安全网；排架底部用沙袋设置柔性挡墙，在排架挡墙与边坡之间开挖集渣坑。排架主要防止高危边坡上滚落并弹跳出来的石块和爆破时可能出现的个别飞石；沙袋挡墙顶宽3.0 m、底宽4.0 m、高3.0 m，主要是对滚落在坡脚的石块起柔性阻挡作用，同时有利于排架的稳定；集渣坑可以容纳部分滚石，并应及时清理（见图6.15和图6.16）。

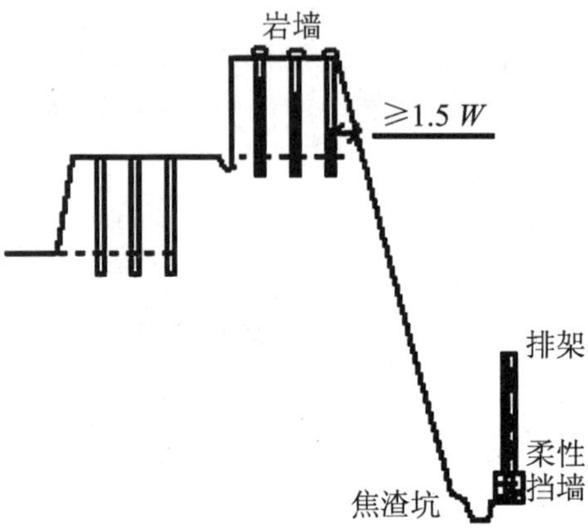

图 6.15 岩墙爆破与防护

图 6.16 防护体系

岩墙爆破时各炮孔孔口可以压1～2个沙包，防止孔口填塞物上冲。

岩墙的开挖安全主要由爆破技术所控制的，岩墙爆破时靠边坡一侧仅仅裂开，没有或只有很少的岩块在边坡一侧滚落，否则排架是很难挡住大量滚石的。由于岩墙的厚度不大，有裂缝的岩体可以用大功率的挖掘机械进行开挖。高边坡面开挖时必须加强现场指挥和安全警戒。如果岩墙底部出现根坎，即二次岩墙，可以继续采用岩墙深孔控制爆破技术进行爆破。

(4) 安全防护技术

① 爆破飞石的控制。控制个别飞石的技术措施主要有：控制前排孔最小抵抗线的方向，注意地质薄弱面；加强现场监管，保证填塞质量；清理台阶面上的松动石块，特别是炮孔附近的石块；正确布置起爆网路，确定合理的毫秒延时间隔。

② 爆破震动的控制。其措施主要有：对重点控制振动的仪器设备进行爆破震动监测，随时了解爆破的影响程度；根据监测结果随时调整爆破参数、爆破规模，确保爆破震动安全；在起爆网路布置时要考虑雷管延迟时间偏差的影响，应尽量减少每个炮孔爆破时的夹制作用，要使每个炮孔都具备自由破碎的条件。经验表明，振动强度不仅与单段药量有关，炮孔爆破时的约束条件也是重要的影响因素。

(5) 爆破成果

该高危边坡整治工程从2006年3月开始施工，至当年10月完工，共计钻孔

11 408个,其中∅76 mm的9 394个,85 915.3 m;∅115 mm的2 014个,24 129.5 m。爆破208次,爆落岩石835 221 m^3,使用炸药313 374 kg,其中铵油炸药170 160 kg,乳化炸药143 214 kg;使用导爆管毫秒雷管(长15 m)11 069个,毫秒电雷管1 340个,合单位炸药耗用量0. 375 kg·m^{-3}。

滚石控制方面,除在最高台阶(125～115平台)开挖时,有个别滚石滚至排架柔性挡墙处外,爆破时边坡上的滚石基本集中在集渣坑内。飞石控制方面,基本无个别飞石产生,208次爆破未对美视电厂产生任何损伤。

爆破震动监测结果表明,爆破震动没有对主厂房、主办公楼造成损害,没有对主厂房内的发电机组的正常运行造成影响,监测点爆破振动速度均低于1 cm·s^{-1}。

6.3　基坑及孔桩开挖控制爆破

6.3.1　基坑及孔桩开挖控制爆破的主要特点

在桥梁及高层建筑基础施工中,经常遇到嵌岩基础、大直径嵌岩桩墩及基础孔桩,当孔桩进入岩层时,一般采用钻爆法施工,由于城市施工环境条件以及嵌岩基础和孔桩的开挖特点,必须采用控制爆破技术。

在基坑及孔桩开挖控制爆破设计与施工中,要注意到以下几个特点。

① 基坑及孔桩开挖区别于沟槽爆破,它由上向下掘进,开挖爆破只有一个狭小的自由面。高层建筑的基础,孔桩直径约在1.2～3.0 m之间,即使是桥梁墩台基础,其开挖断面积一般也在150 m^2以内,因为要使基础或桩头进入岩层,开挖深度往往大于十多米,有的甚至超出50 m,基础形式还可能为嵌岩基础加挖孔桩。施工往往在多个,乃至几十个基坑及孔桩中同时进行。

② 基坑与孔桩爆破开挖不仅要保证围岩稳定,控制爆炸应力波对围岩的损伤和破坏,而且还要重视爆破对桩间岩桩、邻桩支护、本桩护壁、新浇混凝土的质量和持力层的影响问题,必须采取相应的防范措施。

③ 基坑及孔桩开挖的施工场地十分狭窄,钻爆、清渣、砌壁等作业必须统筹安排,合理的施工组织设计对提高工效,保证安全有着重要的作用。

④ 由于基坑及孔桩开挖施工作业可能在地下深处狭小空间中进行,爆破后必须加强排烟通风,在开挖到一定深度后应用空压机加强送风,必要时施工人员配置吸氧设备。在施工中,还应特别重视清渣搬运设备与人员安全。

⑤ 基坑及孔桩开挖,受地下水的影响,涌水率一般较高,其作业面潮湿,甚至

可能有一定的水位，在选择爆破器材，提高起爆网路可靠性时要考虑这一因素。为保障作业条件，必要时还要有排水设施。

⑥ 作为建(构)筑物的基础，必须保证其开挖坐标位置的准确性，因此，在基坑开挖过程中，必须加强测量控制，保证基坑及孔桩的中心坐标及开挖范围在允许误差范围内。

6.3.2 开挖方法与爆破设计参数

多数高层建筑和桥梁的孔桩直径在 3 m 以内，因为开挖断面小，无侧向临空面，岩石夹制作用大，井壁临时支护抗震能力小，宜采用小孔径浅孔掏槽毫秒延时爆破法，具体方案如下。

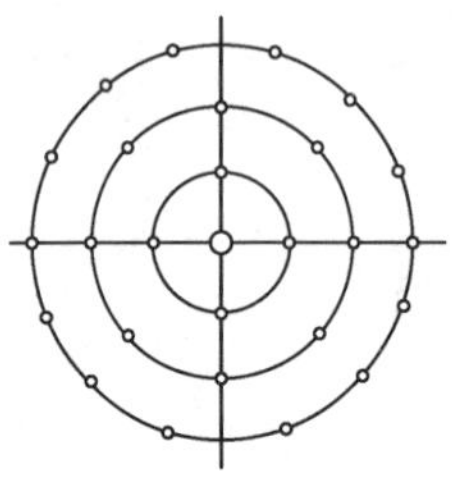

图 6.17 典型孔桩开挖布孔示意图

(1) 布孔方式及孔网参数

采用手持式风动凿岩机或矿用电钻打眼，炮孔直径取 36～42 mm，由孔桩中心向外依次布置掏槽孔、扩槽孔和周边孔，采取分级延期毫秒延时起爆。上一级孔为下一级孔创造自由面。为钻孔作业方便，一般采取垂直钻孔。如果直径小于 2 m 的孔桩，一般布置 7～13 个炮孔，如果孔桩直径大于 2 m，则需要布置 4 级炮孔(含中心孔，如图 6.17 所示)，炮孔宜增加到 25～30 个。对于小直径孔桩，炮孔深度不宜过大，否则炮孔利用率低，影响爆破效果。炮孔深度不宜大于开挖桩直径的 0.8 倍，一般情况下，炮孔深度取 1.0～1.3 m 为宜，孔距取 30～60 cm。

通常可选用直眼掏槽中的漏斗掏槽方式。对无水作业面，可采用中心空孔(孔深为掏槽孔的 1.2 倍左右)的掏槽方式，对涌水率较高的作业面，中心孔宜装药(药量为掏槽孔药量的 80%)，与掏槽孔同时或延迟 50 ms 起爆，起到抛渣作用。

为不损伤围岩和临时支护，周边眼也多用垂直孔，沿离井壁约 10～15 cm 处均匀分布，孔距取 35～45 cm，周边光面爆破炮孔可采用不耦合连续装药结构或间隔装药结构。

(2) 装药量计算

选择合理的单位用药量是保证爆破效果的关键，单位用药量过大，容易导致井壁超挖或塌方；单位用药量过小，影响爆破效果。

根据一些工程的归纳类比，对于直径小于 2 m 的孔桩，单位用药量系数 K 值可参考以下数据选取：岩石强风化或坚固性系数 $f=3\sim5$ 时，$K=1\,000\sim1\,500\ \mathrm{g\cdot m^{-3}}$；岩石强—中风化或坚固性系数 $f=5\sim8$ 时，$K=1\,500\sim2\,000\ \mathrm{g\cdot m^{-3}}$；岩石中风化或坚固性系数 $f=8\sim10$ 时，$K=2\,000\sim2\,500\ \mathrm{g\cdot m^{-3}}$。当孔桩开挖直径为 2～3 m 时，在同样岩石条件下，单位用药量系数 K 值可适当减小 20%～30%。

对于不同岩性、硬度和爆破截面的孔桩，应在上述数据的基础上，通过试爆，以合理确定单位用药量系数。单位用药量系数确定后,可依据常规装药量公式计算单孔装药量,并根据对控制爆破震动等要求,确定一次起爆的允许最大药量。

(3) 爆破施工中的注意事项

① 因孔桩开挖面一般有水,宜选用防水性能好的炸药,如乳化炸药。如使用二号岩石炸药,则必须进行防水处理。孔桩开挖应采用电雷管电爆网路或导爆管网路起爆。电爆网路的接头应绝缘良好,避免浸水;联接导爆管网路应防止水珠或其他异物进入导爆管。

② 在孔坑和基坑中进行钻孔作业,施工条件差,往往不易保证应有的钻孔深度,因此,有效的钻孔深度是取得满意的爆破效果的保证。

③ 填塞也是确保爆破成功的重要一环。在孔桩和基坑中作业,钻孔进水不可避免,在装药中,应将药包送达到位,应采用比重较大的粗沙进行填塞,并捣填密实。

④ 孔桩和基坑开挖往往工作面多,凿岩、爆破、出渣、井壁砌筑等多工种作业同时进行。因此,现场施工安全十分重要。孔桩爆破时,与爆破孔桩相邻或距离在10 m内的其他孔桩中的作业人员必须全部撤到地表上来,爆后清渣前也务必仔细检查支护情况,一旦发现井壁变形或坍塌,一定要首先排除险情,加固支护。

6.3.3　爆破对孔桩质量的影响与控制

采用钻爆法开挖基础孔桩及嵌岩基础,必须注意到爆破产生的冲击波、应力波、地震波对孔桩井壁和支护、邻桩支护和桩间岩柱、邻桩新浇混凝土以及桩底持力岩层可能造成的损伤,严重的会造成质量事故,必须给以高度重视。

6.3.3.1　爆破对孔桩井壁和支护的影响

孔桩临时支护的抗震能力,随其构筑材料、支护厚度、施工质量、养护时间、围岩条件和桩井直径的不同而变化,目前尚无衡量与借鉴的标准。爆破对孔桩井壁和支护造成损伤及不稳定,主要可能由以下原因造成。

① 井壁围岩为软黏土、沙砾层等软弱围岩,或者壁后充填不严,渗流严重而有空洞、空隙时,在爆破冲击波及振动的作用下,造成护壁炸坏或造成不稳定,在这种情况下,宜增加护壁圈钢筋。当孔桩从强、中风化逐渐过渡到微风化岩时,一般不需在护壁中特别加置钢筋,只需采取其他措施,就可防止护壁炸损。

② 观测表明,爆破对混凝土支护的影响,在爆破点以上至1.2 m范围内影响最大,特别当起爆时在工作面上部有一定水位时,爆破产生的水中冲击波,往往造成护壁和支护破坏。因此,起爆时最大限度地减少桩底水深,对保护孔桩井壁和支护有重要的意义。

③ 一些工程资料表明,对开挖直径为1～2 m的孔桩,临时支护为速凝水泥砂浆砖砌体,养护12h的情况下,同段起爆的最大药量不大于400 g,一般不会震坏井壁。从爆破设计的角度,采用毫秒延时爆破,减少一次起爆的总药量,适当增大药

包与护壁间的距离，周边孔采用光面爆破，提高炮孔填塞质量等措施，对于控制爆破对孔桩井壁和支护的损伤都是有效的。

6.3.3.2 爆破对邻桩支护和桩间岩柱的影响

近距离桩、同承台桩、护坡桩间距都很近，有时岩柱可小至0.5 m，孔桩爆破可能对桩间岩柱和邻桩支护造成损伤，表6.8为孙少烨和郑炳旭提供的近距井桩爆破危害状况与处理措施。资料还表明，当炮孔采用∅32 mm乳化炸药并采取不耦合装药时，对微风化围岩，且岩柱大于0.65 m，不会出现炸塌邻桩围岩和支护的现象；对较软中风化砂岩，当岩柱大于1.2 m时也不会炸塌邻桩支护。为了控制爆破对邻桩支护和桩间岩柱的影响，对开挖爆破的掏槽孔、护槽孔和周边孔，应采取分级毫秒延时爆破，减少掏槽眼单响起爆药量，周边孔采用光面爆破和不耦合装药等技术措施。

表6.8 近距井桩爆破危害状况与处理措施

例序	工程名称	井桩净径/m	地层状况	岩柱宽度/m	爆后情况	处理措施
1	日升大厦	1.8～2.0	微中风化砂岩	0.40	爆后邻桩有炮烟涌出	增加周边眼到掘进轮廓距离和增大岩柱宽
2	富景花园	1.8	坚硬砂岩	0.40	炸穿	增加周边眼到掘进轮廓距离和增大岩柱宽
3	富景花园	1.8	坚硬砂岩	>0.67*	未炸穿	
4	越秀大厦	1.4	中风化软砂岩	0.97	邻桩护壁震落	进入中风化较硬砂岩后未爆塌
5	越秀大厦	1.4	中风化砂岩	>1.39	护壁未爆塌	
6	麓景苑	2.6～3.0	中风化砂岩	0.80*	近地面岩柱破坏	
7	银华大厦	1.2	微中风化砂岩	0.40	炸穿（挡土桩）	跳爆后未爆穿
8	珠江苑	1.9～2.2	微中风化砂岩	≥1.70	未炸穿	

注：*为掘进断面岩壁厚度。

6.3.3.3 爆破对邻桩新浇混凝土的影响

在孔桩和基坑施工中，往往爆破开挖与邻桩浇筑混凝土同时进行，为确保新浇混凝土强度的正常增长，新浇混凝土与基岩胶结面以及新老混凝土结合面的质量，必须严格控制爆破振动强度。爆破安全规程规定，对新浇大体积混凝土，令期为初凝～3d，3～7d，7～28d的安全允许振速分别为2.0～3.0 $cm \cdot s^{-1}$，3.0～7.0 $cm \cdot s^{-1}$，7.0～12.0 $cm \cdot s^{-1}$。

爆破振动对新浇混凝土灌注桩的作用机理和破坏判据是一个需要深入研究的

课题，孙少烨和郑炳旭的论文[①]指出，对于直径为 1.4～3 m 的孔桩，采用∅32 mm 乳化炸药药卷不耦合装药爆破时，当桩间岩柱大于 0.8～1.3 m，爆破应力波将不致引发 3d 令期以上新浇 C30 混凝土的裂缝。为了防止新浇混凝土中出现爆生裂隙，可根据孔桩直径和围岩性质，采取不耦合装药，减少近混凝土侧同段周边眼，延长混凝土令期，增加爆源与混凝土的距离等措施，以防范混凝土中产生爆破裂隙。

6.3.3.4　爆破对桩底持力岩层的影响

孔桩爆破时，在爆破应力波的作用下，围岩将产生裂隙。通常，炮孔四周的径向裂隙圈视围岩岩性不同为炮孔半径的 15～40 倍，而在炮孔底部的裂隙范围一般为径向的 1/2。对于孔桩基础，桩底围岩完整，有利于混凝土与桩底岩石粘结，保证持力层的支撑强度。为了减弱对桩底围岩的损伤，桩底的裂隙厚度应控制在 200～300 mm 以内。

可以采取以下措施来减少爆破对桩底持力岩层的影响：① 在到达桩底位置时，应避免超钻，使掏槽以外的炮孔底处于同一设计面上，并以预留 200～300 mm 厚的保护层为宜，爆破后再用风镐修整，将产生微裂隙的岩石清除，以保证持力层的强度。另外，尽可能使风镐修整后的桩底平整，承载时应力均匀，避免应力集中引起的桩底岩层破坏。② 可采取反向起爆和孔底 10 cm 左右不装药，用中空塑料管垫衬，以减少桩底围岩的损伤。

6.3.4　工程实例

6.3.4.1　54 m 深基础开挖控制爆破[②]

(1) 工程概况

南昆铁路清水河大桥段，全长 360.5 m，水面至桥面高 183 m，是我国目前最高的铁路桥梁。主墩 4# 墩高 100 m，坐落在十分陡峻的岸坡上，地面自然坡度为 60°～80°。基础形式为嵌岩加挖孔桩，基坑开挖深度 54 m，其中 6 根 2 m×2 m 挖孔桩各深 6 m。

(2) 爆破开挖方案

地质资料表明，4# 主墩位置表层为土夹石覆盖层，下部岩石为白云岩夹泥质白云岩，节理较发育，有裂隙水。由于受场地、环境等条件的制约，明挖嵌岩基坑坑壁边坡为 1∶0.1，嵌岩部分坑壁必须少扰动以保证其完整性。

爆破设计根据开挖深度分三种情况考虑：①敞基开挖部分，首先清除崩积的松

---

① 孙少烨，郑柄旭．爆破掘桩损伤防范措施[J]．爆破．2001，18(3)：15～17.

② 苏庆国等．54 米深基础开挖施工技术[M]//第六届铁道工程爆破文集．北京．中国铁道出版社．2000：176～178.

散块石土层，其岩石部分采用人工风枪打眼，小台阶葫芦炮和松动爆破。②竖井和承台部分，必须保证坑壁岩石的稳定性，又要考虑到施工进度和配合出渣的方便，采用了分层、分台阶打眼，周边光面爆破。开挖时基坑顶部四周设钢筋混凝土挡墙，基坑四周岩壁根据实际情况采用挂网喷锚支护。③桩孔开挖部分，每个桩 2 m ×2 m，深 6 m 共 6 根，采用分层全断面一次开挖。出渣均采用缆索吊（后期采用塔吊），配以装载机和翻斗车外运。

（3）竖井和承台段开挖及主要爆破参数

竖井和承台段爆破开挖是本工程的重点，该段开挖深度计 35 m。开挖段上部 25 m，断面尺寸为 10 m×14.52 m；下部 10 m，断面尺寸为 9 m×14.52 m。现以上部断面爆破设计为例进行叙述。

根据人工装渣，基坑正上方两股间距为 4 m 的缆索吊出渣的要求，将开挖断面从横向上分成两块，尺寸各为 7.26 m×10 m。由于基坑开挖受临空面的限制，炮孔太浅影响进度，炮孔太深爆破效果不好，不利于坑壁稳定，不利于出渣。本工程台阶高度定为 1.0 m。表 6.9 列举了主要爆破设计参数。

表 6.9　主要爆破设计参数表

项目＼数量＼位置	上台阶		下台阶		
	辅助眼	周边眼	掏槽眼	辅助眼	周边眼
炮孔个数	97	41	22	88	43
单孔药量/kg	0.54	0.27	0.72	0.54	0.27
炮孔深度/m	1.10	1.10	1.25	1.10	1.10
最小抵抗线/m	0.70	0.48	0.85	0.70	0.40
台阶面积/m^2	72.6		72.6		
炮孔密度/个·m^{-2}	1.9		2.1		
总装药量/kg	63.45		74.97		
单位耗药量/kg·m^{-3}	0.874		1.03		

注：周边眼采用间隔装药。

下部分台阶采用孔外毫秒延时分片起爆方式，而周边眼单独起爆，既保证了爆破效果，又有利于周边围岩的稳定；上部台阶采用孔外毫秒延时分排起爆，将适当规模的一片（排）炮孔用簇联方式联成接力式起爆网路。本次爆破网路设计孔内雷管全部采用高段别 11 段毫秒雷管，而孔外雷管全部采用低段别 2 段毫秒雷管，这样布置的特点是炮孔外雷管、导爆管等网路不必加以防护，只采用两个段别的雷管，即可满足施工要求。

（4）配套施工及安全防护措施

① 基坑开挖测量控制。4# 墩挖基深达 54 m，基坑上口尺寸为 17 m×12 m，下口尺寸为 14.52 m×9 m。因基坑上口宽大，且四周地形陡险，故采用“导坑闭合导线法”进行测量控制。

② 喷锚。采用半湿式喷射工艺，并掺加了 STC 黏稠剂。喷射时严格控制分段、分部、分块、按由下而上的原则进行，防止回弹物落在未喷的岩面上，而影响喷射混凝土与围岩的黏结力。喷射时喷头应缓慢呈螺旋形均匀运动，一圈压半圈，以保证喷射匀质性和表面光滑平顺。

③ 安全防护措施。基坑周围设必要的挡墙壁，栏杆等设施，在基坑开口以下灌注 4 m 的钢筋混凝土挡护墙；开挖岩面暴露后及时喷锚封闭；爆破后加强排烟通风，在开挖到一定深度施工人员配置吸氧设备或用空压机加强送风。

(5) 实施效果及体会

分层分台阶爆破，双层作业满足了施工需要。爆破后，岩块较小，便于人工装渣。整个工期提前了 15d。我们认为基坑开挖的重点应着眼于以下几个方面：①掏槽眼的布置，即如何确保形成较好的临空面，为后序起爆创造条件；②周边炮孔的布置，既要保证爆破效果，又要保证围岩稳定，在深基开挖中这一点尤为重要；③合理布置辅助炮孔，正确选择间隔时间，确保岩石块度满足人工装渣要求；④喷锚支护要及时，确保围岩稳定。

6.3.4.2　楼基桩井基岩掘进爆破①

(1) 工程概况

丽融大厦位于延安市中心商业繁华地段，其主楼、配楼均采用嵌岩桩基础，主楼 60 根，桩长 10 m；配楼 68 根，桩长 15 m，桩径 1 000～1 200 mm。主楼基坑挖深 10 m，配楼基坑挖深 5 m，各桩井由人工挖掘至强风化带，桩井基岩为灰-灰白色石英砂岩。桩基按设计要求须嵌入基岩 50 cm，达到持力层，并扩大成梨型。为加快施工进度，桩井基岩部分采用控制爆破开挖掘进。

(2) 爆破方案与主要设计参数

本桩井爆破地处闹市区，掘进断面小，涌水量大，既要保证有效进尺，又必须严格控制爆破振动，并确保桩井、基坑边坡稳定以及周围建筑物安全，对此，工程采用密布孔、少装药、分阶分段直眼掏槽、松动毫秒延时爆破方案。桩底扩大部分采用爆破和风镐机械相结合的方法。根据桩井基岩平均延深 0.5 m，确定炮孔布置如图 6.18 所示。

桩井基岩掘进爆破的单位炸药消耗量一般在 2.5～6.0 kg・m^{-3}，其中掏槽眼装药系数为 0.7，周边眼线装药密度为：硬岩 300～350 g・m^{-1}，中硬岩 200～250 g・m^{-1}，软岩 100～200 g・m^{-1}。本工程采用∅32 mm×150 mm，150 g 的乳化炸

① 王小林．楼基桩井基岩的掘进爆破[A]//第七届工程爆破学术会议文集[C]．新疆青少年出版社．2001：316～319.

药,各孔装药量如表 6.10 所示。毫秒延时间隔时间确定为 75 ms。采用非电导爆管起爆系统,根据爆破振动安全校核,确定最大一段齐发药量为 1.2 kg。

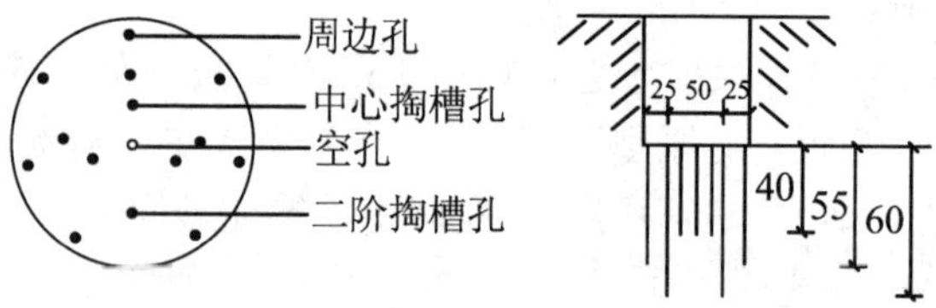

图 6.18　炮孔布置示意图(单位:cm)

表 6.10　主要爆破设计参数

孔位	孔数/个	孔深/m	每孔装药量/g	孔距/mm	装药长度/mm	起爆顺序
中心掏槽孔	3	0.4	150	200	150	Ⅰ
二阶掏槽孔	4	0.6	300	450	300	Ⅱ
周边孔	7	0.5	150	450	150	Ⅲ

(3) 施工技术与安全措施

桩井有水工作面炮孔成孔后常被泥沙充填而不能达到炮孔设计深度,从而影响施工速度。本工程在钻孔施工前,先排水并清理工作面淤泥,成孔后及时用木楔封孔,一则防止泥沙堵孔,二则便于爆破工装药,且木楔可复用。炮孔填塞采用袋装中沙,填塞时用炮棍冲破、压实,同时淤泥浸入可提高填塞强度。

起爆前,工作面积水高度控制在 0.3～0.5 m,以形成水封爆破,减少飞散物,提高爆破效果。桩井井口用建筑铁模板搭设防护架,防护架与井口留 1.0 m 高空间,以卸压并有效防止飞散物。

在桩井爆破后,用空压机风管深入孔底通风,通风时间不小于 30 min,在确保无毒气后,人员方可下井。配楼 15 m 深桩井施工时,应用鼓风机送风,确保工作面有新鲜风流。

(4) 爆破效果

施工中,每桩井配一台 YT-24 钻,3 人施工,延深掘进用时 4 h,全部桩井掘进爆破,平均炮孔利用率达到 90%,桩井、井圈、边坡以及周围建筑物无任何破坏,工程达到了预期目的与要求。

6.3.4.3　沉井下沉控制爆破①

(1) 工程概况

朔黄铁路滹沱河特大桥全长 1 024 m,为 32 孔单跨 32 m 的预应力混凝土桥。

① 李忠武. 复杂地质条件下的沉井沉控制爆破[A]//第二届北京工程爆破学术会议论文集[C]. 1999:206～209.

该桥的 4# ～29# 墩的基础为 10.8 m×9 m 的圆端形沉井基础，高 10 m，分两节，每节 5 m，沉井刃脚为 1.6 m 高的 C13 低配筋混凝土。沉井平剖面如图 6.19 所示。

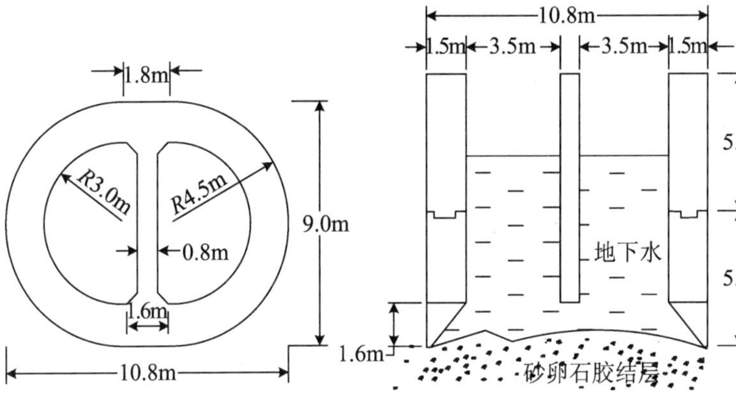

(a) 沉井平面图　(b) 沉井剖面图

图 6.19　沉井平面图和剖面图

桥基岩层分别为粉沙层与卵石层，原采取抓土斗出土不排水的下沉施工方案，因无法破碎挖出沙卵石胶结层使沉井下沉，决定采用排水钻孔爆破破碎岩石的施工方案，以使沉井下沉至设计标高。

(2) 爆破方案与爆破技术原则

本工程爆破施工必须做到：①爆破时沉井壁不受损坏、沉井刃脚不发生结构性破坏。②沉井下沉速度满足大桥的施工进度要求。通过技术比选与现场施工试验，确定采取先在沉井壁内侧的沉井中央爆破形成坑槽，然后再分层爆破坑槽外侧的岩石以使沉井下沉的爆破方案。为确保爆破施工质量与施工安全，爆破施工中遵循如下技术原则：① 为避免水中爆破对沉井刃脚的冲击破坏，爆破施工时必须对沉井内的地下水进行抽排，起爆瞬间井内水面不得漫过刃脚。② 为控制爆破冲击振动，孔间距与孔排距均不大于 0.6 m。采取毫秒延时爆破，中央坑槽爆破的单侧单响药量不大于 3 kg，井壁下方岩石爆破的单响药量不大于 1 kg。③ 钻孔与刃脚壁面基本平行，间距不小于 50 cm，为确保爆破后沉井的顺利下沉，设计的爆破开挖边界应超出沉井外壁面 20 cm。④ 为避免钻孔在含沙强水流作用下淤积，在保证安全的前提下，装药紧跟在钻孔后进行。

(3) 爆破设计

① 沉井中央的坑槽爆破设计。掏槽爆破是坑槽开挖成功与否的关键，经现场试验，选用楔形掏槽形式爆破效果较好。掏槽孔布置与爆破参数分别如图 6.20 和表 6.11 所示。掏槽孔外为扩槽孔，扩槽孔孔深 1.5 m，孔间距与孔排距均介于 0.5～0.6 m，单孔装药量 300～375 g。扩槽孔在掏槽孔后逐排起爆。

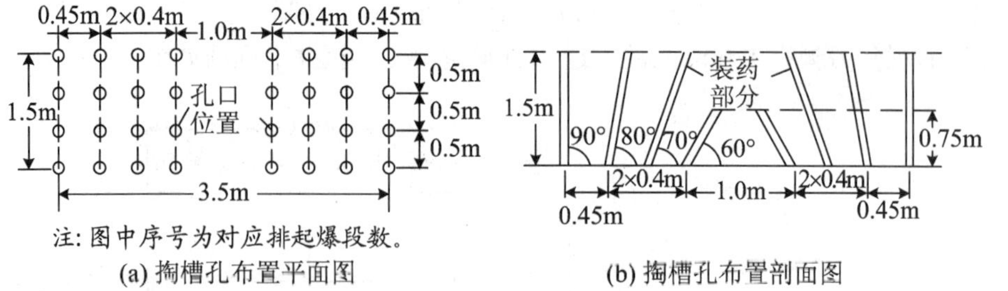

图 6.20 掏槽爆破设计

表 6.11 掏槽孔爆破参数表

孔号	孔深/m	孔数	起爆段数	装药量/g	填塞长度/m
1～4	0.87	4	1	375	0.4
5～8	0.87	4	2	375	0.4
9～12	1.60	4	3	900	0.5
13～16	1.60	4	4	900	0.5
17～20	1.52	4	5	675	0.6
21～24	1.52	4	6	675	0.6
25～28	1.50	4	7	600	0.7
29～32	1.50	4	8	600	0.7

② 刃脚下方岩石的爆破设计。沉井中央坑槽的一次爆破下沉深度可达 1.4 m,为控制爆破规模,减弱爆破对刃脚的冲击振动影响,确保沉井的均匀下沉,刃脚下方的胶结层分两层爆破,每层爆破下沉 0.7 m,布置一排垂直孔、两排倾斜孔与刃脚壁面基本平行,孔口距刃脚不小于 0.5 m,孔底超出沉井壁外侧 0.2 m,以确保沉井刃脚在爆破过程中的安全与爆破后沉井的顺利下沉。炸药单耗取 0.45 kg・m^{-3}。三排孔由内到外跳段起爆。刃脚下方分次爆破时,必须对称爆破开挖,防止沉井下沉过程中发生偏斜。刃脚下方爆破的钻孔布置如图 6.21 所示。为保证可靠起爆,每孔设置两发同段雷管,采用非电复式孔内毫秒延时起爆网路。导爆管联接采用簇联的方式,每簇用两发瞬发雷管联接,联接后的网路在井外用雷管引爆。

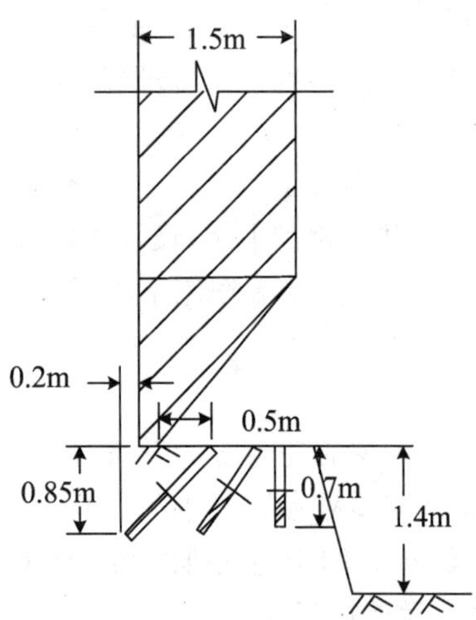

图 6.21 刃脚下方的炮孔布置

(4) 爆破效果

爆破历时一个半月,累计爆破下沉沉井

113 m,掏槽爆破效率达 90%以上,掏槽爆破与刃脚下方的爆破均达到预期效果,爆破后沉井顺利垂直下沉。爆破施工不仅保证了工程进度,而且未对沉井壁与沉井刃脚造成破坏,保证了工程质量。

6.4　紧邻既有铁路爆破

在运营铁路增建第二线的建设中,有大量既有线石方扩堑工程,必须采用控制爆破施工,从 20 世纪 80 年代衡(阳)广(州)铁路繁忙段的复线施工,到 20 世纪 90 年代宝(鸡)成(都)、株(州)六(盘水)既有电气化铁路增建二线,石方开挖爆破都成为铁路复线建设的主要技术难关之一。通过科学研究和大量工程实践,铁道部门不仅安全快速地完成了工程任务,也创造了复杂环境下石方控制爆破的成果和经验。

6.4.1　紧邻既有铁路爆破的特点与分类

6.4.1.1　紧邻既有铁路爆破的特点

① 既有线运输繁忙,必须保证正常运营。既有铁路干线每天都要通过 40 对以上客货列车,有的繁忙线路每天运行近 90 对列车,列车间隔时间不到 8 min。运营部门无法给予固定的"天窗"时间进行爆破施工,因此,要做到施工、运输两兼顾,石方爆破是复线施工的主要技术难关。

② 爆破环境复杂,工程量大,工期紧迫。如衡广复线既有线距离 50 m 范围内的石方工点有 107 处,石方量 171 万 m^3;株六复线在长约 300 km 的线路上,有石方扩堑控制爆破工点 207 个,石方量达 207 万 m^3。新旧线平行,交叉、换边地段较多,很多工点边坡高陡,没有工作面,难以进行机械作业,使爆破作业极为困难(见图 6.22)。

图 6.22　株六电气化铁路既有线石方扩堑控制爆破典型地段

③ 电气化铁路的高压电,给施工和人身安全造成严重威胁。电气化既有线爆破工点均紧邻接触网,如宝成复线 27.5 kV 的供电加强导线距开挖边坡,最近处不足 1 m。一些工点还有光纤电缆、计轴自动闭塞磁头、军用通讯电缆等,要保证安全和不间断使用,对爆破安全防护提出了严格要求。

④ 复杂的地质条件，对爆破技术提出了更为全面的要求。许多复线石方爆破工点，处于崩塌落石、溶洞或其他不良地质地段，一般边坡坡度均小于 1∶0.5，爆破后不能引发和留下路基病害，要求控制爆破做到精心设计，精心施工。

6.4.1.2 紧邻既有铁路扩堑石方的基本形态

紧邻既有铁路扩堑石方的基本形态可归纳为两类八种(各参数含义见图 6.23)。

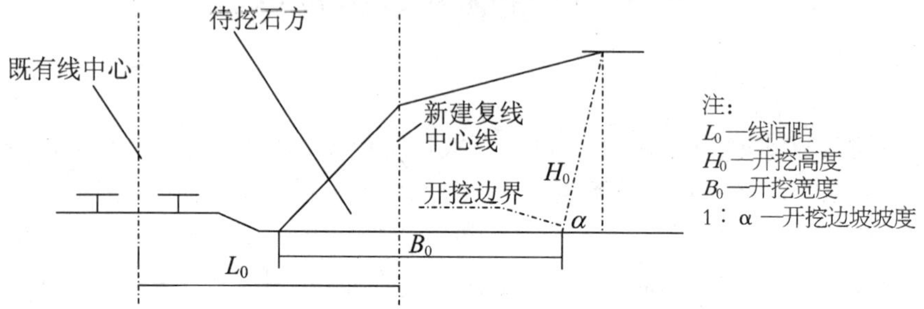

图 6.23 石方分布参数含义示意图

(1) 第一类：$B_0>5$ m 的宽挖方条带分布

依其挖深、线间距还可细分为四种：① 高挖深、小间距，其参数的限定范围为 $H_0>10$ m，$L_0\leqslant5$ m，特点是待挖岩体较高，既有线方向没有任何堆渣或作业(包括钻凿、爆破、清运等)余地，上部爆破岩石自然滚落也会造成对既有线的巨大危害。② 高挖深、大间距，其参数的限定范围为 $H_0>10$ m，$L_0>5$ m，特点是待挖岩体较高，既有线方向具有一定的堆渣或作业余地，且余地宽度大于 1.5 m。③ 低挖深、小间距，其参数的限定范围为 $H_0\leqslant10$ m，$L_0\leqslant5$ m，特点是待挖岩体较低，采用某些措施后可实现一次爆破到底。④ 低挖深、大间距，其参数的限定范围为 $H_0\leqslant10$ m，$L_0>5$ m，特点是不仅待挖岩体较低，而且在既有线方向具有堆渣或作业余地，也可实现沿既有线的爆渣清运。

(2) 第二类：$B_0\leqslant5$ m 的窄挖方条带分布

这一类的特点主要是挖方宽度很小，同时依其挖深和线间距也可分成类似于第一类的四种情况，分别为：① 高挖深、小间距，$H_0>10$ m，$L_0\leqslant5$ m；② 高挖深、大间距，$H_0>10$ m，$L_0>5$ m；③ 低挖深、小间距，$H_0\leqslant10$ m，$L_0\leqslant5$ m；④ 低挖深、大间距，$H_0\leqslant10$ m，$L_0>5$ m。

显而易见，其他石方分布形态均可由上述两类八种组合而成。例如双边开挖，一宽一窄，可视为一、二类对应形态的组合。

6.4.1.3 紧邻既有铁路扩堑石方控制爆破分类

《铁路增建第二线及改建既有线工程石方控制爆破施工技术规定》(铁道部铁基[1987]806 号文发布)规定："增建第二线工程开挖石方，自既有线路基缘向外 50 m 以内，中间无自然屏障的石方按控制爆破考虑"。在《既有电气化铁路增建二线控制爆破石方开挖工程定额(建技 2000 年 135 号文)》中，其控制爆破定额按施工条件不同分为 A、B、C 三类，分类见表 6.12。

表 6.12　既有电气化铁路复线扩堑石方控制爆破按施工条件分类表

A类	B类	C类
扩堑横断面应同时满足下列条件： 开挖高度 $H_0>10$ m 开挖厚度 $B_0\leqslant5$ m 增建第二线与既有线线间距 $L_0\leqslant5$ m 开挖边坡坡度大于 1∶0.5	扩堑横断面应同时满足下列条件： 开挖高度 $H_0>10$ m 开挖厚度 5.0 m$<B_0\leqslant10$ m 增建第二线与既有线间距 $5.0<L_0\leqslant10$ m 开挖边坡坡度小于或等于 1∶0.5	不满足 A、B 类条件，但距既有线路堑堑顶 50 m 以内，中间无自然屏障的石方爆破

注：开挖高度为从路肩起算至路堑坡顶最高点，开挖厚度为平均厚度。

按施工条件对铁路复线石方控制爆破工点分类，不仅是编制爆破工程消耗量预算定额的需要，也有利于从爆破技术和安全防护标准上对石方控制爆破工点进行分类指导管理，有利于提高爆破工程的技术经济指标，保障施工和环境安全。

6.4.2　紧邻既有铁路石方爆破施工方案

6.4.2.1　开挖方法的特点和适用范围

对于紧邻既有铁路且开挖宽度不大(一般小于 10 m)的石方，硐室爆破法显然不适用。深孔爆破所需要的作业条件往往难以达到，因此一般也不适合，只有当开挖量和开挖断面积都较大并相对集中时，为加快施工进度才考虑采用深孔爆破法。

紧邻既有铁路爆破的主要方法是浅孔爆破，其开挖方法主要有：预留隔墙纵向拉槽法；纵向 V 型溜槽法；小台阶控制爆破法；薄层剥离法；纵向下导坑法；大梯段崩塌爆破开挖法；静态破碎法；切割爆破法等。这些开挖方法各有优缺点，它们的适用条件见表 6.13。

表 6.13　复线石方炮孔爆破开挖方法的特点和适用范围表

爆破开挖方法	特　　点	适 用 范 围
预留隔墙纵向拉槽法	安全性好，槽内爆破可不开天窗，预留隔墙的处理要十分谨慎	开挖宽度较大，岩体较坚固完整
纵向 V 型拉槽法	破碎效果好，清渣方便，一次爆破高度大，不能实施不开天窗爆破	开挖宽度较大，与既有线有一定距离(大于 5m 以上)
小台阶控制爆破开挖法	适应性较强，防护等级要求高	适用各种开挖条件
薄层剥离法	爆破扰动和一次爆破量均较小	开挖宽度小且方量不大
纵向下导坑法	安全性好，一次爆破量小，施工费用较高，外壳爆破十分困难	开挖宽度较大，挖深较低，方量亦不大

续表 6.13

爆破开挖方法	特　点	适用范围
大梯段崩塌爆破开挖法	一次爆破量大，梯段少，清渣条件好，但爆破扰动大，防护要求高	与既有线距离较大，方量相对集中、工期要求较紧的地段
静态破碎法	安全，但生产率低，费用过高，劳动强度大；岩石破碎后易引发岩体不稳定	与既有线距离近，开挖方量较小的地段
切割爆破法	安全性好，但生产率较低，费用较一般方法高出许多	开挖宽度小且方量不大的特殊限制条件地段

6.4.2.2 主要开挖方法的简要说明

① 预留隔墙纵向拉槽法。如图 6.24 所示，它的基本做法是将紧邻既有线的岩体保留一层作为预留隔墙，爆破开挖保留层至复线设计边坡纵向槽，并随着纵向槽的下降，采用松动或定向爆破法逐段将隔墙拆除，一般情况下，隔墙高度不超过 5 m，厚度在 1.5～2.0 m。该法的优点是槽内大量石方的爆破对既有线的影响很小，只要防护措施得当、爆破参数合理，可实现爆破不开天窗。缺点是挖方宽度较小时无法适用，预留隔墙的处理必须十分小心，挖方深度较大时槽内要分台阶爆破，且每次爆破高度不宜超过 5 m。

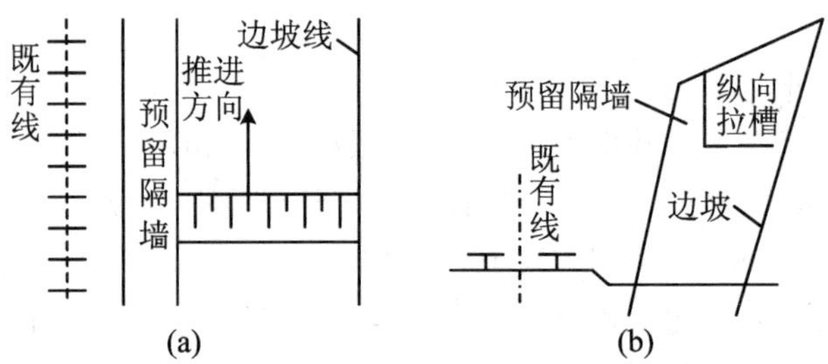

图 6.24　预留隔墙纵向拉槽法示意图

② 纵向 V 型拉槽法。如图 6.25 所示，沿线路纵向在待挖体上以 V 型倾斜工作面全断面向前推进，溜槽倾角 $\gamma = 35^\circ \sim 55^\circ$，槽角 α、β 则视开挖宽度而定，但必

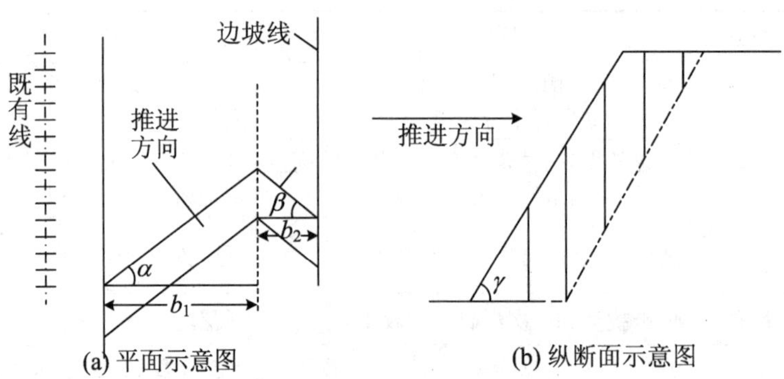

图 6.25　纵向 V 型拉槽法示意图

须是 $\alpha<\beta$，$b_1>b_2$。对于挖方宽度和线间距较大的石方分布可采用此法。该法的优点是爆破对既有线的影响较小，破碎质量较好，如果开挖深度不大，清运工作可直接在开挖底标高上进行。缺点是边坡上光面、预裂爆破炮孔的布置比较困难，邻近既有线的槽边孔爆破时要加强对防护设施的保护。

③ 小台阶控制爆破法。如图 6.26 所示，按台阶形式可分成直台阶、内斜台阶、V 型台阶和梯形台阶四种，而按一次爆破的台阶数量又可分成单台阶和多台阶两种。总的来说，该法比较灵活，形式多样、适应性较强，适用于各种类型的石方分布形态，但它对既有线的影响较大，要求的防护等级高。小台阶控制爆破法有条件在边坡实现浅孔光面、预裂爆破，还可以通过非电毫秒延时爆破，减少爆破振动，适当扩大爆破规模，改变最小抵抗线方向，改善破碎块度。

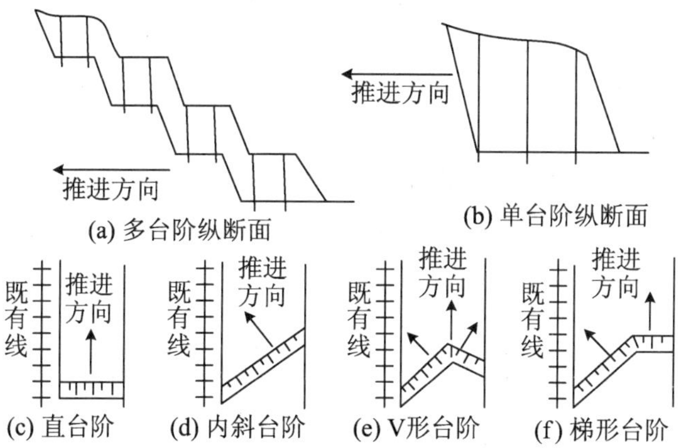

图 6.26　小台阶控制爆破法示意图

④ 薄层剥离法。它与小台阶控制爆破法唯一不同的是每次只爆破一排孔，逐排剥离，主要用于挖方宽度小于 2 m 的薄层石方。若线间距较小，只能布置自上而下的垂直炮孔进行爆破；反之，以采用由既有线指向待爆破体的水平炮孔爆破为宜。

除此以外，纵向下导坑法、大梯段崩塌爆破开挖法、静态破碎法、切割爆破法都各有特点，但相对采用较少，在相当特殊的限制条件下才宜使用。在实际施工中，也可以综合运用上述方法。

6.4.2.3　控制爆破施工方案应考虑的因素

石方控制爆破施工方案，应认真贯彻“施工服从运营，进度服从安全”的原则，其主体石方一般可采用从上而下、从两端向中间、从里向外，多循环、小规模、多工作面的方式进行，本着快速、高效、合理、节省的原则进行施工方案的设计。施工方案应考虑人员机械的配套情况，权衡工点的有利与不利因素，在不违背控制爆破作用原理的前提下，还应认真考虑以下因素。

① 利用岩性的有利条件进行爆破施工。某控制爆破工点岩质为钙质胶结砾

岩，最大开挖高度为23.5 m，边坡坡度1∶0.1，紧邻既有线，总开挖石方量达1.3万 m^3。在制定控制爆破方案时充分利用砾岩爆后不易出现大块的有利条件，采用预留隔墙纵向拉槽法进行开挖。隔墙处理靠既有线一侧弱松动爆破，然后用风镐破碎已被松动的岩石。

② 利用岩石产状的有利条件进行爆破施工。某爆破工点为灰岩，高12 m，紧邻既有线，其倾角约为65°，倾向既有线外侧，总方量1.2万 m^3，开挖体位于靠河一侧，且该方向无任何建筑物，故采用钻水平孔进行崩塌爆破，最小抵抗线朝向河侧，边坡不设立防护排架。爆破飞石抛向河里，对既有线不形成威胁，既安全又高效。

③ 利用有利的地形条件进行爆破。某爆破工点，岩质为灰岩，最大开挖高度为18 m，开挖厚度由0.5～10 m不等，系路堑拓宽开挖，开挖体坡角距既有线4～5 m。利用此有利条件，较容易地架设直立式防护排架，防止个别飞石击打既有线设施，设计采用纵向台阶法预留隔墙施工，当开挖体厚度小于4 m时，采用横向台阶法开挖，爆渣滚落在坡角空地，既确保了施工和运营安全，又加快了施工速度。

④ 人为改变最小抵抗线方向进行控制爆破。一些工点由于环境特殊，无法架设防护排架，这时可采用小炮爆破改变工作面的走向，使最小抵抗线方向背离既有线。某爆破工点由于靠开挖侧挂有一根25 kV回流线，无法架设防护排架，采用此法进行施工，获得了较为理想的效果。

6.4.3 紧邻既有铁路石方控制爆破的技术要点

6.4.3.1 主要设计原则

① 爆前要对周围环境、既有铁路运营状况及各种设施进行充分调查研究，制定合理的爆破施工方案。

② 依据工点的环境条件，确定一次爆破允许规模。

③ 确定开挖程序，包括布置开挖工作面，确定是否分期、分段、分层开挖，这是编制爆破和施工组织设计的依据，在此基础上优化爆破设计参数。

④ 计算论证爆破地震、飞石、冲击波和噪声等有害效应，提出安全措施。

⑤ 制定爆破对既有铁路和设施以及周围建筑物的防护方案，确保运营安全。

⑥ 采取技术措施，保证路堑边坡的质量和稳定性。

6.4.3.2 石方控制爆破设计

包括确定一次爆破的允许规模，确定孔网参数、装药量等，并通过试爆，优化设计参数，提高爆破效果。下面以石方浅孔控制爆破为例做简要介绍。

(1) 确定一次爆破的允许规模

爆破规模，即一次爆破允许的最大用药量，受到以下两个方面的制约：①爆破振动对邻近建筑物及设施的安全影响；②允许的坍塌范围。爆破落石不能覆盖、挤压邻近爆破区的行车线路、通讯设施、建筑物等。可参照6.1.2.1节计算确定。

(2) 孔网参数

① 最小抵抗线 W。浅孔钻孔直径一般为 32～40 mm，最小抵抗线一般取钻孔直径的 20～30 倍，故最小抵抗线常取 0.8～1.2 m。实践表明，这一数值能较好地控制飞散物和破碎块度。

② 孔距 a 和排距 b。合理选择孔距和排距对降低大块率，提高石方清理速度有很大作用。通常的设计参数为：

$$a = W = 0.8 \sim 1.2\,\mathrm{m}, b = 0.9a = 0.7 \sim 1.1\,\mathrm{m}$$

亦可采用宽孔距布孔，并适当缩小排距，可以起到降低大块率的作用。

③ 炮孔深度 L。合理的炮孔深度可以避免冲炮，使炸药能量充分利用，保证控制爆破效果。一般取：

$$L = (1.5 \sim 2.0)W \approx 1.2 \sim 2.4\,\mathrm{m}$$

装药结构和填塞要求，应按 6.1.2.2 节关于石方控制爆破的要求操作。

(3) 装药量计算

石方台阶控制爆破装药量计算可参考以下经验公式：

$$q_1 = CKWaH \tag{6.19}$$

$$q_{后} = 1.2CkabH \tag{6.20}$$

式中：q_1—前排(临空面处)单孔装药量，g；

$q_{后}$—后排单孔装药量，g；

C—药量控制系数，$C = 0.15 \sim 0.30$；

K—单位用药量，与岩石性质有关，取 0.25～0.4 $\mathrm{kg \cdot m^{-3}}$；

W—最小抵抗线，m；

a—孔距，m；

b—排距，m；

H—梯段高度，m。

(4) 起爆网路

紧邻电气化铁路既有线的爆破宜采用非电导爆管起爆系统。为提高岩石破碎度和降低爆破振动，可实施孔内毫秒延时起爆；为提高起爆网路的可靠性和降低成本，建议采用网格式闭合网路。也可以采用导爆管簇联网路。

6.4.3.3　对边坡实施预裂爆破

为控制超、欠挖，保持开挖边坡稳定，边坡面宜采用浅孔或深孔预裂爆破。某工点的浅孔预裂爆破设计参数如下。

① 由于边坡较高，采用分台阶施工，每层台阶高度 $H = 3.5 \sim 5.0$ m。

② 钻爆参数。$d = 40$ mm(不耦合系数为 1.68)，$a = 45 \sim 55$ cm，$L = 3.0 \sim 3.55$ m(钻孔倾斜度为 1∶0.4，比主炮孔超深 0.3 m)。

③ 装药量计算。

$$Q = 2qL_1 + qL_2$$

式中,装药集中度 $q=0.25\sim0.29\ \mathrm{kg\cdot m^{-1}}$, L_1为孔底加强段长度,L_2为中间正常装药段长度。

④ 装药结构。使用∅25 mm乳化炸药卷和导爆索进行分段间隔装药,分段间隔一般为15～20 cm。为克服炮孔底部的夹制作用,孔底0.5～0.8 m范围的药量增加一倍。填塞长度为1.0～1.2 m。

6.4.4 紧邻既有铁路爆破的施工管理

在紧邻铁路线旁进行石方爆破,必须加强安全管理。下面综合介绍有关运营和施工单位针对铁路复线石方控制爆破提出的安全管理措施,供类似工程参考。

(1) 加强组织领导,制定爆破和安全防护方案

复线工程指挥部应成立爆破领导小组,施工前会同建设单位共同进行现场调查,根据设计提供的工程数量、施工环境和爆破规模,指导施工单位制定具体的爆破施工方案、各种安全防护措施等,对各施工队进行全员培训。

(2) 开工前的准备工作

① 选派正式路工担任驻站人员(联络员)、工地安全员和爆破员,并进行培训,考试合格后方可上岗。

② 配备必要的通讯设备,做到通讯联络畅通,配齐行车信号及防护用品。

③ 与所在工务段签订协议,由工务段按需配齐备用轨、轨枕和相应的扣件。

(3) 施工过程中的安全管理

① 认真执行铁路技术规程"施工及路用列车的开行"有关条款,驻站联络员在爆破前向车站提出"爆破施工申请表",经认可后,方可通知施工现场装药。

② 在定点放炮前半小时必须装完炸药,填写"爆破参数及装药量表",联接起爆网路,并通知驻站联络员,现场准备就绪。

③ 驻站联络员在接到现场准备就绪报告后,向车站值班员申请爆破时间,当接到封锁命令后,双方进行签认,按调度命令进行施爆。

④ 施工点接到命令后,立即进行施工防护,包括对既有线路的钢轨、枕木进行必要的防护,并在爆破点铁路两端800 m处做好警戒,随时观察施工现场和列车运行情况,人员全部撤离爆破区后,方可起爆。

⑤ 爆破后,检查有无盲炮、危石、落石,并进行处理,同时拆除既有线的覆盖防护,检查轨距、方向、限界、通讯、电力线路等。

⑥ 经检查确认线路畅通,施工负责人通知驻站联络员办理开通手续,并经车站值班人员签认消点、开通线路。

⑦ 对爆破后确实有危及行车安全的危石或其他情况需要处理,应立即向车站报告,继续申请要点,及时予以处置,以确保行车安全。

⑧ 在施工中应及时清除水沟积石,确保流水畅通;建立夜间检查制和值班制,

以防落石滚入既有线。

（4）抢险

既有线控制爆破施工现场，必须制定事故处置应急方案，制定对既有线焊接长钢轨、接触网支架、接触网、高压输电线路、通讯信号、地下电缆、房屋等运营设施的抢险措施，配备足够的材料、工具和抢修队伍。

6.4.5　铁路复线石方控制爆破工程实例

6.4.5.1　衡广复线石方爆破工程经验[①]

（1）横向台阶控爆开挖法

布眼方法如图 6.27 所示。钻爆参数为：预裂孔距 $a = 0.5 \sim 0.6$ m，眼深 $L = 2.2 \sim 2.4$ m；药量 $Q = KaL$，取 $K = 400 \sim 500$ g·m^{-3}；主炮孔抵抗线 $W = 1.0 \sim 1.2$ m，排距 $b = 0.8 \sim 1.0$ m，$a = 1.0$ m，$L = 1.0 \sim 2.2$ m，$Q = KaWL$ 或 $Q = KabL$，K 按表 6.14 取值。起爆顺序是先预裂后主炮，先前排后后排，先下台阶后上台阶。

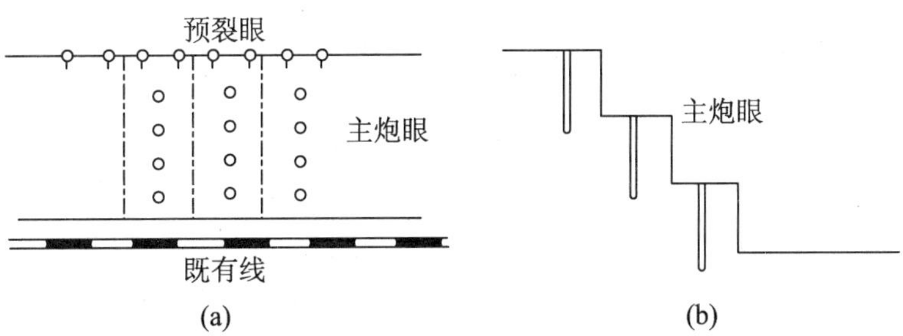

图 6.27　横向台阶布眼图

表 6.14　边坡不同部位的 K 值　（单位：g·m^{-3}）

边坡部位	上部（>6 m）	中部（3～6 m）	下部（<3 m）	凿　底
边坡内侧	150～200	200～250	250～300	350～500
边坡外侧	100～150	150～200	200～250	250～300

（2）纵向 V 型溜槽控爆开挖法

开挖顺序和布眼方法如图 6.28 所示。第一步，先开挖一个 V 型尖头，注意 $\alpha = \angle AOB = 60^\circ \sim 80^\circ$，$\beta = 70^\circ \sim 80^\circ$，$\gamma$ = 边坡坡度；第二步，以同样方法向前钻爆；第三步，在下面形成的台阶按第一步方法布眼，同时在上面台阶继续向前布眼钻爆，注意外边需留隔墙宽 1.5～2 m。如此不断向前向下钻爆就形成一个 V 型溜槽，每次爆落

---

① 杨杰昌等. 衡广铁路运输繁忙段改建中的石方爆破技术[M]//中国工程爆破协会编. 中国典型爆破工程与技术. 北京：冶金工业出版社，2006：24～29.

石方都顺槽子溜下，利于出渣。爆破参数及起爆方法可参考横向台阶法。

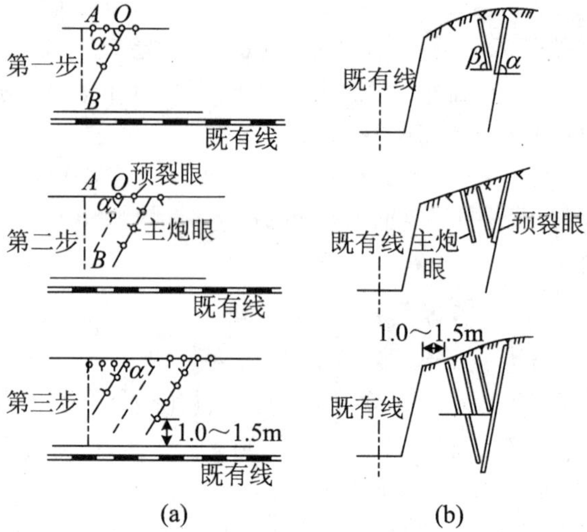

图 6.28 V型溜槽开挖顺序及布眼图

溜槽法应注意几个问题：①每层只宜布一排眼，以减小爆破振动；②溜槽坡度要保持 50°～60°；③隔墙要随开挖逐步向前推进，可用打浅孔、密眼或其他方法处理；④注意地质变化，遇地质情况不良时要改变方法。

(3) 预留隔墙控爆开挖法

当开挖宽度大、边坡又不高时，可在开挖区与既有线间预留隔墙。

① 隔墙外石方爆破。用网形布眼，一次可布 100～200 个。钻爆参数为：$W=1.0$ m，$a=0.8\sim1.0$ m，$b=1.0$ m，$L=1.5\sim2.5$ m，$Q=KaWL$ 或 $Q=KabL$，边孔 $K=0.3\sim0.4$ kg·m^{-3}，中间孔 $K=0.45\sim0.55$ kg·m^{-3}。

② 隔墙处理。按图 6.29 钻爆。爆破参数为：$a=W=b=0.6\sim0.8$ m，$L=0.7D$，D 为隔墙厚度，孔口药量 $Q_1=1.2\,KabW$，孔底药量 $Q_2=0.5Q_1$，$K=0.2\sim0.4$ kg·m^{-3}，隔墙上部酌减。采用非电毫秒雷管跳段使用的起爆方法，原则上是孔口先、孔底后，下部先、上部后。

(4) 底设导坑爆破法

按图 6.30 布导坑，在导坑内先用分层压顶爆破法开挖顶部岩石，然后爆破新

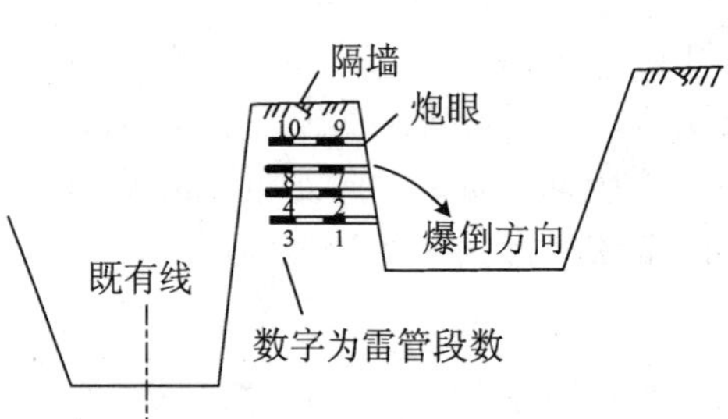

图 6.29 隔墙爆破法

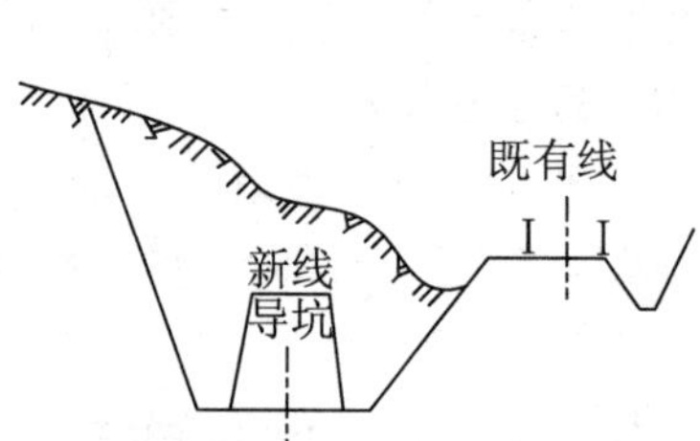

图 6.30 底设导坑位置图

线边坡一侧，再爆破既有线侧的坑壁。钻爆参数为：预裂孔顺边坡钻眼，$a=0.5\sim0.6$ m，$L=1.5\sim2.5$ m，$Q=KaL$，$K=250\sim350$ g·m^{-3}；主炮孔 $W=0.8\sim1.0$ m，$a=1.0$ m，$b=0.8\sim1.0$ m，$L=1.0\sim2.5$ m，$Q=KabL$；既有线侧取 $K=200$ g·m^{-3}，新线侧取 $K=220\sim300$ g·m^{-3}。

(5) 高边坡隔墙处理控爆开挖法

图6.31(a)是里排工点开挖断面，便线开挖后与既有线间形成了一堵高隔墙，高10～17 m，坡度为1∶(0.1～0.3)。处理高隔墙要防止出现大块石滚落砸坏线路，因此要正确选定爆破参数和确保不出盲炮。参数为：1～2排 $L=1.0\sim1.5$ m，$a=W=b=0.4\sim0.5$ m；3～4排 $L=2\sim2.5$ m，$a=1.0\sim1.3$ m，$b=W=0.8\sim1.0$ m；第2、3排间 $b=0.6\sim0.7$ m。起爆顺序是便线一侧先响既有线侧后响。

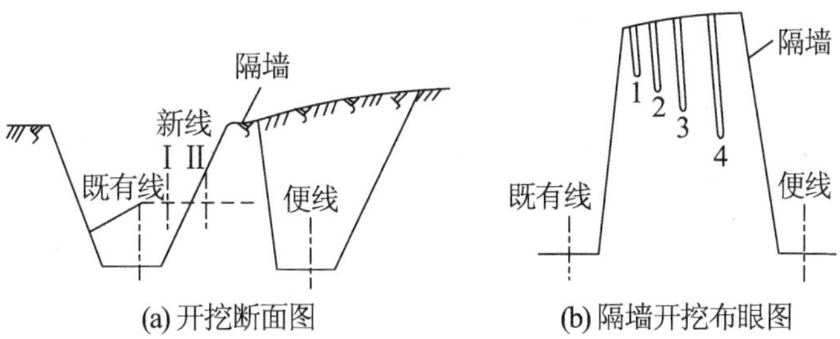

图6.31 里排开挖断面及高隔墙处理图

(6) 薄层切割控爆开挖法

在扩堑刷坡施工困难或地质情况不良的危险地段用此方法，要对线路加强覆盖防护。参数为：$a=0.4\sim0.5$ m，$L=W=0.5\sim0.6$ m，$Q=40\sim50$ g。控制一次起爆药量，逐层逐排切割开挖。

(7) 深孔控制爆破开挖法

在新线离既有线大于10 m、方量集中地方采用此方法。参数为：孔径 $d=100$ mm，台阶高 $H=8\sim15$ m，$W=2.5\sim3.5$ m，$a=3\sim5$ m，$b=2\sim3$ m，超钻 $h=1.0\sim1.5$ m，$Q=KaWH$ 或 $Q=KabH$，取 $K=0.2\sim0.5$ kg·m^{-3}。还可进行边坡光面爆破和宽孔距毫秒延时爆破，取得理想爆破效果。

6.4.5.2 株六复线K159区段石方控制爆破主要钻爆参数①

(1) 竖眼台阶松动爆破法(西端工作面)

西端K159+780～K159+890段，开挖宽度1.57～4.00 m，开挖高度15 m以上，岩石坚硬。为减轻爆破体对排架的冲击，确保行车安全，同时增加工作面和便于清渣，采用排架防护下的"竖眼台阶松动爆破法"。

① 刘高飞．电气化复线高路堑拓宽安全快速石方控爆技术[A]//第六届铁道工程爆破文集[C]．北京：中国铁道出版社，2000：185～189.

① 台阶、炮孔布设。先顺边坡布一排光爆孔(边坡孔,顺边坡斜度打眼),然后在靠既有线一侧顺线路方向布一排较密边孔,边孔距外侧边坡 60～70 cm。垂直线路方向在光爆孔和边孔之间布 2～3 个主爆孔(垂直打眼),每一层的主爆孔为 3～5 排,由高到低逐层向下钻爆,形成数级台阶。每级台阶高度 H 取 1.6～2.0 m,开挖宽度大于 3 m,高度小于 6 m 地段取台阶长度为 3～4 m,不满足此条件取台阶长度为 2～3 m。

② 孔网参数。对于复线高路堑拓宽控制爆破,为了保证安全,其孔网参数的确定与路堑开挖工作面的高度和炮孔在台阶的位置有关。经过实践,确定了不同情况下的孔网参数,见表 6.15。

表 6.15 台阶爆破参数

<table>
<tr><th rowspan="2">开挖宽度/m</th><th rowspan="2">开挖高度 H/m</th><th colspan="3">最小抵抗线 W 或排距 b/m</th><th colspan="3">孔距 a/ m</th><th colspan="3">孔深 L/m</th></tr>
<tr><th>主爆孔</th><th>边孔</th><th>光爆孔</th><th>主爆孔</th><th>边孔</th><th>光爆孔</th><th>主爆孔</th><th>边孔</th><th>光爆孔</th></tr>
<tr><td rowspan="2">$\leqslant 2$</td><td>$h>6$</td><td>0.6～0.7</td><td rowspan="2">0.5</td><td rowspan="4">0.6</td><td rowspan="2">0.6～0.7</td><td rowspan="2">0.6</td><td rowspan="4">0.4～0.5</td><td rowspan="2">1.8</td><td rowspan="2">1.6</td><td rowspan="2">1.8</td></tr>
<tr><td>$h\leqslant 6$</td><td>0.7</td></tr>
<tr><td rowspan="2">2～4</td><td>$h>6$</td><td>0.7</td><td>0.6</td><td>0.7～0.9</td><td>0.7</td><td>2.0</td><td>1.8</td><td>2.0</td></tr>
<tr><td>$h\leqslant 6$</td><td>0.8</td><td>0.8</td><td>0.8～1.0</td><td>0.8</td><td>2.2</td><td>2.0</td><td>2.2</td></tr>
</table>

③ 药量计算。采用体积法单孔药量计算公式:

$$Q = KabL \tag{6.21}$$

式中:Q—每个炮孔装药量,kg;

K—单位耗药量,$kg \cdot m^{-3}$。

爆破所要达到的要求有:台阶外侧岩体“松动开裂而不滑塌”;台阶中部主爆岩体“松动而较破碎”,即爆后岩石沿垂直方向和顺线方向有一定位移;边坡控制要达到平顺而留有炮痕。经试验确定单位耗药量,中部主炮孔为 $K = 0.38 \sim 0.42\ kg \cdot m^{-3}$,边坡光爆孔和边眼为 $K = 0.25 \sim 0.35\ kg \cdot m^{-3}$。

④ 装药结构和填塞长度。台阶中部主爆孔底部连续装药,台阶外侧和边坡炮孔间隔装药。装药后保证炮孔填塞长度 1～1.2 m,填塞长度小于 1.0 m 容易产生飞石,大于 1.2 m 炮孔顶部易形成大块。

⑤ 起爆网路和起爆顺序。采用“梯形”毫秒延时起爆网路,起爆顺序为:一个台阶主爆孔排与排之间用孔内毫秒延时,沿线路方向逐排起爆,台阶两侧边坡孔和靠既有线一侧边眼滞后于同排主爆孔 50 ms(或两个段别)与下一排炮孔同时起爆。台阶与台阶之间采用孔外毫秒延时,由下至上逐层起爆。

(2) 预留隔墙台阶爆破法(东端工作面)

东端 K159+630～K159+780 段,开挖宽度 4～5.9 m,开挖高度 6～15 m,岩石较风化,坡脚距既有线中心距离仅 2.8 m,此段石方开挖,绝不允许爆破石方滑塌挤弯排架(排架距既有线中心线为 2.5 m,稍有弯曲就会侵限)。因此采用单层排架防护下“预留隔墙台阶爆破法”进行开挖。

① 开挖程序和台阶布设。沿线路方向由上至下布设纵向台阶,爆破时在台阶靠既有线一侧留 1～1.5 m 宽的岩体不爆,作为台阶中部主爆孔爆破的“隔墙”。待下一层主爆孔爆破时,再在“隔墙”中部布一排竖直密眼爆破其高度的一部分,使隔墙始终保持比主爆体高 2 m 左右。每级台阶长 2～4 m,台阶高 H 取 2～2.5 m,见图 6.32。

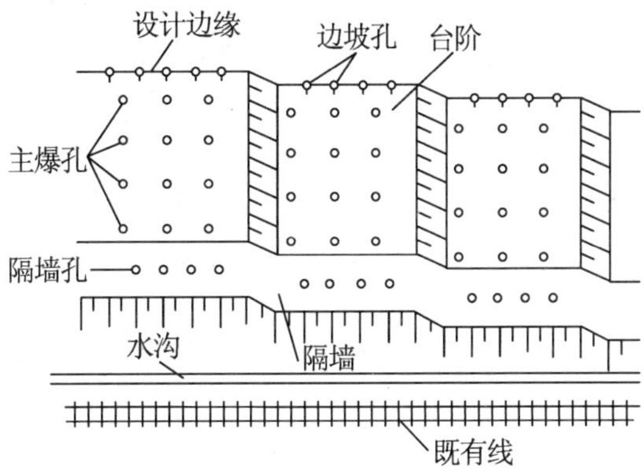

图 6.32　预留隔墙台阶布设、起爆网路图

② 孔网参数。由于台阶靠既有线一侧留有隔墙,台阶内部的石方有纵向保护隔墙作屏障,可采用较大规模的纵向多排毫秒延时爆破方法。施工中主爆体和隔墙具体孔网参数见表 6.16。

表 6.16　预留隔墙台阶爆破参数

最小抵抗线 W 或排距 b/m			孔距 a/m			孔深 L/m		
主爆孔	边坡孔	隔墙孔	主爆孔	边坡孔	隔墙孔	主爆孔	边坡孔	隔墙孔
0.8～1.0	0.5	0.6	1.1～1.3	0.4	-	2.2～2.7	2.2～2.7	2.2～2.5

③ 药量计算。主爆孔和边坡孔单孔药量采用式(6.21)计算,取主爆孔单位耗药量 $K=0.3\sim0.35\ \mathrm{kg\cdot m^{-3}}$,边坡孔单位耗药量 $K=0.25\sim0.3\ \mathrm{kg\cdot m^{-3}}$。

隔墙单孔装药量公式

$$Q = Kb\frac{B}{2}L \tag{6.22}$$

式中:L—孔深,m;

B—隔墙厚度,m;

K—单位耗药量,0.20～0.22 $\mathrm{kg\cdot m^{-3}}$。

④ 装药结构和填塞长度。台阶中部主爆孔采用底部连续装药，边坡孔和隔墙采用间隔装药，底部装药2/3，中部装药1/3；装药后保证主爆孔填塞长度1.2～1.3 m，边坡和隔墙填塞长度为1.0 m左右。

⑤ 起爆网路。起爆网路如图6.33所示，采用“梯形毫秒延时起爆网路”。

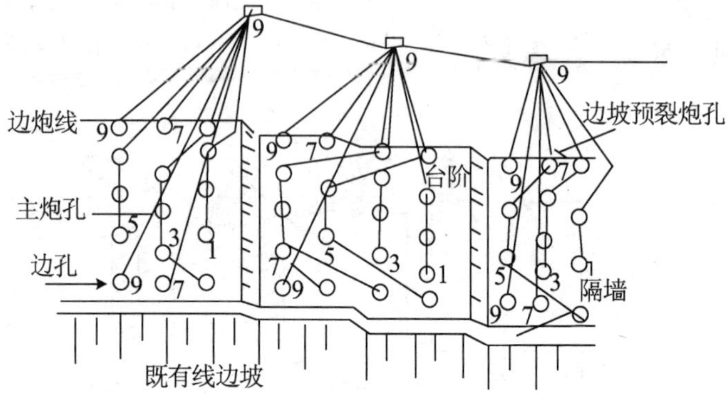

图 6.33 梯形毫秒延时起爆网路

注：图中数字为毫秒雷管段别。

6.5 复杂环境隧道(洞)爆破开挖安全技术

6.5.1 浅埋隧道爆破开挖安全技术

6.5.1.1 浅埋隧道爆破开挖的特点

在城市市政、交通、水利等设施建设中，经常遇到浅埋隧道，例如，广州地铁一号线体育中心站——广州东站区间有一段长310 m双线隧道，由于林和村居民楼拆迁困难，不得已改为暗挖法施工通过，受明挖结构设计的影响，林和村暗挖区间埋深特浅，距地表仅7 m左右，暗挖区间有220 m通过民房密集区。又如，宜昌市云集浅埋隧道为穿越东山连接老城区与开发区的一条城市隧道，埋深15.8 m；杭州市钱江引水入城工程浅埋段洞顶上覆岩土厚度只有19.5～26.4 m，隧道上方有需保护民房。

浅埋隧道爆破开挖有以下特点：①由于洞顶覆盖岩土层薄，一般基岩较破碎，工程地质条件较差，爆破开挖必须确保隧道围岩稳定；②隧道一般处于城镇地区，隧道上方往往建有厂房、民房等建筑物，爆破开挖必须确保隧道上方建筑物的安全；③浅埋段施工周边环境一般比较复杂，爆破振动对施工区域影响大，容易引起“扰民”和“民扰”，必须认真重视爆破施工对人员的影响。

国内关于浅埋隧道在不良地质条件下实施爆破开挖的成功案例很多，在爆破开挖施工方面积累了许多有益的经验，可以归纳为以下三点：①以爆破施工全过程的安全实时监测为依托，全面、超前掌握围岩和应保护建筑物的安全动态，指导施工安全；②以降低爆破振动为重点，制定科学、合理的施工方案，采取有效的综合措施，确保隧道上方建筑物的安全，保证工程的顺利进展；③以实施信息化施工为手段，加快反馈速度，及时调整爆破参数，优化设计，实现爆破对环境影响的有效控制。

6.5.1.2　爆破开挖方案与施工的基本原则

隧道爆破开挖通常可采取全断面一次爆破开挖技术、台阶爆破开挖技术和导洞爆破开挖技术。全断面一次爆破开挖技术，其优点是一次钻孔，一次装药，一次起爆，掘进开挖效率高，辅助时间少。这种方法适合隧道开挖断面小的工程，例如，长沙市芙蓉南路电缆隧道，该隧道长1 183 m，穿过地层为风化泥质粉砂岩，及 80 m 沙卵石层。覆土厚 24.5～31.6 m，地面为街道和绿地，隧道上方高楼林立，地下管线密布，隧道开挖断面上圆下方高 3.44 m，宽 3 m（见图 6.34），由于断面仅 9.6 m^2，采用全断面一次爆破开挖。为了降低爆破振动，采用了低爆速，防水效果好的乳化炸药，50°角斜眼掏槽孔深 1.4 m，其他炮孔 1.25 m，孔口堵炮泥不少于 20 cm，1 周边眼不耦合装药和非电毫秒延时分段起爆等技术措施。施工实际最大单段药量 1.85 kg，工程效果良好。

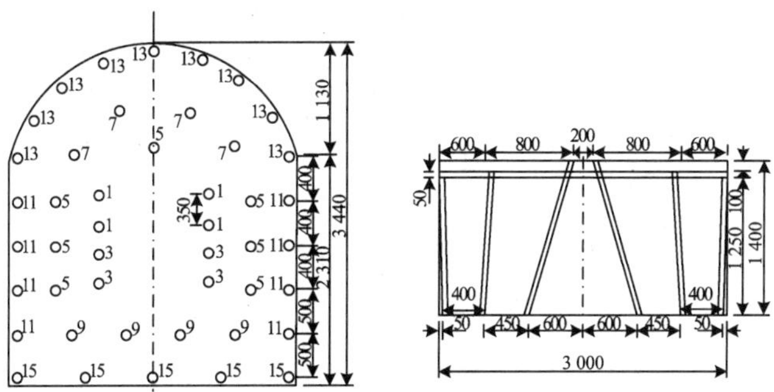

图 6.34　长沙市芙蓉南路电缆隧道爆破方案

分部及台阶爆破开挖方案，使主体爆破有较多的临空面，可设计为正台阶法施工、反台阶法施工、微台阶施工法或上下台阶、多部开挖等多种方法。以隧道起拱线为界，分上下两个台阶分别掘进。上台阶先行掘进，为下台阶开挖创造了较大的临空面，并起到减振作用，这种方法，称为正台阶法施工。如断面较大，下台阶开挖时还可采取品字形开挖，进一步扩大临空面，有利于减小地面振动。在围岩风化、破碎、松散的情况下，采用正台阶法施工，及时做好拱部支护，对施工安全有利，但在隧道拱部爆破开挖时，应采取有效的减振措施。

有的全岩断面采用反台阶法开挖，这种方法是将隧道整个断面分为上下两部分错开掘进，下半断面超前上半断面(见图 6.35)，以减轻地振动。其优点是上下两个工作面错开 5～6 m，可同时钻孔，而且钻工可在渣堆上钻凿上半断面的炮孔，节省了搭设工作平台的工作量，钻孔、出渣可平行作业；下半断面开挖后，为上半断面的爆破创造了良好的临空面，拱部爆破利用岩石自重只需较小药量就能达到要求，容易做到同时起爆，光面爆破效果好，即使在Ⅲ～Ⅳ类围岩中半孔率也能达到80%以上；施工安全，进度快；反台阶和预留光爆层开挖法，在洞顶浅埋深度较小时，更有利于减少爆破对地表建筑物的影响，控制隧道成型，减少爆破对围岩的扰动深度，对防止地下水的渗透亦能起到一定的作用；采用上下台阶、多部开挖方法，自然更有利于降低爆破振动影响。缺点是在隧道断面不大情况下，容易对施工造成互相干扰。

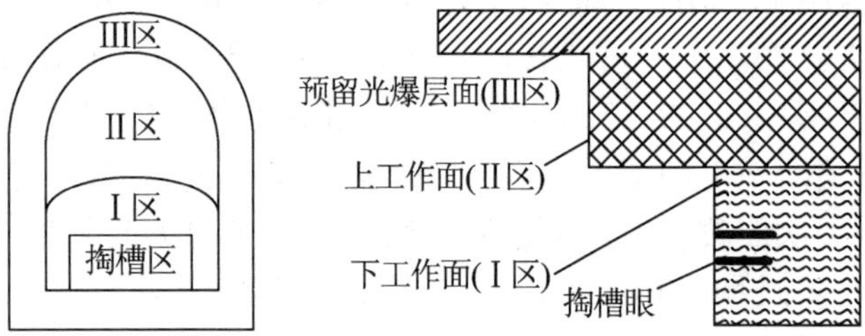

图 6.35 反台阶法爆破开挖施工方案示意图

宜昌云集隧道火车站段采用了台阶蘑菇法施工，即微台阶施工法。先拱后墙留中间核心区，采用此方法可以及时地在拱部进行初期支护，以便在拱顶遇到不良地质时，可把核心岩(土)体作为一个支撑点，有效地控制地表沉降。

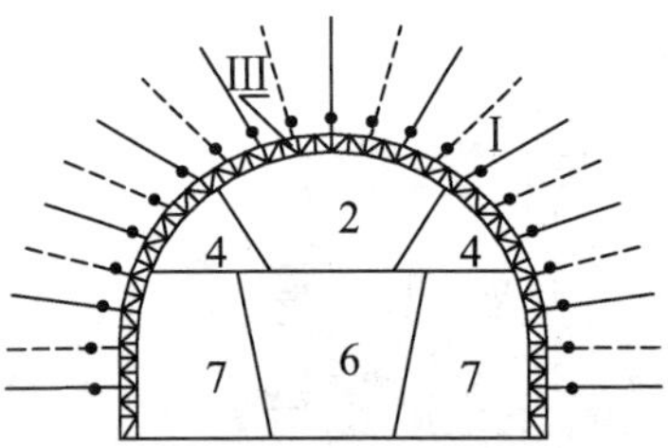

图 6.36 上下台阶、多部开挖方法

重庆市石黄隧道，结合石黄隧道的地质特点，在满足施工进度的前提下，为了最大限度地控制爆破规模，限制用药量，采用了上下台阶、多部开挖方法(见图 6.36)。

导洞爆破开挖法，即中央下导洞超前开挖法，先开挖一个小导洞，再开挖至设计断面(见图 6.37)。采用这种方法，虽然光面爆破效果较理想，也可以取得较好的减振效果，但由于导洞断面相对较小，限制了出渣设备的使用，且排烟通风时间较长，施工进度较慢。在进行技术比较和经济核算后，施工单位也可以采用。

总之，因根据开挖断面、地质条件、施工环境、机具配备等因素，由施工单位针对现场条件及自身施工经验与设备条件选择上述开挖方法。

当隧道岩体受构造影响较破碎，工程地质条件较差，再加上有建筑物需保护，减振要求高，每循环进度一般以 1.0 m 左右为宜。如采用分部分台阶法开挖，循环进尺一般也应控制在 1～2 m。

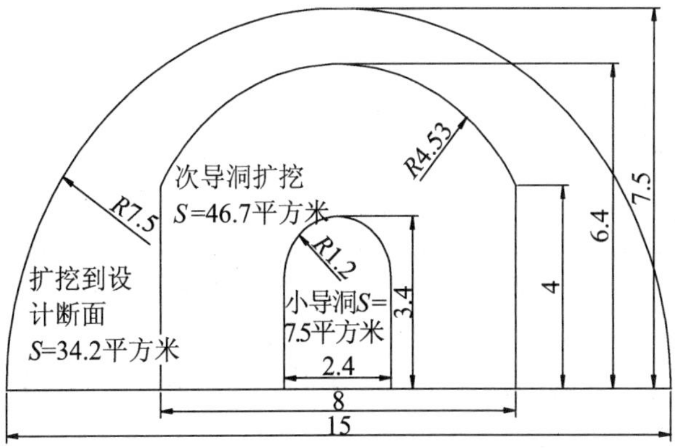

图 6.37　导洞爆破开挖法

注：数字未标单位者，均为米。

对浅埋隧道，应严格控制炸药单耗、单段最大药量和一次爆破的总用药量，设计合理的爆破参数。爆破参数的选取方法主要有三种，即工程类比法、计算法和现场试验法。表 6.17 列出了几座软岩隧道的主要爆破设计参数，可供参考。

表 6.17　几座软岩隧道的实际炮眼深度及有关参数

隧道名	地质条件	开挖方法	开挖面积 S /m^2	眼深 L /m	眼径 d /mm	炮眼数 /个	炸药类型	单耗 q /$kg\cdot m^{-3}$
枫林 1 号	硝质页岩 Ⅱ类	拱部光面	15.3	0.8～1.0	45	66	岩石硝铵	0.3～0.4
南岭	泥质页岩 Ⅱ类	半断面微台阶	上 32.06 下 63.70	1.1	45	上 111 下 120	岩石硝铵	上 0.52 下 0.31
下坑	千枚岩 $f=1\sim1.5$	半断面微台阶	上 14.5 下 30.77	1.0	45	上 65 下 67	岩石硝铵	上 0.61 下 0.42
大瑶山	0 号断层、砂岩Ⅱ类	全断面预裂	101.3	1.1	48	16	乳化与硝铵	0.73
大瑶山	九号断层板岩Ⅱ～Ⅲ类	全断面预裂	72.5	1.3	48	147	乳化与硝铵	0.75
花果山	断层破碎带花岗岩Ⅲ类	半断面微台阶	上 44.25 下 53.25	3.0	48	上 116 下 94	水胶与硝铵	上 1.24 下 0.74
韩家河	片麻岩、断层破碎带	半断面微台阶	上 10.88 下 23.24	3.0	42	上 38 下 38	岩石硝铵	上 1.74 下 0.7
重庆人防	沙泥岩互层 $f=2.5\sim6$	分部开挖	50	1.6	42	294	岩石硝铵	1.2

由于各个工程的地质条件千变万化，现场的施工条件也不同，所以比较科学实用的方法是根据经验初选参数，再通过现场的试验确定下来。有水时应考虑采用乳化炸药、水胶炸药或其他防水型炸药。根据减振要求，必要时可选择低爆速炸药。

不论采用哪种爆破开挖方案，对浅埋隧道，都必须遵守“短进尺、弱爆破、多循环、强支护”的爆破开挖施工基本原则。针对工程地质条件较差的隧道，采用复合衬砌，以锚杆喷混凝土、工字钢支撑做初期支护，并辅以短管棚周边预注浆等超前支护措施来提高围岩稳定性，控制地表下沉量，最后做二次衬砌和仰拱形成封闭稳固的隧道洞体，无疑是所采取的安全必要措施。在爆破开挖中应注意钻爆、清渣和支护等工序的协调配合，首先要保证施工安全，在保证支护作业的前提下，合理安排钻爆和清渣工序，注意爆破对围岩、喷锚、衬砌及新浇混凝土的影响和观测。

6.5.1.3 降低爆破振动的技术措施及设计要点

在控制爆破振动的技术中，人们经过大量工程实践，已经充分认识到必须采用综合技术措施，才能得到较理想的效果。如以上已论及的制定合理的爆破开挖方案和实施“短进尺、弱爆破”的基本原则外，还可以采取以下技术措施。

(1) 采用减振掏槽方式

在隧道开挖爆破中，掏槽爆破一直是一项比较关键的技术。掏槽爆破成功与否，直接决定着爆破开挖的效果，掏槽眼的深度决定了井巷和隧道的掘进进度。掏槽爆破的作用是形成槽腔，为继爆炮孔创造补偿空间和自由面。它有两个显著特点：①岩石的夹制作用大；②岩石的单位耗药量高。这也是掏槽爆破产生爆破振动危害的主要因素，因此要控制掏槽爆破的爆破振动，应从这两个影响因素入手。

采用合理的掏槽方式，优化掏槽眼的爆破参数，可以减轻爆破地震效应。因此，加大空眼直径，增加空眼个数，就是增加了自由面，以降低岩石的夹制作用；有足够多段数雷管时，掏槽可分层分次毫秒延时起爆，不仅减轻爆破地震效应，而且也有利于取得最佳的掏槽效果。例如，贵阳市贯城河排污分洪隧道采用以下两种较成功的直眼掏槽进行爆破，其掏槽形式如图 6.38 所示。

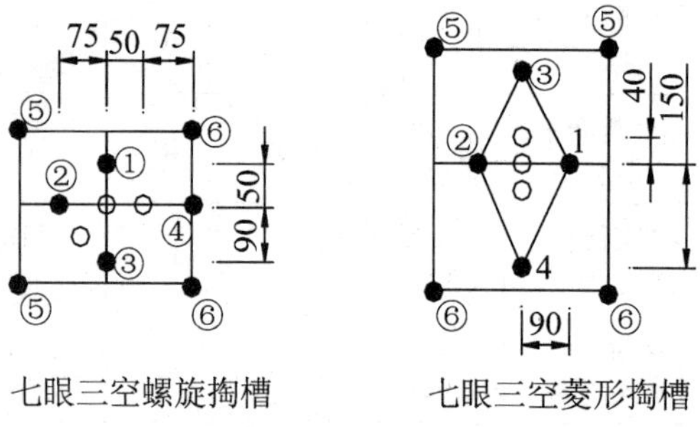

图 6.38 直眼掏槽炮孔布置示意图

(单位为 mm；圈内数字为起爆段别)

还可以选用直眼螺旋掏槽方式，直眼掏槽是以空眼作为自由面，并作为破碎岩石的膨胀空间，因此，空眼直径大小、数量和位置对掏槽效果起着重要作用。直眼螺旋掏槽是所有装药眼围绕中心空眼呈螺旋状布置，并从距空眼最近的炮眼开始顺序起爆，使槽腔逐步扩大的掏槽方式，其优点是可以用较少的炮眼和炸药获得较大体积的槽腔，各后续起爆的装药眼，易于将碎石从腔内抛出。但是，若延期雷管段数不够，就会限制这种掏槽的应用。各装药眼距空眼的距离可依次取空眼直径的 1～1.8 倍、2～3 倍、3～4.5 倍、4～4.5 倍等。实践表明，直眼掏槽的眼距(包括装药眼到空眼间距和装药眼之间的距离)对掏槽效果影响很大。眼距是影响掏槽效果最敏感的参数，与最优眼距稍有偏离，可能就会出现掏槽失败。眼距过大，爆破后岩石仅产生塑性变形而出现“冲炮”现象。眼距过小，会将邻近炮眼内的炸药“挤死”，使之拒爆。某隧道的布置方式为：中部空孔，直径为 50 mm，在空孔周围不同间距布置 8 个掏槽眼，各个炮孔间距如图 6.39 所示，起爆顺序按炮孔编号。浅埋隧道的掏槽眼应尽量布置在隧道底部，以尽可能增大震源至地面的距离。

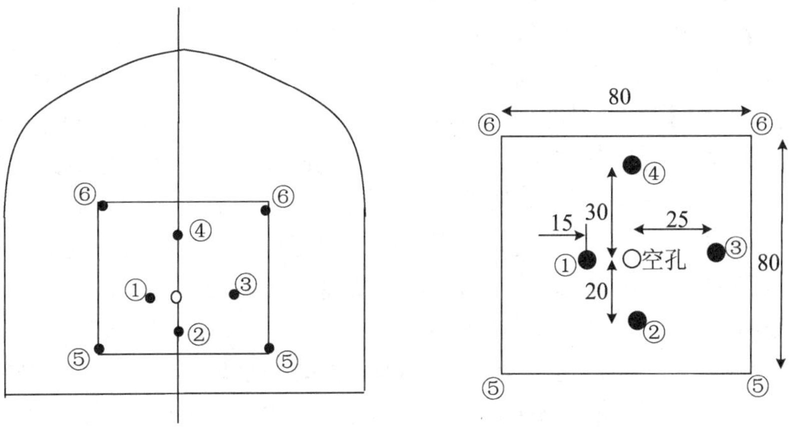

图 6.39　掏槽眼布置图

(单位为 cm；圈内数字为起爆段别)

必须指出，围岩情况不同，装药眼与空眼之间的距离也不同。装药眼直径与空眼直径均为 35～40 mm 时，装药炮眼距空眼为：软的石灰岩、砂岩等，取 150～170 mm；硬的石灰岩、砂岩等，取 50～150 mm；软的花岗岩、火成岩，取 110～140 mm；硬的花岗岩、火成岩，取 80～110 mm。这是比较合理的眼距。

布置平行直眼掏槽炮眼时，除考虑装药眼与空眼的间距外，还应注意起爆次序和装药量。掏槽眼的起爆次序是，距空眼最近的炮眼最先起爆，一段起爆眼数视掏槽方式及空眼直径和个数而定，同时受现有雷管总段数的限制，一般先起爆 1～4 个炮眼。后续掏槽眼同样依据上述原则确定其起爆次序及同段起爆炮眼个数。段间隔时差为 50～100 ms，掏槽效果比较好。

(2) 毫秒延时爆破及控制爆破规模

毫秒延时爆破是在多炮孔爆破时，以毫秒时间间隔按一定顺序先后起爆的爆破技术。对以控制爆破振动为重点的浅埋隧道，采用毫秒延时起爆技术严格控制单响药量，以有效降低振动效应的影响。应选择合理的毫秒延时间隔时间。间隔时间的选择原则是能保证爆破效果，又能错开分段爆破的各振相的相位，避免爆破地震波的叠加。间隔时间的选择应考虑以下因素：岩石性质、孔网参数、炸药的数量和药量、爆破的目的及爆破网路安全和可靠问题，同时要兼顾所使用的非电毫秒雷管品种系列和精度。掏槽眼各段毫秒延时时间应大于 50 ms ，其他炮眼各段毫秒延时时间应大于 100 ms。鉴于目前国产导爆管雷管生产情况，由于高段雷管误差较大，所以孔内高段雷管不宜超过 10 段，以保证间隔时间的精度。

(3) 光面爆破

隧道轮廓实施光面爆破设计，不仅有利于围岩稳定，避免超、欠挖，也具有减振的作用。在比较风化、破碎的地质条件下，宜采用光面爆破或轮廓线钻眼法，或者预留光面层光面爆破或采用风镐开挖修边，效果都比较好。

对一般隧道光面爆破来说，周边炮眼的间距 E 一般为(8～18)d ，d 是炮眼直径，边眼孔距适当缩小，可以控制爆破轮廓，避免超欠挖，又不致过大地增加钻眼工作；合理确定光面爆破层厚度也是光面爆破设计的重要参数，所谓光面爆破层，就是周边眼与最外层辅助眼之间的一圈岩石层，光面爆破层厚度就是周边眼的最小抵抗线，一般为(10～20)d，它是直接影响光面爆破效果和石渣块度的一个重要因素，过厚过薄均不利。其抵抗线周边眼装药集中度 q，随岩性变，其变化范围也比较大，一般为 0.10～0.45 kg · m^{-1}，如何根据地质条件、炸药品种等因素，正确设计装药集中度，将更为重要。

周边炮眼的装药结构，应尽可能使不太多的装药沿炮眼全长均匀分布。宜采用小直径药卷连续或间隔的不耦合装药结构，但药卷直径不应小于该炸药传爆的临界直径，以保证稳定起爆。当采用间隔装药时，相邻炮眼所用药串的药卷位置应错开，以便充分利用炸药能量。此外，应尽量保证光面爆破眼同时起爆。

以下提供光面爆破设计参数的一个工程实例，可供参考。

福建麻岭隧道为Ⅲ类围岩，岩质弱风化，裂隙较发育，多为石英片岩，隧道以长管棚方式进洞，净空断面为 10.5 m×6.37 m。对风化程度较高、层节理发育的岩层（Ⅲ类围岩)，按照孔距小、光爆层大的原则，孔距 $E=45$～50 cm，光爆层厚度为 $W=60$～75 cm，其比值 $m=E/W=0.67$～0.75。周边孔的装药集中度为 0.225～0.250 kg · m^{-1}，不耦合系数为 1.60～1.80。在围岩整体稳定性欠佳、为中硬到坚硬($R_b>30$MPa)、部分节理发育、呈碎石状压碎结构的Ⅲ类围岩中，选择的钻孔参数为孔距 $E=50$～55 cm，光爆层厚度 $W=60$～70 cm，其周边孔密集系数 $m=E/W=0.83$～0.78。装药参数确定为：装药集中度为 0.25～0.30 kg · m^{-1}，不耦合系数 1.6～1.8。光面爆破参数汇总见表 6.18。

表 6.18　光面爆破参数汇总表

围岩类别	周边孔间距 E /cm	光爆层厚度 W /cm	药卷直径 /mm	装药集中度 q / $kg \cdot m^{-1}$
Ⅱ	40～45	60～75	22	0.225～0.250
Ⅲ	45～50	60～70	22	0.250～0.300
Ⅳ～Ⅴ	55～60	60～65	22	0.275～0.350

光面爆破的效果与钻孔和施工质量有密切的关系，周边孔钻孔质量的技术要求是：钻眼前准确放出开挖轮廓线，标出炮眼位置，炮眼位置准确，掌握钻孔方向，严格控制周边眼外插角，钻出“平、直、齐”的炮孔。

(4) 选用低爆速炸药，或采用小直径药卷

在隧道周边爆破时，为了减轻爆破振动，减小对围岩的破坏，可采用低爆速炸药，如爆速 2 000 $m \cdot s^{-1}$的炸药；或小直径药卷，一般可选用直径 20 mm 或 25 mm 的光面爆破专用炸药，如庆阳化工厂生产的二号光爆炸药和二号低爆速炸药。

(5) 布置减振干扰孔

目前隔断方法常利用自然破碎层（带）和人造预裂缝（带）或隔震槽来减少爆破对周围建筑物的影响，作为减振技术措施，必要时可考虑在隧道拱顶轮廓部位布置密集空孔，或在每两个周边眼之间加一个空孔。空孔的主要作用有两个，一是减振作用，二是可以起导向孔作用，减振干扰孔在其控制范围，使应力波的能量在孔中得到转换和释放，迟滞了应力波的继续传播，降低了应力波的传播能量；此外，由于减振干扰孔的存在，岩石中的应力波阵面出现断点，波形发生畸变，相当于在瞬间改变其传播频率，起到分散能量频段的作用，有利于降低爆破地震效应。

(6) 爆破地震波的延时干扰减振

爆破地震波是具有震前相的近似衰减正弦波，如果能将各炮孔延时爆破地震波在相位上时移，使主振波峰谷叠加，相互干扰抵消，从理论上有可能使群孔爆破的地震强度减至单孔爆破地震强度以下，从而实现孔间干扰减振。在工程中实现这一目标主要取决于精确地预测相应爆破及地质条件下的爆破地震波主波频率，并在起爆技术上满足高精度的任意延时要求。高精度导爆管雷管和电子雷管的应用使延时干扰减振技术有可能得以实现。

综上所述，采用综合技术措施控制爆破振动才能得到较理想的效果。可以说，制定合理的爆破开挖方案和实施“短进尺、弱爆破”的基本原则是降低爆破振动的基础；采用轮廓光面爆破和先进的掏槽减振技术是前提；实施毫秒延时爆破是关键；控制爆破规模，即控制单响药量和一次起爆药量是降低爆破振动的保证。此外，还有选用低爆速炸药或小直径炸药，布置减振干扰孔等辅助技术措施。

6.5.2 小间距隧道爆破开挖安全技术

6.5.2.1 小间距隧道爆破开挖的特点

在铁路、公路建设中，经常会出现两条平行隧道并行开挖或者在既有隧道附近新建一条隧道的情况，例如，单线隧道增建二线隧道，或新线隧道一开始就需建平行的双线。我国隧道设计规范规定，在Ⅳ、Ⅴ类围岩中，两隧道的净距应大于 2.0～2.5B；Ⅲ类围岩中，应大于 2.5～3.0B（B 为隧道开挖宽度）。有时由于隧道布置方向的限制或工程的需要，两条隧道之间的间距较小，若净距缩小，则将影响隧道的稳定性。国内外有一些工程因自然条件需要，力图缩小净距，多采用将两座隧道并为一座两跨的隧道，中间用纵梁和立柱或钢筋混凝土中隔墙支撑，但这种方法工艺较复杂，造价高，防水困难。

双线平行隧道间的距离直接影响隧道的稳定和安全，施工隧道的爆破开挖对既有隧道的安全，受爆源、介质和隧道自身三大条件的影响，可能会引起邻近既有隧道围岩的损伤和稳定。

小间距隧道，特别是对于净间距偏小的双线隧道，如何有效地控制爆破对围岩的破坏，保证爆破施工对中隔墙的稳定性，保持邻近既有隧道的动力稳定是该类隧道爆破必须要面对和解决的重要课题。

研究表明，在邻近爆破作用下，既有隧道（或双线隧道的先行线）的主要危险区是迎爆直墙，且以反射拉伸破坏为主。

6.5.2.2 爆破开挖的安全控制要点

(1) 制定合理的爆破施工开挖方案

特小间距的双线隧道开挖，采用分区开挖、循环施工的方案是切实可行的，可减小爆破振动、显著地降低爆破炸药单耗。

例如，招宝山公路隧道由两座各长 165 m 并行各 3 车道的城市快速路隧道组成，隧道单洞开挖宽度 14.2～15 m，开挖高度 12.75 m。设计的两隧道之间的净距仅为 2.98～4.20 m，即设计的中隔墙厚度仅为 0.28B，是隧道设计规范规定的 9.4%～14.8%。招宝山平行隧道岩石开挖采用正台阶分步开挖法，两单线隧道的施工安排为：右洞顶拱→左洞顶拱→右洞中部→右洞仰拱→左洞中部→左洞仰拱。各工序之间交错作业，保留一定滞后量。每道工序作业循环程序为：钻孔→爆破→出渣→做初期支护。左洞开挖爆破示意图见图 6.40。

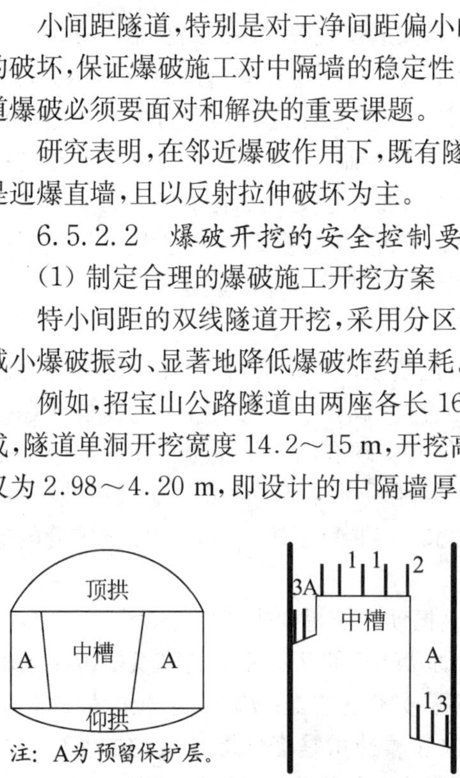

图 6.40 左洞开挖爆破示意图

（1—主爆孔；2—预裂孔；3— 光爆孔）

对该隧道下半部分左洞中部岩石

爆破开挖的具体要求是：① 隧道 4 m 中隔墙受到的影响控制在尽量小的范围内；② 隧道右洞的岩石和初期支护不能因爆破而受到损伤。

根据招宝山隧道右洞开挖爆破的经验和右洞开挖爆破时在左洞顶拱进行的爆破振动测试成果，按以下原则进行左洞的控制爆破设计：① 采用控制爆破技术控制超挖，保证左洞边墙的平整并控制爆破对围岩的影响深度；② 采用毫秒延时爆破技术控制爆破振动的量值大小；③ 采用预裂爆破形成应力波隔离带以降低爆破振动对围岩的影响。

监测表明，在相同条件下，采用预裂爆破降震效果达到 70%～80%；而有预留光爆层开挖爆破时产生的振动也仅为中槽爆破的 50%左右。

由此，对左洞中部岩石的开挖爆破安排如下：① 中部岩石仍采用中槽先进，两侧预留光爆层的爆破方法。左侧预留光爆层滞后中槽两个循环与中槽一次起爆；② 中槽爆破右侧布防震带，即布一列孔先爆形成一破碎带在中隔墙和中槽主爆破之间起降震作用。该列孔应用较少的药量最先同时起爆；③ 右侧预留光爆层的厚度取 3.0 m～4.0 m，一方面有足够的厚度保证中隔墙围岩在中槽爆破后不至于因围岩暴露时间长，岩体卸荷、应力释放而产生整体变形，使中隔墙岩体受损；另一方面又能创造较好的临空面减少爆破振动影响并保证光面爆破效果。

关于两洞开挖面间距，应按照设计或通过安全监测确定，某工程采用控制爆破方法施工，两洞开挖面间距在 10 m 以上，即可保证两个隧道同时安全掘进施工。

(2) 处理好爆破开挖与支护的关系

实现小间距隧道的安全施工，处理好爆破开挖与支护的关系至关重要。支护的设计与施工工艺不仅与地质条件有关，也与隧道结构和爆破方案有关。例如招宝山超小净距双线隧道采用喷、锚、网、格栅拱架的联合初期支护，与后期灌注的模注混凝土衬砌形成复合式衬砌。作为一种防范措施，防止爆破对模注混凝土可能产生的影响，在右洞尚未灌注衬砌混凝土，采用格栅、网、喷混凝土、锚杆和仰拱混凝土构成密封壳体(初期支护)的情况下开挖左洞。因此，左洞开挖爆破保证 4 m 中隔墙围岩的稳定，保证隧道右洞的岩石和初期支护不受到损伤，是隧道安全顺利开挖的关键。

(3) 严格控制钻爆施工工艺，提高施工管理水平

招宝山双线隧道在爆破施工中，注重钻爆施工工艺和施工管理，加强现场技术力量，进行技术培训，确保爆破技术方案得以正确实施。技术上，依据过去的实践经验和科学的分析，配以现场生产试验和仪器观测，实施信息化施工，对隧道施工中爆破引起的振动进行了系统的观测，以此指导和调整爆破施工方案，减少爆破振动对岩体的破坏和影响。该工点还进行了隧道围岩扰动范围的声波检测，以确定爆破作用造成的隧道围岩的破坏范围和程度，为隧道的稳定和安全评估提供科学依据。通过上述监测，保证了控制爆破开挖安全和顺利施工。

6.5.2.3 控制爆破振动的主要措施

严格控制爆破振动是小间距隧道爆破技术的关键。首要是控制第二隧道开挖爆破时对中夹岩墙的水平冲击力，一般应将爆破对岩体的破坏深度控制在 0.8 m 以下；双线隧道中一隧道开挖爆破时在另一隧道边墙临时支护上引起的振动速度控制在 15 cm・s^{-1}以下。

通常，掏槽爆破产生的振动速度最大；而通过比较最外圈崩落孔、缓冲孔和光爆孔起爆时对邻近隧道的振动影响，可知三类炮孔中，最外圈崩落孔的爆破对邻近隧道的影响最大。通过测试，邻洞周边上的振速分布规律为：主要以水平向振速为主，垂直向振速相对较小；隧道迎爆侧水平方向的振速最大，垂直方向振速最大的点则出现在顶部和底部附近。

根据邻近隧道的动态响应特点，以下几条措施能有效地降低邻洞振动响应。

① 为保证中隔墙的稳定与安全，采用中槽先进，两侧预留光爆层的作业方法；中槽靠中隔墙一侧采用防震带（预裂带）降低爆破对中隔墙和相邻隧道边墙初期支护的振动影响；预留光爆层主爆破孔的爆破应尽量为光爆孔创造临空面，这样有利于保证光爆效果和控制围岩的爆破松弛厚度。好的光面爆破残孔率在 90%以上，爆破松弛厚度不大于 0.75 m。

② 炮孔侧向最小抵抗线的大小对既有隧道或先行线的振动影响很大，因此，适当地缩小预留光爆层主爆孔侧向抵抗线，有利于减小主爆孔在邻洞产生的振动，同时为光爆孔创造良好的临空面条件，保证光爆效果，控制围岩的爆破松动圈厚度。

③ 合理的分段方式和起爆顺序可有效降低爆破作用对邻洞的影响。为避免毫秒延时爆破延时时间不够或延时误差造成应力波叠加，在选择雷管段数时，应加大相邻段别的段位差，合理配置毫秒延时时间，上部弧形导坑掏槽孔-辅助孔宜为 110 ms、辅助孔-辅助孔宜为 90 ms、辅助孔-周边孔宜为 110 ms、中槽爆破实行排间毫秒延时，$\Delta t \geqslant 50$ ms。

④ 改进掏槽方式，可降低既有隧道振动影响。例如某工程在Ⅳ类和Ⅲ类围岩中，分别采用正副掏槽（五眼中空边四斜眼）和六斜眼楔形掏槽，不仅达到了降低既有隧道振动的目的，也获得了较好的爆破效果。

⑤ 采用不耦合装药能明显降低邻洞的振动强度。

6.5.3 瓦斯隧道爆破开挖安全技术

6.5.3.1 隧道爆破可能遇到的瓦斯涌出形式

瓦斯指从煤（岩）体内涌出的各种有害气体的总称，包括沼气、一氧化碳、二氧化碳和硫化氢等。在一定的压力、温度条件下，遇到火源易引起燃烧或爆炸，给施工带来极大危害。当隧道穿越煤层或煤层近区的岩体时，爆破施工的开挖将可能遇到瓦斯问题。瓦斯涌出形式有以下几种。

① 缓慢涌出。在隧道施工过程中，瓦斯通过煤层和岩石的微小裂隙均匀缓慢地涌到隧道空气中，一般不易觉察出来。在湿润的煤壁上，可以听到涌出的嘶嘶声，通常隧道内以这种涌出形式为多，所占比重最大。

② 瓦斯喷出。在含有瓦斯的煤层或岩层的地质破坏带，有着相互沟通的裂隙和空洞，具有很大压力的瓦斯。当爆破开挖接近这种地区时，大量瓦斯将集中地向隧道已开挖的空间放出，这种形式称为瓦斯喷出。其特点是喷出时间长，昼夜涌出量大。

③ 煤和瓦斯突出。当开挖爆破接近含有瓦斯的煤层或岩层的地质破坏带时，积聚的瓦斯向开挖空间喷出，有时伴有高压瓦斯气浪和响声，称为瓦斯突出或煤和瓦斯突出。喷出时间可达几天到几年，喷出量可达几万 m^3，同时带出大量碎煤。

铁路线路的设计一般均避开煤层及含有大量瓦斯区段，因此后两种瓦斯涌出的形式对铁路隧道一般没有或可能性很小。

6.5.3.2　瓦斯的爆炸性、窒息性

沼气是瓦斯中的主要成分，它是无色无味的气体。在标准状况下，1 m^3沼气的重量是 0.716 kg，发热量在 3.4×10^8 J·m^{-3}以上，与空气混合后具有燃烧爆炸性。当沼气浓度在 5%以下时遇火能燃烧；当空气中含量达到 4%～15%时，形成的气体混合物遇有温度为 650 ℃的热源经 10 s 的感应时间即可爆炸；15%以上时遇火燃烧，但因空气中含氧量减少而不完全燃烧，冒黑烟；当含氧量低于 12%时，遇火不燃烧，引燃温度一般为 650 ℃～750 ℃。不同浓度的沼气引火温度不同，高温也可引燃低浓度的沼气。

沼气在空气中要爆炸，必须具备一定的沼气浓度、空气中的含氧量和点燃火源，三者缺一不可。了解了这一规律，对防止沼气的危害十分重要。只要我们采取措施，使隧道内的沼气浓度不超限，防止点燃沼气的火源，就能保证不发生燃烧和爆炸事故。根据实验测定，空气中沼气浓度为 9.5%，含氧量为 19%，这正是完全燃烧所需要的氧气，因此，在这种情况下，最容易引起爆炸，且爆炸威力最大。

沼气的另一个特点是具有窒息性。空气中由于沼气的存在，相对减少了含氧量。含氧量降低到 12%时，沼气浓度约为 45%，这时，人们就会因缺氧窒息而死。煤矿井下常因通风不良而积聚大量沼气，稍有不慎，就会造成重大事故。

煤尘是指粒径小于 1.00 mm 的煤粉，当煤尘在空气中的含量达到一定数量时，遇到火源也可能发生爆炸。煤尘爆炸的浓度，下限为 45 g·m^{-3}，上限无统一规定，浓度在 300～400 g·m^{-3}时，爆炸威力最大，引爆温度一般在 600 ℃～1 000 ℃之间。

6.5.3.3　爆破作业引爆瓦斯爆炸的原因

(1) 爆炸时空气冲击波的作用

炸药爆炸形成的空气冲击波具有很大的压力，可以压缩含瓦斯气体使其温度升高，根据绝热定律，温度与压力的关系是：

$$T_2 = T_1\left(\frac{P_2}{P_1}\right)^{\frac{K-1}{K}} \tag{6.23}$$

式中：T_1，T_2—含瓦斯气体介质的初温和终温；

P_1，P_2—含瓦斯气体介质的初压和终压；

K—绝热指数，计算时 K 取 1.4。

通过计算所求温度低于瓦斯或煤尘与空气混合物的发火温度，不会引起瓦斯或煤尘爆炸。但当压缩瓦斯气体温度高于瓦斯气体的发火点，有可能引起瓦斯或煤尘的爆炸事故。应注意的是，当爆炸点附近有障碍物时，冲击波在传播过程中会发生反射叠加作用，冲击波波前压力将大大增加。

(2) 炽热固体颗粒的作用

炸药爆炸时，通常会产生反应不完全的炽热固体颗粒或燃烧着的颗粒向外飞出，这种颗粒飞向瓦斯气体混合物介质中，会继续发生分解反应或被空气介质氧化而燃烧，具有很高的温度，很可能引起瓦斯爆炸。由此分析得到，反向装药比正向装药爆破引燃瓦斯的危险要大。

(3) 炸药爆炸气体产物和二次火焰作用

炸药爆炸气体产物，瞬间温度高达 1 800 ℃～3 000 ℃，大大超过了瓦斯煤尘的发火温度，与瓦斯介质作用时间长，可能引燃瓦斯爆炸。此外，它还可通过二次火焰的间接作用使瓦斯介质发火。所谓二次火焰是指炸药爆炸后，尤其是爆炸不完全时，将产生可燃性气体 H_2、CO、CH_4 等，与空气中的氧化合后所生成的火焰。二次火焰温度达 1 600 ℃～2 000 ℃，远高于瓦斯介质发火点。

(4) 非安全电雷管引起瓦斯爆炸的机理

非安全电雷管引起瓦斯爆炸的机理，归纳起来有以下几个原因：①电雷管爆炸后飞出的灼热碎片或残渣引起瓦斯爆炸。②雷管内副起爆药爆炸时产生高温和火焰引起瓦斯爆炸。③非安全电雷管延期药燃烧喷出高温残渣的引燃作用。

爆破作业引起瓦斯、煤尘爆炸的发火机理比较复杂，爆炸冲击波、爆生气体产物、炽热固体颗粒、雷管爆炸产物都可能参与瓦斯的发火反应，在实际爆破时，往往是共同作用于瓦斯介质，更增加了引燃的可能性。同时瓦斯或煤尘介质在引燃时还存在引火延期性，延迟时间与温度有关。温度越高，延迟时间越短，爆炸危险就越大。根据实验，沼气在常压下引燃温度为 650 ℃，延迟时间为 10 s；温度为1 000 ℃时，延期时间为 1 s。

由此可知非电塑料导爆管雷管、秒延期电雷管不得用于含有瓦斯的隧道内爆破使用。更不能使用黑火药和普通的导爆索网路。

6.5.3.4 瓦斯隧道许用爆破材料的性能与选择

瓦斯隧道许用的爆破材料必须使用煤矿安全炸药及煤矿安全电雷管。一般来说，瓦斯隧道许用炸药应该具有如下特点：①许用炸药的能量要有一定的限制，其爆热、爆温，爆压和爆速都要求低一些，使爆破后不致引起隧道内大气的局部高温。

②许用炸药应有较高的起爆敏感度和较好的传爆能力，以保证其爆炸的完全性和传爆的稳定性，这样就使爆炸产物中未反应的炽热固体颗粒和瓦斯爆炸的可能性减少，从而提高其安全性。③许用炸药的有害气体生成量应符合国家规定，其氧平衡应接近于零。通常，正氧平衡的炸药在爆炸时易生成氧化氮和初生态氧，而负氧平衡的炸药，爆炸反应不完全，会增加未反应的炽热固体颗粒，容易引起二次火焰，都会引起沼气发火。④许用炸药中不能含有金属粉末，以防爆炸后生成炽热固体颗粒。

一般，在瓦斯隧道许用炸药组分中应添加一定量的消焰剂——食盐、氯化铵和其他类似物质。

煤矿许用炸药的选用应遵守以下规定：①低瓦斯矿井的岩石掘进工作面，应使用安全等级不低于一级的煤矿许用炸药；②低瓦斯矿井的煤层掘进工作面，半煤岩掘进工作面，应使用安全等级不低于二级的煤矿许用炸药；③高瓦斯矿井、低瓦斯矿井的高瓦斯区域，应使用安全等级不低于三级的煤矿许用炸药；④有煤（岩）与瓦斯突出危险的工作面，应使用安全等级不低于三级的煤矿许用含水炸药；⑤同一工作面不应使用两种不同品种的炸药；⑥严禁使用硬化的硝铵类炸药，一是结块硬化后的炸药卷，爆轰性能显著降低，容易产生半爆、爆燃甚至拒爆，二是硬化后的炸药爆炸不完全，使正处于燃烧的炸药颗粒从炮孔中飞出混入瓦斯和空气混合物中，易引燃（爆）瓦斯。

煤矿井下爆破不应使用导爆管或普通导爆索，使用电雷管时，应遵守以下规定：①使用煤矿许用瞬发电雷管或煤矿许用毫秒延期电雷管；②使用煤矿许用毫秒延期电雷管时，从起爆到最后一段的延期时间不应超过 130 ms；③采用安全电力起爆时，必须使用防爆型起爆器作为起爆电源，一个工作面不得同时使用两台或多台起爆器放炮。电爆网路必须采用串联联接方式，不得并联或串并联。

6.5.3.5　瓦斯隧道爆破作业技术要求

煤矿井下生产经常遇到火、瓦斯、冒顶等自然灾害的威胁。火又是引起瓦斯、煤尘爆炸的主要因素。历年的统计资料表明，由于爆破作业引起的瓦斯或煤尘爆炸事故约占爆破总事故的 1/3。

(1) 瓦斯隧道爆破作业的一般规定

在有瓦斯和煤尘爆炸危险的隧道中进行爆破作业，必须具备以下条件：①工作面有新鲜风流、风量和风速符合煤矿的特殊要求；②使用的爆破器材和辅助爆破器材，应是经国家授权的检验机构检验合格，并取得煤矿矿用产品的安全标志；③爆破作业面 20 m 以内，瓦斯浓度应低于 1%；④掘进爆破前，应对作业面 20 m 以内的巷道进行洒水降尘。

隧道爆破在装药前和爆破前发现下列情况之一的，不应装药、爆破：① 采掘工作面的控顶距离不符合作业规程的规定、支架有损坏、伞檐超过规定的；②爆破地点附近 20 m 以内风流中瓦斯浓度达到 1%的；③炮孔内发现异状、温度骤高骤低、有显著瓦斯涌出、岩层松动等情况的；④在爆破地点 20 m 以内有车辆，未清除的杂物填塞巷道断面1/3以上的；⑤采掘工作面风量不足的；⑥未设警戒的。

(2) 瓦斯检测

瓦斯检测要坚持“一炮三检制”，即装药前和放炮前要检查工作面20 m以内的瓦斯情况；放炮后(等炮烟吹散后)再一次检查工作面瓦斯情况。洞内应设专职瓦斯安全检查员，负责检查、督促安全措施的全面实施。当发现事故预兆时，有权责令现场人员停止工作，并按有关安全规定采取处理措施。

对铁路瓦斯隧道，其检测标准为：①铁路瓦斯隧道内每立方米空气中，氧气含量(按体积计)应不小于20%；②洞内每立方米空气中含粉尘最高浓度应符合表6.19要求；③ 洞内有害气体(按体积计)不得超过《爆破安全规程(GB6722-2003)》的要求，见表10.3。

表6.19 粉尘最高允许浓度表

粉 尘 种 类	最高允许浓度/mg·m^{-3}
含游离 SiO_2>10%的粉尘	2
含游离 SiO_2<10%的水泥粉尘	6
含游离 SiO_2<10%的粉尘	10

注：此表摘自《瓦斯隧道爆破暂行规定》。

瓦斯安全检测仪器应保持测试结果的准确性，除每旬必须进行一次调试、校正外，平时发现有问题，应及时处理。瓦斯安全检测仪器大修应送国家认证机构。

当监测到瓦斯超限时，须立即停止作业，并报告主管领导，采取处理措施，符合标准时，方可复工。

(3) 爆破作业的安全要求

铁路瓦斯隧道应编制实施性施工组织设计，有瓦斯突出危险的隧道，应单独编制预防瓦斯突出和石门揭煤的实施性施工组织。铁路瓦斯隧道各区段均应进行瓦斯监测，设置消防设施。含瓦斯区段应配备兼职救护队。铁路瓦斯隧道工作的所有人员，包括专职瓦斯检查员、爆破工、电工和各种设备司机，必须进行专门的安全技术培训，并经考试合格者，方能从事本职工作。

对有瓦斯、煤灰爆炸危险的工作面进行爆破作业时，装药前要清除炮孔内的岩粉和煤灰，因炮孔内的岩粉使药卷不能装到孔底，爆后容易留下炮根。炮孔内煤粉若参加炸药的爆炸反应，则改变原来的氧平衡，爆炸气体中的CO将增加。装药结束后，起爆之前，必须检测爆区风流中的瓦斯浓度。当爆破地点附近20 m内风流中的瓦斯浓度达到或超过1%时，禁止爆破。

有瓦斯隧道爆破的炮孔填塞应用黏土或不燃性材料，如沙子、黏土和沙子的混合物，不应有煤粉、块状材料或其他可燃性材料。炮孔填塞长度应符合以下要求：①炮孔深度小于0.6 m的，不应装药、爆破；在特殊条件下，如挖底、刷帮、跳顶确需浅眼爆破时，应制定安全措施，炮孔深度可以小于 0.6 m，但应封满炮泥。②炮孔深度为 0.6～1.0 m 时，封泥长度不应小于炮孔长度的 1/2；炮孔深度超过 1 m 时，封泥长度不应小于 0.5 m；炮孔深度超过 2.5 m 时，封泥长度不应小于 1 m。③光面爆破时，周边光爆炮孔应用炮泥封实，且封泥长度不得小于 0.3 m。④工作面有两个或两个以上自由面时，在煤层中最小抵抗线不得小于 0.5 m，在岩层中最小抵抗线不应小于 0.3 m。浅眼装药爆破大岩块时，最小抵抗线和封泥长度不应小于 0.3 m。⑤炮孔用水炮泥封堵时，水炮泥外剩余的炮孔部分应用黏土炮泥封实，其长度不应小于 0.3 m；无封泥，封泥不足或不实的炮孔严禁爆破。

爆破后，只有当沼气浓度小于 1%，二氧化碳浓度小于 1.5%，撤除警戒后，工作人员才可进入工作面工作。

6.5.4 海底隧道钻爆施工安全关键技术及对策①

6.5.4.1 海底隧道的主要特点

海底隧道工程，与大桥方案相比，可以不受大雾、台风等气候变化的影响，具有稳定的运行能力和较强的抗震能力，还可一隧多用。可以预见，在未来数十年内我国的海底隧道工程将得到快速发展。据不完全统计，近百年来在国外已建的海底隧道已逾百座，其中，挪威所建海底隧道占大多数，并且都用钻爆法修建。著名的海底隧道有日本青函海底隧道，英吉利海底隧道，日本东京湾海底隧道和丹麦斯特贝尔海底隧道。

海底隧道处于巨大水系之下，地下水富存，并且在勘测、定位和选线方面比陆域隧道受限制大，故其穿越断层破碎带的概率高，数量也多。在爆破施工中若使断层破碎带与其上或附近的水系相沟通，随时都可能给工程带来淹没、塌通、涌水或形成泥石流的危险，轻则给工程进展造成影响，重则使工程的安全和施工人员的生命毁于一旦，如日本丹那隧道，在 1925 年 12 月施工时遇到高压涌水，水压达 2.1 MPa，并夹带泥石流，花费了 42 个月才渡过险关。日本青函隧道发生过四次较大塌方涌水事故，最严重的一次于 1976 年 5 月 6 日发生在北海道侧平行导坑内，由凝灰岩断层破碎带内的高压水引起，涌水量高达 70 $m^3 \cdot min^{-1}$，经修挡水墙、压浆堵水封断水源，而后又开挖迂回隧道，用了 5 个月时间才绕过涌水段。

海底隧道施工有以下主要特点：①深水海洋地质勘察难度高、投入大，漏勘与情况失真的风险程度增大，遇到断层或破碎带的概率高。②隧道位于无限水体下方，饱水岩石强度软化，其有效应力降低，使围岩稳定性恶化，施工开挖引发涌、突水(泥)的可能性大。海底隧道的涌、突水(泥)，比陆地隧道坍方造成的人员伤亡和

① 傅洪贤，刘永胜. 海底隧道钻爆施工关键技术及对策探讨[J]. 工程爆破. 2008，14(1)：32～34.

财产损失严重得多,并且治理也非常困难。③海上施工竖井布置难度高,致使连续单口掘进的长度加大,施工难度增加。④受海水长期浸泡、腐蚀,高性能、高抗渗衬砌混凝土配制工艺与结构的安全性、可靠性和耐久性,以及洞内装修与机电设施的防潮去湿要求严格。⑤跨海隧道的运营通风、防灾救援和交通监控,需有更周密设计与技术措施保证等。

6.5.4.2 海底隧道钻爆施工关键技术的研究

我国在建的厦门翔安海底隧道、青岛胶州湾海底隧道和即将建设的大连湾海底隧道,均采用钻爆法施工。在不同级别围岩中,要采用不同的爆破方案和参数,设计在Ⅰ、Ⅱ、Ⅲ级围岩中采用导洞超前预留光爆层的开挖方法;Ⅳ级围岩采用上下台阶法,周边眼采用光爆或定向断裂爆破技术,见表 6.20。由于我国没有用钻爆法开挖海底隧道的经验,为了确保钻爆法修建海底隧道的施工安全,需要结合施工,重点开展以下海底隧道钻爆施工关键技术的研究。

表 6.20 不同级别围岩钻爆施工方法

围岩级别	施工示意图	施工方法与设备
Ⅰ、Ⅱ、Ⅲ	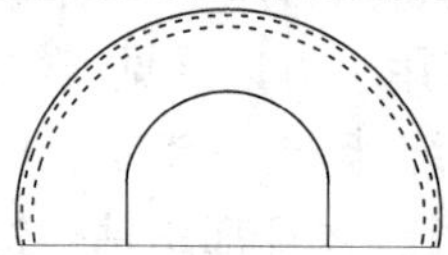 中导洞超前扩挖成型	开挖:用简易钻孔台架配合人工风枪钻孔,人工装药,实施光面爆破;中导洞超前约 25 m。
Ⅳ	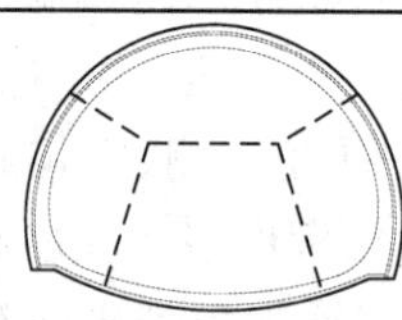 上下台阶法施工	超前支护:超前锚杆,超前小导管。开挖:Ⅳ级围岩用简易钻孔台架配合人工风枪钻孔,人工装药,实施光面爆破或定向断裂爆破。
Ⅳ、Ⅴ	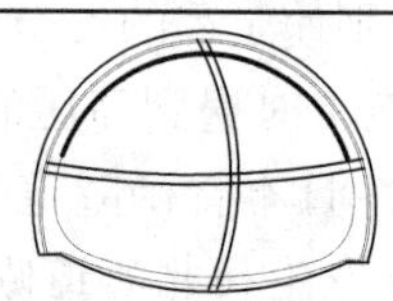 CRD 法施工	超前支护:超前小导管,超前小管棚。开挖:机械法开挖,拱部环形开挖采用铣挖机,核心土开挖采用长臂挖掘机开挖,风镐配合。
Ⅴ	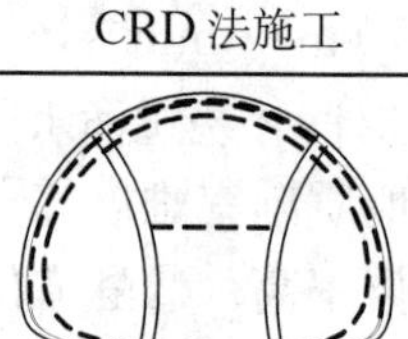 双侧壁导坑法施工	超前支护:帷幕注浆,超前小管棚。开挖:拱部环形开挖采用铣挖机,核心土开挖采用长臂挖掘机开挖,风镐配合。

① 危险地段控制爆破施工技术的研究。海底隧道不可避免地会遇到断层破碎带、风化槽(囊)或溶洞等危险地段。在这些地段必须采用弱扰动控制爆破技术,避免爆破施工对围岩扰动过大造成原生裂隙相对不发育的阻水层或危险地段注浆

岩体的失稳，激发大范围的突水涌泥，造成灾难性后果。要采用控制药量、干扰降振起爆方法、合理的延时间隔、光面爆破和定向断裂控制等综合爆破技术确保该地段的施工安全。

② 钻爆法修建海底隧道的爆破振动安全允许标准的研究和制定。要通过现场试验、测试、实验室实验和理论研究分析，确定不同级别围岩、破碎带、风化槽(囊)地段的爆破振动安全允许标准，来指导海底隧道爆破施工，保证施工安全。

③ 钻爆施工在围岩中形成的松动圈大小和形状的研究。隧道钻爆施工时，不仅会在围岩中形成具有方向性的松动圈，而且还对围岩的渗透系数和渗流场变化规律产生影响。要研究不同的爆破方法在围岩中形成的松动圈大小和方向，以确定合理的初期支护，保证施工安全。

④ 爆破施工对注浆加固岩体影响的研究。危险地段的注浆加固是海底隧道施工的一道重要工序，必须研究爆破施工对注浆加固围岩的影响，保证该地段的施工安全。

6.5.5 复杂环境隧道(洞)爆破开挖工程实例

6.5.5.1 重庆市石黄浅埋隧道[①]

(1) 工程概况

石黄隧道位于重庆市渝中区，是连接长江大桥与黄花园大桥的通道。隧道为双洞四车道，左线长 1 034 m，右线长 1 006 m。曲墙半圆拱，净跨 10.96 m，净高 7.43 m。隧道穿过Ⅲ类围岩。岩性为砂质泥岩和石英砂岩，地下水集中，围岩强度低，稳定性差。

隧道上方对新建隧道安全构成威胁，一是轻轨地下隧道，其底板距新建隧道拱顶 4.8 m；二是两处人防洞室，其底板分别距拱顶 6.5 m 和 5 m，且一处洞内积水。隧道共有两段，计约 110 余 m 长，基岩厚度仅有 5～15 m。其最浅处基岩厚度仅 3.7 m。而且隧道轴线宽 60 m 范围内民居密集。多为 2～7 层的砖混结构及 7～14 层新建高楼。其中部分旧楼年久失修，抗震性差。

(2) 爆破振动控制指标的确定与浅埋段开挖方案

重庆市公安部门制定的标准为：一般建筑物基础的爆破作业质点振动速度 V 不大于 2 $cm \cdot s^{-1}$，在通过浅埋段时，危陋房屋的质点振动速度应尽量控制在 1.0 $cm \cdot s^{-1}$以内。

结合石黄隧道的地质特点，在满足施工进度的前提下，为了最大限度地控制爆破规模，限制用药量，采用上下台阶、多部开挖方法(见图 6.41)。

---

① 雷升祥，杨春明，邱玉良．城市浅埋隧道控制爆破技术一例[A]//第六届铁道工程爆破文集[C]. 北京：中国铁道出版社．2000：249～253.

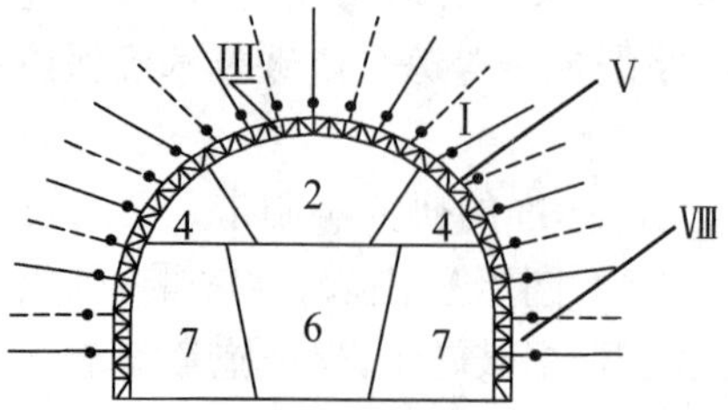

图 6.41 上下台阶、多部开挖方案

Ⅰ—在型钢支撑上施做超前支护，超前支护采用 R32N 迈式注浆锚杆，$L=5$ m，间距 1 m；2—开挖 2 部，进尺 1.5 m，每循环始终超前 1.5 m；Ⅲ—施做初期支护，I20b 型钢架或格栅交替，$L=3.5$ m、100 cm×100 cm 间排距布置的系统锚杆，喷射砼 15 cm；4—开挖 4 部；Ⅴ—施做初期支护，同Ⅲ；6—开挖 6 部；7—开挖 7 部；Ⅷ—施做初期支护，同Ⅲ第三次复喷砼。

(3) 主要爆破参数与爆破振动监测

采用双重复式楔形掏槽，周边眼光面爆破。全断面分成 7 部分开挖。按式(6.24)计算最大一段装药量。炮眼深为 1.5～2.0 m。

$$Q_{\max} = R^3\left(\frac{V_{kp}}{K}\right)^{\frac{3}{\alpha}} \tag{6.24}$$

式中：$Q_{\max}$—最大一段爆破药量，kg；

V_{kp}—安全速度，cm・s^{-1}，取 $V=2$ cm・s^{-1}；

R—爆破安全距离，m；

K—地形、地质影响系数，本隧道试验选定 $K=150$；

α—衰减系数，本隧道选用 $\alpha=1.6$。

上半断面爆破参数见表 6.21，下半断面爆破参数见表 6.22。

表 6.21 上半断面爆破参数表

周边眼间距 E /cm	抵抗线 W /cm	眼深 l /m	辅助眼间排距 b /cm	线装药密度 q / kg・m^{-1}	最大段控制药量 Q /kg
30～40	40～50	1.5	80～90	0.15～0.25	<3

表 6.22 下半断面爆破参数表

周边眼间距 E /cm	孔排距 b /cm	眼深 l /m	线装药密度 q / kg・m^{-1}	最大段控制药量 Q /kg
60～80	80～90	2	0.2～0.3	<3

在隧道顶部地表及高楼危房共布置了 13 个观测断面，监测 104 次。其中 95.7%(89 次)的数据显示 $V_{\max}$ 均小于 2 cm・s^{-1}。

(4) 关于相邻洞室爆破振动的影响

石黄隧道两条隧道线间距 31 m，净间距 18 m。施工时左线先进，右线滞后。为了确定两洞开挖面爆破时合理的安全距离，进行了两洞开挖面不同距离时，左线爆破右线洞内的振动测量，结果见表 6.23。

表 6.23 相邻洞室爆破振动观测数据

两洞工作面距离/m	12	15	18	22	26	30
爆破振动速度/ cm・s^{-1}	3.65	3.61	3.58	3.26	2.65	2.46

由此可知，采用控制爆破方法施工的左线隧道，两洞开挖面间距在 10 m 以上，即可保证两个隧道同时安全掘进施工。

石黄隧道浅埋段爆破通过监测，并反馈信息，及时调整爆破参数，有效地控制地面沉降及对地表建筑物的影响，从地表监测数据得知，地表房屋没有出现下沉现象，即使是一些年久失修房屋或吊脚楼也没有出现裂纹。

6.5.5.2　长距离小间距隧道爆破开挖工程①

(1) 工程概况

某新建隧道位于两条既有平行隧道中间，设计为双向两车道，建筑限界宽 10 m、高 5 m、长度 1 098 m，隧道走向与既有隧道平行。既有隧道分为东、西两洞，衬砌内轮廓净宽 11.32 m、净高 6.5 m，每个洞为单向双车道，隧道内敷设电缆沟与输水管道，道路两侧的底部设排水沟，根据现场调查，既有隧道内已有多处裂缝及渗水。既有隧道是该地区的重要交通枢纽，新隧道与两既有隧道净间距仅 5 m，业主要求在新隧道施工时不能封闭既有隧道的交通，必须对既有隧道进行爆破安全监测并采取措施，确保既有隧道的交通安全顺畅。

由于新建隧道属于全程小间距，施工单位为了加快进度、降低费用，要求施工方案和爆破参数不能过于保守。既要保证既有隧道的安全，又要加快进度，因此施工难度较大。

(2) 爆破方案和设计参数

爆破方案考虑到该隧道的围岩绝大部分属于Ⅲ级围岩，施工最大难度是控制爆破震动对既有隧道的危害。为了降低爆破震动，采用上下台阶法施工，把隧道掌子面分为三部分，如图 6.42 所示。

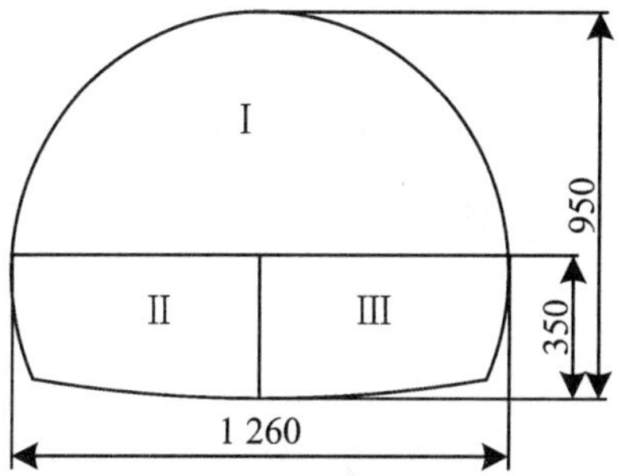

图 6.42　掌子面分区爆破示意图

(单位:cm)

爆破设计参数方面，炮孔直径∅40 mm，药卷规格∅32 mm ×200 mm，炸药为岩石粉状乳化炸药和 2 号岩石炸药。通过在现场对掏槽形式、炮孔间距、炮孔深度、延时间隔等进行的 5 次爆破试验，为了安全快速的实施爆破施工，根据《爆破安全规程(GB6722-2003)》对交通隧道安全允许振速 10～20 $cm \cdot s^{-1}$的规定，确定爆破对既有隧道的振动速度控制在 10 $cm \cdot s^{-1}$左右，不能超过 15 $cm \cdot s^{-1}$。

① Ⅰ区爆破参数。上台阶开挖宽度为 12.6 m，高度为 6 m。采用斜孔水平 V 形掏槽，掏槽孔间距 50～70 cm、排距 50 cm；崩落孔间距 100 cm；周边孔间距 50 cm，周边孔采用光面爆破；毫秒延时起爆网路。上台阶爆破进尺确定为 2.5 m。

根据现场试验，掏槽孔第 1 排间距不能大于 300 cm，否则掏槽孔对既有隧道的振速要大于 10 $cm \cdot s^{-1}$。一个循环总装药量 130.9 kg，总段数不能小于 10 个段位，段间隔时间大于 50 ms，不会产生振速叠加。

① 傅洪贤．长距离小间距隧道爆破开挖设计与施工[J]．工程爆破，2006，12(3)：30～32.

② Ⅱ、Ⅲ区爆破参数。崩落孔间距 100 cm，周边孔间距 50 cm，一个循环总装药量分别为 40.0 kg、32.25 kg，总段数均不能小于 5 个段位，段间隔时间大于 50 ms。下台阶爆破进尺定为 3 m。

(3) 爆破震动监测与分析

新建隧道爆破施工要求对既有隧道产生的振动全程监测。观测成果表明，上台阶爆破施工对既有隧道产生的最大振动速度出现在迎爆侧的拱肩和拱顶。施工期间既有隧道要行车，考虑到监测人员的安全，把既有隧道迎爆侧的拱肩作为监测点。

通过爆破震动监测，发现上台阶爆破对既有隧道产生的爆破振速最大，一般在 10 $cm \cdot s^{-1}$ 左右，下台阶爆破对既有隧道产生的振速较小，一般不会大于 10 $cm \cdot s^{-1}$。爆破振动速度满足《爆破安全规程(GB6722-2003)》中对交通隧道的爆破安全允许振速规定。

采用钻爆法开挖过许多小间距隧道，如招宝山隧道、京福高速公路上的一些隧道，这些隧道有些净间距为 3～5 m，但其长度一般较短，最长也不超过 200 m。这些小间距隧道的振动速度确定的标准为 4～6 $cm \cdot s^{-1}$，远低于爆破安全规程的规定。然而像这样长距离(1 098 m)、小间距(5 m) 采用钻爆法施工的隧道，如果参照上述小间距隧道的振动标准，施工单位的成本会增加很多，并且严重影响施工进度。我们根据本工程的具体情况，把该隧道爆破振速标准定为 10～15 $cm \cdot s^{-1}$，工程实践表明，保证了既有隧道的安全，每天可以达到 8～9 m 的进尺，极大地降低了施工费用。

6.6 爆破安全监测与信息化施工

6.6.1 爆破安全监测

6.6.1.1 爆破安全监测的目的和原则

对于在复杂环境中有较多重复爆破作业的石方控制爆破、隧道及地下工程爆破开挖，为了对邻近建(构)筑物爆破和施工安全做出全面评价，对爆破振动等有害效应及邻近建(构)筑物的安全状况进行跟踪监测，通过全过程爆破施工安全监测，实施信息化施工，不仅确保邻近建(构)筑物的安全，而且有助于优化设计参数和施工方法，使工程得以顺利进行。

爆破安全规程规定，A 级、B 级硐室爆破，其他 A 级爆破以及可能引起纠纷的爆破，均应进行爆破效应监测。监测项目由安全评估提出，监测项目应涉及爆破地震效应、空气或水中冲击波、爆破影响深度、爆破动应变、动水压力、涌浪、爆破噪声、飞散物、有害气体及瓦斯等。

爆破安全监测,一般有以下两种类型。一类是在敏感区附近爆破施工时,对爆破可能引起损伤的重点防护对象,如民房及其他建(构)筑物,爆破区域地表沉降情况、隧道及地下工程围岩及支护状况在爆破施工作业中进行全过程监测,监测数据是评价防护对象安全状况的重要依据;另一类是针对重大爆破工程可能产生的有害效应,为了解和掌握规律,在现场条件下进行的小型实爆试验,所安排的监测项目和取得的监测数据用以指导爆破设计方案和参数选择,并在爆破实施过程中予以检验,通过综合分析与验证,掌握爆破有害效应是否控制在允许范围之内,评估爆破方案的合理性和安全技术措施的可靠性。

爆破设计、施工单位为了完善设计,指导安全施工,可以自行组织爆破效应监测,实施信息化施工;必要时可同时委托第三方,按照爆破安全监测项目和内容对重点部位进行监测。

爆破安全监测应遵循如下原则:①监测项目及测点布置应根据爆破工程及其环境的安全要求统筹安排,合理布置,应在工程实施前做出爆破安全监测设计并编制实施计划,严格按照设计的技术要求、制定的监测方案实施。②监测仪器、设备的选择,应满足测试环境要求,测试系统应满足国家计量法规的要求,应经室内动态标定和校准,具有良好的频响特性和线性范围;监测设备的安装也应满足设计要求;数据误差符合工程要求。③用于仲裁或司法鉴定的爆破安全监测应委托有资质的第三方单位承担。

6.6.1.2　爆破安全监测设计

爆破安全监测设计应包括以下主要内容:监测目的、监测项目、监测仪器设备(性能、数量)、测点布置、监测进度安排以及预期成果等。

例如,处于城镇地区的某浅埋隧洞工程,邻近有需保护的重要建筑物,在爆破掘进时应委托有资质的单位在地面对爆破振动进行监测,还应对重要建筑物的沉降及倾斜、建筑物裂缝、地面沉降及地下管线沉降量、隧道洞内变形等进行观测。监测的目的有:①对监测数据进行分析并及时反馈给施工单位,及时调整和优化爆破参数,将爆破振动控制在允许范围内,保证爆破掘进顺利进行;②确保爆破振动不对地面建筑物造成危害,减少纠纷,做到有据可查、有规可依;③积累经验,以利于今后城区浅埋隧道爆破的指导和推广工作。

又如,处于复杂环境的某建筑物基础开挖工程,应进行爆破质点振动速度监测及爆破影响范围检测,按照重点监测断面与随机监测断面相结合的原则进行监测断面设计,视工程需要在岩体内布置声波观测孔,适当布置质点振动速度、加速度及动应变测点;在新浇混凝土、喷锚支护(临时喷锚支护除外)以及其他特殊部位附近进行爆破作业时,应在这些部位距爆区最近点上布置爆破质点振动速度测点。

爆破对附近工业和民用建筑物有影响时,应进行爆破振动、噪声及飞石等有害效应的监测。

宏观调查与巡视检查是爆破安全监测不可缺少的组成部分。在保护对象的相应部位，爆前应设置明显测量标志，包括有无裂缝、裂缝的位置、裂缝的宽度及长度等，进行详细描述记录，必要时还应绘图、照像或录像。对保护对象，应采取爆前爆后对比检测方法，主要内容应包括：①保护对象的外观在爆破前后有无变化，例如需保护建筑物上原有裂缝及邻近爆区的岩土裂隙、层面等爆破前后有无变化；②在爆区周围设置的观测标志爆破前后有无变化；③爆破振动、飞石、有害气体、粉尘、噪声、水中冲击波、涌浪等对人员、生物及设施等有无不良影响。

宏观调查测量标志点的部位应尽量与仪器监测点相一致。应根据宏观调查与巡视检查结果，并对照仪器监测成果，综合评估保护对象受爆破影响的程度。

6.6.1.3 监控量测的质量保证与监测数据的整理分析

监控量测的质量保证措施有：①监测前编制详细周密的实施性监测计划，报监理审批；②监测前对现场做好施工前周围建筑物、地表和地下管线等构筑物的调查，地质情况和地下水等内容的观察和记录，对周围重点建筑进行细部录像记录；③水准基点、地表沉降点及其他布点应在施工前完成并读取初始值，各项观测保证观测频率；④地面、洞内埋设的观测点、桩严加保护，必要时应加保护盖，防止损坏中断量测；并定期检查以保证其稳定可靠；⑤监测所用各种仪器状况保持优良，并派有经验的人员监测；⑥严格遵守规范要求，保证观测精度。

每个项目的监测，应确保做到观测及时、数据可靠、监测结果准确。有完整清晰的监测数据记录、图表(包括曲线)和监测文字报告。

对大量的量测信息，宜使用计算软件和绘图软件进行数据处理和绘图，分别判读各量测波形的峰值、对应的频率、时间等，并根据需要进行频谱分析。

各项监测数据收集后及时整理、绘制位移-时间曲线、应变、应力等随施工作业面的推进时间变化规律曲线。当位移-时间曲线趋于平缓时，对初期时态曲线进行回归分析以预测可能出现的最大变形值、应力值和位移变化规律。

监测数据的分析应按照“去伪存真、去粗取精、由此及彼、由表及里”的方法，做到监测结论真实、可靠。

6.6.2 爆破工程信息化施工

6.6.2.1 爆破工程信息化施工的组织

爆破工程信息化施工就是对周围环境复杂并有较多重复爆破作业的工程，通过对爆破施工和保护对象实施全过程安全监测，及时反馈施工及保护对象的安全信息，达到爆破安全施工的施工方法。组织信息化施工，所安排的监测项目和取得的监测数据用以指导爆破设计方案和参数选择，可以为安全施工提供了有力的保证。信息化施工的核心是“控制”，控制流程如图 6.43 所示。

爆破信息化施工的组织，首先应在实地勘察的基础上，收集和掌握爆破设计、爆破施工工艺、爆区地形地质条件以及监测对象原始状况等基础资料，依据工程的安全要求及施工具体情况，确定监测目的和监测项目，提出爆破安全监测设计。

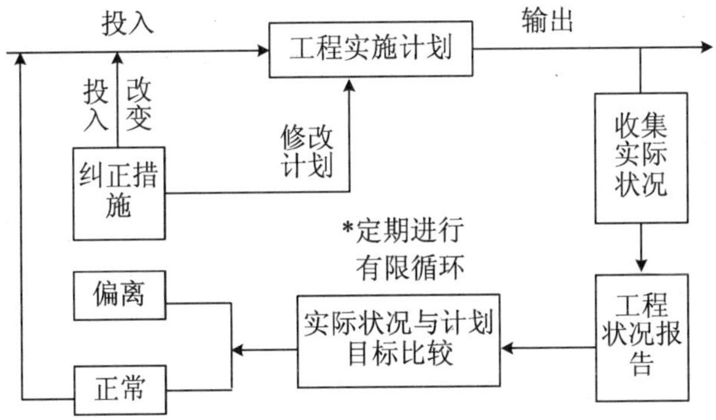

图 6.43　控制流程图

在实施信息化施工的爆破工程中，委托有资质的单位承担爆破安全监理是十分必要的，爆破安全监测设计，监测所使用的仪器、监测方法、监测精度、测点布置、观测周期等均上报监理审批后实施。在工程实施过程中，建立业主、设计、施工、监理联合会议制度，及时沟通，加强各方的合作与配合，这是信息化施工的组织保障。

进行信息化施工的爆破工程项目，在每次爆破监测后应及时提交监测简报，用以评估防护对象的安全状况和指导爆破施工。监测报告内容应包括监测目的和方法，测点布置、测试系统的标定结果，实测波形图及其处理方法，各种实测数据、判定标准和判定结论。监测报告应及时反馈给业主及设计单位。

6.6.2.2　监测信息反馈及监控量测管理

及时进行监测数据处理，做好监测信息反馈和加强监控量测管理是实施爆破工程信息化施工的两大技术要素。

为加快反馈速度、确保监测结果准确，全部监测数据宜由计算机管理。根据时态曲线回归结果，并将监测结果以日报表的形式及时上报，定期向监理工程师、设计单位提交监测周(月)报，并附相应测点沉降或收敛时态曲线图，对当周(月)的施工情况进行评价并提出施工建议。针对一些建(构)筑物(如高架桥桥梁)对变形要求高的特点，对监测结果采用反分析法和正分析法进行预测和评价，以预测该结构或地面可能出现的最大位移或沉降值，进行位移、速率综合分析判断，预测结构及建(构)筑物的安全状况，以指导施工。图 6.44 为监测-预报反馈系统框图。

对于观测的项目，均按照工程具体情况设定各项观测项目的预警值，建立监控量测管理等级，表 6.24 为某地下工程爆破信息化施工建立的监控量测管理等级标准，监测结果以日报表的形式及时上报，定期向监理工程师、设计单位提交监测周(月)报，并附相应测点沉降或收敛时态曲线图，对当周(月)的施工情况进行评价并提出施工建议。如监测数据有超过预警值的情况发生，应及时上报监理，按图

6.45 监控量测管理等级框图实施，并会同有关单位调整设计与施工方案，采取有效的安全措施，以保证爆破工程全过程的安全实施。

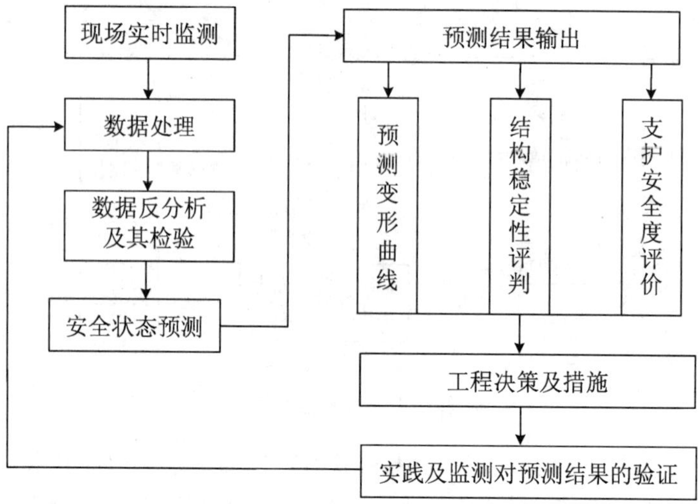

图 6.44 监测-预报反馈系统框图

表 6.24 监控量测管理等级

管理等级	管理位移	施工状态	备注
Ⅲ	$U<U_0/3$	正常施工	U—实测变形量 U_0—允许变形量
Ⅱ	$U_0/3\leqslant U\leqslant 2U_0/3$	加强观察支护	
Ⅰ	$U>2U_0/3$	采取特殊措施	

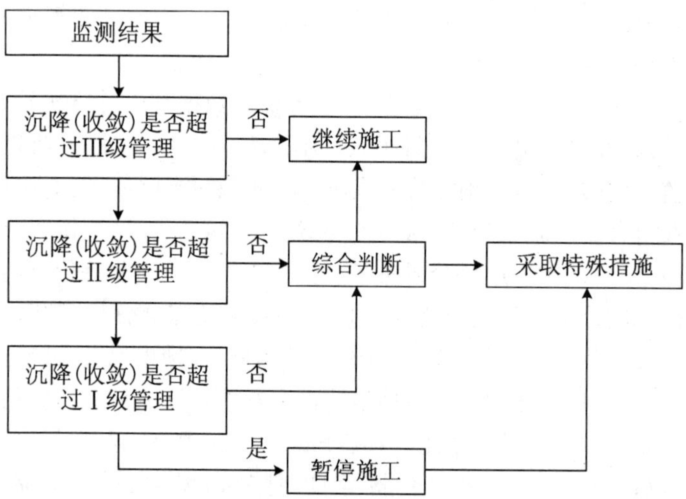

图 6.45 监控量测管理等级框图

6.6.3 爆破安全监测与信息化施工实例

6.6.3.1 广州地铁三号线广州东站竖井及暗挖隧道爆破工程[①]

(1) 工程概况

广州地铁三号线广州东站竖井及暗挖隧道爆破工程分明、暗挖两大部分，其中明挖部分包括南站厅竖井石方开挖 17 665 m^3 和北站厅基坑土石方 36 000 m^3，暗挖部分包括车站主体隧道长 268.51 m，开挖石方 54 268 m^3。

该工程周围环境极其复杂，穿越铁城公司地下车库、地铁一号线、广州火车东站站房、办公大楼、铁路站场、广园高架桥及广园高速路，进入瘦狗岭军事区。南站厅在高大楼群中沿楼房边缘进行零距离爆破，部分要在铁城公司地下车库底板下进行爆破施工；北站厅在电气化铁路及广园高速及高架桥之间施爆，距离房屋及电力机车轨道最近距离 0.5 m。在繁华市区进行爆破作业，必须实现安全和环保目标，保证周围建(构)筑物安全。同时，由于本工程地质条件复杂，结构形式多，不同施工工法对爆破提出不同技术要求，综合施工技术要求高。采用信息化施工，不仅确保了邻近及周围建(构)筑物的安全，而且优化了设计参数和施工方法，使工程得以顺利进行。

(2) 爆破振动实时监测

为了及时掌握爆破振动是否控制在允许范围之内，评估爆破方案的合理性和安全技术措施的可靠性，对建筑物爆破振动和安全做出全面评价，本工程对爆破振动进行了实时监测：① 监测广州地铁三号线广州东站南站厅竖井施工爆破对地铁一号线、广州火车东站及铁城公司地下车库的影响。通过测试及时为施工及监理部门反馈爆破振动的信息，为修改和调整施工方案及采取合理的爆破振动控制措施提供可靠的根据。② 监测爆破对基坑垂直高边坡振动影响，通过采取相应措施，保证基坑开挖过程中边坡稳定问题。

测定爆破振动参数，确定合理的 K 值和 α 值，进而完善设计，反过来指导施工。表 6.25 和表 6.26 分别为东站地铁南站厅、基坑垂直高边坡的测震 PPV 记录。

(3) 对隧道施工与爆破环境安全的监测

本工程周围环境极为复杂，安全要求高，为保障施工安全，对隧道内支护结构、水平收敛位移、拱顶下沉及隧道外周边重点建(构)筑物及岩土稳定性进行沉降及变形观测，通过对地表沉降、高架桥沉降倾斜等进行全过程施工监测，实现了信息化施工，按照《广州地铁专用条款》的规定做好控制(见表 6.27)。

---

① 宫海光等. 广州地铁三号线广州东站开挖工程[M]//中国工程爆破协会编. 中国典型爆破工程与技术. 北京：冶金工业出版社，2006：359～362.

表 6.25　东站地铁南站厅典型爆破测震 PPV 记录

日期	测　点	单响药量 Q /kg	距离 R /m	PPV /cm·s^{-1}	频率 f /Hz	坑深 L /m
4/6	7#	0.9	1.5	3.56	232	2.7
	8#	0.9	14.5	0.23	82	2.7
	南中柱底水平	0.9	2.8	0.52	69.6	2.7
	南中柱二楼	0.9	16.3	0.40	69.3	2.7
1/8	南中柱垂直向振动	2.0	16.8	0.506	81	9.6
	南中柱水平向振动	2.0	16.8	1.43	61	9.6
	6#	2.0	12.5	2.0	87	10
	8#	2.0	14	0.57	333	10

注:PPV 为质点峰值振速。

表 6.26　基坑垂直高边坡测震 PPV 最大值统计

日期	测　点	单响药量 Q /kg	距离 R /m	PPV /cm·s^{-1}	频率 f /Hz	坑深 L /m
5/6	南边坡 6#	0.75	4.8	3.6	123	3.2
10/6	东边坡 7#	0.8	4.3	5.78	93	3.2
15/7	北边坡 8#	1.0	5.5	2.3	54.6	9.1
1/8	7#	2.0	1.5	5.0	166	10.0

注:18/6～29/7 其他测试结果边坡振速均未超过 2.5 cm·s^{-1}。

表 6.27　暗挖隧道施工时地表下沉量允许值

序号	地面建筑类型	允许下沉量/mm	附　注
1	主要交通干道及广场	30	主要交通干道、铁路、桥梁、停车场、广场等
2	一般交通道路	40	地下无构筑物的一般交通道路
3	建筑群	30	一般楼房及平房公共设施等
4	地下管线	30	通讯、电力、热力、煤气、上下水及构筑物等

对地铁一号线和铁路站场的允许沉降、建筑物的沉降及倾斜、隧道围岩、明挖围护结构及管线的允许变形,也都根据相关规范和设计文件规定了控制标准。

① 高架桥沉降监测。高架桥墩沉降所有测点累计沉降在 0～0.6 mm 之间,变化速率小于 0.1 mm/d。

② 高架桥倾斜监测。高架桥倾斜监测所有测点倾斜度均为 0。

③ 地表沉降。高架桥附近及广园东路路面上沉降测点累计沉降在 0～2 mm 之间,变化速度小于 0.1 mm/d。

④ 围岩及支护状况。每次开挖后都对岩性、结构面产状及支护裂缝进行观察和描述。

⑤ 拱顶下沉。左右线洞内拱顶下沉共埋设测点 12 个，所有测点变化均在 0～1 mm 之间，变化速率小于 0.1 mm/d，累计最大下沉量为 0.9 mm（YDKO＋290）。

⑥ 洞内水平收敛位移。左右线洞内水平收敛共埋设测点 12 对，所有测点变化均在 0～1 mm 之间，变化速率小于 0.1 mm/d，累计最大位移量为 0.7 mm（YDKO＋290）。

通过监测，确认按照分区、分段、分层、分步开挖方案是可行的，在明挖工程和暗挖隧道开挖施工过程中，按设计图纸的要求及时架设格栅钢架和喷射混凝土，确保了围岩稳定，按照“短进尺，弱爆破”的原则，严格控制爆破规模，并按监测数据调整爆破设计参数与施工设计。不仅确保了隧道施工及周围建（构）筑物的安全，而且优化了设计参数和施工方法，使工程得以顺利进行。

(4) 信息化施工的主要方法与效果

施工单位按照上述爆破安全监测项目和内容对重点部位进行了监测。同时，委托广东省工程爆破协会对爆破振动进行了实时监测；委托中铁（洛阳）隧道勘测设计院对该工程进行了第三方监测，按照监控量测管理办法，确保监测结果准确，加快反馈速度，指导施工，并反馈给业主及设计单位。组织信息化施工，为安全施工提供了有力的保证。

施工单位首先遵照业主和广州市公安局的要求，同意施爆初期的爆破振动速度按 $V=2.5\ \mathrm{cm\cdot s^{-1}}$ 控制，在施工中通过多次测试，根据实测数据，经过振动分析，取准爆破参数 K 值和 α 值，考虑地铁一号线、铁城公司停车场等重要建（构）筑物的特点，建议在爆破后期将安全振速控制值调整到 $V=5\ \mathrm{cm\cdot s^{-1}}$，并得到业主和广州市公安局的同意。并以监测数据指导和调整爆破施工方案，爆破单响药量由 0.6 kg 增加至 2 kg，不仅有效控制了爆破对周围建筑物和边坡影响，保证了爆破的安全，而且加快了施工进度。广州地铁三号线广州东站南站厅竖井开挖爆破，通过测试和宏观检查，爆破对周围建筑没有产生任何损坏和影响。405 次爆破实践表明了爆破方案是合理的，爆破参数是正确的，施工组织是严密的，减振措施是有效的。为极其复杂环境中的石方控制爆破积累了宝贵的经验。

由于实施信息化施工，根据监测信息及时调整爆破参数。双线隧道之间岩墙 0.75～2.5 m 条件下，爆破对岩墙无扰动，对已施工的初期支护没有产生破坏。

该工程共实施爆破 4 270 次，使用炸药 103 t，雷管 13.8 万发，明、暗挖累计爆破石方 17.4 万 m^3。爆破没有对周围建（构）筑物产生不良影响，广州东站玻璃帷幕没有一块损坏，没有使成千上万的旅客、办公人员、商场服务人员产生惊恐现象，实现了爆破安全和环保的工程目标。可以说是实施信息化施工，加强对建（构）筑物安全监测，指导爆破作业，优化爆破参数的结果。

6.6.3.2 宝钢马迹山港爆破挤淤围堤工程①

(1) 工程概况与对爆破安全的要求

宝钢马迹山港堆场扩建工程围堤位于马迹山岛南侧海岙内的滩地上，围堤总长 1 108.16 m，其中南侧围堤有 571.0 m 采用爆破挤淤方案。爆破挤淤置换堤心石总方量为 585 894 m^3，护脚块石爆夯总方量为 31 791 m^3。正常爆破作业每次堤头抛填石方在 5 000 m^3左右，每天堤头爆填作业可进行 1～2 次，一次爆填推进约 6.0 m。从 2004 年 12 月 9 日开始爆破挤淤施工，至 2005 年 4 月 20 日完工。

围堤距离一期工程堆场围堤 320 m，距离后引桥为 130 m，围堤工程东头礁石滩附近有需要保护的风景点——“城门头”，施工中需及时对引桥、卸船码头、靠泊作业的散货船、商检楼、综合楼及检测仪器等设施的安全性进行评估，保证爆破挤淤对周边建筑物的安全。表 6.28 为经专家论证的爆破挤淤安全控制标准。

表 6.28 本工程爆破挤淤安全控制标准一览表

建筑物名称	质点振动速 $V/\mathrm{cm\cdot s^{-1}}$	水中冲击波压力 $P_m/10^5\,\mathrm{Pa}$
后引桥	≤3.5	≤2.0
卸船码头	≤4.0	≤2.0
货船		≤1.0
综合楼	≤3.0	
商检楼	≤3.5	
城门头风景点	≤2.5	

(2) 信息化施工的主要内容

① 重点保护对象的安全监测。监测爆炸振动和水中冲击波作用下引桥的位移、振动速度、加速度、应变值等参数，监测综合楼、“城门头”等地面振动速度，确保爆破产生的地震波和水中冲击波不危及周围建筑物的安全，爆破测试与爆破挤淤同时进行。监理工程师根据测试记录，以实测数据为依据，及时通知施工单位随时修正爆破挤淤参数和施工工艺，实施信息化施工。

② 围堤沉降位移观测。沿围堤长度方向在爆破挤淤段布设三个观测断面，沿堤布设若干个沉降位移观测点，观测断面布设在 +4.0 m 高程上。通过观测施工过程中堤身的沉降和位移，及时了解、掌握爆破挤淤筑堤工程质量。

③ 围堤变形与侧向位移的物探检测。为防止围堤产生较大变形与侧向位移，必须严格检查堤身落底深度和宽度。在堤身完成 200 m 后进行第一次检测；爆炸

① 王定华. 宝钢马迹山港围堤工程爆破挤淤技术监控[J]. 工程爆破，2005，11(2)：64～69；王峰等. 宝钢马迹山港一期堆场扩建围堤爆炸挤淤工程[M]//中国工程爆破协会编. 中国典型爆破工程与技术. 北京：冶金工业出版社，2006：437～441.

挤淤处理全完成后进行第二次检测。检测方法是沿堤轴线三个纵断面和每间隔 50 m 一个横断面，采用地质雷达和横波浅层反射等地质勘探方法进行检测。

④ 海洋环境保护的监控。爆破法处理淤泥软基因为在海域内进行作业，爆破产物对海洋环境可能会有影响。配合当地海事部门对爆破施工区附近的海域做了监测，提供的数据证明爆炸挤淤对海洋生态环境没有影响。

(3) 爆破安全监测与信息化施工的成果

后引桥是爆破施工中必须确保安全的重要构筑物。根据中国水利水电科学研究院针对马迹山工程提出的后引桥安全控制标准，质点振动速度 V 应小于 3.5 cm · s^{-1}，水中冲击波压力 P_m 应小于 2.0×10^5 Pa。针对这一标准，施工中采取了多项措施进行安全控制，包括严格控制单响药量，每次爆破总药量不超过 300 kg；分段延时起爆，单响药量不超过 50 kg；超深埋药，减小冲击波峰值压力等。

根据试验爆破的结果，确定对爆破挤淤距后引桥≥230 m 时，控制单响药量不超过 300 kg；距后引桥 230～200 m 时，控制单响药量不超过 200 kg；距后引桥 200～170 m 时，控制单响药量不超过 100 kg；距后引桥≤170 m 时，控制单响药量不超过 50 kg。后经 3 月 21 日至 3 月 22 日几次实测，将距后引桥≤170 m 时，均控制为单响药量不超过 100 kg。

表 6.29 为马迹山港挤淤爆破监测的部分数据。实测结果表明，引桥最大质点振动速度为 1.67 cm · s^{-1}，水中冲击波压力最大值为 1.2×10^5 Pa，都在允许的安全范围之内。

围堤合龙后对爆破挤淤的效果进行了钻孔检测，在常规段、深潭段、合拢段等不同部位的钻孔结果表明，抛石体落底深度全部满足设计要求，泥石混合层厚度不超过 1.0 m，堤身稳定，密实，落底良好。施工期的最大累计沉降量 80 mm，远小于同期沙桩段堤身的沉降量 500 mm。爆破未对周围建筑物造成不良影响，安全受控；工期提前 6 天，质量优良。

表 6.29　马迹山港挤淤爆破部分监测数据表

序号	监测日期时间	爆源里程	总药量①/单响药量	水中冲击波压力②	城门头振速③/商检楼振速	综合楼顶③测点振速	综合楼基础③测点振速	后引桥灌注桩振速③		后引桥 PHC 桩振速③	
								顶部桥面	桩间桥面	顶部桥面	桩间桥面
1	2004 12.12 10:00	K0+874	300/300	引桥 0.1	0.67/			0.46			
2	12.12 16:30	K0+870	300/300	引桥 0.16	0.51/			0.81			
3	2005 2.24 9:30	K0+505～+460 侧爆	360/120			0.55	0.50	0.58	1.36	0.55	1.20
4	3.25 9:00	K0+343	216/72		/0.36	0.32	0.28	0.24	0.61	0.68	0.84
5	3.26 10:30	K0+349	288/54	1.2		0.37	0.20	0.33	0.98	0.57	0.86
6	3.27 10:00	K0+355 和 K0+454	288/54	0.72		0.47	0.38	0.59	1.70	0.99	1.54
7	3.28 10:00	K0+367 和 K0+448	288/72	0.40		0.50	0.63	0.38	1.29	0.74	1.11
8	3.29 10:30	K0+367 和 K0+442	288/96			0.42	0.27	0.46	1.12	0.82	0.94
9	3.30 13:00	K0+373 和 K0+436	288/96	0.27		0.48	0.54	0.44	1.23	1.01	0.96
10	3.31 12:30	K0+379 和 K0+430	288/96		/0.39	0.59	0.36	0.53	1.15	0.75	1.18
11	4.1 14:00	K0+385 和 K0+425	合计 576/96		/0.98	0.80	0.42	0.77	2.15	1.70	1.79
12	4.2 14:30	K0+390 和 K0+420	合计 576/96	0.96		0.57	0.31	0.59	1.23	1.19	1.06

注：①单位：kg；②单位：10^6Pa；③单位：$cm \cdot s^{-1}$。

第 7 章　爆破对岩体的破碎、损伤与控制

7.1　爆破对岩体的作用及影响因素

7.1.1　岩石爆破破碎机理概述

7.1.1.1　药包在岩体中爆炸的基本现象

药包在岩体中爆炸后，爆轰波和高温高压爆炸气体迅速膨胀作用在孔壁上，其压力高达几万 MPa、温度达 3 000 ℃以上，而最坚硬的岩石的抗压强度也只有 10^2 MPa 量级，受到超高压冲击荷载的岩体在冲击点近旁呈塑性状态。在几到几十毫米的范围内使岩石熔融。尔后随着应力释放而伴有温度的急剧下降，将岩石粉碎成微细的颗粒，把原来的炮孔扩大成空腔，形成粉碎区。如果所处岩石为塑性岩石(黏土质岩石，凝灰岩，绿泥岩等)，则近区岩石被压缩成致密的、坚固的硬壳空腔，称为压缩区。在这个区域外面，有一个岩土变形较高的区域，岩土受强烈三向压缩作用，形成一个滑动面的破坏体系，使岩土结构产生粉碎性破坏，并且在岩石中能观察到许多细密的裂缝，所以这个区域称为粉碎区。在此区域中开始形成爆炸波(它可能是超声速冲击波，也可能是亚声速冲击波或弹塑性波)。由于粉碎区是处于坚固岩石的约束条件下，而且大多数岩石的动态抗压强度都很大，所以粉碎区域，一般只能扩展到药包半径的几倍。

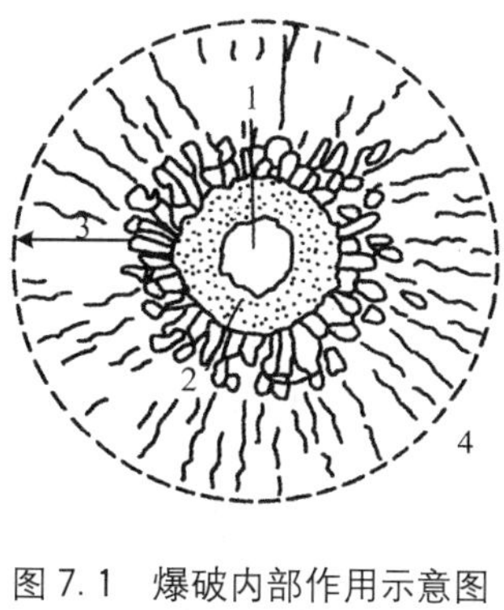

图 7.1　爆破内部作用示意图
(1—装药空腔；2—粉碎区；3—破裂区；4—振动区)

随着冲击波传播范围的扩大，岩石单位面积的能流密度降低，冲击波衰减为压缩应力波。其强度已低于岩石的动抗压强度，不能直接压碎岩石。但是，它可使粉碎区外层的岩石遭到强烈的径向压缩，使岩石的质点产生径向位移，因而导致外围岩石层中产生径向扩张和切向拉伸应变，如果这种切向拉伸应变超过了岩石的动抗拉强度的话，那么在外围的岩石层中就会产生从爆炸中心向外辐射的径向裂隙。这种裂隙以 0.15～0.4 倍压缩应力波的

传播速度向前延伸。当切向拉伸应力小到低于岩石的动抗拉强度时,裂隙便停止向前发展。此时,便会产生与压缩应力波作用方向相反的向心拉伸应力。使岩石质点产生反向的径向移动,当径向拉伸应力超过岩石的动抗拉强度时,在岩石中便会出现环向的裂隙。径向裂隙和环向裂隙的相互交错,将该区中的岩石割裂成块,在粉碎区域外形成破裂区的范围比粉碎区要大得多。

一般说来,岩体内最初形成的裂隙是由应力波造成的,随后爆炸气体渗入裂隙起着气楔作用。并在静压作用下,使应力波形成的裂隙进一步扩大。

破裂区以外的岩体中,由于应力波引起的应力状态和爆轰气体压力建立起的准静应力场均不足以使岩石破坏,只能引起岩石质点做弹性振动,这个区域叫做振动区。离爆炸中心愈远振动的幅度愈小,直到弹性振动波的能量被岩石完全吸收为止。

以上所述的粉碎区、破裂区和振动区之间并无明显的、截然分开的界线,各区的大小与炸药的性质、装药量、装药结构以及岩土的性质有关。

当药包埋置在靠近地表的岩石中时,药包爆破后除产生内部的破坏作用以外,还会在地表产生破坏作用。根据应力波反射原理,当药包爆炸以后,压缩应力波到达自由面时,产生了反射拉伸应力波。由于岩石抗拉强度很低,当拉伸应力波的峰值压力大于岩石的抗拉强度时,岩石被拉断,随着反射拉伸波的传播,岩石将从自由面向药包方向形成"片落"破坏,其破坏过程如图 7.2 所示。

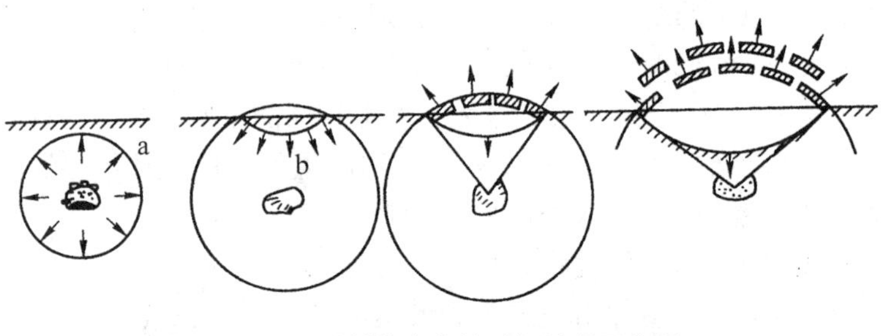

图 7.2 反射拉应力波破坏过程示意图

(a—入射压力波波前;b—反射拉应力波波前)

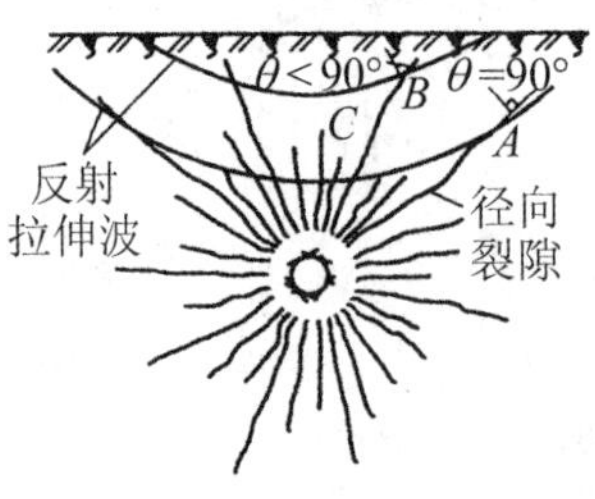

图 7.3 反射拉伸波对径向裂隙的影响

"片落"现象的产生主要与药包的几何形状、药包大小和入射波的波长有关。对装药量较大的硐室爆破易于产生片落,而对于装药量小的深孔和浅孔爆破来说,产生"片落"现象则较困难。

从自由面反射回岩体中的拉伸波,即使它的强度不足以产生"片落",但是反射拉伸波同径向裂隙末梢处的应力场相互叠加,也可使径向裂隙向前延伸。裂隙延伸的情况与反射应力波传播的方向和裂隙方向的交角 θ 有关。如图 7.3 所示,当 θ 为 90°

时,反射拉伸波将最有效地促使裂隙扩展和延伸;当 θ 小于 90°时,反射拉伸波以一个垂直于裂隙方向的拉伸分力促使径向裂隙扩张和延伸,或者在径向裂隙末端造成一条分支裂隙;当径向裂隙垂直于自由面时即 $\theta=0$ 时,反射拉伸波再也不会对裂隙产生任何拉力,故不会促使裂隙继续延伸发展,相反地,反射波在其切向上是压缩应力状态,使已经张开的裂隙重新闭合。

7.1.1.2 岩石在爆破作用下的破碎过程

如上所述,炸药在岩体中爆炸时,周围岩石受到多种载荷的综合作用,包括超高压冲击荷载对炮孔周围岩石的压碎作用;爆破冲击波在岩体中形成径向裂隙;爆炸气体形成的准静载荷加剧裂隙的扩展;卸载引起的岩石内部环状裂隙作用;应力波在地表产生反射拉伸引起的“片落”和引起径向裂隙的延伸等。

岩石爆破破坏过程可分为3个阶段。第一阶段为炸药爆炸后冲击波径向压缩阶段。炸药起爆后,产生的高压粉碎了炮孔周围的岩石,冲击波以3 000～5 000 m·s^{-1}的速度在岩石中引起切向拉应力,由此产生的径向裂隙向自由面方向发展。冲击波由炮孔向外扩展到径向裂隙的出现需1～2 ms(见图7.4(a))。第二阶段为冲击波反射引起自由面处的岩石片落。第一阶段冲击波压力为正值,当冲击波到达自由面后发生反射时,波的压力变为负值。即由压缩应力波变为拉伸应力波。在反射拉伸应力的作用下,岩石被拉断,发生片落(见图7.4(b))。此阶段发生在起爆后10～20 ms。第三阶段为爆炸气体的膨胀,岩石受爆炸气体超高压力的影响,在拉伸应力和气楔的双重作用下,径向初始裂隙迅速扩大(见图7.4(c))。

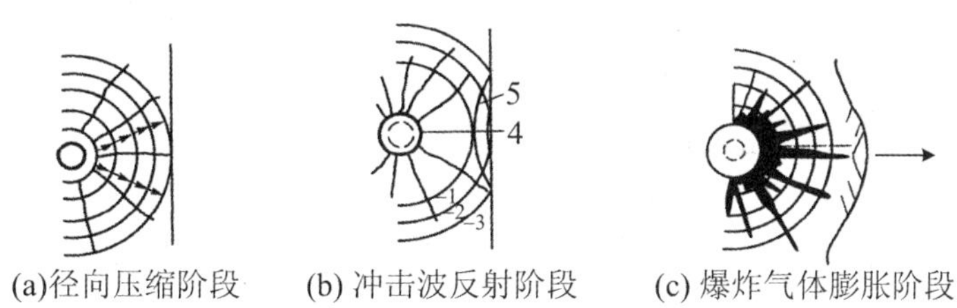

(a)径向压缩阶段　(b) 冲击波反射阶段　(c) 爆炸气体膨胀阶段

图7.4 爆破过程的3个阶段

当炮孔前方的岩石被分离、推出时,岩石内产生的高应力卸载如同被压缩的弹簧突然松开一样。这种高应力的卸载作用,在岩体内引起极大的拉伸应力,继续了第二阶段开始的破坏过程。第二阶段形成的细小裂隙构成了薄弱带,为破碎的主要过程创造了条件。

应该指出的是,第一阶段除产生径向裂隙外,还有环状裂隙的产生。如果从能量观点出发,第一、二阶段均是由冲击波的作用而产生的,而第三阶段原生裂隙的扩大和碎石的抛出是爆炸气体作用的结果。

台阶爆破的破碎机理与一个自由面爆破的破碎机理是基本相同的,只是由于台阶爆破具有两个自由面,更有利于岩石的破碎。

岩石爆破裂隙的形成与发展是爆破机理的核心问题，也是爆破工程块度分布的关键问题。几十年来国内外进行了多方面的理论探索和大量的试验研究工作，直至目前，应用电子计算机与动光弹和高速全息摄影的综合技术，才有助于爆破块度的预报和促进爆破机理研究的进一步完善。

7.1.2 岩石性质对爆破作用的影响

7.1.2.1 关于岩石爆破性的研究

岩石性质对爆破作用有重要的影响。岩石的基本性质从根本说决定于其生成条件、矿物成分、结构构造状态和后期地质的营造作用。用来定量评价岩石的物理力学性质的参数很多，但与爆破有关的主要参数，一般来说只有 10 来个。

岩石的主要物理性质有密度 ρ、容重 γ、孔隙率、岩石的风化程度、岩石波阻抗等；岩石的力学性质可视为其在一定力场作用下的性态反映。岩石在外力作用下将发生变形，这种变形因外力的大小、岩石物理力学性质的不同会呈现弹性、塑性、脆性性质。脆性是坚硬岩石的固有特征。由于岩石的组织成分和结构构造的复杂性，尚具有与一般材料不同的特殊性，如各向异性、不均匀性、非线性变形等。岩石因其成分、结晶、结构等的特殊性，不像一般固体材料那样有明显的屈服点，而是在所谓的弹性范围内呈现弹性和塑性，甚至在弹性变形一开始就呈现出塑性变形。当外力继续增大至某一值时，岩石便开始破坏，岩石开始破坏时的强度称为岩石的极限强度。因受力方式的不同而有抗拉、抗剪、抗压等极限强度。试验表明，岩石具有较高的抗压强度，较小的抗拉和抗剪强度。一般抗拉强度比抗压强度小 90%～98%，抗剪强度比抗压强度小 87%～92%。

岩石在爆炸作用下承受的是一种荷载持续时间极短，加载速率极高的冲击型荷载，试验表明，在这种情况下岩石的力学性质发生很大变化，岩石的动力学强度比静力学强度增大很多，变形模量也明显变大，但由于在这方面影响因素很多，还缺少系统的定量数据。

岩石爆破性是表征岩石抵抗爆破难易程度的指标，是岩石自身的固有属性与其爆破效果的综合效应。由于岩石的非均质性、各向异性以及爆破作用的瞬时性，岩石爆破破碎的物理过程十分复杂。几十年来，国内外爆破工作者对岩石爆破性分级的研究做了不少工作，提出了许多分级方法。

最早的分级方法是 17 世纪 F. Hoffmann（霍夫曼）提出的按开挖方法（爆破或不爆破）和开挖工具的不同，将岩石分为 6 类。1889 年 F. Rziha（齐哈）提出按开挖工具、开挖消耗的炸药量和人工将岩石分为 4 类 9 级。1926 年前苏联 M. M. ПУЛотоЦИякноВ（普洛托季亚可诺夫）提出以岩石坚固性系数 f 为主要判据，将岩石分为 10 级，即著名的普氏分级法。20 世纪 50 年代开始，日本提出以弹性波速、岩体裂隙间距、龟裂系数、抗剪强度等因素对岩石进行分级。美国则有以破碎功指数、岩石弹性变形能系数为指标的岩石爆破性分级法。这一时期，前苏联则出现了 А.Ф.СУханов(苏哈诺夫)以炸药单耗为指标、Л.И.Барон(巴隆)以岩石表面能为指标、А.Н.Ханукаев(哈努卡耶夫)以岩石波阻抗为指标的爆破性分级法。由此可见，对岩石进行可爆性分级的难度及复杂性。

我国岩石爆破性分级走过了爆破性指数分级，稳健模糊动态分级和矿岩可钻性、可爆性和稳定性综合分级等研究历程，按其观点和分级准则的不同，可以分为以岩石强度、单位炸药消耗量、弹性波速度、工程地质参数以及岩石爆破能量等为准则的五类。

有的学者认为岩石的坚固性在各方面的表现是一致的，即以岩石坚固性表征岩石的凿岩性和爆破性相一致的综合指标。然而，实际上某些岩石的凿岩性与爆破性并非一致。例如致密坚硬的岩石难以凿岩，但其脆性大时，爆破反而容易；相反，某些岩石虽然凿岩性好，而爆破时由于产生塑性变形，要多吸收部分能量，所以爆破性反而不佳。

单位炸药消耗量不是独立的变量，是一系列岩石特性和爆破工艺特征的函数。由于多因素的综合，对于爆破作用的阻力完全不同的岩石，可能消耗相同的炸药量。换言之，以单位炸药消耗量表征岩石的爆破性有一定的离散性。

岩体地质结构特征对岩石爆破性有重大影响。与岩石爆破性密切相关。因此，以岩石裂隙性即工程地质参数作为分级判据是可取的。鉴于目前尚不能方便、准确、定量地表达和区分原生裂隙和次生裂隙及其性状，例如美国的 Laubscher(洛勃申)和 Barton(巴托)也只是强调了工程地质参数的作用，而没有直接和爆破效果相联系。

岩石弹性纵波速度不但可以判断岩体内的地质结构性状，而且也是岩石的动力属性，可以作为岩石物理力学特征的综合度量。因此，岩石弹性纵波速度作为岩石爆破性分级的判据之一是可行的。

能量平稳准则反映了岩石爆破破碎的物理实质，是评价岩石爆破性的归宿。若与岩石爆破效果的评价有机地联系起来，不失为科学的岩石爆破性分级判据。

7.1.2.2　*岩石爆破破碎性分级*

根据岩石的坚固性，同时考虑岩体的裂隙性、岩体中大块构体的不同含量，前苏联的 б.н.Кутузов(库图佐夫)提出表 7.1 的岩石爆破性分级。表 7.2 所示的岩石爆破破碎性分级法，不仅考虑了岩石的基本性质，而且考虑了为获取最好的爆破破碎效果，对所采用的炸药品种和单位耗药量做了相应的规定。表 7.3 是原东北工学院(现东北大学)1984 年提出的岩石可爆性分级法，它以爆破漏斗试验的体积及其实测的爆破块度分布率作为主要判据，并根据大量统计数据进行分析建立一个爆破性指数 N 值(见式(7.1))，按 N 值的级差将岩石的可爆性分成 5 级 10 等。

$$N = \ln\left[\frac{e^{67.22} \times K_1^{7.42}(\rho c_p)^{2.03}}{e^{38.44V}K_2^{4.75}K_3^{1.89}}\right] \tag{7.1}$$

式中：N—岩石爆破性指数；

V—爆破漏斗体积，m^3；

K_1—大块率（>30 cm），%；

K_2—小块率（<5 cm），%；

K_3—平均合格率，%；

ρ—岩石密度，$kg \cdot m^{-3}$；

e—自然对数的底；

c_p—岩石纵波声速，$m \cdot s^{-1}$。

原东北工学院提出的分级法称为“岩石爆破指数分级法”，此法已为国内部分矿山采用。

除上述岩石分级法外，还有一些其他的分级（分类）方法，爆破工作者可针对不同的工程特点和经验参考选用。

表 7.1 库图佐夫岩石爆破性分级表

爆破性分级	爆破单位炸药消耗量/kg·m⁻³		岩体自然裂隙平均间距/m	岩体中大块构体含量/%		抗压强度/MPa	岩石密度/t·m⁻³	岩石坚固性系数 f
	范围	平均		大于500 mm	大于1 500 mm			
Ⅰ	0.12～0.18	0.15	<0.10	0～2	0	10～30	1.4～1.8	1～2
Ⅱ	0.18～0.27	0.22	0.10～0.25	2～16	0	20～45	1.75～2.35	2～4
Ⅲ	0.27～0.38	0.32	0.20～0.50	10～52	0～1	30～65	2.25～2.55	4～6
Ⅳ	0.38～0.52	0.45	0.45～0.75	45～80	0～4	50～90	2.50～2.80	6～8
Ⅴ	0.52～0.68	0.60	0.70～1.00	75～98	2～15	70～120	2.75～2.90	8～10
Ⅵ	0.68～0.88	0.78	0.95～1.25	96～100	10～30	110～160	2.85～3.00	10～15
Ⅶ	0.88～1.10	0.99	1.20～1.50	100	25～47	145～205	2.95～3.20	15～20
Ⅷ	1.10～1.37	1.23	1.45～1.70	100	43～63	195～250	3.15～3.40	20
Ⅸ	1.37～1.68	1.52	1.65～1.90	100	58～78	235～300	3.35～3.60	20
Ⅹ	1.68～2.03	1.85	≥1.85	100	75～100	≥285	≥3.55	20

根据岩石爆破破碎过程的特征及其主要影响因素的分析，才能提出岩石爆破破碎性分级的合理判据，它不仅要揭示岩石本身的爆破特性，并且还要与爆破效果密切联系，以期全面正确地反映生产与施工对爆破工作的期望——爆破数量和质量，在这方面还有大量的工作要做。

表 7.2　岩石爆破破碎性分级表

岩石级别			Ⅰ	Ⅱ	Ⅲ	Ⅳ	Ⅴ	Ⅵ
代表性岩石			坚硬岩石:花岗石、玢岩、闪长岩、玄武岩、片麻岩		中等坚硬岩石:白云岩、石灰岩、大理岩、砂质砾岩、页岩等			松软岩石:泥灰岩、片岩等
破坏性质			脆性破坏		准脆性破坏			塑性破坏
岩石级别			Ⅰ	Ⅱ	Ⅲ	Ⅳ	Ⅴ	Ⅵ
岩石波阻抗/10^6 km·m^{-2}·s^{-1}			16～20	14～16	10～14	8～10	4～8	2～4
岩石坚固系数 f			15～20	10～15	5～10	3～5	1～3	0.5～1.0
破坏能量消耗/kJ·m^{-3}			70～80	50～70	40～50	30～40	20～30	13
推荐采用的炸药指标	爆压/10^3 MPa		20	16.5	12.5	8.5	4.8	2.0
	爆速/m·s^{-1}		6 300	5 600	4 800	4 000	3 000	2 500
	装药密度/g·cm^{-3}		1.2～1.4	1.2～1.4	1.0～1.2	1.0～1.2	1.0～1.2	0.8～1.0
	炸药潜能/kJ·kg^{-1}		5 000～5 500	4 750～5 000	4 200～4 750	3 500～4 200	3 000～3 500	2 800～3 000
块度平均线性尺寸/cm	5	单位炸药消耗量/kg·m^{-3}	1.65	1.50	1.40	1.20	0.95	0.65
	10		1.30	1.20	1.10	1.00	0.75	0.50
	15		1.10	1.00	0.95	0.85	0.65	0.45
	20		1.00	0.90	0.85	0.75	0.60	0.40
	30		0.85	0.78	0.70	0.64	0.50	0.33
	40		0.70	0.62	0.57	0.50	0.40	0.25

表 7.3 原东北工学院提出的岩石爆破性分级表

爆破等级		爆破性指数 N	爆破性程度	代表性岩石
Ⅰ	Ⅰ_1 Ⅰ_2	<29 29～38	极易爆	千枚岩、破碎性砂岩、泥质板岩、破碎性白云岩
Ⅱ	Ⅱ_1 Ⅱ_2	38～46 46～53	易爆	角砾岩、绿泥岩、米黄色白云岩
Ⅲ	Ⅲ_1 Ⅲ_2	53～60 60～68	中等	石英岩、煌斑岩、大理岩、灰白色白云岩
Ⅳ	Ⅳ_1 Ⅳ_2	68～74 74～81	难爆	磁铁石英岩、角闪岩、斜长片麻岩
Ⅴ	Ⅴ_1 Ⅴ_2	81～86 >86	极难爆	矽卡岩、花岗岩、矿体浅色砂岩

7.1.3 炸药性能对爆破作用的影响

7.1.3.1 炸药特性对岩石爆破效果的影响

炸药性能包括物理性能、热化学参数和爆炸性能。其中，直接影响爆破作用及其效果的是炸药密度、爆热和爆速。正是它们进而又影响了爆轰压力、爆炸压力、爆炸作用时间以及炸药爆炸能量利用率。

爆轰压力是指炸药爆轰时爆轰波波阵面中的 C－J 面所测得的压力，当爆轰波传到炮孔孔壁上时，在孔壁的岩石中会激发成强烈的冲击波和应力波。一般来说，爆轰压力越高，在岩石中激发的冲击波的初始峰值压力和引起的应力以及应变也越大，越有利于岩石的破裂，尤其是对于爆破坚硬致密的岩石来说更是如此。爆轰压力与炸药密度的一次方和爆速平方的乘积成正比关系。所以在爆破坚硬致密的岩石时，以选用密度大和爆速较高的炸药为宜。但并不是对所有岩石来说爆轰压力越高越好，对某些岩石来说爆轰压力过高将会造成炮孔周围岩石的过度粉碎。另外爆轰压力越高，冲击波对岩石的作用时间越短，冲击波的能量利用率低而且造成岩石破碎不均匀。因此，必须根据岩石的性质和工程的要求来合理选配炸药。

爆炸压力又称炮孔压力，它是爆轰气体产物膨胀作用在炮孔孔壁上的压力。在爆破破碎过程中爆炸压力对岩石起胀裂、推移和抛掷作用，一般说来，爆炸压力越高，说明爆轰产物中含有能量越大，对岩石的胀裂、推移和抛掷的作用越强烈。爆炸压力的大小取决于炸药爆热、爆温和爆轰气体的体积。而爆炸压力作用的时间除与炸药本身的性能有关以外，还与爆破时炮泥的填塞质量有关。因此在工程爆破中除了针对岩石性能和爆破目的，选用性能相适应的炸药品种外，还应注意填塞质量。

在整个爆破过程中，冲击波的作用虽然超前于爆轰气体产物的膨胀作用，但是爆轰反应时间极为短促，往往在岩石破碎尚未完成以前就结束了。图 7.5 表示孔内药包起爆后，炮孔内压力随时间的变化曲线。t_1为药包爆轰反应所经历的时间，t_2为爆炸气体膨胀作用的时间。P_2为爆轰压力，P_3为爆炸气体的膨胀压力在均压以后的爆炸压力。曲线 MN 表示爆炸压力随时间的变化，从图 7.5 可以看出：①爆轰压力越高，曲线越陡，t_1时间越短，能量利用率越低；② t_2时间越长，爆炸压力作用的也越长，这样能使由爆轰压力在岩体中引起的初始裂隙得到充分的胀裂和延伸，能量利用率高，岩石破碎也较均匀。

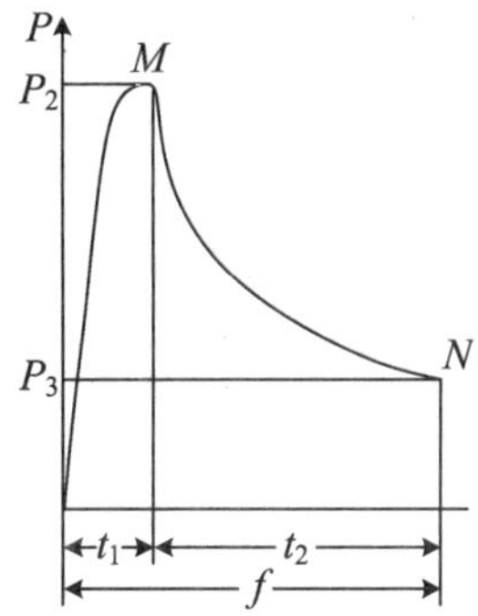

图 7.5　岩石爆破的压力 - 时间变化曲线

破碎岩石主要靠炸药爆炸释放出来的能量。提高炸药爆热和爆速，增大密度，可以提高单位体积炸药的能量密度；反之，必然导致炸药能量密度的降低，增加钻孔的工作量和成本。因此，采用高威力炸药是提高爆破作用的有效途径。

还应指出，在爆破工程中，真正用于破碎岩石的能量只占炸药释放能量的一小部分。造成岩石的过度粉碎，产生强烈的抛掷，形成强大的爆破地震波、空气冲击波、噪声和爆破飞石均属无益消耗的爆炸功。因此，提高炸药爆炸能量的利用率对有效地破碎岩石、改善爆破效果和提高经济效益有重要的意义，是爆破工作者应当重视研究课题。在爆破工程中，根据岩石性质合理选择炸药品种，合理确定爆破参数，选择合理的装药结构和药包的起爆顺序，以及保证填塞质量等，都可以提高炸药在岩体中爆炸时的能量利用率。

7.1.3.2　炸药波阻抗和岩石波阻抗的匹配

岩石的波阻抗是指岩石的密度 ρ 与纵波在该岩石中的传播速度 C_p 的乘积。它反映了应力波使岩石质点运动时，岩石阻止波能传播的作用。岩石波阻抗对爆破能量在岩石中的传播效率有直接影响。通常认为炸药的波阻抗($C_e\rho_e$)与岩石的波阻抗($C_r\rho_r$)相匹配时，炸药传递给岩石的能量最多，在岩石中引起的应变值就大，可获得较好的爆破效果。但是，要使炸药与岩石的波阻抗相等是很困难的。例如，工程上常用的 2 号岩石硝铵炸药，它的波阻抗一般为$(3\sim5)\times10^5\ \mathrm{g\cdot cm^{-2}\cdot s^{-1}}$，而坚硬致密岩石的波阻抗为$(10\sim15)\times10^5\ \mathrm{g\cdot cm^{-2}\cdot s^{-1}}$，两者相差较大，前者的波阻抗比较小，故 2 号岩石硝铵炸药尚不能满足爆破坚硬岩石的要求。

一般用波阻抗匹配系数 K 表示炸药与岩石的匹配条件，K 值由下式计算；

$$K = \frac{C_e\rho_e}{C_r\rho_r} \tag{7.2}$$

式中：K—波阻抗匹配系数；

C_e，ρ_e—分别表示炸药的密度($\mathrm{kg\cdot m^{-3}}$)和炸药爆速($\mathrm{m\cdot s^{-1}}$)；

C_r，ρ_r—分别表示岩石密度($kg \cdot m^{-3}$)和岩石纵波波速($m \cdot s^{-1}$)。

一般来说，岩石的密度和完整性程度越高，波速越大，反之则越小，图 7.6 所示为对多种岩石实测所得的结果。从图上看出，这些岩石的纵波速度在 1.8～7.2 $km \cdot s^{-1}$范围内，而密度在 0.47～3.32 $g \cdot cm^{-3}$之间，呈线性分布，其公式为

$$C_p = 0.35 + 1.88\rho \tag{7.3}$$

式中：ρ—岩石密度，$g \cdot cm^{-3}$；

C_p—岩石中纵波传播速度，$km \cdot s^{-1}$。

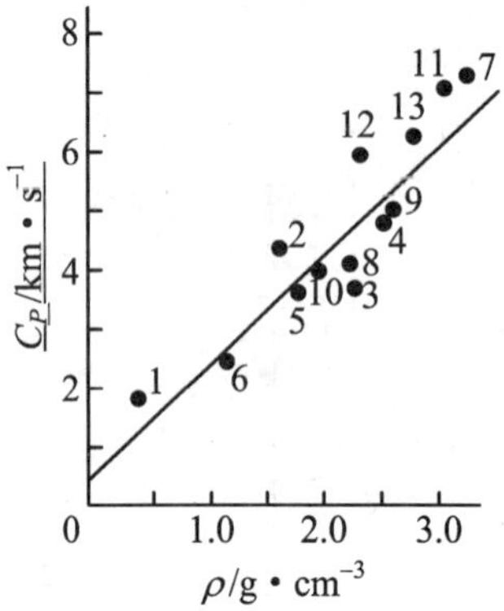

图 7.6 纵波平均速度与密度关系

(1—浮石；2—3 号多孔玄武岩；3—流纹岩；4—蛇纹岩；5—英安岩；6—半熔凝灰岩；7—纯橄榄岩；8—变化流纹岩；9—花岗闪长岩；10—1 号多孔玄武岩；11—辉长岩；12—黑曜岩；13—玄武岩)

使炸药的波阻抗尽量接近岩石的波阻抗，一方面可以通过提高装药密度来提高炸药的波阻抗，另一方面也可利用应力波作用和爆炸气体作用的全过程的能量有效利用率来衡量炸药和岩石的合理匹配，具体做法是：①对于弹性模量高、泊松比小的致密坚硬岩石，选用爆速和爆压都较高的炸药，保证相当数量的应力波能传入岩石，产生初始裂隙；②对于中等坚固性岩石，选用爆速和威力居中的炸药；对裂隙较发育的岩石，由于内部难以积蓄大量的弹性能，初始应力波不易起破碎作用，宜用爆压中等偏低的炸药；③对于软岩、塑性变形大的岩石，应力波大部分消耗在空腔的形成，而且岩石本身弹性模量低，宜用爆压较低、爆热较高的铵油炸药。

炸药与岩石的匹配问题在常规爆破中通常不被重视，但由于此问题确实对爆破效果产生较大影响，有的研究认为，岩体的爆破鼓包运动速度和形态、抛掷堆积效果也取决于炸药性质与岩石特征之间的匹配关系。而在光面预裂爆破中为保护坡面的完整平顺，则需用低爆速炸药。在特殊条件下的爆破或要求较高的控制爆破中不得不考虑炸药与岩石匹配。例如铁路系统在新建西安-安康线上的秦岭隧道时，遇到深埋地下强度超过 250 MPa 的特硬岩，其波阻抗达 $15 \times 10^6\ kg \cdot m^{-2} \cdot s^{-1}$，初期使用中爆速炸药，进尺小，掘进速度慢；后委托山西兴安化工厂研制生产爆速达 4 500 $m \cdot s^{-1}$以上、装药密度为 1 260 $kg \cdot m^{-3}$的专用水胶炸药，替代原先采用的乳化炸药，爆破效果明显改善，掘进速度加快，钻爆成本降低 20%以上。

但也有研究者认为这种观点并不全面，因为爆破效果主要与炸药的爆炸作用——应力波、爆生气体的作用及岩石性质有关，仅从力学上的“阻抗匹配”来评价是不全面的。在爆破工程中选择炸药类型时，往往还要考虑炸药的价格、性能以及其他限制条件。

7.1.4　爆破设计要素对破碎效果的影响

7.1.4.1　自由面在爆破设计中的意义

通常，我们指被爆岩石与空气的交界面，即对爆破作用能发生影响并在爆破时能使岩石发生移动的那个岩面为自由面(亦可称临空面)。自由面的存在是工程爆破破岩所必须具备的条件，没有自由面就谈不上破碎岩石的效果。自由面的作用归纳起来有以下 3 点：① 反射爆破应力波。当爆破应力波遇到自由面时发生反射，压缩应力波变为拉伸波，引起岩石的片落和径向裂隙的延伸。② 自由面是形成爆破鼓包的必要条件。自由面一般是最小抵抗线方向，应力波抵达自由面后，在自由面附近的介质运动因阻力减小而加速，随后而到的爆炸气体进一步向自由面方向运动，形成鼓包，最后破碎、抛掷。③ 改变岩石的应力状态及强度极限。在无限介质中，岩石处于三向应力状态，而自由面附近的岩石则处于单向或双向应力状态。故自由面附近的岩石强度接近岩石单轴抗拉或抗压强度，比在无限介质中承受爆破作用时相应的强度减少几倍甚至十几倍。

一般来讲，随着自由面面积的增大，岩石爆破夹制作用将变小，有利于岩石的破碎。隧道爆破中的掏槽爆破，其本质是为后续炮孔创造自由面；毫秒延时爆破也是在爆破过程中，先爆药包为后爆药包创造自由面。自由面条件不同，对爆破的作用和爆破的效果也不一样，自由面越多，爆破破岩越容易，爆破效果也越好。当岩石性质、炸药品种相同时，随着自由面的增多，爆破单位体积岩石所耗用的炸药量(简称炸药单耗)将明显降低(见表 7.4)。

表 7.4　炸药单耗随自由面数目变化的近似比例关系

自由面个数	1	2	3	4	5	6
炸药单耗/$kg \cdot m^{-3}$	1	0.7～0.8	0.5～0.6	0.4～0.5	0.3～0.4	0.2～0.3

自由面相对药包的位置对爆破作用也产生影响。炮孔中的装药在自由面上的投影面积愈大，愈有利于爆炸应力波的反射，对岩石的破坏愈有利。在一个自由面的条件下，垂直于自由面布置炮孔，此时炮孔中装药在自由面的投影面积较小，所以爆破破碎也相对困难，如图 7.7(a)所示。如果炮孔与自由面成斜交布置，那么装药在自由面上的投影面积比较大，爆破破碎范围也比较大，如图 7.7(b)所示。

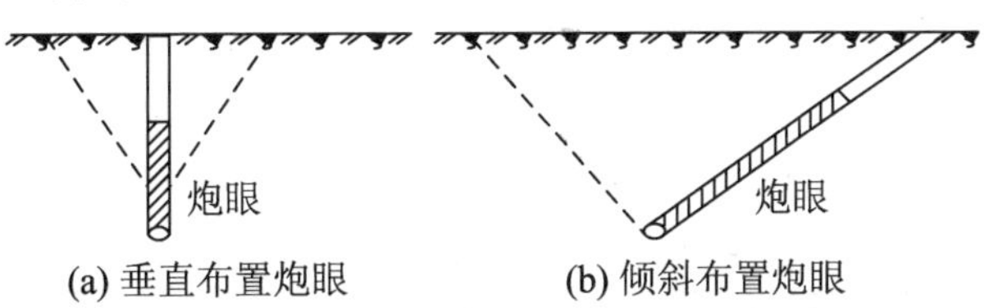

图 7.7　炮孔与自由面相关位置对爆破的影响

7.1.4.2 最小抵抗线对爆破安全影响的分析

工程爆破中，通常将药包中心到最近自由面的垂直距离，称为最小抵抗线，并用 W 表示。最小抵抗线是工程爆破设计中的重要参数，由于它代表了爆破时岩石阻力最小的方向，所以在此方向上岩石运动速度最高，爆破作用最集中。因此，最小抵抗线是爆破作用的主导方向，也是抛掷作用的主导方向。

在爆破工程中，往往由于设计者未正确选择最小抵抗线或设计文件失误，造成装药过量引发个别飞散物事故，例如 1982 年，江西某铜矿硐室爆破，由于设计文件复写时错格，造成装药量失误，大量飞石落到 260 m 外的旧避炮洞上方，砸坏了木架棚子，死 8 人，飞石最远飞出 750 m，砸破房屋和推土机，毁坏 6 kV 供电线路及通讯线路[①]。

设计者未正确选择最小抵抗线，可能是因为：①布置药包的断面不是最小抵抗线所在的断面，因此进行装药量计算的抵抗线不是最小抵抗线；② 在多面临空地形条件下，没有对各自由面进行最小抵抗线的校核；③对多排或多层药包，由于设计的疏漏，起爆后后排或边部药包改变了最小抵抗线大小或方向等。

在施工过程中，要注意核实最小抵抗线的大小和方向。由于最小抵抗线的大小和方向发生变化，但未调整装药量，常发生飞石事故。例如，某矿进行露天松动大爆破，装药前未校核药包最小抵抗线，实际上最小抵抗线由原设计的 20 m 减少到 14 m，但仍按 20 m 计算药量装药，结果松动爆破变成加强抛掷爆破，最远飞石距离超过 1 000 m，击伤 26 人，砸坏房屋 18 间、电铲 1 台[②]。

爆破安全规程 4.3.1.4 款规定："爆破工程施工过程中，发现地形测量结果和地质条件、拆除物结构尺寸、材质等与原设计依据不相符时，应及时修改设计或采取补救措施"。在爆破工程中，特别是硐室爆破，由于施工过程中地形地貌的改变，或者药室位置的误差，容易造成实际最小抵抗线与设计值有所误差，因此，在装药前进行最小抵抗线的复核，依据实际最小抵抗线计算药量，是非常重要的。

为了取得好的爆破效果，我们有必要对装药量计算公式中最小抵抗线 W 的物理意义做进一步的讨论。

通过量纲分析理论推导，爆破药量计算的基本公式可以表示为：

$$Q = k_2 w^2 + k_3 w^3 + k_4 w^4 \tag{7.4}$$

公式(7.4)第一项(w^2)的物理意义是表示克服张力形成断裂面所需要的能量；第二项(w^3)表示介质体积变形所需要的能量；第三项(w^4)表示介质克服重力场所需要的能量。

瑞典学者 U. Langefors（兰格福尔斯）在《现代岩石爆破》一书中提出，在一般

---

① 刘殿中. 工程爆破实用手册[M]. 北京：冶金工业出版社，1999：680.

② 中国工程爆破协会编. 全国工程爆破作业人员统一培训教材：顾毅成主编. 爆破工程施工与安全[M]. 北京：冶金工业出版社，2004：282.

岩石中采用松动爆破情况下的药量计算公式为：

$$Q = 0.07w^2 + 0.36w^3 + 0.004w^4 \tag{7.5}$$

式(7.5)中的系数是兰格福尔斯在一般岩石台阶松动爆破条件下得到的经验系数。我们以此来比较公式中各项能量所占的比例，可将式(7.5)化为：

$$\frac{Q}{w^3} = \frac{0.07}{w} + 0.35 + 0.004w \tag{7.6}$$

在炸药埋深 $w = 0.1 \sim 30$ m 的情况下，计算出公式中各项能量所占的比例如表 7.5 所示。

表 7.5　爆破能量的比例计算表

炸药埋深	第一项 $Q_1 = 0.07/w$		第二项 $Q_2 = 0.35$		第三项 $Q_3 = 0.004w$		总单耗
W/ m	$q_1/\text{kg·m}^{-3}$	q_1/q(%)	$q_2/\text{kg·m}^{-3}$	q_{82}/q(%)	$q_3/\text{kg·m}^{-3}$	q_3/q(%)	$q/\text{kg·m}^{-3}$
0.1	0.7	66.7	0.35	33.3	0.0004	0	1.050
0.5	0.140	28.6	0.35	71.4	0.002	0	0.492
1.0	0.070	16.7	0.35	83.2	0.004	1.0	0.424
4.0	0.018	4.7	0.35	91.1	0.016	4.2	0.384
8.0	0.009	2.3	0.35	89.5	0.032	8.2	0.391
12.0	0.006	1.5	0.35	86.6	0.048	11.9	0.404
16.0	0.004	1.0	0.35	83.7	0.064	15.3	0.418
20.0	0.003	0.7	0.35	80.8	0.080	18.5	0.433
25.0	0.003	0.6	0.35	77.3	0.100	22.1	0.453
30.0	0.002	0.4	0.35	74.2	0.120	25.4	0.472

分析计算所得数据，可以得到以下结果。

① 在小抵抗线 $0.1\ \text{m} \leqslant w \leqslant 1.0\ \text{m}$ 时，式(7.6)中的第一项，即克服张力形成断裂表面所需要的能量占总需能的 16%以上，是不能忽略的，在药包抵抗线小的情况下，单位耗药量高，就是这个道理。因此，在在小抵抗线情况下，应该同时考虑前两项能量，即

$$Q = K_2w^2 + K_3w^3 \tag{7.7}$$

② 在抵抗线 $1.0\ \text{m} < w \leqslant 20.0\ \text{m}$ 时，式(7.6)中的第一项能量占需要总能量的比例，随抵抗线的增大而减少；而第三项能量，即介质克服重力场所消耗的能量占需要总能量的比例，随抵抗线的增大而增多，到抵抗线为 20 m 时，达到 18.5%；而第二项能量占需要总能量的比例，保持在 80%～90%。在这种情况下，爆破装药

量可以不考虑岩土的重力和内聚力的影响，主要用于使介质体积变形所需要的能量，其药量计算公式可以只采用第二项，即：

$$Q = K_3 w^3 = Kf(n) w^3 \tag{7.8}$$

式(7.8)即是工程爆破常用的体积药量计算公式。由此可以认为，在工程中，最小抵抗线取 4.0～12.0 m 是合理和经济的。

③ 在抵抗线 $w>20.0$ m 时，第一项能量占需要总能量的比例小于 1%，可以忽略；这时第三项介质克服重力场所消耗的能量上升到占需要总能量的 18% 以上，是不能忽略的，即这种情况下，药量计算公式应为：

$$Q = k_3 w^3 + k_4 w^4 = Kf(n) w^3 + k_4 w^4 \tag{7.9}$$

在我国硐室爆破设计中，当最小抵抗线大于 25m 时，常按下式进行修正。

$$Q_{抛} = K_{标} W^3 (0.4 + 0.6n^3) \sqrt{\frac{W}{25}} \tag{7.10}$$

7.1.4.3 单位用药量对爆破效果的影响

如上所述，装药量是工程爆破中一个最重要的参量。装药量确定得正确与否直接关系到爆破效果和经济效益。一般来说，装药量的确定与爆破岩石体积、岩性、自由面状况及其他爆破条件等各种因素有关，而最重要的是合理选择炸药单位用药量 K。

在爆破设计装药量计算公式中，炸药单位用药量(也可称为单位用药量系数) K，定义为在水平地面标准抛掷爆破条件下爆破单位体积岩石消耗的 2 号岩石炸药量，单位为 $kg \cdot m^{-3}$。

K 值可以通过经验公式、查表和根据相似地质条件下的爆破工程类比选取；当然在现场通过标准爆破漏斗试验来确定 K 值更为可靠。表 7.6 列举了爆破各种岩石的单位炸药消耗量 K 值，其中 K' 为松动爆破单位炸药消耗量，f 为岩石坚固系数(参见建设部《全国统一建筑工程基础定额》中的土壤及岩石分类表)，一般由岩石极限抗压强度 R 求取：

$$f = \frac{R}{10} \tag{7.11}$$

式中，R 为岩石极限抗压强度，单位是 MPa。

应区分炸药单位用药量和单位耗药量两个不同但又相关的概念。炸药的单位耗药量(也称单耗)，是指平均爆破 1 m^3 或 1t 岩石或矿石的实际炸药消耗量，单位为 $kg \cdot m^{-3}$ 或 $kg \cdot t^{-1}$，是综合评价爆破设计成果、计算爆破成本的一个重要指标。

K 值在某种意义上代表岩石的可爆性，与岩石的物理力学性质、岩层结构、节理、裂隙和风化程度等有关，是爆破工程极其重要的设计参数。炸药单位用药量的选取，不仅关系到爆破安全，也关系到爆破质量和爆破成本。K 值过大，致使装药量增大而改变爆破作用指数，发生爆破抛掷作用，引起飞石或爆堆分散；K 值过小，可能影响爆破效果，造成大块增多，乃至爆破失败。

表 7.6　爆破各种岩石的单位炸药消耗量 K 值表

岩石名称	岩体特征	f 值	K'/kg·m^{-3}	K/kg·m^{-3}
页　岩 千枚岩	风化破碎 完整、风化轻微	2～4 4～6	0.33～0.48 0.40～0.52	1.0～1.2 1.2～1.3
板　岩 泥灰岩	泥质，薄层，层面张开，较破碎 较完整、层面闭合	3～5 5～8	0.37～0.52 0.40～0.56	1.1～1.3 1.2～1.4
砂　岩	钙质胶结，中厚层，中细粒结构，裂隙不甚发育 硅质胶结，石英质砂岩，厚层，裂隙不发育，未风化	7～8 9～14	0.43～0.56 0.47～0.68	1.3～1.4 1.4～1.7
砾　岩	胶结较差，砾石以砂岩或较不坚硬的岩石为主 胶结好，以较坚硬的砾石组成，未风化	5～8 9～12	0.40～0.56 0.47～0.64	1.2～1.4 1.4～1.6
白云岩 大理岩	节理发育，较疏松破碎，裂隙频率大于 4 条/m 完整、坚实	5～8 9～12	0.40～0.56 0.50～0.64	1.2～1.4 1.4～1.6
石灰岩	中薄层，或含泥质的，或缅状、竹叶状结构的及裂隙较发育的 厚层、完整或含硅质、致密	6～8 9～15	0.43～0.56 0.47～0.68	1.3～1.4 1.4～1.7
花岗岩	风化严重，节理裂隙很发育，多组节理交割，裂隙频率大于 5 条/m 风化较轻，节理不甚发育或未风化的伟晶粗晶结构 细晶均质结构，未风化，完整致密岩体	4～6 7～12 12～20	0.37～0.52 0.43～0.64 0.53～0.72	1.1～1.3 1.3～1.6 1.6～1.8
流纹岩	较破碎	6～8	0.40～0.56	1.2～1.4
蛇纹岩	完整	9～12	0.50～0.68	1.6～1.8
片麻岩	片理或节理裂隙发育 完整坚硬	5～8 6～14	0.40～0.56 0.50～0.68	1.2～1.4 1.5～1.7
正长岩 闪长岩	较风化，整体性较差 未风化，完整致密	8～12 12～18	0.43～0.60 0.53～0.70	1.3～1.5 1.6～1.8
石英岩	风化破碎，裂隙频率大于 5 条/m 中等坚硬，较完整 很坚硬完整致密	5～7 8～14 14～20	0.37～0.52 0.47～0.64 0.57～0.80	1.1～1.3 1.4～1.6 1.7～2.0
安山岩 玄武岩	受节理裂隙切割 完整坚硬致密	7～12 12～20	0.43～0.60 0.53～0.80	1.3～1.5 1.6～2.0
辉长岩 橄榄岩	受节理裂隙切割 很完整很坚硬致密	8～14 14～25	0.47～0.68 0.60～0.84	1.4～1.7 1.8～2.1

注：K'为松动爆破单位炸药消耗量。

7.1.5 装药结构与堵塞对爆破作用的影响

7.1.5.1 不耦合装药对岩体中应力的影响

炮孔直径与药包直径的比值称为不耦合系数。不耦合系数等于 1 时，表明药包与孔壁紧密接触，不耦合系数大于 1 时，表明药包与孔壁间存在着空气间隙。由于炸药与岩石的波阻抗均为空气波阻抗的 10^4 倍，在不耦合情况下爆炸能从炸药传播到空气，再由空气传播到岩石的过程中严重衰减。只要药包和孔壁之间存在空气间隙，这种损失就不可避免。

不耦合装药对岩体中应力的影响，主要表现在炮孔岩壁从炸药爆轰波冲击下所获得的最高压上。我们假设药包和装药孔都是球形的，而且药包爆炸时遵循理想气体的绝热膨胀定律，则有：

$$P\left(\frac{4}{3}\pi r^{3}\right)^{\gamma} = P_{D}\left(\frac{4}{3}\pi r_{c}{}^{3}\right)^{\gamma} \tag{7.12}$$

式中：r 为到装药中心的距离；r_c 为装药半径；P 为处于距装药中心 r 距离的装药孔内的压力；P_D 为爆轰压；γ 为爆炸生成气体的定压比热与定容比热之比。公式还可简化为：

$$P = P_{D}\left(\frac{r}{r_{c}}\right)^{-3\gamma} \tag{7.13}$$

所以，在药包与装药孔不耦合条件下，炮孔岩壁的最大压力为：

$$P_{b} = P_{D}\left(\frac{r_{b}}{r_{c}}\right)^{-3\gamma} = P_{\alpha}D_{e}^{-3\gamma} \tag{7.14}$$

式中：D_e 为不耦合系数，$D_e = r_b/r_c$，r_c 为炮孔半径。

我们知道，炮孔岩体上所产生的应力 σ_b 对于一定的岩体是与作用的压力 P_b 成正比的，假定比例常数为 K，则，

$$\sigma_{b} = KP_{b} = K\,P_{\alpha}D_{e}^{-3\gamma} \tag{7.15}$$

因此，对于一定的药包直径来讲，如果把装药孔直径 r_b 加大，就会存在一个产生 σ_b 恰好与破碎圈外围的应力 σ_f 相等的 r_b 值，这时，装药孔外围的岩体不产生破碎，对应于这种状态的 D_c 值，称作临界不耦合系数。该系数 D_c 可用下式求得：

$$D_{c} = \left(\frac{K_{\alpha}}{\sigma_{f}}\right)^{\frac{1}{3\gamma}} \tag{7.16}$$

所以，当 $D_e > D_c$ 时，在爆破孔的周围不产生破碎圈，因爆炸而在岩体内激起的应力波以弹性波的形式在岩体内传播。这时，距装药中心 r 距离的岩体内任意点上产生的最大应力值可用下式表示：

$$\sigma = K\,P_{\alpha}D_{e}^{-3\gamma}\left(\frac{r}{r_{b}}\right)^{-n} \tag{7.17}$$

式中 n 为弹性圈内岩体中的应力波的衰减指数。

当 $D_e < D_c$ 时，在装药孔的周围产生破碎圈，设从药包中心到破碎圈外围的半径为 r_f，则破碎圈外周的应力最大值 σ_f 为：

$$\sigma_f = K P_\alpha D_e^{-3\gamma} \left(\frac{r_f}{r_b}\right)^{-m} \tag{7.18}$$

在破碎圈内距装药中心 r 距离的任意点的最大应力可用下式表示：

$$\sigma = K P_\alpha D_e^{-3\gamma} \left(\frac{r}{r_b}\right)^{-m} \tag{7.19}$$

式(7.18)和式(7.19)中的 m 为破碎圈内岩体中的应力波衰减指数。

从式(7.18)可求出破碎圈的生成半径：

$$r_f = r_b (KP_\alpha / \sigma_f)^{\frac{1}{m}} D_e^{\frac{-3\gamma}{m}} \tag{7.20}$$

γ, m, n 三者之间，一般满足 $3\gamma > m > n$ 的关系。

在上述理论分析的基础上，日本的伊藤一郎取 $P_\alpha = 7\times 10^3$ MPa，$K = 1.6$，$\gamma = 1.2$，$m = 2.5$，$n = 1.5$，$\sigma_f = 5\times 10$ MPa，绘出距装药中心不同距离上的应力衰减状况如图 7.8 所示。在图中斜率为 3γ 的直线上的点，如读取横轴的值，则得出不耦合系数值；如读取其纵轴的值，则得出在该不耦合系数条件下构成装药孔界面的岩体壁面上的应力值。$r/r_c = 1$ 是与密实装药相对应的，此时岩体壁面上产生的应力值大约为 11×10^3 MPa，随着不耦合系数值的增大，岩体壁面上产生的应力便显著减少。岩壁面上的应力值与 σ_f 相等，则 D_e 成为 D_c（临界不耦合系数）。所以 r/r_c 值在 D_e 以下的范围时，装药孔的周围产生破碎圈，在 r/r_c 值比 D_c 大的范围时，则不产生破碎圈。应力波在破碎圈内的波头应力是沿着斜率为 m 的线衰减的。由这些直线和 σ_f 线交点的横坐标值，即可求得各种不耦合系数值的破碎圈半径。所以破碎圈是随着不耦合系数值的增大而缩小的，不耦合系数值达到 D_c 时不产生破碎圈。若越过破碎圈，则应力波的波头应力就沿着斜率为 n 的线衰减。

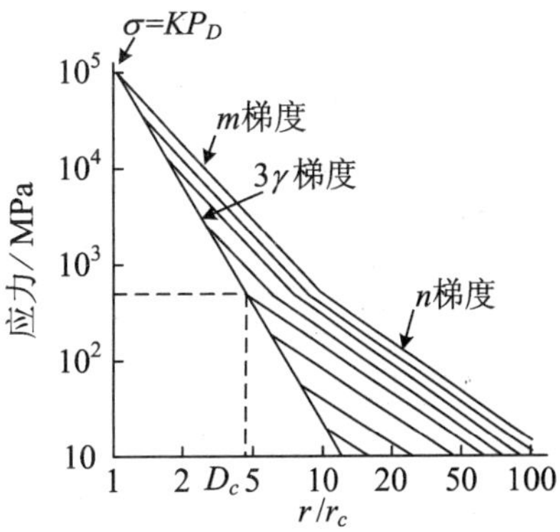

图 7.8　离装药中心距离不同产生的应力衰减

对光面、预裂以及其他需控制孔壁岩石过度粉碎的爆破来说，常常要借助于增大不耦合系数来控制爆轰波对孔壁的冲击作用；对需要保护基岩面的深孔爆破，也可以在炮孔底部装一段 PVC 管形成底部不耦合装药以减少爆破对基岩的损伤。

7.1.5.2　起爆药包位置与装药结构对爆破作用的影响

采用柱状装药时，起爆药包的位置决定着炸药起爆以后爆轰波的传播方向，也决定了爆炸应力波的传播方向和爆轰气体的作用时间，所以对爆破作用产生一定的影响。

根据起爆药包在炮孔中安置的位置不同，有3种不同的起爆方式：第一种是起爆药包装于孔底，雷管的聚能穴朝向孔口，叫做反向起爆；第二种是起爆药包装于靠近孔口的附近，雷管聚能穴朝向孔底，称为正向起爆；第三种是多点起爆，即在长药包中于孔口附近和孔底分别放置起爆药包。

实践证明，反向起爆能提高炮孔利用率，减小岩石的块度，降低炸药消耗量和改善爆破作用的安全条件。反向起爆取得较好的效果的原因可以解释如下。

① 提高了爆炸应力波的作用。由于从孔底起爆，爆炸应力波在传播过程中将叠加成一个高压应力波朝向自由面，这就使得在自由面附近形成强烈的拉伸应力波，从而提高了自由面附近岩石的破碎效果。正向起爆的情况与它恰恰相反，叠加后的应力波不是指向自由面，而是指向岩体内部，使应力波的能量被无限的岩体所吸收，降低了对岩石的破碎作用，对浅孔爆破，采用正向起爆有利于控制爆破个别飞散物。

② 增长了应力波的动压和爆轰气体静压的作用时间。如图7.9所示，在其他条件相同时，从图7.9(a)中的 A 点进行正向起爆和从图7.9(b)中的 B 点进行反向起爆后，爆炸应力波分别向自由面传播，并在自由面产生反射。从图中可明显看出，从起爆到反射波各自返回到达 A 点的时间，反向起爆比正向起爆推迟了一段时间。在这段时间内岩石在应力波和爆轰气体作用下，能产生更多的裂隙和使裂隙得到进一步的扩大和延伸。与此相反，正向起爆时反射波到达 A 点后，在反射拉伸波的作用下，过早地产生了与自由面贯通的裂隙，使炮孔中的爆炸气体过早地外逸，降低了破碎效果，同时还影响了下段药柱的稳定传爆，容易造成残孔。

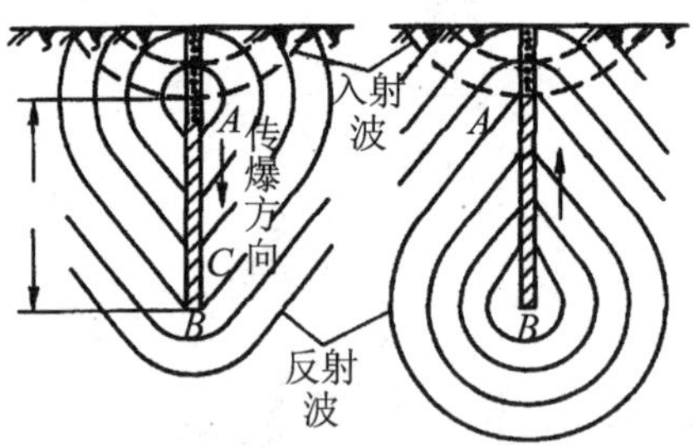

(a) 正向起爆　(b) 反向起爆

图7.9　起爆方向与应力波方向的关系

③ 增大了孔底的爆破作用。岩石抵抗爆破的阻力随着孔深而增大，孔底部分抗爆阻力最大，要破碎这部分岩石需要消耗较多的能量。若采用正向起爆时，孔口容易过早地产生裂隙，爆炸气体容易沿裂隙逸出。所以作用在孔底的压力会明显降低，而且爆炸气体作用的时间也缩短了，影响了孔底部分岩石的破碎效果。若采用反向起爆时，爆炸气体在岩石破裂之前，一直被密封在炮孔内，所以作用在岩石上的压力较高，作用时间也较长，因此有利于岩石的破碎。

我国目前深孔台阶爆破时，大多采用多点起爆。每孔装两个起爆药包，分别置于距孔口和孔底各1/3处，可以提高爆炸能量利用率。

通常，装药结构有两种，即连续装药和间隔装药。在间隔装药中，又有炮泥间隔、木(塑料)垫间隔和空气间隔等多种形式。理论和实践研究表明,装药结构的改变可以引起炸药在炮孔方向的能量分布,从而影响了爆炸能量的有效利用率。

图 7.10 表示了空气间隔对 P-t 曲线的影响,当孔内药包周围无预留空气间隙时,其 P-t 曲线为曲线 1,预留空隙的 P-t 曲线为曲线 2。由图 7.10 可看出:①间隔装药降低了作用在孔壁的峰值压力,减少了炮孔周围岩石的过度粉碎,提高了有效能量的利用率。增大装药的不耦合系数,虽然也能降低对孔壁岩石的冲击压力,若装药直径不变,必然要增大炮孔直径,引起一系列参数的变化。②间隔装药增加了应力波的作用时间。由于冲击压力的降低,减少了冲击波的作用,相应地增大了应力波的能量,从而能够增加应力波的作用时间。

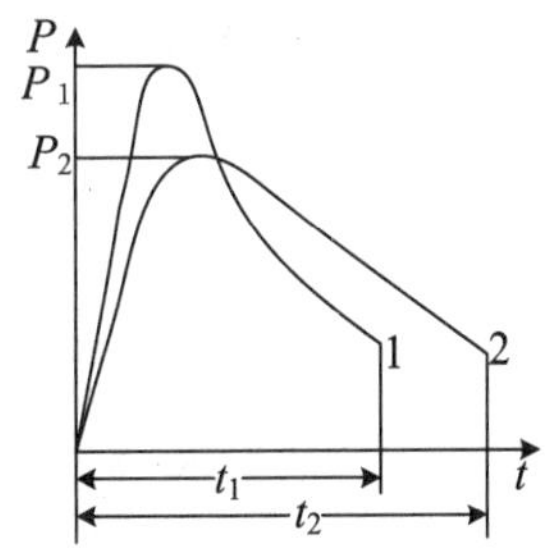

图 7.10　空气间隙对 P-t 曲线的影响

7.1.5.3　堵塞对爆破作用的影响

堵塞的影响是指堵塞材料、堵塞长度和堵塞质量的影响,堵塞物作用在于:①减少孔口飞石和降低空气冲击波强度,减少在这两个方面的能量损失,同时增加爆破作业的安全。②延长孔内爆炸气体作用时间,增大爆破破碎范围和破碎程度,改善破碎效果。③当使用以硝酸铵类为主要成分的炸药时,足够的堵塞长度能增加孔内炸药反应的完全程度,减少从孔口冲出未反应的炸药颗粒和有害气体,特别是对有沼气的工作面内,堵塞还能阻止灼热固体颗粒(例如雷管壳碎片等)从炮孔内飞出的作用,有利于安全。

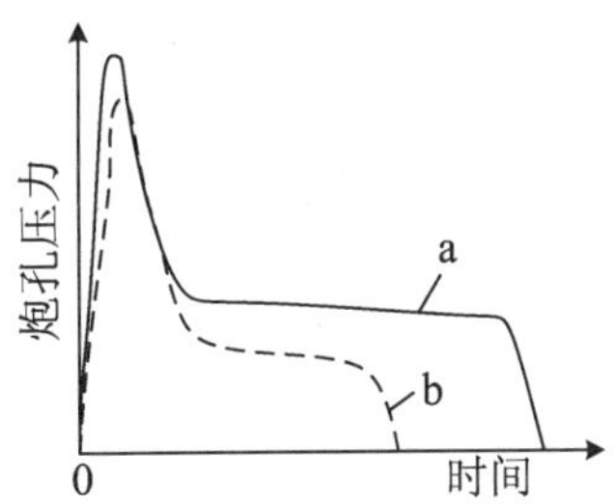

图 7.11　堵塞对孔壁压力的影响
(a—有堵塞;b—无堵塞)

图 7.11 表示在有堵塞和无堵塞的炮孔中,压力随时间变化的关系。从图中可以看出,有堵塞和无堵塞两种条件下对炮孔壁的冲击初始压力虽然没有明显的影响,但是堵塞却增大了爆轰气体膨胀作用在孔壁上的压力和延长了压力作用的时间,从而提高了它对岩石的胀裂和抛移作用。

堵塞物的这种作用是由以下几个方面实现的:① 应力波通过堵塞物时使其压紧和产生塑性变形,把爆炸产生的冲击波衰减为速度较低的应力波,堵塞物的衰减作用比炮孔周围岩石要大。② 由堵塞物与孔壁之间的摩擦力以及堵塞物内部颗粒之间的摩擦力和黏结力阻止堵塞物外冲。粗糙面形状不规则颗粒组成的堵塞物有助于提高这种阻力,尤其对于小直径炮孔,这种阻力引起的作用较重要。③ 堵塞物在冲出过程中,瞬间把堵塞物加速到很高的速度,需要相当大的气体膨胀压力克服堵塞物的惯性力,因此,在炮孔中采用容重较大的堵塞材料,可提高堵塞效果。

堵塞物对爆炸气体喷出的阻力主要靠堵塞物的性质与孔壁的摩擦力。在台阶爆破中堵塞物的长度应不小于最小抵抗线。在最小抵抗线方向，节理、裂隙发育时堵塞长度应更大些。

7.1.6 爆破作用下的岩石块度级配

7.1.6.1 减少深孔爆破大块率的技术措施

深孔爆破是露天石方爆破工程的基本方法。深孔爆破岩石破碎块度状况，通常以爆破大块率来表示，它是衡量深孔爆破效果的一个主要指标。

1. 深孔爆破合理的岩石破碎块度

图 7.12 及图 7.13 分别为石质路堑和道渣采石场施工的一般作业工序。可以看出，岩块的二次破碎是一项附加工作量，其数量多少取决于后期设备能力，若爆破块度过大，不适宜后期设备的装载或破碎能力时，就必须要二次爆破。二次爆破不仅直接影响石方施工的成本和劳动生产率，而且对整个机械化施工造成干扰，甚至还会带来一些安全问题。需要进行二次爆破的岩块称为“大块”，“大块”在爆破总方量中所占的百分比称为“大块率”，因此，在深孔爆破中最大限度地降低大块率，减少二次爆破工作量，是十分重要而有意义的。

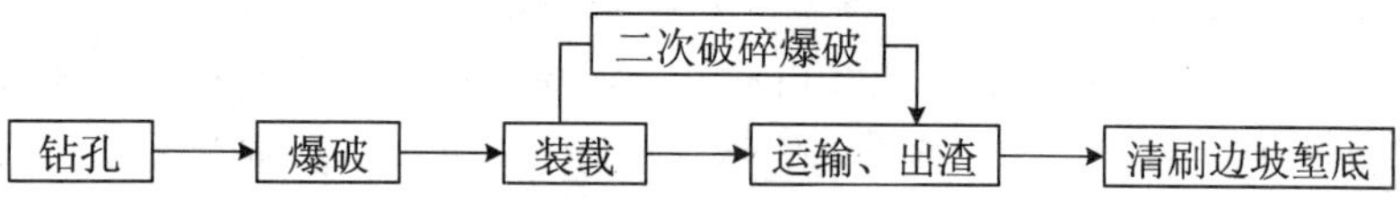

图 7.12 石质路堑施工一般作业工序

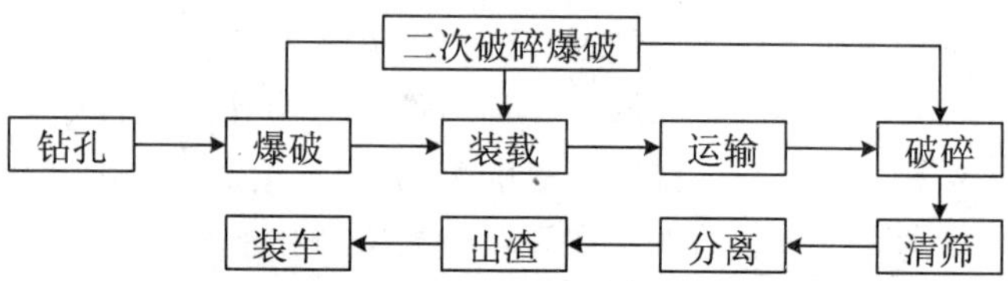

图 7.13 道渣采石场施工一般作业工序

岩石的破碎块度是一个相对的概念，在石方清运施工中，应根据挖装机械的斗容量来确定合理的岩石破碎块度；在采石部门，块度则常常由破碎机械的口径所控制。

表 7.7 列出了岩石破碎块度与挖掘机斗容的关系。一般认为，对应于斗容为 V 的挖掘机，岩块最大允许块度为 $0.75\sqrt[3]{V}$，或岩块最大允许体积为 $0.55\ V$。

综合上述资料，我们认为，对铁道石方机械化施工，在采用 $1\sim1.5\ m^3$ 斗容的挖掘机时，合理的岩石破碎块度以不大于 80 cm 为宜。为满足机械化施工要求，当然深孔爆破的大块率越小越好，但在实际工程中也很难做到绝对没有大块。一般认为，效果良好的深孔爆破，其大块率应控制在 5%以内。

表 7.7　按挖掘机要求的岩石允许最大块度

铲斗容积/m^3	允许块度最大边长/m
3～4	1.2
1	0.8
0.5	0.6
0.2	0.45
人工装载	0.23～0.35

注：根据《冶金矿山设计参考资料》，北京：冶金工业出版社，1973.

(2) 影响爆破破碎效果的主要因素

影响爆破破碎效果的主要因素有岩性及构造裂隙，爆破单位耗药量，炸药在岩石中的集中度等。

① 岩性及构造裂隙。由表 7.8 看出，大块率随岩石硬度 f 值的提高而增加。爆破工程实践的经验还表明，爆破岩块多沿原有裂隙开裂，结构面之间的间距大小（即岩石中原有岩块的尺寸），往往控制爆破后的块度，大块状和块状构造（节理间距大于 0.3 m），容易产生大块。

表 7.8　大块发生率和岩石硬度的关系

岩石硬度 f / 大块率/% / 大块尺寸/m	6～8	9～11	12～14	15～17	18～20
0.35 以上	20	23	26	29	35
0.50 以上	18	19	20	23	32
0.65 以上	11	13	14	16	18
0.75 以上	8	10	12	14	16
1.00 以上	5	7	10	12	14
1.20 以上	3	5	7	9	10

注：根据《冶金矿山设计参考资料》，北京：冶金工业出版社，1973.

② 炸药在岩石中的集中度。炸药在岩石中的分布相对分散，岩石破碎块度则要小些。炸药在岩石中的集中度，与炮孔直径 D、底板抵抗线 W 等有关。在相同单位耗药量条件下，炮孔直径小，意味着炸药在岩石中的分布分散。图 7.14 是根据国外某些矿山的统计绘制的，可以看出，随着炮孔直径的增加，大块比例也随之上升。底板抵抗线 W 减小，意味着炮孔密度增加，即炸药相对分散。图 7.15 表明对同样爆破单位耗药量，随着抵抗线的增大而使爆破的块度变大①。

① R. 古斯塔夫松. 瑞典爆破技术[M]. 北京：人民铁道出版社，1978：47.

③ 爆破单位耗药量。通过比较我国矿山、铁道不同岩石条件下的深孔爆破的技术经济指标和爆破效果，提出对深孔松动爆破的各种岩石爆破单位耗药量 q 值（见表7.9），可供选择设计参数时参考。同时，我们还认为，即使对最坚硬、完整岩石的松动爆破，q 值一般也不宜超过 $0.8\ kg \cdot m^{-3}$，这时控制岩石的破碎块度，应通过降低炸药在岩石中的集中度来协助实现。

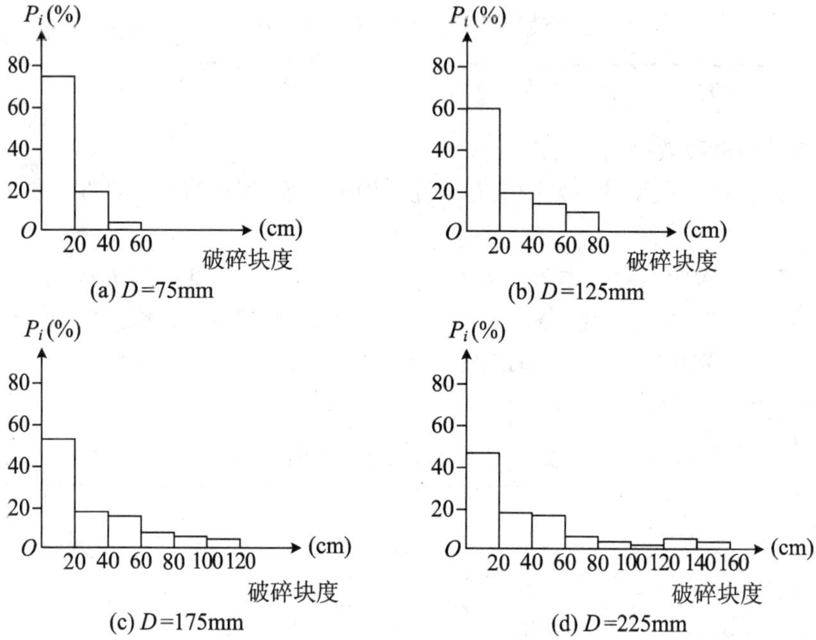

图 7.14 不同炮孔直径时爆破块度分布情况

（根据《国外采矿》，1977(3)）

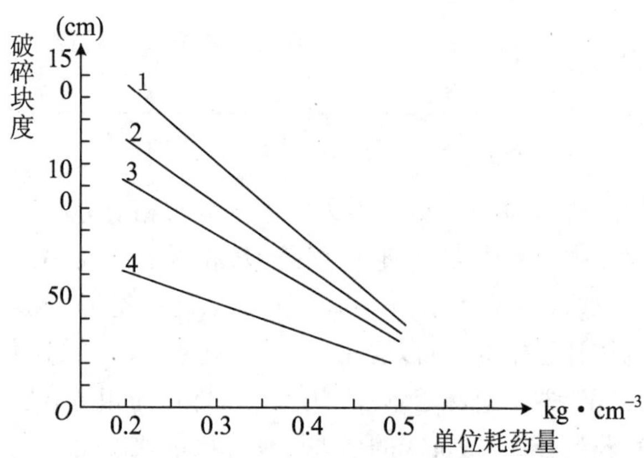

图 7.15 破碎块度与单位耗药量的关系

（1—$W=3.0\sim4.0$ m；2—$W=2.0$ m；3—$W=1.5$ m；4—$W=1.0$ m）

表 7.9　深孔松动爆破单位耗药量 q 值表

岩 石 名 称	q 值/ $kg \cdot m^{-3}$	
	较风化破碎	较完整
坚硬土		0.4～0.5
页岩、千枚岩	0.4～0.5	0.5～0.6
砂岩、板岩、泥灰岩	0.4～0.5	0.5～0.7
砾岩、石灰岩、大理岩、白云岩	0.5～0.6	0.6～0.7
花岗岩	0.4～0.6	0.6～0.8
片麻岩、流纹岩、正长岩、石英岩	0.5～0.7	0.7～0.8
玄武岩、辉绿岩	0.6～0.7	0.7～0.8

图 7.16 是枝柳线马颈坳Ⅰ、Ⅱ、Ⅲ工点各次深孔爆破的单位耗药量与大块率(按 1 m^3挖掘机计)的统计图①。可以看出,对不同工点,都有一个最佳爆破单位耗药量,按该值爆破,基本可以控制大块发生率在 5%以内;爆破单位耗药量小于该值,大块发生率显著上升;而当大于该值时,大块率并无显著降低,从爆破经济指标和安全来看,是不利的。

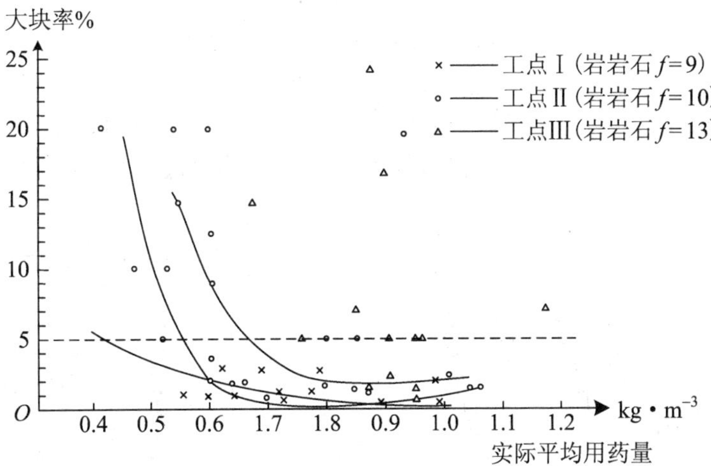

图 7. 16　深孔爆破单位耗药量与大块率的关系(马颈坳工点)

(3) 改善破碎效果的深孔爆破设计

通过对上述影响破碎效果主要因素的初步分析,我们可以根据爆破岩石的种类和风化程度,选择合理的爆破单位耗药量,恰当分配炸药在岩石中的集中度,包括选择适当的炮孔直径和孔网参数,改变装药结构,增设辅助药包等,从而获得改善破碎效果的深孔爆破设计。

① 铁二局机筑处,铁道科学研究院爆破室.深孔爆破(第二辑).1978.

① 炮孔直径。试验证明，爆破岩石最大块度 C 与孔距 a 之间有一种函数关系，在多孔爆破时，C 应该小于 $a/2$。一般，孔距 a 正比于炮孔孔径 D，因此，爆破岩石最大块度 C 与炮孔孔径 D 成正比，即炮孔（药包）直径增加，中等及大的岩块块度就增加。岩石裂隙对爆破岩石块度也有很大影响，裂隙增加，炮孔直径对块度影响就减少。确定深孔爆破炮孔孔径的公式很多。我们认为，炮孔孔径应根据控制岩石破碎块度的要求来确定。如前所述，铁道深孔爆破要求块度大于 80 cm 的大块率不超过 5%，炮孔直径不宜超过 150 mm，对应于斗容为 1.0、1.2、1.5 m^3 的挖掘机，建议相应分别配备孔径为 100、125、150 mm 的潜孔钻机，在技术经济指标上比较合理。

② 孔网参数。孔网参数一般指底板抵抗线 W，孔间距 a 和排间距 b，它们决定了钻孔位置的平面分布。目前铁道深孔爆破的常规设计中，一般取：

$$W = (0.5 \sim 0.7)H \tag{7.21}$$

$$a = (0.7 \sim 0.85)W \tag{7.22}$$

$$b = 0.87a = (0.6 \sim 0.75)W \tag{7.23}$$

式中 H 为梯段高度。

显然，采用宽孔距毫秒延时爆破不仅可以降低爆破震动，同时，由于形成“岩石幕”阻拦并促使移动着的岩块相互碰撞而有助于改善块度。

③ 改善装药结构和增设辅助药包。改善装药结构和增设辅助药包（见图 7.17）也是在岩体中合理分配炸药的爆破方法。根据爆破点的地形地质条件，可以灵活采用这些方法。例如，梯段底部负载过大时，可增设底板孔；对坚硬岩石，上部

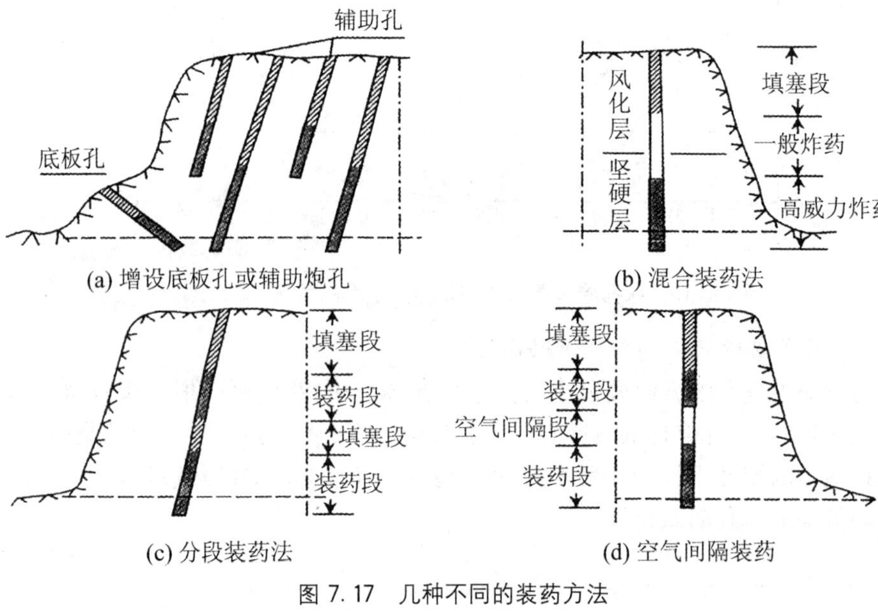

(a) 增设底板孔或辅助炮孔　(b) 混合装药法

(c) 分段装药法　(d) 空气间隔装药

图 7.17　几种不同的装药方法

装药不足时，可增设辅助炮孔；对表层风化，底部坚硬的岩层，可采用两种炸药的混合装药法；对超深孔或孔口堵塞段过长时，可采用分段装药法；在岩石不很坚硬，但又较完整时，可采用空气间隙装药法等。

7.1.6.2　深孔爆破岩石块度级配的控制

(1) 爆破块度级配控制及工程措施

水电工程堆石料的开采，对爆破石渣的粒径和级配有严格的要求。如某工程①，要求最大粒径不大于 80 cm，粒径在 0.1 mm 以下的土石粉颗粒含量不大于 5%，石渣有连续级配，以利于振动压实，减少后期沉降量。

岩体的力学特性、地质构造和裂隙发育程度等是影响岩体爆破块度和级配的主要因素。当岩体受到爆炸冲击时，被节理、裂隙切割的岩体产生变形、位移和破碎，其特征尺寸取决于结构面的数量、方位、间距及抗剪强度，爆破冲击作用力大小和方向不同，岩体的破碎程度也是不同的。靠近药包的岩体受到爆破冲击作用力较大，岩体的块度相对较小，岩块的岩面会有一个或几个新形成的断裂面；离药包较远的岩体大部分是沿最薄弱的节理裂隙面张开，其块度也相对大一些。

该工程深孔爆破设计合理地利用岩体破碎规律以满足工程要求。其经验是：①对于新鲜完整、裂隙不发育的岩体，采用较小的孔网参数、较大的单耗、合理的装药结构和起爆顺序，以获得必要的破碎度。②分析抵抗线 W、节理裂隙间距 J 和设计控制坝料最大粒径 M 的关系，如 $W>M>J$，即节理裂隙对爆破效果起主要控制作用，宜采用较大抵抗线，并使孔距与抵抗线相等的矩形布孔方式，有利于增大石渣的不均匀性，得到连续级配的石料。③分析出现超径岩块的分布规律，有针对性地改善爆破设计。例如，当超径岩块主要分布在爆区前沿，可能是爆区前沿不规整，上陡下缓，抵抗线大小不均匀所致，可考虑采用斜孔或在底盘抵抗线大的部位增加一排钻孔；当超径岩块主要分布在爆区周围，可能是由于后冲拉裂所致，可在爆区周围布置预裂孔，调整好最后一排主炮孔和预裂孔的距离；当超径岩块主要分布在爆区上表面，可能是由于填塞段的影响，炮孔上部爆破能量不足所致，这时宜调整装药结构和填塞长度。④对比较破碎的岩体，采用不耦合装药，比如在填塞段下部保留一段空气间隔，先填入编织袋，再装填塞料。空气间隔使初始爆炸压力峰值降低，减少爆源近区的过度破碎；而由于延长了对介质的爆炸作用时间，也有利于远区岩体的破碎。⑤由于当前高段位导爆管雷管起爆时间误差较大，使大块增加。实践表明，减小孔内雷管段位可以减少大块率；而在大区毫秒延时爆破时，在第7排前后适当加密炮孔，加大起爆能量，使翻渣作用加强，有利于改善爆破块度级配。⑥提高爆破钻孔精度，使药包均匀地分布在岩体中；保证起爆网路的可靠性，避免产生盲炮，也是保证爆破效果的基本要求。

---

① 李保林，刘治峰，郭永为，张永哲. 溢洪道开挖爆破块度级配控制研究[J]. 工程爆破，2004，10(1)：41～43.

(2) 提高大块石的深孔爆破技术

有些工程需要 1 m^3 以上、甚至 10 m^3 以上的大块石，并且需要量很大，例如防浪堤护坡石、水坝围堰截流大块石、海堤大块级配石等。有时候爆破大块石料比采小粒径石料还要困难。广东省宏大爆破工程有限公司在工程中积累总结了实用的经验①，归纳为以下 4 个方面。

① 选址恰当。即采区岩体应坚硬、完整或被裂隙切割成大块状。在易爆岩和中等可爆岩中爆取大块石，由于岩体被节理裂隙切割严重，就是爆破技术再高，也难以生产出大量合乎要求的大块石。

② 降低单耗。通过加大孔距和最小抵抗线来降低单耗，一般能降低 30%～35%。与一般台阶爆破比较，最小抵抗线增加 30%左右，孔距不变或略有增加，超钻和堵塞长度应增加，孔内总装药长度一般都减少。具体参数应根据要求的大块尺寸和现场岩性通过试验进行优选。

③ 变化布孔理念和起爆方式。对一般深孔爆破，往往采用小抵抗线、宽孔距微差爆破，梅花形布孔，V 形起爆以降低大块率。而爆破大块的布孔应使最小抵抗线大于炮孔孔距，只布置 1～2 排(排数多了往往难挖)，起爆方式宜同排同响。有利于产生较多大块。

④ 改变装药结构。为克服底盘抵抗线，钻孔底部采用全耦合装药，以不留根底为限，取最短装药长度；上部装药减至 1/2 或更少。

经验表明，在 a/w 不变的条件下，平均单耗越小，大块越多；在平均单耗不变的条件下，a/w 适当减少，大块增多。

(3) 控制粉矿率的深孔爆破技术

在构筑海堤工程中，10 kg 以下的碎石(下称粉矿)是无用的废料，即单向长度小于 20 cm 的岩块是废料。粉矿率(粉矿率 = 不合格粉碎数量/规格石数量)增加，显然将提高爆破成本。广东省宏大爆破工程有限公司对在深孔爆破中控制粉矿率进行了研究②，发现岩体越易爆，粉矿率越高：较难爆岩石平均粉矿率为 17%，中等难爆岩石为 34%，而易爆岩石平均粉矿率可高达 118%。粉矿主要来自于爆堆中心，与全耦合装药(底部装药)的部位相对应，其次就是软弱夹层和破碎带，不耦合装药段和堵塞段的粉矿率相对要少的多。炸药单耗增高，粉矿率也随之增高；在炸药单耗大体相同的情况下，粉矿率随抵抗线、孔距的增加而减少；在孔网参数大体相同的情况下，粉矿率随上部装药线密度的增加而呈幂指数增加，随下部装药线密度的减少而显著减少。在掌握了粉矿率产生的规律后，经采用以控制炮孔上部装药为重点的综合措施后，可将爆破产生的粉矿率控制在 10%左右。

---

① 郑炳旭，王永庆，李萍丰. 建设工程台阶爆破[M]. 北京：冶金工业出版社，2005：97～98.

② 郑炳旭，王永庆，李萍丰. 建设工程台阶爆破[M]. 北京：冶金工业出版社，2005：101～111.

7.2 爆破对岩体的损伤与分析

7.2.1 爆破作用引起的地质和环境问题

7.2.1.1 爆破对保留岩体的破坏

对岩石造成破坏是爆破作用最主要的表现形式。所谓破坏,包括破碎、破裂以及其他使岩石发生区别于原有特征的变化现象,由于爆破作用,可能造成边坡失稳、基岩渗漏等地质灾害,不仅影响工程质量,还很可能引发安全事故。

2002 年 10 月 12 日,兰州海(石湾)窑(街)公路享堂峡段 8 公里处,下窑沙场北侧高约 200 多 m 的山石突然发生大面积滑坡,巨大的山石吞噬公路约 200 多 m,仅堆积在路面的岩石高达 20 多 m,当时行至此地的许多车辆都被深埋,5 辆大卡车被巨石咂进滔滔的大通河,交通被严重破坏。经专家勘察分析,塌方土石约 7 万 m^3,造成塌方的原因是由于当地的采石场常年采石炸山,引起公路右侧 100～150 m 之外的山体顶部岩石崩塌①。据 20 世纪 60 年代对宝成、兰新、鹰厦等新建铁路线大爆破工点边坡稳定情况的统计②,发生边坡变形的工点有 198 处,约占大爆破工点总数的 2/3。其中爆破不当(装药量过大或发生盲炮爆破不彻底等)引起的 30 处,施工清方不彻底引起的 38 处,两者共 68 处,占变形工点的 34.3%。即使采用深孔爆破、浅孔爆破的爆破工点,由于地质条件不清,爆破设计、施工不当,造成边坡不稳定、应保留岩体破坏的情况也时有发生。爆破作用引起的地质和环境问题必须引起我们的高度重视。

(1) 爆破对边坡稳定的影响

在爆破动荷载的频繁作用下,使软弱结构面产生不可逆的累积变形,造成原有裂隙或层面产生错动、扩展,裂隙部分或全部贯通甚至产生残余变形,降低了结构面的力学强度,对岩体力学参数产生“弱化效应”。开挖形成的新的岩坡改变了原地形及覆盖层和坡脚的约束边界条件和力学平衡条件,开挖后岩体在卸荷作用下,边坡结构及相互间力学关系将发生变化,开挖后边坡内部不利于稳定的软弱结构面暴露于坡面或处于边坡变形的敏感部位,降低了岩体整体性。当侧面有临空面或地质构造时,岩体应力产生新的调整,形成垂直边坡走向的拉应力,造成了滑动

---

① 引自 2002 年 10 月 20 日,北京青年报。

② 铁道部大爆破路堑边坡调查组.铁路新线大爆破路堑边坡稳定性调查报告[R].1963.

破坏的边界条件，岩体将沿某一软弱面滑移或剪切错动。

通常爆区后缘边坡地表破坏范围要更大，爆破对后缘地表的破坏是由后冲和反射拉伸波作用所形成的，由于地表一般为风化破碎岩体，抗拉强度小，易形成裂缝。裂缝常常沿着平行自由面的方向延展。地表裂隙的分布规律为距爆破区越近就越宽越密，地表裂缝宽度和延展长度则与爆破规模、爆破夹制作用和地形地质条件有关。爆破规模大、爆破夹制作用强，则地表裂缝破坏程度强。

铁道部门曾采用声波法对深孔爆破和光面爆破对边坡岩体破坏进行观测测定。观测表明，对孔径100 mm的深孔爆破，由于坡顶岩性较差，表面拉裂范围达6～8 m，坡顶形成了3 m多厚的裂隙区。当采用光面、预裂爆破后，路堑边坡平整，残留的半个孔壁清晰可见，坡项的岩石破裂区范围明显减少，在0.3～0.5 m以内。

(2) 爆破对深层基岩的破坏

爆破对深层基岩的破坏情况，根据工程性质不同，要求有所不同。一般开山采石不需要考虑基岩破坏，而路堑开挖爆破则需给路基和边坡预留保护层，保护层厚度为压缩圈半径。经验表明，药包以下出现裂缝的破坏半径不会超过它的最小抵抗线。铁道部门孔径100 mm的深孔爆破，观测表明孔底深3.5 m以下岩体的弹性波速度在爆破前后无大的变化，因此可以认为，岩体未受爆破影响或影响轻微。

在水工坝基开挖中，即使爆破作用下产生的微小裂缝也被视为对基岩的破坏。在大型爆破中，即使是深孔爆破采取斜孔、毫秒分段、限制单响起爆药量等措施的条件下，破坏区的范围依然很大。因此在坝基开挖中一般上层采用深孔爆破，下层采用浅孔爆破，最底层采用人工凿除办法。为减小爆破对深层基岩破坏，也有采用水平预裂爆破，形成预裂水平面；也可以在炮孔底部采用空气垫层，以阻止上层爆破裂缝向下扩展。

我国水利部门针对水利工程的特点和要求，对深孔爆破的破坏范围，进行了现场试验。对钻孔直径为170 mm，装药直径为130 mm的深孔爆破，实测底部破坏深度，平地群孔爆破为3.80 m，单排梯段爆破为3.69 m，多排毫秒梯段爆破为2.73 m；地表面水平向最大破坏范围：单排梯段爆破为16 m，多排毫秒梯段爆破为13.4 m。表7.10系葛洲坝等工程中深孔爆破岩体破坏范围的实测值，根据试验结果，对该水利工程基础的大量开挖爆破，他们提出其保护层厚度不应小于药包直径的

表7.10 深孔台阶爆破破坏范围

岩石特性	台阶后冲表面破坏范围 S（药包直径的倍数）	台阶底部水平破坏范围 L（药包直径的倍数）	台阶底部垂直破坏范围 h（药包直径的倍数）
裂隙发育（或有软弱夹层）	120～350	140（葛洲坝工程实测值）	15～36
中等裂隙（$n\leqslant 3\%$）	60～100	20～40	10～55

注：表中 n 为体积裂隙空隙率。

40倍,并用预裂爆破技术,来控制水平方向的破坏。

7.2.1.2 爆破对水文地质条件的影响

水文地质条件对爆破会产生影响,反过来爆破对水文地质条件也会产生不利的作用。爆破作用可产生完全破坏区、强破坏区和轻破坏区。处于强破坏区和轻破坏区的围岩原生构造结构面扩展,并产生爆破裂隙,将成为地下水流的良好通道。爆破振动荷载也可能使地下水状态发生改变,进一步减小了结构面的抗剪强度和阻滑能力,对于边坡工程来说,这是不利因素,不仅破坏了岩体的完整性,又增加了地下水的侵蚀作用,从而影响边坡稳定。

爆破对水文地质条件的影响有时还可能引起泉水变迁等严重后果。因此在爆破设计时必须充分重视,尽量减小这些区域的破坏范围,或采取光面(预裂)爆破。

7.2.1.3 关于爆破振动液化

在饱和砂(土)地基附近进行爆破作业时,受到药包爆炸高压作用,产生砂(土)与水分离现象,称为液化。液化区往往出现在爆破漏斗周围的一定范围,地面发生凹陷,并有小水柱喷出,随后喷水孔周围形成沙丘,地面出现裂隙。试验表明,当药量为100～1 000 kg时,裂隙最长延伸可达60～70 m,隙宽可达10～20 cm,地面砂土呈“橡皮状”。受到液化的地基,改变了原有的物理力学性质,影响到地基承载能力。

《爆破安全规程》规定,在饱和砂(土)地基附近进行爆破作业时,应邀请专家评估爆破引起地基振动液化的可能性和危害程度;提出预防土层受爆破振动压密、孔隙水压力骤升的措施,评估土体由固态变至流态“液化”引起的建筑物地基失稳与损害。

对于路基爆破等工程项目,为防止出现爆破振动液化,实施爆破前,应查明可能产生液化土层的分布范围,并采取相应的处理措施,如增加土体相对密度,降低浸润线,加强排水,减小饱和程度;控制爆破规模,降低爆破振动强度,提高振动频率、缩短振动持续时间等。

7.2.2 爆破对岩体破坏范围的划分与计算

7.2.2.1 爆破对岩体破坏范围的划分

确定爆破对岩体破坏范围的标准,对于指导工程爆破设计、评价工程爆破质量,提出满足工程要求的相应补救措施,是有意义的。随着工程性质不同,以及爆破类型和地质条件的区别,其标准也不一致,国内虽然一些单位做了爆破破坏区域划分有关研究工作,但尚无统一的划分标准。某大型水利工程,针对水工建筑物基础开挖爆破,将地表破坏范围划分为四个区域,深部破坏范围划分为三个区域,标准如下①。

① 张正宇等. 工程爆破破坏范围现场试验研究[A]. 土岩爆破文集(全国工程爆破学术会议论文选)[C]. 北京:冶金工业出版社,1980:208～218.

(1)地表

① 破裂区。破裂区内岩体的整体性完全被破坏。表现为岩石在爆破作用下破碎、抛掷、形成可见漏斗及其四周被拉裂成大块的岩体。

② 破坏区。岩层被抬动,产生新的裂缝,老裂缝明显张开和错动(相对错动值大于5 mm)。相应地面质点峰值振动速度大于19 cm • s^{-1}。

③ 轻微破坏区。老裂缝有张开(大于0.1 mm),无错动,更无新的裂缝产生。相应地面质点峰值振动速度值为13～19 cm • s^{-1}。

④ 非破坏区。岩体未受破坏,或者原有裂缝有微小张开,其值小于0.1 mm。相应地面质点峰值振动速度值小于13 cm • s^{-1}。

(2) 深部

① 破坏区。用岩芯钻(∅130 mm)钻孔,取不出岩芯或岩芯获得率很低;岩芯被高倾角断裂面切割的很破碎;层面发生严重的张开和错动,孔壁出现明显的高倾角爆破裂缝;做压水检查时,四处冒水不起压,漏水量很大。

② 轻微破坏区。岩芯获得率较低;做压水检查渗漏量增大,和爆前比较,超过压水检查所规定的允许误差范围;弹性波速度明显下降,变化率超过2%;声能吸收系数增大,超过0.5 Np(奈培)。

③ 非破坏区。岩芯获得率大于70%;爆后漏水量、弹性波速和声能吸收系数等与爆前一致或变化很小(未超过各种方法的测量精度)。

7.2.2.2 硐室爆破对岩体内部破坏范围的计算

硐室爆破产生的地表裂缝与地下裂缝,在破坏范围及其程度上是有很大区别的。冯叔瑜和马乃跃根据我国定向爆破筑坝的观测资料,总结出下列适用于硐室药包不同方向的爆破破坏半径计算经验公式:

$$\text{垂直破坏半径 } R_V = K_1\sqrt[3]{Q} \tag{7.24}$$

$$\text{上方破坏半径 } R_{UP} = K_2\sqrt[3]{Q} \tag{7.25}$$

$$\text{斜坡上左右破坏半径 } R_P = K_3\sqrt[3]{Q} \tag{7.26}$$

$$\text{斜坡下方破坏半径 } R_U = K_4\sqrt[3]{Q} \tag{7.27}$$

式中:K_1,K_2,K_3及K_4—基岩破坏范围的综合影响系数(取决于地形、地质条件、相对位置等因素,可根据表7.11中所列数据进行选择);

Q—装药量,kg;

R_V—垂直破坏半径(药包中心至药包底下无自由面的基岩破坏半径),m;

R_{UP}—药包中心至斜坡上方破坏半径, m;

R_P—药包中心至斜坡上左右方的破坏半径,m;

R_u—药包中心至斜坡下方破坏半径,m。

由计算的R_V,R_{UP},R_P和R_u,根据药包位置,可以用图解法绘出药包以下及前后左右预计可能产生裂纹的破坏区域,对这一区域可以考虑根据需要采取防渗措施。

表 7.11　K_1、K_2、K_3、K_4值

单位炸药消耗量 K/kg·m^{-3}	岩石破坏范围的综合影响系数					
	K_1	K_2 斜坡地形爆破漏斗上方的地面坡度			K_3	K_4
		$\theta=20°$	$\theta=40°$	$\theta\geqslant65°$		
1.2	0.47～0.85	2.10～2.47	2.71～3.08	3.23～3.60	2.26～2.64	2.08～2.64
1.3	0.46～0.83	2.06～2.43	2.67～3.03	3.19～3.55	2.20～2.57	2.02～2.38
1.4	0.45～0.80	2.02～2.38	2.63～2.99	3.15～3.51	2.14～2.50	1.96～2.32
1.5	0.44～0.79	1.99～2.34	2.60～2.96	3.12～3.48	2.10～2.46	1.93～2.28
1.6	0.43～0.77	1.96～2.30	2.57～2.91	3.09～3.43	2.05～2.39	1.88～2.22
1.7	0.42～0.76	1.94～2.28	2.55～2.89	3.07～3.41	2.02～2.35	1.85～2.18
1.8	0.41～0.74	1.91～2.24	2.52～2.85	3.04～3.37	1.97～2.30	1.80～2.13

注:根据不同的地形质条件(如冲沟、自由面、断层、破碎带、软弱夹层等)选择上限、下限或平均值。

7.2.3　硐室爆破对边坡稳定的影响与控制

7.2.3.1　硐室爆破对边坡稳定性的调查与分析

路堑爆破,特别是硐室爆破后可能引起的工程地质问题,主要是边坡稳定。在20世纪60年代,铁道部曾组织专业人员对十条新线的318处及宝成、都贵、川黔等新线大爆破路堑边坡进行了调查,其路堑边坡变形情况如表7.12所列(成昆线数据为1977年调查资料),调查表明,大爆破引起的边坡病害,在硬质岩体中主要产生危石和落石,在松软岩体及软硬不均岩体中则可能引起崩塌或滑坡,由于边坡病害,往往影响铁路正常运营,并增加了养护整治成本。

表 7.12　大爆破路堑边坡变形情况分类表

线路名称	调查工点总数(处)	崩塌堆塌		危石落石		风化剥落		滑坡		坡面冲刷或流石流泥		变形工点小计		无变形工点	
		处	%	处	%	处	%	处	%	处	%	处	%	处	%
10条新线*	318	28	8.8	94	29.6	62	19.5	7	2.2	7	2.2	198	62.3	120	37.7
宝成	36	10	27.8	15	41.6	2	5.6	1	2.8	/	/	28	77.8	8	22.2
都贵	51	4	7.8	17	33.3	7	13.7	4	7.9	4	7.9	36	70.6	15	29.4
川黔	66	3	4.5	16	24.2	20	30.4	1	1.5	/	/	40	60.5	26	39.5
成昆	52	2	3.8	7	13.5	6	11.5	/	/	10	19.2	25	48.0	27	52

* 1963年调查的10条新线是:鹰厦,外福,宝成,都贵,川黔,内宜,兰新,兰银,狄白和××。

大爆破路堑边坡变形的种类按其性质可以分列为表7.12的五种,表7.13对大爆破路堑边坡变形原因进行了分析。显然,风化剥落、坡面冲刷或流石流泥、滑坡主要是由于地质、水文、气候等条件产生的病害;边坡高陡、岩石本身风化剥落、

边坡面上或坡顶排水不良与爆破无关，而崩塌堆塌、危石落石两种与大爆破的施工方法直接或间接有关。

表 7.13　大爆破路堑边坡变形原因分析表

线路名称	变形工点总数(处)	与爆破无关的								有爆破影响的							
		岩石本身风化剥落		边坡面上或坡顶排水不良		边坡高陡		小计		地质条件不良		清方不彻底		爆破不当		小计	
		处数	%	处数	%	处数	%	处数	%	处数	%	处数	%	处数	%	处数	%
10 条新线*	198	61	30.8	8	4.0	16	8.1	85	42.9	45	22.8	38	19.2	30	15.1	113	57.1
宝成	28	2	7.1	/	/	8	28.6	10	35.7	11	39.3	1	3.6	6	21.4	18	64.3
都贵	36	7	19.4	3	8.4	1	2.8	11	30.6	11	30.6	7	19.4	7	19.4	25	69.4
川黔	40	20	50.0	1	2.5	2	5.0	23	57.5	6	15.0	6	15.0	5	12.5	17	42.5
成昆	25	10	40.0	6	24.0	/	/	16	64.0	5	20.0	2	8.0	2	8.0	9	36.0

* 同上表；有些工点变形有它的综合原因，表内数据按起主导作用的原因统计。

路堑边坡稳定情况调查的主要成果，是以丰富的资料，论证了自然营力作用，地形、地貌、地质条件对边坡稳定的影响，要求路堑大爆破选点、设计与地质条件密切结合，并提出了有利于或不利于大爆破路堑边坡稳定的地质条件，初步建立了爆破工程地质学。

有利于爆破的地质构造条件，大致有：①构造节理、层理、片理等的产状，走向与线路交角小于 30°，倾向线路，倾角大于边坡坡面角时，爆破后能顺层形成光滑的平整坡面，对边坡稳定有利；若走向与线路交角大于 30°，倾向线路，并无其他不利的构造，不论其倾角大小，爆破后也能保持边坡稳定。②构造节理、层理、片理等的产状，背向线路，倾角在 65°以下时，不论其走向如何，均可保持稳定，接近水平成层的构造，爆破后也可保持稳定。③断层带、接触带等，若无填物胶结良好，其走向与线路的交角大，并无其他互相切割的破碎带时，对边坡稳定没有不利影响；节理裂隙密集，但都闭合，胶结良好，爆破后边坡也是稳定的。④整体的岩石，不论其硬度如何，凡是完整均匀的，对边坡无不利影响。

以下一些条件不利于大爆破路堑边坡稳定，应避免采用大爆破施工：①边坡高度在 61 m 以上特高边坡，在任何情况下都不利于稳定。②构造节理、层理、片理等的产状，走向与线路交角小于 30°，倾向线路，倾角小于边坡坡面角时，不利于边坡稳定，常常成为危石、落石或崩塌的主要原因；当其背向线路，倾角大于 50°时，易于顺层形成倒悬反坡，产生危石，而不利于边坡稳定。③对有明显的滑坡面，古老的滑坡区，堆积层、坡积层等不良地质现象，以及降雨量大的土夹石地段和地下水旺盛的地区，都不宜采用大爆破。④断层，软硬岩体接触带，软弱破碎带，褶曲构造地段及岩溶地区等，大爆破对其有不同程度的破坏影响，往往会造成局部的崩坍滑动，边面破碎，超爆，也可能直接影响爆破效果。因此，爆破设计应注意避免这些地质条件所产生的不利影响，或者做好支护、补嵌加固的善后措施。

此后在成昆铁路建设中，在 1965 年至 1966 年，有记录的大爆破工点有 128 个，使用炸药 2 436 t，爆破石方 397 万 m^3。为了了解运营期间大爆破路堑边坡稳定情况，在 1977 年认真调查了 52 个路堑大爆破工点的边坡情况，并按照与 1963 年路堑边坡调查相一致的标准，将边坡稳定程度按稳定、基本稳定、不稳定分类，图 7.18 将成昆线与 1963 年以前 10 条新线的路堑边坡稳定情况做了对比①，表明爆破后不稳定工点只占 5.8%，经过整治，到调查时已没有不稳定工点，说明了路堑硐室爆破技术的不断进步。成昆线的主要经验是认真贯彻了路堑大爆破选点、设计与地质条件密切结合的原则，并通过以下三个环节予以实施：①通过设计、施工、科研三结合，对各地段土石方集中工点进行踏勘，在选点过程中根据地形、地质条件，因地制宜地确定爆破类型；②爆破设计人员到现场认真考察地质资料，作为爆破设计的依据；③在施工过程中，通过导坑、药室所揭露的地质情况（如岩体结构面的产状、性质及组合形式；岩体的风化度，裂隙模量或间距；岩体的物理力学性质以及地下水的情况等），对爆破设计有关参数，提出修正意见。

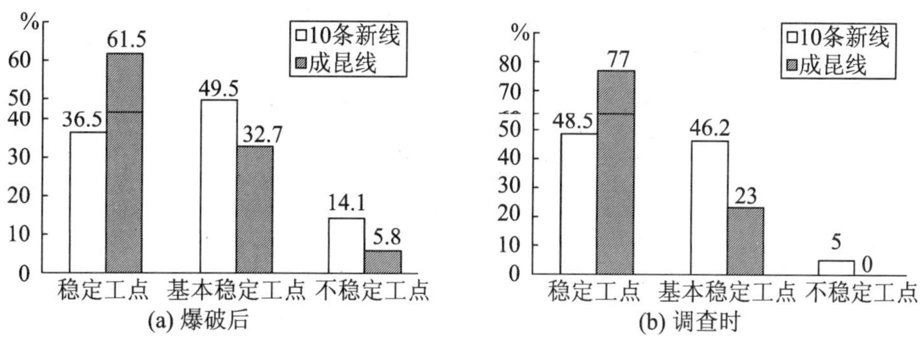

图 7.18　大爆破路堑边坡稳定情况

成昆线的大部分路堑大爆破工点，在一开始选点时就注意到尽量避免选择不良的地质条件而选择有利的地形、地质条件，或努力克服不利因素的影响，因而取得成功。例如，在选点中避免在 61 m 以上的特高边坡采用大爆破方案，所以未发生因边坡高陡产生变形的事例。

成昆线的大量路堑爆破实践表明，只要重视爆破工程地质条件，认真选点，精心设计，精心施工，不仅可以获得好的爆破效果，也能显著地提高大爆破路堑边坡

① 朱忠节，杨杰昌，顾毅成等. 成昆线大爆破路堑边坡稳定情况调查报告[J]. 铁道兵科技通讯. 1979(8).

稳定性。上述关于在石方路堑开挖中爆破与地质构造的关系，虽然是由硐室爆破工点调查总结得出的，对于其他爆破开挖方法，例如深孔爆破，同样也可借鉴。

在路堑边坡开挖的爆破设计中，除应重视地质地形条件外，还应注意以下几个问题：①岩石边坡应设计合适坡度，参考值见表 7.14。②爆破设计中不仅要根据岩性确定单位用药量，还应根据地质构造的特点来布置药包，确定各项参数。③不论采用何种爆破方案，边坡均宜采用光面、预裂爆破，使边坡得到最大限度地保护。④爆破施工质量对边坡稳定有着重要的影响。必须重视爆破清方刷坡的施工质量，及时做好护坡防护工程。

表 7.14 中小型爆破岩石边坡参考表

岩石类别	坚固性系数 f	调查的边坡高度/m	地面坡度/(°)	节理裂隙发育风化程度	边坡坡度
软岩	1.5～2 2～3	20 20～30	30～50 50～70	严重风化，节理发育 中等风化，节理发育	1∶0.75～1∶0.85 1∶0.5～1∶0.75
次坚石	3～5	20～30 30～40 30～50	30～50 50～70 ＞70	严重风化，节理发育 中等风化，节理发育 轻微风化，节理发育	1∶0.4～1∶0.6 1∶0.3～1∶0.4 1∶0.2～1∶0.3
坚石	5～8	30 30～40 30～60	30～50 50～70 ＞70	严重风化，节理发育 中等风化，节理发育 轻微风化，节理发育	1∶0.3～1∶0.5 1∶0.2～1∶0.3 1∶0.1～1∶0.2
特坚石	8～20	30 30～50 50～70	30～50 50～70 ＞70	严重风化，节理发育 中等风化 节理少	1∶0.1～1∶0.3 1∶0.1～1∶0.2 1∶0.1

7.2.3.2 硐室爆破对边坡控制技术之一：条形药包

条形药包实质上是水平的延长药包，是从药室法爆破演变而来的，为了与圆柱形的延长药包相区别，故称为条形药包。按其装药方式可分为连续的和间隔的，就铁路路堑爆破的实际条件，多采用间隔的条形药包。

铁路施工中采用条形药包硐室爆破，始于 20 世纪 60 年代成昆铁路建设，主要目的是为了减轻集中药包爆破对路堑边坡的危害和提高破碎块度的均匀性。因为条形药包的药量均匀分布于平行路堑设计边坡的导洞内，药包的长度可从几米到几十米，炸药直接置于导洞中，不另挖药室，导洞也不需回填，装药空隙比大，爆破作用及破碎块度都较均匀，对边坡的损坏也明显减少。在爆破施工方面，开挖量约减少 15%，回填堵塞数量约减少 23%。1966 年 5 月至 12 月期间经过在尔赛河、尼波、黄联关及东坪采石场等工点进行的 11 次条形药包松动爆破和 2 次条形药包抛掷爆破（总用药量 300 多 t，爆破总方量 61.2 万 m^3）的实践①，对条形药包的设计方

① 张建华，顾毅成等．条形药包松动爆破［M］//史雅语，金骥良，顾毅成．工程爆破实践．合肥：中国科学技术大学出版社，2002：59～73．

法、设计参数、施工方法以及大空隙比装药的准爆性等方面进行了探讨和试验，取得了比较成熟的经验。在 20 世纪 90 年代，铁道科学研究院又对延长药包的爆破作用特性和设计进行了系统的理论研究，对条形药包应力场及能量分布的研究表明，在路堑开挖中，条形药包的方向沿边坡的走向布置，即装药平洞和边坡平行，有利于提高路堑边坡的稳定性。近十多年来，条形药包在硐室爆破中得到推广应用。

条形药包的布置，应根据工点的地形地质条件、路堑边坡设计的高度和陡度、选用爆破类型(抛掷或松动)以及要求爆出的岩石块度等全面考虑，并根据路堑边坡的高度和最小抵抗线的变化情况，确定药包布置的条数和层数。在较宽的站场，可考虑布置多排条形药包；在深路堑，可考虑布置多层条形药包，对部分地段不好布置条形药包时，可辅以布置集中药包。为保护边坡稳定，条形药包距边坡应保持一定的安全距离，其值为药包的压缩圈半径，按下式计算：

$$R_{压} = 0.56\sqrt{\frac{q}{\Delta}\mu} \tag{7.28}$$

式中：$R_{压}$—药包压缩圈半径，m；

μ—压缩系数(软石用 50，次坚石用 20，坚石用 10)；

q —条形药包线装药密度，$kg \cdot m^{-1}$；

Δ—装药密度，$t \cdot m^{-3}$，对袋装铵油炸药，取 0.8～0.9 $t \cdot m^{-3}$。

根据集中药包设计的最小抵抗线长度，绘制最小抵抗线联线图，如图 7.19 所示。然后按相邻的集中药包最小抵抗线之差不超过 10%的，即可组成为一个条形药包；大于 10%的组成另一个条形药包。故一条平洞内可有若干个长度不等，每米装药量也不相同的条形药包。

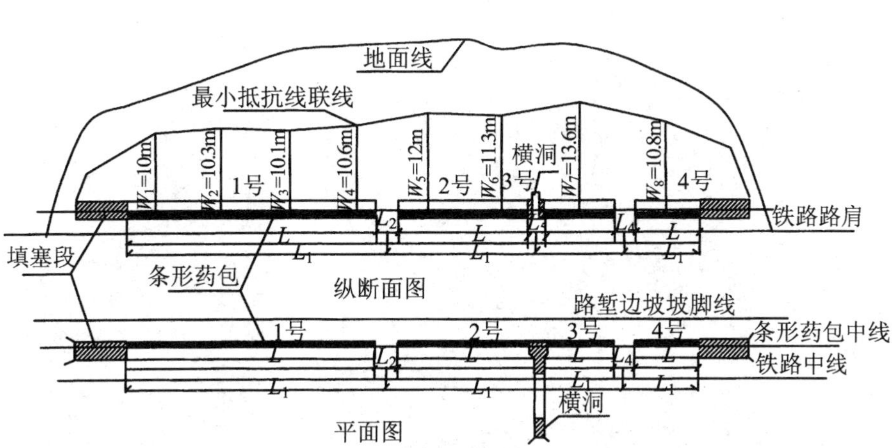

图 7.19　条形药包布置示意图

为了保证爆破效果，相邻的药包之间须设堵塞段，其长度不得小于 2 m。

条形药包装药量 Q 的计算：

$$Q = q \cdot l \tag{7.29}$$

式中：q—条形药包线装药密度，kg·m^{-1}，按式(7.30)或式(7.31)计算；

l—条形药包计算装药长度，m。

条形药包线装密度 q 的计算公式为：

$$q = \frac{0.4 + 0.6n^3}{0.55(n+1)}KW^2 \tag{7.30}$$

或

$$q = Kf(n)W^2 \tag{7.31}$$

式中，$f(n)$为爆破作用指数函数，不同研究者提出了各种函数式，可参阅有关文献。

由于平洞开挖的横断面积一般不小于 1 m^2，其装药量则根据最小抵抗线的长度不同而变化，因此装药空隙比也随之有变化。为达到较好的爆破效果，应按各条药包或不同工点的实际情况有所控制，一般以不超过 1∶20 为宜。

1966 年，成昆线尼波车站爆破工点，边坡最大高度 39 m，为白垩系泥岩夹泥质粉砂岩，地表风化剧烈，依埋深逐渐减弱。根据实际情况，将边坡放缓到 1∶1.25，采用水平条形药包空隙装药松动爆破，爆破后便于铲运机施工，边坡稳定，将原设计护墙改为 1∶2 水泥砂浆喷浆，取得了良好效果。

7.2.3.3 硐室爆破对边坡控制技术之二：边坡预裂爆破

在高速公路、铁路新线建设中，采用条形硐室药包加边坡预裂爆破一次成型技术，不仅发挥了硐室爆破快速、成本较低的特点，还有效地控制了硐室爆破对边坡的破坏影响。采用这种技术，在焦晋高速公路某段长 170 m 的路堑中，稳定的边坡最高达 92 m，形成了一道亮丽的风景线（见图 7.20）。

图 7.20 焦晋高速公路某段采用综合爆破技术，92 m 高的边坡稳定、平整、美观

硐室加预裂一次成型综合爆破技术，主药包对预裂面的 $W_{后}$ 是一个关键的参

数，$W_{后}$过大，造成预裂孔前方岩石破碎效果差，影响后期施工；$W_{后}$太小，预裂面易遭受主药包爆破时的损坏，影响边坡质量。

对于主药包为条形硐室药包，一些工程提出的经验公式为①：

$$W_{后} = (2.0 \sim 2.5)R_Y = (0.32 \sim 0.40)W \tag{7.32}$$

式中：$W_{后}$—预裂爆破炮孔与前排药包之间的水平距离，m；

R_Y—压缩圈半径，m；

W—硐室药包的最小抵抗线，大抵抗线取小值，m。

7.2.4 隧道与地下爆破对围岩的扰动与控制

7.2.4.1 爆破对围岩扰动与损伤的机理

爆破施工对隧道围岩，特别是对软弱围岩的扰动和损伤十分明显。隧道开挖过程中围岩变形的发展是由两个因素引起的：一是由于开挖面的不断向前延伸，在地层中形成新的空间，致使在某一横断面上所量测到的变形值不断加大，我们称之为“空间效应”；二是由于岩体的流变特性致使围岩变形随时间的增长而增长，我们称之为“时间效应”。爆破开挖对围岩的扰动，主要考虑“空间效应”的影响。

爆破设计施工不当，轻者造成超挖，重者引起冒顶、坍方安全事故。围岩受爆破开挖的影响可由其应力场变化来描述。深埋于地下的岩体存在着初始地应力场，围岩在开挖、爆破后的受影响程度和最终应力状态，取决于爆破应力波作用、围岩约束解除瞬间导致的卸载波及准静态的应力再分配三个机制的综合结果。

爆破对隧道围岩的破坏，在爆源的近区，通常可分为剥落区（即周边炮眼以外围岩被爆落的范围）和破坏区（裂隙生成及扩展区）或称爆破松弛带。由于爆破时开挖轮廓面上的初始应力释放，必然要引起围岩应力场重新分布，在爆破拉应力波和围岩约束解除瞬间导致的卸载波作用下，会使靠近围岩壁面处的区域内出现松动和强度下降。普济隧道的观测表明②，在一次进尺为2.6 m的爆破后，可以使距隧道拱顶2 m高处的岩体产生+92 $\mu\varepsilon$，且当开挖正好位于测点下方3 m处爆破时，则该范围内岩体爆破瞬间位移量，约等于一个掘进循环全部位移量的70%～100%。下坑隧道的观测表明，距开挖面越近的测点，每次爆破造成的位移收敛值越大。当围岩更软弱时，一次爆破造成的最大变形，拱脚处达8.2 mm，边墙中部达9.1 mm，而墙脚处高达9.9 mm左右。山顶钻孔埋设的钻孔变位桩观测发现，观测点距爆破作业面越近，则爆破使围岩产生的非弹性变形量越大，爆破对深部围岩的

---

① 刘宏刚等. 硐室加预裂一次爆破成型技术[M]// 中国工程爆破协会编. 中国典型爆破工程与技术. 北京：冶金工业出版社，2006：252～256.

② 齐景岳，刘正雄，张儒林，卿光全. 隧道爆破现代技术[M]. 北京：中国铁道出版社，1995：278～280.

影响要小些；开挖轮廓处的初始地应力愈高，由此造成的围岩影响范围应愈大。

爆破后引起的准静态应力再分配则主要受岩体黏性性质的影响，具有徐变特性，要在开挖后经过一段时间才告完成。

离爆源较远的扰动影响区则主要指存在爆破地震动效应的范围。水电部门的观测表明[①]，从长时性及区域来讲，爆破振动对围岩的最终扰动影响不大，当围岩表面上的爆破质点振速峰值在 16 $cm \cdot s^{-1}$以下时，爆破对围岩将不会产生过大扰动。但对围岩内穿过岩锚梁的锚杆应力观测表明，尽管爆后很短时间内围岩锚杆应力即恢复至初始状态，但由于其应力瞬变值高达 15 MPa 以上，这对于围岩较破碎或其受力情况处于极限状态地段的影响，仍是不容忽视的。

7.2.4.2 软弱围岩隧道控制爆破技术

国际岩石力学界把强度低、风化、破碎的岩层统称为软弱围岩。在这一类岩层中开挖的隧道，我们称为软岩隧道。为了采用凿岩台车等高效率的施工机械，进一步提高隧道施工速度，更重要的是为了能应用新奥法(New Austrian Tunnelling Method)施工技术开挖和支护隧道，在软弱围岩隧道施工时，常常要求尽量采用大断面方法施工。在开挖和修筑隧道的过程中，如何维护围岩的稳定是一个十分重要的问题。铁路隧道的施工经验表明，凡具有一定自稳能力的岩石隧道，采用钻爆法开挖时，都可以采用减轻地震动控制爆破技术进行半断面微台阶开挖爆破。

(1) 半断面微台阶爆破开挖施工总体方案

半断面微台阶爆破开挖其施工方法见图 7.21。在围岩过于软弱、岩体极风化、破碎、松散的情况下，可采用拱部先打通(即先爆破开挖拱部、并予以支护)，后进行下半断面的开挖与支护。洞身拱部约超前 3～5 m，以满足新奥法施工工作台的需要，而后拱部与洞身的下半部可同时爆破开挖。洞身开挖后，立即进行喷锚支护作为临时支护。在洞身开挖的正面，始终保持一个 3～5 m 的微台阶。在采用微台阶的同时，采用一些降低爆破地震动强度措施，以尽量确保围岩的稳定。总的设计思想是拱部采用光面爆破，边墙采用预裂爆破，核心采用控制爆破，掏槽采用抛掷爆破的综合控制爆破技术。以尽可能减轻对围岩的扰动，维护围岩自身的稳定性，达到良好的轮廓成型。

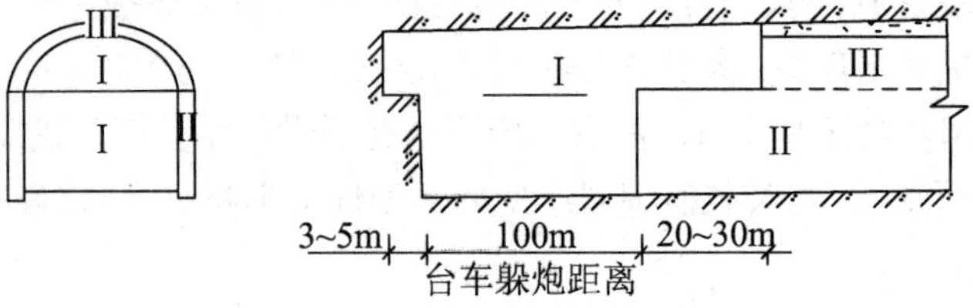

图 7.21 半断面微台阶开挖法

① 张正宇等. 现代水利水电工程爆破[M]. 北京：中国水利水电出版社，2003：193～195.

采用该方法工序简单、干扰少，工作面宽敞，生产效率高，洞身上下同时爆破，可铺设两道或三道装渣线，可用两台大型装渣机同时装渣。减少了对围岩的扰动次数及地震动强度，适用于软弱岩层及风化破碎的岩层采用新奥法施工，最大限度减少围岩的暴露时间，为及时支护，及时封闭围岩，保护围岩自身的稳定创造了良好条件。

(2) 软弱围岩隧道减轻地震动控制爆破技术要点

降低爆破振动的技术措施及设计要点可参考 6.5.1.3 节，其中，由于是软弱围岩，最大一段允许用药量的确定更为严格，按照围岩条件对距掌子面 5 m 处质点振速安全控制标准参考值(见表 7.15)，可由爆破振动速度衰减规律公式(7.33)计算最大一段允许用药量。

表 7.15　按照围岩条件对距掌子面 5 m 处质点振速安全控制标准参考值

适用条件		地质特征及建筑物特征	振速控制值 /cm·s^{-1}
隧道内距掌子面一倍洞径处	软岩	1. Ⅱ、Ⅲ类围岩整体性好，开挖后自稳时间 4 h 以上	5
		2. Ⅱ类围岩整体性差，开挖后自稳时间 4 h 以下	3
		3. Ⅱ类围岩整体性极差，开挖后自稳时问较短	1.5
		4. Ⅱ类围岩(偏低)，整体性差，自稳时闻极短	<1
	中硬岩	Ⅳ类围岩整体性好，Ⅴ类围岩整体性差一些	10
	硬岩	Ⅴ类围岩整体性好，及Ⅴ类圈岩以上	15

$$Q_{\max} = R^3\left(\frac{V_{kp}}{K}\right)^{\frac{3}{\alpha}} \tag{7.33}$$

式中：$Q_{\max}$—最大一段允许用药量，kg；

V_{kp}—振速安全控制标准(由设计文件确定，未规定时可参考表 7.15)；

R—爆源中心到振速控制点的距离，m；

K，α—与地震波传播途径介质性质有关的系数。

(3) 针对软弱围岩隧道的爆破设计施工特点

软弱岩层的抗拉强度比较低，声阻抗也比较小。在隧道周边爆破时，为了充分发挥炸药的最大效率和减小对围岩的破坏，宜选择低爆速炸药与之匹配可望取得良好的效果。

根据有关实测资料表明：在软弱围岩中爆破，振动频率比较低，一般均在 100 Hz 以下；纵向、横向振动持续时间可达到 200 ms 左右，垂直向可达到 100 ms 左右。为尽量避免爆破振动波形的叠加，段间隔时差应考虑控制在 100 ms 左右，雷管最好跳段使用，特别是第 1～5 段的低段雷管。

在软弱岩层中，循环进尺一般宜在0.8～1.5 m范围内考虑，常选用1.1 m左右较合适。软弱围岩隧道通常均以循环进尺作为眼深，掏槽眼另加10%～20%。采用短进尺，也就控制了段用药量，用以控制爆破对围岩的扰动。同时将底板眼分成几个段起爆，可减少底板眼爆破产生的地震动强度。

软岩隧道的装药集中度 $q = 0.04 \sim 0.19\ \mathrm{kg \cdot m^{-1}}$；单位炸药消耗量 $0.3 \sim 0.75\ \mathrm{kg \cdot m^{-3}}$；炮眼平均装药系数 n 大约在0.2～0.4的范围内。

(4) 断层破碎带隧道控制爆破技术要点

断层破碎带与一般软弱岩体相比，最大的不同之处是前者破碎，后者软弱。从单轴抗压强度来说，前者一般均高于后者。其次前者的自稳能力相对来说要比后者强，虽然节理裂隙发育、岩体破碎、但互相嵌接的岩体有一定的自身承载能力。而软弱围岩这种自身的承载能力较差，特别浅埋隧道。但是破碎岩体的线裂隙率及面裂隙较大，通常大于20%，且裂隙张开度较大时，这种极为破碎、松散的岩体，特别是在地下水较发育时，应视作软弱岩体来处理，应更加慎重。

断层破碎带的爆破除常规的缩短循环进尺，控制装药量外，关键是合理设计周边部位的钻眼、装药参数及装药结构，保证良好的成型。尽可能避免对隧道围岩的扰动破坏作用，维护隧道轮廓线以外围岩的原始状态，除要求良好的成型外，还要求爆破产生的地震动强度要小。其次应采用适宜的掏槽形式、钻爆参数及起爆顺序。断层破碎带自身常有一定的自稳能力，如不受到过分扰动，及时进行临时支护，一般安全是不会有问题的。

断层破碎带隧道控制爆破的施工方法通常采用上下半断面微台阶法，上半断面先进3～5 m，然后上下断面同时推进。

在岩层风化破碎程度严重以致几乎没有自稳能力的情况下，建议采用中留核心，周边先行的环形爆破方法，环形开挖后，进行临时支护，然后爆破开挖核心部分，见图7.22。

环形开挖法的主要优点是：①第一次开挖量小，出渣时间短，有利于尽快架设钢拱架和及时喷混凝土封闭；②一般不会引起正面坍方，万一某一部位出现剥落坍塌，抢险人员可利用中留核心部分作为临时工作台架，有利于处理坍方的作业；③核心部分可作为对掌子面的一种支撑，防止来自掌子面正面的压力而产生的坍塌；④环形爆破挖出的沿周边环形槽，在后续主体部分爆破时起到减振作用，对周边围岩的稳定性保护非常有利。这种爆破方式，在大瑶山隧道9#断层带个别地质条件极差的段落曾收到过很好的效果。对地质条件复杂的隧道还可采用交叉中隔壁法(CRD)施工。

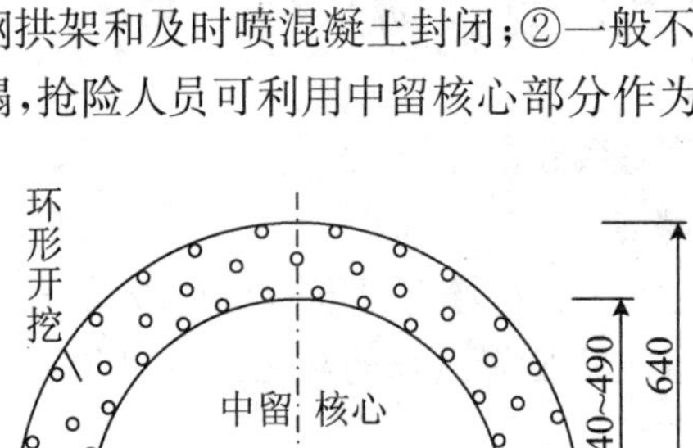

图7.22 环形开挖示意图产(单位:cm)

在断层破碎带施工时，最好要有超前地质预报，随时注意地质变化，根据地质特性，经常调整钻眼参数和装药参数等；并做好沉降、收敛位移等观测，随时分析观测数据，反馈信息，指导施工作业。这是取得成型好、保护围岩稳定必不可少的有效措施。

7.2.5　爆破堆积体及其安全影响

7.2.5.1　爆破大量堆积范围的预测

爆破产生的堆积体及飞散物与爆破破碎机理有密切关系。爆破时岩石的飞散，有以下三种形式：①岩石面在爆破鼓包运动作用下，开始破裂并沿鼓包运动方向移动。高速摄影资料表明，硐室爆破和深孔爆破鼓包运动前沿初始速度约为 10～20 $m \cdot s^{-1}$。②在爆破应力波的作用下，自由面会产生岩石的“片落”、“剥离”现象，岩块破碎后成放射形飞散。高速摄影资料表明，小碎块的飞散速度也在 10 $m \cdot s^{-1}$左右。③在填塞不良的炮孔和岩石裂隙(缝)中喷出的高速爆轰气体作用下，岩块被加速抛射，其初始速度与爆炸产物的喷出速度接近，一般可达上百 $m \cdot s^{-1}$。因此加强填塞和装药时避开原生裂隙等构造，是防止爆破飞散物的重要措施。

在工程中，一般可以划分大量堆积范围和个别飞散物范围。大量堆积范围是指爆破岩堆成连续分布，是爆破鼓包运动作用的结果。大量堆积的边缘距离与爆破作用指数有关，此外，根据实际观察结果，岩石性质(弹性或塑性)、容重等，对大量堆积距离也有影响。

对于深孔松动爆破，大量堆积范围 L 一般为：

$$L = (5 \sim 7) W \tag{7.34}$$

式中，W 为最小抵抗线，单位是 m。

对于水平地面大量抛掷爆破，抛掷堆积体最远距离的经验公式是：

$$L = 7.5 nW \tag{7.35}$$

式中，n 为爆破作用指数。

对于斜坡地面硐室爆破，由药包中心至抛掷堆积体边缘的距离为：

$$L = K_1 W \sqrt[3]{Kf(n)} (1 + \sin 2\theta) \tag{7.36}$$

由药包中心至抛掷堆积体重心的距离为：

$$L' = K_2 W \sqrt[3]{Kf(n)} (1 + \sin 2\theta) \tag{7.37}$$

式中：K—标准抛掷爆破的单位用药量，$kg \cdot m^{-3}$；

$f(n)$—爆破作用指数函数，$f(n) = 0.4 + 0.6n^3$；

θ—抛射角，即最小抵抗线与水平线的夹角，当 $\theta \leqslant 15^\circ$ 时，公式中的$(1 + \sin 2\theta)$应取 1.5；

K_1，K_2—与岩石、炸药及自由面有关的抛掷系数。

根据实测统计资料，不同条件下二号岩石炸药的抛掷系数列于表 7.16。

表 7.16 抛掷系数 K_1 值和 K_2 值

岩石类别		以原地面为自由面		由辅助药包创造新的自由面	
		K_2	K_1	K_2	K_1
松石或软石	$K<1.3$	1.9	3.1	1.8	3.0
次坚石	$K=1.4\sim1.5$	2.1	3.4	2.0	3.2
	$K=1.5\sim1.6$	2.3	3.7	2.2	3.4
坚石以上	$K>1.6$	2.5	4.0	2.3	3.6

根据统计资料，斜坡地面抛掷堆积计算经验公式的计算值，当 $W<8$ m 时，较实际值偏小 6%～15%；当 $W>24$ m 时，则较实际值偏大 5%～16%。

可以按照公式(7.34)～式(7.37)计算预测大量堆积范围，防止爆破大量堆积体侵占农田、道路或其他不容侵占的场所。当堆积体紧邻建(构)筑物时，应防止堆积侧压力对建(构)物造成变形或损坏。

7.2.5.2 爆破堆积体引发的安全事故案例

在邻近有需保护的道路、农田或设施时，除应对爆破堆积范围进行设计计算外，还要考虑某些特殊的外界因素，也可能引发爆破堆积体或爆破引起边坡塌方等安全事故。以下列举一些事故案例①，以期引以为戒。

1966 年，湘黔铁路建设中，某硐室爆破大量块石抛入前方稻田中，稻田中淤泥挤压前方已建涵洞，造成涵洞变形报废。1993 年，珠海烟墩山硐室爆破时，爆堆将其前方淤泥挤出，阻塞爆堆前方道路。这两个案例表明，爆破堆积范围内的淤泥，在大量石方的挤压冲击下，其影响范围和后果将大大超出人们的想象。

新疆伊犁铁矿大爆破时正值隆冬，山坡上有 1 m 多厚积雪，爆堆沿山坡下滑后又沿山谷下滑 2.4 km，但没有造成损失。这个案例表明，爆破堆积范围内缓坡上的冰雪也要高度予以注意。

湖北某县农田水利定向爆破筑坝，因地质情况不明，地形测量误差，结果大批爆岩朝相反方向抛出，设计筑坝处堆积甚少，在山嘴的另一侧形成堆石坝。这个案例表明，地形、地质条件对爆破堆积范围有着重大影响。

1973 年 5 月，石砭峪定向爆破筑坝(总装药量 1 582.9 t，爆破方量 236.5 万 m^3)，爆破致使左岸上、下游各距爆破漏斗边缘 120 m 及 115 m 范围内产生大量岩体滑塌，方量达 24 万 m^3，有约万余方堵塞了导流洞进口，不仅给安全度汛造成很大威胁，而且使该导流洞成为独头巷道，引发有害气体中毒事故。该案例说明，非爆破范围内的危石，在爆破振动作用下也可能引起大量塌方，造成严重后果。

在海边或湖边进行大型石方爆破时，大量爆破岩石抛入水中会产生涌浪，涌浪上岸也有可能影响傍岸建筑的安全。

① 刘殿中. 工程爆破实用手册[M]. 北京：冶金工业出版社，1999：683～684.

7.3　爆破对岩体破坏的观测

7.3.1　爆破对岩体内部破坏范围的观测

7.3.1.1　岩体爆破效应的声波探测技术

岩体爆破效应的声波探测是通过检测声波在爆破前后的岩体中传播速度或衰减规律，分析岩体内结构状态、力学参量及爆破损伤程度等指标的一种测试技术。通过对爆破前后岩体的声学性质探测，绘制爆破前后纵波波速、波幅变化对比图，作为破坏区分析的依据，并能确定爆破影响深度，以及对岩体的损伤范围和损伤程度。探测的结果可以为评价爆破效果及爆破设计、支护和处理提供依据。

观测区宜布置在具有代表性的工程岩土或介质部位，并满足工程检测的目的和要求。测试孔宜布置在介质表面较平整的部位，且垂直于壁面，直立面可以钻俯角小于 5°的斜孔。

(1) 测试装置

岩体声波探测仪由发射系统和接收系统两部分组成，发射系统有发射换能器和发射机，接收系统有接收换能器和接收机，如图 7.23 所示。

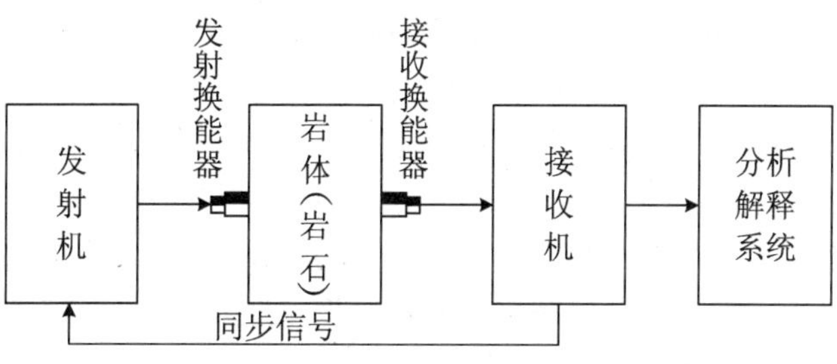

图 7.23　岩体声波探测方框图

国产的 SYC 系列岩石声波参数测定仪即为以上所述的结构形式。换能器有压电式换能器，其工作频率为几千赫兹到几十千赫。此外尚有磁致伸缩元件换能器等。为了提高发射声波的辐射效率以及与被测介质很好地耦合，在发射、接收换能器与介质之间要充填水或黄油作为耦合物质。

声波测试装置的工作原理为：由发射机发出的声波信号，通过换能器在介质中传输，接收换能器接收并送入接收机。接收换能器的作用是实现声波信号到电信号的转变。接收到的信号在接收机中被放大后在示波管的屏幕上显示。根据发射声波的起始信号以及各种波到达的时间，便可得出声波走时，并计算出声速。

（2）测试方法

①剖面法（平面法）。在岩体表面，以发射换能器为一端，将接收换能器沿测线按等距离依次由近到远逐点进行测试，或选择岩体的特征部位布置发、收换能器进行测试，见图 7.24(a)。这种方法可测定岩体一定深度内的物理力学特性和爆破破坏程度。

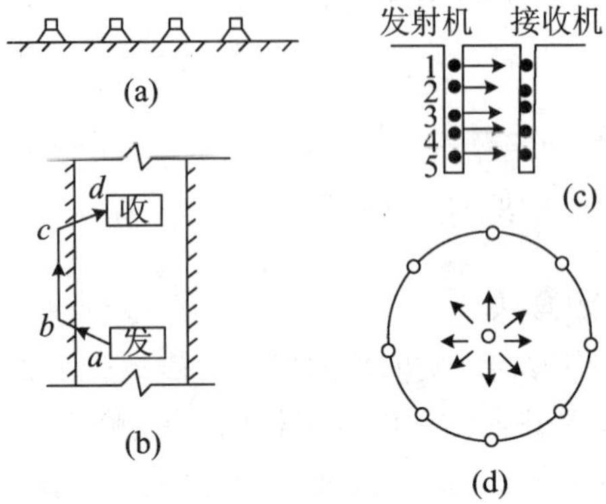

图 7.24 测试方法

② 单孔测试。在岩体中钻孔，把收、发换能器间隔一定距离组装在一起，放在充满液体（水）的孔中，以测定不同深度的岩体特性，见图 7.24(b)。按换能器的组合形式可分为一发一收，一发二收和二发二收。发、收换能器的距离可按下式计算：

$$S_{ad} \geqslant 2H\sqrt{(1+n)/(1-n)} \tag{7.38}$$

式中：H—换能器至孔壁的间隙，$H=R-r$，R 为孔半径，r 为换能器半径；

n—岩石对水的相对折射系数。

③ 双孔或多孔穿透法。图 7.24(c)为双孔测试法。它要求两孔保持平行，用增压式发、收换能器同深度平行等距依次进行测试。这一方法用来测定隧洞爆破开挖后围岩的松动范围或大爆破后受影响的岩体范围。图 7.24(d)为多孔环形测试法，可用来测定岩体的各向异性或主应力方向。

后两种方法的钻孔直径，取决于换能器的直径，通常在 75～100 mm 之间。

上述各测试方法中，换能器与岩体的耦合，剖面法用黄油，其他则全为用水作为耦合介质。换能器在一发双收情况下，两换能器距离为 200 mm。

④ 跨孔微地震法。在观测区域，选择一个观测孔爆炸雷管或炸药，激发地震波，另一个或数个孔放置水下压敏传感器同时接收地震波，得出爆破前后纵波速度随孔深变化图。孔距以大于 4 m 为宜。在孔内每隔 0.2～0.5 m 进行一次测量，每点测两次取平均值。爆后位置要与爆前相同，以便比较。确定破坏范围以仪器累计误差为标准。爆后 V_P 低于爆前，并超过仪器测试精度，则认为岩体受到爆破破坏影响。如果测试药包底部以下的破坏情况，爆区的观测孔深要超过爆破孔深（深孔爆破条件下），超多少，视具体情况确定，如要确定爆区以外的破坏影响范围，则要按需要在距爆源不同距离处钻孔。

⑤ 声波测井法的波形判读。声波测井法中声源产生的声波在井中产生折射波，沿岩体表面传播的有滑行波及反射波，同时尚有在井液中传播的直达波（见图 7.25）。岩体和井液的传播速度有很大差异，孔中各种波的传播距离不同，当发射

和接收两换能器的距离大于某一值时，各种波到达接收换能器的顺序为滑行波、直达波、反射波，声波测井主要是测试滑行波，利用滑行波测孔，声波可深入岩体内约3倍波长。

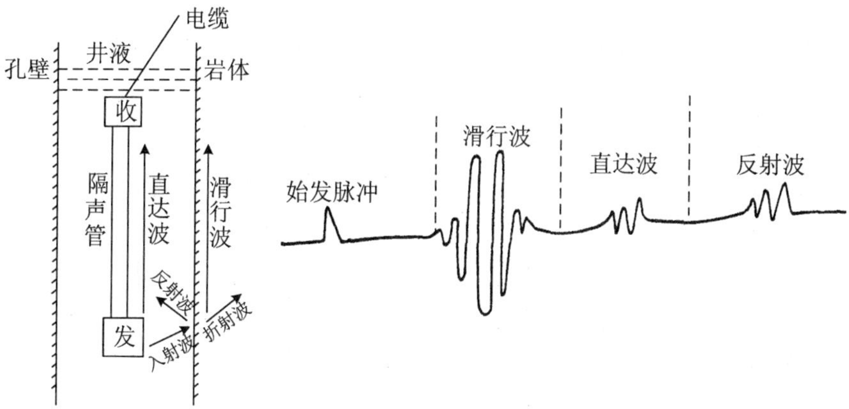

图 7.25 测井法中各种波

上述几种方法，都以仪器的精度作为标准，只要仪器性能稳定，方法得当，其数据是可靠的。跨孔微地震法因产生的能量较大，能得到较大范围内的资料（如扩大孔距，或一发多收）。但由于波长较长，波有可能绕过细小裂缝或缺陷，此外，多次放炮有可能导致孔壁岩体的破坏（尽管每次药量相当小）。孔间声波法因换能器发射频率高，波长短，能较好地反映探测区段内的情况，但由于仪器发射功率有限，不能做较大距离穿透，测量范围小。这两种方法均不能有效地探测与传播路径相平行的裂缝、缺陷的变化。声波测井法得到的范围更小（只限于钻孔壁面），有很大局限性，但弥补了前两种方法的不足。至于剖面法，接收器接收到的是沿平面的直达波和经过一定深度的反射波，数据判读较困难，而且透射不同深度均会引起反射波的到达，所以只适于岩体表面破坏状态的测试，但它最大的优点是省去了钻孔。

7.3.1.2 岩体声波探测技术在爆破工程中的应用

(1) 平地单孔爆破对药包底以下及邻近岩体的破坏影响深度测试①

本例是葛洲坝工程开挖爆破试验中，在一次埋深4 m的长柱状药包爆破时，采用孔间声波振幅衰减测试方法探测得到的结果。本次振幅衰减测量，在声波仪接收端和接收换能器之间串接了SHK型可变衰减器，以便直接读出振幅衰减量大小。试验中在沿爆破孔中心相互垂直的两条轴线上布置了较多的成对观测孔（见图7.26），其目的是了解药包底部以下及邻近岩体内的破坏影响界限。

在整理测试资料，确定破坏影响界限时，发现距爆破中心较近和较远的观测孔

① 朱传统. 岩体爆破范围的弹性波量测法［M］//爆破量测技术研究. 山东矿业学院. 1982:67～79.

底部,都有一段区域爆后的振幅大于爆前,尽管多数在判读精度 0.5 Np(奈培)以内。这个结果反映了该区域黏土质粉砂岩受到爆破作用而压密。考虑到对于较软弱的粒土质粉砂岩,这种压密将不致影响承载能力丧失,故在确定破坏影响界限时,仍以爆后衰减量的降低作为依据。按此原则确定的底部破坏影响界限如图 7.26 中虚线所示。有趣的是,这个破坏影响界限类似于单孔爆破漏斗的形状。

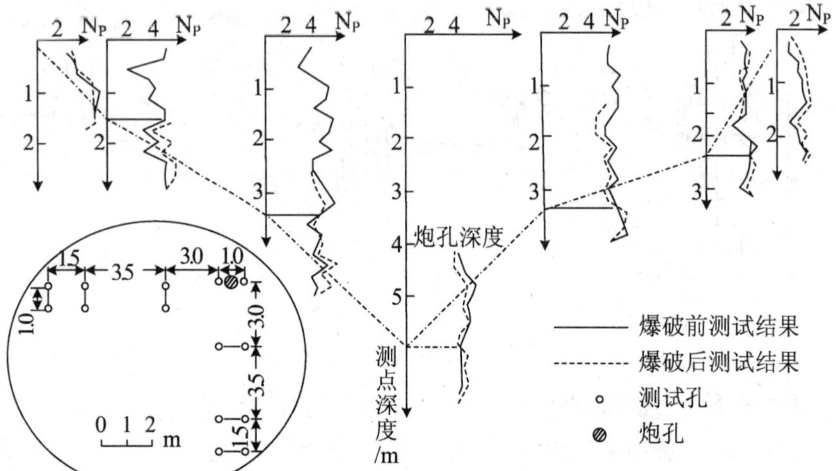

图 7.26 单孔平地起爆试验声波观测底部影响范围展开图

(2) 路堑边坡预裂爆破后坡内岩体损伤的超声波检测与研究①

① 超声波检测的目的与方法。为了评价预裂爆破区段与非预裂爆破区段的坡内岩体损伤情况,对宜万铁路 W4 标段两种爆破试验段进行了超声波检测。试验采用跨孔法,两平行孔间距 1 m 左右,既适合超声波的穿透能力,又能判读岩体松动和局部细小裂隙影响。实践证明跨孔法超声波检测可判断坡内岩体的损伤情况。预裂爆破区段与非预裂爆破区段的两个代表性试验点都是距坡脚以上 2.5 m,处于同一层岩石上,地质条件相同,具有可比性,各试验点同时进行了 3 组跨孔法超声波检测。其中 2 号孔为超声波发射孔,其他孔放置接收器,每组超声波检测点由深至浅间隔密度为 25 cm。检测孔布置图和检测结果剖面图见图 7.27。

② 检测与研究结论。根据边坡内部由浅至深岩石受扰动的程度不同,结合跨孔法检测的超声波声学特征分析,可将坡内岩体分为三个区段。第一区段定义为岩石破损松动区,因其坡面岩石受冲击扰动较强,内部裂隙较发育。岩性特征主要是:肉眼观看岩体仍然完整,但内部裂隙受爆破冲击后大量扩展,岩体松动、强度显

---

① 杨年华.路堑边坡预裂爆破后坡内岩体损伤的超声波检测与研究[J].中国铁路.2007(5):47~50.

著降低，抗风化能力弱；声学特征为：超声波不能正常穿透，接收的波形发生畸变，声波能量衰减较快。第二区段定义为岩石损伤区，因其岩石受扰动较弱只有内部微裂隙较发育。岩性特征表现为：岩体完整较好，但内部微裂隙受爆破冲击和卸荷作用后有所扩展，岩体强度会适当降低，属于边坡弱扰动范围；声学特征为：超声波穿透时声波能量有所衰减，首波波幅有较大幅度下降，但接收的波形正常。第三区段定义为原状基岩区，岩体基本没有受到扰动，处于原应力状态。声学特征为：声波波速较高，首波波幅较大，超声波穿透时声波能量损失很小。

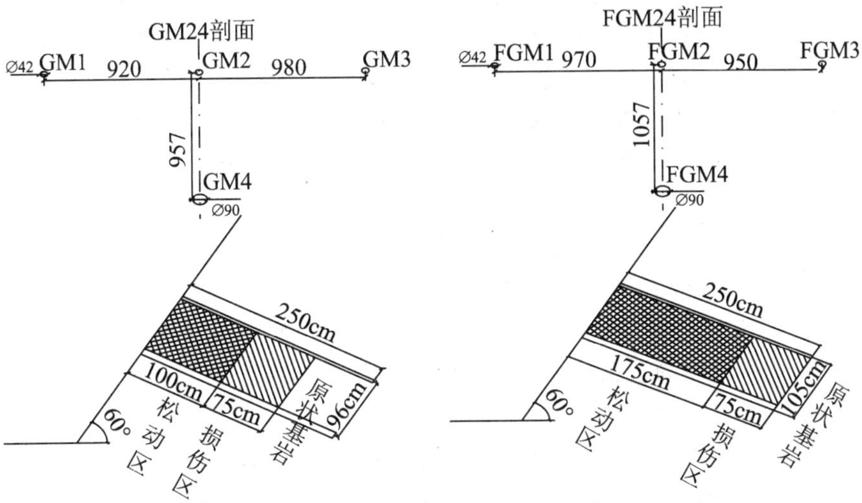

(a) 预裂爆破区段　　(b) 非预裂爆破区段

图7.27　超声波检测孔布置和检测结果剖面图

预裂爆破工点跨孔法超声波检测成果见图7.27(a)，其中GM2-GM1和GM2-GM3组中深度1 m以内、GM2-GM4组深度0.75 m以内，属于岩石破损松动区，该区域测得的波形发生畸变，声学参数无法判读；深度1～1.75 m范围属于岩石损伤区，所测得的波形正常，但首波波幅有较大幅度下降，超声波波速较原状基岩下降了10%以上；深度超过1.75 m以后属于原状基岩区，接收的波形衰减很小，首波波幅较大，超声波波速都在5000 m·s^{-1}以上。

7.3.1.3　爆破对岩体内部破坏范围的其他观测方法

评估爆破对岩体的破坏影响，主要取决于实际观测。最原始的观测方法是宏观调查和统计，随着技术的进步，逐步应用仪器仪表测定岩石在爆破时或爆破前后的某一特征值，作为岩体破坏程度的判据。下面，对目前采用的几种观测方法作一简略的介绍。

(1) 宏观调查和统计

通过地表观测、挖掘试坑或取岩芯鉴定，对比爆破前后岩石结构、裂缝、裂隙的变化，综合估计破坏范围和破坏程度。为了便于地质描述，爆区附近地表的松散岩石爆破前要清除，并用风水冲洗干净，爆破时观测标记要用草袋等物覆盖，避免被石块打坏。应对观测区爆破前后的裂缝数量、产状和密度描绘在一定比例（一般为1：100）的平面图上。

（2）层面张开和位错的测定

为了考察爆破作用下层面张开和位错情况，可以在大口径孔内利用机械式位错计进行观测，机械式位错计分为彼此不相连的两部分，一部分为铝制角铁，另一部分为铝制圆柱，分别通过地脚螺杆，固定在层面两侧，用精度为 0.02 mm 的游标卡尺量测两部分的相对变化（X、Y、Z 三方向），系统测量误差 ±0.1 mm。爆后比爆前大于 ±0.1 mm，认为层面受到爆破破坏，反之没有影响。这种观测的缺点是，在大口径的孔内，为错动提供了自由面的缺陷，因此，观测的结果一般偏于安全。

也有的水电工程爆破现场，利用声波检测孔作钻孔电视摄像，在钻孔内检查孔壁裂缝和夹层部位的变化。钻孔电视摄像的操作应符合 DL/T5010d 的规定。

（3）压水试验

这是水利部门用以鉴定岩石破碎程度的一种方法。由于在爆炸应力波作用下，岩体内部产生新的裂缝，并使原有的裂缝及层面扩张和错动，使岩体的渗透性变大。根据爆破前后单位吸水量的变化，估计爆破对底部破坏深度和内部水平向破坏范围，这种方法的缺点是不能反映软弱夹层错动。

某水利工程的具体做法为：爆破前后在同一孔中作综合分段压水（爆破时，药包底以下测试段，用中细粒沙回填保护，爆后清除）。一般以 1m 为一段。在漏水量比较大或爆破影响的部位，测出漏水量大的界限。为不使岩层抬动，测试压力应不大于 0.5×10^5 Pa，10 min 读数一次，稳定时间为 1 h。当爆前漏水，爆后超出以下相应漏水量则认为爆破有所破坏：当漏水量小于 1 L·min^{-1}，允许误差 ±30%；1～10 L·min^{-1}，允许误差 ±10%；大于 10 L·min^{-1}，允许误差 ±5%。爆前不漏水，爆后单位吸水量大于 0.01 L·min^{-1} 时，认为爆破有所破坏；小于 0.01 L·min^{-1}时，认为无破坏。

（4）爆破空隙动水压力监测

当爆破振动较大时，特别是进行水下爆破时，在邻近砂基、砂土堤坝等浸润线以下饱和度大于 95% 的部位，应进行空隙动水压力监测，并同时进行质点振动速度（加速度）和地下水位变化的监测。空隙动水压力监测宜采用动孔隙水压力计，如渗压计等，由动态应变仪将信号输入到记录设备。

空隙动水压力传感器宜采用钻孔埋设法。对于确定砂土液化范围及深度的监测，应按测点至爆源中心的距离由近及远布置监测断面，并在不同高层布置监测点；基础下部有易液化的土层时，应在该土层内埋设测点。根据孔中埋设的仪器数量，一般采用∅110 mm 以上的钻孔。成孔后应在孔底铺设厚约 20 cm 中粗沙垫层。空隙动水压力传感器的连接电缆，应用软管套护。传感器埋设应自下而上依次进行，用中粗沙封埋测头，用膨润土干泥球逐段捣实封孔，并随时进行检查。应对监测对象的干密度、级配等物理性质取样检测，取样点应在监测点附近；必要时还应进行有关土的力学性质试验。

(5) 地面质点峰值振动速度观测

爆破时地面质点峰值振动速度能够反映爆破能量的分布和衰减情况，测定地面质点峰值振动速度值，并与基岩产生破坏的特征建立对应关系，可以作为衡量爆破对岩体破坏的一种方法。如前所述，某大型水利工程将相应地面质点峰值振动速度大于 19 $cm \cdot s^{-1}$，确定为破坏区；相应地面质点峰值振动速度值为 13～19 $cm \cdot s^{-1}$，确定为轻微破坏区；相应地面质点峰值振动速度值小于 13 $cm \cdot s^{-1}$，确定为非破坏区。

(6) 岩石力学特性的测定

有的资料认为，岩石弹模数值的分布规律与岩石地质情况的观察分析是一致的。采用人工地震法，可以测量爆破前后水平向纵波传播速度或动弹性模量随深度的变化。按弹性波理论公式，动弹性模量为：

$$E = \rho V_P^2 \frac{(1+\mu)(1-2\mu)}{(1-\mu)} \tag{7.39}$$

式中：ρ—岩石密度，$g \cdot cm^{-3}$；

μ—泊松比；

V_p—纵波速度，$m \cdot s^{-1}$。

水电部门提出的爆破影响深度声波检测法的破坏判据见表 7.17。

表 7.17　爆破影响深度声波检测法判断标准

爆破后纵波波速变化率/%	破坏情况
$\eta \leqslant 10$	爆破破坏甚微或未破坏
$10 < \eta \leqslant 15$	爆破破坏轻微
$\eta > 15$	爆破破坏

注：本表摘自水电水利工程爆破安全监测规程(DL/T 5333-2005)。

表 7.17 中，η 为同部位的弹性波纵波的爆后波速(C_{P2})与爆前波速(C_{p1})的变化率，爆破后弹性波纵波波速变化率 η 按下式计算：

$$\eta = [1 - (C_{P2}/C_{p1})] \times 100\% \tag{7.40}$$

式中：η—爆破后纵波波速变化率，%；

C_{P2}—爆破后的纵波波速，$m \cdot s^{-1}$；

C_{p1}—爆破前的纵波波速，$m \cdot s^{-1}$。

有的资料认为，利用这种方法在现场以不同的条件进行重复试验，纵波速度的相对误差均在±2%以内，因此，认为爆破前后传播速度值变化超出仪器相对误差±2%为爆破有影响区。

岩石动弹性模量是反映岩石在冲击荷载作用下强度性质的重要指标，但是，爆破影响范围和深度与地质构造断裂和岩性关系较大，决定爆破影响深度的因素主要是岩石的性质和构造,而不是弹性模量的绝对数值,另外,这种方法不能反映岩层的错动和张开。

在爆破影响的微裂缝分界面上,超声波能量的变化非常明显,通过测量爆破前后超声波能量(振幅)随深度变化的规律,可以探索爆破的破坏深度。在某工程爆破试验中,试验用脉冲超声仪的发射与接收换能器的频率分别为 50 kHz 和 30 kHz,在现场以不同的条件进行多次重复试验,测量成果的积累误差为 ±0.5 Np(奈培)。因此,认为爆破前后超声波能量(振幅)的变化超过仪器观测积累误差 ±0.5 Np(奈培)为爆破有影响区。

有的单位,对爆破作用下岩体的应力应变做过观测,并认为,当应变最大峰值大于 100 $\mu\varepsilon$ 时,为爆破有影响区。

7.3.2 高速摄影对爆破鼓包运动的观测

7.3.2.1 中低频高速摄影机测试方法简介

土岩介质在爆破作用下,从隆起(鼓包)、破裂到向空间抛掷飞散的过程,采用高速摄影方法进行记录研究,可将爆破的时间过程放大几千至几万倍,提供不同爆破瞬间的直观图像,因此,已成为土岩爆破研究中的一种重要方法。

对土岩爆破的研究,不同于对炸药爆轰过程的研究。在土岩爆破中,鼓包运动和岩石破裂、飞散的速度,远低于炸药爆轰的速度,因此,使用摄影机的频率不必太高,一般每秒几百幅至数千幅就够用了。如果在室内进行模拟爆破漏斗的研究,由于爆破过程较短,摄影频率可提高到每秒几千至几万幅。国内常用的中低频高速摄影机有国产 GSS-35 型间歇式高速摄影机,摄影频率为 50～300 幅·s^{-1};国产 GS-35 型间歇式摄影机,摄影频率为 240 幅·s^{-1};国产 GSJ-16 型棱镜补偿式摄影机,摄影频率为 3000 幅·s^{-1};还有多种进口摄影机,如日本的 16HD 型、德国的 ZL-Ⅰ型、前苏联的 CKC-Ⅰ型等棱镜补偿式高速摄影机,摄影频率可调范围较大。

目前常用的是平面摄影法,因此对一个目标,最好采用几台摄影机从不同的角度同时拍摄,当拍摄的画面太大时,可以在同一地点几台摄影机采用不同焦距的镜头跟踪各自的目标。拍摄画面大小的考虑,主要基于以下几点:首先要使物、像的比例适当;其次要充分利用画面的空间,使主要的研究对象能充满画面;另外还必须考虑研究对象的最大位移量处在摄影的范围之内。

在现场拍摄鼓包运动时,应选用画幅较大、容片量较多的高速摄影机。应选择合适的拍摄地点和拍摄角度,使摄影机光轴尽可能和拍摄对象的运动方向相垂直,以便于以后的分析及提高测试精度。其次应使拍摄地点处于安全地带。通常,高速摄影机都配有多种焦距的镜头,可以调整拍摄距离。在不得已的情况下,拍摄地点处于危险地带,就必须构筑安全可靠的掩体,以保证人员和设备的安全。

鼓包运动开始过程较慢,轮廓线不易照得很清楚,因此,可在鼓包中心断面上埋设一些特征点，使拍摄对象突出，必要时应对背景进行加工，如砍伐树丛，撒白灰等。在试验中心断面两旁以不破坏画面为原则，同时要设立明显的标志，以做定位和比例尺用。设立的标志和背景要反差明显，以使被摄画面有明显特点，便于在画面查找。野外拍摄还要考虑自然条件及光线条件，晴天时要顺光及顺侧光拍摄。

为获得起爆时零点信号，可在爆破起爆网路中串一个通断信号，通过氖灯反映在底片上。在大型爆破中，可在药室中引出一段导爆索至地表，导爆索与药室同时引爆，以此确定零点信号。

以上是现场爆破研究中使用高速摄影机的共同性要求。

7.3.2.2　用高速摄影机进行土岩爆破鼓包运动研究的实例

(1) 利用高速分幅摄影机在现场观测土岩爆破鼓包运动过程[①]

中国科学院力学研究所以黄土介质为试验对象，成功地进行了对鼓包运动过程的高速分幅摄影观测研究。试验地点为黄土小坡度地形，地形坡度 $a=5^\circ$。采用双列药包小型爆破，每列三个药包，第一列药包最小抵抗线 $W_1=2.2$ m，第二列药包最小抵抗线 $W_2=1.5$ m，单位炸药消耗量 $Q/W^3=1.08\ \mathrm{kg\cdot m^{-3}}$。在试验地表埋设Ⅰ至Ⅴ个特征点，摄影画面范围内两侧埋设比例标尺。使用高速分幅摄影机，以每秒 450 幅的频率拍摄黄土爆破鼓包运动过程。从所获得的分幅底片中，每隔若干幅取一个数据，共取出 10 幅不同时刻的底片，将Ⅰ至Ⅴ个特征点和爆破过程的轮廓线描绘下来，再把不同时刻的特征点和爆破轮廓线重叠在一张图上，见图 7.28。根据图上测量出不同时间间隔内的位移，即可求得各个不同时间间隔内的平均速度 υ_{cp}：

$$\upsilon_{cp}=\frac{\Delta x}{\Delta t}\times\gamma \tag{7.41}$$

式中：Δx—图上两相邻爆破轮廓线或特征点的垂直距离；

Δt—两相邻爆破轮廓线的时间差；

γ—实物被缩小的倍数。

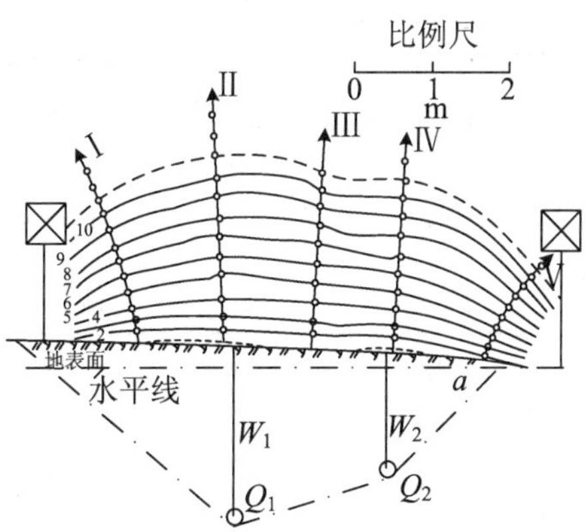

图 7.28　黄土小坡度地形，双列药包小型爆破试验的鼓包运动轮廓线

由特征点的速度分布数据，可绘制鼓包运动速度分布曲线，如图 7.29 所示。

摄影观测结果表明，起爆 6 ms 左右，地表运动在照片上没有反映，到 8.8 ms 地表开始有明显的移动，此后，鼓包出现明显的加速过程，起爆后 20 ms 左右

① 顾道良等. 土岩爆破中高速摄影方法[A]. 土岩爆破文集(全国工程爆破学术会议论文选)[C]. 北京：冶金工业出版社，1980：234～242.

时，最大速度接近 24 m·s^{-1}，到 100 ms 时，鼓包出现严重破裂，开始明显漏气。鼓包表面轮廓边界已很难分辨，但特征点抛掷的轨迹仍比较清楚，特征点和土体分离后，其速度已不代表鼓包运动的速度。

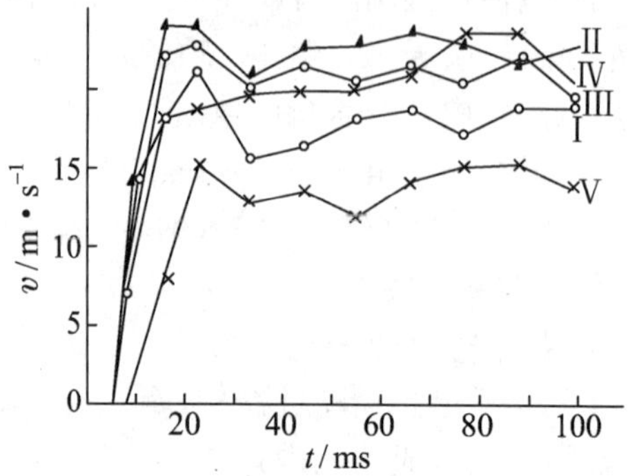

图 7.29 鼓包运动速度分布曲线

(2) 利用高速分幅摄影机观测露天矿大区微差爆破①

金堆城钼业公司等单位，在该公司露天矿大区微差爆破课题研究中，采用了高速摄影等手段。试验对象为露天矿中的花岗斑岩与安山玢岩岩体。炮孔分单孔、三孔及五孔(前后两排)三组。每组以不同的充填高度及孔网参数或不同的装药结构进行爆破观测，拍摄爆破全过程，以求获得充填物冲出孔口的时间、速度、高度，鼓包开始的时间、突起高度与开裂时间，裂隙扩展速度，破碎矿岩的抛移过程等参量。

采用两台 MS-16A 型高速分幅摄影机在不同的位置进行观测。拍摄频率为每秒 3 000 幅。一台摄影机置于台阶下部平盘，距孔口 30 m 左右，观测充填物从孔口冲出的时间、速度与高度和台阶上部平盘鼓包运动的时间、速度及破裂过程。另一台摄影机置于台阶下部平盘，摄影机正对台阶坡面时，观测台阶面裂隙开始出现的时间及裂隙扩展速度，摄影机侧对台阶坡面时，观测台阶坡面矿岩的突起及抛移过程。两台摄影机的启动、拍摄、时标与炮孔装药的起爆，由一个 27 V 直流电源供电，通过继电器控制同步。拍摄后的底片采用 TP-Ⅰ型判读仪进行判读，有关数据电控记录并直接打印输出。

典型观测试验的孔网参数及装药参数列于表 7.18。

表 7.18 观测试验的孔网参数及装药参数

编号	1	2	3	4	5
台阶高度/m	12	12	12	12	10
炮孔深度/m	13.2	13.7	13.5	12.6	13.4
炮孔深度/m					14.0
炮孔直径/mm	250	250	250	250	250

① 金堆城钼业公司等. 高速摄影在金堆城钼业公司露天矿大区微差爆破试验研究中的应用(未公开发表). 1984//孟吉复，惠鸿斌. 爆破测试技术 [M]. 北京：冶金工业出版社，1992：292～293.

续表 7.18

编号	1	2	3	4	5
装药高度/m	5.4	1.5	5.5;6.3	5.9;5.2	8.0;6 3;6.6
装药高度/m		4.5	6.0		6.7;7.3
充填高度/m	7.8	5.0	6.4	6.7;5.3;	5.8;5.5;6.8
充填高度/m				4.5	7.3;6.8
装药量/kg	274	264		286;220	312
装药量/kg			280		320;304
顶盘抵抗线/m	4.3	5.5	5.4～4.4	4.5～6.0	7.4;5.8;5.3
底盘抵抗线/m	12.0	13.0		14～12	15;13;15
孔间距/m			13	8.2;7.0	8.2;8.0;8.5
排间距/m			8.0		8.7
装药结构	连续	间隔	连续	连续	连续

通过摄影记录获得了一系列分幅图像，记录到以下内容：台阶顶盘矿岩鼓包突起过程；爆炸气体产物从孔口逸出过程；台阶正面裂隙发展过程；台阶顶盘裂隙发展过程；台阶正面矿岩碎块抛移过程。

通过判读、计算与分析，当台阶高度为 20 m，炮孔直径 250 mm，底盘抵抗线 12～15 m，炮孔超深 1.5～2.0 m，采用硝铵类炸药爆破时，得出以下结果：①充填高度大于 5.5 m 时，充填物没有冲出现象。当充填高度为 5.0～5.5 m 时，在充填物冲出孔口的开始时间 45 ms 以后，冲出速度较小，一般为 68～77 mm · ms^{-1}。当充填高度小于 5.0 m 时，充填物明显冲出，冲出速度可达 147～588 mm · ms^{-1}，冲出高度可达 3.4～6.4 m。②鼓包开始突起的时间为 210～227 ms，鼓包最大突起高度为 2 089 mm，鼓包开始破裂时间为 1 100～1 300 ms。③台阶正面破碎岩块开始移动抛掷时间为 326～447 ms。④台阶正面开始出现爆破裂隙的时间约为 39 ms。爆破裂隙扩张速度为 1.5～2.0 mm · ms^{-1}。

由上述两个现场观测实例可以看出，高速摄影用来在现场观测土岩爆破产生鼓包运动、裂隙发展、岩石抛掷过程等，能够获得有价值的数据，高速摄影确实是土岩爆破研究中的一个重要测试手段。但应注意到，从起爆后到地表初始运动这段过程比较细微，不易测准，需要缩小被摄视场，提高摄影频率，才能提高测试精度。

以上所述方法属于平面高速摄影，即所取得的观测数据为已知平面（该平面与像平面的几何关系为已知）上被摄物的变形或运动的数据。当无法预知观测对象的运动方向，或者需要同时取得爆破点各个方向的运动数据时，就要采用高速立体摄影方法，它可以给出被摄物三个方向的运动参数，比平面摄影能提供更多信息和提高观测精度。

7.4 爆破对岩体破坏的控制:预裂爆破与光面爆破

7.4.1 减少爆破对岩体破坏的措施

作为工程爆破技术的基本要求,就是岩石按设计要求破碎、抛掷,以形成新的岩土构筑物,而在工程设计的岩体范围外,则要最大限度的避免爆破对岩体的破坏和损伤。因此预报、检测、评估爆破对岩体的破坏,有效地避免和减少爆破对岩体的破坏,是爆破安全技术的重要内容之一。

在做爆破设计时,除按设计任务书的要求做出合理的设计外,尚应充分预测爆破作用对设计范围以外工程地质条件的不利影响。这种不利影响也许在爆后短时间内并不显现,但在以后外界的营力作用下会有所反映,因此必须充分重视。

爆破对岩体的破坏,可能造成水工建筑物渗漏,路基翻浆冒泥;路堑及矿山边坡不稳定;地下工程塌方、冒顶,乃至爆破引起地下水及瓦斯突出事故。为控制爆破引起岩体的破坏,应注意:①爆破前要重视对爆区地质条件(如岩性、地质构造、水文地质、地应力、滑坡等)的调查,避免在不利于爆破的地质环境下采用不恰当的爆破设计与施工方案。②爆破设计要精心。严格按照开挖轮廓范围布置药包,控制一次爆破的总规模,或采取毫秒延时爆破;严格控制邻近开挖轮廓药室(炮孔)的药量。③沿开挖轮廓采用预裂爆破、光面爆破,或设计防震孔,均可有效地保护开挖轮廓以外的岩体;周边孔采用低爆速炸药或不耦合装药,对减轻爆破对岩体的损伤也有明显的效果。④精心施工。特别是加强开挖边界钻孔的质量控制,保证光面(预裂)孔的钻孔质量和精度,是控制爆破对岩体损伤的重要环节。⑤对于地下开挖通过不良地层时,应采取控制爆破和加强支护的措施,这是减少爆破对岩体的破坏和保障施工安全所必需的。爆破后应及时调查爆破对岩体的破坏情况及引起的其他工程地质问题,提出处理意见,例如边坡稳定问题,基础受破坏程度及渗漏问题,滑坡体、危岩、危坡的稳定问题等。

7.4.2 预裂爆破控制岩体破坏的技术要素

7.4.2.1 预裂爆破的特点及作用机理

预裂爆破(presplitting blasting)是沿开挖边界布置密集炮孔,采取不耦合装药或装填低威力炸药,在主爆区之前起爆,从而在爆区与保留区之间形成预裂缝,以减弱主爆破对保留岩体的破坏并形成平整轮廓面的爆破作业。由于在开挖区和保留区之间预先形成一条裂缝，使主爆区爆破的应力波传到预裂缝时被反射掉一部分，透射到保留岩体中的应力波强度减少，从而达到减振的目的；另一方面，预裂缝切断爆区传来的裂缝，避免其伸入保留岩体内，达到保护岩体不被破坏。因此，保证预裂爆破成功的必要条件是对保留孔壁一侧岩体不损伤和沿预定的方向成缝。采用预裂爆破开挖的岩面平整美观，超欠挖量少，提高保留岩体的稳定性，使其得以推广应用。

相邻炮孔内装药爆破，使爆炸应力波不破坏孔壁而又产生径向裂缝，使两孔连线间的径向裂缝连通起来，随后在爆炸气体作用下，使原裂缝延伸扩大，最后形成平整的开裂面，这就是预裂爆破成缝的作用机理。预裂爆破实践证明，岩层的走向、倾角、裂隙发育程度、力学强度、地应力的大小等都影响裂缝的形成和开度，钻孔直径、间距和装药量也直接影响裂缝的形成和开度。

20 世纪 70 年代，在葛洲坝水利工程中，施工单位采用预裂爆破技术确保了大面积砂岩开挖边坡的质量和稳定。此后，我国水利水电行业在许多工程中都取得了优良的预裂爆破效果。在三峡大坝及许多水电站工程中，不仅广泛使用了垂直预裂，还研究应用了水平预裂爆破的方法，保证了电站厂房基础开挖的质量。

穿越山区的高速公路或铁路的修建往往需要进行高边坡的路堑开挖，为获得高质量整齐的边坡，在广西柳桂、贵州贵新等高速公路采用了超深孔高台阶的预裂、光面爆破，在石灰岩复杂多变的地质条件下，爆破后，坡面稳定、平整、美观，半孔率达 95%左右，成为我国高速公路路堑爆破边坡成型设计与施工的样板路段。《铁路路堑边坡光面（预裂）爆破技术规程（TB10122-2008）》规定：边坡坡率为 1∶0.1～1∶0.75 的岩石边坡必须采用光面爆破或预裂爆破开挖。

资料表明，在铁路、公路施工中，采用光面爆破、预裂爆破技术可使路堑边坡工程量减少 10%～20%，同时也减少了线路运营过程中的边坡事故和维修工程量。

7.4.2.2　预裂爆破设计要点

现以铁路路堑边坡预裂爆破为例，简述其设计要点。

预裂孔应沿设计开挖边界布置，炮孔倾斜角度应与设计边坡坡度一致，每层炮孔底应处在同一高程上。

铁路路堑预裂爆破采用的炮孔直径 d 一般在 40～150 mm 范围，可根据梯段高度、地质条件和钻机设备选定，当台阶高度 $H=15$～20 m 时，可取 $d=100$～150 mm；当 $H=10$～15 m 时，可取 $d=80$～100 mm；当 $H=5$～10 m 时，可取 $d=50$～80 mm；当 $H<5$ m 时，可取 $d<50$ mm。

挖深大于 15 m 时宜分层钻爆，层间应设平台。由于不同钻孔直径的钻机需要不同的作业平台宽度，因此边坡设计中除了考虑边坡稳定性而设置平台，还应考虑平台宽度需满足钻孔作业的要求。根据当前钻机条件，钻孔直径 $d>80$ mm 的钻机要求平台宽度 $B\geqslant2.5$ m；钻孔直径 50 mm$<d\leqslant80$ mm 的钻机要求平台宽度 B

=1.5～2.5 m；当 d<50 mm，可取平台宽度 B=0.5～1.5 m。

炮孔深度 L 按公式(7.42)，即

$$L = \frac{H+h}{\mathrm{Sin}\alpha} \tag{7.42}$$

预裂炮孔的超钻 h，可在 0.5～2.0 m 间取值，钻孔深及岩石坚硬完整者取大值，反之取小值。

预裂孔的深度不应浅于主炮孔爆破的破坏深度；预裂爆破与主体爆破分开爆破时，预裂孔向两端的延伸长度应超出主孔爆破时地表的破坏范围，通常预裂孔至少向两端各延伸 5～10 m；当预裂爆破和主爆破同次起爆时，预裂爆破的炮孔应超前相邻主炮孔起爆的时间不宜小于 75 ms。

预裂爆破的孔距 $a_{裂}$，按公式(7.43)计算，即

$$a_{裂} = nd \tag{7.43}$$

式中，n 为孔距计算系数，与岩性及孔径有关，n=8～12。孔径小、岩石坚硬完整者取大值；反之取小值。

预裂爆破炮孔的线装药密度 $q_{预}$ 和炮孔装药量 $Q_{预}$ 可按公式(7.44)和(7.45)计算，式(7.44)中的 $k_{预}$ 可参考表 7.19 或其他类似工程的数据选取。表 7.20 列举的预裂爆破参数经验数值表也可参考。

表 7.19　各类岩石光面、预裂爆破单位用药量表

岩石名称	岩石特征	岩石坚固系数 f 值	松动爆破 $K_{松}/g\cdot m^{-3}$	光面爆破 $K_{光}/g\cdot m^{-3}$	预裂爆破 $K_{预}/g\cdot m^{-2}$
页岩 千枚岩	风化破碎	2～4	330～480	140～280	270～400
	完整、微风化	4～6	400～520	150～310	300～460
板岩 泥灰岩	泥质、薄层、层面张开、较破碎	3～5	370～520	150～300	300～450
	较完整、层面闭合	5～8	400～560	160～320	320～480
砂岩	泥质胶结、中薄层或风化破碎	4～6	330～480	130～270	270～400
	钙质胶结、中厚层、中细粒结构、裂隙不甚发育	7～8	430～560	160～330	330～500
	硅质胶结、石英砂岩、厚层裂隙不发育、未风化	9～14	470～680	190～390	380～580
砾岩	胶结性差、砾岩以砂岩或较不坚硬岩石为主	5～8	400～560	160～320	320～480
	胶结好、以较坚硬的岩石组成、未风化	9～12	470～640	180～370	370～550
白云岩 大理岩	节理发育、较疏松破碎、裂隙频率大于 4 条/m	5～8	400～560	160～320	320～480
	完整、坚硬的	9～12	500～640	190～380	380～570

续表 7.19

岩石名称	岩　石　特　征	岩石坚固系数 f 值	松动爆破 $K_{松}/g\cdot m^{-3}$	光面爆破 $K_{光}/g\cdot m^{-3}$	预裂爆破 $K_{预}/g\cdot m^{-2}$
石灰岩	中薄层或含泥质、竹叶状结构及裂隙较发育	6～8	430～560	160～330	330～500
	厚层、完整或含硅质、致密的	9～15	470～680	190～380	380～580
花岗岩	风化严重、节理裂隙发育、多组节理交割、裂隙频率大于 5 条/m	4～6	370～520	150～300	300～450
	风化较轻、节理不甚发育或微风化的伟晶、粗晶结构	7～12	430～640	180～360	360～540
	细晶均质结构、未风化、完整致密的	12～20	530～720	210～420	420～630
流纹岩	较破碎的	6～8	400～560	160～320	320～480
蛇纹岩	完整的	9～12	500～680	200～400	400～590
片麻岩	片理或节理发育的	5～8	400～560	160～320	320～480
	完整坚硬的	9～14	500～680	200～400	400～590
正长岩 闪长岩	较风化、整体性差的	8～12	430～600	170～340	340～520
	未风化、完整致密的	12～18	530～700	200～410	410～620
石英岩	风化破碎、裂隙频率大于每米 5 条	5～7	370～520	150～300	300～450
	中等坚硬、较完整的	8～14	470～640	190～370	370～560
	很坚硬完整、致密的	14～20	570～800	230～460	460～680
安山岩 玄武岩	受节理裂隙切割的	7～12	430～600	170～340	340～510
	完整坚硬致密的	12～20	530～800	220～440	440～660
辉长岩 橄榄岩	受节理切割的	8～14	470～680	190～380	380～580
	很完整、很坚硬致密的	14～25	600～840	240～480	480～720

注：表中所用炸药为∅32 mm 的 2 号岩石硝铵炸药。

表 7.20　预裂爆破参数经验数值表

岩石性质	岩石抗压强度/MPa	钻孔直径/mm	钻孔间距/m	线装药量/ $kg\cdot m^{-1}$
软弱岩石	＜50	80 100	0.6～0.8 0.8～1.0	100～180 150～250
中硬岩石	50～80	80 100	0.6～0.8 0.8～1.0	180～300 250～350
次坚石	80～120	90 100	0.8～0.9 0.8～1.0	250～400 300～450
坚石	＞120	90～100	0.8～1.0	300～700

注：表中所用炸药为∅32 mm 的 2 号岩石硝铵炸药；间距小者取小值，间距大者取大值；节理裂隙发育者取小值，反之取大值。

$$Q_{预} = k_{预} \cdot a_{预} \tag{7.44}$$

$$Q_{预} = q_{预} \cdot L \tag{7.45}$$

式中，$k_{预}$为单位面积药量，$g \cdot m^{-2}$。

7.4.2.3 预裂爆破设计的几个技术要素

采用预裂爆破控制边坡质量，确保爆破成缝是关键。一般认为，裂缝宽度应达到5～20 mm，边坡底部裂缝宽度宜大于10 mm，这样，预裂面才能成为张开式人造断层面，起到对爆破作用的阻断作用。要做到这一点，应重视以下几个方面。

(1) 处理好预裂爆破设计参数的几个关系

① 装药量与岩石强度的关系。预裂爆破要做到对保留的岩体减少损伤，设计合理的装药量至关重要，实践表明，预裂爆破的线装药密度与岩石的抗压强度成正比(见表7.21)。

表7.21 国内外预裂爆破线装药密度与岩石抗压强度的关系

$R_{压}$/MPa	10	20	25	70	80	150
$\Delta_{线}/kg \cdot m^{-1}$	0.15	0.2	0.25	0.35	0.40	0.60

② 装药量与孔径的关系。装药量与孔径的关系体现为不耦合系数，不耦合系数K_c是指炮孔直径R和药卷直径r之比值，即

$$K_c = \frac{R}{r} \tag{7.46}$$

在我国，预裂爆破中常用的钻孔直径为：隧道工程40～50 mm，地下厂房70～90 mm，明挖80～110 mm，一些矿山和水利工程中也采用150 mm的钻孔直径。预裂爆破的不耦合系数在2～4之间均能取得良好效果，其中小孔径取小值，大孔径取大值。采用岩石硝铵炸药、乳化炸药、铵油炸药、水胶炸药进行预裂爆破时，当不耦合系数小于2时，往往会使孔壁受到损坏。适当加大不耦合系数可取得满意的预裂爆破效果。

③ 钻孔间距与装药量和孔径的关系。在同一岩石中进行预裂爆破，当固定某一合适装药量和其他参数，而钻孔间距由大变小时会发生如下情况：地表由不产生裂缝到出现细小裂缝，挖出的壁面质量较差；继续减少间距，表面裂缝宽度增加，能开挖出平整的壁面时，得到最佳间距；间距再继续缩小，裂缝加宽但壁面质量变坏。同样，当固定某一个合适的钻孔间距和其他参数，而装药量由大变小时会出现如下情况：最初裂缝很宽、壁面岩石破坏严重；随着药量减小，必然会出现一个最佳的装药密度，此时裂缝宽度恰当.壁面比较平整；药量继续减小，裂缝宽度减小，壁面不平整度增加，一直到不能出现裂缝。在实际施工中，应通过试爆，确定最佳钻孔间距和药量的最佳值，尽管它们有一定的变化范围。

钻孔间距a与钻孔直径d的比值E称为孔径比。E值是一个重要指标，它的大小决定钻孔的数量。从施工角度上讲，E值大一些好，因为可减少钻孔量。但

是，过大的 E 值往往不能保证预裂壁面的质量。E 值小时，炮孔数目多，药量相对比较分散，预裂壁面质量比较好。一般 E 值宜在 8～12 的范围内选取。

(2) 控制好预裂爆破炮孔与前排药包之间的水平距离

预裂孔与相邻主炮孔之间应有一定间距。距离太小，主炮孔爆破会伤害坡面；距离太大，预裂孔与主炮孔之间岩体不能爆落，形成所谓"贴饼"现象。一般通过工程类比及现场试验的方法合理确定该值，表 7.22 给出了经验取值范围。经验表明，合适的主爆破孔至预裂面的距离应当是其主炮孔间距的一半，装药量为正常深孔爆破药量的 1/2，最多不超过 2/3。

表 7.22　预裂孔、主炮孔间距与主炮孔药径药量关系表

主炮孔药包直径/mm	<32	$32\leqslant d<50$	$50\leqslant d<80$	$80\leqslant d<100$	$100\leqslant d<150$
主炮孔单段起爆药量/kg	<20	<50	<100	<300	$<1\,000$
预裂孔与主炮孔间距/m	0.8	0.8～1.2	1.2～1.5	1.5～2.0	2.0～3.0

(3) 充分考虑炸药特性与地质条件对预裂爆破的影响

根据预裂爆破的应力波与爆生气体联合作用理论，要求炸药具有一定的爆速和猛度，其爆炸生成的气体量尽量多。在预裂爆破参数不变时，采用不同品种的炸药爆破可以获得不同的爆破效果。对不同的炸药，都有一个适合于不同岩石的装药量范围。当炸药性能改变时，这个范围随之而变，此时必须重新调整装药量或钻孔间距。

一般，岩石愈完整均匀，愈有利于预裂爆破。顺岩层走向的预裂爆破易形成裂缝，垂直岩层走向的预裂爆破则较难成缝。非均质、破碎和多裂隙的岩层则不利于预裂爆破。当裂隙率达 5%时，预裂面往往不按设计面形成，而沿裂隙面或破碎面产生；当裂隙率为 1.5%～5%时，采用小孔距的预裂爆破可以收到良好效果。

位于保留区距设计预裂面不太远的高倾角裂隙，爆破时容易造成超挖；而与预裂面垂直的裂隙，往往使裂缝不能连接起来，构成齿状缝面，形成超欠挖。选择和确定孔距时，应当考虑岩石的裂隙率或者裂隙密度以及主要裂隙组走向的影响。

对于裂隙不发育、层面近于水平、厚度较薄的岩石实施预裂爆破后，地表以下 1.0 m 左右的岩石往往被抬动。预防的办法是减小孔距和顶部装药量，减少填塞物的深度(顶部药包深度不变)，且不要填塞过紧。

对于复杂地质条件下的预裂爆破，通过减小孔距、减少装药量，尤其是减少顶部装药量、改变填塞条件，可以改善其爆破效果。

(4) 改善预裂爆破成缝质量的技术

预裂爆破成功的关键是控制爆破裂缝的方向，使其只沿着特定方向发展，在其他方向不产生或少产生裂缝。因此，除对爆破参数进行优化，还可采取以下措施。

① 改变炮孔的形状。改变炮孔形状的方法有孔壁切槽、设导向孔和异形炮孔

等。这类方法的实质是人为地改变炮孔的形状或孔间的关系，从而改变传统炮孔的受力状态，使其按所要求劈裂面的方向产生应力集中。工程实践表明，机械切槽和聚能药柱切槽确实可以控制裂缝的始裂位置和扩展方向，并可能采用更宽的孔距和较少的装药量。

② 改变药包的形状。采用压铸药柱、聚能药包、带缺口药包、扁平药包等。这一方法的实质是改变常用的圆形断面药包爆炸产物均匀作用于孔壁的受力状况，通过聚能作用使其最大压力作用于所要求的劈裂面的方向。

③ 改变装药结构。采用切缝套管、挤压钢棒、水压聚能及半圆套管等改变装药结构。其实质是利用装药结构的改变，使爆炸产物的最大压力作用于所要求的劈裂面方向。

(5) 提高预裂爆破效果的其他技术措施

预裂爆破对保留岩体有一定损伤，如果它尚不危及岩体的稳定，从工程意义上说是可以接受的。但是，在某些要求特别严格的部位，例如地下工程的岩壁梁部位等，必须采取更严格的措施(工程实例见 7.4.5.3 节)。

① 建立破碎带。如图 7.30 所示，在距最终开挖轮廓线 1 m 左右的地方，先初步预裂一次。该预裂孔间距可以适当加大，如达到孔径的 15～20 倍，对此预裂面的质量不做过高要求，只要求裂开成缝。然后再沿设计轮廓线打正常预裂孔进行爆破，在两条裂缝之间造成破碎带。一般，必须在主爆区爆破之前进行建立破碎带的爆破。若建立破碎带的爆破需与主爆区的爆破同次进行时，其起爆时间应早于主爆孔 100 ms 以上。在破碎带的形成过程中，最终轮廓线的预裂爆破，因其前面有第一次预裂形成的粗裂缝，从而减轻了它对保留岩体的破坏。所以，采用建立破碎带的办法较正常预裂爆破方法而言，更有利于使保留岩体获得较好质量。

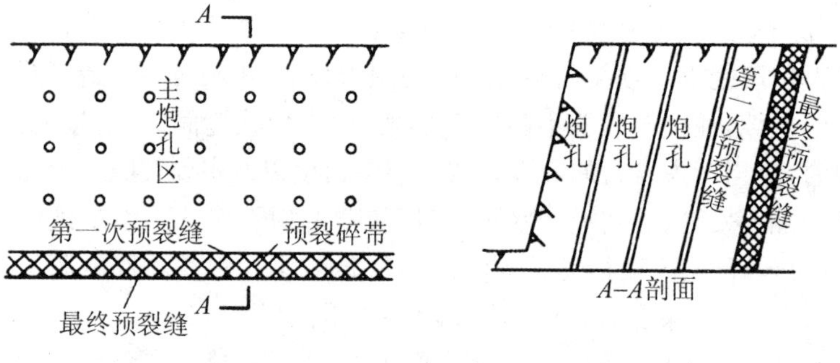

图 7.30 开挖区边缘形成破碎带的示意图

② 预裂—光面爆破法。图 7.30 中，第一次预裂后，沿开挖轮廓线打光爆孔，在主爆区炮孔爆破后再进行光面爆破的方法，即为预裂—光面爆破法。此法可在中硬以上、裂隙发育程度中等的岩体采用。它的钻孔量较之破碎带法略有减少，同时，因光面爆破对保留岩体的损坏也较预裂爆破小，故有可取之处。

③ 施工预裂爆破。在同一高程深孔台阶爆破范围较大而必须实施分区爆破时，先爆区往往造成后爆区界面的严重拉裂及破坏，致使后爆区钻孔及爆破困难，从而延误工期。在爆区分界面上增设施工预裂爆破工序，可获得事半功倍的效果。施工预裂爆破因属临时工程，可采取较大孔距施爆，孔距增大至 15～20 倍钻孔直径。其他参数计算及施工工艺与正式预裂爆破相同。

7.4.2.4 预裂爆破施工的几个技术要素

(1) 保证预裂孔的钻孔质量和精度

预裂爆破实践表明，预裂壁面的超欠挖和不平整度主要取决于钻孔精度。钻孔质量的好坏取决于钻孔机械性能、施工中控制钻孔角度的措施和工人操作技术水平。即使采用性能较差的设备，但技术工人认真操作，仍可打出高质量的炮孔。国内一些工程实践表明，应用 QZ-100 型三角架式潜孔钻机，设置钻机移动轨道，完全可以完成高质量的钻孔作业，而对于能自行行走的钻机必须注意机体定位。

钻孔作业应做到"对位准、方向正、角度精"。地面起伏不平处应先做好平整，并根据平整后的地面调整炮孔深度，钻孔深度误差不得超过 ±2.5% 的炮孔深；孔口位置偏差不得超过一倍炮孔直径；方向误差不得超过 1°。钻孔完毕，应检查是否符合设计要求，做好钻孔施工记录，并封闭孔口。不合格的钻孔应重新钻孔。

(2) 药包结构及装药施工

目前，国内的预裂爆破装药作业基本上是采用连续或间隔的将药包绑扎在导爆索上的装药结构形式。所谓连续装药结构，是将 25 mm、32 mm 或 35 mm 等直径的标准药卷顺次连续绑在导爆索上，亦可将较大药卷改装为细药卷后绑在导爆索上。间隔装药结构是将上述直径的标准药卷或改装药卷按一定间距绑在导爆索上，其间距值应通过计算确定。制作药包时，应合理确定炮孔内各不同长度段的装药量。炮孔底部 1～2 m 范围的装药量应比计算线装药值大 1～4 倍，其取值视孔深而定，深者取大值；扣除填塞长度后，炮孔上部 1 m 范围的装药量约为计算的线装药量的 1/2 或 1/3；炮孔中部的装药量采用计算的线装药量。

装药时，宜将加工好的药串捆在竹片上缓缓送孔内。在其下放过程中，应使竹片贴紧保留岩壁一侧。

推广使用适用于光面预裂爆破的专用药卷，研制药卷的定位器及间隔堵塞器，是提高我国光面预裂爆破施工作业水平的一项工作。

(3) 填塞

对于台阶爆破，一般炮孔填塞长度大约为 1 倍抵抗线。预裂爆破的炮孔装药量小于台阶爆破孔的装药量，炮孔填塞较短且填塞得过于密实时，由于孔口部分岩石受气体上抬力的作用，容易产生漏斗或破坏；填塞长度较大时，炮孔内的气体虽不冲出，但增大了气体作用时间，填塞段有时就产生不了裂缝或产生裂缝的面质量很差。预裂爆破时，对炮孔进行适当填塞，尽量延长爆炸气体在孔内的作用时间对增加裂缝宽度是有利的。目前，常采用的填塞长度约为 1～2 m 之间。

(4) 起爆

依据预裂爆破的理论,为使应力波与爆炸气体作用应力场在两孔之间叠加,应尽量使预裂孔同时起爆。由于预裂爆破是在夹制条件下的爆破,振动强度很大,有时为了降低爆破振动,可将预裂孔分段起爆,一般采用 25 ms 或 50 ms 延时的毫秒雷管。在分段时,一段的孔数在满足振动要求条件下尽量多一些,但至少不应少于3 孔。实践证明,孔数较多时预裂爆破有利于预裂成缝和壁面整齐。采用数码电子雷管,有可能在保证预裂爆破效果的前提下,最大限度地降低爆破振动。

预裂爆破和主体爆破同次起爆时,预裂爆破的炮孔应在主体爆破前起爆,超前时间不宜小于 75 ms。

(5) 加强对成型路堑高边坡的安全监测

应充分认识由于爆破作用使岩体卸荷可能造成的工程灾害,并采取一定的预防措施。对于顺坡向发育的断层、层理等构造要高度重视,爆破设计时,尽量降低主爆区最大单响药量以减轻爆破振动。在边坡开挖的同时,锚固支护施工及时跟进,以防止路堑边坡地质灾害的发生。

由于岩体卸荷,会产生一些卸荷裂隙,特别是岩体内应力较强的区域,常因卸荷裂隙发育而掉落石块,危及坡下作业安全,必须加强观测和防护;另一方面,在爆区的下一台阶区域进行施工时,也会因爆破振动使已成型的边坡产生松石和落石。因此,爆破结束后,必须对上部边坡认真检查,及时排除危石,确认安全后方允许机械设备进场作业。

对于爆破区附近的塌滑体,在爆前做好明显标识,爆破后应跟踪观测一段时间,以确定其是否有滑移迹象。

7.4.3 光面爆破控制岩体破坏的技术要素

7.4.3.1 光面爆破的特点与作用机理

光面爆破是沿设计开挖边界布设密集炮孔,采用不耦合装药或装填低威力炸药,在主爆区爆破之后起爆的以形成平整的开挖轮廓的爆破作业。光面爆破最初主要用于地下隧道开挖,现在露天开挖工程中的使用也在逐渐增多。

光面爆破与预裂爆破都是控制轮廓成型的爆破方法,它们都能有效地控制开挖面的超、欠挖。两者之间的差别主要是:①预裂爆破是在主爆区炮孔爆破之前进行,光面爆破则在其后进行。②预裂爆破是在一个自由面条件下爆破,岩石所受夹制作用大。而光面爆破则在两个自由面条件下爆破,岩石受夹制作用小。同时因装药量远比主炮区炮孔小,爆破振动对边坡岩体的破坏较小。③光面爆破的成本(边坡的人、机、料消耗)比预裂爆破要低。

光面爆破的主要缺点是,由于光面孔在主爆孔后爆破,防振及防裂缝伸入保留区的能力较预裂爆破差。光面爆破的优点在完整岩体中表现得十分明显,爆破后形成的开挖面平整、美观，并且爆破裂隙不发育。在软岩中，特别是在一些不均匀的岩体和构造发育的岩体中采用光面爆破时，虽然表面上有时看不到炮孔的痕迹，但它在减轻围岩破坏、减少超挖以及防止冒顶等方面的作用是不能忽视的。

由于光面爆破存在两个自由面，实施光面爆破的一个重要而必备的条件是孔间距应小于抵抗线，否则，孔间岩壁不易形成平整的壁面。

在爆破成缝的机理方面，光面爆破与预裂爆破相似。相邻孔不论同时起爆还是毫秒差延时起爆，应力波的作用都会使相邻孔间岩体形成裂缝，随后爆炸气体的作用有助于裂缝的延长，并使孔间裂缝贯通。但光面爆破有侧向自由面，应力波传到自由面后产生反射拉伸波，因其抵抗线一般大于孔间距，反射波尚不能干扰两孔间应力波波峰的叠加，侧向自由面的存在，使得应力波和爆生气体的能量向抵抗线方向转移，因而减弱了对保留岩体的破坏作用。使光面爆破的壁面质量优于预裂壁面质量。

7.4.3.2　光面爆破主要设计参数

（1）最小抵抗线

最小抵抗线在此也称为光爆层厚度。光爆层的厚度不仅影响周边孔间贯穿裂隙的形成，而且影响光爆层开挖后围岩的稳定。因此，确定合理的光爆层厚度，对提高光爆效果有重要的作用，一般采用如下经验式确定：

$$W_{光} = Kd \tag{7.47}$$

式中：K—计算系数，$K=15\sim25$，软岩取大值，硬岩取小值；

d—炮孔直径，m。

（2）孔距

光爆孔的间距比主爆孔小，它与炮孔直径、岩性和装药量等参数有关。孔距过大，难以爆出平整光面；孔距过小，会增加凿岩费用。通常，光爆孔的孔距可按下式计算，即

$$a = (0.6\sim0.8)W_{光} \approx (10\sim16)d \tag{7.48}$$

（3）炮孔深度

炮孔深度 L 的计算公式为：

$$L = \frac{H+h}{\sin\alpha} \tag{7.49}$$

式中，α 为边坡坡度角，也即钻孔角度。

光面爆破炮孔超深 h，宜为 0.3～1.5 m。钻孔深及岩石坚硬完整时取大值；反之取小值。

（4）装药量

光面爆破单孔装药量 $Q_{光}$ 按公式(7.50)计算：

$$Q_{光} = q_{光} \cdot L \tag{7.50}$$

其中 $q_{光}$ 为光面爆破的炮孔线装药密度，可按式(7.51)计算：

$$q_{光} = k_{光} \cdot a \cdot W_{光} \tag{7.51}$$

式中，a 为光爆孔的孔距，单位是 m。

光面爆破的单位体积岩石炸药用药量 $k_{光}$，可根据表 7.19 或类似工程的经验值选取。一般取主爆孔平均单耗的一半左右，约为 0.15～0.45 kg · m^{-3}，软岩取小值，硬岩取大值。光面爆破宜与主体爆破一起分段延时起爆，光爆孔宜滞后相邻主炮孔 $\Delta t = 50～150$ ms 时间起爆；也可预留光爆层在主体爆破后起爆。

7.4.3.3 隧道光面爆破

在隧道和地下工程施工中，一般都要求对轮廓实施光面爆破。确定施工方案时，要综合考虑地质条件、可能拥有的机具及爆破器材、支护手段、技术水平等因素来决定。但是应该强调的是，隧道开挖的施工方案和爆破方法之间有密切的关系。比如，对于软弱围岩时，只有采用光面爆破或预裂爆破，才有可能采用全断面法或大断面法施工。隧道光面爆破施工应遵守以下原则。

① 周边炮眼的间距 $E = 30～70$ cm（软岩时用小值，硬岩时用大值）。

② 周边炮眼的抵抗线 $W = 40～80$ cm（软岩时用小值，硬岩时用大值）。

③ E/W≤0.8（对大多数隧道工程都是适用的）。

④ 周边炮眼的装药结构，应遵从尽可能使不太多的装药沿炮眼全长均匀分布的原则。装药集中度 $q = 0.15～0.45$ kg · m^{-1}（硝铵类炸药），可能采用的装药结构形式主要有：ⓐ2 号岩石硝铵炸药卷，木棍间隔，导爆索及毫秒雷管起爆，做成串状装药结构。ⓑ低密度、低爆速、小直径光爆专用炸药。药卷直径可为 20～25 mm，长度可达 50～60 cm。对隧道深孔（3～5 m 或更深）爆破时，为消除沟槽效应，小直径药卷应与翼片扩张式塑料套管配套使用。ⓒ周边眼用导爆索或导爆索束作为装药。对于特别软弱的围岩，不仅周边眼，有时内圈炮眼也要用这种药结构。

⑤ 周边炮眼尽可能同时起爆，一般采用同段毫秒雷管或导爆索网路起爆。

⑥ 炮眼口应填塞 20～40 cm 炮泥。

表 7.23 列举了部分铁路隧道工程光面爆破参数，可供类似工程参考。实践中一般应通过试爆修正爆破设计，还应注意按地质条件的变化及时调整爆破参数。

表 7.23 部分铁路隧道光面爆破参数

隧道名称	地质条件	周边眼间距 E/cm	周边眼抵抗线 W/cm	相对距离 /E · W^{-1}	装药集中度 q/kg · m^{-1}	炮眼深度 L/ m	施工方法
一支山隧道	硬岩	62	75	0.8	0.17～0.21	3.5	全断面开挖
龙堰坝隧道	硬岩	60～65	66～70	0.85～1.0	0.45～0.55	2.0～2.5	全断面开挖
白石岩一号隧道	软岩	80	70	1.14	0.13～0.18	2.5	全断面开挖

续表 7.23

隧道名称	地质条件	周边眼间距 E/cm	周边眼抵抗线 W/cm	相对距离 /E·W^{-1}	装药集中度 q/kg·m^{-1}	炮眼深度 L/ m	施工方法
蜜蜂箐二号隧道	硬岩	55～60	65～75	0.8～0.95	0.375	1.2	Ⅱ台阶
江头村隧道	中硬岩 硬岩	50～70	50～60	1.2	0.375	1.2	Ⅱ台阶
韩家河隧道	中硬岩 硬岩	60	70	0.86	0.35	2.2～2.7	Ⅱ台阶
小水溪隧道	坚硬岩	50～60	45～54	1.0	0.2～0.22	1.8	上、下导坑
铁二局综合数据	坚硬岩	62	75	0.8	0.24～0.28	1.3～1.7	上、下导坑
范家嘴隧道	中硬岩	45～55	50～60	0.8～1.0	0.22～0.30	1.2～1.5	上、下导坑
铁二局一处隧道	中硬岩 坚硬岩	40～50	40－50	1.0	0.15～0.22	拱 1.7～1.8 墙 1.3～2.0	反台阶、预留光面层
铁二局一处隧道	软岩	30～35	30～35	1.0	0.13	拱 1.7～1.8 墙 1.5～2.0	反台阶、预留光面层

注：小炮眼爆破，∅42 mm 左右，开挖断面 40～50 m^2。

7.4.4　预裂爆破与光面爆破的质量标准与工程效果

7.4.4.1　预裂爆破与光面爆破的质量标准

对于公路、铁路、水利等露天石方爆破工程，一般根据边坡面的平整程度、半孔率、预裂缝的宽度以及减振效果等多项指标来衡量预裂和光面爆破的效果。

(1)铁路路堑边坡光面(预裂)爆破主控项目质量验收检测数量和检测方法

① 半孔率指标检测数量。按不同的地质区段(或同一地质区每 100 m 分 2 段)分别进行全面统计计算。

② 半孔率指标检测方法。采用观察或米尺测量手段，量尺误差应小于 0.2 m。

③ 坡面平整度和边坡坡率指标检测数量。每开挖层每 100 m 等间距检测 6 个断面，检测断面应在两个残留炮孔中间。

④ 坡面平整度和边坡坡率指标检测方法。在确定的检测断面前方架设全站仪，从坡脚开始垂直向上每隔 1 m 测量一个坡面坐标，计算出坡面平均坡率 φ，再根据平均坡率线计算各测点的偏差，即坡面凹凸差，凹挖取正值，凸起取负值。

光面(预裂)爆破形成的边坡坡面应平顺，坡面平整度(凹凸差)小于 ±150 mm 为合格。局部地质原因的超标凹凸差，应据实确定。

不同岩性边坡光面(预裂)爆破后坡面半孔率的质量标准见表7.24。

表7.24 按半孔率验收光面(预裂)爆破的质量标准

岩　性	硬岩(Ⅰ、Ⅱ级)	中硬岩(Ⅲ、Ⅳ级)	软岩(Ⅴ、Ⅵ级)
合格半孔率 η/ %	$\eta \geqslant 80$	$\eta \geqslant 60$	$\eta \geqslant 30$

注:半孔率 $\eta = \sum l_0 / \sum L_0$。$\sum L_0$—检测区段坡面上的总钻孔延米数;$\sum l_0$—检测区段炮孔在坡面上残留半孔痕迹的长度总和。

(2) 路堑边坡光面(预裂)爆破一般项目质量验收检测数量和检测方法

① 预裂爆破裂缝宽度。预裂爆破后,裂缝应延预裂孔中心线贯通,裂缝宽度以5～20 mm为合格。检测数量为每100 m等间距检测6个点;检测方法为尺量。

② 坡面观感。坡面观感应达到稳定、平整、美观的要求,爆破残留的半孔壁面上应没有肉眼明显可见的爆震裂缝。检测数量为全部检查;检测方法为建设单位组织施工、监理单位共同现场观察。

光面(预裂)爆破形成的边坡坡率应符合表7.25的质量标准。

隧洞光面预裂爆破质量评定标准,包括平均线性超挖量、最大线性超挖量、两炮衔接台阶最大尺寸、炮眼痕迹保存率、允许局部欠挖量、允许不平整度、炮眼利用率等,铁路、煤炭、冶金、水利等系统都有规定。因此,对于大多数隧道和地下工程,这些质量要求应该被看作是强制性的、必须努力实现的技术质量要求。

表7.25 光面(预裂)爆破边坡坡率评价标准

项目	允许偏差	质量等级
倾斜坡面坡率 φ	$\pm 2^\circ$	合格
垂直坡面坡率 φ	正坡 2°,不允许倒坡	合格

铁路隧道的光面爆破、预裂爆破质量评定标准列于表7.26。

表7.26 铁路隧道光面预裂爆破质量评定标准

序号	项目	硬岩	中硬岩	软岩
1	平均线性超挖量/cm	16～18	18～20	20～25
2	最大线性超挖量/cm	20	25	25
3	两炮衔接台阶最大尺寸/cm	15	20	20
4	炮眼痕迹保存率/%	≥80	≥70	≥50
5	局部欠挖量/cm	5	5	5
6	炮眼利用率/%	90	90	95

在评定光面爆破、预裂爆破的效果时,应当根据工程用途,合理拟定各项具体

标准。如水工隧洞有时要求不允许渗漏水，因而要求更高；某些矿山巷道服务年限不长，要求可以低些；铁路公路隧道涉及行车安全，应以保护围岩稳定为主。

在光面爆破的质量标准中，爆破的岩石破碎度（或称块度）没有列入。目前国内对于爆破后石渣的块度的要求尚无具体标准。从铁路隧道施工情况来看，人工出渣时大块的最大尺寸不宜超过30 cm；某些有皮带转载机的装渣机也要求大块的最大尺寸不大于30 cm；而另一些大容积铲斗装渣机，则可允许大到50～60 cm。如果片面考虑光面的要求，就可能产生过多、过大的大块。出现大块过多时，采取以下措施总是有效的：①缩小周边眼的抵抗线；②如有可能，适当增加周边眼的装药量；③增加内圈炮眼的数量及装药量。

7.4.4.2　预裂爆破与光面爆破的工程效果

(1) 预裂爆破的减振效果

葛洲坝工程预裂爆破试验表明，由于预裂缝可隔断伸向保留区的爆破裂缝，起到比防震孔更好的减振效果（减振率约提高一倍）。通过预裂缝与不通过预裂缝的振动衰减规律的对比测量，可以进一步定量了解预裂缝的减振作用与效果。试验整理出通过预裂缝与不通过预裂缝的爆破振动衰减经验公式，不通过裂缝时

$$V_{\perp} = 67.9\left(\frac{\sqrt[3]{Q}}{R}\right)^{1.0} \tag{7.52}$$

通过预裂缝时

$$V_{\perp} = 45\left(\frac{\sqrt[3]{Q}}{R}\right)^{1.36} \tag{7.53}$$

式中：$V_{\perp}$—垂直向质点振动速度，$cm \cdot s^{-1}$；

Q—最大一段爆破药量，kg；

R—测点至爆心距离，m。

在实测的$\sqrt[3]{Q}/R$值范围内，对式(7.52)和式(7.53)的计算结果进行对比分析，可以看出预裂缝的减振率由近及远达到48.2%～70.8%。

从记录到的振动波形看，经过预裂缝和防震孔后的波峰被削减，变得比较平缓，强度大大减低，振动周期加长。通常，预裂缝的减振作用与裂缝宽度、深度、长度和岩石性质等因素有关，不能用同一个减振百分率来衡量。

需要注意的是，由于预裂爆破是在夹制作用很大情况下的爆破，其振动作用亦不能忽视。据多个水利水电工程测得的资料，在相同的可比条件下，某一装药量的预裂爆破引起振动的强度相当于3～4倍台阶爆破引起的振动强度。因此，在有重要设施需要保护时，应当限制预裂爆破的最大单响起爆药量。

当预裂缝充水和充填其他碎石、土之类物质后，由于其ρC值加大，增强了折射作用，从而减低隔振效果。所以，为了取得优良的减振效果，预裂爆破后，应尽快地进行开挖区的爆破工作。以免地下水、岩粉、碎石及泥土之类的物质流入缝内降低减振效果，在有地下水的地区，应当尽量降低地下水位。

(2) 光面爆破的技术经济效果

光面爆破的技术经济效果,可以由两个方面来加以分析。一是岩石超挖量的大幅度降低,减少了开挖及回填的工作量,减少了超灌混凝土数量,简化了支护工作,降低造价,加快施工速度等效益。二是保护围岩稳定免受破坏,延长隧道服务年限;把大断面开挖方法及大型隧道施工机械的使用范围扩大到软弱围岩;避免了采用普通爆破方法开挖时,可能出现坍方事故等。

7.4.5 光面、预裂爆破工程实例

7.4.5.1 柳桂高速公路罗山石质路堑光面爆破[①]

1. 工程概况

罗山石方开挖工程位于柳桂高速公路 K146 + 425～K146 + 680 处,全长 255 m。开挖边坡总长 340 m,边坡最高 52 m,边坡总面积 1.1 万 m^2,预留光爆层 1.5～2.2 m。石方开挖工程属山丘地形,岩石为石灰岩,大部分较完整,岩层为中厚层状,岩石坚固系数 $f=6～8$。内部有较多大小溶洞不规则分布,柳州端有两处较大溶洞在边坡外出现。

2. 光面爆破设计

(1) 光面爆破方案与设计原则

① 按照深孔光面爆破为主,浅孔光面爆破为辅的原则,合理地进行光爆施工。

② 从上到下分三个台阶进行主体石方开挖及光面爆破的施工方案,10 m 以上边坡坡度由设计 1∶0.5 改为 1∶0.3,台阶宽度预留 1.5 m,尽量减少石方开挖数量。

③ 采用预留光爆层方法进行光面爆破施工,预留光爆层厚度为 1.5～2.2 m。

(2) 光面爆破主要爆破参数

① 钻孔直径 D。根据岩石特性及采用 QZ100B 型三角架式潜孔钻机,边坡高度大于 6 m 的深孔光面爆破钻孔直径 $D=100～105$ mm;浅孔取 $D=38～42$ mm,作为光面爆破实施的辅助手段。

② 梯段高度 H。边坡大部分在 25～45 m,最高达 52 m,确定分三个台阶进行光爆。台阶高度分别为 $H_1 \geqslant 12$ m,$H_2=12～15$ m,$H_3=10～12$ m。

③ 抵抗线 $W_光$。$W_光$ 的选取直接影响到光面爆破的效果,若 $W_光$ 过大,爆后大块较多不易清理,当底扳抵抗线过大时,应用手风钻预先处理,避免爆后形成根坎;当 $W_光$ 过小,将不能取得理想的光爆效果。计算 $W_光$ 的公式为 $W_光=K \cdot D$,式中 $W_光$ 为计算系数,一般取 $K=15～25$,本工点取 $K=18$;D 为钻孔直径,深孔 $D=100$ mm,浅孔 $D=40$ mm。所以深孔 $W_光=1.8$ m,浅孔 $W_光=0.6$ m。

---

① 王舒毅,刘宏刚. 柳桂高速公路罗山石质路堑光面爆破[M]//中国工程爆破协会编. 中国典型爆破工程与技术. 北京:冶金工业出版社,2006:53～57.

④ 孔距 a。采用公式 $a_{光} = mW_{光}$ 计算求得的光爆孔距，在实爆中取得了满意的效果，式中 m 为比例系数，取 $m = 0.6 \sim 0.8$。对 $d = 100$ mm 的钻孔直径，选取 $a = 1.2$ m。

⑤ 孔深 L 与超钻深度 h。炮孔深度的选择应视梯段高度及钻机情况综合考虑。孔深

$$L = \frac{H}{\sin\alpha} + h$$

式中，α 为边坡坡面角，1∶0.3 边坡时 $\alpha = 73°$。超钻深度 h，上层 $h = 0.5 \sim 1.0$ m，下层 $h = 1.0 \sim 1.5$ m。

⑥ 光面爆破的线装药密度 $q_{光}$ 和单孔装药量 $Q_{光}$ 可由下式确定，即

$$q_{光} = K_{光} \cdot a_{光} \cdot W,\ Q_{光} = q_{光} \cdot L + Q_{底}$$

式中 $K_{光}$ 为光面爆破的单位耗药量，可取 $K_{光} = 75 \sim 90\ \text{g} \cdot \text{m}^{-3}$，$Q_{光}$ 为光面爆破底部加强装药量，$Q_{底}$ 随超钻深度确定，岩石强度坚硬完整，超钻深度大时取高值，否则取小值。本工点的装药量经试爆后确定为：$d = 100$ mm 时，左侧 $q_{光} = 200 \sim 220\ \text{g} \cdot \text{m}^{-1}$，右侧 $q_{光} = 180 \sim 200\ \text{g} \cdot \text{m}^{-1}$，$Q_{底} = (3 \sim 8)\ q_{光}$；$d = 42$ mm 时，$q_{光} = 120 \sim 150\ \text{g} \cdot \text{m}^{-1}$，$Q_{底} = (1.5 \sim 3)\ q_{光}$。

⑦ 起爆时间 Δt。光面爆破与主体爆破一同爆破，滞后于主体爆破 200 ms，取得了良好效果。

3. 光面爆破施工工艺

(1) 钻孔平台修建

钻孔平台宽度为 1.5 m，可保证三角架式钻机的定位和调整。

(2) 边坡测量放线

为实现光面爆破后边坡一次成型，边坡测量放线不允许出现误差。

(3) 钻孔工艺

精确的钻孔是光面爆破成败的一个重要因素，钻孔不仅需要按桩对位，而且需要炮孔钻在同一平面上。对于三角架钻机我们采用如下措施来保证钻孔精度：①在钻孔平台上利用∅40 mm 的送风钢管作为钻机移动轨道。钢管在边坡线外 30 cm 处铺设，连接并固定垫实，再根据光爆孔距在钢管上用油漆标明孔位及深度。②根据设计边坡的坡度，在架设钻机时进行坡面角度调整。以保证在同一坡度钻孔。③提高施工人员钻孔操作水平，以保证钻孔准确性。

(4) 装药及填塞

装药不耦合系数取 3，采用的炸药为∅35 mm、长度为 200 mm、重量为 200 g 的二号岩石管状硝铵炸药，等间距间隔装药。填塞长度 $L_2 = 1.3 \sim 1.5$ m。

(5) 起爆网路

采用导爆索起爆网路，药卷均匀地捆在导爆索上，当光爆孔较多时采用毫秒接力网路。

4. 光面爆破实爆情况

光面爆破共进行 9 次，钻孔 508 个，钻孔总延长米7 045.6 m，开挖边坡 8 455 m^2。边坡壁上留下的半孔率达 95%以上，边坡平整稳定（见图 7.31），不平整度＜15 cm。

图 7.31 柳桂高速公路罗山石质路堑边坡平整稳定

7.4.5.2 薄层岩体中的预裂爆破①

(1) 问题的提出

中铁 20 局集团公司在承担的西柏坡电厂三期铁路专用线工程中，K247+000～K248+700 段与既有电气化铁路朔黄线平行，其中路基土石方开挖主要集中于 K247+200～K247+800，开挖长度 600 m，开挖宽度 5～21 m 不等，最大开挖深度为 22 m，开挖总工程量为 7.8 万 m^3，该段地形起伏变化大，地质条件复杂多变，岩石为白云岩，底部夹片岩和千枚岩，微风化，局部表层覆盖新黄土。周围环境极其复杂，开挖边缘线距运营朔黄线最近为 1.5 m，开挖段两侧分布有电力机车高压线和铁路自闭线。每天运行 90 对列车。列车间隔时间最小为 5 分钟，要求爆破不能危及运输安全。

本工程采用边坡深孔预裂爆破、临堑预留隔墙、扩堑主体从里向外进行浅孔台阶控制爆破、预留隔墙定向爆破倾倒的施工总体方案。在该区间 200 m 范围内，预裂爆破边坡面前方扩堑岩体的厚度较薄，仅为 5～10 m，这种条件下，不能采用光面爆破，否则将危及运营铁路安全；在薄层岩体中实施深孔预裂爆破，是一个全新的课题。

(2) 薄层岩体预裂爆破的安全论证

对薄层岩体实施预裂爆破，必须要通过控制爆破规模，确定合理的预裂爆破设计方案，采取必要的技术措施，保证预裂面前方坡面不破裂，不落石，保证紧邻既有线铁路运营安全。我们从以下几个方面进行论证分析。

① 顾毅成，刘宏刚. 薄层岩体中的预裂爆破[J]. 工程爆破. 2006，12(4)：22～24.

① 按C. W. Livingston(利文斯顿)爆破漏斗理论分析。利文斯顿认为，埋置于地表以下一定深度 H_o的药包，爆破时总能找到一个装药量 Q_L，当爆破能量低于此值时，岩石表面只产生弹性形变而无明显破坏，超过此药量限度，则岩石表面将由弹性形变转化为破裂，并用公式(7.54)表征：

$$Q_L = \left(\frac{H}{E_b}\right)^3 \tag{7.54}$$

式中：H—药包埋置深度，m；

Q_L—药包埋置深度 H 时的临界装药量，kg；

E_b—岩石变形能系数，$kg \cdot m^{-3}$。

我们根据本工程现场爆破资料，分析求得 $E_b = 3.16\ kg \cdot m^{-3}$，对应于不同药包埋置深度，其临界装药量如表 7.27。

表 7.27　不同药包埋置深度时的临界装药量

H/m	5	6	7	8	9	10
Q_L/kg	4.0	6.9	11.0	16.4	23.3	32.0

② 按爆破对岩石破坏范围理论分析。张正宇等提出，针对水工建筑基础开挖爆破，认为当爆破时相应地面质点峰值振动速度值为 13～19 $m \cdot s^{-1}$时，地表为轻微破坏区，即老裂缝有张开(大于 0.1 mm)，无错动，更无新的裂缝产生。我们认为，按照这一标准作为预裂爆破面前方既有线原有边坡不被破坏的标准，可以保证施工期间既有线的运营安全。

按照我国常用的计算爆破时产生的地面质点峰值振动速度计算公式

$$V = K\left(\frac{\sqrt[3]{Q}}{R}\right)^a \tag{7.55}$$

式中：V—地面质点峰值振动速度，$m \cdot s^{-1}$；

Q—炸药量，kg，齐发爆破为总药量，延迟爆破为最大一段爆破总药量；

R—观测(计算)点到爆破的距离，m；

K，α—分别为爆破点至计算点之间的地形、地质条件有关的系数和衰减指数。

对本工程，K，α 分别取 180，2.0 。经计算，求得 R 为 5～10 m 范围内，对应于 $V = 19\ m \cdot s^{-1}$的爆破药量如表 7.28。

表 7.28　对应于 $V = 19\ m \cdot s^{-1}$，距离 R 与药量 Q 的关系表

R/m	5	6	7	8	9	10
Q/kg	4.3	7.4	11.8	17.5	25.0	34.5

③ 薄层岩体预裂爆破规模的控制。上述分析表明，两种不同方法所得的结论趋于一致，并有相当的安全系数。但这一控制药量，对实施预裂爆破提出了苛刻的要求。为此决定，在薄层岩体区段，对边坡预裂爆破采取降低台阶高度，即分

为两个或者三个台阶，并对预裂爆破采用毫秒差延时爆破，试验规模按表 7.29 控制。试验表明,按试验数据实施是可行的。

表 7.29 预裂爆破对爆破规模的控制

岩体厚度 H/m	5	6	7	8	9	10
分段爆破允许药量 Q/kg	5.0	8.0	12	18	28	40
一次爆破允许总药量 $\sum Q$/kg	10	17	26	40	60	90

(3) 薄层岩体深孔预裂爆破的设计

① 预裂爆破设计基本原则

当薄层岩体顶宽小于 10 m，挖深大于 10 m 时，为控制爆破规模,宜分层钻爆。挖深为 10～15 m 时，设两个台阶;挖深大于 15 m 时,设三个台阶。对薄层岩体，一个台阶的高度不大于 10 m，为便于施工,平台宽度取 $B=2.0\sim3.0$ m。

预裂爆破沿设计开挖边界面布设,炮孔倾斜角度与设计边坡坡度等同，为 1∶0.3。

根据本工程地质条件,预裂爆破炮孔直径 d 取 80～100 mm,药卷直径为 32 mm，不耦合装药系数 $K_c=2.5\sim3.1$。

为降低预裂爆破地震动效应,防止薄层岩体前沿及既有线护坡破裂或剥落,采用毫秒差延时预裂爆破，按每 4～8 孔一组，并以表 7.29 控制一段起爆最大药量；根据工地导爆管雷管段别，段间毫秒时差控制在 100 ms 以内。

按表 7.29 控制一次起爆预裂爆破总药量。为减少爆破次数,在一次爆破过程中,通过大于 2S 的秒差延时,可一次完成两组毫秒差延时预裂爆破,两组相邻的预裂爆破,相邻处设两个不装药的空孔,起到导向的作用。

② 不同地段分台阶设计方案

本工程边坡开挖轮廓距既有线边坡顶距离不足 10 m 的薄层岩体段共有 200 m。图 7.32 为 DK247＋640 段及 DK247＋540 段典型的横断面图。台阶高度分别为 13.6 m 和 17.4 m,分别设两个和三个台阶,台阶变更处边坡设置缓坡,尽可能使其美观。

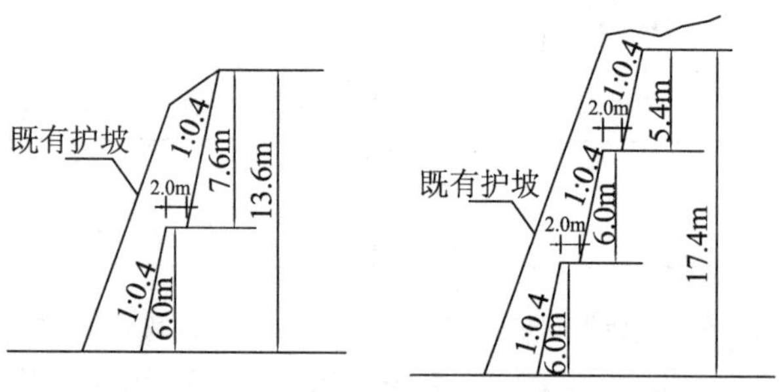

图 7.32 DK247＋640 段和 DK247＋540 段横断面图

③ 薄层岩体中预裂爆破设计参数

预裂爆破的超钻 h，对上、中层平台，h 取 0.5 m，对下层平台 h 取 2.0 m。预裂爆破孔距 a，本工程为 1.8～2.5 m。预裂爆破炮孔线装药密度 q，根据经验类比法，取 $q = 250～340\ \mathrm{g \cdot m^{-1}}$，岩石坚硬取大值，底部 1 m 加强装药段，$q = 450～750\ \mathrm{g \cdot m^{-1}}$，上部 1.6～1.8 m 为填塞段。

④ 预裂爆破起爆网路设计

根据设计基本原则，薄层岩体部位孔内装 MS7 非电雷管，孔外用 MS3 连接控制延时时间，每 4 孔为一段，设计延时为 100 ms，一次起爆总药量应满足控制要求；为减少爆破次数，一次起爆两组，分别由两人用火雷管起爆，两组时差按 2～3 s 控制。

(4) 大面积、预裂爆破的实施

自 2005 年 5 月 23 日开始，对薄层岩体实施预裂爆破，至 10 月 20 日完成，其间共进行预裂爆破 19 次，光面爆破 6 次，无一安全事故，保障了朔黄铁路的运营安全。在高 22 m、长 600 m 的范围内，克服地质条件多变的不利因素，首次在铁路复线扩堑中，边坡采用深孔预裂、光面爆破，边坡做到稳定、平整（见图 7.33），半孔率达 90%以上。

图 7.33 600 m 长范围内边坡平整稳定

7.4.5.3 地下厂房岩壁梁爆破成型技术①

岩壁吊车梁（简称岩壁梁）是 19 世纪 80 年代从挪威引进的世界上公认的高新技术成果，它利用锚杆的抗拉拔力和地下厂房与岩壁梁之间摩擦力，将岩壁梁锚固在地下厂房边墙岩体上，吊车荷载是通过注浆锚杆和钢筋混凝土与岩石接触面的摩擦力传到岩体上，形成岩壁梁和岩体共同受力的结构。岩壁梁是地下厂房施工和运行的核心建筑物。但由于起吊重量大，岩壁开挖要求就更高，不允许欠挖，超

① 尹强，徐成光等．"爆刻技术"在岩壁梁部位开挖中的研究与应用[J]．工程爆破，2008，14(2)：22～24．

挖则会引起岩壁梁固定锚杆应力增加，所以，岩壁的开挖成型极为关键，而且受围岩工程地质条件影响较大。

中国水利水电第七工程局承建的向家坝水电站采用“爆刻成型技术”，在超大型地下厂房复杂地质条件下岩壁梁部位开挖中，实现岩体爆破成型取得突破，获得了以下主要技术成果。

(1) 制定科学、合理的施工程序和施工方法

将增加爆破临空面作为制定施工程序和施工方法的基本原则，厂房第三层爆破施工程序为：中槽预裂→Ⅲ1 区(中槽)开挖→Ⅲ5 区岩台竖向光爆孔和辅助孔提前造孔(插 PPR 管进行保护)→Ⅲ2 区保护层开挖→Ⅲ3 保护层区开挖→Ⅲ4 区保护层开挖→下拐点锁角保护→Ⅲ5 区岩台开挖→下拐点直墙支护施工→Ⅲ6 区保护层开挖→第Ⅳ层施工预裂→第Ⅳ层结构预裂(见图 7.34)。

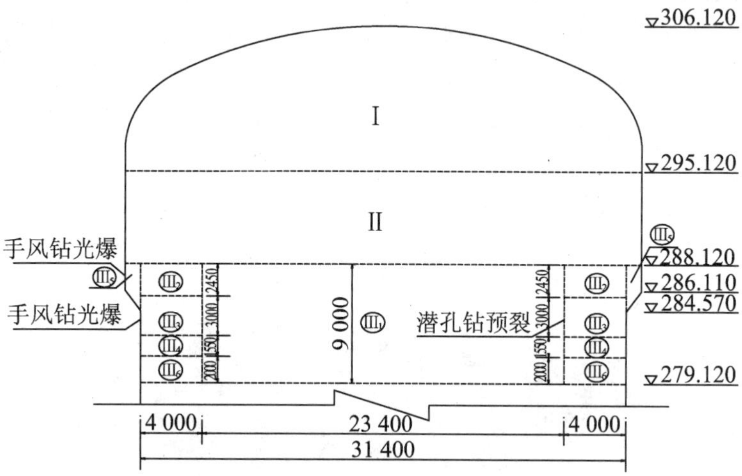

图 7.34 向家坝电站厂房第三层开挖程序图

科学、合理的施工程序和施工方法有利于降低爆破震动和改善爆破效果，有利于岩壁的爆破雕刻成型及将爆破对岩壁的影响降低到最小限度。

(2) 加强钻孔质量控制，实施预锚锁角技术

自行设计、架设了钢管样架，采用内外导管定位，规范钻孔施工，加强钻孔工艺细节质量控制，有效地控制了钻孔精度，确保了钻孔质量。

因地质结构面发育，在爆破开挖过程中下拐角容易发生应力集中，很难成型，为更利于下拐角成型质量优良，特对下拐角实施预锚锁角技术进行预锚。

技术内容具体措施为：距离岩锚梁下拐点 10 cm 处增设一排锁口锚杆(∅25 mm，$L=1.5$ m，@100 cm)，以加强下拐点保护，防止岩台开挖撕坏下拐点，另对Ⅳ、Ⅴ类围岩部位采用∠50 cm×50 cm×3 mm 角钢进行通长焊接加固，在此基础之上再在下拐点以下 1 m 范围内进行初喷砼(厚 5 cm)施工。

(3) 采用精细的"爆刻成型技术"

岩壁梁开挖成型要求极高,图 7.35 为Ⅲ5 区爆破立面示意图。为最大限度地降低二圈孔爆破对设计壁面的损伤,Ⅲ2、Ⅲ3、Ⅲ4、Ⅲ5、Ⅲ6 区爆破时均创新式地采用了"双层光面爆破"。所谓"双层光面爆破",就是将设计轮廓光爆孔外的缓冲孔,同样按光面爆破原理进行设计,形成双层光面保护屏障,这样既可更大限度地降低二圈孔爆破对设计壁面的损伤,同时使设计轮廓光爆孔的抵抗线更均匀,最终达到形成高质量的设计轮廓面。

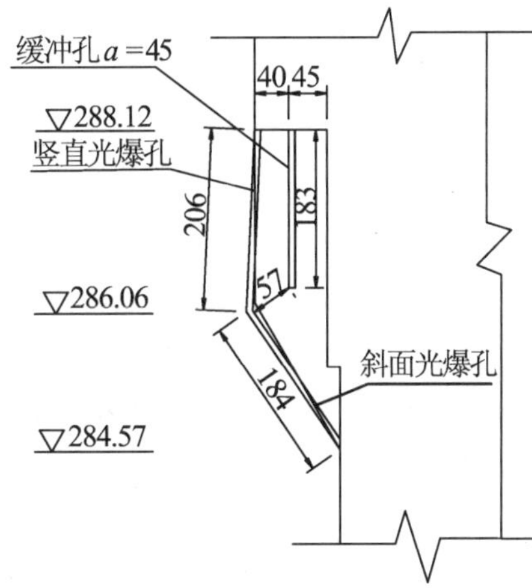

图 7.35　向家坝电站Ⅲ5 区爆破立面示意图

除双层光爆孔适当加密外,另对设计轮廓光爆孔装药变"集中"为"分散",实行"均匀微量化装药",即将∅25 mm、重量为 125 g 的光爆孔专用药卷,先沿纵向对半剖成 2 小条(62.5 g/条),然后将每小条均匀地分成 5 小条(12.5 g/条),最后再将每小条按设计间距绑扎在导爆索和竹片上,实行"均匀微量化装药",以可进一步降低对设计轮廓面的损伤,形成更优良的开挖壁面。

岩壁梁岩台上拐点直孔、岩台斜孔、岩台下拐点直孔,三孔在垂直投影面上,不是成一条连续的直线即"三孔一线",而是采用三孔错孔布置,使炸药能量在上下拐点部位的分布,由集中变为分散均匀微量化,使岩台上下拐点部位处岩体损伤更小,最终达到岩台上下拐角成型更好的目的。

(4) 爆破效果

现场实际爆破效果为:排炮台坎一般不大于 6 cm;岩壁无欠挖;岩台平均超挖仅 2.9 cm,不平整度 0～4 cm;周边孔的孔底偏差 0～4 cm,岩壁梁成型优良(见图 7.36);炮孔半孔率为Ⅱ类围岩 100%,Ⅲ类围岩 99.2%,Ⅳ类围岩 90%～97.3%;由爆破和围岩卸荷造成的影响深度在 0.2～0.7 m 之间;爆破对已开挖的洞室及其他建筑物的爆破质点振动速度均控制在国家标准《爆破安全规程(GB 6722-2003)》和有关技术条款所允许的范围以内。从各项技术指标进行评价,开挖爆破效果优良。

图 7.36　向家坝电站岩壁梁下游 CZ0＋165～CZ0＋153 光面爆破效果

第 8 章　爆炸冲击波和爆破飞散物的安全

爆炸冲击波和爆破飞散物是炸药爆炸产生的主要有害效应，在工程爆破中，它们经常威胁人们生命财产的安全。近年来，由于爆炸冲击波和爆破飞散物产生的安全事故屡有发生，因此必须加强预防和严格控制。

8.1　爆炸冲击波

当炸药包在介质中爆炸时，迅速释放出大量的能量，产生具有几万 MPa 的高压、数千摄氏度的高温气体，急剧冲击和压缩相邻介质，使靠近界面的介质中产生接近爆轰波速度的冲击波和跟随的高速运动的介质流，它以数倍声速向外传播，由强到弱，最后衰减为声波。由于介质性质的不同，爆炸冲击波在传播时的特性也不同。炸药在空气中爆炸形成的是空气冲击波；在深水中爆炸形成水中冲击波；在浅水中除了形成水中冲击波外，还可能产生空气冲击波；在岩石中爆炸，除了在岩石中传播冲击波外，还会形成空气冲击波。岩石中的冲击波主要起到破碎岩体的作用，是我们利用的有效功，而空气冲击波和水中冲击波则会在安全上给我们带来损失和麻烦，因此必须予以防范。

8.1.1　空气中的爆炸冲击波

炸药包在空气中爆炸时，周围空气受到具有高温、高压爆炸气体的突然冲击和压缩，产生强烈的冲击波，在它形成的初始阶段，空气冲击波携带的能量约为爆炸总能量的 65%～70%，并以与爆炸气体同样的速度运动，尔后爆炸气体由于膨胀而降压减速，并与空气冲击波相脱离(对于裸露药包爆破条件下，发生脱离的地方约为药包半径的 8～15 倍)，此时冲击波的波阵面上超压在 2～10 MPa，波速达 1 400～3 100 $m \cdot s^{-1}$，波后空气流速约 1 100～2 700 $m \cdot s^{-1}$。这一阶段的空气冲击波具有很大的破坏作用。此后空气冲击波借助从爆炸气体中得到的动能继续向外传播。当空气冲击波与爆炸气体脱离后，在波阵面与爆炸气体之间形成一个压力下降区，压力下降到低于大气压，出现反向传播的稀疏波(见图 8.1)。由于卷入空气质量的增加，传播中的冲击波能量不断消耗，压力和速度下降，在离开爆源约 $100R_0$(R_0 为药包半径)处接近声速，锐变成声波。这是裸露药包在空气中爆炸形成冲击波的一般情况。

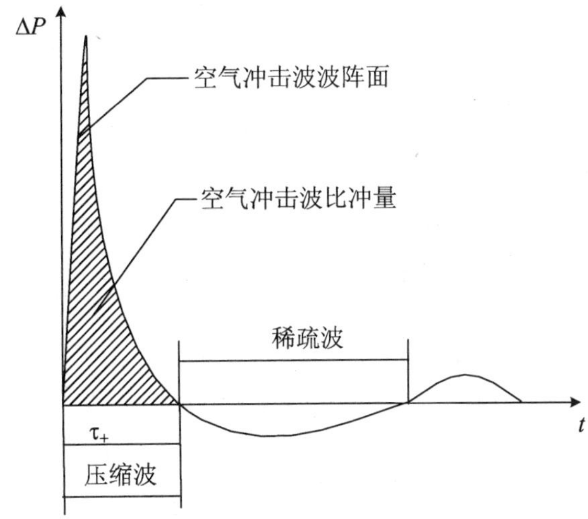

图 8.1　空气冲击波的传播

对于在岩石、混凝土等介质中钻孔爆破产生的空气冲击波，大都是爆炸气体冲出炮孔和裂缝压缩界面空气而形成的，由于炸药的能量大部分消耗在破碎固体介质上，逸出的爆炸气体携带能量很少，因此转化为空气冲击波的能量也不多，所以钻孔爆破形成的空气冲击波的强度与空气中裸露药包爆炸相比要小得多。

对于硐室爆破，装药量大且集中，大量的爆炸气体在逸出岩石裂缝后压缩空气形成冲击波，它会裹挟破碎的岩块冲出，尤其是抛掷爆破时，岩石的抛掷距离与它有相当大的关系。如果硐室爆破的填塞质量不好或者填塞长度不够时，大量的爆炸气体冲出导硐，压缩空气形成强大的空气冲击波，其影响范围很大，甚至会出现意想不到的破坏。

在建(构)筑物拆除爆破中，空气冲击波主要是由楼房爆破塌落时在楼层之间的空气或者是烟囱爆破倒塌撞击压扁时在筒体内部的空气突然受到压缩而形成的，它和其后面跟随的高速气流裹携着地面的渣土尘埃，轻者污染周围环境，重者损伤附近欲保护的建筑物和设施。

8.1.1.1　爆破产生空气冲击波的事故教训

案例 1　1980 年 12 月 28 日，某施工单位在江西鹰潭火车站进行深孔爆破施工，开挖岩石为红色砂岩，深孔孔径为 150 mm，孔深在 0.6～5.6 m，孔间距 2.3 m，排间距 2.0 m，炸药单耗为 1.2 kg · m^{-3}，总炮孔数为 1 436 个，总装药量 22.7 t。采用导爆索齐发起爆网路。爆破当天天气阴灰，气温为 5 ℃。起爆后周围建筑物损坏①的情况有：①离开爆区 650～700 m 的鹰潭石油库区(比爆区低 10～20 m)，

① 中国力学学会工程爆破专业委员会编. 爆破工程(下)[M]. 北京：冶金工业出版社，1992：230.

库房有近百扇玻璃窗户全部被打碎，两层的办公楼和平房住宅的木窗框向室内移动了0.5～2.0 cm，三座仓库的木大门折断损坏，一座仓库的屋顶桁架塌落，大部分平房的天花板抹灰大面积脱落；②离开爆区1 300 m的某部队后勤基地的修理车间，其四周的石砌承重墙出现多条1～3 mm宽的裂缝，四栋住宅室内抹灰大量脱落，外走廊的砖柱扭转位移1～3 mm，俱乐部的吊灯震落了19盏；③距离爆区2～3 km的市区，个别房屋玻璃窗被损坏，居民感到强烈振动。

从周围建筑物和设施的破坏情况判断，应该是爆破产生的空气冲击波造成的破坏，当然也不排除爆破振动破坏的可能性。出现这起严重事故的主要原因在于设计存在严重错误：一是有1 000多炮孔，没有采用分段延时爆破，而采用一次齐爆，无论是从空气冲击波安全还是爆破振动安全的角度考虑，都不应该这么设计；二是炸药的单耗达到1.2 kg·m^{-3}，大于正常深孔爆破单耗的2倍以上，相当于抛掷爆破的药量，这必然会有大量能量转化为空气冲击波；三是全部采用导爆索网路，铺设在地面的导爆索长达4 000 m，如果导爆索的线装药密度按照14 g·m^{-1}计算，相当于有药量达56 kg的黑索金平面药包裸露爆破；四是爆破当天是阴天，一般气温容易出现反向变化，即温度随地面高度增加而升高，使得高处波速大，地面波速小，空气冲击波发生折射，在距离爆源较远的某一距离范围内的空气冲击波得到加强，尤其是石油库区处于比爆区低十多米的条件，很容易形成冲击波的增强效应。

案例2 1971年9月，湖北某工程队在高压线下放炮，爆破冲击波将起爆线抛掷到附近10 000 V的高压线上，造成短路，形成重大停电事故①。20世纪90年代某电气化铁路复线施工中，在路堑开挖爆破时，爆破冲击波把起爆母线抛向高压接触网，使起爆器操作人员当场触电身亡②。

这两起事故都是由于爆破冲击波气浪造成的，操作人员对于冲击波的危害估计不足，起爆站的位置选择在高压线附近是不安全的，事先应该使起爆线远离高压线，对靠近高压线的炮孔孔口可以用沙土覆盖，把起爆线用石块压住，就可以避免事故的发生。

案例3 1977年甘肃小铁山矿深孔爆破时，爆破产生的空气冲击波沿着巷道扩散运动，将在巷道中工作的3名员工击死③。井下爆破时空气冲击波顺着管道运行，强度大，衰减慢，因此附近巷道的工作人员必须撤离到安全的地方，并要设置挡波墙，减弱空气冲击波的强度。

案例4 2008年3月13日下午3时40分左右，在广深公路宏康东筑小区东

---

① 刘殿中. 工程爆破实用手册[M]. 北京：冶金工业出版社，1999：681.

② 卿光全. 电气化铁路复线爆破施工中的事故分析[J]. 爆破，2000，17(1)：77～79.

③ 刘殿中. 工程爆破实用手册[M]. 北京：冶金工业出版社，1999：681.

侧的通道上,两辆加长货柜车在卸货时发生爆炸并引起火灾[①]。这次爆炸是停放路边的两辆加长货柜车在卸货过程中引发的,爆炸产生的空气冲击波直接影响到附近建筑物的安全,并引发一栋居民楼着火,事故还导致广深公路双向道路封闭近 3 小时。这起事故是由于爆炸器材受到撞击和摩擦而发生,爆炸产生强大的空气冲击波超压和气浪,导致 7 人死亡,6 人受伤。

案例 5　2007 年 7 月底,工人们在临高县人民医院工地上挖洞,准备打桩修建一座 12 层高的综合大楼[②]。在进行桩基爆破时,由于炸药爆破产生的空气冲击波,使距离工地周围仅 5～6 m 的十多间民房出现了损伤。房子的墙面、天花板、地板被震出好多裂痕(见图 8.2)。

(a) 工地爆破桩基的情况　(b) 爆破附近的民房

(c) 房屋内部裂痕明显　(d) 门框旁边墙体裂缝

图 8.2　爆破产生空气冲击波对房屋的损伤

从上述事故案例分析,不少从事爆破作业的人员,对于空气冲击波的特点和危

① 2008 年 03 月 14 日 02:46,新华网.

② 2008 年 03 月 06 日 10:54,人民网,海南视窗.

害还缺乏认识，在爆破实施中对于空气冲击波的预防和控制也就不够。

8.1.1.2 空气冲击波的主要特性

1. 空气冲击波的形成

空气中质点受到扰动时，在空气中首先形成压缩波，其传爆速度与其后跟随质点的流速 w 有以下关系：

$$C = C_0 + (\gamma + 1)\frac{w}{2}$$

式中：C_0—标准状态下空气声速，$m \cdot s^{-1}$；

C—空气压缩波传播速度，$m \cdot s^{-1}$；

w—空气质点速度，$m \cdot s^{-1}$；

γ—空气定压比热与定容比热的比值。

当空气继续受到压缩，后续的压缩波逐渐赶上前面的压缩波，波形很快变陡，使得波阵面上压力、温度、密度、质点速度都发生剧烈变化，这时的压缩波称为空气冲击波，如图 8.3 所示。空气冲击波的压力 P 与其传播速度 C 的关系如图 8.4 所示①。

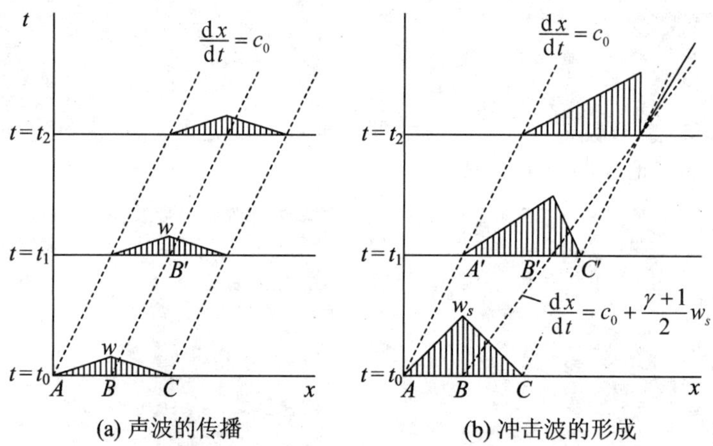

图 8.3 空气冲击波形成示意图

当空气冲击波压力 P 达到 4 MPa 时，其冲击波的速度约为声速的 6 倍，即 $C = 2\,000\ m \cdot s^{-1}$。

炸药在空气中爆炸，产生具有高温高压的爆轰波，急剧压缩周围空气，形成空气冲击波。对于药包与空气界面处形成的初始空气冲击波特性，日本学者进行了试验研究，得到表 8.1 的结果。对于不同密度的炸药，空气冲击波初始压力仅为爆轰波的 0.3%～0.8%，而初始空气冲击波的速度比爆轰波速度大 1.1～1.4 倍。

① 工业火薬協会编.新・発破ハンドブック.东京:山海堂株式会社,1989:350～351.

2. 空气冲击波阵面上的参数

根据冲击波波阵面上质量连续和动量、能量守恒关系，计算得到的空气冲击波波阵面上主要参数列于表 8.2。

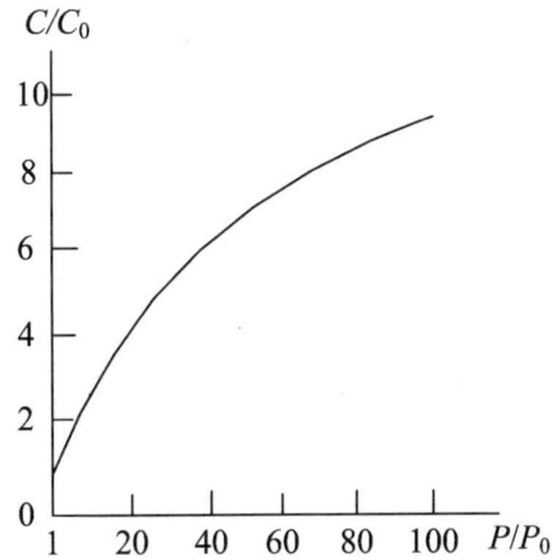

图 8.4　空气冲击波压力与波速关系

P_0—标准状态下的空气压力

C_0—标准状态下的空气声速

(1) 空气冲击波超压的计算

描述空气冲击波特性的参数很多，但与安全有关的参数主要有超压 ΔP 和其作用时间 τ、波阵面速度 D 以及冲量 I。不同爆破方式形成的空气冲击波情况不一样，因此其产生空气冲击波的强度也不同，计算的方法也有差异。

① 裸露爆破

空气冲击波阵面上超压强度取决于炸药爆炸释放的能量与冲击波涉及空间在爆炸前具有的初始能量之比，这是计算的理论基础。前苏联学者 M. A. 萨道夫斯基等人根据这个理论，通过实验，得到了裸露药包在不同形状、条件下的超压计算公式。

表 8.1　炸药爆炸入射空气中的冲击波初始特性

炸药爆轰特性						入射到空气界面形成的空气冲击波特性		
炸药种类	密度 /g·cm^{-3}	爆轰压力 /10^5 Pa	爆速 /m·s^{-1}	质点速度 /m·s^{-1}	温度 /K	波阵面压力 /10^5 Pa	波速 /m·s^{-1}	质点速度 /m·s^{-1}
泰安 (PETN)	0.8	54 000	4 760	1 450	4 370	450	6 500	5 900
	1.2	125 000	6 300	1 650	3 900	640	7 700	7 000
	1.8	238 000	7 900	1 900	3 290	820	8 900	7 800

注：引自工业火药協会编. 新・発破ハンドブック. 东京：山海堂株式会社，1989：350～351.

表 8.2　空气冲击波波阵面上各参数之间的关系

超压 ΔP /10^5 Pa	空气冲击波波速 D/m·s^{-1}	波阵面质点速度 v/m·s^{-1}	波阵面空气密度 ρ/kg·m^{-3}	波阵面空气温度 T/K	波阵面前空气声速 C_o/m·s^{-1}
0.0	340	0.0	0.123	288	340
0.1	354	22.6	0.131	296	345
1	460	174	0.196	353	377
2	555	287	0.256	405	404
3	635	378	0.302	455	428

续表 8.2

超压 ΔP /10^5 Pa	空气冲击波波速 D/ms^{-1}	波阵面质点速度 v/ms^{-1}	波阵面空气密度 ρ/kgm^{-3}	波阵面空气温度 T/°K	波阵面前空气声速 C_o/ms^{-1}
4	707	453	0.343	503	450
5	772	518	0.374	552	471
10	1 040	772	0.480	787	562
20	1 430	1 120	0.575	1 250	710
30	1 730	1 380	0.615	1 720	832
40	2 020	1 690	0.715	2 010	860
50	2 270	1 900	0.755	2 400	930
100	3 147	2 746	0.920	3 800	1 157
200	4 394	3 920	1.110	5 800	1 519
400	6 130	5 550	1.240	8 700	1 970
600	7 516	6 569	1.380	10 400	2 300
800	8 640	7 923	1.430	11 800	2 615
1000	9 700	8 800	1.470	12 800	2 820

注:引自 C. K. 萨文科等著,龙维祺,于亚伦译. 井下空气冲击波[M]. 北京:冶金工业出版社, 1979:5.

球形药包在周围都是空气介质条件下裸露爆破的空气冲击波超压:

$$\Delta P = \frac{7Q_T}{R^3} + \frac{2.7\sqrt[3]{Q_T^2}}{R^2} + \frac{0.84\sqrt[3]{Q_T}}{R} \tag{8.1}$$

球形裸露药包在地表爆炸的空气冲击波的超压为:

$$\Delta P = \frac{14Q_T}{R^3} + \frac{4.3\sqrt[3]{Q_T^2}}{R^2} + \frac{1.1\sqrt[3]{Q_T}}{R} \tag{8.2}$$

圆柱形裸露药包在地表爆炸,在垂直于药包轴线方向空气冲击波的超压为:

$$\Delta P = \frac{28Q_T}{LR^2} + 6.9\sqrt[3]{\left(\frac{Q_T}{LR^2}\right)^2} + \frac{1}{3}\sqrt[3]{\frac{Q_T}{LR^2}} \tag{8.3}$$

式中:ΔP—空气冲击波阵面超压,10^5 Pa,$\Delta P = P - P_0$,P 为空气冲击波压力,P_0 为标准状态下空气压力;

Q_T—TNT 炸药的质量,kg;

R—离开爆源中心的距离,m;

L—圆柱药包的长度,m。

日本文献①介绍，他们在水岛地表进行的集中药包裸露爆破试验，药量从 1 kg 到 3 t，测得的空气冲击波压力在 0.01～1.0 MPa 范围内，用对数坐标绘图时，其超压 ΔP 与比例距离 $R/Q^{\frac{1}{3}}$ 的关系是一条直线（见图 8.5），归纳的公式为：

$$\lg\Delta P = -1.575\lg\left(\frac{R}{\sqrt[3]{Q}}\right) + 1.224 \tag{8.4}$$

或

$$\Delta P = 16.75\left(\frac{R}{\sqrt[3]{Q}}\right)^{-1.575} = 16.75\left(\frac{\sqrt[3]{Q}}{R}\right)^{1.575}$$

式中的超压 ΔP、药量 Q、距离 R 单位同上。

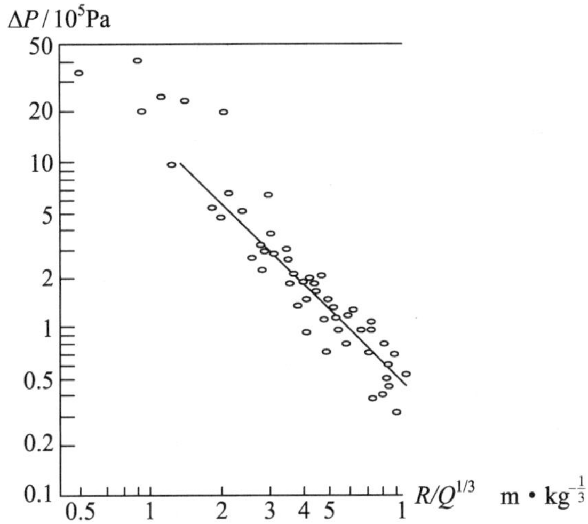

图 8.5　地表裸露爆破药量与空气冲击波超压的关系

② 露天钻孔爆破

露天岩石钻孔爆破中，空气冲击波是由于爆炸气体膨胀以超声速度自孔内冲出，在界面形成的，它强度比较弱，空气冲击波携带的能量比裸露药包要小得多。它的超压计算公式为：

$$\Delta P = K\left(\frac{\sqrt[3]{Q}}{R}\right)^{\alpha} \tag{8.5}$$

式中：ΔP—空气冲击波阵面超压，10^5 Pa；

K，α—系数，台阶爆破时 $K=1.48$，$\alpha=1.55$；钻孔法破碎大块时 $K=0.67$，$\alpha=1.31$；

Q—一次爆炸 TNT 炸药的质量，kg。

③ 地下爆破

① 工业火薬協会编. 新・発破ハンドブック. 东京：山海堂株式会社，1989：352.

独头巷道中，裸露爆破时的空气冲击波超压，可以应用Г.П.波克罗夫斯基公式进行计算：

$$\Delta P = \frac{8Q}{RS} + 14.6\sqrt[3]{\left(\frac{Q}{RS}\right)^2} + 1.81K\sqrt[3]{\frac{Q}{RS}} \quad (R \geqslant 6d) \tag{8.6}$$

式中：ΔP—空气冲击波阵面超压，10^5 Pa；

S—装药巷道的断面积，m^2；

Q—裸露爆破的 TNT 当量；

R—离开爆源距离，m；

d—地下巷道的直径，m

其他爆破方式可以按照炸药能量转变为空气冲击波能量的转换系数公式 $Q_1 = \eta Q$，把转换后的药量 Q_1 代入式(8.6)中计算即可。式中 Q_1 为转变为空气冲击波的 TNT 炸药当量，单位是 kg；η 为转换系数，见表 8.3。

表 8.3 炸药爆炸能量转变为空气冲击波能量的转换系数 η

<table>
<tr><th colspan="3">爆破方式</th><th>转换系数 η</th></tr>
<tr><td rowspan="2">裸露爆破</td><td colspan="2">覆盖炮泥</td><td>0.2～0.3</td></tr>
<tr><td colspan="2">不覆盖炮泥</td><td>0.3～0.4</td></tr>
<tr><td rowspan="4">浅孔爆破</td><td rowspan="2">正向起爆</td><td>填塞</td><td>0.07～0.1</td></tr>
<tr><td>不填塞</td><td>—</td></tr>
<tr><td rowspan="2">反向起爆</td><td>填塞</td><td>0.05～0.07</td></tr>
<tr><td>不填塞</td><td>0.07～0.1</td></tr>
<tr><td rowspan="6">深孔爆破</td><td rowspan="2">单药包</td><td>填塞</td><td>0.015～0.02</td></tr>
<tr><td>不填塞</td><td>0.02～0.025</td></tr>
<tr><td rowspan="2">多排崩矿</td><td>填塞</td><td>0.008～0.012</td></tr>
<tr><td>不填塞</td><td>0.012～0.015</td></tr>
<tr><td>扩底药包</td><td></td><td>0.1～0.2</td></tr>
<tr><td>崩落底柱和矿柱</td><td></td><td>0.005～0.008</td></tr>
<tr><td rowspan="2">硐室爆破</td><td rowspan="2">崩矿空间(m³)</td><td>≤3 000</td><td>0.05～0.01</td></tr>
<tr><td>>3 000</td><td>0.02～0.05</td></tr>
</table>

注：引自 C.K.萨文科等著，龙维祺，于亚伦译.井下空气冲击波[M].北京：冶金工业出版社，1979：89～91.

为了求得炸药爆炸能量转变为空气冲击波能量的转换系数，前苏联学者做了大量试验研究，得到了以下定性结论：① 药包的形状和空气接触面积的大小影响空气冲击波的初始参数。形状接近球形或正方形的裸露药包、覆盖沙土的药包和硐室药包，与空气接触的表面积大，爆炸能量转变为空气冲击波能量的系数也大。② 矿岩的物理力学性质对空气冲击波的参数有很大影响。爆破声阻抗高的坚硬岩石比爆破声阻抗低的中软岩，其爆炸能量转变为空气冲击波的能量要大。③ 炸药的性质也影响到空气冲击波的初始参数。用爆速低、比能小的炸药爆破坚硬的岩石，将导致较强的空气冲击波，因此使用高爆速、高猛度炸药爆破坚硬岩石比较适宜；而使用低爆速、低猛度的炸药，爆破中软岩则可以降低空气冲击波的强度。④ 药包结构和炮泥堵塞对空气冲击波的强度也有很大影响。炮孔反向起爆比正向起爆的空气冲击波强度要小，而加强炮泥堵塞质量可以降低空气冲击波的强度。⑤ 采用的起爆网路延时和连接不正确、最小抵抗线不合理时，都会产生较大的空气冲击波。⑥ 崩矿空间的大小会严重影响空气冲击波的初始参数。试验表明，空气冲击波的参数随着崩矿空间的增大而减小。他们又根据上述试验的结果，推荐了如表 8.3 所列的转换系数。

④ 隧道爆破

日本学者对隧道爆破与露天爆破产生的空气冲击波超压进行了对比试验①，他们在没有贯通的、长 141 m、宽 3.4 m、高 4 m 的隧道岩基上和隧道外面露天地表，用 22 kgTNT 的正方形炸药包在同样的距离上爆破，测量爆炸后空气冲击波的超压，得到两个不同的空气冲击波超压曲线（见图 8.6(a)）中，实线为隧道爆破，虚线为露天爆破）。比较可知，在炸药、距离相同的条件下，隧道内的空气冲击波强度比露天爆破大得多，而且前者比后者衰减速度慢得多。后来他们又在长 181 m、宽 4.5 m、高 5.4 m 的马蹄形隧道内，用 TNT 做了 22 kg 药包和 100 g 药包爆炸产生的空气冲击波压力对比试验，从测得的图形（见图 8.6(b)）可以看到，在隧道内的空气冲击波衰减比较慢，而在隧道南口外测得的空气冲击波压力衰减很快。试验得到了空气冲击波压力 P 与距离 R 之间的关系曲线（见图 8.6(b)）中，实线为隧道内，虚线为隧道外）。并由图 8.6(a)和图 8.6(b)中的曲线近似得到以下关系式。

22 kgTNT 药包在长 141 m、宽 3.4 m、高 4 m 的隧道爆炸时，$P=800/R$（见图 8.6(a)）；22 kgTNT 药包在长 181 m、宽 4.5 m、高 5.4 m 的隧道爆炸时，$P=1\,113/R$（见图 8.6(b)）；100 gTNT 药包在长 181 m、宽 4.5 m、高 5.4 m 的隧道爆炸时，$P=68/R$（见图 8.6(b)）。

式中 P 为空气冲击波压力，单位是 Pa；R 为离开爆源的距离，单位是 m。

2. 空气冲击波阵面波速

对于空气冲击波阵面的传播速度，前苏联学者 P.A.爱姆里奇根据流体力学理论推导的计算公式为：

$$D = C_O\sqrt{1 + 0.83\frac{\Delta P}{P_O}} \tag{8.7}$$

① 工业火薬協会编. 新・発破ハンドブック. 东京：山海堂株式会社，1989：352～353.

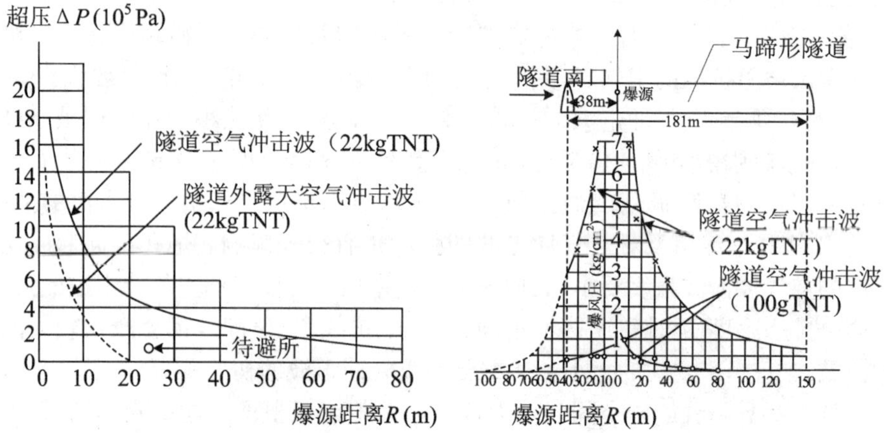

(a) 141m×3.4m×4m的隧道　　(b) 181m×4.5m×5.4m的隧道

图 8.6　隧道爆破与露天爆破产生的空气冲击波超压比较

式中：D—空气冲击波波速，$m \cdot s^{-1}$；

ΔP—空气冲击波超压，10^5 Pa；

P_o—未扰动空气的压力，10^5 Pa；

C_o—未扰动空气的围挡速度，$C_o = 331(1 + T_o/546)$，$m \cdot s^{-1}$；

T_o—未扰动空气温度，℃。

空气冲击波波阵面上各参数之间的关系如表 8.2。

3．空气冲击波超压作用的时间

空气冲击波的作用时间就是波形压缩相的时间，它的长度就是冲击波与空气稀疏波相遇的时间。根据实验和计算，可以确定球形裸露药包在空气中爆炸产生的空气冲击波正相作用时间为：

$$\tau_y = 0.0015\sqrt{R} \cdot \sqrt[6]{Q_T} \qquad (8.8)$$

式中：τ_y—空气冲击波压缩作用时间，s；

Q_T—TNT 炸药的质量，kg；

R—离开爆源中心的距离，m。

空气冲击波作用时间是决定其破坏力的一个主要参数，但它不是很长，甚至药量较大的药包爆炸时，其作用时间也不会超过几十毫秒，如一个 100 kg 的 TNT 炸药包在空气中爆炸，在离开爆源 50 m 的地方，超压 $\Delta P = 10.7$ Pa，而其作用时间仅有 $\tau_y = 22.9$ ms。

4．空气冲击波的冲量

空气冲击波产生的破坏作用也可以用冲量来度量。当空气冲击波的作用时间不太长时，空气冲击波的破坏作用一般用超压的单位冲量(比冲量)来确定。单位冲量等于用时间记录的压力波形曲线所包围的积分面积(见图 8.1 中的阴影部分)。

对于球形 TNT 药包在空气中裸露爆炸时，由实验归纳得到的单位冲量计算公式为：

$$I = 400 \cdot \frac{\sqrt[3]{Q_T^2}}{R} \tag{8.9}$$

对于 TNT 药包药包在地表爆炸时，空气冲击波产生的单位冲量为：

$$I = 630 \cdot \frac{\sqrt[3]{Q_T^2}}{R} \tag{8.10}$$

式中：I—空气冲击波单位冲量，$N \cdot s \cdot m^{-2}$；

Q_T，R—单位同上。

以上所有公式是用 TNT 炸药实验得到的，如果用别的炸药，可以用炸药换算公式 $Q = eQ_T$ 代替，其中系数 $e = E/E_T$，即炸药爆热或爆力之比。

5. 空气冲击波的动荷载和反射压力

空气冲击波前进时波阵面后面紧跟着运动的气流，按照流体力学计算，气流具有的动压力为：

$$P_L = \frac{\rho u^2}{2} \tag{8.11}$$

式中：P_L—波阵面后面气流的动压力，10^5 Pa；

ρ—波阵面后的气流密度，$kg \cdot m^{-3}$；

u—波阵面后面的气流运动速度，$m \cdot s^{-1}$。

当在空气冲击波传播的路径上遇到固体障碍物时，入射波会被反射，气流会受到阻碍。根据表 8.2 提供的数据，当空气冲击波波阵面上的超压 ΔP 达到 0.5 MPa 时，气流的运动速度 $u = 518\ m \cdot s^{-1}$，空气密度 $\rho = 0.374\ kg \cdot m^{-3}$，计算的气流动压力为 $P_L = 0.502$ MPa，它已经超过了空气冲击波的超压。因此当空气冲击波波阵面的超压超过 0.5 MPa 以后，在离开爆源同一距离上，气流的动压力超过了空气冲击波的超压。而这个动压力也就是附加的作用荷载。例如，对于具有超压 $\Delta P = 1$ MPa 的空气冲击波，它后面气流的动压力将达到 = 1.43 MPa。因此对于空气冲击波，不仅要考虑空气冲击波超压的作用，而且还要考虑气流的动荷载作用。

空气冲击波遇到固体障碍物时会发生反射，对于正入射的空气冲击波，它的反射波压力计算可以用以下公式计算：

$$P_F = P\frac{8P - P}{P + 6P} \tag{8.12}$$

或

$$\Delta P_F = \Delta P\left(2 + \frac{6}{1 + 7\dfrac{P_O}{\Delta P}}\right) \tag{8.13}$$

式中：P，ΔP—正入射空气冲击波波阵面的压力，超压，Pa；

P_o—未扰动空气的压力，Pa；

$P_F,\Delta P_F$—反射空气冲击波波阵面的压力，超压，Pa；

由公式(8.12)可知，当正入射的空气冲击波强度比较弱时，反射的空气冲击波压力可增大1倍；当正入射的是强冲击波时，反射波的压力可以增大8倍。所以在地下巷道和隧道爆破中，在前方有设备或者其他需要保护的设施时，除了考虑空气冲击波的超压作用外，还要考虑气流附加的动压力作用荷载以及反射波的增强作用。

8.1.1.3 空气冲击波对建筑物和人体的伤害

引入上述空气冲击波的参数计算公式，目的在于了解空气冲击波对人和建筑物的破坏作用和确定安全范围。

(1) 前苏联学者对爆破冲击波破坏的研究

前苏联的学者认为空气冲击波对于建筑物的破坏作用与建筑物结构的自然振动周期 T_o(或频率)有关，对于结构的强度计算，如果冲击波压缩作用时间与结构自然振动周期之比 $\tau_y/T_o \leqslant 1$，那么强度计算按照空气冲击波的冲量来计算；如果 $\tau_y/T_o > 1$，那么强度计算按照空气冲击波的最大压力来计算。这是因为在近距离，冲击波破坏按照动荷载考虑较为合理；在远距离，空气冲击波显示的是静荷载。对于常用建筑物构件的自然振动周期和空气冲击波的破坏载荷的数据，见表8.4。

表 8.4 冲击波对建筑物构件的破坏数据

项目	砖墙		钢筋混凝土墙壁	木天花板	轻便隔墙	镶装玻璃窗
	50 cm	37 cm				
结构自然振动周期/s	0.01	0.015	0.015	0.3	0.07	0.01～0.02
静荷载/$kN\cdot m^{-2}$	45	25	300	10～16	5	5～10
冲击荷载/$N\cdot s\cdot m^{-2}$	2 200	1 900				

在抛掷爆破和裸露药包爆破时，空气冲击波的安全距离可以用以下公式计算：

$$R_C = K_C\sqrt{Q} \tag{8.14}$$

式中：Q——一次爆破的 TNT 炸药当量，kg；

R—安全距离，m；

K_C—与爆破作用方式有关的安全系数，见表8.5。

表 8.5 全系数 Kc 值

<table>
<tr><td rowspan="3">爆破方式</td><td rowspan="2">抛掷爆破(n 为爆破作用指数)</td><td>n=1</td><td>n=2</td><td>n=3</td><td>备注</td></tr>
<tr><td>1～2</td><td>2～5</td><td>5～10</td><td>沿山谷方向，Kc 值增大 50%～100%；保护对象前面有密林或山丘阻挡时，Kc 值减少 50%</td></tr>
<tr><td>裸露爆破</td><td colspan="3">25</td><td>药量不超过 20 kg，避炮人员在掩体内</td></tr>
</table>

(2) 我国对于空气冲击波对建筑物破坏的判据

我国制定的《爆破安全规程(GB 6722-2003)》,针对空气冲击波对建筑物的破坏判据做了较详细的规定,如表 8.6 所示。并要求具体的空气冲击波安全允许距离,应根据保护对象、所用炸药品种、地形和气象条件由设计方案确定。

表 8.6　建筑物的破坏程度与超压关系

破坏等级		1	2	3	4	5	6	7
破坏等级名称		基本无破坏	次轻度破坏	轻度破坏	中等破坏	次严重破坏	严重破坏	完全破坏
超压 ΔP /10^5 Pa		<0.02	0.02～0.09	0.09～0.25	0.25～0.40	0.40～0.55	0.55～0.76	>0.76
建筑物破坏程度	玻璃	偶然破坏	小部分呈大块,大部分呈小块	大部分破成小块到粉碎	粉碎			
	木门窗	无损坏	窗扇少量破坏	窗扇大量破坏,门扇、窗框破坏	窗扇掉落、内倒,窗框、门扇大量破坏	门、窗扇摧毁,门窗框掉落		
	砖外墙	无损坏	无损坏	出现小裂缝,宽度小于 5 mm,稍有偏斜	出现较大裂缝,缝宽 5 mm～5 cm,明显偏斜,砖垛出现小裂缝	出现大于 5 cm 的大裂缝,严重倾斜,砖垛出现大裂缝	部分倒塌	大部分倒塌
	木屋盖	无损坏	无损坏	木屋面板变形,偶见折裂	木屋面板、木檩条折裂,木屋架支座松动	木檩条断,木屋架偶见折断,支座错位	部分倒塌	全部倒塌
	瓦屋面	无损坏	少量移动	大量移动	大量移动到全部移动			
	钢筋混凝土墙屋盖	无损坏	无损坏	无损坏	出现小于 1 mm 的裂缝	出现 1～2 mm 的裂缝,修复后可继续使用	出现大于 2 mm 的裂缝	承重砖墙全部倒塌,钢筋混凝土承重柱严重破坏
	顶棚	无损坏	抹灰少量掉落	抹灰大量掉落	木龙骨部分破坏下垂缝	塌落		
	内墙	无损坏	板条墙抹灰少量掉落	板条墙抹灰大量掉落	砖内墙出现小裂缝	砖内墙出现大裂缝	砖内墙出现严重裂至部分倒塌	砖内墙大部分倒塌
	钢筋混凝土柱	无损坏	无损坏	无损坏	无损坏	无破坏	有倾斜	有较大倾斜

(3) 地下爆破的空气冲击波破坏作用

在地下爆破时，由于巷道的定向和管道挟制作用，空气冲击波的衰减比较慢，强度较大，对于地下设施的破坏作用也比较强，如表 8.7。

表 8.7 巷道空气冲击波的破坏作用

结构、设施	超压/10^5 Pa	自然周期/s	破坏特征
厚 25 cm 的钢筋混凝土墙	2.8～3.5	0.015	强烈变形，形成大裂缝，混凝土脱落
厚 24～26 cm 的砖墙	0.49～0.56	0.01～0.015	充分破坏
木梁盖板	0.10～0.16	0.3	弯曲破坏
重 1 t 的设备(通风机、绞车等)	0.4～0.6		脱离基础，位移，翻倒，遭到破坏
正对爆源的车厢	1.4～1.7		脱轨、车厢和厢架变形
侧面对着爆源的车厢	0.40～0.75		脱轨、车厢和厢架变形
挖掘机械	1.4～2.5		翻倒，部分变形，零件破坏
风管	0.15～0.35		支撑折断而破坏
电线	0.35～0.42		折断

注：引自 C.K.萨文科等著，龙维祺，于亚伦译．井下空气冲击波[M]．北京：冶金工业出版社，1979：163.

(4) 空气冲击波对人体的伤害

空气冲击波对人的伤害主要表现在三个方面：①空气冲击波阵面上的超压达到(0.2～0.4)×10^5 Pa 时，人就会感到头晕、头痛；达到(0.4～1.0)×10^5 Pa 时，人的内部器官就会受到伤害，最易受到伤害的部位是耳朵的鼓膜，在超压达到(0.35～1.05)×10^5 Pa 时，鼓膜就会破裂；超过 10^5 Pa 时，就可能发生致命的情况如表 8.8。②当超压为(30～40)×10^3 Pa 时，冲击波阵面后面跟着的运动气流速度达到 60～80 m·s^{-1}，这相当于一阵飓风，人们会被摔倒碰伤。③气流裹挟的被冲击波破坏的物体碎片，它们以极大的速度运动，会使附近的人们受到伤害。

表 8.8 空气冲击波超压对人员的伤害

<table>
<tr><td>空气冲击波超压 $\Delta P/10^5$ Pa</td><td>0.2～0.3</td><td>0.3～0.5</td><td>0.5～1.0</td><td>1.0</td><td>2.4～3.1</td><td>3.1～3.8</td><td>3.8～4.5</td></tr>
<tr><td>损伤等级</td><td>轻微</td><td>中等</td><td>严重</td><td>很严重</td><td>十分严重</td><td colspan="2">极度严重</td></tr>
<tr><td rowspan="2">损伤程度</td><td rowspan="2">轻微挫伤</td><td rowspan="2">听觉器官损伤，中等挫伤，骨折</td><td rowspan="2">内脏严重挫伤，可能有死亡</td><td rowspan="2">出现死亡</td><td colspan="3">发生致命的几率/%</td></tr>
<tr><td>1</td><td>50</td><td>100</td></tr>
</table>

日本学者曾经用家兔做了大量的实验，得到了空气冲击波对家兔造成伤害的

各种情况，如表 8.9 所示。

表 8.9　空气冲击波对家兔的伤害情况

超压 $/10^5$ Pa	伤害情况	超压 $/10^5$ Pa	伤害情况
0.5	出现伤害	3.1	肺断裂，死亡
0.7	左肺出血，皮下出血，皮下中度出血	3.4	肺部高度出血，肺炎
0.8	左肺小出血，充血	3.5	鼓膜破裂
1.0	皮下出血	3.8	两肺轻度出血，肺炎
1.1	大肠黏膜出血，腰部皮下出血	4.0	两鼓膜破裂，胸部出血
1.3	两鼓膜破裂，肺部充血，两肺轻度出血	4.1	同上况
1.8	点状皮下出血	4.2	同上
2.0	两鼓膜破裂，眼底出血	4.3	同上
2.2	两肺轻度出血，	5.1	肺肝受伤，肋骨骨折，皮肤裂伤，死亡
2.3	右肺出血，肾脏皮下出血，轻度肺炎	5.4	两肺中度出血，骨折，肺炎，肾炎
2.4	沿肋骨肺部中度出血，腰部皮下出血	6.8	内脏出血，死亡
2.5	鼓膜破裂	12	腹腔开裂，死亡
3.0	右肺出血，皮下出血，肺炎	32	胸腔开裂，脊髓骨断裂，死亡

8.1.1.4　噪声和亚声对安全的影响

(1) 空气冲击波与噪声和亚声的关系

空气冲击波是炸药爆炸以后入射到空气中的压力波，其频率在 0.1～200 Hz 之间。随着空气冲击波传播距离的增加，强度逐渐降低成为噪声和亚声。空气冲击波与噪声和亚声的区别在于超压强度和频率的不同，根据美国矿业局的标准，把超压 $\Delta P > 7\times10^3$ Pa 的称为空气冲击波，把超压低于 7×10^3 Pa、频率在 20 Hz 以上的称为噪声，把超压低于 7×10^3 Pa、频率在 20 Hz 以下的低频空气冲击波称为亚声。噪声频率在 20～20 000 Hz 的可闻阈范围内，是人们耳朵能够听得见的，会对周围环境和日常生活带来干扰，对人们身心造成压力和不愉快，常常引起人们的怨言和诉讼。空气冲击波随着传播距离的增加，高频成分的能量很快衰减，频率低的亚声波衰减比较慢，而且由于其频率接近建筑物的固有频率，常常会引发门窗、玻璃的振动,对附近建筑物的安全构成威胁。

对空气冲击波的超压一般用压力单位度量(Pa),而对于噪声和亚声的度量常常采用声压强度分贝(dB),它是用以10为底的对数来表示:

$$L_p = \frac{20\lg P}{P_0} \tag{8.15}$$

式中:L_p—声压,dB;

P—测点压力,Pa;

P_0—参考压力。当P_0取一般人耳能感受到的压力2×10^{-5} Pa时,$L_p = 0$(dB),称为可闻阈。

人们通常能够感觉到人走步的声音大约20 dB,一般交谈的声音为60 dB,让人感觉到头痛、头晕的噪声约为120 dB,对其他噪声的感受如表8.10所示。

表8.10 人体感受到的噪声

超压	ΔP/Pa	2×10^{-5}	6×10^{-4}	2×10^{-2}	$(2\sim6)\times10^{-1}$	2	20	60
	dB	0	30	60	80~90	100	120	130
人体感受		可闻阈	轻声耳语	交谈	大声嚷嚷	火车、拖拉机	疼痛阈	大炮、飞机起飞

亚声由于频率在20 Hz以下,比较接近建筑物的固有频率,因此容易引起建筑物的损伤。表8.11列举了亚声效应出现的破坏情况。

表8.11 亚声效应的破坏情况

超压 $\Delta P/10^5$ Pa	声级 L_p/dB	建筑物破坏程度
0.000 2	120	美国环境保护机构推荐的亚声安全值
0.000 5	128	美国矿业局规定的噪声安全值
0.002	141	一些大格窗玻璃破碎
0.007	151	某些安装不好的窗玻璃受到破损
0.02	161	部分玻璃窗破损,屋顶瓦部分掀动,顶棚抹灰部分脱落
0.07	171	大多数玻璃窗破坏

注:引自中国力学学会工程爆破专业委员会编. 爆破工程(下)[M]. 北京:冶金工业出版社,1994:227.

(2) 工业噪声的安全标准

噪声能够对人体产生不良影响,但要完全消除它的影响,既不经济也不可能。制定合理的卫生标准,将噪声强度控制在一定范围内,是防止其危害的重要措施之一。目前国际上对噪声防护标准制定的依据,大都从保护听力出发,即人在该强度条件下反复接触,不会对语言听力有明显的影响。我国政府为了保护环境和人民的身体健康,于1980年1月1日公布并实施《工业企业噪声卫生标准》,以后又针对城市不同地区不同对象和工业企业边界环境噪声允许的条件,制定了工业企业厂界噪声标准(GB 12348-90)和城市区域环境噪声标准(GB3096-93)。最近国家环境保护部和国家质量监督检疫总局,为了贯彻《中华人民共和国环境保护法》和《中华人民共和国环境噪声污染防治法》,防止工业噪声污染,改善声环境质量,对环境噪声标准进行了修订,提出了更为严格的标准。《声环境质量标准(GB3096-2008)》中规定了环境噪声的限值(见表 8.12),《工业企业厂界环境噪声排放标准(GB12348-2008)》中规定了工业企业厂界环境噪声排放限值(见表 8.13)。

表 8.12　环境噪声限值(等效声级,单位:dB)

<table>
<tr><th colspan="3">时段</th><th>昼间</th><th>夜间</th></tr>
<tr><td rowspan="6">声环境功能区类别</td><td colspan="2">0 类</td><td>50</td><td>40</td></tr>
<tr><td colspan="2">1 类</td><td>55</td><td>45</td></tr>
<tr><td colspan="2">2 类</td><td>60</td><td>50</td></tr>
<tr><td colspan="2">3 类</td><td>65</td><td>55</td></tr>
<tr><td rowspan="2">4 类</td><td>4a 类</td><td>70</td><td>55</td></tr>
<tr><td>4b 类</td><td>70</td><td>69</td></tr>
</table>

注:① 声环境功能区类别:0 类—指康复疗养区等特别需要安静的区域;1 类—指以居民住宅、医疗卫生、文化教育、科研设计、行政办公等需要保持安静的区域;2 类—指以商业金融、集市贸易为主要功能,或者居住、商业、工业混杂,需要维护住宅安静的区域;3 类—指以工业生产、仓储物流为主要功能,需要防止工业噪声对周围环境安静产生严重影响的区域;4 类—指交通干线道路两侧一定距离之内,需要防止交通噪声对周围环境产生严重影响的区域,包括 4a 类和 4b 类两种类型。4a 类为高速公路、一级公路、二级公路、城市快速路、城市主干路、城市次干路、城市轨道交通(地面段)、内河航道两侧区域;4b 类为铁路干线两侧区域。

② 时段:昼间是指 6:00～22:00 的时段,夜间是指 22:00～6:00 的时段。

③ 本声环境功能区夜间突发噪声,其最大声级超过环境噪声限值段幅度不得高于 15dB(A)。

表 8.13　工业企业厂界环境噪声排放限值(单位:dB)

类别	昼间(A)	夜间
0	50	40
1	55	45
2	60	50
3	65	55
4	70	55

注: ① 夜间频发噪声的最大声级超过环境噪声限值段幅度不得高于 10dB(A)。

② 夜间突发噪声的最大声级超过环境噪声限值段幅度不得高于 15dB(A)。

对于固定设备排放噪声通过建筑物结构传播到噪声敏感建筑物的室内时,其影响敏感建筑物室内的等效声级不得超过表 8.14 的规定。

表 8.14 结构传播固定设备室内噪声排放限值(等效声级,单位:dB)

房间分类		A类房间		B类房间	
时 段		昼间	夜间	昼间	夜间
建筑物所处声环境功能区类别	0	40	30	40	30
	1	40	30	45	35
	2,3,4	45	35	50	40

注:① 敏感建筑物指医院、学校、科研、机关、住宅等需要保持安静的建筑物。

② A类房间是指以睡眠为主要目的,需要保持夜间安静的房间,包括住宅卧室、医院病房、宾馆客房等。

③ B类房间是指主要在昼间使用,需要保证思考与精神集中、正常讲话不被干扰的房间,包括学校教室、会议室、办公室、住宅中卧室以外的其他房间等。

世界各国在噪声的控制上都制定了标准,表 8.15 列举了主要国家的职业噪声标准。

表 8.15 国外职业噪声标准

国家名称	8小时暴露允许值 dB(A)	最高限值 dB(A)	暴露时间减半允许增加值 dB(A)	备 注
ISO(国际标准化组织)	85～90	115	3	
澳大利亚	90	115	3	
奥地利	90	110	—	对暴露在 85 dB(A)以上的工人每三年进行一次听力检查
比利时	90	110	5	
加拿大	90	115	5	阿伯塔(Alberta)州规定为 85 dB(A)
捷克斯洛伐克	85	—	5	
丹 麦	90	115	3	
芬 兰	85	—		仅对新厂,对暴露在 85 dB(A)以上的工人每三年、100 dB(A)以上每一年进行一次听力检查
法 国	90	—	3	但 85 dB(A)以上即为有听力损伤危险
德 国	85	—	3	脑力工作:55 dB(A),一般办公:70 dB(A),其他一切地点:85 dB(A)
荷 兰	80	115	—	据联合国资料
意大利	90	115	5	

续表 8.15

国家名称	8 小时暴露允许值 dB(A)	最高限值 dB(A)	暴露时间减半允许增加值 dB(A)	备　注
日　本	90	—	—	不足 8 小时按频带给出不同时间的不同限值
瑞　典	85	115	3	
瑞　士	90	—	3	
英　国	90	—	3	
美　国	90	115	5	

联合国世界卫生组织(WHO)关于噪声的一个资料指出，噪声超过 120 dB，对人体健康来讲，为危险区；90～120 dB，为过渡区；小于 90 dB 为安全区。

8.1.1.5　爆破噪声的安全标准

工程爆破中产生的空气冲击波是炸药爆炸后多余的能量进入空气中使周围空气压力上升形成的，它的强度与环境条件、介质性质、爆破方法、药量多少和施工质量等有关。在建(构)筑物拆除爆破中由于采用“微量、多点”的布药方法，炮孔多、抵抗线小，填塞长度短，容易产生高频的噪声。虽然爆破噪声持续时间短，但容易引起人们的精神紧张，产生不愉快的感觉，引发社会媒体的责备和居民的诉讼。

(1) 国外对爆破噪声的规定

对于爆破噪声世界各国都进行了不少试验，提出了有关标准。日本有关文献指出，爆破噪声不应大于 125 dB，在城市中不应大于 90 dB。并且根据爆破作业时间的长短，绘制了爆破允许噪声强度的标准图(见图 8.7)。

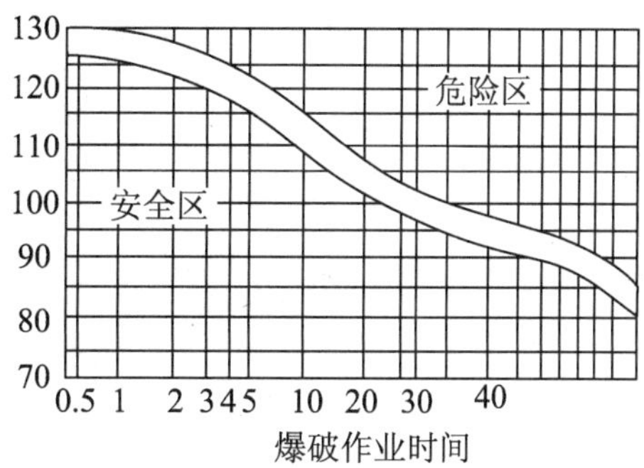

图 8.7　爆破允许的噪声强度(日本)

美国矿务局公布的对人员的爆破噪声安全标准列入表 8.16。

表 8.16　美国矿务局公布的噪声标准

等级	安全限	警戒限	最大允许值	城市控爆标准
噪声标准/dB	128	128～136	136	90

(2) 我国《爆破安全规程》的有关规定

为了了解爆破产生的空气冲击波(噪声)的强度，我国一些部门也进行了不少试验。北京工程爆破公司在 20 世纪 80 年代初，北京原中央科技馆的框架结构拆除爆破时，曾经进行了空气冲击波和噪声近距离的测试，在离开爆破框架边缘 4～

8 m 的范围内，测得爆破和框架结构塌落压缩空气产生空气冲击波超压的量级在 0.1～0.5 kPa 范围内，这个数量只可能有极少的玻璃窗破碎，而不会对周围建筑物产生损伤。同时，在爆破工地对施工机械，如凿岩机、装载机、推土机等产生的噪声进行了测量，结果表明在离开作业点 10 m 处的噪声一般为 90 dB；用噪声仪测得爆破框架结构时，在 20 m 处的噪声为 119 dB，在 75 m 处噪声为 96 dB；而在工地用 2 个雷管裸露爆破时，在 10 m 处测得的噪声为 120 dB。具体测试结果如表表 8.17。

表 8.17 原中央科技馆的框架结构拆除爆破空气冲击波测试结果

爆破类别	总药量/kg	距离/m	噪声/dB	备注
4 号整体框架控制爆破	22	20	＞110	
		75	96	
		80	＞90	
8 号整体框架控制爆破	31.5	20	119	
		100	97	
一般爆破破碎混凝土砌体	1.6	50	103	无覆盖
爆破拆除旧水塔	9.1	50	85	用胶管帘和棚布
控制爆破破碎混凝土	0.035～0.846	12.5～18.5	70～80	无覆盖
爆破切割	0.108	100	100	无覆盖
爆破切割	0.117	113	113	无覆盖
电雷管 1 发		10	110	露天
		20	100	
电雷管、火雷管各 1 发		10	120	露天
		20	107	
电雷管、火雷管各 1 发		10	111	用一层草袋遮盖
		20	94	
电雷管、火雷管各 1 发		10	＜80	埋入地表土内后用草袋遮盖
		20	＜80	
电雷管 3 发		10	73	埋入地表土内后用草袋遮盖
		20	62	

根据我国有关部门的试验结果，参考国外的相应标准，我国《爆破安全规程》对爆破产生的空气冲击波和噪声对环境及人员的安全做了如下规定：① 在城镇爆破中每一个脉冲噪声应控制在 120 dB 以下。复杂环境条件下，噪声控制由安全评估确定；② 空气冲击波对于人员的安全标准为 $\Delta P \leqslant 0.02\times10^5$ Pa；③ 地下爆破时，对

人员和其他保护对象的安全允许距离由设计确定。

8.1.1.6　外界环境对空气冲击波的影响

(1) 地形地貌的影响

空气冲击波传播中,周围的地形条件对它有很大影响。起伏不平的丘陵和山峰会阻碍其传播方向,削弱冲击波的强度;灌木、丛林等会减弱冲击波的压力;遇到开阔的水域,压缩水面消耗能量也会减少空气冲击波的强度。

(2) 大气效应的影响

大气条件对爆破产生的空气冲击波强度有一定的影响,其中温度和风速是主要的因素:①大气温度通常随着离开地面高度的增加而下降,而由公式(8.7)和 $C_o=331(1+T_o/546)$ 可知,空气冲击波波速随着声速与温度升高而增加,如果温度出现反常情况,温度随着离开地面高度增加而升高,那么冲击波强度的分布也随着改变,即靠近地面强度低,离开地面越高强度越大,这样就会使得波射线向地面弯折,造成地面水平风速方向空气冲击波强度的增加(见图 8.8)。通常温度反向变化的情况发生在风速较低的晴朗夜晚之后的第二天早晨,或者是在有云层的阴天和有烟雾的天气。②如果气候条件使得地面风速比高处大,那么风速出现反向变化,这时声射线弯向地面,结果使得冲击波阵面变形从而增强了风大地方的冲击波强度。一般风速比较大的冬季容易发生这种情况。

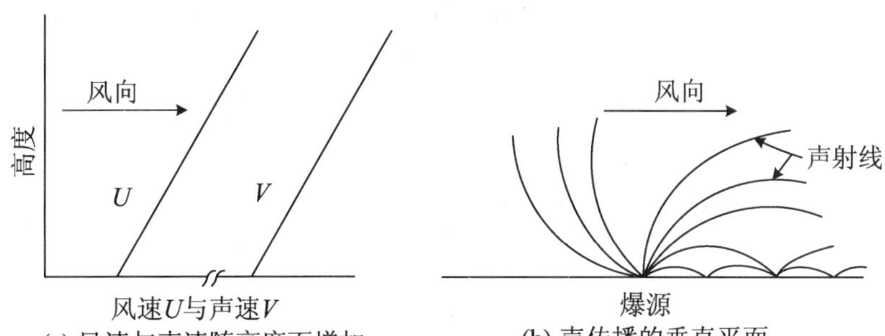

(a) 风速与声速随高度而增加　(b) 声传播的垂直平面

图 8.8　声速随高度增加条件下的声传播

(3) 起爆方向的叠加效应

当大量相邻药包彼此间以很短的间隔时间延发起爆时,各个药包爆炸产生的空气冲击波可能在某个方向上叠加,形成一束更强的冲击波。一般在以下情况下容易发生空气冲击波的叠加效应:①采用台阶延时爆破时,当采用的炮孔间距(a,b)与其间隔时间(Δt)之比,即$(a,b)/\Delta t\geqslant C$(声速 $C=330\ \mathrm{m\cdot s^{-1}}$)时,爆破时炮孔之间的空气冲击波就会叠加形成强度更大的空气冲击波;如果是排间延时,前排孔爆破产生的空气冲击波赶上后排孔爆破产生的空气冲击波,相互叠加形成一束强大的空气冲击波。②使用导爆索网路时,采用继爆管的延时间隔不合理,如图 8.9 为一对角线起爆网路,继爆管的延时时间为 17 ms,炮孔间距和最小抵抗线均为 7.8 m,

排间距与延时时间之比大于声速，而由 A 到 B 的爆破速度为 328 $m \cdot s^{-1}$，接近声速，因此也使得波形叠加形成较强的空气冲击波。③采用长径比很大的药包时，如果药包长度大于最小抵抗线，在台阶侧面也可以造成空气冲击波的叠加。

8.1.1.7 空气冲击波的预防和控制

(1) 爆炸空气冲击波的预防和控制

炸药在各种介质(包括空气、水、土岩、混凝土、金属等固体)中爆炸时产生的空气冲击波，在这里为了简化和区别，我们简称为爆炸空气冲击波。对于爆炸空气冲击波的预防和控制应根据爆破方式、环境条件、保护对象和天气等情况选择采用以下相应的安全措施。

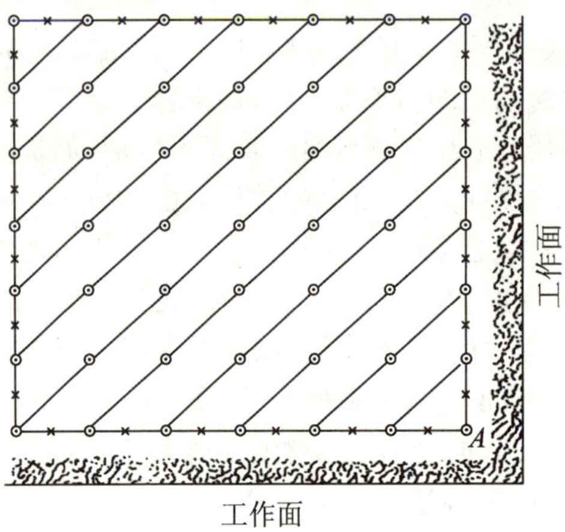

图 8.9 由继爆管延时的导爆索对角线起爆网路

① 尽量避免使用裸露爆破。尤其在城镇居民区不要采用裸露药包爆破和导爆索起爆网路。实际爆破表明，使用了 100 m 导爆索裸露爆破，使 100 m 以外的居民楼玻璃窗损坏。为此，除非绝对必须采用裸露爆破，否则应该埋置药包；如果在网路中要使用导爆索，必须把导爆索用水袋覆盖或用沙土埋好，厚度要大于 30 cm。

② 保证填塞质量，使用合格炮泥。钻孔爆破遇到有水孔时，要用岩石碎渣填塞，防止药包浮起；无论是钻孔爆破还是硐室爆破，都要保证填塞长度；在钻孔爆破中，如果前一次爆破出现过大的后冲，就应当在前排孔增加填塞长度；在深孔爆破装药时，要使得药包长度小于最小抵抗线；对于建(构)筑物拆除爆破，由于爆破对象都是梁、柱、墙，抵抗线小，填塞长度少，为了防止发生冲炮，更要加强填塞，分层捣固捣实，确保填塞质量，以防止空气冲击波从炮孔中逸出和减弱冲击波的强度。

③ 合理选择爆破参数和药包延时间隔。对于钻孔爆破，应该采用孔间距与最小抵抗线比值相等的布孔方法，并且要保证钻孔的准确度；设计时要选取合理的爆破孔网参数和延时间隔，使得孔间延时间隔要小于排间间隔时间，孔间距与延时时间的比值要小于声速，避免空气冲击波的叠加效应发生。

④ 加强防护覆盖。在城镇进行拆除爆破时，必须加强覆盖防护，必要时可以设置屏障防护。由雷管对比试验表明，有覆盖的雷管爆破产生的空气冲击波超压比无覆盖的要减少 13%；埋置土中又加上覆盖的雷管爆破产生的空气冲击波超压比无覆盖的减少 40%。而且试验还表明，当爆源与观察点之间有树木或防护排架时，也可以降低爆破噪声。《日本新爆破手册》提供了关于控制爆破噪声的一个实例，该试验与测定是在某硬质砂岩采石场的二次破碎中进行的。一次爆破的总装

药量为 1～20 kg，一次爆破的炮孔数最多达 25 个，采用毫秒电雷管起爆。在离爆破点两个方向距离相似的测点 A 和 B，分别用普通声级计进行爆破噪声的测定，其中，测点 A 与爆破点之间有树林存在；测点 B 与爆破点之间，则没有任何屏障。结果表明测点 A 的声压约为测点 B 的声压的 1/7，折合为声压级两者相差约为 17 dB。这是由于测点与爆源之间的屏蔽物降低爆破噪声的缘故。

⑤ 采用毫秒延时爆破。采用毫秒延时爆破是降低爆破噪声的有效措施。根据日本有关资料介绍，在同一采石场，把总装药量为 5 kg 的炸药分装在 16 个炮孔中，分别采用瞬发雷管、1～5 段毫秒雷管爆破和 1～5 段秒延期雷管对比试验，测定结果表明，同样距离上的声压，采用毫秒雷管爆破比瞬发雷管起爆减少了约 50%；采用秒延期雷管爆破仅为瞬发雷管爆破时的 33%。说明从降低爆破噪声来而言，秒延期爆破优于毫秒延期爆破，而毫秒延期爆破优于瞬发爆破。

⑥ 调查地质状况。进行硐室爆破，事先对地质条件要调查清楚，遇到异常地质条件，如断层或裂隙，应该采用泥层或泥土层作为间隔的非爆炸性堵塞物；遇到溶洞不要过量装药。

⑦ 发布“安民告示”。在人口密集区实施拆除爆破和其他爆破作业，事先应发布“安民告示”，使居民对爆破噪声事先有一定的心理准备，可以有效地减少人们对爆破噪声的诉讼，并且要合理安排爆破时间，不要安排在早晨、傍晚、云雾浓重的天气爆破，尽量避免在风速很大的条件下爆破；并要安排在附近居民繁忙工作或经他们同意的时间放炮。

⑧ 砌筑防爆阻波墙。在地下爆破时，空气冲击波强度比地面大，因此可以采用砌筑防爆阻波墙的方法防止空气冲击波的破坏。阻波墙可以用岩石、矿石、木材、沙土袋或混凝土等材料筑成。前苏联学者曾经在实验室和巷道中进行了不同材料组成的阻波墙减弱空气冲击波的试验，得到了如表 8.18 的结果。

表 8.18　阻波墙减弱空气冲击波的试验结果

阻波墙种类	实验室试验			工业试验		
	阻波墙面积/m²	入射空气冲击波超压/10⁵ Pa	空气冲击波衰减度/%	阻波墙面积/m²	入射空气冲击波超压/10⁵ Pa	空气冲击波衰减度/%
缓冲型阻波墙	0.07	0.97～1.19	3.0	3.6	1.9～2.6	2.9
木垛阻波墙	0.07	0.97～1.19	1.7	—	—	—
水力阻波墙	0.07	1.19～1.54	9.8	2.2～2.6	4.3～7.2	4.0
与冲击波反向运动喷洒水	0.07	1.19～1.54	1.4	3.6	2.1～3.4	1.3
柔性阻波墙	0.07	1.19～1.54	3.3	3.6	2.1～3.54	2.2

注：引自 C.K. 萨文科等著，龙维祺，于亚伦译. 井下空气冲击波[M]. 北京：冶金工业出版社，1979：135.

从表 8.18 中可以看到，水力阻波墙对于空气冲击波强度的衰减效果最好。水力阻波墙是用高强度编织布做成的袋子或者是塑料薄膜包，使用时在里面充满水，变成水包，它可以与巷道周壁紧紧相接。为了保护水包，一般在它前面加上缓冲墙板，不仅能够起到保护作用，而且能进一步减弱空气冲击波。如果在前面加上厚度为 40 cm 的玻璃棉层，则可使通过阻波墙的空气冲击波荷载减少 20%～25%。据报道，某工厂在进行爆炸焊接时，为了降低空气冲击波的压力，在爆炸焊接场所，筑起一道挡波墙，对有挡墙和没有挡墙的情况进行了对比测试，测试表明设置挡波墙后，空气冲击波压力比没有挡波墙时减少了 20%～30%。

(2) 压缩空气冲击波的预防和控制

建(构)筑物爆破时，由于楼房解体和高耸构筑物倒地破碎瞬间压缩空气产生的空气冲击波，在这里我们简称为压缩空气冲击波。

拆除爆破中，在建(构)筑物爆破解体、塌落倒地瞬间，楼层之间、楼层与地面之间或者高耸构筑物筒体内部存在的空气，由于受到强烈压缩，形成极强的空气冲击波。它和其后面紧跟的高速气流，不仅会激起地面尘土污染周围环境，而且会给附近建筑物和设施造成意想不到的损伤。如广州体育馆爆破时，由于馆顶屋面板塌落激烈压缩馆内空气，形成的空气冲击波和高速气流从内部冲出，把附近准备喷出水流的水管排架全部推倒，使喷水装置没有发挥应有的消尘作用。又如在 1996 年，广东茂名高 120 m 的钢筋混凝土烟囱拆除爆破中，烟囱倒地破碎时压缩筒体内的空气产生强大的冲击波和高速运动气流，把附近一个 2 m×1 m×0.7 m 的铁皮配电柜冲击飞上了侧离 3 m 远的楼房二层阳台上，而地面一些角钢和直径 20 cm、长 1.8 m 的钢管以及混凝土碎块飞上了三层楼。

笔者在 2007 年 12 月 23 日，参与监理临汾河西热电有限公司高 160 m 的钢筋混凝土烟囱拆除爆破，在烟囱倒塌落地时筒体压在先前爆破的框架结构厂房上，使烟囱内部空气受到剧烈压缩，产生的空气冲击波从烟囱顶部喷出，将前方 30 m 处高约 2 m、厚 24 cm 的厂区砖围墙推倒，形成一个长约 25 m 的倒梯形缺口(见图 8.10)。按照围墙的破坏状况估计，作用的空气冲击波超压应该在(0.55～0.76)× 10^5 Pa 的量级。

最近，笔者在 2008 年 5 月 9 日参加了太原第二热电厂 105 m 钢筋混凝土烟囱爆破监理中，又一次目睹了压缩空气冲击波造成的破坏。这次爆破的 105 m 烟囱，原来是一个 210 m 的高烟囱，由于场地有限，上面 105 m 是人工拆除的。因此爆破拆除的是一个特殊的烟囱，底部直径为 20.68 m，比正常 105 m 烟囱的直径约大一倍；而烟囱的高径比只有 5∶1，比正常烟囱小一倍；烟囱的重量有 7 000 t，也大大超过正常 105 m 烟囱的自重。施工单位为了防止飞石，就地取材，把烟囱原来设计在离开爆破部位 1.5～2.0 m 处用土袋堆码 1 m 以上高度的围墙，改成离开烟囱底部距离 5～6 m、高度 6 m 的混凝土碎渣围墙。当烟囱由南向北爆破倒塌落地时，下部筒身受到高围墙的杠杆支点作用，使烟囱根部受力加大，预留支撑部位钢筋被拉

图 8.10　烟囱爆破倒塌落地头部压缩空气冲击波推倒围墙情况

断，烟囱底部基础以上筒身折断，形成一个向后方（南面）的大喇叭口，使得撞击地面而被压扁的烟囱筒内空气，由于受到急剧压缩而形成空气冲击波，顺着“喇叭口”向南喷出。这强大的空气冲击波和高速气流，使紧靠烟囱中心南面约 22 m 处的化学处理车间北侧的玻璃窗全部被破坏，不少窗框被冲击落地；车间外砖墙靠近窗户上方的抹灰出现约 1～2 mm 的裂缝多处；东侧离开化学处理车间约 30 m 处的主厂房，在墙体拐角高约 15～20 m 处的一块长 1.5 m、宽约 20 cm 的轻型铝合金墙面被反射增压的空气冲击波拉伸变形（见图 8.11）。从破坏情况估计，其空气冲击波的超压至少在 0.4×10^5 Pa 以上。

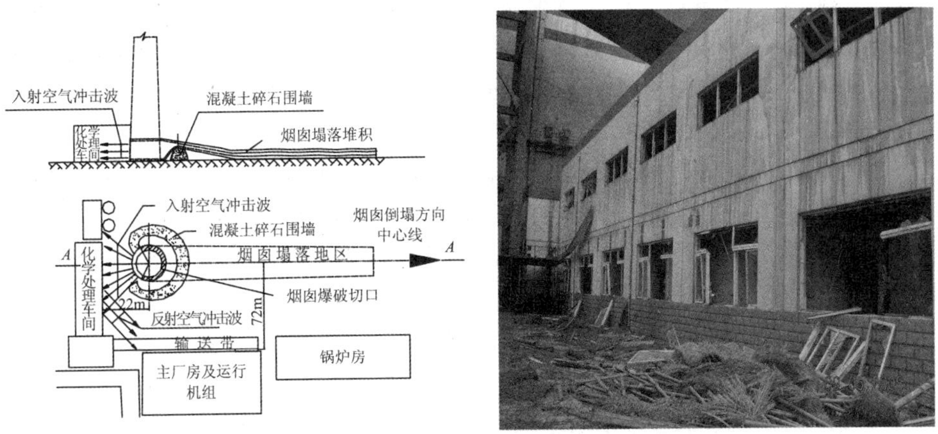

(a) 压缩空气冲击波破坏示意图　　(b) 化学处理车间窗户破坏状况

图 8.11　烟囱倒塌产生压缩空气冲击波破坏图

从这些例子可以清楚地看到，在建（构）筑物爆破倒塌时，压缩空气形成的空气冲击波和其后的高速运动气流所造成的破坏不可忽视，必须予以预防和控制。对于压缩空气冲击波的预防和控制,最主要的方法是采用“泄压”和“阻波”措施。

① “泄压”方法。对于楼房爆破,首先要利用楼房现有的门和窗“泄压”,没有门窗的应该用人工或者机械开设一些窗口。可以在爆破切口所在的楼层的非缺口部位适当在外墙上开设一些“泄压”窗口,在楼板上也开凿一些“窗口”。这样在楼房倾倒时,使楼层中的压缩空气能向各个方向排出,避免在某一个方向上形成强冲击波;第二要使楼房爆破后能够充分解体。除了在爆破切口、爆破设计参数上考虑外,还可以事先把楼层的承重梁和楼梯梁分段破碎,或者布孔与主爆破同时爆破切断,这样可以减少压缩空气冲击波的产生,减少空气冲击波的强度。对于高耸构筑物爆破(如钢筋混凝土高烟囱),只有让它爆破倒塌落地时筒身的各个部位都能够充分的破碎,使筒内的压缩空气能够从各个方向分流出来,才能减少压缩空气冲击波的强度。尤其要避免烟囱落地时,在烟囱中部首先受到撞击压缩,造成压缩空气从烟囱的顶部或者从断裂的根部筒体内集中喷出形成强大的空气冲击波。否则就会造成上述实例中的破坏。为此,在采用烟囱爆破切口部位围挡墙防护飞石时,围墙位置离开烟囱筒壁不要过大,一般在30～50 cm即可,墙的高度不要超过3 m,围墙最好用柔软、空隙率大的材料如灰渣土、沙土等装袋堆码而成;在烟囱倒塌方向铺设缓冲垫层时,应用沙土装袋堆码成条形堤,条形堤的间距不要过大,一般在8～10 m,所有条形堤的高度应该一致,不要超过3 m。

② “阻波”措施。对于楼房爆破,除了在爆破部位进行防护覆盖外,在“泄压”的门窗上,都要用柔软的材料如草垫、草袋、编织袋等进行围挡,以减少压缩空气冲击波的强度;有需要重点保护的建筑物设施,在采用屏障防护时,屏障的结构要有一定强度,并且屏障的位置要适当,离开保护对象也应该保持一定距离,防止万一屏障被空气冲击波推倒时砸伤邻近的建筑物设施。对于高耸构筑物爆破(如钢筋混凝土烟囱),除了在烟囱爆破切口部位进行防护覆盖外,在烟囱的定向窗、切口部位的烟道、预开窗口等部位也要进行覆盖防护,避免压缩空气冲击波的集中逸出和减少冲击波强度;对于倒塌方向两侧和后方有建筑物设施需要保护时,可以架设屏障防护,但是也要保证屏障的结构强度,同时防止屏障被冲击波推倒而造成保护对象的损伤。

8.1.1.8 空气冲击波和噪声的测量

1. 空气冲击波超压的测量

(1) 空气冲击波的超压测试试验装置

空气冲击波的超压测试装置一般如图8.12所示。传感器接受爆炸产生的压力信号,经信号适配器(放大器),由数据采集器数字化后,记录并分析处理。目前常见的超压测试装置主要由三个部分组成:①传感器。超压测试中,压力信号测试一般使用压电式和压阻式传感器。②信号适配器。压电式传感器需配电荷放大器。压阻式传感器需配数据放大器或动态应变仪。③数据采集及处理系统。目前数据采集设备两种方式:通用型动态测试分析仪、外场用远程数据采集器。

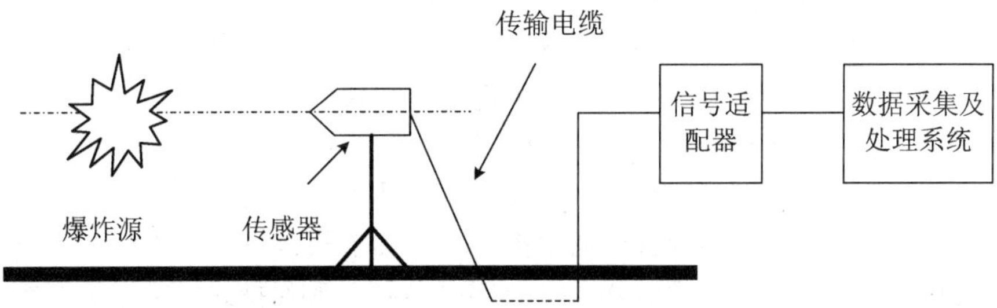

图 8.12　空气冲击波压力测试装置示意图

(2) 典型仪器介绍

① 美国压电式传感器,其性能如表 8.19 所示。

表 8.19　传感器性能参数表

种类	动态范围	最大静压力	共振频率	灵敏度
	kPa	kPa	Hz	μVPa-1
137A23	345	6 900	≥500	14.5
137A22	3 448	6 895	≥500	1.45
137A21	6 895	34 475	≥500	0.145

② 通用型数据测试分析仪。如 ST3000 动态测试分析仪是将工业级 PC 机与瞬态数字化波形记录仪集成为一体的新一代测试仪器,它通过专门设计的高速数据采集板及系统软件,实现将高速瞬态信号由模拟信号转为数字信号,同时利用功能强大的 PC 机,实现数字信号的存储、分析处理及打印输出等功能。采用与 PC 机的有机结合,使得仪器的操作使用十分简单,操作仪器只需使用计算机键盘或鼠标就能完成,为高精度动态测试仪器。其技术性能为:并行通道数为 8～32;每通道最高采样率为 20 M sps(每秒样点数);存储深度为 1 M 样点/CH;量程为 ± 25 V ～ ± 100 mV,多档可调;AD 分辨率为 10 bit;配置有一体化工作站;软件处理功能包括采集、显示、存储、时域处理、频域处理、数字滤波等。

③ 外场用远程数据采集器。如 TST5105D 系列便携式高速数据采集器,是专为野外和现场试验设计的仪器。具有重量轻,结构尺寸小等特点。TST5105D 内置 CPU,通过网路实现与主控机的数据交换,按照 TCP/IP 协议进行通讯,每台采集器有 8 路独立采集通道,可积木式扩展,提供在线、离线两种工作方式。其技术性能为:通道数为 8 CH/台;A/D 分辨率为 12 bit ;量程为 ± 5 V;带宽不小于 400 k;采样率为 1 MHz,500 kHz,200 kHz,…,200 Hz 多档可调 ;采样长度为 2 k,3 k,…,128 k 多档可调;采样负延时可调;触发方式有手动触发、内触发、外触发;触发电平可调;触发沿分为上升沿、下降沿。

2. 爆破噪声的测试

空气冲击波中频率在 20 Hz 以上成分，一般作为噪声对待，用声压计测量。声级计是一种最基本、最常用的便携式噪声测量仪器。它一般由传声器、放大器、衰减器、计权网络、检波器和表头组成，所需电源一般由干电池供给。声级计的特点是：体积小，重量轻，现场使用方便，能直接测出 A、B、C 计权声级，特别适用于工业噪声，环境噪声现场测量。一些常用声级计的型号和特性见表 8.20。对于爆破噪声测量，应选用脉冲精密声级计。如果把声级计和倍频带或 1/3 倍频带滤波器串联，就可以组成便携式简易频谱分析仪；如果把声级计和便携式磁带记录仪组合起来，则可把现场的噪声录制在磁带上，储存或带回试验室进行的分析。

表 8.20 一些常用声级计型号和特性

型号	产地	计权网络	频率范围	备注
ND2 精密声级计	中国红声器材厂	A,B,C,Lin	20 Hz～18 kHz	
ND10 普通声级计	中国红声器材厂	A,C	31.5 Hz～8 kHz	可保持最大有效值
JS-1 精密声级计	中国衡阳仪器厂	A,B,C	20 Hz～18 kHz	可外接滤波器
2203 精密声级计	丹麦 B&K	A,B,C,Lin	20 Hz～20 kHz	可和倍频带或 1/3 倍频带滤波器联用
2209 脉冲精密声级计	丹麦 B&K	A,B,C,D,Lin	2 Hz～70 kHz	可测脉冲噪声，和其他配件组合可测振动和进行频谱分析
2232 精密声级计	丹麦 B&K	A	20 Hz～20 kHz	数字显示
2215 积分声级计	丹麦 B&K	A	20 Hz～20 kHz	温度计式显示，可测 60S 的 L_{eq}
2230 精密积分声级计	丹麦 B&K	A,C,Lin	4 Hz～20 kHz	数字显示，可测等效声级 L_{eq}、最大声级和最小声级
NA-09 普通声级计	日本 Rion	A,B,C	20 Hz～8 kHz	可连接滤波器
NA-60 精密声级计	日本 Rion	A,B,C	10 Hz～20 kHz	可连接滤波器

国内外常用的声级计结构如图 8.13 所示。

任何噪声测量之前，都要根据测量目的选择合适的测量规范和方法。目前还设有专门针对爆破噪声制定的测量规范。测量爆破噪声，可参考《声环境质量标准(GB3096-2008)》和《工业企业厂界环境噪声排放标准(GB12348-2008)》中的测量方法进行。在这些噪声测量规范中，对测点、环境、仪器、测量程序、数据处理等都做了较具体的规定。

这里介绍工业企业厂界噪声测量方法，它适用于工厂及有可能造成噪声污染的企事业单位的边界噪声的测量。

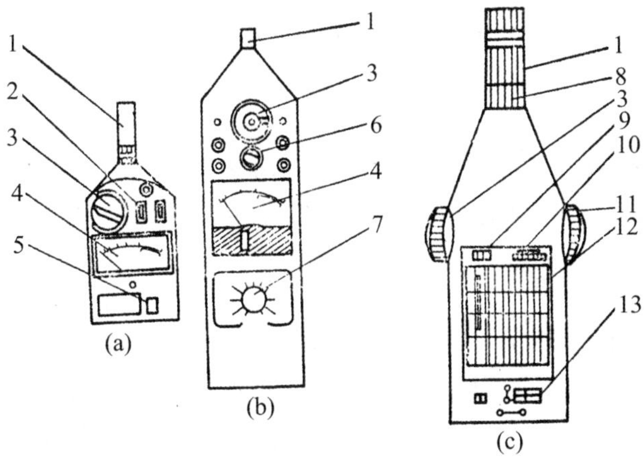

图 8.13　几种声级计示意图

1—传声器;2—功能选择开关;3—衰减器旋钮;4—电表度盘;5—电源开关;6—功能选择器;7—滤波器旋钮;8—坚固螺母;9—计数网络指示器;10—声压级指示器;11—功能选择器和电源开关;12—荧光屏显示器;13—表头动态特性开关

(1) 测量的计量单位

噪声计量单位根据测量对象的不同,有两种:①A 声级(用 A 计权网络测得的声级),用 L_A 表示,单位为 dB(A);②等效声级(在某规定时间内 A 声级的能量平均值),又称等效连续 A 声级,用 L_{eq} 表示,单位为 dB(A)。

按定义此量为:

$$L_{eq} = 10\lg\left(\frac{1}{T}\int_1^T 10^{0.1LA}\,\mathrm{d}t\right) \tag{8.16}$$

式中:L_A—t 时刻的瞬时 A 声级;

T—规定的测量时间。

当测量是采样测量,且采样的时间间隔一定时,上式可表示为:

$$L_{eq} = 10\lg\left(\frac{1}{n}\sum_{i=1}^{n}10^{0.1L_i}\right) \tag{8.17}$$

式中:L_i—第 i 次采样测得的 A 声级;

n—采样总数。

(2) 测量的噪声分类

测量的噪声根据其波形的类型可以分为稳态噪声和非稳态噪声。在测量时间内,声级起伏不大于 3 dB(A)的噪声视为稳态噪声,其中在测量时间内,声级变化具有明显的周期性,称为周期性噪声;否则称为非稳态噪声(爆破噪声属于非稳态噪声)。

(3) 测量仪器

测量仪器选择精度为2型及2型以上的积分平均声级计或环境噪声自动监测仪，其性能符合GB 7538《声级计电声性能及测量方法》之规定，应定期校验。并在测量前后进行校准，灵敏度相差不得大于0.5 dB(A)，否则测量无效。测量时传声器加风罩。

(4) 测量时间

测量时间分为昼间、夜间两部分，昼间为6:00～22:00，夜间为22:00～6:00。

测量时间还应根据气象条件确定，测量应在无雨、无雷电的气候中进行，风速为5 $m \cdot s^{-1}$以上时停止测量。

(5) 采样方式

用声级计采样时，仪器动态特性为“慢”响应，采样时间间隔为5 s；用环境噪声自动监测仪采样时，仪器动态特性为“快”响应，采样时间间隔不大于1 s。对于测量值，稳态噪声测量1 min的等效声级，周期性噪声测量一个周期的等效声级，非周期性非稳态噪声测量整个正常工作时间的等效声级。

(6) 测点位置的选择

根据监测对象和目的，可选择三种测点条件进行环境噪声的测量：①一般户外。距离任何反射物(地面除外)至少3.5 m外测量，距离地面高度1.2 m以上。必要时，可置于高层建筑上，以扩大监测范围。使用监测车辆测量，应固定在车顶部1.2 m高度处。②噪声敏感建筑物户外。距离壁或窗户1 m处，距地面1.2 m以上。③噪声敏感建筑物室内。距离面或其他反射物至少1 m，距窗约1.5 m处，距地面1.2～1.5 m高。

(7) 测量记录及数据处理

测量记录应包括日期、地点、测定人员，使用仪器型号、编号及其校正记录，测定时间内的气象条件，测量项目及测定结果，测量依据的标准，声源及运行工况说明以及其他应记录事项。

背景噪声的声级值应比待测噪声的声级值低10 dB(A)以上，若测量值与背景值差值小于10 dB(A)，则按表8.21进行修正。

表8.21 被测噪声源的修正值表

差值 3	4～6	7～9
修正值 −3	−2	−1

爆破噪声比工业噪声的测量复杂，包括测点选择、测量仪器、测量方法、数据记录、数据处理等。可以参考上述工业噪声的测量方法确定。

8.1.2 水中爆炸冲击波

炸药在水中进行爆炸时，具有高温高压的爆轰波急剧压缩和冲击周围水介质，形成强烈的水中冲击波，向四周传播，由于水是几乎不可压缩的介质，冲击波的能量衰减较慢，可以传播较远。这对于船泊航行、水工建筑物、岸边设施和水产养殖业都会造成安全影响。

案例 1　1989 年，北京某公司在渤海湾海域进行管道开挖的浅水爆破，利用退潮时装药，涨潮期间爆破。响炮后，爆炸产生的水中冲击波、高速运动的水流和裹挟的飞散物将附近船只及岸边设施造成严重的破坏，损失很大，导致该公司破产①。

案例 2　1991 年 1 月广东省芝麻州岛 3 200 t 硐室爆破时，爆破抛掷大量岩块，激起水中冲击波及高速运动水流，产生的涌浪高达 2.5 m，当遇到高约 3 m 的码头时，涌浪爬高至 6 m，将码头上的几十座工棚全部推倒。长 500 m、宽 300 m 的码头全部涌水，码头边沿上的石头也被部分冲上码头。涌浪还给鱼类造成大量伤害，导致渔业资源损失近 200 万元②。

因此，为了防止水中冲击波发生的安全事故，必须了解水中爆炸冲击波的作用特点，才能对水中冲击波进行有效的预防和控制。

8.1.2.1　水中爆炸冲击波的作用特点

由于水介质密度比空气大得多，约是空气的 800 倍，而且水一般压力下呈不可压缩状态，因此炸药包在水中爆炸产生的冲击波与在空气中有所不同。

(1) 爆炸气体作用方式不同

炸药包在空气中爆炸时，爆炸气体具有接近爆轰波的速度运动，它以激烈冲击的方式压缩空气，形成空气冲击波。初始阶段，爆炸气体与空气冲击波一起运动，随着距离增加，爆炸气体很快被高速卷入的空气扩散出去，大约在 $5\sim15R_0$（R_0 为药包半径）距离上空气冲击波与爆炸气体脱离。但是炸药包在水中爆炸后却不一样，爆炸的气体产物受到水的束缚不向四处飞散，它在释放出冲击波之后仍然被水包围成气团以脉动的方式存在，直到气团上升到水面逸出，因此爆炸气体在水中作用的时间要比在空气中长。

(2) 冲击波能量扩散情况不一样

水中爆炸冲击波的能量扩散与空气中也不同。据文献③介绍，梯恩梯药包在水中爆炸时，在距离药包中心 $1R_0$（药包半径）的距离上生成冲击波的能量占药包总能量的 53%，其余 47% 的能量为爆炸气团及冲击波阵面后水流运动的能量。而随着冲击波的向外传播，冲击波强度逐渐降低，在离爆源 $10R_0$ 距离上，冲击波的能量约为总能量的 33%，这时气体脉动能量大约 4%。之后随着水流卷入的质量增大，冲击波能量被消耗，强度减弱，在大于 $50R_0$ 距离以后逐渐减弱，最后锐变为

---

① 刘殿中. 工程爆破实用手册[M]. 北京：冶金工业出版社，1999：680.

② 张志毅，王中黔主编. 交通土建爆破工程师手册[M]. 北京：人民交通出版社，2002：393.

③ [苏]A. H. 哈努卡耶夫著，刘殿中译. 矿岩爆破物理过程[M]. 北京：冶金工业出版社，1980：42.

声波。而炸药包在空气中爆炸时，爆炸气体占有 90%的能量，其中转移到空气冲击波的能量接近 65%～70%（这比水中爆炸时转移给冲击波的能量要大），有 20%～25%的能量消耗在爆炸气体与空气的界面上。在离开爆源约 5～15R_O距离上，爆炸气体与空气冲击波相脱离，之后由于大量空气质量的卷入，强度减弱，大约在 100R_O距离上，波阵面的速度接近声速。

（3）冲击波波阵面参数的差别

前苏联学者 Яковлев・Ю.С. 对炸药在空气中和水中爆炸产生的冲击波波阵面的初始压力、波速等主要参数进行了计算比较，数值列于表 8.22。

表 8.22 炸药在水中和空气中爆炸的冲击波初始参数

炸药种类	爆轰波波阵面参数					
	炸药密度/g・cm^{-3}	爆速/m・s^{-1}	质点运动速度/m・s^{-1}	爆轰波压力/10^5 Pa	爆炸产物温度/K	绝热指数
梯恩梯(TNT)	1.6	6 850	1 610	180 000	3 425	3.2
泰　安(PETN)	1.7	8 400	2 000	275 000	4 300	3.2
水中爆炸冲击波						
炸药种类	波阵面密度/g・cm^{-3}	波速/m・s^{-1}	阵面质点速度/m・s^{-1}	波阵面压力/10^5 Pa	波阵面温度/K	
梯恩梯(TNT)	1.73	5 500	2 370	133 500	863	
泰　安(PETN)	1.74	5 700	2 450	140 000	883	
空气中爆炸冲击波						
梯恩梯(TNT)	1.38	7 620	6 690	622	10 530	
泰　安(PETN)	1.46	9 650	8 670	970	12 670	

由表 8.22 可知，TNT 炸药在水中爆炸时，冲击波的初始压力与爆轰波压力之比为 0.74，而在空气中爆炸时，冲击波初始压力与爆轰波压力之比仅为 0.003 5；水中冲击波初始质点流速与波速之比为 0.43，空气冲击波初始质点流速与波速之比为 0.88。

而比较表 8.2 和表 8.22 可知，水中冲击波与空气冲击波最大的区别在于水中冲击波阵面速度（波速）总是小于其声速，而空气冲击波波阵面的速度总是大于声速。水中爆炸冲击波的压力为 200×10^5 Pa 时，水中冲击波的波速与声速之比为 0.99。水中冲击波压力越大，其比值越小，压力为 10^8 Pa 时，其比值为 0.96；而空气冲击波在压力为 200×10^5 Pa 时，波速与其声速之比为 2.9，空气冲击波压力越大，其比值也大，压力为 10^8 Pa 时，其比值为 3.4。

（4）水中气团的脉动作用

水中爆炸与空气中爆炸的另一个差别是释放出冲击波能量以后的爆炸气团，在水压和气体膨胀共同作用下产生明显的脉动现象。当在无限水域中爆炸时，这种脉动现象将进行多次。气泡脉动的能量随着脉动次数的增加而减少，在离爆源 $10R_0$（药包半径）距离上，脉动能量约为总能量的 4%，而第 4 次脉动能量约为第一次的 14%。由于爆炸气体膨胀后的密度下降，当其密度降低到比水小时，气泡不断上升，直到浮出水面与界面大气连通。但是空气中爆炸的气团脉动不明显，很少，最多 1～2 次。

8.1.2.2　水中冲击波主要参数

水中冲击波波阵面的参数主要有压力、波速、质点流速等，利用冲击波波阵面上质量、动量、能量的连续关系，计算得到冲击波波阵面上的参数结果列于表 8.23。

表 8.23　水中冲击波波阵面的参数

波阵面压力 $P/10^5$ Pa	波阵面速度 $D/\mathrm{m\cdot s^{-1}}$	波后流速 $u/\mathrm{m\cdot s^{-1}}$	水的密度 $\rho/\mathrm{g\cdot cm^{-3}}$	波阵面声速 $C/\mathrm{m\cdot s^{-1}}$	波阵面温度 T/℃
0	1 460	0	1.000	1 460	0.0
200	1 490	13	1.013	1 500	2.0
400	1 510	26	1.024	1 540	2.4
600	1 540	40	1.032	1 580	2.6
800	1 560	58	1.040	1 620	3.0
1 000	1 590	67	1.044	1 660	3.4
2 000	1 720	133	1.075	1 860	5.8
4 000	1 940	240	1.120	2 160	14.0
10 000	2 400	450	1.220	2 660	35.5
20 000	2 840	680	1.325	3 200	68.0
30 000	3 260	930	1.400	3 720	105.0
40 000	3 600	1 100	1.450	4 040	135.0
50 000	3 900	1 280	1.500	4 415	184.0
60 000	4 140	1 430	1.545	4 740	214.0
80 000	4 600	1 680	1.615	5 162	300.0
100 000	5 000	1 940	1.665	5 600	400.0
200 000	6 460	3 000	1.850	7 100	870.0
300 000	7 800	3 800	1.970	8 160	1390.0

由表 8.23 得知，当冲击波压力为 20～50 MPa 时，水的密度增大 1.32～1.5 倍，波速将达到 2 840～3 900 $\mathrm{m\cdot s^{-1}}$，而波阵面的声速大于冲击波波速。

对于水中爆炸产生的冲击波，影响安全的主要参数有压力、冲量和作用时间等。由于受到水深水浅的影响，以及不同界面的反射、折射影响，水中爆炸产生的冲击波波形和压力参数等会有所不同。图 8.14 为水中爆炸时在不同水域的测得的冲击波压力图形。

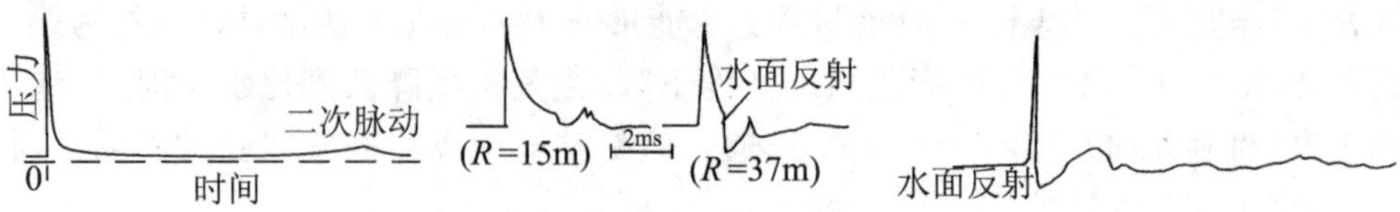

(a) 深水爆炸的水击波　(b) 浅水中规则反射区内的水击波　(c) 浅水中非规则反射区内的水击波

图 8.14　水中冲击波在不同水域和随时间衰减的图形

(1) 在无限水域中深水爆炸的冲击波参数

美国学者库尔用 TNT 药包在深水区域进行了一系列的实验，归纳得到水中裸露药包爆炸产生冲击波阵面的最大压力为：

$$P_m = 533\left(\frac{\sqrt[3]{Q_T}}{R}\right)^{1.13} \quad \left(7 \leqslant \frac{R}{R_o} \leqslant 240\right) \tag{8.18}$$

冲击波随着时间的压力衰减规律为：

$$P = P_m \mathrm{e}^{-\frac{t}{\theta}},\ \theta = K\sqrt[3]{Q_T}\left(\frac{\sqrt[3]{Q_T}}{R}\right)^{\alpha} \tag{8.19}$$

冲击波的冲量为：

$$I = 0.005\,8\sqrt[3]{Q_T}\left(\frac{\sqrt[3]{Q_T}}{R}\right)^{0.89} \tag{8.20}$$

冲击波阵面的能量密度为：

$$E_f = 83\sqrt[3]{Q_T}\left(\frac{\sqrt[3]{Q_T}}{R}\right)^{2.05} \tag{8.21}$$

式中：P_m，P—水中冲击波阵面的最大压力、距离爆源某点的压力，10^5 Pa；

Q_T—密度为 $\gamma = 1.62\ \mathrm{g \cdot cm^{-3}}$ 的 TNT 质量，kg；

K，α—系数，$K = 0.84$，$\alpha = -0.23$；

e—自然对数的底，$\mathrm{e} = 2.718$；

θ—时间常数，指冲击波压力衰减到峰值压力的 1/e 时所需的时间，s；

R_o—药包半径，m；

R—离开爆源距离，m。

前苏联学者对密度为 $1.6\ \mathrm{g \cdot cm^{-3}}$ 的 TNT 和泰安炸药包在水中的爆炸进行测试，得到冲击波压力随传播距离增加而减少的曲线，如图 8.15 所示。由试验曲线得到炸药在水中爆炸时在不同距离范围上的两种压力计算公式。

在离开爆心 $2R_o$ 之内：

$$\text{梯恩梯的 } P_m = 133\,500\left(\frac{R_o}{R}\right)^{2.99};\ \text{泰安的 } P_m = 148\,000\left(\frac{R_o}{R}\right)^{3} \tag{8.22}$$

在离开爆心 $2 \sim 5\ R_o$ 范围内：

$$\text{梯恩梯的 } P_m = 62\,000\left(\frac{R_o}{R}\right)^{1.95};\ \text{泰安的 } P_m = 75\,000\left(\frac{R_o}{R}\right)^{2} \tag{8.23}$$

在离开爆心 5 ～ 240 R_0 范围内：

$$梯恩梯的\ P_m = 14\,700\left(\frac{R_0}{R}\right)^{113};\quad 泰安的\ P_m = 21\,800\left(\frac{R_0}{R}\right)^{1.2} \tag{8.24}$$

(2) 在有限水域中浅水爆炸的冲击波参数

一般水下爆破工程大部分是浅水爆破，它们产生的水中冲击波的压力比深水裸露药包爆破产生的压力要小得多。

在 1968～1972 年，广东黄埔港水下爆破工程，承担任务的广东省水利电力局和中国铁道科学研究院，结合工程实际，开展了大量的试验研究。在水深 7～8 m，采用 2# 岩石炸药和少量 40%的硝化甘油炸药做成圆柱形防水药包，进行了水中爆炸，得到了水中冲击波的实测数据，为浅水爆破提供了宝贵资料。

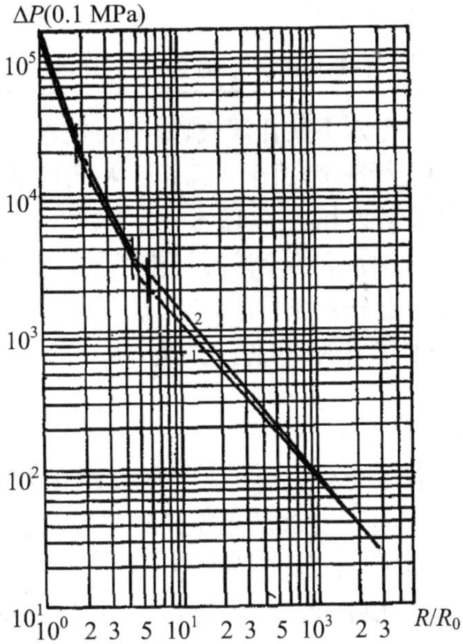

图 8.15　水中冲击波和相对距离关系
(1—梯恩梯；2—泰安)

水中圆柱形药包爆炸的冲击波压力经验公式

$$P_m = 415\left(\frac{\sqrt[3]{Q}}{R}\right)^{1.05} \tag{8.25}$$

冲击波单位冲量公式

$$I_{3\theta} = 0.039\,8\sqrt[3]{Q}\left(\frac{\sqrt[3]{Q}}{R}\right)^{0.76} \tag{8.26}$$

冲击波时间常数

$$\theta = 0.1\sqrt[3]{Q}\left(\frac{\sqrt[3]{Q}}{R}\right)^{-0.24} \tag{8.27}$$

式中：—冲击波压力峰值，10^5 Pa；

$I_{3\theta}$—$t = 3\theta$ 时的压力单位冲量，$kg \cdot s \cdot cm^{-2}$；

Q—圆柱形药包(2# 岩石炸药和少量 40%的硝化甘油炸药)的质量，kg；

R—离开爆源距离，m；

θ—时间常数，ms。

同时，对钻孔爆破、水底裸露药包爆破和多个裸露药包爆破的水中冲击波压力进行了测量，归纳的经验公式列于表 8.24。

对水下爆炸的气泡脉动规律进行了试验研究，得到了气泡第一次脉动压力约为冲击波压力的 10%～15%，其脉动周期为：

$$T = \frac{1.95\sqrt[3]{Q}}{(H + 10)^{\frac{5}{6}}} \tag{8.28}$$

式中：T—气泡脉动周期，s；

H—药包离水面深度，m。

表 8.24 水下爆破冲击波压力经验公式

爆破方式	爆破方法及主要参数	压力经验公式	测试次数	相关指数	剩余标准差
水中爆炸	圆柱形药包	$P_m=415(\sqrt[3]{Q}/R)^{1.05}$			
水下钻孔爆破	孔径 108 mm,孔深 4.5 m,每次爆破 28～32 孔	$P_m=31(\sqrt[3]{Q}/R)^{1.45}$	6	0.94	9.4%
水底裸露爆破	单药包	$P_m=203(\sqrt[3]{Q}/R)^{1.21}$	11	0.96	10.9%
水底裸露爆破	群药包:10～16 个药包	$P_m=38(\sqrt[3]{Q}/R)^{1.06}$	20	0.78	8.2%

对于水下钻孔爆破,炸药装在岩石钻孔内部,爆炸时部分能量从孔口释放为水中冲波所携带,由于水深条件和孔口堵塞情况的不同,其水中冲击波的压力大致为深水爆炸时压力的 10%～40%。

中国水利科学院在河南鸭河口引水渠水下深孔爆破开挖中,在水深 8～10 m、使用乳化炸药条件下,药量从 160～1 200 kg,单响药量为 38～56 kg,实测得到水中冲击波压力的回归公式①为:

$$P_m = 70\left(\frac{\sqrt[3]{Q}}{R}\right)^{1.33} \tag{8.29}$$

式中:P_m—水中冲击波压力峰值,0.1 MPa;

Q—乳化炸药单响最大药量,kg;

R—离开爆源的距离,m。

长江科学院在深圳沙角及长江石砣、界碑、鸡扒子等地在不同水域条件下得到了两组水中冲击波压力的计算公式②。

① 静态或准静态水域(水深 6～9 m)

水中爆炸:

$$P_m = 744\left(\frac{\sqrt[3]{Q}}{R}\right)^{1.25} (0.02 \leqslant \rho \leqslant 0.106) \tag{8.30}$$

水底裸露爆破:

$$P_m = 1502\left(\frac{\sqrt[3]{Q}}{R}\right)^{1.69} (0.02 \leqslant \rho \leqslant 0.205) \tag{8.31}$$

水底钻孔爆破:

$$P_m = (110 - 257)\left(\frac{\sqrt[3]{Q}}{R}\right)^{1.69} (0.028 \leqslant \rho \leqslant 0.209) \tag{8.32}$$

② 长江动水(流速 1～3 m · s^{-1},水深 4～7 m)

水中爆炸:

---

① 陆遐龄,梁向前,胡光川,等. 水下爆炸的理论研究与实践[J]. 爆破,2006,23(2):9～13.

② 佟锦嶽,石教往,熊长汉,等. 水下工程爆破对环境影响规律研究(上)[J]. 爆破,17(3):6～12.

$$P_m = 2607\left(\frac{\sqrt[3]{Q}}{R}\right)^{2.0} \quad (0.023 \leqslant \rho \leqslant 0.159) \tag{8.33}$$

水底裸露爆破：

$$P_m = 1938\left(\frac{\sqrt[3]{Q}}{R}\right)^{1.25} \quad (0.023 \leqslant \rho \leqslant 0.366) \tag{8.34}$$

水底钻孔爆破(孔口水深 0.3～3.8 m)：

$$P_m = (17 - 57.8)\left(\frac{\sqrt[3]{Q}}{R}\right)^{1.35} \quad (0.028 \leqslant \rho \leqslant 0.4) \tag{8.35}$$

式中 $\rho = \sqrt[3]{Q}/R$ ；P_m，Q，R 单位同上。

从以上公式比较可以看到，由于水域静动态的差异、水深的不同、药包位置的差别、爆破岩石性质的不同等，所归纳的经验公式差别较大，都有它的局限性，在使用时必须根据当地水域特点、使用的爆破方式以及岩石的具体情况来选用，必要时应进行试验观测。

(3) 围堰拆除爆破与岩塞爆破产生的水中冲击波压力

葛洲坝、长江三峡等围堰的拆除爆破，丰满水电站、密云水库等岩塞爆破，都会产生水中冲击波。由于围堰爆破中爆炸部分能量在自由面释放，转化为水中冲击波的能量较小，因此冲击波的压力幅值低，频率也较低。中国水科院在葛洲坝围堰爆破拆除时回归得到的水中冲击波压力计算公式为①：

$$P_m = 31.2\left(\frac{\sqrt[3]{Q}}{R}\right)^{1.36} \tag{8.36}$$

由于岩塞爆破的爆破部位，处于水面以下较深，水中冲击波的传播条件好，根据国内外的实测资料介绍，一般岩塞爆破产生的冲击波强度大约是标准水中爆炸冲击波压力的 8%～25%。

(4) 挤淤爆破和爆夯产生的水中冲击波

近年来，围海填筑工程大量增加，采用爆炸夯实地基的工程也不少，采用挤淤爆破和爆夯方法处理软基，会在周围海域产生水中冲击波。中国水科院在浙江马迹山港挤淤爆破工程中，对水中冲击波进行了监测，得到了挤淤爆破产生的水中冲击波压力计算公式②：

$$P_m = 195\left(\frac{\sqrt[3]{Q}}{R}\right)^{1.33} \tag{8.37}$$

8.1.2.3　气泡脉动特性参数

在水中爆炸时，炸药爆炸后产生的气体具有一定的压力，由于受到水介质的包围和水的扰动，生成的气团具有脉动的特征，脉动产生的压力具有峰值小、持续时间长、脉动频率低的特点，其脉动能量随着脉动次数的增加而很快被消耗。脉动压

① 陆遐龄，梁向前，胡光川，等. 水下爆炸的理论研究与实践[J]. 爆破，2006，23(2)：9～13.

② 陆遐龄，梁向前，胡光川，等. 水下爆炸的理论研究与实践[J]. 爆破，2006，23(2)：9～13.

力的最大值不到冲击波压力的20%，但是其作用时间较长。因此冲击波冲量的作用，加上脉动压力频率低和滞后水流的动力作用以及气泡浮出水面产生的波浪，对水中结构物(包括水闸、水电站、码头、航标等)和水上舰船及其内部设备仪表等的安全运行会产生破坏影响。

南京工程兵学院在无限水域使用TNT球形药包(药包半径17.5 cm，药量36 kg，密度为1 600 kg·m^{-3})，测得水中冲击波压力、气泡脉动压力及其传播的图形如图8.16所示，其中图8.16(a)波形的C点即为气泡首次脉动引起的二次压力波①。

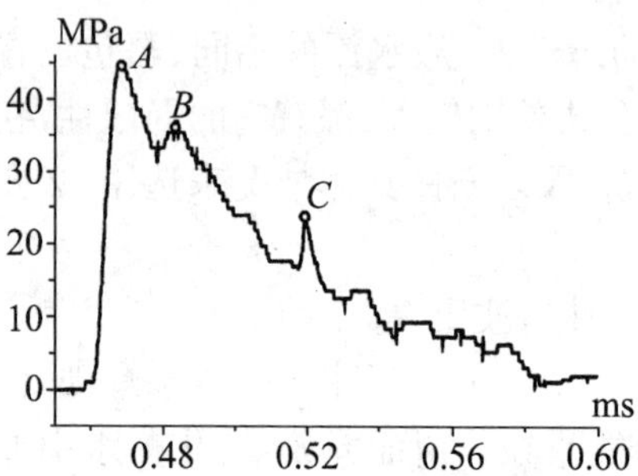

(a) 气泡首次脉动压力实测曲线

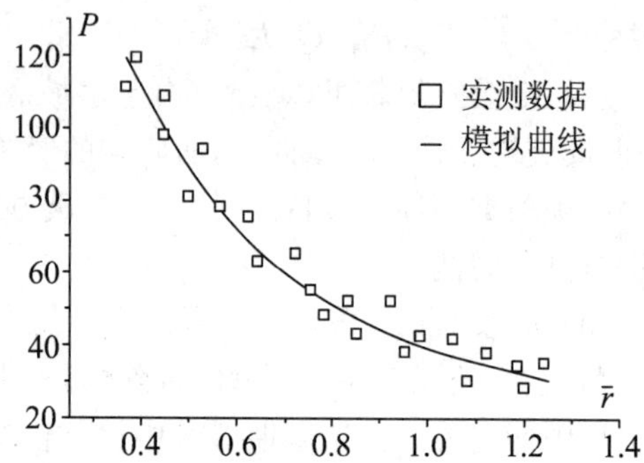

(b) 脉动压力波的衰减曲线

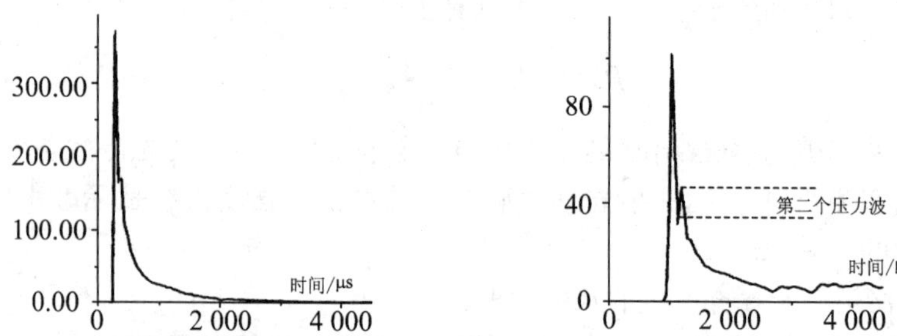

r=0.760 m　　r=1.975 m

(c) 脉动压力波的传播

图8.16　气泡脉动产生的压力波

按照测试数据，用最小二乘法回归得到在$0.5<\sqrt[3]{Q}/R<6.0$的范围内，水中冲击波峰值压力公式为：

$$P_m = 39\left(\frac{\sqrt[3]{Q}}{R}\right) + 10.5\left(\frac{\sqrt[3]{Q}}{R}\right)^2 - 0.12\left(\frac{\sqrt[3]{Q}}{R}\right)^3 \tag{8.38}$$

首次脉动压力的衰减模拟曲线如图8.16(b)所示，在$0.8<\sqrt[3]{Q}/R<2.8$的范围内，回归得到的压力衰减公式公式为：

① 叶序双，顾文彬，张鹏翔，等.水中冲击波传播过程中压力波的探讨[A].汪旭光主编，工程爆破文集(第七辑)[C].乌鲁木齐：新疆青少年出版社，2001，349～352.

$$P_m = 28.3\left(\frac{\sqrt[3]{Q}}{R}\right) + 15.3\left(\frac{\sqrt[3]{Q}}{R}\right)^2 - 3.6\left(\frac{\sqrt[3]{Q}}{R}\right)^3 \tag{8.39}$$

8.1.2.4　水中冲击波的安全影响

(1) 水中冲击波对生物对影响

由于水中冲击波的能量消耗比较慢，其传播的距离比较远，因此在水下进行爆破时，水中冲击波对附近水域从事生产养殖、航运的船只和人员，对附近水工建筑物以及水中鱼类的生存，都会产生不同程度的安全影响。日本的有关文献对水中爆破给鱼类造成的伤害进行了调查，水中冲击波峰值压力在 0.03～0.2 MPa 时鱼类还有清醒过来的可能；压力达到 0.2～0.35 MPa 鱼类还存在复活的可能；压力达到 0.35～0.7 MPa，鱼类复活的可能性很小；压力大于 0.7 MPa 后，鱼类就不可能再复活(详见 10.3.2.2 节)。

(2) 我国《爆破安全规程》对水中爆炸冲击波的安全规定

对于水中冲击波的危害，首先必须对水中爆炸生成冲击波的压力进行计算，然后估计出应用的安全药量以及安全允许的距离。我国《爆破安全规程》对于水中爆炸产生冲击波的安全情况做了以下规定。

① 在水中进行裸露爆破，若覆盖层的厚度三倍药包半径时，对水上人员或保护对象的空气冲击波安全允许距离的计算原则，与地面爆破时相同。

② 在水深大于 30 m 的水域内进行水下爆破，水中冲击波的安全允许距离应遵守表 8.25 和 8.26 的规定。

表 8.25　对人员水中冲击波的安全允许距离

装药及人员状况		装药量/kg		
		≤50	>50 且≤200	>200 且≤1 000
水中裸露装药爆破/m	游泳	900	1 400	2 000
	潜水	1 200	1 800	2 600
钻孔或药室爆破/m	游泳	500	700	1 100
	潜水	600	900	1 400

表 8.26　对施工船舶水中冲击波的安全允许距离

装药及人员状况		装药量/kg		
		≤50	>50 且≤200	>200 且≤1000
水中裸露装药爆破/m	木船	200	300	500
	铁船	100	150	250
钻孔或药室爆破/m	木船	100	150	250
	铁船	70	100	150

注：对客船为 1 500 m；对施工船只按照表 8.26 确定；对非施工船只，可参照表 8.27 和式(8.40)确定。

③ 一次爆破药量大于 1 000 kg 时，对人员和施工船只的水中冲击波安全允许距离按照下式计算：

$$R = K_0\sqrt[3]{Q} \tag{8.40}$$

式中：R—水中冲击波的安全距离，m；

Q——一次起爆的药量，kg；

K_0—系数，按表 8.27 选取。

表 8.27 系数 K_0

装药条件	保护人员		保护施工船只	
	游泳	潜水	木船	铁船
裸露装药爆破	250	320	50	25
钻孔或药室装药爆破	130	160	25	15

④ 在水深大于 30 m 的水域、在重要水工、港口设施附近及水产养殖或其他复杂环境中进行水下爆破，应通过测试和邀请专家研究确定水中冲击波的安全允许距离。

8.1.2.5 水中冲击波的预防和控制

(1) 在源头上予以遏制

应控制水中爆破一次起爆药量；尽量减少向水域抛掷岩块总量和一次抛落量，需要大量向水域抛掷时，应事先评估其对水中生态环境的影响，提出可行性报告，经环保和生物保护管理部门批准，方可实施。

(2) 事先发布爆破施工通告

由于水中爆破，涉及船舶航行、水产养殖、人员活动和附近水工建筑物设施的安全，因此确定在某水域进行水下爆破，施工单位必须提前向港航监督部门和公安部门报告，由他们在三天前通知附近有关单位并发布爆破施工通告。

(3) 水下爆破人员必须培训合格

所有参加水下爆破作业都必须是经过考核合格的人员，并且能严格遵守《爆破安全规程》中“水下爆破”规定的各项要求。

(4) 进行安全试验评估

对于靠近水产养殖基地附近进行水下爆破，必须事先对水中冲击波的影响进行评估，有必要时应进行试验，通过试验确定水中冲击波的安全药量和安全距离，然后进行正式爆破。

(5) 采取削减水中冲击波的措施

在靠近水工建筑物设施附近进行水下爆破，可以采用气泡帷幕防护技术。这项技术是在爆源与保护对象之间设置一套气泡发生装置。气泡是在钢管上开设直径为 2～4 mm 的小孔，由空压机压入空气产生。当这套装置放入水中固定位置，灌入的空气自大量小孔中逸出，形成一道气泡群，不断地向水面运动，这就是所谓气泡帷幕。其作用的原理，可根据物理声学进行解释。当冲击波入射到这道气泡帷幕时，由于许多气泡的反射，原来向一个方向传播的冲击波被反射后变得杂乱无章，而部分入射到气泡中的冲击波，也消耗了极大部分的能量。因此通过气泡帷幕的冲击波压力强度大为削弱，对保护对象起到了保护作用。当然压力减弱的程度与入射波的压力、气体帷幕的厚度、气泡的大小和密度有关，据资料统计，对水中冲击波压力的减弱程度在 1/2～1/20 之间。

例 1　我国最早使用这一技术是在 20 世纪 70 年代，在广东黄埔港大濠州航道的炸礁工程上。船厂坞门呈桶式结构，长 26.63 m、宽 4.6 m、高 10.4 m。坞门处水深 7～8 m，在坞门前沿 2 m 处的水底设置了一套低压气泡帷幕装置①，沿坞门全长铺设(气泡帷幕装置的具体结构如表 8.28 所示)。气泡发射系统共分成两组，每组由两根发射管组成一个矩形框架。每条发射管钻有许多不同角度的小孔，使流量为 60 $m^3 \cdot min^{-1}$、具有(2～4)10^5 Pa 的压缩空气通过 4 200 个气孔发射到水中，形成涡流式的气泡群。

表 8.28　气泡帷幕发射装置参数表

组别	管别	发射管			发射孔				
		直径	长度	管间距	排数	孔间距	孔直径	发射角	孔数
第一组	1	91	33.5	2.5	2	50	1.5	60	1 410
	2	75	34.9			70		180	975
第二组		91	25.0	2.5	2	50	1.5	45	1 050
	75	27.3				70		25	765

利用这套装置共进行了 32 次生产性试验，爆炸药量最小为 4 kg，最大为 164 kg，最近距离为 38.4 m，最远为 232 m。根据当时的试验条件，在坞门和基础上布设拾震器和电阻应变片，直接测量气泡帷幕设置前后振动速度和应变大小的变化情况。实测结果表明，在采用气泡帷幕装置以后，水中冲击波荷载对坞门结构产生的振动速度大大减小，如表 8.29；水中冲击波对坞门的动荷载也大为减少。应变测量表明，在距离坞门 38.4 m 处进行 4 kg 炸药包的水中爆炸，无气泡帷幕时坞门外舷板测得应变为 139 $\mu\varepsilon$，发射气泡帷幕后，实测应变为 5 $\mu\varepsilon$，应变减少了 96%。显然，这是由于采用了气泡帷幕装置，极大地降低了入射冲击波的强度和其随后水流的运动速度，因而使得坞门所受的动荷载大为减小。

① 马乃耀，王中黔. 黄埔港水下爆破设计施工与安全防护技术[A]. 冯叔瑜主编，土岩爆破文集[C]. 北京：冶金工业出版社，1980：110～118.

表 8.29 气泡帷幕对水中冲击波荷载的影响测试结果

测量位置		坞门			备注
		基础	中部	顶部	
振动方向	垂直：$V_{有}/V_{无}$（%）	14～21	1.0～2.5	9.0～14	① 采用两组气泡帷幕装置；② 水中裸露药包爆炸
	水平：$V_{有}/V_{无}$（%）	16～20	—	4.0	

例 2 长江三峡水利枢纽工程永久船闸下游泄水箱涵出口处水下爆破开挖工程[①]，爆源离开泄水箱涵和临时封堵门很近，计算结果表明冲击波超过了箱涵允许的安全压力值，为了防止水中冲击波对其产生破坏作用，在箱涵出口处和爆区之间采用气泡帷幕。气泡发射装置由多根钻有密集小孔的钢管和高压胶管组成，放在箱涵出口前水深约 17 m 的 U 型槽上，由高压胶管连接到空压机上。在爆前，在气泡帷幕两侧设置测点，实测的结果如表 8.30 所示，测试示意图如图 8.17 所示。

表 8.30 气泡帷幕前后冲击波压力变化表

试验次数	单段最大药量/kg	总药量/kg	离开爆源距离/m	测点水深/m	冲击波压力/MPa	
					帷幕前	帷幕后
1	15	105	17	8	0.482	0.048
2	15	115	20	8	0.525	0.032
3	15	110	18	8	0.518	0.053
4	15	105	22	8	0.423	0.055
5	15	105	15	8	0.458	0.047
6	15	125	16	8	0.533	0.052

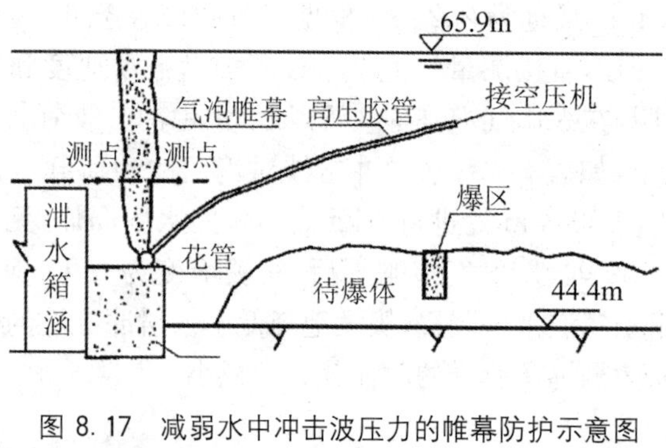

图 8.17 减弱水中冲击波压力的帷幕防护示意图

① 张志波，李春军，李红勇，等. 气泡帷幕中水下爆破减震工程中第应用[J]. 爆破，2003，20(2)：75～76.

由测试结果看到，气泡帷幕的降压效果十分明显，帷幕后的冲击波压力只是帷幕前压力的1/10，测试结果得到的冲击波压力均小于泄水箱涵的允许安全压力0.06 MPa。

8.1.2.6　水中冲击波的测量

(1) 水中冲击波的测试系统

水中冲击波的测试系统包括传感器、放大器和记录分析处理三个部分。常见的测试系统框图如图8.18所示。

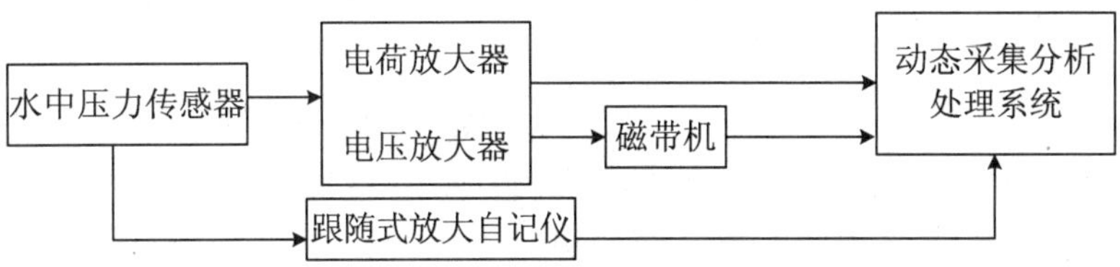

图8.18　水中冲击波测试系统框图

① 压力传感器。水中压力传感器要求系统响应频率高。一般常用压电晶体作为敏感元件，如石英、电气石等也有用人造陶瓷压电材料如钛酸钡、锆钛酸铅等材料。水中压力传感器的传压方式有压杆式自由场传感器和膜片式壁压传感器，也有应变式和压阻式传感器等。

② 放大器。压电式水中压力传感器一般配用高阻输入电压放大器或电荷放大器，具有阻抗转换和信号放大的功能。电压放大器优点是价格低、工作稳定，上限频率可达1～2 MHz，而缺点是低频响应差，一般提高输入阻抗减少输入电容来使工作频带向低端延伸，同时输出电压灵敏度也受到导线长度和电容的影响较大，因此使用中一般要求前置。目前也有将小型化电压放大器紧随传感器以及无线传输的方式。电荷放大器是一个输入阻抗极高，具有电容负反馈的高增益运算放大器，它直接将产生的电荷成正比例的变换为输出电压，而且改变反馈电容的大小，即可方便地改变电荷放大器的放大倍数，这样可以将不同灵敏度的传感器进行归一化输出，而且对传感器电缆的输入电容可以忽略不计，因此测试分析比较简便，利于野外测试，但是价格较贵，易损坏。采用应变式和压阻式传感器，一般配用动态应变仪等测试系统。

③ 记录分析处理系统。水中冲击波的测试技术随着科学的发展在不断地进步，20世纪60～70年代使用的记录仪器是阴极示波器或记忆示波器照像，70年代后发展为磁带记录仪、瞬态记录仪等进行模拟量的连续记录形式，对信号的采集提供了保障。80年代以后，随着计算机技术的发展，动态信号采集分析系统应用普遍，可以将连续变化的动态信号模拟量按照不同的要求采集并进行量化处理后，以数字化形式直接存储在计算机内，应用相应的软件功能，完成分析、计算、绘图的工作。另外，还出现了一些适合于野外工作的跟随式自记设备，轻巧方便，避免了长

距离野外布线的繁杂工作。

目前由于电子技术和计算技术的飞快进步，水中冲击波的测试技术正在向小型化、无线化、远距离传输记录的方向发展。

(2) 测试的准备工作

① 确定水中冲击波测试系统。以上分别介绍了水中冲击波测量系统的三个主要组成部分。采用什么样的测试方式，应该根据爆炸的类型、环境条件以及测试的要求来选择合适的传感器、配置相应的放大记录分析系统。例如测量高频压力应用压电式传感器为好，测量低频率的脉动压力和涌浪压力，采用压杆式或膜片式传感器较合适。

② 对传感器要进行系统标定。确定测试系统以后，为了传感器的工作频率满足测试要求并具有良好的动态特性(幅频特性和相频特性)，应对传感器进行系统标定。一般主要对传感器进行静态幅值灵敏度和线性标定，有条件的可以再进行动态标定。如果使用单位没有条件进行标定的，可以委托有条件的研究单位或高校进行标定。

③ 根据经验或参考有关资料确定采样频率。测试分析系统对于连续变化的波形，通常要求提出采样频率，以便进行计算处理。采样频率一般根据经验或参考相关资料确定。常用奎斯特采样定理，采样频率 f_s 与原信号最高频率 f_m 之间应满足 $f_s \geqslant 2f_m$，但是采样频率 f_s 不宜过高，以免产生大量离散数据，而且频率混杂又占有大量内存，所以测试前要先预估出 f_s，然后以 $f_s = (7 \sim 10) f_m$，确定为采样频率。因为试验证明，当 $f_s = 5f_m$ 时，标准正弦脉冲采样有削峰现象，这是测试中应该注意的。

④ 调整信号幅值电压。仪器的信号幅值电压不要超过 A/D 板 ±10 V 或 ±5 V 的限定，但是也不宜太小，一般应达到量程的 50%～70%，为好，可提高信噪比。

(3) 水中冲击波测试的实例

解放军理工大学工程兵学院在上海洋山港大指山岛近海水域，对水下钻孔爆破施工产生的水中冲击波进行了实爆测试①。测试采用国产 CY-YD-202 冲击波测量传感器，数据采集系统采用四川纵横系列 JV5200 型，放大器为 YE5853 电荷放大器，采样频率取 2 M，采样长度取 1 000 k。试验采用岸边测量。在岸边堆筑高台在最高潮位以上，保证测试人员和仪器的安全。在低潮时露出基岩时进行钻孔、装药、连线作业。试验采用乳化炸药，钻孔钻头直径为 40 mm 钻头，孔深在 1.0～2.5 m，单孔药量在 0.9～2.5 kg。测试传感器固定在底部为混凝土的钢管上，混凝土固定于基岩上。传感器在离开爆源水平距离 4～10 m，相互之间距离为 1 m 或 2 m，并排成一条直线，离开水面的距离保持一致。在海水涨到预定位置时进行爆破

① 孙远征，龙源，邵鲁中，等.水下钻孔爆破水中冲击波试验研究[J].工程爆破，2007，13(4)：13～19.

和测试。孔口水深在 1.5～2.5 m 之间。钻孔爆破与传感器位置如图 8.19 所示 。每次只放一炮进行测试，测试得到的典型波形如图 8.19(b)和图 8.19(c)。从上百个测试数据中，得到的水中冲击波压力试验回归公式为：

$$P_m = 224.7\left(\frac{\sqrt[3]{Q}}{R}\right)^{2.342} \tag{8.41}$$

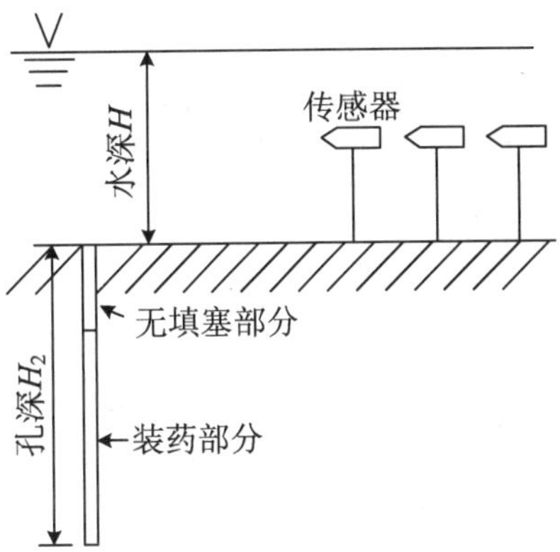

(a) 水中冲击波测试系统

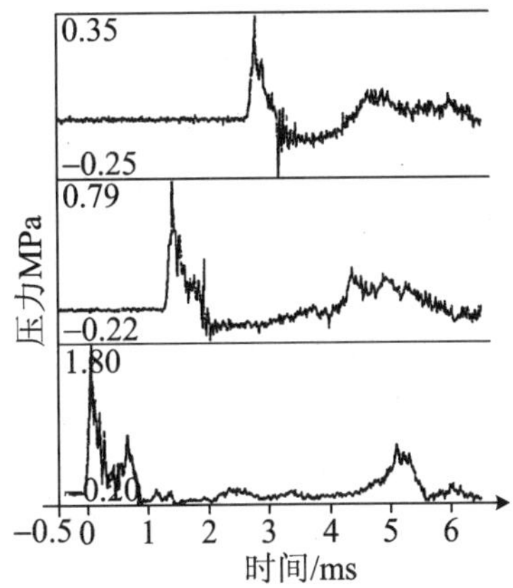

(b) 不同位置处冲击波压力曲线对比图

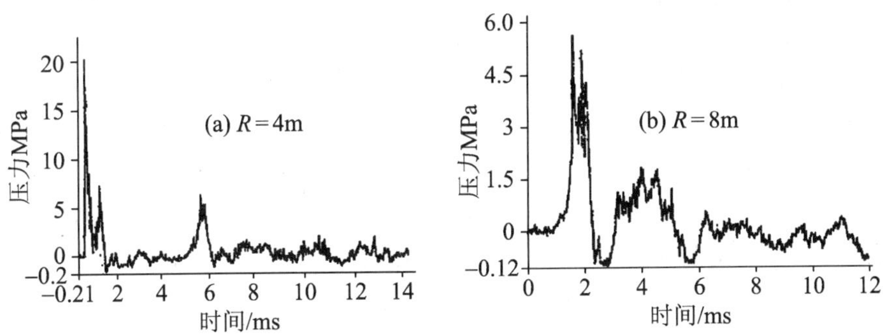

(c) 实测冲击波典型压力-时间曲线

图 8.19　水中冲击波的测试装置和实测压力图形

8.1.3　爆破产生的涌浪及其控制

8.1.3.1　爆破产生涌浪的原因

工程爆破中，产生涌浪的原因是炸药爆破时把大量的岩块(混凝土块)在瞬间抛入水中(河、湖、海)，压缩水介质，激起水中冲击波及其后急速运动的水流，推动水面形成波浪，涌向岸边，称这种现象为涌浪。特别是靠近水域实施硐室爆破时，在爆破拆除大江围堰时，都会出现较大的涌浪。

爆破涌浪随地形条件、爆破参数、水域条件及岸堤边界条件的不同而呈现不同的形态。例如长江三峡围堰拆除爆破形成场面颇为壮观的潮涌式涌浪，浪高2～3 m；有的则呈片状降落，犹如细雨飘临的飞溅式涌浪；还有的爆堆滑落水中，形成的涌浪冲向对岸，上岸后爬高达数米，形成推进式涌浪。

8.1.3.2 涌浪的危害

由于水中冲击波激起的涌浪具有极大的冲击动能，对水域中的生物、养殖网箱、船只产生很大的危害，对岸堤上的防护设施，如护坡、绿化带等也会造成损害，尤其是涌浪爬上岸后还可能对岸边建筑物产生损坏。

案例1 1990年5月，广东惠州深水港通用码头实施640 t炸药的定向抛掷爆破，爆后抛掷岩体掀起的涌浪高达5 m，并逐渐向四周传播，到达2.5 km处浪高仍有0.5 m。两岸涌浪爬高10～13 m，破坏了两侧350 m范围内珍珠养殖场的部分浮标，并且不少鱼被抛掷或被飞石砸死，或被涌浪推到岸上死亡。

案例2 浙江省淳安县程高山于1999年4月至2000年4月共进行了8次(8个区)硐室爆破，使用炸药量772.97 t，爆破岩石量230万m^3。其中，一区爆破涌浪主要形态是沿岸涌浪，由填湖筑起的北侧岸堤经沿岸涌浪的强力冲刷，少量地点出现坍塌；三区北侧为一填方区，因为填筑时间短，受涌浪冲击坍塌现象比较严重；六区爆破涌浪主要是在对岸引起涌浪，使对岸岸堤上的绿化带受到较大的破坏，部分树连根拔出抛上对岸，草被成片抛出，岸堤开裂下沉。

8.1.3.3 爆破涌浪的防范与控制

(1) 对爆破涌浪可能产生的影响进行估计

对涌浪的防范，首先要估计邻近水域工程爆破可能产生的涌浪的形态和强度。涌浪强度与抛入水域爆破岩块所具有的能量、岩块质量、入水速度和高度等因素有关，边界条件影响涌浪的形态，水域条件影响涌浪的传播距离。涌浪的高度一般与爆破抛掷体参数及水域条件有关，估算公式为①：

$$\Delta H = 0.45\frac{\lambda LT}{\sqrt[3]{h^2 RB}} \tag{8.42}$$

式中：ΔH—涌浪高度，m；

λ—抛掷体前沿宽度，m；

T—抛掷体厚度，m；

L—抛掷体滑动距离，m；

B—抛掷堆积水面宽度，m；

h—水深，m；

R—离开抛掷源的距离，m。

(2) 对附近水域与保护对象进行调查

为了估计涌浪可能造成的危害，应事先对附近的水域情况进行调查，包括岸滩

---

① 刘殿中. 工程爆破实用手册[M]. 北京：冶金工业出版社，1999：484.

的坡度、长度、坡底及水深等；在进行涌浪危害估算的基础上提出涌浪对岸边建筑物、设施以及水上船舶、设施的影响程度和范围。

(3) 向有关部门通报防范内容

在爆前，施工单位应向有关单位通报爆破产生涌浪的情况和涌浪的防范内容：涌浪可能发生的范围和区域；可能对对水中生态环境的影响，包括水面航行、养殖网箱等；涌浪对岸堤的冲刷及可能引起的岸堤建筑物的陷落与破坏；涌浪上岸后水流对岸堤建筑物的冲击与破坏等。并提出应采取的防范措施和安全对策。

(4) 预防与控制涌浪的措施

① 设计上应尽量减少向水域抛落爆岩总量和一次抛落量，从源头上控制涌浪产生的强度。

② 在可能有涌浪爬岸的地方，在岸滩设置削波块或树木组成的减波屏障，在岸上保护对象前面设置挡墙。

③ 对附近可能危及的水产养殖，为减少损失，应事先进行转移；对航行的船只应在安全距离范围以外行驶。

④ 由于爆破安全规程目前没有对涌浪安全范围做出规定，为了安全起见，涌浪的水上安全距离应该参照水中冲击波的安全允许距离，结合工程具体情况进行设计。

8.2　爆破飞散物的安全

在工程爆破中，多年来造成安全事故最多的是爆破飞散物，据矿山爆破统计，露天爆破中飞石伤亡事故占整个爆破事故的 27%。例如在 2007 年，北京南水北调某隧道开挖工地，在隧道内人员尚未全部撤离情况下，提前起爆结果爆破飞石当场砸死 2 人。在 2003 年山东某深孔爆破工地，爆破飞石砸断了 30 m 外的高压电缆，造成了大面积的停电事故。拆除爆破也不例外，2001 年 7 月在云南宣威发电厂 120 m 钢筋混凝土烟囱爆破中，尽管烟囱按照预定方向倒塌，然而烟囱倒塌落地溅起的飞石，造成了意外的严重伤亡事故。这样的安全事故实在不少，因此对于爆破飞散物的安全必须高度重视。

8.2.1　爆破飞散物产生的原因

爆破出现的飞散物有两种：一种是炸药爆炸破碎岩石或混凝土等材料时，被爆炸气体和冲击波能量抛掷出来的碎块；另一种是建(构)筑物构件爆破倾倒解体过程中，地面碎块被压缩空气冲击波裹挟抛掷出来或者是落地碰撞时飞溅出来的碎块。爆破飞散物产生的原因有客观的，也有主观的；有爆破机理、天然因素，也有设计、施工问题。

（1）爆破理论计算控制飞散物的难度

由于爆破介质比较复杂，有纹理裂隙发育、各种性质不同的天然岩石，还有人造的钢筋混凝土、素混凝土、砖墙、浆砌片石等，它们都不是理想的均质弹性体，而且不同介质在高温高压状态下的性质至今还没有准确的状态方程可依。因此迄今为止，还没有人能够提出适应不同介质、不同炸药的理论计算方法，目前的炸药药量计算以及各种参数计算都还是依靠人们实践经验的积累，处于半理论半经验的状态，所以对爆破出现飞散物的精确计算还难以做到，但是把爆破飞散物控制在安全范围以内，是完全可以做到的。

（2）爆破设计错误造成的飞石事故

① 对地质条件、结构大小、材料性质等缺乏调查了解和实地勘察，造成设计错误。

案例1 1966年，成昆铁路建设中，某工地进行硐室爆破，响炮后大量飞石飞越80 m宽的大渡河，砸向岸边的一个村庄，摧毁了几乎半个村庄。由于药室布置在软弱夹层中，爆炸气体和空气冲击波从软弱夹层中裹挟着大量碎石冲出，引发了飞石事故[①]。

案例2 2000年6月6日凌晨6时，浙江省某爆破公司在杭州滨江区长河镇石英矿开采石料。在未经公安部门审批的情况下，进行硐室爆破。装药4.7 t，炮响后，北距爆区100 m的长一村农民，被突如其来的爆破振动和落到屋顶上的飞石惊醒，纷纷奔向外面。而西面离爆区300 m外的5个村庄的部分农民住房均被飞石砸中，造成了很大的经济损失。主要原因是药室西部有一条断层带，飞石正是从西面飞出去的；其次，药包的参数选择和网路设计也存在问题[②]。

② 爆破参数选择不当，最小抵抗线发生错误，过量装药。

案例3 1987年3月，某公司在太子山进行硐室爆破[③]，两排药室，前排松动，后排减弱抛掷，总药量为47.08 t，炮响后，后排药包并没有按照原设计的最小抵抗线方向抛掷，而是改变了方向从侧面逸出，大量石块飞散到180～200 m范围内，砸坏了荔枝树十多棵，砸穿工棚多个，赔偿人民币31万元。事后调查发现，由于提供的地形图纸不全，设计者又没有进行实地勘察，设计时对侧向抵抗线没有进行验算，导致最小抵抗线发生错误，出现了爆破飞石造成经济损失的事故。

---

① 刘殿中. 工程爆破实用手册[M]. 北京：冶金工业出版社，1999：681.

② 边兆杰，邹小平，康宁. 一次硐室爆破事故原因剖析. 爆破[J]. 爆破，2000，17(3).

③ 吴子骏，朱德达，郑炳旭，等. 工程爆破管理学[M]. 北京：煤炭工业出版社，1993：85～89.

案例 4　某矿进行硐室松动爆破，因为爆区地形比较复杂，设计人员按照提供的简单地形图进行设计，装药前没有对药室的最小抵抗线进行复核，药量按照 20 m 的最小抵抗线进行计算，实际抵抗线只有 14 m，因此药量大大超标，使原来设计的松动爆破变成了抛掷爆破，出现大量飞石，最远的飞石达到 1 000 m，造成了砸伤 26 人、损坏房屋 18 间、砸坏电铲 1 台的重大事故①。

案例 5　1983 年，某石灰石矿进行深孔台阶爆破，由于设计的孔网参数不当，药量过大，有 6 个深孔爆破时出现飞石，其中一块将近 0.5 m^3、重达 1 t 的岩块，飞到 50 m 外的避炮钢棚上，将厚 8 mm 的顶板砸穿，当场砸死 2 名正在里面避炮的爆破工②。

(3) 施工违规酿成的爆破飞石事故

① 擅自改变设计，施工作业敷衍塞责。

案例 6　1990 年，某公司在深圳月亮湾 20 万千瓦燃油发电厂工地进行移山筑填的硐室爆破。原申报的设计方案为 3 层 3 条平硐 6 个药室，总药量为 20.573 t，在施工中擅自改变成 2 条平硐 3 个药室，总药量却基本不变，为 20.444 t。导硐布置存在明显缺陷，平硐与药室连接的横硐一条过短，另一条夹角过大成钝角。爆前对最小抵抗线没有认真复核，施工为了赶进度，装填作业十分马虎，堵塞不实，起爆顺序又选择不当。响炮后，2 条平硐都发生冲炮，大量飞石飞到相距 150 m 外的光华木材厂，将工厂车间的轻型材料墙打成蜂窝状窟窿，还砸伤了锅炉，把锅炉房的简易薄铁皮围墙都砸坏变形。事后直接赔偿经济损失 33.23 万元③。

案例 7　2004 年 10 月，山东济南某公路路堑扩建工程，公路西侧保留，在西侧边坡高 4～5 m 处，有 1 万伏的高压电缆；东侧山坡扩宽，为爆破作业区，开挖高度为 4～22 m。施工单位使用三角架的轻便钻机进行深孔爆破。在一次爆破 8 个孔深在 15～18 m 的炮孔中，深孔底部出现大量飞石，飞到离开爆点 30 m 外的公路西面未爆侧的边坡上，其中有约 0.4 m^3 大小的岩块正好砸在边坡的一万伏高压线上(该处比爆破点低约 10～15 m)，把电缆砸断，导致该地区停电达数小时，造成很大的经济损失。事后了解，由于三角架钻机倾角不好控制，有两个孔倾角过大，直到孔底被打穿冒出烟气才发现，后来施工人员在装药时对孔底进行了堵塞，但是药量并未减少，致使药量过大，导致飞石事故④。

② 不遵守安全规程要求，违规作业。

案例 8　1977 年 7 月 15 日，某地矿井进行巷道掘进爆破。按照规定，导火索

---

① 吴子骏，朱德达，郑炳旭，等. 工程爆破管理学[M]. 北京：煤炭工业出版社，1993：85～89.

② 刘殿中. 工程爆破实用手册[M]. 北京：冶金工业出版社，1999.

③ 笔者曾经亲自与深圳市公安局一起进行了现场调查。

④ 作者曾经参与了这次爆破。

长度至少 1.2 m，但是炮工为了省事，导火索长度减少到 0.45 m，共有 16 个炮孔，当点到 11 炮时，先点火的炮就响了，在场的 4 名操作工人，当场炸死 1 人，重伤 3 人，其中 1 人经抢救无效死亡。场外 20 m 处的另 1 名工人听到炮响赶去抢救，也被飞石砸成重伤。在离开响炮地点 3 m 处 1 名工人被飞石击中死亡，另 1 人受伤①。这是违规作业造成伤亡事故。

案例 9 1987 年 8 月 28 日，广东宝安县观澜镇某采石场，进行扩壶爆破。在 7 分钟内进行 3 次扩壶以后，随即往炮孔内装 2# 岩石炸药，在 1 分钟内装完 36 卷药（合计 5.4 kg）时，药壶发生爆炸，1 人被炸断胳膊后因伤重不治死亡，2 人被飞石砸成轻伤。按规程要求，在采用硝铵类炸药扩壶时，每次爆破后应等待 15 分钟，才准许重新装药，目的是为了降低扩壶后的炮孔温度，防止炸药发生自爆②。

案例 10 某高速公路隧道开挖工地进行全断面爆破施工，钻孔 118 个，现场有操作人员约 20 人，进行装药、联接网路的作业，在装药完成 117 孔后，只有一个辅助孔正在装药，其他人员在联接网路和准备起爆，这时，最后正在装药的炮孔突然爆炸，爆炸冲击波和飞石将正在装药的 2 名工人当场被炸死，旁边 2 位连线人员被炸成重伤③。幸运的是辅助孔与其他炮孔间距在 70 cm 以上，大部分炮孔还没有联接成网路，没有引起连锁爆炸，又加上工作面上整体移动式脚手架阻挡了部分飞石，因此其他在场人员幸免于难。事后调查发现，爆破炮孔爆炸形成一个深约 60 cm、爆破体积约 0.2 m^3 的标准抛掷爆破漏斗，在离开孔口 70 cm 的地方有明显爆痕，再往深处孔壁比较光滑。起爆材料的质量经多次应用应该没有问题，使用的雷管是非电雷管，不会受到杂散电流等外界因素的影响。因此分析认为是由于操作人员装药包时，药包被孔壁卡住，使劲拉雷管脚线或用炮棍硬往里面推送药包，造成了雷管断裂或被撞击而引起爆炸。爆破安全规程中要求遇到上述情况时，应用水把药包弄湿或用竹签把药包捅破，然后把雷管轻轻取出来，重新装药。硬拉或硬捅的方法都是错误的。

③ 爆前不清场，不执行安全距离规定。

案例 11 1994 年 6 月 6 日，深圳市某公司在深圳机场开发区进行深孔爆破。设计爆破飞石的安全距离为 200 m，但是现场的安全警戒负责人认为岩石抛掷方向是正东，对于爆区南侧相距 100 m 的土路上停留的汽车、摩托车没有要求撤离。结果在炮响后，大量飞石从侧面飞出，击中三菱吉普车 1 辆，打烂土石运输车 5 辆

---

① 中国力学学会工程爆破专业委员会编．爆破员读本[M]．冯叔瑜主编．北京：冶金工业出版社，1992：279.

② 吴子駿，朱德达，郑炳旭，等．工程爆破管理学[M]．北京：煤炭工业出版社，1993：85～89.

③ 陈宏安．一次爆破事故等调查分析[J]．爆破，2003，20(3)：88～90.

和摩托车 1 台，并轻伤 1 人。事后该公司赔偿人民币 70 万元①。

案例 12　1998 年 4 月 9 日，深圳市某爆破公司在福田农副产品批发市场工地进行平场浅孔爆破。审定爆破安全距离为 200 m，爆破时，施工单位只警戒到 170 m。起爆后，一块 6 cm×6 cm×4 cm 的石块飞出 184.4 m，砸在站在此处观看爆破的 1 名四川民工的头部，当场死亡②。

④ 二次解炮，安全上麻痹大意。

案例 13　山东某采石场位于某山脚下，进行二次破碎。需要解体的岩块为浅灰色石灰岩，高有 1 m 左右，钻孔 70 cm 深，装药 350 g，响炮后，个别飞石飞到水平距离为 104 m、高度为 38 m 的山顶上，砸在这里采石的一个民工面部，使他右眼球突出，鼻梁骨折断，脑壳破碎而死亡③。

案例 14　2004 年 5 月，山东某公路扩建工地在已经深孔爆破开挖的大块岩体上钻小孔进行二次解体，共打了 5 个炮眼，孔深 1～2 m 不等，每孔装药为 150～300 g，由于这里离开山东教育电视台比较近，技术人员要求在炮孔上用胶管帘进行覆盖防护，但是操作人员不以为意，认为出不了飞石。爆破后，个别飞石飞出近百米，砸到一个发射天线上，把铝制反射镜砸出 2 个小窟窿，打碎办公楼的玻璃 2 块，赔偿 5 000 元④。

案例 15　2004 年 8 月，在济南某高速公路工地，某单位用钻孔法进行二次破碎。有 10 多块 1 m^3 以上、分布在周围 20 m^2 范围的岩块，每块布孔 1～3 个，钻孔深度在 0.4～1.0 m，装药在 50～100 g 之间，用导爆管四通联接网路，电雷管激爆。距爆区 20 m、高 15 m 处有 1 万伏高压线，50 m 外有民房，爆破时没有进行覆盖防护。响炮后，个别飞石飞出 60 m，把一居民的简易屋顶砸穿一个洞，还有的飞石飞到高处，砸坏了电线杆上的 2 个高压瓷瓶⑤。

⑤ 拆除爆破中安全防护措施不力。

案例 16　1984 年，北京某医院在爆破拆除一个 38 m 的钢筋混凝土烟囱时，爆破飞出的混凝土碎片穿透了三层草袋、一层胶管帘和两层铁丝网组成的覆盖，飞到将近百米的围墙以外，擦破了一位正在行走中的女护士的头皮；同时飞石还飞到 80 m 处的一个二层楼阳台上，落在拍高速摄影人员的脚边和其他工作人员的身上，幸亏他们都戴着安全帽。这起事故告诉我们，对于烟囱这类薄壁结构，由于采用的炸药单耗都在 2 kg · m^{-3} 以上，必须加强覆盖才能阻挡飞石，并把它控制在安

---

① 中国工程爆破协会编. 工程爆破操作员读本[M]. 吴子骏主编. 北京：冶金工业出版社，2004：111.

② 同①。

③ 高文乐，毕卫国，张金泉. 爆破飞石致人死亡案例分析[J]. 爆破，2002，19(3)：77～78.

④ 作者目睹了这次事故。

⑤ 作者目睹了这次事故。

全范围以内①。

案例 17 2007 年 1 月 6 日，杭州西湖边的最高楼、60 米高的原浙大湖滨校区主教学楼 3 号楼，进行定向爆破拆除②。爆破后，整个大楼在爆破时呈笔直状轰然倒地，倒地部分长约 55 米。随后，周围弥漫起极大的烟尘，并有许多碎石块向四面八方飞出，距离已经超出了警戒线 150 米的范围。就在正对大楼的方向，中国银行有两处外墙遭遇了碎石的突然袭击，被砸出两个明显的大洞，招商银行的一扇玻璃大门也被震碎。周围还有许多围观群众受到了不同程度的惊吓。由于采用折叠爆破，上部缺口比较高，防护覆盖不够，个别飞石从防护层中逸出时还具有一定的初始速度，又因高度较高，所以飞石较远。

(4) 拆除爆破出现飞石的客观原因

① 拆除爆破的对象大都是梁、柱、板和墙等，构件薄、钻孔浅、抵抗线小，堵塞长度短，尤其是钢筋混凝土构件，其保护层通常只有 2～3 cm，是最容易发生飞石的地方，同时钻孔多、布药面积大、装药分散，也容易出现飞石。

② 在拆除爆破中，大部分的构件爆破，都采用了松动爆破的药量，但是对于框架结构楼房的梁、柱构件和烟囱等构筑物的筒壁爆破，必须把混凝土炸碎并抛掷出来，因此使用的炸药单耗都是抛掷药量，其单耗都在 1.5～2 $kg \cdot m^{-3}$(有的薄壁构件达到 2 $kg \cdot m^{-3}$以上)。而爆破试验表明，爆破飞石与炸药单耗有关，对于一定种类的介质，使用某种炸药爆破时，在一定炸药单耗时，介质只产生变形松动破坏，而不产生抛掷。当炸药单耗超过该介质的所需要的变形能量后，多余的能量就会产生岩石抛掷运动，单耗越大，飞石越远。因此在拆除爆破建(构)筑物中，必须使用抛掷爆破单耗时，只有采用加强防护覆盖的措施才能减少飞散物的动能，把它控制在安全距离范围以内。

③ 拆除爆破中，大部分爆破的材质是钢筋混凝土，而且都是薄壁构件，钻孔施工避免不了会出现偏差，例如钢筋混凝土钻孔施工中，如果在设计孔位碰到了钢筋，只好挪位钻孔，这样就会改变原来的设计参数，如孔距、排距、最小抵抗线等，而这些参数的变化对炸药爆炸的作用影响很大，从而会导致爆破飞石的发生。因此，只有加强防护覆盖，才能控制因施工偶然欠缺而出现的个别飞石。

(5) 爆破飞溅物产生的原因

爆破飞溅物产生的原因主要有两个。一个是建(构)筑物爆破倾倒过程中，解体的楼层之间或筒体内部及其与地面之间的空气受到突然压缩而产生强烈空气冲击波和高速运动气流，它裹挟着爆破碎石和地面渣土，向周围飞溅。另一个是建(构)筑物爆破解体落地碰撞时使混凝土破碎反弹形成飞溅，如果塌落的地面是混凝土地坪或硬地面，则飞溅会更远。

---

① 作者参加了本次爆破。

② 引自 2007 年 1 月 6 日，中国新闻网。

案例 18　2002 年 4 月，在天津大港发电厂的 120 m 钢筋混凝土烟囱拆除爆破中，由于烟囱爆破倒塌方向偏离预定中心线，没有完全倒塌在已经铺设的条形缓冲堤的扇形区域，有部分筒壁落在旁边的混凝土马路上，致使筒壁与地面撞击反弹出少量飞石，其中有的飞石将侧面相距约 76 m 处微波控制楼的玻璃打碎好几块，溅起的一块大约 15～20 cm 大的混凝土碎块飞出达 180 m。幸亏当时控制的安全距离是不小于 200 m，没有形成事故①。

案例 19　2004 年 4 月 23 日上午 10 时，位于石油勘探开发科学研究院内的 48 米高的大烟囱实施定向爆破②，爆破时飞溅起的碎石将民房的多块玻璃击破。距爆破地点西北方向 100 米左右的居民院内落满了泥土，多处房屋玻璃破碎。院北一居民家的一扇玻璃窗完全破碎，靠窗的桌上的暖瓶、花露水也碎了，床上和地上落满土和碎石。

案例 20　1995 年 12 月和 1996 年 1 月，某爆破公司在茂名石化公司炼油厂内定向爆破两座 120 m 的钢筋混凝土高烟囱③，烟囱倒塌在饱和水软质堆积土上，触地溅起的碎泥渣高达 30 余米，远达 240 m。烟囱顶部冲击地面时，将 25 m 厚的混凝土地面砸碎并插入底下泥土达 1.4 m 深，距离筒体边缘 7 m 处的混凝土有裂缝。

案例 21　2001 年 7 月，云南宣威发电厂 120 m 钢筋混凝土烟囱拆除爆破④。炮响后烟囱按照预定设计方向倒塌，但是在烟囱落地瞬间，意想不到的事情发生了。烟囱砸地反弹而起的碎石块飞溅四方，大量飞石砸向侧面 120 m 外的爆破指挥部和观礼台，使得电视台直播车玻璃被击碎，车后的合金卷帘被击变形，观礼台和围观的很多人被碎块砸中，1 名女工不幸遇难，受伤达数十人。这是高耸构筑物拆除爆破中发生的最严重事故。这些飞石既有烟囱爆破部位产生的，也有烟囱触地撞击和压缩空气冲击波卷扬飞溅的。这起事故留下了很多教训。首先，观礼台的位置不应该设置在烟囱倒塌方向的两侧，应该设置在倒塌方向侧后方的安全距离以外，安全距离不能小于 200 m；其二，在烟囱倒塌范围内的场地必须在爆前把地面的杂物、混凝土碎块、砖石块清理干净，并应在地面铺设有弹性的柔软垫层防止飞溅；第三，必须对烟囱爆破部位加强覆盖防护。

8.2.2　爆破飞散物的安全距离

工程爆破中出现飞石是难以避免的，但是，把飞散物控制在安全范围以内是完

---

① 作者参加了本次爆破。

② 引自 2004 年 4 月 24 日《京华时报》第 A40 版。

③ 宋常燕，120 m 钢筋混凝土烟囱定向倒塌触地效应的观测分析. 杨振声主编. 工程爆破文集(第六辑)[C]. 深圳：海天出版社，1997：164～169.

④ 引自 2001 年 11 月 4 日《广州日报》大洋网。

全可以做到的。

8.2.2.1 影响爆破飞散物距离的因素

爆破飞散物的距离远近直接影响附近人员、建筑物、交通、电力设施、机械设备以及各种保护对象的安全。飞散物的距离与很多因素有关。

① 炸药单耗的影响。试验研究和工程实践表明，介质的抛掷与使用的炸药单耗有很大的关系，一般岩石在炸药单耗不超过 0.2 kg·m^{-3}时，不会产生抛掷；当炸药单耗超过 0.4 kg·m^{-3}以后，岩石就会出现抛掷，而且单耗越高，抛掷越远。

② 最小抵抗线 w 与爆破作用指数 n 的影响。药量 Q 的计算一般与最小抵抗线 w 的三次方成正比，因此 w 值越大，药量 Q 就成倍增加，爆破飞石必然就飞得远。而爆破作用指数 n 是反映爆破漏斗大小的参数，n 值越大，抛掷漏斗开角越大，飞石抛掷得更远。

③ 地理环境条件的影响。在城镇环境和平地爆破，飞散物可能向四面八方飞出，容易影响到人、建筑物以及各种设施，对飞散物需要严格控制；而在山坡郊野地区爆破，飞散物按照最小抵抗线方向飞出，比较集中，飞得远，但是保护对象相对比较简单，容易控制，安全影响范围小。

④ 地质条件的影响。特别是岩石的层理走向与最小抵抗线的方向影响爆破飞散物的抛掷方向。如果层理面与最小抵抗线夹角很小，则飞石距离较远；如果层理面与最小抵抗线相垂直，则飞石较近。对于硬脆的岩石如花岗岩、石英砂岩、石灰岩等，其容重大，破碎的能量消耗少，相应的动能大，产生的飞石多而较远；而软性岩石如泥石岩、页岩、风化砂岩等，容重较小，消耗变形能量大，转化为动能相应减少，因此飞石就少距离也近。

⑤ 施工质量的影响。实践表明，堵塞质量对于爆破飞石有很大影响，上述的许多事故实例都表明，无论是硐室爆破还是拆除爆破，堵塞不好必然产生大量飞石，而且会飞出较远的距离。在拆除爆破中，薄壁构件钻孔的偏斜将改变最小抵抗线的方向，影响炸药单耗的大小，也就影响到飞散物的距离。

⑥ 气候条件的影响。根据实际观察表明，气候条件如风向、风速等对爆破飞散物的飞出距离都有影响，顺风抛掷距离肯定较远，逆风抛掷肯定较近；当风速比较大时，顺风方向的爆破飞散物要比晴朗无风天气时大一倍以上。

⑦ 覆盖防护的影响。在拆除爆破和城镇石方爆破中，飞石的出现难以避免，把飞石控制在安全范围以内，主要靠加强防护来实现。尤其是覆盖防护的好坏对控制飞石远近将起到决定性的作用。在某发电厂一座冷水塔的爆破中，对圈梁爆破曾经做过对比试验，在同样的孔网参数、炸药单耗和单孔药量条件下，选择两处不相邻的炮孔，一处不进行覆盖防护，另一处用三层草袋外加一层铁丝网覆盖防护。爆破后发现，有覆盖的，混凝土碎块都控制在 30 m 以内，而不加覆盖的，大部分混凝土碎块在 70～100 m，个别碎块最远飞到 180 m 外。因此覆盖防护对于阻挡飞石和控制飞石距离起到十分重要的作用。

8.2.2.2　爆破飞散物距离的计算

由于工程爆破的方式不同，其出现爆破飞散物的规律也不相同，爆破飞散物的计算方法也就不同。我们根据积累的实践经验，总结了工程爆破飞石距离的计算公式。

(1) 硐室爆破的飞石距离计算

我国自 20 世纪 50 年代冯叔瑜院士引入前苏联的经验公式以来，在近 50 年来的硐室爆破中，计算飞石的距离一直应用以下公式：

$$S_{max} = K_A 20 n^2 W \tag{8.43}$$

式中：S_{max}—个别飞石的最大距离，m；

n—爆破作用指数；

W—最小抵抗线，m；

K_A—与地形、气候条件有关的系数，一般选用 $K_A = 1.0 \sim 1.5$；风速大且顺风时，取 $K_A = 1.5 \sim 2.0$ 或 $K_A \geqslant 2.0$ 以上；定向或抛掷爆破正对最小抵抗线方向时，取 $K_A = 1.5$；在山间或垭口地形，取 $K_A = 1.5 \sim 2.0$。

由于地形高差的影响，飞石滚落后会弹跳一段距离，这段距离可以按照下式计算①：

$$\Delta S = S[2\cos^2\alpha(\tan\alpha + \tan\beta) - 1] \tag{8.44}$$

式中：ΔS—个别飞石弹跳的距离，m；

S—个别飞石的飞散距离，m；

α—山坡坡面角；

β—最小抵抗线与水平地面的夹角。

抛掷爆破在不同爆破作用指数 n 时的飞石危险区域半径见表 8.31。

表 8.31　不同 n 值对应的爆破飞石危险半径②

爆破作用指数 n	飞石危险区域半径 S/m							
	1.0	1.5	2.0	2.5	1.0	1.5	2.0	2.5
最小抵抗线/m	对人员				对机械(建筑物）			
1.5	200	300	350	400	100	150	250	300
2	200	400	500	600	100	200	350	400
4	300	500	700	800	150	250	500	550
6	300	600	800	1 000	150	300	550	650
8	400	600	800	1 000	200	300	600	700

① 康宁．观测爆破中的飞石预防和控制[J]．爆破，1999，16(1)：80～87．

② 〔苏〕Б. Н. 库图佐夫主编．朱瑞赓等译．工业爆破安全[M]．北京：冶金工业出版社，1987：158．

续表 8.31

爆破作用指数 n	飞石危险区域半径 S/m							
	1.0	1.5	2.0	2.5	1.0	1.5	2.0	2.5
最小抵抗线/m	对人员				对机械(建筑物)			
10	500	700	900	1 000	250	400	600	700
12	500	700	900	1 200	250	400	700	800
15	600	800	1 000	1 200	300	400	700	800
20	700	800	1 200	1 500	350	400	800	1 000
25	800	1 000	1 500	1 800	400	500	1 000	1 000
30	800	1 000	1 700	2 000	400	500	1 000	1 200

注: ① 当在斜坡(大于 30°)或高出被保护区域 30 m 的高处进行爆破时,飞石危险半径在下坡及保护方向上应增大 1.5 倍;② 使用短堵塞爆破时,飞石危险半径应增加 20%。

(2) 深孔爆破的飞石距离计算

在深孔台阶爆破方面,瑞典人有比较丰富的经验,他们从实践中得知,对于像片麻岩、泥石岩、页岩、风化砂岩等,只要把炸药单耗控制在 0.2 kg · m^{-3}左右,就可以做到基本无飞石;对于较坚硬的岩石如花岗岩、石英砂岩等,炸药单耗控制在 0.4 kg · m^{-3}以下,基本上是松动爆破,飞石很少;如果炸药单耗达到 0.5 kg · m^{-3}或以上,就会出现飞石,飞石的距离按照瑞典德堂尼克研究基金会总结的经验公式计算:

$$S_{\max} = \frac{40}{2.54} d \approx 15.8d \tag{8.45}$$

式中,$S_{\max}$为飞石的最大距离,单位为 m,d 为钻孔直径,单位为 cm。

(3) 拆除爆破的飞石距离计算

参考前苏联有关爆破抛掷初速度的计算公式:

$$V_0 = A\left(\frac{\sqrt[3]{Q}}{W}\right)^2 = A\sqrt[3]{\left(\frac{Q}{W^3}\right)^2} = K_1\sqrt[3]{q^2} \tag{8.46}$$

对于飞石的最大距离(抛射角为 45°)由弹道公式确定:

$$S_{\max} = \frac{V_0^2}{g} = \frac{K\sqrt[3]{\left(\frac{Q}{W^3}\right)^4}}{g} \tag{8.47}$$

式中:Q—装药量,kg;

W—最小抵抗线,m;

V_0—碎块初始抛掷速度,m · s^{-1};

g—重力加速度,$g = 9.8$ m · s^{-2};

K—取决于爆破介质性质的系数,对混凝土 $K = 100$。

近年来,有的学者在拆除爆破的实践中总结归纳出了计算拆除爆破飞石距离的经验公式①:

$$S_{max} = 71q^{0.58} \tag{8.48}$$

应用这两个公式有多大的区别呢?用两个计算实例说明。

例 1　钢筋混凝土构件,截面为 0.4 m×0.4 m 的柱子,孔间距为 0.3 m,最小抵抗线 $w=0.2$ m,单孔药量为 $Q=40$ g,用公式(8.47) 计算得到飞石距离 $S=87.2$ m,而用公式(8.48)计算,$q=0.83$ kg·m^{-3},得到飞石距离为 $S=63.9$ m。

例 2　钢筋混凝土烟囱,壁厚 $\delta=0.5$ m, 最小抵抗线 $w=0.25$ m,孔网参数为 0.35 m×0.30 m,单孔药量 $Q=100$ g,,用公式(8.47)计算飞石距离为 $S=121.3$ m,而用公式(8.48)计算,$q=1.9$ kg·m^{-3},得到的飞石距离为 103.2 m。前者比后者略为大一些。

8.2.2.3　《爆破安全规程》规定的飞散物安全距离

上面这些计算公式都是从爆破实际经验归纳出来的,有一定的局限性,为了保证工程爆破的安全,爆破安全规程对各种爆破类型爆破飞散物的安全距离做了规定。

① 爆破时,个别飞散物对人员的安全距离不应小于表 8.32 的规定;对设备或建筑物的安全允许距离,应由设计确定。

② 抛掷爆破时,个别飞散物对人员、设备和建筑物的安全允许距离,应由设计确定,并报单位总工程师批准。

8.2.2.4　爆破飞散物的预防和防护方法

数十年来的工程爆破实践,针对不同的爆破类型和方法,我们在预防和防护爆破飞石上积累了不少的好经验和好方法。

表 8.32　爆破个别飞散物对人员的安全允许距离

爆破类型和方法	个别飞散物的最小安全允许距离/m
一、露天土岩爆破[a]	
① 破碎大块岩矿	
裸露药包爆破法	400
浅孔爆破法	300
② 浅孔爆破	200(复杂地质条件下或未形成台阶工作面时不小于 300)
③ 浅孔药壶爆破	300
④ 蛇穴爆破	300
⑤ 深孔爆破	按设计,但不小于 200
⑥ 深孔药壶爆破	按设计,但不小于 300

① 李守巨.拆除爆破中飞石抛掷距离的研究[J].爆破.1994,11(4):10～12.

续表 8.32

爆破类型和方法	个别飞散物的最小安全允许距离/m
⑦ 浅孔孔底扩壶	50
⑧ 深孔孔底扩壶	50
⑨ 硐室爆破	按设计,但不小于 300
二、爆破树墩	200
三、森林救火时,堆筑土壤防护带	50
四、爆破拆除沼泽地的路堤	100
五、水下爆破	
① 水面无冰时的裸露药包或浅孔、深孔爆破	
水深小于 1.5 m	与地面爆破相同
水深 1.5～6 m	由设计确定
水深大于 6 m	不考虑飞散物对地面或水面以上人员的影响
② 水面覆冰时的裸露药包或浅孔、深孔爆破	200
③ 水底硐室爆破	由设计确定
六、破冰工程	
① 爆破薄冰凌	50
② 爆破覆冰	100
③ 爆破阻塞的流冰	200
④ 爆破厚度大于 2 cm 的冰层或爆破阻塞流冰一次用药量超过 300 kg	300
七、爆破金属物	
① 在露天爆破场	1500
② 在装甲爆破坑中	150
③ 在厂区内的空场中	由设计确定
④ 爆破热凝结构	按设计,但不小于 30
⑤ 爆炸加工	由设计确定
八、拆除爆破、城市浅孔爆破及复杂环境深孔爆破	由设计确定
九、地震勘探爆破	
① 浅井或地表爆破	按设计,但不小于 100
② 在深孔中爆破	按设计,但不小于 30
十、用爆破器扩大钻井[b]	按设计,但不小于 50

注:[a]沿山坡爆破时,下坡方向的飞散物安全允许距离应增大 50%。

[b]当爆破器具置于钻井内深度大于 50 m 时,安全允许距离可缩小至 20 m。

① 事先进行地质勘察和爆破对象的调查。案例 1～3 的事故告诉我们,设计

前必须认真进行地质勘察调查和工程测量，掌握爆破地区的地形地貌和地质条件，熟悉爆破对象的结构和材质特点，了解爆破点周围环境条件和保护对象的安全要求等，为爆破设计做好资料准备和提供可靠的依据，从源头上遏制爆破飞石。

② 爆破设计时必须精益求精。爆破设计要在调查研究的基础上选取科学、合理的爆破参数，特别是要控制炸药的单耗和准确确定最小抵抗线，在装药以前必须认真校核各药包的最小抵抗线和孔网参数，如果有变化，应该调整相应药包的药量，防止超量装药，这是预防和控制爆破飞石的关键。否则就会发生如上述案例4～6那样的飞石事故。

③ 施工必须认真按照规程要求作业。在爆破施工中必须认真按照设计和爆破安全规程规定的要求进行操作，不能擅自改变设计方案，对于施工中发现的设计问题或者与实际情况不符合的地方，如发现药包位置有问题，硐室药包处于软弱夹层、附近有断层、层理、裂隙、溶洞等不利的地质条件，拆除爆破中药包位置遇到密集钢筋、基础接打面等情况，应该向设计人员提出，以便调整药包位置和药量，采取间隔堵塞、避免过量装药等措施。

④ 保证填塞质量和长度。无论是硐室爆破、深孔爆破还是拆除爆破，填塞必须保证质量，要使用合格的填塞材料，确保填塞长度，特别是拆除爆破中薄壁构件的炮孔填塞，一定要捣固结实，避免发生冲炮。这就可以防止产生类似案例7～8那样的安全事故。

⑤ 采用控制爆破先进技术。在不同的爆破方式中，可以采用低爆速炸药、不耦合装药、挤压爆破、毫秒延时爆破等先进技术来控制爆破飞石的发生。在多排孔爆破中要选择合理的延时时间，防止前排爆破后造成后排最小抵抗线大小和方向发生改变，产生飞石的失控。

⑥ 做好安全防护作业。在拆除爆破和城镇复杂环境条件下的钻孔爆破中，认真做好爆破飞石的安全防护，是防止飞石逸出和减弱飞石距离的最好的措施。在建(构)筑物的防护作业中已经详细地叙述了防护作业的要求，这里不再重复。但是要强调一点，覆盖防护是遮挡爆破飞石的最主要、最有效的手段，必须认真实施。近年来，在一些高耸构筑物的爆破中，采用在底部爆破切口部位堆码沙土袋围挡、上部用竹笆或荆笆覆盖的方法，实际表明，这是防护飞石的有效方法(见图8.20)。

⑦ 遵守规程，确保飞散物安全距离。对于爆破飞散物的安全距离，上述提出的计算公式，可以作为参考。从确保安全出发，一定要按照《爆破安全规程》规定的爆破飞散物安全允许距离来确定警戒范围。一旦经过审定，必须严格执行，不能打折扣。否则就会发生像案例14～15那样的飞石伤亡事故。

⑧ 爆破飞溅物的预防方法。针对爆破飞溅物产生的原因，一般有三种预防和控制方法。首先，把建(构)筑物倒塌方向范围内的地面清理干净，不要留有混凝土碎块、砖块、钢材等各种杂物，防止被爆破倒塌物落地时形成的冲击波卷扬飞出。其次，在爆破建(构)筑物的附近搭设防护屏障。屏障可以用钢管脚手架，上面挂上

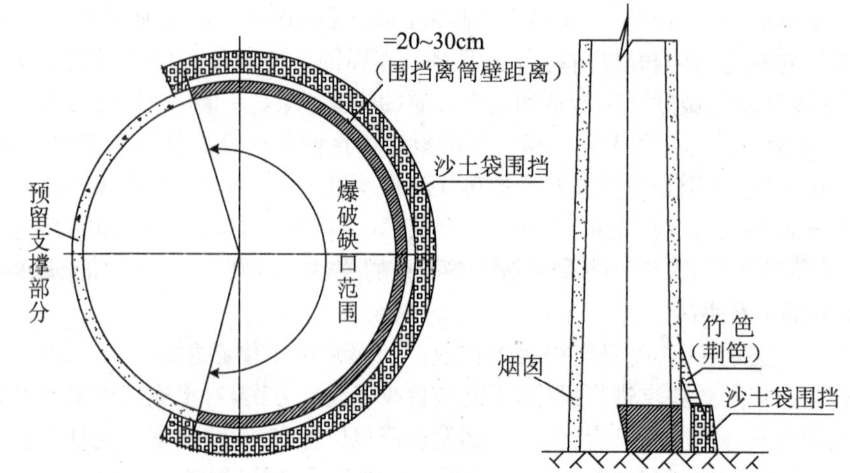

(a) 平面图 (b) 立面图

图 8.20 烟囱底部沙土袋堆码围挡防护图

荆笆(竹笆)或草垫等又柔软又透气的材料。搭设的位置要离开保护对象一定距离,最好靠近保护对象,以防止压缩气浪先把屏障推倒,使后继的碎渣在无阻挡情况下飞出。第三,在倒塌范围内铺垫柔软材料,使爆破对象"软着陆",以减少与地面碰撞时产生的反弹速度,把碰撞破碎物的飞溅距离控制在预定的允许安全距离内。铺垫的材料可以因地制宜,选取沙土、煤渣等装入编织袋。铺垫方法一般可以把编织袋按照一定间隔距离,堆码成条形堤埂。实践表明,这是减少爆破飞溅物和降低塌落振动最为有效的方法(见 9.5.3 节)。例如包头某居民区内有 3 座 48 m 的钢筋混凝土水塔,周围全是 4~6 层的居民楼,环境很复杂,为了减震和防止飞溅物,采用了设置防护屏障、挖地堆土、铺设厚草垫层,挖减震沟的综合防护措施,取得了控制飞石、减震的很好效果(见图 8.21)。

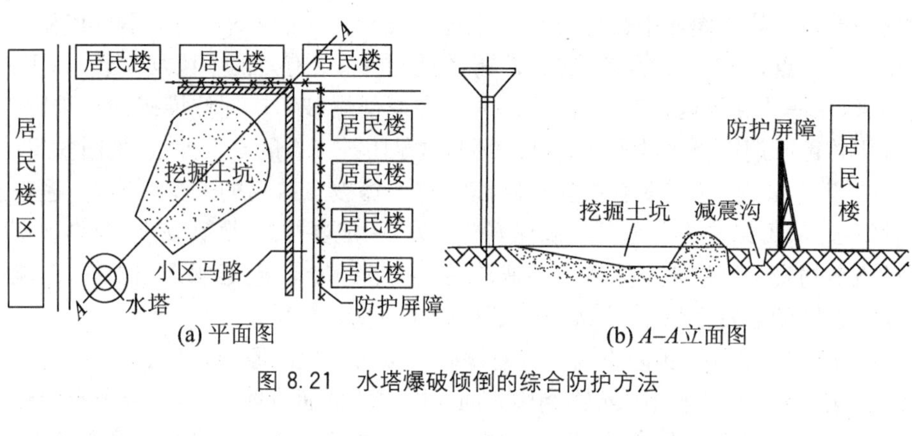

(a) 平面图 (b) A–A立面图

图 8.21 水塔爆破倾倒的综合防护方法

第 9 章　爆破地震效应

爆破地震效应对邻近建(构)筑物的安全影响,已成为爆破工程项目的敏感问题之一。不论是在人口稠密、建筑物密集的沿海地区,还是在西部广阔的大山中,不论是南水北调等国家重点工程,还是乡镇采石场,都有不少爆破工程项目由于爆破振动安全问题引发纠纷、诉讼,轻则影响正常施工,重则付诸法律,甚至影响社会安定。

1992 年①,某爆破施工单位在广州市郊区承担一石方爆破任务,采用浅孔爆破,先后爆破石方约 1 万 m^3,距工点约 50～150 m 范围内有一群居民楼,均为砖混结构,基础较差。爆破设计按允许爆破地面振速 2 $cm \cdot s^{-1}$ 控制,实际操作中单响炸药量最大不超过 10 kg。施工过程中,居民反映建筑物被震坏出现大量裂缝,并向初级人民法院提出诉讼,法院委托公安机关组织专家对施工技术方案进行审查鉴定,鉴定认为,按设计方案施工不会危及居民楼的安全。居民拿出房管局出具的房屋损坏报告,证实房屋在施工期间因受外力振动而损。法院认定在施工期间无证据证明有其他原因致使房屋受损,施工队无证据证实未违章作业,施工队应负赔偿责任。施工队不服,上诉中级人民法院,中院经审理,认为未有新的证据出现,驳回上诉,维持原判。我们从中应得到启发,此案中爆破设计施工单位尽管规定了单响最大炸药量,但如一次爆破规模及毫秒延时爆破段间时间间隔不当,仍有可能对邻近建筑物造成损伤。而由于在工程进行中对爆破振动影响重视不够,缺少在爆破实施过程中的调查记录、振动监测及第三者举证等材料,最终败诉。

从此案可以看出,爆破振动安全问题不仅与技术密切相关,还可能涉及法律和社会学。本章仅从爆破技术角度阐述有关爆破振动的安全问题。

---

①　王念省,张小穗,杨东胜.爆破振动损害赔偿的法律问题探讨[M]//工程爆破文集(第六辑).深圳:海天出版社,1997:813～815.

9.1 爆破地震波的产生与主要特征

9.1.1 爆破地震波的产生

9.1.1.1 爆破地震波的形成

炸药包在岩体中爆炸，在离开爆源一定距离处，非弹性过程终止而开始出现弹性效应，我们称由弹性-非弹性交界面所包围的体积为爆破地震波的产生区，爆破地震传播区的特征是弹性效应。通常爆炸中释放出来的能量，只有一小部分转化为地震波，其百分数随传播区介质的性质不同而异，地震波的强度在水饱和状态的淤泥中比在岩石中要大2～3以上。

爆破地震波在岩体内首先传播的形式为体波，即使介质产生体积变形的扰动波。当波的传播方向与振动方向一致，而使介质受到压缩或膨胀变形，这种波称为纵波，又称P波(Primary，因其传播速度最快，故是初至波)、压缩波、疏密波或无旋波；当介质质点振动与波的传播方向相垂直时，引起介质的剪切变形，这种波称为横波，又称S波(Secondary，表示次波)、剪切波、等体积波或旋转波(见图9.1)。P波和S波遇到界面时，将分别反射和折射，形成四种新的体波，反射P波、反射S波，以及折射P波、折射S波，同时，由于界面两侧介质的弹性性质不同，还将产生其他类型的波，主要是表面波，简称面波。表面波的两种基本形式是Rayleigh(瑞利)波和Love(勒夫)波。勒夫波的特征是质点仅在水平横向做剪切型振动，没有垂直分量的运动，只有当岩体内存在两种或多种介质时，其交界面才会出现勒夫波；瑞利波使介质表面附近的质点做垂直和水平方向复合运动，理想的半空间或成层介质也都存在瑞利波。表面波都具有质点的振幅随至界面距离的增加而按指数减少以及波形"沿"界面而传播的特点。

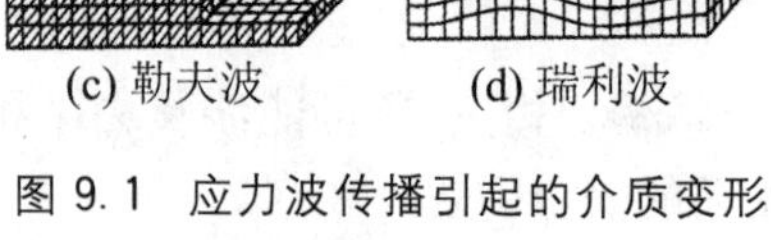

图9.1 应力波传播引起的介质变形立体示意图

由于波在传播中要满足分层界面上的边界条件，或因介质具有特殊的性质，不同波长(不同频率)的波具有各自不同的传播速度，即发生所谓频散现象。在地层内，频散的传播效应是使波列扩展开来，因为波速不同，不同波长的波在传播时不再同步，不能维持原有的波形。理论上勒夫波是频散的，半空间的瑞利波不频散，成层介质的瑞利波也是频散的。显而易见，随着离爆源距离的增加，爆炸地震波变得更为复杂起来。

各种波向外传播时，每一种波的能量密度都将随着离开波源距离的增加而减小，这种能量密度（或振幅）因波阵面几何扩散而减小的现象称为几何阻尼，或几何扩散。可以证明，在介质表面，纵波和横波的振幅与比值 $1/r^2$ 成比例减小，瑞利波的振幅与比值 $1/\sqrt{r}$ 成比例减小，因此，瑞利波随距离的衰减比体波慢得多。

可以说，在一个接近地表面的爆破中，存在着四种波，即纵向压力波（P 波），纵向稀疏波（N 波），剪切波（S 波）和瑞利表面波（R 波）。从理论上，压力波和稀疏波都是纵波，传播速度一样，但实际上，由于地层拉伸性质与压缩性质不同，使得实际上压力波传播速度比稀疏波大一些。这样在四种波中，P 波（纵波）传播最快，N 波（稀疏波）比 P 波慢一些，S 波（剪切波）比 P 波、N 波都慢，而 R 波（瑞利波）最慢。

9.1.1.2　爆破地震的作用分区

爆破地震的能量来源是炸药在岩土介质中的爆炸作用，在爆破的近区岩石产生了破坏，爆破震源范围内介质承受由剩余变形产生的荷载，在靠近破碎带震源边界处产生裂缝，因此这部分岩石称为岩石的非弹性状态区或是非弹性变形区。

前苏联的研究表明①，在 $R\leqslant 6\sqrt[3]{Q}$ 范围内，纵波强度最大，这个波的水平振速分量是爆破地震波振动的主体，爆破振动位移、速度按 R^{-3} 比例衰减；在 $6\sqrt[3]{Q}\leqslant R\leqslant 30\sqrt[3]{Q}$ 的爆破振动影响范围内，爆破地震波振动的主体波由纵波转变为表面波，此时爆破地震波的水平振速分量由 80%～90%降到 35%～42%，爆破地震波振动位移、速度按 R^{-2} 比例衰减；在 $R>30\sqrt[3]{Q}$ 范围内，爆破地震波以表面波为主，3 个方向的振动速度分量相差不多，爆破地震波振动位移、速度按 R^{-1} 比例衰减（R 为距爆破点的距离，Q 为装药量，等效折算距离 $r=R\sqrt[3]{Q}$）。

前苏联科学家库图佐夫根据等效折算距离将爆破地震的作用进行了分区②，如表 9.1 所示。

因此，从震源开始到爆破地震影响区，总体可分为 3 个区。

① 非弹性介质状态区。该区域主要是爆破应力波的作用区，以沿水平方向传播的纵波为主，应力波的强度大于岩石的破坏强度，岩体产生了塑性变形和破坏。从爆破对周围环境的影响程度和范围来看，该区域属于爆破的直接作用范围，在需要开挖的岩体或需要保护的围岩范围内，其研究方法一般采用爆破动力学的方法。

---

① Б. Н. 库图佐夫等著. 工业爆破设计[M]. 顾倚鳌，史家堉译. 北京：中国工业建筑出版社，1986.

② 杨小林. 开挖爆破对围岩损伤作用的几个问题探讨[M]//杨军，熊代余主编. 岩石爆破机理. 北京：冶金工业出版社，2004：239～245.

表 9.1 爆破振动的作用分区

分 区	岩石形变特征	等效折算距离 r / $m \cdot kg^{-1/3}$	衰减指数
非弹性介质状态	产生开放裂缝和强裂缝 放射状和平行表面的裂缝 剩余的微形变	0.1～0.6 0.6～3 3～6	-3 -2 -2
靠近地震作用区	非线性弹性形变	6～10	-2
靠近地震作用区,较远处	非线性弹性形变	10～170	-1.5
弱地震振动区	弹性形变	>170	-1.0

② 地震作用区。该区域在岩体的破坏和弹性变形区之间,爆破地震波的强度小于岩体的破坏强度,但由于爆破地震使岩体产生了非弹性形变,岩体有可能产生损伤,该范围传播的波有体波和面波,如邻近隧道的爆破振动和近地表的地铁爆破等都可能在该区域范围内,可以采用爆破动力学和弹性动力学的方法进行研究。

③ 弱地震振动区。该区域为地震波的弹性变形区,爆破地震波的强度小于岩体的弹性极限,岩体产生弹性振动或损伤,对建(构)筑物产生振动危害。该范围传播的爆破地震波以面波为主,采用的研究方法一般为弹性动力学的方法。

9.1.2 爆破地震波的主要特征

炸药在岩土中爆炸的部分能量(10%以内)转化为弹性波,在岩土中传播而引起大地的震动,这就是爆破地震。爆破地震波有如下主要特征:①近距离的振动波形比较简单,基本上是一个脉冲,脉冲的时间长度随药量增大而增加;②随着距离的增加,振动波形趋于复杂,振动频率略有降低,而且最大振幅由出现在振动初期逐渐向后推移;③存在着相似关系,即试验数据(例如水平或垂直向的最大振动速度)如果按参数来整理时,在对数坐标中基本落在一条直线上。

爆破地震效应的实际观测,证实了爆破地震波的这些主要特征。

爆破地震波在产生和传播过程中,主要受到下列因素的影响。

① 爆源。包括:爆破能量,如药量大小,炸药种类;爆破的几何特征,如爆破作用指数 n 值,药包与装药孔的不耦合情况,单药包或群药包,集中药包或延长药包,临空面数目等;爆破方法,如瞬时起爆或分段延时起爆,有无预裂药包等。

② 离爆源的距离。

③ 爆破地震波传播区的地质地形情况。

不难看出,影响爆破地震波的因素是错综复杂的。

爆破地震波幅值通常用于表述振动强度,振动幅值指标有质点振动位移、振动速度、振动加速度。目前,许多国家采用质点振动速度作为地震强度的判据。这是因为大量的现场试验和观测表明,质点振速大小与爆破地震破坏程度的相关性最好，与传播地震波的岩土性质也有较稳定关系。

通过对爆破地震波进行频谱分析，可以求得爆破振动信号的各种频率成分和它们的幅值（或能量）及相位，我们称介质质点最大振幅所对应波的频率为主振频率（亦称卓越频率）。爆破地震波随着传播距离的增加，高频成分衰减较快，在较远距离上爆破地震波的低频成分起主要作用，因此主振频率有随距离衰减的特性。

爆破地震波主振频率也受爆破类型影响。一般爆破规模越大，爆破振动频率越低。如隧道开挖采用小直径浅孔爆破产生的振动，其频率一般为 40～100 Hz 或 100 Hz 以上；深孔台阶爆破的主振频率在 10～60 Hz；大规模硐室爆破的主振频率一般小于 20 Hz；拆除爆破的主振频率一般在 10～40 Hz 范围，而其建（构）筑物解体塌落振动的主振频率要低一些，在 10 Hz 左右，由于与建筑物的固有频率比较接近，因而应当予以重视。

爆破地震波主振频率与传播介质特性有关，岩石越坚硬其地震波中的高频成分越丰富，而在软弱风化岩或土层中，地震波的高频成分很快衰减。例如在秦岭特硬完整花岗岩中测得的爆破振动波主振频率达 500 Hz 以上，而在深圳某采石场风化花岗岩中测得的爆破振动波主振频率仅 14 Hz。

为了减少爆破地震动，爆破设计常常采用分段延时爆破。分段延时爆破的段数与段间时间间隔的选取直接影响爆破效果和爆破地震动参数——幅值、频谱和持续时间，对于段间时间间隔较大的分段爆破，各分段爆破可视为互相独立的事件，爆破地震参数主要取决于各分段药量和各观测点与爆源的距离。在分段时间间隔较小时，各段爆破的地震波会产生叠加，在振动信号叠加的情况下，对地震动参数——幅值、频谱和持续时间的估算，不宜按各分段爆破作为独立事件的方法进行。

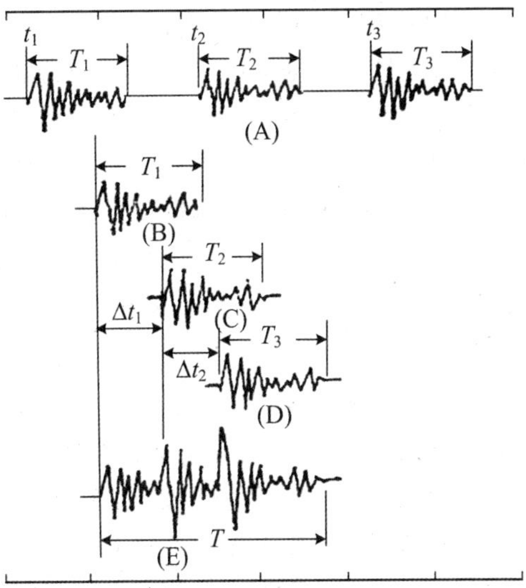

图 9.2　分段爆破的振动过程

分段爆破的过程如图 9.2 所示。图中 A 为段时间间隔较大的记录图形；E 为在 B、C、D 三段爆破的时间间隔较小时地震波叠加的结果。

显然，分段爆破不仅增加了振动持续时间，同时，也影响了幅值和频谱。另外，爆破地震波到达会激起场地特性的振动，其振动与场地的卓越周期和阻尼性质有关，这也会影响地震动的持续时间。

9.1.3 爆破地震与天然地震的比较

9.1.3.1 爆破地震与天然地震在振动波形记录图上的区别

首先，天然地震与爆破地震有着不同的震源机制。天然地震是应力集中区应力超过介质的弹性限度时，岩石破裂，岩层错动的结果，而岩层错动过程一般为数十秒的量级；爆破则是瞬时发生的，由于作用时间短，爆源体积小，因此其卓越周期比天然地震的周期小。这一点可以作为区分二者的肯定的标志。

当震级较大时，明显地存在 M/m 地震$>M/m$ 爆破（式中 M 表示面波震级，m 表示体波震级），即爆炸源的面波比地震的面波弱。这是区别爆破与地震的另一判据。当然，当震源深度大于 1 km 时，肯定是地震。

另外，观测记录图上还发现，地震 P 波初动方向，在一定方位内为向外或向上（+），一定方位内为向内或向下（-），形成四象限分布，可由此推断发震断层的几何特性；爆源对周围介质的作用开始时都是压缩，即在所有方位上 P 波的初动方向均为（+）。

9.1.3.2 爆破地震和天然地震在地面振动参数上的区别

爆破地震和天然地震在地面运动（如位移、速度、加速度等）的幅值、频率和主震持续时间等三方面都有显著的差异。

① 振动幅值。据统计，天然地震Ⅷ度的地面加速度平均值为 250 $cm \cdot s^{-2}$，地面速度平均值为 25 $cm \cdot s^{-1}$，在这样量级的地面运动作用下，多数房屋震害程度“为中等破坏——结构破坏，需要修复才能使用”。而对爆破地震，即使是药量达到百吨级的硐室爆破，虽然地震动峰值很高，记录到的地面最大幅值会达到 12～55 $cm \cdot s^{-1}$，一般破坏区只在距爆区边缘 40～100 m 范围内，建筑物只出现轻微破坏，由此可见，爆破地震和天然地震相比，具有振动幅值大、衰减快、破坏范围小的特点。

② 振动频率。爆破地震波与天然地震波最大的区别之一就是频域特性的差异，天然地震频率低，一般振动主频在 0.5～5 Hz，而爆破地震动频率较高，一般振动主频在 5～500 Hz。我们知道，大多数 1～2 层结构的民用建筑物的固有频率为 4～12 Hz，高层建筑物的固有振动频率更低，因此，天然地震的主频更接近建筑物的固有频率，天然地震引起结构共振的可能性更大，其破坏性更强，而爆破振动的频率较高，与建筑物发生共振的可能性小，破坏性相对较弱。

③ 主震持续时间。爆破地震与天然地震另一重要区别在于时域特征，天然地震振动时间较长，一次振动能持续几秒至数十秒，而爆破地震持续时间很短，一次振动只有几十毫秒至几百毫秒，即使对于多段毫秒延时爆破，其振动时域也在秒的量级中，所以天然地震的破坏能量比爆破地震大得多。

9.1.3.3　爆破地震与天然地震在震害上的差异

由于爆破地震具有能源在地表浅层发生、振动持续时间短、主震频率较高且随着与爆源距离的增加衰减快等特点，使爆破地震的破坏现象与天然地震有很大的不同。

首先，在相同的振动强度条件下，爆破地震引起的破坏情况要比天然地震轻微得多，因此，不能用天然地震烈度表来衡量爆破地震的破坏情况。

如某大爆破工点变电站的实测地面最大速度为 55 cm · s^{-1}，主震相频率为 7 Hz，该值已经达到天然地震烈度Ⅸ度的标准（36～71 m · s^{-1}），天然地震烈度Ⅸ度的主要标志是："多数建筑物结构严重破坏，局部倒塌，修复困难"。但爆破后并没有造成建筑物的显著破坏，其中最主要的一变电站房屋爆破后依然屹立，发生的破坏仅为砂浆地板产生三条 1～2.5 mm 宽的裂纹，以及玻璃窗损坏。

特别需要说明的是，天然地震烈度表描述的是一个区域内的平均破坏程度，由于烈度与参数之间对应关系非常离散，烈度表中的地震动参数值只是作为参考，因此，根据爆破地震速度或加速度的幅值，按天然地震烈度表来估计爆破地震的破坏情况，会得出错误的判断，不符合客观实际。

其次，由爆破地震引起的破坏区域，只局限在爆破工点周围有限的范围内，其中严重破坏的区域，更是一个比较狭窄的范围。如修建成昆铁路的道林子大爆破，总装药量为 400 t，其中显著破坏区仅在邻近药包 10～40 m 的范围内，一般破坏区为爆区以外 40～120 m 的范围内。

最后，由于爆破是人为的生产活动，与天然地震相比，它的震源大小、位置可以控制，振动作用初始时间和延续时间可以预先知道，振动效应和破坏程度可以用改变爆破技术进行调节。由于它的计划性和组织性以及人们在长期生产实践中对爆破地震客观规律的不断认识，我们能够预先估计爆破地震产生的破坏影响，从而采取有效的减振和防护措施，最大限度的减少它的危害。

9.2　爆破地震动强度的预报

9.2.1　爆破地震波的衰减规律

9.2.1.1　爆破振动速度计算公式的推导

我们可以运用量纲理论推导爆破地面振动速度计算公式。选择表征的物理量有 7 个，即与炸药相关的密度 ρ_e，药量 Q，布药面积 S；与地震波相关的质点振动速

度 V，介质密度 ρ_c，观察点离开震源中心的距离 R 以及纵波速度 Cp。可以写成 4 个无量纲量为：

$$\frac{V}{C_p},\quad \frac{S}{R^2},\quad \frac{Q}{\rho_c R^3},\quad \frac{\rho_e}{\rho_c}$$

选择质点速度的无量纲量$\frac{V}{C_P}$为因变量，其余为自变量，函数关系表示为：

$$\frac{V}{C_P} = f\left(\frac{Q}{\rho_c R^3},\frac{S}{R^2},\frac{\rho_e}{\rho_c}\right) \tag{9.1}$$

式中的密度比 ρ_e/ρ_c，当炸药与传播介质一定时，是常数，因此式(9.1)中涉及爆破振动的变量有三个，即 V/C_p，S/R^2，$Q/(\rho_c R^3)$，所以有：

$$\frac{V}{C_P} = f_1\left(\frac{S}{R^2},\frac{Q}{\rho_c R^3}\right) \tag{9.2}$$

式中 S 为布药面积，当 $S \ll R^2$ 时，相当于集中药包，式(9.2)即可化为一般的爆破振动计算公式：

$$V = F_1\left(\frac{Q}{R^3}\right)$$

函数 $F_1(Q/R^3)$的具体形式可以由实验来求得，前苏联科学家萨道夫斯基就是由实验归纳出与介质性质有关的系数 K 和衰减系数 α，成为工程爆破普遍应用的爆破地面振动速度计算公式，也是我国爆破安全规程采用的计算公式：

$$V = K\left(\frac{\sqrt[3]{Q}}{R}\right)^{\alpha} \tag{9.3}$$

式中：V—地面质点峰值振动速度，cm·s^{-1}；

Q—炸药量，kg，齐发爆破时为总药量，延迟爆破时为最大一段药量；

R—观测(计算)点到爆源的距离，m；

K，α—与爆破点至计算点间的地形、地质条件有关的系数和衰减指数。

也可以建立更为一般的表达式：

$$A = KQ^m R^n \tag{9.4}$$

式中：A—反映爆破振动强度的物理量(振动速度或加速度)；

Q—炸药量；

R—测点到爆源的距离；

m，n—反映不同爆破方式、地质、场地条件因素的系数。

9.2.1.2 对爆破振动速度计算公式的说明

按式(9.3)可以计算爆破时产生的地面质点峰值振动速度，该式为我们提供了爆破地震波强度的预报方式，也表征了爆破地震波的衰减规律。在使用时，要注意以下几个问题。

(1) 关于爆破振动速度 V

振动速度的表示方法是采用横向、纵向、垂直向三个分量的矢量和，还是采用三个分量之一，各国说法不一。

大量观测发现，地表振动的三个分量通常具有相同的数量级。我们认为，在爆破振动测量时，原则上应同时测定互相垂直的三个分量。但在许多情况下并不要求矢量和，而仅要求三个分量中的最大一个，一般只需记录垂直分量，在测量结构物时，还可仅测量影响最大的一个分量。

应该指出的是，计算三个分量的矢量和时，为了求得质点振动的最大速度，应将三个分量的最大振动速度进行合成，而不是三个正交分量合成速度的最大值：

$$V_{\max} = \sqrt{V_{T\max}^2 + V_{V\max}^2 + V_{L\max}^2} \tag{9.5}$$

式中：$V_{T\max}$—横向最大振动速度；

$V_{V\max}$—垂直向最大振动速度；

$V_{L\max}$—纵向最大振动速度。

鉴于目前认识上的不同，在《爆破安全规程(GB 6722-2003)》中，对此未明确做规定，使用者可根据具体情况处理之。

(2) 关于 K 和 α 的选取

爆破地震波在产生和传播过程中，受到多种复杂因素的影响。式(9.3)中 K 和 α 的取值，不仅与传播介质特性以及测点处土质条件有关，也与爆破类型、方式有关，往往由于 K 和 α 选取的差异，造成计算所得的地面质点峰值振动速度 V 与实测值存在误差。

我国爆破安全规程列出表 9.2 数据可供选取，也可通过类似工程选取或现场试验确定。

表 9.2　K 值和 α 值与岩性的关系

岩　性	K	α
坚硬岩石	50～150	1.3～1.5
中硬岩石	150～250	1.5～1.8
软 岩 石	250～350	1.8～2.0

表 9.3 和表 9.4 分别列举了国内若干爆破工程地面垂直振动速度、地面垂直加速度的实测 K 值和 α 值，可供设计计算爆破地震波强度预报时参考，对于涉及爆破地震安全的重要爆破工程，建议通过现场小型爆破试验和爆破地震效应的实际观测，来确定适合于该条件下爆破地震波传播规律的有关参数。

(3) 爆破振动速度公式(9.4)中 m 值的取法

对药量指数 m 值，有人认为，对于集中药包爆破，$m=1/3$；对于延长药包爆破，$m=1/2$。在《爆破安全规程(GB 6722-2003)》中，没有区分药包类型，统一取 $m=1/3$，即 $V=K(\sqrt[3]{Q}/R)^{\alpha}$。

表 9.3 国内若干爆破工程地面垂直振动速度实测 K 值和 α 值

爆破类型	工程名称	地 质 条 件	K	α	附 注
硐室大爆破	南 水	粉砂岩、砂岩	240	2.0	
	金 川	花岗片麻岩、大理岩	150	2.0	
	大安山	辉绿岩	115	2.0	
	火焰山	中等坚硬土	200	1.8	
	小河子	砂页岩(风化破碎)	120	1.5	
	886 厂	变质岩系	180	1.47	
	狮子山	流层状辉长岩	76	1.39	
	道林子	石灰岩 $f=6\sim10$	152	1.3	
深孔爆破	503 厂	黄 土	339	1.92	
	503 厂	砂 岩	224	1.72	
	红透山	片麻岩	116	1.73	地下深孔
	眼前山	混合岩、石英绿泥石片岩	126	1.67	

表 9.4 国内若干爆破工程地面垂直加速度实测 K 值和 α 值

爆破类型	工程名称	地 质 条 件	K	α	附 注
硐室大爆破	大安山	辉绿岩	20.2	2.0	
	狮子山	覆盖层	13.5	1.48	
	狮子山	流层状辉长岩	5.2	1.27	
深孔爆破	东 戌	石灰岩	5.0	1.2	

(4) 关于群药包和条形药包

对群药包爆破，我国《爆破安全规程》提出，当各药包至保护目标的距离差值超过平均距离的 10%时，用等效距离 R_3 和等效药量 Q_3 分别代替 R 和 Q 值。R_3 和 Q_3 的计算采用加权平均值法，即：

$$R_3 = \frac{\sum_1^N \sqrt[3]{q_i} \cdot r_i}{\sum_1^N \sqrt[3]{q_i}} \tag{9.6}$$

$$Q_3 = \sum_1^N q_i \left(\frac{R_3}{r_i}\right)^3 \tag{9.7}$$

式中：r_i—第 i 个药包至保护目标的距离，m；

q_i—第 i 个药包的药量，kg。

对于条形药包爆破，可将条形药包以 1～1.5 倍最小抵抗线长度分为多个集中药包，参照群药包爆破时的方法计算其等效距离和等效药量。

(5) 关于延迟爆破时计算药量的选取

关于延迟爆破时计算药量的选取，对计算结果影响很大，学术争议也多，有关内容参见 9.5.2 节。

9.2.1.3　国外关于爆破地震波衰减规律的经验公式

公式(9.4)反映爆破振动的物理量与炸药量、距爆源的距离、岩土性质及场地条件等因素的关系，但是，具体表达式各国有所不同，下面介绍若干国外关于爆破地震波衰减规律的经验公式，供读者参考。

① 美国矿业局对 20 个采石场和建设工地的爆破振动观测数据进行了统计分析，Devine(戴维)于 1966 年提出了振速的计算公式：

$$V = K\left(\frac{R}{\sqrt{Q}}\right)^{-\alpha} \tag{9.8}$$

式中，K 和 α 分别为现场的特征系数和指数，其他符号同前。

② P. B. Attwell(奥特维尔)等人对欧洲采石场的爆破振动观测数据进行了统计分析，于 1955 年提出的振速公式如下：

$$V = K\left(\frac{Q}{R^2}\right)^{\alpha} \tag{9.9}$$

式中符号同前。

③ 日本矿业会爆破振动研究委员会和物理探矿技术协会土木探矿研究会于 1976 年发布的《爆破振动测定指南》中并未涉及振动速度的计算公式，代之而行的是各公司的规定。

旭化成工业株式会社提出：

$$V = K\sqrt[3]{Q^2}\cdot R^{-\alpha} \tag{9.10}$$

式中：K—与爆破条件、地质条件有关的系数，掏槽爆破时，$K=500\sim1\,000$，台阶爆时 $K=200\sim500$；

α—指数，爆区为黏土层时，$\alpha=2.5\sim3.0$，爆区岩石时，$\alpha=2.0$；

Q—药量，$10\ \text{kg}<Q<3\,000\ \text{kg}$；

R—距爆源距离，$30\ \text{m}<R<1\,500\ \text{m}$。

日本化薬株式会社提出的公式如下：

$$V = K\sqrt[4]{Q^3}\cdot R^{-2} \tag{9.11}$$

式中符号同前。K 值变化范围很大，对大孔径台阶爆破取值为 100～300，对坑道掘进爆破取值为 200～900。

9.2.2　爆破地震波传播的影响因素

应当指出，在实际工程中，影响爆破地面振动速度的因素很多，除了在公式中有所反映的药量、距离、地面岩土条件外，其他如炸药的性质，药包的分散度，爆破体的临空面条件，监测点的位置等，都对实际振速有相当的影响。因此，在实际工程中，预测振动强度的大小，不能盲目的套用某一计算公式，而要综合考虑各种影响因素，当然，这也需要一定的实践经验。

9.2.2.1 爆源特征对地震波的影响

爆源特征对爆炸地震波的振动强度和传播规律有显著影响。试验表明，低威力、低爆速炸药对地面产生的振动效应可显著降低。长沙矿山研究院爆破组曾在爆源对爆破地震波振动强度的影响方面进行了一系列的实验研究。下面介绍他们的研究成果①。

(1) 药包分散性的影响

爆破地震效应与炸药用量成正比，然而当炸药用量相等而药包分散程度不一时，爆破地震效应不一样。单个 2.6 kg 重的药包与总重为 2.6 kg 但分成若干药包、布置成单排药包爆破，爆破时在沿炮孔中心线方向和垂直于炮孔中心线方向的不同距离上测定了地面振动速度，比较实验资料得出，与单个药包相比，随着药包的分散，在垂直炮孔连线与沿炮孔连线方向上振速变化规律不同。在沿炮孔连线方向上，药包越分散，振速降低幅度愈大，其降低值为 25.2%～46%，垂直炮孔连线方向在药包半径 r 的 400～500 倍范围内，随着药包的分散，地面振动速度并未降低，反而有所提高，但在 400～500 倍药包半径范围外振速则急剧下降。

(2) 药包爆破作用性质的影响

随着爆破作用指数 n 的增加，药包爆破时赋予地震效应的能量相对减少。即当松动爆破转变为抛掷爆破时，爆破地震效应降低。实验时炮孔布置成三排九孔，松动爆破时 $n=0.81$，抛掷爆破时 $n=1.5$，总药量均为 2.6 kg。

比较实验资料得出，抛掷爆破($n=1.5$)与松动爆破($n=0.81$)相比，振动速度平均降低 4.0%～22.6%；抛掷爆破与单孔松动药包相比，振动速度平均降低 27.1%～31.8%。

(3) 爆破方法对振动速度的影响

毫秒延时爆破系各药包在极短时间间隔内(一般为 15～100 ms)起爆，各药包爆破后引起的地震波相互干涉而使地震效应降低。实验时药包布置成三排九孔，各排毫秒延时起爆间隔时间 25 ms，药包药量按大中小不同方案组成。

比较实验资料得出：① 与单个药包相比，毫秒延时爆破引起的地面振动速度均减少，在沿炮孔连线方向减少 49.9%～67.8%，在垂直炮孔连线方向(背向)减少 34.2%～50.7%；② 炮孔布置形式相同时，与齐发爆破相比，毫秒延时爆破的振速均降低，在沿炮孔中心线方向降低 46.8%～55%，垂直炮孔中心连线方向降低 15.3%～35.6%。③ 毫秒延时爆破中，各组重量不同的药包组合时，振速降低的最佳方案为小、大、中药包组合起爆。

(4) 爆破作用方向对地面振动速度的影响

分析前述资料说明，沿炮孔中心连线方向振速变化受爆破条件、爆破方法改变

① 长沙矿山研究院.采矿技术报道(爆破地震效应专辑)[J].1971(8).

的影响较大，而对垂直于炮孔中心连线方向则上述影响不显著。沿炮孔中心连线方向的振速普遍比垂直炮孔连线方向的振速要低。这一现象在铁路路堑大量爆破中也很明显。铁路路堑大量爆破药包布置的特点是沿线路布置成一长列，而且一般抛掷爆破中的抛掷方向垂直线路方向，在这种情况下，抛掷爆破的地震效应，在抵抗线背向（即抛掷方向背后）的振动强度较爆破地段两侧的同一距离要大，相应的破坏范围也要远一些。

9.2.2.2　地形条件对爆破地震波传播的影响

大量观测表明，地形条件对爆破地震波传播和衰减的影响不容忽视。

当爆源处于低位时，例如在高边坡底部爆破，爆破地震波的振动强度随着离地面垂直高差的增加而呈放大趋势。长江科学院张正宇等考虑边坡高差的影响，提出了爆破振动速度预报的两个公式①，即：

$$V = K\left(\frac{\sqrt[3]{Q}}{R}\right)^{\alpha}\left(\frac{\sqrt[3]{Q}}{H}\right)^{\beta} \tag{9.12}$$

$$V = K\left(\frac{\sqrt[3]{Q}}{R}\right)^{\alpha} e^{\beta H} \tag{9.13}$$

式中：V—质点振动速度，$cm \cdot s^{-1}$；

Q—最大单响药量，kg；

R—爆源至测点的水平距离，m；

H—爆源至测点的垂直距离，m；

K，α—与地形和地质条件有关的参数；

β—高程影响系数。

式(9.12)已列入《水工建筑物岩石基础开挖工程施工技术规范》，在水电工程中得到应用。

爆破地震波作用于孤立山包等多面临空地形时，也受到一定的“放大”作用，振动强度有一定的提高，破坏影响也相应有所增加。

某万吨级大爆破地震效应观测表明，在大多数情况下，测点的最大加速度随高程的增大而增大，而在岩石上更为显著。比如，在相同的高差情况下，岩石上的增值为 1～3.5 倍，而在土壤上只有 1.2～1.8 倍。观测还表明，对岩石和土壤两种情况，爆破地震波的主震周期也有随高程的增加而增大的趋势。

铁道科学研究院在对深圳安托山深孔台阶爆破振动传播规律大量观测资料分析的基础上②，提出在城镇台阶深孔爆破中，当爆源处于高位时，即保护物低于爆

---

① 张正宇，刘美山，吴从清. 高陡边坡开挖中的爆破及其控制技术[M]// 中国爆破新技术. 北京：冶金工业出版社，2004：98～101.

② 铁道科学研究院铁道建筑研究所爆破事业部. 深孔台阶爆破地震效应的研究[R]. 2008.

源有较大的高程差时，建议爆破振动速度预报公式按式(9.14)计算：

$$V = K\left(\frac{\sqrt[3]{Q}}{\sqrt{R^2 + H^2}}\right)^{\alpha} \cdot \cos^2\left(\frac{\theta}{2}\right) \tag{9.14}$$

式中：K—爆源到观测点的平面距离，m；

H—爆源到观测点的垂直高程差，m；

θ—入射波和衍射波射线之间的夹角，$0<\theta<180^\circ$；

K，α —与场地条件有关的系数和指数。

深圳安托山深孔台阶爆破垂直振速峰值的衰减规律为：

$$V = 133\left(\frac{\sqrt[3]{Q}}{\sqrt{R^2 + H^2}}\right)^{1.65} \cdot \cos^2\left(\frac{\theta}{2}\right) \tag{9.15}$$

观测表明，当爆破振动源在测点以上时，超越的高度越高，测点爆破振动越小。以测点高程为基数，对常规爆破振动公式中的 K 值和 α 值进行修正，修正系数分别为 K_1 和 α_1。即对高位爆破，考虑高程修正的爆破振动衰减公式还可表述为：

$$V = K_1 K\left(\frac{\sqrt[3]{Q}}{R}\right)^{\alpha_1 \alpha} \tag{9.16}$$

式中，K_1，α_1为随高程差变化振动速度衰减规律的修正系数。

安托山项目爆破振动观测数据的数值分析表明，系数 K_1 随爆源距测点的高度变化呈指数规律变化，其关系式为：

$$K_1 = \mathrm{e}^{-0.038\Delta h} \tag{9.17}$$

系数 α_1 随爆源距测点的高度变化呈线性规律变化，其关系式为：

$$\alpha_1 = 1 - 0.0045\Delta h \tag{9.18}$$

式中，Δh 为爆源与测点间的高程差，$\Delta h>0$。

该项研究还得出，台阶深孔爆破振动主振频率是药量和距离的单调下降函数，一般情况下为 $f=1/(b_1\sqrt[3]{Q}+b_2R)$的形式，在深圳安托山台阶深孔爆破的爆破地震波测试数据处理结果为 $f=1/(0.0092\cdot\sqrt[3]{Q}+0.0002\cdot R)$。试验研究还发现，径向和切向震动与垂直震动的比值均随着距离增加，并且增加得比较快，超过一定距离后，水平震动有超过垂直震动的趋势。

显然，当地震波的传播途径经过标高低于爆源标高的沟谷时，爆破地震波的传播受到不同程度的“障碍”作用，沟谷彼侧的地震效应有很大的降低，破坏范围相应缩小。如道林子爆破工点，北端距最近一个药包水平距离为 90 m 的观测点，实测最大振动速度为 29.2 cm・s^{-1}，而在南端，经过道林子沟（沟底标高低于爆源标高约 15 m）距最近一个药包的水平距离为 89 m 的观测点，实测最大振动速度为 10.3 cm・s^{-1}，这两个观测点与爆源距离相似，但通过沟谷后地震波的振动强度只有未通过沟谷时地震波振动强度的 1/3。

爆破岩体增加一个临空面，其振动效应可相应降低 10%～15%。

9.2.2.3　地质条件对爆破地震波传播的影响

关于地质条件对爆破地震波振动强度和传播规律的影响，铁道科学研究院爆破研究室在观测了不同地质条件大爆破工点后的研究认为①，爆源周围介质及观测点地质条件对爆破地震波振动强度有明显的影响，表 9.5 为不同地质条件下硐室爆破在相同的等效折算距离 $\rho=\sqrt[3]{Q}/R$ 的范围中，按它们各自的实测衰减规律所对应的地面最大振动速度值。

表 9.5　不同地质条件下爆破振动强度比较表

工点名称	地质条件	$\rho=\sqrt[3]{Q}/R$	$v/\text{cm}\cdot\text{s}^{-1}$
沙湾	玄武岩	0.10～0.125	1.20～2.0
道林子	石灰岩	0.10～0.125	1.8～2.6
小河子	砂岩、页岩，风化破碎	0.10～0.125	3.8～5.4
龙门沟	黄黏土，沙黏土夹孤石	0.10～0.125	4.7～5.7

上表说明，岩石等级越松软破碎，爆破地震波在其中所反映的振动强度就越大，或者说，表现在地震波传播公式中的系数 K 值就越大。

同样，观测点地质条件对振动强度也有很大的影响。如小河子爆破工点，1 号桥台处的地面基岩振动速度为 2.27 $\text{cm}\cdot\text{s}^{-1}$（即发）和 6.82 $\text{cm}\cdot\text{s}^{-1}$（迟发），而在地面填土中的振动速度为 2.94 $\text{cm}\cdot\text{s}^{-1}$（即发）和 12.5 $\text{cm}\cdot\text{s}^{-1}$（迟发）。在道林子爆破工点，在距爆源相同的距离内，覆盖层厚的区域的破坏现象比基岩露头区域严重。诸如此类的现象在爆破实践中不胜枚举。

9.2.3　拆除爆破地震效应

9.2.3.1　拆除爆破地震效应的特点

通过对一个 6 层楼房原地坍塌爆破产生的地震波的分析可以了解到，起爆后首先接收到的是药包爆破产生的地震波，大约在 1 s 多钟后，出现塌落触地引起的地震波，该波作用时间长，延续时间可达数秒，其中强度大的主振波最先出现。而对于一个烟囱的定向倾倒拆除爆破，从所记录的地震波图上，可以清楚地看到塌落过程分成三段，第一段是烟囱下部装药起爆引起的地震波，持续时间不到 100 ms；大约在 1 s 钟后，有一明显的振动波，持续时间达 300 ms，这是烟囱切口爆破后，重心偏移，致使切口后保留部分被压碎屈服，烟囱“下坐”产生的地震动；再过若干秒，烟囱整体塌落撞击地面造成了较大的质点振动速度。

---

① 顾毅成等. 成昆线五个大爆破工点爆破地震效应测振报告[M]//史雅语，金骥良，顾毅成. 工程爆破实践. 合肥：中国科学技术大学出版社，2002：313～325.

因此,建(构)筑物拆除爆破产生的振动效应,至少会有两种,即爆破产生的地震动和建(构)筑物塌落的触地震动。而对于高烟囱和高层建筑物,还可能测到来自爆破振动、结构下坐振动和倾倒塌落振动的波形记录(见图 9.3)。

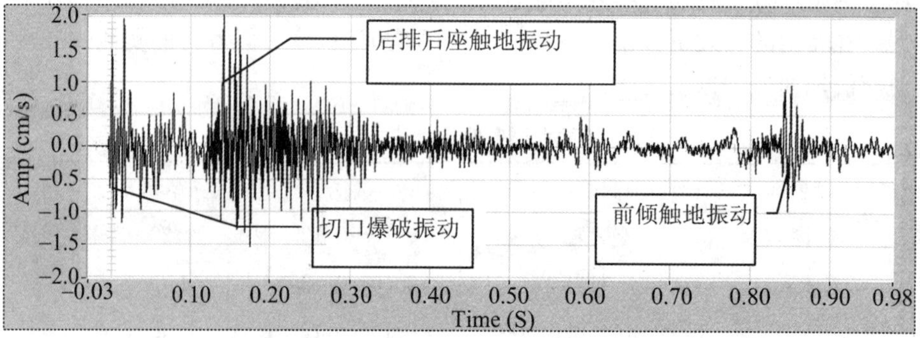

图 9. 3 一座高层建筑物定向倾倒爆破拆除的地震波记录图

对于建(构)筑物拆除爆破产生的地震波,它区别于岩土爆破的主要特点是,药包数量一般比较多,也比较分散,药量比较小,而且药包往往布设在建筑物及其基础上,因而爆破时所产生的地震波通过建筑物基础向大地传播。尽管产生爆破地震波的机制二者有差异,但是对于爆源附近的建筑物来说,它所受到的地震波作用都主要取决于震源的大小、距离及地震波传播介质的条件,而震源的大小则与一次起爆的炸药量有关。

9.2.3.2 拆除爆破地面振动速度计算公式

在拆除爆破工程中,一般采用爆破安全规程振速计算公式中加一个折减系数来预报爆破产生的地面振动速度:

$$V = K_1 K \left(\frac{\sqrt[3]{Q}}{R}\right)^{\alpha} \tag{9.19}$$

式中:V—保护对象地面质点振动速度,$\mathrm{cm \cdot s^{-1}}$;

Q—一次齐爆的炸药量,kg;

R—爆源中心至保护对象之间的距离,m;

K_1—折减系数,与布药面积和爆破方式有关,一般取 $K_1 = 0.25 \sim 1.0$。根据实测资料,对于楼房,$K_1 = 0.25 \sim 0.35$;对于基础地坪类,$K_1 = 0.4 \sim 0.6$;对于水压爆破,$K_1 = 0.5 \sim 0.7$。离爆源近且爆破体临空面较少时取大值,反之取小值。

K,α—与爆破地震波传播地区地质条件有关的系数。对坚硬岩石,$K = 50 \sim 150$,$\alpha = 1.3 \sim 1.5$;对中硬岩,$K = 175 \sim 230$,$\alpha = 1.5 \sim 1.8$;对软岩石、回填土,$K = 200 \sim 300$,$\alpha = 1.5 \sim 2.0$。

根据一些工程的实测资料,不同结构、不同爆破方法,K 和 α 也可参考表 9.6 和表 9.7 选取。

表 9.6　K 值和 α 值的选取

结构特点和爆破方法	K	α	相关系数 v
基础钻孔爆破拆除	116.4	1.74	0.99
多层建筑物爆破拆除	32.1	1.54	0.98
水压爆破	91.5	1.48	0.96

资料来源：汪旭光，于亚伦，刘殿中. 爆破安全规程实施手册[M]. 人民交通出版社，2004：142.

表 9.7　部分建(构)筑物拆除爆破振动传播的经验公式参数

工程项目	爆破方式	K	α	相关系数 v
输煤沟边坡	钻孔破碎爆破	108	1.72	0.98
输煤沟车道	水压爆破	79	1.49	0.99
16、17 号锅炉房(五层)	倾倒拆除爆破	18.2	1.35	0.99
19、20 号锅炉房(四层)	倾倒拆除爆破	43.2	1.7	0.98

资料来源：周家汉，陈善良，杨业敏，戴铭荣. 爆破拆除建筑物时振动安全距离的确定[M]//工程爆破文集(第三辑)北京：冶金出版社，1988.

可以看出，基座或类似基座的地面结构物爆破拆除，无论是采用水压爆破还是钻孔爆破拆除方法，其经验系数 K 都明显大于楼房建筑物拆除爆破的值。拆除楼房时，爆破设计的药包布置分散，大多在地面以上的柱体和墙中，由于存在多个临空面，减少了经地基传播的振动能量。楼房建筑物拆除爆破振动为相应药量基础爆破振动强度的 1/3。

当布药的面积 S 与距离 R^2 相比不能忽略时，即在爆破中近区时，应该考虑布药面积的影响，由 9.2.1.1 节可知，涉及爆破振动的变量有三个，即 V/C_p，S/R^2，$Q/\rho_c R^3$，所以有：

$$\frac{V}{C_P} = f_1\left(\frac{S}{R^2},\frac{Q}{\rho_c R^3}\right) \tag{9.20}$$

如果我们用单位面积的布药量 $q = Q/S$，这时就可以减少一个物理量，即有 V，q，ρ_c，C_p，R 共 5 个量纲量，组合成 2 个无量纲量 V/C_p 和 q/ρ_c，可以用下式表示：

$$V = kF_2\left(\frac{C_P q}{\rho_c R}\right) = KF\left(\frac{q}{R}\right) \quad 或 \quad V = KF\left(\frac{Q}{RS}\right) \tag{9.21}$$

由上式可知，在爆破拆除建筑物的中近区，爆破振动引起的地面质点振动速度除了与距离 R 成反比外，还与布药面积 S 成反比，也就是说，同样的药量，分散得越广，产生的振动越小；越集中，振动越大。这也就解释了为什么应用于建筑物拆除爆破时爆破地面振动速度计算公式要加上一个折减系数的道理。对于拆除爆破，当采用分段爆破时，将会增加地震动的持续时间。在对拆除爆破地震动更深入地分析时，这些影响因素是需要考虑的。

9.2.3.3 建(构)筑物拆除爆破塌落产生的振动

实测表明，烟囱类高耸构筑物的塌落触地震动的振幅比其爆破产生的振动要大，而频率则要低(一般主频率在10 Hz左右)，由于一般建筑物的自振频率多在2～12 Hz，频率较低的塌落振动接近建筑物的自振频率，因此对塌落振动不可小视。

同样，我们先用量纲法来推导塌落振动的振速计算公式。

对炸药取密度ρ_e，药量Q；对建筑物取质量M，重心下落高度h，面积S(考察塌落振动时为触地面积)；对地震波取考察点的质点振动速度V_t，介质密度ρ_c，观察点离开震源中心的距离R，纵波速度C_p；对重力场取重力加速度g。共有10个物理量，可以写成7个无量纲量为：

$$\frac{V_t}{C_P},\frac{M}{\rho_C R^3},\frac{h}{R},\frac{gh}{C_P{}^2},\frac{S}{R^2},\frac{Q}{\rho_c R^3},\frac{\rho_e}{\rho_c}$$

选择无量纲量$\frac{V}{C_P}$为因变量，其余为自变量，函数关系表示为：

$$\frac{V_t}{C_p{}'} = f\left(\frac{Q}{\rho_c R^3},\frac{M}{\rho_C R^3},\frac{h}{R},\frac{gh}{C_P{}^2},\frac{S}{R^2},\frac{\rho_e}{\rho_c}\right) \tag{9.22}$$

式中的密度比ρ_e/ρ_c，当炸药与传播介质一定时，是常数，因此有6个变量。

上述物理量中涉及塌落振动的量纲量有8个，如果把塌落物的质量M用分布质量$m=M/S$代替，则有量纲量可以减少为7个，应组成4个无量纲变量，即V_t/C_p，$m/\rho_c R$，$\sqrt{gh}/C_p$，h/R，如果仍以V_t/C_p为因变量，则可表示为以下函数关系式：

$$\frac{V_t}{C_P} = f\left(\frac{m}{\rho_C R},\frac{\sqrt{gh}}{C_P},\frac{h}{R}\right) \tag{9.23}$$

从冲量分析，考察点的质点振动速度V_t与建(构)筑物撞击地面的比冲量$i=M\sqrt{gh}/S=m\sqrt{gh}S$成正比，若地震波以球面波方式传播，那么速度$V_t$与距离$R^3$成反比，因此，它们的函数关系可用下式表示：

$$V_t = F_1\left(\frac{m\sqrt{gh}}{\rho_c R^3}\right) \tag{9.24}$$

用$m=M/S$代入，可得：

$$V_t = F_2\left(\frac{M\sqrt{gh}}{\rho_c R^3 S}\right) \tag{9.25}$$

这个公式表明，塌落振动不仅与塌落物的质量M有关，而且与塌落物触地的面积S有关。楼房类建筑物爆破塌落时，是逐层落地，质量分散，触地面积大，因此其塌落振动小，而烟囱类高耸构筑物质量集中，触地面积狭长，其塌落振动相应比楼房大得多，振动实测的结果也是如此，因此对于高耸构筑物的爆破，必须进行塌落振动安全的计算。

公式(9.24)也与中科院力学所通过锤击试验、归纳总结建筑物拆除爆破塌落振动的公式一致①：

$$V_t = K\left[\frac{(M\sqrt{gh})}{R^3}\right]^{\alpha} \tag{9.26}$$

式中：V_t—考察点地面最大塌落振动质点速度，$cm \cdot s^{-1}$；

M—塌落物的质量，t；

g—重力加速度，$cm \cdot s^{-2}$；

h—塌落物重心高度，m；

R—塌落重心至考察点距离，m；

K，α—与触地面积、地质条件有关系数。

此后他们在总结高耸构筑物爆破塌落振动的实测数据基础上，对上式进行了修正，得到了以下经验公式：

$$V_t = K_1\left(\frac{MgH}{R\sigma}\right)^{\beta} \tag{9.27}$$

式中：σ—塌落地面介质承载极限强度，MPa，对于一般混凝土地面 $\sigma = 5 \sim 10$ MPa；

K_t—经验系数，取3.3～3.8；

β—衰减系数，取1.3～1.8。

建筑物拆除爆破塌落振动与结构的解体尺寸和下落的高度有关。对于建筑物拆除爆破，一般都期望建筑物在落地时获得充分解体，这就要求有一定的落地速度，文献②指出，对砖石结构，约为6 $m \cdot s^{-1}$，对排架和框架结构，约为8～10 $m \cdot s^{-1}$，而整体性强的轻型薄壁结构，13 $m \cdot s^{-1}$的落地速度仍不能解体。建筑物解体的落地速度，不仅与解体的高度有关，还和建筑物的构造、结构的落地形式有关，如原地塌落，倾斜倒塌，翻转塌落等，而为了减小对地面的撞击作用，控制下落建筑物解体的尺寸十分重要。

为了减小对地面的撞击作用，控制下落建筑物解体构件的尺寸比其所在的高程更为重要，因为高度通常改变不了。一般来讲，建筑物解体、失稳的塌落过程，不是整体下落撞击地面，而是被分成许多大小不同的块体，依次下落相互撞击，最终撞击地面，上面构件的撞击作用往往经过已先着地的下层构件传给地面。一方面，建(构)筑物和地面在冲击时都不能保持弹性状态，建(构)筑物要破碎，地面在冲击载荷下，要产生一定的塑性变形；另一方面，建(构)筑物冲击地面时，接触地面往往

---

① 周家汉，杨人光，庞维泰. 建筑物拆除爆破塌落造成的地面振动[M]// 土岩爆破文集(第二辑). 北京：冶金工业出版社，1985：317～326.

② 庞维泰，杨人光，周家汉. 控制爆破拆除建筑物的解体判据问题[M]// 土岩爆破文集(第二辑). 北京：冶金工业出版社，1985：147～161.

既不是载荷的质心点先触地，也不是整体同时触地，而是部分支承构件爆破后，上部结构失去平衡，在重力作用下，一些构件发生变形破坏，并开始塌落，塌落触地过程是一个与时间有关的动态过程，其过程是相当复杂的。对多层建(构)筑物，控制第一层解体尺寸是控制塌落振动强度的关键。依次下落的高层构件的撞击由于下面先塌落构件的垫振作用被缓冲减弱，而对于烟囱、水塔等高耸构筑物，塌落造成的地面振动强度是一个必须要控制的安全设计参数，在地面预铺松散的沙层、煤渣减振物，设计铺设减震埂，这可以有效控制高耸构筑物爆破的塌落振动。

9.2.3.4 拆除爆破振动效应的经验数据

由于爆破设计方案和塌落方式各不相同，影响建(构)筑物拆除爆破和塌落振动的因素较多，目前难以通过公式计算准确预报，因此，参考相关拆除爆破工程中爆破振动实测数据，采用类比法对拆除爆破振动强度作出估计，是当前判断建(构)筑物拆除爆破和塌落振动强度的主要方式。

表 9.8 列举了不同建(构)筑物爆破拆除时的地面振动实测资料。

表 9.8 若干拆除地面工程地面振速和主振频率实测资料

<table>
<tr><th rowspan="2">工程名称</th><th rowspan="2">特　征</th><th rowspan="2">最大一段药量/kg</th><th rowspan="2">距爆源距离/m</th><th colspan="4">振速/ cm · s^-1</th><th colspan="3">频率/Hz</th></tr>
<tr><th>L</th><th>T</th><th>V</th><th>V_R</th><th>L</th><th>T</th><th>V</th></tr>
<tr><td rowspan="3">北京市民安公社大楼爆破</td><td rowspan="3">建于 1958 年，砖结构共 9 层，楼高 30.5 m</td><td rowspan="3">300</td><td>50</td><td>0.61</td><td>0.43</td><td>0.74</td><td>0.85</td><td>2.5</td><td>1.8</td><td>5.3</td></tr>
<tr><td>50</td><td>0.78</td><td>0.51</td><td>0.96</td><td>1.06</td><td>6.1</td><td>7.2</td><td>7.1</td></tr>
<tr><td>80</td><td>0.65</td><td>0.33</td><td>1.33</td><td>1.35</td><td>3.1</td><td>6.7</td><td>6.1</td></tr>
<tr><td>烟囱拆除爆破</td><td>高 23 m，钢筋混凝土结构，壁厚 20 cm。底部外径 2.3 m，内衬耐火砖 12 cm</td><td>单孔药量 24 g</td><td>26</td><td>0.94</td><td>0.98</td><td>1.20</td><td>1.63</td><td>7.6</td><td>5.4</td><td>6.8</td></tr>
<tr><td rowspan="4">北京市郑常庄金环宇建材市场水泥仓爆破</td><td rowspan="4">水泥仓钢筋混凝土结构。由 5 个高 30 m，直径为 10 m 的圆筒连接而成</td><td rowspan="3">第一次爆破总药量 7.68 kg，最大一段药量 4 kg</td><td>30</td><td>0.45</td><td>0.16</td><td>0.715</td><td>0.74</td><td>10.7</td><td>8.0</td><td>6.0</td></tr>
<tr><td>63</td><td>0.18</td><td>0.18</td><td>0.16</td><td>0.22</td><td>7.1</td><td>8.1</td><td>2.4</td></tr>
<tr><td>73</td><td>0.31</td><td>0.33</td><td>0.12</td><td>0.36</td><td>6.0</td><td>8.1</td><td>7.4</td></tr>
<tr><td>第二次爆破总药量 20.2 kg，最大一段药量 8kg</td><td>30</td><td>0.53</td><td>0.27</td><td>0.96</td><td>0.97</td><td>9.3</td><td>2.8</td><td>25.5</td></tr>
</table>

资料来源：汪旭光，于亚伦，刘殿中. 爆破安全规程实施手册[M]. 人民交通出版社，2004:142.

表 9.9 为廊坊市五洲大酒店(8 层框架结构)拆除爆破工程爆破振动监测数据，测试表明，高层框架楼的支撑点后座振动相当明显，对倒塌后方的保护物影响较大。后坐破坏振动在高层框架楼爆破中应有足够重视。

表 9.9 廊坊市五洲大酒店(8 层框架结构)拆除爆破工程爆破振动监测数据

测点号	测量方向	距离 L/m	爆破	后座	触地
			最大振动速度/ $cm \cdot s^{-1}$		
1-1	垂直	7.5	3.00	3.97	2.60
1-2	环向	7.5	0.92	1.52	0.99
1-3	径向	7.5	1.34	2.82	0.82
2-1	垂直	7.5	2.15	2.93	1.75
2-2	垂直	10	2.21	2.78	—
3-1	垂直	10	1.44	1.08	3.68
3-2	径向	10	0.56	0.51	4.08
3-3	环向	10	0.50	0.41	1.88
4-1	垂直	48	0.94	0.53	0.75
4-2	垂直	50	0.95	0.57	0.92

注:距离指监测点至建筑物边的最短距离。资料来源:杨年华.高层框架楼拆除爆破振动检测与分析[J].工程爆破, 2006,12(4):28~31.

为了了解建筑物拆除爆破近距离的爆破振动情况,中国铁道科学研究院曾在一座 9 层框架楼拆除爆破时①,将传感器置于距爆破拆除楼房侧边 1 m 处,离最近的爆破立柱仅 2.5 m,检测的垂直方向爆破最大振动速度为 $1.96\ cm \cdot s^{-1}$,后坐振动为 $2.03\ cm \cdot s^{-1}$,触地振动为 $0.98\ cm \cdot s^{-1}$。

天津大港电厂一座 120 m 烟囱,底部直径 13.2 m,壁厚 0.53 m,钢筋混凝土约 1 250 m^3,总重量约 3 384 t。定向爆破拆除设计总药量 $Q=47.25$ kg,爆破总炮孔数 315 孔。振动的测点位置、爆破振动和塌落振动的测量结果见表 9.10。

表 9.10 天津大港电厂 120 m 烟囱爆破振动和塌落振动的测量数据表

测点编号	测点位置	测量方向	与倒塌中心线的垂直距离/m	与烟囱中心线的水平距离/m	与烟囱中心的距离/m	与烟囱塌落中心的距离/m	爆破振动速度 /$cm \cdot s^{-1}$	塌落振动速度 /$cm \cdot s^{-1}$
1#	二期气机房	垂直方向	113	170	204	232	0.034	0.047
2#	一期电气楼	垂直方向	99	34	105	100	0.076	0.118
		水平方向					0.050	0.120
3#	氢气站	垂直方向	18	156	157	126	0.131	1.012

① 杨年华.高层框架楼拆除爆破振动检测与分析.工程爆破[J]. 2006,12(4):28~31.

续表 9.10

测点编号	测点位置	测量方向	与倒塌中心线的垂直距离/m	与烟囱中心线的水平距离/m	与烟囱中心的距离/m	与烟囱塌落中心的距离/m	爆破振动速度/cm·s^{-1}	塌落振动速度/cm·s^{-1}
4#	微波站南	垂直方向	50	115	125	86	0.092	0.206
		水平方向					0.075	0.327
5#	微波站	垂直方向	78	115	139	105	0.122	0.153
		水平方向					0.049	0.207
6#	微波站北	垂直方向	113	115	161	133	0.067	0.144
		水平方向					0.048	0.208

注:爆破振动测试是由水利科学研究院岩土所承担的,使用 SHJ-4.5 速度传感器和 AD-64 型数据采集器。资料来源:金骥良,顾毅成,史雅语.拆除爆破设计与施工[M].北京:中国铁道出版社,2004:189.

9.2.4 水下爆破的地震效应

9.2.4.1 水下爆破地震效应的特点

水下工程爆破技术主要应用于港口、航道疏浚炸礁,挡水围堰或岩坎拆除爆破,淤泥和饱和砂土地基的爆炸加固处理等。根据炸药包在水下的位置和目的的不同,主要分为水下裸露爆破、水下钻孔爆破和水下软基处理爆破等。水下爆破作业要重视爆破地震、水中冲击波、空气冲击波、飞石及水面波浪效应等对环境的安全影响。水下爆破时地震效应主要来自三个方面,一是爆破直接作用形成的地震波,二是水中爆破冲击波冲击水底边界所产生的冲击地震波,三是爆炸气体在水体中做胀缩上浮运动形成的脉动水压力也会引起地震效应。由于水是药包周围的主要介质,在一般压力下,水几乎是不可压缩的,水下土岩介质处于水饱和状态,水下爆破时地震效应与陆地爆破相比,强度会有较大幅度的提高,衰减相对减慢,振动影响范围也相应较大。在陆地岩土中爆破,地震波能量一般不足爆破总能量的10%,而在水下介质中爆破时,地震波能量可达20%左右。

水下爆破作用下结构的振动响应,比陆地岩土爆破对结构的影响更为复杂,一般是低频波与高频波共同作用的结果,其主要特征是振动频带宽、高频丰富、振幅大。低频波主要由爆破直接作用在土体中形成的振动,高频波则是由水中冲击波的冲击作用引起地面振动,因为水中冲击波波速小于介质中的地震波波速,因此高频振动总会滞后于爆破地震波引起的低频振动,但高频震动随距离增加幅值衰减很快。在爆源近区振动以垂直向为主,远区主要为水平径向振动,表现为对结构物基础的水平剪切和扭曲作用。

水下爆破的地震效应是一个极其复杂的问题，它不但与爆破的一次齐发药量、爆源与被保护物之间的距离有关，而且与振动的传播介质、承受振动结构物本身的动力特性等有直接关系。评估水下爆破的地震效应，应重视水介质在爆破地震效应中的特殊作用，不能照搬陆上爆破的地震波衰减规律和安全判据。

9.2.4.2　水下炸礁地震强度的预报

水下炸礁，由于施工条件和工程要求的不同，有各种不同的施工方法。按爆破方法可分为裸露爆破、钻孔爆破和硐室爆破。水下钻孔爆破法是水下工程爆破中应用范围最广的一种形式，近年来，随着航道和港口建设的蓬勃发展，我国每年采用水下爆破炸礁或破碎水底岩石 500 万 m^3 以上。

20 世纪 70 年代初，铁道科学研究院结合黄埔港某区域水下炸礁工程，对水下炸礁爆破地震效应的特征和传播规律做过大量的观测和研究①。对水中爆破、岩石裸露爆破和水下钻孔爆破分别测量了水底垂直振动速度。爆破时的最小炸药量(2 号岩石炸药)为 3.75 kg，最大为 117.5 kg；强振仪离药包的最近距离为 10 m，最远为 335.5 m。经计算 $\rho=\sqrt[3]{Q}/R$ 值在 0.01～0.30 之间。水中和岩面裸露爆破采用单个集中药包，钻孔爆破的孔网参数为 2.0 m×2.5 m，钻孔直径 100 mm，孔深 4～6 m，单位炸药消耗量为 1.44 kg · m^{-3}。

在这组试验中，对水中爆破观测了 47 次，岩面裸露爆破 32 次，水下钻孔爆破 9 次。观测表明，水下爆破对水底产生的地震波波形和振动持续时间，与陆地爆破基本相似，水底地震波主震相呈 2～5 个近似的正弦波形，频率在 14～30 Hz 之间；振动持续时间为 0.05～0.30 s；地震波的传播速度为 1 830～3 400 cm · s^{-1}，离爆源近时，偏于低值；离爆源远时，偏于高值。水下爆破气泡脉动引起的地震波，由于受到拾振器灵敏度的限制，一般均无反映，说明它是比较小的。

表 9.11 列举出不同水下爆破类型水底地震效应的部分观测数据，可供类似工程参考。

表 9.11　水底垂直振动速度部分观测数据

水下爆破类型	炸药量 Q /kg	测点距爆源的距离 R /m	测点垂直振动速度 V /cm · s^{-1}
水中和岩面裸露爆破	3.75	10	20～22
	3.75	38	5.5～7.0
	3.75	231	1.4～1.7
	37.65	59	7.5～9.0
	37.65	231	2.0～3.0
水下钻孔爆破	46.7	12.5	10
	117.5	335.5	2.0

① 王中黔，顾毅成．水下工程爆破若干荷载传播规律及其对船坞坞门作用的观测[M]//史雅语，金骥良，顾毅成．工程爆破实践．合肥：中国科学技术大学出版社，2002：362～374.

分析水底垂直振动速度传播规律时，仍然采用陆地上的分析方法，即建立 V 与 ρ 的关系。

$$\rho = \frac{\sqrt[3]{Q}}{R} \tag{9.28}$$

式中：Q—炸药量，kg；

R—距离，m。

把水中爆破、岩面裸露爆破和水下钻孔爆破的观测成果分别绘在 V-ρ 双对数坐标上（见图 9.4），采用最小二乘法加以分析处理后，可以得出它们各自的衰减规

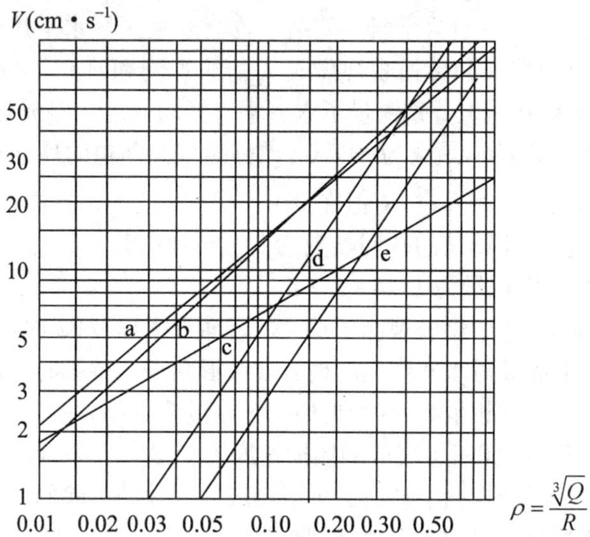

图 9.4 各种爆破地面振动衰减规律比较

a—$V_{\perp}=94\rho^{0.84}$ 水中爆破（水深 7～8 m）；b—$V_{\perp}=117\rho^{0.94}$ 岩面裸露爆破；c—$V_{\perp}=25.3\rho^{0.58}$ 水下钻孔爆；d—$V_{\perp}=200\rho^{1.5}$ 陆地大爆破（土壤）；e—$V_{\perp}=70\rho^{1.5}$ 陆地大爆破（岩石）

律，依次为：

$$V_a = 94\rho^{0.84} \tag{9.29}$$

$$V_b = 117.4\rho^{0.94} \tag{9.30}$$

$$V_c = 25.3\rho^{0.58} \tag{9.31}$$

陆地岩土爆破地震波的衰减规律一般可表述为：

$$V = K\rho^{1.5} \tag{9.32}$$

式中 K 为系数，随介质物理力学性质变化。根据试验研究，当介质为土质时 $K=200$，介质为岩石时 $K=30$～70。

表 9.12～表 9.14 为我国一些水下爆破工程实测爆破地震波振动速度、加速度、位移衰减规律的经验公式。可以看出，水下爆破振动速度衰减指数缺少规律

性，但可以肯定，水下爆破振动的影响范围比较大，因此，当水下爆破工程临近有重要建(构)筑物时，要重视爆破振动的安全影响。

表 9.12　爆破地震波的振动速度经验公式($V/\text{cm}\cdot\text{s}^{-1}$)

工　程		物理量	根据试验或观测成果提出的经验公式	系　数		爆破介质
				K	α	
乌江渡水底裸露爆破		地表竖向速度	$V=400\rho^{1.77}$	400	1.77	块石或孤石，水深 7～9 m
四川维尼纶厂码头	水底裸露爆破	地表竖向速度	$V=22.14\rho^{0.9}$	22.14	0.9	砂岩
		地表径向速度	$V=45.22\rho^{1.29}$	45.22	1.29	
		地表切向速度	$V=80.9\rho^{1.52}$	80.9	1.52	
	水下钻孔爆破	地表竖向速度	$V=1\,402\rho^{2.84}$	1 402	2.04	
		地表径向速度	$V=1\,378\rho^{2.15}$	1 378	2.15	
某码头基槽水下钻孔爆破		地表覆盖层上竖向速度	$V=20.9\rho^{0.99}$	20.9	0.99	中等硬度红砂岩
		地表覆盖层上径向速度	$V=56\rho^{1.34}$	56	1.34	
		地表覆盖层上切向速度	$V=25.7\rho^{1.06}$	25.7	1.06	

资料来源：杨光熙. 水下工程爆破[M]. 北京：海洋出版社，1992：311.

表 9.13　爆破地震加速度经验公式($a/\text{m}\cdot\text{s}^{-2}$)

工　程	物理量	根据试验或观测成果提出的经验公式	系　数		ρ 值范围	爆破介质
			K	α		
乌江渡水底裸露爆破	地表加速度	$a=70\rho^{2.44}$	70	2.44		块石孤石
某码头基槽水下钻孔爆破	地表覆盖层竖向加速度	$a=8.5\rho^{1.27}$	8.5	1.27	0.01～0.10	中等硬度红砂岩
	地表覆盖层径向加速度	$a=2.3\rho^{0.9}$	2.3	0.9	0.01～0.10	
	地表覆盖层切向加速度	$a=4.8\rho^{1.25}$	4.8	1.25	0.01～0.1	
密云水库岩塞排孔爆破	土坝坝面竖向加速度	$a=35.5\rho^{1.86}$	35.5	1.86	0.016～0.25	
	土坝坝面径向加速度	$a=17.7\rho^{1.69}$	17.7	1.69	0.016～0.25	
饱和砂基集中药包爆破	地表竖向加速度	$a=60\rho^{1.52}$	60	1.52	0.01～0.1	饱和砂土
	地表径向加速度	$a=40\rho^{1.47}$	40	1.47	0.03～0.1	
	坝基顺河向加速度	$a=68\rho^{2.15}$	68	2.15	0.015～0.1	

资料来源：杨光熙. 水下工程爆破[M]. 北京：海洋出版社，1992：312.

表 9.14 爆破地震最大位移经验公式(A/mm)

工　程	物理量	根据试验或观测成果提出的经验公式	系　数		ρ 值范围	爆破介质
			K	α		
乌江渡水底裸露爆破	地面最大位移	$A_m=7.0\rho^{2.44}$	7.0	2.44		块石及孤石
某码头基槽水下钻孔爆破		$A_m=4.1\rho^{1.12}$	4.1	1.12	0.01～0.1	中等硬红砂岩
密云水库岩塞排孔爆破	土坝坝面竖向位移	$A_m=4.78\rho^{1.99}$	4.78	1.99	0.016～0.30	花岗片麻岩
	土坝坝面径向位移	$A_m=0.49\rho^{1.45}$	0.49	1.45	0.016～0.30	

资料来源:杨光熙.水下工程爆破[M].北京:海洋出版社,1992:312.

9.2.4.3 爆破处理软基地震强度的预报

软弱地基爆炸加固处理技术主要是用于港湾工程建设中遇到的淤泥质软基,由于地基承重力的稳定性不满足工程设计的要求,根据不同情况可以采用水下爆炸挤淤法、爆炸置换法和爆炸加固法进行地基加固处理,为港湾防波堤、港口码头、泊位以及储仑等设施建设服务。我国采用爆破挤淤技术筑堤总长已超过 300 km。

爆破挤淤筑堤是在抛填堤头泥石交界面前方的淤泥中埋设群药包,通过药包爆炸的能量将堤头前面的淤泥向四周挤开,在淤泥内形成爆炸空腔,抛石体随即坍塌充填空腔,使爆前处于平衡状态的抛石体向强度降低处的淤泥内滑移,达到泥、石置换的目的。

爆破挤淤施工时,有部分能量经海底基岩传播形成爆破地震波,引起邻近岸坡、海底地层和堤芯堆石体的震动。爆破地震波在爆源近区的振动以垂直向为主,远区主要为水平径向振动,表现为对结构物基础的水平剪切和扭曲作用。海底基岩中的地震波传播速度高,在中远区范围它将先于水中冲击波抵达,其传播速度受到爆破方式、地形地质条件影响而有一定差别。工程实测波速为 2 800～3 200 $m\cdot s^{-1}$,大约是水中爆破冲击波速度的 2 倍。

由于水体覆盖和难于抛掷的作用,水下地震效应往往大于陆地爆破,比陆地上衰减要慢,因此,振动影响范围较大。一般情况下,爆破施工时应对临近重要建(构)筑物的地面振动进行监测,以确保对爆破产生的振动得到有效控制。

爆破引起的地面振动速度 V 可按爆破安全规程通用的公式计算,其 K 值和 α 值可根据《爆炸法处理水下地基和基础技术规程》,按表 9.15 取值。

表 9.16 列举了若干爆破挤淤工程实测振动衰减参数 K 值、α 值及由此计算距爆源 130 m、200 m 处的地面振动速度。

表 9.15　爆破挤淤施工振动速度衰减参数表

爆破方式/爆区地质	爆破挤淤填石		爆破夯实	
	K	α	K	α
抛填石料地基	450	1.65	550	1.85
抛填强夯地基	500	1.43	530	1.82
天然岩石地基	400	1.35	280	1.51

注:引自《爆炸法处理水下地基和基础技术规程(JTJ/T258-98)[S]》。

表 9.16　数例爆破挤淤工程经验公式计算的振动速度

工程地点	爆破挤淤填石振动衰减参数		振动速度/$cm \cdot s^{-1}$	
	K	α	距离 130 m 处	距离 200 m 处
连云港爆破挤淤	450	1.65	2.68	1.40
连云港触地爆破	290	1.51	2.70	1.32
黄河河滩爆破挤淤 1	187	1.36	2.75	1.53
黄河河滩爆破挤淤 2	92.3	1.21	2.16	1.28
舟山马迹山爆破挤淤	279	1.54	2.35	1.21

资料来源:中国工程爆破协会专家组.温州石化基地小门岛西片围涂工程爆破施工方案及安全性分析[R].2008(5).

9.2.4.4　降低水下爆破地震动效应的措施

降低水下爆破地震动效应,可采取以下措施。

① 采用毫秒延时爆破技术。毫秒延时爆破技术关键在于毫秒延时时间的确定,试验证明,当毫秒延时时间控制在 15～50 ms 范围时,可较大地抵消和削弱爆破振动和水中冲击波的波峰值;宜尽可能分多段起爆以减小一次起爆的单响药量。

② 采用水下预裂爆破。水下爆破形成的预裂缝,缝内多数充满了水。水的波阻抗虽大于空气的波阻抗,但仍小于岩石的波阻抗,约为后者的 1/8。试验证明,水下预裂缝可削弱 30%～40%的爆破振动强度;在被保护物的附近设置防震孔,也可以截断部分地震波和水下冲击波对建筑物的破坏和影响。

③ 在靠近被保护物的水下抛设一定数量的土石,以减少冲击波的破坏作用;对距离爆源近的设施爆前要支撑加固保护,以防水压力的冲击破坏;控制最小抵抗线方向,充分利用地形条件和安排好起爆顺序,使受保护物在抵抗线的侧面出现,都可以减轻爆破振动的危害。

④ 设置气泡帷幕。可以有效降低水中爆破冲击波,从而也降低了水下爆破地震动效应。从一些实测的冲击波压力波形图中可以看到,在没有气泡帷幕时冲击波的压力波峰尖锐而陡峭;设置气泡帷幕之后,则形成了峰值小而平均的脉动波形,帷幕中的气泡密度越大,削弱冲击波的压力越显著。

9.3 爆破振动安全判据

9.3.1 爆破地震破坏判据的工程参数

在爆破工程中,对于振动破坏的评定方法主要有三种,即单一参数法、爆破地震烈度法和动力分析法。

单一参数法是通过大量的现场试验和观测,将建筑物的破坏与爆破地震的强度参数联系起来进行统计分析,确定某个单一的地震强度参数作为评价爆破地震安全的控制参量,并给出相应的控制指标。

选择作为爆破地震动破坏判据最佳的物理量,有以下三条标准:①它是决定爆破地震破坏力的主要因素,和宏观烈度有着良好的相关性;②它与药量和爆心距应有较好的相关性;③它能用简单的仪器来测定。

可以作为爆破地震动的参数,有地面振动峰值(加速度峰值、速度峰值、位移峰值),地震反应谱的某种特征值如谱烈度,与爆破能量有关的函数等。目前,国内外在考虑爆破地震的破坏判据时,有的采用地面垂直最大振动速度、加速度、位移,有的采用能量比,这些物理量都能反映爆破振动对工程结构的破坏作用。

在爆破地面振动峰值中,首先为人们所考虑的是地面加速度和速度的峰值。利用加速度的优点是能和地震产生的惯性力相联系,可以直接从加速度记录量出,也易于作建筑物爆破地震荷载的换算,并进行建筑物的应力分析。

目前,许多国家,如中国、美国、德国、法国、瑞典等,采用质点振动速度作为衡量爆破地震效应的标准。因为大量的现场试验和观测表明,爆破地震破坏程度与质点振速的相关性最好,而且,与其他物理量相比,振速与岩土性质有较稳定的关系。我国在确定爆破地震破坏判据时就是以地面质点振动速度作为标准。但是该方法不能反映爆源性质和场区地形地质条件的影响,也无法具体地考虑建筑结构的动力特性和材料性能,因而使得这种方法给出的指标往往带有片面性和保守性,对于不同场区和不同类型建筑结构的适用性较差。实际应用时,只能凭借设计施工人员的经验予以修正。

大量的工程实践和试验研究表明,爆破地震给予地的振动强度的完整描述,应该同时测量质点位移(X),或者速度(V)或者加速度(A)的三个正交分量,并记录成时间函数形式。这个函数的三个要素是幅值、频率和持续时间。爆破地震波作为一种宽带的非平稳随机信号,对爆破地震波进行频谱分析,是研究爆破地震波特性及对结构的动力反应所必需的，频谱分析就是把时间域的各种动态信号变换到频率域进行分析，分析的结果是以频率为横坐标的各种动态参量的谱线或曲线。现在可以方便地找到 FFT 算法的应用软件，运用快速傅立叶变换进行爆破地震波的频谱分析，以求得爆破振动信号的各种频率成分和它们的幅值（或能量）及相位，并判断其地震动的主振频率（亦称卓越频率）。随着现代信号处理手段的发展和计算机技术的提高，我们有可能对爆破地震波的特性进行更为深入的讨论。

由于地震动的振幅常常是变化的，是时间的函数，从大多数的工程目的来说，通常要找的是振动的最大值。为了得出实际的运动面貌，应将同一质点的三向振动波形（水平纵向、横向、垂直向）上的振幅分别读出，并作矢量相加。由于每条波形的最大振幅可能出现在地震波形图上的不同位置，即发生于振动过程的不同时刻，这就需要在一条或几条波形上呈现波峰的地方分别进行矢量相加，以比较确定整个振动过程中出现最大振幅的大小和时刻。为了简便，许多国家对爆破地震所规定的破坏判据并不要求将矢量和求出，而仅以三向波形中任一条的最大振幅为指标。

9.3.2　爆破地震动对岩土及结构物的破坏判据

9.3.2.1　地面质点振动速度 V 与岩土破坏状况的关系

我国科研单位曾对硐室爆破邻近爆区地物破坏程度与地面质点振动速度关系做过现场调查与观测。

①长沙矿山研究院通过爆破实测资料[①]提出：

当 $V=0.294\sim0.56\ \mathrm{cm\cdot s^{-1}}$ 时，已松动的小土块掉落；

当 $V=8.1\sim11.1\ \mathrm{cm\cdot s^{-1}}$ 时，产生松石及小块震落；

当 $V=13.5\sim24.7\ \mathrm{cm\cdot s^{-1}}$ 时，产生细裂缝或原裂缝扩张；

当 $V=46.8\sim81.5\ \mathrm{cm\cdot s^{-1}}$ 时，产生 4～5 cm 宽的大裂缝，且原裂缝严重扩张。

② 铁道部科学研究院爆破研究室通过观测提出的[②]地物破坏程度与地面垂直最大速度之间的关系如表 9.17 所示。

9.3.2.2　建筑物破坏与质点振动速度的关系

爆破地震的破坏判据，对于估计爆破地震作用下建筑物、构筑物的破坏程度，具有实际意义。图 9.5 以及表 9.18～表 9.20 介绍国外一些研究者提出的爆破地震对建筑物破坏的烈度工程标准。

---

①　长沙矿山研究院．采矿技术报道（爆破地震效应专辑）[J]．1971(8)．

②　顾毅成．成昆线五个大爆破工点爆破震动效应观测报告［M］//史雅语，金骥良，顾毅成．工程爆破实践．合肥：中国科学技术大学出版社，2002：313～328．

表 9.17 地物破坏程度与地面垂直最大速度之间的关系

地面垂直最大速度 V /$cm \cdot s^{-1}$	地物破坏程度
1.5～5.0	高陡边坡上的碎石、砾石土可能少量掉落
5.0～10.0	靠近陡坎的覆盖层中出现细小裂隙，干砌片石墙可能有少量错动
10.0～20.0	临空面处原有裂隙轻微张开，沙土、弃石渣开始溜坍，干砌片石垛可能局部坍塌
20.0～35.0	高陡边坡可能有较多的落石或少量塌方，碎石土堆成的堤坝产生坍落
35.0～55.0	缓坡上的块石发生移动，硬土地面可见开裂；顺层理面或节理可能轻微张开，错动
55.0～80.0	硬土地面产生大裂缝；沿大裂隙面大块岩体可能崩落
80.0～110.0	基岩面出现新裂隙，原有大裂隙宽度可能挤压变小
>110.0	基岩大面积破坏，边坡发生大的滑坡和塌陷

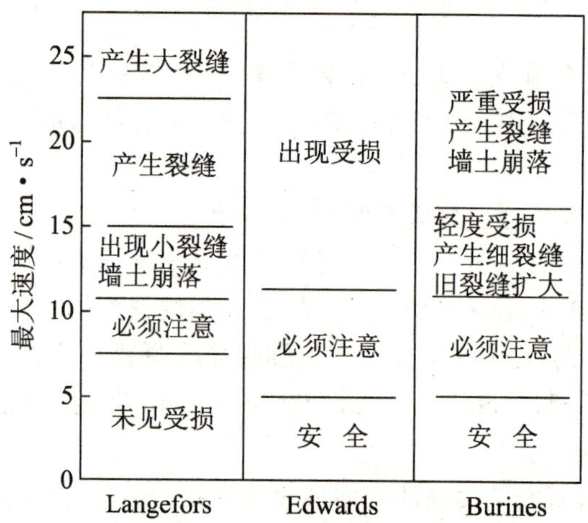

图 9.5 爆破振动速度和建筑物受损之间的关系

注：本图由 J. E. 韦斯(Wissl · E)提供。

图 9.5 汇总了 Langefors（兰格福尔斯）、Edwards（爱德华）及 Bumines（布麦因）三人提出的爆破地基振动对结构物，特别是房屋的允许界限值。图中清楚表明，三人都认为振动速度是破坏建筑物的主要因素，而且三人提出的振动安全极限值大体一致，其值为 5 $cm \cdot s^{-1}$。振动时建筑物和结构物的破坏状况，随建筑物地基的不同而异。例如，Banik（班尼克）也同样提出了振动速度和破坏之间的关系（见表 9.19），而所列破坏状况相对应的振动速度值，比兰格福尔斯提出的值小。这是由于兰格福尔斯提出的值是基于纵波传播速度大体为 3 000 $cm \cdot s^{-1}$之类的

基岩上的普通房屋而言的。而班尼克提出的值只适用于建在纵波传播速度极小的冲积层等条件较差地基上的建筑物和结构物。因此，在借鉴有关资料时，应注意资料的使用条件。

表 9.18　国外一些研究者提出的爆破地震破坏的烈度工程标准

序号	研究者	烈度工程标准	建筑物破坏程度
1	V. 兰格福尔斯 B. 基尔斯特朗 H. 韦斯特伯格	$V=7.1\ \text{cm}\cdot\text{s}^{-1}$ $V=10.9\ \text{cm}\cdot\text{s}^{-1}$ $V=16\ \text{cm}\cdot\text{s}^{-1}$ $V=23.1\ \text{cm}\cdot\text{s}^{-1}$	无破坏 细的裂缝，抹灰脱落 开裂 严重开裂
2	A.T. 爱德华兹 A.D. 诺思伍德	$V\leqslant 5.08\ \text{cm}\cdot\text{s}^{-1}$ $V=5.08\sim10.2\ \text{cm}\cdot\text{s}^{-1}$ $V>10.2\ \text{cm}\cdot\text{s}^{-1}$	安全 可能发生破坏 破坏
3	A. 德沃夏克	$V=1.0\sim3.0\ \text{cm}\cdot\text{s}^{-1}$ $V=3.0\sim6.1\ \text{cm}\cdot\text{s}^{-1}$ $V>6.1\ \text{cm}\cdot\text{s}^{-1}$	开始出现细小裂缝 抹灰脱落，出现细小裂缝 抹灰脱落，出现大裂缝
4	美国矿务局	$a<0.1\ \text{g}$ $0.1\ \text{g}<a<1\ \text{g}$ $a>1\ \text{g}$	无破坏 轻微破坏 破坏
5	M.A. 萨道夫斯基	$V<10\ \text{cm}\cdot\text{s}^{-1}$	安全

表 9.19　振动速度的大小和破坏程度之间的关系

振动速度/$\text{cm}\cdot\text{s}^{-1}$	破坏程度
0.5	几乎无破坏
1.0	可能发生轻微的破坏
5.0	产生较大破坏
10.0	产生非常大的破坏

注：本表由班尼克(Banik)提供。

表 9.20　砖式建筑物和构筑物的破坏与地面最大振速的关系

砖式建筑物和构筑物的破坏状况	地面最大振速/$\text{cm}\cdot\text{s}^{-1}$	
	Ⅰ	Ⅱ
抹灰中有细裂缝，掉白粉；原有裂缝有发展，掉小块抹灰	0.75～1.5	1.5～3
抹灰中有裂缝，抹灰成块掉落，墙和墙中间有裂缝	1.5～6	3～6
抹灰中有裂缝并破坏，墙上有裂缝，墙间联系破坏	6～25	6～12
墙壁中形成大裂缝，抹灰有大量破坏，砌体分离	25～37	12～24
建筑物严重破坏，构件联系破坏，柱和支承墙间有裂缝，屋檐、墙可能倒塌，不太好的新老建筑物破坏	37～60	24～28

注：Ⅰ—按 А. В. Сафонов 等人的资料；Ⅱ—按 С. В. Медведев 的资料。

资料来源：《露天大爆破》编写组．露天大爆破[M]．北京：冶金工业出版社，1979．

9.3.3 爆破振动破坏判据的影响因素

越来越多的爆破地震效应观测资料分析表明，建（构）筑物的地震破坏不但取决于爆破地震波的幅值，而且还与爆破地震波的频谱和持续时间，建（构）筑物的动力特性以及地基基础状况等有关。因此，了解爆破地震波的特性对建（构）筑物的破坏形式的影响，对于爆破振动的安全评估、安全校核，以及应采取的降振或防护加固措施都是必需的。

9.3.3.1 频谱与振动持续时间的影响

观测表明，很多情况虽然质点峰值振速超过了现行安全标准，但爆破地震并未对建筑物造成威胁。美国矿业局通过实际观察发现，虽然许多爆破引起的地面最大振速超过 5.08 cm · s^{-1}，但对建筑物没有造成任何损害。国外其他一些研究人员也测试了上百个无损伤的爆破，有的振速甚至超过 5.08 cm · s^{-1}。许多例子证明，振动波频率成分分散或主频较高时，振动幅值超标而未出现工程问题；而产生工程问题时，正是由于爆破地震频率成分分布集中在接近或包含结构体或子结构体固有频率的时候。

我们知道，重复振动容易引起结构的疲劳破坏。美国矿务局的研究表明，如果振动速度大大低于其疲劳损伤的临界振动速度，无论振动时间多长均不会出现损伤，在爆破引起的地面振速为 2.54 cm · s^{-1}时，建筑物的裂缝率开始随爆破次数而上升。分段爆破降低了爆破地震波的幅值，但延长了振动的持续时间。由此可见，结构和被保护物的破坏不但与爆破地震波的波幅值有关，而且与爆破地震波的能量有关，爆破地震波的频率和持续时间在其中起着重要作用。为了反映能量的作用，英国人 F. J. Grandell（克伦道尔）还引出了能量比 E_R 作为破坏判据，能量比的原始定义是：

$$E_R = 10.8\left(\frac{\boldsymbol{A}}{\boldsymbol{F}}\right)^2 \tag{9.33}$$

式中，A—振动加速度，m · s^{-2}；

F—振动频率，Hz。

当 $E_R \leqslant 20$ 时，建筑物安全；$20 < E_R \leqslant 40$ 时，某些旧建筑物出现轻微破坏；$E_R > 40$ 时，建筑物遭受破坏。

美国人狄克曼提出，在不同的频段，宜用不同的物理量来作为破坏判据，当频率为 0～5 Hz 时，用加速度判断为宜；频率为 5～40 Hz 时，用速度判断为宜；频率在 40 Hz 以上时，用位移判断为宜。

因此，在确立安全判据时，应结合结构和被保护物的固有频率考虑爆破地震波主振频率，在主振频率远离结构和被保护物固有频率的情况下，可适当放宽地震波波幅值峰值的限制。同样，结合爆破规模考虑地震波的持续时间，爆破规模不大时可允许放宽对持续时间的限制。

9.3.3.2　建筑物的动力特性的影响

从振动的角度来看，建筑物是复杂的结构系统，严格地说，需要用一系列的参数来说明它的动力特性。在抗震问题中，通常只选用周期和阻尼这两个关系重大而且易于计算或实测的动力参数来表示。除了基本振动型以外，建筑物还有周期比较短的振动，称为第二振型、第三振型等，它们也各有一定的周期和阻尼。显然，对于不同的建(构)筑物，如房屋、烟囱、桥梁、堤坝、隧道等，其动力特性是不同的。

由于利用加速度便于进行建筑物的爆破地震荷载的换算和进行应力分析，而且，加速度与建筑结构破坏有一定的相关性，因此，早期一些国家(如美国)采用加速度作为衡量地震动强度的标准。

在进行重复性爆破时，英国矿山采用最大振幅 A(mm)作为安全极限，得出的经验公式为：

$$A = \frac{K\sqrt{Q}}{10R} \tag{9.34}$$

式中：Q—炸药量，kg；

R—离爆源距离，m；

K—地基系数，对坚硬岩石，$K=11$；对潮湿黏土，$K=33$。

对最不坚固的一般建筑物和房屋，允许 $A=0.2$ mm；对建筑物和工厂允许较小的损坏时，$A=0.4$ mm。

上述爆破振动的破坏判据，可供工程安全设计时参考。针对不同的建(构)筑物，是采用振动速度，还是采用振动加速度或振动位移来作为安全判据更为合理，乃至进一步采用动力分析取代单一物理振动参数的经验估算法来评定建(构)筑物的爆破地震安全性，还有大量的研究工作可做。

9.3.3.3　表土及建筑物地基基础的影响

关于爆破地震波在不同介质中传播时，其地形、地质条件对振动强度的影响，从公式(9.3)中的系数 K 和衰减指数 α 可以得到反映。由表 9.2 可以看出，不同地质条件对爆破地震的强度与衰减影响是很大的。

这里需要补充说明的是，一些测量表明，爆破地震波的振动强度随离地表的深度迅速衰减，对于相同的 $\rho=\sqrt[3]{Q}/R$ 值，地下的振动强度不足地表强度的 1/10。

国外一些资料指出，地基振动位移的大小大致与地基的特性阻抗(密度和纵波传播速度的乘积)成反比，松软的地基在强烈振动作用下容易变形，引起不均匀下沉，造成建筑物的破坏；坚实土上建筑物的破坏，则主要由于振动力的作用。

对爆破振动影响很大的地基条件中，还有地基中含水的问题。爆破地震波通过大量充水的地基传播，一般振动会加剧，一些研究者指出，在水饱和的地基中产生的振动，等于相同地基处于干燥状态时产生的振动的 2～2.5 倍。

由此可以看出，只有在真正弄清楚爆破地震波的机理及其对不同建筑物的破坏过程基础上，才有可能更准确地提出爆破振动的破坏判据，这还需做大量的理论研究和试验分析。

9.3.4 爆破地震烈度

爆破地震烈度法是评定爆破振动破坏的另一种方法，它以宏观震害为依据，企图以单一参数法与动力法的反应谱分析相结合，沿用天然地震中地震烈度的概念。爆破地震烈度是指爆破时一定地点的地面振动强弱的尺度，是指该地点一定范围内地面振动强度的平均水平。这对于预报爆破地震的影响范围、影响程度及对抗震设计均有实际意义。

9.3.4.1 麦德维捷夫爆破地震烈度表

前苏联科学家 C.B. Медведев（麦德维捷夫）于 1967 年提出的爆破地震烈度表见表 9.21。该表采用周期从 0.15 s 到 0.8 s 范围内反应谱平均值的谱烈度的概念，考虑了地震波谱特性和结构的自振周期等因素，比单一参数法前进了一步。但是从爆破地震反应谱曲线的特性可以看出，该段谱值衰减很快，采用平均值必然会带来较大的误差。加之地震烈度的概念本身并不严格，所以这种方法也是一种粗略的方法。

表 9.21 麦德维捷夫爆破地震烈度表

烈度 I（度）	振动的特征	地面最大速度 $\bar{V}_{max}/cm \cdot s^{-1}$	谱烈度 $S/cm \cdot s^{-1}$	折算距离 $r/m \cdot kg^{-1/3}$
1	只有仪器才能记录到振动	<0.2	≤0.2	>100
2	在静止状态下有时感觉到振动	0.2～0.4	0.3～0.6	63～100
3	一些人或知道有爆破的人感觉到振动	0.4～0.8	0.6～1.2	40～63
4	许多人注意到振动；窗户玻璃发出声响	0.8～1.5	1.2～2.5	25～40
5	粉刷的灰粉散落；欲倒塌的房屋破坏	1.5～3.0	2.5～5.0	16～25
6	抹灰层有细小裂缝；歪的房屋破坏	3.0～6.0	5.0～10.0	10～16
7	处于良好状态的房屋破坏，如抹灰层开裂，抹灰层成片掉落，墙上有细小裂缝，炉壁和烟囱开裂	6.0～12.0	10.0～20.0	6.3～10
8	房屋严重破坏、如承重结构的墙开裂，隔板大裂，烟囱和抹灰层掉落	12.0～24.0	20.0～40.0	4.0～6.3
9	房屋毁坏、即墙大裂、砖石剥落，墙局部倒下	24.0～48.0	40.0～80.0	2.5～4.0
10～12	房屋大量毁坏和倒塌	>48.0	>80.0	<2.5

表中数据适用于中等的场地条件，以及进行露天开采的爆破。$\bar{V}_{max}$ 为爆破地面振动最大速度的平均值。质点沿径向的最大振动速度可由下式表示：

$$V_{max} = K\sqrt{\frac{g}{\rho\tau c}}r^{-1.5} \tag{9.35}$$

式中：V_{max}—径向分量的最大速度，$cm \cdot s^{-1}$；

K— 与场地有关的经验系数，$K = 7.5 \times 10^4$ cm；

ρ— 观测点土壤的容重，$kg \cdot m^{-3}$；

g— 重力加速度，$m \cdot s^{-2}$；

τ— 地面振动周期，s；

c— 地震波的传播速度，$m \cdot s^{-1}$；

r—折算距离，$r = R/\sqrt[3]{Q}$，$m \cdot kg^{-1/3}$，R 为测点至爆心的距离，Q 为炸药量。

谱烈度 S 表示在爆破地震动作用下，一般建筑物的周期从 $T_1 = 0.15$ s 至 $T_2 = 0.8$ s，阻尼比为 0.05 的范围内，结构反应的平均水平。可用速度反应谱曲线上相应面积的平均值表示，即：

$$S = \frac{1}{T_2 - T_1}\int_{T_1}^{T_2} S_v(T,D)\mathrm{d}T \tag{9.36}$$

谱烈度 S，地面最大速度平均值 V_{max}，爆破地震烈度 I 和折算距离 r 之间的关系，可由下式表示：

$$11 - 5\lg r \leqslant I \leqslant 12 - 5\lg r \tag{9.37}$$

$$S = 315r^{-1.5} \tag{9.38}$$

$$\overline{V}_{max} = 190r^{-1.5} \tag{9.39}$$

9.3.4.2　顾毅成爆破地震烈度表

顾毅成 1977 年提出的爆破地震烈度表，如表 9.22 所示。这是在我国许多部门对大爆破地震效应进行了宏观调查、仪器观测及研究的基础上，分析汇总有关资料而提出的。

1. 大爆破地震烈度表

表 9.22　顾毅成大爆破地震烈度表

烈度等级	烈度名称	地面运动垂直最大速度 /$cm \cdot s^{-1}$	破坏现象描述			地面运动垂直最大加速度 /$cm \cdot s^{-2}$（参考值）
			建筑物和结构物	地表现象	人的感觉	
Ⅰ	微震	<2.5	无损坏	无	一般人都能感到地动	<25
Ⅱ	弱震	2.5～5.0	简易房屋轻微损坏	高陡边坡上碎石、砾石土少量塌落	感到强烈的地动	25～50

续表 9.22

烈度等级	烈度名称	地面运动垂直最大速度 /cm·s^{-1}	破坏现象描述			地面运动垂直最大加速度 /cm·s^{-2}（参考值）
			建筑物和结构物	地表现象	人的感觉	
Ⅲ	中强震	5.0～10	简易房屋损坏，一般房屋轻微损坏。地下坑道二帮松动小石块少量震落	陡坡上弧石、悬石位移、滚落。覆盖层中出现小裂隙，堆积层与基岩交界处产生裂纹	地动剧烈，甚至使人跳离地面	50～100
Ⅳ	强震	10～25	简易房屋破坏，一般房屋损坏。砂浆地面出现裂纹。地下坑道局部塌方，涵洞伸缩缝，地下管道接头可能轻微变位	土夹石边坡有较多的塌方，岩石边坡个别塌落。沙土、弃石渣开始坍溜。地表出现裂缝，临空面处岩石原有裂隙扩张，节理面轻微错动	极其剧烈的地动，人不能站稳	100～250
Ⅴ	破坏震	25～50	建筑物破坏和严重破坏。地下坑道顶板落石，塌方甚多。涵洞、地下管道可能挤压变形。混凝土结构物产生开裂	土夹石边坡大量坍塌，岩石边坡少量塌方。地表有较多的裂缝，靠近陡坎处出现大裂缝，公路路面局部破坏，岩石顺层理、节理面错动、张开、挤压		250～500
Ⅵ	毁坏震	＞50	建筑物严重破坏。地下坑道严重塌方，甚至震垮堵死。涵洞、地下管道毁坏。混凝土结构物出现破坏	顺层理面大块岩体可能崩落。地表割裂，有很多大裂缝。公路严重破坏。基岩露头产生裂纹，部分岩石破碎，大块坚石位移		＞500

注：本表根据大量爆破工程的调查和观测资料编制。所谓大量爆破，是指硐室药包法，一次爆破的总装药量在1 t以上。本表不包括隧道爆破、深孔爆破、水下爆破、控制爆破和其他类型爆破的地震效应及地震烈度评价标准。

大爆破地震烈度表在编制方法上，吸收了新中国（天然）地震烈度表的长处，采用表格形式，以对比具体现象，评定地震烈度。在现象分类和破坏程度的定义上，参考了新中国地震烈度表，由于大爆破地震影响范围相当狭窄，即使是万吨级的工程爆破，弱震的范围也只不过方圆几公里，因此，大爆破地震烈度表不采用天然地震烈度表的十二度分度法，而采用六度分度法，不仅简单、实用，也强调了它们二者的区别；根据工程的需要，突出大爆破工地周围常见的和关心的建筑物、道路、地下坑道、桥涵、边坡等的破坏程度作为评价烈度的依据。

大爆破地震烈度表以地表运动的垂直最大速度值为评价地震烈度的力学当量,并使各烈度所对应的速度值互成一比值为2的几何级数。不建立地面运动的垂直最大速度与地面运动的垂直最大加速度间的对应关系,但根据实测资料,附有对应烈度下的地面运动的垂直最大加速度值,作为参考。

2. 关于大爆破地震烈度表的说明

(1) 关于本表的使用范围

本表列举的破坏现象仅仅是针对大爆破地震效应而论的。当综合考虑和研究一个大爆破工点的安全情况时,还应当充分考虑空气冲击波、飞石和其他因素可能造成的危害。

对大爆破工地周围的特殊建筑物,如高大的烟囱、水塔,特殊建筑或有精密仪表的厂房,输电线,文物保护区等,其大爆破地震烈度评价标准,应按照实际情况进行专门的研究和分析。

(2) 关于破坏现象的解释

本表在确定作为评价地震烈度的宏观破坏现象时,是以我国大爆破工程工地周围常见的建筑物、构筑物和地表现象为主要依据的。根据调查资料,对各类情况分述如下。

① 建筑物及其分类。表中引用的建筑物都是没有抗震措施的。坚固程度一般以结构型式、材料强度、基础条件等为主要依据。我国大爆破工程工地的建筑物大致可分为如下两类,即简易房屋和一般房屋。简易房屋为施工需要建筑的临时工棚、房屋。没有正规的木屋架,也没有正规的地基基础,有的用干砌片石做基础,夯土墙,或用低级灰浆砌筑的土坯墙。旧社会所遗留的山区居民的老式房屋也属此类。一般房屋有地基基础,屋架,一般为砖石墙壁,水泥砂浆地面,单层结构。二层以上楼房在工地周围比较罕见。南方特有的竹笆或灰板条外墙,有木架的房屋,虽然简陋,但抗震性能好,也属此类。

② 建筑物的破坏程度分为四级。轻微损坏指泥顶棚、抹灰墙局部掉灰,抹灰层上有细小裂缝或小块剥落。偶有砖、瓦、土坯或灰浆碎块等坠落。损坏指抹灰层上有裂缝;砌体上有小裂缝,不同砌体间产生裂缝;简易烟囱局部变位或损伤。破坏指抹灰层大片崩落;砌体裂开大缝或破裂,局部倒塌;木屋架局部位移;部分屋顶破坏;简易烟囱倒塌。严重破坏指建筑物的全部或相当大部分的墙壁、屋顶倒塌;木屋架显著倾斜、构件折断。

③ 构筑物及其分类。我国大爆破工程工地周围常见的构筑物有道路、公路、路堤;地下坑道;涵洞和地下管道;混凝土构筑物(如桥墩)等。

道路、公路和路堤中主要是施工便道,正式公路较少见。破坏形式包括两种,一是边坡大量塌方,引起道路堵塞;二是路面严重开裂、错动。

常见地下坑道的洞径为2~6 m,有的位于药包的同高程(如铁路隧道、运输巷道），有的位于药包的下部（如导流隧洞），一般未做衬砌。破坏程度可分个别掉块落石，局部塌方，严重塌方，震垮堵死。对于隧道，主要破坏为硐门塌方，个别也有因施工质量不好引起拱顶部分变位的。

涵洞分已复埋的和未复埋的。涵洞和地下管道的抗震性能好，但在特殊情况下，如涵洞位于淤泥层中，由于地震作用及大量落石的单侧挤压，引起涵洞严重变形受到破坏的实例也发生过。

混凝土构筑物（如桥墩）如位于铁道大爆破工程工地两侧的桥墩（台），由于爆破设计对其安全的重视及采取了必要的措施，尚未见到损害的实例。目前只能记录到混凝土开裂破坏的数据，编入表中予以参考。

还应说明，建筑物和构筑物的地基基础和施工质量，对其破坏程度影响甚大，这里叙述的都是一般条件下的破坏程度。如有特殊情况，则另当别论。

④ 地表现象。地表现象是大爆破地震效应显著的特点，也是评价大爆破地震烈度的重要标志。根据大爆破工程工地周围地表的常见状况，本表主要从边坡、覆盖层、基岩三个角度来描述不同烈度下地表的破坏现象。

边坡的破坏程度，是以碎石、砾石土少量塌落、孤石、悬石位移，滚落、塌方和大块岩体崩塌来区分的。所谓个别或局部塌方，是指原为不够稳定的边坡或应力集中处（如拐角），个别或局部发生几方以内的坍塌；所谓较多的塌方，是指沿边坡连续的出现塌方，或是集中在某地段，但塌方数量较大，几十方乃至几百方。

对于覆盖层和岩石的破坏程度，常以裂隙（或裂纹），裂缝，大裂缝来表征。它们是土和岩石残余变形中最常见的现象。目前，尚无严格的数量概念对它们予以定义。在本表中，把宽度小于 2～3 mm 的开裂称之裂隙（或裂纹），宽度 3～10 mm 的开裂称之裂缝，宽度大于 10 mm 的称大裂缝。大爆破地震效应在某些场合所产生的大裂缝，宽度可达 20 cm 以上，深度在 1 m 以上。

⑤ 人的感觉。本表列举了人对大爆破地震效应的感受。这样，有助于参加爆破工作的人员根据自己的直观感受判断大爆破地震烈度。

应当指出，大爆破工点周围小地形的变化，如断层、沟谷、小山包、临空面等，对爆破地震烈度的影响是显著的。药包布置和爆破参数的变化也会引起烈度范围差异。

3. 大爆破地震烈度表应用的可能性

编制大爆破地震烈度表的目的，是依照大爆破地震烈度表，根据大爆破地震波的衰减规律，建立爆破地震效应的烈度场，在爆破工点平面图上绘出等烈度线，从而比较清晰地勾画出爆破地震效应可能产生的破坏现象及其范围，相应地采取各种设防或其他措施。同时，也可以通过大爆破后对工点周围破坏状况的宏观调查，在爆破工点平面图上绘出等烈度线，从而定性地判断地震波的衰减情况，以进行有关必要的分析论证。

当前，我们通过大量实践，已经积累了大量不同地质和爆破条件下地震波衰减规律的经验公式，并且对地形、地质，药包分布等对衰减规律的影响也有了较为丰富的感性和理性认识，而对于重大爆破工程，还可以通过现场小型试验，进一步确定地震波的衰减规律，因此，应用大爆破地震烈度表，在硐室爆破设计中给出地震烈度场，是有可能的。

9.3.4.3 大爆破地震烈度表和天然地震烈度表的对比

人们对天然地震的研究是很早的。从 16 世纪中叶起至今，各国学者先后编制、修订了近百种天然地震烈表，我国地球物理研究所在 1956 年编制了新的中国地震烈度表，工程力学研究所在 1980 年对此进行修订，以此为基础在 1999 年以 GB/T 17742-1999 颁发了中国地震烈度表(见表 9.23)，该表采用 12 等级的地震烈度划分，规定了地震烈度从Ⅰ度到Ⅻ度的在地面上人的感觉、房屋震害程度、其他震害现象、水平向地面峰值加速度、峰值速度的评定指标和使用说明，适用于地震烈度评定。在评定烈度时，Ⅰ～Ⅴ度以地面上人的感觉及其他震害现象为主；Ⅵ～Ⅹ度以房屋震害和其他震害现象综合考虑为主，人的感觉仅供参考；Ⅺ～Ⅻ度以地表震害现象为主。

表 9.23 中国地震烈度表

烈度	在地面上人的感觉	房屋震害程度		其他震害现象	水平向地面运动	
		震害现象	平均震害指数		峰值加速度 /m·s^{-2}	峰值速度 /m·s^{-1}
Ⅰ	无感					
Ⅱ	室内个别静止中人有感觉					
Ⅲ	室内少数静止中人有感觉	门、窗轻微作响		悬挂物微动		
Ⅳ	室内多数人、室外少数人有感觉，少数人梦中惊醒	门、窗作响		悬挂物明显摆动，器皿作响		
Ⅴ	室内普遍、室外多数人有感觉，多数人梦中惊醒	门窗、屋顶、屋架颤动作响，灰土掉落，抹灰出现微细裂缝，有檐瓦掉落，个别屋顶烟囱掉砖		不稳定器物摇动或翻倒	0.31 (0.22～0.44)	0.03 (0.02～0.04)
Ⅵ	多数人站立不稳，少数人惊逃户外	损坏，即墙体出现裂缝，檐瓦掉落，少数屋顶烟囱裂缝、掉落	0～0.10	河岸和松软土出现裂缝，饱和砂层出现喷沙冒水；有的独立砖烟囱轻度裂缝	0.63 (0.45～0.89)	0.06 (0.05～0.09)

续表 9.23

烈度	在地面上人的感觉	房屋震害程度		其他震害现象	水平向地面运动	
		震害现象	平均震害指数		峰值加速度 /m·s^{-2}	峰值速度 /m·s^{-1}
Ⅶ	大多数人惊逃户外，骑自行车的人有感觉，行驶中的汽车驾乘人员有感觉	轻度破坏，即局部破坏，开裂，小修或不需要修理可继续使用	0.11～0.30	河岸出现坍方；饱和砂层常见喷沙冒水，松软土地上地裂缝较多，大多数独立砖烟囱中等破坏	1.25 (0.90～1.77)	0.13 (0.10～0.18)
Ⅷ	多数人摇晃颠簸，行走困难	中等破坏，即结构破坏，需要修复才能使用	0.31～0.50	干硬土上亦出现裂缝；大多数独立砖烟囱严重破坏；树梢折断；房屋破坏导致人畜伤亡	2.50 (1.78～3.53)	0.25 (0.19～0.35)
Ⅸ	行动的人摔倒	严重破坏，即结构严重破坏，局部倒塌，修复困难	0.51～0.70	干硬土上出现许多地方有裂缝；基岩可能出现裂缝、错动；滑破坍方常见；独立砖烟囱许多倒塌	5.00 (3.54～7.07)	0.50 (0.36～0.71)
Ⅹ	骑自行的人会摔倒，处不稳状态的人会摔离原地，有抛起感	大多数倒塌	0.71～0.90	山崩和地震断裂出现；基岩上拱桥破坏；大多数独立砖烟囱从根部破坏或倒毁	10.00 (7.08～14.14)	1.00 (0.72～1.41)
Ⅺ		普遍倒塌	0.91～1.00	地震断裂延续很长；大量山崩滑破		
Ⅻ				地面剧烈变化，山河改观		

注：对于表中的数量词，"个别"为10%以下；"少数"为10%～15%；"多数"为50%～70%；"大多数"为70%～90%；"普遍"为90%以上。震害指数是将房屋震害程度用数字来表示，通常以"1.00"表示全部倒塌，以"0"表示完好无损，中间按需要划分若干震害等级，用0～1.00之间的适当的数字来表示。

如前所述，大爆破地震效应，在其震源机制，震源深度，地震持续时间，主震频率，振动强度衰减情况，受震范围等许多方面，都不同于天然地震，按照天然地震烈度表评价大爆破地震烈度，不能符合客观实际，往往会得出错误的结论。为了使对天然地震比较熟悉的人对大爆破地震烈度对应的破坏现象和力学当量有所对比，表9.24和表9.25分别就破坏现象及力学当量对两者进行了比较。

表 9.24　在破坏现象上，大爆破地震烈度表与中国地震烈度表的对比

大爆破地震烈度表 （以表 9.22 的烈度等级）	天然地震烈度表 （以中国地震烈度表的等级）
1（微震）	Ⅰ～Ⅳ
2（弱震）	Ⅴ～Ⅵ
3（中强震）	Ⅵ～Ⅶ
4（强震）	Ⅶ～Ⅷ
5（破坏震）	Ⅸ～Ⅹ
6（毁坏震）	Ⅺ～Ⅻ

表 9.25　在力学当量上，大爆破地震烈度表与中国地震烈度表的对比

大爆破地震烈度表			中国地震烈度表		
烈度	垂直向地面运动		烈度	水平向地面运动	
	最大速度 /cm·s^{-1}	最大加速度 /m·s^{-2}（参考值）		峰值速度 /cm·s^{-1}	峰值加速度 /m·s^{-2}
1	<2.5	<0.25	Ⅴ	3.0(2.0～4.0)	0.31(0.22～0.44)
2	2.5～5.0	0.25～0.50	Ⅵ	6.0(5.0～9.0)	0.63(0.45～0.89)
3	5.0～10	0.50～1.0	Ⅶ	13(10.0～18.0)	1.25(0.90～1.77)
4	10～25	1.0～2.5	Ⅷ	25(19.0～35.0)	2.50(1.78～3.53)
5	25～50	2.5～5.0	Ⅸ	50(36.0～71.0)	5.00(3.54～7.07)
6	50～100	5.0～10	Ⅹ	100(72.0～141.0)	10.00(7.08～14.14)

上列二表说明，对比中国地震烈度表与大爆破地震烈度表，它们在破坏现象和力学当量上，不能建立统一的对应关系，可以看出，对应于同等程度的破坏现象，爆破地震烈度的力学当量比天然地震要大。这正说明了，爆破地震对天然地震，具有震源能量小，震源浅，振动时间短，衰减快，影响范围小的特点，因而，对相同地面振动的力学当量，爆破地震的破坏力要小得多。因此，借用天然地震烈度来阐述大爆破地震效应，是不适宜的，有时会得出错误的结论。

9.3.5　爆破振动安全允许值

9.3.5.1　我国爆破安全规程的规定

爆破振动安全允许标准，对于评估爆破地震作用下建(构)筑物的安全影响，具有实际意义。

我国爆破安全规程规定，地面建筑物的爆破振动判据，采用保护对象所在地质点峰值振动速度和主振频率；水工隧道、交通隧道、矿山巷道、电站(厂)中心控制室设备、新浇大体积混凝土的爆破振动判据，采用保护对象所在地质点峰值振动速度。安全允许标准如表 9.26 所示。

表 9.26　爆破振动安全允许标准

序号	保护对象类别	安全允许振速/cm·s⁻¹		
		<10Hz	(10～50)Hz	(50～100)Hz
1	土窑洞、土坯房、毛石房屋	0.5～1.0	0.7～1.2	1.1～1.5
2	一般砖房、非抗震的大型砖块建筑物	2.0～2.5	2.3～2.8	2.7～3.0
3	钢筋混凝土结构房屋	3.0～4.0	3.5～4.5	4.2～5.0
4	一般古建筑与古迹	0.1～0.3	0.2～0.4	0.3～0.5
5	水工隧道	7～15		
6	交通隧道	10～20		
7	矿山巷道	15～30		
8	水电站及发电厂中心控制室设备	0.5		
9	新浇大体积混凝土 龄期：初凝～3 天 龄期：3～7 天 龄期：7～28 天	 2.0～3.0 3.0～7.0 7.0～12		

注：① 表列频率为主振动频率，系指最大振幅所对应波的频率。

② 频率范围可根据类似工程或现场实测波形选取。选取频率时亦可参照下列数据：硐室爆破<20 Hz；深孔爆破 10～60 Hz；浅孔爆破 40～100 Hz。

③ 选取建筑物安全允许振速时，应综合考虑建筑物的重要性、建筑质量、新旧程度、自振频率、地基条件等因素。

④ 省级以上(含省级)重点保护古建筑与古迹的安全允许振速，应经专家论证选取，并报相应文物管理部门批准。

⑤ 选取隧道、巷道安全允许振速时，应综合考虑构筑物的重要性、围岩状况、断面大小、埋深大小、爆源方向、地震振动频率等因素。

⑥ 非挡水新浇大体积混凝土的安全允许振速，可按本表给出的上限值选取。

9.3.5.2　对爆破安全规程规定的解读

随着爆破技术的深入研究，人们发现，采用单一质点振动速度作为安全判据的唯一指标也有许多不妥之处，因此，修订后的我国爆破安全规程采用质点峰值振动速度和对应频率(简称振速和频率)作为安全判据的指标。

(1) 采用振速－频率作为表示振动强度指标的必要性

我们在爆破工程中有时发现，在其他条件相同时，距爆源近的建筑物，未受爆破振动破坏，而距爆源远的却遭受了破坏。这是因为爆源近区爆破地震波频率高，远区虽然振幅下降，但频率也降低，加之建（构）筑物种类繁多，结构各异，在爆破地震作用下，其动力影响也是不一样的，当地震波的主频率接近结构本身的固有频率时，由于共振作用，有可能造成有的建筑物受损。因此，仅用振动速度衡量爆破地震波对建筑物的危害程度是不完善的，采用速度－频率作为地震强度指标是势在必行，国外一些国家在制定其安全标准时已依据不同的爆破振动频率提出了不同的安全标准。图 9.6 和图 9.7 分别为美国、德国的有关标准，表 9.27 和表 9.28 分别为瑞士、印度的有关标准。

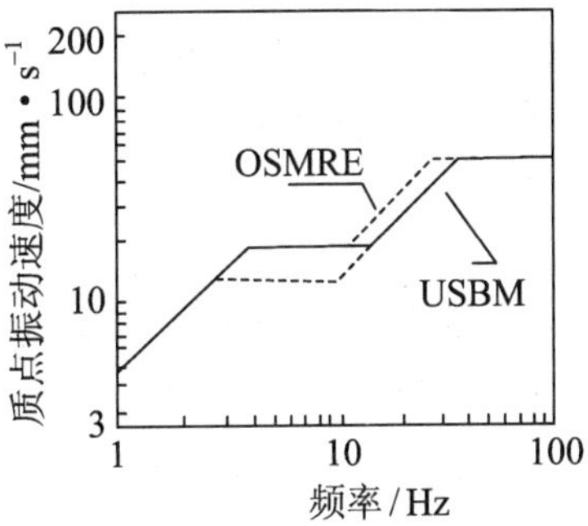

图 9.6　美国爆破振动标准

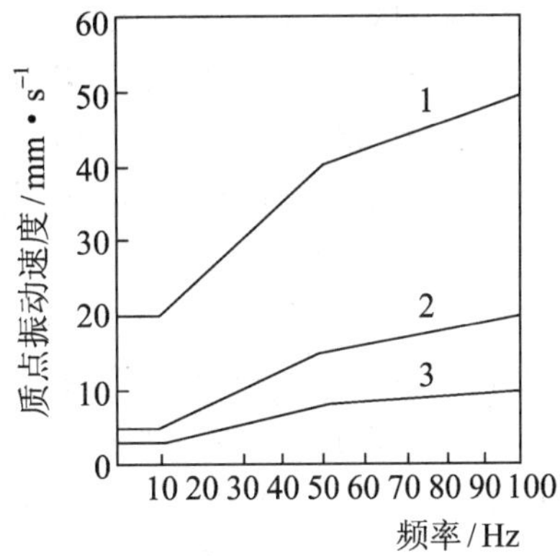

图 9.7　DIN4150 爆破振动安全标准

1—工业及商业建筑；2—民用建筑；3—重点保护建筑

表 9.27　瑞士标准

建筑物类型	质点振动合速度/$mm\cdot s^{-1}$	
	(10～60)Hz	(60～90)Hz
钢结构、钢筋混凝土结构	30	30～40
砖混结构	18	18～25
砖石墙体、木阁楼	12	12～18
历史性敏感性建筑	8	8～12

表 9.28　印度标准

建筑物类型	质点振动合速度/$mm\cdot s^{-1}$	
	＜24 Hz	＞24 Hz
一般民房	5.0	10.0
工业建筑	12.5	25.0
古建筑物	2.0	5.0

(2) 制定我国爆破振动安全允许标准时，根据保护对象类别不同，采取不同的方法

对建筑物，采用保护对象所在地质点峰值振动速度和主振频率两个指标；对水工隧道、交通隧道、矿山巷道、电站(厂)中心控制设备、新浇大体积混凝土的爆破振动判据，则只采用保护对象所在地质点峰值振动单一指标。应该说这是比较合理的。

国内外大量实测资料表明，爆破地震波频率因爆破方法不同而异，集中药包爆破时，频率较低；浅孔爆破时，频率较高。对应不同频率，建筑物的破坏标准(或安全标准)也有区别，爆破安全规程考虑到这一事实，将频率段的划分为<10 Hz，10～50 Hz，50～100 Hz 三个区段，各频率段内，安全允许振速的划分是在原《爆破安全规程(GB 6722-86)》的基础上稍加调整。这样划分既体现了随频率增大，安全允许振速适当提高，又保持了原《爆破安全规程》的基本点，不同频率振速值有所交叉也是工程实际的反映。

(3) 关于不同爆破方法振动频率的选取

目前国内外尚无一个被普遍接受的振动频率计算公式。根据经验数据或实测数据，不同爆破方法的地震动频率范围有所差异，硐室爆破的地震动频率范围为<20 Hz，深孔爆破为 10～60 Hz，浅孔爆破为 40～100 Hz。在此基础上，可根据工程实例进一步确认。有条件时，可根据实测数据选取。

9.3.5.3 若干爆破振动安全判据

目前，大多数国家如英国、葡萄牙、加拿大、瑞典、俄罗斯等国都采用振动速度作为地震强度的指标。有的国家则用位移、速度、加速度和频率作为振动安全判据，下面对部分国家和地区的安全判据做一介绍①，以做比较和借鉴。

(1) 美国的爆破振动安全允许判据

美国没有统一的标准，不同行业部门根据对建筑物保护程度不同，制定了不同的安全允许判据。美国矿业局曾采用加速度作为安全允许判据，1962 年公布的 442 号报告将破坏分为三类，即严重破坏(灰泥脱落、严重开裂)，轻微破坏(灰泥有细裂隙，原有裂隙张开)和无破坏。其破坏程度与加速度值列于表 9.29。

表 9.29 破坏程度与加速度关系

建筑物破坏程度	加速度/$m \cdot s^{-2}$
无破坏	<0.1
轻微破坏	0.1～1.0
严重破坏	>1.0

其后确定了质点振动速度的安全判据标准，规定 13.35 $cm \cdot s^{-1}$ 为轻微破坏界

① 汪旭光，于亚伦，刘殿中. 爆破安全规程实施手册[M]. 北京：人民交通出版社，2004：148～154.

限，19.5 cm·s^{-1}为严重破坏界限，而 5 cm·s^{-1}作为安全振速的界限。1971 年美国矿业局的 656 号报告再一次全面论证了将 5 cm·s^{-1}作为安全振速界限是可行的。

（2）英国标准

英国 Ashley 列出不同结构类型允许的最大质点振动速度，见表 9.30。

表 9.30　英国 Ashley 允许振动速度

建筑物类别	安全允许最大振速/mm·s^{-1}
古建筑和历史纪念物	7.5
修缮差的房屋	12
好的居民住宅，商业、工业建筑	25

（3）前苏联爆破手册的规定

表 9.31　不同质量及不同等级的建筑物地基质点允许振动速度(cm·s^{-1})

建筑物特征	Ⅱ级	Ⅲ级	Ⅳ级
质量较好的抗震建筑物	5	7	10
钢筋混凝土或金属骨架无抗震、无残余变形	2	5	7
质量好的砖房，石头房	1.5	3	5
有小裂缝的砖石房和砖混房	1	2	3
有中裂缝的砖石房和砖混房	0.5	1.0	2.0
有大裂缝，内外墙联系破坏的砖石房	0.3	0.5	1.0

注：此表引自前苏联的爆破手册。按用途和状况将建筑物分为四级。Ⅰ级—有历史和建筑史学纪念意义的建筑，极少在其附近实施爆破作业；Ⅱ级—特别重要的工业建筑物（大型车间、管道、井塔、水塔等），聚集人较多的民用建筑（住宅、电影院等）；Ⅲ级—不大于三层的工民建；Ⅳ级—如果发生破坏不致影响人们生活和健康的工民建。

（4）澳大利亚标准

澳大利亚标准（AS2187）将建筑物按其质点振动速度的不同分为三类：① 历史性、纪念性建筑及其他有特殊价值的建筑物，振速 $V<2$ mm·s^{-1}；② 低层的居住建筑或商业建筑，振速 $V<10$ mm·s^{-1}；③ 钢筋混凝土建筑或钢结构的工业或商业建筑，速度 $V<25$ mm·s^{-1}。

（5）葡萄牙标准

葡萄牙 Esfevas 给出安全极限振速如表 9.32 所示。

（6）法国标准

法国规定人口稠密的市区爆破安全振动速度≤10 mm·s^{-1}。

（7）中国香港地区

香港特区政府矿务部经过香港几十个地盘多年来的爆破测振数据，用回归分析方法总结出计算质点最大振速公式：

$$PPV = 644\left(\frac{R}{\sqrt{Q}}\right)^{-1.22}\text{（置信率为 84\%）}\tag{9.40}$$

式中：R—爆源至测点距离，m；

Q—炸药量，kg。

在地铁施工时，质点振动速度控制值为 25 mm·s^{-1}。

表 9.32 葡萄牙 Esfevas 安全极限振速

建筑物类型	峰值质点速度/mm·s^{-1}		
	弱凝聚力松散土壤 $C<1\,000$ m·s^{-1} 碎石混合物 $C<3\,000$ m·s^{-1}	较硬的黏性土壤 $C=1\,000\sim2\,000$ m·s^{-1} 均匀好的砂石 $C=3\,300\sim6\,600$ m·s^{-1}	黏性很强的土壤 $C>2\,000$ m·s^{-1} 岩石 $C>6\,600$ m·s^{-1}
需要特别保护的历史纪念物、医院等重要建筑物	2.5	5	10
一般建筑物	5	10	20
钢筋混凝土建筑	15	30	60

注：C 为传播介质中的纵波速度。

9.3.6 爆破振动对人体的生理效应

不少爆破工地所发生的“扰民”和“民扰”事件，往往是由于爆破振动、噪声对人的骚扰所引起。但是，目前我国尚无爆破振动对人体反应的安全标准。

G. A. 波林格所著《爆炸振动分析》一书中，阐述了人体对机械振动作用下的主要特点为：①整个人体（个别组织和器官也如此）有其自身的自振频率，整个人体的固有频率是，站立时 5～12 Hz，俯卧时 3～4 Hz，坐着时 4～6 Hz。②整个人体的共振大多发生在 1～10 Hz，特别是 4～5 Hz 的亚音频带内，发生于这些频率的共振会降低可感阈和感到讨厌的界限。③性别不同，反应的差别不大；但人与人之间却很不相同。因而只能考虑平均值和仪器反应的标准偏差。④人的灵敏度范围在 0.001 g 以上，频率范围最高可达 1 000 Hz；站立着的人对垂直振动最为敏感；躺卧时对水平振动的灵敏度最高，特别是对垂直于体长方向的振动。

该书提出的振动对人的作用与各种频率时的速度和加速度关系见表 9.33。

表 9.33 振动对人的作用与各种频率时的速度和加速度关系

对人的作用特征	加速度 a/mm·s^{-2} $1<f<10$ Hz	速度 V/mm·s^{-1} $10<f<100$ Hz
无感觉	10	0.16
轻微感觉	10～24	0.16～0.4
较大的感觉	126～400	2.1～6.4
有害的长期谐振动	1 000	16
容许的爆破振动	1 000	16

图 9.8 表示的是振动时人体的感觉和振动的位移振幅以及频率的相互关系，该图系由 Reiher（雷赫）和 Meister（梅斯特）绘制，在研究振动对人体的影响时经常被引用。该图中，用虚线表示振动加速度振幅一定（0.8 $cm \cdot s^{-2}$）时的位移振幅与频率的关系，用点横线表示振动的速度振幅一定（为 0.38 $mm \cdot s^{-1}$）时的位移振幅与频率的关系。但当频率超过 5 Hz 时，用加速度来规定有感界限就有些勉强；对于一般频率高于天然地震的爆破地基振动，其有感界限和速度振幅有密切关系，估计其值大约为 0.38 $mm \cdot s^{-1}$。

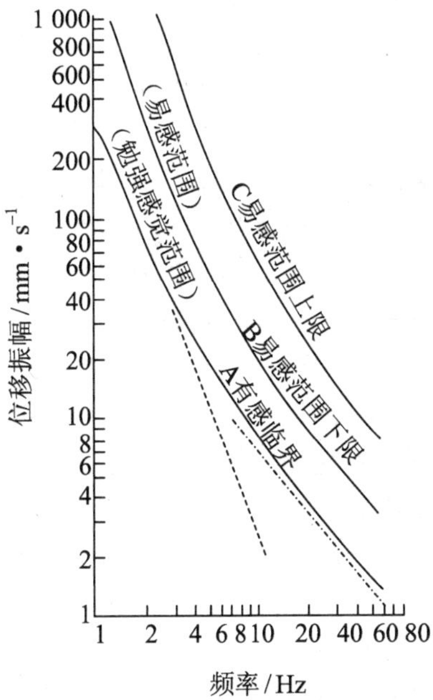

图 9.8　人体振感与振动位移及频率的关系（由雷赫 Reiher 等人提供）

威斯于 1968 年提出了爆破振动时人的反应与地面速度之间的关系，见表 9.34。

表 9.34　威斯提出的爆破振时人的反应与地面速度之间的关系

人的反应	地面速度（$cm \cdot s^{-1}$）
可　　感	0.2～0.5
感到显著	0.5～1.0
不　　适	1.0～2.0
感到骚扰	2.0～3.3
反　　感	3.3～5.0

鉴于爆破振动的持续时间很短，一般不超过 1 s，人对爆破振动反应的安全指标，对于室内无准备的人员建议 $V<0.5\ cm \cdot s^{-1}$，对于室外有准备的人员建议 $V<2.5\ cm \cdot s^{-1}$。

9.4　爆破对周围建（构）筑物及设施的安全影响

9.4.1　建筑物在爆破振动作用下的动力响应

9.4.1.1　爆破振动对建筑物的破坏机理

在爆源近区，爆破地震效应主要以应力波形式传播。结构物和介质直接受爆破应力波的作用，这种作用带有冲击和高频的特性。由于结构自振频率与地震波的主振频率相差甚远，或者由于介质的约束，结构物（如地下建筑或建筑物的基础）不能做自由振动，因而结构的动力反应不大。这种由应力波直接作用产生的破坏机制称为波动机制。因为爆破应力波的衰减很快，作用时间很短，因此对于大体积建筑结构，这种破坏往往是局部的。在爆破工程中这类问题一般采用一维应力波的力学模型，由应力波参量直接核算结构或介质受到的最大应力和应变，并根据结构或介质材料的强度理论进行判断。

在爆破中远区，由于爆破地震波的主振频率相对较低，半波长大于建筑结构的特征尺寸，此时结构物将受到整体振动作用。当地震波频率接近建筑物的自振频率时，建筑物可能产生共振。此时建筑结构的破坏主要由于整体振动时动力反应的放大作用引起。因此，破坏往往发生在建筑物地表以上部分的薄弱部位。

通常认为，周期 0.05～2 s 间的振动对建筑物的危害性最大。总的来说，一定大的加速度，相当大的位移和长时间的连续振动，综合起来造成建筑物的主要破坏，包括结构丧失整体性、主要承重结构强度不足引起的破坏，以及地基失效等。当然，建筑物动力特性，表土及地基状况，也会影响建（构）筑物的破坏，例如刚性结构的周期短，且常与坚实表土卓越周期相近，所以在硬基础上破坏较重，而在地震作用下，由于地基的不均衡下沉，常能导致建筑物的严重破坏。

9.4.1.2 建筑物对爆破地震波响应的动力分析法

动力分析法是基于建筑物在爆破地震波作用下的振动反应，地震波由岩土传递到结构物的基础上，然后再由基础把振动传递到整个结构上，引起建筑物整体振动，从而造成建筑物的变形和破坏。动力分析法分析地震波响应时，常用的计算模型有如下三种。

第一种，假设建筑物基础是刚体，且基础和地基土一起只做水平方向或竖直方向的运动。反应谱理论就是采用这种计算模型。如图 9.9 所示。

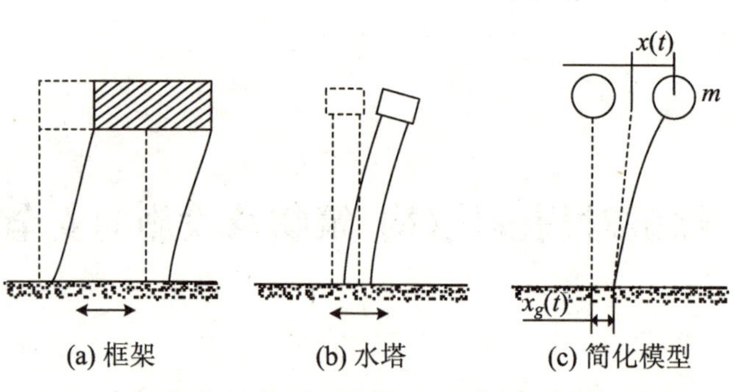

图 9.9 地震波作用下建筑物基础水平运动及其简化模型

第二种，仍假设建筑物基础是刚体，但刚体除了移动外，还有转动（摇摆、扭转），如图 9.10 所示。建筑物的基础在地震波作用发生振动时，基础上各个点的振动轨迹是相似的，所以建筑物基础水平方向不产生相对位移，建筑物各构件的变形是相似的。

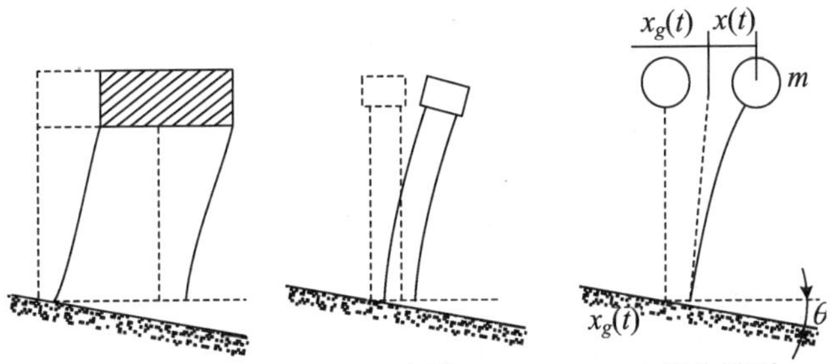

图 9.10　地震波作用下建筑物基础移动和转动及其简化模型

第三种，假设建筑物基础可以变形，基础各个点在地震波作用下的运动可以是不相同，它随地震波质点一起运动，即考虑地震波在基础的传播过程，如图 9.11 所示。

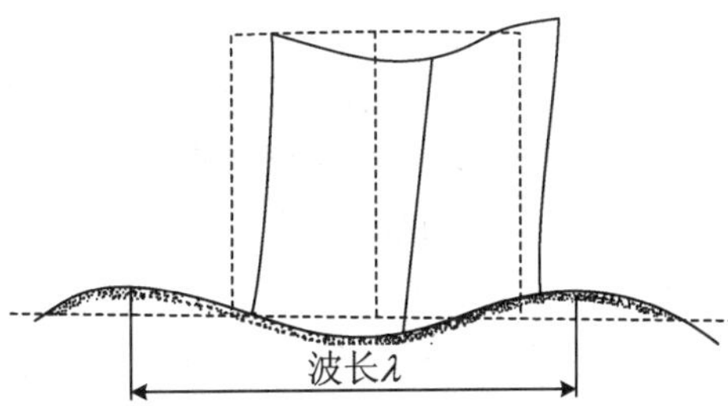

图 9.11　变形建筑物基础随地震波运动模型

第一种模型和第二种模型在本质上是一样的。如果建筑物是支承在一个刚性、整体的基础板上，或者是建筑物的平面尺寸比地震波的波长小得多，则这两种模型与实际情况比较接近。这时地震波对建筑物的效应表现为惯性力作用的结果。

当建筑物的基础并不是刚性的，或者不是整体的，或者基础的平面尺寸与地震波的波长接近时，则应该采用第三种模型。这时地震波对建筑物的效应，表现为惯性力和建筑物基础相对位移(差动)产生的力共同作用的结果。

为研究单质点弹性体系的地震反应，首先建立弹性体系在地震作用下的运动方程。图 9.9 (c)表示弹性体系在地面水平运动分量作用下的运动状态。$x_g(t)$表示地震波引起地面水平位移，是时间 t 的函数，它的变化规律可从爆破地震时地面运动实测记录得到；$x(t)$表示质点相对于地面的相对位移(响应)，也是时间 t 的函数，是待求的未知量。

由此可建立在地震作用下单质点自由度弹性体系运动微分方程，如式(9.41)或式(9.42)。等号右边 $F_g(t)$为地震时地面运动的加速度与弹性体系集中质量 m 的乘积(惯性力)，它相当于地面运动对质点加上一个动载荷 $F_g(t)$，指向与地面运动加速度方向相反，通常称为爆炸地震波等效地震力。地震力是地面运动的惯性力，并非直接作用到弹性体系上的地震载荷。因此，计算结构的地震反应时，必须知道地震时地面运动加速度 $\ddot{x}_g(t)$的变化规律。$\ddot{x}_g(t)$可由爆破时地震波的地面加速度记录获得。

$$\frac{\mathrm{d}^2 x}{\mathrm{d}t^2} + 2\xi\omega_0 \frac{\mathrm{d}x}{\mathrm{d}t} + \omega_0^2 x = \frac{F_g(t)}{m} \tag{9.41}$$

或

$$\frac{\mathrm{d}^2 x}{\mathrm{d}t^2} + 2\xi\omega_0 \frac{\mathrm{d}x}{\mathrm{d}t} + \omega_0^2 x = -\ddot{x}_g(t) \tag{9.42}$$

式中：$\ddot{x}_g(t)$—地面振动加速度，$\mathrm{m \cdot s^{-2}}$；

$x_g(t)$—质点相对于地面的位移，m；

ω_0—弹性体系的固有频率，$\omega_0^2 = k/m$，Hz；

ξ—阻尼比，$\xi = c/c_r = c/(2\sqrt{km}) = c/(2\omega_0 m)$；

c_r—临界阻尼系数，$c_r = 2\sqrt{km}$。

依据爆破地震所获得地面加速度 $\ddot{x}_g(t)$，就可以求得与该系统相应的一个最大加速度反应。这样，如果以系统最大加速度反应为纵坐标，以系统的周期 T 为横坐标，对不同周期和阻尼比的单自由度弹性体系用同一地震波进行计算，就可以得到一系列的最大加速度与周期关系曲线，这种曲线称为质点绝对加速度反应谱。同样可以得到相对位移反应谱和相对速度反应谱。有了反应谱，就可以根据系统的动力特性(如周期)，求出结构受到的最大地震载荷和基础承受的最大剪切力。

由于电子计算机的广泛应用和计算技术的发展，爆破工程中也开始沿用地震工程学中反应谱理论和动力分析法，对爆破地震进行频谱和反应谱分析，计算爆破地震作用时结构的动力反应和结构中产生的应力应变。对于重要的建(构)筑物在爆破振动作用下的安全校核，采用动力分析法是发展趋势。

9.4.1.3 爆破地震波特性对建筑物动力响应的影响

爆破地震波特性可用质点振动的峰值(最大振幅)、频率和持续时间来描述，它们对建筑物动力响应的影响是人们所关注的。下面介绍在做一定简化后，力学分析所给出的一些结果，尽管这些结果是定性的，但对指导工程实践是有意义的。

(1) 地震波频率对建筑物动力响应的影响

设地震波为简谐波且持续时间为无限长，我们知道，在静力 F_{gm} 作用下建筑物的位移为 $x_{jm} = F_{gm}/k$，在地震力 $F_g(t)$ 作用下建筑物的位移 $x(t)$ 幅值为 x_m，它们的比值 $\eta = x_m/x_{jm}$ 称为动力放大系数。

$$\eta = \frac{x_m}{x_{jm}} = \frac{\dfrac{k}{m}}{\sqrt{(\omega_0^2 - \omega^2)^2 + (2\xi\omega\omega_0)^2}} = \frac{1}{\sqrt{(1 - r^2)^2 + 4\xi^2 r^2}} \tag{9.43}$$

式中 $r = \omega/\omega_0$ 为地面振动频率与建筑物固有频率之比，ξ 为阻尼比。动力放大系数与频率比关系示于图 9.12 中，从图中可以看到：①当地表的振动频率比建筑物自振频率大得多，即频率比 $r = \omega/\omega_0 \to \infty$ 时，$\eta \to 0$，这表明在高频地震力作用下，结构振幅很小，爆破地震具有较小的破坏力。②当地表的振动频率比建筑物自振频率小得多，即频率比 $r = \omega/\omega_0 \to 0$ 时，$\eta \to 1$，这相当于静载作用情形。在这种情况下，可以近似地把地震力的幅值看做静载荷来计算结构振幅。③当地表的振动频率与建筑物自振频率接近时，即频率比 $r=\omega/\omega_0\to 1$，η 增加很快，出现共振现象，建筑物振幅达到最大值。这表明当爆破地震频率与建筑物自振频率接近时，爆破地震具有较大的破坏力。因此，建筑(构)物在爆破地震作用下的破坏判据，与振动频率有密切的关系。④由图 9.12 还可以看到阻尼系数对放大系数的最大值影响很大。

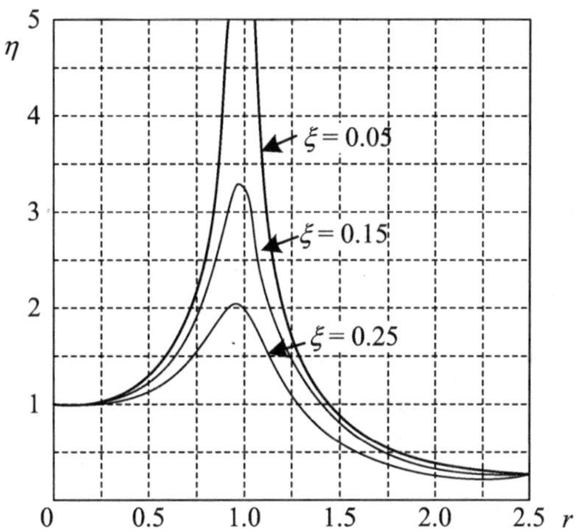

图 9.12 动力放大系数与频率比关系

(2) 爆破地震波波长对建筑物动力响应的影响

不同波长的地震波对建筑物的影响是不同的。当地震波波长比建筑物基础尺寸大得多，或基础为刚性基础时，建筑物的基础在地震波作用下发生振动时，基础上各个点的振动轨迹是相似的，所以建筑物基础不产生相对位移，基础上各构件的变形是一致的，如图 9.9 所示。而当地震波长与建筑物尺寸相当，且结构的基础并不是刚性的，或者不是整体的，建筑物的基础各点在地震波作用下运动是不相同的，基础各个点将发生水平方向差动或竖直方向差动，如图 9.11 所示。

为简化问题，设建筑物为单层厂房，其质量集中于上部，质量块与基础之间用弹簧连接，而弹簧按一定规律沿水平方向分布，爆破地震波为简谐波，它沿地表以定常波速从厂房一端传到另一端，且忽略地表的竖向振动。计算分析表明，当频率比和阻尼比保持不变时，建筑物速度响应随波长变化如图 9.13 所示。由图可见：

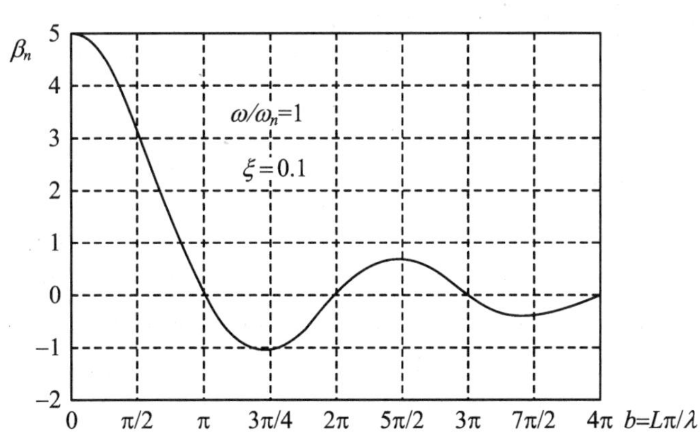

图 9.13 建筑物速度响应随波长变化

①当 $b\to0$ 时($b=L\pi/\lambda$,L 为波长,L 为建筑物长度),$\sin b/b\to1$,这相当于爆破地震波波长比建筑物尺寸大得多的情况,建筑物可以看做单质点。在这种情况下,建筑物振动速度响应与反应谱理论所得到的结果相同。②当地震波波长 λ 比建筑物长度 L 小时,建筑物速度响应较小。反之,地震波波长 λ 比建筑物长度 L 大时,建筑物速度响应较大。③当 $\beta=\pi,2\pi,3\pi,\cdots$时,即建筑物的长度为地震波波长的整数倍时,$\beta_u=0$,即此时建筑物振动速度为零,这是因为地震波引起地面振动的正位移和负位移(简谐振动的正半周和负半周)同时作用在建筑物的基础上,使建筑物处于静止状态。④由于地震波波长为地震波周期与建筑场地地基土波速的乘积,而波速是由地基土性质决定的,所以地震波波长对建筑物动力响应的影响间接反映了地基土对建筑物动力响应的影响。

计算分析还表明,建筑物位移响应最大幅值随着爆破脉冲持续时间 t_+ 增加而增大。

应用这些结果可以解释在工程爆破实践中遇到的一些问题。例如,在爆破实践中常常发现,距爆破点较近居民没有抱怨爆破振动过大,而距爆破点较远处居民却反映爆破振动十分强烈,若用爆破质点振动速度随距离增加而减小的规律来解释,这种现象似乎不可能出现。但事实上,爆破地震波频率随距离增加而降低,远处低频振动更接近房屋的固有频率,房屋可能出现共振响应,所以远处振动效应有可能更强。再如,在靠近建筑物进行爆破时,若按爆破振动速度计算公式估计爆破质点振动的振动值,将大大超过建筑物允许振动速度值,然而建筑物却完整无损,其原因是用小药量爆破时,爆破地震波的频率是很高的,所以地震波引起建筑物振动值并不大。

9.4.2 爆破振动对建(构)筑物的安全影响

9.4.2.1 爆破振动对建筑物安全影响的调查

对于多数爆破工程,人们更为关注的是对周围建(构)筑物的安全影响,首先应做好爆破前后对周围建(构)筑物可能造成爆破震害的安全调查。

建(构)筑物具体震害部位的调查,因建(构)筑物类别不同而异。以下对几种常见建(构)筑物的震害部位做详细的说明。

(1) 多层钢筋混凝土框架厂房的调查

对钢筋混凝土框架和框架一剪力墙结构,应将震害调查的注意点放在砖砌填充墙上,震害为墙体与框架脱开、墙体周边出现裂缝,端墙、窗间墙及门窗洞口边角部分是首先可能产生裂缝的部位。框架的变形为剪切型,下部层间变形最大,故填充墙在中下部几层最易遭受破坏。框架一剪力墙结构的变形接近弯曲型,上部变形大,故上部几层填充墙易遭破坏。

还可注意油毡防潮层处及伸缩缝,由于爆破地震力的作用发生错动而出现裂缝或两侧墙体发生碰撞而造成破坏。

(2) 多层砖房的调查

多层砖房的墙体易发生剪切变形引起的剪切破坏。当外纵墙为自承重墙时,出现外纵墙、窗间墙的剪切破坏,受内横墙顶推而引起外纵墙外闪及酥碎。水平裂缝常见于窗口上下截面及楼(屋)盖水平位置处发生,由于墙角和纵横墙联结处受力比较复杂,容易出现应力集中现象,产生斜裂缝和竖向裂缝。

(3) 单层砖石房屋的调查

其震害主要是山墙以及房屋的其他附属物。应首先注意纵墙、砖垛、山墙有无水平裂缝、斜裂缝或交叉裂缝(见图 9.14)。屋架支座处砖柱(墙)易发生局部破坏,砖缝出现交叉裂缝,门窗过梁上部砌体裂开脱落,沿窗台高度发生水平裂缝。房屋中的附属结构,如屋顶砖烟囱、女儿墙、附墙烟囱等以及山墙,由于与房屋的整体联结差,受力条件不利,容易遭受破坏,施工质量直接影响房屋的抗震能力,砂浆强度、灰缝饱满程度、纵横墙体间及其他构件间的联结质量,都明显地影响房屋的抗震能力。

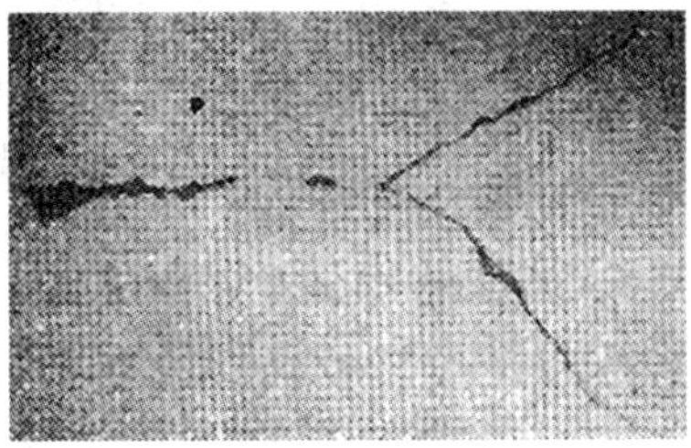

图 9.14　爆破地震造成墙体出现裂缝

(4) 木构架承重房屋的调查

木构架承重房屋一般由细小的立柱支托大梁(即柁),立柱砌入碎砖墙或土坯墙中,立柱与大梁用榫连接,木构架承重房屋的震害主要是墙面裂隙、木架歪斜以及房屋局部倒塌。门窗过梁两端墙体常产生倒八字裂缝或水平和竖向裂缝。

(5) 土窑洞、土坯房的调查

土窑洞的主要震害有两侧拱腿外闪,发生水平裂缝,拱顶开裂,窑洞前脸塌落,洞顶发生裂缝。土坯房是指以土坯墙承重的房屋,其震害主要有纵、横墙连接处的开裂,墙体外闪或倒塌。

(6) 烟囱、水塔的调查

在爆破地震力的作用下,烟囱就受力性质来说,可以归结为剪切应力、竖向应力和弯曲应力的作用,因此调查应注意观察有无水平裂缝,其次是斜裂缝,X 形缝,竖缝和有无扭转变形,砖烟囱的破坏形式与地基场地的好坏也有密切的关系。水塔的震害主要发生在支承结构,且多发生在下部 1/3 高度以内,裂纹形式有水平裂缝、斜裂缝和垂直裂缝多种。

宏观调查的方法是在爆破前后,选择有代表性的保护对象及仪器测试点附近,进行观测描述和记录,方式有文字叙述、画图、照像、录像等,对比爆破前后地震破坏情况。也可设置某些器物观测,例如在墙根设置铁棍等观察爆破后是否倒落。

爆破地震动对周围建(构)筑物的破坏,还应当注意到由于爆破堆积体及被拆除建(构)筑物在解体塌落时,对邻近建(构)筑物的冲击、挤压所造成的破坏,应当注意到地震动可能对附近(包括地下)水、暖、气、管以及电缆、通信线可能造成的破坏,以及由此引起的次生灾害。

9.4.2.2 对建筑物沉降变形的安全监测与控制

对爆破地震效应可能造成建筑物安全影响的工程,为了确保建筑物的安全,在施工过程中,应对建筑物的沉降变形进行安全监测和控制,实施信息化施工,以下简要介绍监测的主要内容和方法。

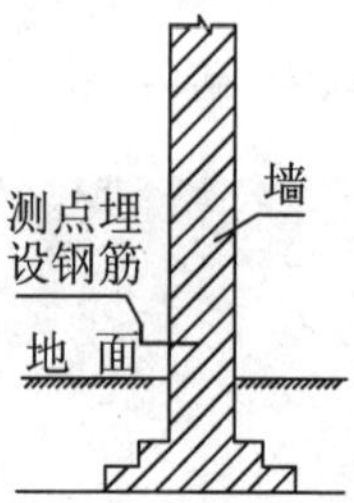

图 9.15 建筑物沉降观测点埋设图

(1) 建筑物的沉降及倾斜量测

爆破前应对建筑物初始状态,包括先期变形、结构裂缝情况进行详细、周密的调查及现场录像拍照,对现场裂缝、破损等情况进行标志和统一编号。建筑物的沉降及倾斜监测方法是先在建筑物上设置基点、基线,测点布置见图 9.15 和图 9.16,建筑物沉降测点在底板上采用水泥钉打入混凝土板内,用砂浆进行保护,钉头露出 3~5 mm,在柱上采用在柱脚打入膨胀螺丝作为测点,监测采用 B20 精密水准仪配测微器进行,仪器精度为 0.05 mm。倾斜测点采用在柱上设红油漆三角形标志,全站仪定位使同一排倾斜测点在一竖直线上,倾斜监测采用全站仪加反射片进行,测设时反射片放于倾斜点上,直接测其坐标或偏角即可求得其倾斜量。

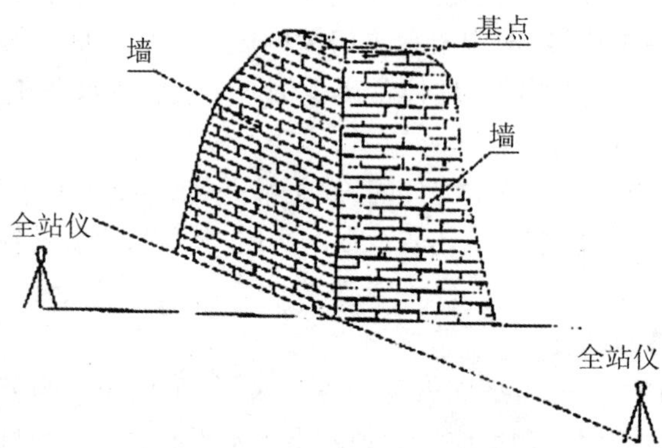

图 9.16 建筑物倾斜测点测设图

监测频率视爆破对建筑物可能影响程度而定,对特别关注阶段可为 2 次/d,其余情况为 1 次/2d,基本稳定时为 1 次/周。

(2) 周围建筑物裂缝观测

在施工前和施工过程中对建筑物已有裂缝应进行观测,裂缝监测采用在裂缝处做金属片标记,其布置见图 9.17。用显微镜测缝仪量取裂缝变位值,频率根据裂缝发展情况可为 1 次/2d。

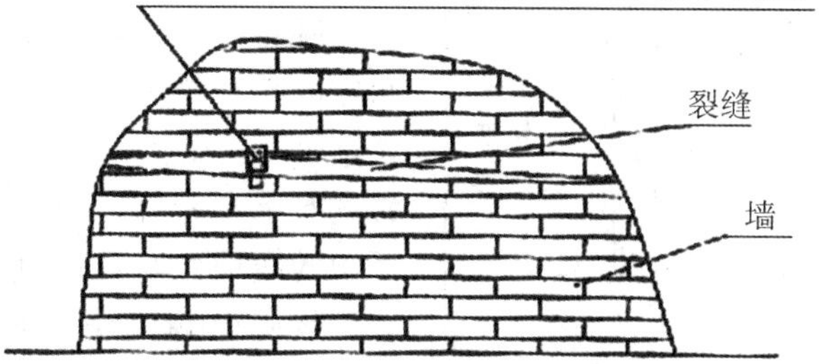

图 9.17　建筑物裂缝测点布置图

(3) 建(构)筑物变形控制标准

① 建筑物的沉降及倾斜。根据一般民用建筑设计规范，建筑物最大允许沉降值为 10 mm，允许最大倾斜值小于 3‰。

② 地表不均匀沉降。根据城市地铁施工专用条款规定，地面及公路的最大沉降允许值为 -30 mm，隆起值为 +10 mm，表 9.35 列出了地铁工程暗挖法施工的地表下沉量允许值，可供爆破工程控制地表不均匀沉降时参考。

表 9.35　暗挖隧道施工时地表下沉量允许值

序号	地面建筑类型	允许下沉量/mm	附　注
1	主要交通干道及广场	30	主要交通干道、铁路、桥梁、停车场、广场等
2	一般交通道路	40	地下无构筑物的一般交通道路
3	建筑群	30	一般楼房及平房公共设施等
4	地下管线	30	通讯、电力、热力、煤气、上下水及构筑物

③ 爆破施工不允许铁路站场发生沉降时，在站场范围内，根据轨道技术要求和规定，轨面沉降值不得超过 10 mm，相邻两股钢轨水平高差不得超过 4 mm，在任何情况下，最大隆起量不得超过 10 mm，12.5 m 轨长范围内，三角坑高差不得超过 4 mm。

9.4.2.3　对桥梁的安全监测与控制

在桥梁附近进行爆破施工，应重视爆破振动对桥梁的安全影响，必要时应对桥梁进行安全监测。监测项目包括沉降、倾斜和位移等，量测频率必要时为每天两次，没有变化或稳定后可适当放宽。应及时将信息反馈，以便指导施工。

(1) 沉降监测

桥梁沉降观测可采用精密水准仪和铟钢尺。应设置水准基点，一般不少于 3 个，并形成水准控制网。沉降监测点设在桥墩的一侧面上，测点设置方法为采用红白油漆三角标志，必须保持良好的通视条件。

观测时前后视用同一根水准尺，并使前后视距尽可能相等，观测距离不大于 50 m，观测精度控制在 0.1 mm。观测时，前视各点测量完毕，回测后视点最后闭合于水准点上。

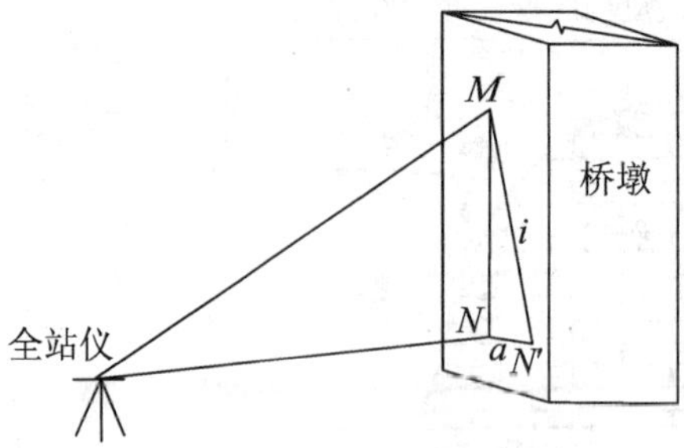

图 9.18 桥墩倾斜监测示意图

(2) 倾斜监测

倾斜监测就是对桥梁的倾斜度、倾斜方向和倾斜速率进行量测。倾斜监测是指桥墩范围内上下两点的相对水平位移的投影与高度之比,倾斜监测布置在桥墩的两轴线方向上,示意图见图 9.18。

具体监测方法是在桥墩侧面设置上、下标志点 M、N,作为观测点。观测时,距离桥梁大于其高度的距离外安置全站仪,以下部标志为基准点,测出上部标志的高度 H 及水平位移的投影值 a,则倾斜度 I 为 $I = a/H$。桥梁倾斜观测须布置相互垂直的两条轴线对其进行观测,以掌握其各个方向的倾斜。

(3) 水平位移监测

桥墩水平位移监测点布设在桥墩相垂直的两侧面上,高度在地面以上 0.3 m 左右的位置处(与倾斜点下测点相重合),测点采用在桥墩混凝土面上贴反射片。监测前在距桥墩约 50 m 左右的位置设基准点和基准线,采用全站仪立于基准点上,后视基准线,采用极坐标法测其坐标。

应定期对基准点和基准线与导线控制网进行联测,以便复核基准点。

(4) 桥梁的安全控制

针对不同的桥梁结构,按提供的标准进行安全控制。

9.4.2.4 对地下管线沉降的安全监测与控制

在地下管线附近进行爆破施工,应重视爆破振动对地下管线的安全影响,必要时应对地下管线进行安全监测。监测项目主要为沉降的安全监测与控制。量测频率必要时为每天两次,没有变化或稳定后可适当放宽。应及时将信息反馈,以便指导施工。

(1) 监测方法

当不允许破坏路面时,管线测点量测可以采用模拟式,方法是选有代表性的管线,在其邻近打一直径为 100 mm 的钻孔,如表面有硬质路面应先将其穿透(孔径大于 50 mm 即可),孔深至管底标高,取出浮土后用沙铺平孔底,先放入直径不小于 50 mm 的钢板一片,以增大接触面积,然后放入直径为 20 mm 的钢筋一根作为测杆,周围用净沙填实。模拟式测点的特点是简便易行,避免了道路开挖对交通的影响,但因测得的是管底地层的位移,精度较低。

在管线位移监测中,由于允许位移量比较小,一般在 10～20 mm 左右,故使用精度较高的仪器和测量方法,采用精密水准仪和铟钢尺测量垂直位移。测量水平位移用的经纬仪应有光学对中装置。

计算位移值时精确至 0.1 mm,同时将同一点上的垂直位移值和水平位移值进行矢量和的叠加，求出最大值，与允许值进行比较。

地下管线的监测采用 B20 水准仪和水准尺进行监测，于开工前与基点联测一次，开工后，按每天一次的频率进行测量，记录其沉降值，沉降异常时应当立即报警，并会同有关部门研究对策，同时加密量测，防止意外事故发生。

(2) 管线允许的变形

根据一般管线设计文件规定，管线沉陷曲线最大坡度不大于 1/300。

9.4.3　爆破振动对地下巷道安全评估与监测

9.4.3.1　爆破作用下地下巷道的破坏特征及破坏分区

按爆破破坏的观点，可将地下巷道和地下构筑物分为三类：①在坚硬岩石介质中开挖成的地下建筑物，没有衬砌，或衬砌结构的刚度与周围介质的刚度相差不大，可视为一个整体。对此类建筑物，主要应考虑爆破对洞壁的破坏问题。②修建在隧洞中的建筑物，其底部与基岩相连，而顶部和四周与基岩分离，对此类建筑物，除应考虑洞壁不被破坏外，尚需考虑爆破振动对建筑物本身安全的影响。③在松软岩石和土中的有衬砌的地下建筑物，此类建筑物除要求其位置不在爆破破坏区内以外，还应考虑爆破时所产生的动岩土压力作用，进行衬砌结构的抗震计算。

巷道被破坏的标志是在挤压作用下震垮堵死，以及在反射拉应力波及爆破振动作用下岩壁剥落、塌方、掉块、产生裂缝、错位和原有裂隙扩张等破坏现象。地下巷道在爆破作用下的破坏程度可分为以下四类：①严重破坏区。其破坏特征主要是巷道顶板和两帮岩石连续崩落塌方，并出现裂隙张开和错动，破坏了巷道的完整性，甚至出现巷道挤严或大量错动冒顶现象。②显著破坏区。其破坏特征主要是顶板和两帮塌方落石甚多，并出现裂隙张开和错动，部分木支撑倾斜或倒塌，但巷道仍能通行。一般，经清理和支护后可以使用。③中等破坏区。其破坏特征主要是巷道局部塌方、落石，原有裂隙扩张和位移，木支撑一般无影响。巷道经过局部清理或支护即可使用。④轻微破坏区。其破坏特征主要是仅巷道中不稳定的已松动的岩块被震落，原有岩石裂缝基本无变化。

9.4.3.2　爆破作用下地下巷道破坏的若干实例

硐室大爆破工地往往需要评估爆破作用对邻近巷道、泄洪隧洞的安全性。表 9.36 列举了若干大量爆破对巷道的破坏调查①。表 9.37 为北京大安山 503 t 定向爆破筑堤工程中一条通过爆区的水平巷道在爆破作用下的破坏实例②。巷道 0～

---

① 王中黔，杨杰昌．一条典型水平巷道的爆破破坏分析[M]//土岩爆破文集(全国工程爆破学术会议论文选)．北京：冶金工业出版社，1980：224.

② 王中黔，杨杰昌．一条典型水平巷道的爆破破坏分析[M]//土岩爆破文集(全国工程爆破学术会议论文选)．北京：冶金工业出版社，1980：219～227.

表 9.36 大量爆破对若干巷道破坏调查统计表

工程名称	药量/t	药包个数及排列	n	巷道地质描述	巷道断面及支撑	等效药量/t	等效距离/m	$K=\frac{R}{\sqrt[3]{Q}}$	破坏情况
某厂第一试验炮	1.17	1	1.0	花岗片麻岩，节理裂隙发育，岩石破碎，坑道壁上用手可剥落。$\sigma=30\sim40$ MPa*	间隔支撑	1.17	58	5.55	少量掉块，粒径 3.5 cm 左右
						1.17	52	5.00	
						1.17	92	8.80	
某厂第二试验炮				大理石夹有 5～10 cm 的绿泥石片岩	混凝土及园木密集间隔支撑，末端没有	37.7	46.6	1.39	末端岩石坍落 0.39 m^3，硐内掉块（粒径 1.0 cm），边墙个别裂隙张开（0.5 cm），硐口附近岩石崩坍。
某厂第三试验砲				斜长角闪岩，绿泥石片麻岩和大理石接触带岩性不均匀	端部无支撑，其他地段设间隔支撑	52.29	47.8	1.28	坍方为 0.27～5.6 m^3，巷道内放的测震仪器被打翻。
						54.42	56.2	1.59	
						35.8	64.0	1.96	
						33.7	68.5	2.13	
南水爆破试验洞	0.225	1	1.5	巷道末端为极破碎的粉砂岩软弱夹层	巷道位于药包下侧	0.225	11.0	1.75	坍方为 0.3 m^3
故县试验砲	23.0	1	1.5	中等风化石英斑岩，其中正长石风化为高岭土，裂隙发育，下游风化更甚	水平观测硐直径 $\varnothing=2.0$m	23.0	上游 49.8	上游 1.75	增加裂隙率 0.3%～0.5%，最大坍方为 0.5 m^3
							下游 34.9	下游 1.23	增加裂隙率 2.0%，沿硐全长有掉块，最大坍方为 2.0～2.5 m^3

续表 9.36

工程名称	药量/t	药包个数及排列	n	巷道地质描述	巷道断面及支撑	等效药量/t	等效距离/m	$K=\frac{R}{\sqrt[3]{Q}}$	破坏情况
成昆线道林子车站大爆破	388.4(主药包 288.4,副药包 100.0)	主 27,副 29,带状排列	1.25～1.75	石灰岩,节理中等发育,顶上为中厚层整体灰岩,坑道左侧为陡峻河岸	断面 2.0×3.0m,无支撑		主 302.0,副 268.0	主 2.7,副 4.0	导硐与横硐拐角处坍落 0.3 m^3,两帮和顶板松动石块掉落,原有裂隙个别张开。
坪连线	2.0	1			巷道位于药包下侧	2.0	29.0	2.3	硐内出现裂缝
苏联某运河	250.0	15		砂岩		250.0	70.0	1.11	坑硐破震坍
大安山试验炮	6.55	4		坚硬完整的辉绿岩,$f=15$,裂隙发育,多闭合	断面 2.5×3.0 m,间隔木支撑	10.37	30.9	1.42	产生 2 条 7 cm 宽的裂缝,少量坍方约 0.2 m^3

* σ——抗压强度。

表 9.37　925 巷道预计与实际破坏情况对照表

分类号	破坏程度分类	安全系数 $K=\frac{R}{\sqrt[3]{Q}}$		破坏长度/m		破坏情况描述		实测垂直振动加速度/g	实测垂直振动速度/$cm\cdot s^{-1}$
		预计	实际	预计	实际	预计	实际		
Ⅰ	毁灭性破坏	—	—	0～33	0～33	33m 长巷道整个被抬走	33m 长巷道整个被抬走		
Ⅱ	强烈破坏	<1.0	<0.7	33～85 (52 m)	33～40 (7 m)	巷道挤垮堵塞或大量错动冒顶	巷道挤垮堵塞,经修复时调查,堵塞是由于顶板坍塌造成,两帮岩石发生错动形成 2～3 cm 裂缝,据工人反映,支撑还有许多未倒		
Ⅲ	显著破坏	1.0～1.3	0.7～0.8	85～107 (22 m)	40～60 (20 m)	局部冒顶,出现较大裂缝或硐壁变形	支撑约有 30%倾斜或倒塌,极少被折断;边帮与顶板有坍方约 1～3m^3,边帮上局部岩石风化处有裂缝,一般完整岩石都完好如初,巷道能通行		
Ⅳ	中度破坏	1.3～1.51	0.8～1.0	107～123 (16 m)	60～85 (25 m)	局部掉块,产生较少裂缝(<1 cm),原有裂缝有不同程度扩张和延伸	支撑无损,部分有轻微斜,小于 5°,边墙和顶板有个别落石,方量小于 0.5 m^3,边墙上很少发现裂缝	5.0	28.2
Ⅴ	轻度破坏	1.51～2.0	1.0～1.75	123～155 (22 m)	85～135 (50 m)	在应力集中的弱面,如叉硐口处可能出现 1 cm 的裂缝,个别施工缝可能有扩张	支撑完整未动,边墙与顶板个别小块(仅几厘米)掉落,在 120 m 处的支硐,掌子面上有一 30 cm×20 cm×10 cm 的石块被震掉落。在 122 m 处衬砌端头边墙与拱的施工缝张开 1～2 mm,其余未发现有裂缝	3.2	12.7

注：爆破吨位为 503 t;计算 K 值时等效药量及等效距离按(5)～(12)号主药包计算,此段实际装药量为 456 t。

123 m 段为高 2.5 m、宽 2.4 m 的导硐，圆木支撑，支撑木间距 0.6 m，岩石为西山玄武质辉绿岩；123 m 段后为混凝土拱顶，浆砌片石边墙，高 3.2 m、宽 4.4 m 的永久性巷道。调查和观测表明，用安全系数 $K = R/\sqrt[3]{Q}$ 评估，当 $K \leqslant 0.8$ 时，巷道发生强烈和显著破坏；$0.8 < K \leqslant 1.0$ 时，发生中度破坏；$1.0 < K \leqslant 1.75$ 时，为轻微破坏；K 在 2.0 以上巷道无破坏。

9.4.3.3　爆破作用下地下巷道安全评估

硐室爆破对地下巷道安全评估方法主要有以下几种。

(1) 按单药包计算

对单药包爆破(或群药包中与被保护巷道最近的起主要作用的药包)，药包与被保护巷道的安全距离可用下式计算：

$$R = K_1 W \sqrt[3]{f(n)} \tag{9.44}$$

式中：R—药包与被保护巷道的安全距离，m；

W—最小抵抗线，m；

$f(n)$—爆破作用指数函数；

K_1—安全系数。

对一般矿山巷道，我国矿山部门根据岩石和稳固程度，建议按以下安全标准计算：坚硬稳定的岩石，$K_1 \geqslant 2$；中等稳定的岩石，$K_1 \geqslant 3$；不稳定破碎岩石，$K_1 \geqslant 4$。

当巷道允许有轻微或中等破坏时，可以参照实际资料采用小于上述安全标准的值。对于采空区，当允许冒落又不致影响爆破效果时，稳定的采空区可取 $K_1 \geqslant 1.5$，不稳定的采空区取 $K_1 \geqslant 2$。

铁道部门建议的安全半径由以下两式确定。

对低于爆源的地下巷道：

$$R = 3.3 W \sqrt[3]{\frac{kf(n)}{f}} \tag{9.45}$$

对与爆源同高程的地下巷道：

$$R = 4.5 W \sqrt[3]{\frac{kf(n)}{f}} \tag{9.46}$$

式中：k—单位耗药量，$kg \cdot m^{-3}$；

f—岩石坚硬系数。其他符号同前。

在安全半径以外，巷道一般不会产生显著破坏现象。

(2) 按群药包的总药量计算

对于群药包爆破时巷道产生的破坏作用，其安全距离常采用如下经验公式：

$$R = K_2 \sqrt[3]{Q} \tag{9.47}$$

式中：R—群药包与被保护巷道部位的等效安全距离，m，按公式(9.6)计算；

Q—群药包与被保护巷道部位的等效药量，kg，按公式(9.7)计算；

K_2—安全系数。

对一般断面的巷道，K_2的选择可参考如下标准：①对岩石稳定的巷道，$K_2>1.5$时，不产生显著破坏；$K_2>2.0$时，不产生中等破坏。②对岩石不稳定的巷道，$K_2>2.0$时，不产生显著破坏；$K_2>3.0$时，不产生中等破坏。

(3) 以巷道内基岩垂直振动速度作为巷道安全的判据

观测资料表明，当振动速度大于 25 $cm \cdot s^{-1}$时，基岩原有裂隙可能产生扩张、变位；当振动速度大于 60 $cm \cdot s^{-1}$时，基岩可能产生新的裂隙。

因此，对于不稳定岩石破碎的巷道，当 $V=5\sim10$ $cm \cdot s^{-1}$（中强震）时产生轻微破坏，当 $V=10\sim25$ $cm \cdot s^{-1}$（强震）时产生中等破坏，当 $V=25\sim50$ $cm \cdot s^{-1}$（破坏震）时产生显著破坏，当 $V\geqslant50$ $cm \cdot s^{-1}$（毁坏震）时产生严重破坏。

对于岩石稳定的巷道，对应于相应的破坏程度，其振动速度（或振动烈度）可提高一级。对于地下巷道内的建筑物，其安全情况也可按巷道地面振动速度，参照建筑物的爆破破坏判据进行检算。

(4) 综合方法

在实际评价或预报爆破对地下巷道和地下构筑物的安全影响时，可以综合运用以上所介绍的经验公式和在一定条件下的安全标准，同时，还应考虑分析所研究的爆破和巷道的特殊性，例如巷道通过地段的地质情况，巷道施工质量，爆破对巷道破坏的其他因素等。通过全面分析，综合比较，才能做出比较符合实际的预计，切忌不加分析地盲目照搬某一工程实例，以致造成工程损失。

9.4.3.4 地下巷道爆破开挖的安全监测

在地下工程、隧道、特别是城市地铁施工中，不可避免地要导致沿线的地层扰动，使其影响范围内的地表及其下伏的地质体产生较大的沉降变形，尤其是浅埋暗挖隧道石方开挖爆破，爆破振动对地面和地上的建（构）筑物会产生较大的影响。因此，在一些地质及环境条件复杂的隧道开挖工程，有必要在爆破开挖施工过程中进行安全监测。

(1) 监控量测项目和量测频率

根据隧道施工建筑变形测量规范及相关规范的规定，监控量测主要包括隧道内支护结构与隧道外周边环境及岩土稳定性监测，特别是对工程重点、难点部位，矿山法隧道施工地段，进洞和出洞地段等应加强监测，表 9.38 列举了北京市建设工程技术企业标准（QB）、北京市轨道交通建设管理有限公司《轨道交通隧道工程施工质量验收标准 QGD-007-2005[S]》提出的《监控量测项目和量测频率》，可供有关工程参考。测点布置可按工程实际情况做适当调整。该标准指出，当围岩和初期支护结构基本稳定且具备以下条件时，方可停止量测。即：①收敛速度有明显减缓趋势；②收敛量已达总收敛量的 80%以上；③收敛速度小于 0.15 mm/d 或拱顶下沉速度小于 0.1 mm/d。

表 9.38　监控量测项目和量测频率

类别	量测项目	量测仪器和工具	测点布置	量测频率
必测项目	围岩及支护结构动态	地质描述及钢架支护状态观察	每一开挖循环	开挖后立即进行
必测项目	地表隆陷、地面建筑及地下管线和地下构筑物变化	水准仪和水平尺等	每 20 m 设一断面，必要时需加密；每断面 7～11 个测点	开挖面距量测断面前后＜2B 时 1～2 次/d 开挖面距量测断面前后＜5B 时 1 次/2d 开挖面距量测断面前后＞5B 时 1 次/周
	拱顶下沉	水准仪、钢尺等	每 20 m 设一断面，必要时需加密；每断面 1～3 个测点	开挖面距量测断面前后＜2B 时 1～2 次/d 开挖面距量测断面前后＜5B 时 1 次/2d 开挖面距量测断面前后＞5B 时 1 次/周
	净空收敛位移	收敛计	每 20 m 设一断面，必要时需加密；每断面 5 个测点	开挖面距量测断面前后＜2B 时 1～2 次/d 开挖面距量测断面前后＜5B 时 1 次/2d 开挖面距量测断面前后＞5B 时 1 次/周
选测项目	地中位移	地面钻孔安放多点位移计、测斜仪	取一代表性断面，布置 5 个孔	开挖面距量测断面前后＜2B 时 1～2 次/d 开挖面距量测断面前后＜5B 时 1 次/2d 开挖面距量测断面前后＞5B 时 1 次/周
	围岩压力及支护间应力	压力传感器	每 20 m 设一断面，每断面 15～20 个测点	开挖面距量测断面前后＜2B 时 1～2 次/d 开挖面距量测断面前后＜5B 时 1 次/2d 开挖面距量测断面前后＞5B 时 1 次/周
	钢架内力	钢筋计等	每隔 20 m 测 1 榀，每榀 10 个测点	开挖面距量测断面前后＜2B 时 1～2 次/d 开挖面距量测断面前后＜5B 时 1 次/2d 开挖面距量测断面前后＞5B 时 1 次/周
	初期支护、二次衬砌内应力及表面应力	混凝土的应变计及应力计	每 20 m 设一断面，每断面 15～20 个测点	开挖面距量测断面前后＜2B 时 1～2 次/d 开挖面距量测断面前后＜5B 时 1 次/2d 开挖面距量测断面前后＞5B 时 1 次/周

注：B 为开挖跨度。

(2) 监测使用仪器及监测方法

下面介绍广州地铁三号线广州东站地下铁道明暗挖开挖工程为监测爆破安全所进行的监测项目、监测方法和监测使用仪器①，供类似工程参考。

① 监测使用仪器及施测等级。监测按二等水准测量要求进行施测，采用的仪器有：地表沉降观测和拱顶下沉采用索佳 B20 精密水准仪配测微器和因瓦尺，仪器精度为 0.05 mm；洞内水平径向收敛量测采用 JS30A 型电子收敛计，仪器精度为 0.01 mm；倾斜监测采用尼康全站仪 DTM-550；裂缝观测采用 JC-20 型读数显微

① 中铁 14 局集团有限公司. 地下铁道开挖工程明暗挖微振动控制爆破综合技术研究[R]. 2004.

镜,精度为0.005 mm;锚杆轴力监测采用钢弦式钢筋计,用ZX-2型频率计进行数据收集。

② 水位观测。在隧道施工过程中为观测水位变化情况,在隧道两侧布置水位观测孔,观测孔深度为仰拱底以上范围。观测孔采用旋转钻机或冲孔法成孔,为满足检测需要,管口径选择为60 mm,井孔采用钢套管或塑料护壁。采用电测水位仪进行水位监测。

③ 初支背后土压力量测。在破碎带地段开挖隧道时,隧道周边初支将受围岩压力的作用,而使隧道周边向内侧变形,隧道开挖过程中及初支结束后,周边内外的被动土压力和主动压力可以用埋设在内外墙面的土压力传感器(钢弦式土压力盒)进行测量。量测断面根据围岩实际稳定情况每30~50 m设1个量测断面,每个断面设测点8个。土压力量测采用土压力盒,将土压力盒固定在埋设器上,再将埋设器固定在格栅上(格栅地段),根据断面高度留出一定电导线长度后引出初支。布点结束后,电导线上标示出点位编号进行初始值的测定。量测频率为开始时1~2次/d,逐步过渡到1次/2d,基本趋于稳定时1次/周。

④ 围岩内部位移量测。根据《变形测量规范》规定,施工中隧道围岩最大相对位移值小于0.15%~0.50%,最大位移速率小于0.1~0.2 mm/d。掌子面地质观测在每循环开挖后立即进行。对掌子面地质情况进行观察和描述,做好记录。围岩内部位移量测断面每隔50 m设一个量测断面,每一量测断面布设3~5个测点,并使测点尽量靠近周边位移量测的测点处,每一测点选择几种不同深度的钻孔,以确定围岩内部的松弛范围。仪器采用电测式多点位移计测量,量测频率与同一断面其他项目量测频率项目相同。

⑤ 隧道上方地面沉降监测。在隧道开挖过程中,如隧道上部地表及周围地表可能出现沉降,为了控制在开挖过程中地表的变化情况及沉降量值,在隧道上方中线左右各40 m范围内沿线路方向每15~30 m设一个监测断面,每个断面设监测点15~20个,如遇到地面障碍酌情调整。布点时用经纬仪定向,使各断面点在同一直线上。量测频率为施工期间距开挖面小于2B时1~2次/d,距开挖面5B时1次/d,距开挖面大于5B时1次/2d,沉降稳定后1次/15d。观测时使用B20水准仪配测微器和因瓦尺,量测精度按二等水准要求。

⑥ 支护墙面水平位移。在喷混凝土墙面布置测点,测点间距为水平10 m,竖向3 m。每个面不少于2列测点,测设时在支护顶面采用DTM-550型全站仪,其下部采用收敛计进行量测。测点采用预埋钢板,在其上冲眼而成,钢板一侧焊有锚固钢筋,钢板面同支护面平齐。收敛计进行测设段测点采用一端带有弯钩、一端直钩的钢筋做成,弯钩露出支护结构面。采用视准线法进行,即当全站仪架设调平后,在基坑相反方向找一个固定的目标作为后视方向,用带有刻画的读觇牌或T型尺,设置在观测点上,读取数值。一般全站仪正倒镜4次读数,取中数作为一次观测。初始值测两遍,以保证无误。以后每次观测结果与初始值比较,求得测点的水

平位移量。监测频率为开始时开挖卸载急剧阶段不少于 2 次/d,一旬后(1～2)次/2d,基本稳定时 1 次/周。

⑦ 锚杆轴力监测。锚杆轴力量侧是在要测设锚杆靠近端墙部位连接一个钢筋计,将导线引出,利用频率计收集数据,并通过频率换算求得锚杆轴力值,进而进行控制。锚杆检测数量为∅25 mm 和∅32 mm 分别不少于其各自锚杆数的 5%。监测频率为开始时开挖卸载急剧阶段不少于 2 次/d,一旬后 1 次/2d,基本稳定时 1 次/周。

(3) 隧道爆破开挖监测与信息化施工的实施

复杂地质及环境条件的隧道工程,由于爆破开挖是伴随施工过程的重复作业,为了及时了解和掌握施工过程中围岩稳定、地表隆陷、地面建构筑物安全等情况,施工前,应根据隧道埋深、地质条件、地面环境、地下管线状况和施工方法等,制定监控量测方案,经监理审批通过后,即严格按照监测方案确定所用的仪器、监测方法、监测精度、测点布置及观测周期实施。

监控量测所采用的测试仪器、仪表和传感器应选用抗干扰性强、适应现场长期观测的可靠产品,并必须符合设计要求。

监控量测项目应在掘进前测得初始读数。监控量测取得的数据应准确、可靠,按要求填写观测记录,并及时绘制时态曲线和进行回归分析。同时,量测信息及时反馈,以指导施工。施工引起的地面建(构)筑物的沉降和倾斜等控制指标必须符合设计及规范要求。

施工中出现下列情况之一时,应立即停工,并分析原因,及时采取措施进行处理。即:①周边及开挖面塌方;②地表沉降过大;③量测数据有不断增大的趋势;④支护结构变形过大或出现明显的受力裂缝且不断发展;⑤时态曲线长时间没有变缓的趋势;⑥地表沉降或结构变形达到设计提出的警戒值。

9.5　降低爆破地震效应:毫秒延时爆破

9.5.1　毫秒延时爆破的减震机理与减震效果

9.5.1.1　毫秒延时爆破的减震机理

毫秒延时爆破是利用毫秒延时雷管在排间、孔间或孔内使各个药包以毫秒级的不同时间顺序起爆的爆破技术,它是现代工程爆破最主要的技术之一。工程爆破中,常通过采用多孔(或药室)、多排、分段延期爆破技术来实现提高爆炸能量利用率、改善破碎质量,降低地震效应、减小对边坡和附近建筑物的破坏,控制对围岩的损伤、提高围岩和井巷壁面的稳定性。毫秒延时爆破已成为岩石爆破、隧道掘进等工程中不可缺少的控制爆破技术。在建(构)筑物拆除爆破中,采用毫秒延时爆破可实现顺序解体。

关于毫秒延时爆破能降低爆破振动效应和改善爆破破碎效果的作用原理,大致可归纳为以下四种观点。

① 形成新的自由面。采用分排毫秒延时起爆网路,先爆的炮孔起爆后,出现新自由面,压缩波反射为拉伸波,更加强了对介质的破碎作用,此外,新自由面的产生有利于降低爆破振动,也可降低炸药单耗。

② 应力波叠加作用。先爆药包起爆后,在爆炸产生的膨胀气体及应力波作用下,使周围介质处于准静压应力状态并建立残余应力场,后段起爆药包后形成应力波的叠加,有利于利用残余应力强化对岩体的破碎。

③ 地震波的干扰作用。毫秒延时爆破中,由于相邻炮孔(或两排炮孔、两组炮孔)之间有一个短的时间间隔,使得药包爆破时产生的地震波相互干扰,从而减弱爆破地震效应。如果先后起爆药包的时间间隔等于地震波周期的一半,从理论上讲,地震效应可减至最小。

④ 辅助破碎作用。先起爆药包相应改变了药包抵抗线,减轻了后起爆炮孔的阻力,使分离的碎块初速度增大;破碎岩块为后起爆药包形成一道岩石幕,并与后起爆药包的破碎岩块在抛移过程中相互碰撞,使已经产生微小裂隙的岩石块进一步破碎,同时岩石幕起到阻挡爆破个别飞散物的作用,并使爆堆比较集中。

在实际爆破中,以上作用原理是同时起作用的,当然它的前提是合理的毫秒延时间隔时间。

9.5.1.2 毫秒延时爆破合理的时间间隔

合理的间隔时间是毫秒延时爆破技术中的关键问题,在实际爆破工程中,均期望能选取合理的延时间隔来获得理想的爆破效果和最大限度地降低地震效应。延迟时间过短,来不及为后爆药包形成自由面;延迟时间过长,因先起爆岩体移动距离过大,造成对后起爆岩体保护作用消失,就可能产生飞石、空气冲击波和大块。合理的毫秒延时时间间隔,应依据不同的爆破工程设计确定,但从毫秒延时爆破的机理来分析,应考虑以下因素。

(1) 毫秒延时的最小时间间隔

第一种观点是,后爆药包的起爆时间应该是先爆药包爆炸产生的冲击压缩波第一次从自由面反射成拉伸波又传到后爆药包的时间,这样,两个爆破应力波干扰叠加,强化介质中的应力状态。先爆药包在岩体内形成了应力状态,并保持到后爆药包起爆,推荐的毫秒延时间隔时间为 5～25 ms。

第二种观点认为,最小毫秒延时时间间隔应以后爆药包形成自由面来确定。为了形成补充自由面,毫秒延时间隔时间应为 25～60 ms。有的学者认为,延时时间应该使后起爆药包的爆炸发生在介质还处于先爆药包所产生的应力和振动作用下，后爆碎块运动速度大于先爆碎块，以致加强碰撞而补充破碎，推荐毫秒延时间隔时间为 25～50 ms。还有学者指出，岩体开始位移与抵抗线成函数关系，建议每米抵抗线需时间为 5 ～ 7 ms。

我国长沙矿山研究院的研究认为，先爆药包为后爆药包开创新的自由面，后爆药包应尽可能利用先爆药包所造成的应力场和爆生气体能量促进介质的破碎，通常毫秒延时间隔时间为 25 ～50 ms。

(2) 毫秒延时的最大时间间隔

瑞典诺贝尔公司的研究认为，理想的延迟时间应该保证在后爆炮孔起爆之前先爆岩体已经向前移动了 1/3 倍抵抗线距离。这时候的延迟时间，与先爆炮孔的底盘抵抗线成正比，即：

$$\Delta t = k \cdot W \tag{9.48}$$

在硬岩中 $k=10$，在软岩中 $k=30$，一般情况下 $k=15$，k 的单位是 $ms \cdot m^{-1}$。

他们还指出，孔间延迟时间不要太长，以避免个别炮孔抵抗线变小。在多排孔爆破中，排间延迟时间要大于孔间延迟时间。

毫秒延时的最大时间间隔应以先起爆药包的破碎岩块仍未落地、在后爆药包前方保持形成的岩石幕来确定，这样才能与后爆药包的破碎岩块在抛移过程中相互碰撞，至少能对后爆药包的飞石起到阻挡作用。

(3) 以降低爆破地震效应确定毫秒延时时间间隔

有一种观点认为，基于两个相差半周期的地震波可以叠加而降低爆破地震的振幅，建议毫秒延时间隔时间采用 8～25 ms。根据工程实践，整体性较好且比较坚硬的岩石，应力波传播速度快，衰减小，在这种岩体中进行毫秒延时爆破，其间隔时间可选得较短；节理发育、整体性较差的软岩，应力波传播速度较慢，就须选定较长的间隔时间；爆速高的炸药能在较短的时间内反应完毕，相邻炮孔的起爆间隔时间可短些，反之，使用的炸药爆速较低时，相邻炮孔起爆间隔时间应长些；不同的爆破对间隔时间的要求是不一样的，孔网参数小，起爆间隔时间可短些，反之，孔网参数大，起爆间隔时间应长些；松动爆破的延时间隔应短，抛掷爆破的延时间隔应长；同排相邻炮孔的起爆间隔应短，前后排炮孔的起爆间隔应长；布置成多层药包时，由于重力作用，层间炮孔的起爆间隔应更长一些。

综上所述，合理的毫秒延时间隔时间的选取是一个涉及面较广且十分复杂的问题，选定毫秒延时起爆间隔时间的影响因素很多，主要有岩石性质、炸药性能、爆破类型、炮眼布置以及对爆破效果和降低爆破振动的要求等。随着高精度雷管开始在工程中应用，合理毫秒延时间隔时间的研究应该进一步加强。

9.5.1.3　毫秒延时爆破的减震效果

毫秒延时爆破的地震效应是一个比较复杂的问题，影响振速和振动频率(周期)的因素很多，诸如介质特性、炸药性能、总药量及最大一段药量、与爆心的距离、爆区与测点的相对位置、毫秒延时间隔时间、迟发段数、起爆方式及测试系统性能等，所以到目前为止，国内外尚无一个统一的十分精确的公式来计算毫秒延时爆破的地震效应。

(1) 毫秒延时爆破降振作用的分析

如前所述，有一种理论认为，相邻两段爆破引起的爆破地震，若时间间隔等于爆破振动周期 T 的一半和 $T/2$ 的奇数倍，即两次爆破引起的振动相位差为 180°或 180°的奇数倍，这时两次爆破峰谷相消，可以最大程度地降低地震效应。按此理论，毫秒延时爆破引起的地震比单段药量爆破引起的地震还要小。

事实上，由于爆破地震是随机瞬态振动，是多种频率振动的组合，而且频率随着地震波的传播还会有变化，因此不可能两次相邻的爆破振动恰好在任何时刻相位都相差 180°或 180°的奇数倍。

也有学者认为，毫秒延时爆破中的段数分得越多，降振效果越显著；有的学者则认为在分段毫秒延时爆破中，地震效应的降振作用不仅取决于分段数目的多少，还与各段间起爆延迟时间和最大单响药量有关。

对毫秒延时爆破振动的实际观测表明，由于毫秒延时爆破间隔时间短，在爆破规模较大或衰减较慢的介质中，毫秒爆破引起的地震波一般均产生相互干扰和叠加，其波形比齐发爆破复杂，振动频率较高，当总装药量和其他条件基本相同时，爆破分段越多，其振动波形峰值越小。

(2) 不考虑地震波叠加的毫秒延时降振分析

当毫秒延时爆破各段起爆的间隔时间较大，例如大于 150 ms 时，爆破地震波在较小的爆心距范围内不会产生叠加，毫秒延时爆破地震动强度就主要取决于每段爆破药量的大小。在此条件下，毫秒延时爆破减振效果完全取决于毫秒延时爆破各段药量中最大一段的药量。基于这种观点，建议采用尽可能大的毫秒延时间隔时间，使各段地震互不干涉，以达到降振的目的。

9.5.2 对毫秒延时爆破地震公式的讨论与分析[①]

9.5.2.1 毫秒延时爆破地震动强度预报的几个公式与观点

目前，尚无一个统一的十分精确的公式来计算毫秒延时爆破的地震效应，有以下几个关于毫秒延时爆破地震动幅值预报或安全允许距离的计算公式。

(1)《爆破安全规程(GB6722-2003)》第 6.2.3 款规定

爆破振动安全允许距离，可按下式计算：

$$R = \left(\frac{K}{V}\right)^{\frac{1}{\alpha}} \cdot \sqrt[3]{Q} \tag{9.49}$$

① 顾毅成，杨年华. 对毫秒延时爆破地震公式的讨论与分析[J]. 铁道建筑. 2005 年增刊(总 377 期)：73～75.

式中：R—爆破振动安全允许距离，m；

Q—炸药量，kg，齐发爆破为总药量，延时爆破为最大一段药量；

V—保护对象所在地质点振动安全允许速度，$\text{cm}\cdot\text{s}^{-1}$；

K，α—与爆破点至计算保护对象间的地形、地质条件有关的系数和衰减指数。

式(9.49)换算为式(9.50)即可以在已知药量和距离的条件下预报保护对象所在地质点振动速度，即：

$$V = K\left(\frac{\sqrt[3]{Q}}{R}\right)^{\alpha} \tag{9.50}$$

该式明确延时爆破取最大一段药量。众所周知，延时爆破分为秒延时爆破和毫秒延时爆破。在一般工程爆破设计中，毫秒延时爆破的段时间间隔，一般在 25 ms 至数百毫秒，如间隔时间短，相邻段爆破产生的地震动波形将叠加，其合成振动的最大幅值，有可能比独立一段爆破时的最大幅值小，也有可能更大。

(2) 前苏联《爆破工程师手册》的有关资料①

前苏联《爆破工程师手册》提出的振速计算公式同公式(9.50)，他们还认为，在延迟时间 Δt 大于 t_+(应力波正相位作用时间)时，就可以不考虑爆破地震波叠加，当延迟时间 Δt 小于 t_+ 时，建议药量取同段最大药量的 2/3，该手册还提出了应力波正相位作用时间 t_+ 的计算公式，即

$$t_+ = k_t \ln R \tag{9.51}$$

式中：t_+—应力波正相位作用时间，s；

R—距离，m；

k_t—系数，决定于爆破条件，对岩石 $k_t = 0.01 \sim 0.03$，对中硬土 $k_t = 0.03 \sim 0.06$。

显然，这里所提出的取总药量 2/3 的建议，缺少理论和实践的依据。

(3) 国内学者的若干观点

武汉岩土研究所吴绵拔②认为，针对一般毫秒延时爆破延时时间隔，在式(9.50)中，Q 取总药量时，预报的振动效应值明显偏大；Q 取最大段药量时，预报值偏小。据此，他提出毫秒延时爆破地震动速度预报公式：

$$V = K\left(\frac{\sqrt[3]{Q_0}}{R}\right)^{\alpha}\left(1 + \frac{N}{\xi}\lg\xi\right) \tag{9.52}$$

式中：Q_t—总药量，kg；

Q_o—最大一段药量，kg；

N—一次爆破分段数；

---

① 刘殿中. 工程爆破实用手册[M]. 北京：冶金工业出版社，1999：690.

② 吴绵拔. 多段微差爆破的振动效应研究[R]. 中国工程爆破协会爆破振动研讨会交流论文. 北京，2000：3.

ξ—系数，$\xi = Q_t/Q$。

式(9.52)可简化为：

$$V = K\left(\frac{\sqrt[3]{Q_0}}{R}\right)^{\alpha}(1 + A) \tag{9.53}$$

当 $\Delta t \geqslant 30$ ms时，$A \approx 0.3 \sim 0.5$；$\Delta t < 30$ ms时，$A \approx 0.5 \sim 1.0$。其中 Δt 为段延迟时间。

薛孔宽①等认为，爆破地震波主震相段持续时间一般约占所观测到的地震波传播全过程的1/4～1/8，即0.1～0.3 s左右。由于爆破振动是一种随机振动现象，毫秒差延时爆破地震波将会产生叠加，n 段毫秒延时爆破地震效应正向叠加合成的概率为 $P_n = 0.5(n-1)$，段数 n 越多，峰值全面正向叠加的概率越小，当段数增至5段及以上时，其参与叠加的概率将在6%以下。因此他们提出，对毫秒延时爆破，应在最大地震速度峰值叠加处，取5段较大地震效应进行叠加合成，并将其合成结果作为判断和估算可能产生的最大振动速度值。

9.5.2.2　对毫秒延时爆破地震公式的建议

根据上述一些研究者的研究成果及我们对实测资料的分析，可以肯定地说，当毫秒延时爆破的分段间隔时间较小时，各段爆破的地震波会产生叠加，在振动信号叠加的情况下，对幅值而言，最不利的情况为叠加段的幅值同相叠加，这就涉及叠加情况下等效药量的计算问题。

《爆破安全规程(GB6722-2003)》规定，爆破振动安全允许距离，可按式(9.49)计算，并明确式中的炸药量 Q 对延时爆破而言取最大一段药量。根据大量测振资料的研究分析与工程实践结果发现，对浅孔小规模毫秒延时爆破，各段爆破振动波持续时间短，若段间隔时间 $\Delta t > 30$ ms，相邻段爆破振动波发生叠加很少，采用常规的公式(9.50)作为预报保护对象所在地质点振动速度是可行的。

对于深孔爆破或硐室爆破，由于单段爆破药量较大，单段爆破振动持续时间较长，通常每段主振动持续时间达50～100 ms，且有随与爆源距离增大振动持续时间加长的特点，例如常规的毫秒延时爆破分段间隔时间在50 ms左右，相邻段爆破振动波发生叠加的机会很大。这种情况下若按照最大一段炸药量 Q，用公式(9.49)计算安全允许距离，其结果有可能较实际值偏小。如果我们考虑到爆破工程中多种因素条件的复杂性以及爆破振动实际数据的离散性，作为爆破安全规程，仅考虑最大一段药量，而忽视相邻段药包爆破时对振动的“增幅”可能，显然是存在欠缺的，并有安全风险。

由于导爆管雷管及电子雷管的起爆时间精细控制技术已有可能实现，笔者建议，浅孔小规模爆破时段间隔时间 $\Delta t > 30$ ms，深孔或硐室爆破时段间隔时间 $\Delta t > 100$ ms，可不考虑地震波叠加；$\Delta t < 100$ ms且距离80 m以外，爆破地震波会产

---

① 薛孔宽等.分段微差爆破地震效应的叠加分析[J].爆破，1991，8(3)：67～70.

生叠加，需要按等效药量来计算安全距离。考虑到毫秒延时爆破地震效应的复杂性及数据的离散性，对毫秒延时爆破地震效应进行安全设计或评估时，建议按时差 100～200 ms 内爆破药量总和的最大值，即 $Q_{\max}=\sum_{\Delta t=100\sim200\ \text{ms}}Q_i$，作为公式(9.49)和公式(9.50)中的计算药量值，来计算爆破振动安全允许距离与预报保护对象所在地质点振动速度。评估点距离爆源越远，计算等效爆破药量总和的时间段越长。因为爆破地震波随传播距离增加，振动持续时间变长，振动频率降低，振动最大峰值不显著。

9.5.3 降低爆破地震效应的综合技术措施

9.5.3.1 岩土爆破地震效应的控制

为了降低爆破地震效应，国内外学者进行了长期的探讨和研究。实践证明，采用以下综合技术措施对降低爆破地震效应是有效的。

(1) 采用毫秒延时爆破，限制一次爆破的最大用药量

被保护建筑物的允许临界振动速度[V]确定后，即可根据式(9.54)计算一次爆破最大用药量，即：

$$Q_{\max}=R^3\left(\frac{[V]}{K}\right)^{\frac{3}{\alpha}}\tag{9.54}$$

当设计药量大于该值而又没有其他降振措施时，则必须分次爆破，控制一次爆破的炸药量。将一次爆破药量分成多段毫秒延时起爆，使得爆破地震速度峰值减小为受单响最大药量控制，这样，一次爆破规模可扩大很多倍而不会产生超强振动。采用毫秒延时爆破，还应当注意到不同段别雷管的起爆时差精度。一般来说，国产普通雷管中小段别雷管基本能保证同段炮孔在很小时差范围内同时引爆，而大段别雷管引爆时间误差很大，使得某些炮孔产生的振动波与其他炮孔的振动发生相互干扰或峰值不能叠加而错开，导致爆破产生的最大振动峰值减小，但是振动时间增长。

国内矿山一些工程试验表明，采用毫秒延时爆破后，与齐发爆破相比，平均降振率为 50%，毫秒延时段数越多，降振效果越好。实践证明，段间隔时间大于 100 ms 时，降振效果比较明显；间隔时间小于 100 ms 时，各段爆破产生的地震波不能显著分开。

(2) 采用预裂爆破或开挖减振沟槽

当保护对象距爆源很近时，可在爆源周边设置一条预裂隔振带。预裂炮孔可以是一排，也可以是多排，预裂爆破已在 7.4.1 节论述，对降低爆破地震效应是非常有效的，但应注意预裂爆破时产生的地震效应。

在爆破体与被保护物之间，钻凿不装药的单排防振孔或双排防振孔，也可以起到降振效果，降振率可达 30%～50%。防振孔的孔径可选取 35～65 mm，孔间距

不大于 25 cm。

当介质为土层时，可以开挖预裂沟，预裂沟宽以施工方便为前提，并应尽可能深一些，以超过药包位置 20～50 cm 为好。

作为预裂用的孔、缝和沟，应注意防止充水，否则将影响降振效果。

(3) 在爆破设计中可采取的技术措施

① 选择最小抵抗线方向。爆破中，在最小抵抗线方向上的爆破振动强度最小，反向最大，侧向居中。然而最小抵抗线方向又是主抛方向，从减振和控制飞石危害综合考虑，一般应该使被保护的对象位于最小抵抗线的两侧位置。

② 增加布药的分散性和临空面。增加布药的分散性和临空面可以减小振动速度公式中的 K 值和 α 值，减小爆破振动的强度。

(4) 采用低爆速、低密度的炸药或选择合理的装药结构

理论研究和实践表明，炸药的密度 ρ 与其爆速 D 的乘积愈接近爆破介质的 $\rho_o D_o$ 值，其爆破振动速度越大，反之减小。因此选用低爆速、低密度炸药，或减少装药直径，可降低爆破振动。

工程实践证明，选择合理的装药结构，比如在深孔爆破和硐室爆破中采用不耦合和空腔条形药包，可以控制初始爆压和作用于介质的冲击压力。在其他条件相同的情况下，爆破的振动效应减弱。

(5) 进行爆破振动监测

在特殊建(构)筑物附近或复杂环境地区进行爆破时，应进行爆破振动监测，以掌握这些设施在爆破振动作用下的受力状况，为安全核算提供较为准确的依据。这不仅有助于及时采取技术措施，确保被保护物的安全，而且也有利于在爆破振动可能引起的诉讼或索赔中，提供科学的数据资料。

9.5.3.2 拆除爆破振动效应的控制

在拆除爆破中，确定保护对象的允许安全振速后，同样可以采取技术措施，来预防和控制拆除爆破引发的地震效应。

(1) 核算爆破总药量，控制爆破规模

按照公式(9.55)，计算应该控制一次齐发爆破的装药量 Q_1，即

$$Q_1 = R^3\left(\frac{[V]}{K_1 K}\right)^{\frac{3}{a}} \tag{9.55}$$

如果核算的药量 Q_1 超过设计的药量 Q_s，那么要把设计药量 Q_s 分成若干段，即 $Q_s = \sum Q_i$，使每一段的药量 Q_i 低于核算的药量 Q_1，即 $Q_i \leqslant Q_1$。每一段之间采用毫秒延时爆破，使段间引发的地震波的最大振幅在时间和相位上错开，不发生同向叠加。控制因总药量过大而产生的强地震效应，可以适当加大预拆除部位，以减少爆破钻孔数；对基础部位采用分部爆破拆除等，从而达到保护对象安全的目的。

(2) 采用分段爆破，增加爆破塌落次数，减少触地震动效应

可以通过改善爆破设计，如采用折叠式拆除爆破；当建筑物拆除爆破的面积

大，比较集中时，还可采用分段延时爆破，来控制和减弱邻近爆破点的建筑物、地下管道、电缆不受爆破和塌落振动的影响。分段的结果，一次齐发爆破的药量减少了，必然使爆破引发的振动减小；同样使集中的质量分成多次塌落触地，也相应地减少了塌落振动。

(3) 挖减震沟，减弱地表振动波的影响

对于一些比较重要的保护对象，除了采用分段爆破减震的方法外，可以在保护对象与爆源之间的适当地区，开挖减震沟，其深度要求在爆破拆除建筑物的基础以下，宽度在 1 m 左右，长度由保护对象的长度范围来确定。一些工程的实际检测效果表明，挖减震沟的地方比没有减震沟的同一距离地区，相比可以减少振动强度 30%～40%。

(4) 在爆破倒塌方向地面铺设减震垫层

在建(构)筑物倒塌方向的一定范围内，铺设沙土、灰渣等空隙率大的垫层，可以大大减弱塌落振动效应，这在烟囱类高耸构筑物爆破拆除中已经是一条必不可少的安全措施。铺垫的方式可以是普遍铺垫沙土，也可以筑成条状土堤。具体的形式和铺垫的材料可以因地制宜来选取。图 9.19 是减少烟囱爆破落地震动最常用的铺设垫层的方法。

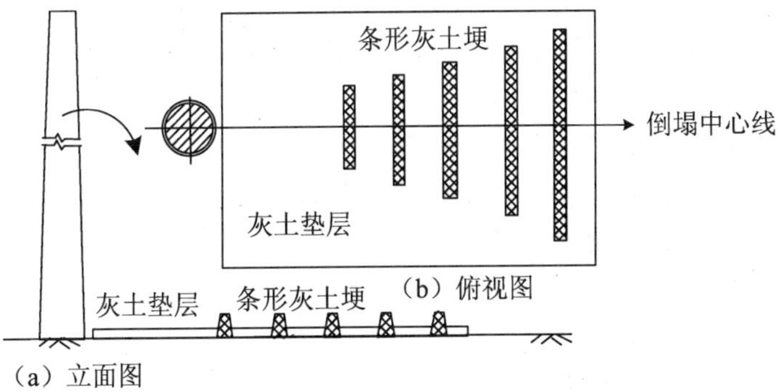

图 9.19　铺设减震垫层的方法示意图

9.5.4　毫秒延时爆破降低爆破振动的工程实例

9.5.4.1　山角村长大路堑超多段深孔拉槽爆破①

1. 工程概况

环胶州湾高速公路山角村长大路堑石方控制爆破工程，路堑长 470 m，底宽 28

① 刘宏刚，白立刚等. 复杂环境下长大石方双臂路堑，超多排、超多段深孔拉槽控制爆破[M]//中国工程爆破协会编. 中国典型爆破工程与技术[M]. 北京：冶金工业出版社，2006：58～61.

m，顶宽 36 m，挖深 11 m，需爆破石方 11.5 万 m^3。地形地质条件较好，但周围环境极其复杂，爆破开挖区紧邻民房，最近距离仅有 4.5 m，有养鸡场一座，养鸡 10 万只，且房屋抗震能力极差，爆前已有多处裂纹。爆区附近有多条高压线和通讯电缆在爆区上空通过。

为了保证环胶州湾高速公路按时通车，决定采取一次完成石方爆破施工。一要保证周围建筑安全，二要保证爆破效果，确保爆破后能顺利挖装运走，三要保证数千孔均能准爆。这给爆破设计、施工和安全保证带来了极大的困难。

2. 爆破方案设计及实施

根据爆破技术要求，确定的设计原则有：①根据周围环境条件，严格控制飞石方向为路堑纵向，控制好飞石距离；②将爆破振动危害降到最低程度，控制单响最大药量，离民房最近处以单孔药量为单响药量；③采用 V 型毫秒延时起爆技术，并保证后部爆破不产生挤死现象；④选取合理的孔网参数和科学的施工工艺，以达到好的爆破效果。

爆破设计的关键技术主要体现在以下三个方面。

① 加强孔的布设。长大石方路堑超多排深孔拉槽控制爆破，在传爆过程中，极易产生挤死现象。为了保证爆破效果，在设计中采用增加加强孔的方法，加强孔每隔 10 排深孔加 4 排，在 2 排深孔中增加 6 个加强孔。本次爆破共布 24 排，增加加强孔 159 个。增加加强段药量，以创造新的自由空间，解决超多排深孔爆破的挤死问题。

② 毫秒延时网路联结。起爆网路是本次爆破成败的关键。网路长，节点多，使用雷管数量大，分段响数多达 594 响，起爆网路必须保证 203 排、3 080 个药包均能按设计的起爆顺序、起爆时间起爆，且不发生重叠现象；起爆网路采用串联复式交叉网路、V 型起爆方法。孔内装 7 段、9 段毫秒雷管，孔外用 2 段、3 段毫秒雷管接力。网路力求标准化，简化操作程序。

③ 爆破采用的减振措施。包括：采取 V 型毫秒差起爆网路，根据不同距离严格控制单响药量；选择合理的起爆间隔时间，以形成良好的自由面，减少振动影响；两侧采用预裂爆破，减少主炮孔爆破对民房产生的振动影响；孔底加垫层，削减爆破瞬间峰值压力，进一步降低爆破振动。

3. 爆破效果

1994 年 5 月 24 日正式开始施工，共钻孔 203 排、3 080 个，总延长 36 719 m。其中预裂孔 809 个，计 9 589.2 m；缓冲孔 398 个，4 952.5 m；主炮孔 179 排、1 714 孔，14 566.6 m；加强孔 24 排、159 个，1 611 m。使用乳化炸药 73.8 t，非电导爆管毫秒雷管 1.34 万发，共分 594 响，爆破延续时间 4 770 ms，总爆破石方 11.5 万 m^3。

山角村路堑石方拉槽深孔控制爆破于 1994 年 12 月 5 日起爆成功。爆破做到了安全可靠，采用非电导爆管毫秒接力网路，一次成功地完成了 594 响的爆破，爆破振动对周围房屋影响很小，房屋没有产生裂纹和倒塌现象；爆破破碎效果很好，块度适于挖装，没有残留根坎，减少二次爆破数量，加快了施工进度。采用预裂爆破技术不仅减少了振动影响，而且提高了边坡开挖质量，减少超欠挖，半孔保留率达 75%以上。

9.5.4.2　宜万铁路宜昌南站硐室毫秒延时爆破[①]

1. 工程背景及技术难点

宜万铁路宜昌南站为铁路货站，有三片场地适宜采用硐室爆破法开挖，总爆破方量约 35～40 万 m^3，一次爆破药量至少 125 t。三个爆破区实际围成一片，外围环境复杂，北、东、西面都有村庄，距离爆区 85～200 m。该硐室爆破最主要的技术难题是大规模爆破振动安全控制，必须确保爆破近区民房的安全。

2. 爆破振动控制思路与对策

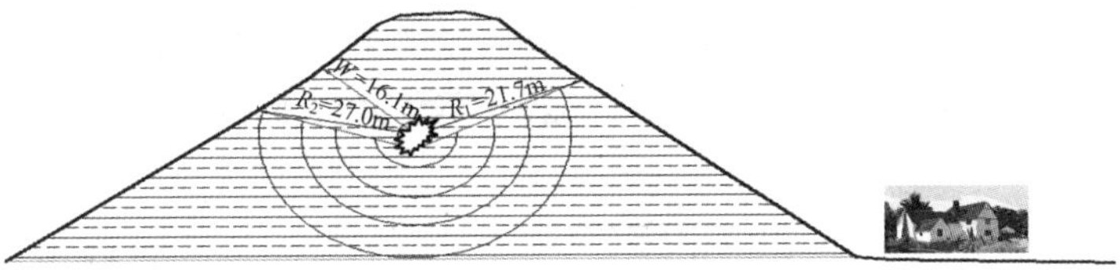

图 9.20　爆区与民房位置示意图

(1) 分析影响爆破振动安全的因素

① 地形地质条件。根据现场勘察认为本地区地形地质条件有利于爆破振动快速衰减(见图 9.20)。首先，在地形分布上爆破底层药包比房屋地基高 17 m，实践经验表明，爆破振动从山坡高处向低处传播，下部坡脚凹陷地形处振动幅值将受到抑制；其次，水平产状的砂岩层理会进一步阻隔爆破振动向下传播，且本地区泥质砂岩结构疏松，可吸收较多地震波能，因此该地质条件对降低爆破振动有害效应有利。

② 药包结构。研究表明，条形药包端部方向爆破振动衰减较快，振动幅值偏低；垂直条形药包的径向爆破振动衰减缓慢，振动幅值偏高。因此尽量将条形药包端部指向保护民房，若个别条形药包径向对准保护民房时，必须进一步减小分集药包的单响药量。此外利用条形药室装药结构的合理孔腔比也可以降低爆破振动幅值。

③ 分段起爆时差。采用分集装药，逐段接力起爆，相邻药包起爆时差应合理选取。时差过大(比如≥100 ms)则相邻药包的分隔堵塞段可能被冲毁，导致相邻药包装药结构破坏，使拒爆发生的概率增加；时差过小(比如≤25 ms)则不能使各

① 杨年华，张志毅. 复杂环境下硐室爆破振动控制的应用研究[J]. 工程爆破，2008，14(1)：20～23.

段爆破振动峰值错开，相邻段别的爆破振动仍然叠加一起，达不到分段延时的爆破减振效果。考虑到国内雷管分段时差间隔和延时精度，将相邻段别起爆时差设为50～75 ms。

④ 按不同房屋抗震性分类确定爆破振动安全标准。针对不同房屋的性质，分类确定爆破振动安全标准。待拆除的临时住房取 $V<10\ \text{cm}\cdot\text{s}^{-1}$，永久使用的砖混二层楼房取 $V<3\ \text{cm}\cdot\text{s}^{-1}$，一般性平房取 $V<1\ \text{cm}\cdot\text{s}^{-1}$，作为指导爆破设计的依据。

(2) 现场小型硐室爆破振动试验

为了准确掌握该地区爆破振动衰减规律，以便准确地预测邻近民房的爆破振动量，调整各分集药包的合理药量，进行了现场小型硐室爆破振动试验。试验炮与实际爆破在同一高程上，测振点也布置下部房屋地基的相同高程处，测点距离与实际保护目标的距离相当，在50～150 m范围。试验爆破采用内部作用药包，总装药量 $Q=500$ kg。求得该场地爆破振动衰减系数 $K=48$，$\alpha=1.42$，主振频率为17 Hz。

在此基础上分别计算出不同距离对应的允许最大单响药量值 Q_{max}，见表9.39。

表9.39 距爆区不同距离的允许单响药量计算表

距离 R/m	80	90	100	120	150	180	200
允许药量 Q_{max}/kg	995	1 417	1 944	3 359	6 563	11 339	15 555

(3) 降低硐室爆破振动效应的对策

根据地形地质、环境条件及施工要求，决定采取以下对策降低爆破振动效应。

① 严格控制单段爆破药量和总爆破规模，以减少爆破振动对附近房屋的影响。本次爆破最大单响药量5 t，总药量125 t，分为42个段别接力起爆，达到分段延时的爆破减振效果。

② 采用条形药包作为硐室爆破的主要装药形式，尽量使爆破主药包的端部指向附近建筑物，为控制单响最大药量，条形药包采用等效分段装药，间隔堵塞段长度为2～2.5 m。

③ 依据地形和环境条件允许同一条形药包有不同的最小抵抗线，但最小抵抗线差异<10%，最小抵抗线控制在20 m左右，药包排数不超过3排。

④ 采用非电导爆管接力起爆网路，各段起爆时差为50～75 ms。为确保起爆网路可靠性，药室内全部安放高段位雷管，接力网路时差用低段位雷管配置(3～10段)。为减少雷管起爆精度的本底误差，每个药室起爆体内高段位雷管不少于8发，用于接力网路段间时差配置的低段位雷管不少于6发。典型接力网路示意图见图9.21。

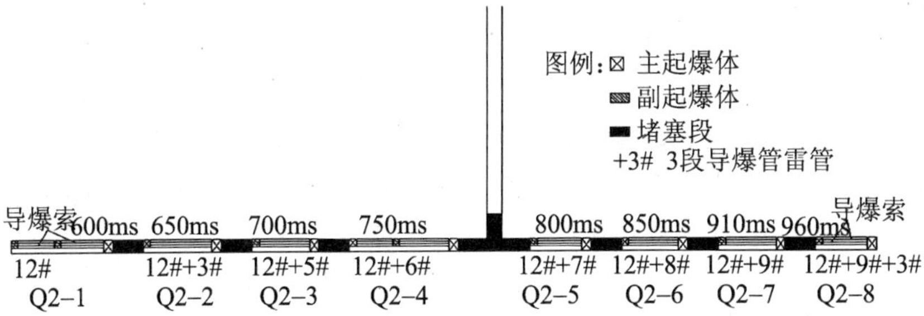

图 9.21　典型接力网路示意图

3. 爆破振动效果分析

① 根据监测的爆破振动波形分析,各分集药包分段延时爆破的对应的振动峰值能基本错开,说明利用等效分集条形药包来控制单响最大药量,以降低爆破振动峰值,其方法是有效的。实践经验证明相邻药包起爆时差小于 75 ms、间隔堵塞段长度大于 2.5 m,可以实现正常接力起爆。因此,为了兼顾逐段错峰减振和安全、准爆,爆破接力起爆网路的各段起爆时差设为 50～75 ms 是适宜的。

② 附近房屋振动安全调查与分析。爆破前后对附近民房进行了逐户调查,距离爆源最近的待拆除临时住房,爆破振动速度最大值达到 10 cm・s^{-1},振动主频为 32 Hz,爆破后没造成结构性损坏,但房顶瓦片发生错位,经过修补后房屋能正常使用。西侧 $1^{\#}$ 村庄属于永久使用的砖混楼房,处于条形药包端部,爆破振动速度最大值达到 6.9 cm・s^{-1},振动主频为 27 Hz,爆破后没发现结构性裂缝,但房顶局部瓦片发生错动,经过修补后房屋能正常使用。东侧 $3^{\#}$ 村庄距离较远,爆破振动速度最大值达到 3.0 cm・s^{-1},振动主频为 17 Hz,爆破后没发现房屋有任何损害。

③ 地形地质条件对爆破振动效果的影响。正如爆破前预计的那样,由于这里的地形地质条件有利于减低爆破振动效应,本次硐室爆破没有对近距离民房产生严重破坏。

9.6　爆破地震效应监测

9.6.1　爆破振动监测仪器

9.6.1.1　爆破振动测试系统

爆破振动测试中采用最多的方法是电测方法。在过去的几十年里,爆破振动多采用有线测量方式，即利用敏感元件在磁场中的相对运动，产生与振动成一定比例关系的电信号，经过一段导线，将电信号传输到观测站的放大器，调节后送磁带记录器(或光线示波器)记录，得到振动信号。随着电子技术的发展，用于爆破振动测试的数字式记录仪越来越多，这种自记方式测振仪的主要特点是一般将放大器直接置于机体内，省去了测量导线，测振传感器输出的电信号径直送到测振仪的模拟信号放大器调节，经模数转换器转换成数字信号存入半导体非易失性数据存储器里，完成振动波形的记录，整个测量过程由嵌入单片机控制。监测完毕，取回测振仪，在计算机上进行数据处理与分析。工程爆破振动测量采用自记方式具有很大的优越性。由于全部使用 CMOS 集成电路器件和小型元件，测振仪携带方便，整个监测过程操作简单，工作可靠。图 9.22 为测试系统示意图。

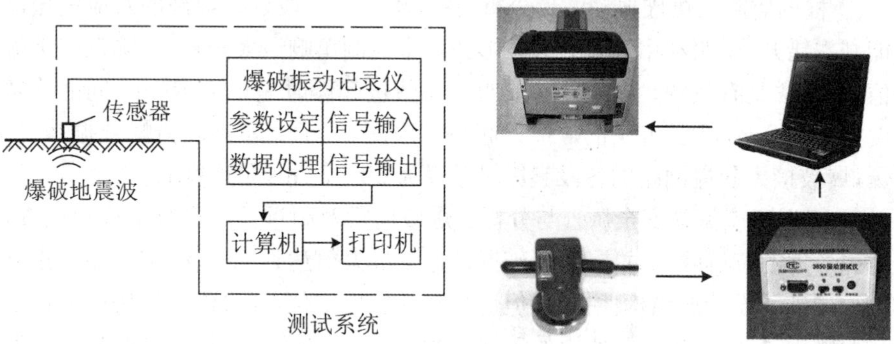

图 9.22　测试系统示意图

通常，爆破振动测试系统应具备以下技术指标。

① 可测参数值范围：速度为 0.05～50 cm・s^{-1}，加速度为 0.01～500 m・s^{-2}。

② 信号频率响应范围：0.1～500 Hz。

③ 数据记录时间：＞300 s。

④ 非线性：＜2%。

⑤ 通道数：2～3(垂直向、纵向和横向振动均可记录)。

⑥ 分析参数：原始波形、波形积分和微分；幅度值、功率谱等。

⑦ 环境条件：温度为 −10 ℃～40 ℃，相对湿度为 RH≤90%。

9.6.1.2　爆破振动测试仪器简介

目前应用较多的是成都中科动态仪器有限公司研制开发的最新产品 IDTS-3850 型爆破振动记录仪，这是国内研制开发的集测量、处理、输出为一体的先进测振仪。该仪器的主要性能指标如下。

① 量程：400 mV～40 V。

② 采样频率：1～500 kHz。

③ 延时长度：0 k，−4 k，−8 k，−12 k。

④ 采集长度：每段 16 k。

⑤ 触发方式：上升沿内触发（常选），下降沿内触发。

⑥ 通道数：3 个。

⑦ 触发电平：0.05～0.95 倍量程。

爆破振动波能被自动地记录在仪器储存器内，然后通过计算机专用软件 IDTS3850 seismograph 与爆破振动记录仪通讯，读取并分析爆破振动波。

IDTS3850 seismograph 软件是成都中科动态仪器有限公司推出的数据采集虚拟仪器软件，可以运行于 Windows 95/98/ME，Windows 2000/XP 系列操作系统上，具有如下优点：① 优良的全汉字图形界面，见图 9.23 IDTS3850 seismograph 分析软件界面；② 硬件兼容性，采用标准微机作为开发平台，可在各种通用的打印机、绘图仪上输出；③ 完善的数据处理功能，具有 FFT、功率谱、微积分、矢量合成等算法；④ 多通道文件格式，实验波形打包存储，保证数据完整性；⑤ 测试电压数据自动转换为物理量显示和计算。

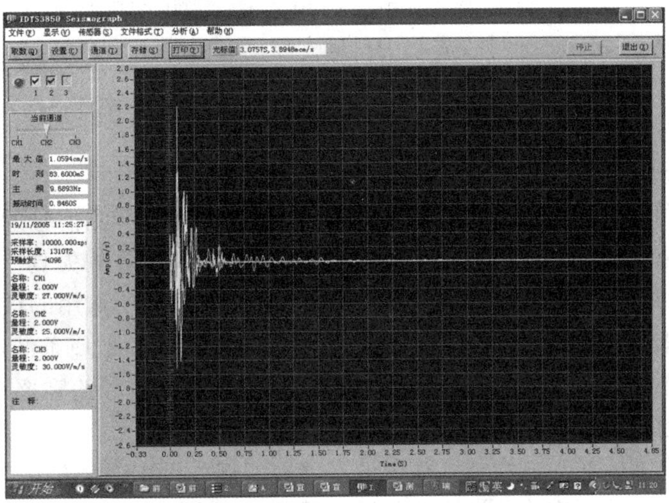

图 9.23　IDTS3850 seismograph 分析软件界面

中科院成都分院研制的 EXP-3850 爆破振动测试仪，具有轻便灵巧、抗振、抗电磁干扰、低噪声、高可靠性等特性，可满足下列场合的特殊测试要求：①爆破、辐射、腐蚀等人员无法在场的危险测量环境；②水下、地下、电磁干扰等信号难以长线传输的场合；③远离供电源的测量环境；④高速运动的物体中；⑤现场测试点多而分散的场合。

其主要特点是：①体积小，便于携带；②单键操作，快速使用；③方便易学；④防冲击金属盒设计，直接与传感器相连，现场无需布线，即装即用；⑤4 节 5 号电池供电，可连续工作 30 小时以上；⑥内部备用电池确保记录数据长期安全存储；⑦分辨率高，最小分辨振动达到 0.001 6 $cm \cdot s^{-1}$，读数精度达到 0.5%，能有效监测远离爆破源的振动信号;信号存储分为8段,可自动记录8次爆破波形,也可将8段组合为一段使用。

国内市场还有成都中科测控公司生产的带USB数据通讯接口的3850型爆破测振仪、在TC-3850USB基础上的增强型测振仪,四川拓普测控科技有限公司生产的UBOX-20016振动信号自记仪,北京测振仪器厂生产的GZ系列测振仪,北京矿冶研究总院生产的DSVM-4C振动测试仪等。

目前在国内市场比较流行的仪器还有美国Geosonics公司的SSU系列测振仪,包括SSU2000DK测振仪、SSU Micro微型测振仪和SSU3000LC测振仪;美国SAULS公司生产的NCSC5000型测振仪,全称为便携式微机控制数字输出测振仪(Nomis Computer System Corportion 5000 Portable Microprocessor-based Digitizing Seismograph);加拿大Instantel公司制造的Instantel振动监测仪,另有爆破微型(MiniMate PLus),不带打印机全部重量仅1.4 kg。

拾振器的型号也很多,北京测振仪器厂生产的CD-22型磁电式振动速度传感器,工作性能如下:①灵敏度为200 $mV \cdot cm^{-1} \cdot s$;②频率响应范围为10～1 000 Hz;③ 误差精度<3%。此外,成都中科动态仪器有限公司生产的振动速度传感器(磁电式)有TSH-Ⅰ型(水平)、TSV-Ⅰ型(垂直)等。

9.6.1.3 爆破振动测试仪器的正确选用

(1) 仪器的频率响应

任何一种动态测试仪器都有一定的频率响应范围,当所测信号的频率超过仪器频率响应范围,则通过测试系统所测得的信号将产生严重的失真。不能正确地反映原信号的特征。因此,在爆破振动测试中应特别注意所选用的仪器频率响应是否满足要求。在爆破近区、远区,不同的爆破方式,不同的地质条件,爆破地震波的频率都是不同的。因此,在选用仪器时,应首先对所测信号的频率有所了解,然后有针对性地选用合适的仪器。

我国水电部门在水电水利工程爆破安全监测规程(DL/T 5333-2005)中提出,传感器频带线性范围应覆盖被测物理量的频率,可按照表9.40对被测物理量的频率范围进行预估。

表9.40 被测物理量的频率范围(Hz)

监测项目	爆破类型			
	硐室爆破	深孔爆破		地下开挖爆破
质点振动速度	2～50	近区	30～500	20～500
		中区	10～200	
		远区	2～100	
质点振动加速度	0～300	0～1 200		0～3 000

对于爆破振动测试，应根据施工现场地质地形条件和爆破参数，预估被测信号的幅值范围和频率范围，选择测试系统的工作频带应满足爆破地震波的频域特性。在大多数情况下，爆破振动速度频率范围在 5～500 Hz，药包的药量大，频率越低。可以把测振仪的工作频带上限定为 1 400 Hz，大量工程爆破振动监测记录表明，爆破地震波振动频率很少超过此上限值。地震仪由于记录信号的频带限制，不适宜用在爆破地震波测试中。

除测振仪外，传感器、测震放大器、记录仪的选用都应注意上述问题。

(2) 仪器的动态范围

在爆破振动测试中除应注意仪器的频率响应问题外，还应特别注意仪器的量程问题。传感器和记录设备的测量幅值范围应满足被测物理量的预估幅值要求。

测试系统量程的估算，应使预计的测试值在系统可测范围的 30%～70% 之间，其上限应高于被测信号最大预估值的 20%。多点测试时，应尽量使传感器、二次仪表、记录装置的技术指标接近或相同。

(3) 爆破测振的特殊要求

对于爆破振动自记录仪，由于目前一般选择自动内启动方式，因此要求启动设置可靠，并有负延时设置，以形成完整的记录波形，一般负延时记录应达到 0.25 s 左右。拆除爆破振动监测应包括记录爆破及建筑物塌落所产生的振动，但通常只进行一次测量，记录爆破及塌落振动的全过程，在设置记录首末页时必须考虑这一点。如监测点应同时记录多个建筑物爆破拆除的振动过程，则应按多次记录设定。

某工程中选择 CD-22 型速度传感器、低噪声屏蔽电缆、IDTS3850 型便携式测振仪和计算机组成的爆破振动监测系统，测试前对系统做了标定，圆满完成了监测工作。

9.6.2　爆破振动测试若干技术问题

9.6.2.1　测试方案及测点布置

测试方案应依据爆破地震效应监测目的和要求来设计，爆破振动测试一般有以下两种类型：一类是对重点防护对象在爆破施工作业中进行全过程监测，监测数据用做评价防护对象的安全状况，也是为可能引起的诉讼或索赔提供科学的数据资料；另一类是针对重大爆破工程在现场条件下进行的小型实爆试验，通过测试了解和掌握爆破地震波的特征、传播规律以及对建筑物的影响等，比如测定现场爆破条件下的 K 值和 α 值，测试项目和取得的测试数据用以指导爆破设计方案和参数选择，也是对设计进行安全评估的重要依据。

爆破设计、施工单位为了完善设计，指导安全施工，可以自行组织爆破效应监测；但承担仲裁职责的监测单位，不应由爆破设计、施工单位承担，应经有关部门认定，所使用的测试系统应满足国家计量法规的要求，应经室内动态标定，并有良好的频响特性和线性范围,数据误差符合工程要求。

测点布置要根据测试目的和要求进行,如监测振动对建筑物的影响,则测点应布置在建筑物的基础或附近地表上,当监测对象为高层建筑物时,为了了解建筑物的振动反应,还应沿建筑物不同高度布置监测点。如测试是为了研究爆破地震波的衰减规律,或为了求算该种岩石条件下的 K 值和 α 值,则通常应沿爆源中心的径向布置一条或几条测线,由于地震波的强度随距离的增加按指数规律衰减,为了处理数据时测点在坐标上均匀分布,测点的距离分布也应按近密远疏对数关系布置,一条观测线上的测点,一般不能少于 5 个;每一测点一般宜布置竖直向、水平径向和水平切向三个方向的传感器;在监测或测试时,一些必须取得数据的重要测点,应布置重复点。另外,在不同的地貌,地质条件下也应布置测点,以便了解这些条件对爆破振动效应的影响。在布点中,还要考虑到传感器和测振仪的安全,防止堆积体或个别飞石将测点覆盖或使仪器损坏,必要时可采取一些保护措施。

9.6.2.2 爆破振动监测的现场工作

(1) 传感器的安装

为了真实地反映被监测对象的振动特性,传感器的安装、定位十分重要。传感器与被测对象的连接要牢固,避免在接收振动过程中由于传感器连接不好发生摆动或产生寄生振动,造成振动信号失真。一般,传感器可采用粘接法、螺钉固定法和埋入法安装。首先应清理测点表面的浮土,修平测点表面并进行清洗,安装方向应与所测的质点运动分量一致,用胶结剂使其基座与建筑物的基础面(或岩面)粘接牢,粘胶剂用量不能太多,只需很薄的一层,以避免波形通过粘胶层时的衰减滤波使原有的频率特性受到影响。测试基岩振动时,要清除表土和风化破碎层,浇筑一混凝土墩;测试土中振动时,要在土中浇筑一个深度不大且有一定支承表面积的混凝土平台,将传感器安装其上;砂土质介质或基础上的传感器安装,应将传感器上的长螺杆全部插入被测介质中,使传感器与介质紧密连接;采用螺钉固定时,螺钉要固定牢靠,避免因松动带来的二次振动。

(2) 抗干扰措施

采用电测法进行爆破振动测试,要防止电、磁噪声干扰。工业、交通设备火花放电产生的放电噪声,工频、高频和射频等大功率传输装置、脉冲发生器、电子开关等的连接线产生交变磁场形成的噪声,以及雷电噪声都可能与测试振动信号叠加,造成测试误差。

为减少电、磁噪声干扰,测试系统应尽可能避开大型电气设备,测振仪使用交流电时,应保证仪器接地,必要时,可对拾振器和测振仪采取屏蔽措施或用滤波器抗干扰。

(3) 现场测试注意事项

① 应收集爆破规模、爆破方式、孔网参数及起爆网路等爆破参数。

② 合理选择自触发设定值,设置的量程、记录时间及采样频率等应满足被测

物理量的要求。

③ 应依据记录设备电源的待机时间，合理选择开机时间。

④ 无线测量时，应采用同步测试装置将多测点的自记系统相连接。

⑤ 监测后应填写爆破振动监测记录表。

9.6.3　爆破振动监测数据的处理

9.6.3.1　振动波形的直观分析和数据处理

爆破地震波和结构爆破振动效应的测试结果是反映各种振动信息的曲线，即振动波形图。爆破地震波和结构动力响应信号都属于随机信号，在记录到的波形图上，它的频率、幅值都是随时间不规则变化的，信号分析和数据处理就是去伪存真的过程。一些测振仪直接通过电子计算机给出测振数据及处理结果，非常简便，但在实际中，有时也用人工的方法进行比较简单和初步的分析和处理。

(1) 波形的直观分析和数据处理

波形直观分析是从波形图上量取确定有用的数据。这个分析方法比较简单、省时、实用，而又具有一定精度，一般来说，主要是量取主振相中的最大振幅，即波形上的最大偏移。

当波形图在基线两侧很不对称时，一般只读取峰值，即读取最大幅值 A，振动参量数值 V 是将振动波形的幅值乘以测振仪器系统的标定灵敏度值，即

$$V = A \cdot K$$

式中：A—记录波形的幅值；

K—测试系统灵敏度标定值，若为速度则 K 的单位为 $cm \cdot s^{-1} \cdot mm^{-1}$。

(2) 振动频率(周期)

振动波形的频率比较复杂，用直观分析法时，量取周期比量取频率方便，取最大振幅相邻两个峰或两个谷之间的时间为周期 T，其倒数即为振动波形的主频率，即 $f=1/T$。此频率为该振动波形中占优势的主频率。

(3) 振动持续时间

指测点运动开始到全部停止所持续的时间。由于实测的波形图上质点运动开始和停止的时间不易确定，通常规定，若记录中最大振幅为 A，则从振幅 A/e 开始到波形衰减到 A/e 为止的一段时间作为爆破振动持续时间，e 为自然对数，取值为 2.7。

还应指出，进行波形分析和处理时，都应保证分析的原始波形正确，否则将会造成错误的结果。爆破振动波形是复杂的，尤其是现场测试中会受到各种干扰的影响。例如，由于测试系统的漂移、漏电、干扰等种种原因，会造成实测记录波形的基线漂移，这将给分析结果造成误差，这种情况下首先应对波形的基线进行处理，然后按修正后的波形进行波形分析和数据处理；还有可能在爆破振动波形上叠加有高频振荡的复合波形，为此对波形要进行平滑处理，去掉高频干扰；量程挡位选

取不合理时，会使波形溢出，此时要考虑对波形的延拓；涉及时间量时，必须注意记录装置给出的时标及波形记录速度；当记录的测点较多时，必须搞清各个波形之间的关系，一个测点一个测点地去进行波形分析。

数据处理的过程，实质上是从测试波形中提取有用信息的过程。对于爆破振动监测，最重要的数据是爆破振动最大幅值及振动主频率。

一般的振动记录分析仪器，都配有测试分析软件，有在线帮助功能，有频谱、功率谱、相关、微积分、插值、数字滤波、传递函数，有三矢量合成、瀑布谱图等各种算法，实现采集过程自动存盘和磁盘数据文件动态回放，并可采用 Windows 操作方式，将有关信息和数据处理结果方便的输入、储存和打印，以满足用户的要求。

9.6.3.2 爆破振动测试报告

在爆破振动监测中，还应当在爆破前后对被保护物有无损坏迹象做好细致的调查，并做好文字和图像等记录，这对于爆破振动的安全评估十分重要。

在每次爆破后应及时提出测试报告，测试报告内容应包括：监测目的和方法，测点布置、测试系统的标定结果，实测波形图及其处理方法，各种实测数据、判定标准和测试结论。

一个完整的爆破振动测试报告应包括如下一些记录内容（表 9.41 提供了一个可供参考的振动测试记录表）。

表 9.41 工程爆破振动测试记录表

时　间		湿　度		风　力		测试单位	
地　点		温　度		风　向		测试人员	
总装药量	kg	总炮孔数		分段数		爆区范围	
起爆方式			地形地质条件				
传感器安装方法			传感器型号			生产厂家	
记录仪名称			记录仪型号			生产厂家	
记录仪编号		负延时		触发方式		采样频率	
通道号							
传感器编号							
测量方向							
量程选择/V							
灵敏度/cm·s^{-1}·mm^{-1}							
线性度/%							
频率范围/Hz							
距离/m							

续表 9.41

段别	药量/kg	峰值时刻/ms	峰值速度/cm·s^{-1}		
最大峰值速度/cm·s^{-1}					
主振频率/Hz					
最大合速度/cm·s^{-1}					

① 一般情况:时间、地点、环境温度、湿度、风向、风力、测试单位、操作人员。

② 爆源情况:总装药量、分段数、分段炮孔数和药量、爆区范围、起爆方式。

③ 测试场地情况:测点方位、离爆源距离、测点地形和地质条件、周围环境。

④ 传感器安装情况:传感器安装方法、安装方向、传感器型号、厂家、传感器灵敏度、频率范围、量程、线性度、编号。

⑤ 记录仪情况:记录仪名称、型号、编号、触发方式、量程选择、采样频率、通道数及编号。

⑥ 记录波形输出:振动波形应有时间标尺,标出最大振幅值和所处时刻。

⑦ 振动衰减规律回归分析:根据经验公式 $V_{max} = k(Q^m/R)^\alpha$ 回归,求出 k 值和 α 值。

⑧ 描述爆破前后仪器和保护物有无损坏迹象。

⑨ 附上仪器传感器标定证书。

9.6.4 爆破振动效应监测的工程实例

9.6.4.1 襄樊火车站风雨棚爆破拆除工程振动监测①

1. 工程概况与监测要求

襄樊火车站因复线改造,需拆除第一、二站台长各450 m的风雨棚。第一站台风雨棚宽11 m,柱高4 m,共39排立柱(双柱),立柱为钢筋混凝土结构,断面尺寸为0.4 m×0.4 m~0.4 m×0.6 m。第二站台风雨棚宽8 m,单排立柱,立柱及棚顶结构同第一站台。两站台上部为电气化接触网,站台上有信号楼,值班室等应保护建筑物,站台地面下有水沟、电缆沟、检查井、地道等构筑物,在旁侧有运营铁路线,

① 顾毅成,金骥良. 襄樊火车站风雨棚控制爆破拆除[M]//第七届工程爆破学术会议文集. 新疆青少年出版社,2001:414.

候车大厅等其他建筑物，爆破环境非常复杂。襄樊火车站为铁路重要枢纽，日通过客货车达 50 对以上，日客流量近万人。工程指挥部要求一要保证旅客和工作人员安全，二要保证列车安全正点，三要保证车站房屋及各类设施安全，四要保证迅速完工。

确保距爆破立柱 10 m 远的信号楼安全及不间断使用，是本工程安全评估的重点，为此，北京工程爆破学会组织北京科技大学爆破研究室派员进行了现场爆破监测，在距爆破立柱同样 10 m 远的车站招待所门厅，放置美国 SAULS 公司 NC-SC5000 型测振仪，监测爆破拆除第一站台风雨棚两个单元（30# ～36# 柱）计 75 m 长和试爆时一个单元（37# ～39# 柱）的纵横梁解体时产生的振动，爆破总药量为 10.6 kg，分三段（50 ms，150 ms，310 ms）毫秒延时爆破，最大一段装药量为 4.0 kg。

2．爆破振动监测及安全分析

测试打印结果及波形图见图 9.24。

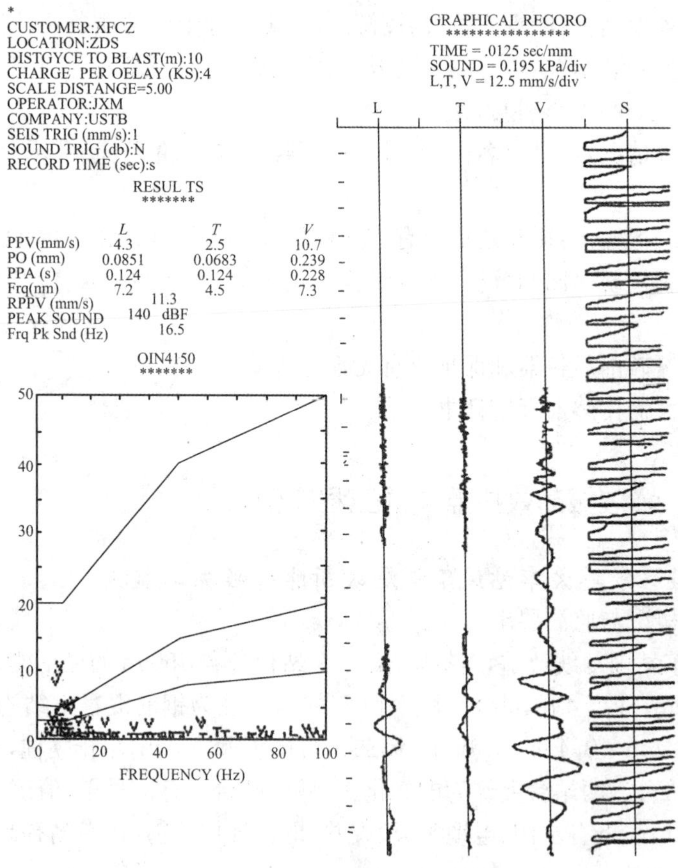

图 9.24 测试波形图

距最近爆破立柱 10 m 测点处的地面振动数据见表 9.42 和表 9.43。

表 9.42　距爆破立柱 10 m 处地面振动测试数据

方向	L	T	V
最大振速/cm·s^{-1}	0.43	0.25	1.07
最大位移/mm	0.085 1	0.068 3	0.239 1
最大加速度/m·s^{-2}	0.124	0.124	0.228
振动频率/Hz	7.2	4.5	7.3
三维合成速度/cm·s^{-1}	1.13		

注:①L,T,V 分别表示径向、切向、垂直向分量;②距爆破点 200 m 远信号楼内第二测点地面振动未能触发,表明三维合成速度小于 0.05 cm·s^{-1}。

表 9.43　爆破振动与塌落振动实测参数比较

	爆破振动	第一次塌落振动	第二次塌落振动
振动持续时间/s	0.25	0.75	0.58
频率/Hz	40	8	7.3
地面最大速度/ cm·s^{-1}	0.3	0.5	1.07
地面最大加速度/m·s^{-2}	0.75	1.26	2.28

注:爆破振动由北京科技大学土木学院爆破研究室易慧彪、靳新民测试。

由实测波形可知,最先测得是爆破振动波形,其后为塌落振动波形。爆破振动的持续时间为 0.25 s,第一个塌落振动波形持续时间为 0.75 s,随后测得的第二个塌落振动波形的持续时间为 0.58 s。从起爆到塌落振动总的振动持续时间为 1.58 s。测得的二次塌落振动正好与实际爆破两个单元爆破的延时间隔相吻合。

从振动波形比较看,爆破振动的幅值小于塌落振动幅值,而第二次塌落振动又大于第一次塌落振动,从振动速度幅值比较第二次塌落振动比爆破振动大 2.6 倍;从振动频率比较,爆破振动频率明显高于塌落振动;从持续时间比较,塌落振动要比爆破振动长约 3 倍。

根据爆破安全规程有关规定,对信号楼,取安全振动速度为 3 cm·s^{-1}。实测表明,在同等爆破参数的条件下,在邻近信号楼爆破拆除风雨棚引起的爆破和塌落的地面最大速度为 1.13 cm·s^{-1},小于安全振动速度 3 cm·s^{-1},也在本仪器所备的德国建筑物安全标准(见实测附图)安全标准线内,因此,无论是爆破振动还是塌落振动,都不会对信号楼有安全影响。实际观测还表明,在爆破 30$^{\#}$～36$^{\#}$ 柱时,紧邻的车站招待所门厅(其结构抗震条件比信号楼差)没有任何损伤。

实测表明,爆破及塌落引起的振动,其最大垂直位移为 0.24 mm,最大垂直加速度为 2.28 m·s^{-2},均低于襄樊电务段提供的电务设备器材振动指标(表 9.44)。

因此,爆破时不影响电务设备器材的正常使用,更不会造成损坏。现场爆破振动测试保证了该项工程的安全实施。

表 9.44 电务设备振动指标

器材	振动频率/Hz	位移幅度/mm	加速度幅值/m·s^{-2}	摘录文件
AX 型继电器	15	0.45		说明书
变压器	10~55		30	TB1869-90
交流继电器	5~22	1	20	TB2120-90
电子盒	1~35		5	TB1567-90
18 信息自动闭塞	1~35		10	说明书
25 Hz 轨道器材	10~15		4	TB2026-90 TB2024-90
通信器材	10~20		5	TB2130-90

9.6.4.2 山东教育电视台附近路堑石方爆破的安全控制[①]

1. 电视台对石方爆破的技术要求

济南市东区建设旅游路西段(K0+940~K1+445)路堑工程,是在原有公路基础加深和加宽的扩改工程,改造路段长约 500 m,路堑截面上宽约 40 m,底宽约 26 m,开挖深度在 2~22 m 不等,需要爆破的石方量约 10 万 m^3。开挖方量大部分集中在原有公路(K1+80~K1+245 段)的东北侧,挖深都在 8 m 以上,最大挖深达到 22 m。爆破区域岩体为硬质石灰和泥灰岩,属中硬岩,$f=6\sim8$。

爆破区域周围环境比较复杂(环境平面图见图 9.25),旅游路西爆区北东侧紧靠山东教育电视台,院内天线发射装置离开爆区最近的距离约 10 m,控制仪器室离开爆区最近的距离约 15 m。电视台要求飞石不得损坏院内天线发射装置、控制仪器室内的仪器仪表及电台的所有建筑,爆破振动不得危及发射天线的基础和仪器仪表的灵敏部件,不能造成跳闸、掉线,不能中断电视台所有节目的播出。面对复杂环境和电视台要求,石方爆破施工除应严格控制飞石外(有关飞石控制的措施从略),还必须将爆破振动控制在允许范围之内。

2. 电视台旁石方爆破的振动控制

(1) 振动标准

如何确定电视台的振动安全判据目前尚无规定,爆破设计在振动频率为 10~50 Hz 时,按允许质点振动速度 $V=1\ cm\cdot s^{-1}$进行控制,在距发射装置仅有 10 m 条件下允许单响药量仅为 2.8 kg,这在分段爆破情况下难以进行深孔爆破施工。我们采取

① 李俊桢,刘宏刚,白立刚.山东教育电视台附近路堑石方爆破的安全控制[J].铁道建筑.2005 年增刊(总 377 期):14~16.

由远及近的爆破方案，采用跟踪监测的方法，从实际爆破中探索振动允许值大小。

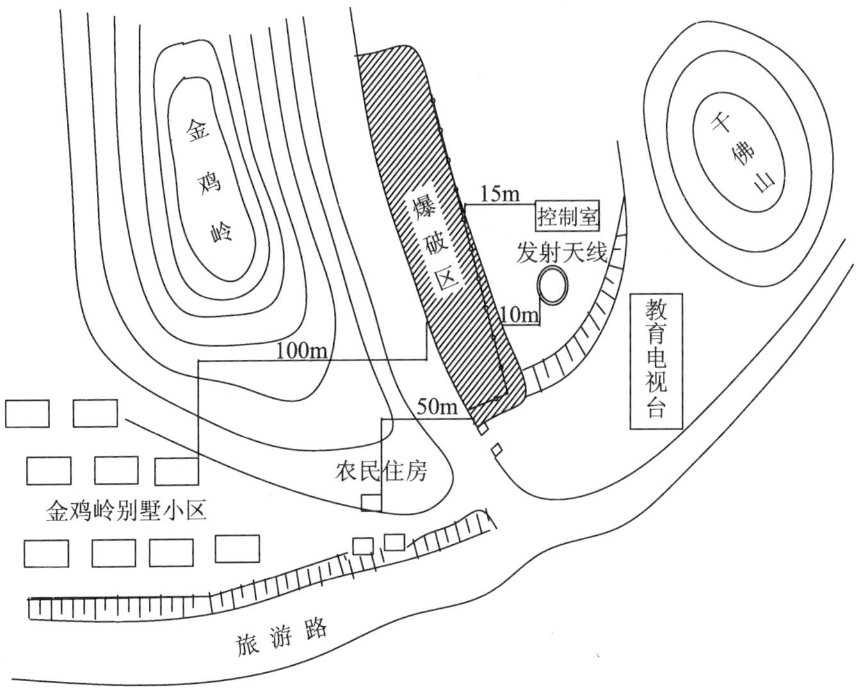

图 9.25　旅游路西段爆破区域环境平面图

(2) 教育电视台旁石方爆破降振的主要技术措施

① 采取孔内分层装药毫秒延时爆破控制单响药量。在深孔爆破中采用小抵抗线，弱装药控制单孔药量，以利于教育电视台旁石方深孔爆破施工。采取孔内毫秒延时爆破技术，孔内采用 2～4 层的装药结构，将药量控制在允许的单响药量。在邻近电视台处每次爆破不多于 5 孔，采取孔间毫秒延时爆破。

② 采用单排孔爆破减弱爆破振动对电视台影响。采用单排孔小抵抗线顺序起爆，创造好的临空面，以减少爆破能量对后面建筑的影响，达到有效降振目的。

③ 利用隔断原理实现减振效果。目前隔断振动传播的方法，常利用自然地质条件(明显层理，软弱夹层，断层等)或人造预裂缝(带)来减少爆破振动对周围振动影响。

3. 爆破振动监测及安全分析

(1) 测试目的

跟踪监测石方爆破对山东教育电视台的影响，通过测试及时为施工及监理部门反馈爆破振动信息，为修改和调整爆破参数及采取合理的爆破振动控制措施提供可靠的根据。通过爆破振动监测，确定合理的 K 值和 α 值，在保证安全的前提下，增大一次爆破总量，以加快施工进度。为电视台最敏感设备功率放大器、发射天线制定爆破振动允许标准提供依据。

(2) 测试情况

山东教育电视台附近路堑石方从 2004 年 8 月 21 日开始到 2005 年 4 月 3 日止，共爆破 65 次，随距离不同，单响药量在 10.8～92 kg 范围内变化，监测振动速度天线基础为 4.8～77.3 mm・s^{-1}，功放基础为 8.3～98 mm・s^{-1}，没有影响电视台正常工作。典型的测振记录见表 9.45。质点振动速度统计分析见表 9.46。

表 9.45 山东教育台典型振动记录表

时间	位置	总装药量/kg	最大单响药量/kg	振动频率/Hz	最大振速/mm・s^{-1}	最大加速度/m・s^{-2}	对教育电视台的影响
9 月 6 日	天线基础	160	42	35	35	0.298	功率放大器及发射天线未发生变化，发射装置运行正常
	功放基础		42	41	41	0.37	
9 月 7 日	天线基础	240	40	34	42.9	1.08	同上
	功放基础		40	47	60.1	2.09	
9 月 8 日	天线基础	289	52	28	22.5	0.424	电台发射装置未发生变化，电台画面瞬间闪动，未造成不良影响
	功放基础		52	37	24.2	0.663	
10 月 12 日	天线基础	1 049	56	46	48.4	0.9	无异常现象
	功放基础		56	45	65.4	3.37	
12 月 2 日	天线基础	165	12	20	46.9	1.01	振动较大，相对频率低，但加速度较小，电视台正常工作
	功放基础		12	20	36.2	0.742	
12 月 28 日	天线基础		11	20	77.2※	1.22	
	功放基础		11	12.2	98	3.5	

※爆破振动最大一次，天线方位角变化 0.02 度，因爆破时电视台停机检修，因此没有影响工作；振动监测数据较小，对教育电视台没有影响的，表中从略。

从表 9.45 和表 9.46 可以看出，功放基础振动大于天线基础振动，主要由于天线基础为大型混凝土基础，而功放基础相对体积较少。天线基础在振动超过 40 mm・s^{-1}时天线方位角有所偏移，偏移最大为 0.02 度，未影响发射。功放基础在振动大于 40 mm・s^{-1}时电视画面出现过几次瞬间闪动，振动速度大于 50 mm・s^{-1}时，发生过一次功放的讯号传输线插头脱落，控制盘瞬间无信号，插头安装好后恢复正常播出。

表 9.46　监测数据在不同质点振动速度幅值范围的次数

测点位置	$10\leqslant V$ /mm · s^{-1}	$10< V\leqslant 20$ /mm · s^{-1}	$20< V\leqslant 30$ /mm · s^{-1}	$30< V\leqslant 40$ /mm · s^{-1}
天线位置	13	23	10	4
功放位置	10	10	13	8
测点位置	$40< V\leqslant 50$ /mm · s^{-1}	$50< V\leqslant 60$ /mm · s^{-1}	$60< V\leqslant 70$ /mm · s^{-1}	$70< V\leqslant 80$ /mm · s^{-1}
天线位置	6	3		1
功放位置	9	7	4	1

(3) 振动安全分析

山东省东区建设旅游路西段在山东教育电视台旁的石方爆破中，最大一次用药量 1 049 kg，最大单响药量 56 kg，在爆破中采用孔内 8 段毫秒延时爆破技术，有效地控制了振动对电视台的影响，保证了山东教育电视台正常广播，取得了良好的爆破效果。

通过爆破实践和振动监测，为制定电视台旁石方爆破振动标准提供了资料，建议将 $V\leqslant 4.0$ cm · s^{-1}作为电视台爆破振动的安全判据。

第 10 章　爆破对环境的影响与控制

10.1　爆破产生的有害气体及其预防

随着人类文明和技术的进步，我们对生存的环境提出了更高的要求。我们在爆破施工中应进一步重视预防有害气体、粉尘、噪声对人体的影响，加强对生态环境的保护，努力实现无公害爆破。

10.1.1　爆破产生的有害气体及对人体的危害

10.1.1.1　爆破产生的有害气体

一般来说，炸药爆炸时生成这种或那种有害气体主要与炸药的氧平衡有关，起爆药包的类型和威力，炸药加工质量和使用条件(如装药密度、炮孔直径、炮孔内的水和岩粉等)对有害气体的产生也有一定的影响。

我们知道，炸药通常由碳(C)、氢(H)、氧(O)、氮(N)四种元素组成，其中碳、氢是可燃元素，氧是助燃的，氮一般是载氧体。炸药爆炸的过程就是可燃元素与助燃元素发生极其迅速和猛烈的氧化燃烧反应，反应的结果必然出现三种情况：①有时氧较多而剩余，称为正氧平衡；②有时碳、氢元素较多而氧不足，称为负氧平衡；③有时正好吻合，即氧完全氧化，与碳原子生成 CO_2，与氢原子生成水，则称为零氧平衡。正氧平衡过大的炸药爆炸时，过剩的氧将使氮元素氧化成氧化氮(NO_2 和 N_2O_5)；负氧平衡过大的炸药爆炸时，由于氧不足，碳原子不能完全氧化，因而生成较多的一氧化碳(CO)。在工程爆破中，即使零氧平衡的炸药，因为爆炸时周围介质也会参加反应及整个过程的复杂性，仍然会生成相当数量的有害气体。

地下巷道爆破现场取样测试表明，工程爆破常用的二号岩石炸药，其有害气体量为 $36\sim42\ \mathrm{l\cdot kg^{-1}}$，EL 系列乳化炸药有害气体量为 $22\sim29\ \mathrm{l\cdot kg^{-1}}$。

一般来说，起爆能量越大，生成的有害气体越少；相反，如起爆条件不好，炸药爆轰不完全或炸药发生爆燃将会产生较多的 NO_2。炸药的加工质量对有害气体的生成量亦有影响，粉碎和混合得较好的混合炸药，爆炸生成的 CO 和 NO_2 较少。

炮孔中有水，以及炮孔内岩粉未能吹净，会使 NO_2 的生成量增加；岩层有裂隙和封闭性差时，产生有害气体量比坚硬均质的岩体要多；炮孔深而且炮泥堵得好，则可抑制有害气体的生成。除此以外，研究还表明，炸药装填密度适宜时，NO_2 较少；装药直径较大时，CO、NO_2 含量都有所下降；药卷含蜡量增加，CO 增多。

10.1.1.2　爆破有害气体对人体的危害

一氧化碳（CO）是炸药爆炸时产生的主要有害气体。它无色无味，比重为空气的 0.97 倍，化学性质不活泼，在常态下不能和氧化合，但当浓度为 13%～75%时，能引起爆炸。

一氧化碳与红血球中血红素的亲和力比氧气的亲和力大 250～300 倍，它被吸入人体后，阻碍了氧和血红素的正常结合，使人体各部组织和细胞产生缺氧现象，引起中毒以至死亡。

一氧化碳中毒的程度和速度决定于下列因素：①空气中一氧化碳的含量；②人体呼吸含有一氧化碳气体的时间、呼吸频率以及深度；③血液循环的速度。它的中毒程度可分为：①轻微中毒，有耳鸣、头痛、头晕和心跳等症状；②严重中毒，除上述症状外，还有肌肉疼痛、四肢无力、呕吐、感觉迟钝和丧失行动能力；③致命中毒，丧失知觉、痉挛、心脏及呼吸骤停。

人处于静止状态时，中毒程度与一氧化碳浓度的关系，如表 10.1 所示。

表 10.1　中毒程度与 CO 浓度的关系

中毒程度	中毒时间	CO 浓度	
		$mg \cdot L^{-1}$	（按体积计算）%
无征兆或有轻微征兆	数小时	0.2	0.016
轻微中毒	1 h 以内	0.6	0.048
严重中毒	0.5～1h	1.6	0.128
致命中毒	短时间内	5.0	0.4

二氧化氮（NO_2）是炸药爆炸时产生的另一主要有害气体。一般认为，NO_2 的毒性要比 CO 的毒性更大，但大到何种程度，各国标准不一，如美国通常认为要大 20 倍，而我国和前苏联则认为是 6.5 倍。

二氧化氮呈褐红色，有强烈的窒息性，其比重为空气的 1.57，极易溶于水，对眼睛、鼻腔、呼吸道及肺部有强烈的刺激作用。NO_2 与水结合成硝酸，对肺部组织起破坏作用，引起肺部的浮肿。

二氧化氮中毒后经过 6 h 甚至更长的时间才能发现中毒的征兆，即使在危险的浓度下，最初只感到呼吸道受刺激，开始咳嗽，20～30 h 后，即发生较严重的支气管炎，呼吸困难，吐淡黄色痰液，发生肺水肿，呕吐以致死亡。二氧化氮中毒的特征是手指及头发发黄。

空气中二氧化氮含量与人体的中毒程度如表 10.2 所示。

表 10.2 中毒程度与 NO_2 浓度的关系

NO_2 浓度/%	人体中毒反应
0.004	经过 2～4 h 还不会引起显著中毒现象
0.006	短时间内呼吸器官有刺激作用，咳嗽，胸部发痛
0.01	短时间内对呼吸器官起强烈刺激作用，剧烈咳嗽，声带痉挛性收缩、呕吐，神经系统麻木
0.025	短时间内很快死亡

10.1.2 爆破有害气体的允许浓度及预防措施

10.1.2.1 爆破有害气体的允许浓度

爆破安全规程规定，地下爆破作业点的爆破有害气体浓度，不应超过表 10.3 的标准。

表 10.3 地下爆破作业点有害气体允许浓度

有害气体名称		CO	N_nO_m	SO_2	H_2S	NH_3	Rn
允许浓度	按体积/%	0.002 40	0.000 25	0.000 50	0.000 66	0.004 00	
	按质量/$mg \cdot m^{-3}$	30	5	15	10	30	3 700 $Bq \cdot m^{-3}$

地下爆破作业面炮烟浓度宜每周监测一次，采样环境应与日常施工环境相同，监测爆破后工作时段的有害气体浓度宜采用便携式智能有害气体检测仪检测，并配置与检测项目有关的即插即用型智能化电化学传感器；爆破炸药量增加、更换炸药品种或施工方法、施工条件发生改变时，应在爆破前后测定爆破有害气体浓度。

炮响完后，露天爆破不少于 5 min(不包括硐室爆破)，地下矿山和大型地下开挖工程爆破后，经通风吹散炮烟，检查确认井下空气合格后，等待时间超过 15 min，方准许作业人员进入爆破作业地点。爆破后 24 h 内，应多次检查与爆区相邻的井、巷、硐内的有毒、有害物质浓度。

某万吨级露天大爆破起爆后 15 min，在距爆源 2 km 垭口下风向采样，测定氮氧化物为 1.3 $mg \cdot m^{-3}$，爆破后 30 min，在爆区中心测定，基本上未发现有害气体。某千吨级大爆破后 7 天，在一与爆破堆石体(近 $240 \times 10^4\ m^3$)相接的独头巷道中采样，测得该独头巷道中含氮氧化物量为 14.04～16.85 $mg \cdot m^{-3}$，一氧化碳含量为 360 $mg \cdot m^{-3}$，远远超出国家允许浓度指标。上述事实表明，露天爆破后，对空旷地区，只要在按爆破安全规程规定的时间后进入爆区，不会发生爆破有害气体中毒事故；而对爆破时必须位于爆区附近的人员，以及爆区附近的巷道、独头巷道、山洼等特殊地形和构筑物中，则应充分重视爆破有害气体对人体的危害。

10.1.2.2　爆破有害气体的预防措施

防止炮烟中毒的主要措施有:①使用合格炸药。炸药组分的配比应当合理,尽可能做到零氧平衡。加强炸药的保管和检验,禁止使用过期、变质的炸药。②做好爆破器材防水处理,确保装药和填塞质量,避免半爆和爆燃;装药前尽可能将炮孔内的水和岩粉吹干净,使有害气体产生减至最小程度。③应保证足够的起爆能量,使炸药迅速达到稳定爆轰和完全反应。④井下爆破前后加强通风,应采取措施向死角盲区引入风流,小井深度大于 7 m,平硐掘进超过 20 m 时,应采用机械通风。⑤地下爆破应按 GB18098 的测定方法来监测爆破后有害气体的浓度,作业面炮烟浓度应每月测定一次;爆破炸药量增加或更换炸药品种时,应在爆破前后测定爆破有害气体浓度。爆破后无论时隔多久,在工作人员在下井之前,均应用仪表检测井底有害气体的浓度,浓度未超过允许值,才允许工作人员下到井底。⑥露天硐室爆破后 24 h 内,应多次检查与爆区相邻的井、巷、硐内的有害气体浓度;在爆破后可能积淤有害气体的处所(独头巷道等),因先行测试空气中有害气体含量,或进行动物试验,确认安全后人员方可进入。

除此以外,在矿井和地下爆破时应注意预防瓦斯(包括沼气、CO、CO_2、H_2S等,是矿山有害气体的统称)突出,防止产生瓦斯爆炸事故。在煤矿、钾矿、石油地蜡矿和其他有沼气的矿井中爆破时,应按各种矿山的规定对瓦斯进行监测;在下水道、油罐、报废盲巷、盲井中爆破时,人员进入前应先对空气取样检验。

预防瓦斯爆炸应采取下列措施:①通风良好,防止瓦斯积累;②封闭采空区,以防氧气进入和瓦斯溢出;③按规程进行布孔、装药、填塞、起爆,以防爆破引爆瓦斯;④采用防爆型电器设备,严格控制杂散电流,在有瓦斯和粉尘爆炸危险的环境中爆破,应使用煤矿许用起爆器材起爆。

10.1.3　爆破有害气体中毒事故案例[①]

由于施工技术落后,爆破有害气体中毒事故在 20 世纪 50～60 年代时是爆破工程中多发的事故类型。在最近二十年来,随着通风设备的普及,爆破有害气体中毒事故占爆破事故的比例大幅下降,但仍有发生,应在爆破施工,特别是地下和隧道工程中予以重视。下面介绍石砭峪水库定向爆破筑坝导流隧洞中爆破有害气体中毒事故案例。

1. 事故概况

石砭峪水库定向爆破筑坝,总装药量 1 582.9 t(其中 2 号岩石炸药 755.0 t,铵油炸药 827.9 t),共爆落石方 236.5 万 m^3,平均空隙率 24.5%,松散系数 1.323,平

---

① 顾毅成. 有关大爆破有毒气体的几个问题[M]//史雅语,金骥良,顾毅成. 工程爆破实践. 合肥:中国科学技术大学出版社,2002:347～354.

均坝高达 56 m(坝形见图 10.1),爆破时安全,准爆,达到设计要求。

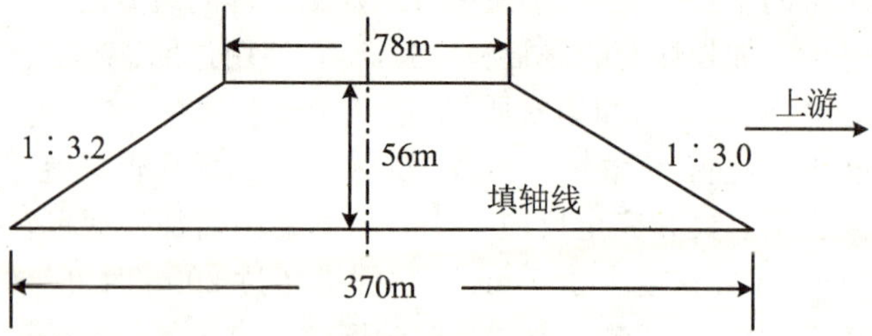

图 10.1 定向爆破堆石坝体剖面示意图

导流隧洞位于左岸主爆破区下方,进口高程 659 m,出口高程 656.1 m,全长 481 m,洞径 4.8 m,无衬砌,为施工方便,在坝轴线下游约 70 m 处,开有施工横洞,横洞长约 40 m,洞径 2 m×3 m。爆后隧洞进口因爆破塌方被堵死。

爆破后当日(爆破后 2～5 h 内),人员进洞检查全部安全无恙。爆破后第二日上午,导流隧洞已过水,水深 0.4～0.7 m,科研人员 16 人相继进洞观测和回收仪器设备时,在距隧洞出口 50 m 处,发现一同志晕倒于水中,此时在离出口 30～60 m 地段工作的人员有的感到不适,呕心,心慌,头晕,腿软,认识到发生爆破有害气体中毒事故,随即组织抢险。在这次爆破有害气体中毒事故中,先后中毒 27 人,其中死亡 5 人,严重中毒 1 人,轻度和中度中毒 21 人(包括参加抢救的人员)。

2. 事故分析

(1) 现场气体取样分析资料

事故发生后,当天下午,铜川矿务局救护队在距隧洞出口 30 m 处进行了气体取样分析,一氧化碳含量超出允许值 100 多倍,二氧化氮含量超出允许值 7 倍。

爆破后第 7d,西安市防疫站又在洞内取样化验,其分析成果见表 10.4。事故当日的有害气体浓度肯定比表列数据大得多。

表 10.4 爆破后第七天洞内取样化验有害气体分析成果

样品编号	有害气体名称	采样地点	通风情况	测得浓度/mg·m^{-3}
1	氧化氮(算成 N_2O_5)	主洞	系水流动自然通风	14.04
2	氧化氮(算成 N_2O_5)	支洞	系水流动自然通风	16.85
3	一氧化碳(CO)	主洞	系水流动自然通风	360.0
4	一氧化碳(CO)	支洞	系水流动自然通风	360.0

为了进一步弄清使用炸药爆炸后产生有害气体的成分和含量,中国人民解放军总后勤部某部又进行了炸药爆炸气体单项测试,结果示于表 10.5。

炸药爆炸气体单项试验表明,按工地所用的炸药及包装材料进行爆炸,生成气体主要为 N_2,CO,CO_2。未发现有 O_2,NO,NO_2,CH4,C_2H_4,CL^-,光气的存在。导流隧洞中 NO_2,NO 及 CO 浓度直至爆破后 7 天,都大大超出了安全允许值,出现这种现象的原因,分析为由于现场的爆破有部分炸药反应不完全的缘故。

表 10.5　炸药爆炸气体测试分析

气体品名 \ % \ 样品编号	A	B	C	D
O_2	无	无	无	无
N_2	50.4	47.4	49.9	50.0
$NO\text{-}NO_2$	无	无	无	无
CO	21.6	21.8	23.6	22.2
CO_2	28.0	30.8	26.5	27.8
$CH_4C_2H_4$	无	无	无	无
CL^-	无	$\leqslant 0.03 mg \cdot L^{-1}$	无	无
光气	无	无	无	无

注:① A—炸药,B—炸药、聚氯乙烯,C—炸药、聚苯乙烯,D—炸药、聚氯乙烯、聚苯乙烯;
② 炸药由 2 号岩石炸药与铵油炸药各 50%组成,另外聚苯乙烯与聚氯乙烯的加入量是每 kg 炸药与一个袋子重量比的百分数量。

根据事故现场空气取样分析结果,可以确认事故的原因是爆破有害气体中毒。一氧化碳是死者致死的主要因素,这是因为:①根据现场空气取样化验,一氧化碳含量超出允许值(0.001 6%)的 100 倍以上,即达到 0.16%以上,人在这种条件下,0.5~1 h 内将会严重中毒(见表 10.1),可以推定,在死者到达的离隧洞出口 100 m 深处,一氧化碳的含量将会更高,以致在短时间内可以造成致命中毒。②爆破后单项试验表明,爆破呈负氧反应,主要爆炸气体为 N_2,CO,CO_2,其中,CO 占爆炸气体的 21%~25%。③根据现场情况,当事者在导流隧洞中未感到有异味及有色的气体,当事者的眼睛、鼻腔、肺部也未感到有刺激作用。这也说明,在导流隧洞中有害气体的主要成分是无色、无味的一氧化碳。爆破同时生成的相当数量的二氧化氮气体,由于它易溶于水,而比重重于空气,因此,当导流隧洞进水后,其中的很大一部分均溶于水中,生成硝酸并随水流走。另外,同在离导流隧洞出口 60 m 处工作的 5 名人员中,在断面上部作业的一名中毒严重,造成死亡,在断面下部工作的 4 名,都属轻度中毒。这也说明有害气体的主要成分是一氧化碳,而不是二氧化氮。④中毒人员的临床症状,轻度中毒表现为头晕,腿软、乏力,低烧等,未发生肺水肿。严重中毒表现为闪击式休克,呼吸、心脏骤停,死者肺部微血管破裂,脸色除个别外均正常,未见头发发黄等状,表明中毒主要为一氧化碳所致。另外,中毒晕倒后溺水,也是严重中毒者致死的原因。

(2) 有害气体的来源

爆破后,导流隧洞施工横洞与 236.5 万 m^3 爆破堆石体连通,其中坝体内的岩体为 143.7 万 m^3,充填堆石体中的爆炸气体(包括有害气体)通过施工横洞向整个导流隧洞扩散，污染隧洞内空气，又由于爆破后崩落岩块将导流隧洞进口严重堵死，使隧洞实际上成为一个独头巷道，从施工横洞逸散的有害气体在短期内不能排出，而淤积在隧洞内。

爆破后2～5 h内，由于从堆石体向施工横洞扩散的有害气体数量尚小，也未及充斥到整个导流隧洞，因此，那时进洞的人员，没有引起气体中毒。事故发生在爆破后20 h，可以认为，堆石体中爆炸气体已大部分逸散。从施工横洞逸出的有害气体聚集在隧洞中，从而引起中毒事故的发生。

下面，试图通过简单的计算，粗略地估计一下进入导流隧洞有害气体的数量。

爆破堆石体总方量为236.5万m^3，松散系数24.5%，因此，堆石体的空隙体积总和为236.5万m^3×24.5%=58万m^3，该体积中应全部充满着爆炸气体。已知1 kg硝铵炸药爆炸时大约产生908 L气体，其中有害气体100 L(按折合为一氧化碳气体计算)，因此，在堆石体中的有害气体为6.38万m^3。

我们假定充斥于堆石体中的爆炸气体在开始时，由堆石体表面积(包括与施工横洞相连的地方)均匀地向外扩散，并假设在爆破后20 h内，堆石体内爆炸气体基本扩散完，有害气体均匀分布于整个隧洞，则隧洞中一氧化碳有害气体的含量约为0.064%，这足以使人严重中毒。

石砭峪水库定向爆破筑坝导流隧洞中发生爆破有害气体中毒事故的沉痛教训，告诫我们，在露天大爆破中，必须对爆破有害气体的危险性予以足够的重视。露天大爆破堆石体中，充斥着爆破时生成的有害气体(一氧化碳和氮氧化物)，这些有害气体将逐步扩散到堆石体周围的大气中。因此，在爆破后一定时间内，应禁止人员走上爆破堆石体。特别是在爆区附近有与堆石体连通的巷道，或其他可能聚集爆破有害气体的不利地形和构筑物，爆破后必须在专门人员经过仪器安全检查，证明其安全情况符合标准时，其他人员才能进入，对存在有害气体的巷道和其他处所，因采取通风措施。在爆破近区进行科研观测和其他工作的人员，应备有防毒面具或呼吸自救设备，必要时应对大规模露天爆破产生的有害气体进行监测。

10.2 爆破粉尘及其控制

10.2.1 爆破粉尘的产生及一般特性

10.2.1.1 岩石钻爆作业产生的粉尘

凿岩、爆破和其他石方开挖生产工序中，都要产生粉尘。工序和防尘措施不同，粉尘的数量亦不相同。

一般，对生产性粉尘的理化特性，由浓度、分散度和化学组成来表征。

空气中粉尘浓度越高，危害越大，采用干式钻孔时，其作业面周围的粉尘浓度每 m^3 可达数十 mg；采用湿式钻孔，其粉尘浓度仅为干式钻孔的 10%左右。爆破产生的粉尘，与凿岩产生的情况相比，虽然与人接触的时间较短，但数量大，爆破后的粉尘浓度每 m^3 可高达数千 mg，其后逐渐下降。我国某些矿山所进行的测定表明，如无有效的降尘措施，在爆破 1h 后，巷道内的粉尘浓度仍高达 20～30 $mg \cdot m^{-3}$。同时，爆破后所产生的粉尘的扩散范围较大，因此，它不但可能危害工作面的工人，还可能危害正在巷道中进行其他工作的人员。我国规定，生产车间作业地带空气中含游离二氧化硅 10%以上的粉尘的最高允许浓度和石棉尘的最高允许浓度为 2 $mg \cdot m^{-3}$，其余各种粉尘的最高允许浓度为 10 $mg \cdot m^{-3}$。

粉尘颗粒的大小用“分散度”一词来表示。一般同质量的粉尘，颗粒越小，其分散度越大；颗粒越大，其分散度越小。粉尘分散度小，在空气中悬浮的时间越长，侵入肌体的机会越多，一般认为 5 μm 以下的粉尘，90%以上可侵入肺泡，对人的危害也最大。爆破后，浮游粉尘的分散度，高于湿式凿岩时浮游粉尘的分散度。国外一个测定结果显示，湿式凿岩的浮游粉尘的平均直径为 1.16 μm，爆破后粉尘的平均直径为 0.73 μm。

钻孔及爆破粉尘的化学组成比较复杂。某些无机粉尘（如铅，砷等）其溶解度越大，对人体的危害也最大。粉尘中含有游离二氧化硅越多，对人体危害也越大，长期接触，可使人体引起尘肺的危害。

影响爆破后产尘强度及粉尘分散度的因素很多，主要有：①所爆破岩石的物理性质对产尘强度有很大的影响，岩石硬度愈大，爆破后进入空气中的粉尘量也愈大。②爆破单位体积的岩石所用的炸药量愈多，产尘强度愈大。③炮孔深，产尘强度小；炮孔浅，产尘强度大；二次破碎的产尘强度，高于深孔和浅孔的产尘强度。④先前形成而附着或堆积在巷道和岩石裂缝中的粉尘数量及分散度愈高，爆破后进入空气中的数量亦愈大。⑤岩石表面、巷道周边的潮湿程度和空气湿度愈小，则工作面的粉尘浓度愈高。爆破前，在巷道壁大量洒水，可使爆破后的空气含尘量下降。

长期在钻爆粉尘环境下工作，容易引发矽肺病。为了改善工人的劳动条件，必须将工作面通风与排除细粉尘及有害气体直接结合起来。

10.2.1.2　拆除爆破产生的粉尘

近年来，随着旧城改造步伐的加快，楼房等建筑物的爆破拆除越来越多，在城镇居民密集地区环境中进行建（构）筑物拆除爆破，减少爆破扬尘污染，已成为爆破对环境保护的重要内容。

拆除爆破中出现的粉尘，主要来自以下几个方面：①建（构）筑物构件钻孔中产生的粉尘，室内进行钻孔作业，砖墙钻孔形成的灰沙，混凝土钻孔凿碎的粉末，有时每 m^3 可达上百 mg，对作业人员造成有害影响；使用湿式凿岩机代替干式凿岩机钻孔，不仅改善钻孔环境，爆破后的浮尘飞扬度比干式凿岩也要小得多。②在拆除爆破施工中，往往有大量预处理工作，即对爆破切口内的非承重隔墙，外墙、楼梯等先行解体，在处理过程中，无论是锤击介质破碎或是构件触地，都会产生混凝土粉屑和灰沙。③爆破部位覆盖的草袋、草垫、荆笆等柔软垫层被炮孔中逸出的空气冲击波压力击碎，其生成的破碎尘屑，也会加剧爆破扬尘。④爆破烟囱、凉水塔及其他工业建筑设施，有时还含有沥青、烟尘等可致癌作用的有害粉尘。

这些粉尘在爆破时被空气冲击波和建(构)筑物解体倾倒时压缩空气产生的气浪卷起飞扬到周围空间，形成了瞬间笼罩爆破上空的“浓雾”，并很快扩散到四周。

爆破粉尘含有大量的游离二氧化硅，还有少量的苯、硫、氮等有害物质。国家卫生标准规定，在居民区的一次性粉尘含量浓度不允许超过 0.5 $mg \cdot m^{-3}$；在生产区的飘尘含量浓度不允许超过 2 $mg \cdot m^{-3}$。据广东宏大爆破公司的实测资料，在城区离开建筑物爆源 70 m 左右的下风侧，在爆破后 30s 的时间内，粉尘浓度为 270～620 $mg \cdot m^{-3}$；在水泥厂区域爆破构筑物，离开爆源 8 m 左右的下风侧，在 0～30 s 的时间内，粉尘浓度为 530～1 810 $mg \cdot m^{-3}$。由此可见，爆破粉尘已经大大超过国家规定的允许标准。另据广东东莞新沙水泥厂爆破实测表明，粉尘扩散的远近与粉尘颗粒大小有关，粉尘粒径大的离开爆源近；粉尘粒径小的离爆源远。平均粒径为 177.8 μm 的粉尘，分布在离开爆源 20 m 处的下风侧；平均粒径为 127.3 μm 的粉尘，分布在 40 m 的下风侧；粒径基本不超过 10 μm 的粉尘，分布在 100 m 处的下风侧；而占整个尘粒的 97.7%、粒径小于 8 μm 的粉尘，可漂浮到 120 m 外。

虽然爆破时间只是以瞬间，但是粉尘的停留时间有风时有几分钟，无风湿热天气可达十几分钟以上，因此，对于爆破粉尘的危害必须引起高度的重视，并应采取切实有效措施予以控制。

10.2.2 钻爆作业粉尘的降低与控制

爆破粉尘污染的控制可分为通风防尘、工艺防尘和湿式防尘三种方法。爆破粉尘具有良好的亲水性，因此，湿式防尘近几年发展较快，方法也越来越多，主要有水封爆破、铺吊水袋、爆破区洒水、表面活性剂溶液降尘、富水胶冻炮泥填塞炮孔等方法。

水封爆破(又称水炮泥爆破)，是利用装满清水的塑料袋装填在炸药前后部，代替固体炮泥使用。由于爆破粉尘粒径非常小，通常粒径小于 5 μm 的颗粒数占总颗粒数的 96%，要用水将其捕捉，必须将水雾化，利用水雾捕尘。在形成水雾的过程中，首先要保证水雾化的细度和水雾在空气中的运动速度，使其以一定的速度与尘粒碰撞，达到除尘的目的，增强除尘效果。为实现这一目的，利用爆炸产生水雾来除尘比较合理，即在水袋里装药，当炸药爆炸时，袋中的水在高温高压下变成水蒸气和微细水滴悬浮在空气中，起着吸附和捕捉粉尘的作用，并在重力作用下沉降，从而达到降低有害气体及粉尘浓度的作用。

一些爆破工程采用在工作面喷雾洒水等方法来降低爆破粉尘，所谓喷雾洒水，是在距工作面 15～20 m 处安装除尘喷雾器，在爆破前 2～3 min 打开喷水装置，爆破后 30 min 左右关闭。也可以在工作面前悬挂装水的水袋，盛水数十 kg 和百 g 左右的炸药，与岩石同时爆破，以捕获和凝集爆破所产生的粉尘。

表面活性剂溶液降尘，是利用不同的表面活性剂溶液作为炮孔填料，使爆破时形成雾状混合剂，以捕捉和中和爆破后产生的粉尘和有害气体。

采用富水胶冻炮泥来降低爆破粉尘的方法，是爆破产生的粉尘表面吸附富水胶冻炮泥中的成分后，尘粒增重，使其容易沉降，起到了降尘的作用。

为了减少钻孔时的粉尘，应采用湿式凿岩。湿式凿岩是高压水经过凿岩机流过水针注射入钢钎到钻头，在钻眼过程中，水与石粉混合成泥浆流出，从而避免了粉尘外扬。据测定，这种方法可降低粉尘量的 80%。湿式凿岩应做到先开水后开风，先关风后关水，或水风同时开启或关闭，尽可能做到使粉尘不飞扬，工作面空气清晰。

爆破安全规程还规定，在面粉厂、亚麻厂等有粉尘爆炸危险的地点进行爆破作业时，离爆区 10 m 范围内的空间和表面应作喷水降尘处理。在有煤尘、硫尘、硫化物粉尘的矿井中进行爆破作业，应遵守有关粉尘防爆的规定。

10.2.3　拆除爆破粉尘的降低与控制

城镇拆除爆破工程中，在确保爆破作业安全的条件下宜采取以下措施，减少粉尘污染。

为了大幅度减少拆除爆破时的粉尘，爆前应重视渣土清理，清理范围包括楼层及建筑物周围施工遗留渣土与垃圾，适当预拆非承重墙，清理部分致尘构件与积尘，必要时可将墙壁挂灰清除，即从“源头”上减少粉尘来源。在建筑物地面、墙壁以及建筑物塌落区域地面大量喷洒水，有条件的话，可以在水中添加保湿剂和增渗剂，使建筑物在临爆前始终处于湿润状态。将建筑物淋湿后，促使尘粒间的凝聚，使小尘粒积聚成大尘粒，加速尘粒的沉降，从而起到降尘作用。湿润和冲洗初生或沉积的粉尘，防止飞扬扩散于空气中，是很有效而简便的防尘措施。实践表明，对预处理的墙体或是构件着落地点加大范围预先用水淋湿、淋透，边锤击，边用水管喷射，可以有效地抑制生产性粉尘。这种情况下，应注意对药包要做好防潮措施。

一些建筑物拆除爆破工程，在爆前将楼顶的贮水池(罐)装满水，或利用悬挂和铺放装有炸药的水袋，爆炸产生水雾来捕捉施爆阶段产生的粉尘。贮水袋由农用塑料薄膜制作，在楼顶和不同楼层分别设置水袋。还有将塑料水袋悬挂在爆破部位四周，形成水幕覆盖，在坍塌过程中，大量储水从上而下形成水幕，对降尘可以起到一定的效果，但此法水的利用率很低。

爆炸水雾可以作为一个比较重要的除尘手段，具有独特的发展优势：①水在强冲击波和爆生气体作用下，可以得到充分的雾化，提高了水的利用率，而且除尘效果显著，除尘率高；②水雾抛撒速度快，抛撒半径大，控制范围广；③除尘成本较低，水袋为聚乙烯材料，便宜易得，同时水袋内用药量也很少，每吨水的用药量仅为150～200 g；④水袋悬吊灵活，可以根据拆除爆破的需要，在产生爆破粉尘的局部位置有效除尘。尽管爆炸水雾降尘在工程上的应用还有一系列需要完善和解决的技术问题，但它是一种有广阔应用前景的方法。

拆除爆破粉尘的降低与控制，一般采用综合技术措施。比如，用竹笆、荆笆等堵住楼层的向外门窗，作为防止粉尘外扬的屏障；对爆破部位的防护覆盖材料在爆前进行喷水湿润（但要注意不让爆破网路的接头进水，以免影响起爆）；在拆除爆破建筑物的周围，采用篷布封闭；在建筑物外部设高压管网喷水，起爆前后组织消防车或其他喷水装置喷水降尘；都可以减少施工作业对四周环境的粉尘污染。

我国一些爆破企业在拆除爆破粉尘的降低与控制方面，做过不少有益的探索和尝试。

例如，广东宏大爆破公司于2007年1月，在广州最繁华商业区的天河城，西塔五层旧百货大楼的爆破拆除中，率先采用了泡沫除尘的新方法，取得了十分明显的防尘效果。用防水材料在爆破建筑物四周搭设屏障，在爆前让泡沫充满建筑物与屏障之间，把爆破建筑物包裹在泡沫之中，大大减少了爆破浮尘。据广东省环保监测站现场检测，爆破当时，声响不超过75 dB，在爆破后的3 s之后，悬浮颗粒浓度不超过2 mg·m^{-3}。图10.2是该楼房爆破时的情景。

(a) 爆破前的天河城西塔

(b) 爆破中的天河城西塔

(c) 爆破后的天河城西塔。

图 10.2　广州天河城西塔百货大楼环保爆破的情景

对结构能够进行封闭的、环境条件允许的建(构)筑物如大板型楼房、钢筋混凝土金库以及人防工事等采用水压爆破拆除,可以有效减少粉尘的污染。如 1984 年中国科学技术大学在合肥首先采用水压爆破拆除了一栋四层简易大板楼,获得了成功。以后贵州新联爆破公司在贵阳又用水压爆破拆除了一栋大板楼(见图 10.3)和水泥罐群(见图 10.4)。

图 10.3　贵阳某大板楼水压爆破的情景

图 10.4　贵阳某水泥厂水泥罐群爆破的情景

10.3 爆破与环境保护

10.3.1 爆破对生态环境的保护

当今，人们的环境保护意识日益强烈，而爆破技术作为一种有效的施工手段，又经常运用在人口稠密的城镇地区，人们不仅关注着爆破噪声、粉尘对环境的污染，而且也期望着爆破在完成工程目标的同时，减少对生态环境的破坏和影响。

10.3.1.1 爆破与水土保持

露天土石方爆破，特别是在降雨量大的地区和季节，对厚层岩土或土夹石地段，应特别重视爆破后的山体及爆堆可能发生的泥石流、滑坡，危害周围的农田及其他设施。应采取措施，使爆破后的山体尽快恢复植被。对风景名胜区，更应采取有效措施，防止爆破开挖造成自然风貌和人文景观的破坏和影响。

据《光明日报》2000 年 7 月 3 日 B3 版报载："愈演愈烈的开山炸石使三峡旅游和长江生态环境面临前所未有的威胁……一进西陵峡口，犹如身处露天采石场，座座青山被炸成一个个瘌痢头，让人痛心不已"。据专家介绍，三峡库区属亚热带季风气候，年降雨量在 1 100～1 400 mm 之间，5～9 月多暴雨，人为开山采石严重破坏了自然资源，不仅造成水土流失，而且极易诱发塌山、滑坡等自然灾害，被炸坏的植被靠天然恢复至少要 100 年的时间。令人欣慰的是，长江三峡开山采石屡禁不止的情况已引起宜昌市政府的重视。同样，为恢复山城生态原貌，重庆市政府于 2002 年 12 月 30 日发布公告，在主城东起南山、西至歌乐山、北至礼嘉、南至小南海 713.9 平方公里的区域内，禁止设立采石场，已经设立的在 2003 年 12 月以前必须关停。据此，在禁采区内，市里已先后关停采石场 400 家。重庆市已勾画出一个宏伟的蓝图——用 5～10 年时间将这些荒野之地建成新型工业园区和生态农业与旅游度假相结合的中高档休闲区①。

爆破技术可以广泛地应用于农田和水利基本建设，除我们所了解的定向爆破筑坝、输水隧道开挖爆破等外，还可采用爆破法伐树、炸树根、深耕松土、平整土地、植树造林、修建水池、打井等。在农业爆破技术中，应特别重视处理好爆破与水土保持的关系。

我国黄河上、中游地区陕西、甘肃等七个省年降水量仅 400 mm，土层地质疏

① 引自 2003 年 12 月 15 日，重庆商报，第 5 版。

松，地质和气候特性造成了严重的水土流失。有的地区水土流失面积占该地区总面积的 95%。严重水土流失使该地区土地沙化，农林牧生产用地缩小，生态环境恶化，成为该地区贫困的主要根源。中国水利水电科学院张永哲教授在《水电工程爆破面临的主要问题》一文中提出水土保持宜以筑淤地坝建梯田为主要形式[①]。淤地坝高度一般为 5～20 m，遇大洪水地坝被冲毁时，所拦淤泥仅损失 10%～30%，现黄河中上游已建坝 10 万余座。在这些人迹稀少，缺少机械施工设备，交通条件差的地区，由于沟深坡陡，沟道狭窄，具有较理想的爆破筑坝条件。采用经济快速的硐室定向爆破筑坝主要目的是拦泥，淤地，防洪保收。先期拦洪蓄水，稳定河床，解决饮水困难。后期注水固结，加坝整修。每次爆破土方约数万到数十万方，使爆堆体达到拦洪高程即可满足要求。当洪水来临时，由于上游水土流失会使堤坝上游面形成防渗铺盖，利于坝体渗透稳定。爆破后漏斗内残存的土方给后期水坠加坝创造了良好条件。可多级开发，形成梯级坝地。搞好水土保持，对防治水灾，改善生态环境，促进经济发展有深远意义。

用爆破法植树造林，是山区绿化工程的重要方法。在北京山区，每年都有万亩以上采用爆破法植树造林，其一是采用爆破法挖掘植树坑，由于在树坑四周一定范围内产生破碎带，不仅给地下水增加了许多通路，而且适应树根发展，而地面上破裂的范围也比较广泛，有利于蓄纳自然降雨。其二是在果树林木根旁采用松动爆破破坏板结的黏土结构，从松动的土壤中浇灌水肥，达到好的效果。

在深耕松土爆破中，一般炮孔的钻孔深度取 1 m 左右，因为松土过深，炸药消耗量大，植物的根系也难以达到这样的深度，但在探明有可以利用的较浅地下含水层时，可适当加深炮孔，使地下水能随破碎的硬土层上升为植物所吸收。我国有大量的荒山坡地，水土流失严重。某些地区采用爆破法平整土地，变跑水、跑土、跑肥的“三跑地”为保水、保土、保肥的“三保地”，在农业上收到很好的效益。

用爆破法开挖水池、沟渠，当岩层或土岩下面有透水层时，应注意药包的位置，不要使爆破作用破坏了黏土或岩石的完整性，避免水池、沟渠漏水，达不到蓄水目的。因此，每个药包至透水层应有足够厚的保护层。假如爆破后发现水池漏水，可在池底或漏水的边坡面用黏土填筑一层隔水层。反之，如果水池下面不远处，有透水层或含水层存在，而含水层的水源又比水池高程高，在这种地质条件下，可以使水池与之连通，或有意地将药包位置靠近含水层，通过爆破可获得丰富的水源。

10.3.1.2　高原冻土爆破与生态环境保护

我国西部荒漠及高原冻土地区，生态环境极其脆弱。一经破坏，难以恢复，有时甚至是不可逆的。爆破施工应避免对开挖限界以外的生态环境（如地表草皮等）破坏。在高原冻土地区，按保护冻土和延缓融化速度原则设计的工程，冻土的爆破

---

① 张永哲．水电工程爆破面临的主要问题［A］∥第二届工程爆破学术会议文集［C］．1999：34-39

开挖施工宜在寒季进行；按破坏冻土原则设计的工程，冻土的爆破开挖施工可在暖季进行，但必须遵守爆破开挖快速施工的有关技术要求。

下面简要介绍青藏铁路通过 550 km 高原冻土地区采用的高原冻土爆破技术。高原多年冻土地区的生态环境极其脆弱，因此，爆破开挖施工应尽量减少对多年冻土环境的破坏，认真贯彻“预防为主，保护优先，开发和保护并重”的原则。

早在 1974～1977 年间，针对修建青藏铁路，我们在青藏高原风火山（海拔 4 700 m）和清水河（海拔 4 500 m）试验场进行了高原冻土爆破试验①。试验区山坡自然坡度为 5°～10°，原地表草皮覆盖度 80%～90%，草皮厚 0.15～0.20 m。1.55 m 左右为多年冻土天然上限。1.55～2.0 m 为含土冰层，体积含冰量 80%～90%，骨架为紫红色砂黏土夹碎石。2.0～2.8 m 为饱冰冻土，体积含冰量 60%～70%。2.8～5.3 m 为含土冰层，体积含冰量 90%左右。5.3～7.0 m 为少冰至多冰冻土，体积含冰量 5%～10%，骨架为砂岩及页岩风化物。其下为砂页岩风化层。试验区地温为 -1.5 ℃～-5 ℃。

对于冻土爆破，一般都是按保持冻结的原则进行开挖施工。在青藏铁路高原冻土地区，高含冰量冻土路堑应在 10～11 月和 3～5 月进行开挖，在 6 月中旬前完成基底和边坡的换填和保温层施工。由于高寒缺氧，满足保持冻结原则施工的工期有限，因此，必然会有相当数量的低含冰量冻土和石质冻土路堑爆破开挖施工安排在暖季进行，并按允许融化的原则施工。这时，必须遵循爆破开挖快速施工的有关技术要求。

图 10.5 试验路堑因融沉坍滑形成的泥流河

现场观测试验表明，在暖季施工条件下，暴露的基坑迅速热融，基底在 48 h 可热融 16～18 cm 深；爆堆的热融程度更为可观，图 10.5 为试验路堑因融沉坍滑形成的泥流河。路堑爆破后如不及时清运，抓紧做好隔热层及路基后续工程的施工，或者施工处理不当，路堑极易形成融沉坍滑，不仅给施工作业带来很大困难，留下路基病害隐患，而且被扰动的生态环境，几十年都难以恢复。

因此，在高原冻土地区进行的爆破作业，必须严格遵循以下保护生态环境的原则和贯彻爆破开挖快速施工的原则。

① 严格控制爆破开挖在设计界限内进行。为保护冻土生态环境，不留路基病

① 顾毅成．高原冻土地区桥涵基坑爆破快速开挖的试验研究[M]//史雅语，金骥良，顾毅成．工程爆破实践．合肥：中国科学技术大学出版社，2002：173～193.

害隐患，路堑冻土爆破应严格在设计界限内进行，避免超爆超挖。

② 努力避免爆破开挖对工点周围生态环境的破坏。高原冻土地区爆破，宜采用松动爆破，必须采用扬弃爆破时，应具备爆破弃渣对开挖限界以外的生态环境（如地表植被等）不受破坏的条件，或采取相应的保护生态环境的技术措施。对爆破体的开挖清运，宜配备挖掘机和自卸汽车，不宜使用履带式推土机和铲运机。

③ 在施工中采取措施，减少冻土的热融。爆破开挖地表范围内的草皮，爆破前一般不宜破坏；如为利用爆破开挖地表范围内的草皮，并先行铲下，挖掘后地面宜采取临时保温措施以防铲去草皮后的冻土融化。在暖季施工条件下应遵循快速施工的原则，因故暂时不能开挖或开挖中途停顿时，对爆破体应敷设临时保温材料（见图 10.6），或采取其他措施控制爆破体的冻融。在暖季，开挖后路堑暴露的冻土层，应做昼盖夜开的简易遮挡防护，以减少热融影响。路堑初步开挖后，应按设计要求，及时做好刷坡、清底，并尽快进行隔热层铺砌和路堑的其他作业施工。

图 10.6　冻土爆堆上铺设了临时保温材料

④ 为实现爆破开挖快速施工，要选择确定合理的一次爆破规模；努力提高爆破钻孔与成孔效率，优化爆破设计参数，尽可能做到路堑一次爆破成型；做好施工组织设计，实现不间断的高效作业。

10.3.2　爆破对养殖业、水中生物的保护

10.3.2.1　爆破作业对养殖业、水中生物的危害

通常，岩礁、浅滩可以繁衍藻类，是鱼类产卵，幼鱼成长和成鱼生活的场所。在靠近有养殖业水产资源的水域实施岩土爆破或水中爆破时，对养殖业和水中生物的危害主要来自三方面：①大量岩石抛入水中，引起涌浪高达数米，破坏养殖网箱生产；②水中爆破时，水中冲击波对于在水中生存的物种的冲击伤害比在空气中严重得多；③水中爆炸时，爆炸有害气体溶于水中，减少了水中含氧量，增大了有害气体含量，恶化了水生物生存条件。

例如，1991 年 1 月广东省惠州港油气码头装药量 3 300 t 大爆破（芝麻州岛大爆破）造成渔业种苗资源的巨大损失。大亚湾是全国最好的天然渔业种苗基地之一。此次爆破使种苗大批受损，仅惠州市荃湾实业总公司采取人工增殖放流措施，补救行动就耗资 200 万元[①]，是国内迄今因爆破作业造成的天然渔业资源损失的最高赔偿。

① 工程爆破论文选编（第五辑）[M]. 武汉：中国地质大学出版社，1993：330～333.

随着水下爆破在水中所产生的物理、化学变化，必然要对水中生物产生一定影响。日本的有关文献将水中爆破时造成鱼类伤害的调查结果汇总于表10.6。试验数据表明，水中冲击波峰值压力在0.03～0.2 MPa鱼类还有清醒过来的可能，压力达到0.2～0.35 MPa鱼类还存在复活的可能，压力达到0.35～0.7 MPa，鱼类复活的可能性很小，压力大于0.7 MPa后，绝大多数鱼类都将死亡。

表10.6　水中冲击波对鱼类的损害①

鱼的种类	爆源	距爆源中心距离/m	水域试验条件	冲击波超压ΔP/MPa	伤害程度竹英鱼
鲹料鱼	"新柏"胶质炸药1 kg	15	水深6 m的裸露爆破	0.04	死的1/27；半死不活的16/27；没有变化的10/27
竹英鱼 黄花鱼	"樱"胶质炸药0.4 kg	15	水深10 m的裸露爆破	0.16	大动脉出血、漂在水面的死鱼有1/4
鱼池的幼鱼	胶质炸药7 kg	93	水深3 m的裸露爆破	0.7	死亡
珍珠贝壳	"3 桐"胶质炸药7 kg	25	水深3 m的裸露爆破	2.9	有1/15的贝壳损坏
鲉鱼、笠子鱼	抗水炸药9 kg	180	水深12～18 m的裸露爆破	0.1	2条内脏出血、漂在水面的鱼，但是没有死
鲈鱼	"新桐"胶质炸药5 kg	40	水深10 m、水面下3 m的裸露爆破	1.4	死亡
沙丁鱼	胶质炸药2.3 kg	20	水深8 m、的钻孔爆破	0.28	出现死亡
				0.55	全部死亡

10.3.2.2　对养殖业、水中生物的保护措施

爆破安全规程针对养殖业、水中生物保护，要求在靠近有养殖业水产资源的水域实施岩土爆破或水中爆破时，应事先评估爆破飞石、水中冲击波和涌浪对水中生物的影响，提出可行的安全保护措施：①尽量减少向水域抛落爆岩总量和一次抛落量；需向水域大量抛入岩土时，应事先评估其对水中生态环境的影响，提出可行性报告，经环保和生物保护管理部门批准，方可实施。②水下爆破应控制一次起爆药量和采用削减水中冲击波的措施。③起爆前应驱赶受影响水域内的水生物。④受影响水域内有重点保护生物时，应与生物保护管理单位协商保护措施。

为了采取切实可行的安全保护措施，有必要进行下列的调查和评估。

(1) 环境调查

水中养殖业生产与水域环境的关系密不可分。环境调查包括：① 水域流动调查，即海流的现况，预测流动变化，测定流向、流速和潮位等。② 水质调查，即水质的现状，炸药和爆炸产物对鱼类影响。③ 海底状况调查，即海底现状调查，由于水

① 日本工业火药协会编．新爆破手册[M]．武汉：湖北科学技术出版社，1997：150～151.

中爆破而产生的土石飞散和移动的调查。

(2) 生物调查

随着水域环境条件的变化,其水域内的生物系统也要发生变化。为此,应该调查生物现状,有用鱼类分布状态的变化以及它对渔业生产的影响。

在靠近有养殖业水产资源的水域实施岩土爆破或水中爆破时,应事先评估爆破飞散物、水中冲击波和涌浪对水中生物的影响,提出可行的安全保护措施。

水下爆破应控制一次起爆药量和采用削减水中冲击波的措施;临水岩土爆破应控制向水域抛掷的岩石总量和一次爆破量。起爆前应尽量减少受影响水域内的水生物;驱赶受影响水域内的水中生物;受影响水域内有重点保护生物时,应与生物保护管理单位协商,采用必要的特殊保护措施,如驱赶、迁移等措施。

某水下爆破工程,在作业区域中有珍稀海洋生物白海豚,在施工中特别提出了相应的保护措施①。在空压机和钻机停止运转后立即起爆。如果空压机和钻机停止运行时间较长,在引爆前要重新启动空压机和钻机 10 min,以驱赶白海豚离开爆破区。爆破前,各施工船舶及驱赶船上要派专人加强瞭望工作,如果发现白海豚出现在施工水域附近时禁止起爆,必须用超声波驱赶法把白海豚赶离以爆破点为中心,半径为 1 000 m 以外海域后才能起爆。

10.3.3　防灾减灾抢险爆破技术的研究

2008 年 5 月 12 日,我国四川省汶川发生八级地震,造成生命财产的巨大损失。我国幅员广阔,是滑坡、泥石流、塌方、洪水、地震等自然灾害多发的国家,我国爆破工作者要加强防灾减灾抢险爆破技术的研究。采用爆破技术可以提前对事故隐患进行预处理,事故发生后可以抢险应急处理,尽量减少灾害损失。

在水库、公路、村庄附近的滑坡体存在不稳定隐患时,一方面进行检测及时报警;另一方面事先进行削头压脚处理技术,减小下滑力,使其稳定,避免产生滑坡、塌方等自然灾害事故,我国已有采用硐室爆破减小滑坡体不稳定性的工程实例。这方面技术的深入研究与推广值得进一步重视。

我国多山地区经常发生泥石流、滑坡、塌方自然灾害,造成公路中断,河水断流,村庄淹没等灾害。汶川地震造成 30 多个堰塞湖,给下游带来巨大安全隐患。可以发挥工程爆破快速、简单、方便的特点,爆破技术不仅是处理堵塞交通大块石、处理路堑边坡危石的基本手段,而且也可以在抗灾抢险中发挥作用。

为了减少洪水造成的国家财产损失,必要时在特定区域必须尽快分洪,在常发生洪水灾害的地区,水工建筑物设计就要提前考虑非常泄洪设施,对爆破式溢洪副坝应事先在副坝内预先修好药室,一旦情况紧急立即进行爆破分洪。一般小型水

① 林强.非典型性性质的水下礁石钻孔爆破[J].爆破,2004(3):80~81.

库或河道常遭遇异常洪水，为了确保主坝(堤)的安全，有时必须临时破除副坝形成异常溢洪道来宣泄洪水，要求在短时间内快速准确爆破副坝并达到一定的设计溢洪断面，即保证一定的泄洪长度和高程，水头过高则会严重冲毁基础以及由于库水位下降幅度过大和速度过快容易引起其他不需溃决堤坝处的上游滑坡，而且会影响水库蓄水效益，增加副坝恢复工作量。这种情况可以采用事先拟定的应急爆破方案迅速实施。爆破设计的基本要求应使药室和导洞不破坏坝体在正常挡水期间的挡水功能，保证稳定不产生渗漏，在爆破时形成一个与坝轴线垂直贯穿于上下游坝坡面的引冲槽，使引冲槽的起始水头大于土堤的起冲水头，满足溢洪速度和泄水量，同时不能破坏坝堤基础，要保证周围挡水坝的安全与稳定。

在冰冻季节，为减小冰的挤涨造成水工建筑物的破坏，以及冰凌下泄形成封堵，造成水位升高，可以采用爆破技术快速处理碎冰封堵和建筑物附近冰冻的胀裂。每年春季处理黄河冰凌，也需要研究安全、快速、高效的爆破处理技术。

水下淤泥过厚或有水中障碍物，可以采用爆夯技术和水下清障技术，保持河道或水域畅通。

10.4 减少爆破施工作业的环境影响

10.4.1 爆破施工作业产生的噪声

在城镇地区拆除爆破施工现场，由于大量使用机械化施工设备，其产生的噪声干扰了环境，特别是在居民稠密地区进行拆除爆破施工，施工机械引起的噪声是个不容忽视的问题。施工机械噪声声级一般为 80～100 dB，主要噪声源有凿岩机风动工具、空压机、推土机、运输工具、冲击锤等。表 10.7 给出了一些典型施工机械设备的噪声声级。表 10.8 为拆除爆破工地施工机具作业噪声的实测值。

表 10.7 典型建筑施工设备噪声声级

噪声源	噪声级/dB(A)	噪声源	噪声级/dB(A)
推土机	78～96	打桩机	95～105
搅拌机	75～88	移动式空压机	75～85
气 锤	80～98	柴油机	75～85
混凝土破碎机	80～90	凿岩机风动工具	80～90
卷扬机	75～88		

注：表中数据是指距设备 15 m 处的声级。

表 10.8　拆除爆破工地施工机具作业噪声实测值①

工作项目	使　用　机　具	测试距离/m	噪声量/dB(A)
装　渣	绥化产 140 马力、$1.5m^3$ 装载机和捷克产 TATRA15t 翻斗车联合作业	10	90
装　土	绥化产 150 马力、$2m^3$ 装载机和德国产 JFA5 吨翻斗车联合作业	10	90
装　土	绥化产 150 马力、$2m^3$ 装载机和解放 4 吨翻斗车联合作业	10	93
推　土	天津产 100 马力红旗推土机	10	97
推　土	天津产 100 马力红旗推土机	司机室	97
推　土	前苏联产 80 马力 ЧТЗ 推土机	10	93
钻　孔	洛阳风动工具厂产 YN-30A 型内燃凿岩机	10	85
冲击锤	3 吨铁锤砸混凝土基础，锤高 10 m	8	85
	3 吨铁锤砸混凝土基础，锤高 5 m	8	70～80
	3 吨铁锤砸混凝土基础，锤高 2 m	8	70

表 10.9 是日本的建筑施工噪声标准。该标准中的数值是指离建筑施工场地边界线 30 m 处的噪声级。标准中对不同类型建筑施工机械的工作、时间等也做了规定。

表 10.9　日本建筑施工噪声标准

使　用　的　设　备	标准/dB(A)
打桩机，拔桩机，打桩拔桩机	85
打夯机	80
凿岩机	75
空压机	75
混凝土搅拌设备，铺路机	75

我国国家标准《建筑施工场地噪声限界值(GB12523-90)》规定，与敏感区域相应的建筑施工场地边界线处，土石方施工阶段噪声限值昼间为 75 等效声级 L_{CQ} [dB(A)]，夜间为 55 等效声级 L_{CQ}[dB(A)]。

为了控制拆除爆破施工作业的噪声，除应使参加施工的工程机械噪声满足工程机械噪声限值标准外，还可在工地四周进行围挡，特殊情况下，应限制人们对噪声敏感时段(如夜间)的施工作业。

10.4.2　冲击锤产生的地震动

拆除爆破施工作业现场产生的地震动，主要是当采用冲击锤辅助对塌落的建(构)筑物结构进行解体和破碎时引起的。

① 顾毅成. 城市爆破中的噪声及其控制[J]. 安全. 1985(4).

冲击锤撞击地面时产生的地震动的大小主要取决于锤的质量及下落高度,其撞击振动的传递还与锤及被击介质的声阻抗有关。若以地面振动速度表示强度,它随着至撞击落点距离的增加面减少。由量纲分析,知:

$$V = f\left[\frac{(\rho c)_{锤}}{(\rho c)_{地}}, \frac{M\sqrt{2gH}}{(\rho c)_{地} \cdot R^3}\right] \tag{10.1}$$

设冲击锤与撞击地面的声阻抗一致,可简化为:

$$V = f_1\left[\frac{M\sqrt{2gH}}{\rho_c R^3}\right] \tag{10.2}$$

由此,可建立公式:

$$V = K\left(\frac{M\sqrt{H}}{R^3}\right)^{\alpha} \tag{10.3}$$

式中:V—地面振动速度,cm·s^{-1};

M—冲击锤重量,kg;

H—落锤高度,m;

R—离落锤点距离,m;

K,α—与振动传播介质及距离有关的系数。

由几组实测资料分析,可得到一般地面条件下冲击锤撞击混凝土基础时的振动强度衰减公式:

$$V = 0.8\left(\frac{M\sqrt{H}}{R^3}\right)^{0.5} \tag{10.4}$$

$$L = 0.1\left(\frac{M\sqrt{H}}{R^3}\right)^{0.5} \tag{10.5}$$

式中,L 为地面振动位移,单位是 mm;其他符号意义同前。

表 10.10 为某拆除爆破工程中采用冲击锤砸楼板及基础的地面振动强度的实

表 10.10　框架爆破各种振动效应振动强度的比较①

测点编号	观测内容	振动强度(速度:cm·s^{-1},加速度:mm·s^{-2})						
		框架爆破振动	框架坍塌振动	冲击锤砸楼板		冲击锤砸基础		
				落高10m	落高5m	落高10m	落高5m	落高2m
B1	垂直向速度	2.04	1.35	0.104	0.142	1.068	0.886	0.791
B2	东西水平向速度	1.23	1.25	0.193	0.134	0.942	0.789	0.517
B3	南北水平向速度	1.65	1.30	0.198	0.163	0.933	0.857	0.651
B4	南北水平向加速度	155	138	33.4	30.3	115.2	84.9	80.0

注:爆破总药量 21.956 kg,测点位置框架边缘 9 m;距冲击锤点均为 18 m,冲击锤重 3 t。

① 金骥良,顾毅成,史雅语.拆除爆破设计与施工[M].北京:中国铁道出版社,2004:97.

测数据。为便于比较，同时也列出了该工程框架爆破与坍塌时的地面振动实测数据，可以看出，当重 3t 的冲击锤砸击地面混凝土基础时，距锤击点 18～20 m 处的振动加速度、速度和位移分别为 0.1 m·s^{-2}，1 cm·s^{-1} 和 0.1 mm，其数值比框架爆破及坍塌时的振动略小，但振动强度相差不大，由于是重复作业，因此经常受到附近居民的诉讼。

图 10.7 为 3 t 重冲击锤在不同落高时地面振动位移随距离的衰减。冲击锤落高不同，振动强度相应出现规律性的变化，但数值范围在同一数量级内。实测还表明，当冲击锤撞击塌落在地架空的楼板及梁、柱时，其周围地面的振动强度仅为冲砸基础时的 1/5～1/10。这时，计算振动强度应在经验公式(10.4)和式(10.5)中分别乘以一折减系数 η，η 取 0.1～0.2。

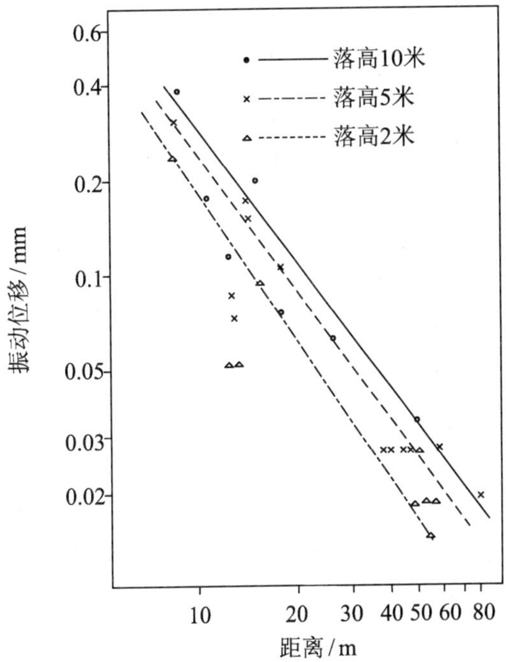

图 10.7　冲击锤振动强度随距离的衰减

对于冲击锤这样重复性大的振动作业，结合以往工程中居民对振动的诉讼调查，建议居民区内的地面振动强度的控制指标为地面振动速度小于 0.25 cm·s^{-1}。

对于 3 t 冲击锤，满足这一指标的距离，对不同作业条件及落锤高度分别有如下结论：① 冲砸架空在地面上的梁、柱、楼板时，落锤高度 10 m，距离应大于 20 m。② 冲砸基础时，落锤高度 2 m，距离应大于 52 m；落锤高度 10 m，距离应大于 65 m。

拆除爆破施工作业现场，当采用冲击锤辅助对塌落的建(构)筑物结构进行解体和破碎时产生的地震动，应当予以重视和控制。

当地面振动强度有可能超出上述指标时，建议通过减少冲击锤重量，降低冲击锤落高以降低地面振动强度，或采用其他方式对梁、柱、楼板和基础进行解体破碎。

第 11 章 爆破安全管理

11.1 对民用爆炸物品与爆破作业的行政管理

11.1.1 国家关于安全生产管理的基本框架与原则

11.1.1.1 我国安全生产方针及其监督管理

“安全第一，预防为主”是我国安全生产工作的基本方针，工程爆破安全也不例外。

“安全第一”，就是在生产经营活动中，在处理保证安全与生产经营活动的关系上，要始终把安全放在首要位置，优先考虑从业人员和其他人员的人身安全，实行“安全优先”的原则。在确保安全的前提下，努力实现生产的其他目标。

“预防为主”，就是按照系统化、科学化的管理思想，按照事故发生的规律和特点，千方百计预防事故的发生，做到防患于未然，将事故消灭在萌芽状态。虽然人类的生产活动中还不可能完全杜绝事故的发生，但只要思想重视，预防措施得当，事故是可以大大减少的。

贯彻“安全第一，预防为主”，要做到，安全意识在先，安全投入在先，安全责任在先，建章立制在先，隐患预防在先，监督执法在先。

我国目前实行的是国家监察、地方监督、企业负责的安全工作体制。在国家与行政管理部门之间，实行的是综合监管和行业监管；在中央政府与地方政府之间，实行的是国家监管与地方监管；在政府与企业之间，实行的是政府监管与企业管理。安全生产监管体系初步形成，并会随着我国体制的改革和实践探索逐步完善。

11.1.1.2 国家关于安全生产法律体系的基本框架

我国已初步构建安全生产法律体系，并在逐步完善。法的层级不同，其法律地位和效力也不同。从法的不同层级上，可以分为上位法与下位法。上位法是指法律地位、法律效力高于其他相关法的立法。下位法相对于上位法而言，是指法律地位、法律效力低于相关上位法的立法。

法律是安全生产法律体系中的上位法，居于整个体系的最高层级，其法律地位和效力高于行政法规、地方性法规、部门规章、地方政府规章等下位法。国家现行的有关安全生产的专门法律有《安全生产法》、《消防法》、《道路交通安全法》、《海上交通安全法》、《矿山安全法》；与安全生产相关的法律主要有《劳动法》、《职业病防治法》、《工会法》、《矿产资源法》、《铁路法》、《公路法》、《民用航空法》、《港口法》、《建筑法》、《煤炭法》和《电力法》等。

安全生产法规分为行政法规和地方性法规。

安全生产行政法规的法律地位和法律效力低于有关安全生产的法律，高于地方性安全生产法规、地方政府安全生产规章等下位法。《民用爆炸物品安全管理条例》即是由国务院颁发的适用于工程爆破安全管理的行政法规。

国务院有关部门依照安全生产法律、行政法规的规定或者国务院的授权，可以制定发布的安全生产规章。地方政府根据本地区的特点可以制定有关安全生产的地方性法律和地方政府规章，其法律地位和法律效力低于相关的上位法，不得与上位法相抵触。

虽然目前我国没有技术法规的正式用语且未将其纳入法律体系的范畴，但是国家制定的许多安全生产立法却将安全标准作为生产经营单位必须执行的技术规范而载入法律，安全生产标准法律化是我国安全生产立法的重要趋势。安全生产标准一旦成为法律规定必须执行的技术规范，它就具有了法律上的地位和效力。执行安全生产标准是生产经营单位的法定义务，违反法定安全生产标准的要求，同样要承担法律责任。因此，将法定安全生产标准纳入安全生产体系范畴来认识，有助于构建完善的安全生产法律体系。法定安全生产标准分为国家标准和行业标准，两者对生产经营单位的安全生产具有同样的约束力。《爆破安全规程(GB6722-2003)》即是由国产质量监督检验检疫总局颁布的国家标准，《爆破作业人员安全技术考核标准(GA53-93)》，即是由公安部颁布的行业标准。《爆炸物品库安全防范规定 DB11/ 317-2005》即是由北京市标准计量局颁布的地方标准。

中国工程爆破协会已提出《中国工程爆破行业标准体系编制规划》，可以预料，在不远的将来，将形成一套我国工程爆破行业的标准体系。

11.1.1.3　《安全生产法》的基本原则

《中华人民共和国安全生产法》，2002 年 6 月 29 日由九届全国人大常委会第二十八次会议通过，并于 2002 年 11 月 1 日施行。贯穿于《安全生产法》全部立法过程和法律条文的指导思想，是以下五项基本原则。

(1) 人身安全第一的原则

以人为本是科学发展观的核心，“国家尊重和保障人权”已经载入我国宪法。安全生产最根本最重要的就是保障从业人员的人身安全，保障他们的生命权不受侵犯。按照这个原则，《安全生产法》第一条就将保障人民群众生命财产安全作为立法宗旨，并且在第三章专门对从业人员在生产经营活动中的人身安全方面所享有的权利做出了明确的规定。法律第一次赋予从业人员依法享有工伤社会保险和获得民事赔偿的权利，充分体现了国家对尊重和保护从业人员生命权利的高度重视。

(2) 预防为主的原则

“安全第一，预防为主”是党和国家的一贯方针。从安全管理和监督的过程来说，可以分为事前、事中和事后的管理和监督。

事前管理是指生产经营单位的安全管理工作必须重点抓好生产经营单位申办、筹办和建设过程中的安全条件论证、安全设施“三同时”等工作，把可以发生的事故隐患消灭在建设阶段。事中管理是指在生产经营全过程中的安全管理，其环节最多、过程最长，需要每时每处都保证安全，因此生产经营单位必须建章立制，加强管理，保证安全。事后管理是指发生事故后的抢救和善后处理工作。

(3) 权责一致的原则

按照权责一致的原则依法建立权责追究制度，《安全生产法》强化了各级人民政府和负有安全生产监管职责的部门的负责人和工作人员的相关职权和手段，同时也对其违法行政所应负的法律责任及约束监督机制做出了明确规定。

(4) 社会监督、综合治理的原则

《安全生产法》通过建立社区基层组织和公民对安全生产的举报制度和加强舆论监督来强化社会监督的力度，将安全生产的视角和触角延伸到社会的各个领域、各个方面和各个地方，以协助政府和部门加强监管，实现综合治理。

(5) 依法从重处罚的原则

对那些严重违反安全生产法律、法规的违法者，必须追究其法律责任，依法从重处罚。《安全生产法》设定了安全生产违法应当承担的行政责任和刑事责任，还破例地设定了民事责任。这充分反映了国家对严重的安全生产违法者和造成重大、特大生产安全事故的责任人依法课以重典的指导思想。

11.1.1.4 安全生产许可证条例

2004年1月13日国务院公布《安全生产许可证条例》，自公布之日起施行。《安全生产许可证条例》的立法目的是为了依法建立安全生产市场准入制度，严格规范安全生产条件，加强安全生产监督管理，防止和减少生产安全事故。这是我国第一部对煤矿企业、非煤矿矿山、建筑施工企业和危险化学品、烟花爆竹、民用爆破器材生产企业实施安全生产行政许可的行政法规。

行政许可是国家行政机关管理国家事务和社会生活的强制性行政管理措施，它是各级行政机关实施行政管理活动的重要手段之一。凡是在中华人民共和国领域内从事矿产资源开发、建筑施工和危险化学品、烟花爆竹、民用爆破器材生产等活动的所有企业法人、非企业法人单位和中国人、外籍人、无国籍人，不论其是否领取安全生产许可证，不论其所有制性质和生产方式如何，都要遵守《安全生产许可证条例》的各项规定。

《安全生产法》重点规范的三类危险性较大的高危生产企业，即矿山企业、建筑施工企业和危险物品生产企业，当然也包含爆破作业施工企业。《安全生产许可证条例》规定，必须具备法定的安全生产条件，依法申请领取安全生产许可证，方可从事生产建设活动。企业取得安全生产许可证，应当具备下列安全生产条件：①建立健全安全生产责任制，制定完备的安全生产规章制度和操作规程；②安全投入符合安全生产要求。这是为高危生产企业设定的最基本、最低的安全生产条件。

11.1.1.5　安全生产的法律责任

(1) 安全生产法律责任的形式

法律责任是国家管理社会事务所采用的强制当事人依法办事的法律措施。依照《安全生产法》的规定，各类安全生产法律关系的主体必须履行各自的安全生产法律义务，保障安全生产。《安全生产法》的执法机关将依照有关法律规定，追究安全生产违法犯罪分子的法律责任，对有关生产经营单位给予法律制裁。

追究安全生产违法行为法律责任的形式有 3 种，即行政责任、民事责任和刑事责任。

① 行政责任。它是指责任主体违反安全生产法律、法规的规定，但尚未构成犯罪的违法行为所应承担的法律责任。由有关人民政府和安全生产监督管理部门、公安机关依法对其实施行政处罚的一种法律责任。《安全生产法》针对安全生产违法行为设定的行政处罚，有责令改正、责令限期改正、责令停产停业整顿、责令停止建设、停止使用、责令停止违法行为、罚款、没收违法所得、吊销证照、行政拘留、关闭等 11 种，这在我国有关安全生产的法律、行政法规设定行政处罚的种类中是最多的，也是在追究安全生产违法的法律责任方式中运用最多的。

② 民事责任。它是指责任主体违反安全生产法律规定造成民事损害，由人民法院依照民事法律强制其进行民事赔偿的一种法律责任。民事责任的追究是为了最大限度地维护当事人受到民事损害时享有获得民事赔偿的权利。《安全生产法》第九十五条中规定："生产经营单位发生生产安全事故造成人员的伤亡、他人财产损失的，应当依法承担赔偿责任"。

③ 刑事责任。刑事责任是指责任主体违反安全生产法律行政法规的规定构成犯罪，由司法机关依照刑事法律给予刑罚的一种法律责任。依法处以剥夺犯罪分子人身自由的刑罚，是 3 种法律责任中最严厉的。为了制裁那些严重的安全生产违法犯罪分子，《安全生产法》设定了刑事责任。《刑法》有关安全生产违法行为的罪名，主要是重大责任事故罪、重大劳动安全事故罪、危险物品肇事罪和提供虚假证明文件罪以及国家工作人员职务犯罪等。

(2) 安全生产违法行为的责任主体和行政执法主体

安全生产违法行为的责任主体，是指依照《安全生产法》的规定享有安全生产权利、负有安全生产义务和承担法律责任的社会组织和公民。责任主体主要包括 4 种。

① 有关人民政府和负有安全生产监督管理职责的部门及其领导人、负责人。

② 生产经营单位及其负责人、有关主管人员。《安全生产法》第十七条规定了生产经营单位主要负责人应负的6项安全生产职责；还对生产经营单位的主要负责人和安全生产管理人员的安全资质做出了规定。生产经营单位的主要负责人、分管安全生产的其他负责人和安全生产管理人员是安全生产工作的直接管理者，保障安全生产是他们义不容辞的责任。

③ 生产经营单位的从业人员。从业人员直接从事生产经营活动，他们往往是各种事故隐患和不安全因素的第一知情者和直接受害者。《安全生产法》在赋予他们必要的安全生产权利的同时，设定了他们必须履行的安全生产义务。如果因从业人员违反安全生产义务而导致重大、特大事故，那么必须承担相应的法律责任。

④ 安全生产中介服务机构和安全生产中介服务人员。从事安全生产评价认证、检测检验、咨询服务等工作的中介机构及其安全生产的专业工程技术人员，必须具有执业资质才能依法为生产经营单位提供服务。如果中介机构及其工作人员对安全评价、认证、检测、检验事项出具虚假证明，视其情节轻重，将追究其行政责任、民事责任和刑事责任。

安全生产违法行为行政处罚的决定机关亦称行政执法主体，是指法律、法规授权履行法律实施职权和负责追究有关法律责任的国家行政机关。鉴于《安全生产法》是安全生产领域的基本法律，它的实施涉及多个行政机关。因此在目前的安全生产监督管理体制下，《安全生产法》规定的行政执法主体有4种，即：县级以上人民政府，县级以上人民政府负责安全生产监督管理职责的部门，公安部门及法定的其他行政机关。

(3) 工程爆破涉及的主要违法行为及其罚责

违反《民用爆炸物品安全管理条例》规定，在生产、储存、运输、使用民用爆炸物品中发生重大事故，造成严重后果或者后果特别严重，构成犯罪的，依法追究刑事责任。与爆破作业相关的主要违法行为及其罚责列举如下。

违反《民用爆炸物品安全管理条例》规定，从事爆破作业的单位有下列情形之一的，由公安机关责令停止违法行为或者限期改正，处10万元以上50万元以下的罚款；逾期不改正的，责令停产停业整顿；情节严重的，吊销《爆破作业单位许可证》：①爆破作业单位未按照其资质等级从事爆破作业的；②营业性爆破作业单位跨省、自治区、直辖市行政区域实施爆破作业，未按照规定事先向爆破作业所在地的县级人民政府公安机关报告的；③爆破作业单位未按照规定建立民用爆炸物品领取登记制度、保存领取登记记录的；④违反国家有关标准和规范实施爆破作业的。

违反《民用爆炸物品安全管理条例》规定，民用爆炸物品从业单位有下列情形之一的，由公安机关处2万元以上10万元以下的罚款；情节严重的，吊销其许可证；有违反治安管理行为的，依法给予治安管理处罚：①违反安全管理制度，致使民用爆炸物品丢失、被盗、被抢的；②民用爆炸物品丢失、被盗、被抢，未按照规定向当地公安机关报告或者故意隐瞒不报的；③转让、出借、转借、抵押、赠送民用爆炸物品的。

爆破作业人员违反国家有关标准和规范的规定实施爆破作业的，由公安机关责令限期改正，情节严重的，吊销《爆破作业人员许可证》。

民用爆炸物品从业单位的主要负责人未履行本条例规定的安全管理责任，导致发生重大伤亡事故或者造成其他严重后果，构成犯罪的，依法追究刑事责任；尚不构成犯罪的，对主要负责人给予撤职处分，对个人经营的投资人处 2 万元以上 20 万元以下的罚款。

除此以外，《民用爆炸物品安全管理条例》还对未经许可购买、运输民用爆炸物品或者从事爆破作业等违法行为的罚则做了相应规定。

11.1.2　民用爆炸物品安全管理条例

11.1.2.1　立法宗旨与适用范围

为了加强对民用爆炸物品的安全管理，预防爆炸事故发生，保障公民生命，财产安全和公共安全，2006 年 5 月 10 日，以第 466 号国务院令公布了经修订的《民用爆炸物品安全管理条例》，自 2006 年 9 月 1 日起施行。

条例在适用范围上，将硝酸铵的销售、购买纳入民用爆炸物品管理。目前，我国硝酸铵的年生产量近 300 万吨，主要用于生产炸药，也可以作为农用化肥使用，为了从源头上杜绝用硝酸铵私自制成炸药的违法行为，防止由此引发的各类案件事故的发生，必须对硝酸铵严格控制和管理。鉴于烟花爆竹在性质等方面与民用爆炸物品存在很大差别，条例的适用范围不再包含烟花爆竹。

关于民用爆炸物品品名表，分为八大类，具体是：①工业炸药；②工业雷管；③工业索类火工品；④油气井用爆破器材；⑤地震勘探用爆破器材；⑥特种爆破器材；⑦其他爆破器材；⑧原材料，包括猛炸药，黑火药，起爆药，延期装置，硝酸铵，其他原材料。

11.1.2.2　涉及爆破作业安全管理的主要内容

《民用爆炸物品安全管理条例》对民用爆炸物品的生产、销售和购买、运输、爆破作业、储存以及有关部门的监督管理职责做了规定。对涉及爆破作业安全管理的主要内容归纳如下。

(1) 对爆破作业实行许可证制度

条例规定："国家对民用爆炸物品的生产、销售、购买、运输和爆破作业实行许可证制度。"对爆破作业实施许可证制度，主要包括从事爆破作业的单位必须具备法定的条件，爆破作业许可的申请与审批，爆破作业人员的资格条件，实施爆破作业的应当遵守的标准和规范。条例还规定："未经许可，任何单位或者个人不得生产、销售、购买、运输民用爆炸物品，不得从事爆破作业，严禁转让、出借、转借、抵押、赠送、私藏或者非法持有民用爆炸物品。"

(2) 对爆破作业安全管理有关部门的职责分工

条例规定："国防科技工业主管部门负责民用爆炸物品生产、销售的安全监督管理。公安机关负责民用爆炸物品公共安全管理和民用爆炸物品购买、运输、爆破作业的安全监督管理，监控民用爆炸物品流向。安全生产监督、铁路、交通、民用航空主管部门依照法律、行政法规的规定，负责做好民用爆炸物品的有关安全监督管理工作。国防科技工业主管部门、公安机关、工商行政管理部门按照职责分工，负责组织查处非法生产、销售、购买、储存、运输、邮寄、使用民用爆炸物品的行为。”

(3) 强化爆破作业单位和从业人员的安全工作责任

条例对民用爆炸物品从业单位从主要负责人的安全工作责任，治安保卫工作基本要求及安全工作制度建设三个方面做了基本要求的规定。明确民用爆炸物品从业单位的主要负责人是本单位民用爆炸物品安全管理责任人，对本单位的民用爆炸物品安全管理工作全面负责。民用爆炸物品从业单位是治安保卫工作的重点单位，应当依法设置治安保卫机构或者配备治安保卫人员，设置技术防范设施，防止民用爆炸物品丢失、被盗、被抢。民用爆炸物品从业单位应当建立安全管理制度、岗位安全责任制度，制定安全防范措施和事故应急预案，设置安全管理机构或者配备专职安全管理人员。

条例规定，从事爆破作业的单位，应当有具备相应资格的安全管理人员，仓库管理人员和具备国家规定执业资格的爆破作业人员。应当加强对本单位从业人员的安全教育、法制教育和岗位技术培训。

(4) 建立民用爆炸物品信息管理系统

2002 年 9 月 30 日，国务院办公厅发出《关于进一步加强民用爆炸物品安全管理的通知》，规定对雷管实行编码打号制度，实行民用爆破器材的销售、购买、使用流向监控制度，取得了较好的效果。条例进一步明确：“国家建立民用爆炸物品信息管理系统，对民用爆炸物品实行标识管理，监控民用爆炸物品流向。”接受国家有关主管部门的监督管理，是爆破作业单位必须履行的法定责任和义务。爆破作业单位应将民用爆炸物品使用(包括发放、领用、清退等各个环节)的情况进行详细登记，登记资料应当长期保存备查。

(5) 明确从事爆破作业单位应当具备的条件

条例规定，申请从事爆破作业的单位，应当具备下列条件：①爆破作业属于合法的生产活动；②有符合国家有关标准和规范的民用爆炸物品专用仓库；③有具备相应资格的安全管理人员、仓库管理人员和具备国家规定执业资格的爆破作业人员；④有健全的安全管理制度、岗位安全责任制度；⑤有符合国家标准、行业标准的爆破作业专用设备；⑥法律、行政法规规定的其他条件。

条例不仅严格规范从事爆破作业的主体，而且对申请从事爆破作业的单位进行许可、登记和备案，也都做了相应规定。

(6) 对爆破作业单位和爆破作业的基本安全要求

条例规定：“爆破作业单位应当按照其资质等级承接爆破作业项目，爆破作业人员应当按照其资格等级从事爆破作业。爆破作业的分级管理办法由国务院公安部门规定。”

“爆破作业单位跨省、自治区、直辖市行政区域从事爆破作业的，应当事先将爆破作业项目的有关情况向爆破作业所在地县级人民政府公安机关报告。”

条例还对在特定地点，如城市、风景名胜区和重要工程设施附近实施爆破作业应遵守的事项，如对爆破设计、施工方案进行安全评估，实施安全监理，以及对爆破作业现场监督和警戒等安全管理做了具体规定。

11.1.3　爆破作业的分级管理

为了规范管理爆破作业活动，保证爆破安全与质量，保障公共安全，根据《民用爆炸物品安全管理条例》，我国对爆破作业实施分级管理。

爆破作业单位和爆破作业人员应当依法分别申领《爆破作业单位许可证》和《爆破作业人员许可证》，按许可的从业范围、爆破作业类别、资质资格等级、作业项目等级实施爆破作业。公安机关对爆破作业单位和爆破技术人员资格，实行分级管理。

11.1.3.1　爆破工程分级

《爆破安全规程(GB6722-2003)》规定，硐室爆破工程、大型深孔爆破工程、拆除爆破工程以及复杂环境岩土爆破工程，应实行分级管理。各类爆破工程的分级列于表 11.1。A 级、B 级、C 级和 D 级的爆破工程应按相应规定进行设计、施工、审批。

表 11.1　爆破工程分级

爆破工程类别	爆破工程按药量 $Q(t)$ 与环境分级			
	A	B	C	D
硐室爆破*	$1\,000 \leqslant Q \leqslant 3\,000$	$300 \leqslant Q < 1\,000$	$50 \leqslant Q < 300$	$0.2 \leqslant Q < 50$
露天深孔爆破	—	$Q \geqslant 200$	$100 \leqslant Q < 200$	$50 \leqslant Q < 100$
地下深孔爆破	—	$Q \geqslant 100$	$50 \leqslant Q < 100$	$20 \leqslant Q < 50$
水下深孔爆破	$Q \geqslant 50$	$20 \leqslant Q < 50$	$5 \leqslant Q < 20$	$0.5 \leqslant Q < 5$
复杂环境深孔爆破	$Q \geqslant 50$	$15 \leqslant Q < 50$	$5 \leqslant Q < 15$	$1 \leqslant Q < 5$
拆除爆破	$Q \geqslant 0.5$	$0.2 \leqslant Q < 0.5$	$Q < 0.2$	—
城镇浅孔爆破	—	环境十分复杂	环境复杂	环境不复杂

注：爆破作业环境包括三种情况：①环境十分复杂指爆破可能危及国家一、二级文物、极重要设施、极精密贵重仪器及重要建(构)筑物等保护对象的安全；②环境复杂指爆破可能危及国家三级文物、省级文物、居民楼、办公楼、厂房等保护对象的安全；③环境不复杂指爆破只可能危及个别房屋、设施等保护对象的安全。

* 一次用药量大于 3 000 t 的硐室爆破，应由业务主管部门组织专家论证其必要性，其等级按 A 级管理。装药量小于 200 kg 的小硐室爆破归入蛇穴爆破，应遵守《爆破安全规程》5.1.7 的有关规定。

拆除爆破工程及复杂环境深孔爆破工程，除按表 11.1 规定的药量进行分级外，还应按下列环境条件和拆除对象进行级别调整。

有下列条件之一者，属A级：①环境十分复杂；②拆除的楼房超过10层，厂房高度超过30 m，烟囱高度超过80 m，塔高度超过50 m；③一级、二级水利水电枢纽的主体建筑、围堰、堤坝和挡水岩坎。

有下列条件之一者，属B级：①环境复杂；②拆除的楼房5～10层，厂房高度15～30 m，烟囱高度50～80 m，塔高度30～50 m；③三级水利水电枢纽的主体建筑、围堰、堤坝和挡水岩坎。

有下列条件之一者，属C级：①环境不复杂；②拆除楼房低于5层，厂房高度低于15 m，烟囱高度低于50 m，塔的高度低于30 m；③四级、五级水利水电枢纽工程的主体建筑、围堰、堤坝和挡水岩坎。

爆区周围500 m无建筑物和其他保护对象，并且一次爆破用药量不超过200 kg的拆除爆破，以及不属于A级、B级、C级、D级的爆破工程，不实行分级管理。

根据爆破工程的复杂程度和爆破作业环境的特殊要求，由设计、安全评估和审批单位商定，可适当提高相应爆破工程的管理级别。

11.1.3.2 爆破作业单位和作业人员的管理

爆破作业单位应当有独立法人资格，具有相应爆破作业类别的爆破技术人员，有与爆破作业类别配套的钻机、空压机、装药设备、测量仪器等施工器材。经所在地省级公安机关治安管理部门审查核发《爆破作业单位许可证》后，方可办理企业法人营业执照。爆破企业应按允许的作业范围、等级从事经营活动。未经批准，任何个人不得承接爆破工程的设计、安全评估、施工和监理工作。

爆破作业人员是指从事爆破工作的爆破员和爆破技术人员。我国现有爆破作业人员超过100万人，其中爆破技术人员2.6万余人。公安机关对爆破作业人员资格实施考核认证制度。爆破作业人员受聘于爆破作业单位，依法取得《爆破作业人员许可证》，方可从事爆破作业。

《爆破安全规程》对爆破作业人员的资格、任职条件与职责做了相应规定。

11.1.3.3 对爆破作业项目的管理

依法取得《爆破作业单位许可证》的单位，方可承担与许可的爆破作业类别、资质等级相对应的爆破作业项目。

《爆破安全规程》规定，A级、B级、C级、D级爆破工程设计，应经有关部门审批，未经审批不准开工。设计文件应在设计人员、审核人员和设计单位主管领导签字后，方能上报主管部门；设计审查部门(或审批人)应在规定时限内完成审批，并将审批意见以书面形式通知报批单位。爆破拆除建(构)筑物，一般需经产权单位的上级部门同意，必要时还应报请政府主管部门批准。行政和政府主管部门审定时，应考虑的主要问题是：①拆除物有无继续使用和保留的价值；②拆除物与城市建设规划的关系；③采用爆破方法拆除对相邻建筑物、城市交通和市政公用设施相关联的安全问题。

A级、B级、C级和对安全影响较大的D级爆破工程，都应进行安全评估。未经安全评估的爆破设计，任何单位不准审批或实施。

合格的爆破设计方案应符合下列条件：①设计单位的资质符合规定；②承担设计和安全评估的主要爆破工程技术人员的资质及数量符合规定；③设计方案通过安全评估或设计审查认为爆破设计在技术上可行、安全上可靠。

使用爆破器材的单位，必须经上级主管部门审查同意，并持说明使用爆破器材的地点、品名、数量、用途等文件和安全操作规程，向所在地县、市公安部门申请领取《爆炸物品使用许可证》，方准使用。

进行大型爆破作业，或在城镇与其他居民聚居的地方、风景名胜区和重要工程设施附近进行控制爆破作业，施工单位必须事先将爆破作业方案，报县、市以上主管部门批准，并征得所在地县、市公安部门同意，方准爆破作业。

11.1.4　爆破安全规程

安全标准是法律、法规的重要补充。《安全生产法》第十条规定："国务院有关部门应当按照保障安全生产的要求，依法及时制定有关的国家标准或者行业标准，并根据科技进步和经济发展适时修订。生产经营单位必须执行依法制定的保障安全生产的国家标准或者行业标准"。涉及安全生产方面的标准多数是强制性标准。

现行《爆破安全规程(GB6722-2003)》(以下简称规程)2003年9月12日由国家质检总局发布，自2004年5月1日起实施。与原标准(GB6722-1986)相比，有以下主要特点。

(1) 工程爆破领域进一步扩展

随着我国各项建设事业的蓬勃发展，工程爆破技术的应用领域进一步扩展，规程规定了爆破作业、爆炸加工和爆破器材的贮存、运输、加工、检验与销毁的安全技术要求及其管理工作要求。规程在"露天爆破"中增加了"复杂环境深孔爆破"一节，在"拆除爆破"中，增加"城镇浅孔爆破"的内容；在"地下爆破"中，增加了"地下大跨度硐群开挖爆破"、"溜井(含矿仓)堵塞处理"、"压气装药孔底起爆"和"放射性矿井爆破"的内容；在"水下爆破"中，增加了"围堰、堤坝和挡水岩坎爆破"、"软基处理爆破"、"海上救助和沉船处理爆破"的内容；在"金属爆破与爆炸加工"中，增加了"拆船切割爆破"、"爆炸成型和爆炸复合"、"爆炸硬化和爆炸压实"、"爆炸压接和爆炸焊接"和"爆炸合成金刚石"的内容；此外，还增加了"钻孔雷爆"和"桩井爆破"。其他一些常规的爆破作业领域，也增加或扩展了新的安全规定和要求。规程中对工程爆破领域的进一步扩展，不仅有利于新领域中爆破作业的安全，也推动了爆破新技术的发展。

(2) 反映爆破技术进步

规程对近年来有效的科技成果，例如现场混制装药车、深孔爆破预装药、爆破现场炸药混制等提出了适用范围，制定了安全操作规定，有利于新技术的推广应用和生产安全。

对于爆破振动安全允许标准，对建筑物建立了爆破振动频率与安全允许标准的联系，更具科学性，也与国际接轨；并提出“ 在特殊建(构)筑物附近或爆破条件复杂地区进行爆破时，应进行必要的爆破震动监测或专门试验，以确保保护对象的安全”，体现了规程的安全性。

对爆破器材同库存放的规定，也根据实际情况做了调整。

(3) 进一步重视安全和环保

对爆破作业环境的规定，首先提出“爆破前应对爆区周围的自然条件和环境状况进行调查，了解危及安全的不利环境因素，采取必要的安全防范措施”，对 11 种存在不安全隐患的爆破作业场所，明确不应进行爆破作业。对应停止爆破作业的特殊恶劣气候、水文情况，提出了“量”的概念，这些都是保障爆破作业安全的重要举措。

规程不仅对保证煤矿井下爆破安全，提出了爆破器材、装药爆破的条件、填塞材料与长度等要求，而且提出了预防瓦斯爆炸、防尘与预防粉尘爆炸应采取的措施。

在爆破对环境有害影响的控制方面，首次提出了在城镇爆破对爆破噪声的控制；提出了养殖业、水中生物保护及对涌浪的控制；增加了核工业矿山爆破安全的特殊要求，并在“地下爆破作业点有害气体允许浓度”中，增加了放射性的控制标准。

规程将外部电源与电爆网路的安全允许距离，列入规程正式条款并增加了爆区与高压线的安全允许距离；针对现时手机通讯的普及，规程规定：“手持式或其他移动式通讯设备进入爆区应事先关闭”。

规程首次提出爆破保险，规定：“爆破企业、作业人员及其承担的重要爆破工程均应投购保险”，体现了“以人为本”的安全生产管理理念。

(4) 爆破工程管理上的突破

规程统一了爆破工程的分级标准，提出了爆破设计与施工企业的资质要求，爆破企业应按允许的作业范围、等级从事经营活动，各类爆破工程按相应规定进行设计、施工、审批，并首次明确了施工企业的安全职责。

规程明确爆破作业人员应参加培训考核，取得相应级别和作业范围的安全作业证，持证上岗，并对爆破作业人员的任职条件与职责做了相应规定。

规程对实施爆破安全评估和爆破安全监理做了具体规定，包括实施爆破工程的范围，人员的资质要求，爆破安全评估和爆破安全监理的内容等。

规程实施四年来，在指导工程爆破安全中发挥了重要作用。随着我国体制改革和经济转型的进展，规程亦将不断完善。

11.2　爆破企业安全运行机制与管理制度

11.2.1　爆破安全生产责任制与运行机制

11.2.1.1　爆破安全生产责任制

安全生产责任制是按照“安全第一，预防为主”的安全生产方针和“管生产的同时必须管安全”的原则，将各级负责人员、各职能部门及其工作人员和各岗位生产人员在安全生产方面应做的事情和应负的责任加以明确规定的一种制度。它是生产经营单位岗位责任制和经济责任制度的重要组成部分，是生产经营单位各项安全生产规章制度的核心，同时也是生产经营单位最基本的安全管理制度。

安全生产责任制的内容主要包括下列两个方面：①纵向方面，即从上到下所有类型人员的安全生产职责。在建立责任制时，可首先将本单位从主要负责人一直到岗位工人分成相应的层级；然后结合本单位的实际工作，对不同层级的人员在安全生产中应承担的职责做出规定。②横向方面，即各职能部门（包括党、政、工、团）的安全生产职责。在建立责任制时，可按照本单位职能部门的设置（如安全、设计、技术、施工、后勤、外联、行政等部门），分别对其在安全生产中应承担的职责做出规定。

《爆破安全规程》明确，爆破施工企业的安全职责是：①管理本企业的爆破作业人员，发现不适合继续从事爆破作业者和因工作调动不再从事爆破作业者，均应收回其安全作业证，交回原发证部门，异地施工应办理有关证件的登记及签证手续；②负责本单位爆破器材购买、运输、贮存、使用，并承担安全责任；③编制施工组织设计，制定预防事故的安全措施并组织实施；④处理本企业爆破事故。

爆破施工企业要在以下几个方面落实好安全职责。

(1) 规范市场行为，严格爆破施工安全准入制度

必须建立严格的爆破施工安全准入制度，规范爆破施工活动。杜绝不具备基本安全生产条件的施工单位无证施工、越级承包、非法转包、违法分包的现象。

禁止爆破施工企业超越本企业资质等级许可的业务范围或者以任何形式用其他爆破企业的名义承揽工程。禁止爆破施工企业以任何形式允许其他单位或者个人使用本企业的资质证书、营业执照，以本企业的名义承揽工程。在爆破工程中，要加强总承包单位与分包单位的安全管理，明确各自的安全生产方面的权利、义务。总承包单位和分包单位对分包工程的安全生产承担连带责任。

（2）落实主要负责人和项目负责人的安全施工责任

施工单位主要负责人和项目负责人的安全素质直接关系到施工安全，必须将其应负的施工安全责任法律化。

① 施工单位主要负责人的安全责任。施工单位主要负责人依法对本单位的安全生产工作全面负责。施工单位应当建立、健全安全生产责任制和安全教育培训制度，制定安全生产规章制度和操作规程，保证本单位安全生产条件所需资金的投入，对所承担的爆破工程进行定期和专项安全检查，并做好安全检查记录。

② 项目负责人的安全责任。施工单位的项目负责人即项目经理，是本爆破工程项目安全生产的第一责任人。对爆破工程项目的安全施工负责，落实安全生产责任制、安全生产规章制度的操作规程，确保安全生产费用的有效使用，并根据工程的特点组织制定安全施工措施，消除安全事故隐患，及时、如实报告生产安全事故。

（3）配置安全管理机构和安全管理人员，加强爆破作业人员的资格管理

爆破施工企业应当设置安全生产管理机构或者配备专职安全生产管理人员。专职安全生产管理人员负责对安全生产进行现场监督检查。发现安全事故隐患，应当及时向项目负责人和安全生产管理机构报告；对于违章指挥、违章操作的应当立即制止。

爆破作业人员直接从事作业，具有较大的危险性。他们的安全素质和安全技能，直接关系到施工安全。爆破作业人员必须按照国家有关规定经过专门的安全作业培训，依法取得《爆破作业人员许可证》，方可从事爆破作业。

（4）做好施工现场的安全管理

包括爆破器材安全管理，安全警示标志和危险部位的安全防护措施等。

（5）为有关人员办理人身意外伤害保险

11.2.1.2 爆破企业安全管理运行机制

（1）组织设计

组织结构反映了生产要素相结合的结构形式，即管理活动中各种职能的横向分工和层次划分。组织结构必须保证决策指挥的统一和有利于全过程及全局的控制。爆破企业和工程项目组织可以采用职能式组织结构、矩阵式组织结构或混合式组织结构。职能式组织结构，适用于生产程序比较规范，规模小的企业和工程项目；矩阵式结构设计的爆破企业，其特点是把按职能组合的业务活动与按工程项目组合的业务活动结合起来，以项目为工作的焦点，适用于较大规模爆破企业的组织管理。

（2）安全管理运行机制

爆破施工安全管理，实质上是要建立一个可控制的运行机制。图 11.1 是关于控制的基本反馈环路，即能及时地发现和纠正偏差，就能够保证计划的实现。对爆破施工安全也是一样，一些爆破施工企业和重大爆破工程项目提供的经验表明，一

个可控制的运行机制，主要包括科学的组织设计，经常的安全教育，良好的协调设计和严格的考核管理。

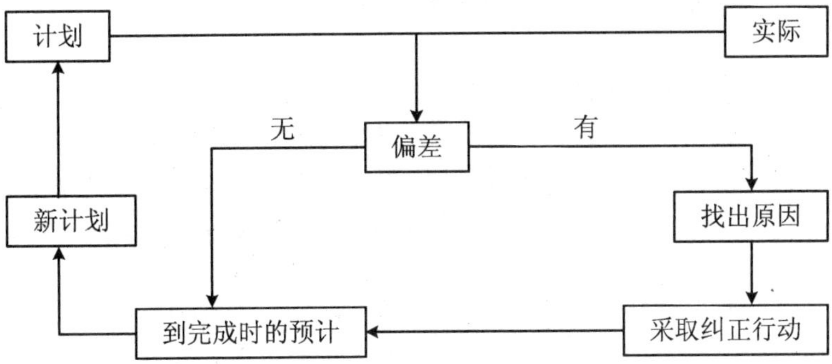

图 11.1　控制的基本反馈环路

做好爆破工程的安全管理，涉及方方面面，搞好横向协调至关重要。一个良好的协调设计，主要包括制度性方式、结构性方式和人际关系方式。

所谓制度性方式，除通过管理工作标准化制度进行横向协调外，在生产作业管理方面，可实行工序服从制度，即上工序服从下工序，一般工序服从核心工序，辅助作业服从主要作业，实行工序服从，突破了传统管理中单纯依靠"顶头"上司进行垂直指挥的方式，从而大大提高了工作效率。它不破坏指挥统一的原则，因为这种横向指挥是由其各自的领导在一定范围内的授权下进行的。

例会制度、联合办公和现场调度制度，对于协调和落实爆破实施过程中的安全问题，如人员疏散、安全防护、风险预案等是十分必要的，有助于较快克服横向联系中的种种障碍，及时达成一致意见，提高办事效率。

所谓结构性方式，是指为了强化爆破安全管理，在原组织机构设计外，组织临时性的任务小组或委员会。爆破安全规程规定，A 级、B 级岩土爆破工程和 A 级拆除爆破工程都应成立爆破指挥部，全面指挥和统筹安排爆破工程的各项工作，指挥部应设置设计施工组、起爆组、物资供应组、安全保卫与警戒组、安全监测组、后勤组等，指挥部和各职能组的每个成员，都应分工明确，职责清楚，各尽其责。爆破指挥部是一个与爆破工程有关的各部门人员组成的临时机构，在爆破实施阶段，经过磋商，可以做出对各方均有约束力的决定，然后分头贯彻落实，爆破任务完成后，指挥部即撤销。在某个部门中设置联络员，也是一种结构性方式。例如，在铁路运营复线控制爆破工程中，施工单位必须向车站派出驻站联络员，负责向车站值班员提出请求爆破时间，签认运营线路封锁及开通手续。施工单位还必须与车务、工务、电务等有关单位签订安全协议书，聘请有关安全检查人员指导，帮助工程部门把好安全关，共同为运营线的行车安全做出各自的努力。

所谓人际关系方式，可以起到交流信息、沟通思想、增进理解、相互配合，是制度性方式和结构性方式的重要补充。

要通过考核、薪酬管理、劳动管理及人员激励机制，强化爆破安全岗位责任制。

11.2.2 爆破安全管理制度及保障措施

11.2.2.1 爆破安全管理制度

每一个爆破施工企业，每一项重大爆破项目，都必须依据爆破安全规程和本企业、本工程的实际情况，建立和健全爆破施工安全管理制度，这是保障施工安全的基础工作，一个完善的爆破施工安全管理制度体系，主要包括以下内容：

- 爆破施工安全管理制度体系
  - 行政管理制度
    - 爆破器材管理办法
    - 施工现场安全管理办法
    - 安全岗位责任制及考核办法
  - 技术管理制度
    - 爆破作业指导书
    - 爆破作业安全、质量记录表
  - 爆破安全事故应对预案

爆破器材管理办法，应包括爆破器材购买、运输、贮存、领取、现场加工、使用、试验、检验、销毁各个环节的安全管理规定；爆破施工现场安全管理办法，应包括对人员作业，机械设备安全防护，施工环境要求及防护的安全管理办法；安全岗位责任制及考核办法应落实到针对职能机构及生产班组所有组织单元，以及上至企业、项目第一责任人，下至每一个作业工人的全体员工。

爆破作业指导书，应包括所从事爆破作业项目工作流程中每一个工序和活动的工作要求和质量标准；爆破作业安全、质量记录表应包括重要工序的作业与质量检验记录，记录应有相应责任人签字，并作为技术档案资料保存一定时间。记录表格类别与格式可针对具体作业项目的需要和特点自行设计，一般应包括爆破器材检验、试验记录表，爆破器材领取、使用报表，爆破钻孔（药室）验收记录表，爆破作业通知单，爆破装药施工记录表，爆破效果与安全记录表，爆破安全监测记录表，盲炮处理登记卡片等。

爆破安全事故应对预案，应针对可能出现的爆破安全风险与事故在处理方案、人员组织、技术措施、设备材料供应、外部协调等方面，有一种或多种准备，一旦出现风险，可立即启动预案，以最大程度地减少损失和影响。

11.2.2.2 爆破安全生产管理保障措施

(1) 组织保障

生产经营单位的安全生产管理必须有组织上的保障，否则安全生产管理工作就无从谈起。所谓组织保障主要包括两方面，一是安全生产管理机构的保障，二是安全生产管理人员的保障。

安全生产管理机构和安全生产管理人员的作用是落实国家有关安全生产的法律法规，组织生产经营单位内部各种安全检查活动，负责日常安全检查，及时整改各种事故隐患，监督安全生产责任制的落实等等。

(2) 爆破安全生产投入

爆破作业单位必须安排适当的资金，用于以下安全生产投入：①对爆破器材储存库和运输设备配备必要的安全措施。②增设和更新安全设备、器材、装备、仪器、仪表等，如测振仪器、覆盖防护材料等。③爆破安全生产课题的研究。④按照国家标准为职工配备劳动保护用品和设施。⑤职工的安全生产教育和培训。⑥其他有关预防事故发生的安全技术措施费用，如用于制定及落实生产事故应急救援预案等。

(3) 爆破安全生产检查

爆破安全生产检查是指对施工过程及安全管理中可能存在的隐患、有害与危险因素、缺陷等进行查证，以确定隐患或有害与危险因素、缺陷的存在状态，以及它们转化为事故的条件，以便制定整改措施，消除隐患和危险有害因素，确保生产的安全。

爆破安全生产检查是安全管理工作的重要内容，是消除隐患、防止事故发生、改善劳动条件的重要手段。通过安全生产检查，可以发现生产经营单位生产过程中的危险因素，以便有计划地制定纠正措施，保证生产的安全。

安全生产检查通常有以下几种类型。

① 制度型。将安全生产检查列入本单位的例行工作安排，结合工作总结或阶段检查，定期(如每季度或半年)对本单位安全责任制及各方面的落实情况做全面检查，提出整改措施。

② 防范型。在爆破工程进场后，有针对性地结合爆破作业环境、工程质量及安全要求，检查爆破器材现场管理措施、施工机具安全状况、爆破作业环节安全保障措施等，修订和完善爆破工程的安全管理与措施落实。

③ 警钟型。对爆破施工中发现的事故隐患或发生的安全事故，有针对性地检查重点部位，举一反三，查找原因，提出防范和整改要求。

安全生产检查的内容包括软件系统和硬件系统。软件系统主要是查思想、查意识、查制度、查管理、查事故处理、查隐患、查整改。硬件系统主要是查安全设施、查作业环境、查生产设备、查辅助设施。

安全生产检查具体内容应本着突出重点的原则进行确定。对于危险性大、易发事故、事故危害大的生产系统、部位、装置、设备等应加强检查。安全生产检查以自查为主，必要时，配合上级有关部门或爆破安全监理共同进行。

(4) 爆破安全教育与培训

安全教育培训工作是贯彻生产经营单位方针、目标，实现安全生产和文明生产，提高员工安全意识和安全素质，防止产生不安全行为，减少人为失误的重要途径，是安全管理运行机制的重要内容。爆破施工单位对从业人员进行安全生产教育和培训，首先要提高员工的安全生产责任感和自觉性，认真学习有关爆破安全的法律、法规,保证从业人员具备必要的爆破施工安全知识,熟悉有关安全生产规章制度和安全操作规程,掌握本岗位的安全操作技能。

根据《安全生产法》的规定,爆破施工单位的主要负责人和安全生产管理人员,必须进行安全资格培训,经安全生产监督管理部门或法律法规规定的有关主管部门考核合格并取得安全资格证书后方可任职。安全资格培训时间不得少于48学时,每年再培训时间不得少于16学时。

爆破安全规程规定,爆破作业人员应参加培训考核并取得有关部门颁发的相应类别和作业范围、级别的安全作业证、持证上岗。在爆破作业人员安全技术考核标准(GA53-93)中,分别对爆破工程技术人员、爆破员、爆破器材保管员和押运员、安全员提出了培训考核内容与尺度、培训方法、考核、发证和证件管理。

高、中级专业技术人员每年参加脱产的专业技术继续教育,累计不应少于40学时;初级专业技术人员不应少于32学时;新上岗的爆破作业人员,安全培训时间不得少于72学时,每年接受再培训的时间不得少于20学时。

在重大爆破工程开工前,应结合爆破工程的具体情况,有针对性地进行爆破安全教育。向从业人员如实告知作业场所和工作岗位存在的危险因素、防范措施以及事故应急措施,教育和督促从业人员严格执行安全生产制度和安全操作规程,提高安全生产技能,增强事故预防和应急处理能力。在工程结束后,应进行施工安全分析与总结。对从事爆破作业的人员,应定期(一般为一个季度)组织一次安全教育和学习。

经常性安全教育培训的形式有每天的班前班后会上说明安全注意事项,安全活动日,安全生产会议,各类安全生产业务培训班,事故现场分析会,张贴安全生产宣传标语及标志等。

安全教育的内容可多样化,如授课、座谈讨论、观摩、案例研讨、观看有关录像、实操演练等,应鼓励爆破专业技术人员积极参加学术、技术交流活动。

爆破作业单位实施新工艺、新技术或使用新设备、新材料时,应对从业人员进行有针对性的安全生产教育培训。

11.3 爆破安全评估与爆破安全监理

11.3.1 安全生产中介服务的特征及法律地位

爆破安全评估与爆破安全监理属于安全生产中介服务范畴。

《安全生产法》第十二条规定:"依法设立的为安全生产提供技术服务的中介机构,依照法律、行政法规和执业准则,接受生产经营单位的委托为其安全生产提供技术服务。"安全生产中介服务具有下列特征。

① 独立性。安全生产中介服务机构必须是依法设立的具有独立法人资格的社会组织。它具有法定的资质,以自己的名义从事有关中介服务活动,享有权利、履行义务、承担责任。

② 服务性。安全生产中介服务是一种服务性工作,它是受生产经营单位或者政府部门的委托、聘请承担某一项或者多项技术服务业务。安全生产中介机构不具有行政管理职责,只在委托或者聘请的业务范围内开展工作,并对其服务的数量、质量和成果负责。

③ 客观性。从事安全生产中介服务工作的基本原则是尊重科学,实事求是,客观公正地完成服务工作。安全生产中介机构必须对其承担业务的真实性、客观性、科学性和准确性负责,不带有任何私利和偏见,不得提供违反客观规律、事实和法律的服务。

④ 有偿性。从事有关安全生产的评价、认证、检测、检验和咨询服务要付出一定的成本,安全生产中介服务机构必然要收取合理的报酬和费用。有偿服务是社会主义市场经济的重要特征之一,安全生产中介机构与委托人协商并收费。但是中介服务收费的项目、金额和支付方式必须符合法律规定,不得非法收费和谋取不正当的利益。

⑤ 专业性。安全生产涉及许多非常复杂的科学技术和专门业务领域,只能由具有相应资质、熟悉专业的中介机构及其专业人员提供专门的技术服务。从这个意义上说,安全生产中介服务主要是为生产经营单位或者政府部门提供专业性、技术性的服务。

《安全生产法》的有关规定,明确了从事安全生产中介服务的机构和人员的权利、义务和责任,使其权利和义务对等、义务和责任一致。

安全生产中介服务机构和安全专业人员的权利有:①依法从事的安全生产中介服务工作受法律保护,具有不受侵犯的权利,任何单位和个人均无权干预、剥夺、阻碍其合法活动的权利;②有权依照法律、法规和规章、标准的规定,从事授权范围内的有关安全生产业务;③接受政府、部门的委托或生产经营单位的聘请,按照委托和约定的有关事项从事安全生产中介服务;④有权拒绝从事非法或者服务范围以外的安全生产中介服务;⑤有依法收取中介服务报酬和费用的权利。

安全生产中介服务机构和安全专业人员的义务为:①具备法定条件,依法取得安全生产中介服务资质;②在法律、行政法规规定的行业、领域和业务范围内,按照执业准则,从事合法的真实的中介服务,不得从事欺诈和虚假的服务;③严格按照政府、部门和生产经营单位的委托或者约定,完成所承担的安全生产中介服务事项;④接受政府有关主管部门对其进行的检查监督;⑤合理地确定服务报酬和收费标准，不得非法牟利。

安全生产中介服务机构和安全专业人员的责任是：① 对其承担的服务工作的合法性、真实性负责；② 对其违法犯罪行为承担相应的法律责任。

11.3.2 爆破安全评估

对重要的爆破工程实行爆破安全评估，是提高爆破工程安全可靠性的重要措施。爆破安全规程规定，A级、B级、C级和对安全影响较大的D级爆破工程，都应进行安全评估。未经安全评估的爆破设计，任何单位不准审批或实施。经安全评估审批通过的爆破设计，施工时不得任意更改。经安全评估否定的爆破设计，应重新设计，重新评估。施工中如发现实际情况与评估时提交的资料不符，并对安全有较大影响时，应补充必要的爆破对象和环境的勘察及测绘工作，及时修改原设计，重大修改部分应重新上报评估。

安全评估的内容包括：①设计和施工单位的资质是否符合规定；②设计依据资料的完整性和可靠性；③设计方法和设计参数的合理性；④起爆网路的准爆性；⑤设计选择方案的可行性；⑥存在的有害效应及可能影响的范围；⑦保证工程环境安全措施的可靠性；⑧对可能发生事故的预防对策和抢救措施是否适当。

爆破安全规程还规定，A级、B级硐室爆破工程和其他A级爆破工程的安全评估，至少应有2名具有相应“作业范围和作业级别”安全作业证的爆破工程技术人员参加。其他B级、C级和对公共安全影响较大的D级爆破工程进行安全评估，至少应有1名有相应类别安全作业证的爆破工程技术人员参加，安全评估由设计审批部门组织。

一些地区，经设计审批部门与业主商定，安全评估同时由爆破工程安全监理单位承担。对重要的爆破工程，在安全监理单位提出初步安全评估意见后，由设计审批部门邀请专家进一步讨论论证，并由安全监理单位在综合专家意见的基础上，完善安全评估意见，并承担评估连带责任。在这种情况下，爆破安全监理的过程范围不仅是施工阶段，而是向前扩展到爆破设计。

11.3.3 爆破安全监理的基本要求

11.3.3.1 建设监理与爆破安全监理

建设监理制已在我国工程建设项目中全面推行，它对提高项目管理水平，实现工程建设目标，维护合同双方的权益，有着重要的作用。近几年来，我国已有一些爆破工程项目实施爆破安全监理，积累了经验，取得了较好效果。

实施建设监理是有条件的。其必要条件是须有建设工程，有人委托；充分条件是有监理组织机构，监理人才，监理法规，监理依据和明确的责权利保障。

建设监理包含政府监理和社会监理两个方面。政府监理的特点是执法性、全面性、宏观性和强制性。其依据是国家的建设法规、规范和标准；对象是建设单位、设计单位以及施工和监理单位的行为，并包括工程建设项目的主要环节和重要方面。公安部门对爆破工程的安全监督与管理，具有政府监理的特征。社会监理的特点是微观的，是受委托、服务性的。监理的依据是国家的建设法规、规范和标准，批准的设计文件，以及依法成立的监理委托合同。监理业务范围受本身资格限制，在允许专业范围内，监理业务的范围、深度以及责权利要与委托方在委托监理合同中商定。爆破安全监理具有社会监理的特征。社会监理单位与一般的企事业单位不同，其成员不仅要求有专业技术知识和设计、施工经验，还要有经济、管理和法律方面的知识。成员要经过考核，单位要经过资质审查，要办理必要的手续，要经过主管机关认可、发证。其工作有特别的职业准则要求，要承担法律和一定的经济责任。爆破安全监理同样要满足上面的要求。

建设监理从工作内容划分，有全过程监理和阶段监理，有质量、工期、造价多目标监理和单目标监理。爆破安全监理属于施工阶段、以爆破安全为主要目标的单目标监理。只有在业主特别委托时，才进行从项目建议书、可行性研究、设计、开工准备、施工、竣工验收到爆破后评价的全过程监理及质量、工期、造价的多目标监理。

建设监理的基本方法就是控制。图 11.2 为控制流程图。

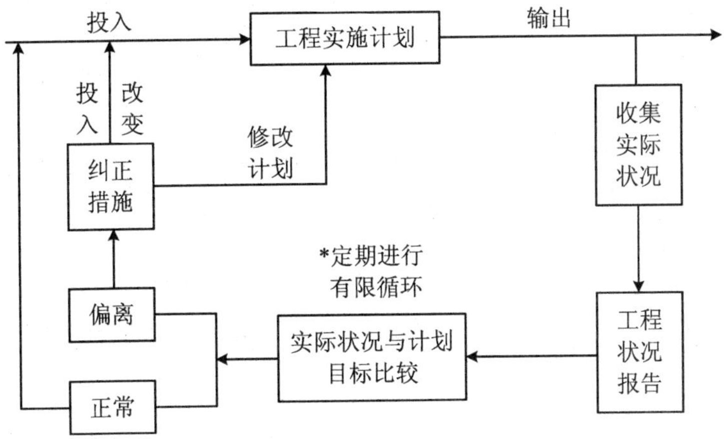

图 11.2　控制流程图

监理过程中的“三控”是指监理工程师在建设全过程中对工程进度控制、工程质量控制以及工程投资控制。进度控制是通过采用控制措施，确保项目按时实现目标，其方法是规划、控制和协调。而工程质量的控制，实际上是指监理工程师组织参加施工的承包商，按合同标准进行建设，并对形成质量的诸因素进行检测、核验，对差异提出调整、纠正措施的监督管理过程，这是监理工程师的一项重要职责。

监理中的投资控制不是指投资越省越好，而是指在工程项目投资范围内得到合理控制，使该项目的实际总投资小于或等于该项目的计划投资。爆破安全监理的基本方法也是控制，通过对爆破作业程序、爆破作业人员资格、爆破器材使用及爆破施工过程有效的控制，达到安全实施爆破的目的，如同建设监理中对工程的敏感部位或重要工程都有必要在施工时实行旁站监督，即监理人员始终在现场监视操作过程一样，在爆破安全监理中，监理人员应对装药、联接起爆网路等重要施工过程实行旁站监督。

监理活动中的"两管"是指合同管理和信息管理。建设项目监理的合同管理贯穿于合同的签订、履行、变更或终止等活动的全过程，目的是保证合同得到全面认真的履行。建设项目的监理工作是围绕着动态目标控制展开的，而信息则是目标控制的基础。信息管理就是以电子计算机为辅助手段对有关信息的收集、储存、处理等，信息管理的内容应包括信息流程结构图(反映各参加单位间的信息关系)，信息目录表(包括信息名称、信息提供者、提供时间、信息接受者、信息的形式)，会议制度(包括会议的名称、主持人、参加人、会议举行的时间)，信息的收集、整理及保存制度，要做好爆破安全监理，也必须重视合同管理和信息管理这两项基础工作。

11.3.3.2 爆破安全监理的资质要求

爆破安全规程规定，各类对 A 级爆破、B 级硐室爆破以及有关部门认定的重要或重点爆破工程应由工程监理单位实施爆破安全监理，承担爆破安全监理的人员应持有相应安全作业证。鉴于爆破工程上是作为某单位工程的分部分项工程而存在，因此其监理工作也有其特殊性，即作为分部分项工程的爆破工程，在其质量、工期、成本控制上，监理内容应纳入整个单位工程，在单位工程监理工程师的统一管理与协调下，对爆破工程重点实施爆破安全监理。

一般情况下，选择爆破安全监理单位采用两种形式，即由业主招标选择或推荐聘用。可以由工程监理单位承担，也可以由具有与爆破工程分级相一致资质的工程爆破设计施工单位承担，其爆破安全监理人员应持有相应的爆破安全作业证。无论是中标的还是聘用的爆破安全监理单位，均要与业主签订爆破安全监理合同，双方明确责权利。爆破安全监理负责人，一般应由取得高级职称爆破工程技术人员安全作业证的人员担任。

11.3.3.3 监理工程师的职业道德守则和职责

建设监理作为一个专门的行业，监理工程师应严格遵守如下通用职业道德守则：①维护国家的荣誉和利益，按照"守法、诚信、公正、科学"的准则执业；②执行有关工程建设的法律、法规、标准、规范、规程和制度，履行监理合同规定的义务和职责；③努力学习专业技术和建设监理知识，不断提高业务能力和监理水平；④不以个人名义承揽监理业务；⑤不同时在两个或两个以上监理单位注册和从事监理活动，不在政府部门和施工、材料设备的生产供应等单位兼职；⑥不为所监理项目指定承包商、建筑构配件、设备、材料生产厂家和施工方法；⑦不收受被监理单位的任何礼金;⑧不泄露所监理工程各方认为需要保密的事项;⑨坚持独立自主地开展工作。

为了和国际接轨,爆破安全监理应努力按照 FIDIC 方法的基本程序和精神开展工作,FIDIC 是国际咨询工程师联合会(Federatin lnternationale Des Ingenieurs Consells)的法文缩写,FIDIC 方法是在国际惯例的基础上形成的对工程项目实施管理的方法,有一套完整的程序和严谨的标准合同条件,它的通用条款可以通过具体项目的专有条款加以修正。FIDIC 方法有其适用范围,不可能对任何情况下的任何项目都适用,但这一方法的基本精神都是长期以来项目管理的结晶,具有普遍的指导意义。

FIDIC 合同文本通用条件的绝大部分条款都涉及监理工程师的职责,针对爆破安全监理,按其精神列举一些主要职权如下:①向承包商发布信息和指令,如开工令等;②要求承包商制定详尽的施工组织计划和安全防护措施,并予以审批;③审验爆破作业人员的资格,发现不适合从事爆破作业的,督促承包商辞退;④审验承包商报送的爆破器材样品,批准或拒收材料,监督检查承包商爆破器材的使用情况;⑤对工程的每道工序进行开工审批及完工验收,上道工序不合格,下道工序不得开工;⑥监视工地,对重要工序旁站监督;⑦命令暂停施工;⑧证明承包商的违约行为。

从上述职权内容看,监理工程师作为受业主委托参与监督管理的第三方,他不属于业主和承包商的任何一方,为了完成委托的监理任务,必须认真研究合同文件,掌握在具体项目中的职权范围。如业主委托爆破安全监理外的其他监理内容,如质量、工期、造价等目标监理时,监理工程师将赋予其他相应的职权。

监理工程师应坚持按合同与规范办事的原则,监理工程师要争取地方和部门(如公安)有关领导的支持和帮助,除了必要的制约外,还需要更多的协调,做到严格监理和热情服务相结合,指导和培训相结合,贯彻科学、公正、客观、依法的原则,使彼此的风险尽量减少,任何一方的风险都是国家的损失。

11.3.3.4　监理工程师的法律责任

监理工程师的法律责任与其法律地位密切相关,同样是建立在法律法规和委托监理合同的基础上。

(1) 违法行为

现行法律法规对监理工程师的法律责任专门做了具体规定。《中华人民共和国刑法》第 137 条规定:"建设单位、设计单位、施工单位、工程监理单位违反国家规定,降低工程质量标准,造成重大安全事故的,对直接责任人员,处五年以下有期徒刑或者拘役,并处罚金;后果特别严重的,处五年以上十年以下有期徒刑,并处罚金。"

(2) 违约行为

因监理工程师出现工作过失,违反了合同约定,其行为将被视为监理企业违约，由监理企业承担相应的违约责任。当然，监理企业在承担违约赔偿责任后，有权在企业内部向有相应过失行为的监理工程师追偿部分损失。

(3) 安全生产责任

安全生产责任是法律责任的一部分。如果监理工程师有下列行为之一，则应当与质量、安全事故责任主体承担连带责任：①违章指挥或者发出错误指令，引发安全事故的；②将不合格器材、设备按照合格签字，造成工程质量事故，由此引发安全事故的；③与建设单位或施工企业串通，弄虚作假，降低工程质量，从而引发安全事故的。

11.3.4 爆破安全监理的主要内容与方法

11.3.4.1 爆破安全监理的主要内容

《爆破安全规程》规定，爆破安全监理的内容是：①检查施工单位申报爆破作业的程序，对不符合批准程序的爆破工程，有权停止其爆破作业，并向业主和有关部门报告。②监督施工企业按设计施工；审验从事爆破作业人员的资格，制止无证人员从事爆破作业；发现不适合继续从事爆破作业的，督促施工单位收回其《安全作业证》。③监督施工单位不得使用过期、变质或未经批准在工程中应用的爆破器材，监督检查爆破器材的使用和领取、清退制度。④监督、检查施工单位执行爆破安全规程的情况，发现违章作业和违章指挥，有权停止其爆破作业，并向业主和有关部门报告。

爆破安全监理，应编制爆破安全监理方案，它是爆破安全监理工作的指导性文件，同时应按爆破工程进度和实施要求编制爆破工程安全监理细则，按照细则进行爆破工程安全监理；在爆破工程的各主要阶段竣工完成后，签署爆破安全监理意见。监理方案和监理细则，应依据爆破安全规程及其他相应的法规、规范和标准，针对工程爆破项目批准的设计文件及业主要求监理业务的范围与深度编制。

例如某拆除爆破工程，其爆破安全监理方案的主要内容有：①审查施工单位的资质和参加爆破作业的技术人员、施工人员持证上岗情况；②审查施工单位提交的"爆炸物品使用许可证"，"爆炸物品购买证"，"爆炸物品运输证"，"爆炸物品储存许可证"(有必要时)，条件不具备者不批准开工；③检验所购置的炸药及起爆器材的质量，安全性能指标；④检查爆破设计审查意见的落实和执行情况；⑤检查核准钻孔孔网参数；⑥监督核准爆破装药的药量参数、填塞质量、起爆网路的段差、段位、分区的准确性及安全保障性；⑦监督现场安全施工管理，防护施工质量，安全警戒等执行情况；⑧施爆后对爆破现场安全及效果进行检查与评价。在安全监理各个时段内，当遇到某种特殊情况而延误工期时，应向施工单位提出修改变更施工进度计划，对影响施工网络结点工序的环节，提出相应补救措施；施工过程中调整、优化局部设计方案时，应向业主申报。爆破工程结束后，应按有关规范、设计文件、合同等要求进行检查、验收、评定，编写“拆除爆破工程安全与效果”评价。

某拆除爆破工程，其爆破安全监理细则的主要内容有以下几个方面。

① 现场安全监理日记及大事记编录。现场安全监理日记及大事记编录是为了全面了解和掌握现场安全施工作业过程，随时发现问题、及时妥善解决问题，是确保安全施工、保证施工质量、工期和施爆效果的一种必要手段。现场监理日记主要记载施工机械设备、施工单位人员分工状况，施工机械作业程序、施工效率、总体进度，安全生产、安全措施、安全防护管理状况，爆破器材发放、使用、清退管理，钻孔作业施工质量。现场监理大事记编录主要记载设计变更、文函指令，爆破器材检验、现场试验，现场装药、网路敷设，施爆时间、施爆效果。施工单位应按施工作业程序定时、定期向爆破安全监理站呈报资料。

② 监督爆破设计审查方案的实施。经过安全评估后的爆破设计方案，是安全监理的主要依据和监理的主要内容。现场监理工程师应该监督检查其安全实施，并对现场的爆破安全作业监督。

③ 炸药及起爆器材的检验。对施工单位购置的炸药及起爆器材，要核实生产厂家、产品日期，必要时，应监督使用单位按其质量标准和安全性能说明书，抽样进行现场试验，确保其质量。

④ 炸药及起爆器材管理体制的安全监督。对购进的炸药、雷管、导爆管等物品的临时堆放、存储、发放、使用、清退等，检查施工单位建立的安全管理制度，并督促按其制度进行严格管理。

⑤ 装药、填塞、网路敷设阶段的监督与检查。现场装药、填塞阶段，主要监督检验关键结构部位的装药参数和填塞质量。对施工单位在起爆网路敷设前的网路模拟试验进行评价，对起爆网路段差、段位的合理性及准爆性予以评价，并监督其实施。

⑥ 爆破安全与效果评价。包括对爆破效果进行实地量测，并结合爆破设计方案选用的参数予以评价；根据现场观测数据和对周围环境的安全影响调查，对本次爆破安全进行评价；向安全主管单位、业主提交拆除爆破工程与效果评价意见。

11.3.4.2　爆破安全监理的工作流程

爆破安全监理的工作流程如图 11.3 所示。

图 11.4 为 1994 年深圳市滨海大道施工工序中，爆炸挤淤筑堤分项工程施工循环监理程序，可供参考。

11.3.4.3　工地会议和监理记录

工地会议是围绕施工现场问题而召开的一种会议，一般有三种类型，即第一次工地会议，经常性工地会议和专题性工地会议。在施工监理活动实践中已经被证明，工地会议是一种非常有效的管理方式。它不仅使履约各方和监理工程师之间可以形成固定的讨论工作的机会，而且是沟通信息和交流感情的重要场所。工地会议由监理工程师主持和召开，并负责记录和督促各参加方执行工地会议议程与决议。会议记录必须经与会者确认无误，认可有效。

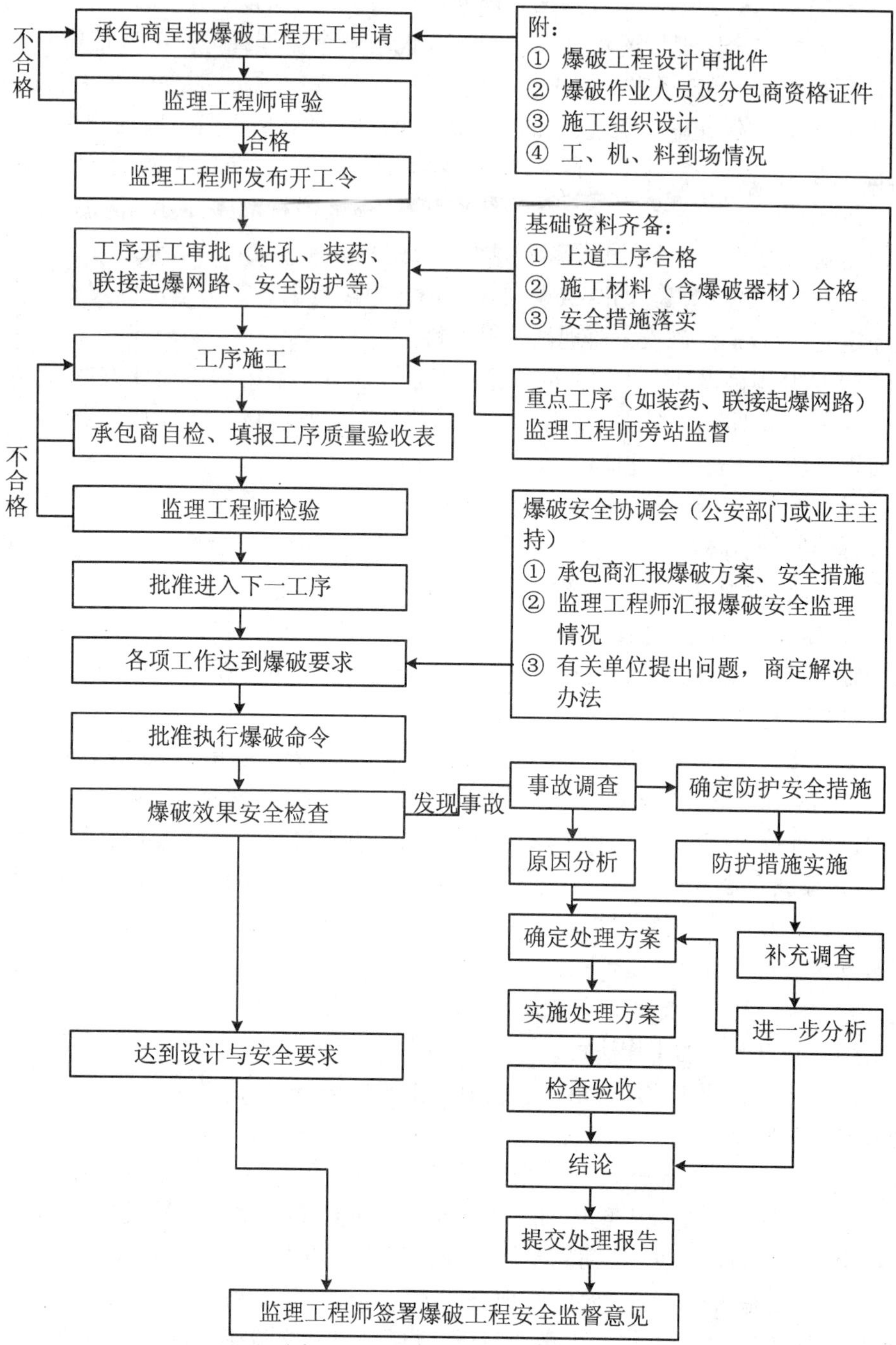

图 11.3　爆破安全监理工作流程图

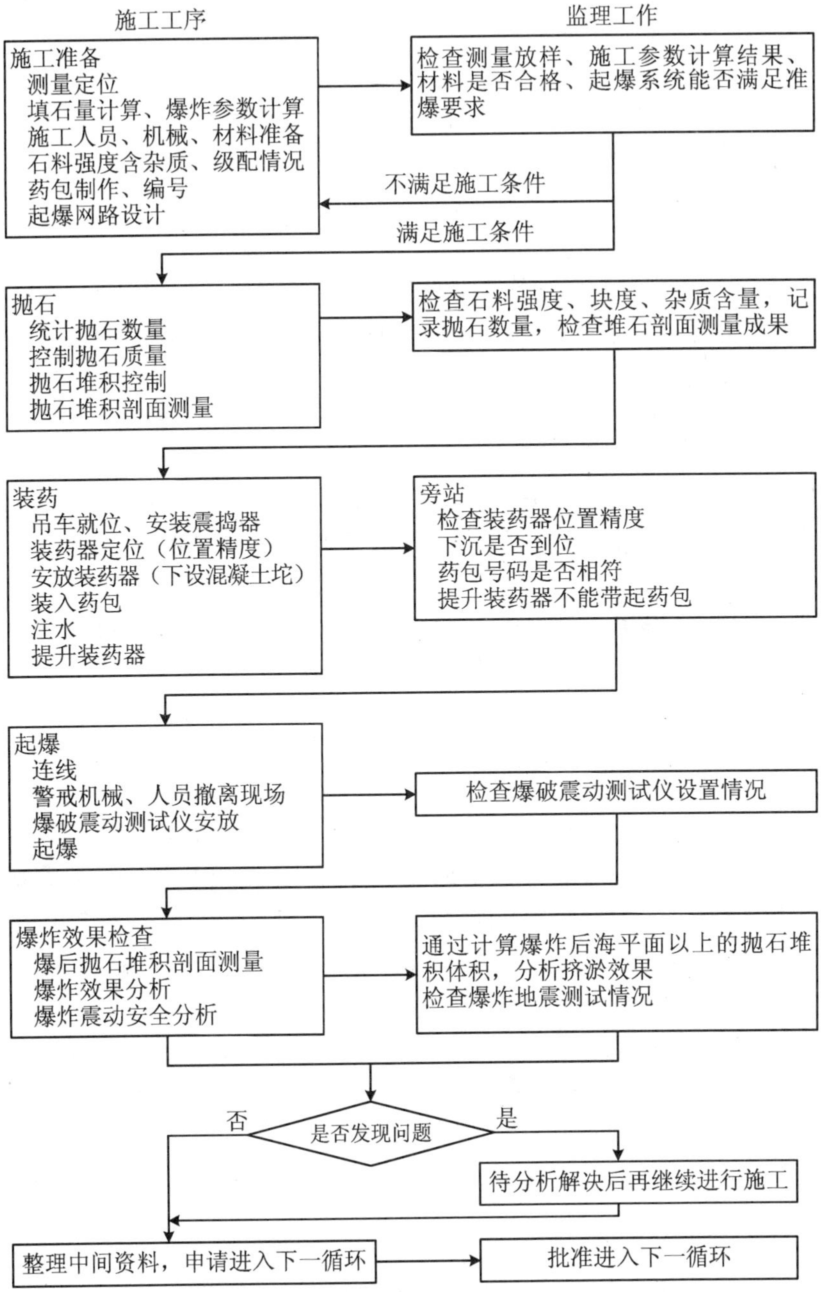

图 11.4　爆炸挤淤筑堤工程施工循环监理程序

首先要开好第一次工地会议。这是检查开工条件，并为今后的良好合作创造好的开端，决定爆破工程能否或何时开工的关键环节。

经常性工地会议，主要讨论施工中的实际问题，通过承包商与监理方定期检查计划与实际执行情况，对问题加以分析并做出决定，这是施工工地管理和监督协调的有效方式。并使双方互通重要信息，有助于纠正偏差，消除误会与分歧。

专题性工地会议可以由承包商或业主提出建议，由监理工程师视现场情况主持召开，也可由监理工程师决定就某项技术或管理专题召开，还可以邀请有关专家，就急需解决的技术或管理问题进行研讨，监理工程师要协调有关方面按专题内容准备材料与文件，以便使专题讨论取得积极成果。

爆破安全监理应建立和保存完整的监理记录。监理记录是监理工程师工作的各项活动、决定、问题以及环境条件等的全面记录，可以用来作为工程评估判断的重要依据，是监理工作重要的基础工作。因此，力求做到记录准确、全面。

监理记录通常包括以下三类。

① 历史性记录，其主要内容有爆破安全监理日记，爆破工程大事记，会议记录和天气记录。

② 安全与质量检查、监测记录，其主要内容有爆破器材，网路试验、检查记录，钻孔（药室）验收记录，安全防护检查记录和安全监测（如爆破振动监测等）记录。

③ 竣工记录。在爆破工程主要阶段竣工完成后，对工程的验收资料和竣工图；爆破工程效果与安全总结报告，评价报告，爆破事故的调查处理报告等。

监理记录的形式，除书面记录外，还应采用照片，音像记录等，力求完整、清楚、确切。

根据不同爆破工程的实际需要，可以设计爆破安全监理专用表格，一般应包括：①爆破通知单；②爆破器材验收记录表；③爆破器材使用统计表；④钻孔（药室）验收表；⑤爆破效果与安全记录表；⑥爆破安全监测报告单等。

总之，监理工程师在爆破安全监理中，要贯彻“一切用事实与数据说话”的原则，在处理施工现场的一些“争端”时，要以文字记录和数据事实为依据。为此，各种监理记录、函件、工地会议记录、监理报表，要分类整理，有签认、核实、日期，做到事实清楚确凿，数据真实可靠。

监理工程师还要注意工作方法，在工地一般只和承包商的项目经理或指定代理人“对口”联系，有关情况与数据要在这里核实与认可，只有在情况紧急，危及施工安全，不得已时才直接向作业人员发号施令，但事后需向项目负责人说明情况。

11.4 爆破工程的风险管理

爆破工程，特别是复杂环境中的高难爆破工程，是一种有风险的项目。现代管理与传统项目管理的不同之处是引入了风险管理技术，项目风险管理强调对项目目标的主动控制，对项目实现过程中遭遇的风险与干扰因素可以做到防患于未然，以避免和减少损失。

11.4.1　爆破工程的风险处理

爆破工程项目可能有的风险包括由于技术或客观的因素，爆破效果没有达到预计的目标，从而增加工程量和成本费用；由于管理、技术或不可预见的原因，引起爆破安全事故或其他次生灾害，造成经济和其他损失；由于管理、技术或第三者责任的原因，造成延误工期，变更施工方案，增加工作量或成本支出等。对于爆破工程风险处理对策，主要有风险控制、风险转移、风险自负等三种，以下主要介绍风险控制的几种方式。

(1) 回避

如了解到某工程风险较大，可以拒绝业主的投标邀请，一般来说，回避风险是一种消极的经营手段。

(2) 损失控制

风险损失控制是一种具有积极意义的风险处理手段，这一方法通过事先控制或应急方案使风险不发生，或一旦发生后使损失额最小或尽量挽回损失。损失控制方案分三种，即预控风险、应急方案和挽救方案。

① 预控方案。预控方案的核心思想是通过主动控制风险发生的条件，使风险不发生。这对爆破工程的设计与施工十分重要。只有预先对风险做出辨认，了解风险产生的原因、条件、环境和后果，才能采取有效的预控措施。

② 应急方案。应急方案的目的是使风险损失最小化，应急方案是在损失发生时起作用的，对爆破工程应在对风险进行评估后，对那些较大风险或可以分类的风险制定应急方案，如拆除的建筑物爆而不倒，爆破对周边水、气、电、通讯设施造成故障等。

③ 挽救方案。挽救方案的目的是将风险发生后造成损失的财务修复到最高可使用的程度。一般而言，挽救方案是不能事先制定的，因为我们在风险发生之前不知道损害的部位和程度，因此不需要在风险发生前制定详尽的挽救方案，只需在应急方案中规定损失发生后的挽救方案的研究小组的人员配备和工作程度。

(3) 分离与分散

风险的分离与分散对策是常用的风险控制对策，它的主要思路是将企业或项目的风险因素分离开，分离是将风险单位分离开，在评估爆破工程风险时，应明确业主设计、施工、监理以及有关单位的风险责任，既有利于在明确各自职责后避免风险的发生，又在一旦风险发生后，分离风险损失。分散是将企业的风险单位增多或扩大，规模经济是分散风险的好办法，这也是爆破企业发展的方向。

(4) 风险转移

这里所说的转移是指风险控制下的转移，而不是财务对策下的有偿转移（有偿负责与保险）。风险控制转移有将风险的活动，如预拆除、钻孔施工中的人员伤亡事故，因爆破警戒疏漏造成的人员伤亡事故等，可将风险转移给施工队或承担警戒任务的保安部门。也有业主依据合同中苛刻的免责条款开脱自己的风险而转移给承包商，这是一种不公平的做法，但承包商在项目较少时往往能予以接受。

（5）风险自留

风险自留是一种风险的服务对策，即由企业或工程项目自身承担风险。因这种承担方式是以自身的风险自留基金来保障，所以把它归结为财务对策。为使企业有抵御风险的较大能力，爆破企业应注意建立风险自留基金。自留风险是与保险或有偿风险转移对立的方式。

11.4.2 爆破工程项目投购保险的几种方式

工程保险是项目风险在财务对策下的一种有偿转移方式。工程保险针对工程项目在建设过程中，可能出现的因自然灾害和意外事故而造成的物质损失和依法应对第三者的人身伤亡或财产损失，为承担经济赔偿责任提供保障的一种综合性保险。在爆破工程中引入工程保险机制，有助于施工单位的风险管理，减少风险损失的发生。爆破安全规程规定，爆破企业、作业人员及其承担的重要爆破工程均应投购保险。

爆破工程按建筑工程投保目前尚无参考保险费率，一般应由保险双方协商确定。对爆破企业，以下几种投保的方式可以参考借鉴。

（1）由爆破企业投保爆破施工作业人员意外伤害保险

该险种一般承保条件较宽，对被保险对象通常无资格限制，保险期间一般为1年，也可以特定在某项工程的施工期内，意外伤害保险的责任是被保险人由意外伤害所致的死亡或残疾，或者支付医疗费用，不负责疾病所致的死亡或残疾。团体意外伤害保险其保险费率按行业、工种类别确定，对于同一单位的职工，由于工作性质不同，职业危险差别很大，可以分别采用不同的费率标准。团体意外伤害保险一般仅规定最低保额，对最高保额并未做出限制，但是保险人在承保时，可以根据投保人的要求，在对投保风险进行风险选择和评估后，与投保人商定一个保险金额进行承保。个人意外伤害保险的费用一般是比较低的，而团体投保由于降低了管理成本等方面的费用，故应适用更低的费率。对于爆破企业，这是值得推荐的投保方式。

（2）爆破工程保险的第三者责任附加险

爆破工程保险的第三者是指除保险人和所有被保险人以外的单位和人员，不包括被保险人和其他承包人所雇用的现场从事施工的人员。第三者责任险的内容包括在保单有效期内因在工地发生意外事故造成工地及邻近地区的第三者人身伤亡或财产损失，依法应由被保险人负责时，可由保险人赔偿事先经保险人书面同意的被保险人因此而支出的诉讼及其他费用，但不包括任何罚款。其最高赔偿责任不得超过保险单明细表中规定的每次事故的赔偿限额或保单的有效期内累计赔偿限额。第三者责任险实行整个工期一次性费率。有累计赔偿限额的费率为总赔偿限额的 2.8‰～3.2‰，无累计赔偿限额的费率为每次事故赔偿限额的 3.5‰～5.0‰，如加保交叉责任，视危险大小加收第三者责任保险费的 10‰～25‰。应当注意的是，第三者责任险中仅对财产损失部分规定免赔款，按每次事故赔偿限额的 1‰～2‰计算，除非有特别规定，人身伤亡部分一般不规定免赔款。对场地清理费一般不规定免赔款。免赔款的高低，可根据工程的危险程度、自然地理条件及工期长短等因素，由保险双方协商确定。对于爆破工程，投保第三者责任附加险，对于风险转移，是有实际意义的。

(3) 与业主共同分担风险与付赔

对于有的风险较大的爆破工程，由爆破企业独立承担风险与付赔，对爆破企业来讲，压力较大，可以采取与业主共同分担风险的方式。即由业主对爆破工程投保，由于爆破企业回避了部分风险，并取得业主的认可，必然在承担工程项目的合同上要对业主让步，但在合同条款中，也可以同时规定，由于爆破企业的技术能力和保障措施，当风险避免时，由业主对爆破企业做出一定的回报和奖励，这也是爆破工程风险转移的一种方式。已有一些拆除爆破工程的经验表明，这种方式可以为有关方所接受，也是可行的。

办理工程保险承保主要包括以下程序：①提交投保申请文件；②提供必要的材料（如工程合同、工程量清单、工程设计书、工程进度表等）；③协商保险人制定的承保方案；④签订保险合同；⑤交纳保险费。

办理工程保险理赔主要包括以下程序：①出险报案；②提供保险人所需的材料和证明；③提出索赔要求，并就损失核定提出意见；④收取赔款并出具收据。

签订保险合同后，被保险人如对于保险合同中的有关内容有新的要求和意见，可向保险人提出批改保险合同的要求，经双方协商确定，由保险人出具批单。

11.4.3　工伤保险

11.4.3.1　工伤保险条例及其适用范围

2003 年 4 月 27 日国务院第 375 号令公布《工伤保险条例》，自 2004 年 1 月 1 日起施行。《工伤保险条例》的立法目的是为了保障因工作遭受事故伤害或者患职业病的职工获得医疗救治和经济补偿，促进工伤预防和职业康复，分散用人单位的工伤风险。对做好工伤人员的医疗救治和经济补偿，加强安全生产工作，预防和减少生产安全事故，实现社会稳定，具有积极的作用。

工伤保险补偿实行"无责任补偿"即无过错补偿的原则，从最大限度地保护职工权益的理念出发，认为职业伤害不可避免，职工无法抗拒，不能以受害人是否负有责任来决定是否补偿，只要因公受到伤害就应补偿。因此，工伤保险不强调造成工伤的原因、过错及其责任，只要确认职工在法定情形下发生工伤，就依法享有获得经济补偿的权利。

企业是工伤保险的义务和责任主体。不履行这项义务，就要承担相应的法律责任。爆破企业不得以任何形式与从业人员订立协议，免除或者减轻其对从业人员因生产安全事故伤亡依法应承担的责任。

享有工伤保险权利的主体只限于本企业的职工或者雇工，其他人不能享有这项权利。如果在企业发生生产安全事故时对其他人造成伤害时，受到事故伤害的其他人不能享有这项权利。

工伤保险适用的地域范围只限于因公活动所涉及的场所，超出这些场所的范围所受到的人身伤害，不属于工伤保险的范围。譬如职工在与本职工作无关的公共场所受到伤害，就不能享受工伤保险补偿。

工伤保险是法定的强制性社会保险，是通过对受害人实施医疗救治和给予必要的经济补偿以保障其经济权利的补救措施。从根本上说，它是由政府监管、社保机构经办的社会保障制度，不具有处罚性。

按照无责任补偿原则，工伤补偿风险的第一承担者本应是企业或者业主，但是工伤保险是以社会共济方式确定补偿风险承担者的，因此不需要企业或者业主直接负责补偿，而是将补偿风险转由社保机构承担，由社保机构负责支付工伤保险补偿金。只要企业或者业主依法足额缴纳了工伤保险费，那么工伤补偿的责任就要由社保机构承担。工伤保险实际上是一种转移工伤补偿风险和责任的社会共济方式。

由于经济发展水平和人民生活水平的不断提高，人的社会地位和生命价值也越来越高，发生生产安全事故造成从业人员人身伤亡后，仅仅依靠工伤社会保险补偿往往难以抵偿人身损害的经济损失，在经济发达地区尤其如此。依照《民法通则》的原则规定，生产经营单位发生生产安全事故造成人身伤亡，即构成了对其从业人员的人身损害，由此应当承担相应的民事赔偿责任。至于民事赔偿的具体标准，应当根据当地人均生活水平加以确定，当事人不能任意提出赔偿数额。

工伤社会保险与民事赔偿的性质不同。前者是以抚恤、安置和补偿受害者为目的补偿性措施；后者是以民事损害为前提，以追究生产经营单位民事责任为目的，对受害者给予经济赔偿的惩罚性措施。也就是说，生产安全事故的受害者或其亲属，既有依法享有获得工伤社会保险补偿的权利，又有获得民事赔偿的权利，但是否应当获得民事赔偿，则应以生产经营单位的过错为前提，即生产安全事故的发生原因必须是生产经营单位有安全生产违法行为或者造成生产安全事故。

11.4.3.2 缴纳工伤保险费的规定

(1) 确定费率的原则

《工伤保险条例》第八条规定，工伤保险费根据以支定收、收支平衡的原则，确定费率。工伤保险实行用人单位缴纳保险费的方式，建立工伤保险社会统筹基金。工伤保险费的缴费方式与养老、医疗、失业保险不同，特别是与基本医疗保险的“以收定支”原则有明显的区别。以支定收、收支平衡，即以一个周期内的工伤保险基金的支付额度，确定征缴的额度。以成本为基础的保险费征缴可以提高工伤保险机构的承付能力。

(2) 费率的制定

根据《工伤保险条例》的规定，国家根据不同行业的工伤风险程度确定行业的差别费率，并根据工伤保险费使用情况、工伤发生率等情况在每个行业内确定若干费率档次。行业差别费率及行业内费率档次由国务院劳动保障部门会同国务院财政部门、卫生行政部门、安全生产监督管理部门制定，报国务院批准后公布施行。统筹地区经办机构根据用人单位工伤保险费使用、工伤发生率等情况，适用所属行业中相应的费率档次确定单位缴费费率。

(3) 工伤保险费的缴纳

《工伤保险条例》第十条规定，用人单位应当按时缴纳工伤保险费。职工个人不缴纳工伤保险费。用人单位缴纳工伤保险费的数额为本单位职工工资总额乘以单位缴费费率之积。

这就明确了依法缴纳工伤保险费是用人单位的义务，任何单位均不得以任何手段强迫职工缴纳工伤保险费。

11.4.3.3 爆破作业人员常见职业病

职业病是指劳动者在职业活动中，接触粉尘、放射性物质和其他有毒有害物质等因素而引起的疾病。

由国家主管部门公布的职业病目录所列的职业病称为法定职业病。界定法定职业病的4个基本条件是：①在职业活动中产生；②接触职业危害因素；③列入国家职业病范围；④与劳动用工行为相联系。

由于预防工作的疏忽及技术局限性，使健康受到损害的，称为职业性病损，包括工伤、职业病(包括职业中毒)及和工作有关的疾病。也可以说，职业病是职业病损的一种形式。

我国卫生部、劳动和社会保障部于2002年4月18日颁布《职业病目录》(卫法监发[2002]108号)，将10类共115种职业病列入法定职业病，包括：①尘肺13种；②职业性放射性疾病11种；③化学因素所致职业中毒56种；④物理因素所致职业病5种；⑤生物因素所致职业病3种；⑥职业性皮肤病8种；⑦职业性眼病3种；⑧职业性耳鼻喉口腔疾病3种；⑨职业性肿瘤8种；⑩其他职业病5种。

为保证遵循科学、公正、公开、公平、及时、便民的职业病诊断与鉴定的原则，卫生部发布了《职业病诊断与鉴定管理办法》及一系列《职业病诊断标准》，要求职业病诊断、鉴定工作依据法定的标准与程序进行。

钻爆作业人员可能发生的职业病是生产性粉尘引起的尘肺病，即在钻孔作业过程中产生的粉尘，含有游离二氧化硅(SiO_2)，二氧化硅粉尘，也就是矽尘，能引起严重的职业病—矽肺。另外，在掘进和采煤工作中接触的粉尘，主要是煤尘和SiO_2粉尘，这种混合性粉尘叫煤矽尘，是对煤矿工人造成明显危害的粉尘，主要引起煤矽肺。

矽肺是尘肺中最严重的一种职业病，当吸入大量游离二氧化硅的粉尘，可引起肺部发生各种纤维增殖性变化，并逐渐渗及支气管和肺泡周围的组成。矽肺的病程是较缓慢的，早期并没有明显的症状，或仅感到有点胸闷，呼吸不畅，轻微咳嗽，劳动后稍有呼吸困难等症状，随着病情的发展，症状逐渐明显，可出现气短及呼吸困难，胸痛，咳嗽和咳痰加重，且可有大量咳血，并可并发肺结核，慢性支气管炎、肺气肿、肺原性心脏病和干性胸膜炎等并发症。对风钻工、爆破工，应重视矽肺病的预防工作，应使用湿风钻或采用捕尘设施，作业环境加强通风，作业人员配备必要的劳保用品。

11.5 爆破事故的预防与处理

11.5.1 爆破危险源的辨识与监控

11.5.1.1 *爆破危险源的辨识*

危险因素是指能对人造成伤亡或对物造成突发性损害的因素。有害因素是指能影响人的身体健康、导致疾病或对物造成慢性损害的因素。通常情况下，二者并不加以区分而统称为危险、有害因素。

危险、有害因素分类的方法多种多样，安全评价中常用按“导致事故的直接原因”、“参照事故类别”和“职业健康”的方法进行分类。

根据《生产过程危险和有害因素分类与代码(GB/T13861-1992)》的规定，按导致事故的直接原因进行分类将生产过程中的危险和有害因素分为物理性、化学性、生物性、心理、生理性、行为性及其他 6 大类 36 项。其中，易燃易爆性物质被列为化学性危险有害因素首项。

参照《企业职工伤亡事故分类(GB6441-1986)》按事故类别综合考虑起因物、引起事故的诱导性原因、致害物、伤害方式等，将危险因素或事故分为 20 类。分别为：①物体打击；②车辆伤害；③机械伤害；④起重伤害；⑤触电(包括雷击伤亡事故)；⑥淹溺；⑦灼烫；⑧火灾；⑨高处坠落；⑩坍塌；⑪冒顶片帮；⑫透水；⑬爆破，指爆破作业中发生的伤亡事故；⑭火药爆炸指火药、炸药及其制品在生产、加工、运输、储存中发生爆炸事故；⑮瓦斯爆炸；⑯锅炉爆炸；⑰容器爆炸；⑱其他爆炸；⑲中毒和窒息；⑳其他伤害。对于爆破作业，上述类别中除个别项，如淹溺、锅炉爆炸、容器爆炸等外，其余几乎都在爆破作业中有可能发生。

此种分类方法所列的危险、有害因素与企业职工伤亡事故处理（调查、分析、统计）和职工安全教育的口径基本一致，为安全生产监督管理部门、行业主管部门职业安全卫生管理人员和企业广大职工、安全管理人员所熟悉，易于接受和理解，便于实际应用。

参照卫生部、劳动部、人事部、财政部和中华全国总工会等颁发的《职业病范围和职业病患者处理办法的规定》，将危害因素分为生产性粉尘、毒物、噪声与振动、高温、低温、辐射（电离辐射、非电离辐射）、其他危害因素等 7 类。上述危害因素，也几乎都与爆破作业有关。

11.5.1.2　爆破危险源的监控

为了预防重大工业事故的发生，降低事故造成的损失，必须建立有效的重大危险源控制系统。在安全领域，安全系统工程是当代正在发展和逐步完善的一门新兴学科，运用安全系统工程，有助于做好爆破危险源的监控。

安全系统工程是把研究对象作为一个综合系统来考虑，采用系统安全分析方法，来观察、识别、分析和评价系统的危险性，根据系统工程总体最优的思想，来消除和控制系统中的危险因素，最大限度地减少安全事故的发生，使系统达到最佳安全状态。

安全系统工程预防和控制事故发生的方法，是“问题发现型”方法，是防患于未然的方法。其实质是从系统内部出发，研究各构成要素之间在安全上的相互联系，查出可能导致安全事故发生的各种危险因素，以及安全事故发生的途径，通过重建（或改造）原有系统来消除系统的危险性，把系统发生安全事故的可能性降到最小限度。

安全系统工程的内容主要包括三个方面，即系统安全分析、安全评价和安全措施。

系统安全分析是安全系统工程的核心内容，它是安全评价的基础。通过这个过程，可以对系统进行深入、细致的分析，充分了解、查明系统存在的危险性，估计事故发生的概率，可能造成的伤害及损失的严重程度，为确定出哪些危险能够通过修改系统设计，或者改变控制系统的运行程序来预防提供依据。因此，系统安全分析结果的正确与否，关系到整个工作的成败。

对于爆破作业，可按施工过程分为以下评价单元：① 爆破作业环境单元，包括爆区附近是否有需要保护的文物、重要建（构）筑物及设施、精密贵重仪器、各种管线等；② 施工组织与管理单元，包括设计与施工人员及单位是否具有相应的资质，施工组织机构及各种岗位责任制，设计文件及设计所依据资料的完整性及可靠性；

③ 爆破器材单元，包括爆破器材的运输、贮存、检测及加工；④ 钻孔单元；⑤ 装药单元；⑥ 起爆网路单元，起爆网路的可靠性；⑦ 防护单元，包括爆破有害效应的影响范围、防护方法等；⑧ 警戒与保卫单元，警戒范围、警戒人员的位置、警戒人员的素质及警戒过程中存在的危险和有害因素；⑨ 爆破后检查与处理单元，爆破后检查方法，盲炮处理方法及其他事故处理方法等。

通过系统安全分析，可以了解到系统中存在的薄弱环节，以及可能发生事故的危险性，以便有的放矢地采取相应的对策，最大限度地减少安全事故的发生。

系统安全分析方法，目前提出的已有数十种之多。我国较常用的系统安全分析方法有意外事故分析法、事故类型和影响分析法、系统危险性预先分析法、安全检查法、事件树分析法（Event Tree Analysis，简称 ETA）、事故树分析法（Fault Tree Analysis，简称 FTA）和因果分析法等。

图 11.5 为高耸建筑物控制爆破定向失控事故树[①]，通过事故树分析可知，发生

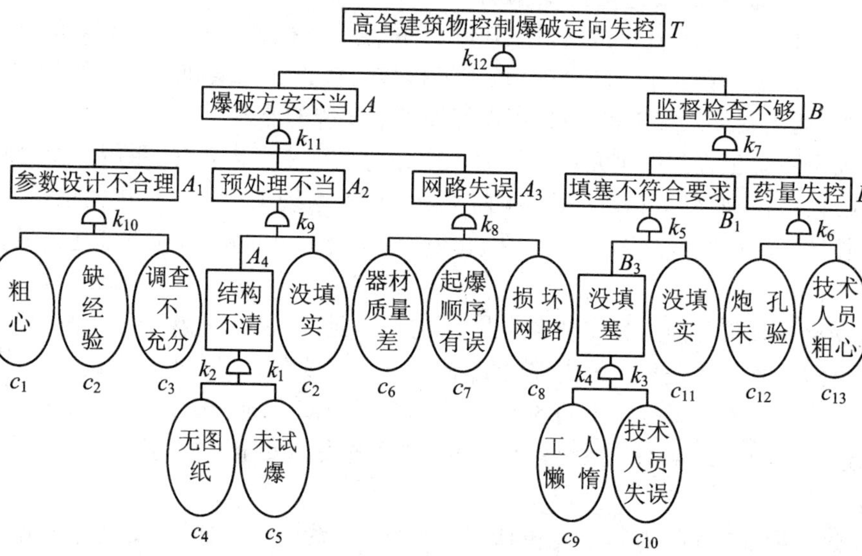

图 11.5 高耸建筑物控制爆破定向失控事故树

定向失控事故有 28 种可能，预防该事故发生有 4 种途径，其中第 2 种途径重要度最高。可采取以下措施预防事故发生：①爆破初步方案确定以后，首先由设计单位对设计及施工方案进行审查；②恪守审批程序，对设计方案进行爆破安全评估和论证；③精心选用爆破器材，确保爆破网路可靠性；④加强爆破安全监理和施工现场管理，提高作业人员素质和责任心。

安全评价是在系统安全分析的基础上进行的，不同的系统安全分析方法有不

① 王玉杰，田新邦. 高耸建筑物拆除爆破事故树系统分析[J]. 武汉理工大学学报，2003，25(4)：44～45.

同的安全评价结果,根据安全评价结果,针对系统中的薄弱环节或者潜在危险,按照系统工程"总体最优"的原则、思想和方法,提出调整、修正的措施,采取优化技术,以便最大限度地减少或控制安全事故的发生。

11.5.2 爆破事故应急预案

11.5.2.1 爆破事故的特点与分类

《现代汉语词典》将"事故"解释为生产、工作上发生的意外损失或灾祸。在生产过程中,事故是指造成人员死亡、伤害、财产损失或其他损失的意外事件。从这个解释可以看出,事故是意外事件,是人们不希望发生的;同时该事件产生了违背人们意愿的后果。事故隐患泛指生产系统中可导致事故发生的人的不安全行为、物的不安全状态和管理上的缺陷。

爆破是有风险的工作,安全失控有可能引发事故。

爆破事故大体分为两类。一是爆破效果未达到设计要求造成的险象,如药包拒爆;对露天爆破,边坡坍滑、堆积体超出设计范围,也可能引起交通阻断,设施损坏;对建(构)筑物拆除爆破,可能出现建筑物炸而不倒、残楼断壁等。二是爆破对环境造成安全影响或隐患,如药包早爆;爆破失控造成人员伤亡;露天爆破飞石毁物伤人;爆破造成附近建(构)筑物、通讯、电力或其他设施损坏;地下爆破,应预防引发瓦斯、煤尘爆炸及透水事故;以及发生有害气体中毒等。总之,爆破安全管理,除通过采取各种措施,最大程度地避免发生各种事故外,还应当对可能发生的意外事故,特别是重大事故,制定应急预案,这样,才能减少可能引发事故时的损失。

11.5.2.2 爆破事故应急预案的策划与编制

爆破事故应急预案的策划与编制,应针对可能出现的爆破安全风险与不利环境因素的识别结果,对可能发生的事故或紧急情况在控制措施失效时所采取的补救措施和抢救行动,在处理方案、人员组织、技术措施、设备材料供应、外部协调等方面,有一种或多种准备,一旦出现风险,可立即启动预案,以最大程度地减少损失和影响。爆破事故的应急预案至少应包括以下内容。

① 爆破事故致灾状态的预估分析。要根据不同情况,分析预估可能产生事故最大灾害状态,按照一般事故的应急响应、重大事故的应急响应作为准备应急人力、物力方案的依据。

② 应本着事故发生后及时有效救援原则,提出应急救援组织、职责和人员的安排。应急组织机构一般应由爆破领导人负责,下设有关专业组,如综合、技术、工程警戒、医疗、后勤等。落实人员名单及联系电话、办公场所地点(指挥中心)及电话。如何组织抢救、由谁指挥,工作现场内全体人员如何疏散的要求等。

③ 应急救援器材、设备、物资的准备。针对可能发生的事故类型,应明确如何抢救,使用什么器材、设备,应做好救援演练记录和平时的维护保养。

④ 发生爆破事故后，启动应急组织机构的工作程序。确定应急救援指挥流程图，明确内部和外部联系的方法、渠道，根据事故性质，确定在多少时间内由谁如何向企业上级、政府主管部门和其他有关部门汇报情报，通知邻近的消防、救险、医疗等单位的联系方式。

⑤ 防止事故扩大的措施，以减少与之有关的伤害和不利环境影响。

爆破事故的应急预案由施工现场项目经理部的上级有关部门，对应急预案的适宜性进行审核和确认，项目部还应根据实际情况定期和不定期举行应急救援的演练，检验应急准备工作的能力。

11.5.3 爆破事故应急救援

11.5.3.1 事故应急救援的基本任务

事故应急救援的总目标是通过有效的应急救援行动，尽可能地降低事故的后果，包括人员伤亡、财产损失和环境破坏等。其基本任务包括下述几个方面。

① 立即组织营救受害人员，抢救受害人员是应急救援的首要任务。在应急救援行动中，快速、有序、有效地实施现场急救与安全转送伤员，是降低伤亡率、减少事故损失的关键。

② 迅速控制事态，并对事故造成的危害进行检测、监测，测定事故的危害区域、危害性质及危害程度。及时控制住造成事故的危险源是应急救援工作的重要任务。只有及时地控制住危险源，防止事故的继续扩展，才能及时有效地进行救援。应尽快组织工程抢险队与事故单位技术人员一起及时控制事故继续扩展。

③ 消除危害后果，做好现场恢复。

④ 查清事故原因，评估危害程度。事故发生后应及时调查事故的发生原因和事故性质，评估出事故的危害范围和危险程度，查明人员伤亡情况，做好事故原因调查，并总结救援工作中的经验和教训。在事故处理结束后，应认真总结教训，提出书面处理报告。

11.5.3.2 重大事故应急救援体系响应程序

重大事故应急救援体系响应程序如图 11.6 所示。

爆破工程发生突发事故时，爆破领导人应立即向上级和有关部门报告，各工作小组同步开展工作：①对事故现场实行严格保护，迅速确定事故条件下的安全防护措施；②以人为本，先抢救人员，减少人员伤亡和物资损失；③抢险人员要有自我保护意识和护身装备；④密切观察现场动态，防止引发次生灾害和扩大事故损失。

保护事故现场应做到：①立即对事故现场进行警戒与封锁；②对现场应尽量保持原位，并通过录像、照像、测绘等固定现场原始状态，如因救护、灭火、排险等需要移位时，应记录原始状态；③严格保护现场的物证，非现场勘查人员不得提取或移动。

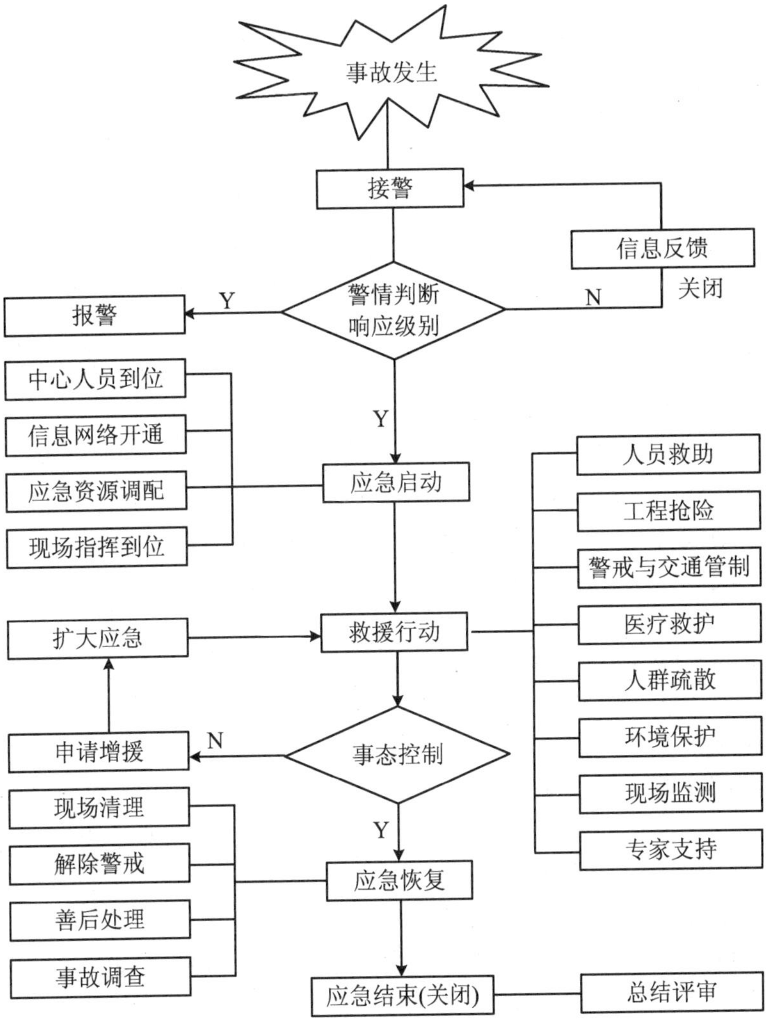

图 11.6　重大事故应急救援体系响应程序

迅速由事故单位及有关部门组建事故处理机构，有关工作小组各司其责，做好事故现场各项工作，包括：①综合组负责汇集、收集、整理和掌握现场情况和动态，做好现场照像、录像和文字记录；②技术组由设计、施工人员组成，负责查明事故原因，提出事故处理方案并参加处理，特别注意发现与处置未爆的爆破器材和盲炮，处理有倒塌危险的建(构)筑物，严防事故扩大；③工程组由施工人员组成，配备必要机械设备、消防灭火器具、负责排爆灭火、抢险救灾，安全处理水、电、气管道和设备等，消除事故影响，恢复正常生活；④警戒组由警卫人员组成，负责现场警戒，严防无关人员进入；⑤医疗组由医护人员组成，配备救护车、医疗器械设备，负责抢救伤员；⑥后勤组负责交通工具、物资供应、生活安排等，为现场勘查人员创造安全工作条件。

发生爆破飞石伤人事故后，应将受伤人员进行初步包扎后快速送往附近医院救治。搬动伤员时应轻抬、轻放，避免触动受伤部位。

当飞石砸穿或砸断附近供水、供电、供气(煤气、天然气或蒸汽)和通讯等管道、线路时，应立即将有关阀门关住，拉开电路开关，并紧急通知有关部门前来抢修。如发生火灾，除了用水和灭火器灭火外，还应立即拨打火警电话"119"求助。派出岗哨，封锁事故现场，防止闲杂人员入内，并保护好事故现场原状(肇事的石块等物、被损物维持原样不动)。同时告知政府有关部门前来调查处理，并如实报告情况。

发生爆破有害气体中毒事故时，应采取以下措施：①抢救人员佩戴防毒面具进入中毒地点，将中毒者尽快移至空气新鲜处；②将中毒者口里有可能妨碍呼吸的假牙、黏液、泥土等物除去，松开其领带、纽扣及腰带；③应立即将中毒者送到附近医院救治；④在对中毒人员进行抢救的同时，应立即封锁中毒区域，并在其外围派出岗哨，防止他人误入；⑤在地下爆破作业中发现有人员中毒现象时，应对中毒区域加强通风并洒水，以尽快稀释毒气。

11.5.4 爆破安全总结与事故处理

11.5.4.1 爆破安全总结与分析

在每一个爆破工程完成后，应通过爆后检查和有害效应监测，认真分析爆破区域周围环境与建(构)筑物、设施的安全情况，在爆破效果与安全记录表中登记。重要的安全评估项目和安全事故，应提交专题安全总结或事故分析报告，内容应包括：①分析施工中的不安全因素或隐患，提出改进意见；②对照监测报告和爆后安全调查，分析各种有害效应的危害程度及保护物的安全状况；③如实反映出现的事故、处理方法及处理结果；④安全工作的经验和教训。

爆破安全规程规定，每年度或一个较大爆破工程结束后，爆破工程技术人员应提交爆破总结。爆破总结应包括：①施工概况、爆破效果及安全分析，提出施工中的不安全因素和隐患以及防范办法，提出改善施工工艺的措施；②设计方案、参数评述，提出改进设计的意见；③经验和教训。

11.5.4.2 爆破安全事故处理

《安全生产法》第十三条规定："国家实行生产安全事故责任追究制度，依照本法和有关法律、法规的规定，追究生产安全事故责任人员的法律责任"。

按照引发事故的直接原因，生产安全事故分为自然灾害事故和人为责任事故两大类。自然灾害事故是由于在爆破施工作业过程中因不能预见、不能抗御和不能克服而发生的事故。人为责任事故是由于爆破企业或者从业人员在爆破施工作业过程中违反法律、法规、国家标准或者行业标准和规章制度、操作规程所出现的失误和疏忽而导致的事故。《安全生产法》规定要实行责任追究的，是指人为责任事故。

《安全生产法》规定应当追究刑事责任的责任主体包括县级以上人民政府负有安全生产监督管理职责部门的工作人员、生产经营单位的主要负责人、从业人员和中介服务机构的有关人员。

参考文献

[1] 冯叔瑜,顾毅成.安全:爆破工程永恒的主题[J].爆破,2002,19(1).
[2] 中国工程爆破协会.我国工程爆破的成就与技术创新发展战略[R].中国工程爆破协会通讯,2000.12.
[3] 汪旭光,周家汉,王中黔等.我国爆破事业的发展和在新世纪的展望[C]//工程爆破文集(第七辑),2001.
[4] 中国工程爆破协会.中国工程爆破行业中长期科学和技术发展规划(2006～2020年)[R].
[5] 冯叔瑜,王中黔,顾毅成.铁路爆破事业的发展与展望[C]//铁道工程爆破文集.北京:中国铁道出版社,2000.
[6] 民用爆炸物品安全管理条例[S].中华人民共和国国务院令第466号.2006.5.
[7] 中国工程爆破协会编.中国典型爆破工程与技术[M].北京:冶金工业出版社,2006.9.
[8] 中国工程爆破协会.顾毅成主编.爆破工程施工与安全[M].北京:冶金工业出版社,2004.
[9] 中国工程爆破协会.于亚伦主编.工程爆破理论与技术[M].北京:冶金工业出版社,2004.
[10] 中国工程爆破协会.张永哲主编.爆破器材经营与管理[M].北京:冶金工业出版社,2004.
[11] 中国工程爆破协会.吴子骏主编.工程爆破操作员读本[M].北京:冶金工业出版社,2004.
[12] 中国力学学会工程爆破专业委员会编.爆破工程(上、下册)[M].北京:冶金工业出版社,1992.
[13] 中国力学学会工程爆破专业委员会编.爆破器材管理人员读本[M].北京:冶金工业出版社,1994.
[14] 中国力学学会工程爆破专业委员会编.爆破员读本[M].北京:冶金工业出版社,1992.
[15] 吴子骏,朱德达,郑炳旭,利国才.工程爆破管理学[M].北京:煤炭出版社,1993.
[16] 爆破安全规程 GB6722-2003[S].
[17] 汪旭光,于亚伦,刘殿中.爆破安全规程实施手册[M].北京:人民交通出版社,2004.
[18] 吕春绪等.工业炸药[M].北京:兵器工业出版社,1994.
[19] 汪旭光.乳化炸药[M].北京:冶金工业出版社,1986.
[20] 陈智刚,庙延钢等.一起硝酸铵爆炸事故原因模拟试验分析[J].工程爆破,2006,12(4).
[21] 李萍丰,罗国庆等.采石场深孔台阶爆破爆堆起火案例初步分析[J].爆破器材,增刊,2004(33).
[22] 陈寿如,谢圣权.硫化矿炸药自爆新判据和治理措施研究[J].工程爆破,2005,11(3).
[23] 秦尚文等.爆破物品安全管理[M].成都:四川科学技术出版社,1988.
[24] 杨光熙.水下工程爆破[M].北京:海洋出版社,1992.

[25] 水胶炸药 GB18094-2000 [S].

[26] 乳化炸药 GB18095-2000 [S].

[27] 粉状乳化炸药 WJ/J9025-97 [S].

[28] 多孔粒状铵油炸药 GB17583-1998 [S].

[29] 煤矿许用炸药可燃气安全度试验方法及判定 GB18097-2000 [S].

[30] 罗非非,王清华等.乳化炸药生产过程中危险有害因素的辨识和防护措施[J].爆破,2008,25(1).

[31] 孟宪昌,张俊秀.爆轰理论基础[M].北京:北京理工大学,1988.

[32] 陈宝心,杨勤等.爆破动力学基础[M].武汉:湖北科学技术出版社,2005.

[33] 北京市地方标准.爆炸物品库安全防范规定(DB11/ 317-2005)[S].

[34] 工业电雷管 GB8031-2005[S].

[35] 导爆管雷管 GB19417-2003[S].

[36] J.亨利奇.爆炸动力学及其应用[M].北京:科学出版社,1987.

[37] 罗德丕,史雅语,刘慧.分区接力起爆网络技术及其应用[A]//工程爆破新技术(全国第八届工程爆破学术会议论文集)[C].北京:冶金出版社,2004.

[38] 薛培兴,张正忠,史雅语.非电导爆系统网络型接力式捆联网路在城市拆除爆破中的应用[J].爆破器材,1996,28(6).

[39] 樊正复,孟冲.雷管准爆率的几种估计方法[J].工程爆破,1996,2(3).

[40] 齐世福,林学圣.导爆管雷管与传爆四通构成的起爆网路系统可靠性研究[A]//工程爆破文集(第六辑)[C].深圳:海天出版社,1997.

[41] 吴新霞,赵根等.数码雷管起爆系统及雷管性能测试[J].爆破,2006,23(4).

[42] 马宏昊,沈兆武等.重点爆破工程爆破器材选型与检测[J].工程爆破,2007,13(2).

[43] 赵改昌,汪旭光.起爆网络设计中的一个重要概念——点燃阵面[J].工程爆破,1999,5(4).

[44] 余德运,郑德明,赵翔,曹鑫.合肥 17 层高楼爆破网路设计及可靠度分析[J].爆破,2006,23(1).

[45] 熊代余,顾毅成.岩石爆破理论与技术新进展[M].北京:冶金工业出版社,2004.

[46] 史雅语,林雨人,李汉标,张卫星.雷电对电爆网路早爆的影响[J].爆破,2005,22(3).

[47] 鲍力.射频电引起的爆炸伤亡事故[J].爆破,1990,17(3).

[48] 史雅语,金骥良,顾毅成.工程爆破实践[M].合肥:中国科学技术大学出版社,2002.

[49] 刘宏刚,汪东光.邛崃五彩广场楼房拆除爆破事故剖析[J].爆破,2001,18(4).

[50] 铁路运输安全保护条例[S].2005.

[51] 中华人民共和国电力法[S].1996.

[52] 石油天然气管道保护条例 [S].2001.

[53] 电力设施保护条例实施细则[S].1999.

[54] 郑炳旭,王永庆,魏晓林.城镇石方爆破[M].北京:冶金工业出版社,2004.

[55] 张志毅,王中黔.交通土建工程爆破工程师手册[M].北京:人民交通出版社,2002.

[56] 马乃耀,王中黔,史雅语,阎玉山.爆破施工技术[M].北京:中国铁道出版社,1985.

[57] 孙少烨,郑炳旭.爆破掘桩损伤防范措施[J].爆破,2001,18(3).

[58] 傅洪贤、刘永胜.海底隧道钻爆施工关键技术及对策探讨[J].工程爆破,2008,14(1).

[59] 傅洪贤.长距离小间距隧道爆破开挖设计与施工[J].工程爆破,2006,12(3).

[60] 王定华.宝钢马迹山港围堤工程爆破挤淤技术监控[J].工程爆破,2005,11(2).

[61] 斯蒂格.O.奥格弗松.建筑及采矿工程实用爆破技术[M].张志毅,史雅语译.北京:煤炭

工业出版社，1992.
[62] 张正宇等. 现代水利水电工程爆破[M]. 北京：中国水利水电出版社，2003.
[63] 刘殿中. 工程爆破实用手册[M]. 北京：冶金工业出版社，1999.
[64] 杜邦公司编. 爆破手册[M]. 龙维祺等译. 北京：冶金工业出版社，1986.
[65] P. 库尔. 水下爆炸[M]. 罗耀杰译. 北京：国防工业出版社，1960.
[66] 冯叔瑜，朱忠节，马乃耀. 大量爆破设计及施工[M]. 北京：人民铁道出版社，1965.
[67] 何光沂. 大量石方松动控制爆破新技术[M]. 北京：中国铁道出版社，1995.
[68] A. H. 哈努卡耶夫著. 刘殿中译. 矿岩爆破物理过程[M]. 北京：冶金工业出版社，1980.
[69] C. K. 萨文科等著. 龙维祺，于亚伦译. 井下空气冲击波[M]. 北京：冶金工业出版社，1979.
[70] 工业火薬協会. 発破ハンドブック. 东京：山海堂株式会社，1976.
[71] 工业火薬協会编. 新・発破ハンドブック. 东京：山海堂株式会社，1989.
[72] 冯叔瑜，吕毅，杨杰昌，顾毅成. 城市控制爆破[M]. 北京：中国铁道出版社，1985 年第 1 版，1996 年第 2 版.
[73] Б. H. 库图佐夫主编. 朱瑞赓，刘殿中，李铮译. 工业爆破安全[M]. 北京：冶金工业出版社，1987.
[74] 章根德，何鲜，朱维耀. 岩石介质流变学[M]. 北京：科学出版社，1999.
[75] 杨人光，史家堉. 建筑物爆破拆除[M]. 北京：中国建筑工业出版社，1985.
[76] Josef Henrych. The Dynamics of Explosion and Its Use[M]. Czechoslovak Academy of Sciences. Prague，1979.
[77] 金骥良，顾毅成，史雅语. 拆除爆破设计与施工[M]. 北京：中国铁道出版社，2004.
[78] A. A. 切尔尼高夫斯基著. 史家堉译. 定向抛掷爆破[M]. 北京：中国建筑工业出版社，1983.
[79] 张良成，邱秀梅，袁益民编著. 工程力学与建筑结构[M]. 北京：科学出版社，2002.
[80] 黄锡恺，郑文纬编著. 机械原理(6 版)[M]. 北京：高等教育出版社，1989.
[81] 李保林，刘治峰，郭永为，张永哲. 溢洪道开挖爆破块度级配控制研究 [J]. 工程爆破，2004，10(1).
[82] 郑炳旭、王永庆、李萍丰. 建设工程台阶爆破[M]. 北京：冶金工业出版社，2005.
[83] 张正宇等. 工程爆破破坏范围现场试验研究[A]//土岩爆破文集(全国工程爆破学术会议文选)[C]. 北京：冶金工业出版社，1980.
[84] 哈尔滨建筑工程学院，华南工学院编. 建筑结构[M]. 北京：中国建筑工业出版社，1980.
[85] 中国铁道工程学会爆破专业委员会编. 铁道工程爆破文集[C]. 北京：中国铁道出版社，2000.
[86] 齐景岳，刘正雄，张儒林，卿光全. 隧道爆破现代技术[M]. 北京：中国铁道出版社，1995.
[87] 马乃耀，王中黔，史雅语，阎玉山. 爆破施工技术[M]. 北京：中国铁道出版社，1985.
[88] 顾毅成，刘宏刚. 岩石控制爆破的设计原则及参数选择[J]. 铁道工程学报，1985(2).
[89] 顾毅成. 铁路石方控制爆破技术要点[J]. 铁道建筑，1985(3).
[90] 杨军，熊代余. 岩石爆破机理[M]. 北京：冶金工业出版社，2004.
[91] 许连坡. 关于爆破相似律的一些问题[J]. 爆炸与冲击，1985(4).
[92] 水电水利工程爆破安全监测规程 DL/T 5333-2005 [S].
[93] U. 兰格福尔斯. 岩石爆破现代技术[M]. 北京：冶金工业出版社，1983.
[94] Б. H. 库图佐夫等著. 工业爆破设计[M]. 顾倚鳌，史家堉译. 北京：中国工业建筑出版社，1986.

[95] R.古斯塔夫松.瑞典爆破技术[M].人民铁道出版社,1978.
[96] 冯叔瑜,马乃耀.爆破工程[M].北京:中国铁道出版社,1980.
[97] 冯叔瑜,顾毅成.路堑爆破边坡质量控制技术的发展与分析[J].铁道建筑技术,2004(1).
[98] 孟吉复,惠鸿斌.爆破测试技术[M].北京:冶金工业出版社,1992.
[99] 刘建亮.工程爆破测试技术[M].北京:北京理工大学出版社,1994.
[100] 水电水利工程爆破安全监测规程 DL/T 5333-2005 [S].
[101] 铁道部大爆破路堑边坡调查组.铁路新线大爆破路堑边坡稳定性调查报告 [R]. 1963.
[102] 朱忠节,杨杰昌,顾毅成等.成昆线大爆破路堑边坡稳定情况调查报告[J].铁道兵科技通讯, 1979(8).
[103] 铁路路堑边坡光面(预裂)爆破技术规程 TB10122-2008 [S].
[104] 肖以杰,张林,刘宏刚.硐室加预裂一次爆破成型技术[J].工程爆破,2003(1).
[105] 马乃耀,王中黔.黄埔港水下爆破设计施工与安全防护技术[A]//冯叔瑜主编,土岩爆破文集[C].北京:冶金工业出版社,1980.
[106] 陆遐龄,梁向前,胡光川等.水下爆炸的理论研究与实践[J].爆破,2006,23(2).
[107] 佟锦嶽,石教往,熊长汉等.水下工程爆破对环境影响规律研究(上)[J].爆破,17(3).
[108] 叶序双,顾文彬,张鹏翔等.水中冲击波传播过程中压力波的探讨[C]//汪旭光主编,工程爆破文集(第七辑).乌鲁木齐:新疆青少年出版社,2001.
[109] 张志波,李春军,李红勇等.气泡帷幕中水下爆破减震工程中第应用[J].爆破,2003,20(2).
[110] 孙远征,龙源,邵鲁中等.水下钻孔爆破水中冲击波试验研究[J].工程爆破,2007,13(4).
[111] 陈宏安.一次爆破事故等调查分析[J].爆破,2003,20(3).
[112] 高文乐,毕卫国,张金泉.爆破飞石致人死亡案例分析[J].爆破,2002,19(3).
[113] 宋常燕. 120 m 钢筋混凝土烟囱定向倒塌触地效应的观测分析[C]//杨振声主编.工程爆破文集(第六辑).深圳:海天出版社,1997.
[114] 康宁.观测爆破中的飞石预防和控制[J].爆破,1999,16(1).
[115] 李守巨.拆除爆破中飞石抛掷距离的研究[J].爆破,1994,11(4).
[116] 卿光全.电气化铁路复线爆破施工中的事故分析[J].爆破,2000,17(1).
[117] 边兆杰,邹小平,康宁.一次硐室爆破事故原因剖析[J].爆破,2000,17(3).
[118] 刘红冠,王国瑞,王广瑞.娘子关发电厂钢筋混凝土烟囱的爆破拆除[J].爆破,2007,(23)4.
[119] 刘殿书.北京东直门 22 层塔楼爆破拆除工程[M]//汪旭光主编.中国典型爆破工程与技术.北京:冶金工业出版社,2006.
[120] 顾毅成.城市建筑拆除爆破中的振动安全 [J].安全,1985(5).
[121] 张正宇,刘美山,吴从清.高陡边坡开挖中的爆破及其控制技术[M]//中国爆破新技术.北京:冶金工业出版社,2004.
[122] 王念省,张小穗,杨东胜.爆破震动损害赔偿的法律问题探讨[C]//工程爆破文集(第六辑).深圳:海天出版社,1997.
[123] 张正宇,刘美山,吴从清.高陡边坡开挖中的爆破及其控制技术[M]//中国爆破新技术.北京:冶金工业出版社,2004.
[124] 铁道科学研究院铁道建筑研究所爆破事业部.深孔台阶爆破地震效应的研究[R].2008.6.
[125] 杨年华.高层框架楼拆除爆破振动检测与分析[J].工程爆破,2006,12(4).

[126] 爆炸法处理水下地基和基础技术规程 JTJ/T258-98 [S].
[127] 北京建筑工程学院,南京工学院合编.建筑结构抗震设计[M].北京:地震出版社,1981.
[128] 霍永基,王湘钧,黄骥鸣.爆破地震效应及安全评定方法探讨[M]//土岩爆破文集(第二辑).北京:冶金出版社,1985.
[129] 中国地震烈度表 GB/T 17742-1999[S].
[130] 谢毓寿著.工程地震[M].北京:科学普及出版社,1965.
[131] 露天大爆破编写组.露天大爆破[M].北京:冶金工业出版社,1979.
[132] G.A.波林格.爆炸振动分析[M].北京:科学出版社,1975.
[133] 北京市轨道交通建设管理有限公司.轨道交通隧道工程施工质量验收标准 QGD-007-2005[S].
[134] 顾毅成,杨年华.对毫秒延时爆破地震公式的讨论与分析[J].铁道建筑,2005 年增刊(总 377 期).
[135] 刘宏刚,白立刚等.复杂环境下长大石方双臂路堑,超多排、超多段深孔拉槽控制爆破[M]//中国工程爆破协会编.中国典型爆破工程与技术.北京:冶金工业出版社,2006.
[136] 杨年华,张志毅.复杂环境下硐室爆破振动控制的应用研究[J].工程爆破,2008,14(1).
[137] 顾毅成,金骥良.襄樊火车站风雨棚控制爆破拆除[C]//第七届工程爆破学术会议文集.新疆青少年出版社,2001.
[138] 李俊桢,刘宏刚,白立刚.山东教育电视台附近路堑石方爆破的安全控制[J].铁道建筑,2005 年增刊(总 377 期).
[139] 张永哲.水电工程爆破面临的主要问题[C]//第二届工程爆破学术会议文集,1999.
[140] 建筑施工场地噪声限界值 GB12523-90[S].
[141] 建筑法[S] (中华人民共和国主席令第 91 号).1997.11.
[142] 安全生产许可证条例[S](中华人民共和国国务院令第 397 号).2004.1.
[143] 爆破作业人员安全技术考核标准 GA53-93 [S].
[144] 黄华明.风险与保险[M].北京:中国法制出版社,2002.
[145] 顾毅成.爆破工程的风险处理与对策[C].第三届北京工程爆破学术会议论文集.北京:北京工程爆破学会,2003.
[146] 中国建设监理协会组织编写.建设工程监理概论[M].北京:知识产权出版社,2003.
[147] 刘先魁等.爆破工程安全监理的探讨[J].工程爆破,2001(4).
[148] 武汉安全环保研究院.国内外爆破事故 100 例[M].1988.
[149] 朱传统,梅锦煜.爆破安全与防护[M].北京:水利电力出版社,1990.
[151] 张云鹏,于亚伦.爆破工程安全评价初探 [J].工程爆破,2004,10(4).
[152] 建设部工程质量安全监督与行业发展司.建设工程安全生产管理[M].北京:中国建筑工业出版社,2004.
[153] 工伤保险条例[S].中华人民共和国国务院令第 375 号.2004.1.
[154] 职业病目录 (卫法监发[2002]108 号文).
[155] 生产过程危险和有害因素分类与代码 GB/T13861-1992 [S].
[156] 企业职工伤亡事故分类 GB6441-1986 [S].
[157] 王玉杰,田新邦. 高耸建筑物拆除爆破事故树系统分析[J].武汉理工大学学报,2003(4).
[158] 土岩爆破文集(全国工程爆破学术会议论文选)[C].北京:冶金工业出版社,1980.
[159] 土岩爆破文集(第二辑)[C].北京:冶金工业出版社,1985.

[160] 工程爆破文集(第三辑)[C].北京:冶金工业出版社,1988.
[161] 工程爆破文集(第四辑)[C].北京:冶金工业出版社,1993.
[162] 工程爆破文集(第五辑)[C].武汉:中国地质大学出版社,1993.
[163] 工程爆破文集(第六辑)[C].深圳:海天出版社,1997.
[164] 工程爆破文集(第七辑)[C].新疆青少年出版社,2001.